이제 **오르비**가
학원을 재발명합니다

대치 오르비학원 내신관/학습관/입시센터 | 주소 : 서울 강남구 삼성로 61길 15 (은마사거리 도보 3분)
대치 오르비학원 수능입시관 | 주소 : 서울 강남구 도곡로 501 SM TOWER 1층 (은마사거리 위치)
| 대표전화 : 0507-1481-0368

smart is sexy

Orbi.kr

오르비학원은

모든 시스템이 수험생 중심으로 더 강화됩니다.

모든 시설이 최고의 결과가 나올 수 있도록 설계됩니다.

집중을 위해 오르비학원이 수험생 옆으로 다가갑니다.

오르비학원과 시작하면

원하는 대학문이 가장 빠르게 열립니다.

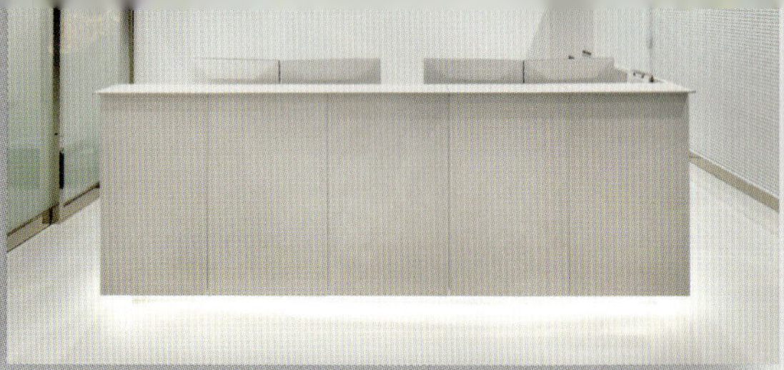

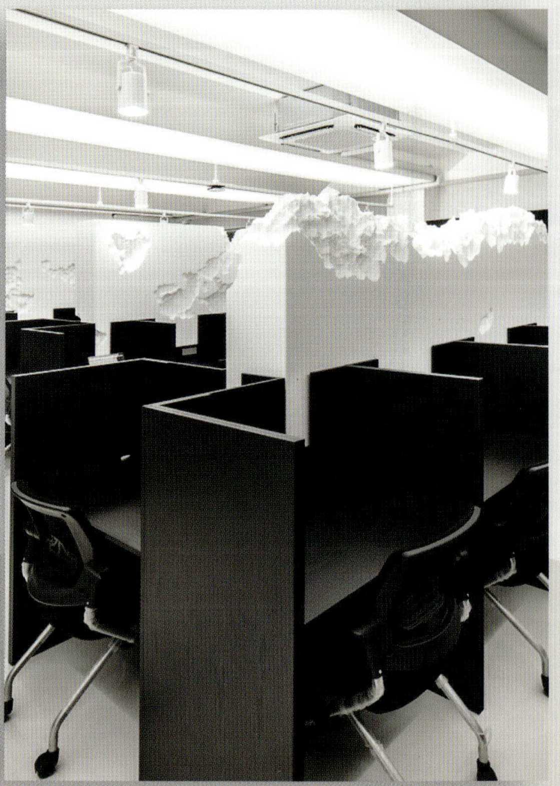

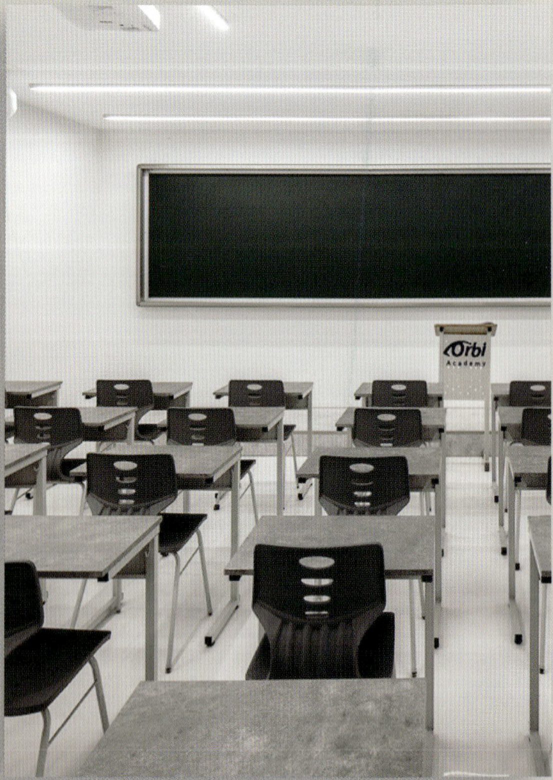

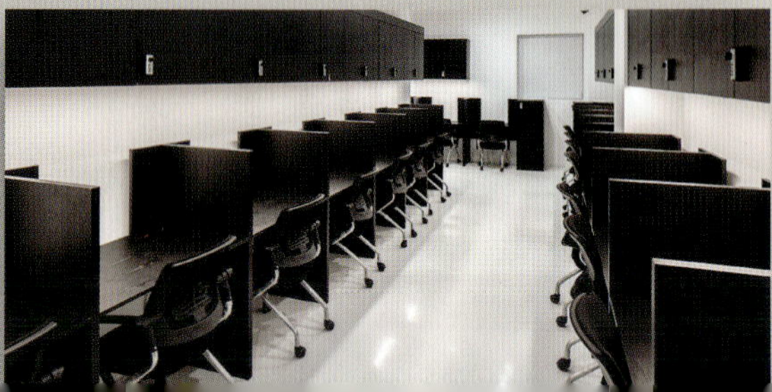

출발의 습관은 수능날까지 계속됩니다.
형식적인 상담이나
관리하고 있다는 모습만 보이거나
학습에 전혀 도움이 되지 않는
보여주기식의 모든 것을 배척합니다.

쓸모없는 강좌와 할 수 없는 계획을 강요하거나
무모한 혹은 무리한 스케줄로
1년의 출발을 무의미하게 하지 않습니다.
형식은 모방해도 내용은 모방할 수 없습니다.

개인의 능력을 극대화 시킬 모든 계획이 오르비학원에 있습니다.

인간은 결과 앞에서 무력해도 과정 앞에서 무적이다.
- 김지석 -

KIMJISUK

- 서울대학교 수학교육과 졸업 (영문학 부전공)
- 초등학교 수학 30점을 넘어본 적이 없는 수포자
- 꾸준한 성적 향상으로 서울대 수학교육과 졸업, EBS-i 강사

- 현) EBS-i 강사
- 현) 오르비 강사
- 전) 공신닷컴(gongsin.com) 대표멘토
- 전) 미국 Lehi High School 교사인턴
  『대박타점 공부법』 저자

- MBC 〈오늘의 아침〉 출연
- 여성중앙 〈공신 멘토링〉 멘토
- 동아일보 〈신나는 공부〉 코너 인터뷰
- 조인스TV 〈열려라 공부〉 출연
- 메가TV 〈수능공부법〉 수리영역 공부법 강의
- 한겨레 신문 보도
- 중앙일보 〈공부 개조 프로젝트〉 자문 멘토
- tvN 〈80일만에 서울대 가기〉 출연
- KBS 〈세상의 아침〉 출연
- KBS 〈생방송 오늘〉 출연
- 신동아 〈'1등 코드'를 찾아서〉 출연
- MBC 〈경제 매거진〉 출연
- KBS 〈취재파일4321〉 출연
- MBC 〈베란다쇼〉 출연

수학의 단권화의 여러분.

많은 친구들이 많은 문제를 풀지만
저마다 실력이 제각각인 이유는
그들의 문제풀이 '양'의 차이를 넘어서
본질적으로 그들의 '실력' 차이라고 볼 수 있어요.

그 실력은 바로, 탄탄한 개념을 갖고 있느냐
없느냐에 달려 있답니다.

성적 향상을 위해 문제를 푸는 노력도
모든 개념을 자유자재로 쓸 수 있을 때
그 효과가 발휘돼요.

하지만, 많은 친구들은
개념을 등한시 한 채
많은 문제풀이를 통해 개념을 메꾸려고 하죠.

그러니 누구는 성적향상을 경험하고,
누구는 성적이 매번 제자리인 것을 경험하죠.

여러분.
수학의 단권화를 선택했고,
수학의 단권화를 마스터 한다면,
적어도 여러분들은 풀어낸 문제만큼의
실력이 쑥쑥 오를 거예요.

수학개념의 유기적 연결성을
수학의 단권화로 체험해보고
문제풀이에 적용해 보세요.

수학의 단권화가 여러분들을
더 나은 수학의 세계로 이끌어 줄 겁니다.

김지석

Part 1
단권화 가이드

Part 2
단권화

Part 2. 내 손으로 9종 교과서 단권화

수학의 단권화

CONTENTS

Part 3
단권화 Special

수학Ⅱ

확률과 통계

미적분

기하

지석쌤의 고등 수학 개념 Map

개념 Map 활용법 TIP

〈수학의 단권화〉 뒷부분 단원을 공부하다가 이해가 잘 안가는 부분이 있다면, 앞부분 내용 중에 빵꾸난 것이 있을 가능성이 큽니다. 공부하고 있던 단원을 이해하는데 필요한 앞 단원을 찾아보고 싶을 때에도 이 개념 Map을 통해 찾을 수 있어요.

수학의 단권화 공부법

① 인강으로 공부하기

(https://class.orbi.co.kr)

인강으로 공부

『수학의 단권화』 는 '빈칸책'과 '김지석의 필기노트'로 구성되어
있습니다. '빈칸책'은 필기가 빈칸으로 되어 있고 '김지석의 필기노트'는
필기가 예쁜 손글씨로 채워져 있어요.

빈칸책과 오르비 인강으로 수학의 단권화를 공부하세요!

인강으로 공부하기 TIP

수학의 단권화를 독학 하다가 학습이 막히는
부분만 골라서 강의를 활용해도 좋아요. 해당
부분만 지석T의 '연구'에 대한 설명을 듣고
손글씨 책에다가 필기를 한 후 복습을 열심히
하시면 된답니다!

② 혼자서 공부하기

[STEP]1 내 손으로 단권화 노트 만들기

'김지석의 필기노트'에 채워진 필기를 보고 개념을 머릿속으로 정리하면서,
'빈칸책'에 내 손으로 직접 필기를 따라 채워보세요.
'빈간책'에 나만의 단권화 개념노트가 만들어집니다.

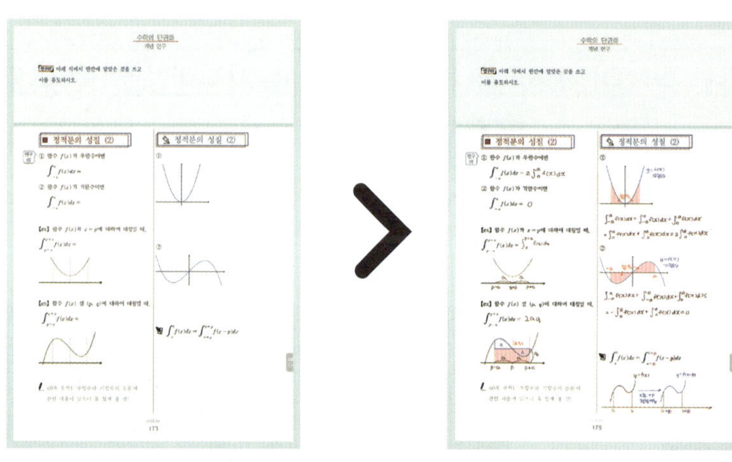

[STEP]2 개념연구 LIST로 2차 복습하기

교재 뒤쪽에 복습 프로그램으로 [개념연구 LIST]를 만들어놨어요.
복습 프로그램 - [개념연구 LIST]는 앞에서 단권화한 개념연구를
물어보는 설문지로 복습해보세요.

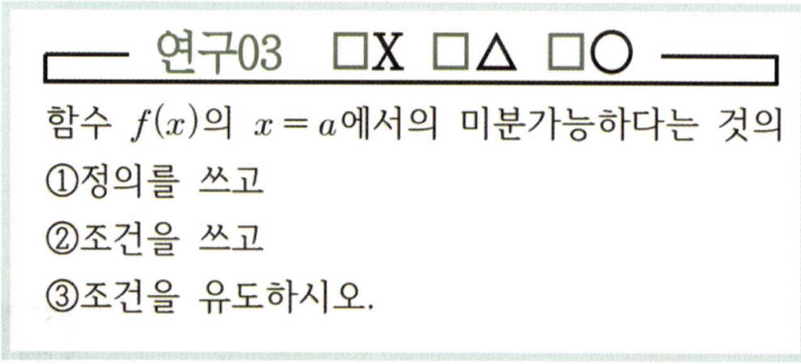

① 그 질문에 대한 답을 한번 써보자.

② 잘 모르겠는 것들은 앞에서 정리한 개념노트에서 찾아보자.
(개념노트 위쪽 부분에 뒤에 개념연구LIST와 같은 질문있어요!)

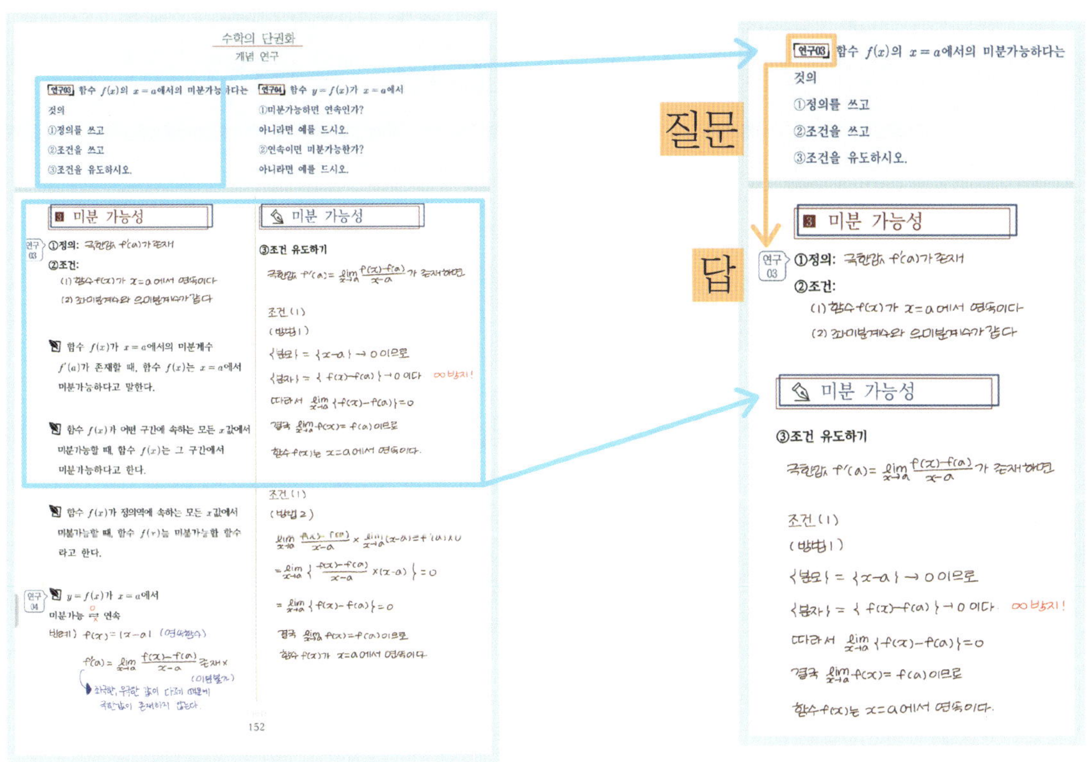

③ 나의 개념 이해도를 체크해보자!

　　□X(아예 생각이 안남)　□△(봤는데 잘 생각 안남)　□○(완성)

④ ☑X → ☑△ → ☑○ 될 때까지 복습하자!

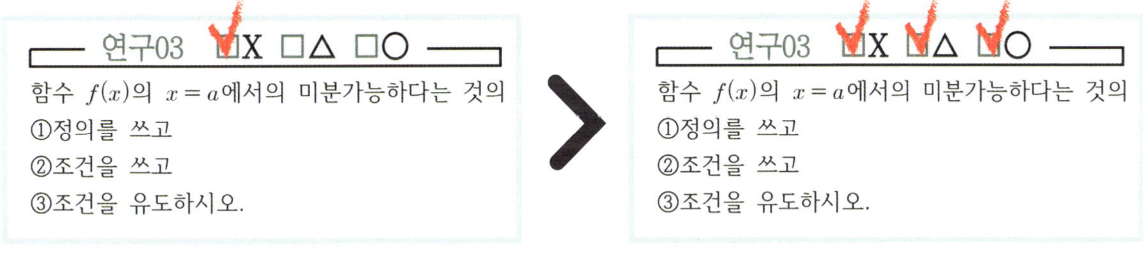

[STEP]1 내 손으로 단권화 노트 만들기 TIP

단순히 글자만 따라 쓰는게 아니라 내용을 이해하고 음미하면서, 개념의 흐름을 머릿속에 담는다는 느낌으로 내 손을 직접 쓰면서 개념을 정리하면 내 머릿속에 개념이 완벽히 정립할 수 있어요.

손글씨에 자신 없는 친구들은 빈칸책에 필기해보고 김지석의 필기노트로 복습해도 좋습니다!

수학의 단권화 활용법

1 단권화 7일 Planner

수학의 단권화 7일 완성 Planner

수학 (상)(하)			수강날짜	본문복습	연구복습
1일	1강	도형의 방정식 (1)			
	2강	도형의 방정식 (2)			
	3강	도형의 방정식 (3)			
2일	4강	도형의 방정식 (4)			
	5강	함수 (1)			
	6강	함수 (2)			

2 고등수학 개념 MAP

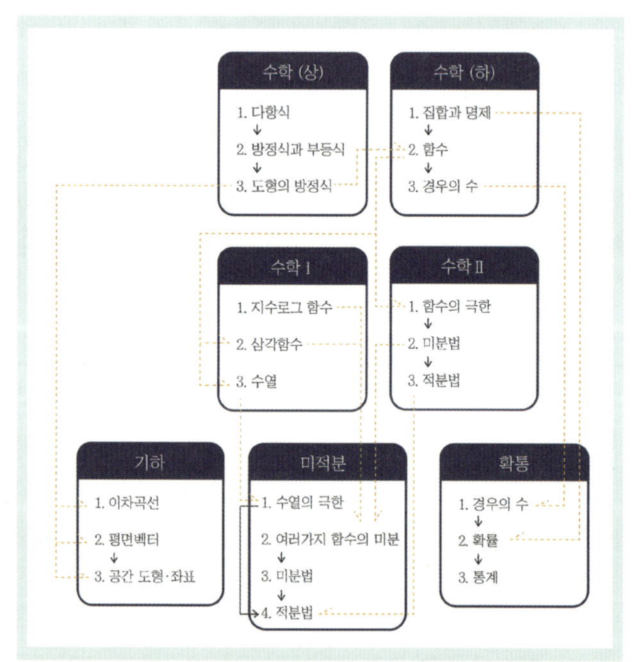

3 9종 교과서 모두 담아

「교과서 학습 목표」

1.함수의 극한
- □ 함수의 극한의 뜻을 안다.
- □ 함수의 극한에 대한 성질을 이해하고, 여러 가지 함수의 극한값을 구할 수 있다.
- □ 함수의 연속의 뜻을 안다.
- □ 연속함수의 성질을 이해하고, 이를 활용할 수 있다.

3.적분법
- □ 부정적분의 뜻을 안다.
- □ 함수의 실수배 합, 차의 부정적분을 알고, 다항함수의 부정적분을 구할 수 있다.
- □ 정적분의 뜻을 안다.
- □ 부정적분과 정적분의 관계를 이해하고, 이를 이용하여 정적분을 구할 수 있다.
- □ 곡선으로 둘러싸인 도형의 넓이를 구할 수 있다.

4

[연구]를 통한
개념확장

5

직접 만드는
단권화

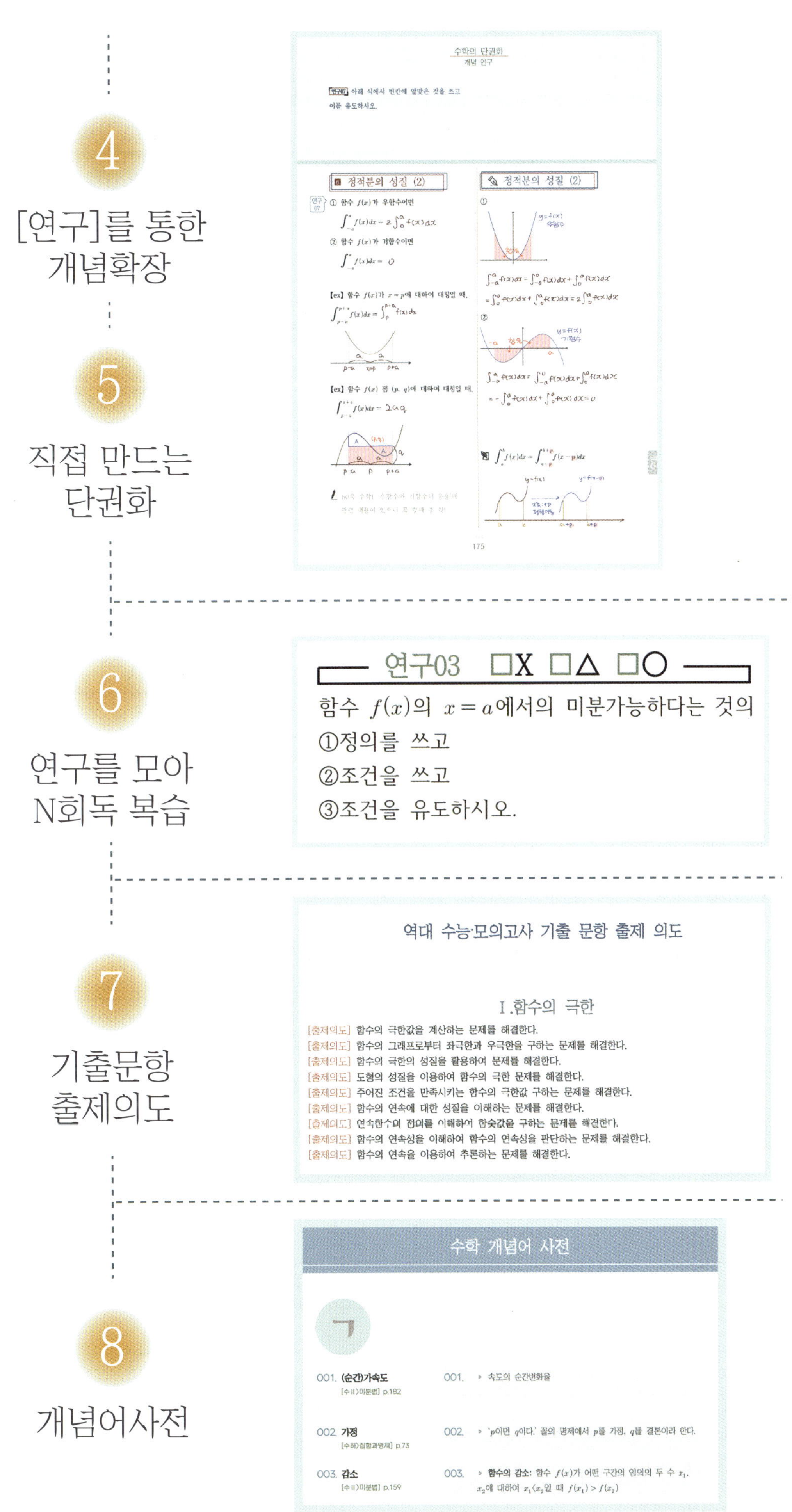

6

연구를 모아
N회독 복습

7

기출문항
출제의도

8

개념어사전

수학의 단권화 7일 완성 Planner

수학 (상)(하)			공부할 범위	수강날짜	본문복습	연구복습
1일	1강	도형의 방정식 (1)	p.41 ~ p.44			
	2강	도형의 방정식 (2)	~ p.48			
	3강	도형의 방정식 (3)	~ p.55			
2일	4강	도형의 방정식 (4)	~ p.60			
	5강	함수 (1)	p.79 ~ p.84			
	6강	함수 (2)	~ p.91			

수학 Ⅰ			공부할 범위	수강날짜	본문복습	연구복습
3일	7강	지수함수와 로그함수 (1)	p.98 ~ p.100			
	8강	지수함수와 로그함수 (2)	~ p.109			
	9강	삼각함수 (1)	~ p.112			
	10강	삼각함수 (2)	~ p.116			
4일	11강	삼각함수 (3)	~ p.121			
	12강	삼각함수 (4)	~ p.125			
	13강	수열 (1)	~ p.129			
	14강	수열 (2)	~ p.134			

수학 Ⅱ			공부할 범위	수강날짜	본문복습	연구복습
5일	15강	함수의 극한 (1)	p.138 ~ p.142			
	16강	함수의 극한 (2)	~ p.145			
	17강	함수의 극한 (3)	~ p.149			
	18강	미분법 (1)	~ p.153			
6일	19강	미분법 (2)	~ p.155			
	20강	미분법 (3)	~ p.158			
	21강	미분법 (4)	~ p.163			
	22강	미분법 (5)	~ p.168			
7일	23강	적분법 (1)	~ p.172			
	24강	적분법 (2)	~ p.176			
	25강	적분법 (3)	~ p.181			
	26강	적분법 (4)	~ p.183			

수학 실력 쌓기 황금률

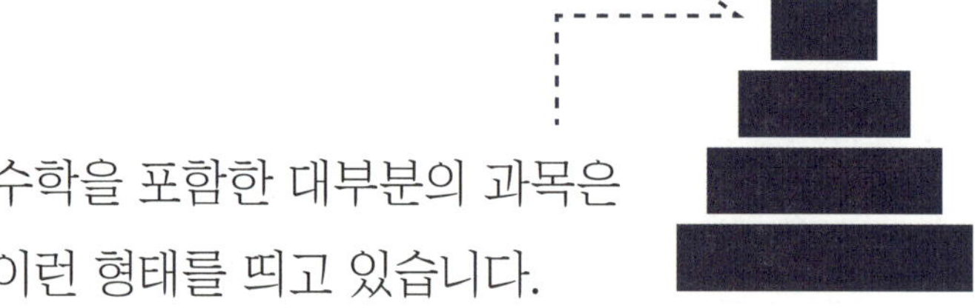

수학을 포함한 대부분의 과목은
이런 형태를 띄고 있습니다.

자세히 들여다보면 이런 색깔로 나뉘어 있고,
아래부터 '개념 〉 문제풀이 〉 고난도 문제풀이〉
최상위 문제풀이' 라고 나뉘어져 있다고 봅시다.

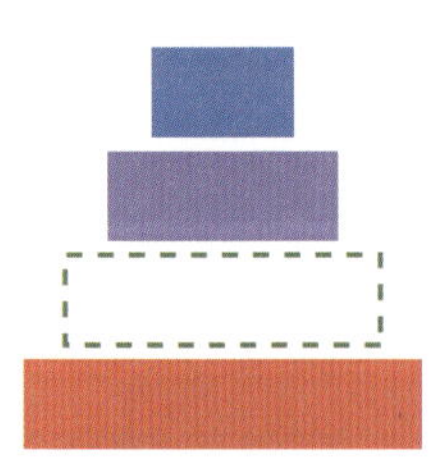

만약에 초록색 부분이 없다고 해봐요.
그렇다면 과목의 형태를 유지할 수 있을까요?
아니요, 절대 할 수 없습니다. 이게 바로, 대부분의
수험생들이 1년 내내 하는 실수입니다.

충분한 개념 숙지와 각 단계에 맞는 이해도가 통달 되었을 때,
비로소 높은 탑을 쌓을 수 있게 되는 거죠.

성적을 잘 받는 주변 친구가 어려운
문제풀이인 보라 문풀을 풀고 있나요?

문풀2

그 친구는 이미 빨간색 〉 초록색 학습을 하고 난 다음 보라색 문제를 풀었을 때
효과가 있는 것이지, 보라색 문풀을 했다고 효과를 느꼈다고 보기 어렵습니다.

내가 만약, 개념도 별로 없는 상태에서 공부하면

이런 구조를 띠면서 일년 내내 수학공부를 하면서 헤매다가
끝이 날 겁니다. 더군다나, "내가! 꿋꿋이 버티고! 험난한!
상황을! 이겨내면! 나도! 쟤처럼! 잘 할 수! 있어!!!!!!!!" 라고
자기 최면만 걸다가 1년이 끝나 버립니다. 어렵고 고통스러운
기분은 덤이구요.

상위권이 되기 위해서 상위권 수준의 문제를 주구장창 푼다고 실력이 올라가지
않습니다. 상위권이 되기 위해서 개념만 주구장창 해도 결국 탑을 높게 쌓아 올릴
수 없어서 실패합니다.

수학의 단권화를 처음부터 전부 씹어먹겠다는 생각보다 여러번! 자주! 봐주세요.

① 단기간 (7일 플랜 집중완성)으로 빠르게 채워서 수학의 단권화 완성하기
② 충분한 문제풀이의 양을 확보해서 틀릴 때 마다 내가 틀린 단원을 수학의
　 단권화에 표시하기 (포스트잇 플래그 추천)
③ 틀린 문제를 오답하고, 틀린 문제 복습하고, 수학의 단권화에서 해당 내용
　 개념 복습하기

7일 플랜대로 7일만 하고 끝! 하고 책장 속에 모셔두지 말고, 수학의 단권화를
모두 채운 건 [수학의 단권화]를 오로지 완성했다고 볼 수 없어요.
문제풀이를 하면서 틈틈이 수학의 단권화를 쳐다보고 읽어보기로 우리 약속해요.

나의 약점이 어디인지 파악하고, 그 부분을 탄탄히 다져 놓는다면 어느새 보다
튼튼한 수학실력을 가진 여러분들이 되실 수 있습니다.

꿈꾸는 자에게 길이 될,
김지석

(더 많은 김지석의 칼럼을 보고 싶다면 orbi.kr에서 김지석을 팔로우!)

수학 (상)

「교과서 학습 목표」

1.다항식

☐ 다항식의 덧셈과 뺄셈을 할 수 있다.

☐ 다항식의 곱셈과 나눗셈을 할 수 있다.

☐ 항등식의 의미를 이해한다.

☐ 나머지정리의 의미를 이해하고,
이를 활용하여 문제를 해결할 수 있다.

☐ 다항식의 인수분해를 할 수 있다.

2.방정식과 부등식

☐ 복소수의 뜻을 알고, 그 성질을 이해하고,
사칙계산을 할 수 있다.

☐ 이차방정식의 실근과 허근의 뜻을 안다.

☐ 이차방정식에서 판별식의 의미를 이해하고,
이를 설명할 수 있다.

☐ 이차방정식에서 근과 계수의 관계를 이해한다.

☐ 이차함수와 이차방정식의 관계를 이해한다.

☐ 이차함수의 그래프와 직선의 위치 관계를
이해한다.

☐ 이차함수의 최대, 최소를 이해하고,
이를 활용할 수 있다.

☐ 간단한 삼차방정식과 사차방정식을 풀 수 있다.

☐ 미지수가 2개인 연립이차방정식을 풀 수 있다.

☐ 부등식의 성질을 이해하고, 절댓값을
포함한 일차부등식을 풀 수 있다.

☐ 이차함수와 이차부등식의 관계를 이해하고,
이차부등식과 연립이차부등식을 풀 수 있다.

3.도형의 방정식

☐ 두 점 사이의 거리를 구할 수 있다.

☐ 선분의 내분과 외분을 이해하고,
내분점과 외분점의 좌표를 구할 수 있다.

☐ 여러 가지 직선의 방정식을 구할 수 있다.

☐ 두 직선의 평행 조건과 수직 조건을 이해한다.

☐ 점과 직선 사이의 거리를 구할 수 있다.

☐ 원의 방정식을 구할 수 있다.

☐ 좌표평면에서 원과 직선의
위치 관계를 이해한다.

☐ 평행이동의 의미를 이해한다.

☐ 원점, x축, y축, 직선 $y = x$에 대한
대칭이동의 의미를 이해하고,
이를 설명할 수 있다.

「수학(상)」　Ⅰ.다항식

❶식의 분류- 유리식/무리식

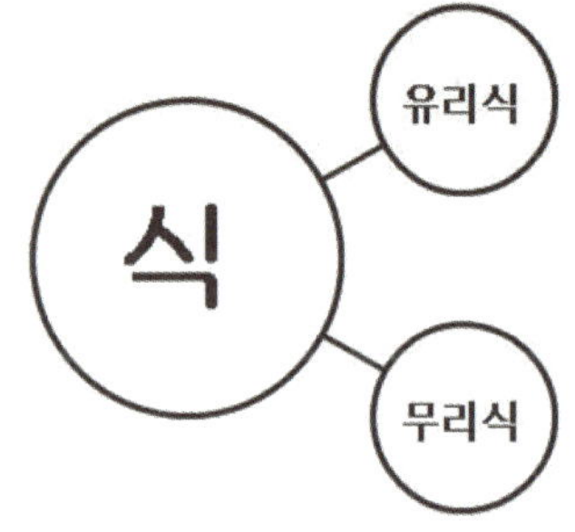

(1)**유리식**: 두 다항식 A, B에 대하여

$\dfrac{A}{B}(B \neq 0)$의 꼴로 나타내어지는 식

①**단항식(항)** : 문자와 수의 곱

②**다항식**: 단항식 또는 단항식들의 합

(2)**무리식**: 유리식으로 나타낼 수 없는 식

❷식의 분류- 등식/부등식

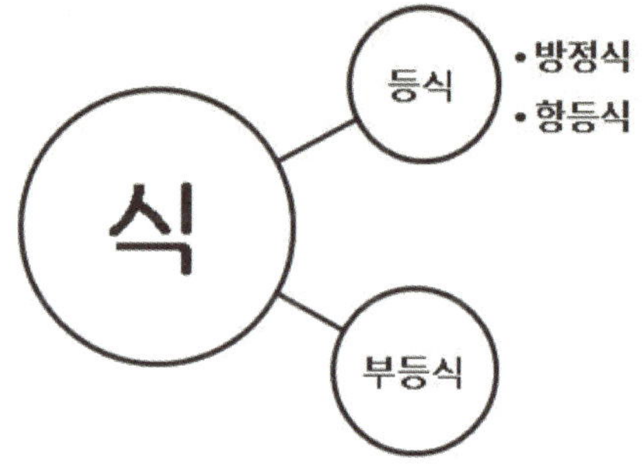

(1)**등식**: 등호(=)로 연결 된 식

①**방정식**: 문자를 포함한 등식에서,

그 문자에 특정한 수만 대입할 때

성립하는 식

근 : 특정한 수. 문자에 대입하면

식이 성립한다.

②**항등식** : 문자를 포함하는 등식에서

그 문자에 어떤 값을 대입해도

항상 성립하는 등식

(2)**부등식**: 부등호를 써서 수나 식의 값의

대소 관계를 나타낸 것

③ 다항식의 뜻

     : 문자와 수의 곱

   : 단항식 또는 단항식들의 합

    : 단항식에서 주목하는 문자가
곱해진 개수

      : 다항식에서 주목하는 문자에
대하여 차수가 가장 높은 항의 차수

: 단항식에서 주목하는 문자를 제외한
  나머지 부분

  : 주목하는 문자를 포함하지 않은 항

  : 주목하는 문자에 대한 차수가 같은 항

✑ 다항식의 뜻

【ex】 $2x^2y - 3yz + 4$

(1) x에 대한 식에서의 차수 :

(2) y에 대한 식에서의 차수 :

(3) x에 대한 식에서의 상수항 :

(4) x^2의 계수 :

(5) y의 계수 :

④ 다항식의 덧셈과 곱셈

다항식 A, B, C에 대하여

① 덧셈 교환법칙 $A + B = B + A$

② 덧셈 결합법칙 $(A + B) + C = A + (B + C)$

③ 곱셈 교환법칙 $AB = BA$

④ 곱셈 결합법칙 $(AB)C = A(BC)$

⑤ 곱셈 분배법칙 $A(B + C) = AB + AC$

           $(A + B)C = AC + BC$

✑ 다항식의 곱셈

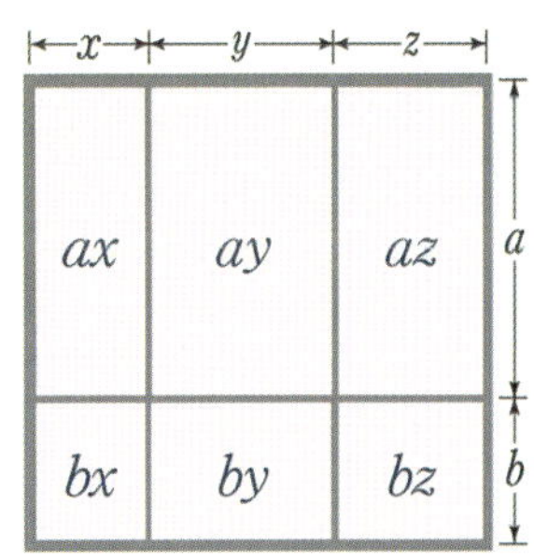

$$(a+b)(x+y+z) = ax + ay + az + bx + by + bz$$

[연구01] 아래는 곱셈 공식의 일부이다.
곱셈 공식의 나머지부분을 쓰시오.

연구
01

5 곱셈 공식

① $(a+b)^2 =$

② $(a-b)^2 =$

③ $(a+b)(a-b) =$

④ $(x+a)(x+b) =$

⑤ $(ax+b)(cx+d) =$

⑥ $(a+b)^3 =$

⑦ $(a+b)(a^2-ab+b^2) =$

⑧ $(a-b)(a^2+ab+b^2) =$

연구02 x에 관한 사차이상의 다항식 A에 대하여,

①이차식으로 나눈 나머지

②삼차식으로 나눈 나머지

의 형태를 쓰시오.

6 다항식의 나눗셈

✎ 다항식의 나눗셈

다항식 A를 다항식 $B(\neq 0)$로 나누었을 때의 몫을 Q, 나머지를 R라 하면

$$A = BQ + R$$

몫   나머지

몫(Quotient)

나머지(Remainder)

$[R$의 차수$] < [B(\neq 0)$의 차수$]$

연구 02

✎ 이차식으로 나눈 나머지:

✎ 삼차식으로 나눈 나머지:

7 조립제법

다항식 $P(x)$를 $x - \alpha$로 나눌 때, 다항식 $P(x)$의 계수와 α만을 이용하여 몫과 나머지를 구하는 방법을 조립제법이라고 한다.

$$(3x^3 \quad +4x^2 \quad +5x \quad +6) \div (x-2)$$

2	3	4	5	6
		6	20	50
	3	10	25	56

$\times 2 \quad \times 2 \quad \times 2$

몫: $3x^2 + 10x + 25$ 나머지: 56

8 항등식의 성질

✎ 항등식의 성질

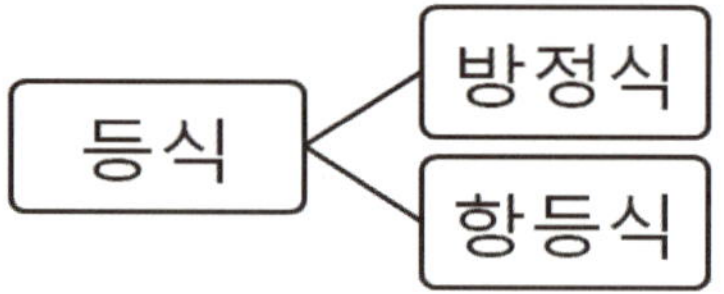

: 문자를 포함한 등식에서, 그 문자에
특정한 수만 대입할 때 성립하는 식

: 문자를 포함하는 등식에서, 그 문자에
어떤 값을 대입해도 항상 성립하는 등식

아래 식이 x에 대한 항등식이라면,

① $ax + b = 0$ ⟺

② $ax + b = cx + d$ ⟺

: 항등식의 성질을 이용해, 계수의
값을 구하는 것

① 계수비교 : 양변의 같은 차수를 비교하여
　　　　　　계수를 구함

② 수치대입 : 양변의 문자에 적당한 수를
　　　　　　대입하여 계수를 구함

[연구03] 다항식 $f(x)$를 일차식 $x-\alpha$로 나누었을 때 나머지의 값을 쓰고 이를 유도하시오.

[연구04] $f(x)$가 $x-\alpha$로 나누어떨어질 때, $f(\alpha)$의 값을 쓰시오.

9 나머지정리와 인수정리

연구 03 나머지정리:

다항식 $f(x)$를 일차식 $x-\alpha$로 나누었을 때 나머지는

연구 04 인수정리:

$f(x)$가 $x-\alpha$로 나누어떨어지면

$f(\alpha)=0$이면 $f(x)$가 $x-\alpha$로 나누어떨어진다.

10 인수분해

: 곱을 이루는 각 다항식

: 하나의 다항식을 여러 다항식의 곱으로 나타내는 것. 전개의 역 과정

① $(a+b)^2 = a^2 + 2ab + b^2$

② $(a-b)^2 = a^2 - 2ab + b^2$

③ $(a+b)(a-b) = a^2 - b^2$

④ $(x+a)(x+b) = x^2 + (a+b)x + ab$

⑤ $(ax+b)(cx+d) = acx^2 + (ad+bc)x + bd$

⑥ $(a+b)^3 = a^3 + 3a^2b + 3ab^2 + b^3$
$\quad\quad = a^3 + b^3 + 3ab(a+b)$

⑦ $(a+b)(a^2 - ab + b^2) = a^3 + b^3$

⑧ $(a-b)(a^2 + ab + b^2) = a^3 - b^3$

✎ 나머지정리와 인수정리

$f(x)$를 $(x-\alpha)$로 나누었을 때의 몫을 $Q(x)$, 나머지를 R이면

「수학(상)」 Ⅱ.방정식과 부등식

연구01 빈칸에 알맞은 것을 쓰시오.

■ 수의 분류

연구
01

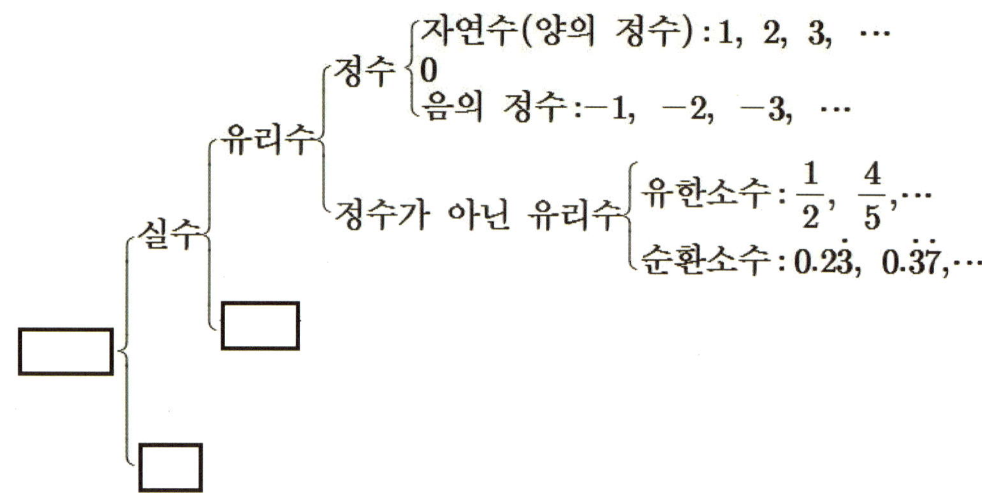

: 정수 m, n에 대하여 $\dfrac{n}{m}\,(m \neq 0)$꼴로

　나타낼 수 있는 수

: 정수 m, n에 대하여 $\dfrac{n}{m}\,(m \neq 0)$꼴로

　나타낼 수 없는 수

$\boxed{\text{연구02}}$ 허수단위 i의 뜻을 쓰시오.

25

2 복소수의 뜻

허수단위 i:

$$(x^2 = -1 \text{의 근. 즉, } i^2 = -1)$$

복소수: 두 실수 a, b에 대하여

$a + bi$ 꼴로 나타낸 수.

$$\underline{a} + \underline{b}i$$

복소수가 서로 같을 조건:

(단, a, b, c, d가 실수)

① $a + bi = c + di \Leftrightarrow$

② $a + bi = 0 \Leftrightarrow$

연구03 아래 복소수의 연산의 식을 완성하시오.

연구04 $z = a + bi$ 라고 할 때 아래 식을 완성하시오.

① $z + \bar{z} =$

② $z \times \bar{z} =$

③ 복소수의 연산

i를 문자와 같이 취급하고,

$i^2 = -1$로 계산한다.

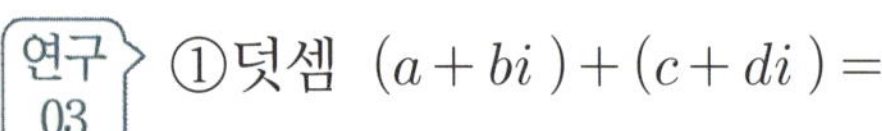

①덧셈 $(a + bi) + (c + di) =$

②뺄셈 $(a + bi) - (c + di) =$

③곱셈 $(a + bi)(c + di) =$

④나눗셈 $(a + bi) \div (c + di) =$

✎ 복소수의 연산

④ 켤레복소수

$\overline{a + bi} = a - bi$

$a + bi$의 허수부분의 부호를 바꾼 복소수

$z = a + bi$라고 할 때

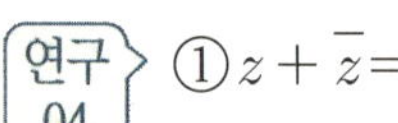

① $z + \bar{z} =$

② $z \times \bar{z} =$

✎ 켤레복소수

연구05 $a > 0$일 때 $-a$의 제곱근은 $\pm\sqrt{a}\,i$인 이유를 쓰시오.

5 음수의 제곱근

$a > 0$일 때

연구 05

✎ 음수의 제곱근

6 방정식

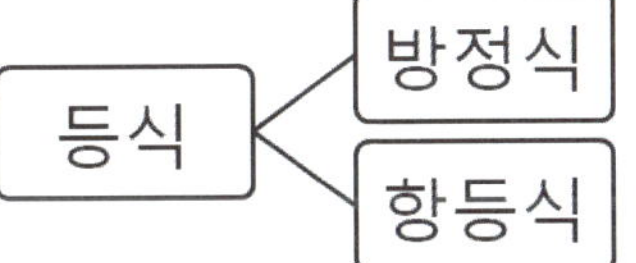

　: 문자를 포함한 등식에서,

문자에 특정한 수만 대입할 때 성립하는 식

　: 특정한 수. 문자에 대입하면 식이 성립한다.

　　: 실수인 근

　　: 허수인 근

　　: 문자를 포함한 등식에서, 문자에

어떤 값을 넣어도 항상 성립하는 등식.

연구06 이차방정식 $ax^2 + bx + c = 0 \ (a \neq 0)$의

근의 공식을 쓰고, 이를 유도하시오.

7 이차방정식의 풀이

이차방정식 $ax^2 + bx + c = 0 \ (a \neq 0)$

① 인수분해

연구 06 ② 근의 공식

✎ 이차방정식의 풀이

연구07 이차방정식 $ax^2 + bx + c = 0 \ (a \neq 0)$의 판별식 D를 쓰고, 판별식의 부호에 따른 근의 종류를 쓰시오.

연구09 아래 근과 계수와의 관계의 식을 완성하고 이를 유도하시오.

연구08 이차방정식 $ax^2 + bx + c = 0 \ (a \neq 0)$의 판별식 D의 부호에 따라 이차방정식의 근이 실근 2개, 중근, 허근 2개로 결정되는 이유를 쓰시오.

8 판별식

연구 07

이차방정식 $ax^2 + bx + c = 0 \ (a \neq 0)$에서 근의 종류는

① $D > 0$:

② $D = 0$:

③ $D < 0$:

$ax^2 + 2b'x + c = 0$일 때, (b가 짝수일 때)

판별식

연구 08

$x = \dfrac{-b \pm \sqrt{b^2 - 4ac}}{2a} = \dfrac{-b \pm \sqrt{D}}{2a}$ 근이므로

① $D > 0$:

② $D = 0$:

③ $D < 0$:

【ex】 $x = \dfrac{-3 \pm \sqrt{D}}{2}$

　① $D = 1$

　② $D = 0$

　③ $D = -1$

9 근과 계수의 관계

연구 09

이차방정식 $ax^2 + bx + c = 0 \ (a \neq 0)$의 두 근을 α, β라 하면

① $\alpha + \beta =$

② $\alpha\beta =$

근과 계수와의 관계

【ex】$x^2 + 2x + 3 = 0$　【ex】$2x^2 + 4x + 6 = 0$

①$\alpha + \beta =$

②$\alpha\beta =$

[연구10] 삼차방정식 $ax^3 + bx^2 + cx + d = 0$ $(a \neq 0)$의 세 근을 α, β, γ라 할 때, 아래 근과 계수와의 관계의 식을 완성하고 이를 유도하시오.

[연구11] 이차방정식 $ax^2 + bx + c = 0$ $(a \neq 0)$의
① a, b, c가 유리수이면
한 근이 $g + h\sqrt{k}$ 이면 [　　　]도 근이다.
(단, g, h는 유리수이고 $h \neq 0$, $\sqrt{k}$ 는 무리수)
② a, b, c가 실수이면 (단, $h \neq 0$)
한 근이 $g + hi$ 이면 [　　　]도 근이다.
(단, g, h는 실수이고 $h \neq 0$)

❿ 삼차방정식의 근과 계수의 관계

삼차방정식 $ax^3 + bx^2 + cx + d = 0$ $(a \neq 0)$의 세 근을 α, β, γ라 하면

연구 10

① $\alpha + \beta + \gamma =$

② $\alpha\beta + \beta\gamma + \gamma\alpha =$

③ $\alpha\beta\gamma =$

✎ 삼차방정식의 근과 계수의 관계

【ex】 $2x^3 + 12x^2 + 22x + 6 = 0$
① $\alpha + \beta + \gamma =$
② $\alpha\beta + \beta\gamma + \gamma\alpha =$
③ $\alpha\beta\gamma =$

⓫ 켤레근(세트)

이차방정식 $ax^2 + bx + c = 0$ $(a \neq 0)$의

연구 11

① a, b, c가 유리수이면
한 근이 $g + h\sqrt{k}$ 이면
(단, g, h는 유리수이고 $h \neq 0$, $\sqrt{k}$ 는 무리수)

② a, b, c가 실수이면
한 근이 $g + hi$ 이면
(단, g, h는 실수이고 $h \neq 0$)

✎ 켤레근(세트)

【ex】

$1 - i$　$\rightarrow$

$2 - \sqrt{2}$　$\rightarrow$

2　$\rightarrow$

연구12 이차함수 $y = ax^2 + bx + c$의 꼭짓점의

좌표를 쓰고, 이를 유도하시오.

12 이차함수의 그래프

① $y = ax^2$ $(a \neq 0)$ 꼭짓점 $(0,\ 0)$

$a > 0$	$a < 0$
y x	y x

② $y = ax^2 + bx + c$ $(a \neq 0)$

a.완전제곱꼴   b.인수분해꼴

$y = a(x - m)^2 + n$	$y = a(x - \alpha)(x - \beta)$
y x	y x

연구12 ✎ $y = ax^2 + bx + c$의 꼭짓점의 좌표

✎ 이차함수의 그래프

【ex】 $y = 2x^2$, $y = 1x^2$, $y = \dfrac{1}{2}x^2$

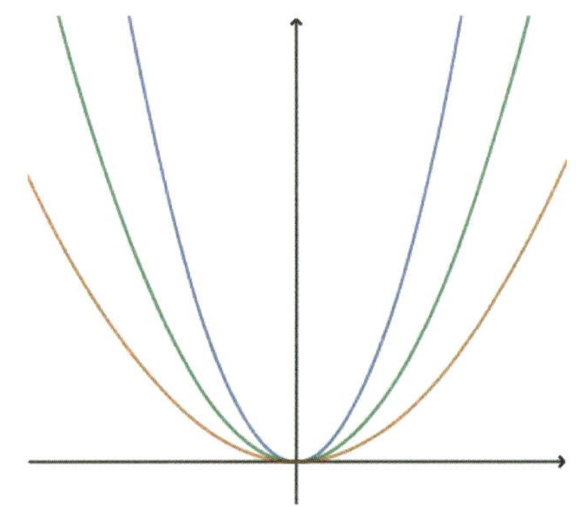

【ex】 $y = 3x^2 + 6x - 9$의 꼭짓점

완전제곱꼴:

인수분해꼴:

➤ $y = ax^2 + bx + c$의 **꼭짓점의 좌표**

연구13 이차함수 $y = ax^2 + bx + c$의 그래프와 x축의 위치 관계에 따른, 이차방정식 $ax^2 + bx + c = 0$의 판별식 $D = b^2 - 4ac$의 부호를 쓰고, 그 이유를 쓰시오.

① D [　] 0 : 서로 다른 두 점에서 만난다.

② D [　] 0 : 한 점에서 만난다(접한다).

③ D [　] 0 : 만나지 않는다.

🔟🔺 이차함수와 이차방정식의 관계

이차방정식 $ax^2 + bx + c = 0$의

판별식 $D = b^2 - 4ac$일 때,

이차함수 $y = ax^2 + bx + c$의 그래프와

x축의 위치 관계는

연구
13

① 　　　 : 서로 다른 두 점에서 만난다.

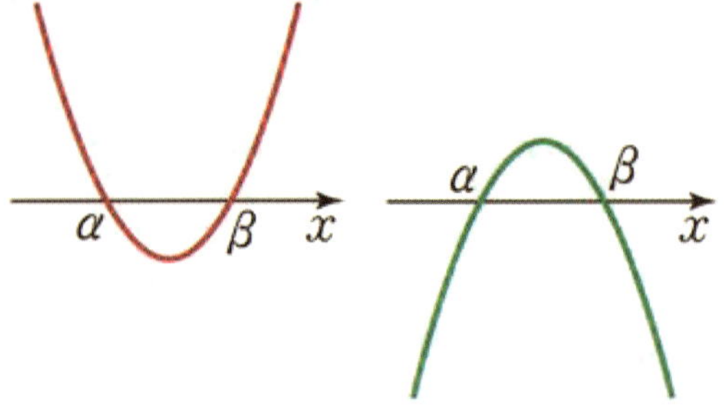

② 　　　 : 한 점에서 만난다(접한다).

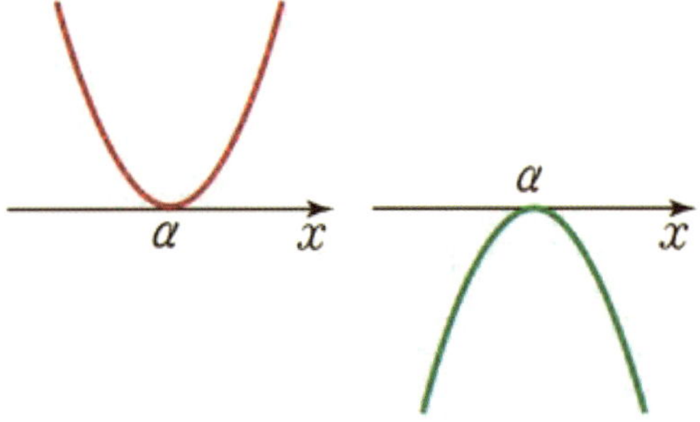

③ 　　　 : 만나지 않는다.

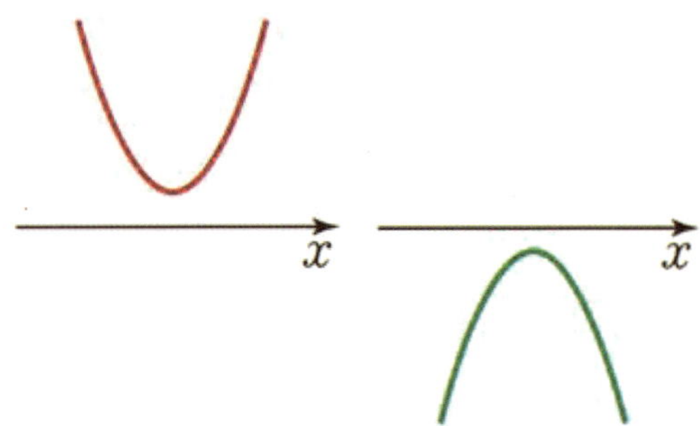

✎ 이차함수와 이차방정식의 관계

연구14 두 함수 $y = f(x)$와 $y = g(x)$의 그래프의
교점을 구할 때, $f(x) = g(x)$의 식을 계산하면
구할 수 있는 이유를 쓰시오.

---

14 이차함수와 직선 사이의 관계

이차함수 $y = ax^2 + bx + c$의 그래프와 직선
$y = mx + n$의 위치 관계는 이차방정식
$$ax^2 + bx + c = mx + n$$
$$\Leftrightarrow ax^2 + (b-m)x + c - n = 0$$
의 판별식을 D라고 할 때

① $D > 0$:

② $D = 0$:

③ $D < 0$:

두 그래프의 교점 구하기

연구 14

두 함수 $y = f(x)$와 $y = g(x)$의 그래프의
교점을 구할 때, $f(x) = g(x)$의 식을 계산하면
구할 수 있는 이유는?

$y = f(x)$를 만족시키는 (x, y)의 모임과
$y = g(x)$를 만족시키는 (x, y)의 모임은 다르다.
그런데 두 그래프의 교점의 좌표는 두 식을 동시에
만족시키는 공통된 (x, y)이다.
따라서 교점에서는 $y = f(x)$의 문자 x, 문자 y와
$y = g(x)$의 문자 x, 문자 y는 같은 문자로 계산을
하는 것이 성립한다.

ⓖ 이차함수의 최대, 최소

①범위가 없을 때

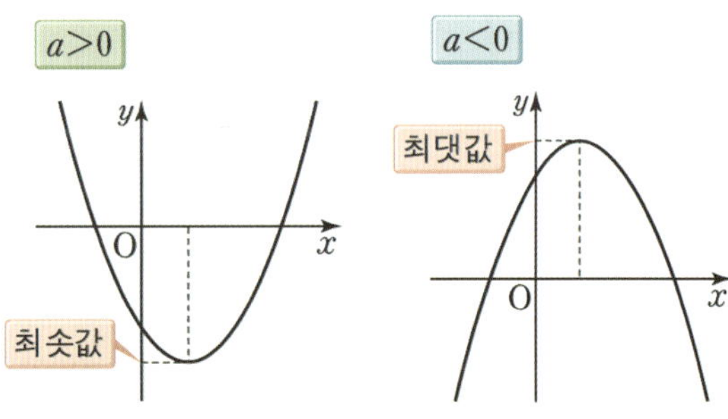

②범위가 있을 때

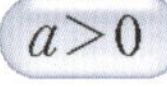

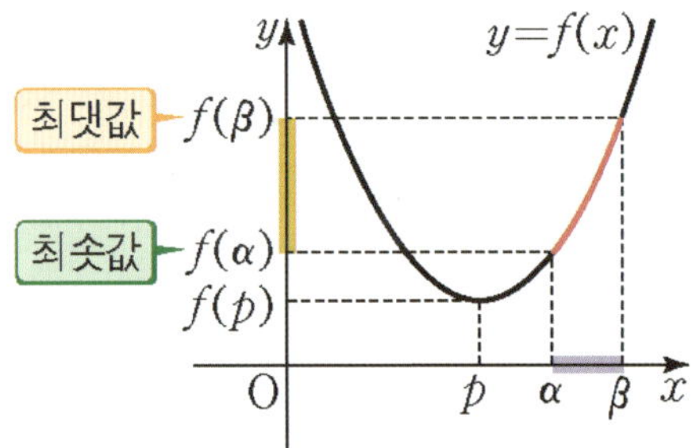

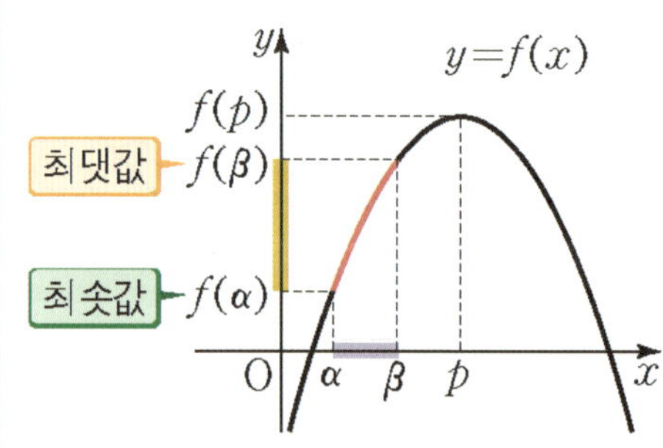

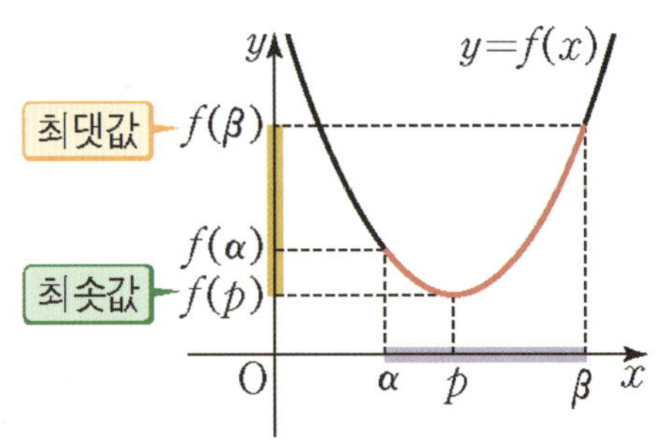

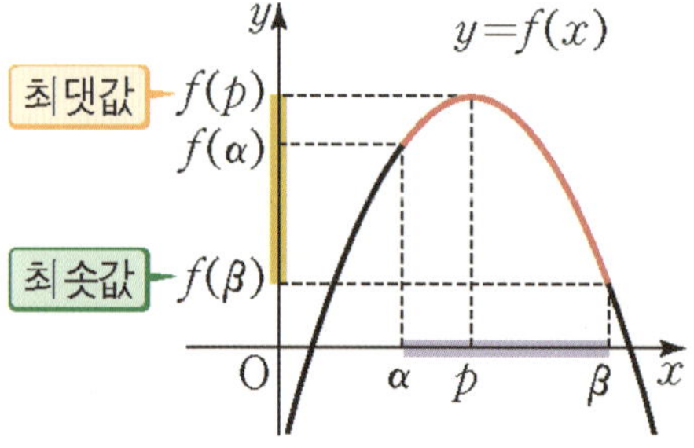

16 고차방정식 풀이

①인수분해

②치환

연구15 연립일차방정식 $\begin{cases} ax + by + c = 0 \\ a'x + b'y + c' = 0 \end{cases}$ 에서 아래 조건이 성립할 때의 해의 개수를 쓰시오.

① $\dfrac{a}{a'} \neq \dfrac{b}{b'}$

② $\dfrac{a}{a'} = \dfrac{b}{b'} = \dfrac{c}{c'}$

③ $\dfrac{a}{a'} = \dfrac{b}{b'} \neq \dfrac{c}{c'}$

---

17 연립 일차방정식의 부정, 불능

연립일차방정식 $\begin{cases} ax + by + c = 0 \\ a'x + b'y + c' = 0 \end{cases}$ 에서

연구 15

① $\dfrac{a}{a'} \neq \dfrac{b}{b'}$:

② $\dfrac{a}{a'} = \dfrac{b}{b'} = \dfrac{c}{c'}$:

③ $\dfrac{a}{a'} = \dfrac{b}{b'} \neq \dfrac{c}{c'}$:

18 연립 일차방정식

문자수를 줄여나간다!

식3, 문자3

→식2, 문자2

→식1, 문자1

✎ 연립 일차방정식의 부정, 불능

【ex】

$$\begin{cases} 2x + y - 4 = 0 \\ x - y - 2 = 0 \end{cases}$$

$$\begin{cases} 2x + y - 4 = 0 \\ 4x + 2y - 8 = 0 \end{cases}$$

$$\begin{cases} 2x + y - 4 = 0 \\ 4x + 2y + 6 = 0 \end{cases}$$

19 부정방정식

방정식의 개수가 미지수의 개수보다 적은 경우
해가 무수히 많아서 해를 정할 수 없는 경우의
방정식

인수×인수=정수(자연수)

20 부등식의 기본 성질

부등식: 부등호를 써서 수나 식의 값의 대소
관계를 나타낸 것

✏ 허수에 대해서는 대소 관계를 생각하지
않으므로 부등식에 포함된 모든 문자는 실수를
나타내는 것으로 한다.

① $a > b,\ b > c$이면 $a > c$

② $a > b$이면 $a + c > b + c,\ a - c > b - c$

③ $a > b,\ c > 0$이면 $ac > bc,\ \dfrac{a}{c} > \dfrac{b}{c}$

④ $a > b,\ c < 0$이면 $ac < bc,\ \dfrac{a}{c} < \dfrac{b}{c}$

✎ 부정방정식

【ex】 $xy - 3x + 2y + 1 = 0,\ x,\ y$는 정수

【ex】 $-2 \qquad -\dfrac{1}{2}$

연구16 $|x| \leq a \iff -a \leq x \leq a$임을
유도하시오.

---

21 절댓값 부등식

절댓값: 수직선 위에서 원점으로부터 어떤 수를
나타내는 점까지의 거리

절댓값 안이 0이 되는 곳에서 구간을 나누어 푼다.

$$(단, \ 0 < a < b)$$

① $|x| \leq a \iff$

② $|x| \geq a \iff$

③ $a \leq |x| \leq b \iff$

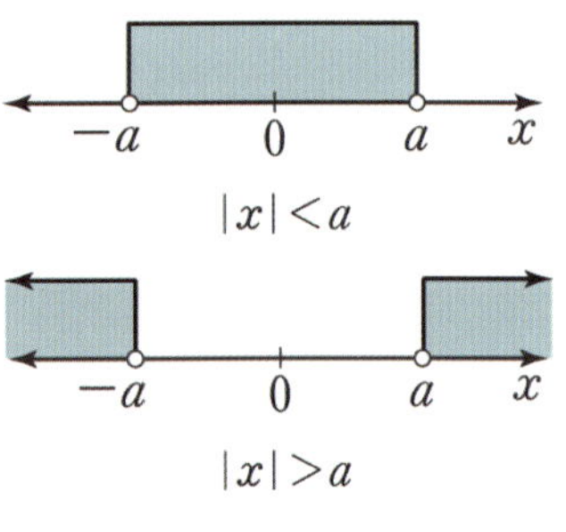

연구
16

✎ 절댓값 부등식

22 이차부등식

① $(x-\alpha)(x-\beta) > 0 \Leftrightarrow$

② $(x-\alpha)(x-\beta) < 0 \Leftrightarrow$

✎ 이차부등식

$y = (x-\alpha)(x-\beta)$

$\oplus$

$\ominus$

		α		β	
$(x-\alpha)$					
$(x-\beta)$					
$(x-\alpha)(x-\beta)$					

연구17 이차함수 $y = ax^2 + bx + c$에 대하여, 빈칸에 알맞은 x의 값이나 범위를 쓰시오.

연구18 모든 실수 x에 대하여 $ax^2 + bx + c > 0$일 조건을 2가지 쓰시오.

㉓ 이차함수의 부등식활용

$(a > 0)$	$D > 0$	$D = 0$	$D < 0$
$y = f(x)$ 그래프			
$f(x) = 0$			
$f(x) > 0$			
$f(x) \geq 0$			
$f(x) < 0$			
$f(x) \leq 0$			

연구18

✎ 모든 실수 x에 대하여

$ax^2 + bx + c > 0$일 조건은

✎ 연립부등식

여러 가지 부등식이 뭉쳤을 때

【ex】 연립부등식

i) $3 \leq x \leq 5$

ii) $x \leq 2,\ x \geq 4$

iii) $x \geq 1$

「수학(상)」 Ⅲ.도형의 방정식

연구01 두 점 $A(x_1,\ y_1)$, $B(x_2,\ y_2)$ 사이의 거리 $\overline{AB}=\sqrt{(x_2-x_1)^2+(y_2-y_1)^2}$ 임을 유도하시오.

미리 알아야 할 단원
수학(상) – 2.방정식과 부등식

▮ 두 점 사이의 거리

연구 01

✎ 두 점 사이의 거리

① 수직선 위의 두 점 $A(x_1)$, $B(x_2)$ 사이의 거리

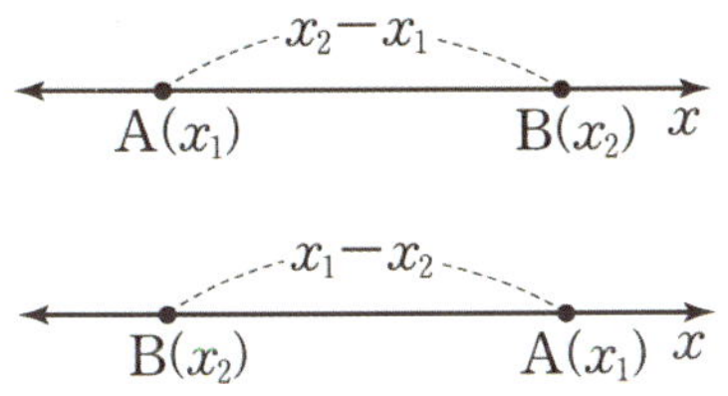

②좌표평면 위의 두 점 사이의 거리

두 점 $A(x_1,\ y_1)$, $B(x_2,\ y_2)$ 사이의 거리

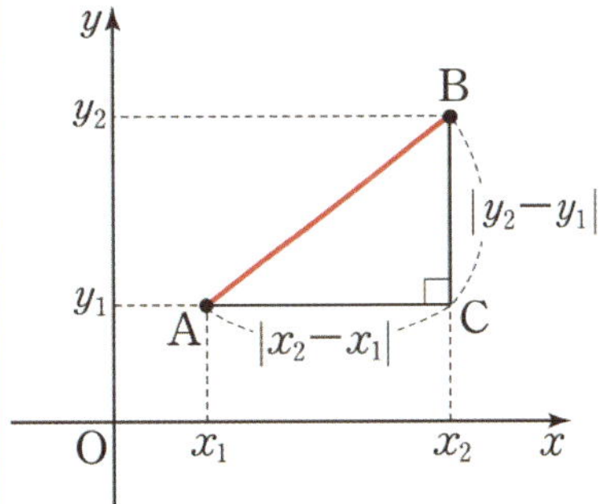

② 내분과 외분의 뜻

✎ 내분과 외분의 뜻

내분: 수직선 위에서 선분 AB 위의 점 P에 대하여 (단, $m > 0$, $n > 0$)

$$\overline{AP} : \overline{PB} = m : n$$

일 때, 점 P는 선분 AB를 $m : n$으로 내분한다고 하며, 점 P를 선분 AB의 내분점이라고 한다.

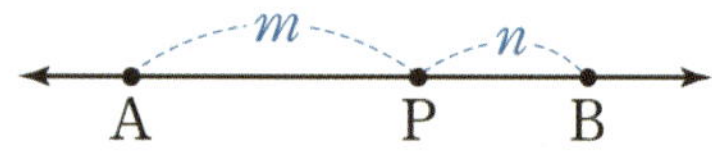

외분: 수직선 위에서 선분 AB의 연장선 위의 점 Q에 대하여 (단, $m > 0$, $n > 0$, $m \neq n$)

$$\overline{AQ} : \overline{QB} = m : n$$

일 때, 점 Q는 선분 AB를 $m : n$으로 외분한다고 하며, 점 Q를 선분 AB의 외분점이라고 한다.

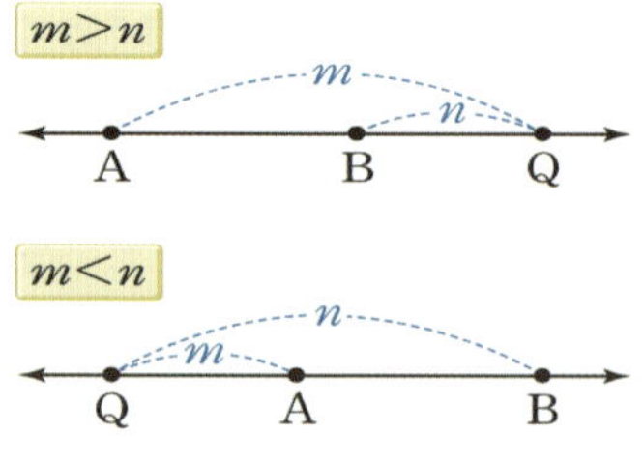

연구02 수직선 위의 두 점 $A(x_1)$, $B(x_2)$를 이은 선분 AB를 $m:n$으로 내분하는 점 P를 유도하시오.

연구03 수직선 위의 두 점 $A(x_1)$, $B(x_2)$를 이은 선분 AB를 $m:n$으로 외분하는 점 Q를 유도하시오.

---

3 수직선 위의 내분점과 외분점

수직선 위의 두 점 $A(x_1)$, $B(x_2)$에 대하여 선분 AB를 $m:n(m>0,\ n>0)$으로

연구 02 ① 내분하는 점 P의 좌표는

연구 03 ② 외분하는 점 Q의 좌표는 (단, $m \neq n$)

✎ 수직선 위의 내분점과 외분점

① **내분점의 좌표**

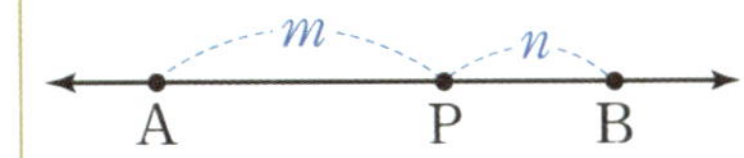

② **외분점의 좌표**

$m>n$

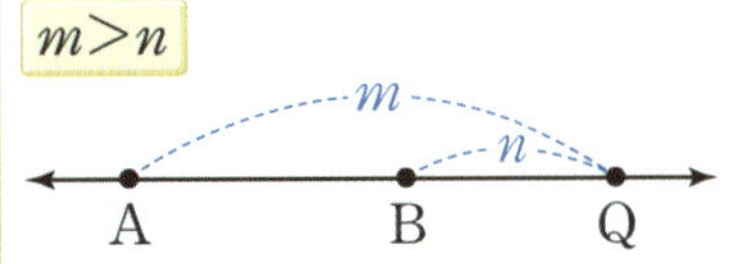

연구04 좌표평면 위의 세 점 $A(x_1,\ y_1)$, $B(x_2,\ y_2)$, $C(x_3,\ y_3)$을 꼭짓점으로 하는 삼각형 ABC의 무게중심 G의 좌표를 유도하시오.

---

4 좌표평면 위의 내분점과 외분점

좌표평면 위의 두 점 $A(x_1,\ y_1)$, $B(x_2,\ y_2)$에 대하여 선분 AB를 $m:n(m>0,\ n>0)$으로 ①내분하는 점 P의 좌표는

②외분하는 점 Q의 좌표는 (단, $m \neq n$)

③선분 AB의 중점 M은

연구 04 ④무게중심의 좌표
좌표평면 위의 세 점 $A(x_1,\ y_1)$, $B(x_2,\ y_2)$, $C(x_3,\ y_3)$을 꼭짓점으로 하는 삼각형 ABC의 무게중심 G의 좌표

✎ 좌표평면 위의 내분점과 외분점

①내분점 P ②외분점 Q

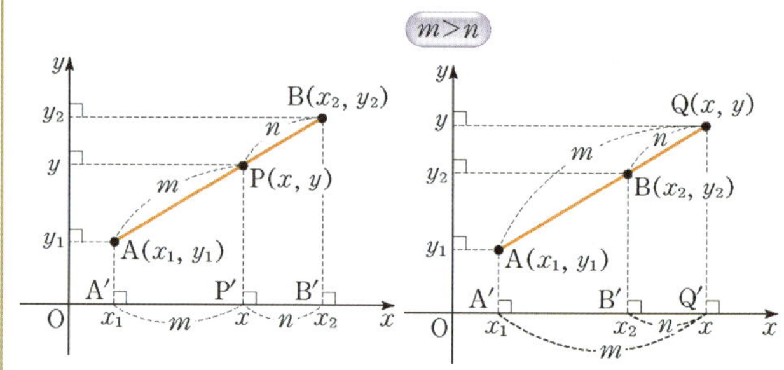

④무게중심의 좌표

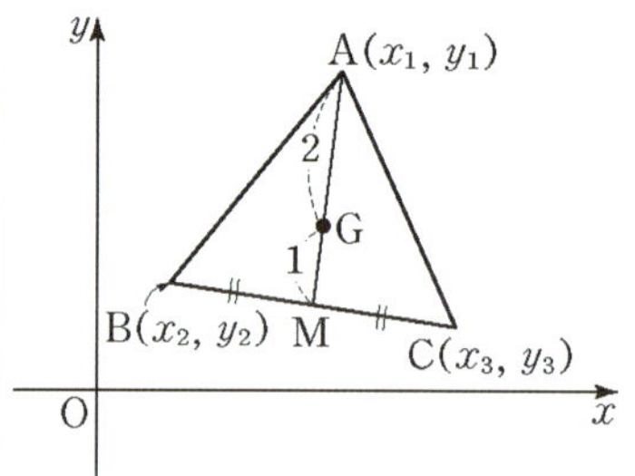

5 직선의 기울기

A. 수평면에 대해 경사면이 기울어진 정도

B. x값의 변화량에 대한 y값의 변화량의 비율

C. $y = mx + n$의 x계수 m

✒ 직선의 기울기

①밑변이 같고 높이가 다를 때

A.   B.   C.

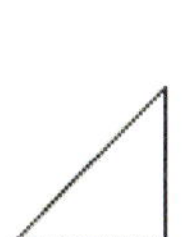  

②높이가 같고 밑변이 다를 때

A.   B.   C.

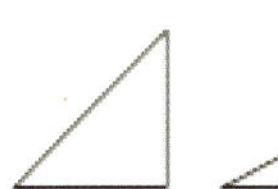  

③밑변과 높이의 비율이 같을 때

A.   B.   C.

 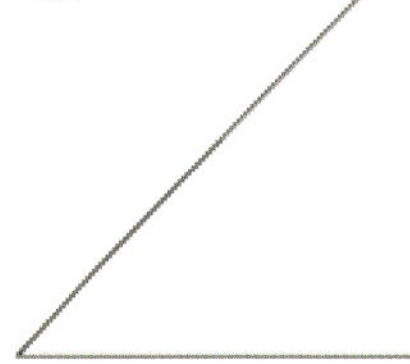

연구05 빈칸에 알맞은 직선의 기울기의 값을 쓰시오.

✎ 기울기와 각도

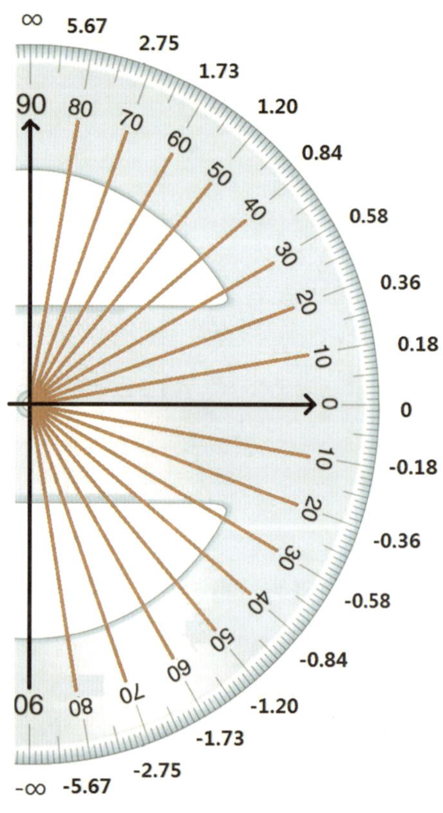

✎ 기울기와 각도

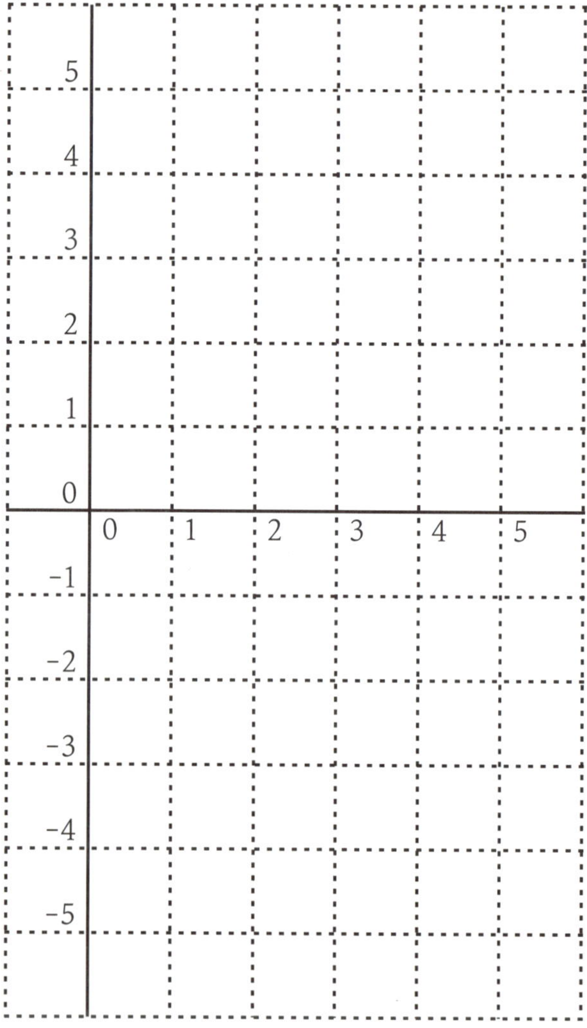

연구
05

직선과 x축 이루는 각	직선의 기울기
60°	
45°	
30°	
0°	
-30°	
-45°	
-60°	

연구06 점 $A(x_1, y_1)$을 지나고 기울기가 m인 직선의 방정식이 무엇인지 쓰고, 이를 유도하시오.

연구07 x절편이 a이고 y절편이 b인 직선의 방정식을 쓰시오.

---

6 직선의 방정식

연구 06 ① 점 $A(x_1, y_1)$을 지나고 기울기가 m인 직선의 방정식은

② 서로 다른 두 점 $A(x_1, y_1)$, $B(x_2, y_2)$를 지나는 직선의 방정식은 (단, $x_1 \neq x_2$)

③ 기울기가 m이고, y절편이 n인 직선의 방정식은

④ $y = k$ 　　　　 $x = k$

⑤ $ax + by + c = 0$

연구 07 ⑥ x절편이 a이고 y절편이 b인 직선의 방정식은 (단, $a \neq 0$, $b \neq 0$)

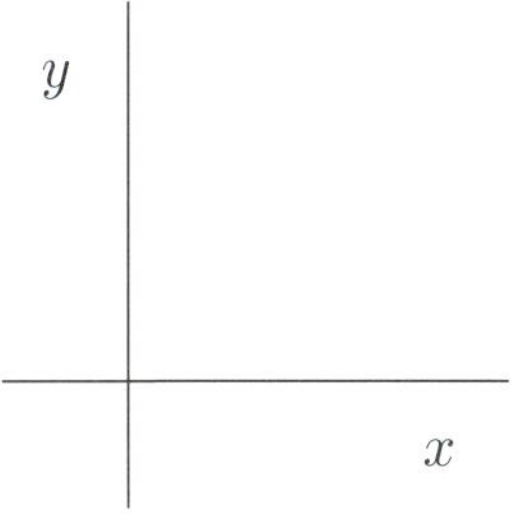

✎ 직선의 방정식

직선 l 위에 점 A와 다른 임의의 한 점을 $P(x, y)$라 하면

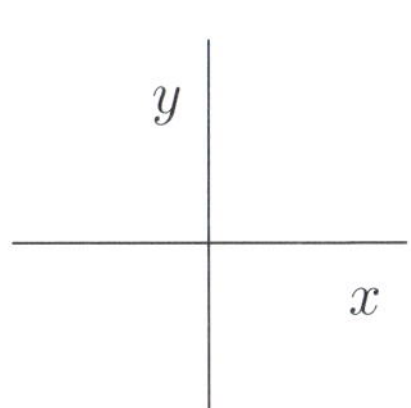

x절편: 그래프가 x축과 만나는 점의 x좌표

y절편: 그래프가 y축과 만나는 점의 y좌표

연구08 아래는 두 직선의 위치관계에 대한 표이다. 각 위치 관계마다 빈칸에 알맞은 식을 쓰시오

연구09 두 직선 $y = mx + n$, $y = m'x + n'$의 그래프가 수직이 되기 위한 조건을 쓰고, 이를 유도하시오.

---

7 두 직선의 위치관계

연구 08

	$\begin{array}{c} y = mx + n \\ y = m'x + n' \end{array}$	$\begin{array}{c} ax + by + c = 0 \\ a'x + b'y + c' = 0 \end{array}$
평행		
일치		
수직		
한 점 만남		

✎ 두 직선의 위치관계

연구 09 두 직선의 수직 조건 유도

$\boxed{\text{연구10}}$ 점 $(x_1,\ y_1)$과 직선

$ax+by+c=0$사이의 거리의 값을 쓰시오.

$\boxed{\text{연구11}}$ 평행한 두 직선 $ax+by+c_1=0$,

$ax+by+c_2=0$ 사이의 거리의 값을 쓰고, 이를

유도하시오.

---

8 점과 직선 사이의 거리

$\boxed{\text{연구 10}}$ ① 점 $(x_1,\ y_1)$과 직선 $ax+by+c=0$사이의 거리는

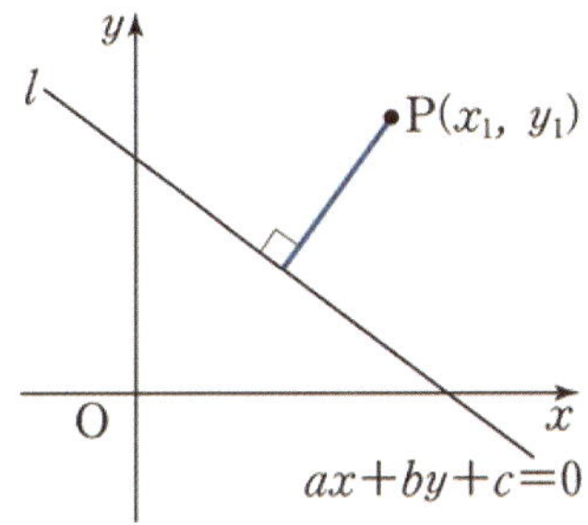

$\boxed{\text{연구 11}}$ ② 평행한 두 직선

$ax+by+c_1=0,\ ax+by+c_2=0$ 사이의 거리는

✎ 점과 직선 사이의 거리

① 점 $(x_1,\ y_1)$과 직선 $ax+by+c=0$사이의 거리는

i)

ii)

iii)

iv)

(계산)

i) 직선 l의 기울기가 $-\dfrac{a}{b}$ 이므로

  PH의 기울기는 $\dfrac{b}{a}$

ii) $\mathrm{PH}:\ y-y_1=\dfrac{b}{a}(x-x_1)$

iii) $l:ax+by+c=0$와

  $\mathrm{PH}:\ y-y_1=\dfrac{b}{a}(x-x_1)$를 연립

$\rightarrow\ x=\dfrac{b^2x_1-aby_1-ac}{a^2+b^2}$

iv) $x-x_1=\dfrac{-a(ax_1+by_1+c)}{a^2+b^2}$

  $y-y_1=\dfrac{-b(ax_1+by_1+c)}{a^2+b^2}$

$\overline{\mathrm{PH}}=\sqrt{(x-x_1)^2+(y-y_1)^2}$

$=\sqrt{\dfrac{(a^2+b^2)(ax_1+by_1+c)^2}{(a^2+b^2)^2}}$

$=\dfrac{|ax_1+by_1+c|}{\sqrt{a^2+b^2}}$

연구12 중심이 $(a,\ b)$, 반지름 길이가 r인 원의

방정식을 쓰고, 이를 유도하시오.

---

9 원의 방정식

정의: 특정한 한 점으로부터,

그 점과 같은 거리에 있는 점들의 집합

연구 12 ①중심이 $(a,\ b)$, 반지름 길이가 r인 원의 방정식

②중심이 $(0,\ 0)$, 반지름 길이가 r인 원의 방정식

③원의 방정식의 일반형

✎ 원의 방정식

①중심이 $(a,\ b)$, 반지름 길이가 r인 원의 방정식

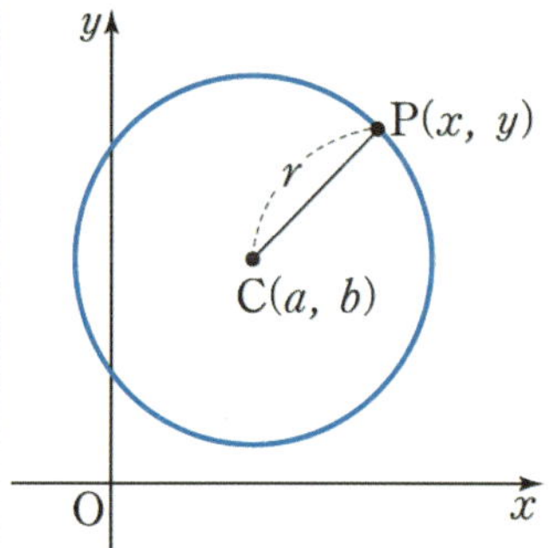

③원의 방정식의 일반형

$$x^2 + y^2 + Ax + By + C = 0$$

$$\left(x + \frac{A}{2}\right)^2 + \left(y + \frac{B}{2}\right)^2 = \frac{A^2 + B^2 - 4C}{4}$$

연구13 중심이 (a, b)인 원이 있다 이 원이 아래
조건을 만족시킬 때의 원의 방정식을 쓰시오.

①x축에 접함

②y축에 접함

③x축, y축에 접함 (단, $a, b > 0$)

---

❿ 원이 x축 또는 y축에 접할 때

①x축에 접함

②y축에 접함

③x축, y축에 접함

✎원이 x축 또는 y축에 접할 때

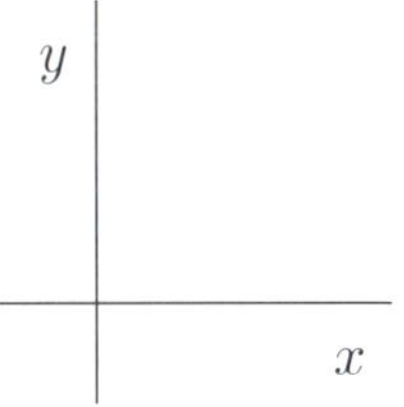

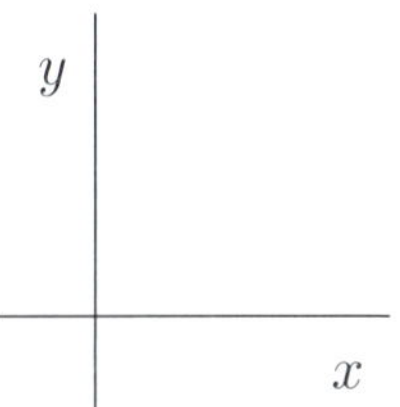

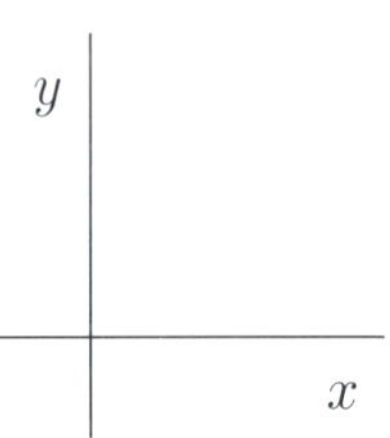

연구14 두 원의 중심사이의 거리가 d이고 반지름이 각각 R, r일 때($R > r$), 아래 위치 관계에 따른 d, R, r의 관계식을 쓰시오.

연구15 원의 중심과 직선사이의 거리가 d, 반지름의 길이가 r일 때, 원과 직선의 교점의 개수를 쓰시오.

---

⑪ 두 원의 위치관계

두 원의 중심사이의 거리가 d이고 반지름이 각각 R, r일 때 $(R > r)$

연구 14
① 만나지 않음
② 한 점에서 만난다(외접)
③ 서로 다른 두 점에서 만남
④ 한 점에서 만남(내접)
⑤ 한 원이 다른 원에 포함

⑫ 원과 직선의 위치 관계

원의 중심과 직선사이의 거리가 d, 반지름의 길이가 r일 때,

연구 15
① $d < r$:
② $d = r$:
③ $d > r$:

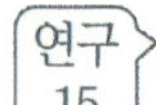

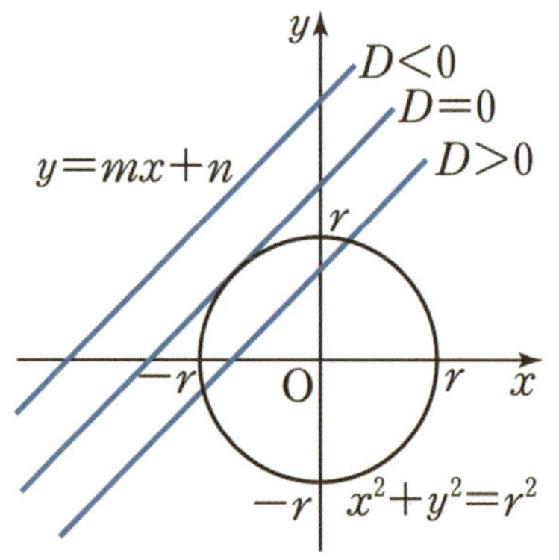

✎ 두 원의 위치관계

	R-r	R+r

✎ 원과 직선의 위치 관계

[연구16] 원 $x^2+y^2=r^2$에서 기울기 m인 접선의 방정식을 쓰고, 이를 유도하시오.

[연구17] 원 $x^2+y^2=r^2$ 위의 점 $(x_1,\ y_1)$에서의 접선의 방정식을 쓰고, 이를 유도하시오.

⓭ 원의 접선의 방정식

연구 16 ①원 $x^2+y^2=r^2$에서 기울기 m인 접선의 방정식

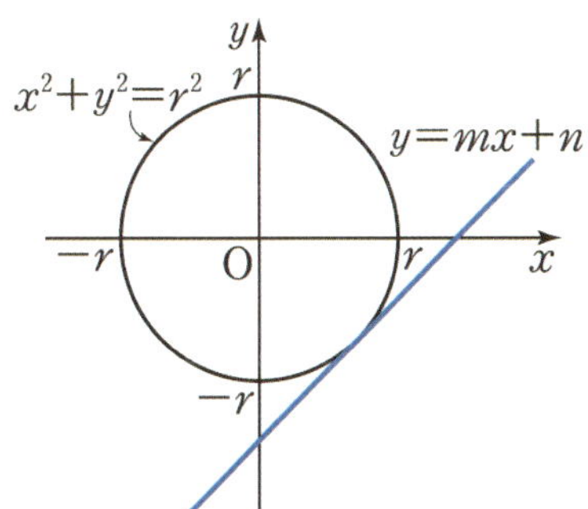

연구 17 ②원 $x^2+y^2=r^2$ 위의 점 $(x_1,\ y_1)$에서의 접선

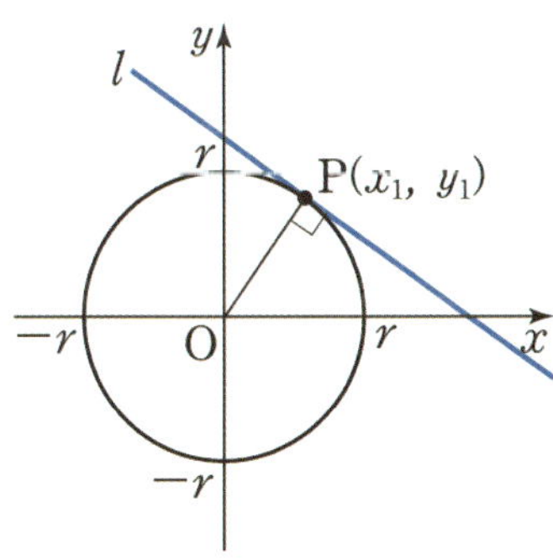

✒ 원의 접선의 방정식

①원 $x^2+y^2=r^2$에서 기울기 m인 접선의 방정식

②원 $x^2+y^2=r^2$ 위의 점 $(x_1,\ y_1)$에서의 접선

연구18 x축의 방향으로 a만큼,

y축의 방향으로 b만큼

평행이동 한 것을 쓰시오.

① 점 이동 $P(x, y)$ →

② 도형 이동 $f(x, y) = 0$ →

---

14 평행이동

x축의 방향으로 a만큼,

y축의 방향으로 b만큼 평행이동

연구 18 ① 점 이동

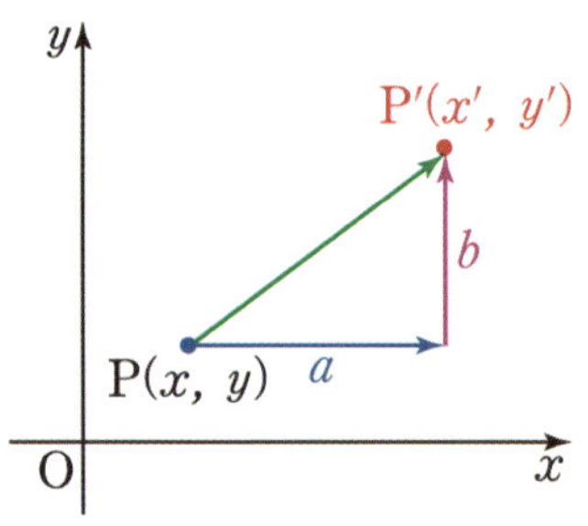

② 도형 이동

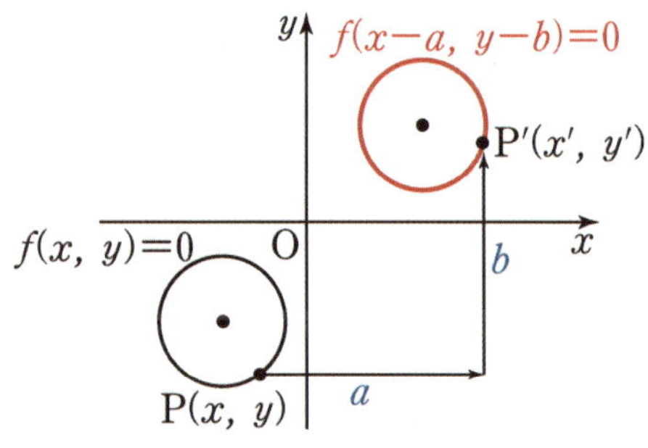

✎ 평행이동

【ex】 x축 : +3, y축 : −2 평행이동

[점] $(2, 0)$ → (,   )

[도형] $x^2 + y^2 = 4$

[연구19] 함수 $y = f(x)$의 그래프가 주기가 p인

함수일 때, 성립하는 식을 쓰시오.

55

---

15 주기함수

$y = f(x)$의 그래프가 주기가 p인 함수일 때

아래 식이 성립한다.

【ex】 $f(x) = -x^2 + 1 \ (-1 \le x < 1)$이고

$f(x+2) = f(x)$ 일 때

$y = f(x)$의 그래프

✒ 주기함수

16 대칭이동

① 선에 대한 대칭

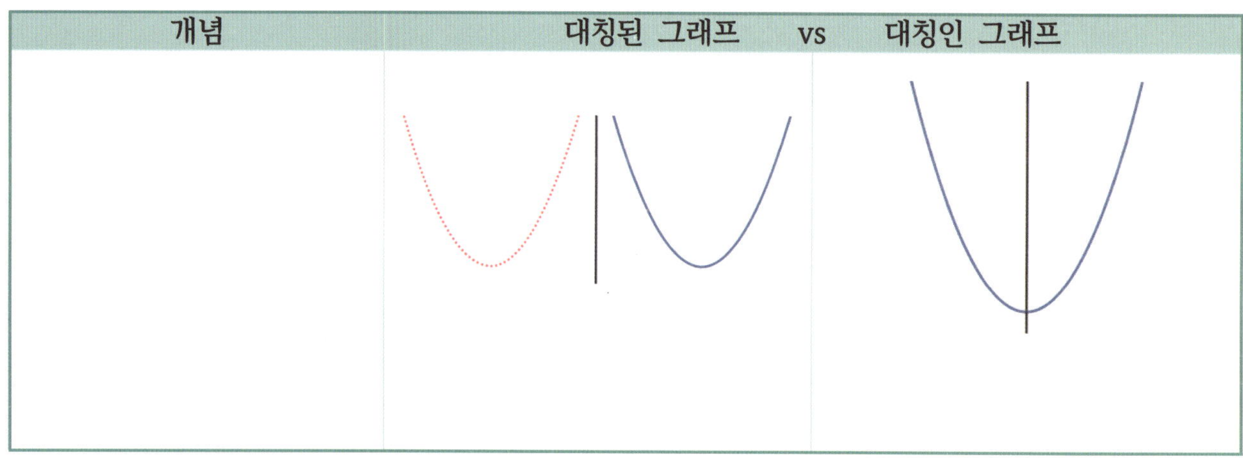

개념	대칭된 그래프 vs 대칭인 그래프

② 점에 대한 대칭

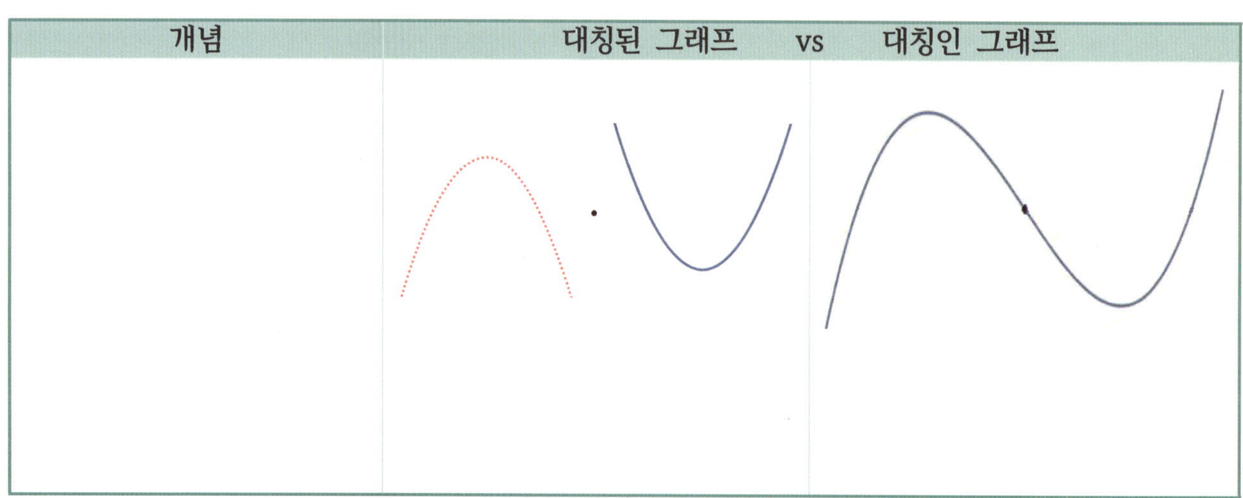

개념	대칭된 그래프 vs 대칭인 그래프

점대칭과 회전

$\boxed{\text{연구20}}$ 대칭 이동한 점 $(x,\ y)$의 좌표와,

도형 $f(x,\ y)=0$의 방정식을 구하고자 한다.

빈칸에 알맞은 것을 쓰시오.

③ 대칭이동된 도형의 좌표와 방정식

다음과 같이 대칭 이동한 점 $(x,\ y)$의 좌표와,

도형 $f(x,\ y)=0$, $y=f(x)$의 방정식

대칭	P$(x,\ y)$	$f(x,\ y)=0$	$y=f(x)$
x축			
y축			
원점			
$y=x$			
$x=a$			
$y=b$			
점$(a,\ b)$			

x축, y축, 원점 대칭	$y=x$ 대칭	$x=a$, $y=b$, 점$(a,\ b)$

[연구21] $f(x) = f(-x)$가 성립할 때, 함수 $y = f(x)$의 그래프는 어떤 형태인지 쓰고, $y = f(x)$가 다항함수일 경우 어떤 항으로 구성되어있는지를 쓰시오.

[연구22] $f(a+x) = f(a-x)$일 때, $y = f(x)$의 그래프는 어떤 형태인가?

[연구23] $f(x) = f(2a-x)$일 때, $y = f(x)$의 그래프는 어떤 형태인가?

🔟7 y축 대칭함수(우함수)

✎ y축 대칭함수(우함수)

[연구 21] ① $y = f(x)$의 그래프가 y축 대칭일 때 아래 식이 성립한다.

② 다항함수에서 우함수는

【ex】 $y = 2$, $y = x^2 + 1$, $y = x^4 + 2x^2 + 3$

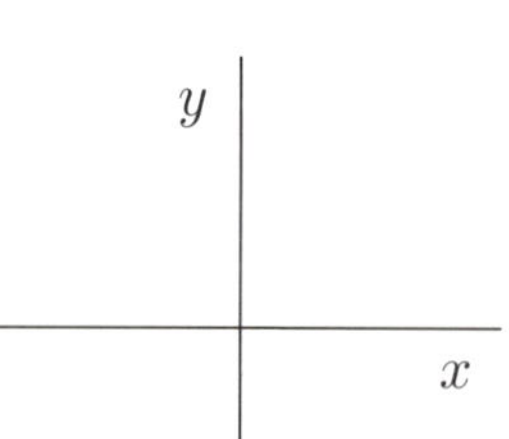

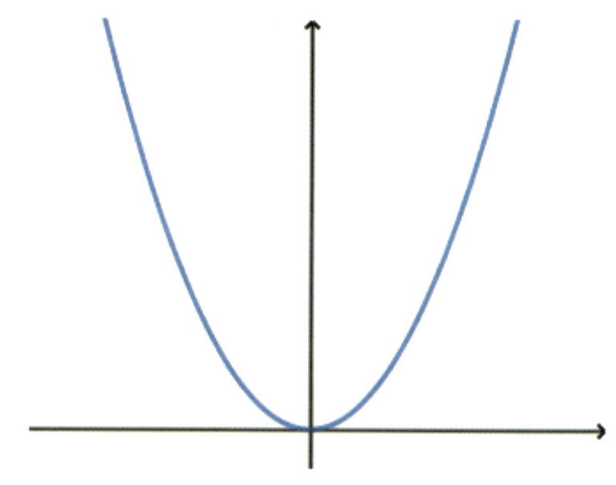

[연구 22] ③ $f(a+x) = f(a-x)$일 때,

[연구 23] ④ $f(x) = f(2a-x)$일 때,

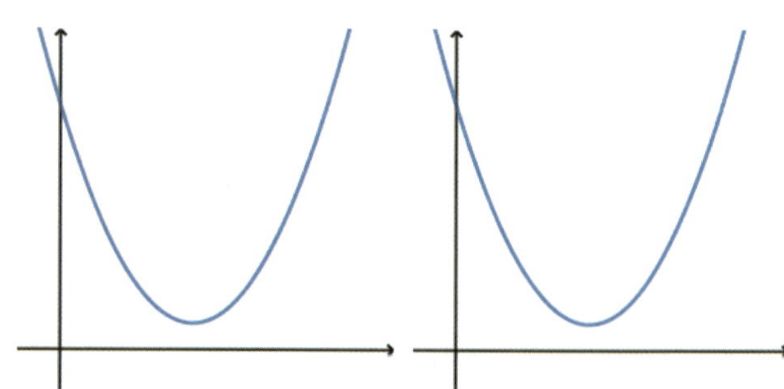

[연구24] $f(x) = -f(-x)$가 성립할 때, 함수 $y = f(x)$의 그래프는 어떤 형태인지 쓰고, $y = f(x)$가 다항함수일 경우 어떤 항으로 구성되어있는지 쓰시오.

[연구25] $\dfrac{f(a+x)+f(a-x)}{2} = b$ 일 때, $y = f(x)$의 그래프는 어떤 형태인가?

18 원점 대칭함수(기함수)

✎ 원점 대칭함수(기함수)

[연구 24] ① $y = f(x)$의 그래프가 원점 대칭일 때 아래 식이 성립한다.

② 다항함수에서 기함수는

【ex】 $y = x$, $y = x^3$, $y = x^3 + 2x$

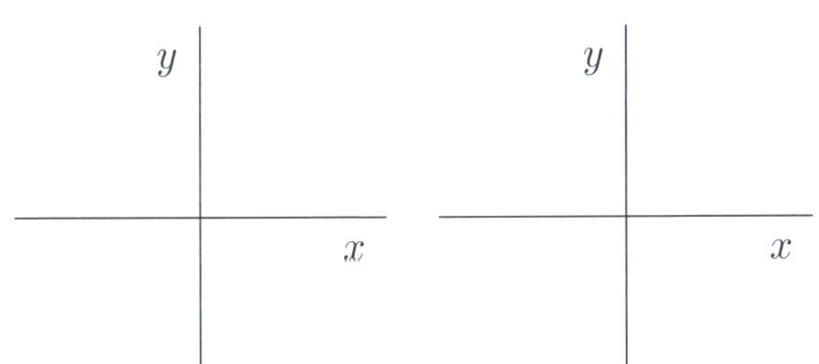

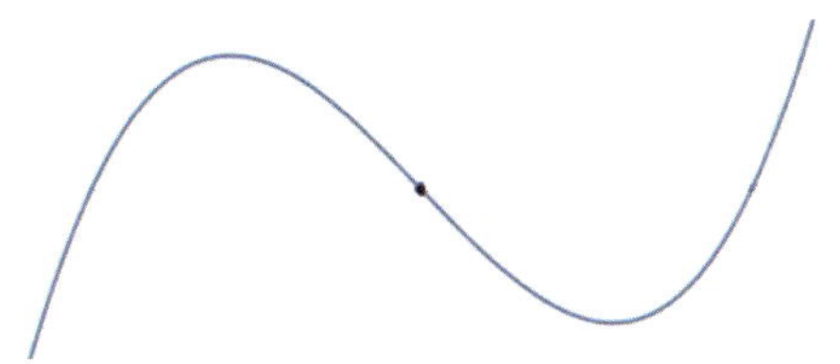

[연구 25] ③ $\dfrac{f(a+x)+f(a-x)}{2} = b$ 일 때,

✎ 우함수/기함수 판별하는 법

【ex】 $y = x^3 + 4x^2 + 2x + 1$ 우함수? 기함수?

🖋 우함수와 기함수의 응용

- {우함수}×{기함수}={기함수}

- {$x=a$ 대칭 함수}×{$(a,\ 0)$ 대칭 함수}={$(a,\ 0)$ 대칭 함수}

- $(\{우함수\})'=\{기함수\} \;\rightarrow\; \int \{기함수\}=\{우함수\}$

- $(\{기함수\})'=\{우함수\} \;\rightarrow\; \int \{우함수\}=\{기함수\}+C$

- $(\{x=a\ 대칭\ 함수\})'=\{(a,\ 0)\ 대칭\ 함수\} \;\rightarrow\; \int \{(a,\ 0)\ 대칭\ 함수\}=\{x=a\ 대칭\ 함수\}$

- $(\{(a,\ 0)\ 대칭\ 함수\})'=\{x=a\ 대칭\ 함수\} \;\rightarrow\; \int \{x=a\ 대칭\ 함수\}=\{(a,\ 0)\ 대칭\ 함수\}+C$

🖊 위에는 우함수 기함수에 대한 고난도 문제에서
자주 출제되는 중요한 연산을 모은 것이다.
위에 적은 것만큼은 꼭 숙지하자.
이 이외에도 우함수 기함수에 대한
+, -, ×, ÷, ∘, 미분, 적분 등의 연산으로
다양한 조합이 출제 될 수 있다.
그러나 모든 조합들을 열거하며 미리 외우는 것은 실전적이지가 못하고
앞 페이지의 [우함수/기함수 판별하는 법]을 활용해 판별할 수 있으면 된다.

수학 (하)

「교과서 학습 목표」

1.집합과 명제

☐ 집합의 개념을 이해하고, 집합을 표현할 수 있다.

☐ 두 집합 사이의 포함 관계를 이해한다.

☐ 집합의 연산을 할 수 있다.

☐ 명제와 조건의 뜻을 알고,

 '모든', '어떤'을 포함한 명제를 이해한다.

☐ 명제의 역과 대우를 이해한다.

☐ 필요조건과 충분조건을 이해한다.

☐ 절대부등식의 의미를 이해하고,

 간단한 절대부등시을 증명할 수 있다.

☐ 대우를 이용한 증명법과 귀류법을 이해한다.

2.함수

☐ 함수의 뜻을 알고, 그 그래프를 이해한다.

☐ 함수의 합성을 이해하고, 합성함수를 구할 수 있다.

☐ 역함수의 뜻을 알고,

 주어진 함수의 역함수를 구할 수 있다.

☐ 유리함수 의 그래프를 그릴 수 있고,

 그 그래프의 성질을 이해한다.

☐ 무리함수 의 그래프를 그릴 수 있고,

 그 그래프의 성질을 이해한다.

3.경우의 수

☐ 합의 법칙과 곱의 법칙을 이해하고,

 이를 이용하여 경우의 수를 구할 수 있다.

☐ 순열의 뜻을 알고, 순열의 수를 구할 수 있다.

☐ 조합의 뜻을 알고, 조합의 수를 구할 수 있다.

「수학(하)」 Ⅰ.집합과 명제

① 집합의 뜻

: 대상을 명확히 구분할 수 있는 것들의 모임

: 집합을 이루고 있는 대상 하나하나

: a는 집합 A의 원소이다
　(a는 집합 A에 속한다)

: a는 집합 A의 원소가 아니다
　(a는 집합 A에 속하지 않는다)

　: 모든 원소를 { }안에 나열하는 방법

　: 조건으로 원소가 갖는 성질을
　나타내는 방법

　: 집합을 나타낸 그림

: 원소를 하나도 가지지 않는
　집합을 말한다. { }= ∅

✎ {∅}는 ∅라는 원소를 하나 가지고
있으므로 공집합이 아니다.

　: 집합 A의 원소의 개수

✎ 집합의 뜻

【ex】집합
5 이하의 자연수의 모임
작은 수의 모임

【ex】홀수의 집합을 A

【ex】10 이하의 짝수의 집합

② 부분집합

정의: $x \in A$이면 $x \in B$일 때,

　　　A는 B의 부분집합이다

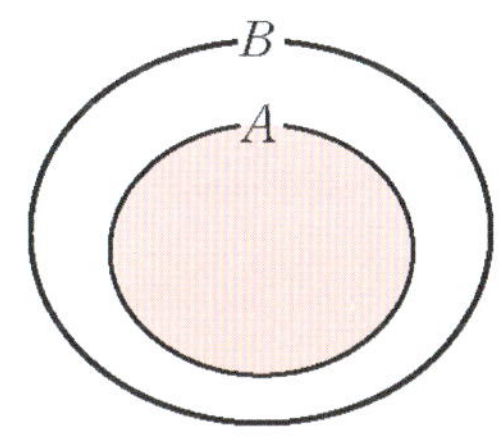

✎ 부분집합이 아닐 때:

①공집합 $\varnothing$ 는 모든 집합의 부분집합

②집합 A는 자기 자신 A의 부분집합

③ $A \subset B$이고 $B \subset A$이면

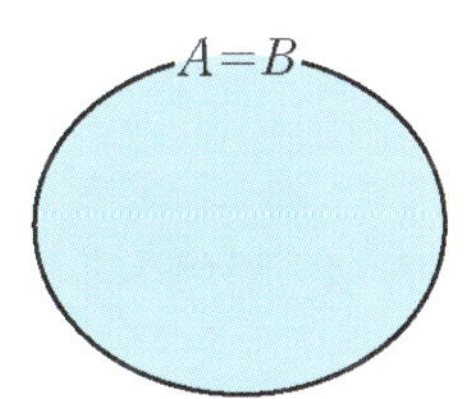

④진부분집합:

⑤ $A \subset B$이고 $B \subset C$이면

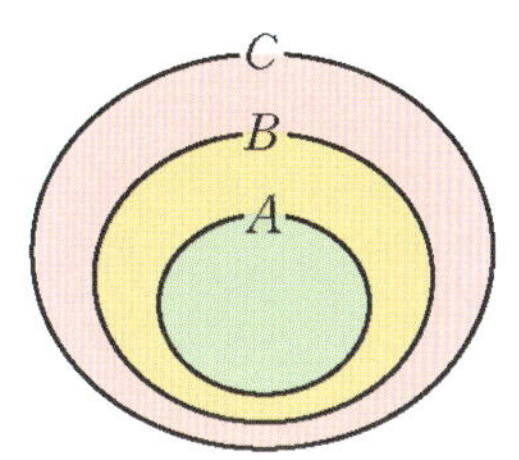

✎ 부분집합

【ex】

{3, 6, 9}　　{3, 6, 9, 12}

{1, 2, 3}　　{1, 3, 5, 7}

{3, 6, 9, 12}　　{3, 6, 9, 12}

$\varnothing$　{3, 6, 9, 12}

3 집합의 연산

$: A \cup B = \{x \mid x \in A \text{ 또는 } x \in B\}$

$: A \cap B = \{x \mid x \in A \text{ 이고 } x \in B\}$

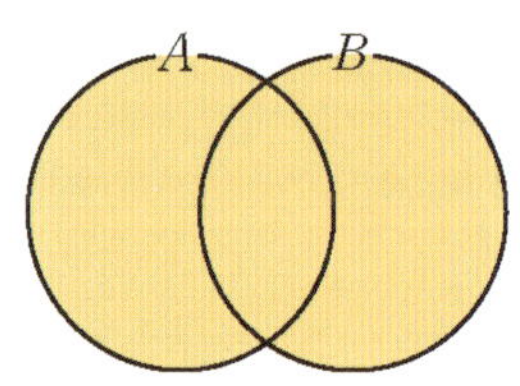
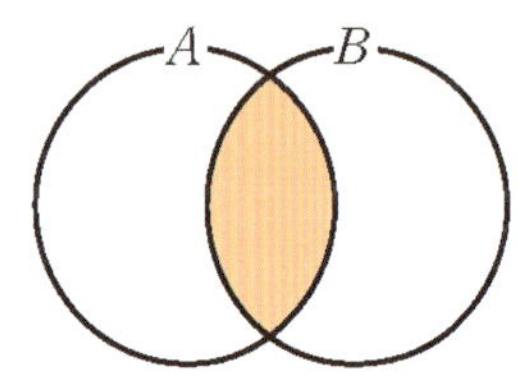

✎ **서로소:** 두 집합 A, B에 공통인 원소가 하나도 없을 때, 두 집합의 관계

$$A \cap B = \varnothing$$

$: A - B = \{x \mid x \in A \text{ 이고 } x \notin B\}$

$: A^{c} = \{x \mid x \in U \text{ 이고 } x \notin A\}$

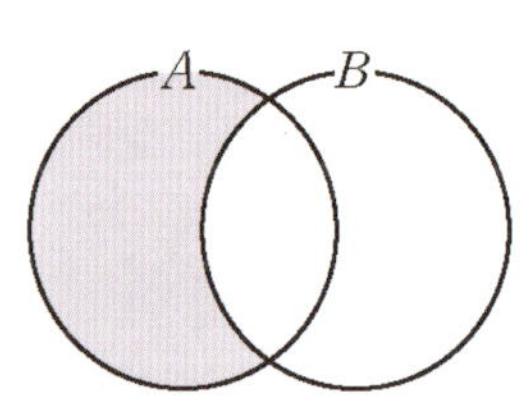
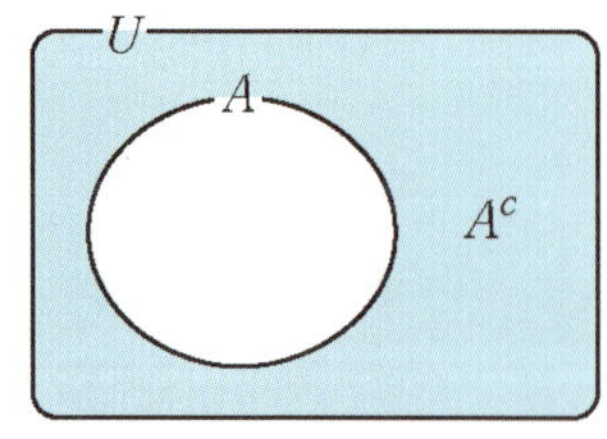

✎ **전체집합:** 주어진 집합에 대하여 그것의 부분집합만을 생각할 때 처음에 주어진 집합을 전체집합이라 하고, 기호 U로 나타낸다

✎ 집합의 연산

【ex】 합집합, 교집합

$A = \{2,\ 4,\ 6\}$, $B = \{1,\ 2,\ 3,\ 6\}$일 때,

【ex】 차집합

$A = \{2,\ 4,\ 6,\ 8,\ 10\}$, $B = \{1,\ 2,\ 4,\ 8\}$에 대하여

【ex】 여집합

전체집합 $U = \{1,\ 2,\ 3,\ 4,\ 5,\ 6,\ 7,\ 8,\ 9\}$

부분집합 $A = \{1,\ 3,\ 5,\ 7,\ 9\}$

U에 대한 A의 여집합은

[연구01] 전체집합 U와 집합 A에 대하여 빈칸에
알맞은 기호를 쓰시오.

---

① 차집합, 여집합의 성질

연구
01

① $A \cup A^c =$

② $A \cap A^c =$

③ $(A^c)^c =$

④ $A - \varnothing =$

⑤ $A - A =$

⑥ $\varnothing^c =$

⑦ $U^c =$

⑧ $A - B =$

차집합, 여집합의 성질

⑦ $A - B = A \cap B^c$

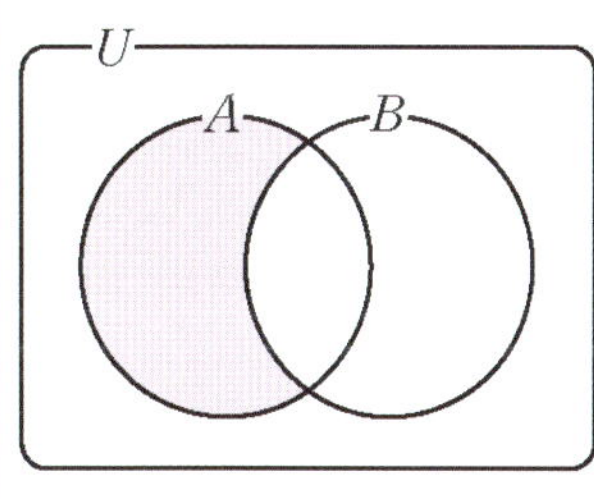

$A - B$

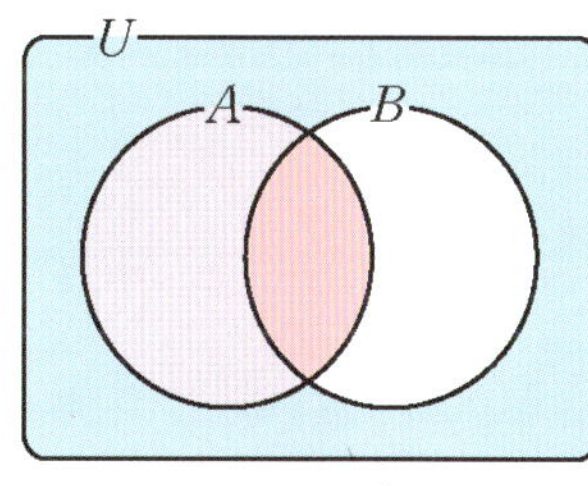

$A \cap B^c$

연구02 두 집합 A, B에 대하여 빈칸에 알맞은 기호를 쓰시오.

연구03 두 집합 A, B에 대하여 $A \subset B$이 성립할 때 빈칸에 알맞은 것을 쓰시오.

연구04 두 집합 A, B가 서로소일 때 빈칸에 알맞은 것을 쓰시오.

연구 02 ✒ **집합의 기호**

① $x \in A$이면 $x \in B$이다 $\Leftrightarrow$

② $\{x \mid x \in A$ 또는 $x \in B\} =$

③ $\{x \mid x \in A$ 이고 $x \in B\} =$

④ $\{x \mid x \in A$ 이고 $x \notin B\} =$

⑤ $\{x \mid x \in U$ 이고 $x \notin A\} =$

연구 03 ✒ $A \subset B$이 **성립할 때**

① $A \cup B =$

② $A \cap B =$

③ $A - B =$

④ $B^c \subset$

⑤ $A^c \cup B =$

연구 04 ✒ **두 집합 A, B가 서로소일 때**

① $A \cap B =$

② $n(A \cap B) =$

③ $A - B =$

④ $B - A -$

⑤ $A \subset$

⑥ $B \subset$

✒ 벤다이어그램의 일반적인 표현

$A = \{a,\ b,\ c\}$, $B = \{d,\ e\}$

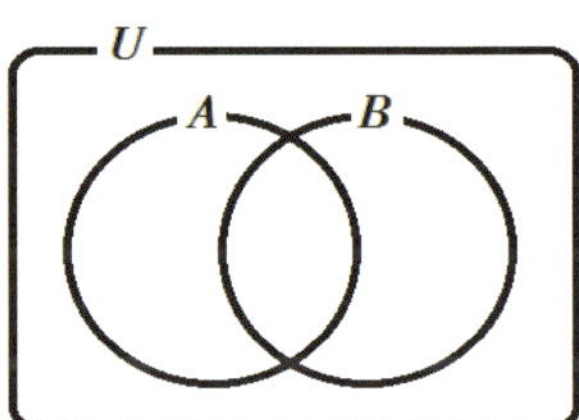

$A = \{a,\ b,\ c\}$, $B = \{a,\ b,\ c,\ d,\ e\}$

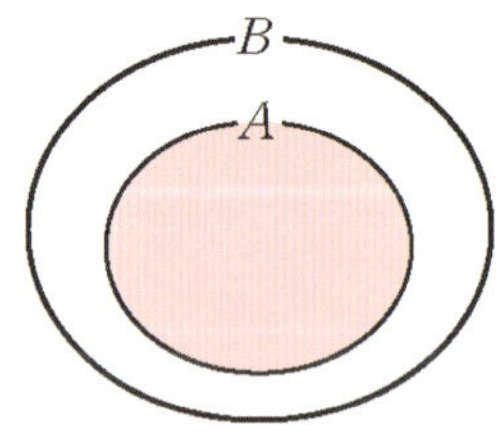
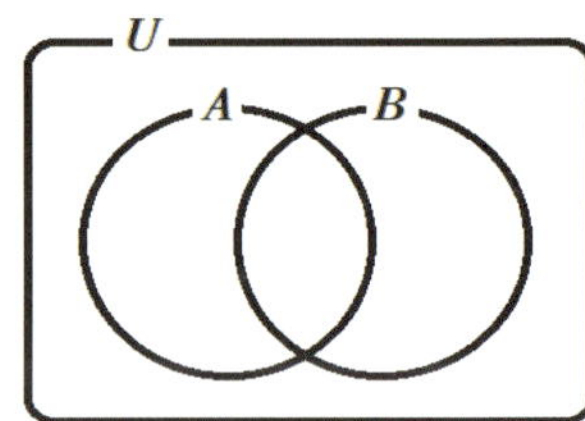

$A = \{a,\ b\}$, $B = \{a,\ b\}$

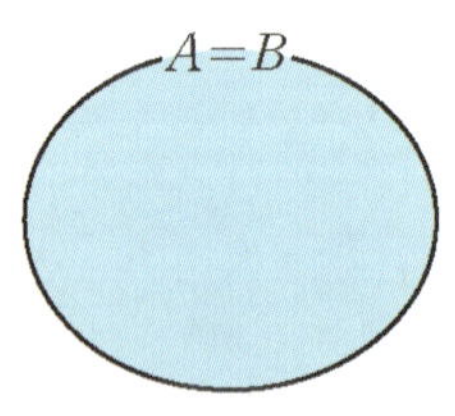
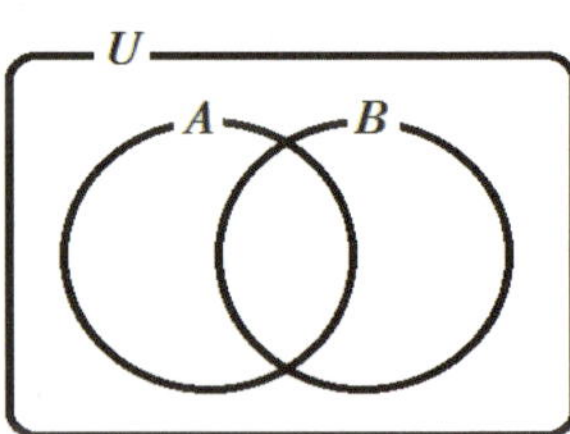

① 개념을 유도할 때

② 고난도 문제에서

　　두 집합사이의 관계를 모르는 상태에서 벤다이어그램을 그려서 문제를 풀 때

연구05 세 집합 A, B, C에 대하여 빈칸에 알맞은 것을 쓰고, 이를 밴다이어그램을 이용해 설명하시오.

- 결합법칙 $(A \cup B) \cup C =$ [   ]
- 분배법칙 $A \cap (B \cup C) =$ [   ]
- 드모르간의 법칙 $(A \cup B)^c =$ [   ]

---

5 집합의 연산법칙

① 교환법칙:

② 결합법칙:

③ 분배법칙:

④ 드모르간의 법칙:

✎ 집합의 연산법칙

①교환법칙

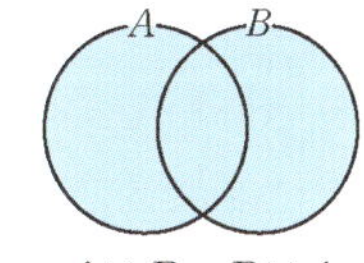
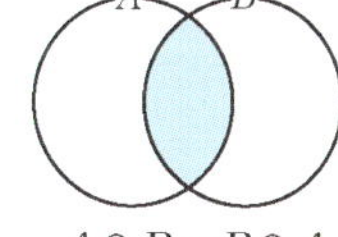

$$A \cup B = B \cup A \qquad A \cap B = B \cap A$$

②결합법칙

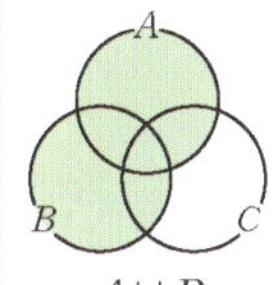
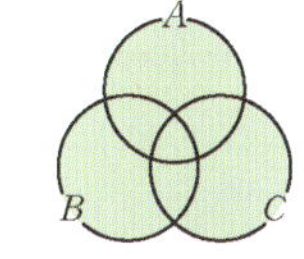

$$A \cup B \quad \cup \quad C \quad = \quad (A \cup B) \cup C$$

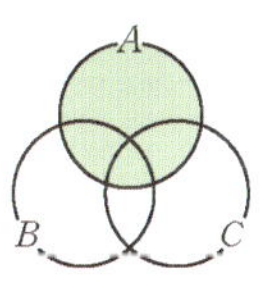
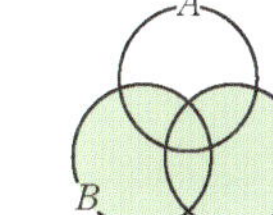
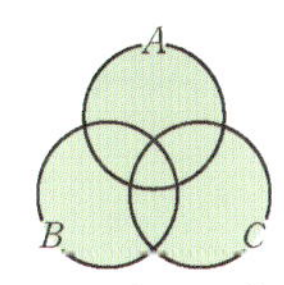

$$A \quad \cup \quad (B \cup C) \quad = \quad A \cup (B \cup C)$$

③분배법칙

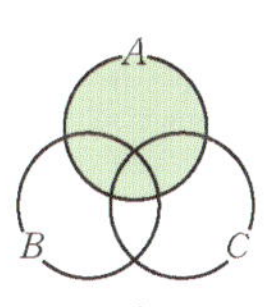
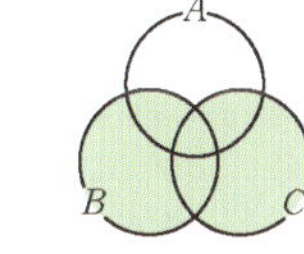
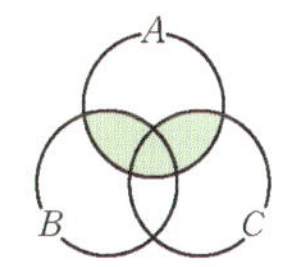

$$A \quad \cap \quad (B \cup C) \quad = \quad A \cap (B \cup C)$$

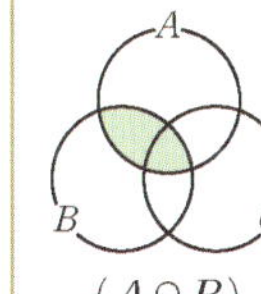
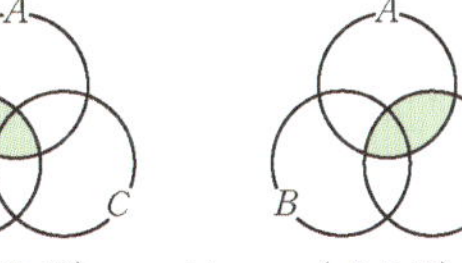
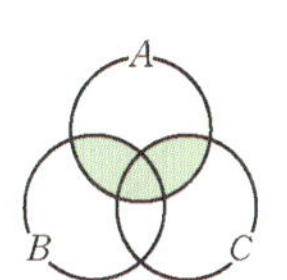

$$(A \cap B) \quad \cup \quad (A \cap C) \quad = \quad (A \cap B) \cup (A \cap C)$$

④드모르간의 법칙

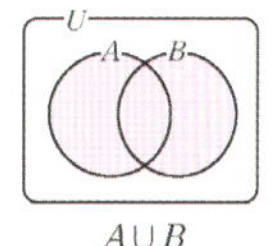
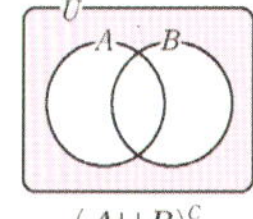

$$A \cup B \qquad\qquad (A \cup B)^c$$

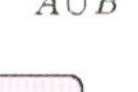

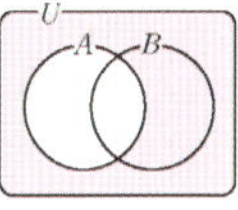
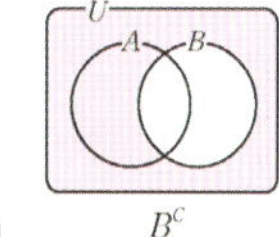
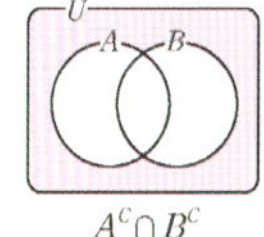

$$A^c \quad \cap \quad B^c \quad = \quad A^c \cap B^c$$

[연구06] 원소의 개수가 n개인 집합에서
①부분집합의 개수를 쓰고,
　그 이유를 설명하시오.
②진부분집합의 개수를 쓰시오.

[연구07] 두 집합 A, B에 대하여 빈칸에
알맞은 것을 쓰고, 이를 밴다이어그램을 이용해
설명하시오.
- $n(A \cup B) = n(A) + n(B) - [\qquad]$
- $n(A \cup B \cup C) = n(A) + n(B) + n(C) - [\qquad]$

6　집합의 개수

원소의 개수가 n개인 집합에서

[연구 06]
①부분집합의 개수:
②진부분집합의 개수:
③$n(A^c)$

[연구 07]
④$n(A \cup B)$
⑤$n(A - B)$

⑥$n(A \cup B \cup C)$

⑥ $n(A \cup B \cup C)$

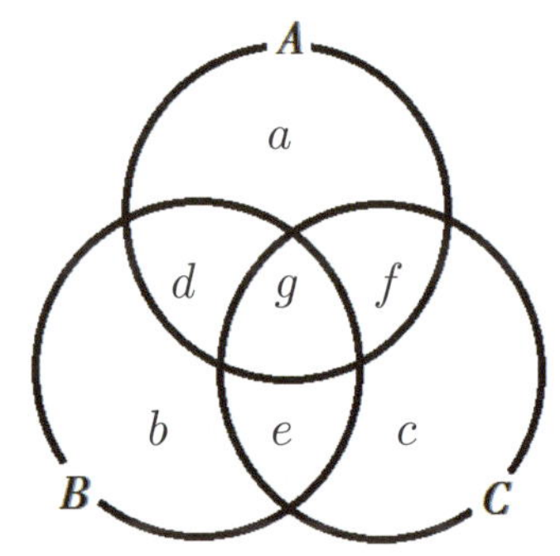

✐　집합의 개수

원소가 n개인 집합의 부분집합은 아래와 같이
각 원소가 포함되는지 여부로 결정된다.
각 원소마다 포함과 포함되지 않는 것으로 2가지
선택이 있으므로
2가지 선택이 n번 있다. 따라서 부분집합을
만드는 경우의 수는 2^n가지이다.

【ex】집합 $\{a,\ b,\ c\}$의 부분집합

④ $n(A \cup B)$

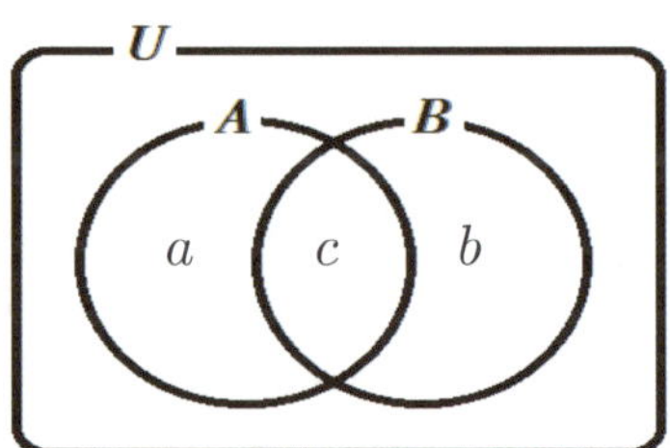

[연구08] 명제의 뜻을 쓰시오.

[연구09] 'p이면 q이다.' 꼴의 명제에서
p를 [   ], q를 [   ]이라 한다.
빈칸에 알맞은 것을 쓰시오.

[연구10] 명제나 조건을 부정할 때, 표현이 바뀌는
것으로 짝지어지도록 빈칸에 알맞은 것을 쓰시오.

7 명제의 뜻

연구 08

　　: 참, 거짓을 판별할 수 있는 문장이나 식
명제의 부정: 명제 p에 대하여 'p가 아니다'를
p의 부정이라 하며 $\sim p$로 나타낸다. 명제 p가
참이면 $\sim p$는 거짓이고, 명제 p가
거짓이면 $\sim p$는 참이다.

연구 09

가정과 결론: 'p이면 q이다.' 꼴의 명제에서 p를
가정, q를 결론이라 한다.

$$p \longrightarrow q$$

　　: 명제 'p이면 q이다'의 기호
　　: 명제 $p \to q$가 참인 걸 나타내는 기호
　　: $p \to q$이고 $q \to p$임을 나타내는 기호
　　: 용어의 뜻을 간결하고 명확하게 정한 문장
　　: 명제의 가정으로부터 정의 또는 이미
옳다고 밝혀진 성질을 근거로 하여 결론을
논리적으로 이끌어 내어 그 명제가 참임을
설명하는 과정
　　: 참임이 증명된 명제 중에서 기본이 되는
것이나 다른 명제를 증명할 때 이용할 수 있는
중요한 명제.

✎ 부정

연구 10

p	$\sim p$
이다	아니다

✏ 명제의 뜻

【ex】 명제, 명제의 참과 거짓

(1) 12는 3의 배수이다.

(2) $2 + 5 = 8$

(3) 광주는 큰 도시이다.

(4) 정삼각형은 이등변삼각형이다.

【ex】 명제, 명제의 부정

(1) $\sqrt{2}$ 는 무리수이다.

(2) $-2 + 4 \neq 2$

【ex】 명제의 가정과 결론
'$x = 7$이면 $3x + 2 = 25$이다.'

【ex】 정의
정삼각형: 세 변의 길이가 모두 같은 삼각형
이등변삼각형: 두 변의 길이가 같은 삼각형

[연구11] 조건의 뜻을 쓰시오.

[연구12] 진리집합의 뜻을 쓰시오.

[연구13] 각 조건에 대한 진리집합이 짝지어지도록 빈칸에 알맞은 것을 쓰시오.

8 조건의 뜻

[연구 11]　: 포함하고 있는 변수의 값에 따라 참, 거짓이 정해지는 문장이나 식

[연구 12]　: 전체집합의 원소 중에서 조건을 참이 되게 하는 모든 원소의 집합

조건의 부정: 조건 p에 대하여 'p가 아니다.'를

조건 p의 부정이라 하고,

명제의 부정과 마찬가지로

기호로 $\sim p$와 같이 나타낸다.

조건의 부정에 대한 진리집합:

조건 p를 참이 되게 하는

모든 원소의 집합을 P라고 하면

$\sim p$의 진리집합은 P^c이다.

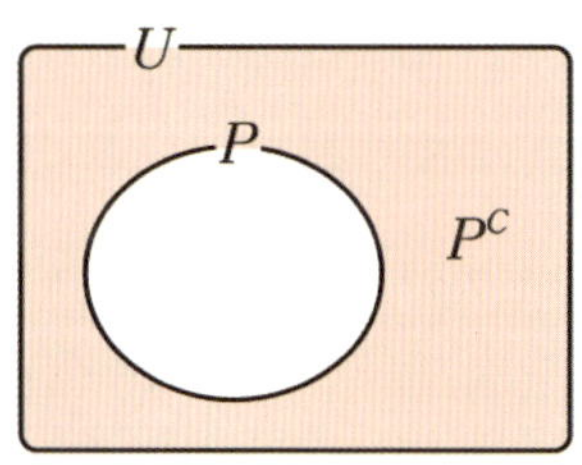

[연구 13] 조건과 진리집합

p, q	P, Q
$\sim p$	
p or q	
p and q	
$p \rightarrow q$	

조건의 뜻

【ex】 조건, 진리집합, 조건의 부정

(1) x는 16의 약수이다.

(2) 17은 소수이다.

(3) $2 + 5 = 9$

(4) $x - 3 \le 7$

연구14 두 조건 p, q에 대하여 부정이 무엇인지
쓰고 그 이유를 쓰시오.
① 조건 'p 또는 q'의 부정:
② 조건 'p 이고 q'의 부정:

두 조건 p, q에 대하여

연구 14

① 조건 'p 또는 q'의 부정:

② 조건 'p 이고 q'의 부정:

두 조건 p, q에 대하여
전체집합 U에서 두 조건 p, q의 진리집합을
각각 P, Q라고 하자.

① 조건 'p 또는 q'의 부정:

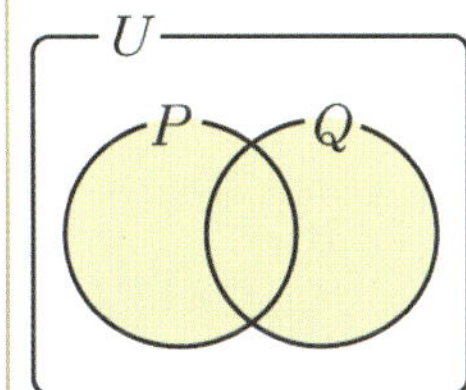
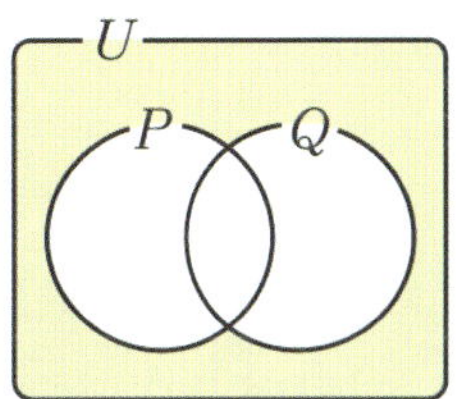

② 조건 'p 이고 q'의 부정:

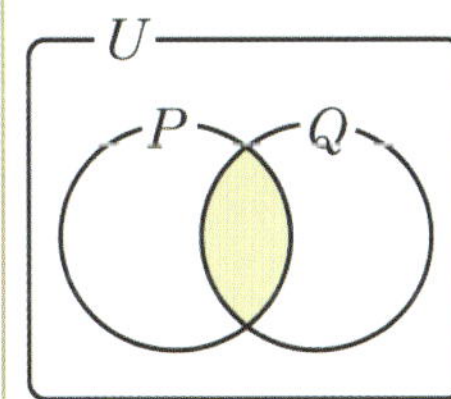
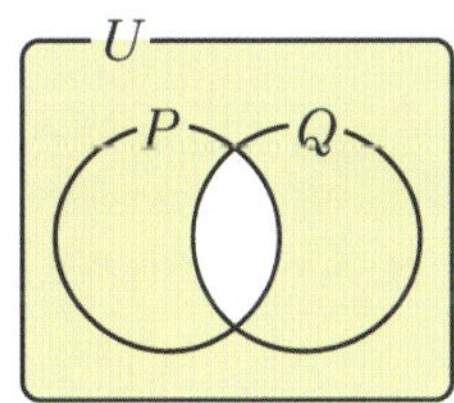

연구15 명제 '모든 x에 대하여 p이다'가 참일 때, 조건 p의 진리집합 P가 만족하는 식을 쓰시오.

연구16 명제 '모든 x에 대하여 p이다'의 부정을 쓰시오.

연구17 명제 '어떤 x에 대하여 p이다'가 참일 때, 조건 p의 진리집합 P가 만족하는 식을 쓰시오.

연구18 명제 '어떤 x에 대하여 p이다'의 부정을 쓰시오.

---

9 명제 – 모든, 어떤

조건 p의 진리집합을 P라 할 때

연구 15
연구 16
① '모든 x에 대하여 p이다'
 a.명제가 참:
 b.명제의 부정:

연구 17
연구 18
② '어떤 x에 대하여 p이다'
 a.명제가 참:
 b.명제의 부정:

명제 – 모든, 어떤

【ex】'모든 실수 x에 대하여 $x-1 \geq 0$이다.'

【ex】'어떤 실수 x에 대하여 $x-1 \geq 0$이다.'

[연구19] 빈칸에 알맞은 기호를 쓰시오.

두 조건 p, q의 진리집합을 각각 P, Q라 할 때

명제 $p \to q$는 참이면 P [   ] Q 이다.

---

10 명제-가정과 결론의 진리집합

두 조건 p, q의 진리집합을 각각 P, Q라 할 때

① $P \subset Q$이면 명제 $p \to q$는 참이다.
　　명제 $p \to q$는 참이면 $P \subset Q$이다.

② $P \not\subset Q$이면 명제 $p \to q$는 거짓이다.
　　명제 $p \to q$는 거짓이면 $P \not\subset Q$이다.

반례: 명제 $p \to q$가 거짓임을 보일 때에는 조건 p는 참이 되게 하지만 조건 q는 거짓이 되게 하는 원소의 예를 들어도 된다. 이와 같은 예를 반례라고 한다.

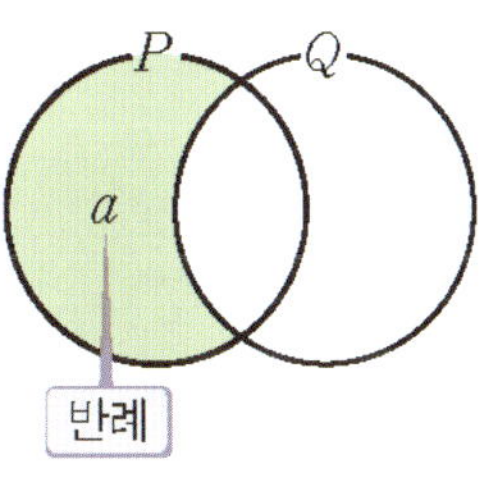

명제-가정과 결론의 진리집합

【ex】 n이 5의 약수이면 n은 10의 약수이다.

【ex】 n이 6의 약수이면 n은 3의 약수이다.

[연구20] 빈칸에 알맞은 기호와 문장을 쓰시오.

[연구21] 빈칸에 [역/대우] 중 알맞은 것을 쓰시오.

어떤 명제가 참이면 그 [　　　]도 참이다.

어떤 명제가 거짓이면 그 [　　　]도 거짓이다.

11 명제- 역, 대우

역: 주어진 명제의 가정과 결론을

　서로 바꾸어 놓은 명제

대우: 주어진 명제의 가정과 결론을

　각각 부정하여 서로 바꾸어 놓은 명제

연구 20

명제	$p \rightarrow q$	p이면 q이다
역		
대우		

연구 21

명제와 그 대우는 동치:

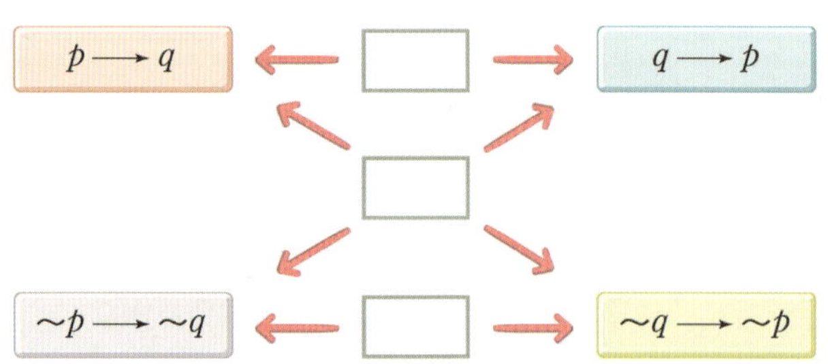

✎ 명제- 역, 대우

【ex】 '$x = 1$이면 $|x| = 1$이다.'

연구22 두 조건 p, q에 대하여 빈칸에 알맞은 용어를 쓰시오.

①$p \Rightarrow q$일 때,

p는 q이기 위한 [   ]

q는 p이기 위한 [   ]

②$p \Leftrightarrow q$일 때,

p는 q이기 위한 [   ]

q는 p이기 위한 [   ]

---

12 명제- 필요조건과 충분조건

조건 p를 만족하는 진리집합을 P

조건 q를 만족하는 진리집합을 Q라 할 때,

연구 22 ①$p \Rightarrow q$일 때, 즉 $P \subset Q$일 때

②$p \Leftrightarrow q$일 때, 즉 $P = Q$일 때

✎ 명제- 필요조건과 충분조건

【ex】

'$p : n$은 5의 약수이다.'

'$q : n$은 10의 약수이다.'

【ex】 $p : x = 1$, $q : |x| = 1$ 일 때,

(1) $p \rightarrow q$이기 위해서 추가 조건 필요 없음

   p는 q이기 위한 충분조건

(2) $q \rightarrow p$이기 위해서 추가 조건 필요함 (예 $x > 0$)

   q는 p이기 위한 필요조건

【ex】 두 실수 x, y에 대하여 두 조건 p, q가 다음과 같을 때, p는 q이기 위한 무슨 조건인지 말하여라.

(1) $p : x > 5$, $q : x > 2$

(2) $p : x^2 = y^2$, $q : x = y$

(3) $p : 3x - 2 = 4$, $q : x = 2$

🔳 절대부등식

정의: 문자를 포함한 부등식에서 그 문자가 가질 수 있는 어떠한 실수 값을 대입해도 항상 성립하는 부등식

부등식의 증명에 이용되는 실수의 성질:
임의의 실수 a, b에 대하여

[연구23] $\dfrac{a+b}{2} \geq \sqrt{ab}$ 가 성립함을 유도하시오.

---

14 산술평균 ≥ 기하평균

✎ 산술평균 ≥ 기하평균

연구 23 ① 식

②도형

---

15 여러 가지 부등식

✎ 여러 가지 부등식

①산술평균 ≥ 기하평균 ≥ 조화평균

②코쉬-슈바르츠 부등식

　실수 $a,\ b,\ x,\ y$에 대하여

【ex】$-5 \leq x \leq 1,\ -4 \leq y \leq 2$일 때

　　$x+y,\ x-y,\ xy$의 범위

16 여러 가지 증명법

① 대우를 이용한 증명

명제와 그 명제의 대우는 참, 거짓이 일치하므로
어떤 명제가 참임을 증명할 때,
그 명제의 대우가 참임을 증명해도 된다.

② 귀류법

주어진 명제의 결론을 부정하면 가정에
모순되거나 이미 참이라고 알려진 사실에
모순됨을 유도하여 주어진 명제가 참임을
증명하는 방법

③ 삼단논법

$p \to q$이고 $q \to r$이면 $p \to r$이다.

「수학(하)」 Ⅱ.함수

1 함수의 뜻

: 집합 X의 원소가 집합 Y의 원소와 짝이 되는 것을 집합 X에서 집합 Y로의 대응이라고 한다.

: 집합 X의 모든 원소 각각에 대하여 집합 Y의 원소가 하나씩 대응할 때, 이 대응관계 f를 집합 X에서 Y로의 함수라하고, 기호로는 $f : X \rightarrow Y$ 로 나타낸다.

: 집합 X

: 집합 Y

$y = f(x)$: 함수 f에 의하여 정의역 X의 원소 x가 공역 Y의 원소 y와 대응할 때, 기호 $y = f(x)$로 나타낸다. 이때, $f(x)$를 x에 대한 함숫값이라고 한다.

: 함숫값의 집합, $\{f(x) | x \in X\}$

주로 정의역과 공역이

실수의 (부분)집합인 함수를 다룬다.

정의역과 공역이 각각 같은 두 함수 $f : X \rightarrow Y$, $g : X \rightarrow Y$에서 정의역의 모든 원소 x에 대하여 $f(x) = g(x)$일 때, 두 함수 f와 g는 서로 같다고 하고, 기호로 $f = g$라고 한다.

함수의 뜻

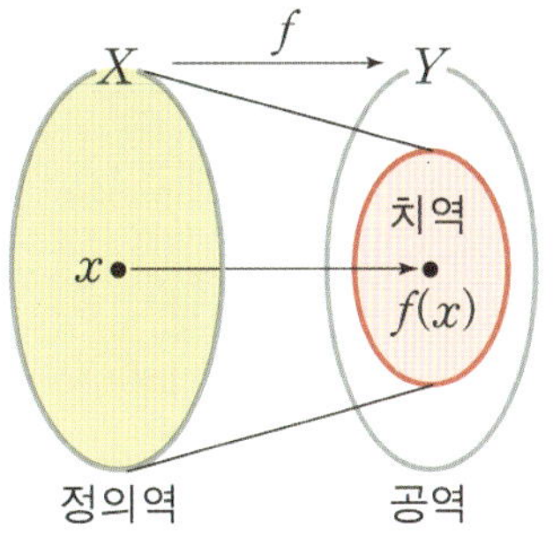

【ex】 다음 대응 중에서 함수인 것을 찾고, 그 함수의 정의역, 공역, 치역을 각각 말하여라.

(1) 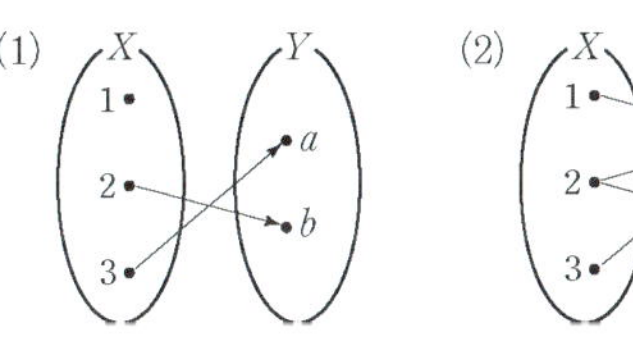
(2) 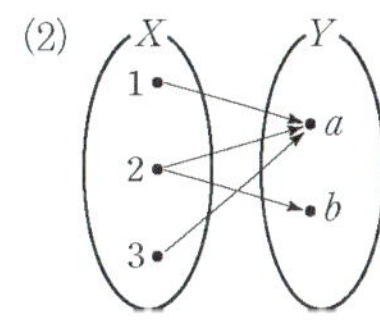
(3) 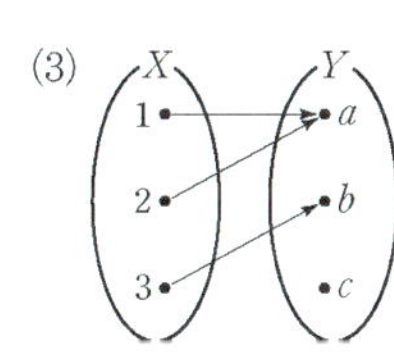

【ex】정의역이 $\{-1, 0, 1\}$인

두 함수 $f(x) = x$, $g(x) = x^3$는 같은가?

연구01 '정의역의 서로 다른 원소에 대하여,

그 함숫값이 서로 다를 때의 함수'의

①용어   ②식 을 쓰시오.

---

2 함수의 그래프

집합 G를 함수 $y = f(x)$의 그래프라 한다.

$G = \{\,(x, f(x)) \mid x \in X,\ y \in Y\,\}$

🖋 함수 $y = f(x)$의 정의역과 공역이 실수
전체의 집합일 때, 모든 순서쌍 $(x,\ f(x))$를
좌표평면 위에 나타낸 것을 함수의 그래프라고
부르기도 한다.

🖋 함수 판별법

✒ 함수의 그래프

함수, 함수가 아닌 것

(1) 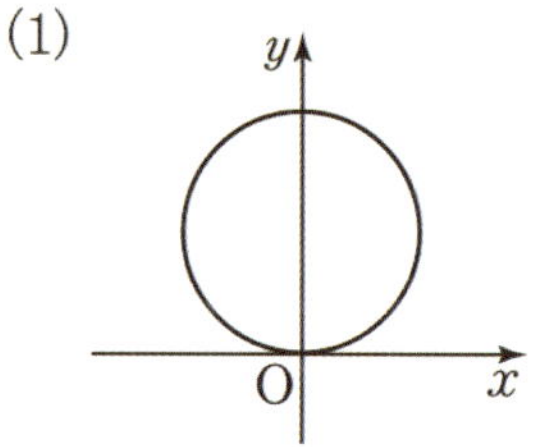

(2) 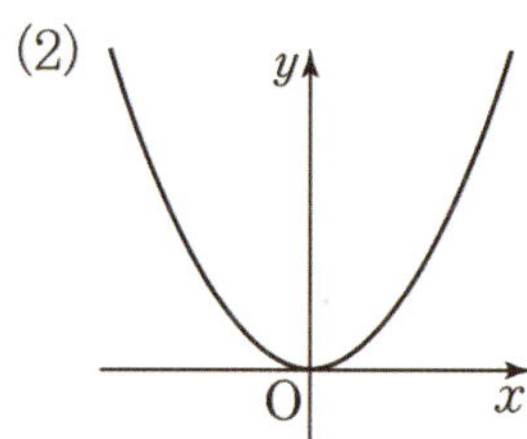

3 일대일 함수

연구 01 정의역의 서로 다른 원소에 대하여
그 함숫값이 서로 다를 때의 함수

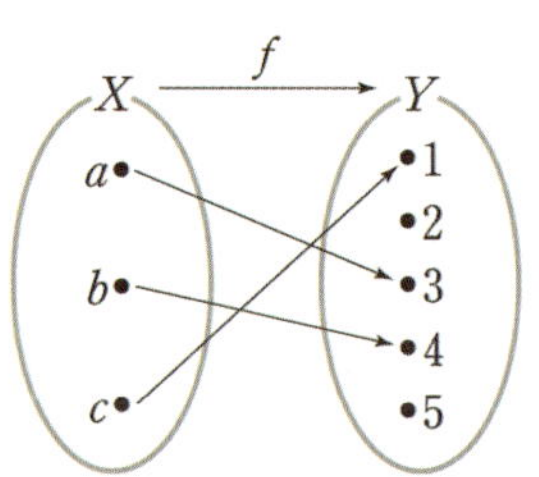

🖋 일대일 함수 판별법

✒ 일대일 함수의 그래프

[{실수}→{실수} 연속 함수일 때의 그래프]

(O) y

x

(X) y

x

연구02 '일대일 함수이고, 치역과 공역이 같은 함수'가 무엇인지 알맞은 '용어'를 쓰시오.

연구03 '정의역 X의 모든 원소 x가 공역 Y의 오직 하나의 원소에만 대응될 때의 함수'의
① 용어   ② 식 을 쓰시오.

4 일대일 대응

연구 02

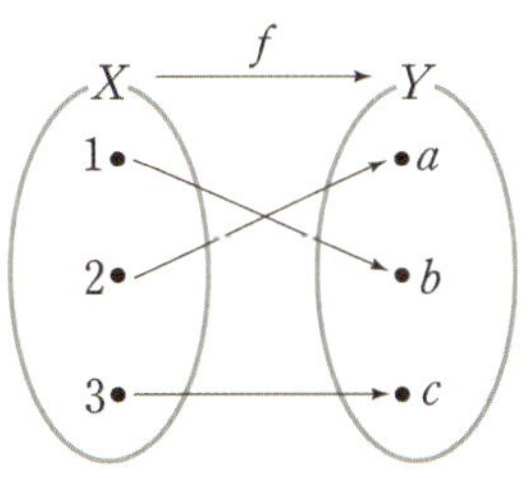

5 상수함수

연구 03

정의역 X의 모든 원소 x가 공역 Y의 오직 하나의 원소에만 대응될 때의 함수

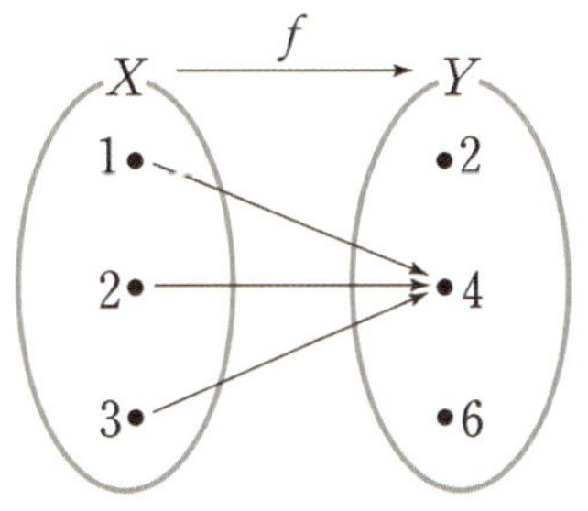

✎ 상수함수의 그래프

[{실수}→{실수} 연속 함수일 때의 그래프]

(O) y (X) y

x x

연구04 '정의역과 공역이 같고,

정의역의 임의의 원소에 그 자신을

대응시키는 함수'의

①용어 ②식 을 쓰시오.

---

6 항등함수

연구 04 정의역과 공역이 같고, 정의역의 임의의 원소에
그 자신을 대응시키는 함수

$$f : X \to X, \quad f(x) = x$$

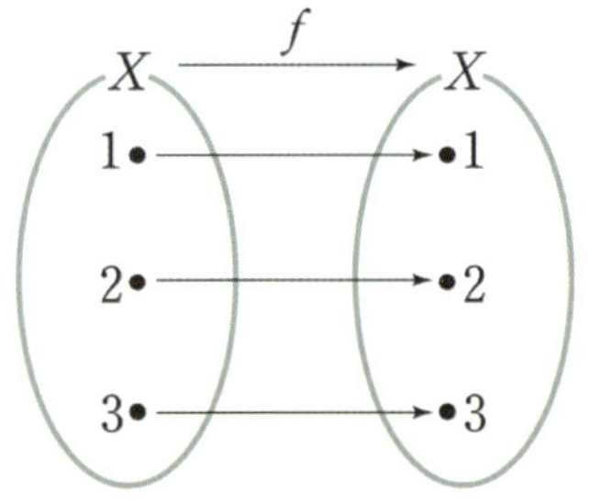

✎ 항등함수의 그래프

[{실수}→{실수} 연속 함수일 때의 그래프]

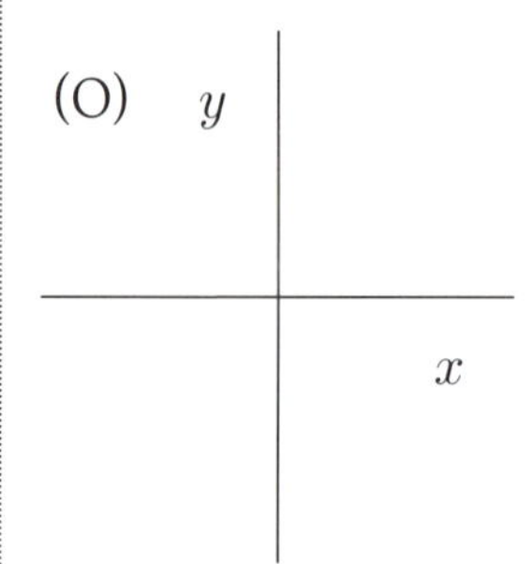

7 합성함수

두 함수 $f : X \to Y$, $g : Y \to Z$가 주어졌을 때 X의 각 원소 x에 대하여 Z의 원소 $g(f(x))$를 대응시키는 새로운 함수를 f와 g의 합성함수라 하고 $g \circ f$ 로 나타낸다.

$$(g \circ f)(x) = g(f(x))$$

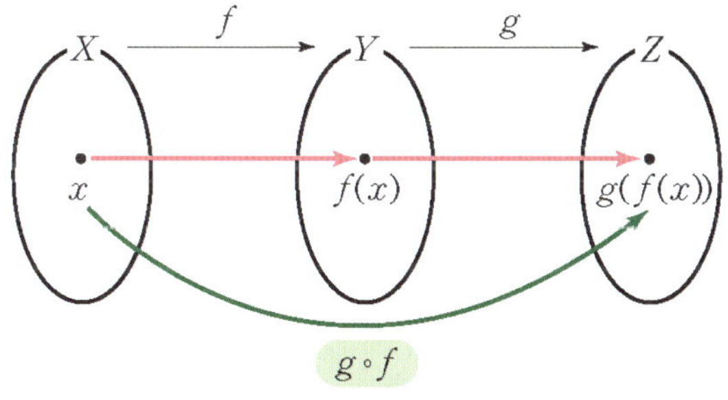

✎ 합성함수

세 집합 $X = \{1, 2, 3\}$, $Y = \{4, 5, 6\}$, $Z = \{7, 8, 9\}$에 대하여 두 함수 $f : X \to Y$, $g : Y \to Z$가 다음과 같이 주어졌다고 하자.

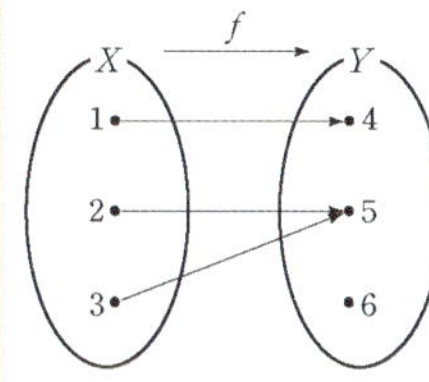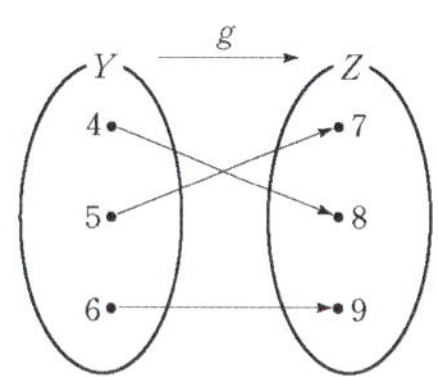

8 합성함수의 성질

✎ 합성함수의 성질

③ $f \circ I = I \circ f = f$ (I는 항등함수)

【ex】$I(x) = x$, $f(x) = 2x + 1$

연구05 함수 f의 역함수 f^{-1}는,

함수 f가 [   ]일 때 존재한다.

---

9 역함수

함수 $f : X \to Y$가 일대일 대응이고,

Y의 원소 y에 대하여

$y = f(x)$인 X의 원소 x에 대응시키면

Y에서 X로의 함수가 얻어진다.

$$f^{-1} : Y \to X, \qquad x = f^{-1}(y)$$

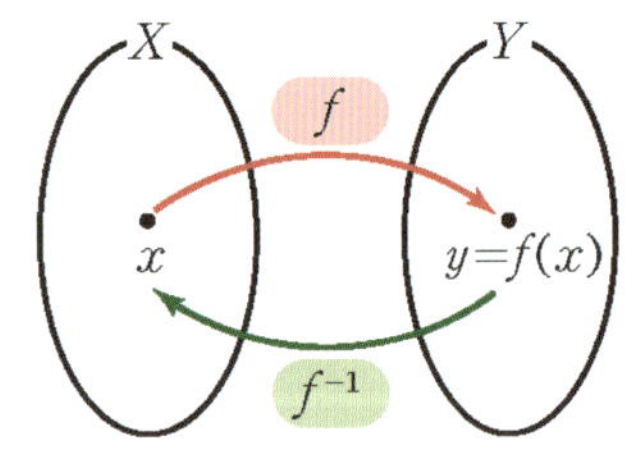

연구 05 함수 f의 역함수 f^{-1}는,

함수 f가 일대일 대응일 때 존재한다.

역함수

【ex】

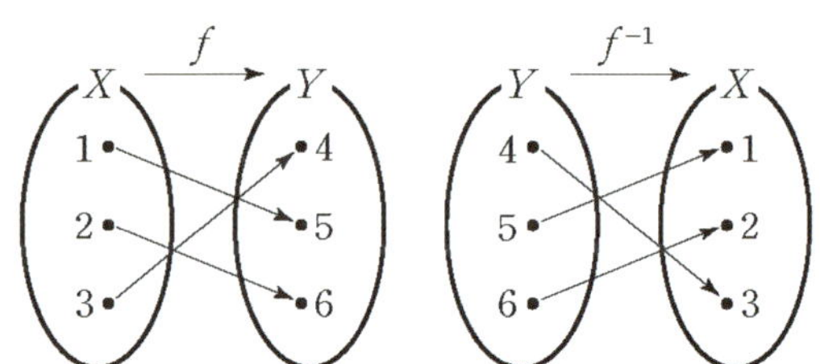

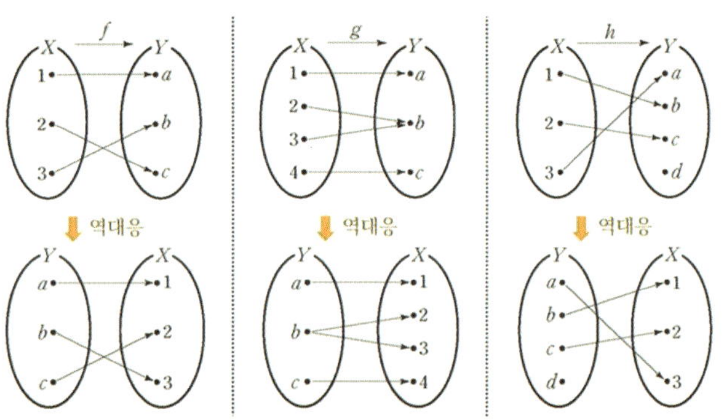

10 역함수 구하는 방법

일반적으로 함수를 나타낼 때,

정의역의 원소를 x, 공역의 원소를 y로

나타내므로 역함수 $x = f^{-1}(y)$에서

x, y를 서로 바꾸어

$y = f^{-1}(x)$와 같이 나타낸다.

역함수 구하는 방법

【ex】$y = 3x - 1$

$(x,\ y)$	$y = 3x - 1$	$x = 3y - 1$	$(x,\ y)$
(,)			(,)
(,)			(,)
(,)			(,)
(,)			(,)

[연구06] 빈칸에 알맞은 것을 쓰시오.

① $f(a) = b \Leftrightarrow f^{-1}(b) =$

② $f^{-1} \circ f(x) = f \circ f^{-1}(x) =$

③ $(f^{-1})^{-1} =$

④ $(g \circ f)^{-1} =$

[연구07] $y = f(x),\ y = f^{-1}(x)$의 그래프는
직선 [　　　]에 대하여 대칭이다.

[연구08] 아래 명제의 참 거짓을 판별하시오.

① f와 $y = x$의 교점은 f와 f^{-1}의 교점이다.

② f와 f^{-1}의 교점은 f와 $y = x$의 교점이다.

---

11 역함수의 성질

✎ 역함수의 성질

④ $(g \circ f)^{-1} = f^{-1} \circ g^{-1}$

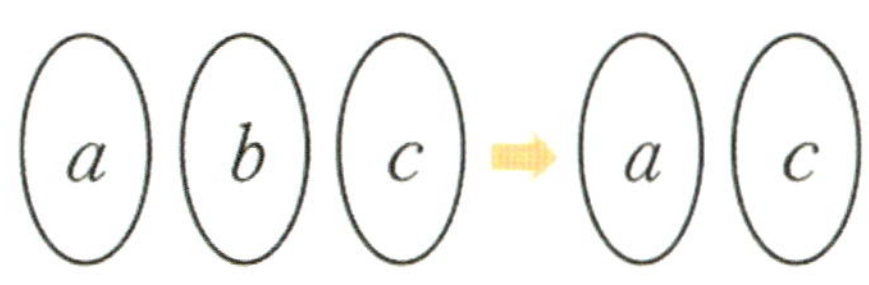

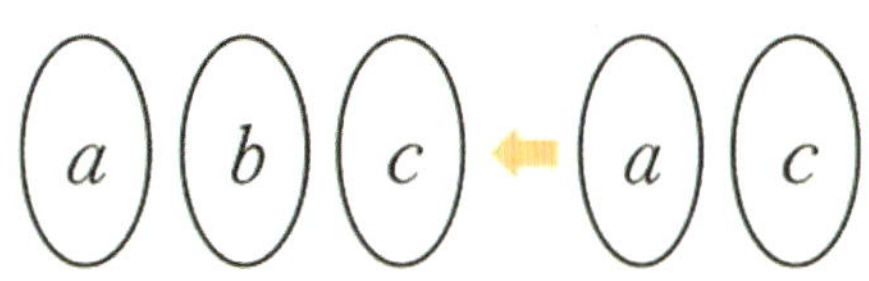

12 역함수의 그래프

$y = f(x)$ 그래프와 $y = f^{-1}(x)$는
직선 $y = x$에 대하여 대칭이다.

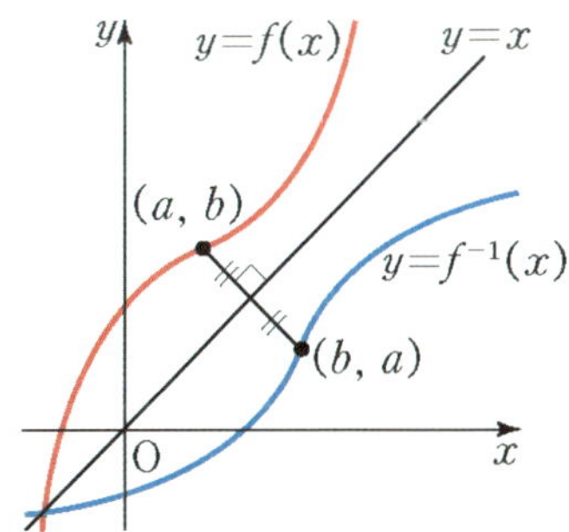

✎ f와 $y = x$의 교점 $\rightleftarrows$ f와 f^{-1}의 교점

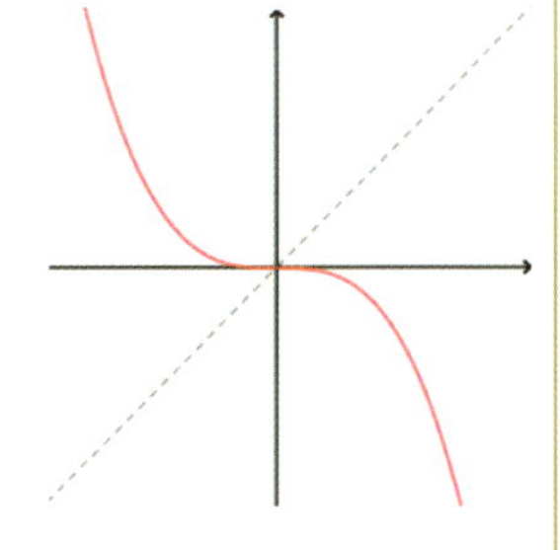

✎ 역함수의 그래프

【ex】 $y = x^2 \ (x \geqq 0)$

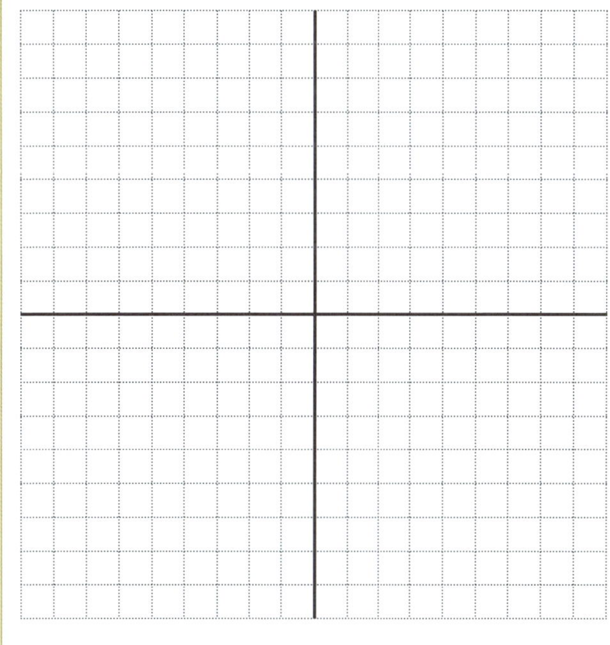

⑬ 유리식

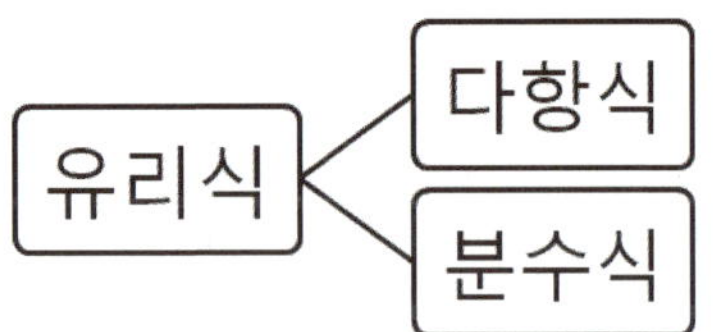

유리식: 두 다항식 A, B에 대하여

$\dfrac{A}{B}(B \neq 0)$의 꼴로 나타내어지는 식

① $\dfrac{A}{B} = \dfrac{A \times C}{B \times C}$

② $\dfrac{A}{B} = \dfrac{A \div C}{B \div C}$

③ $\dfrac{A}{C} + \dfrac{B}{C} = \dfrac{A + B}{C}$

④ $\dfrac{A}{C} - \dfrac{B}{C} = \dfrac{A - B}{C}$ (단, $C \neq 0$)

⑤ $\dfrac{A}{B} \times \dfrac{C}{D} = \dfrac{AC}{BD}$ (단, $B \neq 0$, $D \neq 0$)

⑥ $\dfrac{\frac{A}{B}}{\frac{C}{D}} = \dfrac{A}{B} \div \dfrac{C}{D} = \dfrac{A}{B} \times \dfrac{D}{C} = \dfrac{AD}{BC}$

(단, $B \neq 0$, $C \neq 0$, $D \neq 0$)

⑦ $\dfrac{1}{AB} = \dfrac{1}{B - A}\left(\dfrac{1}{A} - \dfrac{1}{B}\right)$

⑭ 유리식과 비례식

$$a : b = c : d \iff \dfrac{a}{b} = \dfrac{c}{d} \iff ad = bc$$

연구09 아래는 $y = \dfrac{k}{x}$ 형태의 식으로 표현되는

함수의 그래프이다. k는 -3, -2, -1, 1, 2, 3

중 하나의 값을 갖을 때, A, B, C, D, E, F

그래프 마다 알맞은 k값을 짝지으시오.

---

⑮ 유리함수

정의 : x에 관한 유리식인 함수

분수함수 : x에 관한 분수식인 함수

① $y = \dfrac{k}{x}$의 그래프 $(k \neq 0)$

$k > 0$	$k < 0$
y x	y x

a.정의역:

　치역:

b.점근선:

c.대칭:

✎ 유리함수

(1) $y = \dfrac{4}{x}$ 　　(2) $y = -\dfrac{4}{x}$

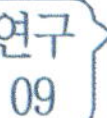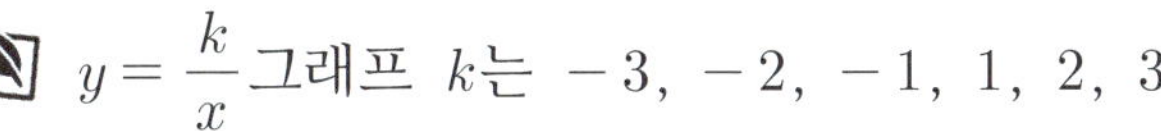 $y = \dfrac{k}{x}$ 그래프 k는 -3, -2, -1, 1, 2, 3

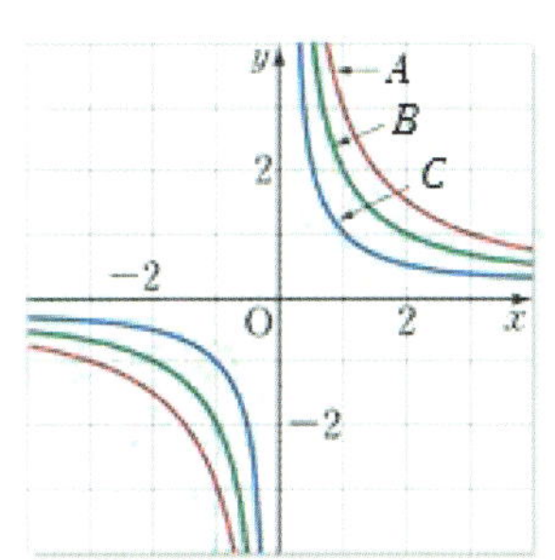

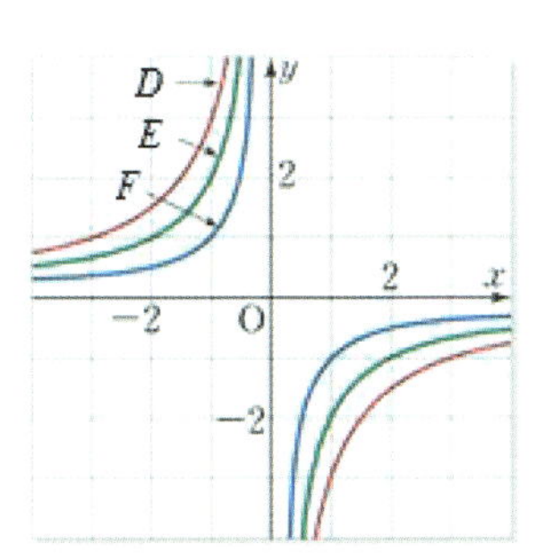

[연구10] 함수 $y = \dfrac{k}{x-p} + q$에서 아래 사항에

알맞은 것을 쓰시오.

② $y = \dfrac{k}{x-p} + q$의 그래프 $(k \neq 0)$

【ex】$y = \dfrac{2x}{x-2}$

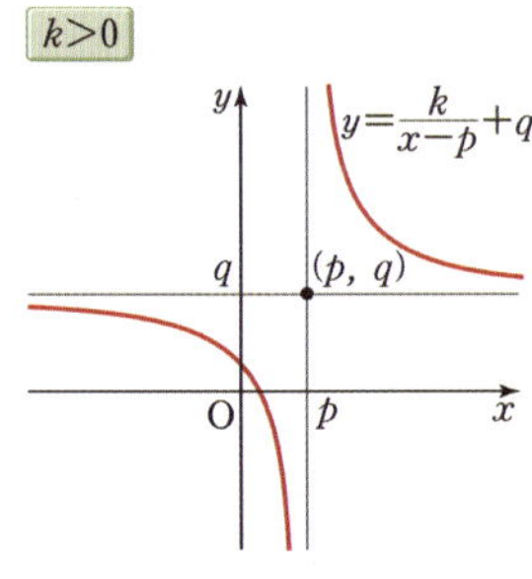

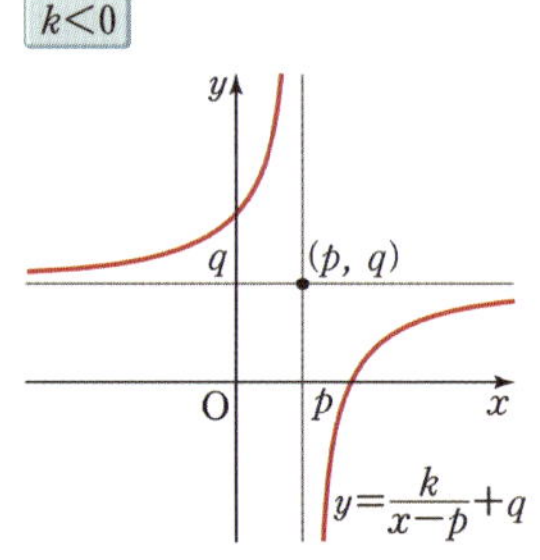

연구 10

a.정의역:

치역:

b.점근선:

c.대칭:

📝 유리함수 그리기

16 무리식

정의: 근호 안에 문자를 포함하는 식 중에서 유리식으로 나타낼 수 없는 식

분모의 유리화: 분모를 근호가 없는 식으로 변형하는 것

① $\dfrac{b}{\sqrt{a}} = \dfrac{b\sqrt{a}}{\sqrt{a}\sqrt{a}} = \dfrac{b\sqrt{a}}{a}$

② $\dfrac{c}{\sqrt{a}-\sqrt{b}} = \dfrac{c(\sqrt{a}+\sqrt{b})}{(\sqrt{a}-\sqrt{b})(\sqrt{a}+\sqrt{b})}$

$\qquad\qquad = \dfrac{c(\sqrt{a}+\sqrt{b})}{a-b}$

③ $\dfrac{c}{\sqrt{a}+\sqrt{b}} - \dfrac{c(\sqrt{a}-\sqrt{b})}{(\sqrt{a}+\sqrt{b})(\sqrt{a}-\sqrt{b})}$

$\qquad\qquad = \dfrac{c(\sqrt{a}-\sqrt{b})}{a-b}$

[연구11] 아래의 A, B, C, D는

$y=\sqrt{x}$, $y=-\sqrt{x}$, $y=\sqrt{-x}$, $y=-\sqrt{-x}$

중 하나의 그래프이다. A, B, C, D가 나타내는

방정식을 알맞게 짝지으시오.

17 무리함수

정의: x에 관한 무리식인 함수

① $y=\sqrt{x}$ 의 그래프

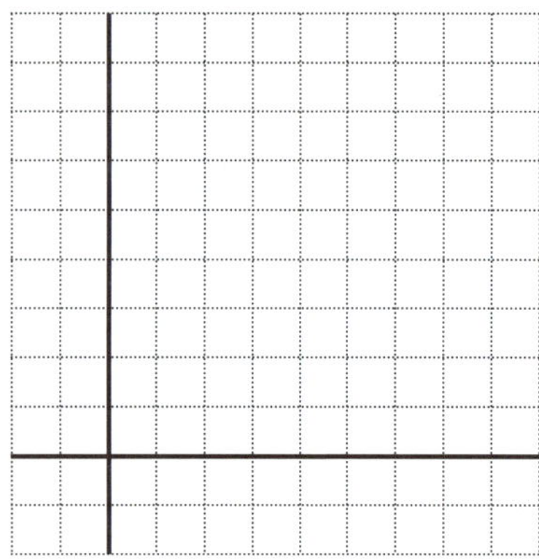

a.정의역:

　치역 :

b.대칭 :

✒ 무리함수

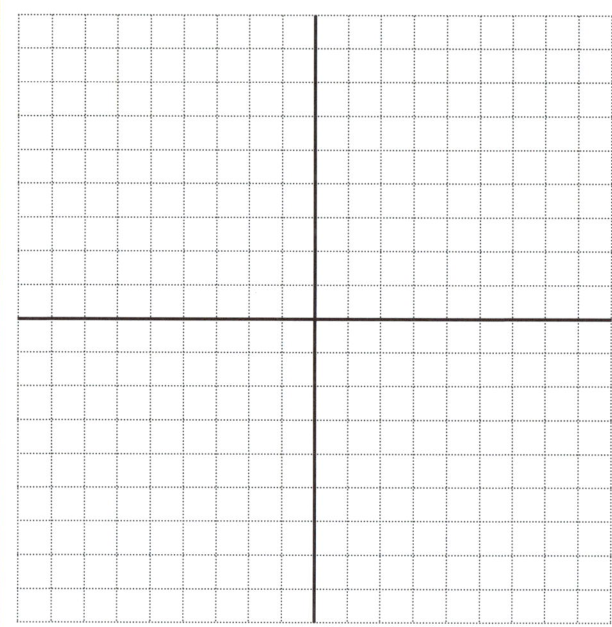

(1) $y=\sqrt{x}$ ㅤㅤ (2) $y=-\sqrt{x}$

(3) $y=\sqrt{-x}$ ㅤㅤ (4) $y=-\sqrt{-x}$

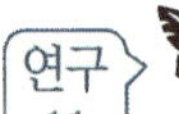
연구 11

✎ 그래프 맞는 것 찾기

$y=\sqrt{x}$, $y=-\sqrt{x}$, $y=\sqrt{-x}$, $y=-\sqrt{-x}$

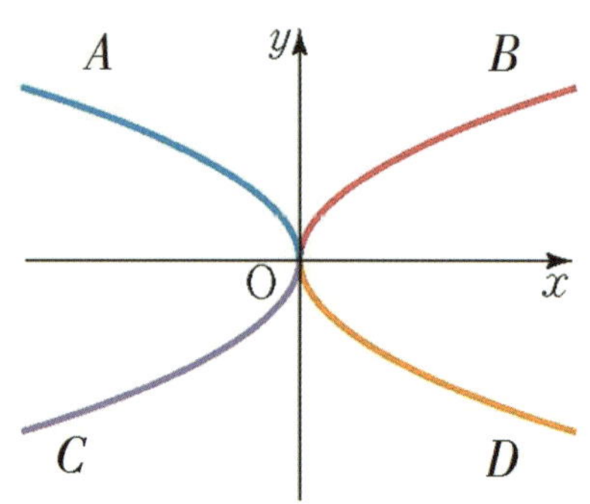

[연구12] 함수 $y = \sqrt{ax}$ 와 함수 $y = \dfrac{x^2}{a}\,(x \geq 0)$의

그래프는 어떤 관계에 있는지 쓰시오.

② $y = \sqrt{ax}$ 의 그래프 $(a \neq 0)$

$a > 0$	$a < 0$
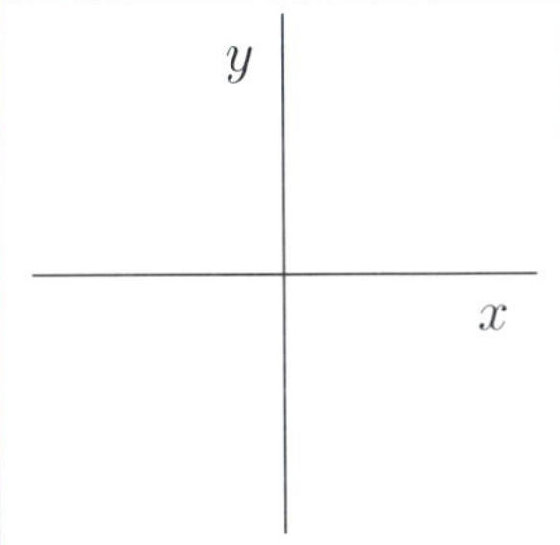	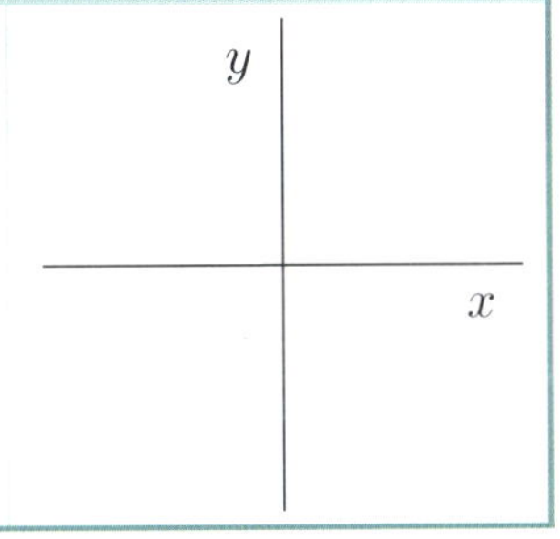

③ $y = \sqrt{ax+b}+c$의 그래프 $(a \neq 0)$

$a > 0$	$a < 0$
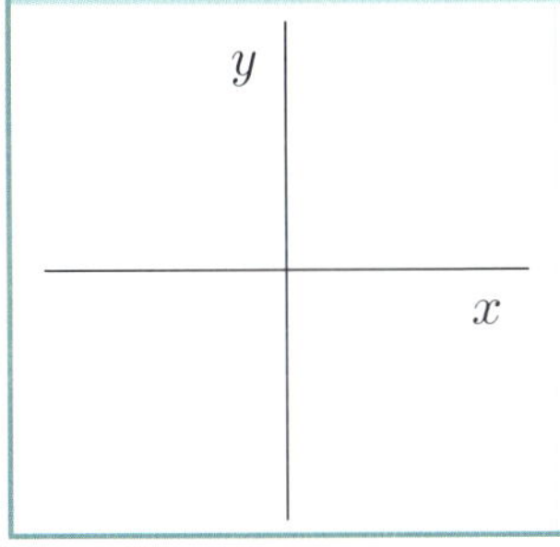	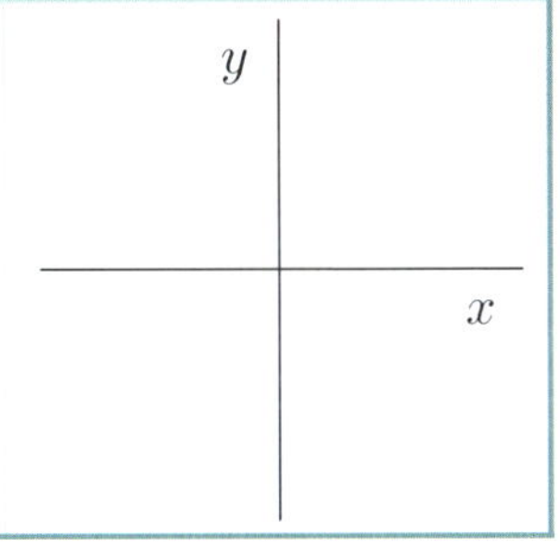

연구
12
대칭:

「수학(하)」 Ⅲ.경우의 수

미리 알아야 할 단원
수학(하) – 1.집합과 명제

1 경우의 수

어떤 사건이 일어날 수 있는 모든 가지 수
①빠짐없이 ②중복되지 않게 구해야 한다.

2 합의 법칙 $m+n$

$n(A \cup B) = n(A) + n(B) - n(A \cap B)$

두 사건 A, B가 동시에/함께 일어나지 않고,
사건 A가 일어나는 경우의 수가 m가지이고,
사건 B가 일어나는 경우의 수가 n가지이면,
사건 A또는 B가 일어나는 경우의 수는
$m+n$ 가지이다.

✎ A와 B가 동시에 일어나는 경우가 l가지 있을 때
 A또는 B가 일어나는 경우의 수 :

3 곱의 법칙 $m \times n$

두 사건 A, B에 대하여
A가 일어나는 경우의 수가 m가지이고,
그 각각에 대하여,
B가 일어나는 경우의 수가 n가시일 때,
A, B가 잇달아 일어나는 경우의 수는
$m \times n$가지이다.

✎ 곱의 법칙

(1)수형도(사전식 배열) 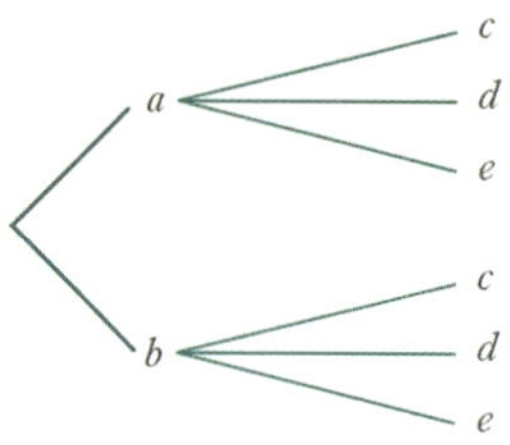　　　(2)표(순서쌍)

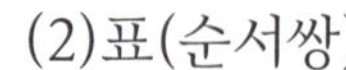

	a	b
c		
d		
e		

✎ 식의 곱셈

각 인수에서 한 항씩 뽑아서 곱한 것을 더한 것
Q.$(a+b)(c+d+e)$의 항의 개수?

【ex】

Q1.옷 한 개만 고르기

Q2.상의 한 게, 하의 한 개 고르기

[연구01] 자연수 N을 소인수 분해 한 것이
$N = x^a y^b z^c$ (x, y, z는 서로소)일 때,
N의 약수의 개수는 몇 개인가?
또 약수의 총합은 얼마인가?

[연구02] 서로 다른 n개에서 r개를 택하여 이들의
순서를 생각하여 일렬로 배열하는 순열의 값은?

4 약수의 개수와 총합

연구 01 $N = x^a y^b z^c$의 약수 (단, x, y, z는 서로소)

① N의 약수의 개수 :

② N의 약수의 총합 :

약수의 개수와 총합

$144 = 2^4 3^2$의 양의 약수

① 약수의 개수

② 약수의 총합

	3^0	3^1	3^2
2^0			
2^1			
2^2			
2^3			
2^4			

5 순열 $_n\mathrm{P}_r$

연구 02 서로 다른 n개에서 r개를 택하여
이들의 순서를 생각하여 일렬로 배열하는 경우의 수

문제 해결 법

- 함께X → 합
- 함께O → 곱
- 까다로운 것부터
- 이웃O → 한 덩어리
- 이웃X → 사이사이
- 순서가 정해진 것 → 한 가지
- 돼 = 전체 − 안돼
  ① 안 되는 것이 명시
  ② 유형이 너무 많을 때
  (적어도~, ~이상, ~이하)

[연구03] 서로 다른 n개에서 r개를 택하는 경우의 수는?

[연구04] $_nC_r = \dfrac{_nP_r}{r!}$ 인 이유를 쓰시오.

---

6 조합 $_nC_r$

연구 03 ▷ 순서를 생각하지 않고, 서로 다른 n개에서 r개를 택하는 경우의 수

(=같은 것이 있는 순열)

✎ 조합

(1) [40명 중 반장1,부반장1,삼장1 뽑기]

(2) [40명 중 3명을 뽑고]&[반장1,부반장1,삼장1 배치]

↳어차피 결과의 경우의 수는 같다

연구 04 ▷ $_nC_r = \dfrac{_nP_r}{r!}$ 인 이유는?

서로 다른 r개의 순서를 정하는 방법은 $r!$이다.

그런데 $_nP_r$ 은 서로 다른 n개에서 r개를 택하고,

이 r개의 순서를 생각하여

배열하는 방법의 수인 것에 비해,

$_nC_r$은 서로 다른 n개에서

r개를 택하기만 하는 것이다.

따라서 $_nC_r \times r! = _nP_r$ 이다.

8 분할과 분배

①분할: 서로 다른 n개를

  $p,\ q,\ r$개$(p+q+r=n)$의

  3 묶음으로 나누는 방법의 수

②분배: 분할된 3 묶음을 서로 다른 자리에

  배치하는 방법의 수

  (분할의 방법의 수)$\times 3!$

✎ 분할과 분배

[9명] A B C D E F G H I

①대표 4명을 뽑는다(   )

[9명] A B C D E F G H I

②청소:3 숙제:3 집:3

③(3, 3, 3) 조 나누기

[9명] A B C D E F G H I

④(4, 4, 1) 조 나누기

수학 I

「교과서 학습 목표」

1.지수·로그 함수

□ 거듭제곱과 거듭제곱근의 뜻을 알고,
  그 성질을 이해한다.
□ 지수가 유리수, 실수까지 확장될 수 있음을
  이해한다.
□ 지수법칙을 이해하고,
  이를 이용하여 식을 간단히 나타낼 수 있다.
□ 로그의 뜻을 알고, 그 성질을 이해한다.
□ 상용로그를 이해하고, 이를 활용할 수 있다.
□ 지수함수와 로그함수의 뜻을 안다.
□ 지수함수와 로그함수의 그래프를 그릴 수 있고,
  그 성질을 이해한다.
□ 지수함수와 로그함수를 활용하여
  문제를 해결할 수 있다.

2.삼각함수

□ 일반각과 호도법의 뜻을 안다.
□ 삼각함수의 뜻을 알고, 사인함수, 코사인함수,
  탄젠트함수의 그래프를 그릴 수 있다.
□ 사인법칙과 코사인법칙을 이해하고,
  이를 활용할 수 있다.

3.수열

□ 수열의 뜻을 안다.
□ 등차수열의 뜻을 알고, 일반항, 첫째항부터
  제n항까지의 합을 구할 수 있다.
□ 등비수열의 뜻을 알고, 일반항, 첫째항부터
  제n항까지의 합을 구할 수 있다.
□ $\sum$의 뜻을 알고, 그 성질을 이해하고,
  이를 활용할 수 있다.
□ 여러 가지 수열의 첫째항부터
  제n항까지의 합을 구할 수 있다.
□ 수열의 귀납적 정의를 이해한다.
□ 수학적 귀납법의 원리를 이해한다.
□ 수학적 귀납법을 이용하여 명제를 증명할 수 있다.

「수학Ⅰ」 Ⅰ.지수·로그 함수

연구01 빈칸에 알맞은 것을 쓰시오.

연구02 $a \neq 0$이고, n이 양의 정수일 때

$\cdot \; a^0 = 1 \qquad \cdot \; a^{-n} = \dfrac{1}{a^n}$ 을 유도하시오.

---

① 지수법칙

연구 01 $a > 0,\ b > 0$일 때, 임의의 실수 $m,\ n$에 대하여

① $a^m a^n =$

② $(a^m)^n =$

③ $(ab)^n =$

④ $a^m \div a^n =$

연구 02 ⑤ $a^0 =$

⑥ $a^{-n} =$

🖋 지수의 확장과 밑수의 축소

a^n	
밑수	지수

🖋 지수법칙

① $4^3 4^2 = (4 \cdot 4 \cdot 4) \cdot (4 \cdot 4) = 4^5 = 4^{3+2}$

② $(4^3)^2 = (4 \cdot 4 \cdot 4) \cdot (4 \cdot 4 \cdot 4) = 4^6 = 4^{3 \times 2}$

③ $(3 \cdot 4)^2 = (3 \cdot 4) \cdot (3 \cdot 4) = (3 \cdot 3) \cdot (4 \cdot 4)$

$\quad = 3^2 4^2$

④ $4^3 \div 4^2 = \dfrac{4 \cdot 4 \cdot 4}{4 \cdot 4} = 4^1 = 4^{3-2}$

$a^{-2},\ a^{-1},\ a^0,\ a^1,\ a^2,\ a^3$

[연구03] a의 n제곱근을 빈칸에 쓰시오.

[연구04] 다음을 제곱근 기호를 이용해 표현하시오.

❷ 거듭제곱과 거듭제곱근

① a 의 n 거듭제곱: 실수 a 를 n 번 곱한 a^n

$\qquad$ (a 는 밑, n 는 지수)

② a 의 n 제곱근: $x^n = a$ 가 되는 x

$\qquad$ (n 제곱해서 a 가 되는 것)

$x^n = a$	n이 홀수	n이 짝수
$a > 0$		
$a = 0$		
$a < 0$		

$$\sqrt{a^2} = |a| = \begin{cases} a & (a \geq 0) \\ -a & (a < 0) \end{cases}$$

a의 n제곱근 중 음수를 쓰시오.

✎ 거듭제곱근

② a 의 n 제곱근

$\quad$ a. n 이 홀수인 경우 $\quad$ b. n 이 짝수인 경우

【ex】 다음을 제곱근 기호를 이용해 표현하시오.

(1) 64의 2제곱근 중 음수 :

(2) 64의 3제곱근 중 음수 :

(3) -64의 3제곱근 중 음수 :

(4) -64의 2제곱근 중 음수 :

(5) 64의 2제곱근 중 양수 :

(6) 64의 3제곱근 중 양수 :

(7) -64의 3제곱근 중 양수 :

(8) -64의 2제곱근 중 양수 :

연구05 $a > 0$, $b > 0$이고 m, n이 2 이상의
자연수일 때 다음을 유도하시오.

---

3 거듭제곱근의 성질

✎ 거듭제곱근의 성질

연구 05 $a > 0$, $b > 0$이고 m, n이 2이상의 자연수일 때,

① $\sqrt[n]{a}\ \sqrt[n]{b} = \sqrt[n]{ab}$

② $\dfrac{\sqrt[n]{a}}{\sqrt[n]{b}} = \sqrt[n]{\dfrac{a}{b}}$

③ $(\sqrt[n]{a})^m = \sqrt[n]{a^m}$

④ $\sqrt[m]{\sqrt[n]{a}} = \sqrt[mn]{a}$

⑤ $\sqrt[n]{a^m} = \sqrt[np]{a^{mp}}$ (p는 양의 정수)

⑥ $a^{\frac{m}{n}} = \sqrt[n]{a^m}$

$\boxed{\text{연구06}}$ $a > 0$, $a \neq 1$이고 $N > 0$일 때 $a^x = N$ 을 로그를 이용하여 표현하시오.

$\boxed{\text{연구07}}$ $\log_a N$에서 밑수조건과 진수조건을 쓰고 이 두 조건이 있어야 하는 이유를 쓰시오.

4 로그의 정의

연구06 $a > 0$, $a \neq 1$, $N > 0$일 때,

①밑수조건(a):
②진수조건(N):

✎ 밑수조건/진수조건

연구07 밑수조건과 진수조건이 있어야 하는 이유.

연구08 $a > 0$, $a \neq 1$, $x > 0$, $y > 0$이고 k가 임의의 실수일 때 다음 로그의 성질을 유도하시오.

① $\log_a 1 = 0$, $\log_a a = 1$

② $\log_a xy = \log_a x + \log_a y$

③ $\log_a \dfrac{x}{y} = \log_a x - \log_a y$

④ $\log_a x^k = k \log_a x$

---

5 로그의 성질

✎ 로그의 성질

연구 08

$a > 0$, $a \neq 1$, $x > 0$, $y > 0$일 때

① $\log_a 1 = 0$, $\log_a a = 1$

② $\log_a xy = \log_a x + \log_a y$

③ $\log_a \dfrac{x}{y} = \log_a x - \log_a y$

④ $\log_a x^k = k \log_a x$ (k는 실수)

⑤ $\log_a b = \dfrac{\log_c b}{\log_c a}$ (b, c는 양수이고 $c \neq 1$)

⑥ $\log_{a^m} x^n = \dfrac{n}{m} \log_a x$

⑦ $a^{\log_c x} = x^{\log_c a}$

⑤ $\log_a b = \dfrac{\log_c b}{\log_c a}$ ($b,\ c$는 양수이고 $c \neq 1$)

⑥ $\log_{a^m} x^n = \dfrac{n}{m} \log_a x$

⑦ $a^{\log_c x} = x^{\log_c a}$

---

6 상용로그

정의:

수	0	1	2	3	4	5	6	7	8	9
1.0	.0000	.0043	.0086	.0128`	.0170	.0212	.0253	.0294	.0334	.0374
1.1	.0414	.0453	.0492	.0531	.0569	.0607	.0645	.0682	.0719	.0755
1.2	.0792	.0828	.0864	.0899	.0934	.0969	.1004	.1038	.1072	.1106
1.3	.1139	.1173	.1206	.1239	.1271	.1303	.1335	.1367	.1399	.1430
1.4	.1461	.1492	.1523	.1553	.1584	.1614	.1644	.1673	.1703	.1732
1.5	.1761	.1790	.1818	.1847	.1875	.1903	.1931	.1959	.1987	.2014
1.6	.2041	.2068	.2095	.2122	.2148	.2175	.2201	.2227	.2253	.2279
1.7	.2304	.2330	.2355	.2380	.2405	.2430	.2455	.2480	.2504	.2529
1.8	.2553	.2577	.2601	.2625	.2648	.2672	.2695	.2718	.2742	.2765
1.9	.2788	.2810	.2833	.2856	.2878	.2900	.2923	.2945	.2967	.2989
2.0	.3010	.3032	.3054	.3075	.3096	.3118	.3139	.3160	.3181	.3201
2.1	.3222	.3243	.3263	.3284	.3304	.3324	.3345	.3365	.3385	.3404
2.2	.3424	.3444	.3464	.3483	.3502	.3522	.3541	.3560	.3579	.3598
2.3	.3617	.3636	.3655	.3674	.3692	.3711	.3729	.3747	.3766	.3784
2.4	.3802	.3820	.3838	.3856	.3874	.3892	.3909	.3927	.3945	.3962
2.5	.3979	.3997	.4014	.4031	.4048	.4065	.4082	.4099	.4116	.4133
2.6	.4150	.4166	.4183	.4200	.4216	.4232	.4249	.4265	.4281	.4298
2.7	.4314	.4330	.4346	.4362	.4378	.4393	.4409	.4425	.4440	.4456
2.8	.4472	.4487	.4502	.4518	.4533	.4548	.4564	.4579	.4594	.4609
2.9	.4624	.4639	.4654	.4669	.4683	.4698	.4713	.4728	.4742	.4757
3.0	.4771	.4786	.4800	.4814	.4829	.4843	.4857	.4871	.4886	.4900
3.1	.4914	.4928	.4942	.4955	.4969	.4983	.4997	.5011	.5024	.5038
3.2	.5051	.5065	.5079	.5092	.5105	.5119	.5132	.5145	.5159	.5172
3.3	.5185	.5198	.5211	.5224	.5237	.5250	.5263	.5276	.5289	.5302
3.4	.5315	.5328	.5340	.5353	.5366	.5378	.5391	.5403	.5416	.5428
3.5	.5441	.5453	.5465	.5478	.5490	.5502	.5514	.5527	.5539	.5551
3.6	.5563	.5575	.5587	.5599	.5611	.5623	.5635	.5647	.5658	.5670
3.7	.5682	.5694	.5705	.5717	.5729	.5740	.5752	.5763	.5775	.5786
3.8	.5798	.5809	.5821	.5832	.5843	.5855	.5866	.5877	.5888	.5899
3.9	.5911	.5922	.5933	.5944	.5955	.5966	.5977	.5988	.5999	.6010
4.0	.6021	.6031	.6042	.6053	.6064	.6075	.6085	.6096	.6107	.6117
4.1	.6128	.6138	.6149	.6160	.6170	.6180	.6191	.6201	.6212	.6222
4.2	.6232	.6243	.6253	.6263	.6274	.6284	.6294	.6304	.6314	.6325
4.3	.6335	.6345	.6355	.6365	.6375	.6385	.6395	.6405	.6415	.6425
4.4	.6435	.6444	.6454	.6464	.6474	.6484	.6493	.6503	.6513	.6522
4.5	.6532	.6542	.6551	.6561	.6571	.6580	.6590	.6599	.6609	.6618
4.6	.6628	.6637	.6646	.6656	.6665	.6675	.6684	.6693	.6702	.6712
4.7	.6721	.6730	.6739	.6749	.6758	.6767	.6776	.6785	.6794	.6803
4.8	.6812	.6821	.6830	.6839	.6848	.6857	.6866	.6875	.6884	.6893
4.9	.6902	.6911	.6920	.6928	.6937	.6946	.6955	.6964	.6972	.6981
5.0	.6990	.6998	.7007	.7016	.7024	.7033	.7042	.7050	.7059	.7067
5.1	.7076	.7084	.7093	.7101	.7110	.7118	.7126	.7135	.7143	.7152
5.2	.7160	.7168	.7177	.7185	.7193	.7202	.7210	.7218	.7226	.7235
5.3	.7243	.7251	.7259	.7267	.7275	.7284	.7292	.7300	.7308	.7316
5.4	.7324	.7332	.7340	.7348	.7356	.7364	.7372	.7380	.7388	.7396

수	0	1	2	3	4	5	6	7	8	9
5.5	.7404	.7412	.7419	.7427	.7435	.7443	.7451	.7459	.7466	.7474
5.6	.7482	.7490	.7497	.7505	.7513	.7520	.7528	.7536	.7543	.7551
5.7	.7559	.7566	.7574	.7582	.7589	.7597	.7604	.7612	.7619	.7627
5.8	.7634	.7642	.7649	.7657	.7664	.7672	.7679	.7686	.7694	.7701
5.9	.7709	.7716	.7723	.7731	.7738	.7745	.7752	.7760	.7767	.7774
6.0	.7782	.7789	.7796	.7803	.7810	.7818	.7825	.7832	.7839	.7846
6.1	.7853	.7860	.7868	.7875	.7882	.7889	.7896	.7903	.7910	.7917
6.2	.7924	.7931	.7938	.7945	.7952	.7959	.7966	.7973	.7980	.7987
6.3	.7993	.8000	.8007	.8014	.8021	.8028	.8035	.8041	.8048	.8055
6.4	.8062	.8069	.8075	.8082	.8089	.8096	.8102	.8109	.8116	.8122
6.5	.8129	.8136	.8142	.8149	.8156	.8162	.8169	.8176	.8182	.8189
6.6	.8195	.8202	.8209	.8215	.8222	.8228	.8235	.8241	.8248	.8254
6.7	.8261	.8267	.8274	.8280	.8287	.8293	.8299	.8306	.8312	.8319
6.8	.8325	.8331	.8338	.8344	.8351	.8357	.8363	.8370	.8376	.8382
6.9	.8388	.8395	.8401	.8407	.8414	.8420	.8426	.8432	.8439	.8445
7.0	.8451	.8457	.8463	.8470	.8476	.8482	.8488	.8494	.8500	.8506
7.1	.8513	.8519	.8525	.8531	.8537	.8543	.8549	.8555	.8561	.8567
7.2	.8573	.8579	.8585	.8591	.8597	.8603	.8609	.8615	.8621	.8627
7.3	.8633	.8639	.8645	.8651	.8657	.8663	.8669	.8675	.8681	.8686
7.4	.8692	.8698	.8704	.8710	.8716	.8722	.8727	.8733	.8739	.8745
7.5	.8751	.8756	.8762	.8768	.8774	.8779	.8785	.8791	.8797	.8802
7.6	.8808	.8814	.8820	.8825	.8831	.8837	.8842	.8848	.8854	.8859
7.7	.8865	.8871	.8876	.8882	.8887	.8893	.8899	.8904	.8910	.8915
7.8	.8921	.8927	.8932	.8938	.8943	.8949	.8954	.8960	.8965	.8971
7.9	.8976	.8982	.8987	.8993	.8998	.9004	.9009	.9015	.9020	.9025
8.0	.9031	.9036	.9042	.9047	.9053	.9058	.9063	.9069	.9074	.9079
8.1	.9085	.9090	.9096	.9101	.9106	.9112	.9117	.9122	.9128	.9133
8.2	.9138	.9143	.9149	.9154	.9159	.9165	.9170	.9175	.9180	.9186
8.3	.9191	.9196	.9201	.9206	.9212	.9217	.9222	.9227	.9232	.9238
8.4	.9243	.9248	.9253	.9258	.9263	.9269	.9274	.9279	.9284	.9289
8.5	.9294	.9299	.9304	.9309	.9315	.9320	.9325	.9330	.9335	.9340
8.6	.9345	.9350	.9355	.9360	.9365	.9370	.9375	.9380	.9385	.9390
8.7	.9395	.9400	.9405	.9410	.9415	.9420	.9425	.9430	.9435	.9440
8.8	.9445	.9450	.9455	.9460	.9465	.9469	.9474	.9479	.9484	.9489
8.9	.9494	.9499	.9504	.9509	.9513	.9518	.9523	.9528	.9533	.9538
9.0	.9542	.9547	.9552	.9557	.9562	.9566	.9571	.9576	.9581	.9586
9.1	.9590	.9595	.9600	.9605	.9609	.9614	.9619	.9624	.9628	.9633
9.2	.9638	.9643	.9647	.9652	.9657	.9661	.9666	.9671	.9675	.9680
9.3	.9685	.9689	.9694	.9699	.9703	.9708	.9713	.9717	.9722	.9727
9.4	.9731	.9736	.9741	.9745	.9750	.9754	.9759	.9763	.9768	.9773
9.5	.9777	.9782	.9786	.9791	.9795	.9800	.9805	.9809	.9814	.9818
9.6	.9823	.9827	.9832	.9836	.9841	.9845	.9850	.9854	.9859	.9863
9.7	.9868	.9872	.9877	.9881	.9886	.9890	.9894	.9899	.9903	.9908
9.8	.9912	.9917	.9921	.9926	.9930	.9934	.9939	.9943	.9948	.9952
9.9	.9956	.9961	.9965	.9969	.9974	.9978	.9983	.9987	.9991	.9996

연구09 다음은 지수함수 $y = a^x\ (a > 0,\ a \neq 1)$

의 성질이다. 그래프를 그리고 빈칸을 채우시오.

7 지수함수

지수함수 $y = a^x$의 그래프 $(a > 0,\ a \neq 1)$

$a > 1$	$0 < a < 1$
y / x	y / x

연구 09

① 정의역:

　치역:

② $a > 1$일 때,

　$0 < a < 1$일 때,

③ a값과 관계없이 지나는 점:

✒ 그래프 그릴 때 활용할 점:

④ 점근선:

⑤ $y = a^x$와 $y = \left(\dfrac{1}{a}\right)^x$의 그래프의 관계:

✒ 지수함수

(1) $y = 2^x$　　　　　(2) $y = 2^{-x}$

$$\begin{cases} y = 2^x \\ y = 3^x \end{cases}$$

$$\begin{cases} y = \left(\dfrac{1}{2}\right)^x \\ y = \left(\dfrac{1}{3}\right)^x \end{cases}$$

[연구10] 다음은 로그함수

$y = \log_a x \ (a > 0, \ a \neq 1)$의 성질이다.

그래프를 그리고 빈칸에 알맞은 말을 쓰시오.

8 로그함수

로그함수 $y = \log_a x$의 그래프

$(a > 0, \ a \neq 1, \ x > 0)$

$a > 1$	$0 < a < 1$
y x	y x

연구 10

①정의역:

   치역 :

②$a > 1$일 때,

  $0 < a < 1$일 때,

③a값과 관계없이 지나는 점:

그래프 그릴 때 활용할 점:

④점근선 :

⑤$y = \log_a x$와 $y = \log_{\frac{1}{a}} x$의 그래프의 관계:

⑥함수 $y = a^x$과 $y = \log_a x$의 관계:

로그함수

$(1)\, y = \log_2 x$ $\qquad\quad (2)\, y = -\log_2 x$

$$\begin{cases} y = \log_2 x \\ y = \log_3 x \end{cases}$$

$$\begin{cases} y = \log_{\frac{1}{2}} x \\ y = \log_{\frac{1}{3}} x \end{cases}$$

[연구11] 빈칸에 알맞은 부등식을 쓰시오.

- 임의의 실수 x에 대하여 $a^x\ [\quad]\ 0$

- $a>1$일 때, $a^{x_1}<a^{x_2} \Leftrightarrow$

- $0<a<1$일 때, $a^{x_1}<a^{x_2} \Leftrightarrow$

❾ 지수방정식과 지수부등식

①지수방정식의 풀이

[연구 11] ②지수부등식의 성질

　a.임의의 실수 x에 대하여

　b.$a>1$일 때,

　c.$0<a<1$일 때,

🖋 지수방정식과 지수부등식

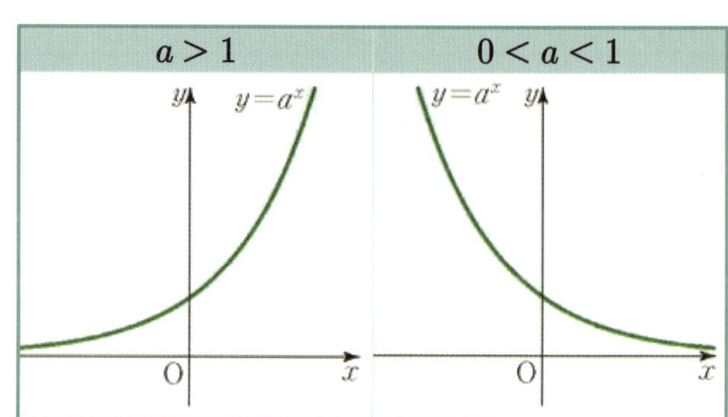

[연구12] $a > 0$, $a \neq 1$이고 x_1, $x_2 > 0$일 때

빈칸에 알맞은 부등식을 쓰시오.

· $a > 1$일 때, $\log_a x_1 < \log_a x_2 \Leftrightarrow$

· $0 < a < 1$일 때, $\log_a x_1 < \log_a x_2 \Leftrightarrow$

---

10 로그방정식과 로그부등식

①로그방정식의 성질

②로그부등식의 성질

  a. $a > 1$일 때,

  b. $0 < a < 1$일 때,

✎ 로그방정식과 로그부등식

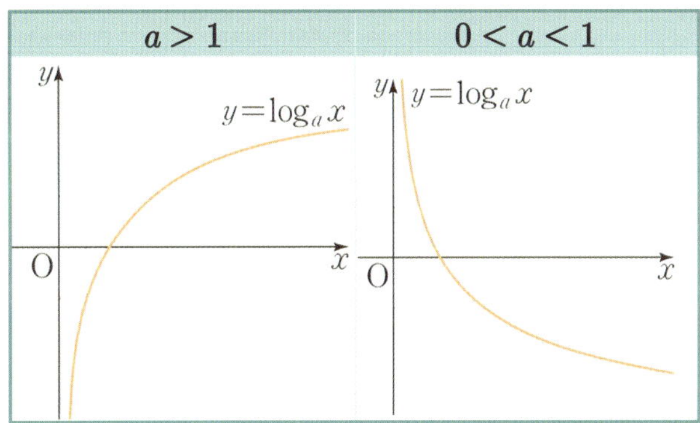

「수학Ⅰ」　Ⅱ.삼각함수

미리 알아야 할 단원
수학(상) – 3.도형의 방정식
수학(하) – 2.함수

1 삼각비의 뜻

정의: 직각삼각형에서 직각이 아닌 한 각의
크기에 따라 정해지는 변의 길이의 비의 값

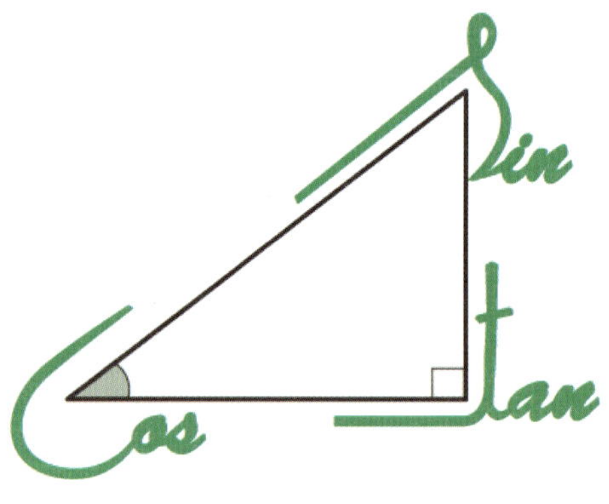

∠A의 사인　: $\sin A = \dfrac{(높이)}{(빗변)}$

∠A의 코사인: $\cos A = \dfrac{(밑변)}{(빗변)}$

∠A의 탄젠트: $\tan A = \dfrac{(높이)}{(밑변)}$

✎ 삼각비의 뜻

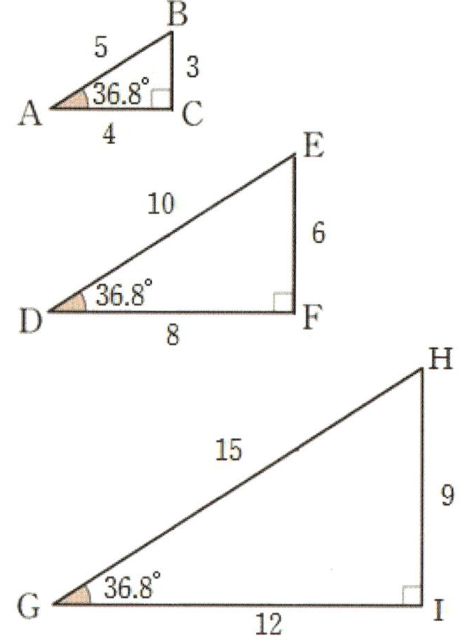

$\dfrac{(높이)}{(빗변)} =$

$\dfrac{(밑변)}{(빗변)} =$

$\dfrac{(높이)}{(밑변)} =$

연구01 빈칸에 알맞은 삼각비의 값을 쓰시오.

2 삼각비의 값

연구 01

①특수각의 삼각비

삼각비 \ A	0°	30°	45°	60°	90°
$\sin A$					
$\cos A$					
$\tan A$					

②단위원과 삼각비

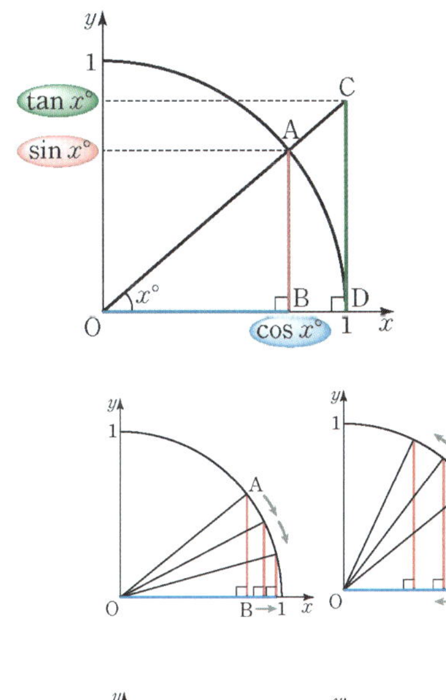

✎ 삼각비의 값

①특수각의 삼각비

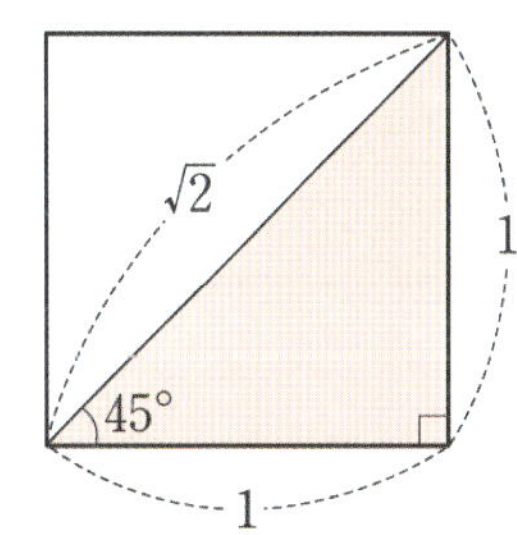

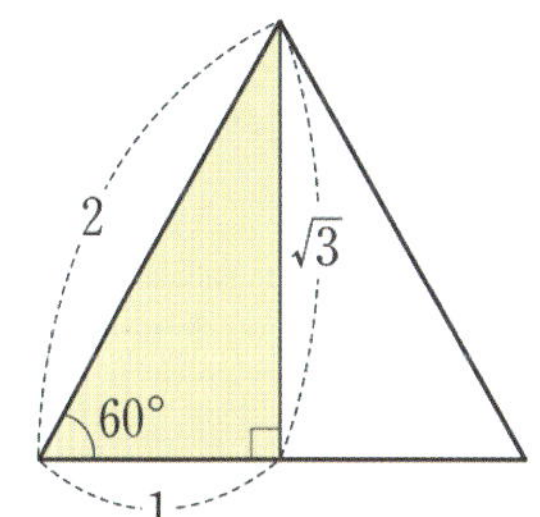

②단위원과 삼각비

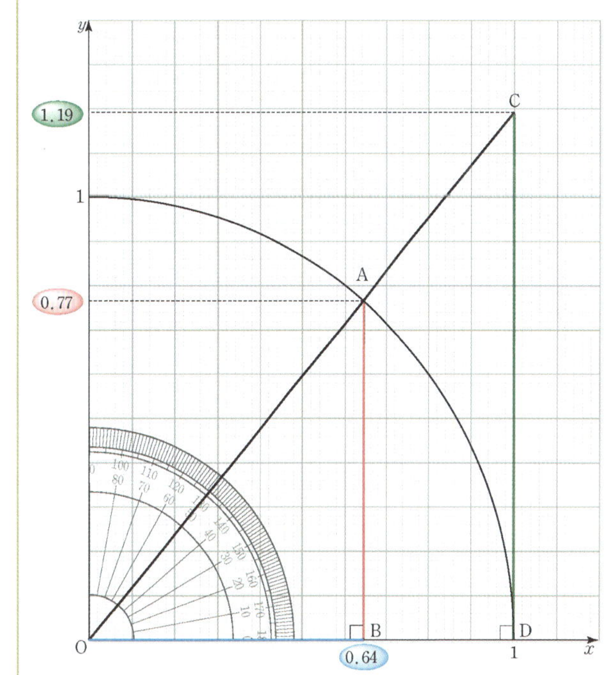

연구02 △ABC에서 ∠A $= \theta$라고 할 때, 나머지
두 변의 길이를 주어진 길이와 θ에 대한
삼각비를 이용해 표현하시오.

3 삼각비의 활용

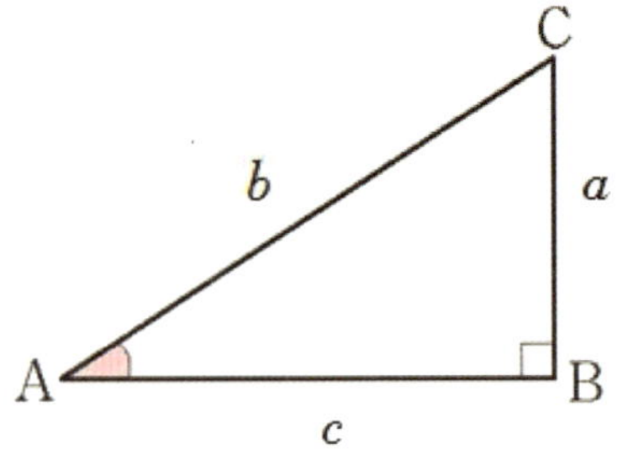

연구 02 ①

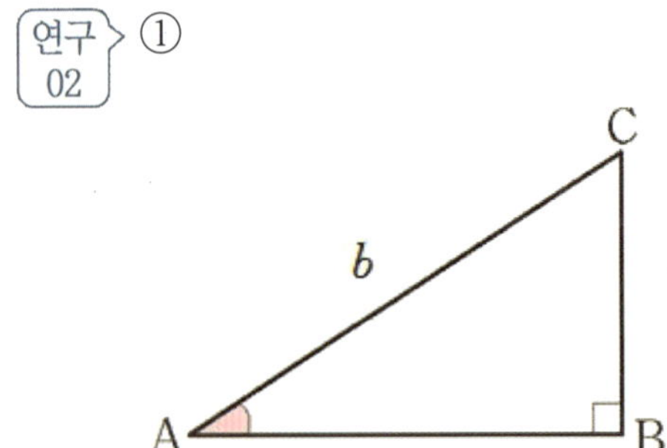

② 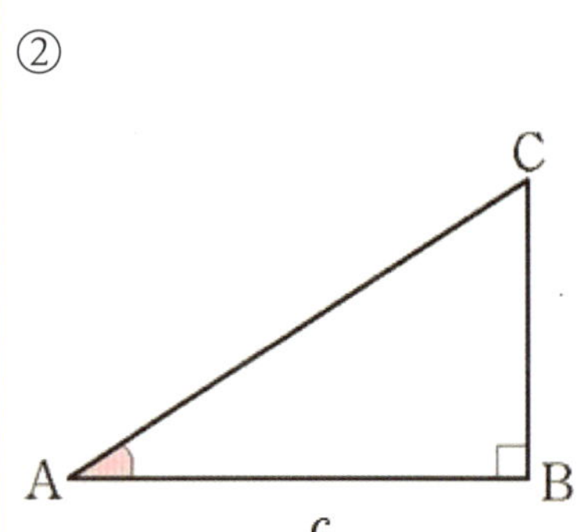

③ 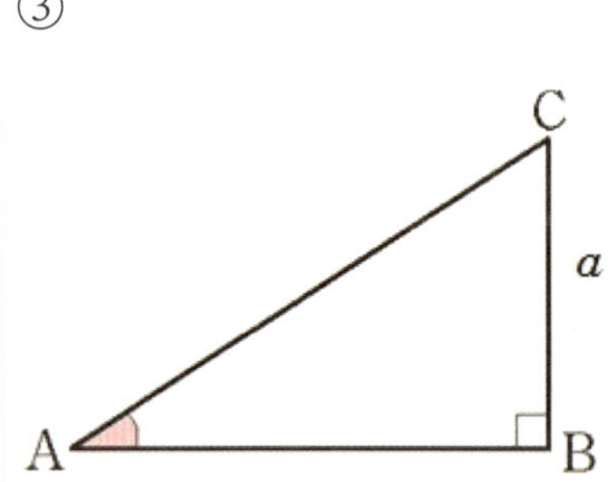

4 일반각

시초선 OX와 동경 OP가 나타내는 한 각의
크기를 $\alpha°$라 하면 $\angle XOP$의 크기는
일반적으로 아래와 같이 나타낼 수 있다.

$$360°\times n+\alpha° \quad (\text{단, } n\text{은 정수})$$

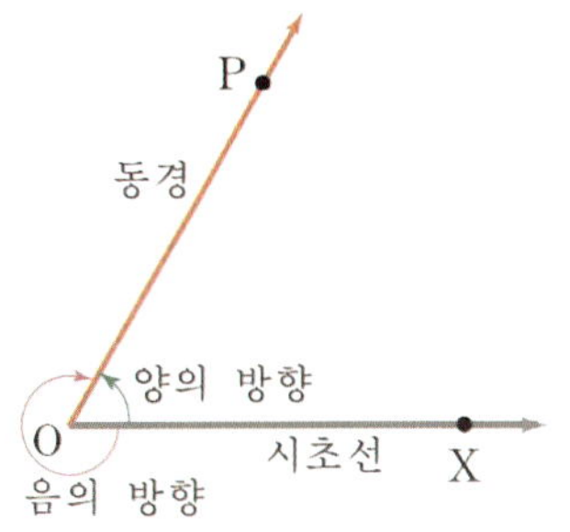

동경 OP의 위치가 주어져도
$\angle XOP$의 크기는 하나로 결정되지 않는다.

사분면

2사분면	1사분면
$(-, +)$	$(+, +)$
3사분면	4사분면
$(-, -)$	$(+, -)$

일반각

【ex】

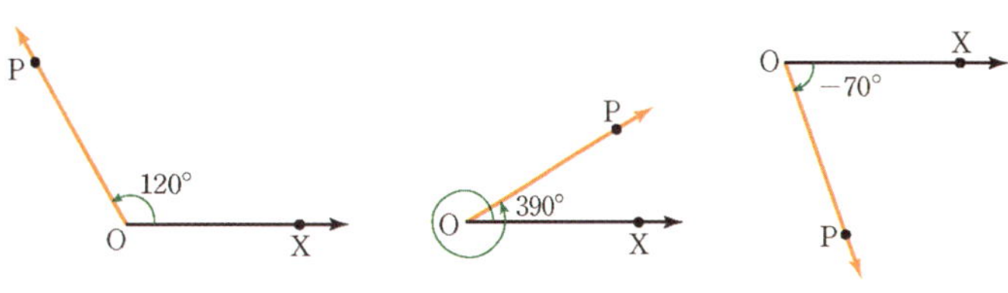

【ex】

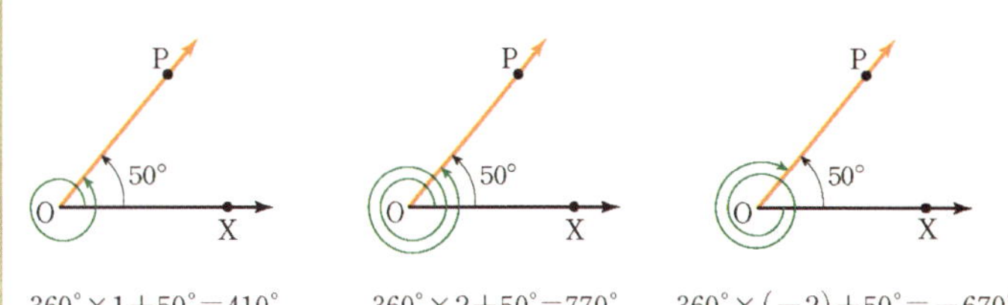

$360°\times 1+50°=410°$　$360°\times 2+50°=770°$　$360°\times(-2)+50°=-670°$

연구03 중심각 크기 θ를 반지름 길이 r와 호의 길이 l에 관한 식으로 쓰시오.

연구04 1(라디안)을 60분법 각도로 얼마인지, $1°$가 호도법 각도로 얼마인지를 쓰시오.

연구05 부채꼴의 넓이 S를 중심각 크기 θ, 반지름 길이 r, 호의 길이 l를 사용하여 표현하고 이를 유도하시오.

연구06 다음 60분법 각도에 같은 호도법 각도를 빈칸에 쓰시오.

---

5 호도법

연구 03 r:반지름 길이, θ:중심각 크기, l:호 길이, S:원 넓이

연구 04 ①60분법과 호도법의 사이의 관계

②호의 길이:

연구 05 ③넓이:

✎ 단위는 곱셈이다.

✎ 각도의 실수화.

　π는 각도의 단위가 아니라 3.14… 실수

연구 06

30°	45°	60°	90°	120°	135°	150°	180°

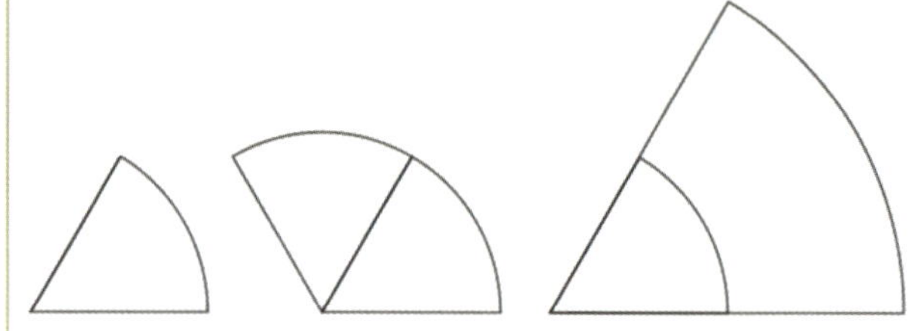

✎ 호도법

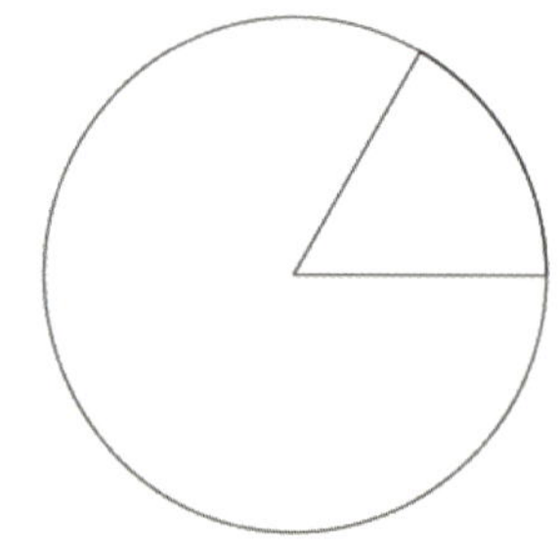

①60분법과 호도법의 사이의 관계

③넓이

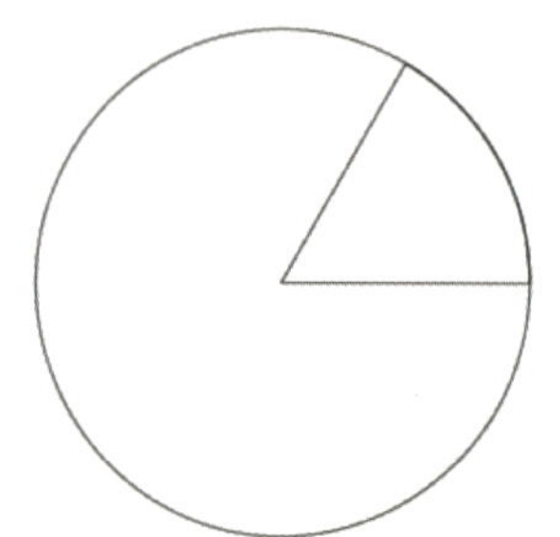

연구07 좌표평면에서 x축의 양의 방향을 시초선으로 할 때, 점 $P(x,y)$에 대하여 동경 OP의 각도가 θ이고 $r=\sqrt{x^2+y^2}$일 때 $\sin\theta$, $\cos\theta$, $\tan\theta$의 값을 쓰시오.

연구08 θ가 동경 OP에 대한 각이고 점 $P(x,y)$가 각 사분면에 있을 때의 $\sin\theta$, $\cos\theta$, $\tan\theta$의 부호를 아래의 빈칸에 쓰시오.

---

6 삼각함수의 정의

✎ 삼각함수의 정의

연구 07 좌표평면에서 x축의 양의 방향을 시초선으로 할 때, 점 $P(x,y)$에 대하여 동경 OP의 각도가 θ이고 $r=\sqrt{x^2+y^2}$일 때

$$\sin\theta=\frac{y}{r},\ \cos\theta=\frac{x}{r},\ \tan\theta=\frac{y}{x}$$

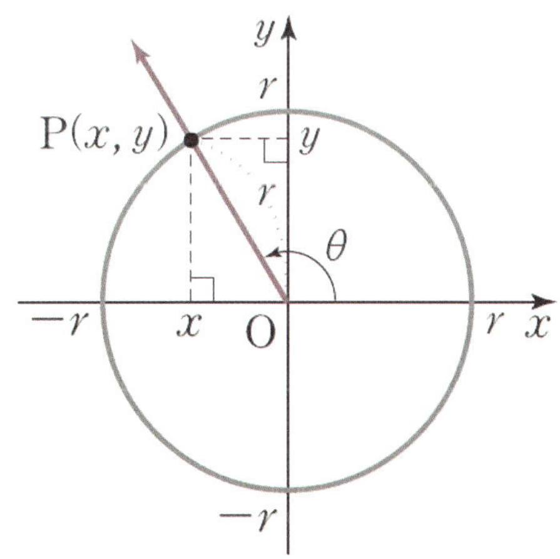

①삼각함수의 부호

연구 08 ①삼각함수의 부호

사분면	x	y	$\sin\theta=\dfrac{y}{r}$	$\cos\theta=\dfrac{x}{r}$	$\tan\theta=\dfrac{y}{x}$
1					
2					
3					
4					

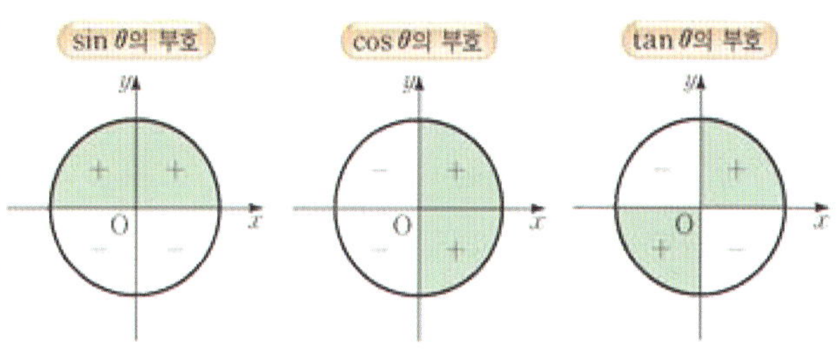

[연구09] 다음 삼각함수 사이의 관계를 유도하시오.

① $\tan\theta = \dfrac{\sin\theta}{\cos\theta}$

② $\sin^2\theta + \cos^2\theta = 1$

[연구10] 중심이 원점 O이고 반지름의 길이가 r인 원 위에 있는 점 P에 대하여, 동경 OP의 각이 θ일 때, 점 P의 좌표를 쓰시오.

---

7 삼각함수 사이의 관계

연구 09

🪶 주의!

$(\sin\theta)^2 = \sin\theta^2$

$(\sin\theta)^2 = \sin^2\theta$

$\sin(\theta^2) = \sin\theta^2$

✑ 삼각함수 사이의 관계

연구 10

$P(x,\ y)$, $r = \sqrt{x^2 + y^2}$ 일 때,

$\sin\theta = \dfrac{y}{r}$, $\cos\theta = \dfrac{x}{r}$, $\tan\theta = \dfrac{y}{x}$ 이다.

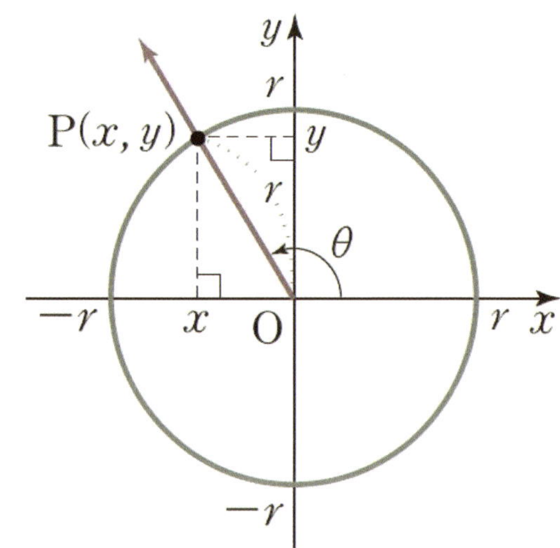

[연구11] 아래 단위원에 표시되어 있는

모든 60분법 각도에 대하여

① 호도법 각   ② 점의 좌표를 모두 쓰시오.

[연구12] 아래 표에 알맞은 값을 쓰시오.

연구
11

📝 **단위원** (원점으로 중심으로 하고 반지름의 길이가 1인 원)

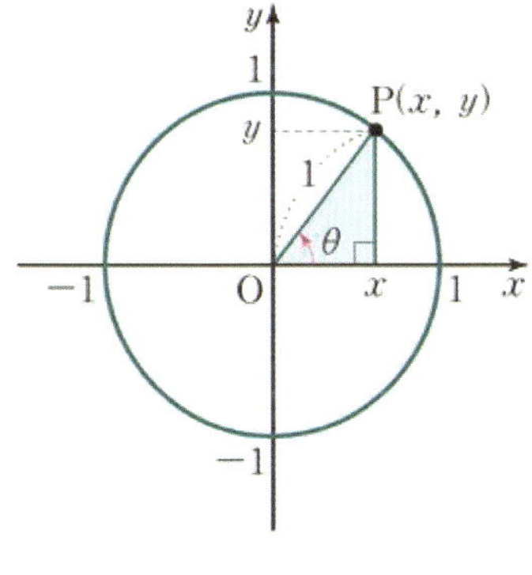

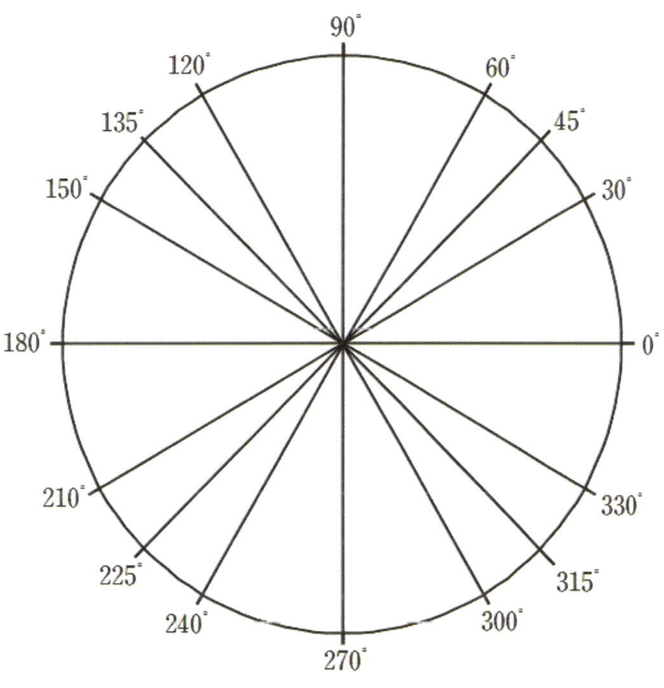

연구
12

θ	0	$\dfrac{\pi}{6}$	$\dfrac{\pi}{3}$	$\dfrac{\pi}{2}$	$\dfrac{2\pi}{3}$	$\dfrac{5\pi}{6}$	π	$\dfrac{7\pi}{6}$	$\dfrac{4\pi}{3}$	$\dfrac{3\pi}{2}$	$\dfrac{5\pi}{3}$	$\dfrac{11\pi}{6}$	2π
$\sin\theta$													
$\cos\theta$													

연구13 함수 $y = \sin x$의 그래프에서
아래 사항에 알맞은 것을 쓰시오.

a.정의역:　　　b.치　역:

c.주　기:　　　d.대칭성:

---

8 삼각함수의 그래프

① $y = \sin x$의 그래프

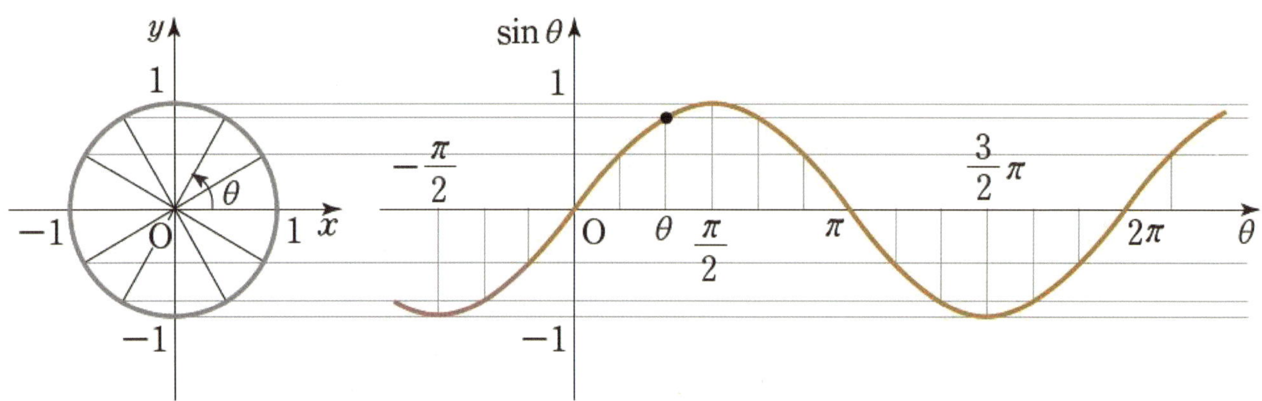

연구
13

a.정의역:

b.치　역:

c.주　기:

d.대칭성:

📝 주기성과 대칭성

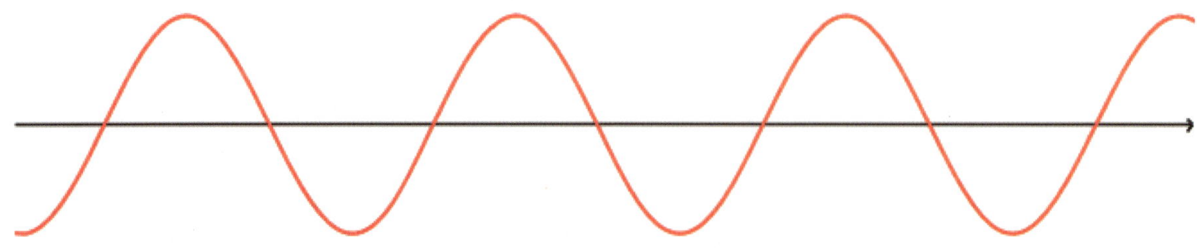

연구14 함수 $y = \cos x$의 그래프에서 아래 사항에 알맞은 것을 쓰시오.

a.정의역:　　b.치　역:

c.주　기:　　d.대칭성:

연구15 두 함수 $y = \sin x$와 $y = \cos x$의 그래프는 [　　　　　]이동 관계이다.

② $y = \cos x$의 그래프

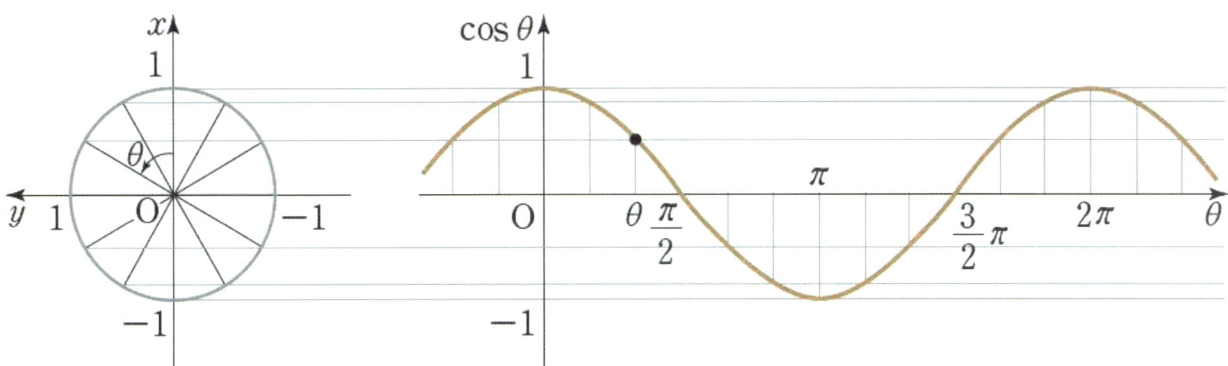

연구 14

a.정의역:

b.치　역:

c.주　기:

d.대칭성:

연구 15　$y = \sin x$와 $y = \cos x$의 그래프의 관계

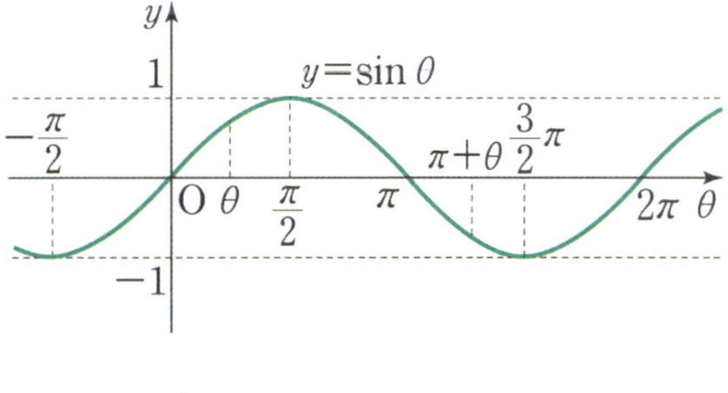

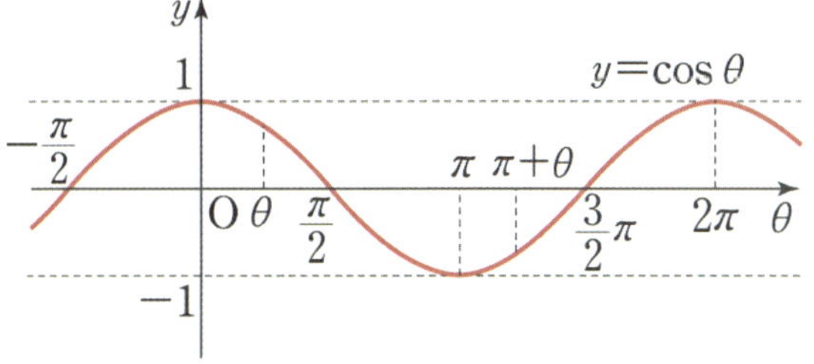

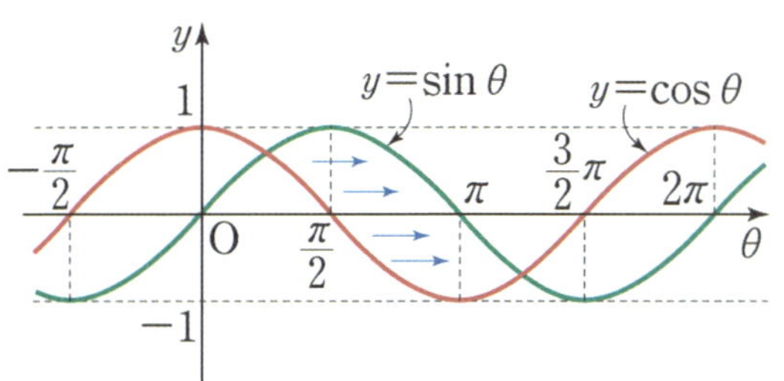

연구16 함수 $y = \tan x$의 그래프에서 아래 사항에 알맞은 것을 쓰시오.

a.정의역:　　　　b.치　역:

c.주　기:　　　　d.대칭성:

연구17 빈칸에 알맞은 것을 쓰시오.

함　수	최댓값	최솟값	주　기
$a\sin(bx+\alpha)+c$			
$a\cos(bx+\alpha)+c$			
$a\tan(bx+\alpha)+c$			

③ $y = \tan x$의 그래프

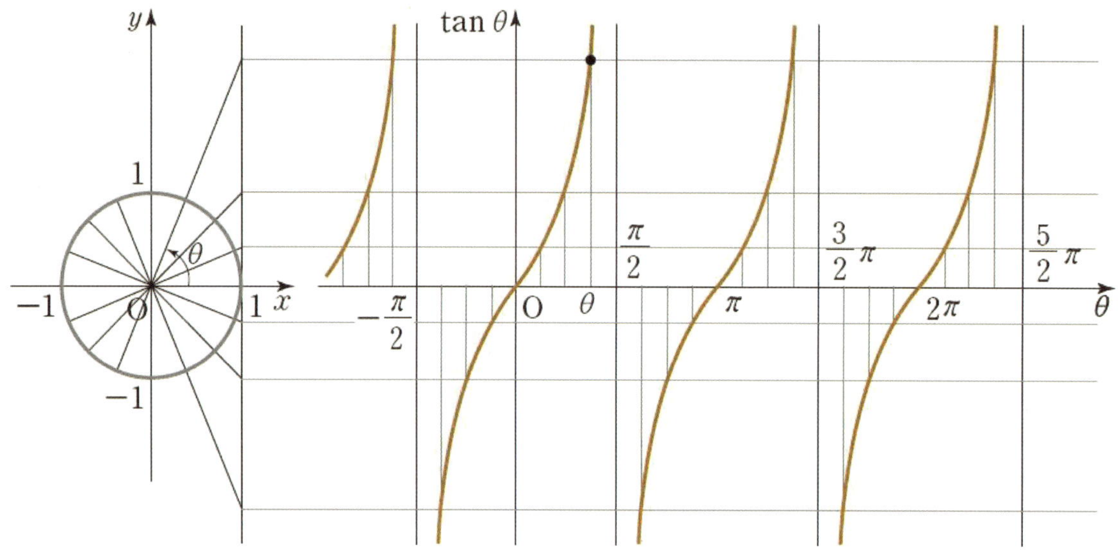

연구
16

a.정의역:

b.치　역:

c.주　기:

d.대칭성:

9　삼각함수의 최대/최소/주기

연구
17

함　수	최댓값	최솟값	주 기
$a\sin(bx+\alpha)+c$			
$a\cos(bx+\alpha)+c$			
$a\tan(bx+\alpha)+c$			

연구18 $y=f(x)$의 그래프에 대한
$y=f(px)$의 그래프의 특징을 쓰시오.

연구19 $y=f(x)$의 그래프에 대한
$y=pf(x)$의 그래프의 특징을 쓰시오.

✎ $f(x)=f(x+p)$ 그래프

$f(x)=-\sqrt{1-x^2}\ \ (-1\le x<1)$

이고 $f(x)=f(x+2)$

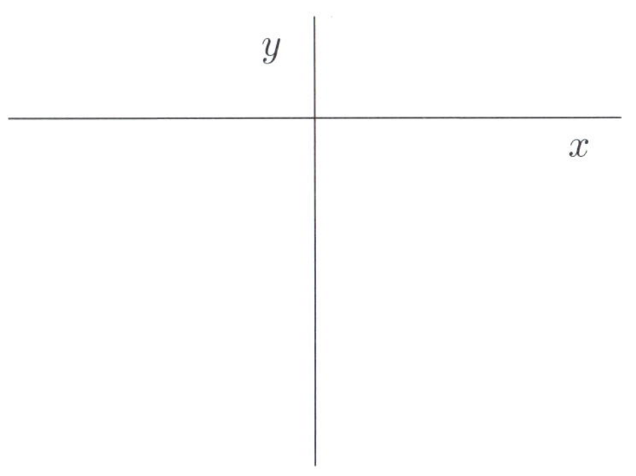

✎ $y=f(px)$ 그래프

연구 18 $y=f(x)$의 그래프에 대한
$y=f(px)$의 그래프의 특징:

$x^2+(y+1)^2=1$

$(2x)^2+(y+1)^2=1$

$(\frac{1}{2}x)^2+(y+1)^2=1$

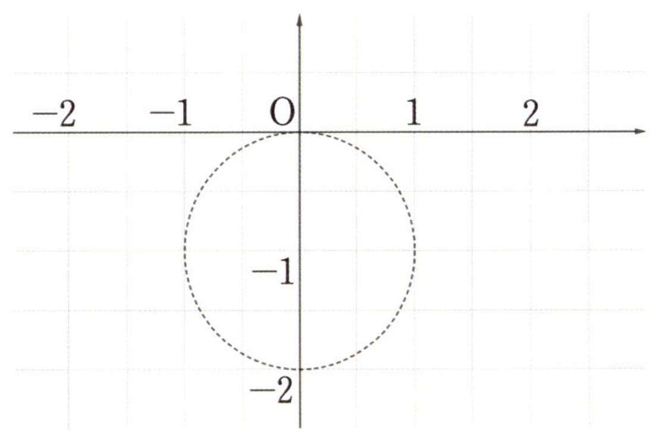

✎ $y=pf(x)$ 그래프

연구 19 $y=f(x)$의 그래프에 대한
$y=pf(x)$의 그래프의 특징:

$y=x^2$

$y=(2x)^2$

$y=\left(\dfrac{1}{2}x\right)^2$

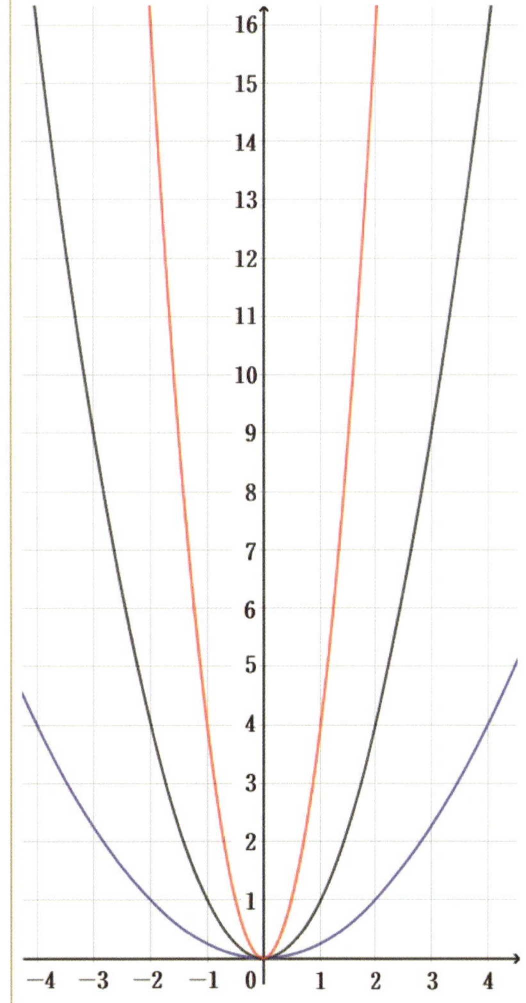

연구20~24 빈칸에 알맞은 것을 쓰고 이 식이
성립하는 이유를 단위원을 이용해 표현하시오.

⑩ 삼각함수의 성질

① $\sin(2n\pi+\theta)=$
 $\cos(2n\pi+\theta)=$
 $\tan(2n\pi+\theta)=$

연구 20 ② $\sin(-\theta)=$
 $\cos(-\theta)=$
 $\tan(-\theta)=$

연구 21 ③ $\sin(\pi+\theta)=$
 $\cos(\pi+\theta)=$
 $\tan(\pi+\theta)=$

연구 22 ④ $\sin(\pi-\theta)=$
 $\cos(\pi-\theta)=$
 $\tan(\pi-\theta)=$

연구 23 ⑤ $\sin\left(\dfrac{\pi}{2}+\theta\right)=$
 $\cos\left(\dfrac{\pi}{2}+\theta\right)=$
 $\tan\left(\dfrac{\pi}{2}+\theta\right)=$

연구 24 ⑥ $\sin\left(\dfrac{\pi}{2}-\theta\right)=$
 $\cos\left(\dfrac{\pi}{2}-\theta\right)=$
 $\tan\left(\dfrac{\pi}{2}-\theta\right)=$

✎ 삼각함수의 성질

② ③

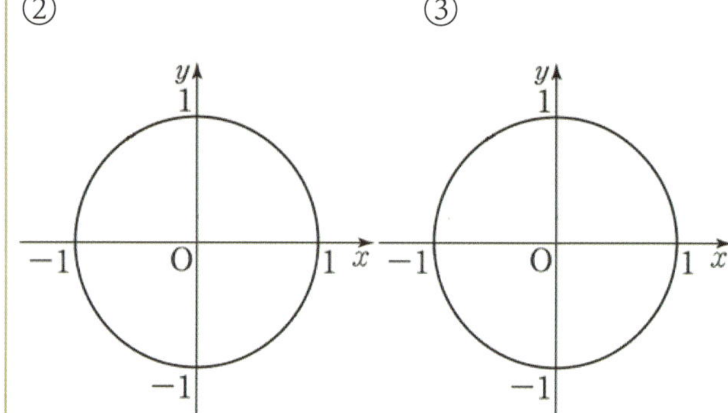

④ ⑤

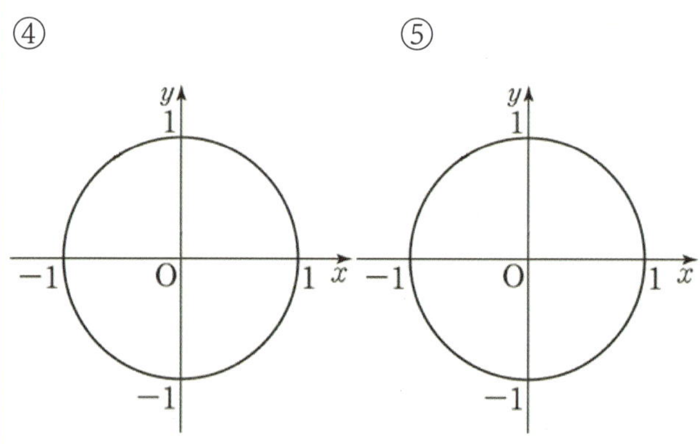

⑥

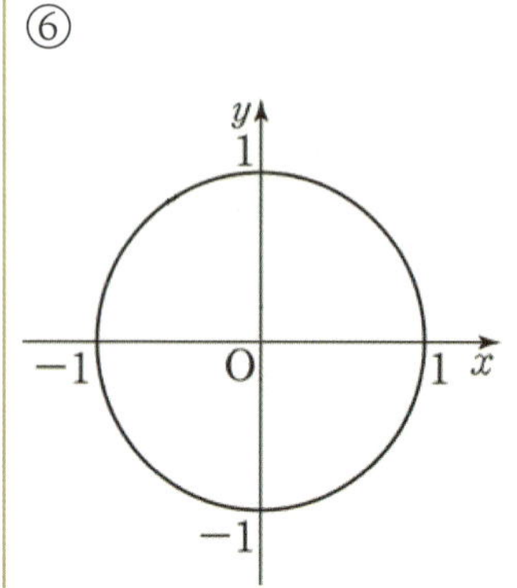

11 삼각함수의 변환

$$\boxed{}\left(\frac{\pi}{2}\times n\pm\theta\right)=\pm\boxed{}(\theta)$$

①종류 : n이 짝수→그대로 $\sin\to\cos$

      n이 홀수→바꿈 $\cos\to\sin$

                      $\tan\to\cot$

②부호 : θ가 예각일 때를 기준으로

$$\boxed{}\left(\frac{\pi}{2}\times n\pm\theta\right)\text{의 부호를 붙인다.}$$

(사분면 활용)

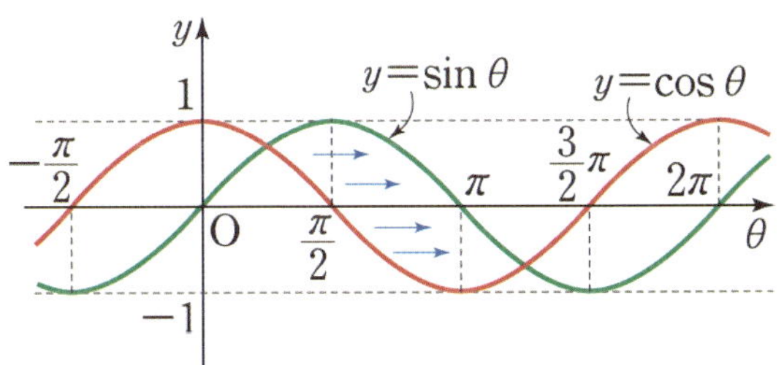

12 삼각방정식/삼각부등식

①그래프 이용

②단위원 이용 $\cos x = X$로, $\sin x = Y$ 치환

✎ 삼각함수의 변환

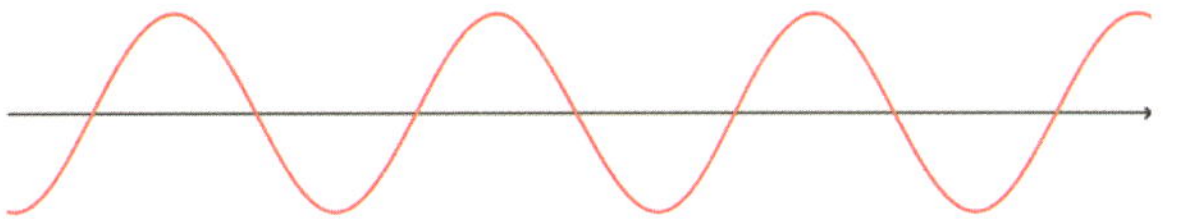

짝수 칸 이동:

홀수 칸 이동:

반 칸 이동:

✑ $\sin\left(\dfrac{\pi}{2}\times\text{짝}\pm\theta\right)=\pm\sin\theta$

✑ $\sin\left(\dfrac{\pi}{2}\times 2k-\theta\right)=\sin\left\{-\left(\theta-\dfrac{\pi}{2}\times 2k\right)\right\}$

$$=-\sin\left(\theta-\dfrac{\pi}{2}\times 2k\right)$$

$$=-(\pm\sin\theta)=\pm\sin\theta$$

✑ $\sin\left(\dfrac{\pi}{2}\times\text{홀}\pm\theta\right)=\pm\cos\theta$

[연구25] $\triangle ABC$에서 아래 사인법칙이 성립함을
유도하시오. (단, R는 외접원의 반지름)

$$\frac{a}{\sin A} = \frac{b}{\sin B} = \frac{c}{\sin C} = 2R$$

13 사인법칙

$\triangle ABC$에서

$$\frac{a}{\sin A} = \frac{b}{\sin B} = \frac{c}{\sin C} = 2R$$

(단, R는 외접원의 반지름)

① $\sin A = \dfrac{a}{2R}$, $\sin B = \dfrac{b}{2R}$, $\sin C = \dfrac{c}{2R}$

② $a : b : c = \sin A : \sin B : \sin C$

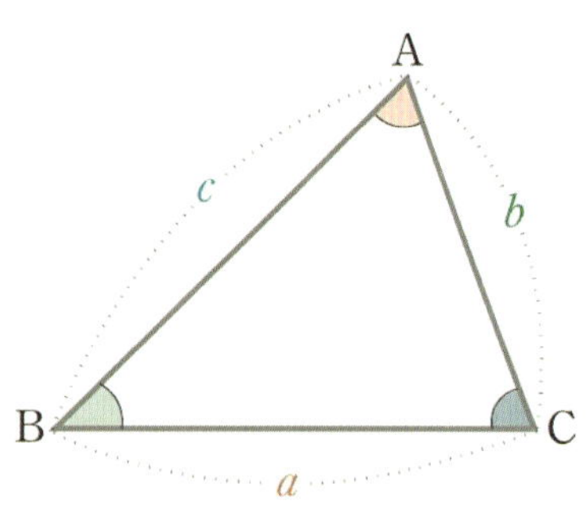

사인법칙

연구 25

(i) $A < 90°$ 일 때

$\angle BCA' = 90°$ 가 되도록 원 위에 점 A'을 잡

으면 $A = A'$이고 $\overline{BA'} = 2R$이므로

$$\sin A = \sin A' = \frac{a}{2R}$$

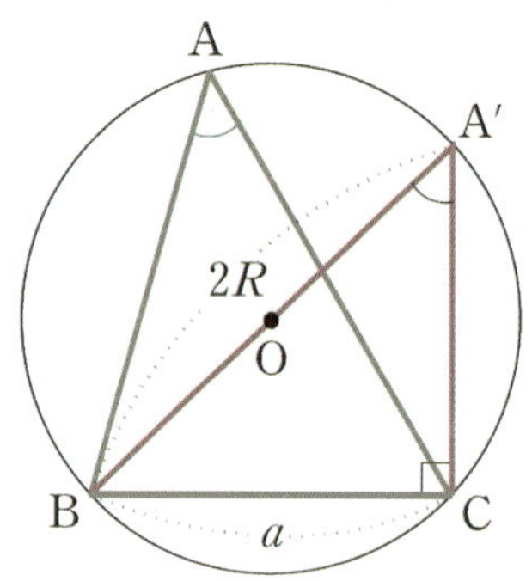

(ii) $A = 90°$ 일 때 $a = 2R$이므로

$$\sin A = \sin 90° = 1 = \frac{a}{2R}$$

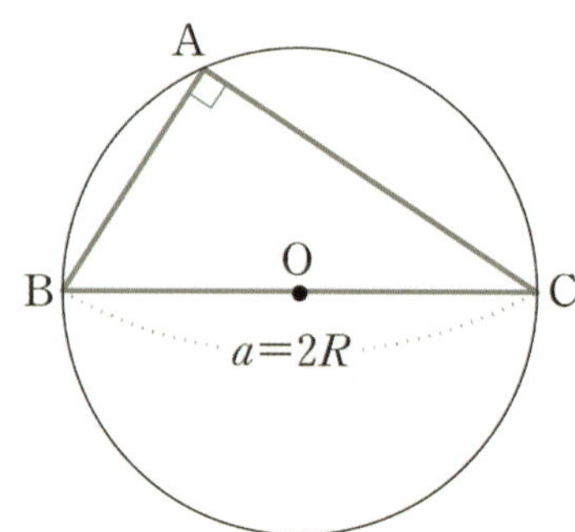

연구26 △ABC에 대하여 사인법칙을 활용하여

① b를 이용해 a를 표현하시오.

② c를 이용해 a를 표현하시오.

연구
26

사인법칙의 실전 적용

(iii) $A > 90°$ 일 때

$\angle\mathrm{BCA'} = 90°$ 가 되도록 원 위에 점 $\mathrm{A'}$을 잡으면

$A = 180° - A'$ 이고 $\overline{\mathrm{BA'}} = 2R$ 이므로

$$\sin A = \sin(180° - A') = \sin A' = \frac{a}{2R}$$

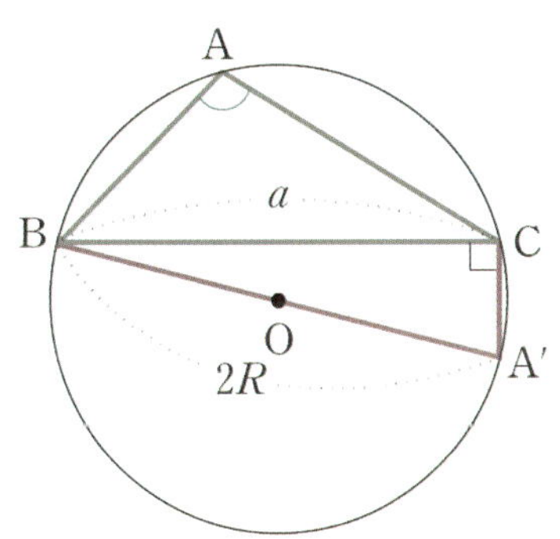

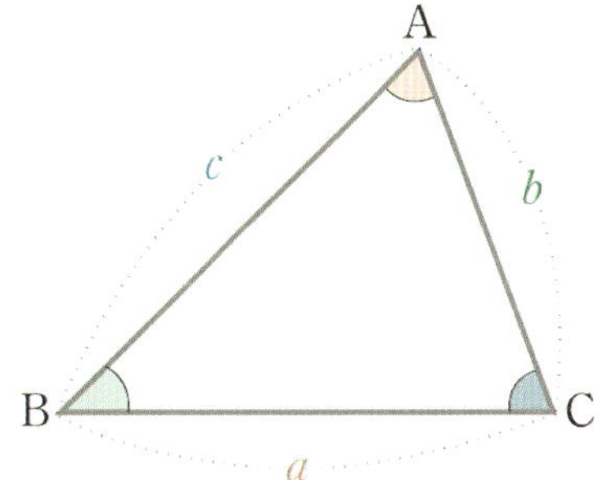

(i), (ii), (iii)에서 $\angle A$의 크기에 관계없이

$\sin A = \dfrac{a}{2R}$, 즉 $\dfrac{a}{\sin A} = 2R$가 성립한다.

같은 방법으로 $\dfrac{b}{\sin B} = 2R$, $\dfrac{c}{\sin C} = 2R$이다.

따라서 $\dfrac{a}{\sin A} = \dfrac{b}{\sin B} = \dfrac{c}{\sin C} = 2R$이다.

연구27 △ABC에서 아래 코사인법칙이 성립함을
유도하시오.

$$b^2 = a^2 + c^2 - 2ac\cos B$$

14 코사인법칙

△ABC에서

$$a^2 = b^2 + c^2 - 2bc\cos A \iff \cos A = \frac{b^2 + c^2 - a^2}{2bc}$$

$$b^2 = c^2 + a^2 - 2ca\cos B \iff \cos B = \frac{a^2 + c^2 - b^2}{2ac}$$

$$c^2 = a^2 + b^2 - 2ab\cos C \iff \cos C = \frac{a^2 + b^2 - c^2}{2ab}$$

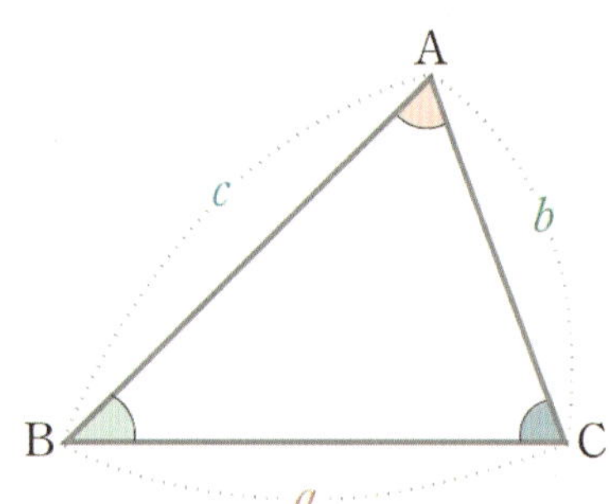

✎ 코사인법칙

연구 27

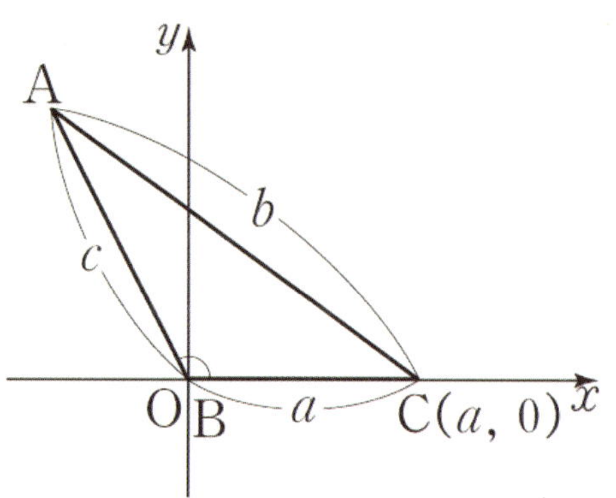

연구28 △ABC가 아래와 같은 조건을 만족시킬

때, △ABC의 넓이를 쓰시오.

①밑변 a와 높이 h가 주어질 때

②두 변의 길이와 그 낀 각을 알 때

③내접원의 반지름 r과 세 변이 주어질 때

④외접원의 반지름 R과 세 변이 주어질 때

⑤세 변의 길이를 알 때 (헤론의 공식)

---

15 삼각형의 넓이

①밑변과 높이가 주어질 때

②두 변의 길이와 그 낀 각을 알 때

③내접원의 반지름 r과 세 변이 주어질 때

④외접원의 반지름 R과 세 변이 주어질 때

⑤세 변의 길이를 알 때 (헤론의 공식)

✒ 삼각형의 넓이

(i) B가 예각인 경우

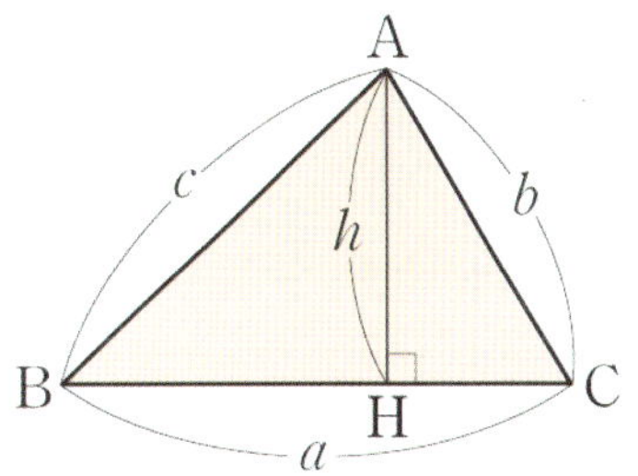

(ii) B가 둔각인 경우

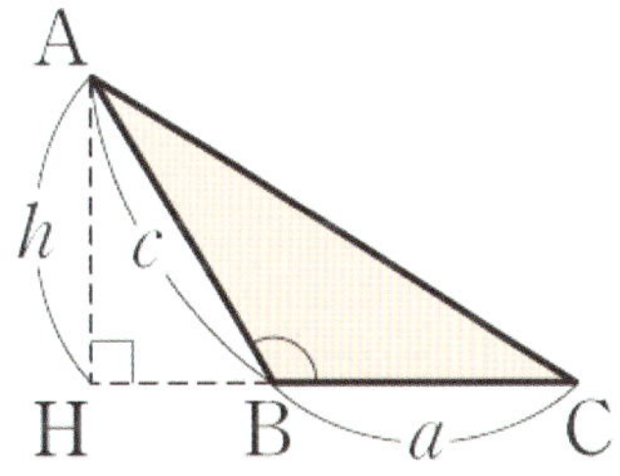

「수학Ⅰ」 Ⅲ.수열

[연구01] 등차수열의 정의를 쓰시오.

[연구02] 첫째항이 a이고, 공차가 d인 등차수열 $\{a_n\}$의 일반항 a_n의 식을 유도하시오.

[연구03] b가 a와 c의 등차중항일 때 성립하는 식을 쓰고 이를 유도하시오.

■1 수열의 뜻

$$a_1 , a_2 , a_3 \ \cdots \ , a_n, \ \cdots$$

: 수의 나열

: 수열을 이루는 각각의 수

: 수열의 각 항을 일반적으로 나타냄

■2 등차수열

연구 01 정의:

공차:

연구 02 일반항:

연구 03 등차중항:

【ex】 $a_1 = -1$, 공차 4.

a_n?

✎ 등차수열

일반항:

등차중항:

【ex】 $a_4 = 2$, $a_{11} = 16$.

공차?

[연구04] 등차수열 $\{a_n\}$의 첫째항부터 제 n항까지의 합 S_n을 유도하시오.

[연구05] 일반항 a_n과 수열 $\{a_n\}$의 첫째항부터 제n항까지의 합 S_n의 관계를 쓰시오.

3 등차수열의 합

등차수열의 합

연구 04 ⟩공차가 d인 등차수열의 첫째항부터 n항까지의 합

【ex】$a_1 = -1$, 공차 4. S_n?

4 일반항과 합의 관계

일반항과 합의 관계

연구 05 ⟩

[연구06] 등비수열의 정의를 쓰시오.

[연구07] 첫째항이 a이고, 공비가 r인 등비수열 $\{a_n\}$의 일반항 a_n의 식을 유도하시오.

[연구08] b가 a와 c의 등비중항일 때, 성립하는 식을 쓰고 이를 유도하시오.

5 등비수열

연구 06 정의:

공비:

연구 07 일반항:

연구 08 등비중항:

✎ 등비수열

일반항:

등비중항:

◥ 원리합계

a를 $p\%$ 증가시키면 :

a를 $p\%$씩 n번 증가시키면 :

a를 $p\%$씩 n번 감소시키면 :

✐ 원리합계

【ex】100원, 이자 10%

[연구09] 첫째항이 a이고, 공비가 r인 등비수열의 첫째항부터 제n항까지의 합 S_n을 유도하시오.

[연구10] 아래 시그마식을 +기호로 풀어서 쓰시오.

① $\displaystyle\sum_{k=1}^{n} a_k$ ② $\displaystyle\sum_{n=1}^{k} a_n$ ③ $\displaystyle\sum_{k=1}^{n} a_n$ ④ $\displaystyle\sum_{n=1}^{k} a_k$

---

6 등비수열의 합

첫째항이 a 공비가 r인 등비수열의 n항까지의 합

① $r \neq 1$이면

② $r = 1$ 이면

✎ 등비수열의 합

7 합의 기호 Σ의 뜻

수열 $\{a_n\}$에서 첫째항부터 제 n항까지의 합

【ex】 아래 시그마 식을 +기호로 풀어서 쓰시오.

① $\displaystyle\sum_{k=1}^{n} a_k =$

② $\displaystyle\sum_{n=1}^{k} a_n =$

③ $\displaystyle\sum_{k=1}^{n} a_n =$

④ $\displaystyle\sum_{n=1}^{k} a_k =$

✎ 합의 기호 Σ의 뜻

수열 $\{a_n\}$의 첫째항부터 n항까지의 합을 기호로 나타내면?

수열 $\{b_n\}$의 첫째항부터 n항까지의 합을 기호로 나타내면?

$a_5 + a_6 + a_7 + \cdots + a_{12}$을 기호로 나타내면?

새로운 기호가 필요하다!

① 어떤 수열인지?

② 몇 번째 항부터 몇 번째 항까지 더하는지?

[연구11] 다음을 유도하시오.　　　　　　　　**[연구12]** 빈칸에 알맞은 값을 쓰시오.

---

8 Σ의 성질

연구 11

① $\displaystyle\sum_{k=1}^{n}(a_k+b_k)=\sum_{k=1}^{n}a_k+\sum_{k=1}^{n}b_k$

② $\displaystyle\sum_{k=1}^{n}(a_k-b_k)=\sum_{k=1}^{n}a_k-\sum_{k=1}^{n}b_k$

③ $\displaystyle\sum_{k=1}^{n}ca_k=c\sum_{k=1}^{n}a_k$ (단, c는 상수)

④ $\displaystyle\sum_{k=1}^{n}c=cn$

연구 12

【ex】 빈칸에 알맞은 값을 쓰시오.

① $\displaystyle\sum_{k=1}^{n}a_k=\sum_{k=1}^{n-1}a_k+[\qquad]$

① $\displaystyle\sum_{k=1}^{n}a_k=\sum_{k=1}^{m}a_k+\sum_{k=[\ ]}^{n}a_k$ (단, $m<n$)

③ $\displaystyle\sum_{k=1}^{n}a_{k+m}=\sum_{k=[\ ]}^{[\ ]}a_k$

④ $\displaystyle\sum_{k=1}^{2n}a_k=\sum_{k=1}^{[\ ]}a_{2k-1}+\sum_{k=1}^{[\ ]}a_{2k}$

✎ Σ의 성질

① $\displaystyle\sum_{k=1}^{n}(a_k+b_k)$

② $\displaystyle\sum_{k=1}^{n}(a_k-b_k)$

③ $\displaystyle\sum_{k=1}^{n}ca_k$

④ $\displaystyle\sum_{k=1}^{n}c$

연구13 빈칸에 알맞은 식을 쓰시오.

① $\displaystyle\sum_{k=1}^{n} k =$ 　　　② $\displaystyle\sum_{k=1}^{n} k^2 =$

③ $\displaystyle\sum_{k=1}^{n} k^3 =$

연구14 $\dfrac{1}{A \cdot B} = \dfrac{1}{B-A}\left(\dfrac{1}{A} - \dfrac{1}{B}\right)$ 를 유도하시오.

연구15 아래 식을 계산하시오.

① $\displaystyle\sum_{k=1}^{n} kn^2 =$ 　　　② $\displaystyle\sum_{n=1}^{k} kn^2 =$

---

9 자연수의 거듭제곱의 합

① $\displaystyle\sum_{k=1}^{n} k =$

② $\displaystyle\sum_{k=1}^{n} k^2 =$

③ $\displaystyle\sum_{k=1}^{n} k^3 =$

$\displaystyle\sum_{k=1}^{n} (a_k - a_{k+1}) = a_1 - a_{n+1}$

연구 14 　$\dfrac{1}{AB} = \dfrac{1}{B-A}\left(\dfrac{1}{A} - \dfrac{1}{B}\right)$

연구 15 　**【ex】** 아래 식을 계산하시오.

① $\displaystyle\sum_{k=1}^{n} kn^2 =$

② $\displaystyle\sum_{n=1}^{k} kn^2 =$

자연수의 거듭제곱의 합

①등차수열의 합의 공식을 이용하면

②$(k+1)^3 - k^3 = 3k^2 + 3k + 1$

$\rightarrow \ k=1$일 때, $\quad 2^3 - 1^3 = 3 \cdot 1^2 + 3 \cdot 1 + 1$

$k=2$일 때, $\quad 3^3 - 2^3 = 3 \cdot 2^2 + 3 \cdot 2 + 1$

$k=3$일 때, $\quad 4^3 - 3^3 = 3 \cdot 3^2 + 3 \cdot 3 + 1$

$\qquad\qquad \vdots \qquad\qquad\qquad\qquad \vdots$

$k=n$일 때, $(n+1)^3 - n^3 = 3n^2 + 3n + 1$

$\rightarrow \ (n+1)^3 - 1^3$

$\qquad = 3(1^2 + 2^2 + \cdots + n^2) + 3(1 + 2 + \cdots + n)$

$\qquad\qquad\qquad + (1 + 1 + \cdots + 1)$

$\qquad = 3\displaystyle\sum_{k=1}^{n} k^2 + 3 \cdot \dfrac{n(n+1)}{2} + n$

$\rightarrow \ \displaystyle\sum_{k=1}^{n} k^2 = \dfrac{1}{3}\left\{(n+1)^3 - 3 \cdot \dfrac{n(n+1)}{2} - n - 1\right\}$

$\qquad\qquad = \dfrac{n(n+1)(2n+1)}{6}$

연구16 수학적 귀납법이 무엇인지 서술하시오.

연구17 수열의 귀납적 정의가 무엇인지 서술하시오.

연구18 등차수열의 점화식 2가지를 쓰시오.

연구19 등비수열의 점화식 2가지를 쓰시오.

10 수학적 귀납법

연구16 자연수 n에 대하여 명제 $P(n)$이 성립함을 보이려 할 때

✎ 수학적 귀납법

11 수열의 귀납적 정의(점화식)

연구17 첫째항과 이웃하는 두 항 사이의 관계식으로 수열을 정의하는 것

연구18 등차수열의 점화식

연구19 등비수열의 점화식

역대 수능·모의고사 기출 문항 출제 의도

Ⅰ.지수·로그 함수

[출제의도] 거듭제곱근의 정의를 이용하여 조건을 만족시키는 미지수의 값을 구하는 문제를 해결한다.
[출제의도] 지수법칙을 이용하여 식의 값을 계산하는 문제를 해결한다.
[출제의도] 로그의 성질을 이용하여 식의 값을 계산하는 문제를 해결한다.
[출제의도] 지수함수의 그래프 이해하는 문제를 해결한다.
[출제의도] 지수함수의 그래프 이용하여 주어진 부등식의 참, 거짓을 판별하는 문제를 해결한다.
[출제의도] 지수가 포함된 방정식과 부등식의 해를 구하는 문제를 해결한다.
[출제의도] 로그함수의 그래프 이해하는 문제를 해결한다.
[출제의도] 로그함수의 그래프 이용하여 주어진 부등식의 참, 거짓을 판별하는 문제를 해결한다.
[출제의도] 로그가 포함된 방정식과 부등식의 해를 구하는 문제를 해결한다.
[출제의도] 지수함수와 로그함수의 그래프의 대칭 관계를 이용하여 문제를 해결한다.

Ⅱ.삼각함수

[출제의도] 호도법을 활용하여 문제를 해결한다.
[출제의도] 삼각함수의 정의를 이해하는 문제를 해결한다.
[출제의도] 삼각함수 사이의 관계를 이해하는 문제를 해결한다.
[출제의도] 삼각함수의 성질을 이해하여 주어진 조건을 만족시키는 값을 구하는 문제를 해결한다.
[출제의도] 삼각함수의 그래프를 이해하여 교점의 개수를 구하는 문제를 해결한다.
[출제의도] 삼각함수의 주기성을 이용하여 주어진 조건을 만족시키는 자연수의 개수를 구하는 문제를 해결한다.
[출제의도] 삼각함수의 최댓값과 최솟값을 구하는 문제를 해결한다.
[출제의도] 삼각함수가 포함된 방정식과 부등식의 해를 구하는 문제를 해결한다.
[출제의도] 사인법칙을 이용하여 삼각형의 외접원의 반지름의 길이를 구하는 문제를 해결한다.
[출제의도] 사인법칙과 코사인법칙을 이용하여 선분의 길이를 구하는 문제를 해결한다.
[출제의도] 사인법칙과 코사인법칙을 이용하여 삼각형의 넓이 구하는 문제를 해결한다.

Ⅲ.수열

[출제의도] 등차수열과 등비수열의 일반항을 구하는 문제를 해결한다.
[출제의도] 등차수열과 등비수열의 공차와 공비를 구하는 문제를 해결한다.
[출제의도] 등차수열과 등비수열의 합을 이용하여 문제를 해결한다.
[출제의도] 등차중항과 등비중항을 이용하여 수열의 항의 값을 구하는 문제를 해결한다.
[출제의도] 도형에 활용된 수열에 관련된 문제를 해결한다.
[출제의도] 주어진 두 수열의 관계를 이해하여 수열의 항의 값을 구하는 문제를 해결한다.
[출제의도] 수열의 합과 일반항 사이의 관계를 이용하여 문제를 해결한다.
[출제의도] 합의 기호의 성질을 이용하여 수열의 합을 구하는 문제를 해결한다.
[출제의도] 자연수의 거듭제곱의 합을 계산하여 값을 구하는 문제를 해결한다.
[출제의도] 수열의 귀납적 정의를 이용하여 수열의 항을 구하는 문제를 해결한다.
[출제의도] 수학적 귀납법을 이용하여 명제를 증명하는 문제를 해결한다.

수학 II

「교과서 학습 목표」

1.함수의 극한

□ 함수의 극한의 뜻을 안다.

□ 함수의 극한에 대한 성질을 이해하고,
  여러 가지 함수의 극한값을 구할 수 있다.

□ 함수의 연속의 뜻을 안다.

□ 연속함수의 성질을 이해하고,
  이를 활용할 수 있다.

2. 미분법

□ 미분계수의 뜻을 알고, 그 값을 구할 수 있다.

□ 미분계수의 기하학적 의미를 안다.

□ 미분가능성과 연속성의 관계를 이해한다.

□ 함수 $y = x^n$ (n은 양의 정수)의
  도함수를 구할 수 있다.

□ 힘수의 실수배, 힙, 차, 곱의 미분법을 알고,
  다항함수의 도함수를 구할수 있다.

□ 접선의 방정식을 구할 수 있다.

□ 함수에 대한 평균값 정리를 이해한다.

□ 함수의 증가와 감소, 극대와 극소를
  판정하고 설명할 수 있다.

□ 함수의 그래프의 개형을 그릴 수 있다.

□ 방정식과 부등식에 활용할 수 있다.

□ 속도와 가속도에 대한 문제에 활용할 수 있다.

3.적분법

□ 부정적분의 뜻을 안다.

□ 함수의 실수배 합, 차의 부정적분을 알고,
  다항함수의 부정적분을 구할 수 있다.

□ 정적분의 뜻을 안다.

□ 부정적분과 정적분의 관계를 이해하고,
  이를 이용하여 정적분을 구할 수 있다.

□ 곡선으로 둘러싸인 도형의 넓이를 구할 수 있다.

□ 정적분을 활용하여
  속도와 거리에 대한 문제를 해결할 수 있다.

「수학Ⅱ」 Ⅰ.함수의 극한

미리 알아야 할 단원
수학(상) – 3.도형의 방정식
수학(하) – 2.함수

1 극한의 개념

: ∞ 한없이 커지는 상태를 나타내는
기호
: 어떠한 변수가 어떤 일정한 수에 한없이
가까워지는 일
: 수렴하지 않음
: 그 일정한 수.

2 함수의 수렴 (1)

함수 $f(x)$에서 x가 한없이 커질 때,
$f(x)$의 값이 일정한 값 α에
한없이 가까워지면,
$f(x)$는 α에 수렴한다고 한다.

✎ 함수의 수렴 (1)

[연구01] $x = a$에서 함수 $f(x)$의 극한값 α가
존재한다는 것의 기호와 뜻을 쓰시오.

---

3 함수의 수렴 (2)

[연구 01] 함수 $f(x)$에서 x가 a가 아닌 값을 가지면서
a에 한없이 가까워 질 때,
$f(x)$의 값이 일정한 값 α에 한없이 가까워지면,
$f(x)$는 α에 수렴한다고 한다. α를 $x = a$에서
$f(x)$의 극한값 또는 극한이라고 한다.

$x \to a$ 는 x의 값이 a에 한 없이 가까워짐을
뜻하므로 $x \neq a$이다.

✎ 함수의 수렴 (2)

【ex】 $f(x) = \dfrac{x^2 - 1}{x - 1}$

【ex】 $f(x) = \begin{cases} x + 1 & (x \neq 1) \\ 3 & (x = 1) \end{cases}$ 일 때

$$f(1) = \qquad \lim_{x \to 1} f(x) =$$

4 함수의 발산

함수 $f(x)$에서 x가 a가 아닌 값을 가지면서 a에 한없이 가까워 질 때, $f(x)$의 절대 값이 한없이 커질 때 무한대로 발산한다고 한다.

$$\lim_{x \to a} f(x) = \begin{cases} \infty & \Rightarrow \ 양의무한대로 \ 발산 \\ -\infty & \Rightarrow \ 음의무한대로 \ 발산 \end{cases}$$

✎ $x \to a$ 를 $x \to a-$, $x \to a+$, $x \to \infty$, $x \to -\infty$ 로 바꾸어도 성립

✎ 함수의 발산

【ex】 $f(x) = \dfrac{1}{|x|}$ 　　【ex】 $f(x) = -\dfrac{1}{|x|}$

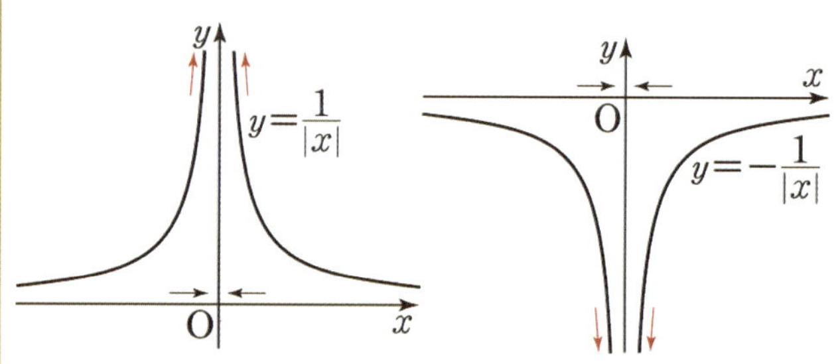

5 좌극한과 우극한

: x가 a보다 작으면서
a에 한없이 가까워진다.
: x가 a보다 크면서
a에 한없이 가까워진다.

① 좌극한

x가 a보다 작으면서 a에 한없이 가까워질 때,
$f(x)$가 일정한 값 α에 한없이 가까워진다.

② 우극한

x가 a보다 크면서 a에 한없이 가까워질 때,
$f(x)$가 일정한 값 α에 한없이 가까워진다.

③ 극한값의 존재

✎ 좌극한과 우극한

【ex】 $f(x) = \begin{cases} -x & (x \leq 1) \\ x-1 & (x > 1) \end{cases}$

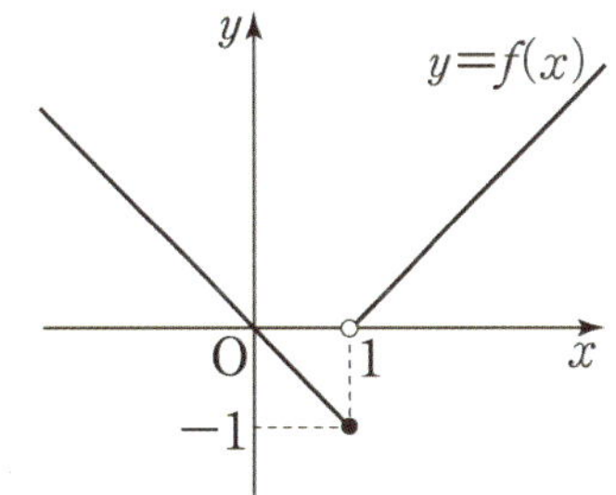

$\displaystyle\lim_{x \to 1-} f(x) =$

$\displaystyle\lim_{x \to 1+} f(x) =$

$\displaystyle\lim_{x \to 1} f(x)$

【ex】

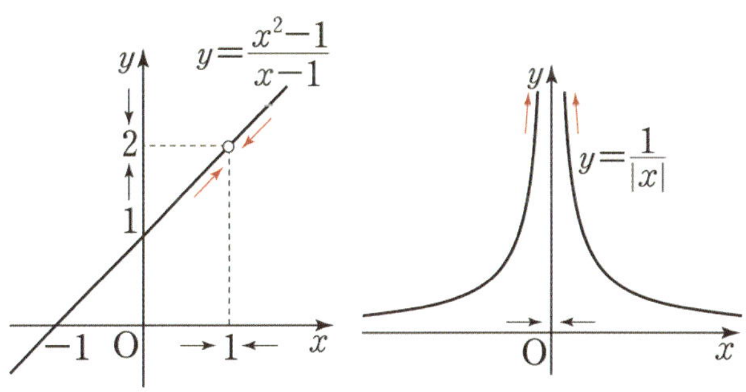

연구02 아래 함수의 극한의 성질이 성립할 조건을 쓰시오.

연구03 $\lim\limits_{x \to a} f(x) = \alpha$, $\lim\limits_{x \to a} g(x) = \beta$ 일 때,

- $f(x) < g(x)$ 이면 $\lim\limits_{x \to a} f(x)$ [   ] $\lim\limits_{x \to a} g(x)$ 이다.

- $f(x) < h(x) < g(x)$ 이고 $\alpha = \beta$ 이면

  $\lim\limits_{x \to a} h(x) =$ [   ] 이다.

---

6 함수의 극한에 관한 성질

✎ 함수의 극한에 관한 성질

연구 02

① $\lim\limits_{x \to a} c f(x) = c \lim\limits_{x \to a} f(x) = c\alpha$ (단, c 는 상수)

② $\lim\limits_{x \to a} \{ f(x) + g(x) \} = \lim\limits_{x \to a} f(x) + \lim\limits_{x \to a} g(x) = \alpha + \beta$

③ $\lim\limits_{x \to a} \{ f(x) - g(x) \} = \lim\limits_{x \to a} f(x) - \lim\limits_{x \to a} g(x) = \alpha - \beta$

④ $\lim\limits_{x \to a} f(x) g(x) = \lim\limits_{x \to a} f(x) \lim\limits_{x \to a} g(x) = \alpha \beta$

⑤ $\lim\limits_{x \to a} \dfrac{f(x)}{g(x)} = \dfrac{\lim\limits_{x \to a} f(x)}{\lim\limits_{x \to a} g(x)} = \dfrac{\alpha}{\beta}$ (단, $\beta \neq 0$)

연구 03

⑥ $f(x) < g(x)$ 이면

⑦ $f(x) < h(x) < g(x)$ 이고 $\alpha = \beta$ 이면

✎ $x \to a$ 를 $x \to a-$, $x \to a+$, $x \to \infty$, $x \to -\infty$ 로 바꾸어도 성립

[연구04] 다음 가정에 대한 결론으로 알맞은 것을 쓰고 이를 유도하시오.

① $\lim\limits_{x \to a} \dfrac{f(x)}{g(x)} = \alpha$ 이고 $\lim\limits_{x \to a} g(x) = 0$ 이면

② $\lim\limits_{x \to a} \dfrac{f(x)}{g(x)} = \alpha \neq 0$ 이고 $\lim\limits_{x \to a} f(x) = 0$ 이면

③ $\lim\limits_{x \to a} f(x) = \infty$ 이고 $\lim\limits_{x \to a} f(x)g(x) = \alpha$ 이면

---

7 극한의 성질의 활용

연구 04

① $\lim\limits_{x \to a} \dfrac{f(x)}{g(x)} = \alpha$ 이고 $\lim\limits_{x \to a} g(x) = 0$ 이면

② $\lim\limits_{x \to a} \dfrac{f(x)}{g(x)} = \alpha \neq 0$ 이고 $\lim\limits_{x \to a} f(x) = 0$ 이면

③ $\lim\limits_{x \to a} f(x) = \infty$ 이고 $\lim\limits_{x \to a} f(x)g(x) = \alpha$ 이면

극한의 성질의 활용

8 함수의 극한 문제를 풀 때

부정꼴을 → 확정꼴로 바꿔야 한다.

식을 수렴하는 형태로 바꾸는 게 핵심

① $\dfrac{\infty}{\infty}$: 분모 분자를 (최)고차항으로 나눈다.

② $\infty - \infty$: 최고차항으로 묶는다.

③ $\sqrt{\infty} - \infty$: 유리화

④ $\infty \times 0$: 통분, 인수분해, 약분

⑤ $\dfrac{0}{0}$: 약분

분수의 크기

$$분수 = \dfrac{분자}{분모} \qquad 분수 = \dfrac{분자}{분모}$$

$$분수 = \dfrac{분자}{분모} \qquad 분수 = \dfrac{분자}{분모}$$

【ex】

$$\dfrac{1}{10000}, \ \dfrac{1}{1000}, \ \dfrac{1}{100}, \ \dfrac{1}{10}, \ \dfrac{1}{1}, \ \dfrac{1}{0.1}, \ \dfrac{1}{0.01}, \ \dfrac{1}{0.001}, \ \dfrac{1}{0.0001}$$

함수의 극한 문제를 풀 때

부정꼴 vs 확정꼴

$\infty + \infty \to$	$0 + 0 \to$	$0 + a \to$	$\infty + a \to$	$\infty + 0 \to$
$\infty - \infty \to$	$0 - 0 \to$	$0 - a \to$	$\infty - a \to$	$\infty - 0 \to$
$\infty \times \infty \to$	$0 \times 0 \to$	$0 \times a \to$	$\infty \times a \to$	$\infty \times 0 \to$
$\dfrac{\infty}{\infty} \to$	$\dfrac{0}{0} \to$	$\dfrac{a}{0} \to$	$\dfrac{\infty}{a} \to$	$\dfrac{\infty}{0} \to$
		$\dfrac{0}{a} \to$	$\dfrac{a}{\infty} \to$	$\dfrac{0}{\infty} \to$

【ex】 $x \to \infty$ 일 때

$\infty + \infty \to$	$\dfrac{0}{0} \to$	$\infty \times 0 \to$
$x + 2x =$	$\dfrac{\left(\dfrac{1}{x}\right)}{\left(\dfrac{1}{x}\right)} =$	$x \times \dfrac{1}{x} =$
$2x + x =$		
$x + x^2 =$		$x \times \dfrac{1}{x^2} =$
$\infty - \infty \to$	$\dfrac{\left(\dfrac{1}{x}\right)}{\left(\dfrac{1}{x^2}\right)} =$	$x^2 \times \dfrac{1}{x} =$
$x - 2x =$		
$2x - x =$		
$x - x =$		
$\dfrac{\infty}{\infty} \to$	$\dfrac{\left(\dfrac{1}{x^2}\right)}{\left(\dfrac{1}{x}\right)} =$	
$\dfrac{x}{x} =$		
$\dfrac{x^2}{x} =$		
$\dfrac{x}{x^2} =$		

연구05 함수 $f(x)$가 $x=a$에서 연속이 되도록
하는 조건을 쓰시오.

---

9 $f(x)$가 $x=a$에서 연속

연구
05

10 연속함수의 뜻

어떤 구간에 속하는 모든 점에서 연속일 때,
함수가 그 구간에서 연속 또는 연속함수라고
한다.

$[a,\ b]$

$\quad [a,\ b)$

$\quad (a,\ b]$

$\quad (a,\ b)$

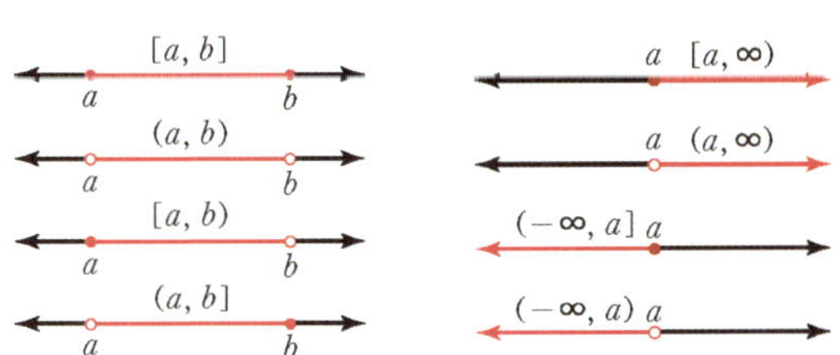

$f(x)$: 폐구간 $[a, b]$에서 연속

$f(x)$가 $x=a$에서 연속

① ② ③

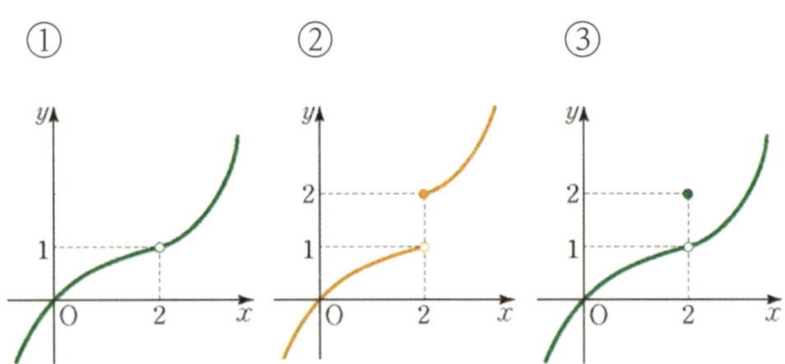

연구06 $x = a$ 에서 연속인 두 함수 $f(x)$, $g(x)$에 대하여 다음 함수도 $x = a$에서 연속임을 유도하시오.

---

⑪ 연속함수의 성질

연구 06 $f(x)$와 $g(x)$가 $x = a$에서 연속이면, 다음 함수도 $x = a$에서 연속이다.

① $y = f(x) \pm g(x)$

② $y = cf(x)$ (단, c는 상수)

③ $y = f(x)g(x)$

④ $y = \dfrac{f(x)}{g(x)}$ $(g(a) \neq 0)$

✎ $f(x)$가 $x = a$에서 연속이고
$g(x)$가 $x = f(a)$에서 연속이면
$g(f(x))$는 $x = a$에서 연속

✒ 연속함수의 성질

연구07 함수 $f(x)$가 $x=a$에서만 불연속이고 함수 $g(x)$가 연속함수일 때,
함수 $f(x)g(x)$가 실수 전체에서 연속이기 위해 성립하는 조건을 쓰고 이를 유도하시오.
($x=a$에서 $f(x)$의 좌극한, 우극한이 각각 존재는 경우만 유도하자)

연구08 연속함수 $g(x)$와 $h(x)$에 대하여, 함수

$$f(x) = \begin{cases} g(x) & (x \leq a) \\ h(x) & (x > a) \end{cases}$$

가 실수 전체에서 연속일 조건을 쓰고 이를 유도하시오.

연구09 최대·최소의 정리를 쓰시오.

---

⑫ 최대·최소 정리

연구 09 함수 $f(x)$가 폐구간 $[a,\ b]$에서 연속이면, $f(x)$는 이 구간에서 반드시 최댓값과 최솟값을 가진다.

✎ 최대·최소 정리

[연구10] 사잇값 정리를 쓰시오.

[연구11] 함수 $f(x)$가 폐구간 $[a, b]$에서 연속이고 $f(a) \times f(b) < 0$일 때, 성립하는 것을 쓰시오.

13 사잇값 정리

✒ 사잇값 정리

[연구10] 함수 $f(x)$가 폐구간 $[a, b]$에서 연속이고 $f(a) \neq f(b)$이면, $f(a)$와 $f(b)$ 사이의 임의의 값 k에 대하여 다음을 만족시키는 c가 열린구간 (a, b)에 적어도 하나 존재한다.

$$f(c) = k$$

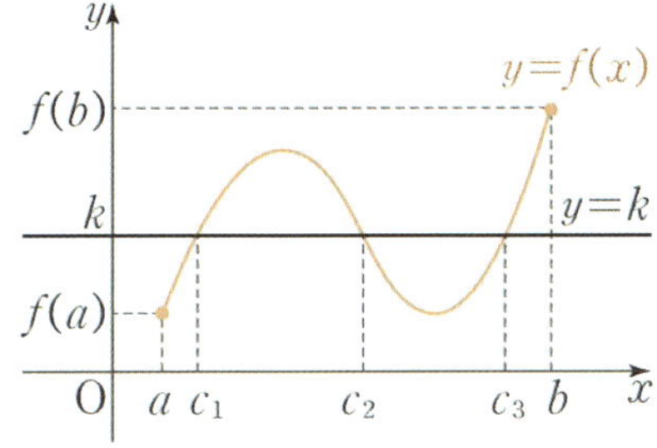

[연구11] 함수 $f(x)$가 폐구간 $[a, b]$에서 연속이고 $f(a) \times f(b) < 0$이면?

「수학Ⅱ」 Ⅱ.미분법

연구01 함수 $y=f(x)$에서 x의 값이 a에서 b까지 변할 때 평균변화율을 구하시오.

미리 알아야 할 단원
수학2 − 1.함수의 극한

1 평균변화율

연구 01 ▷ 함수 $y=f(x)$ 에서 x의 값이 a에서 b까지 변할 때의 평균변화율은

✎ x의 증분 Δx에 대한 y의 증분 Δy의 비율
($\Delta x = b - a,\ \Delta y = f(b) - f(a)$)

✎ 평균변화율

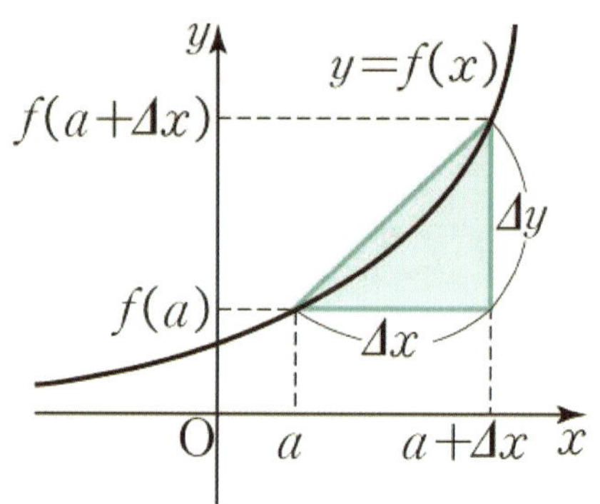

연구02 함수 $f(x)$의 $x = a$에서의

①미분계수 ②좌미분계수 ③우미분계수

를 쓰시오.

---

② 미분계수

함수 $f(x)$의 $x = a$에서의

①미분계수 (순간변화율)

②좌미분계수:

③우미분계수:

기하학적인 의미:

✎ 미분계수

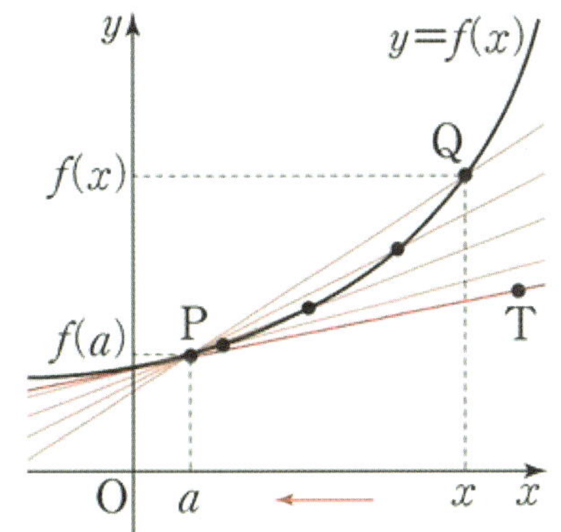

✍ 함수 $f(x)$의 $x = a$에서의 좌극한

✍ 함수 $f(x)$의 $x = a$에서의 좌미분계수

✍ 함수 $g(x) = \dfrac{f(x) - f(a)}{x - a}$ 의 $x = a$에서의 좌극한

연구03 함수 $f(x)$의 $x=a$에서의 미분가능하다는 것의

①정의를 쓰고

②조건을 쓰고

③조건을 유도하시오.

연구04 함수 $y=f(x)$가 $x=a$에서

①미분가능하면 연속인가?

아니라면 예를 드시오.

②연속이면 미분가능한가?

아니라면 예를 드시오.

▣ 미분 가능성

연구 03 ①정의:

②조건:

✎ 함수 $f(x)$가 $x=a$에서의 미분계수 $f'(a)$가 존재할 때, 함수 $f(x)$는 $x=a$에서 미분가능하다고 말한다.

✎ 함수 $f(x)$가 어떤 구간에 속하는 모든 x값에서 미분가능할 때, 함수 $f(x)$는 그 구간에서 미분가능하다고 한다.

✎ 함수 $f(x)$가 정의역에 속하는 모든 x값에서 미분가능할 때, 함수 $f(x)$는 미분가능한 함수 라고 한다.

연구 04 ✎ $y=f(x)$가 $x=a$에서
미분가능 $\rightleftarrows$ 연속

✎ 미분 가능성

③조건 유도하기

연구05 미분가능한 함수 $g(x)$와 $h(x)$에 대하여, 함수

$$f(x) = \begin{cases} g(x) & (x \leq a) \\ h(x) & (x > a) \end{cases}$$

가 실수 전체에서 미분가능할 조건을 쓰고 이를 유도하시오.

연구06 함수 $y = f(x)$의 도함수의 기호와 정의를 쓰시오.

연구 05

---

4 도함수

i 함수 $f(x)$에서 도함수 $f'(x)$를 구하는 것을 $f(x)$를 x에 대하여 '미분한다'고 하고, 그 계산법을 '미분법'이라 한다.

연구 06 $y = f(x)$가 미분가능한 함수일 때

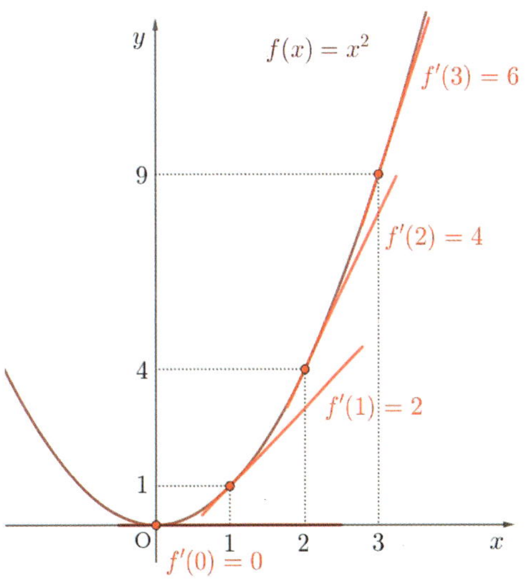

연구07 미분가능한 두 함수 $f(x)$, $g(x)$에 대하여 아래 식이 성립함을 유도하시오.

$① \{c\}' = 0$

$② \{x^n\}' = nx^{n-1}$

$③ \{cf(x)\}' = cf'(x)$

---

5 미분법의 공식

$\boxed{\text{연구 07}}$ 미분가능한 두 함수 $f(x)$, $g(x)$에 대하여

$① \{c\}' = 0$

$② \{x^n\}' = nx^{n-1}$

$③ \{cf(x)\}' = cf'(x)$

$④ \{f(x) + g(x)\}' = f'(x) + g'(x)$

$⑤ \{f(x) - g(x)\}' = f'(x) - g'(x)$

$⑥ \{f(x)g(x)\}' = f'(x)g(x) + f(x)g'(x)$

$$⑦ \{f(x)g(x)h(x)\}' = f'(x)g(x)h(x) \\ + f(x)g'(x)h(x) \\ + f(x)g(x)h'(x)$$

$⑧ (\{f(x)\}^n)' = n\{f(x)\}^{n-1}f'(x)$

✎ 미분법의 공식

④$\{f(x)+g(x)\}'=f'(x)+g'(x)$

⑤$\{f(x)-g(x)\}'=f'(x)-g'(x)$ 　　　　⑥$\{f(x)g(x)\}'=f'(x)g(x)+f(x)g'(x)$

[연구08] 곡선 $y = f(x)$ 위의 점 $(a, f(a))$에서의 접선의 방정식을 쓰시오.

[연구09] 최대·최소의 정리를 쓰시오.

[연구10] 사이값 정리를 쓰시오.

---

6 접선의 방정식

연구
08 > 곡선 $y = f(x)$ 위의 점 $P(a, f(a))$ 에서의
접선의 방정식은

연구
09 > ✎ 최대·최소의 정리

연구
10 > ✎ 사이값 정리

i '사잇값의 정리'가

'롤의 정리'와 '평균값의 정리'와는 관계가 없지만,

'c가 열린구간 (a, b)에 적어도 하나

존재한다'는

결론이 비슷하니 잘 비교해서 보자.

그래야 실전에서 잘 쓸 수 있다!

[연구11] 롤의 정리를 쓰시오

[연구12] 롤의 정리를 유도하시오.

7 롤의 정리

함수 $f(x)$가 폐구간 $[a,\ b]$에서 연속이고

개구간 $(a,\ b)$에서 미분가능할 때,

$f(a)=f(b)$이면

$f'(c)=0\ (a<c<b)$인 c가 개구간 $(a,\ b)$에

적어도 하나 존재한다.

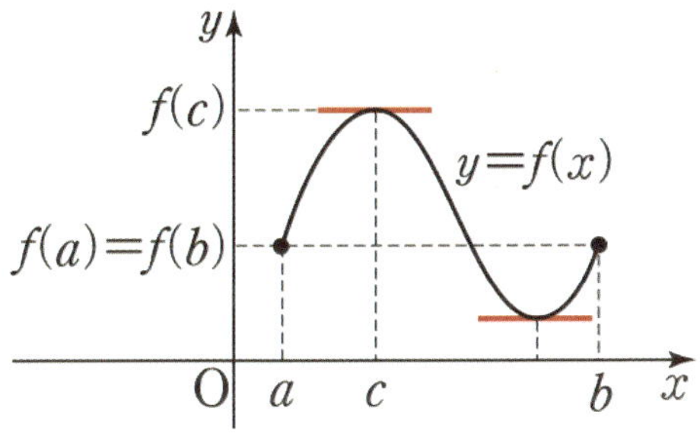

롤의 정리

[연구13] 평균값의 정리를 쓰시오.

[연구14] 평균값의 정리를 유도하시오.

[연구15] 함수 $f(x)$가 어떤 구간에서
①증가한다는 것의 정의를 쓰시오.
②감소한다는 것의 정의를 쓰시오.

---

8 평균값의 정리

연구 13 › 함수 $f(x)$가 폐구간 $[a, b]$에서 연속이고 개구간 (a, b)에서 미분가능하면

$$\frac{f(b)-f(a)}{b-a}=f'(c) \ \ (단, \ a<c<b)$$

인 c가 개구간 (a, b) 안에 적어도 하나 존재한다.

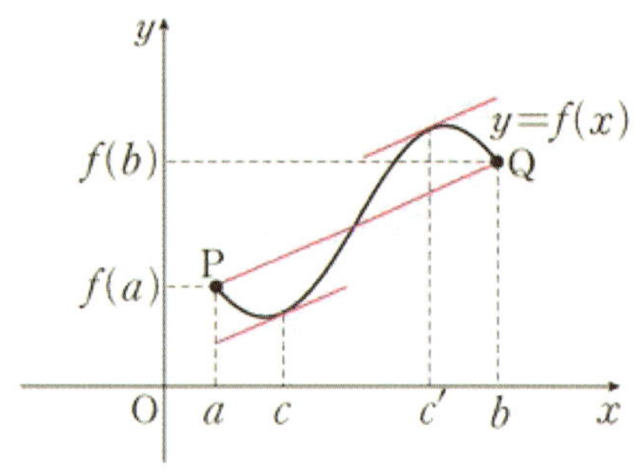

✎ 평균값의 정리

연구 14 ›

[연구16] 함수 $f(x)$가 어떤 구간에서 미분가능하고, 그 구간의 모든 x에 대하여 $f'(x)>0$이면 $f(x)$는 이 구간에서 증가함을 유도하시오.

[연구17] 미분가능한 함수 $f(x)$에 대하여 다음 명제의 참 거짓을 판별하시오.
① $y=f(x)$가 증가함수이면 $f'(x)>0$이다.
② $f'(x)>0$이면 $y=f(x)$가 증가함수이다.
③ $y=f(x)$가 증가함수이면 $f'(x)\geq 0$이다.
④ $f'(x)\geq 0$이면 $y=f(x)$가 증가함수이다.

⑨ 함수의 증가와 감소

함수 $f(x)$가 어떤 구간의 임의의 두 수 x_1, x_2에 대하여

[연구15] **함수의 증가:**

함수의 감소:

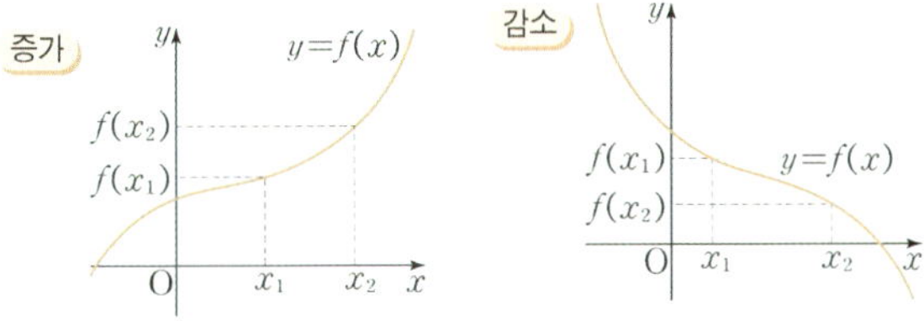

함수 $f(x)$가 어떤 구간에서 미분가능하고, 그 구간에서

[연구16] ① $f'(x)>0$이면

② $f'(x)<0$이면

[연구17] ✎ $f(x)$ 증가 $\rightleftarrows f'(x)>0$

✎ $f(x)$ 증가 $\rightleftarrows f'(x)\geq 0$

✐ 함수의 증가와 감소

연구18 삼차함수 $y = f(x)$에 대하여 도함수

$y = f'(x)$의 그래프가 다음과 같을 때 알맞은

그래프 개형을 그리시오.

연구 18 🖊 3차함수의 그래프 개형

$f(x) = ax^3 + bx^2 + cx + d$ 일 때, $f'(x) = 3ax^2 + 2bx + c$ 이므로

$(a > 0)$	$D > 0$	$D = 0$	$D < 0$
$y = f'(x)$ 그래프	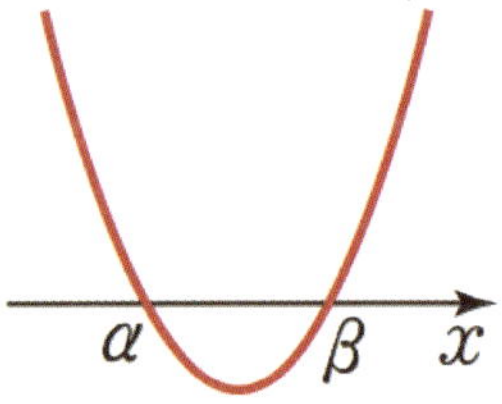	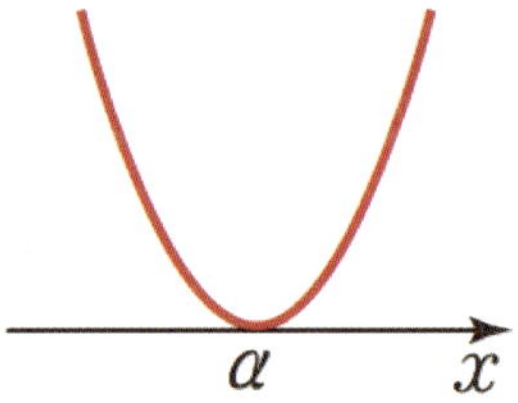	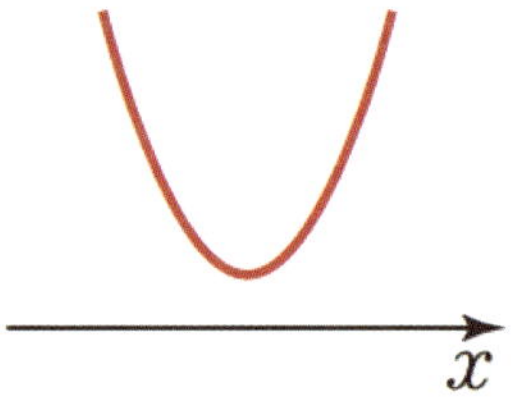
$y = f(x)$ 그래프			

$(a < 0)$	$D > 0$	$D = 0$	$D < 0$
$y = f'(x)$ 그래프	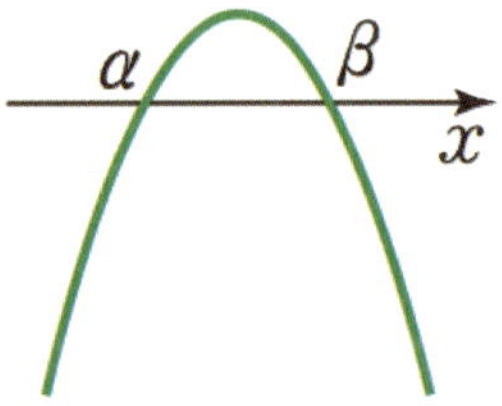	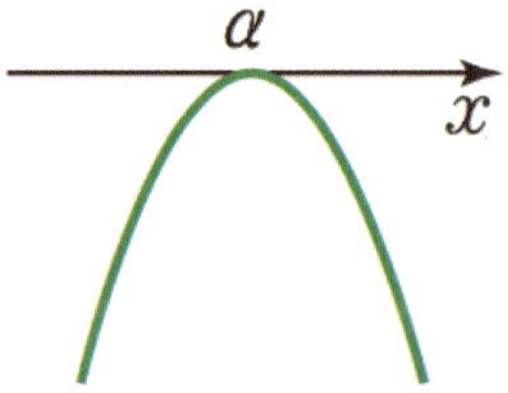	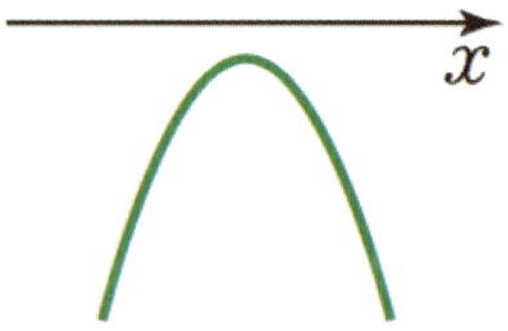
$y = f(x)$ 그래프			

① 대칭성

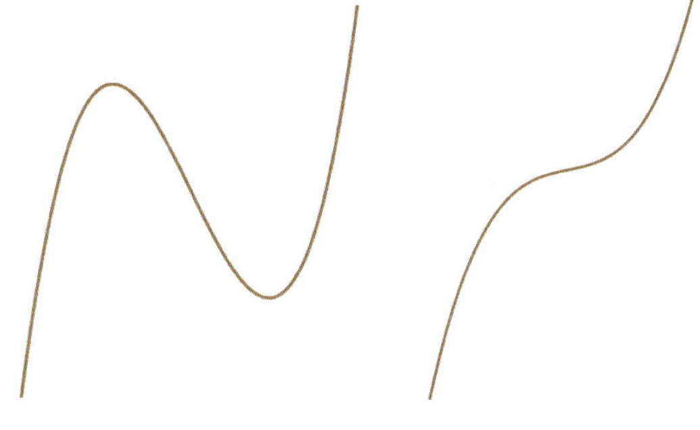

② $\sqrt{3}:1$

③ $2:1$

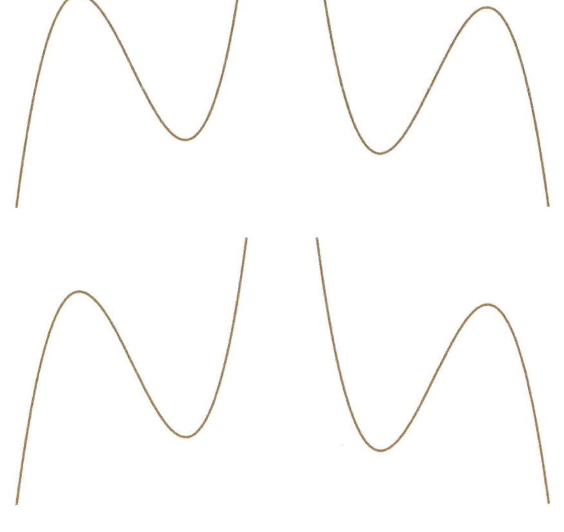

④ 확장

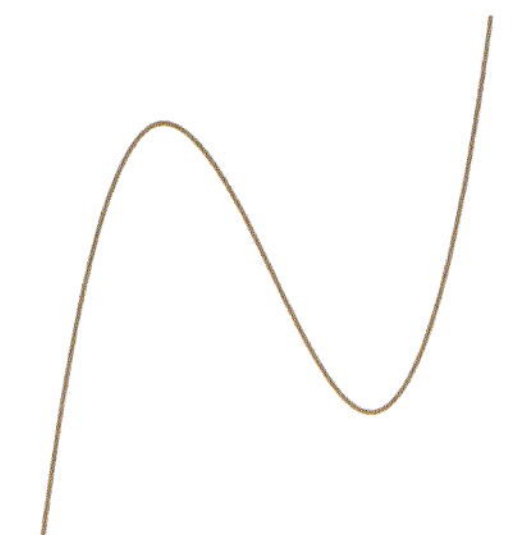

4차함수의 그래프 개형

$f(x) = ax^4 + bx^3 + cx^2 + dx + e$ 일 때, $f'(x) = 4ax^3 + 3bx^2 + 2cx + d$ 이므로

$(a > 0)$

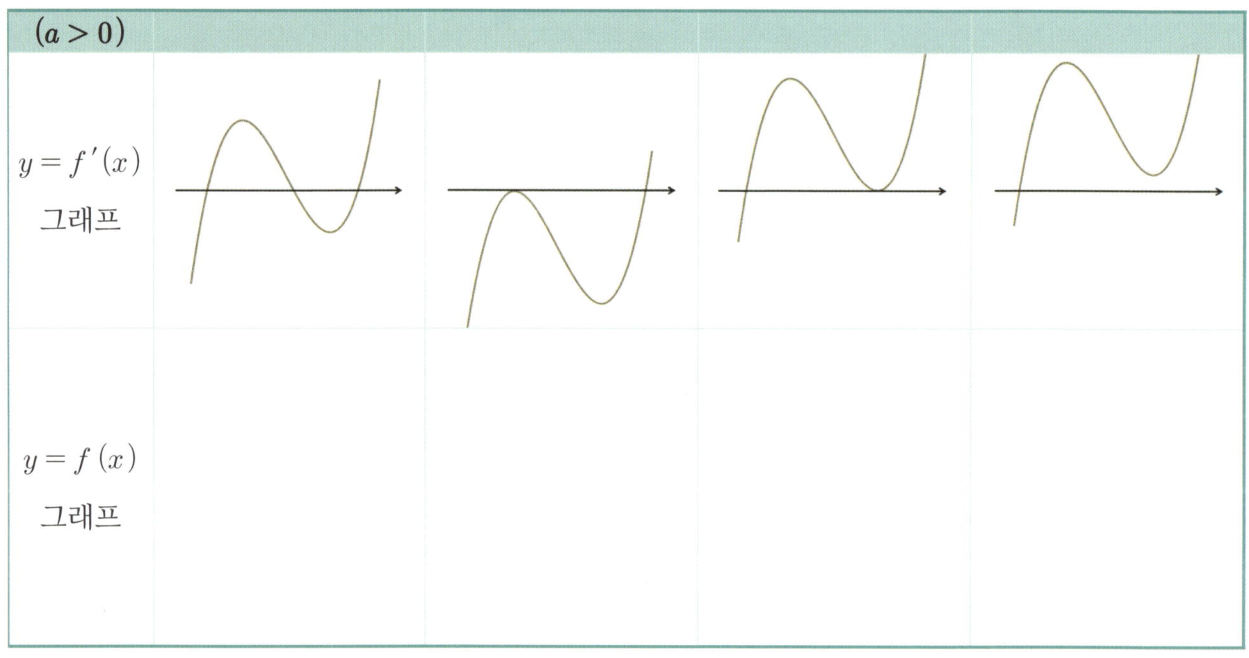

$y = f'(x)$ 그래프				
$y = f(x)$ 그래프				

$(a < 0)$

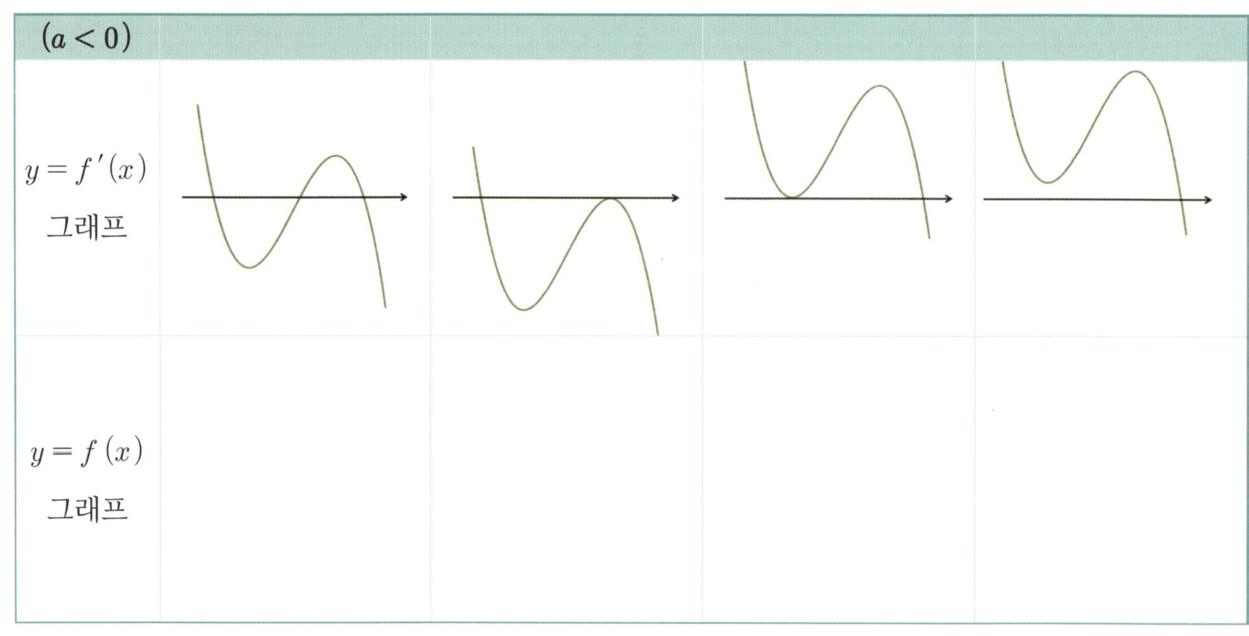

$y = f'(x)$ 그래프				
$y = f(x)$ 그래프				

[연구19] 다항함수 $f(x)$가 아래와 같이 표현될 때, $x = \alpha$ 좌우에서 $f(x)$ 그래프의 부호변화 여부를 쓰시오. (단, $g(\alpha) \neq 0$)

① $f(x) = (x-\alpha)^{짝}g(x)$

② $f(x) = (x-\alpha)^{홀}g(x)$

[연구20] 다항함수 $f(x)$의 그래프가 $x = a$에서 x축에 접할 때, $f(x) = (x-a)^2 g(x)$이 성립함을 유도하시오.

---

① 대칭성

② $\sqrt{2} : 1$

③ $3 : 1$

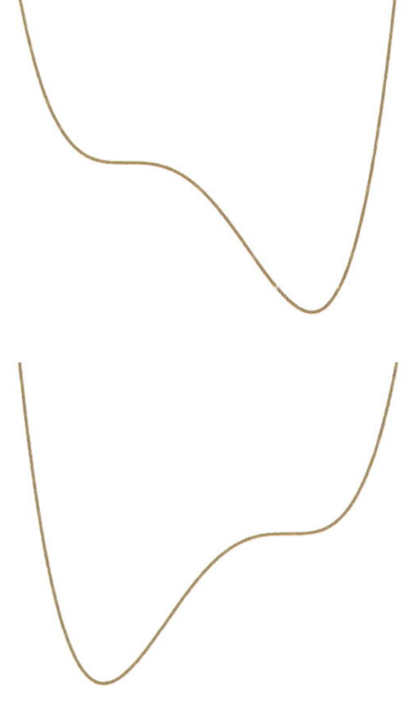

연구 19

인수의 차수와 그래프 부호 변화

$$f(x) = (x-\alpha)^{짝}g(x) \quad \text{vs} \quad f(x) = (x-\alpha)^{홀}g(x)$$

연구 20

$f(x)$의 그래프가 $x = a$에서 x축에 접한다.

$\Leftrightarrow f(a) = 0, \ f'(a) = 0$

$\Leftrightarrow f(x) = (x-a)^2 g(x)$ (단, $f(x)$는 다항함수)

🖋 부호를 활용한 그래프 개형

상수 $a \neq 0$이고 $\alpha < \beta < \gamma < \delta$일 때, 아래 식의 그래프를 그리시오.

(1) $y = a(x-\alpha)(x-\beta)$

(2) $y = a(x-\alpha)^2$

(3) $y = a(x-\alpha)(x-\beta)(x-\gamma)$

(4) $y = a(x-\alpha)(x-\beta)^2$

(5) $y = a(x-\alpha)^2(x-\beta)$

(6) $y = a(x-\alpha)^3$

(7) $y = a(x-\alpha)(x-\beta)(x-\gamma)(x-\delta)$

(8) $y = a(x-\alpha)(x-\beta)(x-\gamma)^2$

(9) $y = a(x-\alpha)(x-\beta)^2(x-\gamma)$

(10) $y = a(x-\alpha)^2(x-\beta)^2$

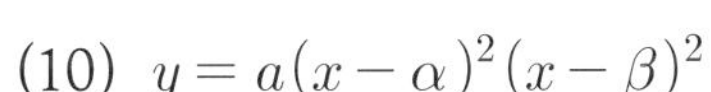

(11) $y = a(x-\alpha)(x-\beta)^3$

(12) $y = a(x-\alpha)^3(x-\beta)$

(13) 다음은 $y = x^3$과 $y = x^4$의 그래프의 일부이다. $y = x^3$에 해당되는 부분과 $y = x^4$에 해당되는 부분으로 알맞은 것을 짝지으시오.

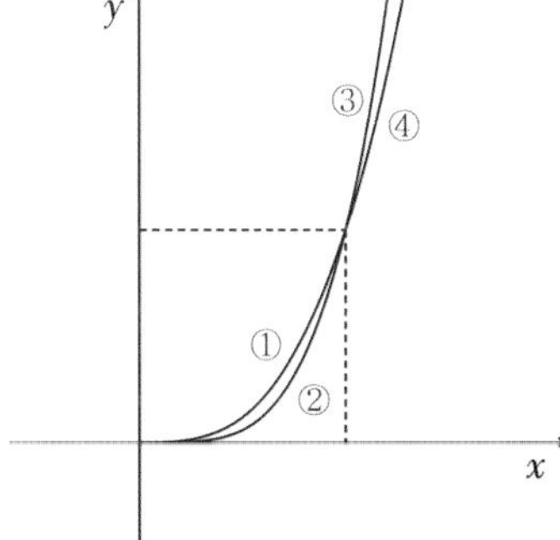

연구21 함수의 극대와 극소의 정의를 쓰시오.

연구22 함수 $f(x)$가 $x = a$에서 미분가능하고, $x = a$에서 극값을 가지면 $f'(a) = 0$임을 유도하시오.

⑩ 함수의 극대와 극소

함수 $f(x)$가 $x = a$를 포함하는 어떤 열린구간에 속하는 모든 x에 대하여

연구 21

　　　　: $f(a) \geq f(x)$일 때,

$f(x)$는 $x = a$에서 극대라고 한다.

　　　　: 극대일 때의 함수값. $f(a)$

　　　　: $f(a) \leq f(x)$일 때,

$f(x)$는 $x = a$에서 극소라고 한다.

　　　　: 극소일 때의 함수값. $f(a)$

　　: 극댓값과 극솟값을 통틀어

　　극값이라 한다.

　　(함수의 증감이 바뀌는 점에서의 값)

연구 22

①함수 $y = f(x)$가 $x = a$에서 미분가능하고,

$x = a$에서 극값을 가지면 $f'(a) = 0$

②$f'(a) = 0$이고,

$x = a$의 좌우에서 $f'(x)$의 부호가

✎ 함수의 극대와 극소

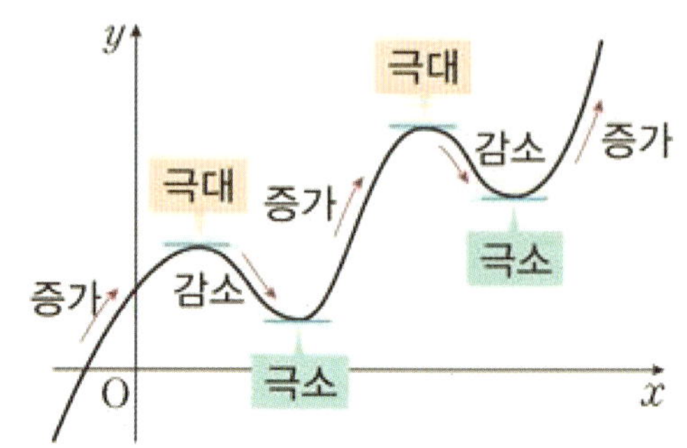

[연구23] 다음 명제의 참 거짓을 판별하시오.

① $x = a$에서 $f(x)$가 극값을 가지면 $f'(a) = 0$이다.

② $f'(a) = 0$이면 $x = a$에서 $f(x)$가 극값을 가진다.

[연구 20] ✎ $x = a$에서 $f(x)$가 극값 $\rightarrow$ $f'(a) = 0$

✎ $x = a$에서 $f(x)$가 극값 $\leftarrow$ $f'(a) = 0$

✎ 연속함수 $f(x)$가 상수 구간이 없을 경우

$x = a$에서 $f(x)$가 극값 $\rightleftarrows$ $f'(x)$ 부호변화

연구24 삼차함수 $f(x)$가 극값을 가질 때,

아래 경우마다 $f(x)=0$의 근의 종류를 쓰시오.

① (극댓값)×(극솟값) < 0

② (극댓값)×(극솟값) = 0

③ (극댓값)×(극솟값) > 0

---

11 방정식에의 활용

방정식 $f(x)=0$의 실근은

함수 $y=f(x)$의 그래프와

x축($y=0$)과의 교점의 x좌표이다.

방정식 $f(x)=g(x)$의 실근은 두 함수

$y=f(x)$, $y=g(x)$의 그래프의 교점의

x좌표이다.

연구 21 삼차함수 $f(x)$가 극값을 가질 때,

① (극댓값)×(극솟값)<0 →

② (극댓값)×(극솟값)=0 →

③ (극댓값)×(극솟값)>0 →

12 부등식에의 활용

①어떤 구간에서 부등식 $f(x)>0$이

성립함을 보이려면

주어진 구간에서 $y=f(x)$의

최솟값>0임을 보이면 된다.

②어떤 구간에서 부등식 $f(x)>g(x)$이

성립함을 보이려면

$h(x)=f(x)-g(x)$로 놓고,

주어진 구간에서 $y=h(x)$의

최솟값>0임을 보이면 된다.

✎ 방정식에의 활용

i 교과서 미분 단원 후반부에 있는 <속도와 가속도> 내용은 학습의 효율성을 위해 적분 단원의 <속도와 거리>내용과 통합하여 적분단원 마지막에 배치하였다.

「수학Ⅱ」 Ⅲ.적분법

미리 알아야 할 단원
수학2 - 2.미분법

1 부정적분

정의 : 함수 $f(x)$를 도함수로 가지는 함수.
즉, $F'(x) = f(x)$ 가 되는 함수 $F(x)$를 $f(x)$의
부정적분(원시함수)라 한다.

✎ 부정적분

$$\{x^2\}' = 2x \quad \rightarrow \quad \int 2x\,dx =$$

$$\{x^2 + 1\}' = 2x \quad \rightarrow \quad \int 2x\,dx =$$

$$\{x^2 + 33\}' = 2x \quad \rightarrow \quad \int 2x\,dx =$$

연구01 두 함수 $f(x)$, $g(x)$에 대하여 다음이
성립함을 유도하시오.

① $\displaystyle\int x^n\,dx = \dfrac{x^{n+1}}{n+1} + C$ (단, n은 자연수)

② $\displaystyle\int k\,f(x)\,dx = k\int f(x)\,dx$ (단, k는 상수)

③ $\displaystyle\int \{\,f(x)+g(x)\,\}\,dx = \int f(x)\,dx + \int g(x)\,dx$

④ $\displaystyle\int \{\,f(x)-g(x)\,\}\,dx = \int f(x)\,dx - \int g(x)\,dx$

2 부정적분의 성질

① $\displaystyle\int x^n\,dx = \dfrac{x^{n+1}}{n+1} + C$ (단, n은 자연수) 연구 01

$\displaystyle\int dx = x + C$

② $\displaystyle\int k\,f(x)\,dx = k\int f(x)\,dx$ (단, k는 상수)

③ $\displaystyle\int \{\,f(x)+g(x)\,\}\,dx = \int f(x)\,dx + \int g(x)\,dx$

④ $\displaystyle\int \{\,f(x)-g(x)\,\}\,dx = \int f(x)\,dx - \int g(x)\,dx$

$\displaystyle\int \{\,f(x)g(x)\,\}\,dx \neq \int f(x)\,dx \int g(x)\,dx$

✎ 부정적분의 성질

[연구02] $\{F(x)\}' = f(x)$일 때 $F(b) - F(a)$의

기하학적인 의미를 쓰시오.

(단, $f(x) > 0$, $b > a$)

---

3 정적분(미적분의 기본정리)

[연구 02] 함수 $f(x)$가 폐구간 $[a, b]$에서 연속이고 $f(x)$의 한 부정적분을 $F(x)$라고 할 때,

부정적분 $\int f(x)dx$ 는

정적분 $\int_a^b f(x)dx$ 는

정적분의 값은 아래끝 a, 위끝 b 만으로 결정되므로 적분변수와는 관계가 없다.

(But 부정적분은 변수와 관계가 있다)

$$\int_a^b f(x)dx = \int_a^b f(t)dt = \int_a^b f(y)dy = \cdots$$

정적분(미적분의 기본정리)

$\{F(x)\}' = f(x)$일 때 $F(b) - F(a)$의 기하학적인 의미 (단, $f(x) > 0$, $b > a$)

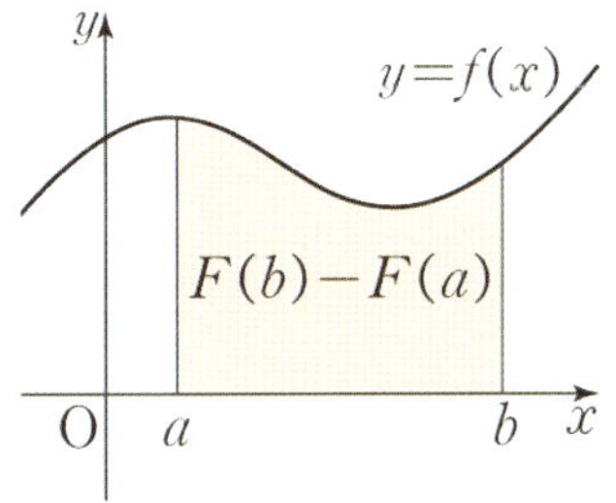

도함수의 넓이는 원시함수의 높이차

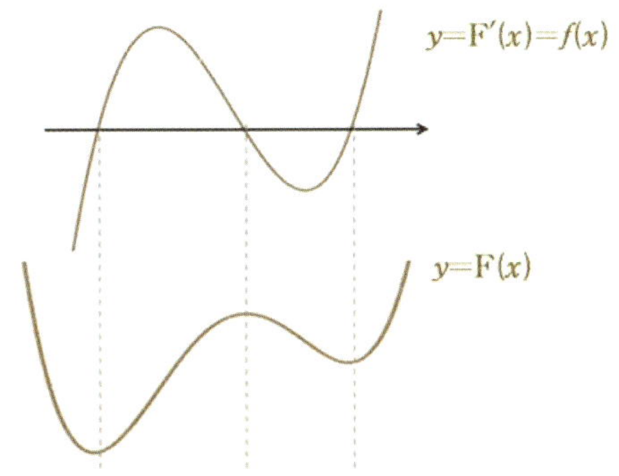

【ex】 $\int tx^2 dx$ vs $\int tx^2 dt$

연구03 함수 $f(x)$가 연속이고 $S(t)$가 $y=f(x)$와

x축 및 $x=a$와 $x=t$로 둘러싸인 도형의

넓이라고 하자(단, $t \geq a$). $f(x) \geq 0$일 때

$$\int_a^t f(x)dx = S(t)$$ 임을 유도하시오.

4 정적분의 의미

함수 $f(x)$가 연속이고 $S(t)$가 $y=f(x)$와 x축

및 $x=a$와 $x=t$로 둘러싸인 도형의 넓이라고

하자. (단, $t \geq a$)

① $f(x) \geq 0$일 때 $\displaystyle\int_a^t f(x)dx = S(t)$

② $f(x) \leq 0$일 때 $\displaystyle\int_a^t f(x)dx = -S(t)$

③ 함수 $f(x)$가 양인 부분의 넓이를 S_1,

$f(x)$가 음인 부분의 넓이를 S_2라고 하자.

$$\int_a^b f(x)dx = S_1 - S_2$$

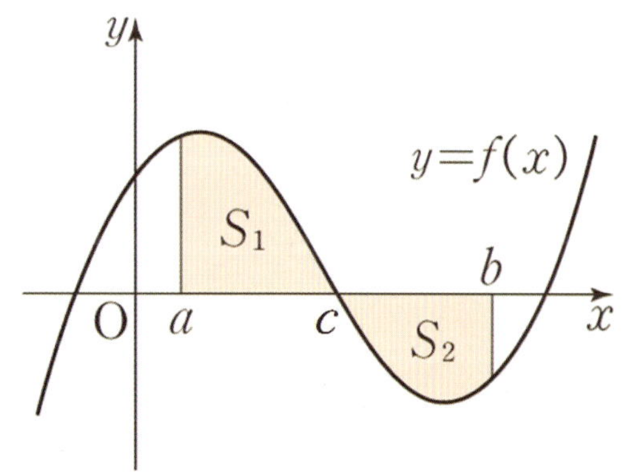

✎ 정적분의 의미

① $f(x) \geq 0$일 때

연구 03

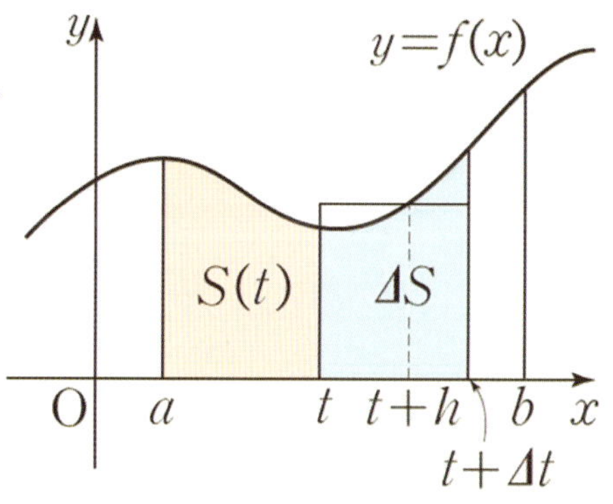

연구04 함수 $f(x)$가 연속이고 $S(t)$가 $y=f(x)$와 x축 및 $x=a$와 $x=t$로 둘러싸인 도형의 넓이라고 하자(단, $t \geq a$). $f(x) \leq 0$일 때

$$\int_a^t f(x)dx = -S(t)$$ 임을 유도하시오.

연구05 함수 $y=f(x)$의 그래프가 아래 그림과 같을 때 $\displaystyle\int_a^b f(x)dx = S_1 - S_2$임을 유도하시오.

(단, S_1은 양인 부분의 넓이, S_2는 음인 부분의 넓이)

연구 04   ② $f(x) \leq 0$일 때

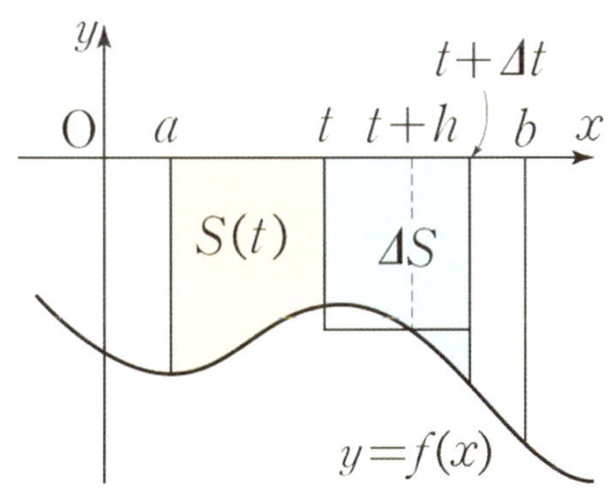

연구 05   ③ $f(x)$는 닫힌 구간 $[a, c]$에서 $f(x) \geq 0$이고, 닫힌 구간 $[c, b]$에서 $f(x) \leq 0$이다.

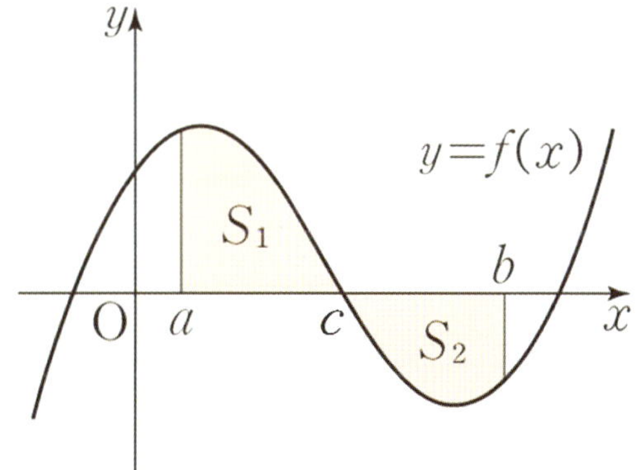

[연구06] 두 함수 $f(x)$, $g(x)$가 세 실수 a, b, c를 포함하는 구간에서 연속일 때 다음을 유도하시오.

5 정적분의 성질 (1)

$$① \int_a^a f(x)\,dx = 0$$

$$② \int_a^b f(x)\,dx = -\int_b^a f(x)\,dx$$

$$③ \int_a^b k f(x)\,dx = k \int_a^b f(x)\,dx \quad (\text{단, } k \text{ 는 상수})$$

$$④ \int_a^b \{ f(x) + g(x) \}\,dx = \int_a^b f(x)\,dx + \int_a^b g(x)\,dx$$

$$⑤ \int_a^b \{ f(x) - g(x) \}\,dx = \int_a^b f(x)\,dx - \int_a^b g(x)\,dx$$

$$⑥ \int_a^b f(x)\,dx = \int_a^c f(x)\,dx + \int_c^b f(x)\,dx$$

연구
06

정적분의 성질 (1)

연구07 아래 식에서 빈칸에 알맞은 것을 쓰고
이를 유도하시오.

6 정적분의 성질 (2)

① 함수 $f(x)$가 우함수이면

$$\int_{-a}^{a} f(x)\,dx =$$

② 함수 $f(x)$가 기함수이면

$$\int_{-a}^{a} f(x)\,dx =$$

【ex】 함수 $f(x)$가 $x = p$에 대하여 대칭일 때,

$$\int_{p-a}^{p+a} f(x)\,dx =$$

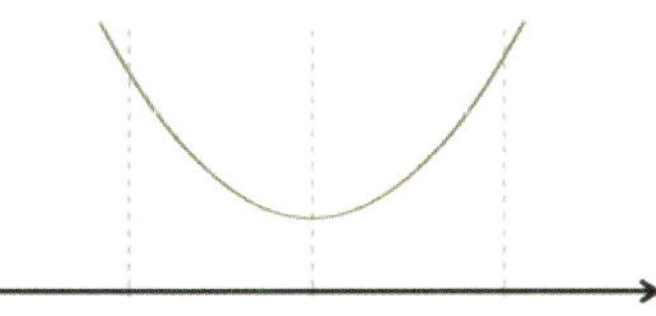

【ex】 함수 $f(x)$ 점 $(p,\ q)$에 대하여 대칭일 때,

$$\int_{p-a}^{p+a} f(x)\,dx =$$

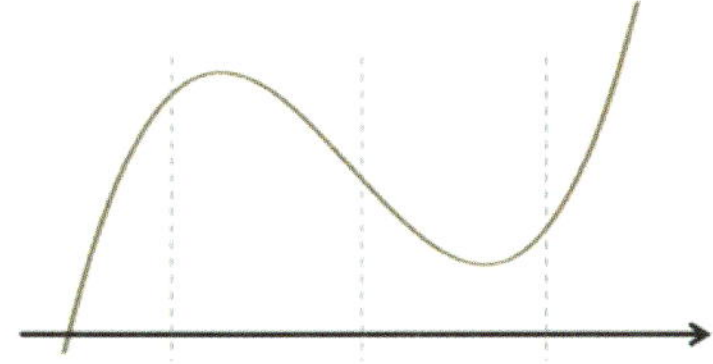

60쪽 수학1 '우함수와 기함수의 응용'에
관련 내용이 있으니 꼭 함께 볼 것!

정적분의 성질 (2)

① 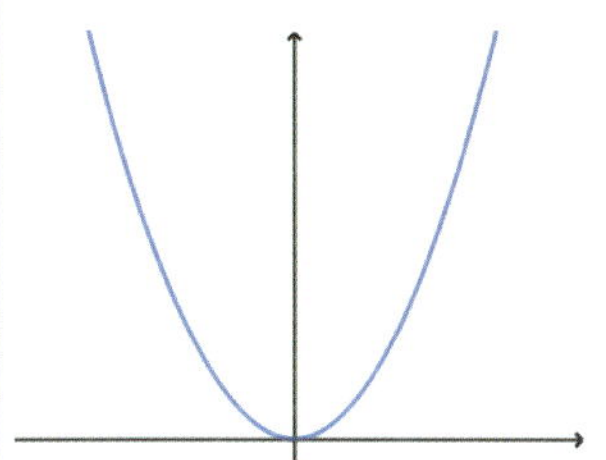

② 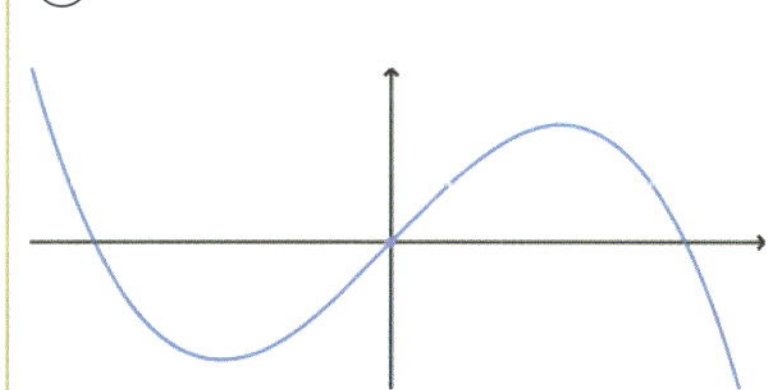

$$\int_{a}^{b} f(x)\,dx = \int_{a+p}^{b+p} f(x-p)\,dx$$

연구08 아래 식에서 빈칸에 알맞은 것을 쓰고
이를 유도하시오.

---

7 정적분의 성질 (3)

① $\dfrac{d}{dx}\displaystyle\int_a^x f(t)\,dt =$

② $\displaystyle\lim_{x \to a}\dfrac{1}{x-a}\int_a^x f(t)\,dt =$

③ $\displaystyle\int_\alpha^\beta a(x-\alpha)(x-\beta)\,dx =$

④ $\displaystyle\int_\alpha^\beta a(x-\alpha)^2(x-\beta)\,dx =$

✎ 문제에서 $g(x)=\displaystyle\int_a^x f(t)\,dt$가 나왔을 때

【ex】

【ex】

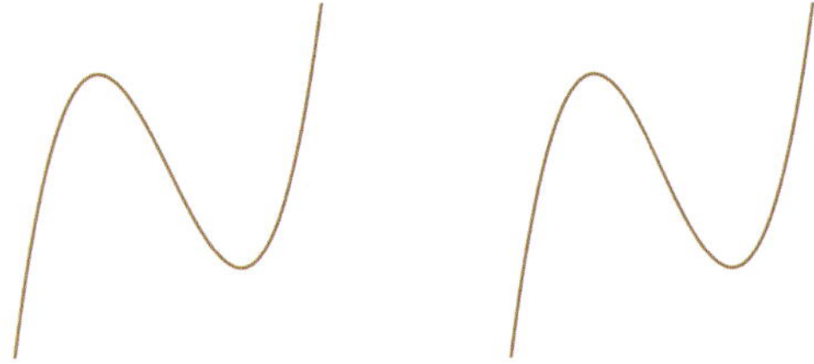

✎ 정적분의 성질 (3)

연구 08

연구09 함수 $f(x)$가 구간 $[a,\,b]$에서 연속일

때, 곡선 $y=f(x)$와 x축 및 두 직선

$x=a$, $x=b$로 둘러싸인 도형의 넓이 S는

$S=\displaystyle\int_a^b |f(x)|\,dx$ 임을 유도하시오.

---

8 곡선과 x축으로 둘러싸인 도형의 넓이

구간 $[a,\,b]$에서 연속인 함수 $y=f(x)$와 x축 및
$x=a$, $x=b$로 둘러싸인 도형의 넓이 S는

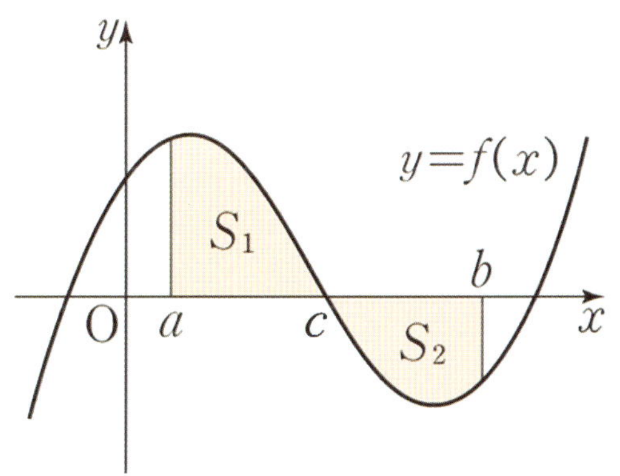

곡선과 x축으로 둘러싸인 도형의 넓이

연구 09 함수 $f(x)$가

닫힌 구간 $[a,\,c]$에서 $f(x)\ge 0$이고,

닫힌 구간 $[c,\,b]$에서 $f(x)\le 0$라고 하자.

연구10 구간 $[a, b]$ 에서 연속인 두 곡선

$y = f(x)$, $y = g(x)$ 및 두 직선 $x = a$, $x = b$ 로

둘러싸인 도형의 넓이 S는

$S = \displaystyle\int_a^b |f(x) - g(x)|\, dx$ 임을 유도하시오.

9 두 곡선으로 둘러싸인 도형의 넓이

두 곡선 $y = f(x)$ 와 $y = g(x)$ 및 두 직선

$x = a$, $x = b$ (단, $a < b$)로 둘러싸인 도형의 넓이

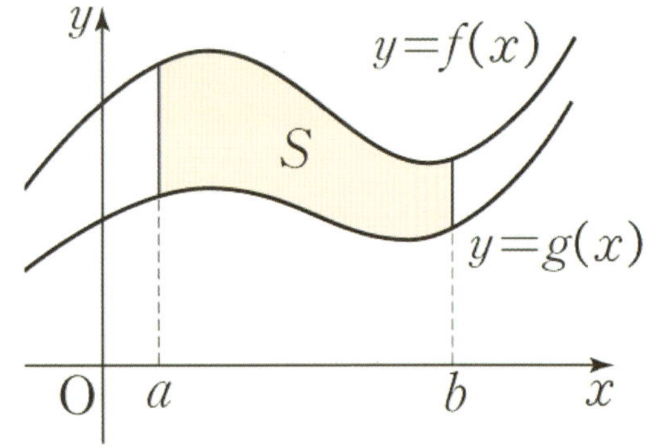

두 곡선으로 둘러싸인 도형의 넓이

연구 10

(i) 구간 $[a, b]$ 에서 $0 \leq g(x) \leq f(x)$ 일 때

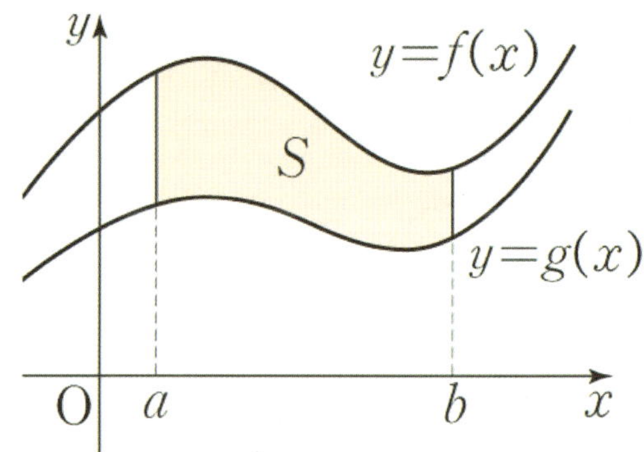

(ii) 구간 $[a,\ b]$에서 $g(x) \leq f(x)$이고

$g(x)$ 또는 $f(x)$가 음의 값을 가질 때

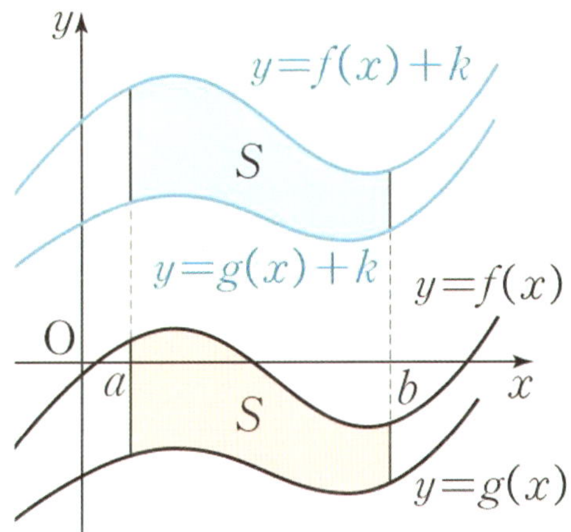

(iii) 닫힌 구간 $[a,\ c]$에서 $f(x) \geq g(x)$이고,

닫힌 구간 $[c,\ b]$에서 $f(x) \leq g(x)$일 때,

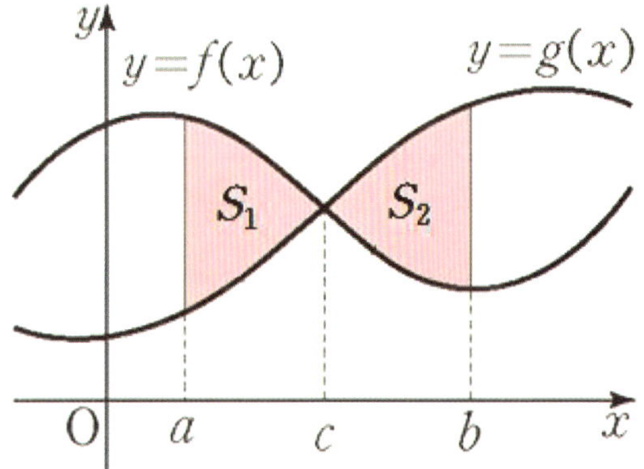

[연구11] 두 함수 $y=f(x)$와 $y=g(x)$에 대하여
그래프가 아래 그림과 같을 때
다음 식이 성립함을 유도하시오.

$$\int_a^b \{f(x)-g(x)\}dx = S_1 - S_2$$

10 두 함수의 차의 적분

연구
11

두 함수 $y=f(x)$와 $y=g(x)$에 대하여
닫힌 구간 $[a,\ c]$에서 $f(x) \geq g(x)$이고,
닫힌 구간 $[c,\ b]$에서 $f(x) \leq g(x)$이다.

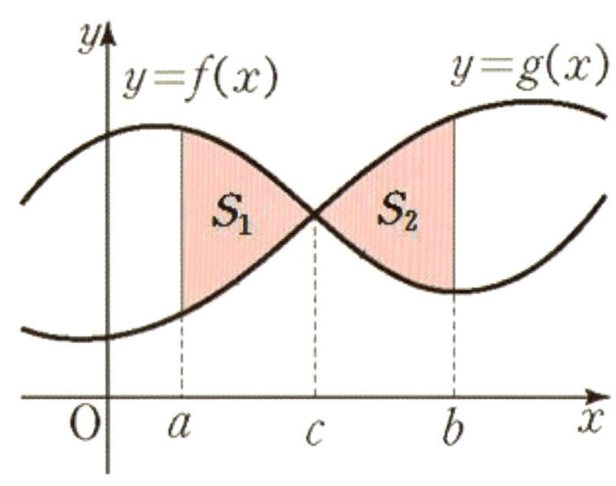

$$\int_a^b \{f(x)-g(x)\}dx = S_1 - S_2$$

✎ 두 함수의 차의 적분

[연구12] 함수 $x = g(y)$가 연속이고 $S(t)$가

$x = g(y)$와 y축 및 두 직선 $y = b$, $y = t$로

둘러싸인 도형의 넓이라고 하자. $x = g(y) \geq 0$일

때 $\displaystyle\int_b^t g(y)\,dy = S(t)$ 임을 유도하시오.

■ 곡선과 y축으로 둘러싸인 도형의 넓이

함수 $x = g(y)$가 연속이고 $S(t)$가 $x = g(y)$와
y축 및 두 직선 $y = b$, $y = t$로 둘러싸인 도형의
넓이라고 하자.

연구 12

① $x = g(y) \geq 0$일 때 $\displaystyle\int_b^t g(y)\,dy = S(t)$

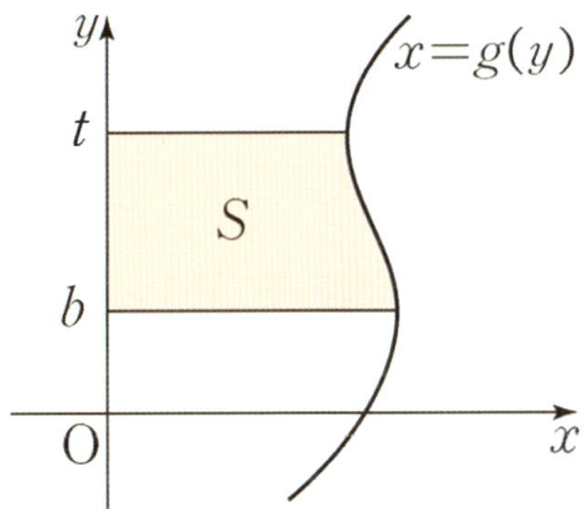

② $x = g(y) \leq 0$일 때 $\displaystyle\int_b^t g(y)\,dy = -S(t)$

함수 $x = g(y)$가 양인 부분의 넓이를 S_1,

$x = g(y)$가 음인 부분의 넓이를 S_2라고 하자.

③ $\displaystyle\int_b^c g(y)\,dy = S_1 - S_2$

④ $\displaystyle\int_b^c |g(y)|\,dy = S_1 + S_2 = S$

곡선과 y축으로 둘러싸인 도형의 넓이

① $x = g(y) \geq 0$일 때 $\displaystyle\int_b^t g(y)\,dy = S(t)$

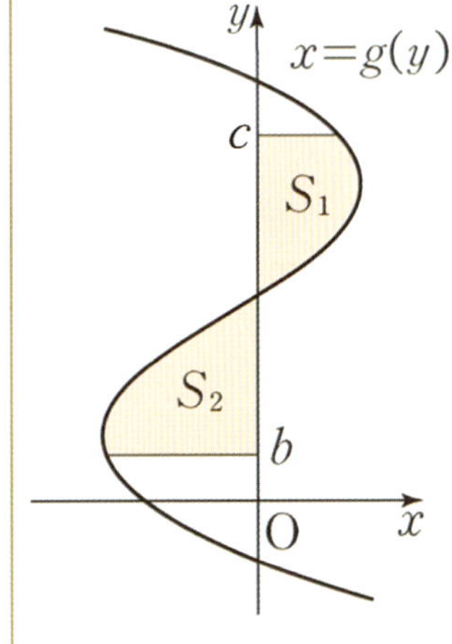

12 직선 위의 운동

위치(좌표), 이동 거리

위치변화량

: 이동 거리의 평균변화율 $= \dfrac{\text{이동 거리}}{\text{시간변화량}}$

: 위치의 평균변화율 $= \dfrac{\text{위치의 변화량}}{\text{시간변화량}}$

: 속도의 절댓값(거리의 변화율)

: 위치의 순간변화율

: 속도의 평균변화율

: 속도의 순간변화율

시각	위치	속도	속력	가속도
t	$S(t)$	$v(t)$	$|v(t)|$	$a(t)$

① 시각 t에서 $t+\Delta t$까지의 점 P의 평균속도:

② 시각 t에서의 점 P의 속도:

③ 시각 t에서의 점 P의 가속도:

④ 시각 t에서의 위치:

⑤ $t=a$에서 $t=b$까지의 위치의 변화량:

⑥ $t=a$에서 $t=b$까지의 이동 거리:

✍ 직선 위의 운동 (1)

운동방향=속도부호

$v(t)$가 양(+)이면 +방향으로 움직이고,

$v(t)$가 음(-)이면 -방향으로 움직인다.

운동방향	위치(좌표)	속도부호

【ex】

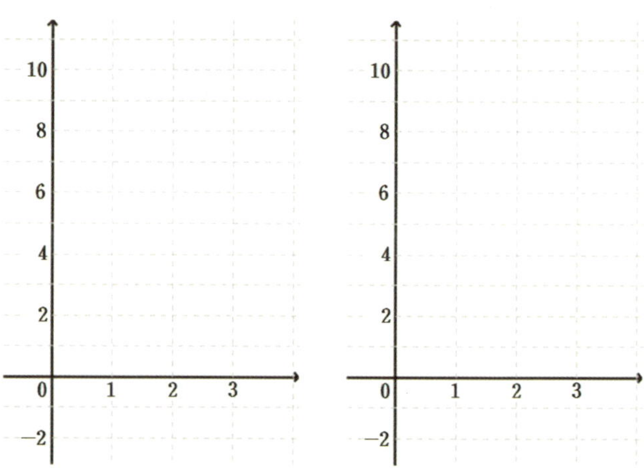

✎ 직선 위의 운동 (2)

【ex】위치$= S(t) = -5t^2 + 30t$

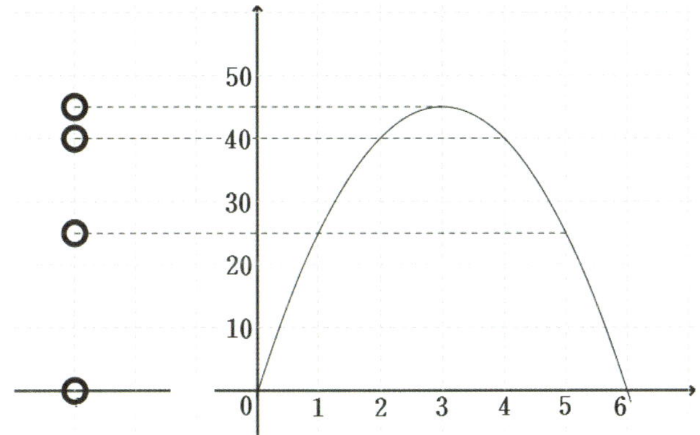

속도$= v(t) = -10t + 30$

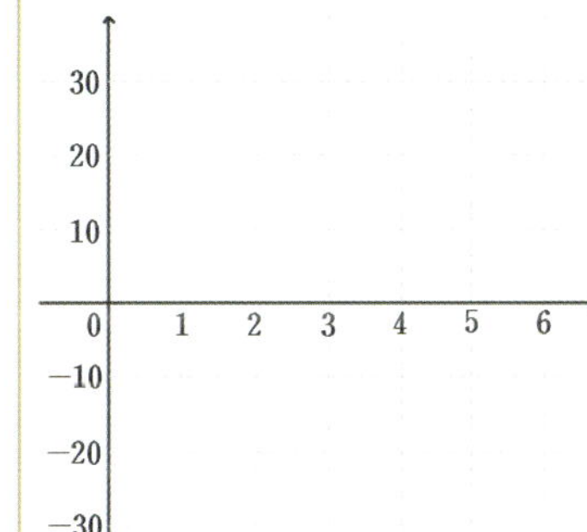

가속도$= a(t) = -10$

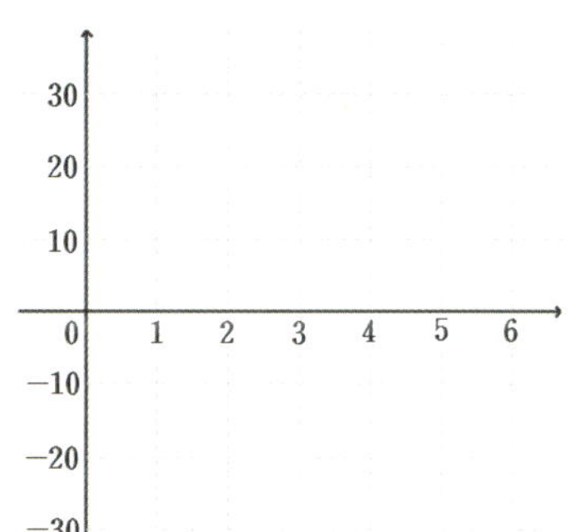

①평균속도

$$\{1 \sim 2초\} = \frac{S(2) - S(1)}{2 - 1}$$

$$= \frac{40 - 25}{2 - 1} = 15\,[m/s]$$

$$\{1 \sim (1 + \triangle t)초\} = \frac{S(1 + \triangle t) - S(1)}{(1 + \triangle t) - 1}$$

$$= 20 - 5\triangle t$$

②(순간)속도

$$\{1초\} = \lim_{\triangle t \to 0}(20 - 5\triangle t) = 20$$

$$\{t초\} = S'(t) = v(t)$$

④위치 ⑤위치변화

$$\int_1^2 v(t)dt = [S(t)]_1^2 = S(2) - S(1)$$

$$= 40 - 25 = 15$$

$$S(2) = S(1) + \int_1^2 v(t)dt$$

$$S(t) = S(t_0) + \int_{t_0}^t v(t)dt$$

*평균가속도

$$\{1 \sim 2초\} = \frac{v(2) - v(1)}{2 - 1}$$

$$= \frac{10 - 20}{2 - 1} = -10$$

③순간가속도

$$\{t초\} = \lim_{\triangle t \to 0}\frac{v(t + \triangle t) - v(t)}{t + \triangle t - t} = v'(t) = a(t)$$

⑥이동거리

$$\int_2^4 v(t)dt = S(4) - S(2) = 0$$

$$= \int_2^4 |v(t)|\,dt = \int_2^3 v(t)dt + \int_3^4 -v(t)dt$$

$$= \{S(3) - S(2)\} - \{S(4) - S(3)\}$$

$$= 5 - (-5) = 10$$

역대 수능·모의고사 기출 문항 출제 의도

Ⅰ.함수의 극한

[출제의도] 함수의 극한값을 계산하는 문제를 해결한다.
[출제의도] 함수의 그래프로부터 좌극한과 우극한을 구하는 문제를 해결한다.
[출제의도] 함수의 극한의 성질을 활용하여 문제를 해결한다.
[출제의도] 도형의 성질을 이용하여 함수의 극한 문제를 해결한다.
[출제의도] 주어진 조건을 만족시키는 함수의 극한값 구하는 문제를 해결한다.
[출제의도] 함수의 연속에 대한 성질을 이해하는 문제를 해결한다.
[출제의도] 연속함수의 정의를 이해하여 함숫값을 구하는 문제를 해결한다.
[출제의도] 함수의 연속성을 이해하여 함수의 연속성을 판단하는 문제를 해결한다.
[출제의도] 함수의 연속을 이용하여 추론하는 문제를 해결한다.

Ⅱ.미분법

[출제의도] 미분계수의 정의를 이해하여 미분계수의 값을 구하는 문제를 해결한다.
[출제의도] 미분계수의 정의를 이해하여 미지수의 값을 구하는 문제를 해결한다.
[출제의도] 함수의 곱의 미분법을 이용하여 미분계수를 구하는 문제를 해결한다.
[출제의도] 도함수를 이용하여 부등식과 관련된 문제를 해결한다.
[출제의도] 도함수를 이용하여 미분가능한 함수의 성질을 추론하는 문제를 해결한다.
[출제의도] 접선의 방정식을 이용하여 문제를 해결한다.
[출제의도] 접선을 이용하여 주어진 부등식을 만족시키는 함수를 구하는 문제를 해결한다.
[출제의도] 평균변화율과 미분계수를 이용하여 미지수의 값을 구하는 문제를 해결한다.
[출제의도] 함수의 증가, 감소와 도함수의 관계를 이용하여 미지수의 값을 구하는 문제를 해결한다.
[출제의도] 함수의 그래프를 이용하여 함수의 극댓값과 극솟값을 구하는 문제를 해결한다.
[출제의도] 미분을 이용하여 함수가 극대일 조건을 이해하는 문제를 해결한다.
[출제의도] 미분을 이용하여 주어진 방정식이 실근을 가질 조건을 구하는 문제를 해결한다.
[출제의도] 조건을 만족시키는 함수의 그래프를 추론하여 극댓값을 구하는 문제를 해결한다.
[출제의도] 미분을 이용하여 속도와 가속도에 대한 문제를 해결한다.

Ⅲ.적분법

[출제의도] 부정적분을 이용하여 함숫값을 구하는 문제를 해결한다.
[출제의도] 부정적분과 정적분의 성질을 이용하여 함숫값을 구한다.
[출제의도] 정적분의 성질을 이용하여 함수의 미정계수를 구하는 문제를 해결한다.
[출제의도] 정적분을 이용하여 곡선과 x축으로 둘러싸인 부분의 넓이를 구하는 문제를 해결한다.
[출제의도] 정적분을 이용하여 곡선과 직선으로 둘러싸인 부분의 넓이를 구하는 문제를 해결한다.
[출제의도] 정적분과 미분의 관계를 이용하여 함숫값 구하는 문제를 해결한다.
[출제의도] 평행이동을 이용하여 정의된 함수의 그래프를 추론하여 정적분의 값을 구한다.
[출제의도] 함수의 연속성과 적분의 성질을 이용하여 문제를 해결한다.
[출제의도] 주어진 조건을 만족시키는 함수를 구한 후 정적분의 값을 구하는 문제를 해결한다.
[출제의도] 수직선 위를 움직이는 점의 속도가 주어져 있을 때 위치를 구하는 문제를 해결한다.
[출제의도] 속도와 거리의 성질을 이용하여 거리 구하는 문제를 해결한다.

확률과 통계

「교과서 학습 목표」

1.경우의 수

- □ 원순열, 중복순열, 같은 것이 있는 순열을
  이해하고, 그 순열의 수를 구할 수 있다.
- □ 중복조합을 이해하고,
  그 조합의 수를 구할 수 있다.
- □ 이항정리를 이해한다.
- □ 이항정리를 이용하여
  여러 가지 문제를 해결할 수 있다.

2.확률

- □ 통계적 확률과 수학적 확률의 의미를 이해한다.
- □ 확률의 기본 성질을 이해한다.
- □ 확률의 덧셈정리를 이해하고, 이를 활용할 수 있다.
- □ 여사건의 확률의 뜻을 알고, 이를 활용할 수 있다.
- □ 조건부확률의 뜻을 알고, 이를 구할 수 있다.
- □ 확률의 곱셈정리를 이해하고,
  이를 활용할 수 있다.
- □ 사건의 독립과 종속의 의미를 이해하고,
  이를 설명할 수 있다.

3.통계

- □ 확률변수와 확률분포의 뜻을 안다.
- □ 이산확률변수의 기댓값(평균)과 표준편차를
  구할 수 있다.
- □ 이항분포의 뜻을 알고, 평균과 표준편차를
  구할 수 있다.
- □ 정규분포의 뜻을 알고, 그 성질을 이해한다.
- □ 모집단과 표본의 뜻을 알고,
  표본평균과 모평균의 관계를 이해한다.
- □ 모평균을 추정하고, 그 결과를 해석할 수 있다.

「확률과 통계」 Ⅰ.경우의 수

연구01 서로 다른 n개를 원형으로 배열하는 순열의 값은?

연구02 n개 중에 서로 같은 것이 각각 p개, q개, $\cdots$, r개씩 있을 때, n개를 모두 택하여 만들 수 있는 순열의 값은?

① 원순열

연구 01 서로 다른 n개를 원형으로 배열하는 순열의 수
(단, 회전하여 일치하는 것은 같은 것으로 본다.)

✎ 원순열

(기준 잡을 수 있는 경우의 수)
×(나머지는 그냥 순열)

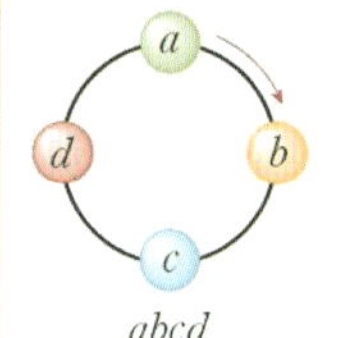

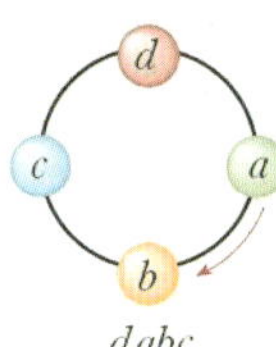

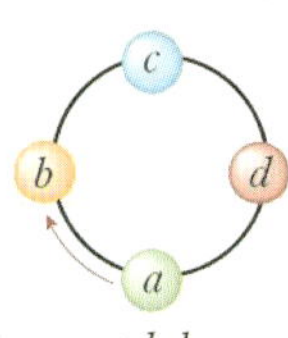

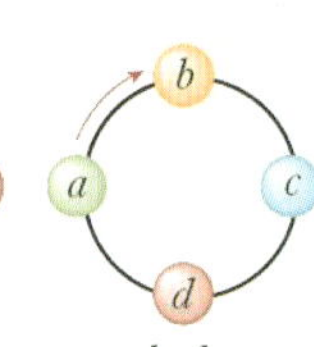

② 같은 것이 있는 순열

연구 02 n개 중에 서로 같은 것이
각각 p개, q개, $\cdots$, r개씩 있을 때
(단, $n = p + q + \cdots + r$)
n개를 모두 택하여 만들 수 있는 순열의 수는

✎ 같은 것이 있는 순열

$[a_1,\ a_2,\ b]$

$[a,\ a,\ b]$

$[a,\ a,\ a,\ b,\ b]$ $[a_1,\ a_2,\ a_3,\ b_1,\ b_2]$

$3!\begin{cases} a_1\ a_2\ a_3\ b_1\ b_2 \\ a_1\ a_3\ a_2\ b_1\ b_2 \\ a_2\ a_1\ a_3\ b_1\ b_2 \\ a_2\ a_3\ a_1\ b_1\ b_2 \\ a_3\ a_1\ a_2\ b_1\ b_2 \\ a_3\ a_2\ a_1\ b_1\ b_2 \end{cases}$ $\begin{matrix} a_1\ a_2\ a_3\ b_2\ b_1 \\ a_1\ a_3\ a_2\ b_2\ b_1 \\ a_2\ a_1\ a_3\ b_2\ b_1 \\ a_2\ a_3\ a_1\ b_2\ b_1 \\ a_3\ a_1\ a_2\ b_2\ b_1 \\ a_3\ a_2\ a_1\ b_2\ b_1 \end{matrix}$

$2!$

[연구03] 서로 다른 n개 중에서 중복을 허용하여 r개를 택하는 순열의 값은?

[연구04] 서로 다른 n개에서 중복을 허용하여 r개를 택하는 조합의 값을 쓰시오.

[연구05] 빈칸에 알맞은 것을 쓰시오.

---

3 중복순열

[연구 03] 서로 다른 n개 중에서 중복을 허용하여 r개를 택하는 순열

4 중복조합

[연구 04] 서로 다른 n개에서 중복을 허용하여 r개를 택하는 조합의 경우의 수

✎ 중복조합

[연구 05] 서로 다른 n개에서 중복을 허용하여 r개를 택하는 조합의 경우의 수
= 서로 [같은/다른] [   ]개의 상자에
서로 [같은/다른] [   ]개의 물건을 넣는 경우의 수
= 서로 [같은/다른] [   ]개의 칸막이와
서로 [같은/다른] [   ]개의 동그라미를 배열하는 경우의 수

【ex】 세 종류의 필기도구 연필, 색연필, 볼펜을 파는 문구점에서 5개의 필기도구를 사는 경우의 수를 구하여라.

✒ 중복순열 vs 중복조합 vs 분할

연구 06

✏ 문제 상황 1

통 3개에 / 공 6개를 / 빈 통 / 넣는다.

---

① 다른 / 다른 / Ok

② 다른 / 다른 / No

③ 다른 / 같은 / Ok

④ 다른 / 같은 / No

⑤ 같은 / 다른 / Ok

⑥ 같은 / 다른 / No

⑦ 같은 / 같은 / Ok

⑧ 같은 / 같은 / No

✏ 문제 상황 2

3개에서 6개를 / 중복 선택 / 자리에 배치한다.

---

① 다른 / Ok / 다른

② 다른 / Ok / 같은

✏ 문제 상황 3

4개에서 2개를 / 중복 선택 / 자리에 배치한다.

---

① 다른 / Ok / 다른

② 다른 / Ok / 같은

③ 다른 / No / 다른

④ 다른 / No / 같은

① **중복순열** $_n\Pi_r$

서로 다른 n개에서

중복을 허용하여 r개를 택하여

이들의 순서를 생각하여 일렬로 배열하는 것

② **중복조합** $_n\mathrm{H}_r$

서로 다른 n개에서

중복을 허용하여 r개를 택하는 조합

③ **분할**

서로 다른 n개를 r개의 묶음으로 나누는 방법의 수

④ **순열** $_n\mathrm{P}_r$

서로 다른 n개에서 r개를 택하여

이들의 순서를 생각하여 일렬로 배열하는 경우의 수

⑤ **조합** $_n\mathrm{C}_r$

순서를 생각하지 않고, 서로 다른 n개에서

r개를 택하는 경우의 수

① $_n\Pi_r$

ex) $_3\Pi_6$

| 1 | 2 | 3 | 4 | 5 | 6 |

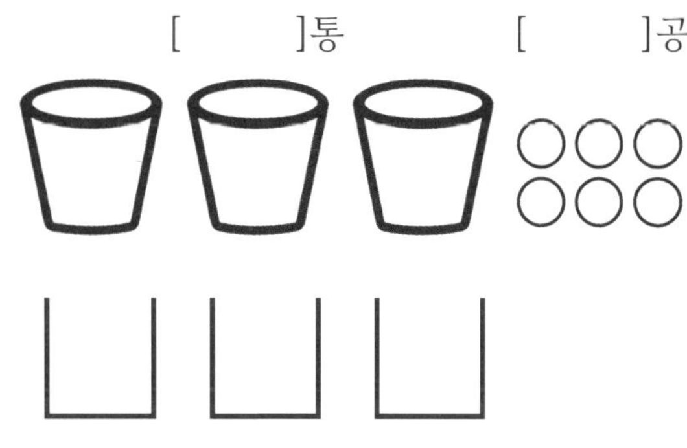

② $_n\mathrm{H}_r$

ex) $_3\mathrm{H}_6$

③ n개를 r개로 **분할**

ex) 6개를 3개로 분할

☐1 ☐2 ☐3 ☐4 ☐5 ☐6

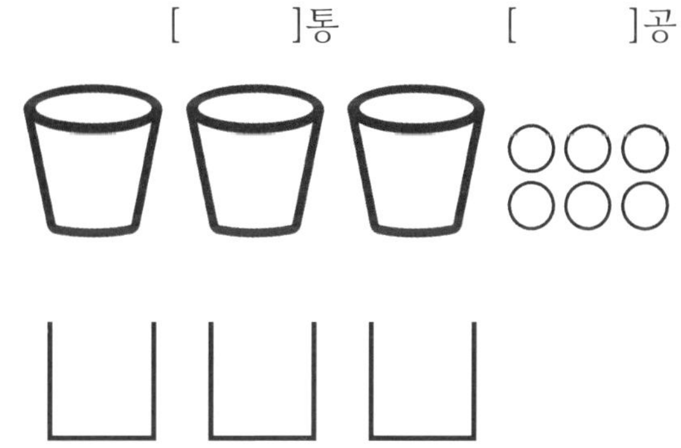

🖋 경우의 수 ⊞ ⊟ ⊠ ⊡

⊞ A 또는 B가 일어날 때 (함께X)

⊟ 전체에서 안 되는 것 제외할 때

⊠ A, B가 모두 일어날 때 (함께O)

   (다른 자리에 다른 물건을 배치할 때)

⊡ (출제자의 주관이) 여러 가지였던 걸

   한 종류로 보고 1번만 셀 때

🖋 개수 세기

①경우의 수: 주관적 개수 = 종류의 수

②확률: 객관적 개수

(전체 개수)=(종류의 수)X(한 종류에 몇 개)

$$(\text{종류의 수}) = \frac{(\text{전체 개수})}{(\text{한 종류에 몇 개})}$$

⇒ (전체 개수)를

(한 종류가 되는 것의 개수)로 나누면

(종류의 수)=(경우의 수)가 나온다!

⇒ 몇 개가 한 종류니?

✏ ⊟분석

{순열}	{조합}	{몇 개가 한 종류니?}
서로 다른 n개 r개 선택 다른 자리 배치	서로 다른 n개 r개 선택	r개 끼리 자리 바꾸는 것을 (경우의 수$= r!$) 한 종류로 본다!

{순열}	{원순열}	{몇 개가 한 종류니?}
서로 다른 n개 다른 자리 배치	서로 다른 n개 원형 배치	회전해서 겹치는 것을 (경우의 수$= n$) 한 종류로 본다!

{순열}	{같은 것 순열}	{몇 개가 한 종류니?}
서로 다른 n개 다른 자리 배치	$p, q, \cdots, r$개 같은 것 다른 자리 배치	같은 것끼리 자리 바꾸는 것을 (경우의수 $= p!q! \cdots r!$) 한 종류로 본다!

{분할&분배}	{분할}	{몇 개가 한 종류니?}
9명을 다른 자리 배치된 3개 팀 나누기	9명을 3개 팀 나누기	팀끼리 자리 바꾸는 것을 (경우의 수$= 3!$) 한 종류로 본다!

 n이 자연수일 때 $(a+b)^n$를 이항정리를

활용하여 전개한 식을 쓰시오.

---

5 이항정리

$(a+b)^n$

$= {}_nC_0a^0b^n + {}_nC_1a^1b^{n-1} + \cdots + {}_nC_ra^rb^{n-r} + \cdots + {}_nC_na^nb^0$

✏ 이항정리

🖋 식의 곱셈이란?

각 인수에서 한 항씩 뽑아서

곱한 것을 더한 것이다.

$(a+b)(c+d+e)$

6 이항정리의 성질

① 이항계수는 좌우대칭이다. $\Leftrightarrow {}_nC_r = {}_nC_{n-r}$

② 파스칼의 삼각형 ${}_{n-1}C_{r-1} + {}_{n-1}C_r = {}_nC_r$

③ ${}_nC_0 + {}_nC_1 + {}_nC_2 + \cdots + {}_nC_n = 2^n$

   (부분집합의 개수)

④ ${}_nC_0 - {}_nC_1 + {}_nC_2 - {}_nC_3 + \cdots + (-1)^n {}_nC_n = 0$

⑤ n이 홀수일 때

$${}_nC_0 + {}_nC_2 + {}_nC_4 + \cdots + {}_nC_{n-1}$$

$$= {}_nC_1 + {}_nC_3 + {}_nC_5 + \cdots + {}_nC_n = 2^{n-1}$$

⑥ n이 짝수일 때

$${}_nC_0 + {}_nC_2 + {}_nC_4 + \cdots + {}_nC_n$$

$$= {}_nC_1 + {}_nC_3 + {}_nC_5 + \cdots + {}_nC_{n-1} = 2^{n-1}$$

연구 08 다음 식을 유도하시오.

① 이항계수는 좌우대칭이다. $\Leftrightarrow {}_nC_r = {}_nC_{n-r}$

② 파스칼의 삼각형 ${}_{n-1}C_{r-1} + {}_{n-1}C_r = {}_nC_r$

③ ${}_nC_0 + {}_nC_1 + {}_nC_2 + \cdots + {}_nC_n = 2^n$

④ ${}_nC_0 - {}_nC_1 + {}_nC_2 - {}_nC_3 + \cdots + (-1)^n {}_nC_n = 0$

⑤ n이 홀수일 때

$${}_nC_0 + {}_nC_2 + {}_nC_4 + \cdots + {}_nC_{n-1}$$

$$= {}_nC_1 + {}_nC_3 + {}_nC_5 + \cdots + {}_nC_n = 2^{n-1}$$

✎ 이항정리의 성질

「확률과 통계」 Ⅱ.확률

미리 알아야 할 단원
수학(하) – 1.집합과 명제
확통 – 1.경우의 수

1 확률의 뜻

: 동일한 조건 아래 반복될 수 있으며 그 결과가 우연에 의하여 결정되는 실험이나 관찰

: 어떤 시행에서 일어날 수 있는 모든 결과들의 집합

: 표본공간의 부분집합

: 한 개의 원소로 이루어진 사건

: 두 사건 A, B가 동시에 일어나지 않을 때 이 두 사건을 배반사건이라 함.

: 표본공간 S에 대하여 사건 A가 일어나지 않을 사건

※ $A \cup B$:　　　 $A \cap B$:　　　 $\varnothing$:

: 하나의 시행에서 일어날 수 있는 사건 전체를 S라 할 때, 일어날 수 있는 모든 경우의 수는 $n(S)$이고, 사건 A가 일어날 경우의 수는 $n(A)$라 하자. 이 때, 이 시행에서 기본적인 사건들이 같은 정도로 기대된다고 하면

$$P(A) = \frac{n(A)}{n(S)}$$

: 어떤 시행을 n번 반복할 때 사건 A가 r_n번 일어날 때,

n을 충분히 크게 함에 따라 상대도수 $\dfrac{r_n}{n}$ 이 일정한 값 P 에 가까워지면 P 를 사건 A가 일어날 통계적 확률이라 함.

✒ 확률의 뜻

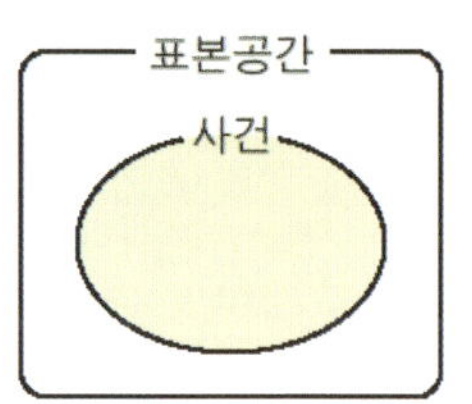

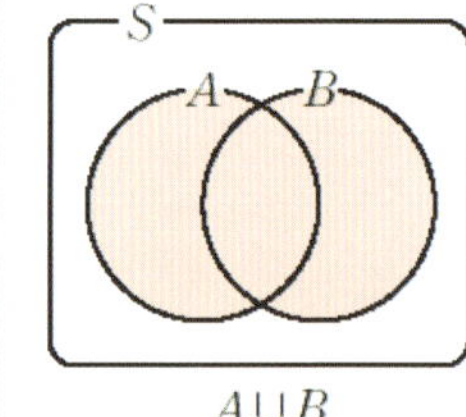

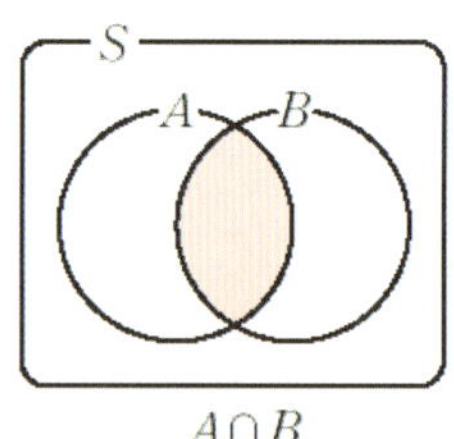

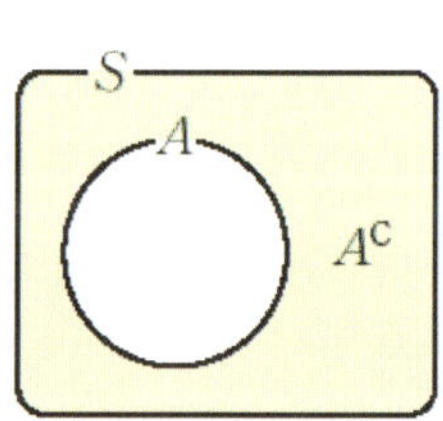

✏ 통계적 확률

동전 한 개를 던질 때, 앞면이 나오는 상대도수

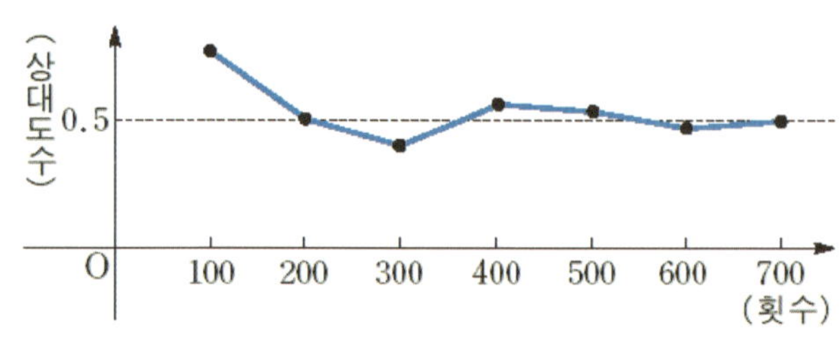

연구01 다음을 유도하시오.

①임의의 사건 A에 대하여 $0 \leq P(A) \leq 1$

②반드시 일어나는 사건 S에 대하여 $P(S)=1$

③절대로 일어나지 않는 사건 $\varnothing$에 대하여
$$P(\varnothing)=0$$

연구02 두 사건 A, B에 대하여 다음을 보이시오.

① $P(A \cup B)=P(A)+P(B)-P(A \cap B)$

② $P(A \cup B)=P(A)+P(B)$ ($A \cap B = \varnothing$ 일 때)

③ $P(A^C)=1-P(A)$

---

2 확률의 기본 성질

①임의의 사건 A에 대하여

②반드시 일어나는 사건 S에 대하여

③절대로 일어나지 않는 사건 $\varnothing$에 대하여

확률의 기본 성질

3 확률의 덧셈정리

사건 A또는 B가 일어날 확률,
사건 A, B중 적어도 한쪽이 일어날 확률

확률의 덧셈정리

여사건의 확률:

사건 A가 일어나지 않을 확률

[연구03] 두 사건 A, B에 대하여 아래 식이 성립함을 유도하시오. (단, $P(A) \neq 0$)

$$P(B \mid A) = \frac{P(A \cap B)}{P(A)}$$

[연구04] 두 사건 A, B에 대하여 아래 식이 성립함을 유도하시오.

(단, $P(A) \neq 0$, $P(B) \neq 0$)

$$P(A \cap B) = P(A)P(B \mid A) = P(B)P(A \mid B)$$

4 조건부 확률

연구 03

두 사건 A, B에 대하여 사건 A가 일어났다는 조건 아래, 사건 B가 일어날 확률을 사건 A가 일어났을 때의 사건 B의 조건부 확률이라 함. (단, $P(A) > 0$)

조건부 확률

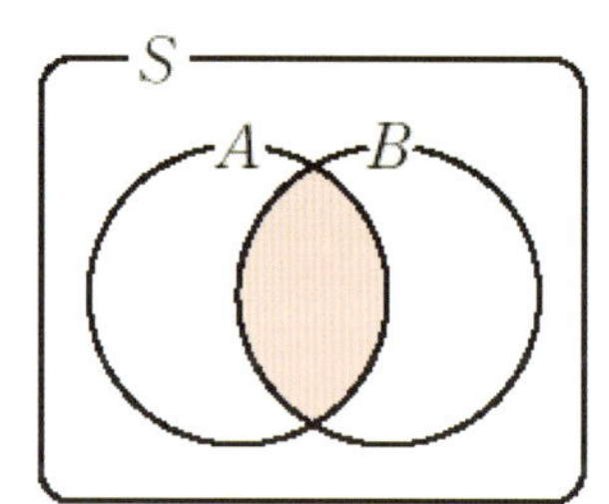

5 확률의 곱셈정리

연구 04

두 사건 A, B가 동시에 일어날 확률은

확률의 곱셈정리

연구05 두 사건 A, B에 대하여
$(P(A) \neq 0, P(B) \neq 0)$
① 서로 독립인 것의 정의를 쓰시오.
② 두 사건이 서로 독립일 때,
$P(A \cap B) = P(A)P(B)$이 성립함을 유도하시오.

연구06 한 번의 시행에서 사건 A가 일어날
확률이 p일 때, n번의 독립시행에서 사건 A가
일어나는 횟수가 r일 확률을 쓰시오.

6 사건의 독립과 종속

사건의 독립과 종속

독립: 사건 A의 발생여부가 사건 B가
　일어날 확률에 영향을 주지 않을 때,
　두 사건 A, B는 서로 독립이다.

종속: 사건 A의 발생 여부에 따라 사건 B가
　일어날 확률이 달라질 때
　사건 A와 사건 B는 종속이다.

7 독립시행의 확률

독립시행의 확률

정의: 한 번의 시행에서
사건 A가 일어날 확률이 p일 때,
n번의 독립시행에서
사건 A가 일어나는 횟수를
r이라 하면
이때의 확률 P_r은

【ex】 4회중 2회 성공할 확률
(성공: 주사위 던져서 3배수)

1회	2회	3회	4회

「확률과 통계」 Ⅲ.통계

연구01 이산확률변수 X의 평균

$E(X)$의 정의를 쓰시오.

미리 알아야 할 단원
확통 - 2.확률

---

1 확률변수의 뜻

: 표본공간의 각 원소에 하나의
실수값을 대응시켜주는 것.

: 유한 개의 값 $x_1,\ \cdots,\ x_n$을
가지는 확률변수

: 어떤 구간의 모든 실수값을
가지는 확률변수

: 확률변수 X가 가지는 값과
그 값을 가질 확률과의 대응 관계

: 이산확률변수가 정의역인 확률함수

: 연속확률변수가 정의역인 확률함수

2 이산확률분포의 성질

① $0 \le P(X=x_i) = p_i \le 1$

② $\displaystyle\sum_{i=1}^{n} p_i = p_1 + p_2 + \cdots + p_n = 1$

③ $\displaystyle P(x_a \le X \le x_b) = \sum_{i=a}^{b} P(X=x_i)$

3 평균

✎ 이산확률분포의 성질

식: $P(X=x_i) = p_i$ (단, $i = 1, 2, \cdots, n$)

표:

X	x_1	x_2	$\cdots$	x_i	$\cdots$	x_n	합계
$P(X=x_i)$	p_1	p_2	$\cdots$	p_i	$\cdots$	p_n	1

그래프:

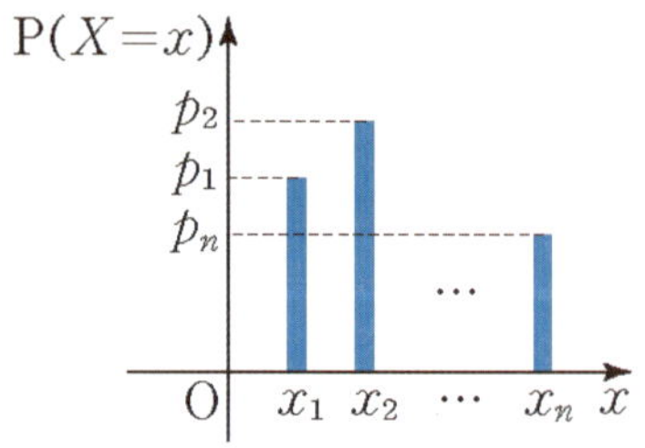

✎ 평균

등급	1등	2등	3등	꼴등	합계
상금	10000	5000	1000	0	
장수	1	5	55	39	100
$P(X=x)$	$\dfrac{1}{100}$	$\dfrac{5}{100}$	$\dfrac{55}{100}$	$\dfrac{39}{100}$	1

연구
01

연구02 이산확률변수 X의

분산 $V(X)$과 표준편차 $\sigma(X)$의 정의를 쓰시오.

---

4 분산과 표준편차

연구 02 분산: $V(X)$

표준편차: $\sigma(X) = \sqrt{V(X)}$

✎ 확률변수가 조작됐을 때의 확률분포

X	x_1	x_2	$\cdots$	x_i	$\cdots$	x_n	합계
$P(X=x_i)$	p_1	p_2	$\cdots$	p_i	$\cdots$	p_n	1

$X-m$							합계
							1

$(X-m)^2$							합계
							1

✐ 확률과 통계 과목에서 Σ 사용

개정 교육과정에서 수학1을 학습하지 않고 확률과 통계를 학습하는 경우를 가정하여 교과서에서 수열의 합 기호 Σ를 사용하지 않고 $+\cdots+$만을 이용하여 표현한다.
하지만 현실적으로 수학1을 하지 않은 채로 확률과 통계를 학생은 없을 것이다.
따라서 $+\cdots+$만을 이용하여 개념을 유도하는 건 지극히 비효율적이고 현실에 맞지 않다.
그래서 본 책에서는 개념유도과정에서 Σ 기호를 사용하였다.

✎ 분산과 표준편차

1반 성적

1반	68	69	70	71	72
편차					
편차^2					
확률					
분산					

2반 성적

2반	60	65	70	75	80
편차					
편차^2					
확률					
분산					

1반 보너스 +10점

1반	78	79	80	81	82
편차					
편차^2					
확률					
분산					

1반 점수 2배

1반	136	138	140	142	144
편차					
편차^2					
확률					
분산					

Q1.아이들 점수를 모두 10점씩 보너스로 준다면 반 평균은? 반 분산은?

Q2.아이들 점수를 모두 2배씩 해준다면 반 평균은? 반 분산은?

연구03 다음을 유도하시오.

① $E(aX+b)=aE(X)+b$

② $V(aX+b)=a^2V(X)$

③ $\sigma(aX+b)=|a|\sigma(X)$

④ $V(X)=E(X^2)-\{E(X)\}^2$

---

5 평균/분산/표준편차의 성질

연구 03

$E(X)$ 평균, $V(X)$ 분산, $\sigma(X)$ 표준편차

① $E(aX+b)=aE(X)+b$

② $V(aX+b)=a^2V(X)$

③ $\sigma(aX+b)=|a|\sigma(X)$

④ $V(X)=E(X^2)-\{E(X)\}^2$

⑤ $E(X^2)=V(X)+\{E(X)\}^2$

✎ 평균/분산/표준편차의 성질

$y_i=ax_i+b$

→ $P(Y=y_i)=P(X=x_i)=p_i$

[연구04] 이항분포의 정의를 쓰고 식으로 표현하시오.

[연구05] 확률변수 X가 $\mathrm{B}(n,\ p)$을 따를 때,
①$\mathrm{E}(X)$　②$\mathrm{V}(X)$　③$\sigma(X)$
를 쓰시오.

[연구06] '큰 수의 법칙'을 쓰시오.

---

6 이항분포 $\mathrm{B}(n,p)$

[연구04] 이항분포의 정의:

한 번의 시행에서

사건 A가 일어날 확률이 p일 때,

n번의 독립시행에서

사건 A가 일어나는 횟수를

확률변수 X라 하면

이때의 확률분포를 이항분포라고 한다.

[연구05]
①**평균**:
②**분산**:
③**표준편차**:

7 큰 수의 법칙

[연구06] 어떤 시행에서 사건 A가 일어나는 수학적 확률이 p이고, n번의 독립시행에서 사건 A가 일어나는 횟수를 X라고 하면, 임의의 양수 h에 대하여 n의 값이 한없이 커질수록

$$\mathrm{P}\left(\left|\frac{X}{n}-p\right|<h\right)$$는 1에 한 없이 가까워진다.

✎ 이항분포 $\mathrm{B}(n,p)$

독립시행의 확률 정의:

한 번의 시행에서

사건 A가 일어날 확률이 p일 때,

n번의 독립시행에서

사건 A가 일어나는 횟수를

r이라 하면

이때의 확률 P_r은

$$\mathrm{P}_r = {}_n\mathrm{C}_r\, p^r q^{n-r} \quad (q=1-p)$$

이항분포의 표현

① 식: $\mathrm{P}(X=x) = {}_n\mathrm{C}_x\, p^x q^{n-x} \quad (q=1-p)$

② 표:

X	0	1	$\cdots$	x	$\cdots$	n	계
$\mathrm{P}(X=x)$	${}_n\mathrm{C}_0\, p^0 q^n$	${}_n\mathrm{C}_1\, p^1 q^{n-1}$	$\cdots$	${}_n\mathrm{C}_x\, p^x q^{n-x}$	$\cdots$	${}_n\mathrm{C}_n\, p^n q^0$	1

③ 기호: $\mathrm{B}(n,\ p)$

✎ 큰 수의 법칙

【ex】 $X \sim \mathrm{B}\left(n,\ \dfrac{1}{6}\right)$, $\mathrm{P}\left(\left|\dfrac{X}{n}-\dfrac{1}{6}\right|<0.1\right)$

(i) $n=10$: $\mathrm{P}\left(\left|\dfrac{X}{10}-\dfrac{1}{6}\right|<0.1\right)=0.614$

(ii) $n=30$: $\mathrm{P}\left(\left|\dfrac{X}{30}-\dfrac{1}{6}\right|<0.1\right)=0.784$

(iii) $n=50$: $\mathrm{P}\left(\left|\dfrac{X}{50}-\dfrac{1}{6}\right|<0.1\right)=0.946$

8 연속확률분포

: 어떤 구간의 모든 실수값을

가지는 확률변수

: 연속확률변수가 정의역인 확률함수

구간 $\alpha \le x \le \beta$의 모든 값을 가지는

연속확률변수 X의 확률밀도함수 $f(x)$의 성질

① $f(x) \ge 0$

② $y = f(x)$의 그래프와 x축 사이의 넓이는 1

③ $P(a \le X \le b)$는 구간 $a \le x \le b$에서

  $y = f(x)$의 그래프와 x축 사이의 넓이

✎ 연속확률분포

통계: 확률을 몽땅 다 하기

확률분포: 확률변수 → 확률 대응(함수 관계)

이산확률분포 vs 연속확률분포	
변수:	변수:
함수:	함수:
대표예시)	대표예시)
표	표
$\begin{array}{c c c c c} X & x_1 & x_2 & \cdots & x_n \\ & p_1 & p_2 & \cdots & p_n \end{array}$	
그래프	그래프
그래프에서 확률의 값을 나타내는 것은?	그래프에서 확률의 값을 나타내는 것은?
$P(X = x_i) =$	$P(X = x_i) =$
$P(x_i \le X \le x_j)$	$P(x_i \le X \le x_j)$

연구07 확률밀도함수 $f(x)$가 정규분포를 따를 때
$f(x)$의 그래프의 특징으로 알맞은 것을 쓰시오.

9 정규분포

자연현상이나 사회현상을 측정할 때, 그 확률밀도함수가 그림과 같은 종 모양에 가까운 경우가 많다. 연속확률변수 X의 확률밀도함수 $f(x)$가

$$f(x) = \frac{1}{\sqrt{2\pi}\,\sigma} e^{-\frac{(x-m)^2}{2\sigma^2}} \quad (e = 2.718\cdots)$$

와 같을 때, X의 분포를 정규분포라고 한다.

: 확률변수 X가 평균 m, 분산 σ^2인 정규분포를 따른다.

연구 07

①대칭성:

 점근선:

②곡선과 x축 사이의 넓이:

③m이 일정할 때의 곡선의 모양

 σ값이 커지면:

 σ값이 작아지면:

④σ가 일정할 때, m이 변하면:

⑤$\mathrm{P}(a \le X \le b)$:

정규분포

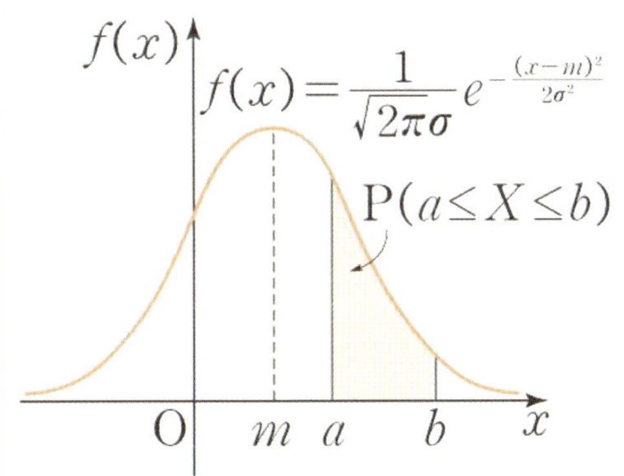

③

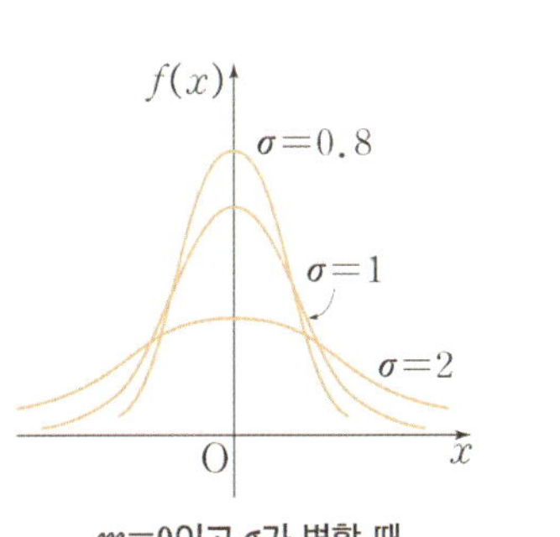

$m=0$이고 σ가 변할 때

④

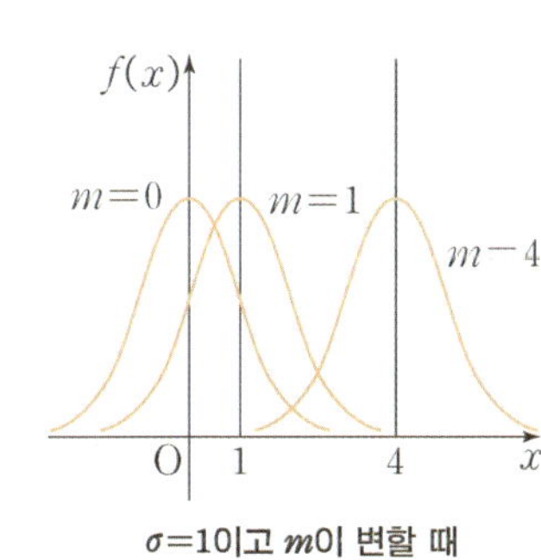

$\sigma=1$이고 m이 변할 때

연구08 확률변수 X가 $N(m, \sigma^2)$을 따를 때, $Z = \dfrac{X-m}{\sigma}$ 이면 확률변수 Z가 $N(0, 1)$을 따르는 이유를 쓰시오.

연구09 확률변수 X가 이항분포 $B(n, p)$를 따를 때 n이 충분히 크면 X는 근사적으로 [　]분포 [　　　　]을 따른다.

10 표준정규분포

정의: 정규분포 $N(0, 1^2)$

　평균이 $m=0$, 표준편차가 $\sigma=1$인 정규분포

　　: 확률변수 X가 정규분포 $N(m, \sigma^2)$을 따를 때, 확률변수 Z를 $Z = \dfrac{X-m}{\sigma}$ 라 하면 Z는 표준정규분포 $N(0, 1^2)$을 따른다.

11 이항분포와 정규분포의 관계

연구 09　확률변수 X가 이항분포 $B(n, p)$를 따를 때 n이 충분히 크면 X는 근사적으로

$$(\text{평균}: E(X) = np \quad \text{분산}: V(X) = npq)$$

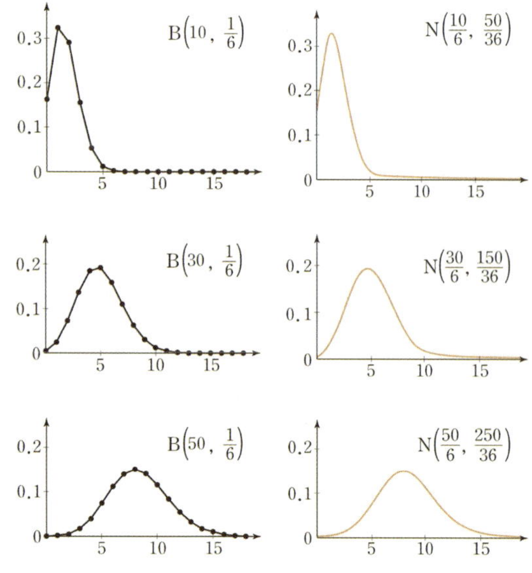

✎ 표준정규분포

연구 08

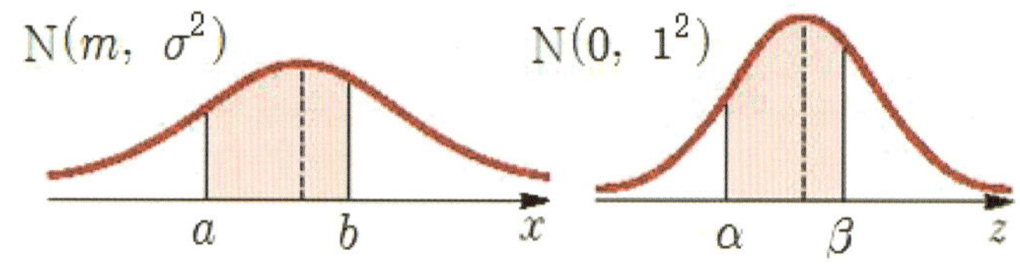

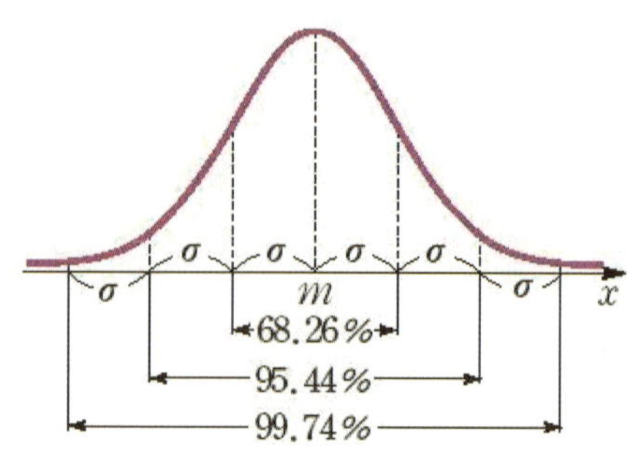

표준정규분포표

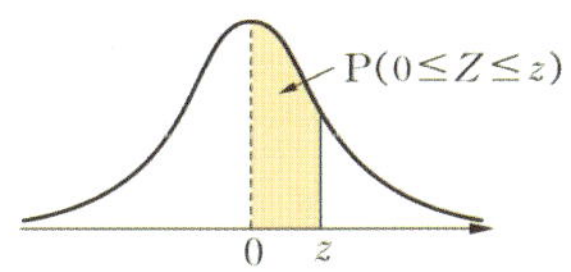

z	0	1	2	3	4	5	6	7	8	9
0.0	.0000	.0040	.0080	.0120	.0160	.0199	.0239	.0279	.0319	.0359
0.1	.0398	.0438	.0478	.0517	.0557	.0596	.0636	.0675	.0714	.0753
0.2	.0793	.0832	.0871	.0910	.0948	.0987	.1026	.1064	.1103	.1141
0.3	.1179	.1217	.1255	.1293	.1331	.1368	.1406	.1443	.1480	.1517
0.4	.1554	.1591	.1628	.1664	.1700	.1736	.1772	.1808	.1844	.1879
0.5	.1915	.1950	.1985	.2019	.2054	.2088	.2123	.2157	.2190	.2224
0.6	.2257	.2291	.2324	.2357	.2389	.2422	.2454	.2486	.2518	.2549
0.7	.2580	.2611	.2642	.2673	.2704	.2734	.2764	.2794	.2823	.2852
0.8	.2881	.2910	.2939	.2967	.2995	.3023	.3051	.3078	.3106	.3133
0.9	.3159	.3186	.3212	.3238	.3264	.3289	.3315	.3340	.3365	.3389
1.0	.3413	.3438	.3461	.3485	.3508	.3531	.3554	.3577	.3599	.3621
1.1	.3643	.3665	.3686	.3708	.3729	.3749	.3770	.3790	.3810	.3830
1.2	.3849	.3869	.3888	.3907	.3925	.3944	.3962	.3980	.3997	.4015
1.3	.4032	.4049	.4066	.4082	.4099	.4115	.4131	.4147	.4162	.4177
1.4	.4192	.4207	.4222	.4236	.4251	.4265	.4279	.4292	.4306	.4319
1.5	.4332	.4345	.4357	.4370	.4382	.4394	.4406	.4418	.4429	.4441
1.6	.4452	.4463	.4474	.4484	.4495	.4505	.4515	.4525	.4535	.4545
1.7	.4554	.4564	.4573	.4582	.4591	.4599	.4608	.4616	.4625	.4633
1.8	.4641	.4649	.4656	.4664	.4671	.4678	.4686	.4693	.4699	.4706
1.9	.4713	.4719	.4726	.4732	.4738	.4744	.4750	.4756	.4761	.4767
2.0	.4772	.4778	.4783	.4788	.4793	.4798	.4803	.4808	.4812	.4817
2.1	.4821	.4826	.4830	.4834	.4838	.4842	.4846	.4850	.4854	.4857
2.2	.4861	.4864	.4868	.4871	.4875	.4878	.4881	.4884	.4887	.4890
2.3	.4893	.4896	.4898	.4901	.4904	.4906	.4909	.4911	.4913	.4916
2.4	.4918	.4920	.4922	.4925	.4927	.4929	.4931	.4932	.4934	.4936
2.5	.4938	.4940	.4941	.4943	.4945	.4946	.4948	.4949	.4951	.4952
2.6	.4953	.4955	.4956	.4957	.4959	.4960	.4961	.4962	.4963	.4964
2.7	.4965	.4966	.4967	.4968	.4969	.4970	.4971	.4972	.4973	.4974
2.8	.4974	.4975	.4976	.4977	.4977	.4978	.4979	.4980	.4980	.4981
2.9	.4981	.4982	.4983	.4983	.4984	.4984	.4985	.4985	.4986	.4986
3.0	.4987	.4987	.4987	.4988	.4988	.4989	.4989	.4989	.4990	.4990
3.1	.4990	.4991	.4991	.4991	.4992	.4992	.4992	.4992	.4993	.4993
3.2	.4993	.4993	.4994	.4994	.4994	.4994	.4994	.4995	.4995	.4995
3.3	.4995	.4995	.4996	.4996	.4996	.4996	.4996	.4996	.4996	.4997

[연구10] 크기 n인 임의표본을 $X_1, X_2, \cdots, X_n$라

할 때 다음 값을 쓰시오.

① 표본의 평균

② 표본의 표준편차

---

⑫ 통계적 추정

　　　 : 통계 조사에서 대상으로 삼은 집단 전체를 조사하는 것

　　　 : 대상으로 삼은 집단의 일부를 조사하는 것

　 : 통계조사에서 대상이 되는 집단 전체

: 표본조사를 하는 경우 조사하기 위하여 모집단에서 추출한 부분집합

　　　 : 표본의 원소의 개수

　 : 모집단에서 편중되지 않게, 무작위로 추출

　 : 임의추출에 의하여 만들어진 표본

　 : 한 번 추출된 원소를 다시 되돌려 놓은 후 다음 원소를 뽑음

　　 : 되돌려 놓지 않고 다음 원소를 뽑음

⑬ 모집단과 표본의 분포

모평균: $\mathrm{E}(X) = m$.

모표준편차: $\sigma(X) = \sigma$

임의추출한 크기가 n인 표본

$X_1, X_2, \cdots, X_n$에서

[연구 10] 표본평균:

표본표준편차:

✎ 통계적 추정

모집단의 분포:　　　모평균　　　　　모표준편차

전교생 점수

표본(집단)의 분포:　표본평균　　　표본표준편차

5반 점수

표본평균의 분포:　표본평균의 평균　표본평균의 표준편차

반별 평균 점수

[연구11] 빈칸에 알맞은 것을 쓰시오.

[연구12] 빈칸에 알맞은 것을 쓰시오.

[연구13] 표본의 크기 n, 표본평균 $\overline{X}$

- 모집단의 분포가 정규분포 $N(m, \sigma^2)$이면
  $\overline{X}$는 어떤 분포를 따르는가?
- 모집단의 분포가 정규분포가 아니면
  $\overline{X}$는 근사적으로 어떤 분포를 따르는가?
  (단, 표본의 크기 n이 충분히 크다.)

14 표본평균의 분포

[연구11] ① 모평균 m, 모표준편차 σ인 모집단에서
크기 n인 임의표본을 복원추출할 때,

표본평균의 평균 :

표본평균의 표준편차 :

표본평균의 분산 :

[연구13] ② 모집단의 분포가 정규분포이면

$\overline{X}$는 정규분포 $N(m, \dfrac{\sigma^2}{n})$을 따른다.

③ 모집단의 분포가 정규분포가 아닐 때도
표본의 크기 n이 충분히 크면
$\overline{X}$의 분포는 근사적으로
정규분포 $N(m, \dfrac{\sigma^2}{n})$를 따른다.

✎ 표본평균의 분포

[연구12] 아래는 확률변수 X에 대한 확률분포이다.

X	1	2	3	4	합계
$P(x)$	$\dfrac{1}{4}$	$\dfrac{1}{4}$	$\dfrac{1}{4}$	$\dfrac{1}{4}$	1

이 분포를 모집단의 확률분포로 하여 복원추출로
만든 크기가 2인 표본의 평균을 $\overline{X}$라고 하자. 이
때, $\overline{X}$의 확률분포를 표로 나타내시오.

X_2 \ X_1	1	2	3	4
1				
2				
3				
4				

$$\overline{X} = \frac{X_1 + X_2}{2}$$

$\overline{X}$							합계
$P(\overline{x})$							1

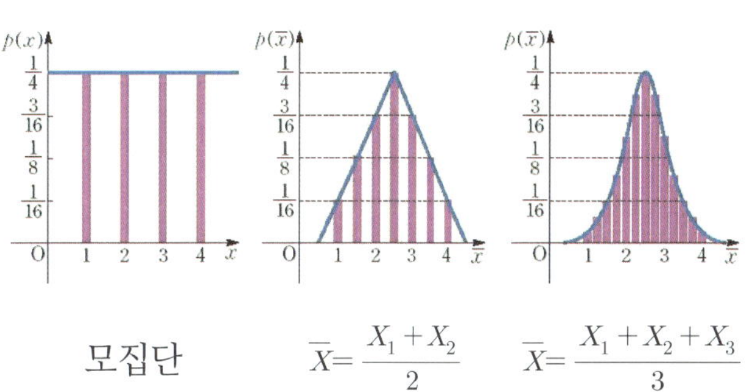

[연구14] 평균이 m이고 표준편차가 σ인 정규분포를 따르는 모집단에서 임의추출한 크기 n인 표본 X_1, X_2, $\cdots$, X_n의 평균을 $\overline{X}$라고 할 때 다음을 구하시오.

① 모평균 m의 신뢰도 95 %인 신뢰구간:

② 신뢰구간의 길이:

③ 오차한계:

15 모평균의 추정

연구 14 크기가 n인 표본의 평균이 $\overline{x}$이고, 모표준편차가 σ일 때

모평균의 95%신뢰구간:

모평균의 99%신뢰구간:

신뢰구간의 길이:

오차한계:

✎ 일반적으로 $\overline{X}$는 확률변수를 나타내고 $\overline{x}$는 상수를 나타낸다.

✎ **신뢰도의 의미**

크기 n인 표본을 여러 번 추출하여 신뢰구간을 만들 때, 모평균 m을 포함하는 것이 약 95%이다.

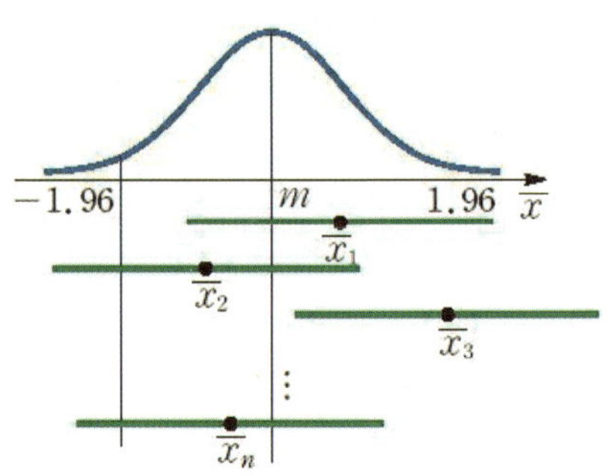

✐ 모평균의 추정

역대 수능·모의고사 기출 문항 출제 의도

Ⅰ.경우의 수

[출제의도] 같은 것이 있는 순열을 이용하여 문제를 해결한다.

[출제의도] 원순열을 이용하여 문제를 해결한다.

[출제의도] 중복순열을 이해하여 경우의 수를 구하는 문제를 해결한다.

[출제의도] 중복조합을 이용하여 조건을 만족시키는 경우의 수를 구하는 문제를 해결한다.

[출제의도] 중복순열과 중복조합이 값을 계산하는 문제를 해결한다.

[출제의도] 이항정리를 이용하여 전개식의 계수를 구하는 문제를 해결한다.

Ⅱ.확률

[출제의도] 확률의 뜻 이해하는 문제를 해결한다.

[출제의도] 확률의 덧셈정리를 이용하여 확률을 구하는 문제를 해결한다.

[출제의도] 여사건의 확률을 이용하여 문제를 해결한다.

[출제의도] 조건부확률을 이용하여 확률을 구하는 문제를 해결한다.

[출제의도] 사건의 종속과 독립을 이해하는 문제를 해결한다.

[출제의도] 독립시행의 확률을 이용하여 실생활 문제를 해결한다.

Ⅲ.통계

[출제의도] 확률분포가 표로 주어진 이산확률변수의 평균과 분산을 구하는 문제를 해결한다.

[출제의도] 이항분포를 따르는 확률변수의 평균과 분산을 구하는 문제를 해결한다.

[출제의도] 이항분포의 분산을 이용하여 시행 횟수를 구하는 문제를 해결한다.

[출제의도] 확률밀도함수의 그래프를 이용하여 확률을 구하는 문제를 해결한다.

[출제의도] 정규분포의 성질을 이해하여 문제를 해결한다.

[출제의도] 정규분포와 표준정규분포표를 이용하여 확률을 구하는 문제를 해결한다.

[출제의도] 표본평균의 확률분포를 이용하여 확률을 구하는 문제를 해결한다.

[출제의도] 표본평균을 이용하여 모평균의 신뢰구간을 구하는 문제를 해결한다.

미적분

「교과서 학습 목표」

1.수열의 극한

□ 수열의 수렴, 발산의 뜻을 알고,
  이를 판별할 수 있다.
□ 수열의 극한에 대한 기본 성질을 이해하고,
  이를 이용하여 극한값을 구할 수 있다.
□ 등비수열의 극한값을 구할 수 있다.
□ 급수의 수렴, 발산의 뜻을 알고,
  이를 판별할 수 있다.
□ 등비급수의 뜻을 알고, 그 합을 구할 수 있다.
□ 등비급수를 활용하여
  여러 가지 문제를 해결할 수 있다.

2.여러 가지 함수의 미분

□ 지수함수와 로그함수의 극한값을 구할 수 있다.
□ 지수함수와 로그함수를 미분할 수 있다.
□ 삼각함수의 덧셈정리를 이해한다.
□ 삼각함수의 극한을 구할 수 있다.
□ 사인함수와 코사인 함수를 미분할 수 있다.

3.여러 가지 미분법

□ 함수의 몫을 미분할 수 있다.
□ 합성함수를 미분할 수 있다.
□ 음함수와 역함수를 미분할 수 있다.
□ 매개변수로 나타낸 함수를 미분할 수 있다.
□ 이계도함수를 구할 수 있다.
□ 접선의 방정식을 구할 수 있다.
□ 함수의 그래프의 개형을 그릴 수 있다.
□ 방정식과 부등식에 활용할 수 있다.
□ 속도와 가속도에 대한 문제를 해결할 수 있다.

4.적분법

□ 여러 가지 함수의
  부정적분과 정적분을 구할 수 있다.
□ 치환적분법을 이해하고, 이를 활용할 수 있다.
□ 부분적분법을 이해하고, 이를 활용할 수 있다.
□ 정적분과 급수의 합 사이의 관계를 이해한다.
□ 곡선으로 둘러싸인 도형의 넓이를 구할 수 있다.
□ 입체도형의 부피를 구할 수 있다.
□ 속도와 거리에 대한 문제를 해결할 수 있다.

「미적분」 Ⅰ.수열의 극한

연구01 α가 수열 $\{a_n\}$의 극한값일 때, 이를 기호로 나타내시오.

미리 알아야 할 단원
수학1 - 3.수열

1 극한의 개념

: ∞ 한없이 커지는 상태를 나타내는 기호

: 어떠한 변수가 어떤 일정한 수에 한없이 가까워지는 일

: 수렴하지 않음

: 그 일정한 수

2 수열의 수렴

연구 01 〉 수열 $\{a_n\}$ 에서 n 이 한없이 커질 때,

일반항 a_n 의 값이 일정한 값 α 에

한없이 가까워지면,

수열 $\{a_n\}$ 은 α 에 수렴한다.

3 수열의 발산

$$\lim_{n \to \infty} a_n = \begin{cases} \infty & \Rightarrow \text{양의무한대로 발산} \\ -\infty & \Rightarrow \text{음의무한대로 발산} \\ \text{기타} & \Rightarrow \text{진동} \end{cases}$$

✒ 수열의 수렴

✒ 수열의 발산

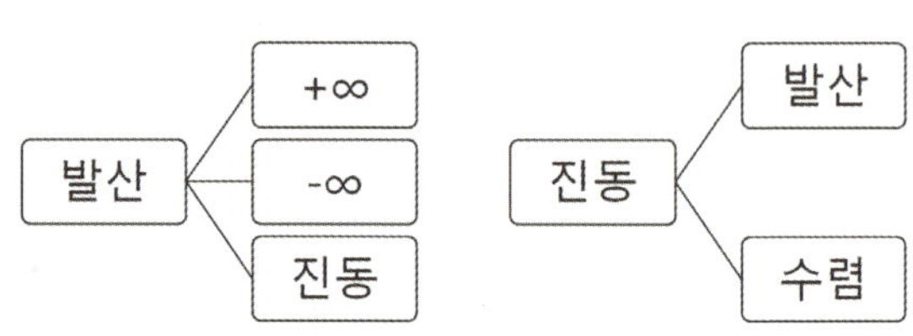

[연구02] 아래 극한의 성질이 성립할 조건을 쓰시오.

[연구03] $\lim\limits_{n\to\infty} a_n = \alpha$, $\lim\limits_{n\to\infty} b_n = \beta$일 때, 빈칸에 알맞은 것을 쓰시오.

- $a_n < b_n$이면 $\lim\limits_{n\to\infty} a_n$ [　] $\lim\limits_{n\to\infty} b_n$이다.

- $a_n < c_n < b_n$이고 $\alpha = \beta$이면, $\lim\limits_{n\to\infty} c_n = [\ \ ]$이다.

---

4 수열의 극한의 성질

연구02

① $\lim\limits_{n\to\infty} k a_n = k \lim\limits_{n\to\infty} a_n = k\alpha$　(단, k는 상수)

② $\lim\limits_{n\to\infty} (a_n \pm b_n) = \lim\limits_{n\to\infty} a_n \pm \lim\limits_{n\to\infty} b_n = \alpha \pm \beta$

③ $\lim\limits_{n\to\infty} a_n b_n = \lim\limits_{n\to\infty} a_n \cdot \lim\limits_{n\to\infty} b_n = \alpha\beta$

④ $\lim\limits_{n\to\infty} \dfrac{a_n}{b_n} = \dfrac{\lim\limits_{n\to\infty} a_n}{\lim\limits_{n\to\infty} b_n} = \dfrac{\alpha}{\beta}$　(단, $b_n \neq 0$, $\beta \neq 0$)

연구03

⑤ $a_n < b_n$이면

⑥ $a_n < c_n < b_n$이고 $\alpha = \beta$이면

수열의 극한의 성질

③ $\lim\limits_{n\to\infty} a_n b_n = \lim\limits_{n\to\infty} a_n \cdot \lim\limits_{n\to\infty} b_n = \alpha\beta$

5 수열의 극한 문제를 풀 때

부정꼴을 → 확정꼴로 바꿔야 한다.

식을 수렴하는 형태로 바꾸는 게 핵심

① $\dfrac{\infty}{\infty}$: 분모 분자를 (최)고차항으로 나눈다.

② $\infty - \infty$: 최고차항으로 묶는다.

③ $\sqrt{\infty} - \infty$: 유리화

④ $\infty \times 0$: 통분, 인수분해, 약분

⑤ $\dfrac{0}{0} =$: 약분

✎ 분수의 크기

$$분수 = \dfrac{분자}{분모} \qquad 분수 = \dfrac{분자}{분모}$$

$$분수 = \dfrac{분자}{분모} \qquad 분수 = \dfrac{분자}{분모}$$

【ex】

$$\dfrac{1}{10000},\ \dfrac{1}{1000},\ \dfrac{1}{100},\ \dfrac{1}{10},\ \dfrac{1}{1},\ \dfrac{1}{0.1},\ \dfrac{1}{0.01},\ \dfrac{1}{0.001},\ \dfrac{1}{0.0001}$$

✐ 수열의 극한 문제를 풀 때

부정꼴 vs 확정꼴

$\infty + \infty \rightarrow$	$0+0\rightarrow$	$0+a\rightarrow$	$\infty + a\rightarrow$	$\infty + 0\rightarrow$
$\infty - \infty \rightarrow$	$0-0\rightarrow$	$0-a\rightarrow$	$\infty - a\rightarrow$	$\infty - 0\rightarrow$
$\infty \times \infty \rightarrow$	$0\times 0\rightarrow$	$0\times a\rightarrow$	$\infty \times a\rightarrow$	$\infty \times 0\rightarrow$
$\dfrac{\infty}{\infty}\rightarrow$	$\dfrac{0}{0}\rightarrow$	$\dfrac{a}{0}\rightarrow$	$\dfrac{\infty}{a}\rightarrow$	$\dfrac{\infty}{0}\rightarrow$
		$\dfrac{0}{a}\rightarrow$	$\dfrac{a}{\infty}\rightarrow$	$\dfrac{0}{\infty}\rightarrow$

【ex】

$\infty + \infty \rightarrow$	$\dfrac{0}{0}\rightarrow$	$\infty \times 0\rightarrow$
$n+2n=$ $2n+n=$ $n+n^2=$	$\dfrac{\left(\dfrac{1}{n}\right)}{\left(\dfrac{1}{n}\right)}=$	$n\times \dfrac{1}{n}=$ $n\times \dfrac{1}{n^2}=$
$\infty - \infty \rightarrow$		$n^2 \times \dfrac{1}{n}=$
$n-2n=$ $2n-n=$ $n-n=$	$\dfrac{\left(\dfrac{1}{n}\right)}{\left(\dfrac{1}{n^2}\right)}=$	
$\dfrac{\infty}{\infty}\rightarrow$	$\dfrac{\left(\dfrac{1}{n^2}\right)}{\left(\dfrac{1}{n}\right)}=$	
$\dfrac{n}{n}=$ $\dfrac{n^2}{n}=$ $\dfrac{n}{n^2}=$		

연구04 등비수열 $\{r^n\}$이 수렴하는 r의 범위를
쓰시오.

---

6 등비수열의 극한

등비수열 $\{r^n\}$의 수렴과 발산

① $r > 1$일 때

② $r = 1$일 때

③ $-1 < r < 1$일 때

④ $r = -1$일 때

⑤ $r < -1$일 때

연구 04 등비수열 $\{r^n\}$의 수렴조건

✎ 등비수열의 극한

$r < -1$	$r = -1$	$-1 < r < 1$	$r = 1$	$r > 1$
r^n	r^n	r^n	r^n	r^n

7 급수의 뜻

정의: 수열 $\{a_n\}$의 각 항을 $+$기호로 연결한 식

: 첫째항부터 제n항까지의 합

$$S_n = a_1 + a_2 + a_3 + \cdots + a_n = \sum_{k=1}^{n} a_k$$

: 부분합으로 이루어진 수열

$\{S_n\}$이 어떤 값 S에 수렴하는 것

: 급수가 수렴할 때의 값

: 부분합으로 이루어진

수열 $\{S_n\}$이 발산하는 것.

8 급수의 성질

급수 $\displaystyle\sum_{n=1}^{\infty} a_n$, $\displaystyle\sum_{n=1}^{\infty} b_n$ 이 수렴하면

① $\displaystyle\sum_{n=1}^{\infty} (a_n + b_n)$

② $\displaystyle\sum_{n=1}^{\infty} (a_n - b_n)$

③ $\displaystyle\sum_{n=1}^{\infty} c\,a_n$

[연구05] 급수 $\displaystyle\sum_{n=1}^{\infty} a_n$이 수렴하면 $\displaystyle\lim_{n\to\infty} a_n = 0$ 임을

유도하시오.

[연구06] 다음 명제의 참 거짓을 판별하시오.

---

9 급수와 일반항

✎ 급수와 일반항

[연구 05]

① $\displaystyle\sum_{n=1}^{\infty} a_n$이 수렴하면 $\displaystyle\lim_{n\to\infty} a_n = 0$ 이다

② $\displaystyle\lim_{n\to\infty} a_n \neq 0$ 이면 $\displaystyle\sum_{n=1}^{\infty} a_n$ 은 발산한다.

[연구 06]

$\displaystyle\sum_{n=1}^{\infty} a_n = S \quad \rightleftarrows \quad \lim_{n\to\infty} a_n = 0$

$\displaystyle\lim_{n\to\infty} a_n \neq 0 \quad \rightleftarrows \quad \sum_{n=1}^{\infty} a_n \text{ 발산}$

$\displaystyle\lim_{n\to\infty} a_n = 0 \begin{cases} \displaystyle\sum_{n=1}^{\infty} a_n \\[2mm] \displaystyle\sum_{n=1}^{\infty} a_n \end{cases}$

$\displaystyle\sum_{n=1}^{\infty} a_n \text{ 발산} \begin{cases} \displaystyle\lim_{n\to\infty} a_n = 0 \\[2mm] \displaystyle\lim_{n\to\infty} a_n - 0 \end{cases}$

연구07 등비급수 $\displaystyle\sum_{n=1}^{\infty} ar^{n-1} = \dfrac{a}{1-r}$ 일 조건을

쓰고, 이를 유도하시오.

---

10 등비급수

정의: 등비수열 $\{ar^{n-1}\}$의 급수

$$\sum_{n=1}^{\infty} ar^{n-1} = a + ar + ar^2 + \cdots + ar^{n-1} + \cdots$$

부분합: $\displaystyle S_n = \sum_{k=1}^{n} ar^{k-1} = \dfrac{a(1-r^n)}{1-r}$

연구 07 **수렴**:

발산:

✎ 등비수열 $\{ar^n\}$ 의 수렴조건

✎ 등비급수 $\displaystyle\sum_{n=1}^{\infty} ar^{n-1}$의 수렴조건

✎ 도형의 닮음비

도형 닮음비

  a. 길이의 비 $= m:n$

  b. 넓이의 비 $=$

  c. 부피의 비 $=$

✎ 등비급수

❘ 도형의 닮음비

b. 넓이의 비

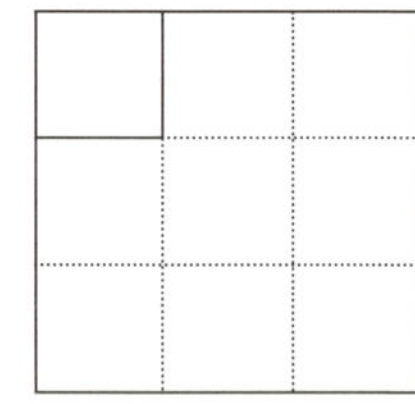

c. 부피의 비

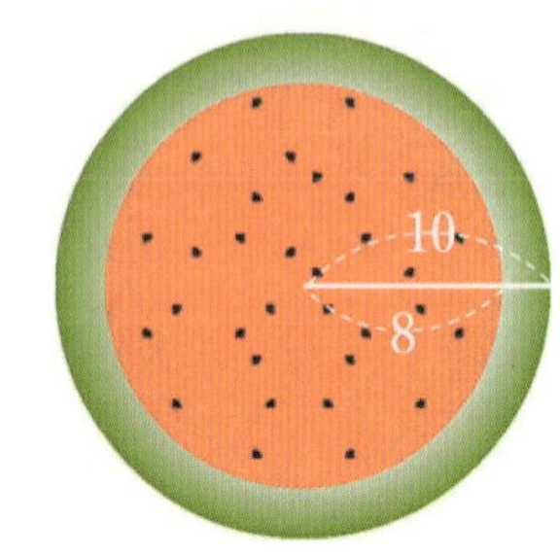

「미적분」 Ⅱ.여러가지 함수의 미분

연구01 무리수 e의 정의를 쓰시오.

미리 알아야 할 단원
수학1 – 1.지수로그함수
수학1 – 1.삼각함수
수학2 – 1.함수의 극한

1 지수·로그 함수의 극한

지수함수의 극한

① $a > 1$일 때, $\displaystyle\lim_{x\to\infty} a^x = \infty$, $\displaystyle\lim_{x\to -\infty} a^x = 0$

② $0 < a < 1$일 때, $\displaystyle\lim_{x\to\infty} a^x = 0$, $\displaystyle\lim_{x\to -\infty} a^x = \infty$

로그함수의 극한

③ $a > 1$일 때,

$\displaystyle\lim_{x\to\infty} \log_a x = \infty$, $\displaystyle\lim_{x\to 0+} \log_a x = -\infty$

④ $0 < a < 1$일 때,

$\displaystyle\lim_{x\to\infty} \log_a x = -\infty$, $\displaystyle\lim_{x\to 0+} \log_a x = \infty$

✎ 지수·로그 함수의 극한

$a > 1$	$0 < a < 1$
$y = a^x$	$y = a^x$

$a > 1$	$0 < a < 1$
$y = \log_a x$	$y = \log_a x$

2 무리수 e의 정의

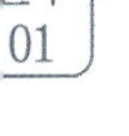

$e = 2.71828182845\cdots$ (무리수)

✎ 무리수 e의 정의

x	$(1+x)^{\frac{1}{x}}$
0.1	$2.59374\cdots$
0.01	$2.70481\cdots$
0.001	$2.71692\cdots$
0.0001	$2.71814\cdots$
$\vdots$	$\vdots$
	$2.71828\cdots$
$\vdots$	$\vdots$
-0.0001	$2.71841\cdots$
-0.001	$2.71964\cdots$
-0.01	$2.73199\cdots$
-0.1	$2.86797\cdots$

[연구02] 자연로그의 뜻을 쓰시오.

[연구03] 다음 극한 값을 유도하시오.

$$① \lim_{x \to 0} \frac{\ln(1+x)}{x} = 1$$

$$② \lim_{x \to 0} \frac{\log_a(1+x)}{x} = \log_a e = \frac{1}{\ln a}$$

---

❸ 자연로그의 극한

✎ 자연로그의 극한

연구 02 **정의 :** 무리수 e 를 밑으로 하는 로그 $\log_e x$

연구 03

$$① \lim_{x \to 0} \frac{\ln(1+x)}{x} = 1$$

$$② \lim_{x \to 0} \frac{\log_a(1+x)}{x} = \log_a e = \frac{1}{\ln a}$$

$$③ \lim_{x \to 0} \frac{e^x - 1}{x} = 1$$

$$④ \lim_{x \to 0} \frac{a^x - 1}{x} = \ln a \ (a > 0, a \neq 1)$$

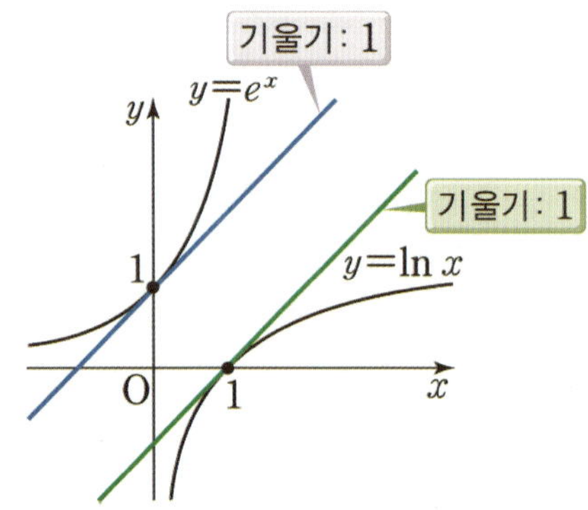

③ $\lim_{x \to 0} \dfrac{e^x - 1}{x} = 1$

④ $\lim_{x \to 0} \dfrac{a^x - 1}{x} = \ln a \ (a > 0, a \neq 1)$

4 로그함수의 도함수

① $(\ln x)' = \dfrac{1}{x}$ (단, $x > 0$)

② $(\log_a x)' = \dfrac{1}{x \ln a}$ (단, $a \neq 1$, $a > 0$, $x > 0$)

🖋 $\{\ln f(x)\}' = \dfrac{f'(x)}{f(x)}$ (단, $f(x) > 0$)

🖋 $(\ln |x|)' = \dfrac{1}{x}$

5 지수함수의 도함수

① $(e^x)' = e^x$

② $(a^x)' = a^x(\ln a)$ (단, $a \neq 1$, $a > 0$)

연구04 다음을 유도하시오.

$$\cos(\alpha - \beta) = \cos \alpha \cos \beta + \sin \alpha \sin \beta$$

---

6 삼각함수의 덧셈정리

① $\sin (\alpha + \beta) = \sin \alpha \cos \beta + \cos \alpha \sin \beta$

② $\sin (\alpha - \beta) = \sin \alpha \cos \beta - \cos \alpha \sin \beta$

③ $\cos (\alpha + \beta) = \cos \alpha \cos \beta - \sin \alpha \sin \beta$

④ $\cos (\alpha - \beta) = \cos \alpha \cos \beta + \sin \alpha \sin \beta$

⑤ $\tan (\alpha + \beta) = \dfrac{\tan \alpha + \tan \beta}{1 - \tan \alpha \tan \beta}$

⑥ $\tan (\alpha - \beta) = \dfrac{\tan \alpha - \tan \beta}{1 + \tan \alpha \tan \beta}$

삼각함수의 덧셈정리

연구 04 ④

연구 05

연구 06

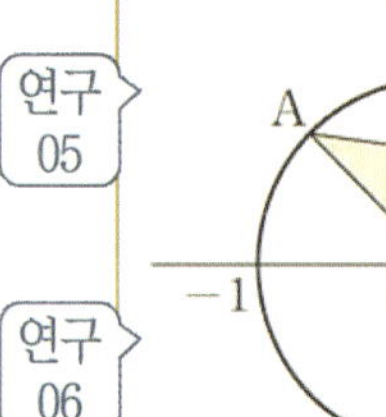

연구05 다음을 유도하시오.

- $\cos(\alpha+\beta)=\cos\alpha\cos\beta-\sin\alpha\sin\beta$

- $\sin(\alpha+\beta)=\sin\alpha\cos\beta+\cos\alpha\sin\beta$

- $\sin(\alpha-\beta)=\sin\alpha\cos\beta-\cos\alpha\sin\beta$

연구06 다음을 유도하시오.

- $\tan(\alpha+\beta)=\dfrac{\tan\alpha+\tan\beta}{1-\tan\alpha\tan\beta}$

- $\tan(\alpha-\beta)=\dfrac{\tan\alpha-\tan\beta}{1+\tan\alpha\tan\beta}$

[연구07] 배각공식을 유도하시오.

① $\sin 2\alpha = 2\sin\alpha\cos\alpha$

② $\cos 2\alpha = \cos^2\alpha - \sin^2\alpha$
$$= 2\cos^2\alpha - 1 = 1 - 2\sin^2\alpha$$

③ $\tan 2\alpha = \dfrac{2\tan\alpha}{1 - \tan^2\alpha}$

---

7 배각공식

✎ 배각공식

① $\sin 2\alpha = 2\sin\alpha\cos\alpha$

② $\cos 2\alpha = \cos^2\alpha - \sin^2\alpha$
$$= 2\cos^2\alpha - 1 = 1 - 2\sin^2\alpha$$

③ $1 - \cos 2\alpha = 2\sin^2\alpha$

④ $\tan 2\alpha = \dfrac{2\tan\alpha}{1 - \tan^2\alpha}$

✐ 배각공식, 반각공식은 개정교과서에서 빠진 내용이지만, 덧셈정리에서 아주 약간 변형됐을 뿐이고, 문제 풀이 과정에서 관련된 형태가 나올 수는 있으니 알아두는 것이 좋다.

연구08 반각공식을 유도하시오.

① $\sin^2\dfrac{\theta}{2}=\dfrac{1-\cos\theta}{2}$

② $\cos^2\dfrac{\theta}{2}=\dfrac{1+\cos\theta}{2}$

③ $\tan^2\dfrac{\theta}{2}=\dfrac{1-\cos\theta}{1+\cos\theta}$

8 반각공식

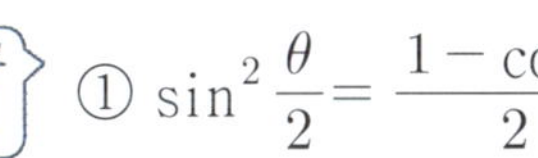

① $\sin^2\dfrac{\theta}{2}=\dfrac{1-\cos\theta}{2}$

② $\cos^2\dfrac{\theta}{2}=\dfrac{1+\cos\theta}{2}$

③ $\tan^2\dfrac{\theta}{2}=\dfrac{1-\cos\theta}{1+\cos\theta}$

✎ 반각공식

9 삼각함수의 극한

$$①\lim_{x\to 0}\frac{\sin x}{x}=1$$

$$②\lim_{x\to 0}\frac{\tan x}{x}=1$$

$$③\lim_{x\to 0}\frac{1-\cos x}{x^2}=\frac{1}{2}$$

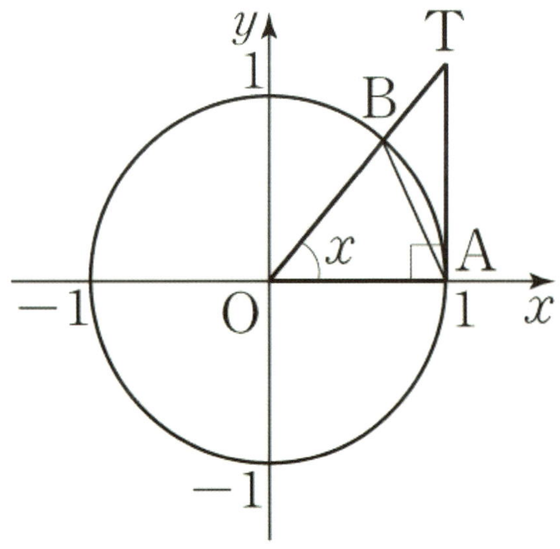

삼각함수의 극한

연구
09

② $\displaystyle\lim_{x \to 0} \frac{\tan x}{x} = 1$

③ $\displaystyle\lim_{x \to 0} \frac{1 - \cos x}{x^2} = \frac{1}{2}$

🔟 삼각함수의 도함수

① $(\sin x)' = \cos x$

② $(\cos x)' = -\sin x$

$\boldsymbol{i}$ $(\tan x)' = \sec^2 x = 1 + \tan^2 x$

$(\sec x)' = \sec x \tan x$

$(\csc x)' = -\csc x \cot x$

$(\cot x)' = -\csc^2 x$

「미적분」 Ⅲ.여러 가지 미분법

연구01 미분 가능한 두 함수 $f(x)$, $g(x)$
$(g(x) \neq 0)$에 대하여 다음이 성립함을 보이시오.

미리 알아야 할 단원
수학2 – 2.미분법
미적분 – 2.여러 가지 함수의 미분

---

1 몫의 미분법

미분가능한 두 함수 $f(x)$, $g(x)$ $(g(x) \neq 0)$ 에
대하여

① $\left\{ \dfrac{1}{g(x)} \right\}' = -\dfrac{g'(x)}{\{g(x)\}^2}$

② $\left\{ \dfrac{f(x)}{g(x)} \right\}' = \dfrac{f'(x)g(x) - f(x)g'(x)}{\{g(x)\}^2}$

✎ 몫의 미분법

연구 01

도함수 (수학Ⅱ)

$y = f(x)$가 미분가능한 함수일 때

$$\lim_{\Delta x \to 0} \frac{f(x + \Delta x) - f(x)}{\Delta x} = \lim_{\Delta x \to 0} \frac{\Delta y}{\Delta x}$$

$$= \frac{d}{dx}f(x) = \frac{df(x)}{dx} = \frac{dy}{dx}$$

$$= f'(x) = y'$$

[연구02] 다음을 유도하시오.

① $(\sin x)' = \cos x$

② $(\cos x)' = -\sin x$

③ $(\tan x)' = \sec^2 x = 1 + \tan^2 x$

[연구03] 다음을 유도하시오.

① $(\sec x)' = \sec x \tan x$

② $(\csc x)' = -\csc x \cot x$

③ $(\cot x)' = -\csc^2 x$

② 삼각함수의 도함수

① $(\sin x)' = \cos x$

② $(\cos x)' = -\sin x$

③ $(\tan x)' = \sec^2 x = 1 + \tan^2 x$

④ $(\sec x)' = \sec x \tan x$

⑤ $(\csc x)' = -\csc x \cot x$

⑥ $(\cot x)' = -\csc^2 x$

✎ $\csc\theta = \dfrac{1}{\sin\theta}, \ \sec\theta = \dfrac{1}{\cos\theta}, \ \cot\theta = \dfrac{1}{\tan\theta}$

✎ $1 + \tan^2\theta = \sec^2\theta$

✎ 삼각함수의 도함수

연구
02

연구
03

✎ 합성함수의 미분법 유도 준비

【ex】 $y = u^2 = f(u)$, $u = 2x = g(x)$

④ g를 미분

⑤ f를 미분

① x로 y를 미분 = f를 미분

x에 대한 y의 (순간)변화율$= \dfrac{\text{변화량}}{\text{변화량}}$

② A로 B를 미분 = f를 미분

A에 대한 B의 (순간)변화율$= \dfrac{\text{변화량}}{\text{변화량}}$

⑥ 정의역 $\Delta g(x) = g(x) + \Delta g(x) - g(x)$

   치역 $\Delta g(x) = g(x + \Delta x) - g(x)$

$\Delta x = x + \Delta x - x$

$\Delta u = g(x + \Delta x) - g(x) = \Delta g(x)$

$\qquad = g(x) + \Delta g(x) - g(x)$

$\qquad = u + \Delta u - u$

$\Delta y = f(u + \Delta u) - f(u) = \Delta f(u) = \Delta f(g(x))$

③ $y = f(u)$, $u = g(x)$, $y = f(g(x))$

⑦ $\Delta x \to 0$이면 $\Delta u \to 0$

    단, $u = g(x)$ 미분가능(연속)

$$
\begin{array}{ccc}
\text{X} & \text{U} & \text{Y} \\
x & u & y \\
x & u & f(u) \\
x & g(x) & f(g(x))
\end{array}
$$

연구04 미분가능한 두 함수 $y = f(u)$, $u = g(x)$에 대하여 합성함수 $y = f(g(x))$도 미분가능하며, 그 도함수는 $y' = f'(g(x))g'(x)$ 또는

$$\frac{dy}{dx} = \frac{dy}{du} \cdot \frac{du}{dx}$$ 임을 유도하시오.

❸ 합성함수의 미분법

미분가능한 두 함수 $y = f(u)$, $u = g(x)$에 대하여 합성함수 $y = f(g(x))$의 도함수는

$$y' = f'(g(x))g'(x) \quad \text{또는} \quad \frac{dy}{dx} = \frac{dy}{du} \cdot \frac{du}{dx}$$

연구 04

✎ 합성함수의 미분법

✎ 합성함수 미분 기호 정리

$\{f(g(x))\}'$

$= (f \circ g)'(x)$

$\neq f'(g(x))$

$\neq f(g'(x))$

$\neq f'(g'(x))$

✎ $\dfrac{d}{dx}f(x)$의 뜻

[No!] $\dfrac{d}{dx} \times f(x)$

[Yes!]

함수에서 $\quad y = f(x)$

정의역의 변화량 구하고 $\quad \Delta x = x + \Delta x - x$

치역의 변화량 구하고 $\quad \Delta y = f(x + \Delta x) - f(x)$

나눈 다음에(변화율) $\quad \dfrac{\Delta y}{\Delta x} = \dfrac{f(x + \Delta x) - f(x)}{x + \Delta x - x}$

극한값을 계산하라 $\quad \lim\limits_{\Delta x \to 0} \dfrac{\Delta y}{\Delta x} = \lim\limits_{\Delta x \to 0} \dfrac{f(x + \Delta x) - f(x)}{x + \Delta x - x}$

연구05 다음을 유도하시오.

① $(e^x)' = e^x$

② $(a^x)' = a^x(\ln a)$　　(단, $a \neq 1$, $a > 0$)

【ex】$t = (y-1)^{\frac{1}{2}}$, $x = 2t$에 대하여

　　$t = 1$일 때, $\dfrac{dy}{dx}$?

4 지수함수의 도함수

① $(e^x)' = e^x$

② $(a^x)' = a^x(\ln a)$　　(단, $a \neq 1$, $a > 0$)

연구
05

✎ 지수함수의 도함수

연구06 다음을 유도하시오.

① $(\ln x)' = \dfrac{1}{x}$ (단, $x > 0$)

② $(\log_a x)' = \dfrac{1}{x \ln a}$ (단, $a \neq 1, a > 0, x > 0$)

③ $(\ln |x|)' = \dfrac{1}{x}$

5 로그함수의 도함수

① $(\ln x)' = \dfrac{1}{x}$ (단, $x > 0$)

② $(\log_a x)' = \dfrac{1}{x \ln a}$ (단, $a \neq 1, a > 0, x > 0$)

③ $(\ln |x|)' = \dfrac{1}{x}$

✎ $\{\ln g(x)\}' = \dfrac{g'(x)}{g(x)}$ (단, $g(x) > 0$)

연구
06

로그함수의 도함수

연구07 α가 임의의 실수일 때

$$(x^\alpha)' = \alpha x^{\alpha-1}$$

이 성립함을 유도하시오.

---

6 음함수의 미분법

음함수 $f(x, y) = 0$에서 y를 x에 대한 함수로 보고, 각 항을 x에 대해 미분하여 $\dfrac{dy}{dx}$를 구한다.

음함수의 미분법

【ex】 $x^2 + y^2 = 4$ 미분하기

---

7 x^α의 도함수

α가 실수일 때

$$(x^\alpha)' = \alpha x^{\alpha-1}$$

x^α의 도함수

연구 07

교과서에서는 $(x^\alpha)' = \alpha x^{\alpha-1}$에서

α가 자연수인 경우에서

정수로 확장되는 걸 유도한 다음

(↳몫의 미분법 사용)

유리수로 확장되는 걸 유도한 다음

(↳합성함수 미분법)

실수로 확장되는 걸 따로 유도한다.

(↳지수·로그함수의 미분법)

하지만 α가 실수인 경우만 하면 자연수, 정수, 유리수인 경우는 당연히 성립하는 것이므로 이 책에서는 실수인 경우만 다뤘다.

연구08 함수 $y = f(x)$가 미분가능하고

그 역함수가 $y = g(x)$이고 $(g = f^{-1})$

미분가능 할 때, $y = f^{-1}(x) = g(x)$의 도함수는

$g'(x) = \dfrac{1}{f'(g(x))}$ 임을 유도하시오.

8 역함수의 미분법

함수 $y = f(x)$가 미분가능하고

그 역함수가 $y = g(x)$이고 $(g = f^{-1})$

미분가능 할 때,

$y = f^{-1}(x) = g(x)$의 도함수는

$$g'(x) = \frac{1}{f'(g(x))} \qquad \frac{dy}{dx} = \frac{1}{\dfrac{dx}{dy}}$$

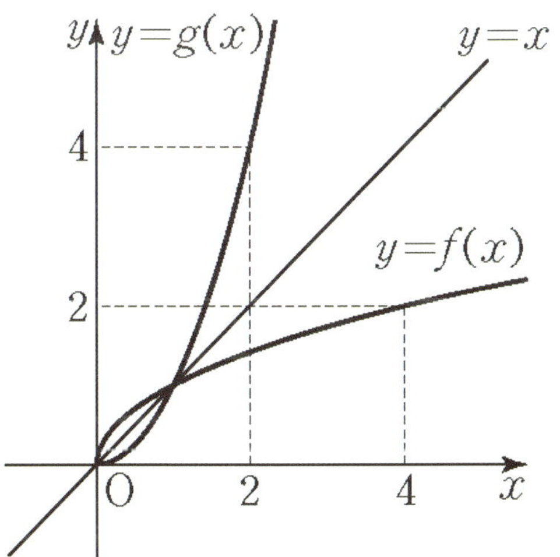

역함수의 미분법

연구09 미분가능한 두 함수 $x = f(t),\ y = g(t)$에

대하여 $f'(t) \neq 0$이면 $\dfrac{dy}{dx} = \dfrac{\dfrac{dy}{dt}}{\dfrac{dx}{dt}} = \dfrac{g'(t)}{f'(t)}$

임을 유도하시오.

---

9 매개변수 미분법

$x = f(t),\ y = g(t)$가 t에 대하여

미분가능하면

연구
09

✎ 매개변수 미분법

【ex】 $x^2 + y^2 = 4$ 위의 점 $(1,\ \sqrt{3})$에서의

　　접선의 기울기를 구하시오.

i) 도형으로 풀기

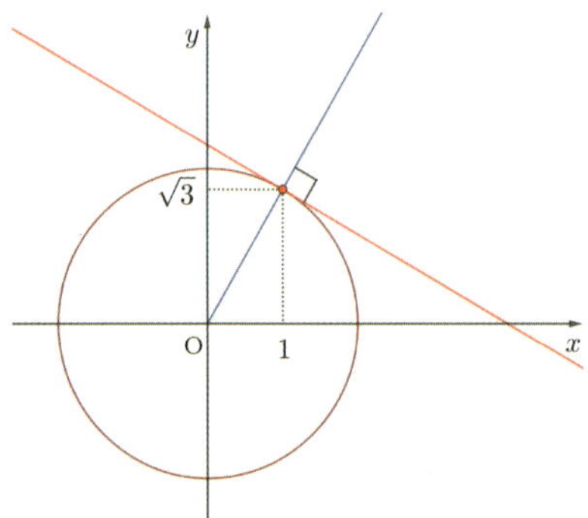

ii) 음함수의 미분으로 풀기

iii) 매개변수 미분으로 풀기

$\begin{cases} x = 2\cos t \\ y = 2\sin t \end{cases}$

[연구10] 함수 $y = f''(x)$ 의 정의를 쓰시오.

🔟 이계도함수

연구 10

도함수의 도함수

$$\lim_{\Delta x \to 0} \frac{f'(x + \Delta x) - f'(x)}{\Delta x} = \lim_{\Delta x \to 0} \frac{\Delta y'}{\Delta x}$$

$$\frac{d}{dx} f'(x) = \frac{d}{dx} y'$$

$$\frac{d}{dx}\left(\frac{d}{dx} f(x)\right) = \frac{d}{dx}\left(\frac{d}{dx} y\right)$$

$$\frac{d^2}{dx^2} f(x) = \frac{d^2 y}{dx^2}$$

$$f''(x) = y''$$

1️⃣1️⃣ 접선의 방정식

곡선 $y = f(x)$ 위의 점 $P(a, f(a))$ 에서의
접선의 방정식은

$$y - f(a) = f'(a)(x - a)$$

[연구11] $f''(x) > 0$이면 곡선 $y = f(x)$는 이 구간에서 아래로 볼록한 이유를 쓰시오.

[연구12] 변곡점의 정의를 쓰시오.

[연구13] 함수 $f(x)$가 $(a, f(a))$에서 변곡점을 가질 때, $x = a$ 근방에서
· $f''(x)$는 어떤 상태인지 쓰시오.
· $f'(x)$는 어떤 상태인지 쓰시오.

[연구14] 아래 빈칸에 알맞은 그래프 개형을 그리시오.

⓬ 곡선의 오목과 볼록

곡선 $y = f(x)$가 어떤 구간에서

[연구11] ① $f''(x) > 0$, $y = f(x)$는 그 구간에서

이유:

② $f''(x) < 0$, $y = f(x)$는 그 구간에서

이유:

[연구12] ③ **변곡점**:

④ 함수 $f(x)$가 $(a, f(a))$에서 변곡점을 가질 때, $x = a$ 근방에서

[연구13] $f''(x)$:

$f'(x)$:

✎ 곡선의 오목과 볼록

[연구14] 🖋 이계도함수와 그래프 개형

$f(x)$ 그래프				
$f'(x)$	$\oplus$	$\oplus$	$\ominus$	$\ominus$
$f''(x)$	$\oplus$	$\ominus$	$\ominus$	$\oplus$

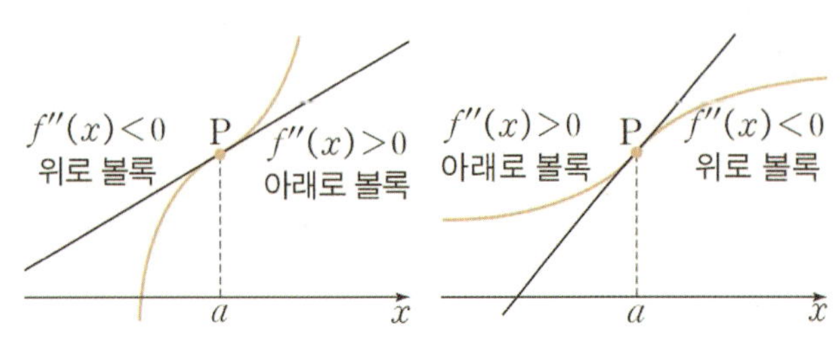

연구15 다음 명제의 참 거짓을 판별하시오.

① $x = a$에서 $f(x)$가 변곡점을 가지면 $f''(a) = 0$이다.

② $f''(a) = 0$이면 $x = a$에서 $f(x)$가 변곡점을 가진다.

연구16 함수 $f(x)$가 $f'(a) = 0$이고 $f''(a) > 0$이면 $f(x)$는 $x = a$에서 극솟값 $f(a)$를 갖는 이유를 쓰시오.

연구 15 ✎ $x = a$에서 $f(x)$가 변곡점을 가지면 $f''(a) = 0$이다. (ㅇ / ✕)

✎ $f''(a) = 0$이면 $x = a$에서 $f(x)$가 변곡점을 가진다. (ㅇ / ✕)

---

⑬ 이계도함수를 이용한 극값의 판정

이계도함수를 갖는 함수 $f(x)$에 대하여 $f'(a) = 0$일 때,

a. $f''(a) > 0$이면 $x = a$에서 $f(x)$는 극소이다.

b. $f''(a) < 0$이면 $x = a$에서 $f(x)$는 극대이다.

✎ 이계도함수를 이용한 극값의 판정

연구 16 $f''(x) > 0$이면 이 구간에서 $f'(x)$는 증가

→ $f'(a) = 0$이고 $f''(a) > 0$이면 $f'(x)$는 $x = a$에서 증가상태에 있다.

→ $x = a$의 좌우에서 $f'(x)$의 부호가 음$(-)$에서 양$(+)$으로 바뀐다.

→ 그러므로 $f(x)$는 $x = a$에서 극소이고 극솟값 $f(a)$를 가진다.

14 함수의 그래프의 개형

①곡선이 존재하는 범위(정의역과 치역)

②곡선의 대칭성, 주기

③좌표축과의 교점

④증가·감소와 극값

⑤오목·볼록, 변곡점

⑥ $\lim_{x \to \infty} f(x)$, $\lim_{x \to -\infty} f(x)$, 점근선

15 방정식에의 활용

방정식 $f(x) = 0$의 실근은 함수 $y = f(x)$의 그래프와 x축$(y = 0)$과의 교점의 x좌표이다. 방정식 $f(x) = g(x)$의 실근은 두 함수 $y = f(x)$, $y = g(x)$의 그래프의 교점의 x좌표이다.

16 부등식에의 활용

①어떤 구간에서 부등식 $f(x) > 0$이

성립함을 보이려면

주어진 구간에서 $y = f(x)$의

최솟값>0임을 보이면 된다.

②어떤 구간에서 부등식 $f(x) > g(x)$이

성립함을 보이려면

$h(x) = f(x) - g(x)$로 놓고,

주어진 구간에서 $y = h(x)$의

최솟값>0임을 보이면 된다.

✎ 함수의 그래프의 개형

【ex】 $y = \dfrac{x+1}{x^2}$

📝 그래프 그리기 노하우

✳그래프의 곱셈할 때 0+, 0-가 나올 때
 $\oplus$, $\ominus$는 어떻게 그리나?

⇒ $-\infty < \ominus < 0- < 0 < 0+ < \oplus < +\infty$

를 활용해 적당한 크기의 값이 되는 그래프를
그린다.

✳미분가능한 힘수의 그래프

①점근선 : 점근선 쪽으로 볼록

②좌우대칭인 지점 : 접선의 기울기 0

③극솟점 : 아래로 볼록

④극댓점 : 위로 볼록

※위로 볼록인데 극솟점이면?

⇒ 뾰족점이 생긴다!

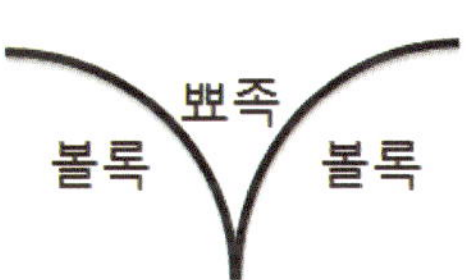

※아래로 볼록인데 극댓점이면?

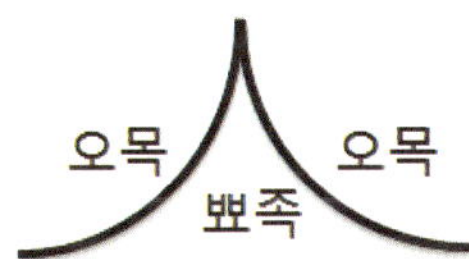

✳그래프 그릴 때 극댓점, 극솟점, 변곡점 꼭
표시할 것!

✳이계도함수가 0이면?

$f''(x) = 0$

↓(적분)

$f'(x) = a$

↓(적분)

$f(x) = ax + c$ (일차함수 ⇒ 일직선)

이계도함수	$\oplus$	0	$\ominus$
도함수	증가	상수	감소
원래 함수	오목	일직선	볼록

✳세로 점근선이 있으면?

⇒ 정의역은 실수 전체가 아니다.

✳정의역이 실수 전체면?

⇒ 세로 점근선이 없다.

✳점근선이 있는 그래프는
 반드시 점근선부터 그려야 한다.
 (그래프는 점근선 쪽으로 볼록하다)

📎 그래프의 뺄셈

$h(x) = f(x) - g(x)$의 그래프

① $f(x)$와 $g(x)$가 $x = a$에서 교점 $\Leftrightarrow h(a) = 0$

② 부호를 따져 두 함수를 뺀 새로운 함수의
   그래프를 그린다.

③ $f'(x) - g'(x) = h'(x)$

【ex】 $y = f(x)$와 $y = g(x)$의 그래프가 다음과
같을 때, $h(x) = f(x) - g(x)$의 그래프를
그리시오.

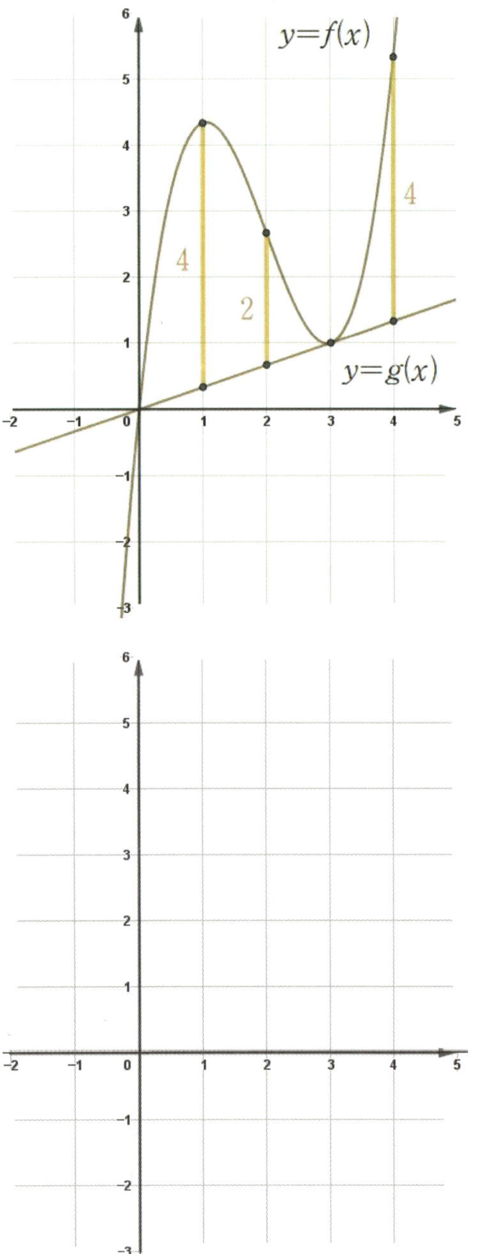

【ex】 $y = f(x)$와 $y = g(x)$의 그래프가 다음과
같을 때, $h(x) = f(x) - g(x)$의 그래프를
그리시오.

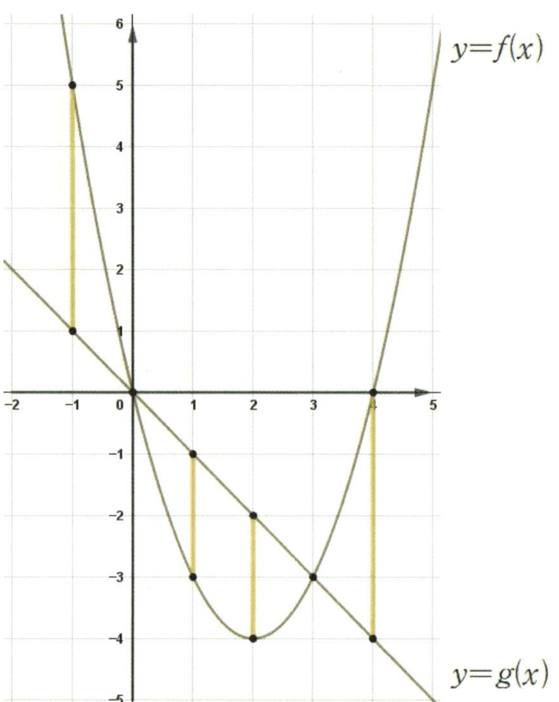

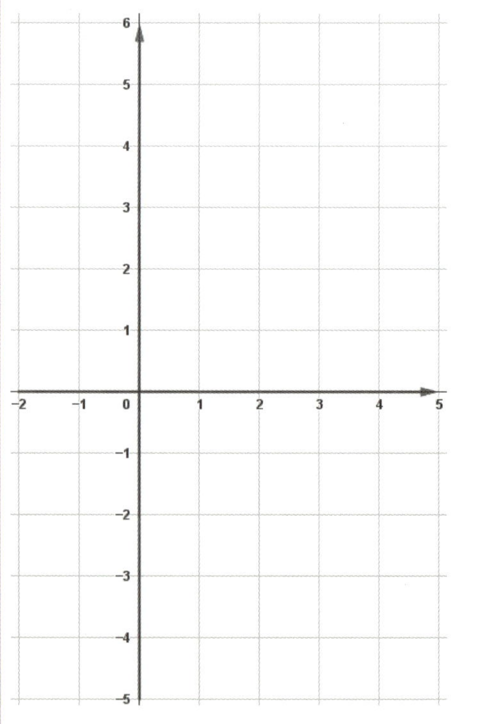

✒️ 그래프의 덧셈

【ex】 $y = f(x)$와 $y = g(x)$의 그래프가 다음과 같을 때, $h(x) = f(x) + g(x)$의 그래프를 그리시오.

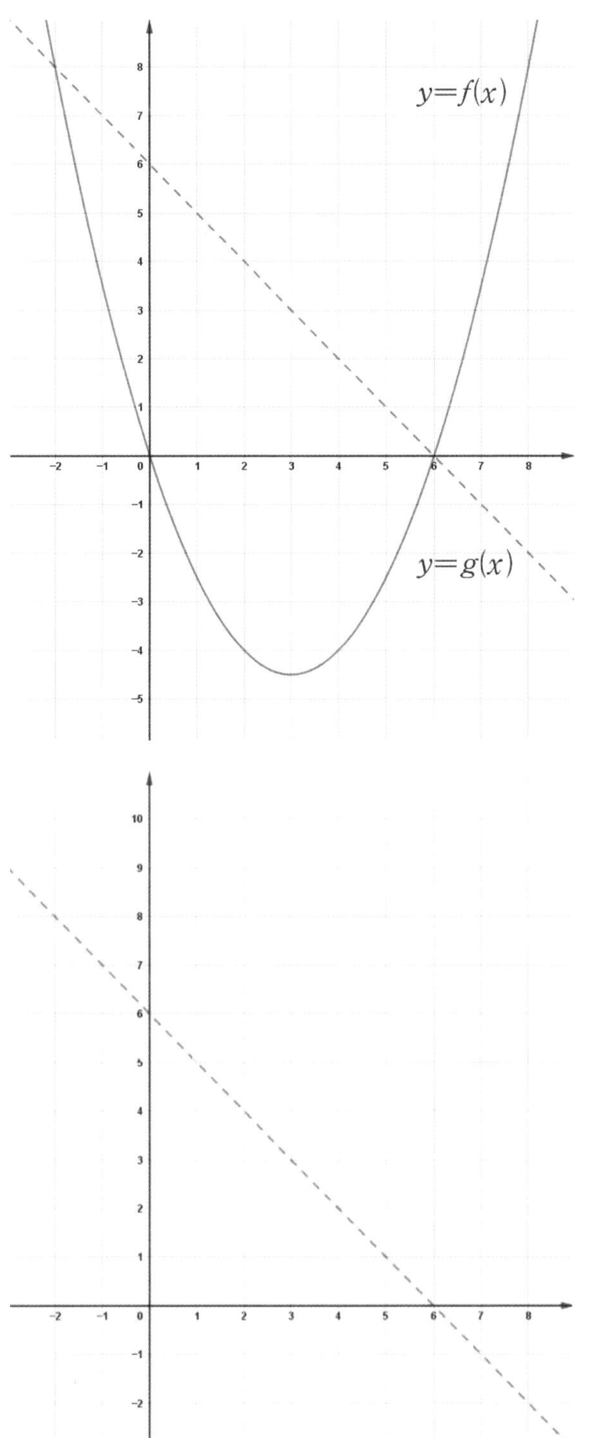

【ex】 $y = f(x)$와 $y = g(x)$의 그래프가 다음과 같을 때,

(1) $h(x) = f(x) - g(x)$의 그래프를 그리시오.

(2) $h(x) = f(x) + g(x)$의 그래프를 그리시오.

(3) $h(x) = f(x) \times g(x)$의 그래프를 그리시오.

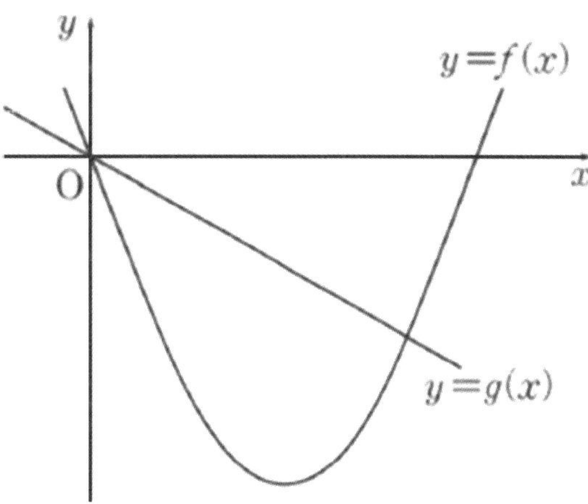

📝 그래프의 곱셈

$h(x) = f(x) \times g(x)$의 그래프

① $f(x)$ 또는 $g(x)$가 $x = a$에서 0 ⇔
$h(a) = 0$

② $f(x)$와 $g(x)$의 부호를 활용해
$h(x)$의 부호를 파악한다.

③ 대소 관계를 어림짐작하여 그래프를 그린다.

【ex】 $y = f(x)$와 $y = g(x)$의 그래프가 다음과
같을 때, $h(x) = f(x) \times g(x)$의 그래프를
그리시오.

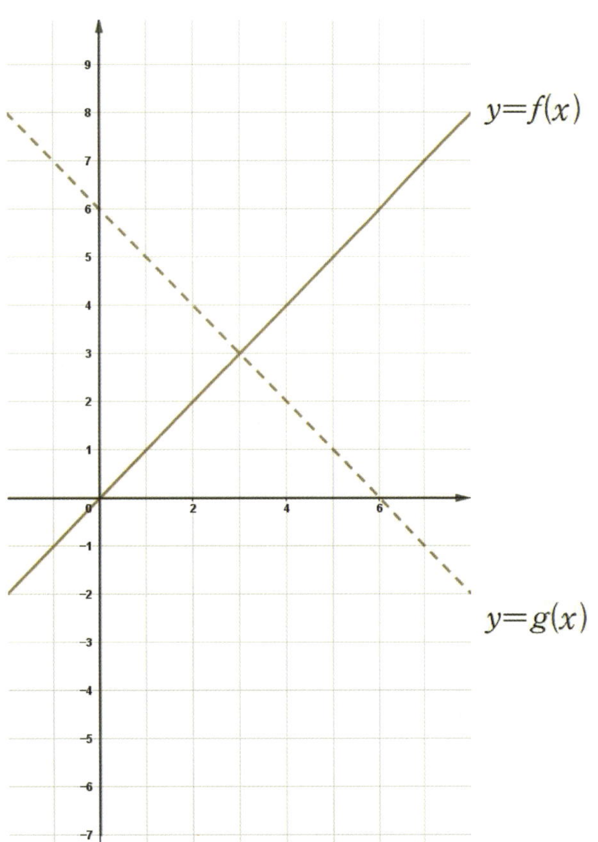

【ex】 $y = f(x)$와 $y = g(x)$의 그래프가 다음과
같을 때, $h(x) = f(x) \times g(x)$의 그래프를
그리시오.

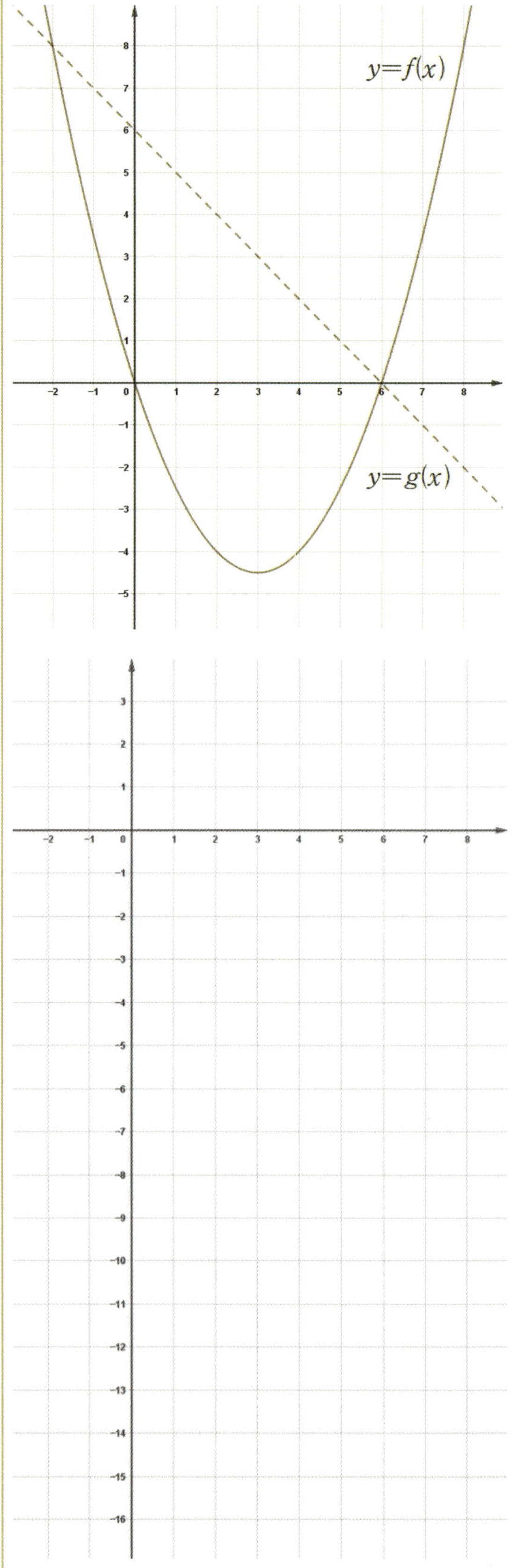

【ex】 $y = f(x)$와 $y = g(x)$의 그래프가 다음과
같을 때, $h(x) = f(x) \times g(x)$의 그래프를
그리시오.

「미적분」 Ⅳ.여러 가지 적분법

미리 알아야 할 단원
수학2 – 3.적분법
미적분 – 3.미분법

1 부정적분의 계산

✎ 부정적분의 계산

① $n \neq -1$일 때, $\displaystyle\int x^n\,dx = \dfrac{x^{n+1}}{n+1} + C$

② $n = -1$일 때,

$\displaystyle\int x^{-1}dx = \int \dfrac{1}{x}dx = \ln|x| + C$

$\displaystyle\int dx = x + c$

③ $\displaystyle\int \sin x\,dx = -\cos x + C$

④ $\displaystyle\int \cos x\,dx = \sin x + C$

⑤ $\displaystyle\int \sec^2 x\,dx = \tan x + C$

⑥ $\displaystyle\int \csc^2 x\,dx = -\cot x + C$

⑦ $\displaystyle\int \sec x\,\tan x\,dx = \sec x + C$

⑧ $\displaystyle\int \csc x\,\cot x\,dx = -\csc x + C$

⑨ $\displaystyle\int e^x\,dx = e^x + C$

⑩ $\displaystyle\int a^x\,dx = \dfrac{a^x}{\ln a} + C$

연구01 $\int f(t)dt$ 에서 미분가능한 함수 $g(x)$에 대하여 $t=g(x)$일 때, 다음을 유도하시오.
$$\int f(g(x))g'(x)dx = \int f(t)dt$$

연구02 $\int \dfrac{g'(x)}{g(x)}dx = \ln|g(x)| + C$ 임을 유도하시오.

② 치환적분법

① 미분가능한 함수 $g(t)$에 대하여 $x=g(t)$일 때

연구 01

② 미분가능한 함수 $g(x)$에 대하여 $t=g(x)$일 때

$$\int \dfrac{g'(x)}{g(x)}dx$$

🖋 치환적분법

🖋 치환적분 계산법
① $g(x)$와 $\times g'(x)$ 찾기
② $g(x)=t$ 치환
③ $dx \rightarrow dt$로 교체
  적분변수(=미분변수) 교체
④ $g'(x)$를 삭제
  ($\times g'(x) \rightarrow \times 1$로 교체)

🖋 핵심 원리를 이해하자
① $F(g(x))$를 x로 미분해보자.
  $\{F(g(x))\}' = f(g(x))g'(x)$
② $g(x)=t$ 치환 후
  $F(g(x))=F(t)$를 t로 미분해보자.
  $\{F(t)\}' = f(t)$
→ ①에서는 $f(g(x))=f(t)$에 $\times g'(x)$가 있지만
  ②에서는 $f(g(x))=f(t)$에 $\times g'(x)$가 없다.

[연구03] 두 함수 $f(x)$, $g(x)$가 미분가능 할 때,
다음을 유도하시오.

$$\int f(x)g'(x)dx = f(x)g(x) - \int f'(x)g(x)dx$$

---

3 부분적분법

✎ 부분적분법

적분 ⟵⟶			미분
e^x	$\sin x,\ \cos x$	$1,\ x,\ x^2,\ x^3$	$\ln x$

【ex】$\displaystyle\int \ln x\,dx$

연구04 구간 $[a, b]$에서 연속인 함수 $f(t)$에 대하여 미분가능한 함수 $t = g(x)$의 도함수 $g'(x)$가 구간 $[\alpha, \beta]$에서 연속이고, $a = g(\alpha)$, $b = g(\beta)$일 때, 다음을 유도하시오.

$$\int_{\alpha}^{\beta} f(g(x))g'(x)dx = \int_{a}^{b} f(t)dt$$

---

4 정적분에서의 치환적분법

① 구간 $[a, b]$에서 연속인 함수 $f(x)$에 대하여 미분가능한 함수 $x = g(t)$의 도함수 $g'(t)$가 구간 $[\alpha, \beta]$에서 연속이고,

$a = g(\alpha)$, $b = g(\beta)$이면

② 구간 $[a, b]$에서 연속인 함수 $f(t)$에 대하여 미분가능한 함수 $t = g(x)$의 도함수 $g'(x)$가 구간 $[\alpha, \beta]$에서 연속이고,

$a = g(\alpha)$, $b = g(\beta)$이면

연구
04

정적분에서의 치환적분법

연구05 두 함수 $f(x)$, $g(x)$가 미분가능하고 $f'(x)$, $g'(x)$가 연속일 때, 다음을 유도하시오.

$$\int_a^b f(x)g'(x)dx = \left[f(x)g(x)\right]_a^b - \int_a^b f'(x)g(x)dx$$

---

5 정적분에서의 부분적분법

연구 05 두 함수 $f(x)$, $g(x)$가 미분가능하고, $f'(x)$, $g'(x)$가 연속일 때

$$\int_a^b f(x)g'(x)dx = \left[f(x)g(x)\right]_a^b - \int_a^b f'(x)g(x)dx$$

정적분에서의 부분적분법

연구06 $\lim\limits_{n\to\infty}\sum\limits_{k=1}^{n} f(x_k)\,\Delta x = \int_a^b f(x)\,dx$

이 성립할 때 Δx와 x_k를

문자 a, b, k, n을 이용해 표현하시오.

6 정적분과 급수의 관계

정적분과 급수의 관계

연구 06 도형의 넓이나 부피를 구할 때 주어진 도형을 세분하여 그 도형의 넓이나 부피의 근삿값을 구한 다음 이 근삿값의 극한값으로 그 도형의 넓이 또는 부피를 구할 수 있다.

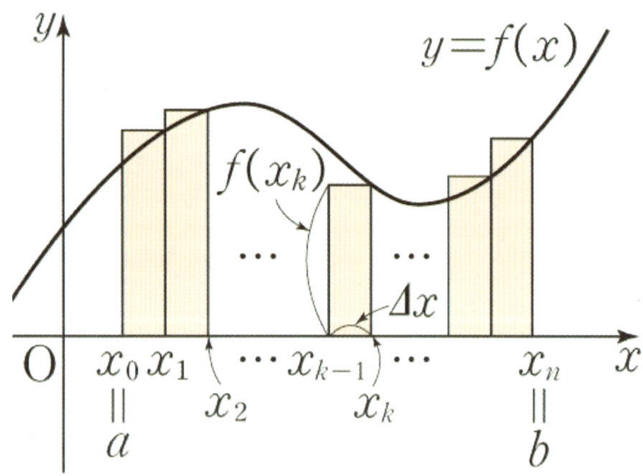

$f(x) > 0$ 이면 $\lim\limits_{n\to\infty}\sum\limits_{k=1}^{n} f(x_k)\,\Delta x > 0$

$f(x) < 0$ 이면 $\lim\limits_{n\to\infty}\sum\limits_{k=1}^{n} f(x_k)\,\Delta x < 0$

`연구07` 함수 $f(x)$가 구간 $[a, b]$에서 연속일 때,

곡선 $y = f(x)$와 x축 및 두 직선 $x = a$, $x = b$로

둘러싸인 도형의 넓이 S는 $S = \displaystyle\int_a^b |f(x)|\,dx$

임을 유도하시오.

---

7 곡선과 x축으로 둘러싸인 도형의 넓이

구간 $[a, b]$에서 연속인 함수 $y = f(x)$와

x축 및 $x = a$, $x = b$로 둘러싸인

도형의 넓이 S는

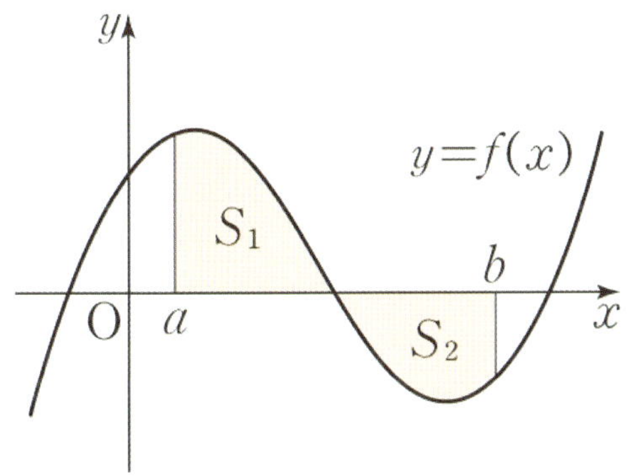

곡선과 x축으로 둘러싸인 도형의 넓이

연구 07 $f(x)$는 닫힌 구간 $[a, c]$에서 $f(x) \geq 0$이고,

닫힌 구간 $[c, b]$에서 $f(x) \leq 0$이다.

연구08 구간 $[a, b]$에서 연속인

두 곡선 $y = f(x)$, $y = g(x)$ 및 두 직선

$x = a$, $x = b$로 둘러싸인 도형의 넓이 S는

$S = \displaystyle\int_a^b |f(x) - g(x)| \, dx$임을 유도하시오.

---

8 두 곡선으로 둘러싸인 도형의 넓이

① 두 곡선 $y = f(x)$ 와 $y = g(x)$ 및 두 직선

$x = a$, $x = b$ (단, $a < b$)로 둘러싸인 도형의 넓이

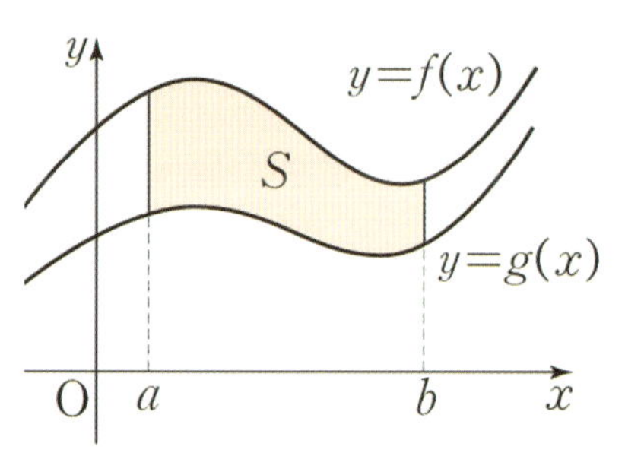

연구
08

✎ 두 곡선으로 둘러싸인 도형의 넓이

(i) 구간 $[a, b]$에서 $0 \le g(x) \le f(x)$일 때

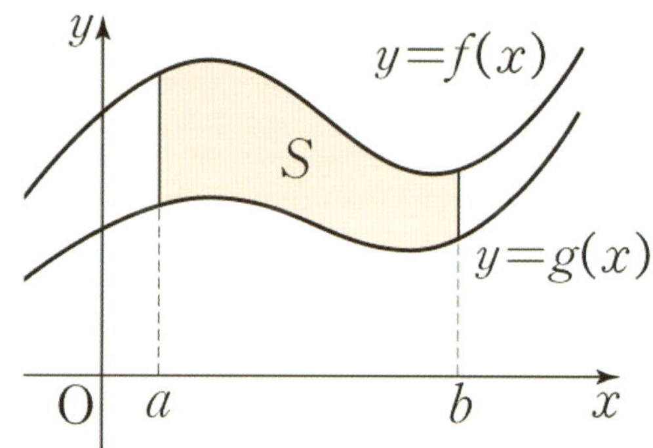

(ii) 구간 $[a, b]$에서 $g(x) \leq f(x)$이고
$g(x)$ 또는 $f(x)$가 음의 값을 가질 때

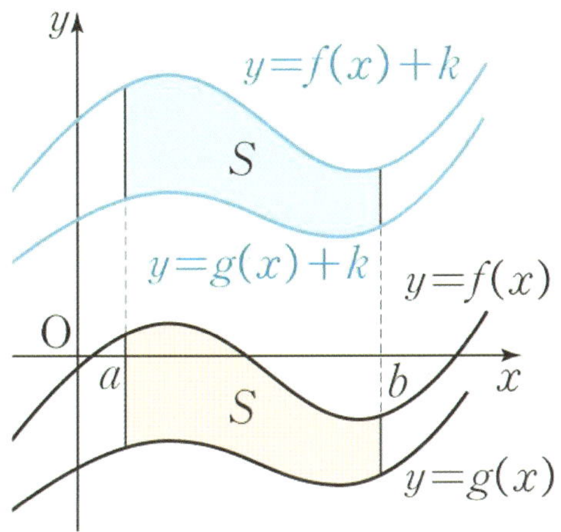

(iii) 닫힌 구간 $[a, c]$에서 $f(x) \geq g(x)$이고,
닫힌 구간 $[c, b]$에서 $f(x) \leq g(x)$일 때,

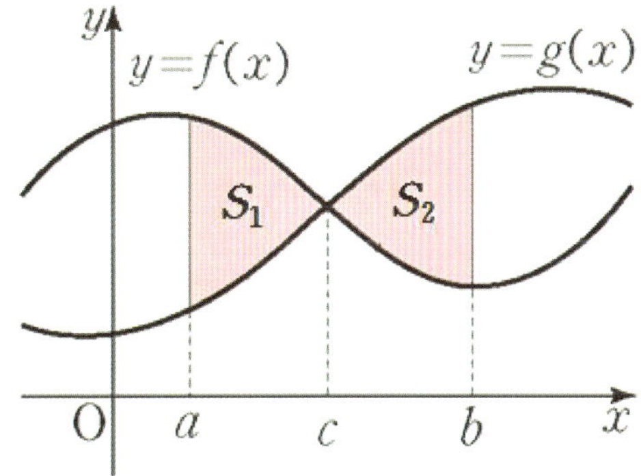

연구09 두 함수 $y = f(x)$와 $y = g(x)$에 대하여
그래프가 아래 그림과 같을 때
다음 식이 성립함을 유도하시오.

$$\int_a^b \{f(x) - g(x)\}dx = S_1 - S_2$$

9 두 함수의 차의 적분

두 함수 $y = f(x)$와 $y = g(x)$에 대하여
닫힌 구간 $[a,\ c]$에서 $f(x) \geq g(x)$이고,
닫힌 구간 $[c,\ b]$에서 $f(x) \leq g(x)$이다.

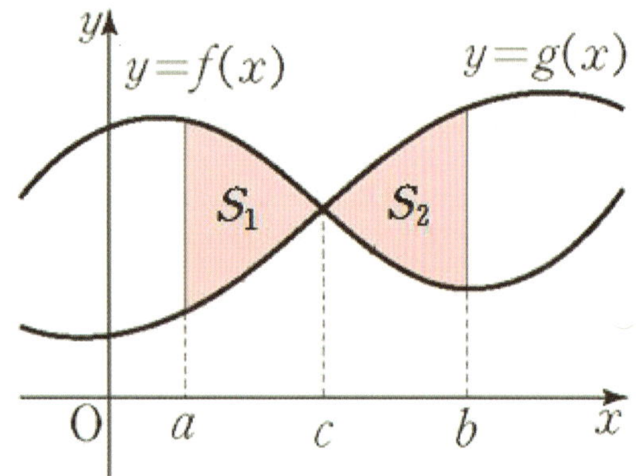

연구 09

✎ 두 함수의 차의 적분

[연구10] 함수 $x = g(y)$가 연속이고 $S(t)$가
$x = g(y)$와 y축 및 두 직선 $y = b$, $y = t$로
둘러싸인 도형의 넓이라고 하자. $x = g(y) \geq 0$일
때, 다음을 유도하시오.

$$\int_b^t g(y)\,dy = S(t)$$

10 곡선과 y축으로 둘러싸인 도형의 넓이

함수 $x = g(y)$가 연속이고 $S(t)$가 $x = g(y)$와
y축 및 두 직선 $y = b$, $y = t$로 둘러싸인 도형의
넓이라고 하자.

① $x = g(y) \geq 0$일 때 $\displaystyle\int_b^t g(y)\,dy = S(t)$

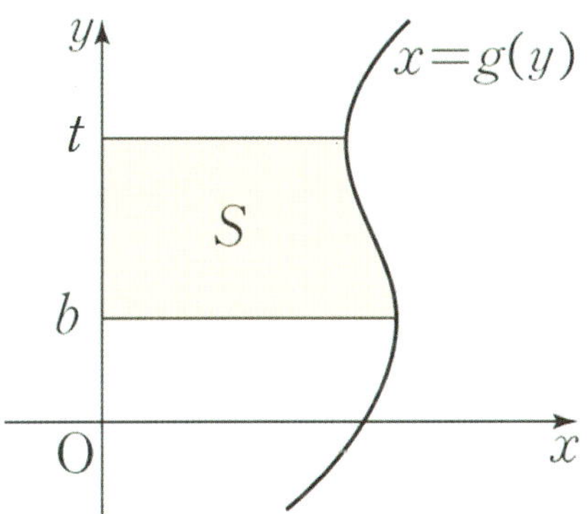

② $x = g(y) \leq 0$일 때 $\displaystyle\int_b^t g(y)\,dy = -S(t)$

함수 $x = g(y)$가 양인 부분의 넓이를 S_1,
$x = g(y)$가 음인 부분의 넓이를 S_2라고 하자.

③ $\displaystyle\int_b^c g(y)\,dy = S_1 - S_2$

④ $\displaystyle\int_b^c |g(y)|\,dy = S_1 + S_2 = S$

✎ 곡선과 y축으로 둘러싸인 도형의 넓이

① $x = g(y) \geq 0$일 때 $\displaystyle\int_b^t g(y)\,dy = S(t)$

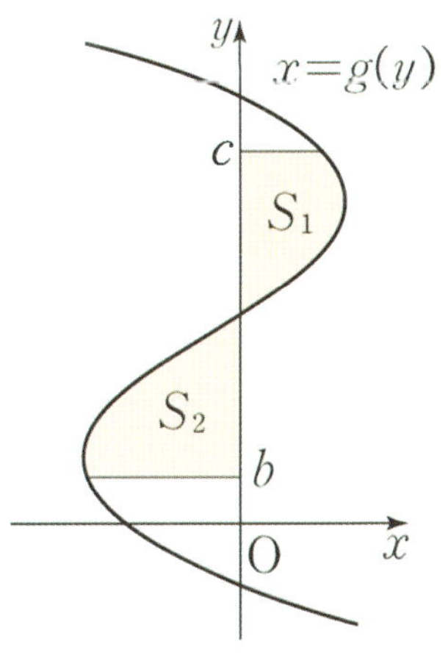

[연구11] 구간 $[a, b]$ 의 임의의 점 x 에서 x 축에
수직인 평면으로 입체도형을 자른 단면이 넓이가
$S(x)$ 일 때, 입체도형의 부피 V 는

$$V = \int_a^b S(x)\,dx \text{ 임을 유도하시오.}$$

Ⅱ 입체도형의 부피

구간 $[a, b]$ 의 임의의 점 x 에서 x 축에 수직인
평면으로 자른 단면의 넓이가 $S(x)$ 인 입체의 부피
V 는

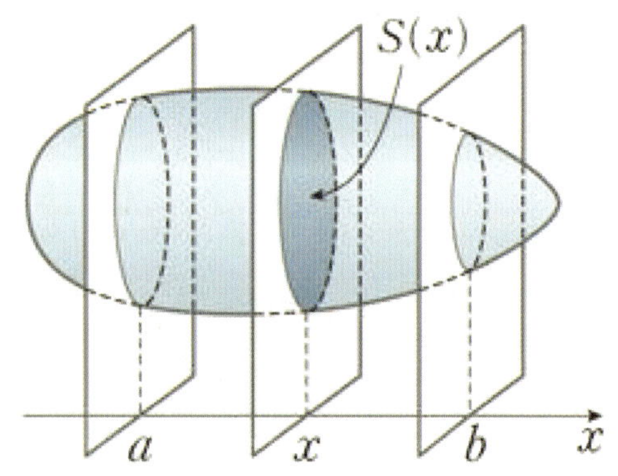

연구
11

✎ 입체도형의 부피

[연구12] 다음 회전체의 부피를 쓰고 이를
유도하시오.

① 곡선 $y = f(x)$ (단, $a \leq x \leq b$)를 x 축의
둘레로 회전시켜 생기는 회전체의 부피 V

② 곡선 $x = g(y)$ (단, $c \leq y \leq d$)를 y 축의
둘레로 회전시켜 생기는 회전체의 부피 V

---

12 회전체의 부피

⑫ 회전체의 부피

①곡선 $y = f(x)$ (단, $a \leq x \leq b$)를 x 축의
둘레로 회전시켜 생기는 회전체의 부피 V 는

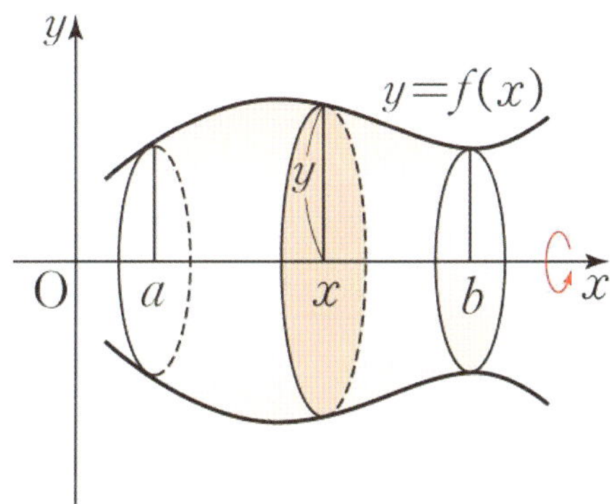

②곡선 $x = g(y)$ (단, $c \leq y \leq d$) 를 y 축의
둘레로 회전시켜 생기는 회전체의 부피 V 는

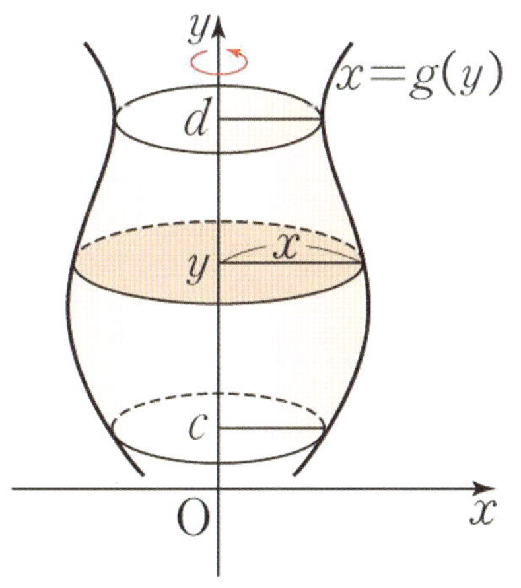

*✎ 회전체의 부피는 개정교과서에서 빠진
내용이지만, 입체도형의 부피에서 아주 약간
변형됐을 뿐이고, 공식 유도하는 방식이 실제
부피 문제 풀이 방식과 유사하니 봐두는 것도
좋다.*

[연구13] 평면 위를 움직이는 점P 의 시각 t 에서의
위치$(x,\ y)$가 $x = f(t)$, $y = g(t)$로 주어질 때,
아래에 알맞은 식을 쓰시오.
①속도   ②속력   ③가속도   ④가속도의 크기

⓭ 평면운동의 속도와 가속도

평면 위를 움직이는 점 P 의 시각 t 에서의 위치
$(x,\ y)$가 $x = f(t)$, $y = g(t)$로 주어질 때,

[연구 13]

①속도:

②속력:

③가속도:

④가속도의 크기

✐ 개정 교육과정에서 기하를 배우지 않고
미적분을 배우는 것을 전제로 하여
속도, 속력, 가속도, 가속도의 크기에
벡터 기호 $\vec{v}$, $|\vec{v}|$, $\vec{a}$, $|\vec{a}|$를 사용하지 않는다.
그러나 속도나 가속도가 벡터라는 것은
물리에서도 배우는 상식적인 수준의 내용이고,
이를 표현할 마땅한 기호가 없다.
(교과서에서는 기호 없이 한글 단어로 표현한다.)
따라서 이 책에서는 벡터 기호를 사용했다.

✎ 평면운동의 속도와 가속도

【ex】수평으로 던진 물체의 운동

$P(5t,\ -5t^2)$

연구14 평면 위를 움직이는 물체의 시각 t에서의
좌표 $(x,\ y)$가 $x = f(t),\ y = g(t)$라고 하면
물체가 $t = a$에서 $t = b$까지 움직인 거리 l를
유도하시오.

14 평면운동의 이동거리

평면 위의 움직이는 점 P의 시각 t에서의 위치
$(x,\ y)$를 $x = f\,(t),\ y = g\,(t)$라고 하면
$t = a$에서 $t = b$까지 움직인 거리 l

평면운동의 이동거리

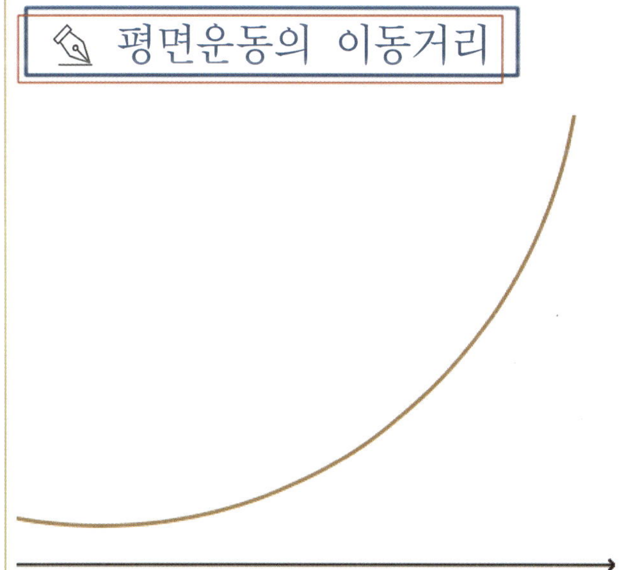

연구15 곡선 $y = f(x)$의 $x = a$에서 $x = b$까지의

길이 l을 유도하시오.

15 곡선의 길이

① 매개변수 t로 나타내어진 곡선 $x = f(t)$,

$y = g(t)$ 구간 $a \leq t \leq b$에서의 곡선의 길이 l

연구 15 ② 곡선 $y = f(x)$의 구간 $a \leq x \leq b$에서의

호의 길이 l

✎ 곡선의 길이

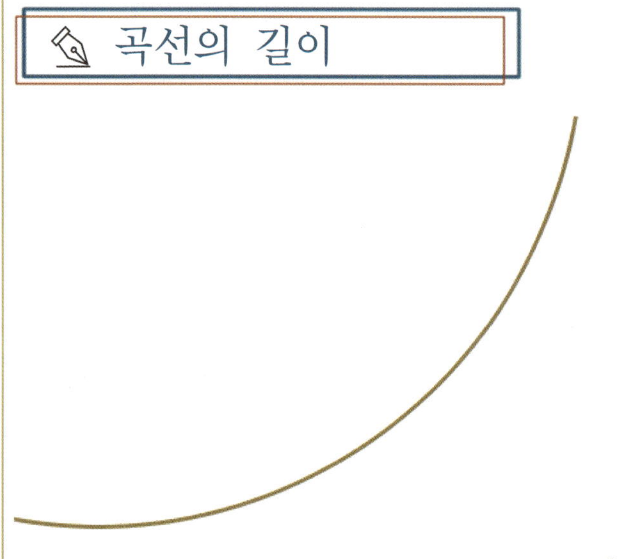

역대 수능·모의고사 기출 문항 출제 의도

Ⅰ.수열의 극한

[출제의도] 수열의 극한의 성질을 이해하여 극한값을 계산하는 문제를 해결한다.
[출제의도] 등비수열의 극한을 이해하여 문제를 해결한다.
[출제의도] 급수의 정의를 이용하여 급수의 합을 구하는 문제를 해결한다.
[출제의도] 급수의 성질을 이용하여 수열의 극한값을 구하는 문제를 해결한다.
[출제의도] 도형의 성질을 이용하여 등비급수의 합을 구하는 문제를 해결한다.

Ⅱ.여러 가지 함수의 미분

[출제의도] 로그함수의 극한값을 계산하는 문제를 해결한다.
[출제의도] 지수함수의 극한값을 계산하는 문제를 해결한다.
[출제의도] 삼각함수의 덧셈정리를 이용하여 문제를 해결한다.
[출제의도] 도형의 성질을 이용하여 삼각함수의 극한에 대한 문제를 해결한다.

Ⅲ.여러 가지 미분법

[출제의도] 몫의 미분법을 이용하여 미분계수를 구하는 문제를 해결한다.
[출제의도] 합성함수의 미분법을 이용하여 미분계수를 구하는 문제를 해결한다.
[출제의도] 역함수의 미분법을 이용하여 미분계수를 구하는 문제를 해결한다.
[출제의도] 음함수의 미분법을 이용하여 미분계수를 구하는 문제를 해결한다.
[출제의도] 매개변수의 미분법을 이용하여 미분계수를 구하는 문제를 해결한다.
[출제의도] 도함수를 활용하여 문제를 해결한다.
[출제의도] 접선의 방정식 구하여 문제를 해결한다.
[출제의도] 미분법을 활용하여 함수의 성질을 추론하는 문제를 해결한다.
[출제의도] 미분법을 활용하여 힘수의 증가와 감소를 이용하는 문제를 해결한다.
[출제의도] 미분가능성의 정의를 활용하여 함수의 그래프를 추론하는 문제를 해결한다.

Ⅳ.여러 가지 적분법

[출제의도] 치환적분법을 이용하여 문제를 해결한다.
[출제의도] 부분적분법을 이용하여 문제를 해결한다.
[출제의도] 적분과 미분의 관계 이용하여 함숫값을 구하는 문제를 해결한다.
[출제의도] 정적분으로 정의된 함수를 이용하여 최댓값과 최솟값을 구하는 문제를 해결한다.
[출제의도] 정적분과 넓이의 관계를 이용하여 문제를 해결한다.
[출제의도] 정적분과 급수의 합 사이의 관계를 이해하여 문제를 해결한다.
[출제의도] 여러 가지 적분법을 이용하여 곡선의 길이를 활용하는 문제를 해결한다.
[출제의도] 여러 가지 적분법을 이용하여 함수의 그래프를 추론하는 문제를 해결한다.
[출제의도] 주어진 조건을 만족시키는 함수를 구한 후 정적분의 값을 구하는 문제를 해결한다.
[출제의도] 정적분의 성질을 이용하여 함수의 미정계수를 구하는 문제를 해결한다.

기 하

「교과서 학습 목표」

1.이차곡선

☐ 포물선의 뜻을 알고,
　포물선의 방정식을 구할 수 있다.

☐ 타원의 뜻을 알고,
　타원의 방정식을 구할 수 있다.

☐ 쌍곡선의 뜻을 알고,
　쌍곡선의 방정식을 구할 수 있다.

☐ 이차곡선과 직선의 위치 관계를 이해하고,
　접선의 방정식을 구할 수 있다.

2.평면벡터

☐ 벡터의 뜻을 안다.

☐ 벡터의 덧셈, 뺄셈, 실수배를 할 수 있다.

☐ 위치벡터의 뜻을 알고,
　평면벡터와 좌표의 대응을 이해한다.

☐ 두 평면벡터의 내적의 뜻을 알고,
　이를 구할 수 있다.

☐ 좌표평면에서 벡터를 이용하여
　직선과 원의 방정식을 구할 수 있다.

3.공간 도형·좌표

☐ 직선과 직선, 직선과 평면, 평면과 평면의
　위치 관계에 대한 간단한 증명을 할 수 있다.

☐ 삼수선의 정리를 이해하고, 이를 활용할 수 있다.

☐ 정사영의 뜻을 알고, 이를 구할 수 있다.

☐ 좌표공간에서 점의 좌표를 구할 수 있다.

☐ 좌표공간에서 두 점 사이의 거리를 구할 수 있다.

☐ 좌표공간에서 선분의 내분점과 외분점의
　좌표를 구할 수 있다.

☐ 구의 방정식을 구할 수 있다.

「기하」 Ⅰ.이차곡선

[연구01] 포물선의 정의를 쓰시오.

미리 알아야 할 단원
수학(상) – 3.도형의 방정식

▣ 포물선의 뜻

[연구 01] **정의:** 평면 위에서 한 정점 F와
점 F를 지나지 않는 정직선 l이 주어질 때,

: 정점 F

: 정직선 l

: 초점 F를 지나고 준선 l에 수직인 직선

 : 포물선과 축의 교점

✎ 포물선의 뜻

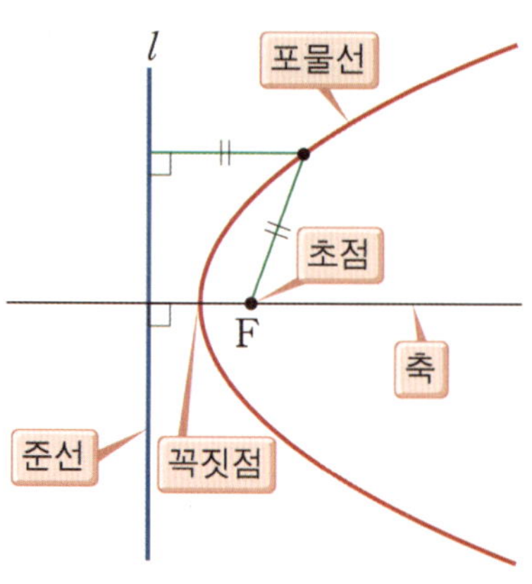

✎ 실전 활용

① 정사각형

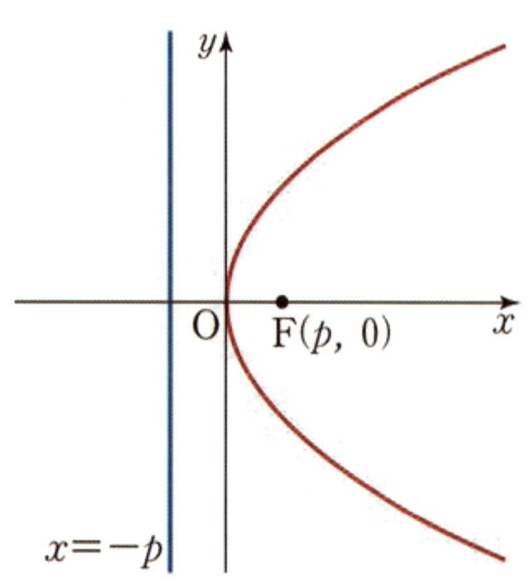

② 좌표

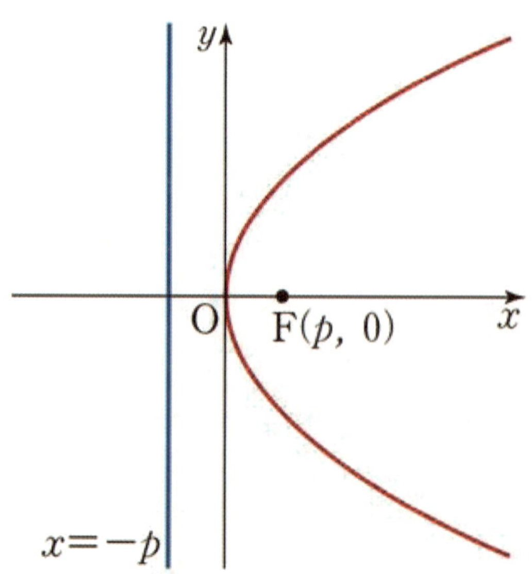

연구02 초점이 $F(p, 0)$이고, 준선이 $x=-p$인 포물선의 방정식을 유도하시오. (단, $p \neq 0$)

연구03 초점이 $F(0, p)$이고, 준선이 $y=-p$인 포물선의 방정식을 유도하시오. (단, $p \neq 0$)

② 포물선의 방정식

✎ 포물선의 방정식

연구 02 ① 초점이 $F(p, 0)$이고, (단, $p \neq 0$)

준선의 방정식이 $x=-p$인 포물선은

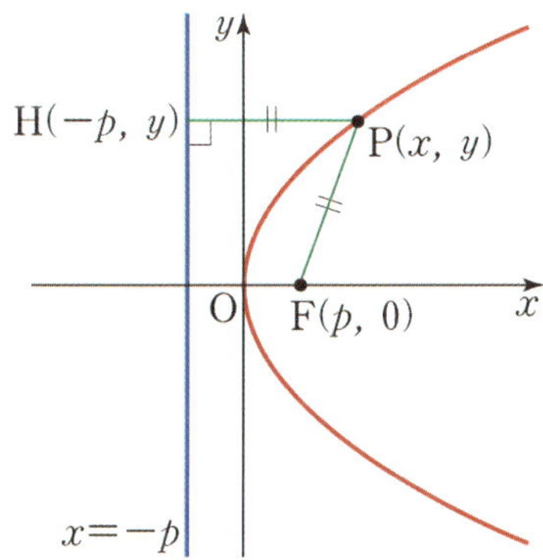

연구 03 ② 초점이 $F(0, p)$이고, (단, $p \neq 0$)

준선의 방정식이 $y=-p$인 포물선

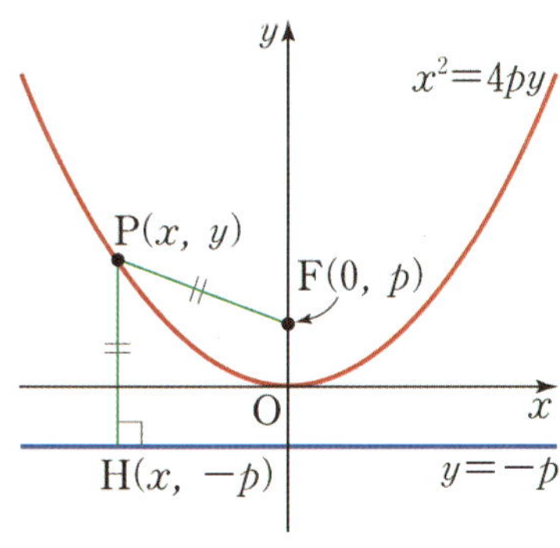

연구04 타원의 정의를 쓰시오.

---

③ 타원의 뜻

연구 04 〉 정의:

: 두 점 F, F′

: 두 초점을 이은 선분의 중점

: 마주보는 꼭짓점을 이은 선분 중에 긴 선분

: 마주보는 꼭짓점을 이은 선분 중에 짧은 선분

: 타원과 장축, 단축과의 교점

✎ 타원의 뜻

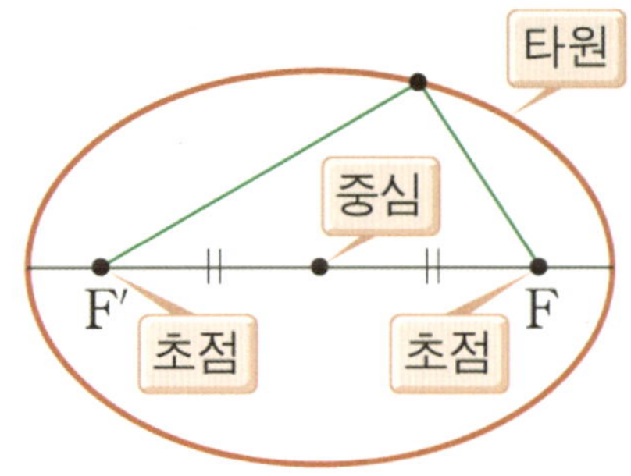

✎ 실전 활용

① 장축 확인

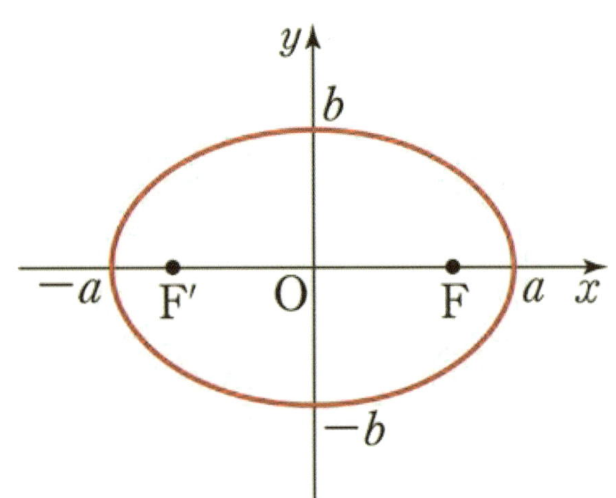

② 초점 확인

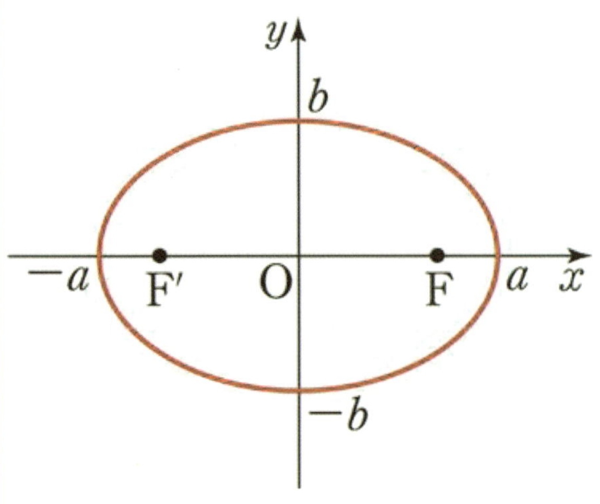

연구05 두 정점 $F(c, 0)$, $F'(-c, 0)$으로부터의 거리의 합이 $2a$인 타원의 방정식을 유도하시오.

(단, $a > b > 0$, $b^2 = a^2 - c^2$)

---

4 타원의 방정식

연구 05

① 두 정점 $F(c, 0)$, $F'(-c, 0)$에서의 거리의 합이 $2a$인 타원 (단, $a > b > 0$, $b^2 = a^2 - c^2$)

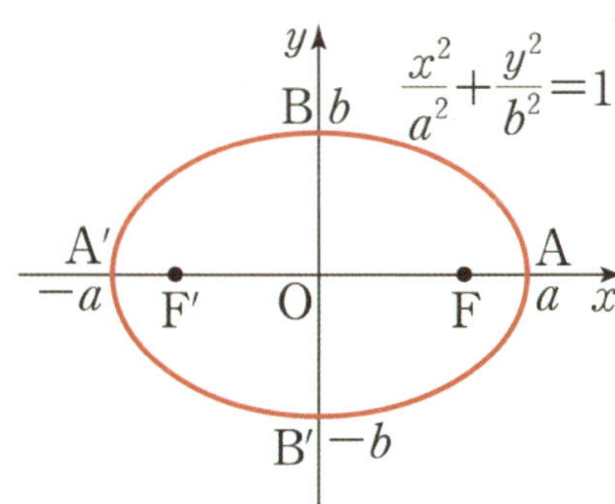

② 두 정점 $F(0, c)$, $F'(0, -c)$에서의 거리의 합이 $2b$인 타원 (단, $b > a > 0$, $a^2 = b^2 - c^2$)

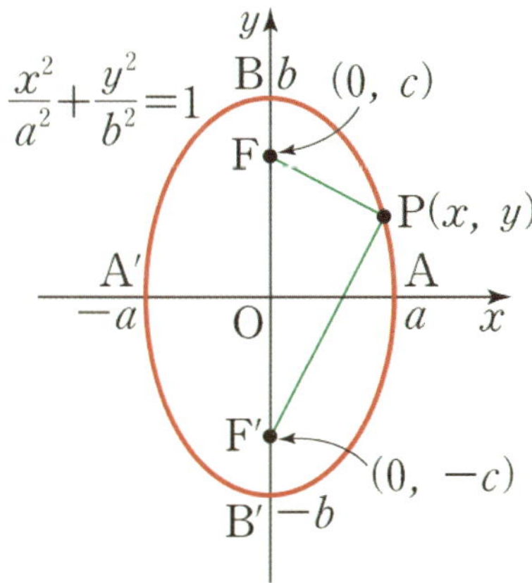

타원의 방정식

타원의 매개변수 표현

$$\frac{x^2}{a^2}+\frac{y^2}{b^2}=1 \Leftrightarrow$$

연구06 쌍곡선의 정의를 쓰시오.

연구07 두 정점 $F(c, 0)$, $F'(-c, 0)$으로부터의 거리의 차가 $2a$인 쌍곡선의 방정식을 유도하시오. (단, $c > a > 0$, $b^2 = c^2 - a^2$)

---

5 쌍곡선의 뜻

연구 06

정의:

: 두 점 F, F'

: 두 초점을 이은 선분의 중점

: 쌍곡선의 두 꼭짓점을 이은 선분

　: 쌍곡선과 주축과의 교점

✎ 쌍곡선의 뜻

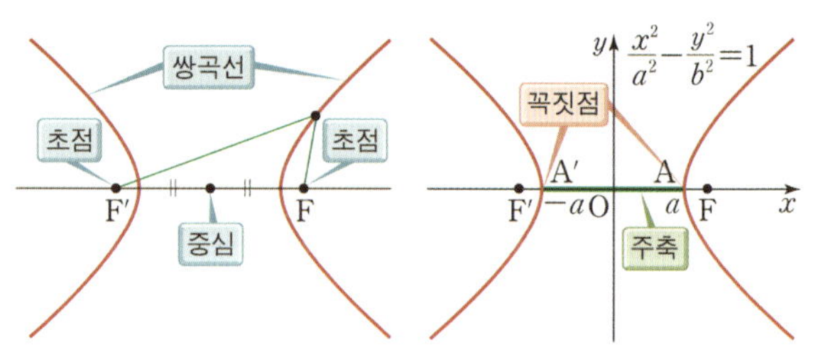

6 쌍곡선의 방정식

연구 07

① 두 정점 $F(c, 0)$, $F'(-c, 0)$에서의 거리의 차가 $2a$인 쌍곡선

(단, $c > a > 0$, $b^2 = c^2 - a^2$)

✎ 쌍곡선의 방정식

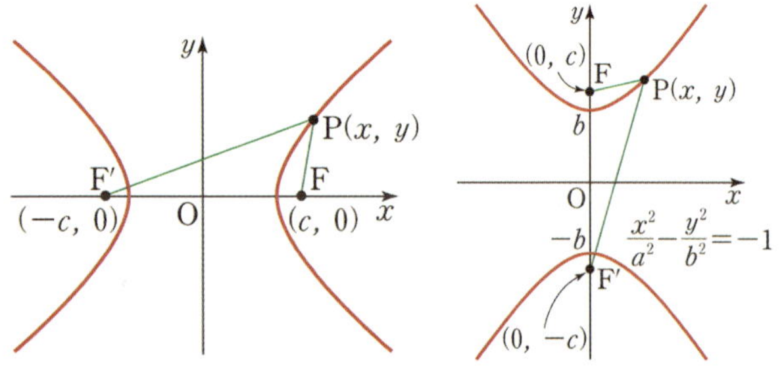

② 두 정점 $F(0, c)$, $F'(0, -c)$에서의 거리의 차가 $2b$인 쌍곡선

(단, $c > a > 0$, $a^2 = c^2 - b^2$)

✎ 쌍곡선의 매개변수 표현

$$\dfrac{x^2}{a^2} - \dfrac{y^2}{b^2} = 1 \Leftrightarrow$$

$$\dfrac{x^2}{a^2} - \dfrac{y^2}{b^2} = -1 \Leftrightarrow$$

연구08 쌍곡선

$$\frac{x^2}{a^2} - \frac{y^2}{b^2} = 1 \ \text{또는} \ \frac{x^2}{a^2} - \frac{y^2}{b^2} = -1\text{의}$$

점근선의 방정식을 유도하시오.

---

7 쌍곡선의 점근선

쌍곡선 $\dfrac{x^2}{a^2} - \dfrac{y^2}{b^2} = 1$ 또는 $\dfrac{x^2}{a^2} - \dfrac{y^2}{b^2} = -1$의

점근선의 방정식은

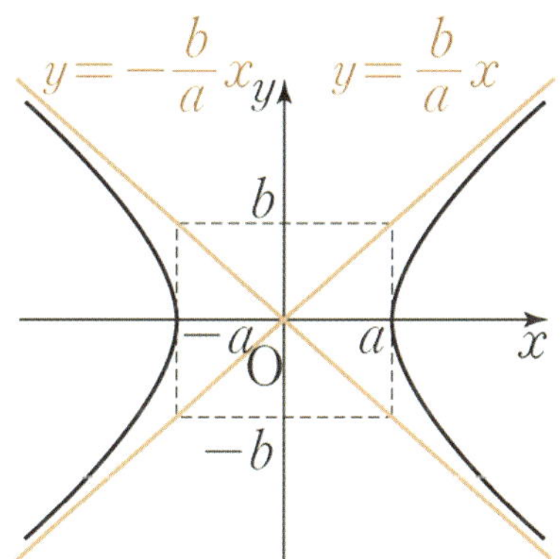

✎ 쌍곡선의 점근선

✎ 실전 활용

주축 확인

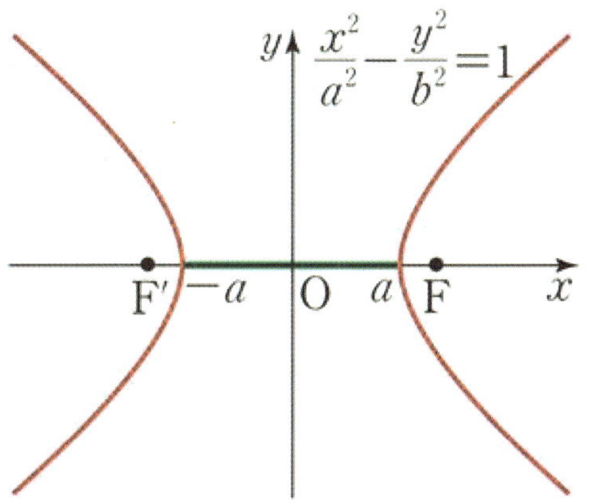

연구09 포물선 $y^2 = 4px$에 접하고 기울기가 m인 접선의 방정식을 유도하시오.

연구10 포물선 $y^2 = 4px$ 위의 점 $P(x_1, y_1)$에서의 접선의 방정식을 쓰시오.

---

⑧ 포물선의 접선의 방정식

연구 09

① 포물선 $y^2 = 4px$에 접하고 기울기가 m인 직선의 방정식

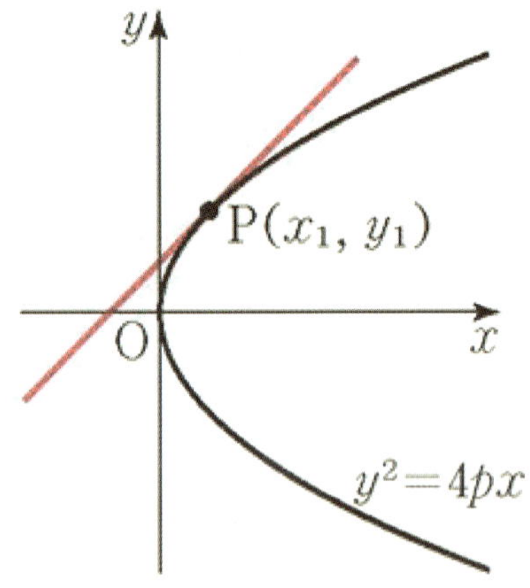

연구 10

② 포물선 $y^2 = 4px$ 위의 점 $P(x_1, y_1)$에서의 접선의 방정식

③ 포물선 $x^2 = 4py$ 위의 점 $P(x_1, y_1)$에서의 접선의 방정식

✎ 포물선의 접선의 방정식

① 포물선 $y^2 = 4px$에 접하고 기울기가 m인 접선의 방정식을 $y = mx + n$이라고 하자.

② 포물선 $y^2 = 4px$ 위의 점 $\mathrm{P}\,(x_1,\ y_1)$에서의 접선의 방정식을 $y - y_1 = m(x - x_1)$라고 하자.

$y^2 = 4px$

$\rightarrow \{m(x - x_1) + y_1\}^2 = 4px$

$\rightarrow m^2 x^2 + 2(my_1 - m^2 x_1 - 2p)x + (y_1 - mx_1)^2 = 0$

$\rightarrow D = 0$

$\rightarrow x_1 m^2 - y_1 m + p = 0$

$\rightarrow y_1{}^2 m^2 - 4py_1 m + 4p^2 = 0$

$$\left(\because\ y_1{}^2 = 4px_1\ \rightarrow\ x_1 = \frac{y_1{}^2}{4p}\right)$$

$\therefore\ m = \dfrac{2p}{y_1}$

$y - y_1 = m(x - x_1)$

$\rightarrow y - y_1 = \dfrac{2p}{y_1}(x - x_1)$

$\rightarrow y_1 y = 2p(x - x_1) + y_1^2$

$\rightarrow y_1 y = 2p(x - x_1) + 4px_1$

$\therefore\ y_1 y = 2p(x + x_1)$

연구11 타원 $\dfrac{x^2}{a^2}+\dfrac{y^2}{b^2}=1$에 접하고

기울기가 m인 접선의 방정식을 쓰시오.

연구12 타원 $\dfrac{x^2}{a^2}+\dfrac{y^2}{b^2}=1$ 위의 점

$P(x_1,\ y_1)$에서의 접선의 방정식을 쓰시오.

---

9 타원과 접선의 방정식

타원과 접선의 방정식

연구 11 ① 타원 $\dfrac{x^2}{a^2}+\dfrac{y^2}{b^2}=1$에 접하고 기울기가 m인

직선의 방정식

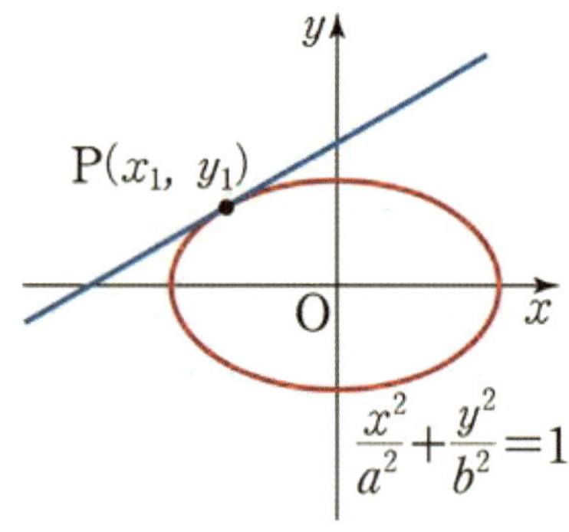

연구 12 ② 타원 $\dfrac{x^2}{a^2}+\dfrac{y^2}{b^2}=1$ 위의 점 $(x_1,\ y_1)$에서의

접선의 방정식

② 타원 $\dfrac{x^2}{a^2}+\dfrac{y^2}{b^2}=1$ 위의 점 $(x_1,\ y_1)$에서의

접선의 방정식을 $y-y_1=m(x-x_1)$라고 하자.

$$\dfrac{x^2}{a^2}+\dfrac{y^2}{b^2}=1$$

$$\rightarrow \quad \dfrac{x^2}{a^2}+\dfrac{\{m(x-x_1)+y_1\}^2}{b^2}=1$$

$$\rightarrow \quad D=0$$

$$\rightarrow \quad (a^2-x_1^{\ 2})m^2+2x_1y_1m+b^2-y_1^{\ 2}=0$$

$$\rightarrow \quad \left(\dfrac{a}{b}y_1m\right)^2+2x_1y_1m+\left(\dfrac{b}{a}x_1\right)^2=0$$

$\left(\because\ \dfrac{x_1^{\ 2}}{a^2}+\dfrac{y_1^{\ 2}}{b^2}=1$에서

$\quad a^2-x_1^{\ 2}=\dfrac{a^2}{b^2}y_1^{\ 2}$이고 $b^2-y_1^{\ 2}=\dfrac{b^2}{a^2}x_1^{\ 2}\ \right)$

$$\therefore\ m=-\dfrac{b^2x_1}{a^2y_1}$$

$$y-y_1=m(x-x_1)$$

$$\rightarrow \quad y-y_1=-\dfrac{b^2x_1}{a^2y_1}(x-x_1)$$

$$\therefore\ \dfrac{x_1x}{a^2}+\dfrac{y_1y}{b^2}=1$$

접선과 각도 (빛의 반사)

① 포물선

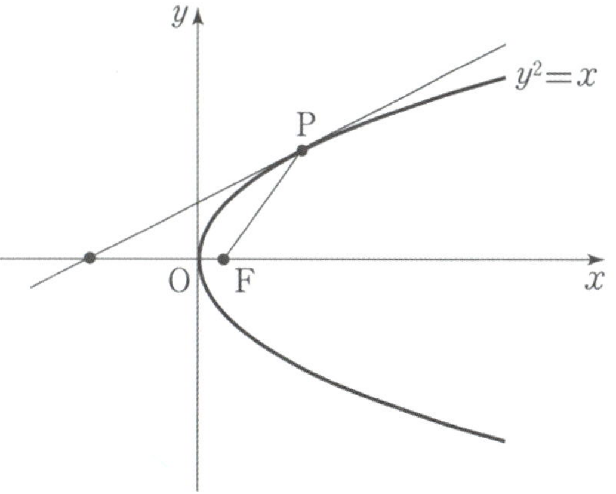

② 타원

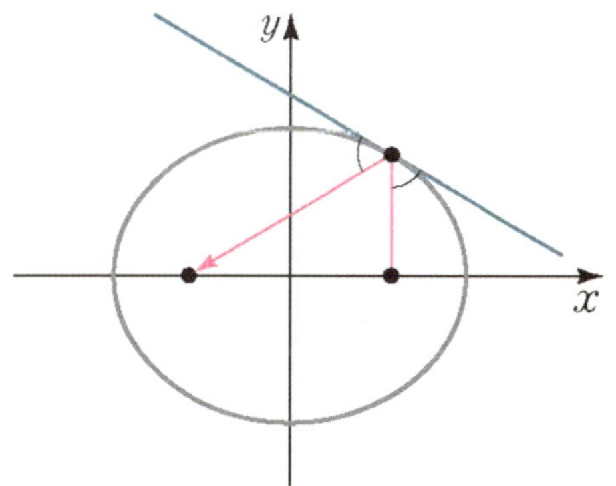

③ 쌍곡선

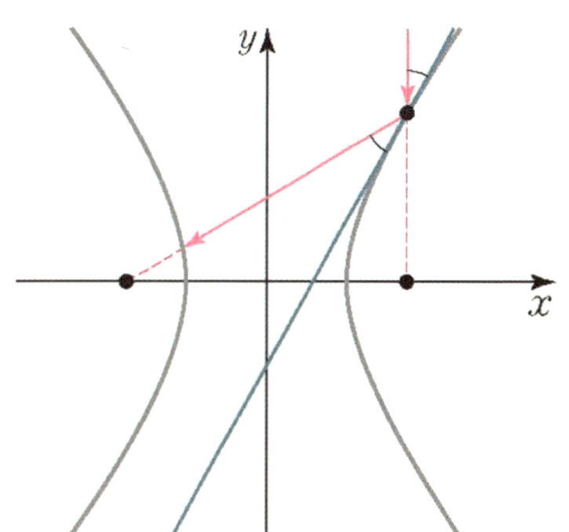

연구13 쌍곡선 $\dfrac{x^2}{a^2} - \dfrac{y^2}{b^2} = 1$에 접하고 기울기가 m인 접선의 방정식을 쓰시오.

연구14 쌍곡선 $\dfrac{x^2}{a^2} - \dfrac{y^2}{b^2} = 1$ 위의 점 $(x_1,\ y_1)$에서의 접선의 방정식을 쓰시오.

---

❿ 쌍곡선과 접선의 방정식

✎ 쌍곡선과 접선의 방정식

연구 13 ① 쌍곡선 $\dfrac{x^2}{a^2} - \dfrac{y^2}{b^2} = 1$에 접하고 기울기가 m인 직선의 방정식

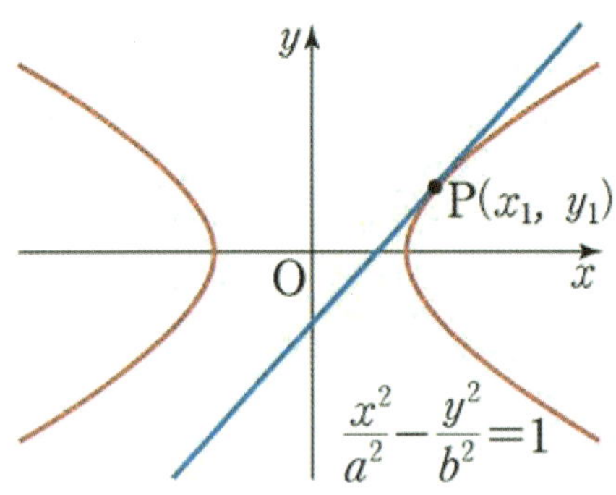

연구 14 ② 쌍곡선 $\dfrac{x^2}{a^2} - \dfrac{y^2}{b^2} = 1$ 위의 점 $(x_1,\ y_1)$에서의 접선의 방정식

③ 쌍곡선 $\dfrac{x^2}{a^2} - \dfrac{y^2}{b^2} = -1$ 위의 점 $(x_1,\ y_1)$에서의 접선의 방정식

② 쌍곡선 $\dfrac{x^2}{a^2} - \dfrac{y^2}{b^2} = 1$ 위의

점 $(x_1,\ y_1)$에서의 접선의 방정식을

$y - y_1 = m(x - x_1)$라고 하자.

$\dfrac{x^2}{a^2} + \dfrac{y^2}{b^2} = 1$

$\rightarrow\ \dfrac{x^2}{a^2} - \dfrac{\{m(x - x_1) + y_1\}^2}{b^2} = 1$

$\rightarrow\ D = 0$

$\rightarrow\ (a^2 - x_1{}^2)m^2 + 2x_1 y_1 m - (b^2 + y_1{}^2) = 0$

$\rightarrow\ \left(\dfrac{a}{b} y_1 m\right)^2 - 2x_1 y_1 m + \left(\dfrac{b}{a} x_1\right)^2 = 0$

$\left(\because\ \dfrac{x_1{}^2}{a^2} - \dfrac{y_1{}^2}{b^2} = 1\,에서\right.$

$\left. \qquad a^2 - x_1{}^2 = -\dfrac{a^2}{b^2} y_1{}^2\,이고\ \ b^2 + y_1{}^2 = \dfrac{b^2}{a^2} x_1{}^2\ \right)$

$\therefore\ m = \dfrac{b^2 x_1}{a^2 y_1}$

$y - y_1 = m(x - x_1)$

$\rightarrow\ y - y_1 = \dfrac{b^2 x_1}{a^2 y_1}(x - x_1)$

$\therefore\ \dfrac{x_1 x}{a^2} - \dfrac{y_1 y}{b^2} = 1$

「기하」 II.평면벡터

미리 알아야 할 단원
수학(상) – 3.도형의 방정식
수학1 – 2.삼각함수

1 벡터의 뜻

정의 : 크기와 방향을 함께 가지는 양

스칼라 : 크기만 가지는 양

벡터의 방향: 화살표 방향으로 표시

벡터의 크기: 선분의 길이로 표시

기호: $\overrightarrow{AB}$, $\vec{a}$

시점: A

종점: B

$|\overrightarrow{AB}|$: 벡터 $\overrightarrow{AB}$의 크기

: 크기가 1인 벡터

: $\overrightarrow{AA} = \vec{0}$. 시점과 종점이 일치하여
크기가 0인 벡터.

: 크기가 같지만 방향이 반대인 벡터.
$\vec{a} \iff -\vec{a}$, $\overrightarrow{BA} = -\overrightarrow{AB}$

위치와는 상관없이 두 벡터 $\vec{a}$과 $\vec{b}$의 방향과
크기가 같을 때 두 벡터가 같다고 하며,
기호로 $\vec{a} = \vec{b}$ 표시

: 일정한 점 O를 시점으로 하는 벡터

벡터의 뜻

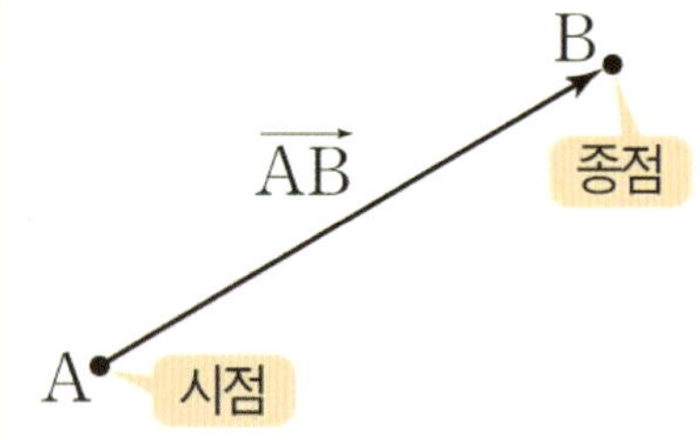

2 벡터의 덧셈과 뺄셈

①벡터의 덧셈

$\vec{a}=\overrightarrow{AB},\ \vec{b}=\overrightarrow{BC}$일 때

$$\vec{a}+\vec{b}=\overrightarrow{AB}+\overrightarrow{BC}=\overrightarrow{AC}$$

②벡터 덧셈의 성질

a.교환법칙: $\vec{a}+\vec{b}=\vec{b}+\vec{a}$

b.결합법칙: $(\vec{a}+\vec{b})+\vec{c}=\vec{a}+(\vec{b}+\vec{c})$

③벡터의 뺄셈

$\vec{a}=\overrightarrow{OA},\ \vec{b}=\overrightarrow{OB}$일 때,

$$\vec{a}-\vec{b}=\overrightarrow{OA}-\overrightarrow{OB}=\overrightarrow{BA}$$

✎ 벡터의 덧셈과 뺄셈

①

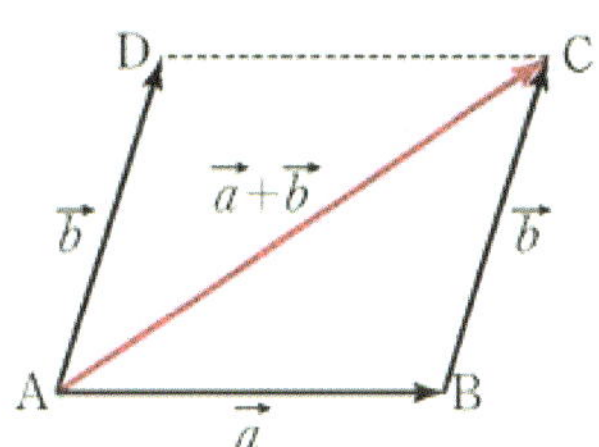

②

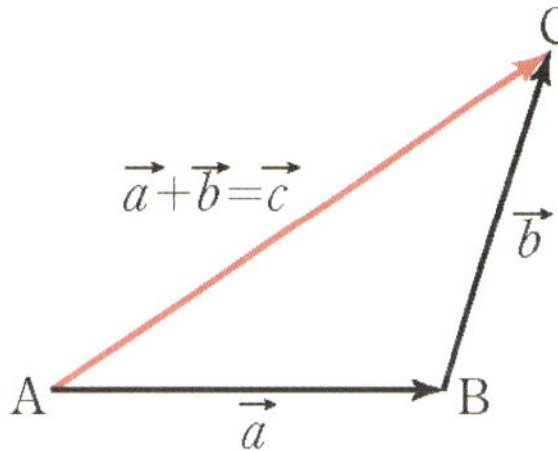

③

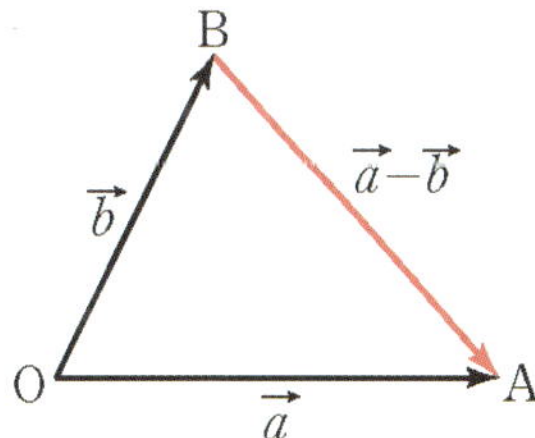

연구01 빈칸에 알맞은 것을 쓰시오.

③ 벡터의 실수배

연구 01

①실수 k와 벡터 $\vec{a}$의 곱 $k\vec{a}$

$k\vec{a}$		방향	크기
$k>0$	$\vec{a} \neq \vec{0}$		
$k<0$	$\vec{a} \neq \vec{0}$		
$k=0$	$\vec{a} \neq \vec{0}$		
	$\vec{a}=\vec{0}$		

②벡터 실수배의 성질

a.결합법칙: $(lk)\vec{a}=l(k\vec{a})$

b.분배법칙: $(k+l)\vec{a}=k\vec{a}+l\vec{a}$

c.분배법칙: $k(\vec{a}+\vec{b})=k\vec{a}+k\vec{b}$

③벡터의 평행

$\vec{a} \neq \vec{0}$, $\vec{b} \neq \vec{0}$이고 $\vec{a} /\!/ \vec{b}$일 때

④세 점 A, B, P가 같은 직선 위에 있다

✎ 벡터의 실수배

①

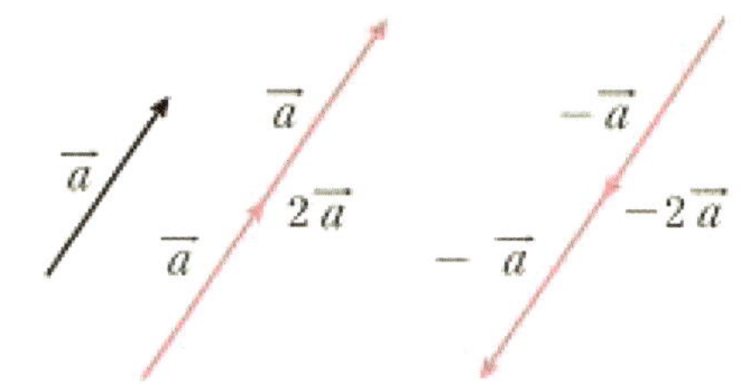

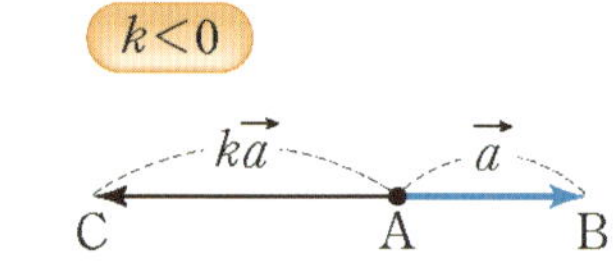

③

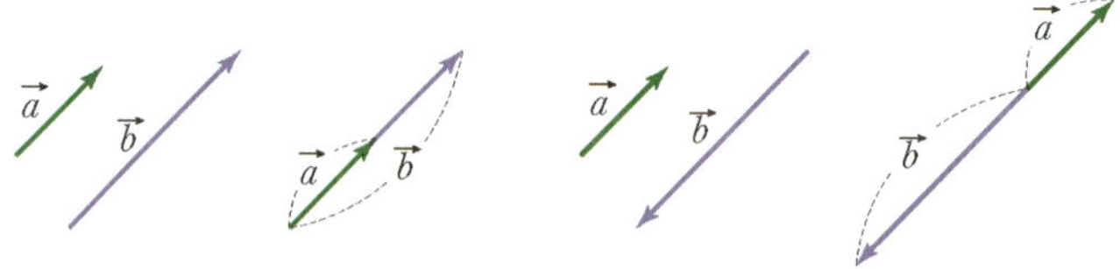

④

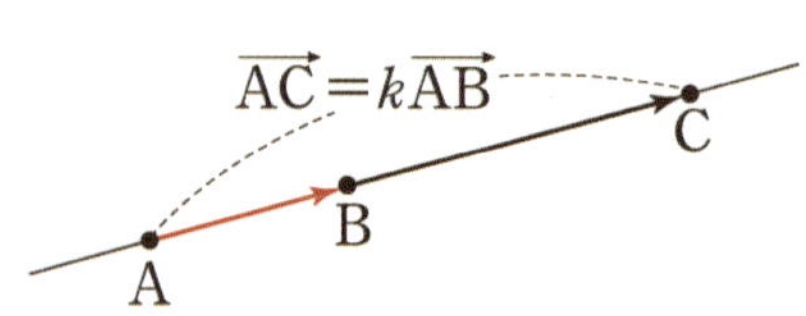

연구02 '벡터 $\vec{p}$를 위치벡터로 가지는 점 P'의 뜻을 벡터 식으로 쓰시오.

연구03 벡터 $\overrightarrow{AB}$를 점 A와 B의 위치벡터로 표현하시오.

연구04 수직선 위의 두 점 $A(x_1)$, $B(x_2)$에 대하여 선분 AB를 $m : n(m > 0, \ n > 0)$으로
①내분하는 점 P의 좌표
②외분하는 점 Q의 좌표의 (단, $m \neq n$)
식을 쓰고 이를 유도하시오.

---

4 위치벡터

정의: 일정한 점 O를 시점으로 하는 벡터 벡터 $\overrightarrow{OA}$를 점 O를 시점으로 하는 점 A의 위치벡터라 한다.

연구 03

두 점 A, B의 위치벡터를 각각 $\vec{a}$, $\vec{b}$라 하면
$$\overrightarrow{AB} = \vec{b} - \vec{a}$$

수직선 위의 내분점과 외분점

수직선 위의 두 점 $A(x_1)$, $B(x_2)$에 대하여 선분 AB를 $m : n(m > 0, \ n > 0)$으로

연구 04

①내분하는 점 P의 좌표는

②외분하는 점 Q의 좌표는 (단, $m \neq n$)

위치벡터

연구 02

【ex】벡터 $\vec{p}$를 위치벡터로 가지는 점 P

【ex】점 P가 벡터 $\vec{p}$를 위치벡터로 가진다.

【ex】점 P의 위치벡터 $\vec{p}$

수직선 위의 내분점과 외분점

연구05 서로 다른 두 점 A, B의 위치벡터를

각각 $\vec{a}, \vec{b}$라고 할 때, 선분 AB를

$m:n\ (m>0,\ n>0)$으로

①내분하는 점 P의 위치벡터

②외분하는 점 Q의 위치벡터를

쓰고 이를 유도하시오.

---

5 내분점과 외분점의 위치벡터

$\overrightarrow{OA}=\vec{a},\ \overrightarrow{OB}=\vec{b},\ \overrightarrow{OP}=\vec{p},\ \overrightarrow{OQ}=\vec{q}$일 때,

연구 05 ① $\overline{AB}$의 $m:n$ 내분점 P의 위치벡터

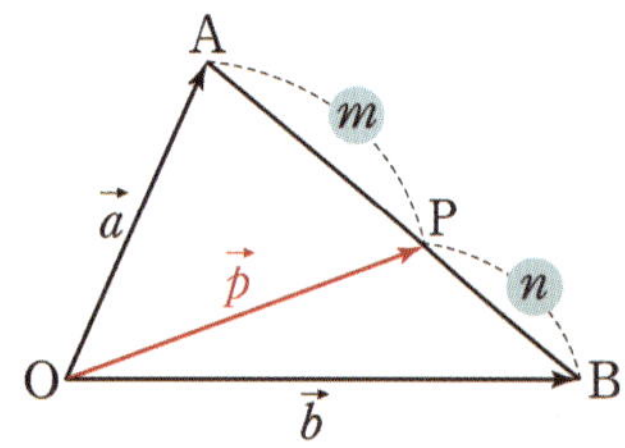

② $\overline{AB}$의 $m:n$ 외분점 Q의 위치벡터

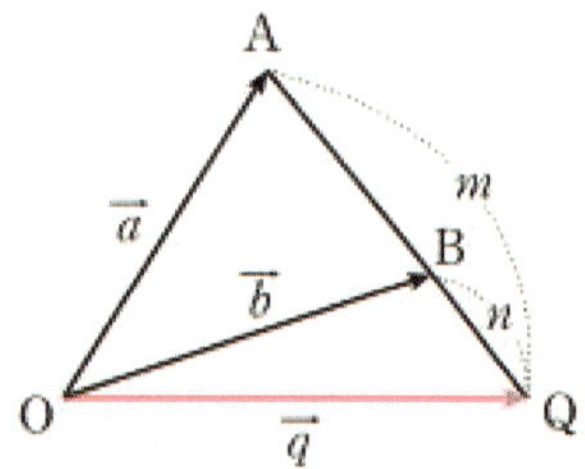

③ $\overline{AB}$의 중점 P의 위치벡터

④ $\triangle ABC$의 무게중심 G의 위치벡터

내분점과 외분점의 위치벡터

①내분점

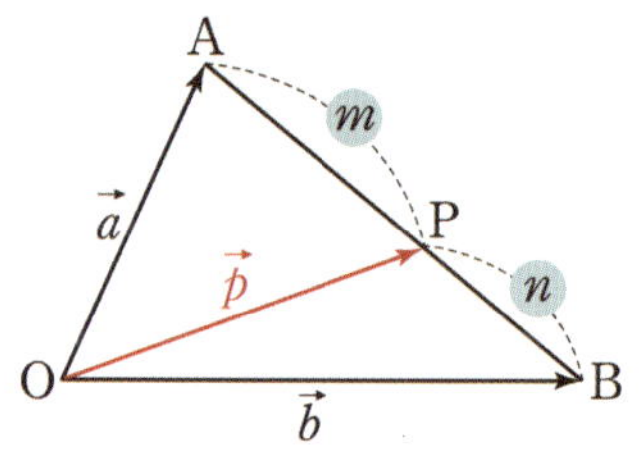

②외분점

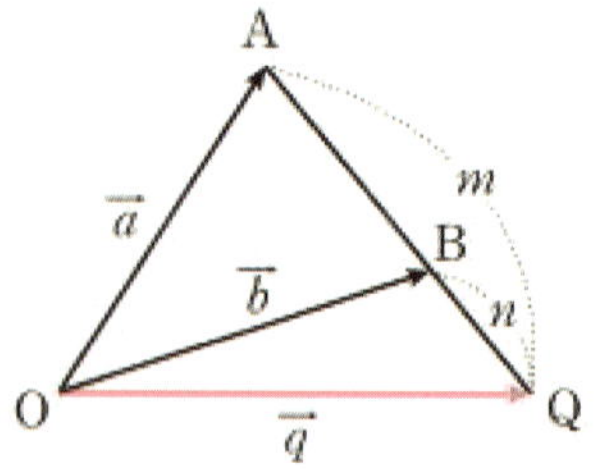

[연구06] △ABC의 무게중심 G의 위치벡터가 다음과 같음을 유도하시오.

$$\overrightarrow{OG} = \frac{\overrightarrow{OA} + \overrightarrow{OB} + \overrightarrow{OC}}{3}$$

[연구07] 세 점 A, B, P가 같은 직선 위에 있을 때, 다음이 성립함을 유도하시오.

$$\overrightarrow{OP} = s\overrightarrow{OA} + t\overrightarrow{OB}\ (s+t=1)$$

연구 06 ④△ABC의 무게중심 G의 위치벡터

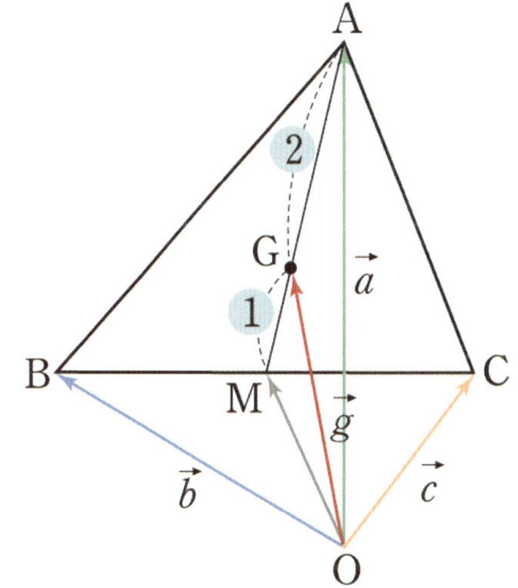

6 한 직선위의 점의 위치벡터

세 점 A, B, P가 한 직선 위에 있다

⇔ P가 A, B의 내분점이나 외분점이다.

$$\overrightarrow{AP} = t\overrightarrow{AB}$$

⇔ $\overrightarrow{OP} = s\overrightarrow{OA} + t\overrightarrow{OB}\ (s+t=1)$

✎ 한 직선위의 점의 위치벡터

연구 07

연구08 $\overrightarrow{CD} = (a_1,\ a_2)$ 일 때,

① 점 C의 좌표는 $(0,\ 0)$이다. (O / X)

② 점 D의 좌표는 $(a_1,\ a_2)$이다. (O / X)

③ 점 $(a_1,\ a_2)$의 위치벡터는 $(a_1,\ a_2)$이다.(O / X)

연구09 두 점 $A(a_1,\ a_2)$, $B(b_1,\ b_2)$에 대하여 다음이 성립함을 유도하시오.

- $\overrightarrow{AB} = (b_1 - a_1,\ b_2 - a_2)$

- $|\overrightarrow{AB}| = \sqrt{(b_1 - a_1)^2 + (b_2 - a_2)^2}$

---

7 평면벡터의 성분

① 평면벡터의 성분표시

시점이 원점 O이고 종점이 $A(a_1,\ a_2)$인 벡터 $\overrightarrow{OA}$를 아래와 같이 표시

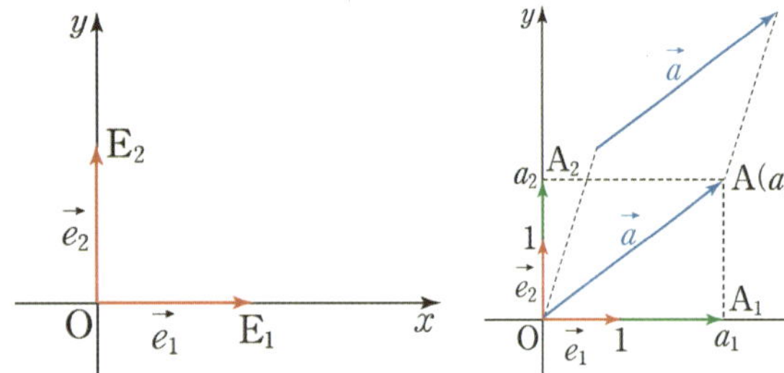

$\overrightarrow{e_1}$: x축 $+$방향으로 크기가 1인 단위벡터

$\overrightarrow{e_2}$: y축 $+$방향으로 크기가 1인 단위벡터

② 두 점에 의한 평면벡터 **(연구 09)**

두 점 $A(a_1,\ a_2)$, $B(b_1,\ b_2)$에 대하여

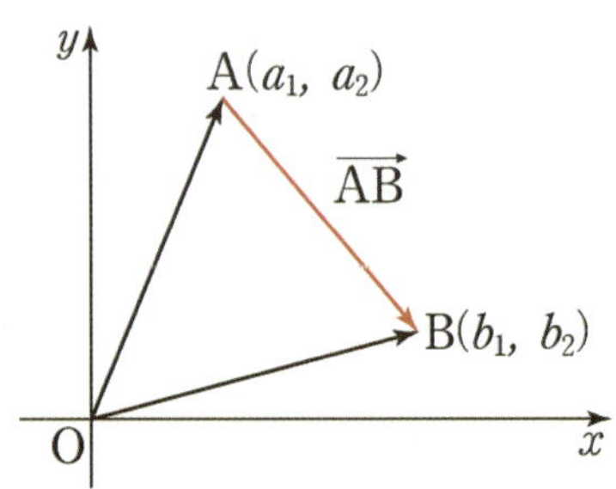

✎ 평면벡터의 성분

(연구 08) ① 평면벡터의 성분표시

【ex】 $\overrightarrow{CD} = (a_1,\ a_2)$ 일 때,

(1) 점 C의 좌표는 $(0,\ 0)$이다. (O / X)

(2) 점 D의 좌표는 $(a_1,\ a_2)$이다. (O / X)

(3) 점 $(a_1,\ a_2)$의 위치벡터는 $(a_1,\ a_2)$이다.(O / X)

연구10 $\vec{a}=(a_1,\ a_2)$이고 $\vec{b}=(b_1,\ b_2)$일 때

빈칸에 알맞은 것을 쓰고 이를 유도하시오.

① $|\vec{a}|=$ 　　　② $\vec{a}+\vec{b}=$

③ $\vec{a}-\vec{b}=$ 　　　④ $k\vec{a}=$

---

8 평면벡터 성분에 의한 연산

✎ 평면벡터 성분에 의한 연산

연구 10 $\vec{a}=(a_1,\ a_2)$이고 $\vec{b}=(b_1,\ b_2)$일 때

① $|\vec{a}|=$

② $\vec{a}+\vec{b}=$

③ $\vec{a}-\vec{b}=$

④ $k\vec{a}=$

[연구11] 두 벡터 $\vec{a}=(a_1,\ a_2)$, $\vec{b}=(b_1,\ b_2)$의 내적이 $\vec{a}\cdot\vec{b}=a_1b_1+a_2b_2$임을 유도하시오.

[연구12] 두 벡터 $\vec{a}$, $\vec{b}$가 이루는 각을 θ라고 할 때, $\cos\theta$의 값을 쓰시오.

❾ 벡터의 내적

$$\vec{a}\cdot\vec{b}=|\vec{a}||\vec{b}|\cos\theta$$

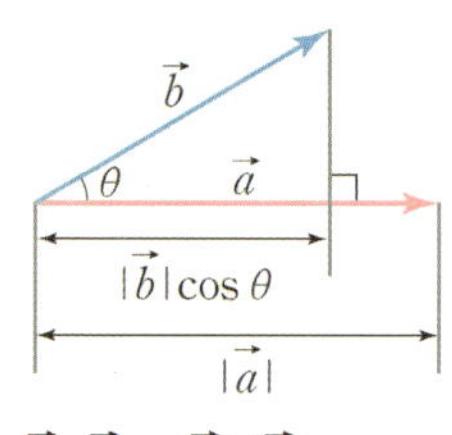
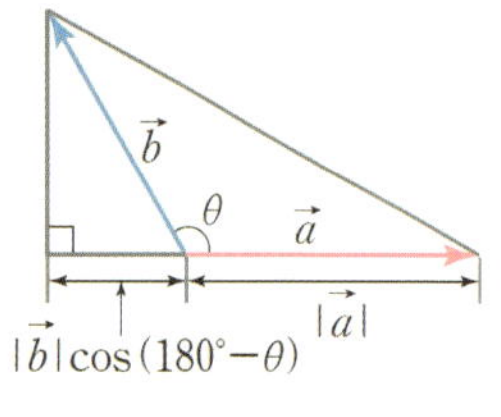

$$\vec{a}\cdot\vec{b}=|\vec{a}||\vec{b}|\cos\theta \qquad \vec{a}\cdot\vec{b}=-|\vec{a}||\vec{b}|\cos(180°-\theta)$$

✏ 두 벡터의 내적 $\vec{a}\cdot\vec{b}$는 벡터가 아니라 스칼라다.

연구 11 　①벡터의 내적과 성분
$\vec{a}=(a_1,\ a_2)$이고 $\vec{b}=(b_1,\ b_2)$일 때

연구 12 　②두 벡터가 이루는 각
두 벡터 $\vec{a}$, $\vec{b}$가 이루는 각을 θ라고 할 때,

a.수직 조건 $\vec{a}\perp\vec{b}$:

b.평행 조건 $\vec{a}\,/\!/\,\vec{b}$:

✎ 벡터의 내적

①벡터의 내적과 성분

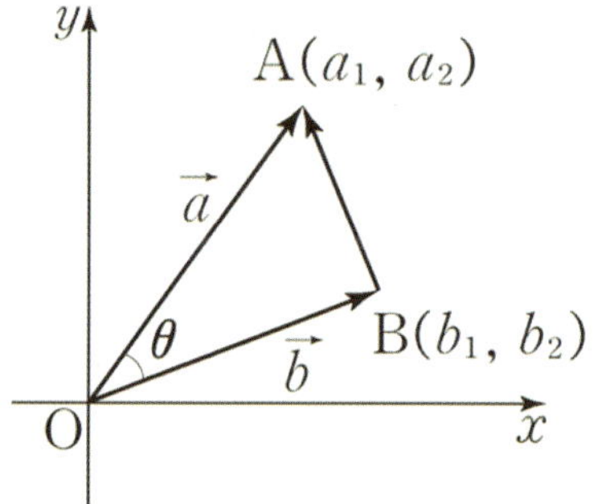

✏ 교과서에서는 수학1을 학습하지 않고 기하를 학습하는 경우를 가정하여 피타고라스 정리를 사용하여 증명한다.

연구13 다음 내적의 연산법칙을 유도하시오.

① $|\vec{a}|^2 = \vec{a} \cdot \vec{a}$

② $\vec{a} \cdot \vec{b} = \vec{b} \cdot \vec{a}$

③ $\vec{a} \cdot (\vec{b} + \vec{c}) = \vec{a} \cdot \vec{b} + \vec{a} \cdot \vec{c}$

④ $(k\vec{a}) \cdot \vec{b} = \vec{a} \cdot (k\vec{b}) = k(\vec{a} \cdot \vec{b})$

🔟 벡터 내적의 연산

① $|\vec{a}|^2 = \vec{a} \cdot \vec{a}$

② 교환법칙: $\vec{a} \cdot \vec{b} = \vec{b} \cdot \vec{a}$

③ 분배법칙: $\vec{a} \cdot (\vec{b} + \vec{c}) = \vec{a} \cdot \vec{b} + \vec{a} \cdot \vec{c}$

④ 결합법칙: $(k\vec{a}) \cdot \vec{b} = \vec{a} \cdot (k\vec{b}) = k(\vec{a} \cdot \vec{b})$

✒️ 벡터 내적의 연산

연구 13

✏️ 개정 교육과정에서 내적의 정의

$$\vec{a} \cdot \vec{b} = \begin{cases} |\vec{a}||\vec{b}|\cos\theta & (0° \leq \theta \leq 90°) \\ -|\vec{a}||\vec{b}|\cos(180° - \theta) & (90° \leq \theta \leq 180°) \end{cases}$$

개정 교육과정에서 수학I을 학습하지 않고

기하를 학습하는 경우를 가정하여 내적을 위와 같이

규정한다. 즉, 수학I을 학습하지 않았다면

θ가 둔각일 때 $\cos\theta$의 값을 모르고

$|\vec{a}||\vec{b}|\cos\theta = -|\vec{a}||\vec{b}|\cos(180° - \theta)$도

모르므로 위와 같이 내적을 규정한 것이다.

하지만 현실적으로 수학I을 하지 않은 채로 기하를 하는

학생은 없을 것이다. 따라서 내적을 두 가지 식으로

규정하는 건 지극히 비효율적이고 현실에 맞지 않다.

그래서 본 책에서는 내적을 본래의 형태인

$\vec{a} \cdot \vec{b} = |\vec{a}||\vec{b}|\cos\theta$ 하나의 식으로 나타냈다.

[연구14] '직선의 방향벡터'의 뜻을 쓰시오.

[연구15] 직선 l의 한 점의 위치벡터를 $\vec{a}$, 방향벡터를 $\vec{u}$, 임의의 점의 위치벡터를 $\vec{p}$라고 할 때, 직선 l의 벡터방정식을 쓰시오.

[연구16] 직선 l이 점 $A(x_1, y_1)$를 지나고, 벡터 $\vec{u} = (\Delta x, \Delta y)$를 방향벡터로 갖는다고 하자. 직선 l의 방정식이 다음과 같음을 유도하시오.

$$\frac{x - x_1}{\Delta x} = \frac{y - y_1}{\Delta y} \quad (단, \ \Delta x \Delta y \neq 0)$$

---

⑪ 방향벡터와 직선의 방정식

[연구 14] **방향벡터**: 직선과 평행한 벡터

직선 l의 한 점의 위치벡터를 $\vec{a}$, 방향벡터를 $\vec{u}$, 임의의 점의 위치벡터를 $\vec{p}$라고 할 때,

[연구 15] **직선의 벡터방정식:**

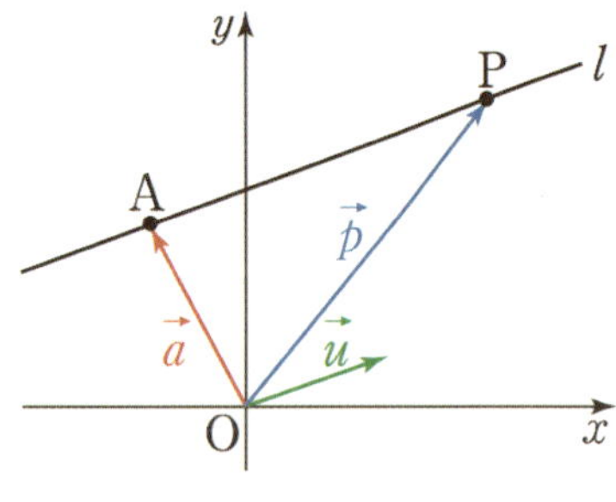

① 점 $A(x_1, y_1)$을 지나고,

벡터 $\vec{u} = (\Delta x, \Delta y)$에 평행한 직선

② 두 점 $A(x_1, y_1)$, $B(x_2, y_2)$를

지나는 직선 (단, $x_1 \neq x_2$, $y_1 \neq y_2$)

✎ 방향벡터와 직선의 방정식

[연구 16] 📝 **질문 독해하기**

직선 l의 한 점의 위치벡터를 $\vec{a}$,

↳

방향벡터를 $\vec{u}$,

↳

임의의 점의 위치벡터를 $\vec{p}$라고 할 때,

↳

연구17 직선(평면)의 법선벡터의 뜻을 쓰시오.

연구18 직선 l의 한 점의 위치벡터를 $\vec{a}$, 법선벡터를 $\vec{n}$, 임의의 점의 위치벡터를 $\vec{p}$라고 할 때, 직선 l의 벡터방정식을 쓰시오.

연구19 점 $A(x_1,\ y_1)$을 지나고, 벡터 $\vec{n}=(a,\ b)$에 수직인 직선의 방정식이 다음과 같음을 유도하시오.
$$a(x-x_1)+b(y-y_1)=0$$

---

12 법선벡터와 직선의 방정식

연구 17

법선벡터: 직선과 수직인 벡터

직선 l의 한 점의 위치벡터를 $\vec{a}$, 법선벡터를 $\vec{n}$, 임의의 점의 위치벡터를 $\vec{p}$라고 할 때,

연구 18

직선의 벡터방정식:

①점 $A(x_1,\ y_1)$을 지나고,

　벡터 $\vec{n}=(a,\ b)$에 수직인 직선

✎ 법선벡터와 직선의 방정식

연구 19

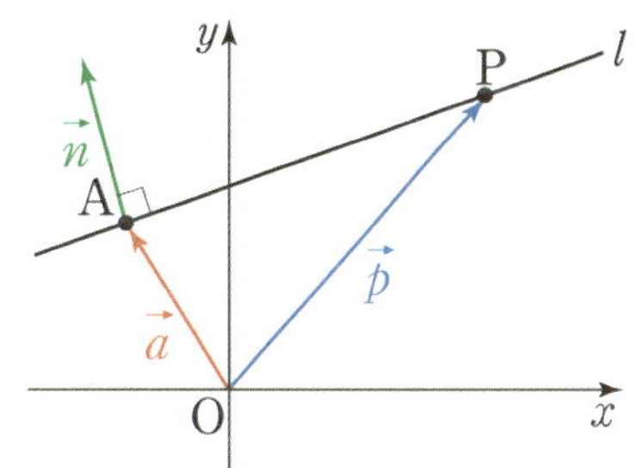

📝 **수학1 직선의 방정식**

점 $A(x_1,\ y_1)$을 지나고
기울기가 m인 직선의 방정식은
$$y-y_1=m(x-x_1)$$

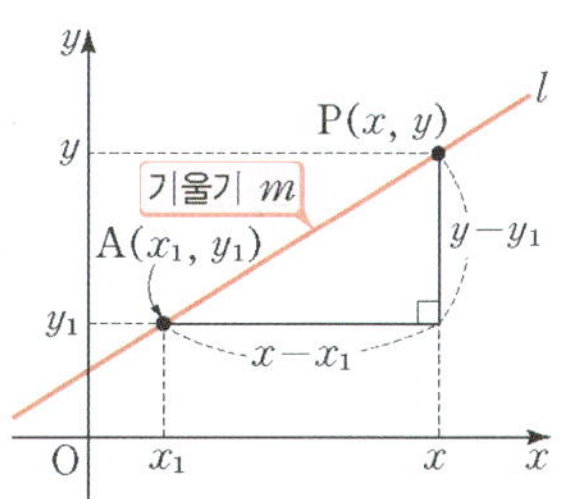

⓭ 두 직선이 이루는 각

두 직선 l_1, l_2의 방향벡터를 각각

$\overrightarrow{u_1}$, $\overrightarrow{u_2}$라고 할 때,

① l_1, l_2가 이루는 각의 크기를 θ라 하면

② 평행 $l_1 \parallel l_2$:

③ 수직 $l_1 \perp l_2$:

✎ 두 직선이 이루는 각

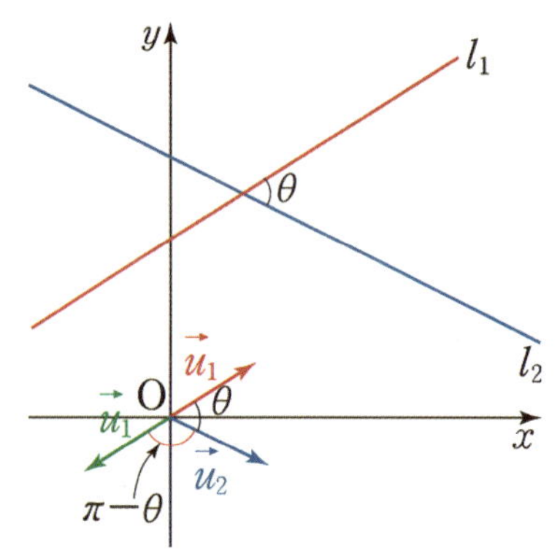

[연구20] 원의 중심의 위치벡터를 $\vec{c}$, 반지름을 r, 임의의 점의 위치벡터가 $\vec{p}$인 원의 벡터 방정식을 쓰시오.

[연구21] 중심이 $C(x_1,\ y_1)$이고 반지름의 길이가 r인 원의 방정식을 벡터를 이용해 유도하시오.

---

14 원의 방정식

원의 중심의 위치벡터를 $\vec{c}$, 반지름을 r, 임의의 점의 위치벡터가 $\vec{p}$인

원의 벡터 방정식:

중심이 $C(x_1,\ y_1)$이고 반지름의 길이가 r인 원을 나타내는 방정식

$$(x-x_1)^2 + (y-y_1)^2 = r^2$$

연구
20

✎ 원의 방정식

연구
21

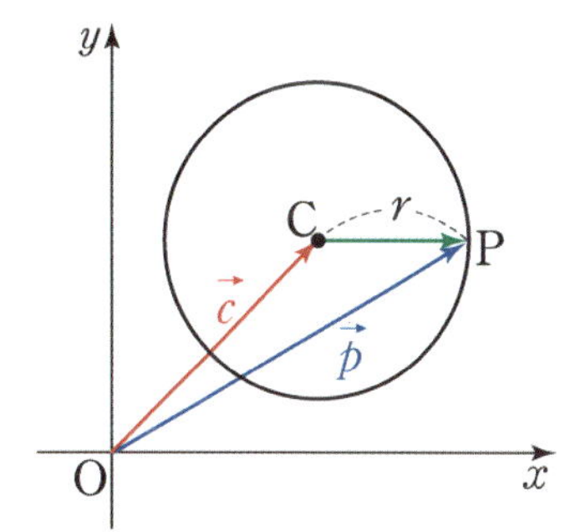

「기하」 Ⅲ.공간 도형·좌표

연구1~4 각 도형의 위치관계에 따른
조건을 모두 쓰고, 이를 그림으로 표현하시오.

미리 알아야 할 단원
수학(상) – 3.도형의 방정식
수학1 – 2.삼각함수

1 직선과 평면의 위치 관계

연구 01 ①평면의 결정 조건

a.같은 직선 위에 있지 않은 세 점

b.한 직선과 그 위에 있지 않는 한 점

c.한 점에서 만나는 두 직선

d.평행한 두 직선

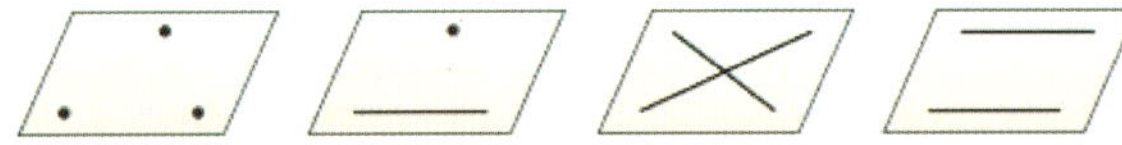

연구 02 ②두 직선의 위치 관계

a.만난다   b.평행하다   c.꼬인 위치에 있다

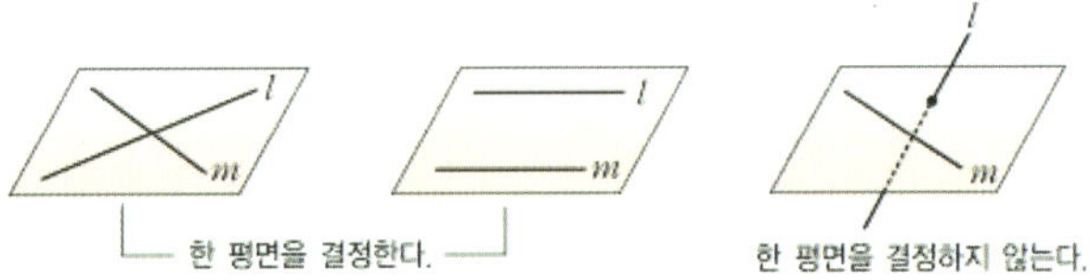

연구 03 ③직선과 평면의 위치 관계

a.포함된다   b.만난다   c.평행하다

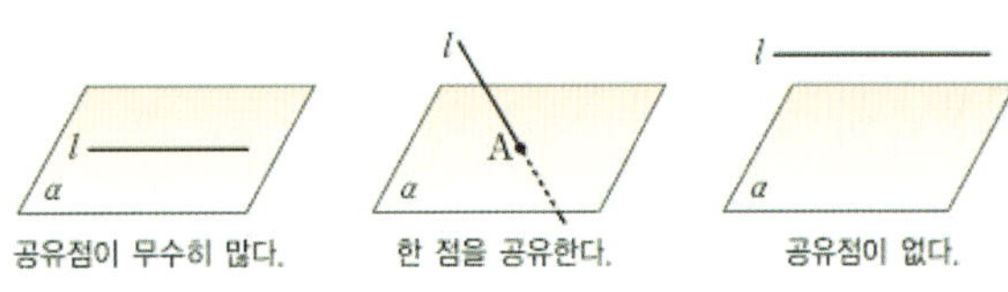

연구 04 ④두 평면의 위치 관계

a.만난다   b.평행하다

연구1~4 각 도형의 위치관계에 따른 조건을 모두 쓰고, 이를 그림으로 표현하시오.

연구06 직선 l이 평면 α와 점 O에서 만날 때, 직선 l과 평면 α가 이루는 각은 어떻게 구하는가?

연구07 직선 l이 평면 α 위의 평행하지 않은 두 직선 a, b의 교점 O를 지날 때 $l \perp a$이고 $l \perp b$이면 직선 l과 평면 α의 위치관계는 어떻게 되는가?

2 두 직선이 이루는 각

연구 05

두 직선 l, m이 꼬인 위치에 있을 때 임의의 한 점 O를 지나고 두 직선 l, m에 평행한 직선 OA, OB를 각각 그어 생기는 $\angle AOB$가 두 직선 l, m이 이루는 각이다.

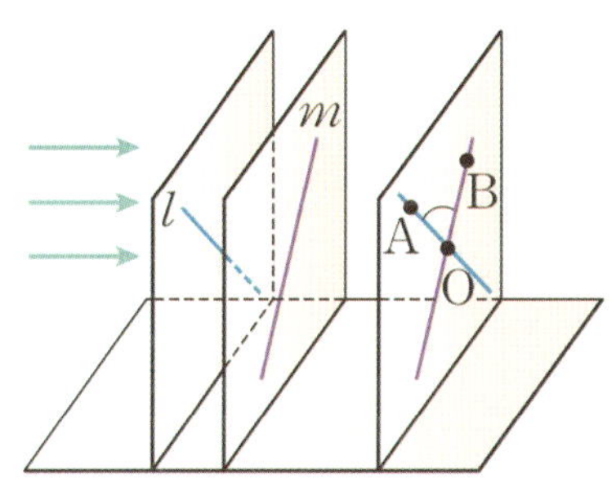

3 직선과 평면이 이루는 각

연구 06

직선 l이 평면 α와 점 O에서 만날 때, 직선 l 위의 임의의 한 A점에서 평면 α에 내린 수선의 발을 B라고 할 때, $\angle AOB$를 직선 l과 평면 α가 이루는 각이라고 한다.

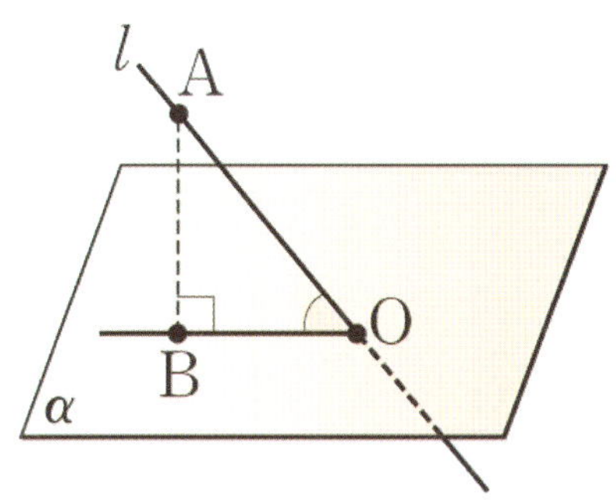

4 직선과 평면의 수직

연구 07

① 직선 l이 평면 α 위의 모든 직선과 수직일 때 직선 l과 평면 α는 수직이라 한다.

② 또 직선 l이 평면 α와 수직이면 l은 α 위의 임의의 직선과도 수직이다.

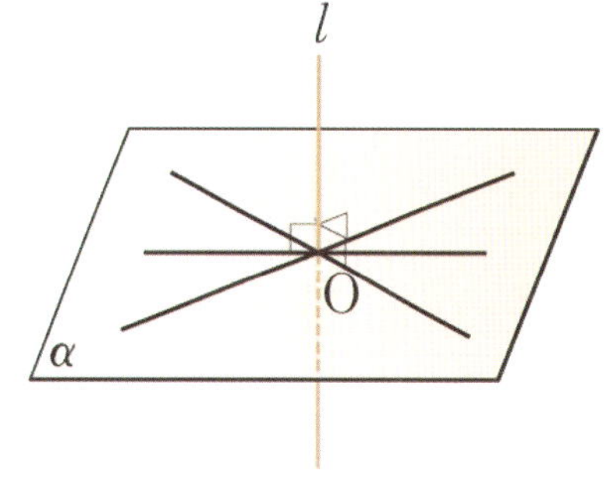

연구08 다음은 삼수선의 정리이다. 빈칸에 알맞은

말을 쓰시오.

① $\overline{PO} \perp \alpha$, $\overline{OH} \perp l$이면 [   ]

② $\overline{PO} \perp \alpha$, $\overline{PH} \perp l$이면 [   ]

③ $\overline{PO} \perp \overline{OH}$, $\overline{PH} \perp l$, $\overline{OH} \perp l$이면 [   ]

---

5 삼수선의 정리

✎ 삼수선의 정리

연구 08

평면 α 위에 있는 한 점을 O, 평면 α 위에 있지 않은 점을 P, 평면 α 위의 임의의 직선을 l, 점 O에서 l에 그은 수선의 발을 H

❶ 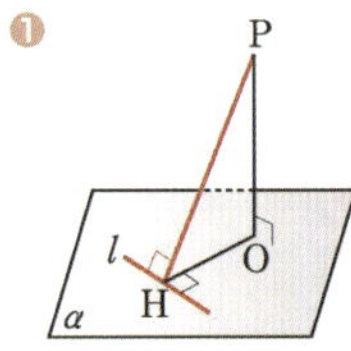 ❷ 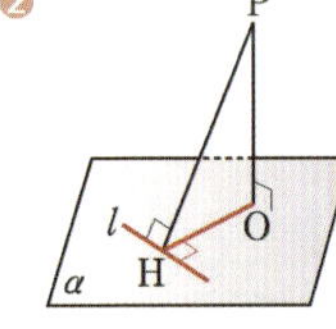 ❸ 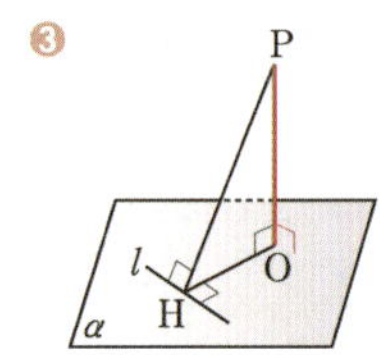

① $\overline{PO} \perp \alpha$, $\overline{OH} \perp l$ 이면, $\overline{PH} \perp l$

② $\overline{PO} \perp \alpha$, $\overline{PH} \perp l$ 이면, $\overline{OH} \perp l$

③ $\overline{PH} \perp l$, $\overline{OH} \perp l$, $\overline{PO} \perp \overline{OH}$ 이면, $\overline{PO} \perp \alpha$

연구09 두 평면 α, β의 교선을 l이라고 할 때,
두 평면 α, β가 이루는 각은 어떻게 구하는가?

6 이면각

정의: 두 평면 α, β의 교선을 l이라고 할 때,
l을 공유하는 두 반평면 α, β로 이루어지는 도형
이면각의 변: 교선 l
이면각의 면: 두 반평면 α, β
이면각의 크기: 이면각의 변 l 위의 한 점
O로부터 l에 수직이고 각 α, β면에 포함되는
반직선 OA, OB를 그을 때 $\angle$AOB의 크기
(점 O의 위치에 관계없이 일정)

✎ 한 모서리의 길이가 a인 정사면체에 대하여

(1) 정사면체의 높이는?

(2) $\cos\theta_1$?

(3) $\cos\theta_2$?

(4) 외접하는 구의 반지름은?

※결론

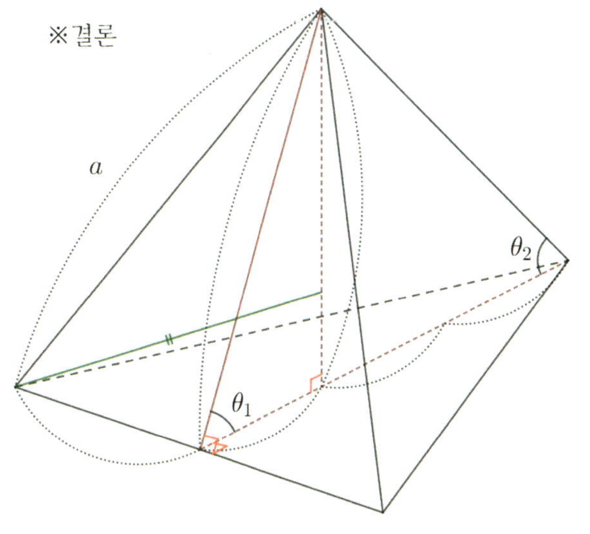

✎ 이면각

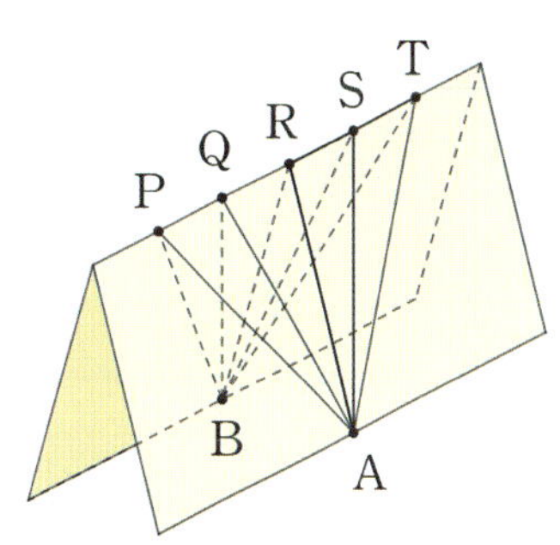

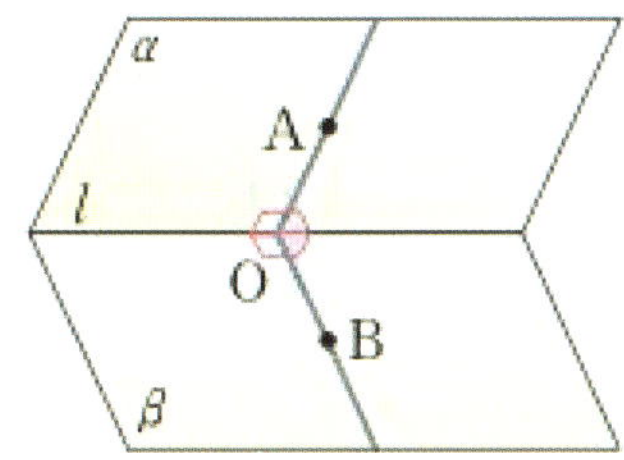

풀이)

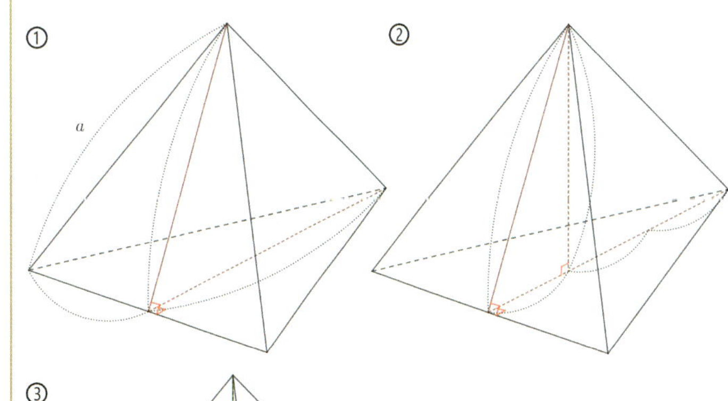

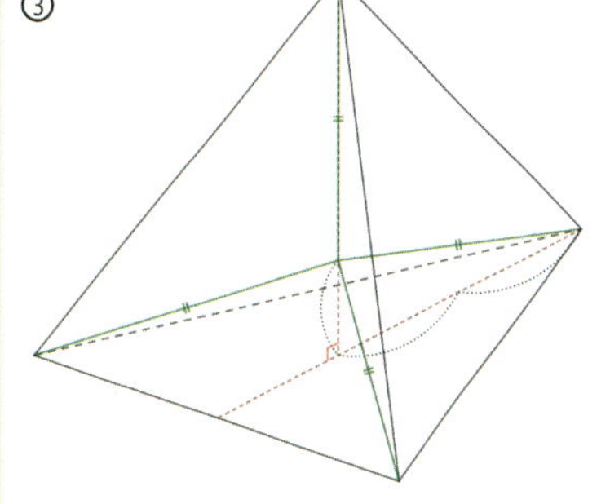

연구10 "도형 F의 각 평면 α 위로의 정사영"의 뜻을 쓰시오.

연구11 선분 AB의 정사영을 선분 A′B′이라 하고, 이루는 예각의 크기를 θ라고 할 때 $\overline{AB}$ 와 $\overline{A'B'}$ 의 관계식을 쓰시오.

연구12 평면 α 위의 넓이가 S인 도형의 평면 β위로의 정사영의 넓이를 S', 두 평면 α, β가 이루는 각의 크기를 θ라 할 때 S와 S'의 관계식을 쓰시오.

---

7 정사영

연구
10
> **정의:** 도형의 모든 점에서 어떤 평면 위로의 수선의 발을 모아 놓은 것.

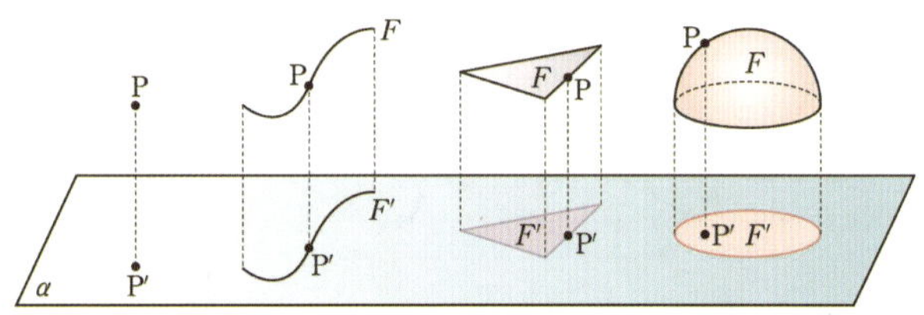

연구
11
> ①선분 AB의 평면 α위로의 정사영을 $\overline{A'B'}$이라 하고, 직선 AB와 평면 α가 이루는 예각의 크기를 θ라 하면

연구
12
> ②평면 α 위의 넓이가 S인 도형의 평면 β위로의 정사영의 넓이를 S', 두 평면 α, β가 이루는 각의 크기를 θ라 하면

✎ 정사영

①

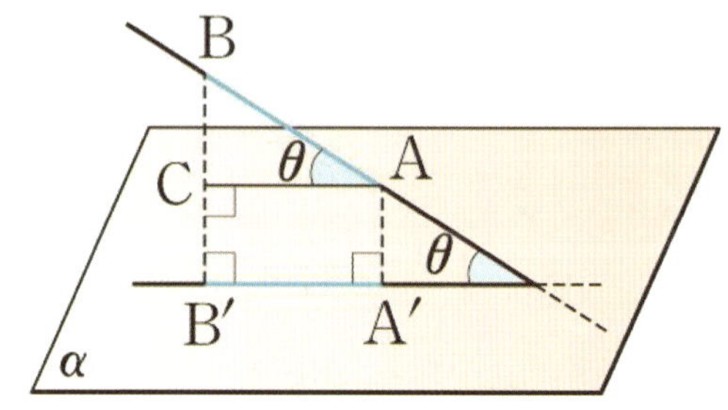

②

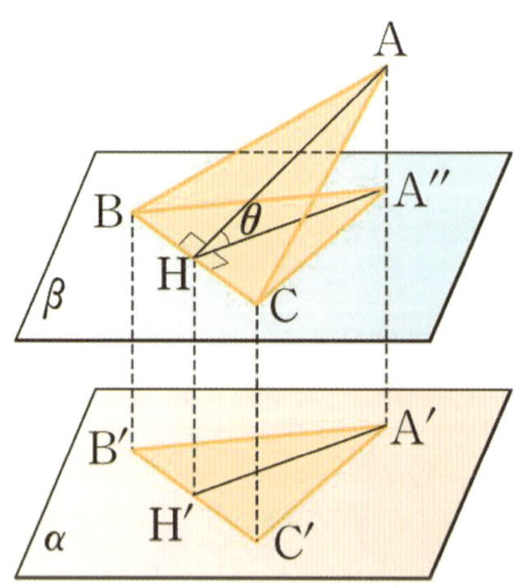

연구13 빈칸에 공간좌표에서 점 $P(a,\ b,\ c)$의
정사영된 점과 대칭된 점의 좌표를 쓰시오.

8 공간에서의 점의 좌표

좌표축: 공간의 한 점 O에서 서로 직교하는
세 수직선 x축, y축, z축

공간좌표: 세 좌표축에 따라, 공간의
한 점 P에 대응하는 세 실수의 순서쌍
$(a,\ b,\ c)$ 기호로 $P(a,\ b,\ c)$와 같이 나타낸다.

       : x축과 y축으로 정해지는 평면

       : y축과 z축으로 정해지는 평면

       : z축과 x축으로 정해지는 평면

연구 13 🖎 공간좌표에서 점의 정사영과 대칭

정사영	$P(a,\ b,\ c)$
x축	
y축	
z축	
xy평면	
yz평면	
zx평면	

대칭	$P(a,\ b,\ c)$
x축	
y축	
z축	
xy평면	
yz평면	
zx평면	
원점	

🖊 공간에서의 점의 좌표

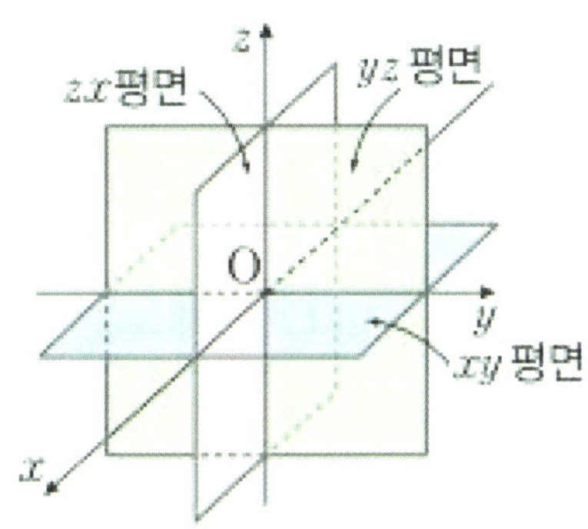

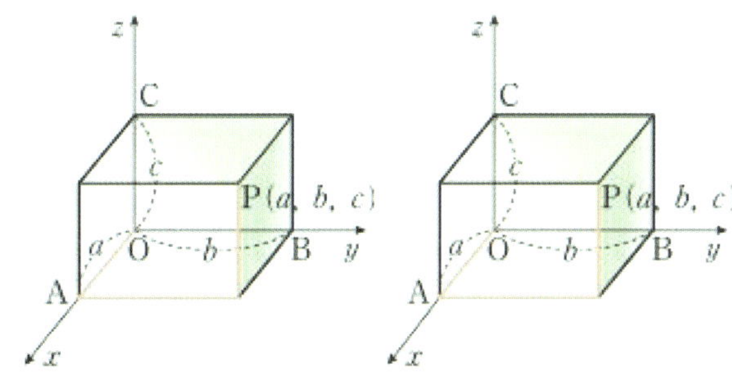

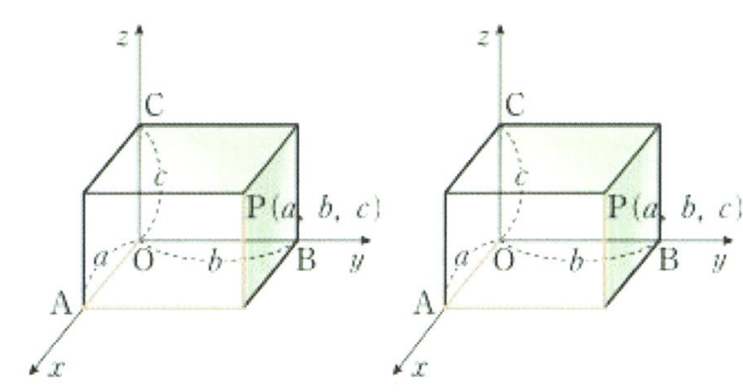

연구14 두 점 $A(x_1,\ y_1,\ z_1)$, $B(x_2,\ y_2,\ z_2)$
사이의 거리가 다음과 같음을 유도하시오.
$$\overline{AB}=\sqrt{(x_2-x_1)^2+(y_2-y_1)^2+(z_2-z_1)^2}$$

9 두 점사이의 거리

①두 점 $A(x_1,\ y_1,\ z_1)$, $B(x_2,\ y_2,\ z_2)$ 사이 거리
$$\overline{AB}=\sqrt{(x_2-x_1)^2+(y_2-y_1)^2+(z_2-z_1)^2}$$

②원점 O와 점 $P(x,\ y,\ z)$ 사이의 거리
$$\overline{OP}=\sqrt{x^2+y^2+z^2}$$

✎ 두 점사이의 거리

연구
14

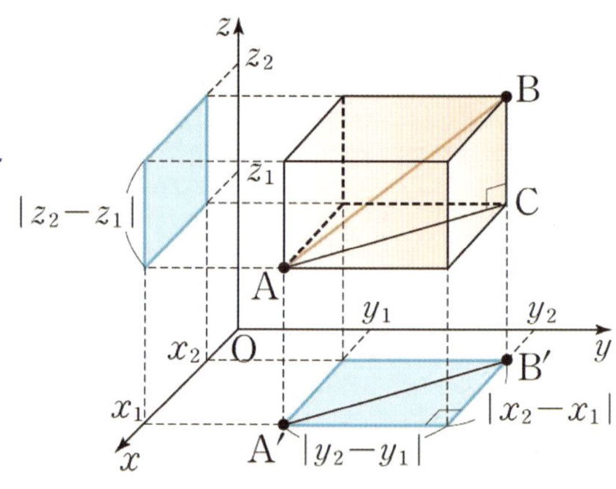

[연구15] 두 점 $A(x_1, y_1, z_1)$, $B(x_2, y_2, z_2)$를

이은 선분 AB를

① $m : n \ (m > 0, \ n > 0)$으로 내분하는 점

② $m : n \ (m > 0, \ n > 0, \ m \neq n)$으로 외분하는 점

을 유도하시오.

⑩ 선분의 내분점과 외분점

두 점 $A(x_1, y_1, z_1)$, $B(x_2, y_2, z_2)$를

잇는 선분 AB에 대하여

① $m : n \, (m > 0, \ n > 0)$으로 내분하는 점

$$P\left(\frac{mx_2 + nx_1}{m+n}, \ \frac{my_2 + ny_1}{m+n}, \ \frac{mz_2 + nz_1}{m+n}\right)$$

② $m : n \, (m > 0, \ n > 0, \ m \neq n)$으로 외분하는 점

$$Q\left(\frac{mx_2 - nx_1}{m-n}, \ \frac{my_2 - ny_1}{m-n}, \ \frac{mz_2 - nz_1}{m-n}\right)$$

③ 중점 M의 좌표는

$$M\left(\frac{x_1 + x_2}{2}, \ \frac{y_1 + y_2}{2}, \ \frac{z_1 + z_2}{2}\right)$$

④ $A(x_1, y_1, z_1)$, $B(x_2, y_2, z_2)$,

$C(x_3, y_3, z_3)$을 꼭짓점으로 하는

$\triangle ABC$의 무게중심 G의 좌표는

$$G\left(\frac{x_1 + x_2 + x_3}{3}, \ \frac{y_1 + y_2 + y_3}{3}, \ \frac{z_1 + z_2 + z_3}{3}\right)$$

✎ 선분의 내분점과 외분점

연구 15

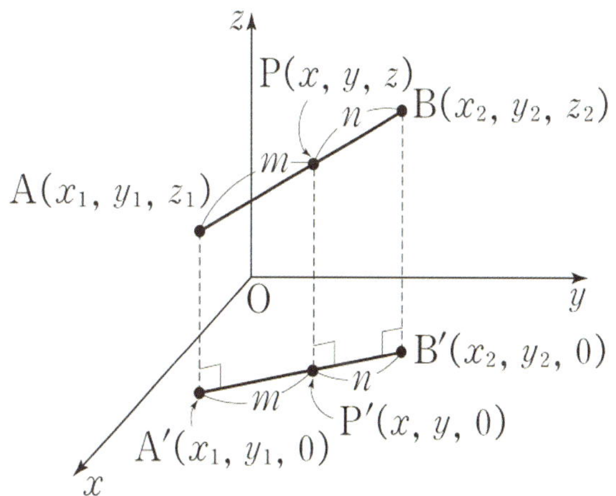

[연구16] 중심이 $C(a,\ b,\ c)$이고,
반지름의 길이가 r인 구의 방정식이
다음과 같음을 유도하시오.

$$(x-a)^2 + (y-b)^2 + (z-c)^2 = r^2$$

⓫ 구의 방정식

①중심이 점 $C(a,\ b,\ c)$이고,
　반지름의 길이가 r인 구의 방정식

$$(x-a)^2 + (y-b)^2 + (z-c)^2 = r^2$$

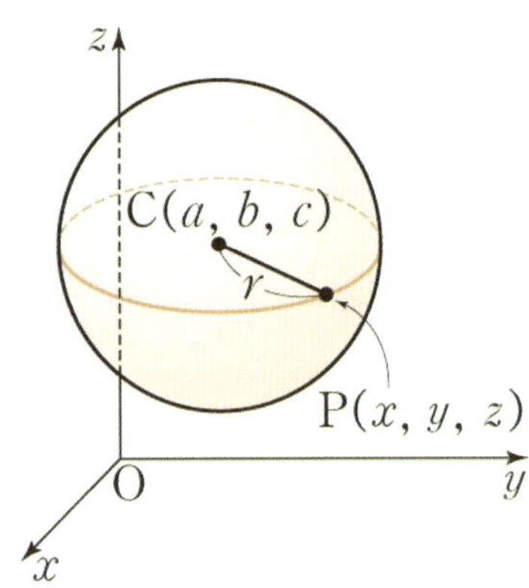

②중심이 원점이고,
　반지름의 길이가 r인 구의 방정식은

$$x^2 + y^2 + z^2 = r^2$$

✎ 구의 방정식

연구 16

🖋 원이 x축 또는 y축에 접할 때

$$(x-a)^2 + (y-b)^2 = b^2$$

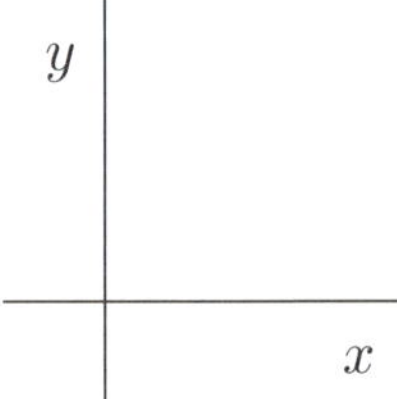

$$(x-a)^2 + (y-b)^2 = a^2$$

$$(x-a)^2 + (y-a)^2 = a^2$$

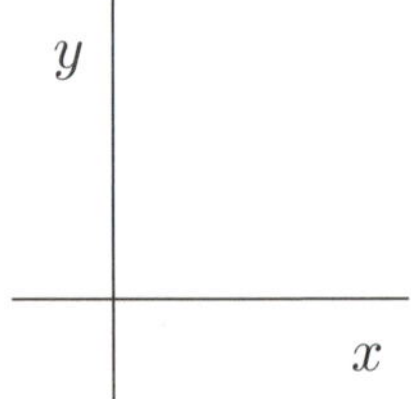

연구
17

③ xy 평면에 접하는 구

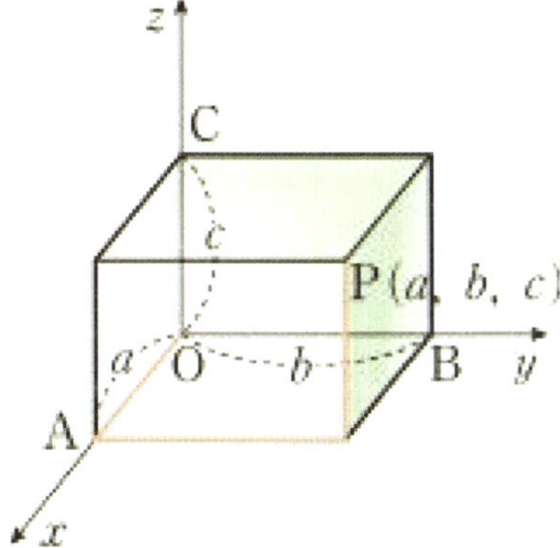

⑤ xy 평면과 yz 평면과 zx 평면에 접하는 구

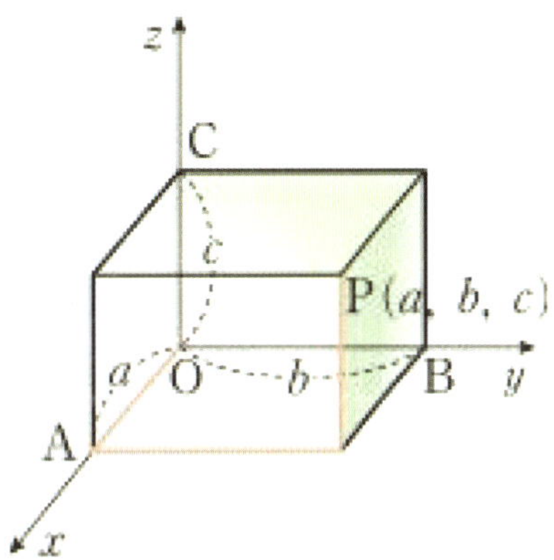

④ xy 평면과 zx 평면에 접하는 구

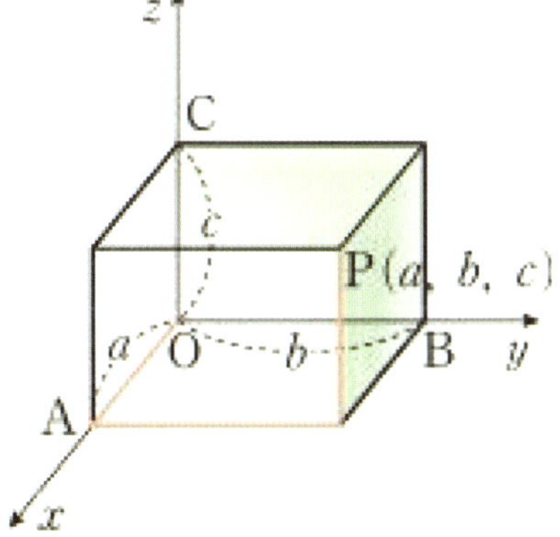

연구 18

⑥ x축에 접하는 구

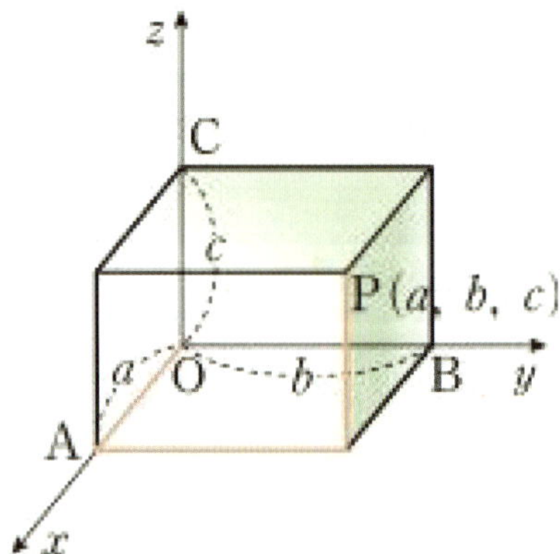

⑧ x축과 y축과 z축에 접하는 구

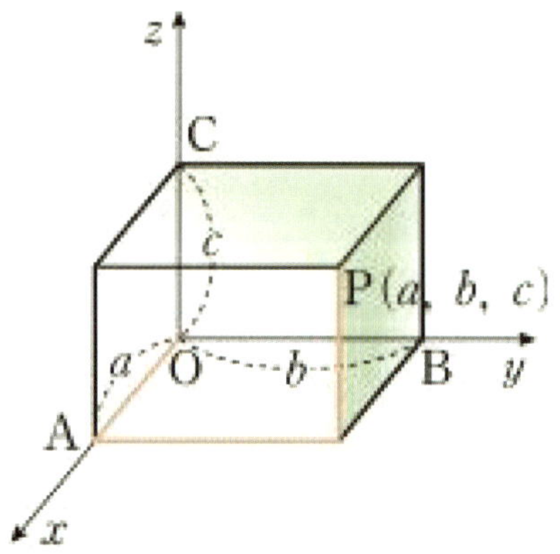

⑦ x축과 y축에 접하는 구

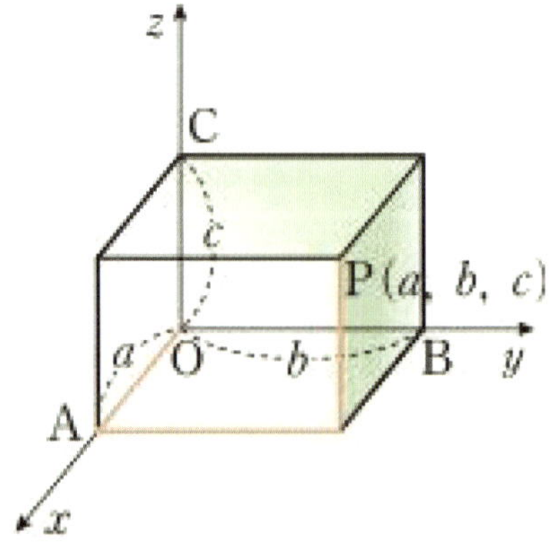

🔢 평면과 직선의 방정식

① $x = a$:

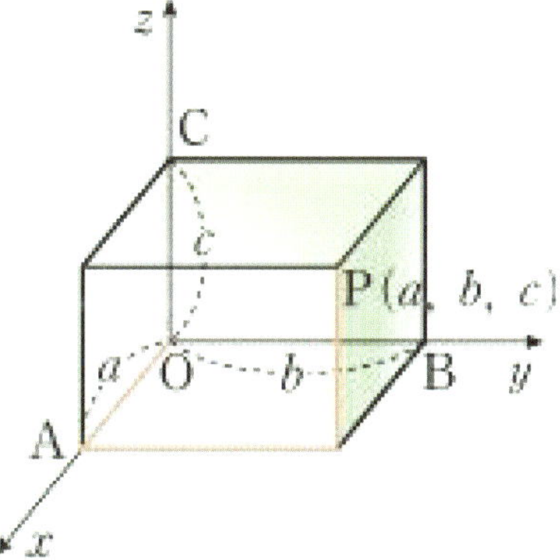

② $y = b$:

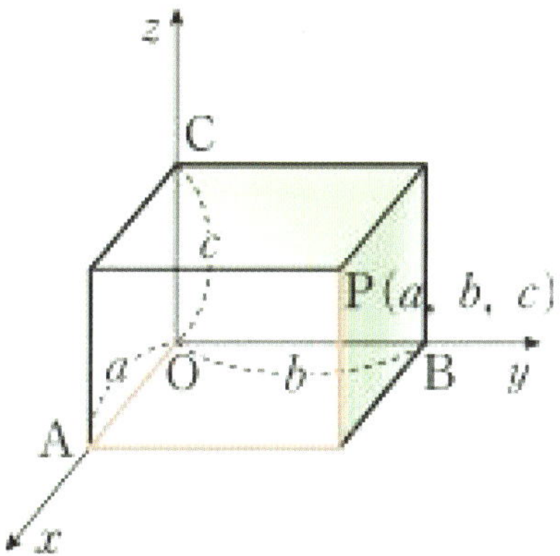

③ $z = c$:

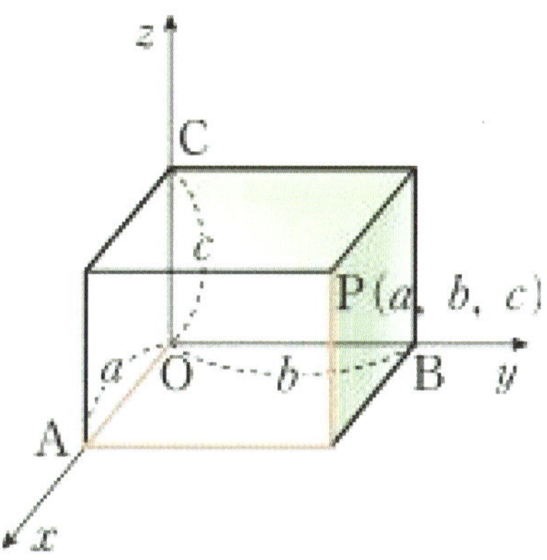

④ $x = a,\ y = b$:

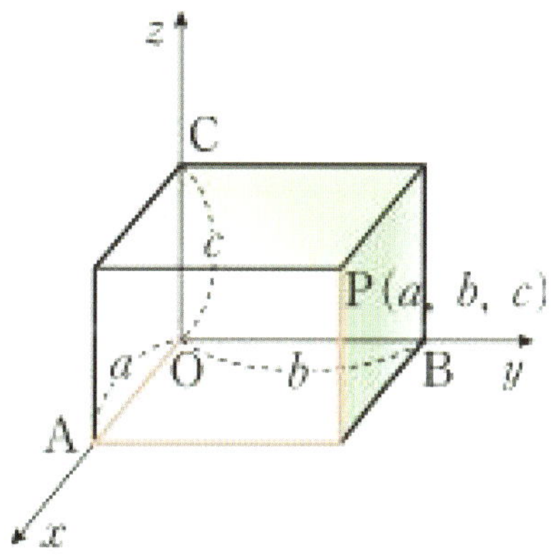

⑤ $x = a,\ z = c$:

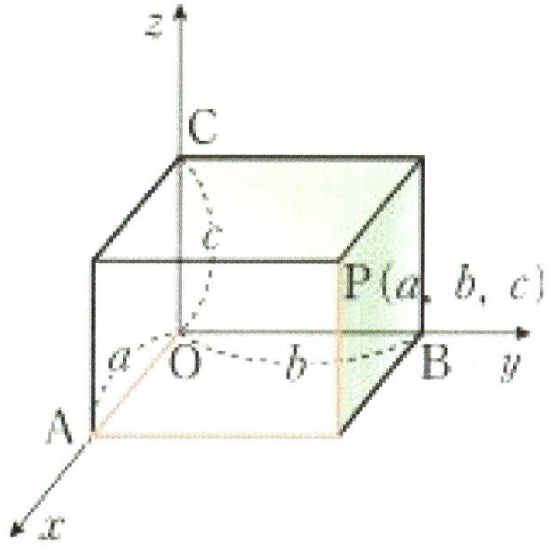

⑥ $y = b,\ z = c$:

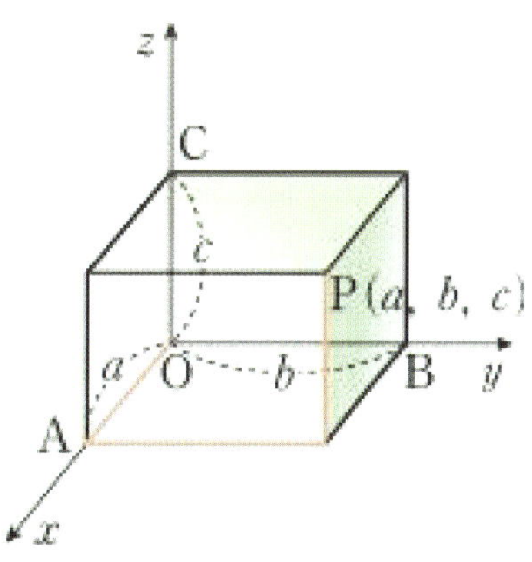

역대 수능·모의고사 기출 문항 출제 의도

Ⅰ.이차곡선

[출제의도] 포물선의 정의를 이해하여 문제를 해결한다.
[출제의도] 타원의 정의를 이해하여 문제를 해결한다.
[출제의도] 쌍곡선의 정의를 이해하여 문제를 해결한다.
[출제의도] 이차곡선의 방정식을 이용하여 초점의 좌표를 구하는 문제를 해결한다.
[출제의도] 이차곡선의 성질을 이용하여 선분의 길이를 구하는 문제를 해결한다.
[출제의도] 이차곡선의 성질을 이용하여 삼각형의 넓이를 구하는 문제를 해결한다.
[출제의도] 포물선의 접선의 방정식을 이용하여 문제를 해결한다.
[출제의도] 타원의 접선의 방정식을 이용하여 문제를 해결한다.
[출제의도] 쌍곡선의 접선의 방정식을 이용하여 문제를 해결한다.
[출제의도] 이차곡선의 접선의 성질을 이용하여 선분의 길이를 구하는 문제를 해결한다.
[출제의도] 이차곡선의 접선의 성질을 이용하여 삼각형의 넓이를 구하는 문제를 해결한다.

Ⅱ.평면벡터

[출제의도] 벡터의 합을 계산하는 문제를 해결한다.
[출제의도] 벡터의 뺄셈을 계산하는 문제를 해결한다.
[출제의도] 벡터의 크기를 계산하는 문제를 해결한다.
[출제의도] 벡터의 기하학적인 성질을 이용하여 두 벡터의 합의 크기의 최댓값을 추론하는 문제를 해결한다.
[출제의도] 벡터의 내적을 계산하는 문제를 해결한다.
[출제의도] 벡터의 내적과 벡터의 크기 사이의 관계를 이해하여 문제를 해결한다.
[출제의도] 벡터의 내적을 활용하여 삼각형의 넓이 추론하는 문제를 해결한다.
[출제의도] 원의 접선을 이용하여 벡터의 내적에 대한 문제를 해결한다.
[출제의도] 벡터의 연산에서 종점의 위치를 이해하고 벡터의 내적의 최댓값과 최솟값을 구하는 문제를 해결한다.
[출제의도] 벡터를 이용하여 점 P가 나타내는 도형의 방정식을 구하는 문제를 해결한다.
[출제의도] 벡터를 이용하여 두 직선이 이루는 예각의 크기를 이용하여 문제를 해결한다.
[출제의도] 좌표평면에서 직선의 방향벡터 이해하여 문제를 해결한다.

Ⅲ.공간 도형·좌표

[출제의도] 공간에서 직선의 위치관계를 이해하고 벡터의 크기와 내적을 추측하는 문제를 해결한다.
[출제의도] 삼수선의 정리를 이해하여 점과 직선 사이의 거리를 구하는 문제를 해결한다.
[출제의도] 삼수선의 정리를 이해하여 공간도형의 문제를 해결한다.
[출제의도] 이면각의 정의를 이해하여 이면각의 크기를 구하는 문제를 해결한다.
[출제의도] 정사영의 성질을 이해하여 넓이를 구하는 문제를 해결한다.
[출제의도] 정사영의 성질을 이해하여 각을 구하는 문제를 해결한다.
[출제의도] 좌표공간의 선분의 내분점과 외분점을 계산하는 문제를 해결한다.
[출제의도] 좌표공간에서 삼각형의 무게중심의 좌표를 계산하는 문제를 해결한다.
[출제의도] 구의 성질을 이용하여 평면과 점 사이의 거리의 최댓값을 구하는 문제를 해결한다.
[출제의도] 공간도형의 성질을 이용하여 문제를 해결한다.

① 수능 문제의 출제 의도 파악이 잘된다 !

수능은 교과개념을 제대로 이해했는지 확인하기 위해 내는 것이라 문제풀이과정을 개념유도과정과 유사하게 출제한다. 개념 연구를 하면 문제 풀 때 출제자의 의도에 맞게 접근법을 금방 찾아내게 된다!

② 문제에 개념 적용이 잘된다!

맨날 해설지를 보면서 "아! 그렇구나"해도 직접 풀지는 못하는 학생들!
백지에 유도과정을 쓸 줄 모르니까 문제에 개념을 어떻게 쓸 줄 모르지!

③ 여러가지 공식이 적용된 최고난도 문제풀이가 잘된다!

A, B, C 세 가지 공식을 따로 알고 있으면 공식을 하나만 적용하는 단순계산문제 밖에 못푼다!
A→B→C로 유도되는 과정을 알아야 A, B, C공식이 모두 적용되는 문제에서 식을 어떻게 조합하고 합쳐야 풀 수 있는지를 알 수 있다!

나의 개념 이해도를 ☑체크해보자! □X □△ □완성○

수학(상)
Ⅰ.다항식

수학(상)
Ⅱ.방정식과 부등식

연구01   □X □△ □○

아래는 곱셈 공식의 일부이다.
곱셈 공식의 나머지부분을 쓰시오.

① $(a+b)^2 =$

② $(a-b)^2 =$

③ $(a+b)(a-b) =$

④ $(x+a)(x+b) =$

⑤ $(ax+b)(cx+d) =$

⑥ $(a+b)^3 =$

⑦ $(a+b)(a^2-ab+b^2) =$

⑧ $(a-b)(a^2+ab+b^2) =$

정답 ▷ p.20

연구02   □X □△ □○

x에 관한 사차이상의 다항식 A에 대하여,
①이차식으로 나눈 나머지
②삼차식으로 나눈 나머지
의 형태를 쓰시오.

정답 ▷ p.21

연구03   □X □△ □○

다항식 $f(x)$를 일차식 $x-\alpha$로 나누었을 때
나머지의 값을 쓰고 이를 유도하시오.

정답 ▷ p.23

연구04   □X □△ □○

$f(x)$가 $x-\alpha$로 나누어떨어질 때, $f(\alpha)$의 값을
쓰시오.

정답 ▷ p.23

연구01   □X □△ □○

빈칸에 알맞은 것을 쓰시오.

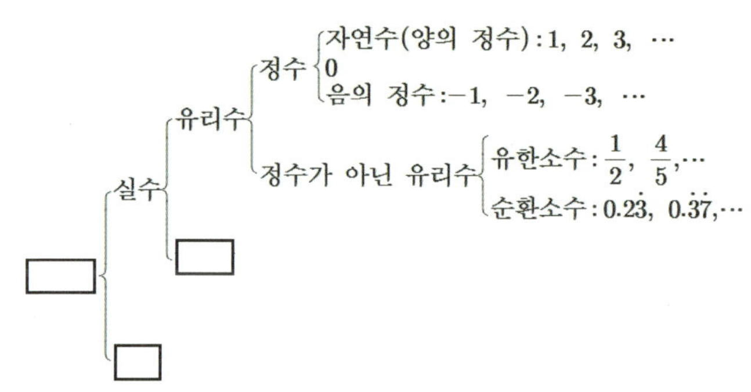

정답 ▷ p.24

연구02   □X □△ □○

허수단위 i의 뜻을 쓰시오.

정답 ▷ p.25

연구03   □X □△ □○

아래 복소수의 연산의 식을 완성하시오.
①덧셈 $(a+bi)+(c+di) =$
②뺄셈 $(a+bi)-(c+di) =$
③곱셈 $(a+bi)(c+di) =$
④나눗셈 $(a+bi)\div(c+di) =$

정답 ▷ p.26

연구04   □X □△ □○

$z=a+bi$라고 할 때 아래 식을 완성하시오.
① $z+\bar{z} =$
② $z\times\bar{z} =$

정답 ▷ p.26

☑X ➡ ☑△ ➡ ☑완성○ 될 때까지 복습하자!

연구05 □X □△ □○

$a > 0$일 때 $-a$의 제곱근은 $\pm \sqrt{a}\,i$인 이유를 쓰시오.

정답 ▷ p.27

연구06 □X □△ □○

이차방정식 $ax^2 + bx + c = 0 \ (a \neq 0)$의 근의 공식을 쓰고, 이를 유도하시오.

정답 ▷ p.28

연구07 □X □△ □○

이차방정식 $ax^2 + bx + c = 0 \ (a \neq 0)$의 판별식 D를 쓰고, 판별식의 부호에 따른 근의 종류를 쓰시오.

① $D > 0$:

② $D = 0$:

③ $D < 0$:

정답 ▷ p.29

연구08 □X □△ □○

이차방정식 $ax^2 + bx + c = 0 \ (a \neq 0)$의 판별식 D의 부호에 따라 이차방정식의 근이 실근 2개, 중근, 허근 2개로 결정되는 이유를 쓰시오.

정답 ▷ p.29

연구09 □X □△ □○

이차방정식 $ax^2 + bx + c = 0 \ (a \neq 0)$의 두 근을 α, β라 할 때, 아래 근과 계수와의 관계의 식을 완성하고 이를 유도하시오.

① $\alpha + \beta = \boxed{}$

② $\alpha\beta = \boxed{}$

정답 ▷ p.29

연구10 □X □△ □○

삼차방정식 $ax^3 + bx^2 + cx + d = 0 \ (a \neq 0)$의 세 근을 α, β, γ라 할 때, 아래 근과 계수와의 관계의 식을 완성하고 이를 유도하시오.

① $\alpha + \beta + \gamma = \boxed{}$

② $\alpha\beta + \beta\gamma + \gamma\alpha = \boxed{}$

③ $\alpha\beta\gamma = \boxed{}$

정답 ▷ p.29

연구11 □X □△ □○

이차방정식 $ax^2 + bx + c = 0 \ (a \neq 0)$의

① a, b, c가 유리수이면

한 근이 $g + h\sqrt{k}$이면 $\boxed{}$도 근이다.

(단, g, h는 유리수이고 $h \neq 0$, $\sqrt{k}$는 무리수)

② a, b, c가 실수이면

한 근이 $g + hi$이면 $\boxed{}$도 근이다.

(단, g, h는 실수이고 $h \neq 0$)

정답 ▷ p.30

나의 개념 이해도를 ☑체크해보자! □X □△ □완성○

연구12 □X □△ □○

이차함수 $y = ax^2 + bx + c$의 꼭짓점의 좌표를 쓰고, 이를 유도하시오.

정답 ▷ p.31

연구13 □X □△ □○

이차함수 $y = ax^2 + bx + c$의 그래프와 x축의 위치 관계에 따른, 이차방정식 $ax^2 + bx + c = 0$의 판별식 $D = b^2 - 4ac$의 부호를 쓰고, 그 이유를 쓰시오.

① D [ ] 0 : 서로 다른 두 점에서 만난다.

② D [ ] 0 : 한 점에서 만난다(접한다).

③ D [ ] 0 : 만나지 않는다.

정답 ▷ p.32

연구14 □X □△ □○

두 함수 $y = f(x)$와 $y = g(x)$의 그래프의 교점을 구할 때, $f(x) = g(x)$의 식을 계산하면 구할 수 있는 이유를 쓰시오.

정답 ▷ p.33

연구15 □X □△ □○

연립일차방정식 $\begin{cases} ax + by + c = 0 \\ a'x + b'y + c' = 0 \end{cases}$ 에서 아래 조건이 성립할 때의 해의 개수를 쓰시오.

① $\dfrac{a}{a'} \neq \dfrac{b}{b'}$

② $\dfrac{a}{a'} = \dfrac{b}{b'} = \dfrac{c}{c'}$

③ $\dfrac{a}{a'} = \dfrac{b}{b'} \neq \dfrac{c}{c'}$

정답 ▷ p.36

연구16 □X □△ □○

$|x| \leq a \iff -a \leq x \leq a$임을 유도하시오.

정답 ▷ p.38

연구17 □X □△ □○

이차함수 $y = ax^2 + bx + c$에 대하여, 빈칸에 알맞은 x의 값이나 범위를 쓰시오.

$(a > 0)$	$D > 0$	$D = 0$	$D < 0$
$y = f(x)$ 그래프			
$f(x) = 0$			
$f(x) > 0$			
$f(x) \geq 0$			
$f(x) < 0$			
$f(x) \leq 0$			

정답 ▷ p.40

연구18 □X □△ □○

모든 실수 x에 대하여 $ax^2 + bx + c > 0$일 조건을 2가지 쓰시오.

정답 ▷ p.40

☑X ➡ ☑△ ➡ ☑완성○ 될 때까지 복습하자!

수학(상)
Ⅲ.도형의 방정식

— 연구01   □X □△ □○ —

두 점 $A(x_1,\ y_1)$, $B(x_2,\ y_2)$ 사이의 거리
$\overline{AB}=\sqrt{(x_2-x_1)^2+(y_2-y_1)^2}$ 임을 유도하시오.

정답 ▷ p.41

— 연구02   □X □△ □○ —

수직선 위의 두 점 $A(x_1)$, $B(x_2)$를 이은 선분 AB를 $m:n$으로 내분하는 점 P를 유도하시오.

정답 ▷ p.43

— 연구03   □X □△ □○ —

수직선 위의 두 점 $A(x_1)$, $B(x_2)$를 이은 선분 AB를 $m:n$으로 외분하는 점 Q를 유도하시오.

정답 ▷ p.43

— 연구04   □X □△ □○ —

좌표평면 위의 세 점 $A(x_1,\ y_1)$, $B(x_2,\ y_2)$, $C(x_3,\ y_3)$을 꼭짓점으로 하는 삼각형 ABC의 무게중심 G의 좌표를 유도하시오.

정답 ▷ p.44

— 연구05   □X □△ □○ —

빈칸에 알맞은 직선의 기울기의 값을 쓰시오.

직선과 x축 이루는 각	직선의 기울기
60°	
45°	
30°	
0°	
-30°	
-45°	
-60°	

정답 ▷ p.45

— 연구06   □X □△ □○ —

점 $A(x_1,\ y_1)$을 지나고 기울기가 m인 직선의 방정식이 무엇인지 쓰고, 이를 유도하시오.

정답 ▷ p.47

나의 개념 이해도를 ☑체크해보자! □X □△ □완성○

── 연구07 □X □△ □○ ──

x절편이 a이고 y절편이 b인 직선의 방정식을 쓰시오.

정답 ▷ p.47

── 연구08 □X □△ □○ ──

아래는 두 직선의 위치관계에 대한 표이다. 각 위치 관계마다 빈칸에 알맞은 식을 쓰시오

위치 관계	$y = mx + n$ $y = m'x + n'$	$ax + by + c = 0$ $a'x + b'y + c' = 0$
일치		
평행		
한 점 만남		
수직		

정답 ▷ p.48

── 연구09 □X □△ □○ ──

두 직선 $y = mx + n$, $y = m'x + n'$의 그래프가 수직이 되기 위한 조건을 쓰고, 이를 유도하시오.

정답 ▷ p.48

── 연구10 □X □△ □○ ──

점 $(x_1,\ y_1)$과 직선 $ax + by + c = 0$사이의 거리의 값을 쓰시오.

정답 ▷ p.49

── 연구11 □X □△ □○ ──

평행한 두 직선 $ax + by + c_1 = 0$, $ax + by + c_2 = 0$ 사이의 거리의 값을 쓰고, 이를 유도하시오.

정답 ▷ p.49

── 연구12 □X □△ □○ ──

중심이 $(a,\ b)$, 반지름 길이가 r인 원의 방정식을 쓰고, 이를 유도하시오.

정답 ▷ p.50

☑X ➡ ☑△ ➡ ☑완성○ 될 때까지 복습하자!

─ 연구13 □X □△ □○ ─

중심이 (a, b)인 원이 있다 이 원이 아래 조건을
만족시킬 때의 원의 방정식을 쓰시오.
① x축에 접함
② y축에 접함
③ x축, y축에 접함 (단, $a,\ b>0$)

정답 ▷ p.51

─ 연구14 □X □△ □○ ─

두 원의 중심사이의 거리가 d이고 반지름이 각각
$R,\ r$일 때$(R>r)$, 아래 위치 관계에 따른 d,
$R,\ r$의 관계식을 쓰시오.
① 만나지 않음
② 한 점에서 만난다(외접)
③ 서로 다른 두 점에서 만남
④ 한 점에서 만남(내접)
⑤ 한 원이 다른 원에 포함

정답 ▷ p.52

─ 연구15 □X □△ □○ ─

원의 중심과 직선사이의 거리가 d,
반지름의 길이가 r일 때,
원과 직선의 교점의 개수를 쓰시오.
① $d<r$:
② $d=r$:
③ $d>r$:

정답 ▷ p.52

─ 연구16 □X □△ □○ ─

원 $x^2+y^2=r^2$에서 기울기 m인 접선의
방정식을 쓰고, 이를 유도하시오.

정답 ▷ p.53

─ 연구17 □X □△ □○ ─

원 $x^2+y^2=r^2$ 위의 점 $(x_1,\ y_1)$에서의 접선의
방정식을 쓰고, 이를 유도하시오.

정답 ▷ p.53

─ 연구18 □X □△ □○ ─

x축의 방향으로 a만큼,
y축의 방향으로 b만큼 평행이동 한 것을 쓰시오.
① 점 이동 $\mathrm{P}(x,\ y)$ →
② 도형 이동 $f(x,\ y)=0$ →

정답 ▷ p.54

─ 연구19 □X □△ □○ ─

함수 $y=f(x)$의 그래프가 주기가 p인 함수일
때, 성립하는 식을 쓰시오.

정답 ▷ p.54

나의 개념 이해도를 ☑체크해보자! □X □△ □완성○

연구20 □X □△ □○

대칭 이동한 점 (x, y)의 좌표와, 도형
$f(x, y) = 0$의 방정식을 구하고자 한다.
빈칸에 알맞은 것을 쓰시오.

대칭	$P(x, y)$	$f(x, y) = 0$	$y = f(x)$
x축			
y축			
원점			
$y = x$			
$x = a$			
$y = b$			
점(a, b)			

정답 ▷ p.57

연구21 □X □△ □○

$f(x) = f(-x)$가 성립할 때, 함수 $y = f(x)$의
그래프는 어떤 형태인지 쓰고,
$y = f(x)$가 다항함수일 경우 어떤 항으로
구성되어있는지를 쓰시오.

정답 ▷ p.58

연구22 □X □△ □○

$f(a+x) = f(a-x)$일 때, $y = f(x)$의 그래프는
어떤 형태인가?

연구23 □X □△ □○

$f(x) = f(2a-x)$일 때, $y = f(x)$의 그래프는
어떤 형태인가?

정답 ▷ p.58

연구24 □X □△ □○

$f(x) = -f(-x)$가 성립할 때,
함수 $y = f(x)$의 그래프는 어떤 형태인지 쓰고,
$y = f(x)$가 다항함수일 경우 어떤 항으로
구성되어있는지 쓰시오.

정답 ▷ p.59

연구25 □X □△ □○

$\dfrac{f(a+x) + f(a-x)}{2} = b$ 일 때,

$y = f(x)$의 그래프는 어떤 형태인가?

정답 ▷ p.59

☑X ➡ ☑△➡ ☑완성○ 될 때까지 복습하자!

수학(하)
Ⅰ.집합과 명제

── 연구01 □X □△ □○ ──

전체집합 U와 집합 A에 대하여 빈칸에 알맞은 기호를 쓰시오.

① $A \cup A^c =$ ☐

② $A \cap A^c =$ ☐

③ $(A^c)^c =$ ☐

④ $A - \varnothing =$ ☐

⑤ $A - A =$ ☐

⑥ $\varnothing^c =$ ☐

⑦ $U^c =$ ☐

⑧ $A - B = A \cap$ ☐

　　　$=$ ☐ $- (A \cap B)$

　　　$= (A \cup B) -$ ☐

정답 ▷ p.65

── 연구02 □X □△ □○ ──

두 집합 A, B에 대하여 빈칸에 알맞은 기호를 쓰시오.

① $x \in A$ 이면 $x \in B$ 이다 ⇔ ☐

② $\{x \mid x \in A \text{ 또는 } x \in B\} =$ ☐

③ $\{x \mid x \in A \text{ 이고 } x \in B\} =$ ☐

④ $\{x \mid x \in A \text{ 이고 } x \notin B\} =$ ☐

⑤ $\{x \mid x \in U \text{ 이고 } x \notin A\} =$ ☐

정답 ▷ p.66

── 연구03 □X □△ □○ ──

두 집합 A, B에 대하여 $A \subset B$이 성립할 때 빈칸에 알맞은 것을 쓰시오.

① $A \cup B =$ ☐

② $A \cap B =$ ☐

③ $A - B =$ ☐

④ $B^c \subset$ ☐

⑤ $A^c \cup B =$ ☐

정답 ▷ p.66

── 연구04 □X □△ □○ ──

두 집합 A, B가 서로소일 때 빈칸에 알맞은 것을 쓰시오.

① $A \cap B =$ ☐

② $n(A \cap B) =$ ☐

③ $A - B =$ ☐

④ $B - A =$ ☐

⑤ $A \subset$ ☐

⑥ $B \subset$ ☐

정답 ▷ p.66

── 연구05 □X □△ □○ ──

세 집합 A, B, C에 대하여 빈칸에 알맞은 것을 쓰고, 이를 밴다이어그램을 이용해 설명하시오.

• 결합법칙 $(A \cup B) \cup C =$ ☐

• 분배법칙 $A \cap (B \cup C) =$ ☐

• 드모르간의 법칙 $(A \cup B)^c =$ ☐

정답 ▷ p.67

나의 개념 이해도를 ☑체크해보자! □X □△ □완성○

── 연구06 □X □△ □○ ──

원소의 개수가 n개인 집합에서
①부분집합의 개수를 쓰고, 그 이유를
설명하시오.
②진부분집합의 개수를 쓰시오.

정답 ▷ p.68

── 연구07 □X □△ □○ ──

두 집합 A, B에 대하여 빈칸에 알맞은 것을
쓰고, 이를 밴다이어그램을 이용해 설명하시오.

- $n(A \cup B) = n(A) + n(B) - \boxed{}$
- $n(A \cup B \cup C) = n(A) + n(B) + n(C) - \boxed{}$

정답 ▷ p.68

── 연구08 □X □△ □○ ──

명제의 뜻을 쓰시오.

정답 ▷ p.69

── 연구09 □X □△ □○ ──

'p이면 q이다.' 꼴의 명제에서
p를 $\boxed{}$, q를 $\boxed{}$이라 한다.
빈칸에 알맞은 것을 쓰시오.

정답 ▷ p.69

── 연구10 □X □△ □○ ──

명제나 조건을 부정할 때, 표현이 바뀌는 것으로
짝지어지도록 빈칸에 알맞은 것을 쓰시오.

p	$\sim p$
이다	
$<$	
$>$	
$=$	
이고, and	
모든	

정답 ▷ p.69

── 연구11 □X □△ □○ ──

조건의 뜻을 쓰시오.

정답 ▷ p.70

── 연구12 □X □△ □○ ──

진리집합의 뜻을 쓰시오.

정답 ▷ p.70

── 연구13 □X □△ □○ ──

각 조건에 대한 진리집합이 짝지어지도록 빈칸에
알맞은 것을 쓰시오.

p, q	P, Q
$\sim p$	
p or q	
p and q	
$p \to q$	

정답 ▷ p.70

☑X ➡ ☑△ ➡ ☑완성○ 될 때까지 복습하자!

—— 연구14 □X □△ □○ ——

두 조건 p, q에 대하여 부정이 무엇인지 쓰고 그 이유를 쓰시오.
①조건 'p 또는 q'의 부정:
②조건 'p 이고 q'의 부정:

정답 ▷ p.71

—— 연구15 □X □△ □○ ——

명제 '모든 x에 대하여 p이다'가 참일 때, 조건 p의 진리집합 P가 만족하는 식을 쓰시오.

정답 ▷ p.72

—— 연구16 □X □△ □○ ——

명제 '모든 x에 대하여 p이다'의 부정을 쓰시오.

정답 ▷ p.72

—— 연구17 □X □△ □○ ——

명제 '어떤 x에 대하여 p이다'가 참일 때, 조건 p의 진리집합 P가 만족하는 식을 쓰시오.

정답 ▷ p.72

—— 연구18 □X □△ □○ ——

명제 '어떤 x에 대하여 p이다'의 부정을 쓰시오.

정답 ▷ p.72

—— 연구19 □X □△ □○ ——

빈칸에 알맞은 기호를 쓰시오.
두 조건 p, q의 진리집합을 각각 P, Q라 할 때
명제 $p \rightarrow q$는 참이면 $P \square Q$이다.

정답 ▷ p.73

—— 연구20 □X □△ □○ ——

빈칸에 알맞은 기호와 문장을 쓰시오.

명제	$p \rightarrow q$	p이면 q이다
역		
대우		

정답 ▷ p.74

—— 연구21 □X □△ □○ ——

빈칸에 역/대우 중 알맞은 것을 쓰시오.
어떤 명제가 참이면 그 □□□도 참이다.
어떤 명제가 거짓이면 그 □□□도 거짓이다.

정답 ▷ p.74

—— 연구22 □X □△ □○ ——

두 조건 p, q에 대하여 빈칸에 알맞은 것을 쓰시오.
①$p \Rightarrow q$일 때,
　p는 q이기 위한 □□□
　q는 p이기 위한 □□□
②$p \Leftrightarrow q$일 때,
　p는 q이기 위한 □□□
　q는 p이기 위한 □□□

정답 ▷ p.75

—— 연구23 □X □△ □○ ——

$\dfrac{a+b}{2} \geq \sqrt{ab}$가 성립함을 유도하시오.

정답 ▷ p.77

나의 개념 이해도를 ☑체크해보자! □X □△ □완성○

수학(하)
Ⅱ.함수

— 연구01   □X □△ □○ —

'정의역의 서로 다른 원소에 대하여, 그 함숫값이 서로 다를 때의 함수'의
①용어 ②식을 쓰시오.

정답 ▷ p.80

— 연구02   □X □△ □○ —

'일대일 함수이고, 치역과 공역이 같은 함수'가 무엇인지 알맞은 용어를 쓰시오.

정답 ▷ p.81

— 연구03   □X □△ □○ —

'정의역 X의 모든 원소 x가 공역 Y의 오직 하나의 원소에만 대응될 때의 함수'의
①용어 ②식을 쓰시오.

정답 ▷ p.81

— 연구04   □X □△ □○ —

'정의역과 공역이 같고, 정의역의 임의의 원소에 그 자신을 대응시키는 함수'의
①용어 ②식을 쓰시오.

정답 ▷ p.82

— 연구05   □X □△ □○ —

함수 f의 역함수 f^{-1}는, 함수 f가 [   ]일 때 존재한다.

정답 ▷ p.84

— 연구06   □X □△ □○ —

빈칸에 알맞은 것을 쓰시오.
① $f(a)=b \iff f^{-1}(b)=$ [   ]
② $f^{-1} \circ f(x)=f \circ f^{-1}(x)=$ [   ]
③ $(f^{-1})^{-1}=$ [   ]
④ $(g \circ f)^{-1}=$ [   ]

정답 ▷ p.85

☑X ➡ ☑△ ➡ ☑완성○ 될 때까지 복습하자!

연구07 □X □△ □○

$y=f(x)$, $y=f^{-1}(x)$의 그래프는
직선 □에 대하여 대칭이다.

정답 ▷ p.85

연구08 □X □△ □○

아래 명제의 참 거짓을 판별하시오.
① f와 $y=x$의 교점은 f와 f^{-1}의 교점이다.
② f와 f^{-1}의 교점은 f와 $y=x$의 교점이다.

정답 ▷ p.85

연구09 □X □△ □○

아래는 $y=\dfrac{k}{x}$ 형태의 식으로 표현되는 함수의
그래프이다. k는 -3, -2, -1, 1, 2, 3 중
하나의 값을 갖을 때, A, B, C, D, E, F
그래프 마다 알맞은 k값을 짝지으시오.

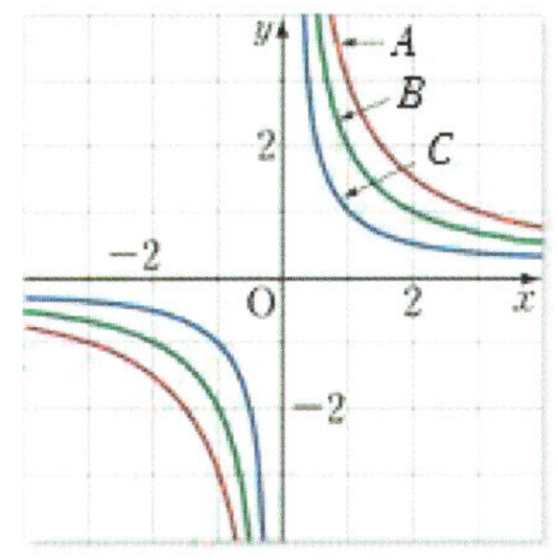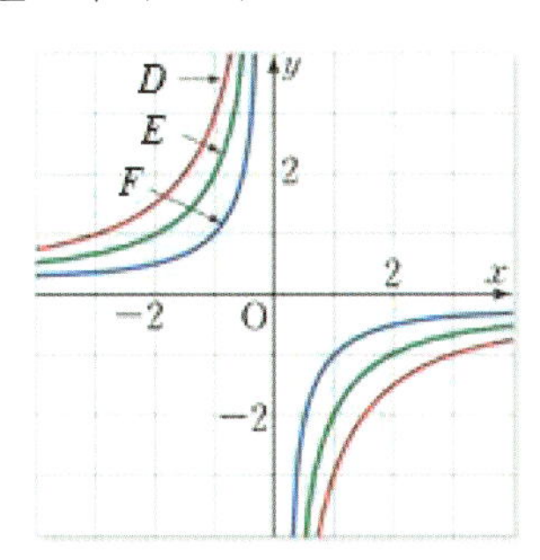

정답 ▷ p.87

연구10 □X □△ □○

함수 $y=\dfrac{k}{x-p}+q$에서 아래 사항에 알맞은
것을 쓰시오.
a.정의역:
  치역:
b.점근선:
c.대칭:

정답 ▷ p.88

연구11 □X □△ □○

아래의 A, B, C, D는 $y=\sqrt{x}$, $y=-\sqrt{x}$,
$y=\sqrt{-x}$, $y=-\sqrt{-x}$ 중 하나의 그래프이다.
A, B, C, D가 나타내는 방정식을 알맞게
짝지으시오.

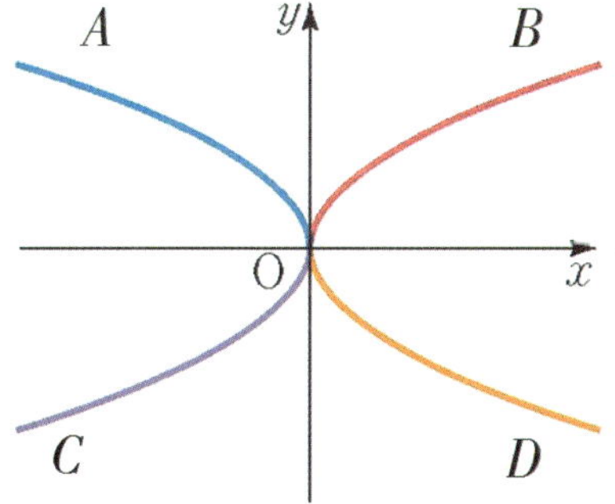

정답 ▷ p.90

연구12 □X □△ □○

함수 $y=\sqrt{ax}$ 와 함수 $y=\dfrac{x^2}{a}(x\geq0)$의
그래프는 어떤 관계에 있는지 쓰시오. (단,
$a\neq0$)

정답 ▷ p.91

나의 개념 이해도를 ☑체크해보자! □X □△ □완성○

<table>
<tr><td>

수학(하)
Ⅲ.경우의 수

</td><td>

수학 Ⅰ
Ⅰ.지수함수와 로그함수

</td></tr>
</table>

— 연구01   □X □△ □○ —

자연수 N을 소인수 분해 한 것이
$N = x^a y^b z^c (x,\ y,\ z$는 서로소)일 때, N의
약수의 개수는 몇 개인가? 또 약수의 총합은
얼마인가?

정답 ▷ p.93

— 연구02   □X □△ □○ —

서로 다른 n개에서 r개를 택하여 이들의 순서를
생각하여 일렬로 배열하는 순열의 값은?

정답 ▷ p.93

— 연구03   □X □△ □○ —

서로 다른 n개에서 r개를 택하는 경우의 수는?

정답 ▷ p.94

— 연구04   □X □△ □○ —

$_nC_r = \dfrac{_nP_r}{r!}$ 인 이유를 쓰시오.

정답 ▷ p.94

— 연구01   □X □△ □○ —

$a > 0,\ b > 0$일 때, 임의의 실수 $m,\ n$에 대하여
다음 식이 성립한다. 빈칸에 알맞은 것을 쓰시오.

① $a^m a^n =$

② $(a^m)^n =$

③ $(ab)^n =$

④ $a^m \div a^n =$

⑤ $a^0 =$

⑥ $a^{-n} =$

정답 ▷ p.98

— 연구02   □X □△ □○ —

$a \neq 0$이고, n이 양의 정수일 때 다음을
유도하시오.

- $a^0 = 1$
- $a^{-n} = \dfrac{1}{a^n}$

정답 ▷ p.98

☑X ➡ ☑△ ➡ ☑완성○ 될 때까지 복습하자!

연구03 ☐X ☐△ ☐○

a의 n제곱근을 빈칸에 쓰시오.

$x^n = a$	n이 홀수	n이 짝수
$a > 0$		
$a = 0$		
$a < 0$		

정답 ▷ p.99

연구04 ☐X ☐△ ☐○

다음을 제곱근 기호를 이용해 표현하시오.

(1) 64의 2제곱근 중 음수 :

(2) 64의 3제곱근 중 음수 :

(3) -64의 3제곱근 중 음수 :

(4) -64의 2제곱근 중 음수 :

(5) 64의 2제곱근 중 양수 :

(6) 64의 3제곱근 중 양수 :

(7) -64의 3제곱근 중 양수 :

(8) -64의 2제곱근 중 양수 :

정답 ▷ p.99

연구05 ☐X ☐△ ☐○

$a > 0$, $b > 0$이고 m, n이 2 이상의 자연수일 때 다음을 유도하시오.

① $\sqrt[n]{a}\,\sqrt[n]{b} = \sqrt[n]{ab}$

② $\dfrac{\sqrt[n]{b}}{\sqrt[n]{a}} = \sqrt[n]{\dfrac{b}{a}}$

③ $\left(\sqrt[n]{a}\right)^m = \sqrt[n]{a^m}$

④ $\sqrt[m]{\sqrt[n]{a}} = \sqrt[mn]{a}$

⑤ $\sqrt[n]{a^m} = \sqrt[np]{a^{mp}}$ (p는 양의 정수)

⑥ $a^{\frac{m}{n}} = \sqrt[n]{a^m}$

정답 ▷ p.100

연구06 ☐X ☐△ ☐○

$a > 0$, $a \neq 1$이고 $N > 0$일 때 $a^x = N$ 을 로그를 이용하여 표현하시오.

정답 ▷ p.101

연구07 ☐X ☐△ ☐○

$\log_a N$에서 밑수조건 $a > 0$, $a \neq 1$과 진수조건 $N > 0$이 있어야 하는 이유를 쓰시오.

정답 ▷ p.101

나의 개념 이해도를 ☑체크해보자! □X □△ □완성○

── 연구08   □X □△ □○ ──

$a > 0$, $a \neq 1$, $x > 0$, $y > 0$이고 k가 임의의 실수일 때 다음 로그의 성질을 유도하시오.

① $\log_a 1 = 0$, $\log_a a = 1$

② $\log_a xy = \log_a x + \log_a y$

③ $\log_a \dfrac{x}{y} = \log_a x - \log_a y$

④ $\log_a x^k = k \log_a x$

⑤ $\log_a b = \dfrac{\log_c b}{\log_c a}$ (b, c는 양수이고 $c \neq 1$)

⑥ $\log_{a^m} x^n = \dfrac{n}{m} \log_a x$

⑦ $a^{\log_c x} = x^{\log_c a}$

정답 ▷ p.102

── 연구09   □X □△ □○ ──

다음은 지수함수 $y = a^x$ $(a > 0,\ a \neq 1)$의 성질이다. 그래프를 그리고 빈칸을 채우시오.

①정의역:

　치역:

②$a > 1$일 때, [　　　]함수

　$0 < a < 1$일 때, [　　　]함수

③a값과 관계없이 지나는 점:

❖ 그래프 그릴 때 활용할 점:

④점근선:

⑤$y = a^x$와 $y = \left(\dfrac{1}{a}\right)^x$의 그래프의 관계:

정답 ▷ p.106

── 연구10   □X □△ □○ ──

다음은 로그함수 $y = \log_a x$ $(a > 0,\ a \neq 1)$의 성질이다. 그래프를 그리고 빈칸에 알맞은 말을 쓰시오.

①정의역:

　치역 :

②$a > 1$일 때, [　　　]함수

　$0 < a < 1$일 때, [　　　]함수

③a값과 관계없이 지나는 점:

❖ 그래프 그릴 때 활용할 점:

④점근선 :

⑤$y = \log_a x$와 $y = \log_{\frac{1}{a}} x$의 그래프의 관계:

⑥함수 $y = a^x$과 $y = \log_a x$의 관계:

정답 ▷ p.107

── 연구11   □X □△ □○ ──

빈칸에 알맞은 부등호를 쓰시오.

• 임의의 실수 x에 대하여 a^x □ 0

• $a > 1$일 때, $a^{x_1} < a^{x_2} \Leftrightarrow$

• $0 < a < 1$일 때, $a^{x_1} < a^{x_2} \Leftrightarrow$

정답 ▷ p.108

── 연구12   □X □△ □○ ──

$a > 0$, $a \neq 1$이고 x_1, $x_2 > 0$일 때 빈칸에 알맞은 부등식을 쓰시오.

• $a > 1$일 때,
$$\log_a x_1 < \log_a x_2 \Leftrightarrow$$

• $0 < a < 1$일 때,
$$\log_a x_1 < \log_a x_2 \Leftrightarrow$$

정답 ▷ p.109

☑X ➡ ☑△ ➡ ☑완성○ 될 때까지 복습하자!

수학 I
II.삼각함수

— 연구01   □X □△ □○ —

빈칸에 알맞은 것을 쓰시오.

삼각비 \ A	0°	30°	45°	60°	90°
$\sin A$					
$\cos A$					
$\tan A$					

정답 ▷ p.111

— 연구02   □X □△ □○ —

$\angle B = 90°$ 인 $\triangle ABC$에서 $\angle A = \theta$ 라고 할 때, 나머지 두 변의 길이를 주어진 길이와 θ에 대한 삼각비를 이용해 표현하시오.

①   ②

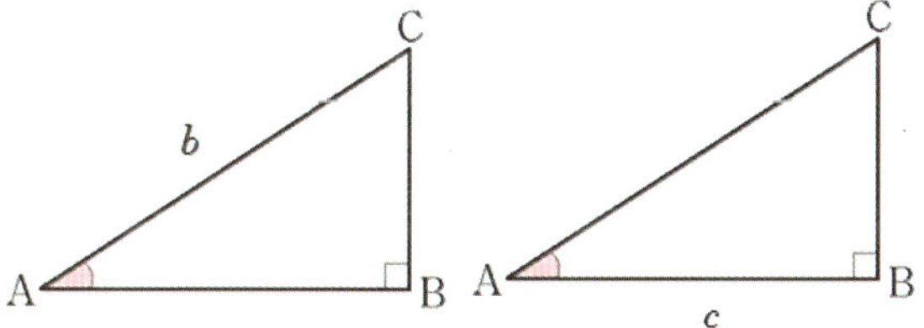

③

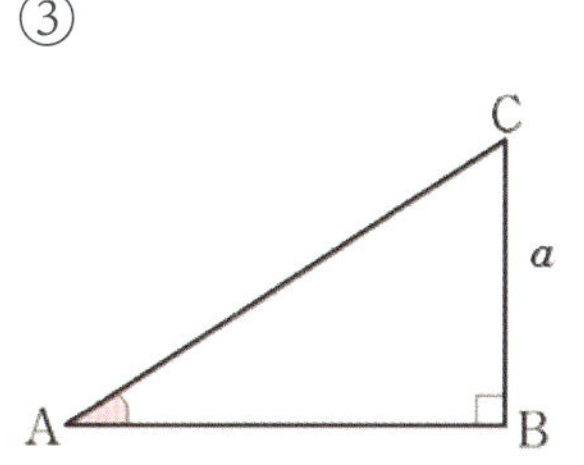

정답 ▷ p.112

— 연구03   □X □△ □○ —

중심각 크기 θ를 반지름 길이 r와 호의 길이 l에 관한 식으로 쓰시오.

정답 ▷ p.114

— 연구04   □X □△ □○ —

1(라디안)을 60분법 각도로 얼마인지, $1°$ 가 호도법 각도로 얼마인지를 쓰시오.

정답 ▷ p.114

— 연구05   □X □△ □○ —

부채꼴의 넓이 S를 중심각 크기 θ, 반지름 길이 r, 호의 길이 l를 사용하여 표현하고 이를 유도하시오.

정답 ▷ p.114

나의 개념 이해도를 ☑체크해보자! □X □△ □완성○

연구06 □X □△ □○

다음 60분법 각도에 같은 호도법 각도를 빈칸에 쓰시오.

30°	45°	60°	90°	120°	135°	150°	180°

정답 ▷ p.114

연구07 □X □△ □○

좌표평면에서 x축의 양의 방향을 시초선으로 할 때, 점 $P(x, y)$에 대하여 동경 OP의 각도가 θ이고 $r = \sqrt{x^2 + y^2}$일 때 $\sin\theta$, $\cos\theta$, $\tan\theta$의 값을 쓰시오.

정답 ▷ p.115

연구08 □X □△ □○

θ가 동경 OP에 대한 각이고 점 $P(x, y)$가 각 사분면에 있을 때의 $\sin\theta$, $\cos\theta$, $\tan\theta$의 부호를 아래의 빈칸에 쓰시오.

사분면	$\sin\theta$	$\cos\theta$	$\tan\theta$
1			
2			
3			
4			

정답 ▷ p.115

연구09 □X □△ □○

다음 삼각함수 사이의 관계를 유도하시오.

① $\tan\theta = \dfrac{\sin\theta}{\cos\theta}$

② $\sin^2\theta + \cos^2\theta = 1$

정답 ▷ p.116

연구10 □X □△ □○

중심이 원점 O이고 반지름의 길이가 r인 원 위에 있는 점 P에 대하여, 동경 OP의 각이 θ일 때, 점 P의 좌표를 쓰시오.

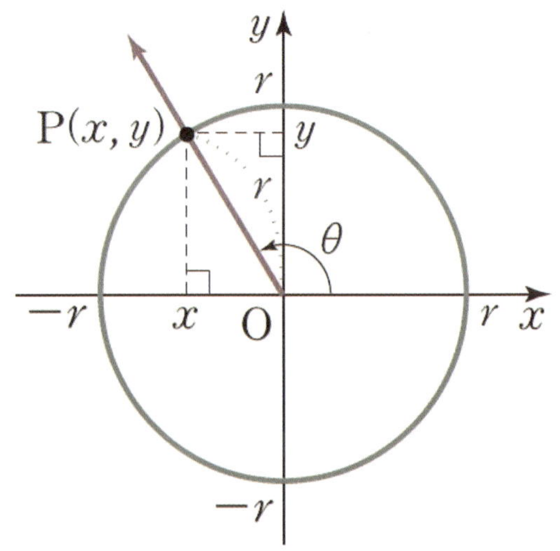

정답 ▷ p.117

☑X ➡ ☑△➡ ☑완성○ 될 때까지 복습하자!

── 연구11 □X □△ □○ ──

아래 단위원에 표시되어 있는 모든 60분법
각도에 대하여
① 호도법 각   ② 점의 좌표
를 모두 쓰시오.

정답 ▷ p.117

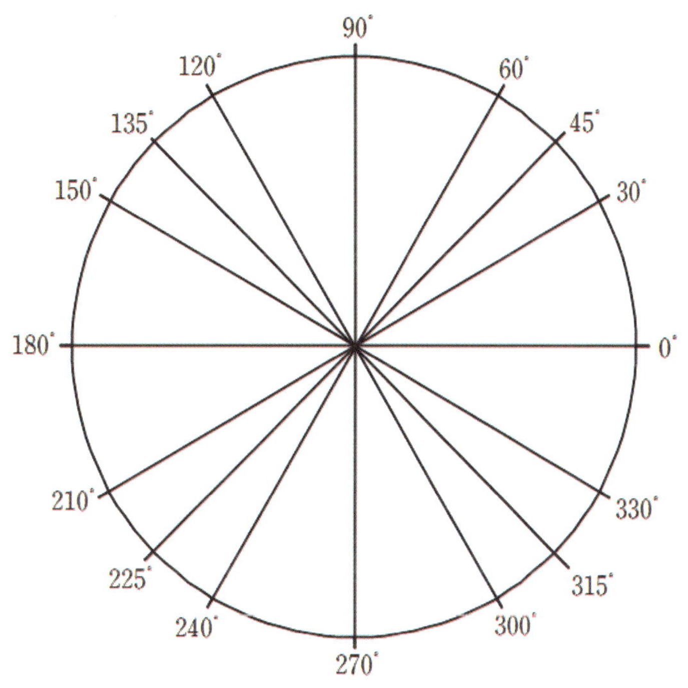

── 연구12 □X □△ □○ ──

아래 표에 알맞은 값을 쓰시오.

θ	0	$\dfrac{\pi}{6}$	$\dfrac{\pi}{3}$	$\dfrac{\pi}{2}$	$\dfrac{2\pi}{3}$	$\dfrac{5\pi}{6}$	π	$\dfrac{7\pi}{6}$	$\dfrac{4\pi}{3}$	$\dfrac{3\pi}{2}$	$\dfrac{5\pi}{3}$	$\dfrac{11\pi}{6}$	2π
$\sin\theta$													
$\cos\theta$													

정답 ▷ p.117

나의 개념 이해도를 ☑체크해보자! □X □△ □완성○

── 연구13 □X □△ □○ ──

함수 $y = \sin x$의 그래프에서 아래 사항에
알맞은 것을 쓰시오.

a.정의역:

b.치 역:

c.주 기:

d.대칭성:

정답 ▷ p.118

── 연구14 □X □△ □○ ──

함수 $y = \cos x$의 그래프에서 아래 사항에
알맞은 것을 쓰시오.

a.정의역:

b.치 역:

c.주 기:

d.대칭성:

정답 ▷ p.119

── 연구15 □X □△ □○ ──

두 함수 $y = \sin x$와 $y = \cos x$의 그래프는
□□□□□ 이동 관계이다.

정답 ▷ p.119

── 연구16 □X □△ □○ ──

함수 $y = \tan x$의 그래프에서 아래 사항에
알맞은 것을 쓰시오.

a.정의역:

b.치 역:

c.주 기:

d.대칭성:

정답 ▷ p.119

── 연구17 □X □△ □○ ──

빈칸에 알맞은 것을 쓰시오.

함 수	최댓값	최솟값	주 기
$a\sin(bx+\alpha)+c$			
$a\cos(bx+\alpha)+c$			
$a\tan(bx+\alpha)+c$			

정답 ▷ p.120

── 연구18 □X □△ □○ ──

$y = f(x)$의 그래프에 대한 $y = f(px)$의
그래프의 특징을 쓰시오.

정답 ▷ p.121

── 연구19 □X □△ □○ ──

$y = f(x)$의 그래프에 대한 $y = pf(x)$의
그래프의 특징을 쓰시오.

정답 ▷ p.121

── 연구20 □X □△ □○ ──

빈칸에 알맞은 것을 쓰고 이 식이 성립하는
이유를 단위원을 이용해 표현하시오.

$\sin(-\theta) = \boxed{}$

$\cos(-\theta) = \boxed{}$

$\tan(-\theta) = \boxed{}$

정답 ▷ p.122

☑X ➡ ☑△➡ ☑완성○ 될 때까지 복습하자!

── 연구21 □X □△ □○ ──

빈칸에 알맞은 것을 쓰고 이 식이 성립하는
이유를 단위원을 이용해 표현하시오.

$\sin(\pi+\theta) = \boxed{}$

$\cos(\pi+\theta) = \boxed{}$

$\tan(\pi+\theta) = \boxed{}$

정답 ▷ p.122

── 연구22 □X □△ □○ ──

빈칸에 알맞은 것을 쓰고 이 식이 성립하는
이유를 단위원을 이용해 표현하시오.

$\sin(\pi-\theta) = \boxed{}$

$\cos(\pi-\theta) = \boxed{}$

$\tan(\pi-\theta) = \boxed{}$

정답 ▷ p.122

── 연구23 □X □△ □○ ──

빈칸에 알맞은 것을 쓰고 이 식이 성립하는
이유를 단위원을 이용해 표현하시오.

$\sin\left(\dfrac{\pi}{2}+\theta\right) = \boxed{}$

$\cos\left(\dfrac{\pi}{2}+\theta\right) = \boxed{}$

$\tan\left(\dfrac{\pi}{2}+\theta\right) = \boxed{}$

정답 ▷ p.122

── 연구24 □X □△ □○ ──

빈칸에 알맞은 것을 쓰고 이 식이 성립하는
이유를 단위원을 이용해 표현하시오.

$\sin\left(\dfrac{\pi}{2}-\theta\right) = \boxed{}$

$\cos\left(\dfrac{\pi}{2}-\theta\right) = \boxed{}$

$\tan\left(\dfrac{\pi}{2}-\theta\right) = \boxed{}$

정답 ▷ p.122

── 연구25 □X □△ □○ ──

$\triangle ABC$에서 아래 사인법칙이 성립함을
유도하시오. (단, R는 외접원의 반지름)

$$\frac{a}{\sin A} = \frac{b}{\sin B} = \frac{c}{\sin C} = 2R$$

($\triangle ABC$의 각이 예각일 때만 유도하면 됩니다.)

── 연구26 □X □△ □○ ──

$\triangle ABC$에 대하여 사인법칙을 활용하여

① b를 이용해 a를 표현하시오.

② c를 이용해 a를 표현하시오.

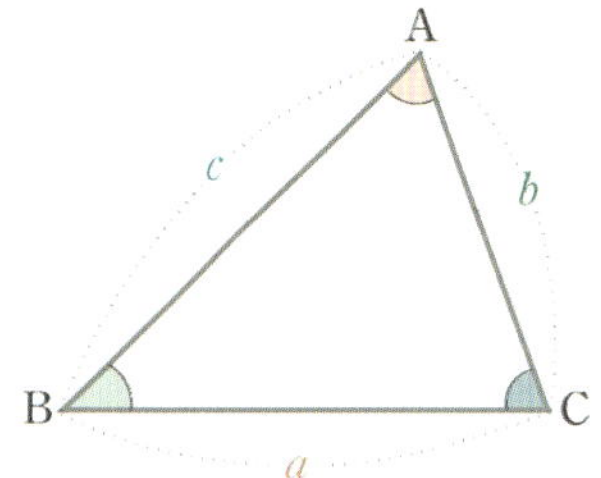

정답 ▷ p.124

── 연구27 □X □△ □○ ──

$\triangle ABC$에서 아래 코사인법칙이 성립함을
유도하시오.

$$b^2 = a^2 + c^2 - 2ac\cos B$$

정답 ▷ p.126

── 연구28 □X □△ □○ ──

$\triangle ABC$가 아래와 같은 조건을 만족시킬 때,
$\triangle ABC$의 넓이를 쓰시오.

①밑변 a와 높이 h가 주어질 때

②두 변의 길이와 그 낀 각을 알 때

③내접원의 반지름 r과 세 변이 주어질 때

④외접원의 반지름 R과 세 변이 주어질 때

⑤세 변의 길이를 알 때 (헤론의 공식)

정답 ▷ p.127

나의 개념 이해도를 ☑체크해보자! □X □△ □완성○

수학 I
Ⅲ.수열

— 연구01 □X □△ □○ —

등차수열의 정의를 쓰시오.

정답 ▷ p.128

— 연구02 □X □△ □○ —

첫째항이 a이고, 공차가 d인 등차수열 $\{a_n\}$의 일반항 a_n의 식을 유도하시오.

정답 ▷ p.128

— 연구03 □X □△ □○ —

b가 a와 c의 등차중항일 때 성립하는 식을 쓰고 이를 유도하시오.

정답 ▷ p.128

— 연구04 □X □△ □○ —

등차수열 $\{a_n\}$의 첫째항부터 제 n항까지의 합 S_n을 유도하시오.

정답 ▷ p.129

— 연구05 □X □△ □○ —

일반항 a_n과 수열 $\{a_n\}$의 첫째항부터 제n항까지의 합 S_n의 관계를 쓰시오.

정답 ▷ p.129

— 연구06 □X □△ □○ —

등비수열의 정의를 쓰시오.

정답 ▷ p.130

— 연구07 □X □△ □○ —

첫째항이 a이고, 공비가 r인 등비수열 $\{a_n\}$의 일반항 a_n의 식을 유도하시오.

정답 ▷ p.130

— 연구08 □X □△ □○ —

b가 a와 c의 등비중항일 때, 성립하는 식을 쓰고 이를 유도하시오.

정답 ▷ p.130

— 연구09 □X □△ □○ —

첫째항이 a이고, 공비가 r인 등비수열의 첫째항부터 제n항까지의 합 S_n을 유도하시오.

정답 ▷ p.131

— 연구10 □X □△ □○ —

아래 시그마 식을 +기호로 풀어서 쓰시오.

① $\displaystyle\sum_{k=1}^{n} a_k =$

② $\displaystyle\sum_{n=1}^{k} a_n =$

③ $\displaystyle\sum_{k=1}^{n} a_n =$

④ $\displaystyle\sum_{n=1}^{k} a_k =$

정답 ▷ p.132

☑X ➡ ☑△ ➡ ☑완성○ 될 때까지 복습하자!

연구11 □X □△ □○

다음을 유도하시오.

① $\displaystyle\sum_{k=1}^{n}(a_k+b_k)=\sum_{k=1}^{n}a_k+\sum_{k=1}^{n}b_k$

② $\displaystyle\sum_{k=1}^{n}(a_k-b_k)=\sum_{k=1}^{n}a_k-\sum_{k=1}^{n}b_k$

③ $\displaystyle\sum_{k=1}^{n}ca_k=c\sum_{k=1}^{n}a_k$ (단, c는 상수)

④ $\displaystyle\sum_{k=1}^{n}c=cn$

정답 ▷ p.132

연구12 □X □△ □○

아래 빈칸에 알맞은 값을 쓰시오.

① $\displaystyle\sum_{k=1}^{n}a_k=\sum_{k=1}^{n-1}a_k+[\qquad]$

① $\displaystyle\sum_{k=1}^{n}a_k=\sum_{k=1}^{m}a_k+\sum_{k=[\ ]}^{n}a_k$ (단, $m<n$)

③ $\displaystyle\sum_{k=1}^{n}a_{k+m}=\sum_{k=[\ ]}^{[\ ]}a_k$

④ $\displaystyle\sum_{k=1}^{2n}a_k=\sum_{k=1}^{[\ ]}a_{2k-1}+\sum_{k=1}^{[\ ]}a_{2k}$

정답 ▷ p.132

연구13 □X □△ □○

빈칸에 알맞은 식을 쓰시오.

① $\displaystyle\sum_{k=1}^{n}k=\boxed{}$

② $\displaystyle\sum_{k=1}^{n}k^2=\boxed{}$

③ $\displaystyle\sum_{k=1}^{n}k^3=\boxed{}$

정답 ▷ p.133

연구14 □X □△ □○

$\dfrac{1}{A\cdot B}=\dfrac{1}{B-A}\left(\dfrac{1}{A}-\dfrac{1}{B}\right)$를 유도하시오.

정답 ▷ p.133

연구15 □X □△ □○

아래 시그마 식을 계산하시오.

① $\displaystyle\sum_{k=1}^{n}kn^2=$

② $\displaystyle\sum_{n=1}^{k}kn^2=$

정답 ▷ p.133

연구16 □X □△ □○

수학적 귀납법이 무엇인지 서술하시오.

정답 ▷ p.134

연구17 □X □△ □○

수열의 귀납적 정의가 무엇인지 서술하시오.

정답 ▷ p.134

연구18 □X □△ □○

등차수열의 점화식 2가지를 쓰시오.

정답 ▷ p.134

연구19 □X □△ □○

등비수열의 점화식 2가지를 쓰시오.

정답 ▷ p.134

나의 개념 이해도를 ☑체크해보자! □X □△ □완성○

수학 II
I.함수의 극한

─ 연구01   □X □△ □○ ─

$x = a$에서 함수 $f(x)$의 극한값 α가 존재한다는 것의 뜻을 쓰시오.

정답 ▷ p.139

─ 연구02   □X □△ □○ ─

아래 함수의 극한의 성질이 성립할 조건을 쓰시오.

① $\lim\limits_{x \to a} kf(x) = k \lim\limits_{x \to a} f(x)$ (단, k는 상수)

② $\lim\limits_{x \to a} \{f(x) + g(x)\} = \lim\limits_{x \to a} f(x) + \lim\limits_{x \to a} g(x)$

③ $\lim\limits_{x \to a} \{f(x) - g(x)\} = \lim\limits_{x \to a} f(x) - \lim\limits_{x \to a} g(x)$

④ $\lim\limits_{x \to a} f(x)g(x) = \lim\limits_{x \to a} f(x) \cdot \lim\limits_{x \to a} g(x)$

⑤ $\lim\limits_{x \to a} \dfrac{f(x)}{g(x)} = \dfrac{\lim\limits_{x \to a} f(x)}{\lim\limits_{x \to a} g(x)}$

(단, $g(x) \neq 0$, $\lim\limits_{x \to a} g(x) \neq 0$)

정답 ▷ p.142

─ 연구03   □X □△ □○ ─

$\lim\limits_{x \to a} f(x) = \alpha$, $\lim\limits_{x \to a} g(x) = \beta$ (수렴할 때)일 때, 빈칸에 알맞은 것을 쓰시오.

• $f(x) < g(x)$이면 $\lim\limits_{x \to a} f(x) \boxed{} \lim\limits_{x \to a} g(x)$이다.

• $f(x) < h(x) < g(x)$이고 $\alpha = \beta$ 이면 $\lim\limits_{x \to a} h(x) = \boxed{}$이다.

정답 ▷ p.142

─ 연구04   □X □△ □○ ─

다음 가정에 대한 결론으로 알맞은 것을 쓰고 이를 유도하시오.

① $\lim\limits_{x \to a} \dfrac{f(x)}{g(x)} = \alpha$ 이고 $\lim\limits_{x \to a} g(x) = 0$ 이면

② $\lim\limits_{x \to a} \dfrac{f(x)}{g(x)} = \alpha \neq 0$ 이고 $\lim\limits_{x \to a} f(x) = 0$ 이면

③ $\lim\limits_{x \to a} f(x) = \infty$ 이고 $\lim\limits_{x \to a} f(x)g(x) = \alpha$ 이면

정답 ▷ p.143

─ 연구05   □X □△ □○ ─

함수 $f(x)$가 $x = a$에서 연속이 되도록 하는 조건을 쓰시오.

정답 ▷ p.145

☑X ➡ ☑△➡ ☑완성○ 될 때까지 복습하자!

▬ 연구06 □X □△ □○ ▬

$x = a$ 에서 연속인 두 함수 $f(x)$, $g(x)$에
대하여 다음 함수도 $x = a$에서 연속임을
유도하시오.

① $y = f(x) \pm g(x)$

② $y = cf(x)$ (단, c는 상수)

③ $y = f(x)g(x)$

④ $y = \dfrac{f(x)}{g(x)}$ $(g(a) \neq 0)$

정답 ▷ p.146

▬ 연구07 □X □△ □○ ▬

함수 $f(x)$가 $x = a$에서만 불연속이고
함수 $g(x)$가 연속함수일 때,
함수 $f(x)g(x)$가 실수 전체에서 연속이기 위해
성립하는 조건을 쓰고 이를 유도하시오.
($x = a$에서 $f(x)$의 좌극한, 우극한이 각각
존재는 경우만 유도하자.)

정답 ▷ p.147

▬ 연구08 □X □△ □○ ▬

함수 $g(x)$와 $h(x)$가 연속함수일 때, 함수
$$f(x) = \begin{cases} g(x) & (x \leq a) \\ h(x) & (x > a) \end{cases}$$
가 실수 전체에서 연속일 조건을 쓰고 이를
유도하시오.

정답 ▷ p.147

▬ 연구09 □X □△ □○ ▬

최대·최소의 정리를 쓰시오.

정답 ▷ p.148

▬ 연구10 □X □△ □○ ▬

사이값 정리를 쓰시오.

정답 ▷ p.149

▬ 연구11 □X □△ □○ ▬

함수 $f(x)$가 폐구간 $[a,\ b]$에서 연속이고
$f(a) \times f(b) < 0$일 때, 성립하는 것을 쓰시오.

정답 ▷ p.149

나의 개념 이해도를 ☑체크해보자! □X □△ □완성○

수학 Ⅱ
Ⅱ.미분법

— **연구01**　□X □△ □○ —

함수 $y = f(x)$에서 x의 값이 a에서 b까지 변할 때 평균변화율을 구하시오.

정답 ▷ p.150

— **연구02**　□X □△ □○ —

함수 $f(x)$의 $x = a$에서의
①미분계수
②좌미분계수
③우미분계수 를 쓰시오.

정답 ▷ p.151

— **연구03**　□X □△ □○ —

함수 $f(x)$의 $x = a$에서의 미분가능하다는 것의
①정의를 쓰고
②조건을 쓰고
③조건을 유도하시오.

정답 ▷ p.152

— **연구04**　□X □△ □○ —

함수 $y = f(x)$가 $x = a$에서
①미분가능하면 연속인가? 아니라면 예를 드시오.
②연속이면 미분가능한가? 아니라면 예를 드시오.

정답 ▷ p.152

— **연구05**　□X □△ □○ —

미분가능한 함수 $g(x)$와 $h(x)$에 대하여, 함수
$$f(x) = \begin{cases} g(x) & (x \le a) \\ h(x) & (x > a) \end{cases}$$
가 실수 전체에서 미분가능할 조건을 쓰고 이를 유도하시오.

정답 ▷ p.153

— **연구06**　□X □△ □○ —

함수 $y = f(x)$의 도함수의 기호와 정의를 쓰시오.

정답 ▷ p.153

— **연구07**　□X □△ □○ —

미분가능한 두 함수 $f(x)$, $g(x)$에 대하여 아래 식이 성립함을 유도하시오.
① $\{c\}' = 0$
② $\{x^n\}' = nx^{n-1}$
③ $\{cf(x)\}' = cf'(x)$
④ $\{f(x) + g(x)\}' = f'(x) + g'(x)$
⑤ $\{f(x) - g(x)\}' = f'(x) - g'(x)$
⑥ $\{f(x)g(x)\}' = f'(x)g(x) + f(x)g'(x)$

정답 ▷ p.154

— **연구08**　□X □△ □○ —

곡선 $y = f(x)$ 위의 점 $(a, f(a))$에서의 접선의 방정식을 쓰시오.

정답 ▷ p.156

☑X ➡ ☑△➡ ☑완성○ 될 때까지 복습하자!

연구09 □X □△ □○

최대·최소의 정리를 쓰시오.

정답 ▷ p.156

연구10 □X □△ □○

사이값 정리를 쓰시오.

정답 ▷ p.156

연구11 □X □△ □○

롤의 정리를 쓰시오

정답 ▷ p.157

연구12 □X □△ □○

롤의 정리를 유도하시오.

정답 ▷ p.157

연구13 □X □△ □○

평균값의 정리를 쓰시오.

정답 ▷ p.158

연구14 □X □△ □○

평균값의 정리를 유도하시오.

정답 ▷ p.158

연구15 □X □△ □○

함수 $f(x)$가 어떤 구간에서
①증가한다는 것의 정의를 쓰시오.
②감소한다는 것의 정의를 쓰시오.

정답 ▷ p.159

연구16 □X □△ □○

함수 $f(x)$가 어떤 구간에서 미분가능하고, 그 구간의 모든 x에 대하여 $f'(x) > 0$이면 $f(x)$는 이 구간에서 증가함을 유도하시오.
※ $f'(x) < 0$이면 $f(x)$는 이 구간에서 감소한다.

정답 ▷ p.159

연구17 □X □△ □○

미분가능한 함수 $f(x)$에 대하여 다음 명제의 참 거짓을 판별하시오.
①$y = f(x)$가 증가함수이면 $f'(x) > 0$이다.
②$f'(x) > 0$이면 $y = f(x)$가 증가함수이다.
③$y = f(x)$가 증가함수이면 $f'(x) \geq 0$이다.
④$f'(x) \geq 0$이면 $y = f(x)$가 증가함수이다.

정답 ▷ p.159

나의 개념 이해도를 ☑체크해보자! □X □△ □완성○

연구18 □X □△ □○

삼차함수 $y = f(x)$에 대하여 도함수
$y = f'(x)$의 그래프가 다음과 같을 때 알맞은
그래프 개형을 그리시오.

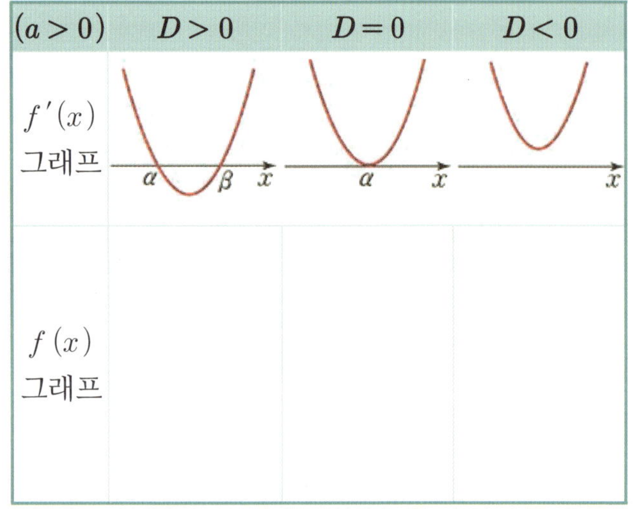

정답 ▷ p.160

연구19 □X □△ □○

다항함수 $f(x)$가 아래와 같이 표현될 때, $x = \alpha$
좌우에서 $f(x)$ 그래프의 부호변화 여부를
쓰시오. (단, $g(\alpha) \neq 0$)
① $f(x) = (x - \alpha)^{짝} g(x)$
② $f(x) = (x - \alpha)^{홀} g(x)$

정답 ▷ p.163

연구20 □X □△ □○

다항함수 $f(x)$의 그래프가 $x = a$에서 x축에
접할 때, $f(x) = (x - a)^2 g(x)$이 성립함을
유도하시오.

정답 ▷ p.163

연구21 □X □△ □○

함수의 극대와 극소의 정의를 쓰시오.

정답 ▷ p.166

연구22 □X □△ □○

함수 $f(x)$가 $x = a$에서 미분가능하고,
$x = a$에서 극값을 가지면 $f'(a) = 0$임을
유도하시오.

정답 ▷ p.166

연구23 □X □△ □○

다음 명제의 참 거짓을 판별하시오.
① $x = a$에서 $f(x)$가 극값을 가지면
  $f'(a) = 0$이다.
② $f'(a) = 0$이면
  $x = a$에서 $f(x)$가 극값을 가진다.

정답 ▷ p.167

연구24 □X □△ □○

삼차함수 $f(x)$가 극값을 가질 때,
아래 경우마다 $f(x) = 0$의 근의 종류를 쓰시오.
① (극대값)×(극소값)<0
② (극대값)×(극소값)=0
③ (극대값)×(극소값)>0

정답 ▷ p.168

☑X ➡ ☑△ ➡ ☑완성○ 될 때까지 복습하자!

수학Ⅱ
Ⅲ.적분법

── 연구01   □X □△ □○ ──

두 함수 $f(x)$, $g(x)$에 대하여 다음이 성립함을 유도하시오.

① $\displaystyle\int x^n\,dx = \dfrac{x^{n+1}}{n+1} + C$ (단, n은 자연수)

② $\displaystyle\int k\,f(x)\,dx = k\int f(x)\,dx$ (단, k는 상수)

③ $\displaystyle\int \{f(x)+g(x)\}\,dx = \int f(x)\,dx + \int g(x)\,dx$

④ $\displaystyle\int \{f(x)-g(x)\}\,dx = \int f(x)\,dx - \int g(x)\,dx$

정답 ▷ p.170

── 연구02   □X □△ □○ ──

$\{F(x)\}' = f(x)$일 때 $F(b)-F(a)$의 기하학적인 의미를 쓰시오. (단, $f(x) > 0$, $b > a$)

정답 ▷ p.171

── 연구03   □X □△ □○ ──

함수 $f(x)$가 연속이고 $S(t)$가 $y=f(x)$와 x축 및 $x=a$와 $x=t$로 둘러싸인 도형의 넓이라고 하자(단, $t \geq a$). $f(x) \geq 0$일 때

$$\int_a^t f(x)dx = S(t)$$ 임을 유도하시오.

(단, $\displaystyle\int_a^b f(x)\,dx = [F(x)]_a^b = F(b)-F(a)$ 이다)

정답 ▷ p.172

── 연구04   □X □△ □○ ──

함수 $f(x)$가 연속이고 $S(t)$가 $y=f(x)$와 x축 및 $x=a$와 $x=t$로 둘러싸인 도형의 넓이라고 하자(단, $t \geq a$). $f(x) \leq 0$일 때

$$\int_a^t f(x)dx = -S(t)$$ 임을 유도하시오.

정답 ▷ p.173

나의 개념 이해도를 ☑체크해보자! □X □△ □완성○

─ 연구05 □X □△ □○ ─

함수 $y=f(x)$의 그래프가 아래 그림과 같을 때 $\int_a^b f(x)dx = S_1 - S_2$임을 유도하시오. (단, S_1은 양인 부분의 넓이, S_2는 음인 부분의 넓이)

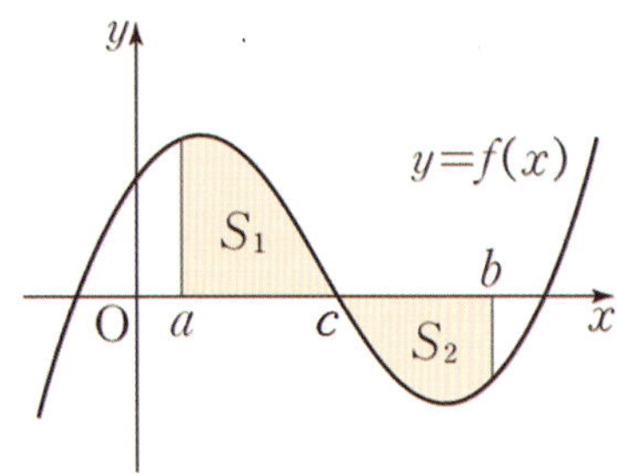

정답 ▷ p.173

─ 연구06 □X □△ □○ ─

두 함수 $f(x)$, $g(x)$가 세 실수 a, b, c를 포함하는 구간에서 연속일 때 다음을 유도하시오.

① $\displaystyle\int_a^a f(x)\,dx = 0$

② $\displaystyle\int_a^b f(x)\,dx = -\int_b^a f(x)\,dx$

③ $\displaystyle\int_a^b k f(x)\,dx = k\int_a^b f(x)\,dx$ (단, k는 상수)

④ $\displaystyle\int_a^b \{f(x)+g(x)\}\,dx = \int_a^b f(x)\,dx + \int_a^b g(x)\,dx$

⑤ $\displaystyle\int_a^b \{f(x)-g(x)\}\,dx = \int_a^b f(x)\,dx - \int_a^b g(x)\,dx$

정답 ▷ p.174

─ 연구07 □X □△ □○ ─

아래 식에서 빈칸에 알맞은 것을 쓰고 이를 유도하시오.

① 함수 $f(x)$가 우함수이면

$$\int_{-a}^a f(x)\,dx = \boxed{}$$

② 함수 $f(x)$가 기함수이면

$$\int_{-a}^a f(x)\,dx = \boxed{}$$

정답 ▷ p.175

─ 연구08 □X □△ □○ ─

아래 식에서 빈칸에 알맞은 것을 쓰고 이를 유도하시오.

① $\displaystyle\frac{d}{dx}\int_a^x f(t)\,dt = \boxed{}$

② $\displaystyle\lim_{x\to a}\frac{1}{x-a}\int_a^x f(t)\,dt = \boxed{}$

③ $\displaystyle\int_\alpha^\beta a(x-\alpha)(x-\beta)\,dx = \boxed{}$

정답 ▷ p.176

─ 연구09 □X □△ □○ ─

함수 $f(x)$가 구간 $[a,\,b]$에서 연속일 때, 곡선 $y=f(x)$와 x축 및 두 직선 $x=a$, $x=b$로 둘러싸인 도형의 넓이 S는 $S=\displaystyle\int_a^b |f(x)|\,dx$ 임을 유도하시오. (단, $f(x)$는 닫힌 구간 $[a,\,c]$에서 $f(x)\geq 0$이고, 닫힌 구간 $[c,\,b]$에서 $f(x)\leq 0$이다.)

정답 ▷ p.177

☑X ➡ ☑△ ➡ ☑완성○ 될 때까지 복습하자!

연구10 □X □△ □○

구간 $[a, b]$에서 연속인 두 곡선 $y = f(x)$, $y = g(x)$ 및 두 직선 $x = a$, $x = b$로 둘러싸인 도형의 넓이 S는 $S = \int_a^b |f(x) - g(x)|\,dx$임을 유도하시오.

정답 ▷ p.178

연구11 □X □△ □○

두 함수 $y = f(x)$와 $y = g(x)$에 대하여 그래프가 아래 그림과 같을 때, 다음 식이 성립함을 유도하시오.

$$\int_a^b \{f(x) - g(x)\}\,dx = S_1 - S_2$$

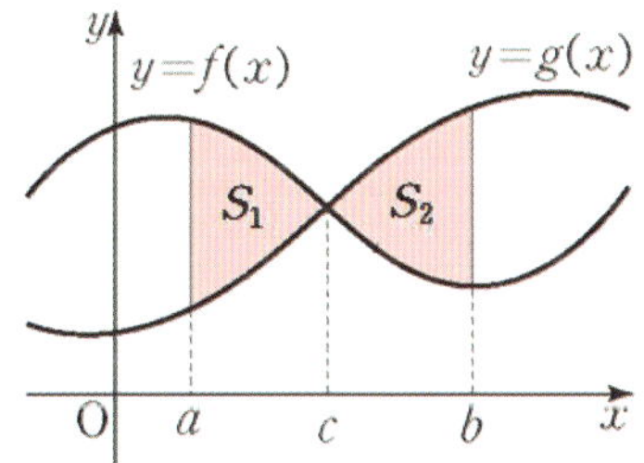

정답 ▷ p.180

연구12 □X □△ □○

함수 $x = g(y)$가 연속이고 $S(t)$가 $x = g(y)$와 y축 및 두 직선 $y = b$, $y = t$로 둘러싸인 도형의 넓이라고 하자. $x = g(y) \geq 0$일 때

$$\int_b^t g(y)\,dy = S(t)$$ 임을 유도하시오.

정답 ▷ p.181

연구13 □X □△ □○

시각 t에서의 위치를 $S(t)$, 속도를 $v(t)$, 가속도를 $a(t)$라고 하자.

① 시각 t에서 $t + \Delta t$까지의 점 P의 평균속도를 위치 $S(t)$를 이용해 표현하시오.

② 시각 t에서의 점 P의 속도를 위치 $S(t)$를 이용해 표현하시오.

③ 시각 t에서의 점 P의 가속도를 속도 $v(t)$를 이용해 표현하시오.

④ 시각 t에서의 위치를 속도 $v(t)$와 위치 $S(t_0)$를 이용해 표현하시오.

⑤ $t = a$에서 $t = b$까지의 위치의 변화량을 속도 $v(t)$를 이용해 표현하시오.

⑥ $t = a$에서 $t = b$까지의 이동 거리를 속도 $v(t)$를 이용해 표현하시오.

정답 ▷ p.182

나의 개념 이해도를 ☑체크해보자! □X □△ □완성○

확률과 통계
Ⅰ.경우의 수

── 연구01 □X □△ □○ ──

서로 다른 n개를 원형으로 배열하는 순열의
값은?

정답 ▷ p.186

── 연구02 □X □△ □○ ──

n개 중에 서로 같은 것이 각각 p개, q개,
$\cdots$, r개씩 있을 때, n개를 모두 택하여 만들 수
있는 순열의 값은?

정답 ▷ p.186

── 연구03 □X □△ □○ ──

서로 다른 n개 중에서 중복을 허용하여 r개를
택하는 순열의 값은?

정답 ▷ p.187

── 연구04 □X □△ □○ ──

서로 다른 n개에서 중복을 허용하여 r개를
택하는 조합의 값을 쓰시오.

정답 ▷ p.187

── 연구05 □X □△ □○ ──

서로 다른 n개에서 중복을 허용하여 r개를
택하는 조합의 경우의 수
=서로 [같은/다른] [　]개의 상자에
서로 [같은/다른] [　]개의 물건을 넣는 경우의 수
=서로 [같은/다른] [　]개의 칸막이와
서로 [같은/다른] [　]개의 동그라미를 배열하는
경우의 수

정답 ▷ p.187

☑X ➡ ☑△ ➡ ☑완성○ 될 때까지 복습하자!

연구06 □X □△ □○

각 문제 상황에 맞는 공식을 쓰시오. 정답 ▷ p.188

문제 상황 1
① 다른 종류의 통 3개에 다른 종류의 공 6개를 넣는 경우의 수를 구하시오. (단, 빈 통이 있을 수 있다.)
② 다른 종류의 통 3개에 다른 종류의 공 6개를 넣는 경우의 수를 구하시오. (단, 빈 통이 없도록 한다.)
③ 다른 종류의 통 3개에 같은 종류의 공 6개를 넣는 경우의 수를 구하시오. (단, 빈 통이 있을 수 있다.
④ 다른 종류의 통 3개에 같은 종류의 공 6개를 넣는 경우의 수를 구하시오. (단, 빈 통이 없도록 한다.)
⑤ 같은 종류의 통 3개에 다른 종류의 공 6개를 넣는 경우의 수를 구하시오. (단, 빈 통이 있을 수 있다.
⑥ 같은 종류의 통 3개에 다른 종류의 공 6개를 넣는 경우의 수를 구하시오. (단, 빈 통이 없도록 한다.)
⑦ 같은 종류의 통 3개에 같은 종류의 공 6개를 넣는 경우의 수를 구하시오. (단, 빈 통이 있을 수 있다.
⑧ 같은 종류의 통 3개에 같은 종류의 공 6개를 넣는 경우의 수를 구하시오. (단, 빈 통이 없도록 한다.)

문제 상황 2
① 다른 3개에서 중복 허용해 6개를 선택하여 다른 자리에 배치하는 경우의 수를 구하시오.
② 다른 3개에서 중복 허용해 6개를 선택하여 같은 자리에 배치하는 경우의 수를 구하시오.

문제 상황 3
① 다른 4개에서 중복 허용해 2개를 선택하여 다른 자리에 배치하는 경우의 수를 구하시오.
② 다른 4개에서 중복 허용해 2개를 선택하여 같은 자리에 배치하는 경우의 수를 구하시오.
③ 다른 4개에서 중복 없이 2개를 선택하여 다른 자리에 배치하는 경우의 수를 구하시오.
④ 다른 4개에서 중복 없이 2개를 선택하여 같은 자리에 배치하는 경우의 수를 구하시오.

연구07 □X □△ □○

n이 자연수일 때 $(a+b)^n$를 이항정리를 활용하여 전개한 식을 쓰시오.

정답 ▷ p.191

연구08 □X □△ □○

다음 식을 유도하시오.
① 이항계수는 좌우대칭이다. $\Leftrightarrow {}_nC_r = {}_nC_{n-r}$
② 파스칼의 삼각형 ${}_{n-1}C_{r-1} + {}_{n-1}C_r = {}_nC_r$
③ ${}_nC_0 + {}_nC_1 + {}_nC_2 + \cdots + {}_nC_n = 2^n$
④ ${}_nC_0 - {}_nC_1 + {}_nC_2 - {}_nC_3 + \cdots + (-1)^n {}_nC_n = 0$
⑤ n이 홀수일 때
$${}_nC_0 + {}_nC_2 + {}_nC_4 + \cdots + {}_nC_{n-1}$$
$$= {}_nC_1 + {}_nC_3 + {}_nC_5 + \cdots + {}_nC_n = 2^{n-1}$$

정답 ▷ p.192

나의 개념 이해도를 ☑체크해보자! □X □△ □완성○

> ## 확률과 통계
> ## Ⅱ.확률

—— 연구01　□X □△ □○ ——

다음을 유도하시오.
① 임의의 사건 A에 대하여 $0 \le \mathrm{P}(A) \le 1$
② 반드시 일어나는 사건 S에 대하여 $\mathrm{P}(S) = 1$
③ 절대로 일어나지 않는 사건 $\varnothing$에 대하여
　$\mathrm{P}(\varnothing) = 0$

정답 ▷ p.195

—— 연구02　□X □△ □○ ——

두 사건 A, B에 대하여 다음을 보이시오.
① $\mathrm{P}(A \cup B) = \mathrm{P}(A) + \mathrm{P}(B) - \mathrm{P}(A \cap B)$
② $\mathrm{P}(A \cup B) = \mathrm{P}(A) + \mathrm{P}(B)$
　$(A \cap B = \varnothing$ 일 때$)$
③ $\mathrm{P}(A^{C}) = 1 - \mathrm{P}(A)$

정답 ▷ p.195

—— 연구03　□X □△ □○ ——

두 사건 A, B에 대하여 아래 식이 성립함을
유도하시오. (단, $\mathrm{P}(A) \ne 0$)

$$\mathrm{P}(B|A) = \frac{\mathrm{P}(A \cap B)}{\mathrm{P}(A)}$$

정답 ▷ p.196

—— 연구04　□X □△ □○ ——

두 사건 A, B에 대하여 아래 식이 성립함을
유도하시오. (단, $\mathrm{P}(A) \ne 0$, $\mathrm{P}(B) \ne 0$)
$$\mathrm{P}(A \cap B) = \mathrm{P}(A)\mathrm{P}(B|A) = \mathrm{P}(B)\mathrm{P}(A|B)$$

정답 ▷ p.196

—— 연구05　□X □△ □○ ——

두 사건 A, B에 대하여
$(\mathrm{P}(A) \ne 0$, $\mathrm{P}(B) \ne 0)$
① 서로 독립인 것의 정의를 쓰시오.
② 두 사건이 서로 독립일 때,
$\mathrm{P}(A \cap B) = \mathrm{P}(A)\mathrm{P}(B)$이 성립함을 유도하시오.

정답 ▷ p.197

—— 연구06　□X □△ □○ ——

한 번의 시행에서 사건 A가 일어날 확률이 p일
때, n번의 독립시행에서 사건 A가 일어나는
횟수가 r일 확률을 쓰시오.

정답 ▷ p.197

☑X ➡ ☑△ ➡ ☑완성○ 될 때까지 복습하자!

확률과 통계
Ⅲ.통계

─ 연구01 □X □△ □○ ─

이산확률변수 X의 평균 $E(X)$의 정의를 쓰시오.

정답 ▷ p.198

─ 연구02 □X □△ □○ ─

이산확률변수 X의
분산 $V(X)$과 표준편차 $\sigma(X)$의 정의를 쓰시오.

정답 ▷ p.199

─ 연구03 □X □△ □○ ─

다음을 유도하시오.
① $E(aX+b) = aE(X)+b$
② $V(aX+b) = a^2 V(X)$
③ $\sigma(aX+b) = |a|\sigma(X)$
④ $V(X) = E(X^2) - \{E(X)\}^2$

정답 ▷ p.200

─ 연구04 □X □△ □○ ─

이항분포의 정의를 쓰고 식으로 표현하시오.

정답 ▷ p.201

─ 연구05 □X □△ □○ ─

확률변수 X가 $B(n, p)$을 따를 때,
① $E(X)$, ② $V(X)$, ③ $\sigma(X)$ 를 쓰시오.

정답 ▷ p.201

─ 연구06 □X □△ □○ ─

'큰 수의 법칙'을 쓰시오.

정답 ▷ p.201

─ 연구07 □X □△ □○ ─

확률밀도함수 $f(x)$가 정규분포를 따를 때
$f(x)$의 그래프의 특징으로 알맞은 것을 쓰시오.
① 대칭성:
　점근선:
② 곡선과 x축 사이의 넓이:
③ m이 일정할 때의 곡선의 모양
　σ값이 커지면:
　σ값이 작아지면:
④ σ가 일정할 때, m이 변하면:
⑤ $P(a \le X \le b)$:

정답 ▷ p.203

나의 개념 이해도를 ☑체크해보자! □X □△ □완성○

연구08 □X □△ □○

확률변수 X가 $N(m, \sigma^2)$을 따를 때,

$Z = \dfrac{X-m}{\sigma}$ 이면 확률변수 Z가 $N(0, 1)$을 따르는

이유를 쓰시오.

정답 ▷ p.204

연구09 □X □△ □○

확률변수 X가 이항분포 $B(n, p)$를 따를 때
n이 충분히 크면 X는 근사적으로
[   ]분포 [   ]을 따른다.

정답 ▷ p.204

연구10 □X □△ □○

크기 n인 임의표본을 $X_1, X_2, \cdots, X_n$라 할 때
다음 값을 쓰시오.
①표본의 평균
②표본의 표준편차

정답 ▷ p.206

연구11 □X □△ □○

모평균 m, 모표준편차 σ인 모집단에서
　크기 n인 임의표본을 복원추출할 때,
• 표본평균의 평균 :
• 표본평균의 표준편차 :
• 표본평균의 분산 :

정답 ▷ p.206

연구12 □X □△ □○

아래는 확률변수 X에 대한 확률분포이다.

X	1	2	3	4	합계
$P(X=x)$	$\dfrac{1}{4}$	$\dfrac{1}{4}$	$\dfrac{1}{4}$	$\dfrac{1}{4}$	1

이 분포를 모집단의 확률분포로 하여 복원추출로
만든 크기가 2인 표본의 평균을 $\overline{X}$라고 하자. 이
때, $\overline{X}$의 확률분포를 표로 나타내시오.

정답 ▷ p.207

연구13 □X □△ □○

평균이 m이고 분산이 σ^2인 모집단에서 크기
n인 임의 표본을 복원 추출할 때,
표본평균을 $\overline{X}$라고 하자.
• 모집단의 분포가 정규분포 $N(m, \sigma^2)$이면
$\overline{X}$는 어떤 분포를 따르는가?
• 모집단의 분포가 정규분포가 아니면 $\overline{X}$는
근사적으로 어떤 분포를 따르는가?
　　(단, 표본의 크기 n이 충분히 크다.)

정답 ▷ p.207

연구14 □X □△ □○

평균이 m이고 표준편차가 σ인 정규분포를
따르는 모집단에서 임의추출한 크기 n인 표본
$X_1, X_2, \cdots, X_n$의 평균을 $\overline{X}$라고 할 때 다음을
구하시오.
①모평균 m의 신뢰도 95%인 신뢰구간:
②신뢰구간의 길이:
③오차한계:

정답 ▷ p.208

☑X ➡ ☑△➡ ☑완성○ 될 때까지 복습하자!

미적분
Ⅰ.수열의 극한

── 연구01 □X □△ □○ ──

α가 수열 $\{a_n\}$의 극한값일 때, 이를 기호로 나타내시오.

정답 ▷ p.212

── 연구02 □X □△ □○ ──

아래 극한의 성질이 성립할 조건을 쓰시오.

① $\displaystyle\lim_{n\to\infty} k\,a_n = k\lim_{n\to\infty} a_n$ (단, k는 상수)

② $\displaystyle\lim_{n\to\infty} (a_n \pm b_n) = \lim_{n\to\infty} a_n \pm \lim_{n\to\infty} b_n$

③ $\displaystyle\lim_{n\to\infty} a_n b_n = \lim_{n\to\infty} a_n \cdot \lim_{n\to\infty} b_n$

④ $\displaystyle\lim_{n\to\infty} \frac{a_n}{b_n} = \frac{\displaystyle\lim_{n\to\infty} a_n}{\displaystyle\lim_{n\to\infty} b_n}$ (단, $b_n \neq 0$, $\displaystyle\lim_{n\to\infty} b_n \neq 0$)

정답 ▷ p.213

── 연구03 □X □△ □○ ──

수렴하는 두 수열 $\{a_n\}$, $\{b_n\}$에 대하여 $\displaystyle\lim_{n\to\infty} a_n = \alpha$, $\displaystyle\lim_{n\to\infty} b_n = \beta$일 때, 빈칸에 알맞은 것을 쓰시오.

- $a_n < b_n$이면 $\displaystyle\lim_{n\to\infty} a_n \boxed{\phantom{<}} \lim_{n\to\infty} b_n$이다.

- $a_n < c_n < b_n$이고 $\alpha = \beta$이면, $\displaystyle\lim_{n\to\infty} c_n = \boxed{}$이다.

정답 ▷ p.213

── 연구04 □X □△ □○ ──

등비수열 $\{r^n\}$이 수렴하는 r의 범위를 쓰시오.

정답 ▷ p.215

── 연구05 □X □△ □○ ──

급수 $\displaystyle\sum_{n=1}^{\infty} a_n$이 수렴하면 $\displaystyle\lim_{n\to\infty} a_n = 0$ 임을 유도하시오.

정답 ▷ p.217

── 연구06 □X □△ □○ ──

다음 명제의 참 거짓을 판별하시오.

① $\displaystyle\sum_{n=1}^{\infty} a_n$이 수렴하면 $\displaystyle\lim_{n\to\infty} a_n = 0$이다.

② $\displaystyle\lim_{n\to\infty} a_n = 0$이면 $\displaystyle\sum_{n=1}^{\infty} a_n$이 수렴한다.

③ $\displaystyle\lim_{n\to\infty} a_n \neq 0$이면 $\displaystyle\sum_{n=1}^{\infty} a_n$은 발산한다.

④ $\displaystyle\sum_{n=1}^{\infty} a_n$은 발산하면 $\displaystyle\lim_{n\to\infty} a_n \neq 0$이다.

정답 ▷ p.217

── 연구07 □X □△ □○ ──

등비급수 $\displaystyle\sum_{n=1}^{\infty} ar^{n-1} = \frac{a}{1-r}$ 일 조건을 쓰고, 이를 유도하시오.

정답 ▷ p.218

나의 개념 이해도를 ☑체크해보자! □X □△ □완성○

미적분
Ⅱ.여러 가지 함수의 미분

─ 연구01 □X □△ □○ ─

무리수 e의 정의를 쓰시오.

정답 ▷ p.219

─ 연구02 □X □△ □○ ─

자연로그의 뜻을 쓰시오.

정답 ▷ p.220

─ 연구03 □X □△ □○ ─

다음 극한 값을 유도하시오.

① $\displaystyle\lim_{x \to 0} \frac{\ln(1+x)}{x} = 1$

② $\displaystyle\lim_{x \to 0} \frac{\log_a(1+x)}{x} = \log_a e = \frac{1}{\ln a}$

③ $\displaystyle\lim_{x \to 0} \frac{e^x - 1}{x} = 1$

④ $\displaystyle\lim_{x \to 0} \frac{a^x - 1}{x} = \ln a \ (a > 0, a \neq 1)$

정답 ▷ p.220

─ 연구04 □X □△ □○ ─

다음을 유도하시오.

$\cos(\alpha - \beta) = \cos\alpha\cos\beta + \sin\alpha\sin\beta$

정답 ▷ p.222

─ 연구05 □X □△ □○ ─

다음을 유도하시오.

- $\cos(\alpha + \beta) = \cos\alpha\cos\beta - \sin\alpha\sin\beta$
- $\sin(\alpha + \beta) = \sin\alpha\cos\beta + \cos\alpha\sin\beta$
- $\sin(\alpha - \beta) = \sin\alpha\cos\beta - \cos\alpha\sin\beta$

정답 ▷ p.223

☑X ➡ ☑△ ➡ ☑완성○ 될 때까지 복습하자!

연구06   □X □△ □○

다음을 유도하시오.

- $\tan(\alpha+\beta)=\dfrac{\tan\alpha+\tan\beta}{1-\tan\alpha\tan\beta}$

- $\tan(\alpha-\beta)=\dfrac{\tan\alpha-\tan\beta}{1+\tan\alpha\tan\beta}$

정답 ▷ p.223

연구08   □X □△ □○

반각공식을 유도하시오.

① $\sin^2\dfrac{\theta}{2}=\dfrac{1-\cos\theta}{2}$

② $\cos^2\dfrac{\theta}{2}=\dfrac{1+\cos\theta}{2}$

③ $\tan^2\dfrac{\theta}{2}=\dfrac{1-\cos\theta}{1+\cos\theta}$

정답 ▷ p.225

연구07   □X □△ □○

배각공식을 유도하시오.

① $\sin 2\alpha=2\sin\alpha\cos\alpha$

② $\cos 2\alpha=\cos^2\alpha-\sin^2\alpha$
$\quad\quad\quad=2\cos^2\alpha-1=1-2\sin^2\alpha$

③ $\tan 2\alpha=\dfrac{2\tan\alpha}{1-\tan^2\alpha}$

정답 ▷ p.224

연구09   □X □△ □○

아래 삼각함수의 극한의 식을 유도하시오.

① $\displaystyle\lim_{x\to 0}\dfrac{\sin x}{x}=1$

② $\displaystyle\lim_{x\to 0}\dfrac{\tan x}{x}=1$

③ $\displaystyle\lim_{x\to 0}\dfrac{1-\cos x}{x^2}=\dfrac{1}{2}$

정답 ▷ p.226

나의 개념 이해도를 ☑체크해보자! □X □△ □완성○

미적분
Ⅲ.여러 가지 미분법

── 연구01   □X □△ □○ ──

미분 가능한 두 함수 $f(x)$, $g(x)$ $(g(x) \neq 0)$에 대하여 다음이 성립함을 보이시오.

① $\left\{ \dfrac{1}{g(x)} \right\}' = - \dfrac{g'(x)}{\{g(x)\}^2}$

② $\left\{ \dfrac{f(x)}{g(x)} \right\}' = \dfrac{f'(x)g(x) - f(x)g'(x)}{\{g(x)\}^2}$

정답 ▷ p.228

── 연구02   □X □△ □○ ──

다음을 유도하시오.

① $(\sin x)' = \cos x$

② $(\cos x)' = -\sin x$

③ $(\tan x)' = \sec^2 x = 1 + \tan^2 x$

정답 ▷ p.229

── 연구03   □X □△ □○ ──

다음을 유도하시오.

① $(\sec x)' = \sec x \tan x$

② $(\csc x)' = -\csc x \cot x$

③ $(\cot x)' = -\csc^2 x$

정답 ▷ p.229

── 연구04   □X □△ □○ ──

미분가능한 두 함수 $y = f(u)$, $u = g(x)$에 대하여 합성함수 $y = f(g(x))$도 미분가능하며, 그 도함수는

$$y' = f'(g(x))g'(x) \ \text{또는} \ \frac{dy}{dx} = \frac{dy}{du} \cdot \frac{du}{dx}$$

임을 유도하시오.

정답 ▷ p.231

── 연구05   □X □△ □○ ──

다음을 유도하시오.

① $(e^x)' = e^x$

② $(a^x)' = a^x (\ln a)$ (단, $a \neq 1$, $a > 0$)

정답 ▷ p.232

── 연구06   □X □△ □○ ──

다음을 유도하시오.

① $(\ln x)' = \dfrac{1}{x}$ (단, $x > 0$)

② $(\log_a x)' = \dfrac{1}{x \ln a}$ (단, $a \neq 1$, $a > 0$, $x > 0$)

③ $(\ln |x|)' = \dfrac{1}{x}$

정답 ▷ p.233

── 연구07   □X □△ □○ ──

α가 임의의 실수일 때 $(x^\alpha)' = \alpha x^{\alpha - 1}$이 성립함을 유도하시오.

정답 ▷ p.234

☑X ➡ ☑△➡ ☑완성○ 될 때까지 복습하자!

연구08 □X □△ □○

함수 $y = f(x)$가 미분가능하고
그 역함수가 $y = g(x)$이고 $(g = f^{-1})$
미분가능 할 때, $y = f^{-1}(x) = g(x)$의 도함수는
$g'(x) = \dfrac{1}{f'(g(x))}$ 임을 유도하시오.

정답 ▷ p.235

연구09 □X □△ □○

미분가능한 두 함수 $x = f(t)$, $y = g(t)$에 대하여
$f'(t) \neq 0$이면 $\dfrac{dy}{dx} = \dfrac{\dfrac{dy}{dt}}{\dfrac{dx}{dt}} = \dfrac{g'(t)}{f'(t)}$ 임을

유도하시오.

정답 ▷ p.236

연구10 □X □△ □○

함수 $y = f''(x)$ 의 정의를 쓰시오.

정답 ▷ p.237

연구11 □X □△ □○

$f''(x) > 0$이면 곡선 $y = f(x)$는 이 구간에서
아래로 볼록한 이유를 쓰시오.
※ $f''(x) < 0$이면 곡선 $y = f(x)$는 이 구간에서
위로 볼록하다.

정답 ▷ p.238

연구12 □X □△ □○

변곡점의 정의를 쓰시오.

정답 ▷ p.238

연구13 □X □△ □○

함수 $f(x)$가 $(a, f(a))$에서 변곡점을 가질 때,
$x = a$ 근방에서
· $f''(x)$는 어떤 상태인지 쓰시오.
· $f'(x)$는 어떤 상태인지 쓰시오.

정답 ▷ p.238

연구14 □X □△ □○

아래 빈칸에 알맞은 그래프 개형을 그리시오.

$f(x)$ 그래프				
$f'(x)$	⊕	⊕	⊖	⊖
$f''(x)$	⊕	⊖	⊖	⊕

정답 ▷ p.238

연구15 □X □△ □○

다음 명제의 참 거짓을 판별하시오.
① $x = a$에서 $f(x)$가 변곡점을 가지면
$f''(a) = 0$이다.
② $f''(a) = 0$이면 $x = a$에서 $f(x)$가 변곡점을
가진다.

정답 ▷ p.239

연구16 □X □△ □○

함수 $f(x)$가 $f'(a) = 0$이고 $f''(a) > 0$이면
$f(x)$는 $x = a$에서 극솟값 $f(a)$를 갖는 이유를
쓰시오.
※ $f''(a) < 0$이면 $f(x)$는 $x = a$에서 극댓값
$f(a)$를 가진다.

정답 ▷ p.239

나의 개념 이해도를 ☑체크해보자! □X □△ □완성○

미적분
Ⅳ.여러 가지 적분법

— 연구01   □X □△ □○ —

$\int f(t)dt$에서 미분가능한 함수 $g(x)$에 대하여

$t = g(x)$일 때, 다음을 유도하시오.

$$\int f(g(x))g'(x)dt = \int f(t)dt$$

정답 ▷ p.246

— 연구02   □X □△ □○ —

$\int \dfrac{g'(x)}{g(x)}dx = \ln|g(x)| + C$ 임을 유도하시오.

정답 ▷ p.246

— 연구03   □X □△ □○ —

두 함수 $f(x)$, $g(x)$가 미분가능 할 때, 다음을
유도하시오.

$$\int f(x)g'(x)dx = f(x)g(x) - \int f'(x)g(x)dx$$

정답 ▷ p.247

— 연구04   □X □△ □○ —

구간 $[a, b]$에서 연속인 함수 $f(t)$에 대하여
미분가능한 함수 $t = g(x)$의 도함수 $g'(x)$가
구간 $[\alpha, \beta]$에서 연속이고, $a = g(\alpha)$,
$b = g(\beta)$일 때, 다음을 유도하시오.

$$\int_{\alpha}^{\beta} f(g(x))g'(x)dx = \int_{a}^{b} f(t)dt$$

정답 ▷ p.247

— 연구05   □X □△ □○ —

두 함수 $f(x)$, $g(x)$가 미분가능하고
$f'(x)$, $g'(x)$가 연속일 때, 다음을 유도하시오.

$$\int_{a}^{b} f(x)g'(x)dx = \left[f(x)g(x)\right]_{a}^{b} - \int_{a}^{b} f'(x)g(x)dx$$

정답 ▷ p.248

— 연구06   □X □△ □○ —

$\lim\limits_{n \to \infty} \sum\limits_{k=1}^{n} f(x_k) \Delta x = \int_{a}^{b} f(x)dx$이 성립할 때,

Δx와 x_k를 문자 a, b, k, n을 이용해
표현하시오.

정답 ▷ p.250

— 연구07   □X □△ □○ —

함수 $f(x)$가 구간 $[a, b]$에서 연속일 때, 곡선
$y = f(x)$와 x축 및 두 직선 $x = a$, $x = b$로

둘러싸인 도형의 넓이 S는 $S = \int_{a}^{b} |f(x)|dx$

임을 유도하시오.
(단, $f(x)$는 닫힌 구간 $[a, c]$에서
$f(x) \geq 0$이고, 닫힌 구간 $[c, b]$에서
$f(x) \leq 0$이다.)

정답 ▷ p.251

— 연구08   □X □△ □○ —

구간 $[a, b]$에서 연속인 두 곡선 $y = f(x)$,
$y = g(x)$ 및 두 직선 $x = a$, $x = b$로 둘러싸인

도형의 넓이 S는 $S = \int_{a}^{b} |f(x) - g(x)|dx$임을

유도하시오.

정답 ▷ p.252

☑X ➡ ☑△➡ ☑완성○ 될 때까지 복습하자!

연구09 □X □△ □○

닫힌 구간 $[a,\ c]$에서 $f(x) \geq g(x)$이고, 닫힌 구간 $[c,\ b]$에서 $f(x) \leq g(x)$일 때, 아래 식이 성립함을 유도하시오.

$$\int_a^b \{f(x) - g(x)\}dx = S_1 - S_2$$

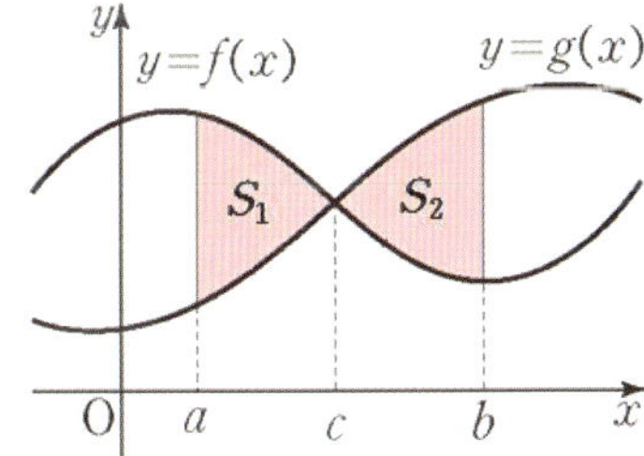

정답 ▷ p.254

연구10 □X □△ □○

함수 $x = g(y)$가 연속이고 $S(t)$가 $x = g(y)$와 y축 및 두 직선 $y = b$, $y = t$로 둘러싸인 도형의 넓이라고 하자. $x = g(y) \geq 0$일 때, 다음을 유도하시오.

$$\int_b^t g(y)\,dy = S(t)$$

정답 ▷ p.255

연구11 □X □△ □○

구간 $[a,\ b]$의 임의의 점 x에서 x축에 수직인 평면으로 입체도형을 자른 단면이 넓이가 $S(x)$일 때, 입체도형의 부피 V는 $V = \int_a^b S(x)dx$ 임을 유도하시오.

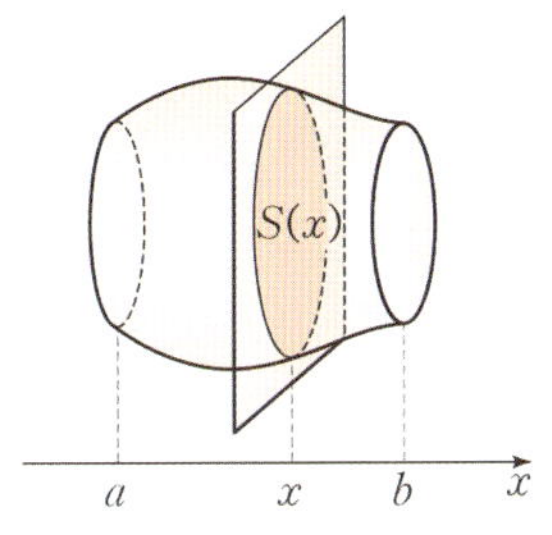

정답 ▷ p.256

연구12 □X □△ □○

다음 회전체의 부피를 쓰고 이를 유도하시오.

① 곡선 $y = f(x)$ (단, $a \leq x \leq b$)를 x축의 둘레로 회전시켜 생기는 회전체의 부피 V

② 곡선 $x = g(y)$ (단, $c \leq y \leq d$)를 y축의 둘레로 회전시켜 생기는 회전체의 부피 V

정답 ▷ p.257

연구13 □X □△ □○

평면 위를 움직이는 점P 의 시각 t에서의 위치$(x,\ y)$가 $x = f(t)$, $y = g(t)$로 주어질 때, 아래에 알맞은 식을 쓰시오.

① 속도
② 속력
③ 가속도
④ 가속도의 크기

정답 ▷ p.258

연구14 □X □△ □○

평면 위를 움직이는 물체의 시각 t에서의 좌표 $(x,\ y)$가 $x = f(t)$, $y = g(t)$라고 하면 물체가 $t = a$에서 $t = b$까지 움직인 거리 l를 유도하시오.

정답 ▷ p.259

연구15 □X □△ □○

곡선 $y = f(x)$의 $x = a$에서 $x = b$까지의 길이 l을 유도하시오.

정답 ▷ p.260

나의 개념 이해도를 ☑체크해보자! □X □△ □완성○

기하
Ⅰ.이차곡선

─ 연구01　□X □△ □○ ─

포물선의 정의를 쓰시오.

정답 ▷ p.264

─ 연구02　□X □△ □○ ─

초점이 $F(p, 0)$이고, 준선이 $x=-p$인 포물선의 방정식을 유도하시오. (단, $p \neq 0$)

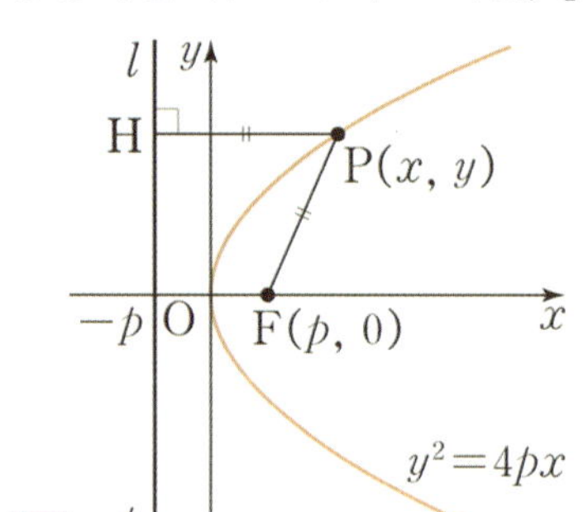

정답 ▷ p.265

─ 연구03　□X □△ □○ ─

초점이 $F(0, p)$이고, 준선이 $y=-p$인 포물선의 방정식을 유도하시오. (단, $p \neq 0$)

정답 ▷ p.265

─ 연구04　□X □△ □○ ─

타원의 정의를 쓰시오.

정답 ▷ p.266

─ 연구05　□X □△ □○ ─

두 정점 $F(c, 0)$, $F'(-c, 0)$으로부터의 거리의 합이 $2a$인 타원의 방정식을 유도하시오. (단, $a > b > 0$, $b^2 = a^2 - c^2$)

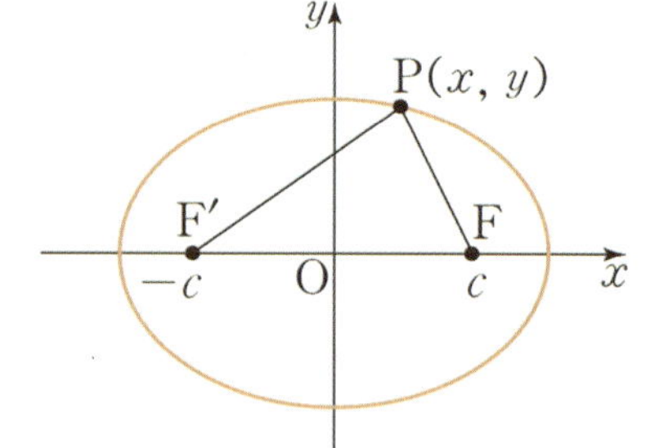

정답 ▷ p.267

─ 연구06　□X □△ □○ ─

쌍곡선의 정의를 쓰시오.

정답 ▷ p.268

─ 연구07　□X □△ □○ ─

두 정점 $F(c, 0)$, $F'(-c, 0)$으로부터의 거리의 차가 $2a$인 쌍곡선의 방정식을 유도하시오. (단, $c > a > 0$, $b^2 = c^2 - a^2$)

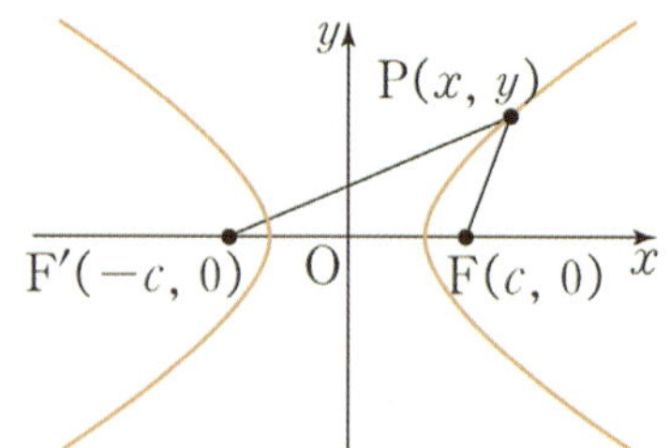

정답 ▷ p.268

☑X ➡ ☑△➡ ☑완성○ 될 때까지 복습하자!

연구08 □X □△ □○

쌍곡선 $\dfrac{x^2}{a^2} - \dfrac{y^2}{b^2} = 1$ 또는 $\dfrac{x^2}{a^2} - \dfrac{y^2}{b^2} = -1$의

점근선의 방정식을 유도하시오.

정답 ▷ p.269

연구09 □X □△ □○

포물선 $y^2 = 4px$에 접하고 기울기가 m인 직선의
방정식을 유도하시오.

정답 ▷ p.270

연구10 □X □△ □○

포물선 $y^2 = 4px$ 위의 점 $P(x_1,\ y_1)$에서의
접선의 방정식을 유도하시오.

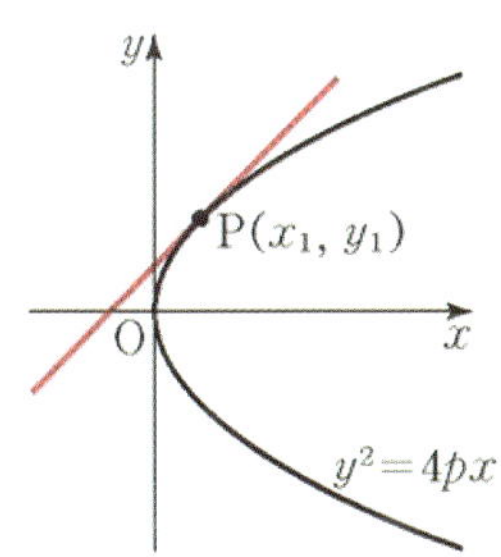

정답 ▷ p.270

연구11 □X □△ □○

타원 $\dfrac{x^2}{a^2} + \dfrac{y^2}{b^2} = 1$에 접하고 기울기가 m인

직선의 방정식을 유도하시오.

정답 ▷ p.272

연구12 □X □△ □○

타원 $\dfrac{x^2}{a^2} + \dfrac{y^2}{b^2} = 1$ 위의 점 $P(x_1,\ y_1)$에서의

접선의 방정식을 유도하시오.

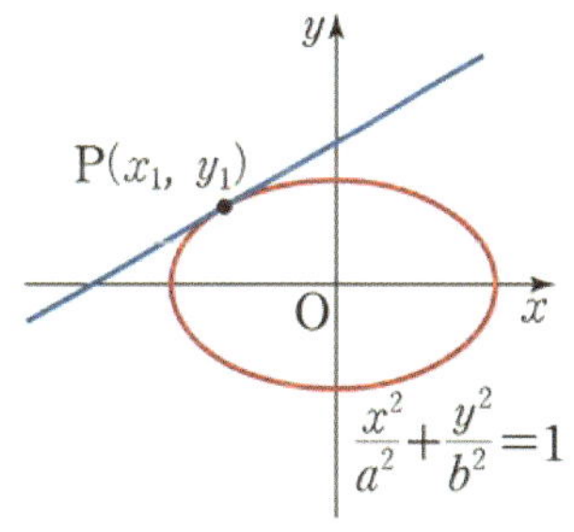

정답 ▷ p.272

연구13 □X □△ □○

쌍곡선 $\dfrac{x^2}{a^2} - \dfrac{y^2}{b^2} = 1$에 접하고 기울기가 m인

직선의 방정식을 유도하시오.

정답 ▷ p.274

연구14 □X □△ □○

쌍곡선 $\dfrac{x^2}{a^2} - \dfrac{y^2}{b^2} = 1$ 위의 점 $(x_1,\ y_1)$에서의

접선의 방정식을 유도하시오.

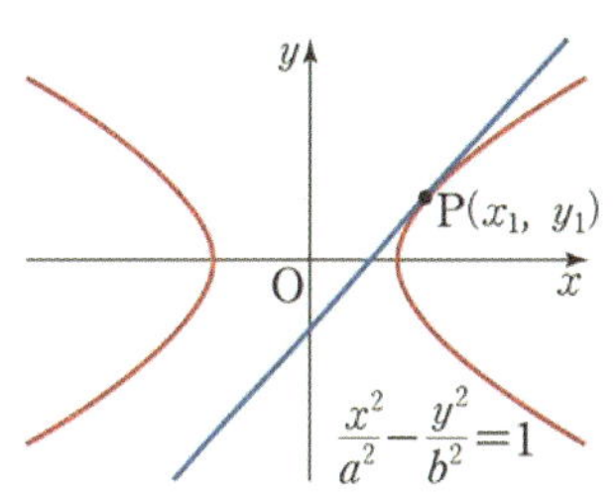

정답 ▷ p.274

나의 개념 이해도를 ☑체크해보자! □X □△ □완성○

기하
Ⅱ.평면벡터

── 연구01 □X □△ □○ ──

빈칸에 알맞은 것을 쓰시오.

$\vec{ka}$		방향	크기
$k > 0$	$\vec{a} \neq \vec{0}$		
$k < 0$	$\vec{a} \neq \vec{0}$		
$k = 0$	$\vec{a} \neq \vec{0}$		
	$\vec{a} = \vec{0}$		

정답 ▷ p.278

── 연구02 □X □△ □○ ──

'벡터 $\vec{p}$ 를 위치벡터로 가지는 점 P'의 뜻을 벡터식으로 쓰시오.

정답 ▷ p.279

── 연구03 □X □△ □○ ──

벡터 $\overrightarrow{AB}$ 를 점 A와 B의 위치벡터로 표현하시오.

정답 ▷ p.279

── 연구04 □X □△ □○ ──

수직선 위의 두 점 $A(x_1)$, $B(x_2)$ 에 대하여 선분 AB를 $m : n (m > 0,\ n > 0)$ 으로
①내분하는 점 P의 좌표
②외분하는 점 Q의 좌표의 (단, $m \neq n$)
식을 쓰고 이를 유도하시오.

정답 ▷ p.280

── 연구05 □X □△ □○ ──

서로 다른 두 점 A, B의 위치벡터를 각각 $\vec{a}$, $\vec{b}$ 라고 할 때, 선분 AB를 $m : n (m > 0,\ n > 0)$ 으로
①내분하는 점 P의 위치벡터
②외분하는 점 Q의 위치벡터를 쓰고 이를 유도하시오.

정답 ▷ p.280

── 연구06 □X □△ □○ ──

$\triangle ABC$의 무게중심 G의 위치벡터가 다음과 같음을 유도하시오.

$$\overrightarrow{OG} = \frac{\overrightarrow{OA} + \overrightarrow{OB} + \overrightarrow{OC}}{3}$$

정답 ▷ p.281

── 연구07 □X □△ □○ ──

세 점 A, B, P가 같은 직선 위에 있을 때, 다음이 성립함을 유도하시오.

$$\overrightarrow{OP} = s\overrightarrow{OA} + t\overrightarrow{OB}\ (s + t = 1)$$

정답 ▷ p.281

── 연구08 □X □△ □○ ──

$\overrightarrow{CD} = (a_1,\ a_2)$ 일 때,
①점 C의 좌표는 $(0, 0)$ 이다. (O / X)
②점 D의 좌표는 $(a_1,\ a_2)$ 이다. (O / X)
③점 $(a_1,\ a_2)$ 의 위치벡터는 $(a_1,\ a_2)$ 이다.(O / X)

정답 ▷ p.282

☑X ➡ ☑△➡ ☑완성○ 될 때까지 복습하자!

연구09 □X □△ □○

두 점 $A(a_1, a_2)$, $B(b_1, b_2)$에 대하여 다음이 성립함을 유도하시오.

- $\overrightarrow{AB} = (b_1 - a_1, b_2 - a_2)$
- $|\overrightarrow{AB}| = \sqrt{(b_1 - a_1)^2 + (b_2 - a_2)^2}$

정답 ▷ p.282

연구10 □X □△ □○

$\vec{a} = (a_1, a_2)$이고 $\vec{b} = (b_1, b_2)$일 때 빈칸에 알맞은 것을 쓰고 이를 유도하시오.

① $|\vec{a}| =$
② $\vec{a} + \vec{b} =$
③ $\vec{a} - \vec{b} =$
④ $k\vec{a} =$

정답 ▷ p.283

연구11 □X □△ □○

두 벡터 $\vec{a} = (a_1, a_2)$, $\vec{b} = (b_1, b_2)$의 내적이 $\vec{a} \cdot \vec{b} = a_1 b_1 + a_2 b_2$임을 유도하시오.

정답 ▷ p.284

연구12 □X □△ □○

두 벡터 $\vec{a}$, $\vec{b}$가 이루는 각을 θ라고 할 때, $\cos\theta$의 값을 쓰시오.

정답 ▷ p.284

연구13 □X □△ □○

다음 내적의 연산법칙을 유도하시오.

① $|\vec{a}|^2 = \vec{a} \cdot \vec{a}$
② $\vec{a} \cdot \vec{b} = \vec{b} \cdot \vec{a}$
③ $\vec{a} \cdot (\vec{b} + \vec{c}) = \vec{a} \cdot \vec{b} + \vec{a} \cdot \vec{c}$
④ $(k\vec{a}) \cdot \vec{b} = \vec{a} \cdot (k\vec{b}) = k(\vec{a} \cdot \vec{b})$

정답 ▷ p.285

연구14 □X □△ □○

'직선의 방향벡터'의 뜻을 쓰시오

정답 ▷ p.286

연구15 □X □△ □○

직선 l의 한 점의 위치벡터를 $\vec{a}$, 방향벡터를 $\vec{u}$, 임의의 점의 위치벡터를 $\vec{p}$라고 할 때, 직선 l의 벡터방정식을 쓰시오.

정답 ▷ p.286

연구16 □X □△ □○

직선 l이 점 $A(x_1, y_1)$를 지나고, 벡터 $\vec{u} = (\Delta x, \Delta y)$를 방향벡터로 갖는다고 하자. 이때, 직선 l의 방정식이 다음과 같음을 유도하시오.

$$\frac{x - x_1}{\Delta x} = \frac{y - y_1}{\Delta y} \quad (단, \ \Delta x \Delta y \neq 0)$$

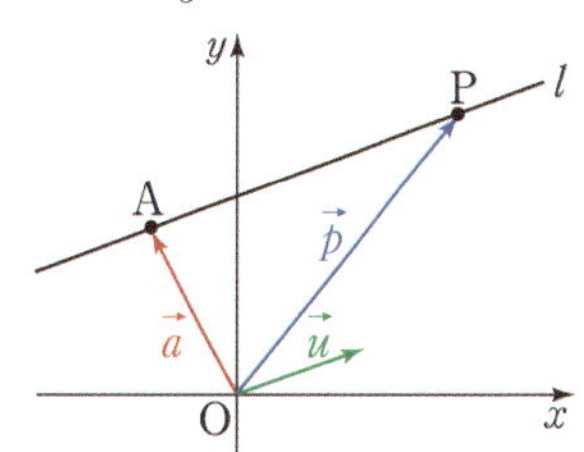

정답 ▷ p.286

나의 개념 이해도를 ☑체크해보자! □X □△ □완성○

— 연구17   □X □△ □○ —

직선(평면)의 법선벡터의 뜻을 쓰시오

정답 ▷ p.287

기하
Ⅲ.공간 도형·좌표

— 연구18   □X □△ □○ —

직선 l의 한 점의 위치벡터를 $\vec{a}$, 법선벡터를 $\vec{n}$, 임의의 점의 위치벡터를 $\vec{p}$라고 할 때, 직선 l의 벡터방정식을 쓰시오.

정답 ▷ p.287

— 연구01   □X □△ □○ —

평면의 결정조건 4가지를 쓰고, 그림으로 표현하시오.

정답 ▷ p.290

— 연구19   □X □△ □○ —

점 $A(x_1,\ y_1)$을 지나고, 벡터 $\vec{n}=(a,\ b)$에 수직인 직선의 방정식이 다음과 같음을 유도하시오.

$$a(x-x_1)+b(y-y_1)=0$$

정답 ▷ p.287

— 연구02   □X □△ □○ —

두 직선의 위치 관계 3가지를 쓰고, 그림으로 표현하시오.

정답 ▷ p.290

— 연구20   □X □△ □○ —

원의 중심의 위치벡터를 $\vec{c}$, 반지름을 r, 임의의 점의 위치벡터가 $\vec{p}$인 원의 벡터 방정식을 쓰시오.

정답 ▷ p.289

— 연구03   □X □△ □○ —

직선 l과 평면 α의 위치 관계 3가지를 쓰고, 그림으로 표현하시오.

정답 ▷ p.290

— 연구21   □X □△ □○ —

중심이 $C(x_1,\ y_1)$이고 반지름의 길이가 r인 원의 방정식을 벡터를 이용해 유도하시오.

정답 ▷ p.289

— 연구04   □X □△ □○ —

두 평면의 위치 관계 2가지를 쓰고, 그림으로 나타내시오.

정답 ▷ p.290

☑X ➡ ☑△ ➡ ☑완성○ 될 때까지 복습하자!

─ 연구05   □X □△ □○ ─

꼬인 위치에 있는 두 직선 l, m이 이루는 각은 어떻게 구하는가?

정답 ▷ p.291

─ 연구06   □X □△ □○ ─

직선 l이 평면 α와 점 O에서 만날 때, 직선 l과 평면 α가 이루는 각은 어떻게 구하는가?

정답 ▷ p.291

─ 연구07   □X □△ □○ ─

직선 l이 평면 α 위의 평행하지 않은 두 직선 a, b의 교점 O를 지날 때 $l \perp a$이고 $l \perp b$이면 직선 l과 평면 α의 위치관계는 어떻게 되는가?

정답 ▷ p.291

─ 연구08   □X □△ □○ ─

다음은 삼수선의 정리이다. 빈칸에 알맞은 말을 쓰시오.

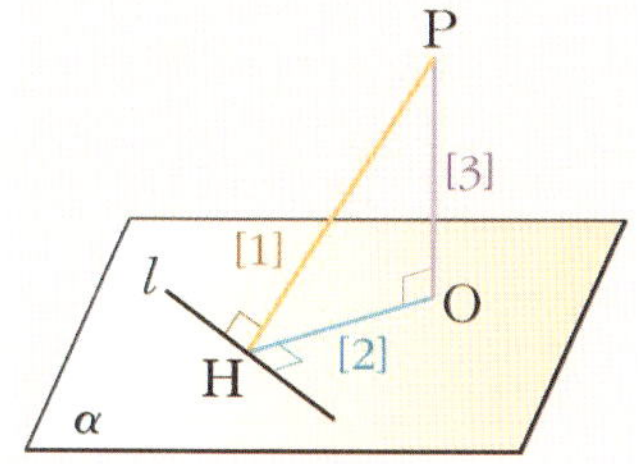

① $\overline{PO} \perp \alpha$, $\overline{OH} \perp l$이면 [   ]
② $\overline{PO} \perp \alpha$, $\overline{PH} \perp l$이면 [   ]
③ $\overline{PO} \perp \overline{OH}$, $\overline{PH} \perp l$, $\overline{OH} \perp l$이면 [   ]

정답 ▷ p.292

─ 연구09   □X □△ □○ ─

두 평면 α, β의 교선을 l이라고 할 때, 두 평면 α, β가 이루는 각은 어떻게 구하는가?

정답 ▷ p.293

─ 연구10   □X □△ □○ ─

"도형 F의 각 평면 α 위로의 정사영"의 뜻을 쓰시오.

정답 ▷ p.294

─ 연구11   □X □△ □○ ─

선분 AB의 평면 α 위로의 정사영을 선분 A′B′이라 하고, 직선 AB가 평면 α와 이루는 예각의 크기를 θ라고 할 때 $\overline{AB}$ 와 $\overline{A'B'}$의 관계식을 쓰시오.

정답 ▷ p.294

─ 연구12   □X □△ □○ ─

평면 α 위의 넓이가 S인 도형의 평면 β위로의 정사영의 넓이를 S', 두 평면 α, β가 이루는 각의 크기를 θ라 할 때 S와 S'의 관계식을 쓰시오.

정답 ▷ p.294

나의 개념 이해도를 ☑체크해보자! □X □△ □완성○

연구13 □X □△ □○

빈칸에 공간좌표에서 점 $P(a, b, c)$의 정사영된 점과 대칭된 점의 좌표를 쓰시오.

정사영	$P(a, b, c)$
x축	
y축	
z축	
xy평면	
yz평면	
zx평면	

대칭	$P(a, b, c)$
x축	
y축	
z축	
xy평면	
yz평면	
zx평면	
원점	

정답 ▷ p.295

연구14 □X □△ □○

두 점 $A(x_1, y_1, z_1)$, $B(x_2, y_2, z_2)$ 사이의 거리가 다음과 같음을 유도하시오.

$$\overline{AB} = \sqrt{(x_2 - x_1)^2 + (y_2 - y_1)^2 + (z_2 - z_1)^2}$$

정답 ▷ p.296

연구15 □X □△ □○

두 점 $A(x_1, y_1, z_1)$, $B(x_2, y_2, z_2)$를 이은 선분 AB를

① $m : n \ (m > 0, n > 0)$으로 내분하는 점

$$P\left(\frac{mx_2 + nx_1}{m+n}, \ \frac{my_2 + ny_1}{m+n}, \ \frac{mz_2 + nz_1}{m+n} \right)$$

② $m : n \ (m > 0, n > 0, m \neq n)$으로 외분하는 점

$$Q\left(\frac{mx_2 - nx_1}{m-n}, \ \frac{my_2 - ny_1}{m-n}, \ \frac{mz_2 - nz_1}{m-n} \right)$$

임을 유도하시오.

정답 ▷ p.297

연구16 □X □△ □○

중심이 $C(a, b, c)$이고, 반지름의 길이가 r인 구의 방정식이 다음과 같음을 유도하시오.

$$(x - a)^2 + (y - b)^2 + (z - c)^2 = r^2$$

정답 ▷ p.298

연구17 □X □△ □○

중심이 $C(a, b, c)$이고, 아래 조건을 만족하는 구의 방정식을 쓰시오.

- xy평면에 접하는 구
- xy평면과 zx평면에 접하는 구
- xy평면과 yz평면과 zx평면에 접하는 구

정답 ▷ p.299

연구18 □X □△ □○

중심이 $C(a, b, c)$이고, 아래 조건을 만족하는 구의 방정식을 쓰시오.

- x축에 접하는 구
- x축과 y축에 접하는 구
- x축과 y축과 z축에 접하는 구

정답 ▷ p.300

연구19 □X □△ □○

아래 식이 나타내는 도형이 무엇인지 쓰시오.

- $x = a :$
- $x = a, \ y = b :$

정답 ▷ p.301

수학 개념어 사전

수학 개념어 사전 학습법

- **Step1. self Test!**
  〈빈칸책〉에서 오른쪽 설명에 맞는 개념어를 생각나는 대로 적어본다.

- **Step2. 채점하기**
  〈답지책〉을 보고 틀린 개념어는 √체크하고 단권화 노트에서 해당 페이지를 정독한다.

- **Step3. 복습 하기**
  [step2]에서 체크한 개념어를 수시로 읽으며 체화한다.

- 문제를 풀다 막히는 단어가 있을 때, 수학 개념어 사전을 참조하기!
  개념어 사전에서 뜻을 찾아보고! 꼭 수학의 단권화 본문을 한 번 훑어보기!

001. ▷ 속도의 순간변화율

002. ▷ 'p이면 q이다.' 꼴의 명제에서 p를 지칭하는 용어

003. ▷ 함수 $f(x)$에 대하여, 어떤 구간의 임의의 두 수 x_1, x_2에 대하여 $x_1 < x_2$일 때 $f(x_1) > f(x_2)$가 성립하면, 함수 $f(x)$는 그 구간에서 □□라고 한다.

004. ▷ n개 중에 서로 같은 것이 각각 p개, q개, $\cdots$,r개씩 있을 때 (단, $n = p + q + \cdots + r$)

n개를 모두 택하여 만들 수 있는 순열의 수는 $\dfrac{n!}{p!q!\cdots r!}$

005. ▷ $\{x \mid a < x < b\}$ (열린구간과 동일)

006. ▷ a 의 n 거듭제곱: 실수 a를 n 번 곱한 a^n

007. ▷ a 의 n 제곱근: $x^n = a$ 가 되는 x (n 제곱해서 a 가 되는 것) (방정식 $x^n = a$ 의 근)

008. ▷ 'p이면 q이다.' 꼴의 명제에서 q를 지칭하는 용어

009. ▷ 어떤 사건이 일어날 수 있는 모든 가지 수. ① 빠짐없이 ② 중복되지 않게 구해야 한다.

010. ▷ 단항식에서 주목하는 문자를 제외한 나머지 부분

011. ▷ 양변의 같은 차수를 비교하여 계수를 구함

012.

012. ▷ 두 사건 A와 B가 동시에 일어나는 사건 (교집합과 동일)

013.

013. ▷ 두 사건 A, B에 대하여
A가 일어나는 경우의 수가 m가지이고, 그 각각에 대하여,
B가 일어나는 경우의 수가 n가지일 때,
A, B가 잇달아 일어나는 경우의 수는 $m \times n$가지이다.

014.

014. ▷ 등비수열에서 곱해지는 일정한 수

015.

015. ▷ 어떤 시행에서 절대로 일어나지 않는 사건 (공집합과 동일)

016.

016. ▷ 등차수열에서 더해지는 일정한 수

017.

017. ▷ 공간에서 서로 다른 두 평면이 만나서 생기는 직선

018.

018. ▷ $\{x \mid x \in A$ 이고 $x \in B\}$

019.

019. ▷ 공간상에서 한 정점으로부터 거리가 같은 점들의 집합
(공 모양)

020.

020. ▷ 닫힌구간, 열린구간, 반닫힌구간, 반열린구간을
통틀어 부르는 말

021.

021. ▷ 도형의 넓이나 부피를 구할 때 주어진 도형을 세분하여 그
도형의 넓이나 부피의 근삿값을 구한 다음 이 근삿값의
극한값으로 그 도형의 넓이 또는 부피를 구하는 방법
(정적분과 급수의 관계)

022.

022. ▷ 주어진 명제의 결론을 부정하면 가정에 모순되거나 이미
참이라고 알려진 사실에 모순됨을 유도하여 주어진 명제가
참임을 증명하는 방법

023.

023. ▷ 극댓값과 극솟값을 통틀어 부르는 용어

024.

024. ▷ 함수 $f(x)$가 $x=a$를 포함하는 어떤 열린구간에 속하는 모든 x에 대하여 $f(a) \geq f(x)$일 때, $f(x)$는 $x=a$에서 □□라고 한다.

025.

025. ▷ 극대일 때의 함숫값

026.

026. ▷ 함수 $f(x)$가 $x=a$를 포함하는 어떤 열린구간에 속하는 모든 x에 대하여 $f(a) \leq f(x)$일 때, $f(x)$는 $x=a$에서 □□라고 한다.

027.

027. ▷ 극소일 때의 함숫값

028.

028. ▷ 어떠한 변수가 어떤 일정한 수에 한없이 가까워질 때, 그 일정한 수

029.

029. ▷ 방정식에서 문자에 대입하면 식이 성립되는 특정한 수

030.

030. ▷ 이차방정식 $ax^2+bx+c=0$ $(a \neq 0)$의 두 근을 α, β라 하면
① $\alpha+\beta=-\dfrac{b}{a}$, ② $\alpha\beta=\dfrac{c}{a}$

▷ 삼차방정식 $ax^3+bx^2+cx+d=0$ $(a \neq 0)$의 세 근을 α, β, γ라 하면
① $\alpha+\beta+\gamma=-\dfrac{b}{a}$, ② $\alpha\beta+\beta\gamma+\gamma\alpha=\dfrac{c}{a}$, ③ $\alpha\beta\gamma=-\dfrac{d}{a}$

031.

031. ▷ 한 개의 원소로 이루어진 사건

032.

032. ▷ 이차방정식 $ax^2+bx+c=0$의 근을 구하는 공식
$$x=\dfrac{-b \pm \sqrt{b^2-4ac}}{2a}$$

033.

033. ▷ 수열 $\{a_n\}$의 각 항을 $+$기호로 연결한 식 (무한히 많은 항을 더함)
$$a_1+a_2+a_3+\cdots+a_n+\cdots=\sum_{n=1}^{\infty} a_n$$

034.

034. ▷ 급수가 수렴할 때의 값

035.
[확통〉통계] p.198

035. ▷ $P(X = x_i) = p_i$ (단, $i = 1, 2, \cdots, n$)라고 할 때,
$$\sum_{i=1}^{n} x_i p_i \text{ (평균과 동일)}$$

036.
[수상〉도형의방정식] p.45

036. ▷ 수평면에 대해 경사면이 기울어진 정도
▷ x값의 변화량에 대한 y값의 변화량의 비율

037.
[수상〉도형의방정식] p.59

037. ▷ 원점에 대하여 대칭인 함수

ㄴ

038.
[중학수학]

038. ▷ 다항식에서, 차수가 높은 항부터 차례로 낮은 차의 항으로
쓰는 일

039.
[수상〉다항식] p.23

039. ▷ 다항식 $f(x)$를 일차식 $x - \alpha$로 나누었을 때 나머지는
$R = f(\alpha)$이다.

040.
[수상〉도형의방정식] p.42

040. ▷ 수직선 위에서 선분 AB 위의 점 P에 대하여
(단, $m > 0$, $n > 0$) $\overline{AP} : \overline{PB} = m : n$ 일 때,
점 P는 선분 AB를 $m : n$으로 □□한다고 하며,
점 P를 선분 AB의 □□점이라고 한다.

041.
[중학수학]

041. ▷ 내접원의 중심 (모든 각의 이등분선이 만나는 점)

042.
[기하〉평면벡터] p.284

042. ▷ $\vec{a} \cdot \vec{b} = |\vec{a}||\vec{b}|\cos\theta$

043.
[수상〉도형의방정식] p.52

043. 도형이 다른 도형과 접할 때, 안쪽에서 접하는 것 (↔외접)

044.
[중학수학]

044. ▷ 비례식에서, 안쪽에 있는 두 항. a:b=c:d에서 b와 c (↔외항)

056.
[수Ⅰ)삼각함수] p.113

056. ▷ 일반각에서 각의 크기를 결정하는 선

057.
[수상)다항식] p.19

057. ▷ 주목하는 문자에 대한 차수가 같은 항

058.
[수하)집합과명제] p.67

058. ▷ $(A \cup B)^c = A^c \cap B^c,\ (A \cap B)^c = A^c \cup B^c$

059.
[미적)수열의극한] p.218

059. ▷ 등비수열을 무한히 많이 너하는 것

060.
[수Ⅰ)수열] p.130

060. ▷ 첫째항부터 각 항의 바로 앞의 항에 일정한 수를 곱하여 만들어진 수열

061.
[수Ⅰ)수열] p.130

061. ▷ 세수 a, b, c가 등비수열을 이룰 때, b를 a와 c의 □□이라고 한다.

062.
[수상)다항식] p.18

062. ▷ 등호(=)로 연결 된 식

063.
[수Ⅰ)수열] p.128

063. ▷ 첫째항에 차례로 일정한 수를 더하여 만들어진 수열

064.
[수Ⅰ)수열] p.128

064. ▷ 세수 a, b, c가 등차수열을 이룰 때, b를 a와 c의 □□이라고 한다.

ㄹ

065.
[수Ⅰ)삼각함수] p.114

065. ▷ 호도법의 단위

066.
[수Ⅰ)지수로그함수] p.101

066. ▷ 거듭제곱의 식 $a^x = N$를 지수를 중심으로 $x = \log_a N$로 표현하는 기호

067.

[수Ⅱ>미분법] p.157

067.

▷ 함수 $f(x)$가 폐구간 $[a,\ b]$에서 연속이고 개구간 $(a,\ b)$에서 미분가능할 때,
$f(a)=f(b)$이면 $f'(c)=0\ (a<c<b)$인 c가 개구간 $(a,\ b)$에 적어도 하나 존재한다.

ㅁ

068.

[미적>미분법] p.236

068.

▷ 두 변수 $x,\ y$ 사이의 관계가 변수 t를 매개로 하여 $x=f(t)$, $y=g(t)$ 꼴로 나타날 때, 변수 t를 표현하는 용어

069.

[수하>집합과명제] p.69

069.

▷ 참, 거짓을 판별할 수 있는 문장이나 식

070.

[확통>통계] p.206

070.

▷ 모집단의 분산

071.

[확통>통계] p.206

071.

▷ 통계조사에서 대상이 되는 집단 전체

072.

[확통>통계] p.206

072.

▷ 모집단의 평균

073.

[확통>통계] p.206

073.

▷ 모집단의 표준편차

074.

[미적>미분법] p.228

074.

▷ 분수꼴의 미분법 $\left\{\dfrac{f(x)}{g(x)}\right\}'=\dfrac{f'(x)g(x)-f(x)g'(x)}{\{g(x)\}^2}$

075.

[중학수학]

075.

▷ 삼각형의 세 개의 꼭짓점에서 대변에 내린 중선은 한 점에서 만나게 되고 이때의 교점. 각각의 중선의 길이를 2 : 1로 내분하는 점이기도 하다.

076.

[수상>방정식과부등식] p.24

076.

▷ 정수 $m,\ n$에 대하여 $\dfrac{n}{m}\ (m\neq 0)$꼴로 나타낼 수 없는 수

077.

077. ▷ 유리식으로 나타낼 수 없는 식

078.

078. ▷ x에 관한 무리식인 함수

079.

079. ▷ 한없이 커지는 상태를 나타내는 기호

080.

080. ▷ 함수 $f(x)$의 $x=a$에서의 미분계수는 (순간변화율과 동일)

$$f'(a) = \lim_{\Delta x \to 0} \frac{\Delta y}{\Delta x} = \lim_{\Delta x \to 0} \frac{f(a+\Delta x) - f(a)}{a+\Delta x - a} = \lim_{x \to a} \frac{f(x) - f(a)}{x - a}$$

081.

081. ▷ 미분가능한 어떤 함수에서 그 도함수를 구하는 계산법

082.

082. ▷ 미분가능한 어떤 함수에서 그 도함수를 구하는 일

083.

083. ▷ 항등식의 성질을 이용해, 계수의 값을 구하는 것

084.

084. ▷ a^n 꼴에서 a
    ▷ $\log_a N$ 꼴에서 a

085.

085. ▷ $\{x \,|\, a \le x < b\}$, $\{x \,|\, a < x \le b\}$

086.

086. ▷ 어떤 명제가 참이 아님을 증명하기 위해 필요한 예

087.

[수Ⅱ〉함수의극한] p.138

087. ▷ 수렴하지 않음

088.

[수상〉방정식과부등식] p.27

088. ▷ 문자를 포함한 등식에서, 그 문자에 특정한 수만 대입할 때 성립하는 식

089.

[기하〉평면벡터] p.286

089. ▷ 직선과 평행한 벡터

090.

[미적〉미분법] p.224

090. ▷ 덧셈정리의 변형

$$①\sin 2\alpha = 2\sin\alpha\cos\alpha,\ ②\cos 2\alpha = \cos^2\alpha - \sin^2\alpha,$$

$$③\tan 2\alpha = \frac{2\tan\alpha}{1-\tan^2\alpha}$$

091.

[확통〉확률] p.194

091. ▷ 두 사건 A, B가 동시에 일어나지 않을 때 이 두 사건을 배반사건이라 함. (두 집합의 서로소와 동일)

092.

[수하〉함수] p.86

092. ▷ 분자 또는 분모에 또 다른 분수식을 포함한 유리식

$$\frac{\dfrac{A}{B}}{\dfrac{C}{D}} = \frac{A}{B} \div \frac{C}{D} = \frac{A}{B} \times \frac{D}{C} = \frac{AD}{BC}$$

093.

[기하〉평면벡터] p.287

093. ▷ 직선과 수직인 벡터

094.

[기하〉평면벡터] p.276

094. ▷ 크기와 방향을 함께 가지는 양

095.

[수하〉집합과명제] p.62

095. ▷ 집합을 나타낸 그림

096.

[미적〉미분법] p.238

096. ▷ 곡선의 오목과 볼록이 바뀌는 지점

097.

[미적〉미분법] p.230

097. ▷ 변화율 $=\dfrac{변화량}{변화량}$

▷ $B=f(A)$일 때, A에 대한 B의 (순간)변화율 :

$$\lim_{\Delta A \to 0} \frac{\Delta B}{\Delta A} = \lim_{\Delta A \to 0} \frac{f(A+\Delta A)-f(A)}{A+\Delta A-A}$$

098.

098. ▷ 두 실수 a, b에 대하여 $a+bi$ 꼴로 나타낸 수

099.

099. ▷ 한 번 추출된 원소를 다시 되돌려 놓은 후 다음 원소를 뽑음

100.

100. ▷ 부등호를 써서 수나 식의 값의 대소 관계를 나타낸 것

101.

101. ▷ $x \in A$이면 $x \in B$일 때, A는 B의 □□이다. $A \subset B$ 또는 $B \supset A$

102.

102. ▷ 첫째항부터 제n항까지의 합

103.

103. ▷ 명제(or조건) p에 대하여 'p가 아니다'를 p의 □□이라 하며 $\sim p$로 나타낸다.

104.

104. ▷ 방정식에서 해가 무수히 많음

105.

105. ▷ 방정식의 개수가 미지수의 개수보다 적은 경우 해가 무수히 많아서 해를 정할 수 없는 경우의 방정식

106.

106. ▷ 함수 $f(x)$를 도함수로 가지는 함수. 즉, $F'(x) = f(x)$ 가 되는 함수 $F(x)$를 $f(x)$의 □□라 한다.

107.

107. ▷ 원의 두 반지름과 그 호로 둘러싼 도형

108.

108. ▷ 분할된 묶음을 서로 다른 자리에 배치하는 방법의 수

109.

109. ▷ $\mathrm{P}(X = x_i) = p_i$ (단, $i = 1, 2, \cdots, n$) 라고 할 때,

$$\mathrm{E}\big((X-m)^2\big) = \sum_{i=1}^{n} (x_i - m)^2 p_i \text{의 값}$$

110.

110. ▷ x에 관한 분수식인 함수

111.
[수하>경우의수] p.95

111. ▷ 서로 다른 n개를 k개의 묶음으로 나누는 방법의 수

112.
[수상>방정식과부등식] p.36

112. ▷ 방정식에서 해가 없음

113.
[수Ⅱ>함수의극한] p.145

113. ▷ 연속이 아님

114.
[중학수학]

114. ▷ 두 개의 비가 같음을 나타내는 식. a:b=c:d 꼴

115.
[확통>통계] p.206

115. ▷ 되돌려 놓지 않고 다음 원소를 뽑음

116.
[확통>확률] p.194

116. ▷ 표본공간의 부분집합

117.
[수Ⅰ>삼각함수] p.115

117. ▷ 좌표평면에서 x축의 양의 방향을 시초선으로 할 때, 점 $P(x,y)$에 대하여 동경 OP의 각도가 θ이고 $r=\sqrt{x^2+y^2}$일 때, $\dfrac{y}{r}$의 값

118.
[수Ⅰ>삼각함수] p.124

118. ▷ $\triangle ABC$에서 $\dfrac{a}{\sin A}=\dfrac{b}{\sin B}=\dfrac{c}{\sin C}=2R$ (단, R는 외접원의 반지름)

119.
[수Ⅱ>함수의극한] p.149

119. ▷ 함수 $f(x)$가 폐구간 $[a,\ b]$에서 연속이고 $f(a)\neq f(b)$이면, $f(a)$와 $f(b)$ 사이의 임의의 값 k에 대하여 다음을 만족시키는 c가 열린구간 $(a,\ b)$에 적어도 하나 존재한다.
$$f(c)=k$$

120.

120. ▷ $\dfrac{a+b}{2} \geq \sqrt{ab}$ (단, $a>0$, $b>0$. 등호는 $a=b$일 때 성립)

121.

121. ▷ 직각삼각형에서 직각이 아닌 한 각의 크기에 따라 정해지는 변의 길이의 비의 값

122.

122. ▷ sin, cos, tan 등의 함수를 통틀어 부르는 함수

123.

123. ▷ $p \to q$이고 $q \to r$이면 $p \to r$이다.

124.

124. ▷ 평면 α 위에 있는 한 점을 O, 평면 α 위에 있지 않은 점을 P, 평면 α 위의 임의의 직선을 l, 점 O에서 l에 그은 수선의 발을 H라 할 때
① $\overline{PO} \perp \alpha$, $\overline{OH} \perp l$ 이면, $\overline{PH} \perp l$
② $\overline{PO} \perp \alpha$, $\overline{PH} \perp l$ 이면, $\overline{OH} \perp l$
③ $\overline{PH} \perp l$, $\overline{OH} \perp l$, $\overline{PO} \perp \overline{OH}$ 이면, $\overline{PO} \perp \alpha$

125.

125. ▷ 정의역 X의 모든 원소 x가 공역 Y의 오직 하나의 원소에만 대응될 때의 함수 $f(x)=c$

126.

126. ▷ 주목하는 문자를 포함하지 않은 항

127.

127. ▷ 밑이 10인 로그 $\log_{10} N = \log N$

128.

128. ▷ 집합: 두 집합 A, B에 공동인 원소가 하나도 없을 때, 두 집합의 관계
▷ 약수 배수: 두 자연수가 공약수가 1밖에 없을 때, 두 수의 관계

129.

129. ▷ 약수가 1과 자기 자신뿐인 자연수

130.

130. ▷ 시간에 대한 위치의 순간변화율

131.

[수Ⅱ>미분법] p.182

131. ▷ 속도의 절댓값

132.

[수Ⅱ>함수의극한] p.138

132. ▷ 어떠한 변수가 어떤 일정한 수에 한없이 가까워지는 일

133.

[수Ⅰ>수열] p.128

133. ▷ 수의 나열

134.

[수Ⅰ>수열] p.134

134. ▷ 첫째항과 이웃하는 두 항 사이의 관계식으로 수열을 정의하는 것

135.

[미적>수열의극한] p.212

135. ▷ 수열 $\{a_n\}$ 에서 n 이 한없이 커질 때, 일반항 a_n 의 값이 일정한 값 α 에 한없이 가까워지는 경우, 그 α 값

136.

[수상>다항식] p.22

136. ▷ 양변의 문자에 적당한 수를 대입하여 계수를 구함

137.

[수Ⅰ>수열] p.134

137. ▷ 자연수 n 에 대하여 명제 $P(n)$ 이 성립함을 보이려 할 때
① $P(1)$ 이 성립함을 보인다.
② $P(k)$ 가 성립한다고 가정할 때 $P(k+1)$ 이 성립함을 보인다.
⇒ 명제 $P(n)$ 은 모든 자연수 n 에 대하여 성립한다.

138.

[확통>확률] p.194

138. ▷ 하나의 시행에서 일어날 수 있는 사건 전체를 S라 할 때, 일어날 수 있는 모든 경우의 수는 $n(S)$이고, 사건 A가 일어날 경우의 수는 $n(A)$라 하자. 이 때, 이 시행에서 기본적인 사건들이 같은 정도로 기대된다고 하면

$$P(A) = \frac{n(A)}{n(S)}$$

139.

[수Ⅱ>미분법] p.151

139. ▷ 미분계수와 동일

140.

[수하>경우의수] p.93

140. ▷ 서로 다른 n개에서 r개를 택하여 이들의 순서를 생각하여 일렬로 배열하는 경우의 수

141.

[수상>방정식과부등식] p.25

141. ▷ 복소수 $a+bi$에서 실수부분 $a=0$이고 허수부분 $b \neq 0$인 허수. (bi 꼴)

142. ▷ 크기만 가지는 양 (vs 벡터: 크기와 방향을 함께 가지는 양)

143. ▷ 수열의 합을 나타내는 기호

144. ▷ 벡터 화살표의 시작점

145. ▷ 일반각에서 기준이 되는 선

146. ▷ 동일한 조건 아래 반복될 수 있으며 그 결과가 우연에 의하여 결정되는 실험이나 관찰

147. ▷ 실수인 근

148. ▷ 유리수와 무리수의 총칭 (↔허수)

149. ▷ 복소수 $a+bi$에서 실수 a

150. ▷ 평면 위의 두 정점 F, F′(초점)으로부터의 거리의 차가 일정한 점의 집합

151. ▷ 제곱하여 -1이 되는 수

152. ▷ 분수의 분모와 분자를 공약수로 나누어 간단히 만듦

153.

[중학수학]

153. ▷ 어떤 정수를 나누어 떨어지게 하는 0이 아닌 정수

154.

[확통〉확률] p.194

154. ▷ 표본공간 S에 대하여 사건 A가 일어나지 않을 사건 (여집합과 동일)

155.

[수하〉집합과명제] p.64

155. ▷ $\{x \mid x \in U$ 이고 $x \notin A\}$

156.

[수하〉집합과명제] p.74

156. ▷ 주어진 명제의 가정과 결론을 서로 바꾸어 놓은 명제

157.

[수하〉함수] p.84

157. ▷ 함수 $f : X \to Y$가 일대일 대응이고, Y의 원소 y에 대하여 $y = f(x)$인 X의 원소 x에 대응시키면 Y에서 X로의 함수가 얻어진다. $f^{-1} : Y \to X,\ x = f^{-1}(y)$

158.

[기하〉평면벡터] p.276

158. ▷ 크기가 같지만 방향이 반대인 벡터

159.

[수상〉방정식과부등식] p.36

159. ▷ 2개 이상의 미지수를 포함하는 2개 이상의 방정식의 쌍이 주어지고, 미지수가 주어진 모든 방정식을 동시에 만족할 것이 요구되어 있을 때, 이 방정식의 쌍

160.

[수상〉방정식과부등식] p.40

160. ▷ 2개 이상의 미지수를 포함하는 2개 이상의 부등식의 쌍이 주어지고, 미지수가 주어진 모든 부등식을 동시에 만족할 것이 요구되어 있을 때, 이 부등식의 쌍

161.

[수Ⅱ〉함수의극한] p.145

161. ▷ 함수 $f(x)$가 $x = a$에서 ① $f(a)$가 존재, ② $\lim\limits_{x \to a} f(x)$가 존재, ③ $\lim\limits_{x \to a} f(x) = f(a)$

162.

[수Ⅱ〉함수의극한] p.146

162. ▷ 모든 점에서 연속일 때의 함수

163.

[확통〉통계] p.202

163. ▷ 어떤 구간의 모든 실수값을 가지는 확률변수

164.

[수Ⅱ〉함수의극한] p.145

164. ▷ $\{x \mid a < x < b\}$ (개구간과 동일)

165.

165. ▷ 시점과 종점이 일치하여 크기가 0인 벡터

166.

166. ▷ 다항식에서, 차수가 낮은 항부터 차례로 높은 차의 항으로 쓰는 일

167.

167. ▷ 식의 제곱 형태로 표현된 식. (식)^2 꼴

168.

168. ▷ 수직선 위에서 선분 AB의 연장선 위의 점 Q에 대하여 (단, $m > 0,\ n > 0,\ m \neq n$)
$$\overline{AQ} : \overline{QB} = m : n$$
일 때, 점 Q는 선분 AB를 $m : n$으로 □□한다고 하며, 점 Q를 선분 AB의 □□이라고 한다.

169.

169. ▷ 외접원의 중심. 모든 변의 수직이등분선이 만나는 점.

170.

170. ▷ 도형이 다른 도형과 접할 때, 바깥쪽에서 접하는 것 (↔내접)

171.

171. ▷ 비례식에서 양 끝에 있는 두 개의 항. 즉 a:b=c:d의 a와 d (↔내항)

172.

172. ▷ x가 a보다 크면서 a에 한없이 가까워질 때 $f(x)$가 일정한 값 α에 한없이 가까워지는 경우, 그 α 값

173.

173. ▷ y축에 대하여 대칭인 함수

174.

174. ▷ 특정한 한 점으로부터, 그 점과 같은 거리에 있는 점들의 집합

175.

175. ▷ 집합을 이루고 있는 대상 하나하나

176.

176. ▷ 모든 원소를 { }안에 나열하는 방법

177.

177. ▷ 서로 다른 n개를 원형으로 배열하는 순열의 수 (단, 회전하여 일치하는 것은 같은 것으로 본다.) $(n-1)!$

178.
[기하]평면벡터] p.279

178. ▷ 한 점 O를 시점으로 하는 벡터

179.
[수상]방정식과부등식] p.24

179. ▷ 정수 m, n에 대하여 $\dfrac{n}{m}$ $(m \neq 0)$꼴로 나타낼 수 있는 수

180.
[수하]함수] p.86

180. ▷ 두 다항식 A, B에 대하여 $\dfrac{A}{B}$ $(B \neq 0)$의 꼴로 나타내어지는 식

181.
[수하]함수] p.87

181. ▷ x에 관한 유리식인 함수

182.
[수Ⅰ]삼각함수] p.114

182. ▷ 원의 둘레를 360등분 하여 각 혹에 대한 중심각의 크기를 1도로 정의하여 각의 크기를 나타내는 방법

183.
[미적]미분법] p.234

183. ▷ 변수 x, y의 관계가 $f(x,\ y) = 0$으로 표시되는 함수

184.
[미적]미분법] p.219

184. ▷ $\displaystyle\lim_{x \to 0} (1+x)^{\frac{1}{x}} = \lim_{x \to \infty} \left(1 + \dfrac{1}{x}\right)^{x} = 2.71828182845\cdots$

185.
[미적]미분법] p.237

185. ▷ 도함수의 도함수

186.
[기하]공간도형] p.293

186. ▷ 두 평면 α, β의 교선을 l이라고 할 때, l을 공유하는 두 반평면 α, β로 이루어지는 도형

187.
[확통]통계] p.198

187. ▷ 유한 개의 값 x_1, $\cdots$, x_n을 가지는 확률변수

188.
[기하]이차곡선] p.264

188. ▷ 포물선, 타원, 쌍곡선 등을 통틀어 부르는 말

189.
[확통]경우의수] p.191

189. ▷ 자연수 n에 대하여 $(a+b)^n$의 전개식에서 각 항의 계수

190.
[확통]통계] p.201

190. ▷ 한 번의 시행에서 사건 A가 일어날 확률이 p일 때, n번의 독립시행에서 사건 A가 일어나는 횟수를 확률변수 X라 할 때, 이때의 확률분포

$$P(X=x) = {}_nC_x\, p^x q^{n-x} \quad (q = 1-p)$$

191.

[확통>경우의수] p.191

191. ▷ 자연수 n에 대하여 $(a+b)^n$의 전개식을 조합의 수를 이용하여 나타내는 정리

192.

[수상>다항식] p.23

192. ▷ 곱을 이루는 각 다항식

193.

[수상>다항식] p.23

193. ▷ 하나의 다항식을 여러 다항식의 곱으로 나타내는 것. 전개의 역 과정

194.

[수상>다항식] p.23

194. ▷ $f(x)$가 $x-\alpha$로 나누어떨어지면 $f(\alpha)=0$ & $f(\alpha)=0$이면 $f(x)$가 $x-\alpha$로 나누어떨어진다.

195.

[수하>함수] p.81

195. ▷ ①일대일 함수이고, ②치역과 공역이 같은 함수

196.

[수하>함수] p.80

196. ▷ 정의역의 서로 다른 원소에 대하여 그 함숫값이 서로 다를 때의 함수
$$x_1 \neq x_2 \rightarrow f(x_1) \neq f(x_2)$$

197.

[수 I >삼각함수] p.113

197. ▷ 시초선 OX와 동경 OP가 나타내는 한 각의 크기를 $\alpha°$ 라 하면 $\angle XOP$의 크기를 아래와 같이 일반적으로 나타내는 것
$$360° \times n + \alpha° \quad (단, n은 정수)$$

198.

[수 I >수열] p.128

198. ▷ 수열의 각 항을 일반석으로 나타냄

199.

[확통>통계] p.206

199. ▷ 모집단에서 편중되지 않게, 무작위로 추출

200.

[확통>통계] p.206

200. ▷ 임의추출에 의하여 만들어진 표본

201. ▷ 무리수 e 를 밑으로 하는 로그 $\log_e x = \ln x$

202. ▷ 어떤 일정한 조건을 만족시키는 점들의 집합

203. ▷ 타원에서 마주보는 꼭짓점을 이은 선분 중에 긴 선분

204. ▷ 부정적분과 정적분을 통틀어 부르는 말

205. ▷ 통계 조사에서 대상으로 삼은 집단 전체를 조사하는 것

206. ▷ 주어진 집합에 대하여 그것의 부분집합만을 생각할 때 처음에 주어진 집합을 □□이라 하고, 기호 U로 나타낸다.

207. ▷ 문자를 포함한 부등식에서 그 문자가 가질 수 있는 어떠한 실수 값을 대입해도 항상 성립하는 부등식

208. ▷ 수직선 위에서 원점으로부터 어떤 수를 나타내는 점까지의 거리 (+값)

209. ▷ x절편: 그래프가 x축과 만나는 점의 x좌표
▷ y절편: 그래프가 y축과 만나는 점의 y좌표

210. ▷ 곡선 위의 점이 한없이 가까워지는 직선

211. ▷ 첫째항과 이웃하는 두 항 사이의 관계식으로 수열을 정의하는 것

212.

[확통>통계] p.203

212.　▷ 자연현상이나 사회현상을 측정할 때, 그 확률밀도함수가 그림과 같은 종 모양에 가까운 경우가 많다. 연속확률변수 X의 확률밀도함수 $f(x)$가 아래와 같을 때, X의 분포

$$f(x) = \frac{1}{\sqrt{2\pi}\,\sigma} e^{-\frac{(x-m)^2}{2\sigma^2}} \quad (e = 2.718\cdots)$$

213.

[수하>집합과명제] p.69

213.　▷ 참임이 증명된 명제 중에서 기본이 되는 것이나 다른 명제를 증명할 때 이용할 수 있는 중요한 명제

214.

[기하>공간도형] p.294

214.　▷ 도형의 모든 점에서 어떤 평면 위로의 수선의 발을 모아 놓은 것

215.

[수하>집합과명제] p.69

215.　▷ 용어의 뜻을 간결하고 명확하게 정한 문장

216.

[수하>함수] p.79

216.　▷ 함수 $f : X \to Y$에서 집합 X

217.

[수Ⅱ>적분법] p.171

217.　▷ 함수 $f(x)$가 폐구간 $[a, b]$에서 연속이고 $f(x)$의 한 부정적분을 $F(x)$라고 할 때,

$$\int_a^b f(x)\,dx = [F(x)]_a^b = F(b) - F(a)$$

218.

[수하>집합과명제] p.70

218.　▷ 포함하고 있는 변수의 값에 따라 참, 거짓이 정해지는 문장이나 식

219.

[확통>확률] p.196

219.　▷ 두 사건 A, B에 대하여 사건 A가 일어났다는 조건 아래, 사건 B가 일어날 확률 (단, $P(A) > 0$)

$$P(A|B) = \frac{n(A \cap B)}{n(A)} = \frac{P(A \cap B)}{P(A)}$$

220.

[수하>집합과명제] p.62

220.　▷ 조건으로 원소가 갖는 성질을 나타내는 방법 $\{x \mid x$의 조건$\}$

221.

[수상>다항식] p.21

221.　▷ 다항식 $P(x)$를 $x - \alpha$로 나눌 때, 다항식 $P(x)$의 계수와 α만을 이용하여 몫과 나머지를 구하는 방법

222.
[수하〉경우의수] p.94

222. ▷ 순서를 생각하지 않고, 서로 다른 n개에서 r개를 택하는 경우의 수

223.
[확통〉확률] p.197

223. ▷ 사건 A의 발생 여부에 따라 사건 B가 일어날 확률이 달라질 때 사건 A와 사건 B는 □□이다. $P(B) \neq P(B \mid A)$

224.
[기하〉평면벡터] p.276

224. ▷ 벡터 화살표가 끝나는 점

225.
[수Ⅱ〉함수의극한] p.141

225. ▷ x가 a보다 작으면서 a에 한없이 가까워질 때 $f(x)$가 일정한 값 α에 한없이 가까워지는 경우, 그 α 값

226.
[수상〉도형의방정식] p.55

226. ▷ 어떤 주기를 가지고 함숫값이 반복되는 함수. $y = f(x)$의 그래프가 주기가 p인 함수일 때 아래 식이 성립한다.
$$f(x+p) = f(x)$$

227.
[기하〉이차곡선] p.268

227. ▷ 쌍곡선의 두 꼭짓점을 이은 선분

228.
[기하〉이차곡선] p.264

228. ▷ 포물선은 평면 위에서 한 정점 F와
점 F를 지나지 않는 정직선 l이 주어질 때,
점 F와 직선 l로부터 같은 거리에 있는 점들의 집합이다.
이때 정직선 l을 포물선의 □□이라고 한다.

229.
[중학수학]

229. ▷ 2차 이상의 방정식이 2개 이상의 같은 근(해)을 가질 때, 이 근을 일컫는 말

230.
[확통〉경우의수] p.187

230. ▷ 서로 다른 n개 중에서 중복을 허용하여 r개를 택하는 순열
$$_n\Pi_r = n \times n \times \cdots \times n = n^r$$

231.
[확통〉경우의수] p.187

231. ▷ 서로 다른 n개에서 중복을 허용하여 r개를 택하는 조합의 경우의 수 $_n H_r = {}_{n+r-1}C_r$

232.
[중학수학]

232. ▷ 삼각형의 한 꼭짓점과 그 대변의 중점을 이은 선분

233.
[수Ⅱ〉미분법] p.159

233. ▷ 함수 $f(x)$에 대하여, 어떤 구간의 임의의 두 수 x_1, x_2에 대하여 $x_1 < x_2$일 때 $f(x_1) < f(x_2)$가 성립하면, 함수 $f(x)$는 그 구간에서 □□라고 한다.

234.
[수하>집합과명제] p.71

234. ▷ 명제의 가정으로부터 정의 또는 이미 옳다고 밝혀진 성질을 근거로 하여 결론을 논리적으로 이끌어 내어물전 그 명제가 참임을 설명하는 과정

235.
[수Ⅰ>지수로그함수] p.98

235. ▷ a^n 꼴에서 n

236.
[수하>집합과명제] p.70

236. ▷ 전체집합의 원소 중에서 조건을 참이 되게 하는 모든 원소의 집합

237.
[수하>집합과명제] p.63

237. ▷ $A \subset B$이고 $A \neq B$이면, A는 B의 □□

238.
[수Ⅰ>지수로그함수] p.101

238. ▷ $\log_a N$ 꼴에서 N

239.
[수하>집합과명제] p.62

239. ▷ 대상을 명확히 구분할 수 있는 것들의 모임

240.
[수상>다항식] p.19

240. ▷ 단항식에서 주목하는 문자가 곱해진 개수

241.
[수하>집합과명제] p.64

241. ▷ $\{x \mid x \in A$ 이고 $x \notin B\}$

242.
[중학수학]

242. ▷ 0이 아닌 두 개 이상의 정수의 공통되는 약수 중에서 가장 큰 수

243.
[수Ⅱ>함수의극한] p.148

243. ▷ 함수 $f(x)$가 폐구간 $[a, b]$에서 연속이면, $f(x)$는 이 구간에서 반드시 최댓값과 최솟값을 가진다.

244.
[중학수학]

244. ▷ 2개 이상의 수의 공배수 가운데서 최소인 것

245.

245. ▷ 표본을 조사해 얻은 정보를 이용하여 모집단의 특징을 나타내는 값을 추측하는 것

246.

246. ▷ $p{\Rightarrow}q$일 때, p는 q이기 위한 □□

247.

247. ▷ 함숫값의 집합 $\{f(x)|x\in X\}$

248.

248. ▷ 이차방정식 $ax^2+bx+c=0\ (a\neq 0)$의
① a, b, c가 유리수이면 한 근이 $g+h\sqrt{k}$이면 $g-h\sqrt{k}$도 근이다.
(단, g, h는 유리수이고 $h\neq 0$, $\sqrt{k}$는 무리수)
② a, b, c가 실수이면 한 근이 $g+hi$ 이면 $g-hi$도 근이다.
(단, g, h는 실수이고 $h\neq 0$)

249.

249. ▷ $a+bi$의 허수부분의 부호를 바꾼 복소수. $\overline{a+bi}=a-bi$

250.

250. ▷ 좌표평면에서 x축의 양의 방향을 시초선으로 할 때, 점 $\mathrm{P}(x,y)$에 대하여 동경 OP의 각도가 θ이고 $r=\sqrt{x^2+y^2}$일 때, $\dfrac{x}{r}$의 값

251.

251. ▷ $\triangle\mathrm{ABC}$에서 $a^2=b^2+c^2-2bc\cos A$

252.

252. ▷ 실수 a, b, x, y에 대하여
$(a^2+b^2)(x^2+y^2)\geq(ax+by)^2$
(단, 등호는 $a:b=x:y$일 때, 성립)

253.

253. ▷ 어떤 시행에서 사건 A가 일어나는 수학적 확률이 p이고, n번의 독립시행에서 사건 A가 일어나는 횟수를 X라고 하면, 임의의 양수 h에 대하여 n의 값이 한없이 커질수록 $\mathrm{P}\left(\left|\dfrac{X}{n}-p\right|<h\right)$는 1에 한 없이 가까워진다.

254.

254. ▷ 평면 위의 두 정점 F, F′(초점)으로부터의 거리의 합이 일정한 점의 집합

255.

255. ▷ 좌표평면에서 x축의 양의 방향을 시초선으로 할 때, 점 $\mathrm{P}(x,y)$에 대하여 동경 OP의 각도가 θ일 때, $\dfrac{y}{x}$의 값

256.

256. ▷ 어떤 시행을 n번 반복할 때 사건 A가 r_n번 일어날 때, n을 충분히 크게 함에 따라 상대도수 $\dfrac{r_n}{n}$이 일정한 값 P에 가까워지면 P를 사건 A가 일어날 □□이라 함

257.

257. ▷ $_{n-1}\mathrm{C}_{r-1}+{}_{n-1}\mathrm{C}_r={}_n\mathrm{C}_r$가 성립하는 이항계수의 성질을 삼각형 형태로 표현한 것

258.

258. ▷ 이차방정식 $ax^2+bx+c=0$의 근의 종류를 판별하는 공식 $D=b^2-4ac$

259.

259. ▷ $\mathrm{P}(X=x_i)=p_i$ (단, $i=1,\ 2,\ \cdots,\ n$)라고 할 때, $\displaystyle\sum_{i=1}^{n}x_ip_i$ (기댓값과 동일)

260.

[수Ⅱ〉미분법] p.158

260. ▷ 함수 $f(x)$가 폐구간 $[a, b]$에서 연속이고 개구간 (a, b)에서 미분가능하면 아래 조건을 만족하는 c가 개구간 (a, b) 안에 적어도 하나 존재한다.

$$\frac{f(b)-f(a)}{b-a}=f'(c) \text{ (단, } a<c<b)$$

261.

[수Ⅱ〉미분법] p.150

261. ▷ 함수 $y=f(x)$ 에서 x의 값이 a에서 b까지 변할 때 아래의 값

$$\frac{\Delta y}{\Delta x}=\frac{f(b)-f(a)}{b-a}=\frac{f(a+\Delta x)-f(a)}{a+\Delta x-a}$$

262.

[수Ⅱ〉미분법] p.182

262. ▷ 위치의 평균변화율$=\dfrac{\text{위치의 변화량}}{\text{시간변화량}}$

263.

[수Ⅱ〉미분법] p.182

263. ▷ 이동 거리의 평균변화율$=\dfrac{\text{이동 거리}}{\text{시간변화량}}$

264.

[수상〉도형의방정식] p.54

264. ▷ 도형을 일정한 방향으로 일정한 거리만큼 이동하는 것

265.

[수Ⅱ〉함수의극한] p.145

265. ▷ $\{x\,|\,a \leq x \leq b\}$ (닫힌구간과 동일)

266.

[기하〉이차곡선] p.264

266. ▷ 평면 위에서 한 정점 F와 점 F를 지나지 않는 정직선 l이 주어질 때, 점 F(초점)와 직선 l(준선)로부터 같은 거리에 있는 점들의 집합

267.

[확통〉통계] p.206

267. ▷ 표본조사를 하는 경우 조사하기 위하여 모집단에서 추출한 부분집합

268.

[확통〉확률] p.194

268. ▷ 어떤 시행에서 일어날 수 있는 모든 결과들의 집합

269.

[확통〉통계] p.206

269. ▷ $S^2=\dfrac{1}{n-1}\displaystyle\sum_{i=1}^{n}(X_i-\overline{X})^2$

270.

[확통〉통계] p.206

270. ▷ 표본의 원소의 개수

271.

271. ▷ 대상으로 삼은 집단의 일부를 조사하는 것.

272.

272. ▷ 모집단에서 임의추출한 크기가 n인 표본 $X_1, X_2, \cdots, X_n$에서

$$\overline{X} = \frac{1}{n}(X_1 + X_2 + \cdots + X_n) = \frac{1}{n}\sum_{i=1}^{n} X_i$$

273.

273. ▷ 표본평균의 분포에서의 평균

274.

274. ▷ 표본평균의 분포에서의 분산

275.

275. ▷ 표본평균의 분포에서의 표준편차

276.

276. ▷ 모집단에서 임의추출한 크기가 n인 표본 $X_1, X_2, \cdots, X_n$에서

$$S = \sqrt{S^2} = \sqrt{\frac{1}{n-1}\sum_{i=1}^{n}(X_i - \overline{X})^2}$$

277.

277. ▷ 평균이 $m=0$, 표준편차가 $\sigma=1$인 정규분포

278.

278. ▷ $\mathrm{P}(X = x_i) = p_i$ (단, $i = 1, 2, \cdots, n$) 라고 할 때,

$$\sqrt{\mathrm{E}((X-m)^2)} = \sqrt{\sum_{i=1}^{n}(x_i - m)^2 p_i}$$

279.

279. ▷ 정규분포 $\mathrm{N}(m, \sigma^2)$를 따르는 확률변수 X를 표준정규분포 $\mathrm{N}(0, 1^2)$를 따르는 확률변수 Z로 바꾸는 것

280.

280. ▷ $p \Rightarrow q$일 때, q는 p이기 위한 □□

281.

281. ▷ $p \Leftrightarrow q$일 때, p는 q이기 위한 필요충분조건이고 q는 p이기 위한 □□

282. ▷ 집합 X의 모든 원소 각각에 대하여 집합 Y의 원소가 하나씩 대응할 때, 이 대응관계 f를 집합 X에서 Y로의 □□라 하고, 기호로는 $f : X \to Y$ 로 나타낸다.

283. ▷ 함수 $f(x)$에서 x가 a가 아닌 값을 가지면서 a에 한없이 가까워 질 때, $f(x)$의 값이 일정한 값 α에 한없이 가까워지는 경우, 그 α 값

284. ▷ 함수 f에 의하여 정의역 X의 원소 x가 공역 Y의 원소 y와 대응할 때, 기호 $y = f(x)$로 나타낸다. 이때, $f(x)$를 x에 대한 □□이라고 한다.

285. ▷ 두 사건 A 또는 B가 일어나는 사건 (합집합과 동일)

286. ▷ 두 함수 $f : X \to Y$, $g : Y \to Z$가 주어졌을 때 X의 각 원소 x에 대하여 Z의 원소 $g(f(x))$를 대응시키는 새로운 함수를 f와 g의 합성함수라 하고 $g \circ f$ 로 나타낸다. $(g \circ f)(x) = g(f(x))$

287. ▷ 두 사건 A, B가 동시에/함께 일어나지 않고, 사건 A가 일어나는 경우의 수가 m가지이고, 사건 B가 일어나는 경우의 수가 n가지이면, 사건 A또는 B가 일어나는 경우의 수는 $m+n$ 가지이다.

288. ▷ $\{x \mid x \in A \ \text{또는} \ x \in B\}$

289. ▷ 다항식의 항 [수상〉다항식] p.17 : 문자와 수의 곱
▷ 수열의 항 [수Ⅰ〉수열] p.126 : 수열을 이루는 각각의 수

290. ▷ 문자를 포함하는 등식에서 그 문자에 어떤 값을 대입해도 항상 성립하는 등식

291.

▷ 정의역과 공역이 같고, 정의역의 임의의 원소에 그 자신을 대응시키는 함수

$$f : X \to X, \quad f(x) = x$$

292.

▷ 허수인 근

293.

▷ 복소수 $a+bi$에서 허수부분 $b \neq 0$인 수

294.

▷ 제곱하여 -1이 되는 수

295.

▷ 복소수 $a+bi$에서 실수 b

296.

▷ $\triangle ABC$의 넓이 S는

$$S = \sqrt{s(s-a)(s-b)(s-c)} \quad (단, \ s = \frac{a+b+c}{2})$$

297.

▷ 부채꼴에서 중심각의 크기를 $\dfrac{호의\ 길이}{반지름}$로 나타내는 방법

298.

▷ '수학적 확률'과 '통계적 확률' 통틀어 부르는 말

299.

▷ 연속확률변수가 정의역인 확률함수

300.

▷ 표본공간의 각 원소에 하나의 실수값을 대응시켜주는 것.

301.

▷ 확률변수 X가 가지는 값과 그 값을 가질 확률과의 대응 관계

302.

▷ 이산확률변수가 정의역인 확률함수

김지석 커리큘럼

수 학 정 복 , 약 점 을 빠 르 게

STEP. 1

수학의 단권화

"7일 만에 전범위
1권으로 단권화"

STEP. 0 노베

노베스피드

"1주일에 한 과목씩 노베 탈출하기"

그래프테크닉 기본편

"그래프 기초부터 기본까지
그래프 실력 업그레이드"

STEP. 4

고난도정신

"테마별 고난도 주제
완전 정복"

김지석 프리패스

경향 07 Minor Trend

경향07 대표문제분석 033

33. [2015년 수능 (B)형 20번]
그림과 같이 반지름의 길이가 1인 원에 외접하고
$\angle CAB = \angle BCA = \theta$인 이등변삼각형 ABC가 있다.
선분 AB의 연장선 위에 점 A가 아닌 점 D를
$\angle DCB = \theta$가 되도록 잡는다. 삼각형 BCD의 넓이를
$S(\theta)$라 할 때, $\displaystyle\lim_{\theta \to 0+} \{\theta \times S(\theta)\}$의 값은?

(단, $0 < \theta < \dfrac{\pi}{4}$) [4점]

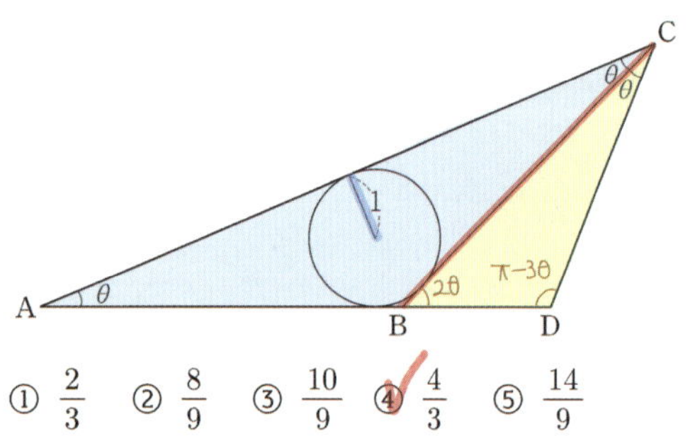

① $\dfrac{2}{3}$ ② $\dfrac{8}{9}$ ③ $\dfrac{10}{9}$ ④ $\dfrac{4}{3}$ ⑤ $\dfrac{14}{9}$

수능수학 Big Data Analyst 김지석
수능한권 Prism 해설

[도형의 필연성]
좌우대칭 도형 → 반띵
이등변 삼각형 → 직각 삼각형

[도형의 필연성]
원 나오면 중심과 특별점 잇기

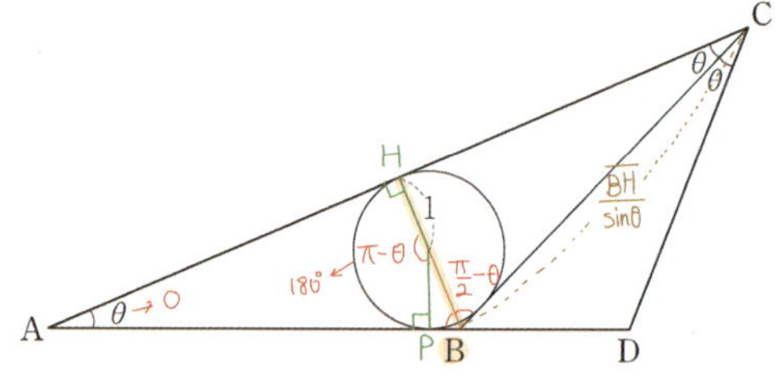

[도형의 필연성]
모르는 삼각형과 → △BCD (길이 정보 없음)
아는 삼각형의 → △ABC (길이 정보 있음)
공통부분을 찾아라! → BC

[1단계] & [2단계]

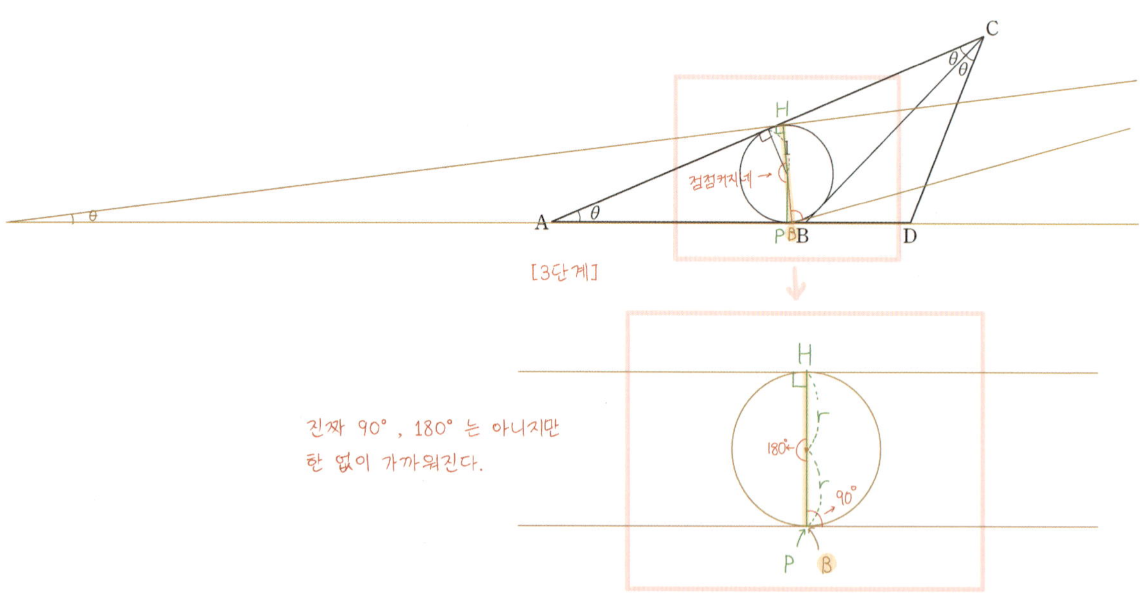

진짜 90°, 180°는 아니지만
한 없이 가까워진다.

수능한권

Big Data x 수능한권 | 미적분 여러 함수의 미분
경향 07 도형의 극한

Analysis

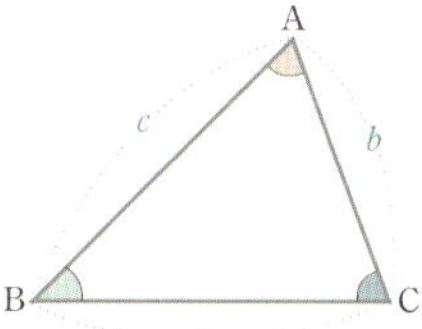

사인법칙 응용 (외접원 없을 때, 각이 많을 때)

$a : b : c = \sin A : \sin B : \sin C$ 이므로

$$b = a \times \frac{b}{a} = a \times \frac{\sin B}{\sin A}$$

확장 - 삼각형 넓이

$$S = \frac{1}{2} ab \sin C$$
$$= \frac{1}{2} a \left(a \frac{\sin B}{\sin A} \right) \sin C$$
$$= \frac{1}{2} a^2 \frac{\sin B \sin C}{\sin A}$$

$\theta \to 0$ 일 때

3단계 1단계
$$\overline{BH} \to 2r = 2 \times 1$$
$$\overline{BC} = \overline{BH} \frac{1}{\sin\theta} \to \frac{2}{\sin\theta}$$
$$S(\theta) = \frac{1}{2} \overline{BC}^2 \frac{\sin 2\theta \sin\theta}{\sin 3\theta}$$

$$\lim_{\theta \to 0+} \{\theta \times S(\theta)\}$$

☆교체

$$= \lim_{\theta \to 0+} \left\{ \theta \times \frac{1}{2} \left(\frac{2}{\sin\theta} \right)^2 \frac{\sin 2\theta \sin\theta}{\sin 3\theta} \right\}$$
$$= \frac{1}{2} \times 2^2 \times \frac{2 \times 1}{3} = \frac{4}{3}$$

[다른 풀이]

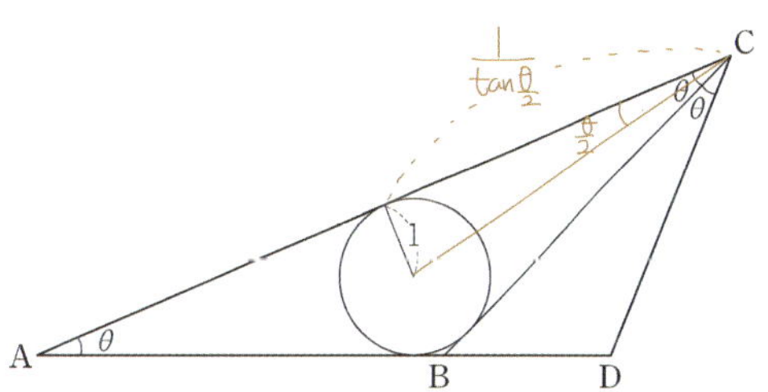

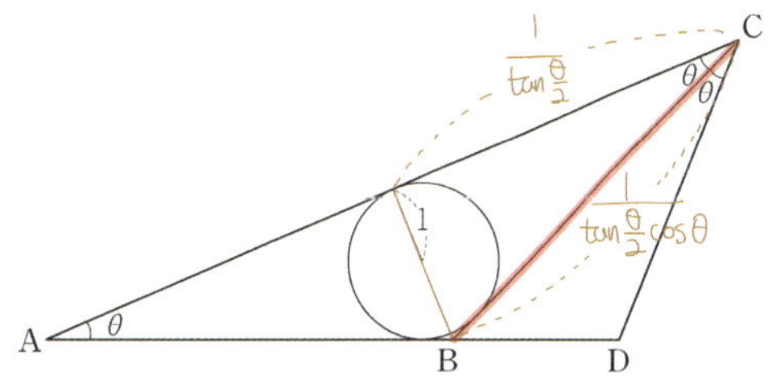

$$\overline{BC} = \overline{CH} \frac{1}{\cos\theta} = \frac{1}{\tan\frac{\theta}{2} \cos\theta}$$

$$S(\theta) = \frac{1}{2} \overline{BC}^2 \frac{\sin 2\theta \sin\theta}{\sin 3\theta}$$

$$\lim_{\theta \to 0+} \{\theta \times S(\theta)\}$$

$$= \lim_{\theta \to 0+} \left\{ \theta \times \frac{1}{2} \left(\frac{1}{\tan\frac{\theta}{2} \cos\theta} \right)^2 \frac{\sin 2\theta \sin\theta}{\sin 3\theta} \right\}$$

$$= \frac{1}{2} \times \frac{1}{\left(\frac{1}{2}\right)^2} \times \frac{2 \times 1}{3} = \frac{4}{3}$$

독학, 과목별 6일 완성

도형의 필연성

김지석

수능 도형에 필요한 15가지 도구정리

중학도형부터 초고난도 도형문제까지

도형총론 + 고난도 연습문제

풀컬러 손해설로 독학 6시간 완성

기간한정 전자책 1,000원

상　장

종 목 : 수학의 단권화　　　성 명 :

　위 학생은 강인한 끈기와 인내로 마침내
수학의 단권화를 완성하여 수능 대박의
초석이 되는 탄탄한 개념을 다졌고 수능 날
대박을 터트릴 예정이기에 이 상장을 주어
격하게 칭찬합니다.

년　　월　　일

너를 응원하는 김지석

Editor_ Jelly, Anne, Piter, Henry
Designer _ 박봄이
이 책은 아모레퍼시픽의 아리따글꼴을 사용하여 디자인 되었습니다.

인간은 결과 앞에서 무력해도 과정 앞에서 무적이다.

- 김지석 -

KIMJISUK

- 서울대학교 수학교육과 졸업 (영문학 부전공)
- 초등학교 수학 30점을 넘어본 적이 없는 수포자
- 꾸준한 성적 향상으로 서울대 수학교육과 졸업, EBS-i 강사

> - 현) EBS-i 강사
> - 현) 오르비 강사
> - 전) 공신닷컴(gongsin.com) 대표멘토
> - 전) 미국 Lehi High School 교사인턴
>   『대박타점 공부법』 저자

- MBC 〈오늘의 아침〉 출연
- 여성중앙 〈공신 멘토링〉 멘토
- 동아일보 〈신나는 공부〉 코너 인터뷰
- 조인스TV 〈열려라 공부〉 출연
- 메가TV 〈수능공부법〉 수리영역 공부법 강의
- 한겨레 신문 보도
- 중앙일보 〈공부 개조 프로젝트〉 자문 멘토
- tvN 〈80일만에 서울대 가기〉 출연
- KBS 〈세상의 아침〉 출연
- KBS 〈생방송 오늘〉 출연
- 신동아 〈'1등 코드'를 찾아서〉 출연
- MBC 〈경제 매거진〉 출연
- KBS 〈취재파일4321〉 출연
- MBC 〈베란다쇼〉 출연

수학의단권화

CONTENTS

Part 3
단권화 Special

수학 II

확률과 통계

미적분

기하

지석쌤의 고등 수학 개념 Map

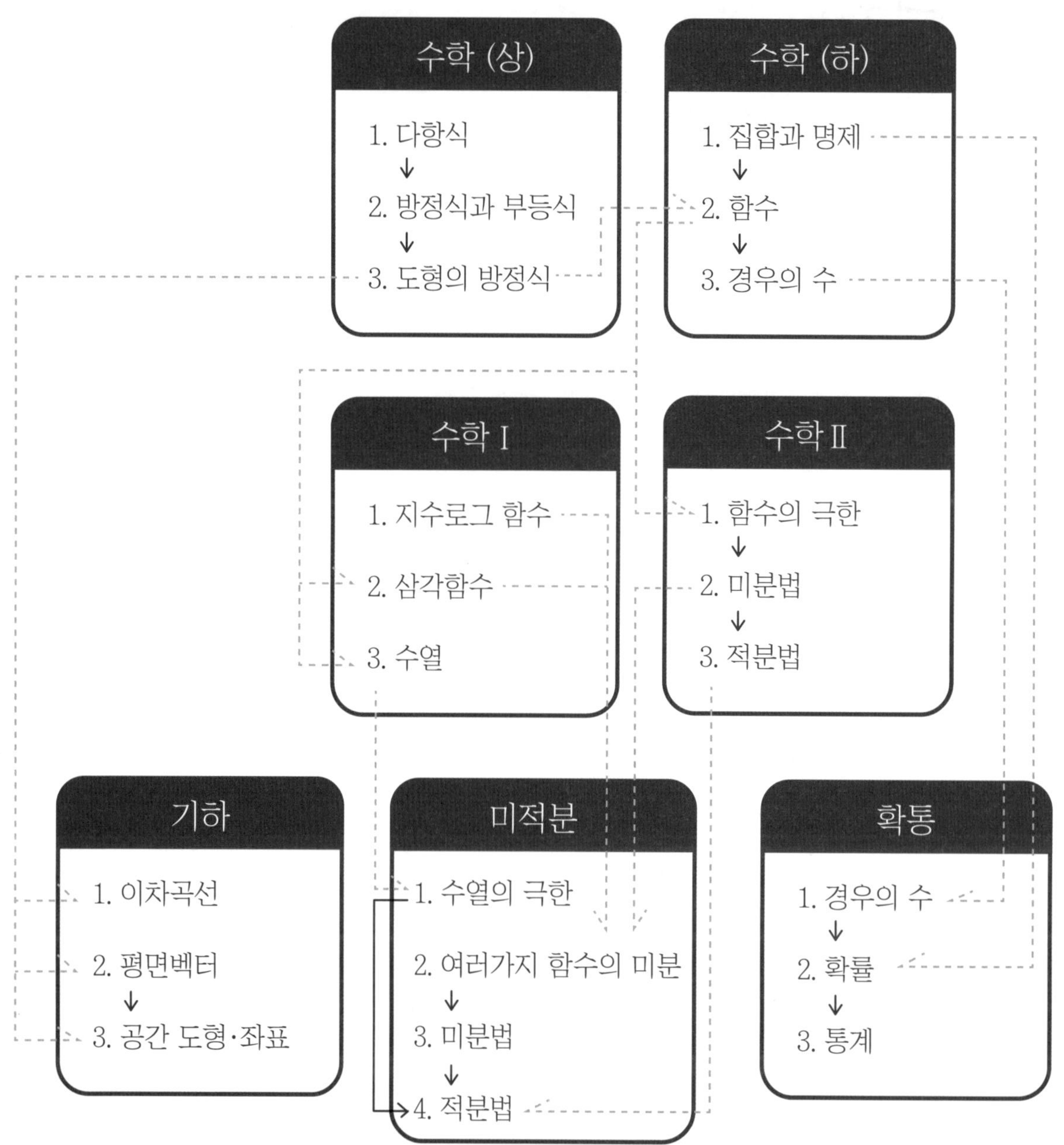

개념 Map 활용법 TIP

〈수학의 단권화〉 뒷부분 단원을 공부하다가 이해가 잘 안가는 부분이 있다면, 앞부분 내용 중에 빵꾸난 것이 있을 가능성이 큽니다. 공부하고 있던 단원을 이해하는데 필요한 앞 단원을 찾아보고 싶을 때에도 이 개념 Map을 통해 찾을 수 있어요.

수학의 단권화 공부법

1 인강으로 공부하기

(https://class.orbi.co.kr)

인강으로 공부

『수학의 단권화』는 '빈칸책'과 '김지석의 필기노트'로 구성되어 있습니다. '빈칸책'은 필기가 빈칸으로 되어 있고 '김지석의 필기노트'는 필기가 예쁜 손글씨로 채워져 있어요.

빈칸책과 오르비 인강으로 수학의 단권화를 공부하세요!

인강으로 공부하기 TIP

수학의 단권화를 독학 하다가 학습이 막히는 부분만 골라서 강의를 활용해도 좋아요. 해당 부분만 지석T의 '연구'에 대한 설명을 듣고 손글씨 책에다가 필기를 한 후 복습을 열심히 하시면 된답니다!

② 혼자서 공부하기

[STEP]1 내 손으로 단권화 노트 만들기

'김지석의 필기노트'에 채워진 필기를 보고 개념을 머릿속으로 정리하면서,
'빈칸책'에 내 손으로 직접 필기를 따라 채워보세요.
'빈칸책'에 나만의 단권화 개념노트가 만들어집니다.

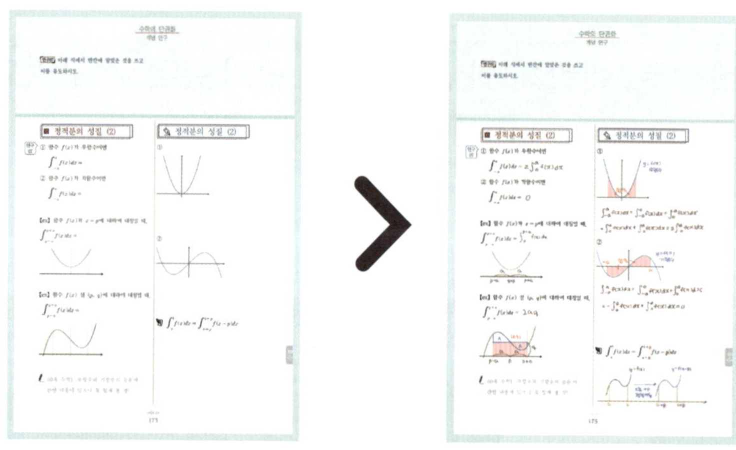

[STEP]2 개념연구 LIST로 2차 복습하기

교재 뒤쪽에 복습 프로그램으로 [개념연구 LIST]를 만들어놨어요.
복습 프로그램 - [개념연구 LIST]는 앞에서 단권화한 개념연구를
물어보는 설문지로 복습해보세요.

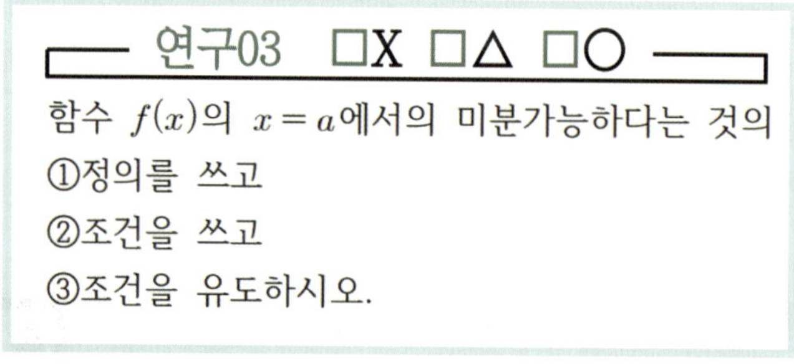

① 그 질문에 대한 답을 한번 써보자.

② 잘 모르겠는 것들은 앞에서 정리한 개념노트에서 찾아보자.
(개념노트 위쪽 부분에 뒤에 개념연구LIST와 같은 질문있어요!)

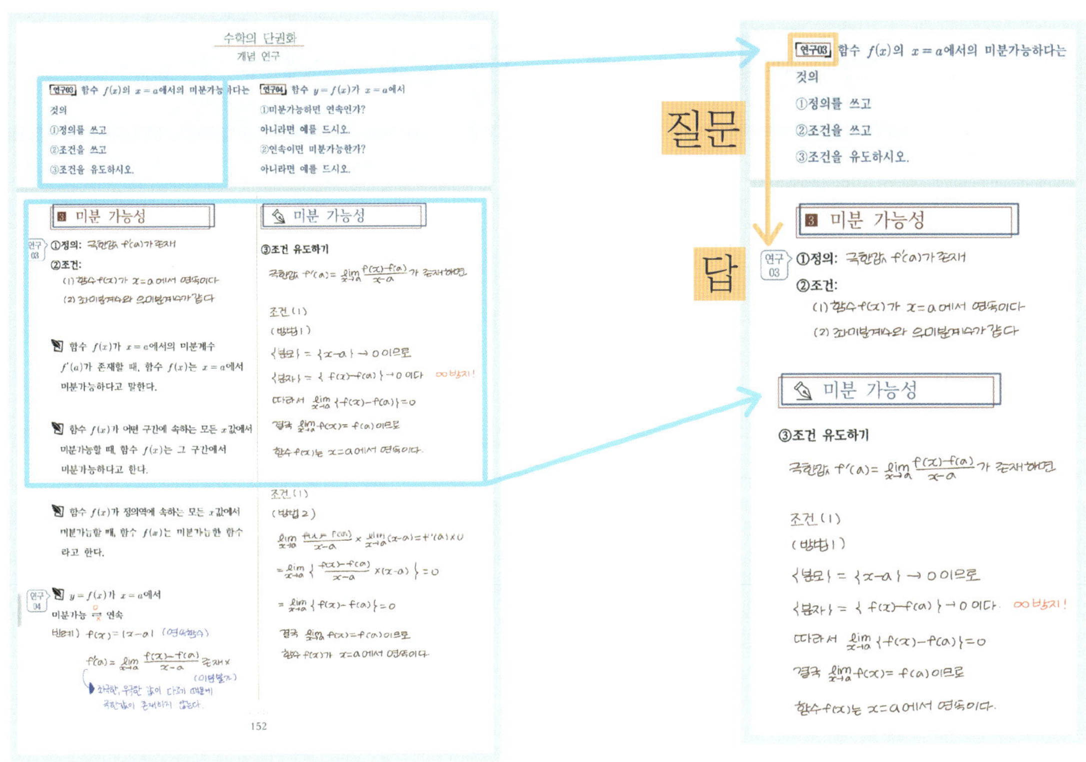

③ 나의 개념 이해도를 체크해보자!

　　　□X(아예 생각이 안남)　□△(봤는데 잘 생각 안남)　□○(완성)

④ ☑X → ☑△ → ☑○ 될 때까지 복습하자!

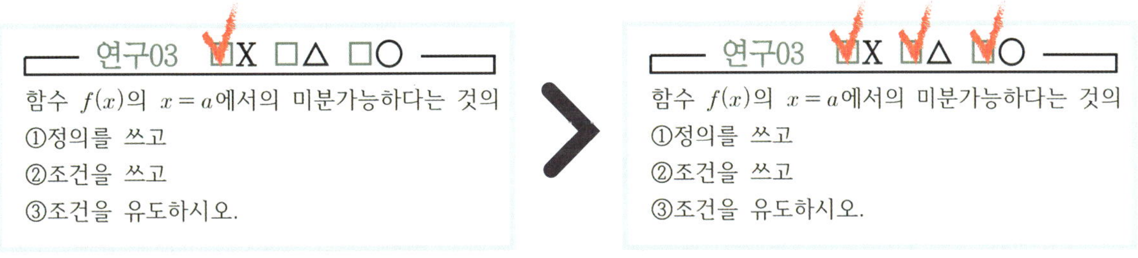

[STEP]1　내 손으로 단권화 노트 만들기 TIP

단순히 글자만 따라 쓰는게 아니라 내용을 이해하고 음미하면서,
개념의 흐름을 머릿속에 담는다는 느낌으로 내 손을 직접 쓰면서
개념을 정리하면 내 머릿속에 개념이 완벽히 정립할 수 있어요.

손글씨에 자신 없는 친구들은 빈칸책에 필기해보고
김지석의 필기노트로 복습해도 좋습니다!

수학의 단권화 활용법

1

단권화 7일 Planner

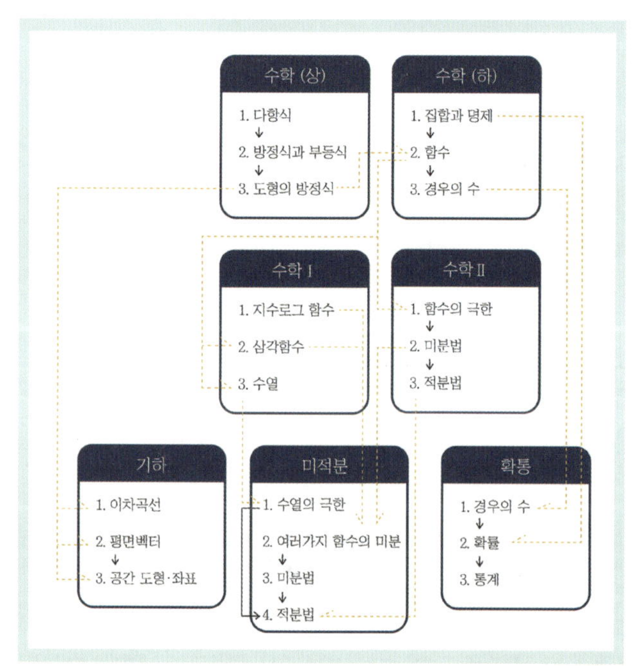

2

고등수학 개념 MAP

3

9종 교과서 모두 담아

4

[연구]를 통한
개념확장

5

직접 만드는
단권화

6

연구를 모아
N회독 복습

7

기출문항
출제의도

8

개념어사전

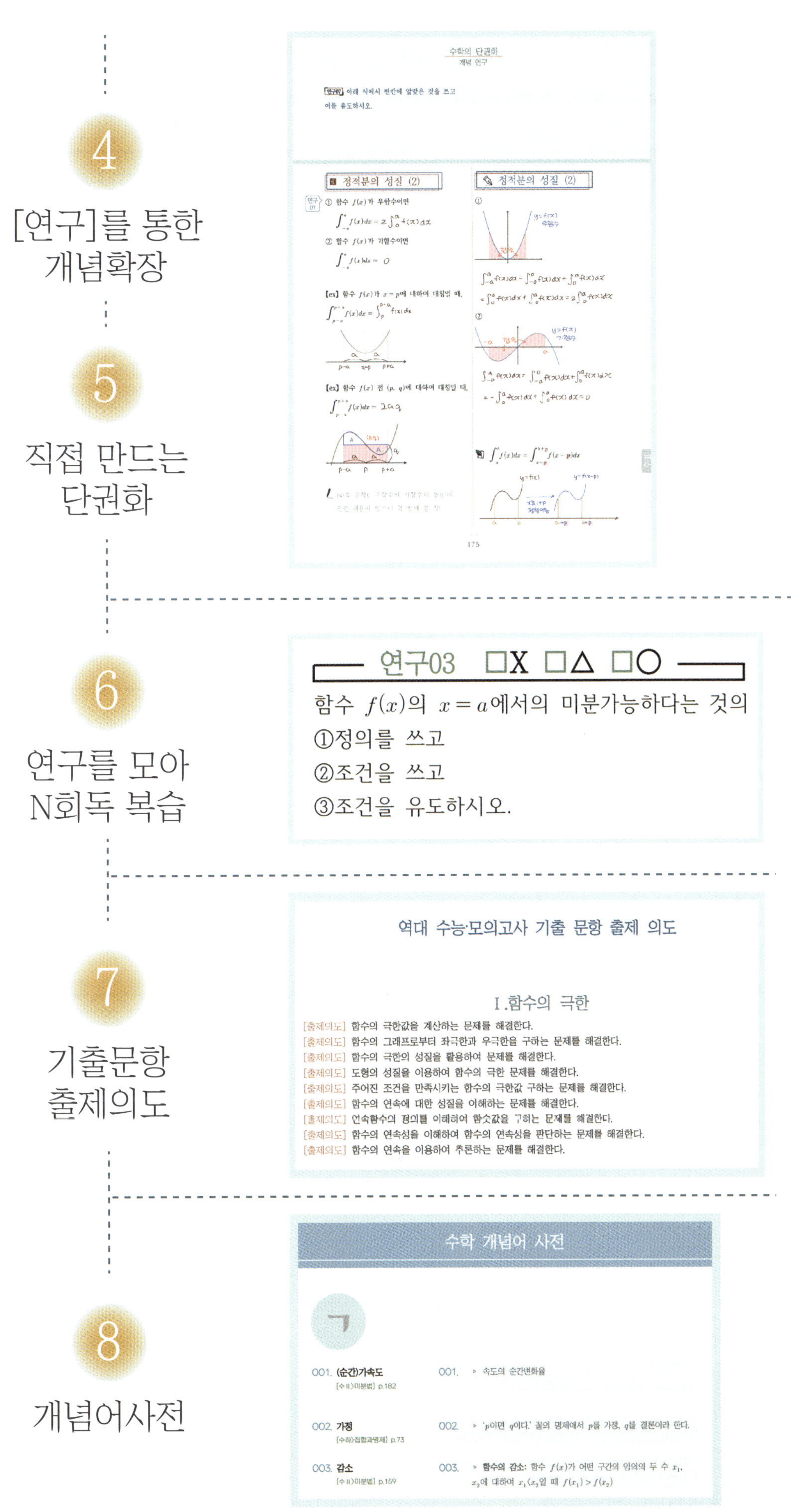

수학의 단권화 7일 완성 Planner

		수학 (상)(하)	공부할 범위	수강날짜	본문복습	연구복습
1일	1강	도형의 방정식 (1)	p.41 ~ p.44			
	2강	도형의 방정식 (2)	~ p.48			
	3강	도형의 방정식 (3)	~ p.55			
2일	4강	도형의 방정식 (4)	~ p.60			
	5강	함수 (1)	p.79 ~ p.84			
	6강	함수 (2)	~ p.91			

		수학 I	공부할 범위	수강날짜	본문복습	연구복습
3일	7강	지수함수와 로그함수 (1)	p.98 ~ p.100			
	8강	지수함수와 로그함수 (2)	~ p.109			
	9강	삼각함수 (1)	~ p.112			
	10강	삼각함수 (2)	~ p.116			
4일	11강	삼각함수 (3)	~ p.121			
	12강	삼각함수 (4)	~ p.125			
	13강	수열 (1)	~ p.129			
	14강	수열 (2)	~ p.134			

		수학 II	공부할 범위	수강날짜	본문복습	연구복습
5일	15강	함수의 극한 (1)	p.138 ~ p.142			
	16강	함수의 극한 (2)	~ p.145			
	17강	함수의 극한 (3)	~ p.149			
	18강	미분법 (1)	~ p.153			
6일	19강	미분법 (2)	~ p.155			
	20강	미분법 (3)	~ p.158			
	21강	미분법 (4)	~ p.163			
	22강	미분법 (5)	~ p.168			
7일	23강	적분법 (1)	~ p.172			
	24강	적분법 (2)	~ p.176			
	25강	적분법 (3)	~ p.181			
	26강	적분법 (4)	~ p.183			

확률과 통계			공부할 범위	수강날짜	본문복습	연구복습
선택 1일	1강	경우의 수 (1)	p.92 ~ p.94			
	2강	경우의 수 (2)	~ p.95			
선택 2일	3강	경우의 수 (3)	p.186~ p.187			
	4강	경우의 수 (4)	~ p.190			
	5강	경우의 수 (5)	~ p.193			
	6강	확률	~ p.197			
선택 3일	7강	통계 (1)	~ p.199			
	8강	통계 (2)	~ p.201			
	9강	통계 (3)	~ p.207			
	10강	통계 (4)	~ p.208			

미적분			공부할 범위	수강날짜	본문복습	연구복습
선택 1일	1강	수열의 극한 (1)	p.212 ~ p.214			
	2강	수열의 극한 (2)	~ p.218			
	3강	여러 가지 함수의 미분	~ p.226			
	4강	여러 가지 미분법 (1)	~ p.229			
선택 2일	5강	여러 가지 미분법 (2)	~ p.231			
	6강	여러 가지 미분법 (3)	~ p.235			
	7강	여러 가지 미분법 (4)	~ p.239			
	8강	여러 가지 미분법 (5)	~ p.244			
선택 3일	9강	여러 가지 적분법 (1)	~ p.247			
	10강	여러 가지 적분법 (2)	~ p.250			
	11강	여러 가지 적분법 (3)	~ p.257			
	12강	여러 가지 적분법 (4)	~ p.260			

기하			공부할 범위	수강날짜	본문복습	연구복습
선택 1일	1강	이차곡선 (1)	p. 264 ~ p.269			
	2강	이차곡선 (2)	~ p.275			
	3강	평면벡터 (1)	~ p.279			
	4강	평면벡터 (2)	~ p.281			
선택 2일	5강	평면벡터 (3)	~ p.285			
	6강	평면벡터 (4)	~ p.289			
	7강	공간 도형·좌표 (1)	~ p.296			
	8강	공간 도형·좌표 (2)	~ p.301			

수학 실력 쌓기 황금룰

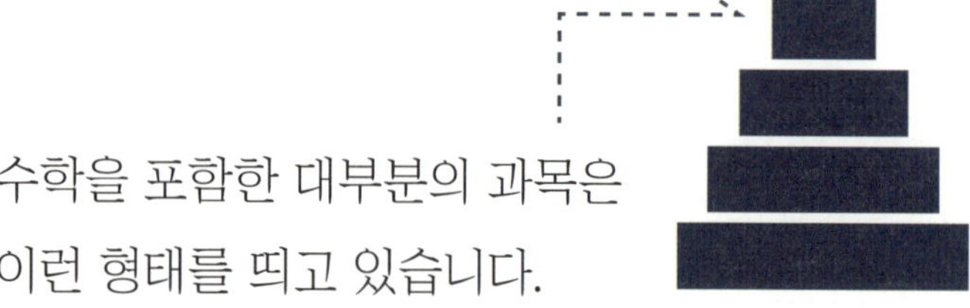

수학을 포함한 대부분의 과목은
이런 형태를 띄고 있습니다.

자세히 들여다보면 이런 색깔로 나뉘어 있고,
아래부터 '개념 〉 문제풀이 〉 고난도 문제풀이〉
최상위 문제풀이' 라고 나뉘어져 있다고 봅시다.

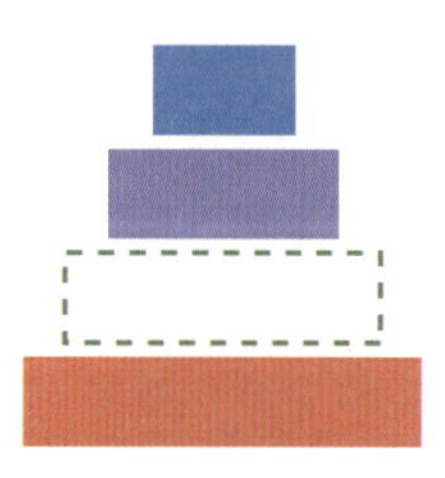

만약에 초록색 부분이 없다고 해봐요.
그렇다면 과목의 형태를 유지할 수 있을까요?
아니요, 절대 할 수 없습니다. 이게 바로, 대부분의
수험생들이 1년 내내 하는 실수입니다.

충분한 개념 숙지와 각 단계에 맞는 이해도가 통달 되었을 때,
비로소 높은 탑을 쌓을 수 있게 되는 거죠.

성적을 잘 받는 주변 친구가 어려운
문제풀이인 보라 문풀을 풀고 있나요?

문풀2

그 친구는 이미 빨간색 〉 초록색 학습을 하고 난 다음 보라색 문제를 풀었을 때
효과가 있는 것이지, 보라색 문풀을 했다고 효과를 느꼈다고 보기 어렵습니다.

내가 만약, 개념도 별로 없는 상태에서 공부하면

이런 구조를 띠면서 일년 내내 수학공부를 하면서 헤매다가
끝이 날 겁니다. 더군다나, "내가! 꿋꿋이 버티고! 험난한!
상황을! 이겨내면! 나도! 쟤처럼! 잘 할 수! 있어!!!!!!!!" 라고
자기 최면만 걸다가 1년이 끝나 버립니다. 어렵고 고통스러운
기분은 덤이구요.

상위권이 되기 위해서 상위권 수준의 문제를 주구장창 푼다고 실력이 올라가지
않습니다. 상위권이 되기 위해서 개념만 주구장창 해도 결국 탑을 높게 쌓아 올릴
수 없어서 실패합니다.

수학의 단권화를 처음부터 전부 씹어먹겠다는 생각보다 여러번! 자주! 봐주세요.

① 단기간 (7일 플랜 집중완성)으로 빠르게 채워서 수학의 단권화 완성하기
② 충분한 문제풀이의 양을 확보해서 틀릴 때 마다 내가 틀린 단원을 수학의
　단권화에 표시하기 (포스트잇 플래그 추천)
③ 틀린 문제를 오답하고, 틀린 문제 복습하고, 수학의 단권화에서 해당 내용
　개념 복습하기

7일 플랜대로 7일만 하고 끝! 하고 책장 속에 모셔두지 말고, 수학의 단권화를
모두 채운 건 [수학의 단권화]를 오로지 완성했다고 볼 수 없어요.
문제풀이를 하면서 틈틈이 수학의 단권화를 쳐다보고 읽어보기로 우리 약속해요.

나의 약점이 어디인지 파악하고, 그 부분을 탄탄히 다져 놓는다면 어느새 보다
튼튼한 수학실력을 가진 여러분들이 되실 수 있습니다.

꿈꾸는 자에게 길이 될,
김지석

(더 많은 김지석의 칼럼을 보고 싶다면 orbi.kr에서 김지석을 팔로우!)

수학 (상)

「교과서 학습 목표」

1.다항식

□ 다항식의 덧셈과 뺄셈을 할 수 있다.

□ 다항식의 곱셈과 나눗셈을 할 수 있다.

□ 항등식의 의미를 이해한다.

□ 나머지정리의 의미를 이해하고,
　이를 활용하여 문제를 해결할 수 있다.

□ 다항식의 인수분해를 할 수 있다.

2.방정식과 부등식

□ 복소수의 뜻을 알고, 그 성질을 이해하고,
　사칙계산을 할 수 있다.

□ 이차방정식의 실근과 허근의 뜻을 안다.

□ 이차방정식에서 판별식의 의미를 이해하고,
　이를 설명할 수 있다.

□ 이차방정식에서 근과 계수의 관계를 이해한다.

□ 이차함수와 이차방정식의 관계를 이해한다.

□ 이차함수의 그래프와 직선의 위치 관계를
　이해한다.

□ 이차함수의 최대, 최소를 이해하고,
　이를 활용할 수 있다.

□ 간단한 삼차방정식과 사차방정식을 풀 수 있다.

□ 미지수가 2개인 연립이차방정식을 풀 수 있다.

□ 부등식의 성질을 이해하고, 절댓값을
　포함한 일차부등식을 풀 수 있다.

□ 이차함수와 이차부등식의 관계를 이해하고,
　이차부등식과 연립이차부등식을 풀 수 있다.

3.도형의 방정식

□ 두 점 사이의 거리를 구할 수 있다.

□ 선분의 내분과 외분을 이해하고,
　내분점과 외분점의 좌표를 구할 수 있다.

□ 여러 가지 직선의 방정식을 구할 수 있다.

□ 두 직선의 평행 조건과 수직 조건을 이해한다.

□ 점과 직선 사이의 거리를 구할 수 있다.

□ 원의 방정식을 구할 수 있다.

□ 좌표평면에서 원과 직선의
　위치 관계를 이해한다.

□ 평행이동의 의미를 이해한다.

□ 원점, x축, y축, 직선 $y = x$에 대한
　대칭이동의 의미를 이해하고,
　이를 설명할 수 있다.

「수학(상)」 Ⅰ.다항식

❶ 식의 분류- 유리식/무리식

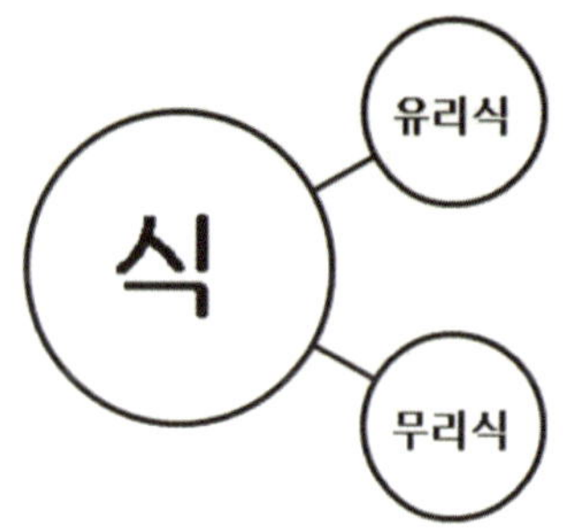

(1)**유리식**: 두 다항식 A, B에 대하여

$\dfrac{A}{B}(B \neq 0)$의 꼴로 나타내어지는 식

①**단항식(항)** : 문자와 수의 곱

②**다항식**: 단항식 또는 단항식들의 합

(2)**무리식**: 유리식으로 나타낼 수 없는 식

❷ 식의 분류- 등식/부등식

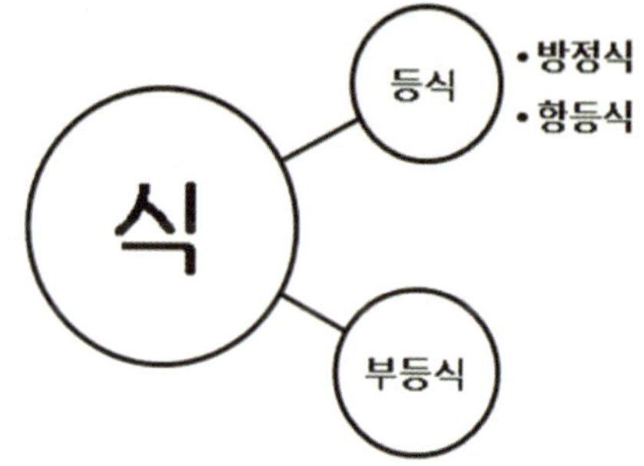

(1)**등식**: 등호(=)로 연결 된 식

①**방정식**: 문자를 포함한 등식에서,

그 문자에 특정한 수만 대입할 때

성립하는 식

근 : 특정한 수. 문자에 대입하면

식이 성립한다.

②**항등식** : 문자를 포함하는 등식에서

그 문자에 어떤 값을 대입해도

항상 성립하는 등식

(2)**부등식**: 부등호를 써서 수나 식의 값의

대소 관계를 나타낸 것

③ 다항식의 뜻

단항식 (항) : 문자와 수의 곱

다항식 : 단항식 또는 단항식들의 합

항의차수 : 단항식에서 주목하는 문자가
곱해진 개수

다항식의차수 : 다항식에서 주목하는 문자에
대하여 차수가 가장 높은 항의 차수

계수 : 단항식에서 주목하는 문자를 제외한
나머지 부분

상수항 : 주목하는 문자를 포함하지 않은 항

동류항 : 주목하는 문자에 대한 차수가 같은 항

✎ 다항식의 뜻

【ex】 $2x^2y - 3yz + 4$

(1) x에 대한 식에서의 차수 : 2

(2) y에 대한 식에서의 차수 : 1

(3) x에 대한 식에서의 상수항 : $-3yz + 4$

(4) x^2의 계수 : $2y$

(5) y의 계수 : $2x^2 - 3z$

④ 다항식의 덧셈과 곱셈

다항식 A, B, C에 대하여

① 덧셈 교환법칙 $A + B = B + A$

② 덧셈 결합법칙 $(A + B) + C = A + (B + C)$

③ 곱셈 교환법칙 $AB = BA$

④ 곱셈 결합법칙 $(AB)C = A(BC)$

⑤ 곱셈 분배법칙 $A(B + C) = AB + AC$

$$(A + B)C = AC + BC$$

✎ 다항식의 곱셈

	x	y	z	
	ax	ay	az	a
	bx	by	bz	b

$$(a+b)(x+y+z) = ax + ay + az + bx + by + bz$$

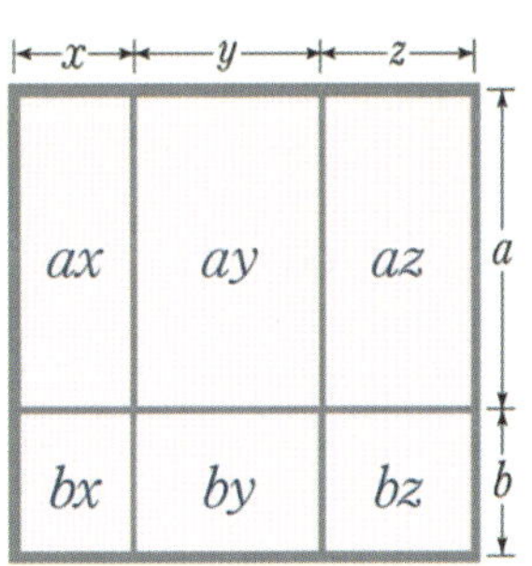

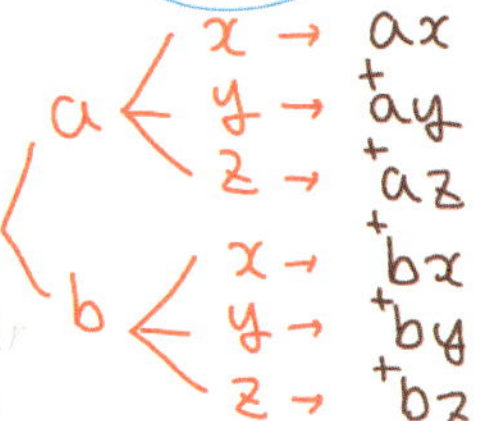
〈식의 곱셈의 실전적 관점〉
각 인수에서 한 항씩 뽑아서
곱한 걸 더한다.

연구01 아래는 곱셈 공식의 일부이다.

곱셈 공식의 나머지부분을 쓰시오.

연구 01

5 곱셈 공식

① $(a+b)^2 = a^2+2ab+b^2$

② $(a-b)^2 = a^2-2ab+b^2$

③ $(a+b)(a-b) = a^2-b^2$

④ $(x+a)(x+b) = x^2+(a+b)x+ab$

⑤ $(ax+b)(cx+d) = acx^2+(ad+bc)x+bd$

⑥ $(a+b)^3 = a^3+3a^2b+3ab^2+b^3$
$$= a^3+b^3+3ab(a+b)$$

⑦ $(a+b)(a^2-ab+b^2) = a^3+b^3$

⑧ $(a-b)(a^2+ab+b^2) = a^3-b^3$

 x에 관한 사차이상의 다항식 A에 대하여,

① 이차식으로 나눈 나머지

② 삼차식으로 나눈 나머지

의 형태를 쓰시오.

---

6 다항식의 나눗셈

다항식 A를 다항식 $B(\neq 0)$로 나누었을 때의 몫을 Q, 나머지를 R라 하면

$$A = BQ + R$$

몫 ← 나머지

제수 → Q ← 몫
$B \,\overline{\smash{\big)}\,A}$ ← 피제수
$\underline{BQ}$
R ← 나머지

몫(Quotient)
나머지(Remainder)

$$[R의\ 차수] < [B(\neq 0)의\ 차수]$$

연구 02

✎ 이차식으로 나눈 나머지: $ax+b$

✎ 삼차식으로 나눈 나머지: ax^2+bx+c

7 조립제법

다항식 $P(x)$를 $x-\alpha$로 나눌 때, 다항식 $P(x)$의 계수와 α만을 이용하여 몫과 나머지를 구하는 방법을 조립제법이라고 한다.

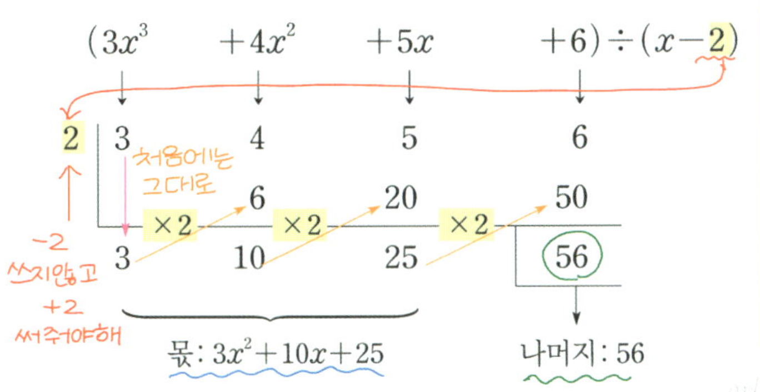

✎ 다항식의 나눗셈

ex)
```
        16
   24 ) 386
        24
        146
        144
          2
```
$$386 = 24 \times 16 + 2$$

ex)
```
            3x² + 10x + 25
   x−2 ) 3x³ + 4x² + 5x + 6
         3x³ − 6x²
               10x² + 5x + 6
               10x² − 20x
                      25x + 6
                      25x − 50
                            56
```

$$3x^3 + 4x^2 + 5x + 6$$
$$= (x-2) \times (3x^2 + 10x + 25) + 56$$

주의!
조립제법에서는 각 항의 계수를 나열할 때, 계수가 0인 것도 반드시 표시해야 한다.

8 항등식의 성질

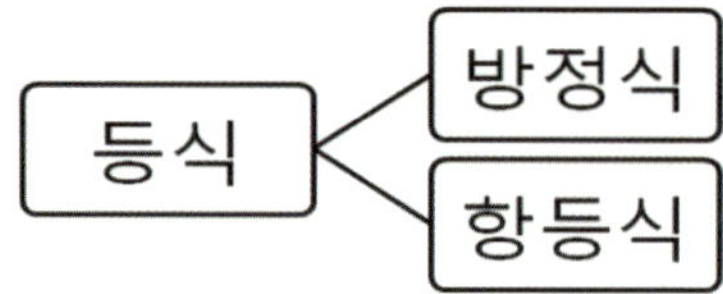

방정식 : 문자를 포함한 등식에서, 그 문자에
특정한 수만 대입할 때 성립하는 식

항등식 : 문자를 포함하는 등식에서, 그 문자에
어떤 값을 대입해도 항상 성립하는 등식

아래 식이 x에 대한 항등식이라면,

① $ax+b=0 \iff a=0, b=0$

② $ax+b=cx+d \iff a=c, b=d$

미정계수법 : 항등식의 성질을 이용해, 계수의
값을 구하는 것

①계수비교 : 양변의 같은 차수를 비교하여
계수를 구함

②수치대입 : 양변의 문자에 적당한 수를
대입하여 계수를 구함

✎ 항등식의 성질

다른식 → 특정한 x 만 이 식을 성립시켜!

좌변　　우변

ex) $(x+1)^2 = 0 \rightarrow x=-1$

같은식

좌변　　우변

ex) $(x+1)^2 = x^2+2x+1 \rightarrow$ 아무 x

x에 관한 방정식

① $ax+b=0 \rightarrow x=-\dfrac{b}{a}$ (단, $a \neq 0$)

② $ax+b=cx+d$

　↳ $(a-c)x=d-b \rightarrow x=\dfrac{d-b}{a-c}$

　　　　　(단 $a-c \neq 0$)

ex) $ax^2+bx+c=0$

방정식 $\rightarrow x=\dfrac{-b \pm \sqrt{b^2-4ac}}{2a}$

항등식 $\rightarrow a=0, b=0, c=0$

연구03 다항식 $f(x)$를 일차식 $x-\alpha$로 나누었을 때 나머지의 값을 쓰고 이를 유도하시오.

연구04 $f(x)$가 $x-\alpha$로 나누어떨어질 때, $f(\alpha)$의 값을 쓰시오.

⑨ 나머지정리와 인수정리

연구03

나머지정리:

다항식 $f(x)$를 일차식 $x-\alpha$로 나누었을 때 나머지는 $R=f(\alpha)$

연구04

인수정리:

$f(x)$가 $x-\alpha$로 나누어떨어지면 $f(\alpha)=0$

$f(\alpha)=0$이면 $f(x)$가 $x-\alpha$로 나누어떨어진다.

✎ 나머지정리와 인수정리

$f(x)$를 $(x-\alpha)$로 나누었을 때의 몫을 $Q(x)$, 나머지를 R이면

$$f(x)=(x-\alpha)Q(x)+R$$

$$f(\alpha)=(\alpha-\alpha)Q(\alpha)+R$$

$$=0+R$$

$$f(\alpha)=R$$

⑩ 인수분해

인수 : 곱을 이루는 각 다항식

인수분해 : 하나의 다항식을 여러 다항식의 곱으로 나타내는 것. 전개의 역 과정

① $(a+b)^2=a^2+2ab+b^2$

② $(a-b)^2=a^2-2ab+b^2$

③ $(a+b)(a-b)=a^2-b^2$

④ $(x+a)(x+b)=x^2+(a+b)x+ab$

⑤ $(ax+b)(cx+d)=acx^2+(ad+bc)x+bd$

⑥ $(a+b)^3=a^3+3a^2b+3ab^2+b^3$

$$=a^3+b^3+3ab(a+b)$$

⑦ $(a+b)(a^2-ab+b^2)=a^3+b^3$

⑧ $(a-b)(a^2+ab+b^2)=a^3-b^3$

「수학(상)」　Ⅱ.방정식과 부등식

[연구01] 빈칸에 알맞은 것을 쓰시오.

---

1 수의 분류

연구 01

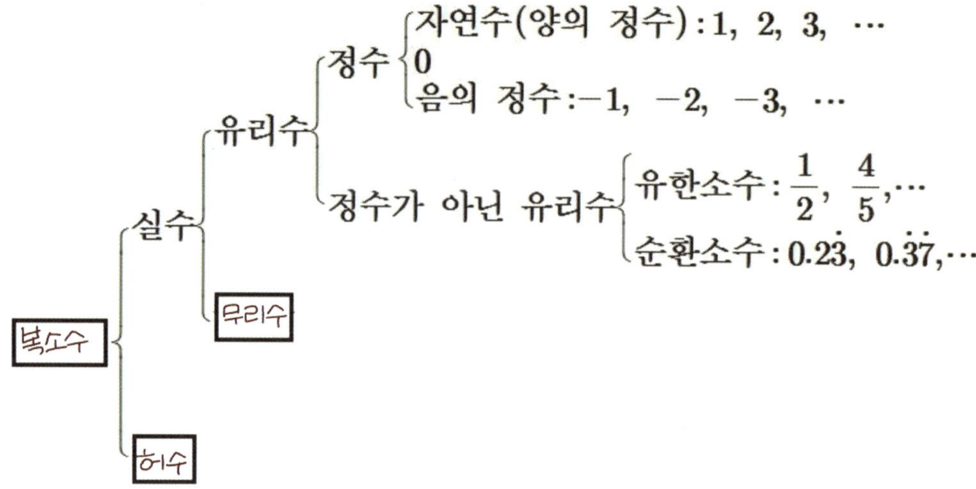

유리수 : 정수 m, n에 대하여 $\dfrac{n}{m}\,(m \neq 0)$꼴로

　　　　나타낼 수 있는 수　$\dfrac{정수}{정수}$ 꼴!

무리수 : 정수 m, n에 대하여 $\dfrac{n}{m}\,(m \neq 0)$꼴로

　　　　나타낼 수 없는 수

연구02 허수단위 i의 뜻을 쓰시오.

② 복소수의 뜻

허수단위 i: 제곱하여 -1이 되는 수

$$(x^2 = -1 \text{의 근. 즉, } i^2 = -1)$$

$$i = \sqrt{-1}$$

복소수: 두 실수 $a,\ b$에 대하여

$a + bi$ 꼴로 나타낸 수.

$$\underline{a} + \underline{bi}$$

실수부분   허수부분 (bi 말고 b만!)

$$a + bi = \begin{cases} b = 0 : \text{실수} \\ a = 0,\ b \neq 0 : \text{순허수} \\ a \neq 0,\ b \neq 0 : \text{순허수가 아닌 허수} \end{cases}$$

복소수가 서로 같을 조건:

(단, $a,\ b,\ c,\ d$가 실수)

① $a + bi = c + di \Leftrightarrow a = c,\ b = d$

② $a + bi = 0 \Leftrightarrow a = 0,\ b = 0$

$\ast\ i < 2i \cdots (\times)$

허수는 대소관계가 없다

(가령, $-i$는 음수가 아니다)

$$[\ i^n = i^{n+4} \quad 4\text{의 주기}\ ]$$

$$i^1 = i \qquad i^5 = i \qquad i^9 = i$$
$$i^2 = -1 \qquad i^6 = -1 \qquad i^{10} = -1$$
$$i^3 = -i \qquad i^7 = -i \qquad i^{11} = -i$$
$$i^4 = 1 \qquad i^8 = 1 \qquad i^{12} = 1$$

연구03 아래 복소수의 연산의 식을 완성하시오.

연구04 $z = a+bi$라고 할 때 아래 식을 완성하시오.

① $z + \overline{z} =$

② $z \times \overline{z} =$

---

3 복소수의 연산

i를 문자와 같이 취급하고,

$i^2 = -1$로 계산한다.

연구03

① 덧셈 $(a+bi)+(c+di) = (a+c)+(b+d)i$

② 뺄셈 $(a+bi)-(c+di) = (a-c)+(b-d)i$

③ 곱셈 $(a+bi)(c+di) =$ 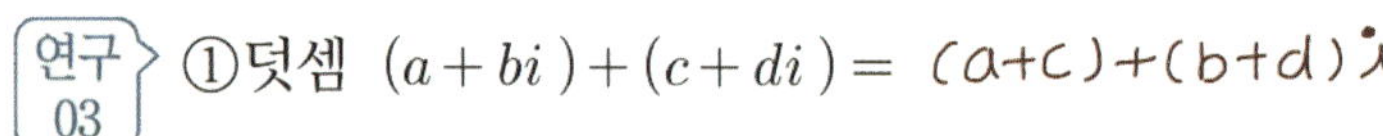 $(ac-bd)+(ad+bc)i$

④ 나눗셈 $(a+bi)\div(c+di) = \dfrac{ac+bd}{c^2+d^2}+\left(\dfrac{bc-ad}{c^2+d^2}\right)i$

✎ 복소수의 연산

③ 곱셈

$$(a+bi)(c+di) = ac+adi+bci+bdi^2$$
$$= ac+(ad+bc)i-bd$$
$$= \underset{\text{실수부분}}{(ac-bd)}+\underset{\text{허수부분}}{(ad+bc)i}$$

④ 나눗셈

$$(a+bi)\div(c+di) = (a+bi)\times\dfrac{1}{c+di}$$
$$= \dfrac{a+bi}{c+di} = \dfrac{(a+bi)(c-di)}{(c+di)(c-di)}$$
$$= \dfrac{(ac+bd)+(-ad+bc)i}{c^2+d^2}$$
$$= \underset{\text{실수부분}}{\left(\dfrac{ac+bd}{c^2+d^2}\right)}+\underset{\text{허수부분}}{\left(\dfrac{bc-ad}{c^2+d^2}\right)i}$$

---

4 켤레복소수

$\overline{a+bi} = a-bi$

$a+bi$의 허수부분의 부호를 바꾼 복소수

$z = a+bi$라고 할 때

연구04

① $z+\overline{z} = \quad 2a \quad \rightarrow$ 실수

② $z\times\overline{z} = \quad a^2+b^2 \quad \rightarrow$ 실수

✎ 켤레복소수

① $(a+bi)+(a-bi) = 2a$

② $(a+bi)\times(a-bi) = a^2-(bi)^2$
$$= a^2-b^2(-1)$$
$$= a^2+b^2$$

연구05 $a > 0$일 때 $-a$의 제곱근은 $\pm\sqrt{a}\,i$인 이유를 쓰시오.

---

⑤ 음수의 제곱근

$a > 0$일 때

① $-a$의 제곱근은 $\pm\sqrt{a}\,i$

② $\sqrt{-a} = \sqrt{a}\,i$

⑥ 방정식

등식 ─ 방정식
　　 └ 항등식

방정식 : 문자를 포함한 등식에서,

　　문자에 특정한 수만 대입할 때 성립하는 식

근 : 특정한 수. 문자에 대입하면 식이 성립한다.

실근 : 실수인 근

허근 : 허수인 근

항등식 : 문자를 포함한 등식에서, 문자에

　　어떤 값을 넣어도 항상 성립하는 등식.

✎ 음수의 제곱근

연구 05

① 제곱근 정의

$-a$의 제곱근은 $x^2 = -a$의 근 (방정식)

$x = \pm\sqrt{a}\,i$ 대입

$(\pm\sqrt{a}\,i)^2 = a\,i^2 = -a$

연구06 이차방정식 $ax^2 + bx + c = 0$ $(a \neq 0)$의
근의 공식을 쓰고, 이를 유도하시오.

7 이차방정식의 풀이

이차방정식 $ax^2 + bx + c = 0$ $(a \neq 0)$

① 인수분해 $a(x-\alpha)(x-\beta) = 0$

$$\Leftrightarrow x = \alpha \text{ or } x = \beta$$

연구 06 ② 근의 공식

$$x = \frac{-b \pm \sqrt{b^2 - 4ac}}{2a}$$

✎ 이차방정식의 풀이

$$ax^2 + bx + c = 0$$

$$= a\left\{x^2 + \frac{b}{a}x\right\} + c = 0$$

$$= a\left\{x^2 + 2\left(\frac{b}{2a}\right)x + \left(\frac{b}{2a}\right)^2\right\} + c - a\left(\frac{b}{2a}\right)^2$$

$$= a\left\{x + \frac{b}{2a}\right\}^2 - a\left(\frac{b^2}{4a^2} - \frac{4ac}{4a^2}\right) = 0$$

$$\left\{x + \frac{b}{2a}\right\}^2 = \frac{b^2 - 4ac}{4a^2}$$

$$x + \frac{b}{2a} = \pm\sqrt{\frac{b^2 - 4ac}{4a^2}}$$

$$x = -\frac{b}{2a} \pm \sqrt{\frac{b^2 - 4ac}{4a^2}}$$

$$= -\frac{b}{2a} \pm \frac{\sqrt{b^2 - 4ac}}{2a}$$

$$= \frac{-b \pm \sqrt{b^2 - 4ac}}{2a}$$

연구07 이차방정식 $ax^2 + bx + c = 0 \ (a \neq 0)$의 판별식 D를 쓰고, 판별식의 부호에 따른 근의 종류를 쓰시오.

연구08 이차방정식 $ax^2 + bx + c = 0 \ (a \neq 0)$의 판별식 D의 부호에 따라 이차방정식의 근이 실근 2개, 중근, 허근 2개로 결정되는 이유를 쓰시오.

연구09 아래 근과 계수와의 관계의 식을 완성하고 이를 유도하시오.

---

8 판별식

연구07

$$D = b^2 - 4ac$$

이차방정식 $ax^2 + bx + c = 0 \ (a \neq 0)$에서 근의 종류는

① $D > 0$: 서로 다른 실근 2개

② $D = 0$: 중근 (같은근 2개) 한 개 아님!

③ $D < 0$: 허근 2개

$ax^2 + 2b'x + c = 0$일 때, (b가 짝수일 때)

근의공식 $\quad x = \dfrac{-b' \pm \sqrt{b'^2 - ac}}{a}$

판별식 $\quad D/4 = b'^2 - ac$

판별식

연구08

$$x = \frac{-b \pm \sqrt{b^2 - 4ac}}{2a} = \frac{-b \pm \sqrt{D}}{2a} \quad \text{근이므로}$$

① $D > 0$: $\sqrt{b^2-4ac} > 0$ 인 실수
$\qquad \rightarrow x$는 서로 다른 2개

② $D = 0$: $\sqrt{b^2-4ac} = 0 \rightarrow x = -\dfrac{b}{2a}$
$\qquad$ 중근 (같은근 2개)

③ $D < 0$: $\sqrt{b^2-4ac}$ 이 허수 $\rightarrow x$는 허수 2개

【ex】 $x = \dfrac{-3 \pm \sqrt{D}}{2}$

① $D = 1 > 0 \rightarrow x = \dfrac{-3 \pm 1}{2} = -1 \ or \ -2$

② $D = 0 \qquad \rightarrow x = -\dfrac{3}{2} = -1.5$

③ $D = -1 < 0 \rightarrow x = \dfrac{-3 \pm i}{2}$

9 근과 계수의 관계

연구09

이차방정식 $ax^2 + bx + c = 0 \ (a \neq 0)$의 두 근을 α, β라 하면

① $\alpha + \beta = -\dfrac{b}{a}$

② $\alpha\beta = \dfrac{c}{a}$

근과 계수와의 관계

$(x-\alpha)(x-\beta) = 0 \iff x^2 - (\alpha+\beta)x + \alpha\beta = 0$

$ax^2 + bx + c = 0 \iff x^2 + \dfrac{b}{a}x + \dfrac{c}{a} = 0$

$x^2 - (\alpha+\beta)x + \alpha\beta$

【ex】 $x^2 + 2x + 3 = 0$ 　【ex】 $2x^2 + 4x + 6 = 0$

① $\alpha + \beta = -2 \qquad\qquad -2$

② $\alpha\beta = 3 \qquad\qquad\qquad 3$

연구10 삼차방정식 $ax^3 + bx^2 + cx + d = 0$ $(a \neq 0)$의 세 근을 α, β, γ라 할 때, 아래 근과 계수와의 관계의 식을 완성하고 이를 유도하시오.

연구11 이차방정식 $ax^2 + bx + c = 0$ $(a \neq 0)$의
① a, b, c가 유리수이면
한 근이 $g + h\sqrt{k}$이면 [   ]도 근이다.
(단, g, h는 유리수이고 $h \neq 0$, $\sqrt{k}$는 무리수)
② a, b, c가 실수이면 (단, $h \neq 0$)
한 근이 $g + hi$ 이면 [   ]도 근이다.
(단, g, h는 실수이고 $h \neq 0$)

---

⑩ 삼차방정식의 근과 계수의 관계

삼차방정식 $ax^3 + bx^2 + cx + d = 0$ $(a \neq 0)$의 세 근을 α, β, γ라 하면

연구 10
① $\alpha + \beta + \gamma = -\dfrac{b}{a}$

② $\alpha\beta + \beta\gamma + \gamma\alpha = \dfrac{c}{a}$

③ $\alpha\beta\gamma = -\dfrac{d}{a}$

✎ 삼차방정식의 근과 계수의 관계

$(x-\alpha)(x-\beta)(x-\gamma) = 0$
$\Leftrightarrow x^3 - (\alpha+\beta+\gamma)x^2 + (\alpha\beta+\beta\gamma+\gamma\alpha)x - \alpha\beta\gamma$

$ax^3 + bx^2 + cx + d = 0$
$\Leftrightarrow x^3 + \dfrac{b}{a}x^2 + \dfrac{c}{a}x + \dfrac{d}{a} = 0$

【ex】$2x^3 + 12x^2 + 22x + 6 = 0$
① $\alpha + \beta + \gamma = -\dfrac{12}{2} = -6$
② $\alpha\beta + \beta\gamma + \gamma\alpha = \dfrac{22}{2} = 11$
③ $\alpha\beta\gamma = -\dfrac{6}{2} = -3$

---

⑪ 켤레근(세트)

이차방정식 $ax^2 + bx + c = 0$ $(a \neq 0)$의

연구 11
① a, b, c가 유리수이면
한 근이 $g + h\sqrt{k}$이면 $g - h\sqrt{k}$도 근이다
(단, g, h는 유리수이고 $h \neq 0$, $\sqrt{k}$는 무리수)

② a, b, c가 실수이면
한 근이 $g + hi$ 이면 $g - hi$도 근이다
(단, g, h는 실수이고 $h \neq 0$)

✎ 켤레근(세트)

【ex】
$1 - i$ → $1 + i$
$2 - \sqrt{2}$ → $2 + \sqrt{2}$
2 → ?

이유)
이차방정식의 근은
$x = \dfrac{-b \pm \sqrt{b^2 - 4ac}}{2a}$ 로 표현되므로

[연구12] 이차함수 $y = ax^2 + bx + c$의 꼭짓점의 좌표를 쓰고, 이를 유도하시오.

⑫ 이차함수의 그래프

① $y = ax^2$ $(a \neq 0)$ 꼭짓점 $(0, 0)$

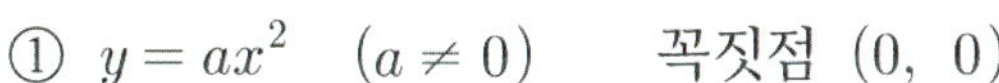

② $y = ax^2 + bx + c$ $(a \neq 0)$

a. 완전제곱꼴   b. 인수분해꼴

꼭짓점 : (m, n) 꼭짓점 : $\left(\dfrac{\alpha+\beta}{2}, \triangle\right)$

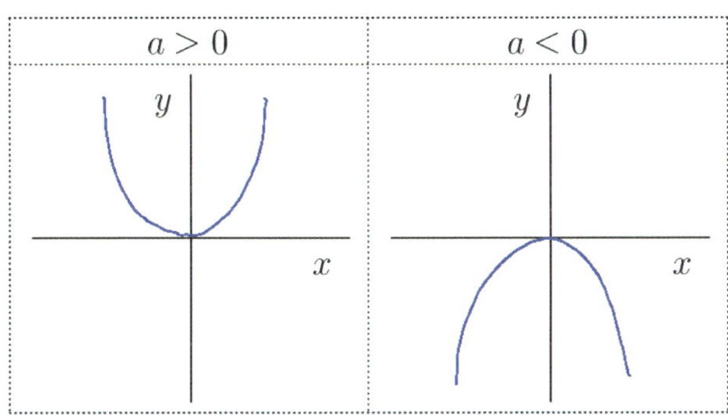

✎ $y = ax^2 + bx + c$의 꼭짓점의 좌표

$$\left(-\frac{b}{2a}, -\frac{b^2-4ac}{4a}\right) \Leftrightarrow \left(-\frac{b}{2a}, -\frac{D}{4a}\right)$$

$a > 0$일때 $D > 0$이면

y좌표 $= -\dfrac{D}{4a} < 0$ 이어서

근이 2개라고
해석할 수도 있다.

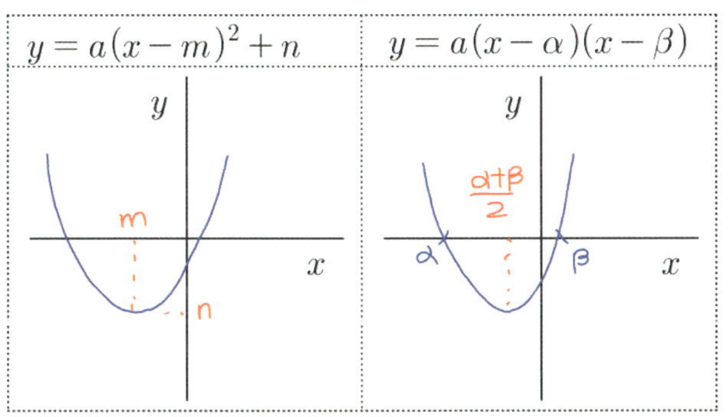

✐ 이차함수의 그래프

【ex】 $y = 2x^2$, $y = 1x^2$, $y = \dfrac{1}{2}x^2$

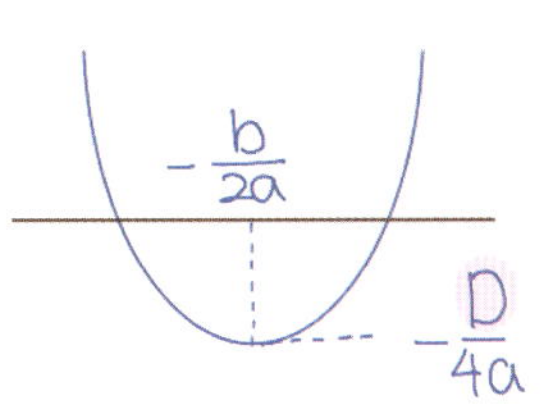

【ex】 $y = 3x^2 + 6x - 9$의 꼭짓점

완전제곱꼴 : $y = 3(x+1)^2 - 12 \rightarrow (-1, -12)$ 꼭짓점

인수분해꼴 : $y = 3(x+3)(x-1) \rightarrow \left(\dfrac{-3+1}{2}, -12\right)$

➤ $y = ax^2 + bx + c$의 **꼭짓점의 좌표**

$ax^2 + bx + c$

$= a\left\{x^2 + \dfrac{b}{a}x\right\} + c$

$= a\left\{x^2 + 2\left(\dfrac{b}{2a}\right)x + \left(\dfrac{b}{2a}\right)^2\right\} + c - a\left(\dfrac{b}{2a}\right)^2$

$= a\left\{x + \dfrac{b}{2a}\right\}^2 - a\left(\dfrac{b^2-4ac}{4a^2}\right)$

$= a\left\{x + \dfrac{b}{2a}\right\}^2 - \dfrac{b^2-4ac}{4a}$

연구13 이차함수 $y = ax^2 + bx + c$의 그래프와 x축의 위치 관계에 따른, 이차방정식 $ax^2 + bx + c = 0$의 판별식 $D = b^2 - 4ac$의 부호를 쓰고, 그 이유를 쓰시오.

① D [ ] 0 : 서로 다른 두 점에서 만난다.

② D [ ] 0 : 한 점에서 만난다(접한다).

③ D [ ] 0 : 만나지 않는다.

---

13 이차함수와 이차방정식의 관계

이차방정식 $ax^2 + bx + c = 0$의 판별식 $D = b^2 - 4ac$일 때, 이차함수 $y = ax^2 + bx + c$의 그래프와 x축의 위치 관계는

연구 13

① $D > 0$: 서로 다른 두 점에서 만난다.

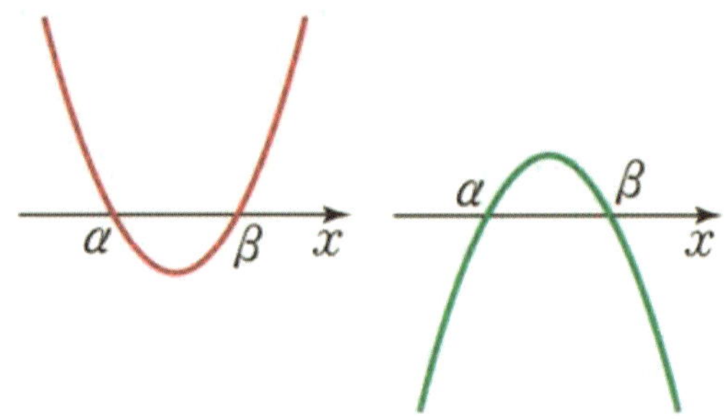

② $D = 0$: 한 점에서 만난다(접한다).

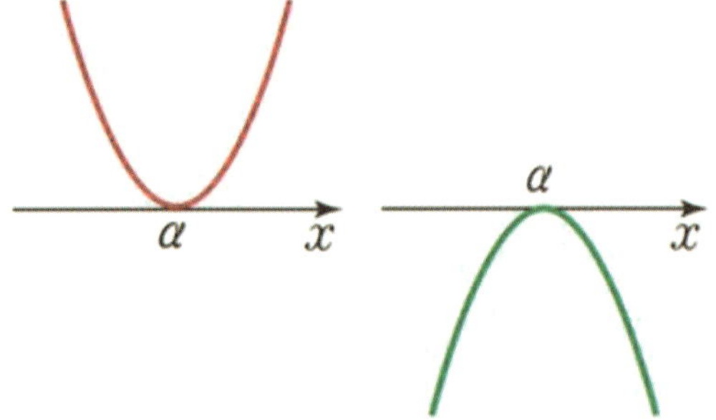

③ $D < 0$: 만나지 않는다.

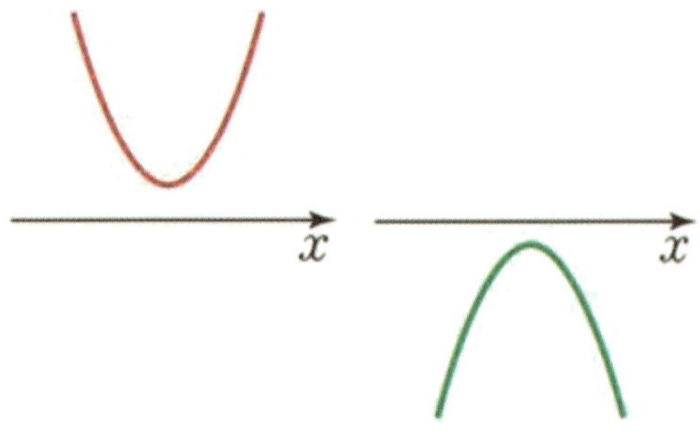

✎ 이차함수와 이차방정식의 관계

① $D > 0$

방정식 $ax^2 + bx + c = 0$의 서로 다른 실근 2개 $(x = \alpha, \beta)$

함수 $y = ax^2 + bx + c$ 에서 $y = 0$ 일때 x값 2개 $(x = \alpha, \beta)$

함수의 그래프가 $(\alpha, 0)$ $(\beta, 0)$ 지남

함수의 그래프가 x축과 2점에서 만남

② $D = 0$

방정식 $ax^2 + bx + c = 0$의 서로 다른 실근 1개 $(x = \alpha)$

함수 $y = ax^2 + bx + c$ 에서 $y = 0$ 일때 x값 1개 $(x = \alpha)$

함수의 그래프가 $(\alpha, 0)$ 지남

함수의 그래프가 x축과 1점에서 만남

③ $D < 0$

방정식 $ax^2 + bx + c = 0$의 서로 다른 실근 0개 (허근 2개)

함수 $y = ax^2 + bx + c$ 에서 $y = 0$ 일때 x값 0개

함수 그래프가 x 절편이 없음

함수 그래프가 x축과 안만남

[연구14] 두 함수 $y=f(x)$와 $y=g(x)$의 그래프의
교점을 구할 때, $f(x)=g(x)$의 식을 계산하면
구할 수 있는 이유를 쓰시오.

---

14 이차함수와 직선 사이의 관계

이차함수 $y=ax^2+bx+c$의 그래프와 직선 [연구 14]
$y=mx+n$의 위치 관계는 이차방정식

$$ax^2+bx+c=mx+n$$

$$\Leftrightarrow ax^2+(b-m)x+c-n=0$$

의 판별식을 D라고 할 때

① $D>0$: 서로 다른 두 점에서 만난다

② $D=0$: 한 점에서 만난다

③ $D<0$: 만나지 않는다

$$y=f(x) \neq y=g(x)$$

교점
- $f(x)=y=g(x)$
- $ax^2+bx+c=mx+n$
- $ax^2+(b-m)x+(c-n)=0$
- x의 개수 = 교점의 개수
  = 근의 개수
  ↓
  D의 부호 $x=\dfrac{-(b-m)\pm\sqrt{D}}{2a}$

✎ 두 그래프의 교점 구하기

두 함수 $y=f(x)$와 $y=g(x)$의 그래프의
교점을 구할 때, $f(x)=g(x)$의 식을 계산하면
구할 수 있는 이유는?

$y=f(x)$를 만족시키는 $(x,\ y)$의 모임과
$y=g(x)$를 만족시키는 $(x,\ y)$의 모임은 다르다.
그런데 두 그래프의 교점의 좌표는 두 식을 동시에
만족시키는 공통된 $(x,\ y)$이다.
따라서 교점에서는 $y=f(x)$의 문자 x, 문자 y와
$y=g(x)$의 문자 x, 문자 y는 같은 문자로 계산을
하는 것이 성립한다.

다른 y
$$y=f(x) \ \& \ y=g(x) \Rightarrow f(x)=g(x)$$
다른 x ⟨교점⟩ → 같은 x

$$(x,y) \neq (x,y)$$
↓ ⟨교점⟩ ↓
공통된 (x,y)

$$y=f(x) \qquad y=g(x)$$
↓ ↓
$$f(x)=y=g(x)$$

15 이차함수의 최대, 최소

① 범위가 없을 때

꼭짓점에서 최댓값이나 최솟값만 갖는다

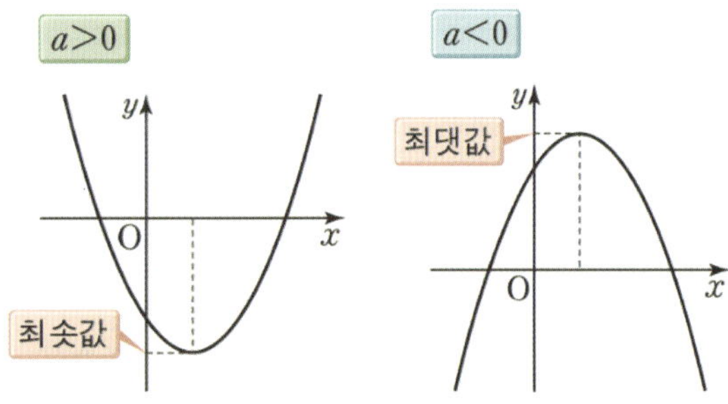

② 범위가 있을 때

a. 범위선 긋고

b. 범위의 중간선 긋고

c. 꼭짓점의 x 좌표 찍고

d. 그래프 그려서 따진다

ex) $-2 \leq x \leq 2$에서 최대최소

(1) $(x-1)^2 + 2$ (2) $(x+1)^2 + 2$

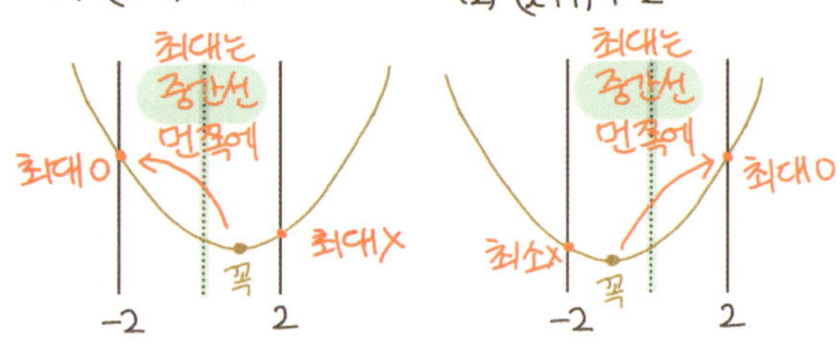

$a>0$

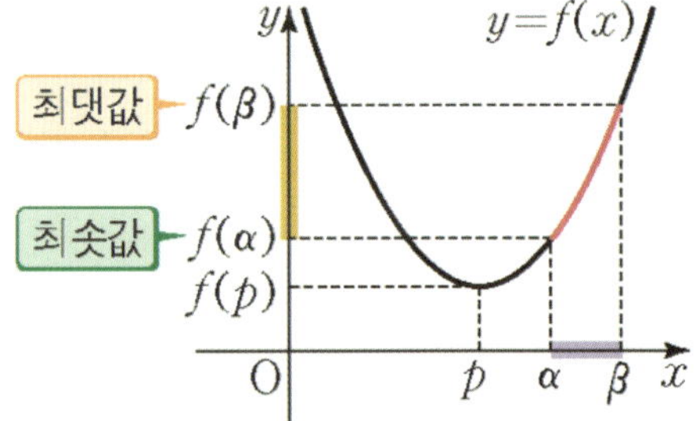

$a<0$

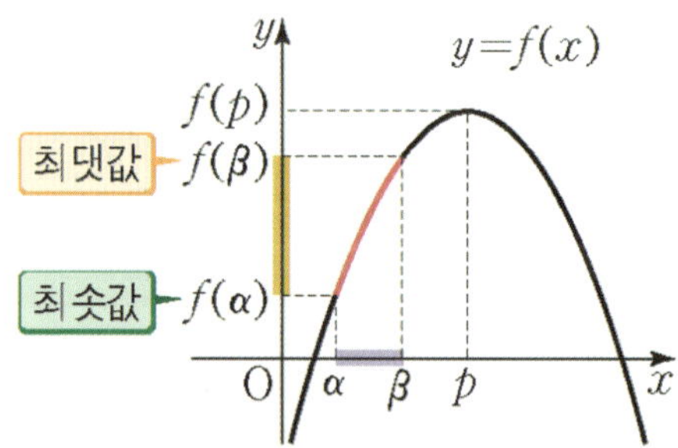

$a>0$

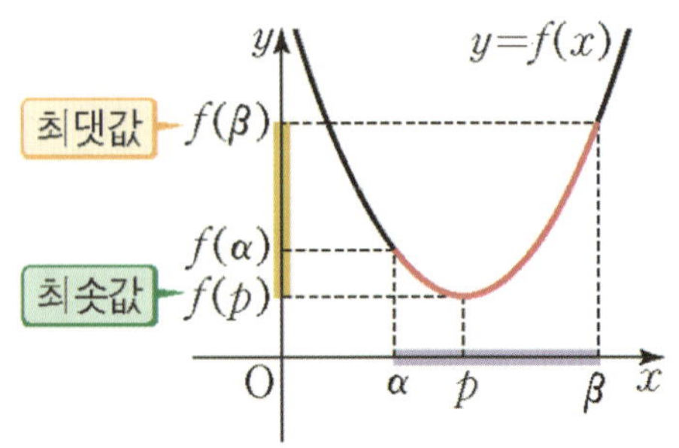

$a<0$

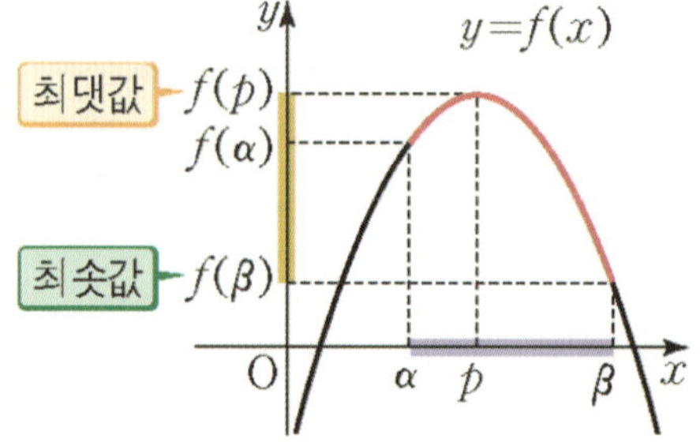

16 고차방정식 풀이

①인수분해

  $1, -1, \pm$ 상수항약수 대입

  인수를 찾는다

  1차 or 2차 식의 곱으로 만든다

  $(n차식) = (1차식) \times (n-1차식) = 0$

②치환

  내림차순으로 정리

  알맞게 묶기

  공통부분 치환

연구15 연립일차방정식 $\begin{cases} ax + by + c = 0 \\ a'x + b'y + c' = 0 \end{cases}$

에서 아래 조건이 성립할 때의 해의 개수를 쓰시오.

① $\dfrac{a}{a'} \neq \dfrac{b}{b'}$

② $\dfrac{a}{a'} = \dfrac{b}{b'} = \dfrac{c}{c'}$

③ $\dfrac{a}{a'} = \dfrac{b}{b'} \neq \dfrac{c}{c'}$

---

17 연립 일차방정식의 부정, 불능

연립일차방정식 $\begin{cases} ax + by + c = 0 \\ a'x + b'y + c' = 0 \end{cases}$ 에서

연구15

① $\dfrac{a}{a'} \neq \dfrac{b}{b'}$: 해가 오직 한쌍이다

② $\dfrac{a}{a'} = \dfrac{b}{b'} = \dfrac{c}{c'}$: 부정(해가 무수히 많다)

③ $\dfrac{a}{a'} = \dfrac{b}{b'} \neq \dfrac{c}{c'}$: 불능(해가없다)

18 연립 일차방정식

문자수를 줄여나간다!

식3, 문자3

→식2, 문자2

→식1, 문자1

※ 식 n개, 문자 n+1개

각 문자의 값은 구할수 없으나
각 문자 간의 비율은 구할 수 있다

✎ 연립 일차방정식의 부정, 불능

【ex】① 해가 오직 한쌍이다

$\begin{cases} 2x + y - 4 = 0 \rightarrow y = -2x + 4 \\ x - y - 2 = 0 \rightarrow y = x - 2 \end{cases}$

$3x + 0 - 6 = 0$

$x = 2,\ y = 0 \rightarrow$ 한쌍의 해

한점에서 만난다

② 부정(해가 무수히 많다)

$\begin{cases} 2x + y - 4 = 0 \rightarrow y = -2x + 4 \\ 4x + 2y - 8 = 0 \rightarrow y = -2x + 4 \end{cases}$

×2 실수배

실제로 같은식

두직선이 일치한다

③ 불능(해가없다)

$\begin{cases} 2x + y - 4 = 0 \rightarrow y = -2x + 4 \\ 4x + 2y + 6 = 0 \rightarrow y = -2x - 3 \end{cases}$

$\begin{cases} 4x + 2y - 8 = 0 & \cdots ㉠ \\ 4x + 2y + 6 = 0 & \cdots ㉡ \end{cases}$

$㉡ - ㉠ = 14 = 0$

모순 → 해가없다 → 평행하다

19 부정방정식

방정식의 개수가 미지수의 개수보다 적은 경우 해가 무수히 많아서 해를 정할 수 없는 경우의 방정식

인수×인수=정수(자연수) → 표 그리기

✎ 부정방정식

【ex】 $xy - 3x + 2y + 1 = 0$, x, y는 정수

$$(x+2)(y-3) = -7$$

$x+2$	1	-1	7	-7
$y-3$	-7	7	-1	1

x	-1	-3	5	-9
y	-4	10	2	4

20 부등식의 기본 성질

부등식: 부등호를 써서 수나 식의 값의 대소 관계를 나타낸 것

i 허수에 대해서는 대소 관계를 생각하지 않으므로 부등식에 포함된 모든 문자는 실수를 나타내는 것으로 한다.

① $a > b$, $b > c$이면 $a > c$

② $a > b$이면 $a + c > b + c$, $a - c > b - c$

③ $a > b$, $c > 0$이면 $ac > bc$, $\dfrac{a}{c} > \dfrac{b}{c}$

④ $a > b$, $c < 0$이면 $ac < bc$, $\dfrac{a}{c} < \dfrac{b}{c}$

음수의 대소 판단 주의!

【ex】 $-2 > -\dfrac{1}{2}$ … (×)

$-2 < -\dfrac{1}{2}$ … (○)

연구16 $|x| \leq a \iff -a \leq x \leq a$임을
유도하시오.

---

21 절댓값 부등식

절댓값: 수직선 위에서 원점으로부터 어떤 수를
나타내는 점까지의 거리 ($+$값)

$$|x| = \begin{cases} x & (x \geq 0) \\ -x & (x < 0) \end{cases}$$

절댓값 안이 0이 되는 곳에서 구간을 나누어 푼다.

(단, $0 < a < b$)

① $|x| \leq a \iff -a \leq x \leq a$

② $|x| \geq a \iff x \leq -a$ or $x \geq a$

③ $a \leq |x| \leq b \iff a \leq x \leq b$
   or
   $-b \leq x \leq -a$

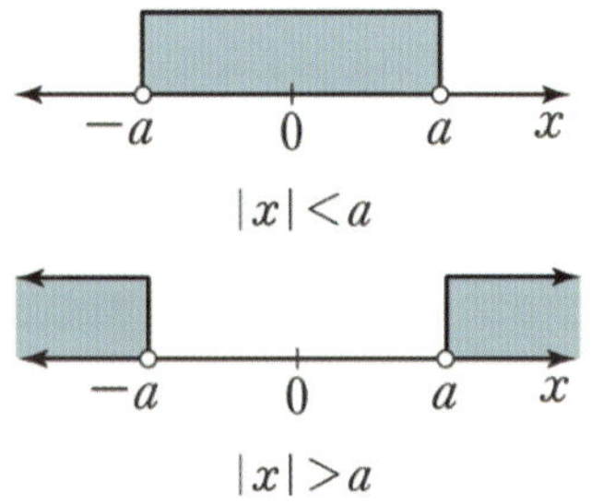

✎ 절댓값 부등식

연구 16

① $|x| \leq a \iff \begin{cases} x \leq a & (x \geq 0) \\ -x \leq a & (x < 0) \end{cases}$

$\iff \begin{cases} x \leq a & (x \geq 0) \\ x \geq -a & (x < 0) \end{cases}$

$\iff -a \leq x \leq a$

② $|x| \geq a \iff \begin{cases} x \geq a & (x \geq 0) \\ -x \geq a & (x < 0) \end{cases}$

$\iff \begin{cases} x \geq a & (x \geq 0) \\ x \leq -a & (x < 0) \end{cases}$

$\iff x \leq -a$ or $x \geq a$

③ $a \leq |x| \leq b$

$\begin{cases} |x| \leq b \iff -b \leq x \leq b \\ |x| \geq a \iff x \leq -a \text{ or } x \geq a \end{cases}$

$\iff a \leq x \leq b$ or $-b \leq x \leq -a$

22 이차부등식

① $(x-\alpha)(x-\beta) > 0 \Leftrightarrow x < \alpha$ or $x > \beta$

② $(x-\alpha)(x-\beta) < 0 \Leftrightarrow \alpha < x < \beta$

※ 이차부등식의 풀이
① 인수분해 됨 → 그래프
② 인수분해 안됨 → 판별식

✎ 이차부등식

$y = (x-\alpha)(x-\beta)$

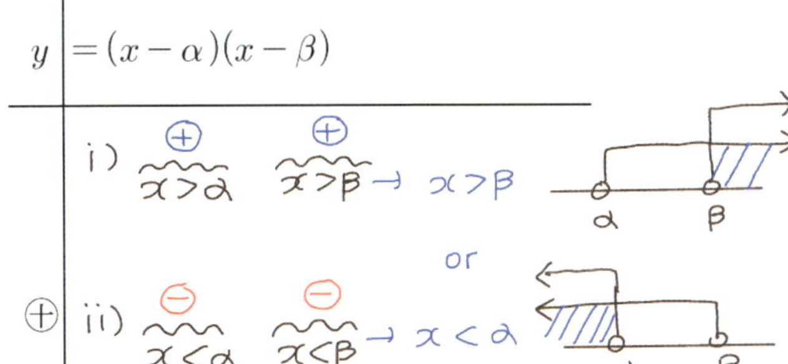

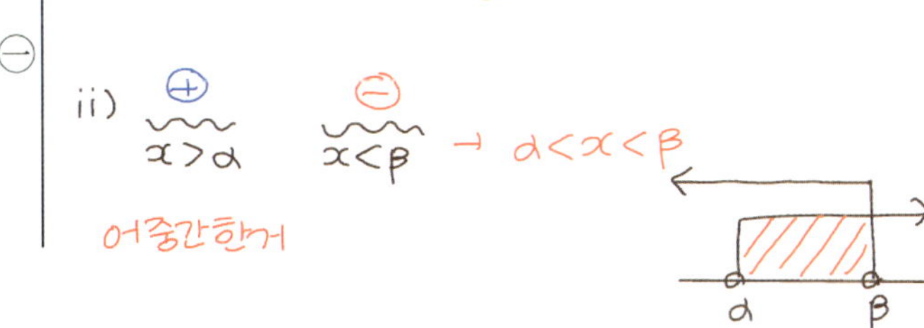

		α		β	
$(x-\alpha)$	⊖	0	⊕	⊕	⊕
$(x-\beta)$	⊖	⊖	⊖	0	⊕
$(x-\alpha)(x-\beta)$	⊕	0	⊖	0	⊕

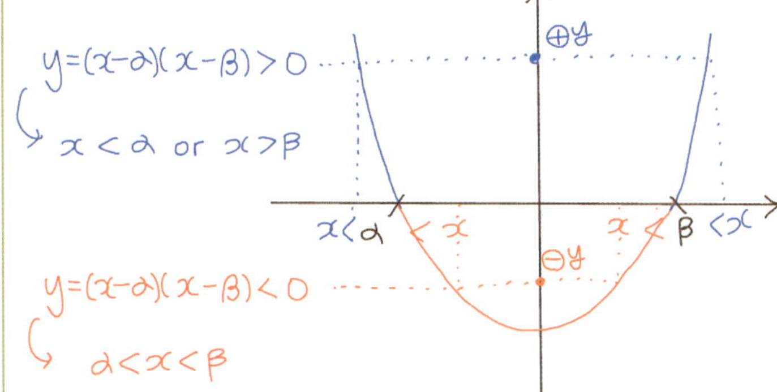

연구17 이차함수 $y = ax^2 + bx + c$에 대하여, 빈칸에 알맞은 x의 값이나 범위를 쓰시오.

연구18 모든 실수 x에 대하여 $ax^2 + bx + c > 0$일 조건을 2가지 쓰시오.

23 이차함수의 부등식활용

연구 17

$(a > 0)$	$D > 0$	$D = 0$	$D < 0$
$y = f(x)$ 그래프			
$f(x) = 0$	$x = \alpha, \beta$	$x = \alpha$	해는 없다
$f(x) > 0$	$x < \alpha$ or $x > \beta$	$x \neq \alpha$인 모든 실수	모든 실수
$f(x) \geq 0$	$x \leq \alpha$ or $x \geq \beta$	모든 실수	모든 실수
$f(x) < 0$	$\alpha < x < \beta$	해는 없다	해는 없다
$f(x) \leq 0$	$\alpha \leq x \leq \beta$	$x = \alpha$	해는 없다

연구 18

🖋 모든 실수 x에 대하여

$ax^2 + bx + c > 0$일 조건은

① $a > 0$, $D < 0$

② $a = 0, b = 0, c > 0$ 주의!

🖋 연립부등식

여러 가지 부등식이 뭉쳤을 때

① 세로선 그어보고

② 부등식의 조건개수와

③ 세로선과의 교점의 개수와 같아야한다

【ex】 연립부등식

i) $3 \leq x \leq 5$

ii) $x \leq 2, x \geq 4$

iii) $x \geq 1$

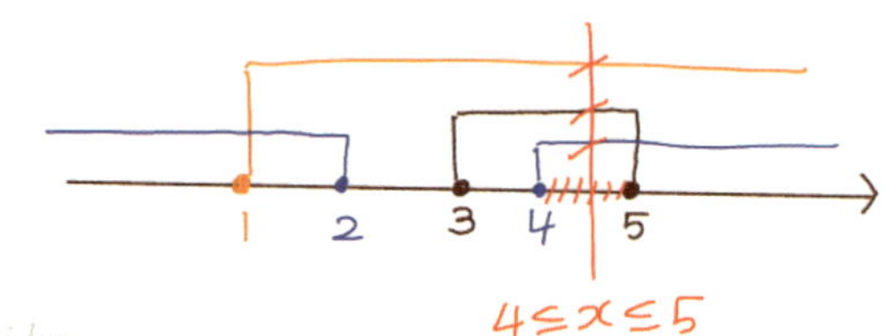

「수학(상)」   Ⅲ.도형의 방정식

연구01 두 점 $A(x_1, y_1)$, $B(x_2, y_2)$ 사이의

거리 $\overline{AB} = \sqrt{(x_2-x_1)^2 + (y_2-y_1)^2}$ 임을

유도하시오.

미리 알아야 할 단원
수학(상) – 2.방정식과 부등식

---

1 두 점 사이의 거리

연구 01

✎ 두 점 사이의 거리

① 수직선 위의 두 점 $A(x_1)$, $B(x_2)$ 사이의 거리

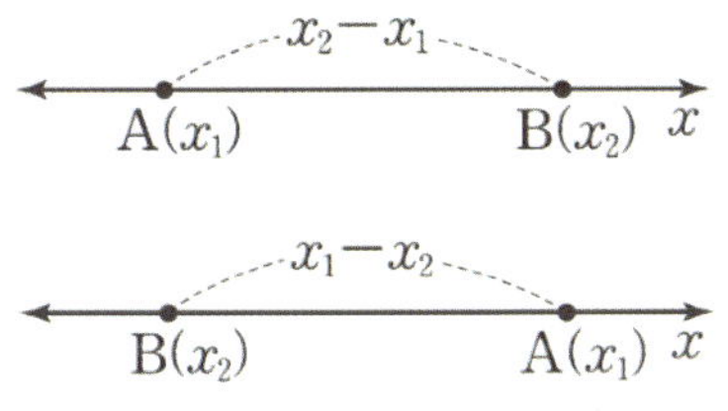

$$\overline{AB} = |x_2 - x_1| = |x_1 - x_2|$$

② 좌표평면 위의 두 점 사이의 거리

두 점 $A(x_1, y_1)$, $B(x_2, y_2)$ 사이의 거리

$$\overline{AB} = \sqrt{(x_2-x_1)^2 + (y_2-y_1)^2}$$

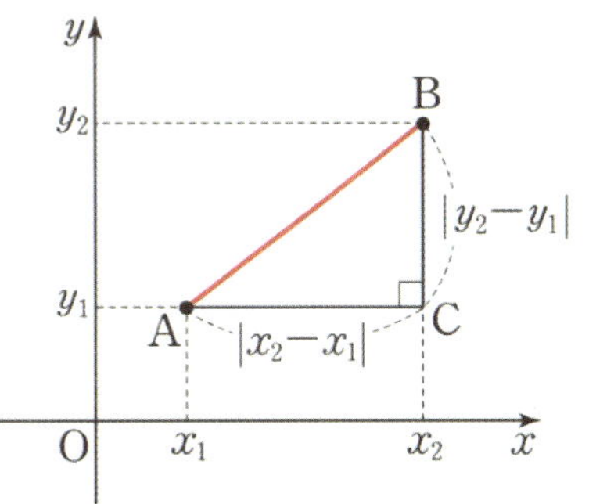

점 $C(x_2, y_1)$ 라고 하자

$$\overline{AB}^2 = \overline{AC}^2 + \overline{BC}^2$$
$$= |x_2 - x_1|^2 + |y_2 - y_1|^2$$
$$= (x_2 - x_1)^2 + (y_2 - y_1)^2$$

$$\overline{AB} = \sqrt{(x_2-x_1)^2 + (y_2-y_1)^2}$$

▣ 내분과 외분의 뜻

내분: 수직선 위에서 선분 AB 위의 점 P에 대하여 (단, $m > 0$, $n > 0$)

$$\overline{AP} : \overline{PB} = m : n$$

일 때, 점 P는 선분 AB를 $m : n$으로 내분한다고 하며, 점 P를 선분 AB의 내분점이라고 한다.

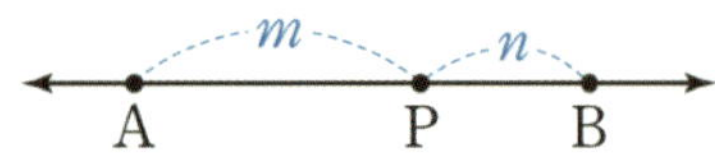

외분: 수직선 위에서 선분 AB의 연장선 위의 점 Q에 대하여 (단, $m > 0$, $n > 0$, $m \neq n$)

$$\overline{AQ} : \overline{QB} = m : n$$

일 때, 점 Q는 선분 AB를 $m : n$으로 외분한다고 하며, 점 Q를 선분 AB의 외분점이라고 한다.

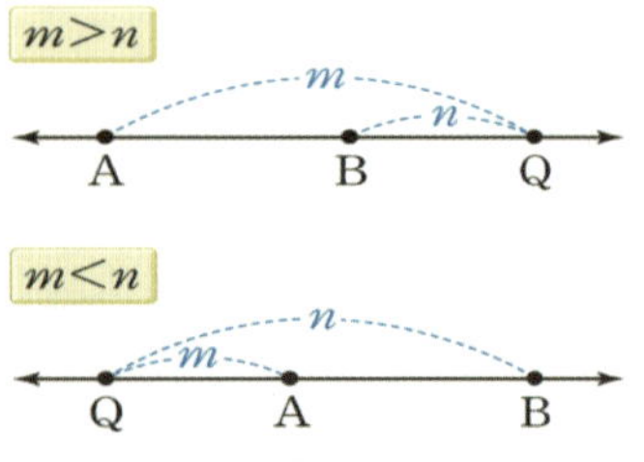

✎ 내분과 외분의 뜻

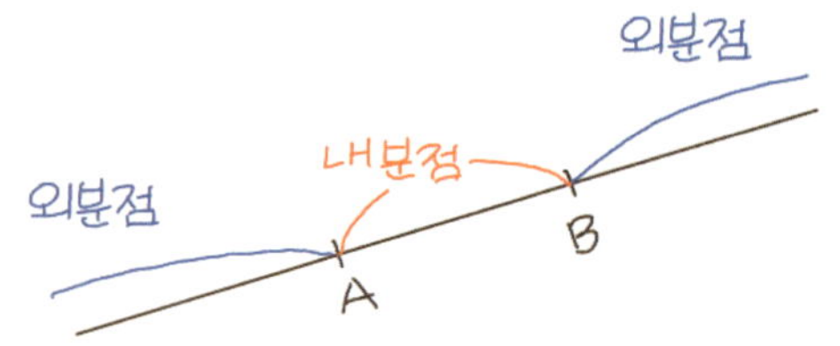

$\overline{AB}$의 2:1 내분 vs 1:2 내분

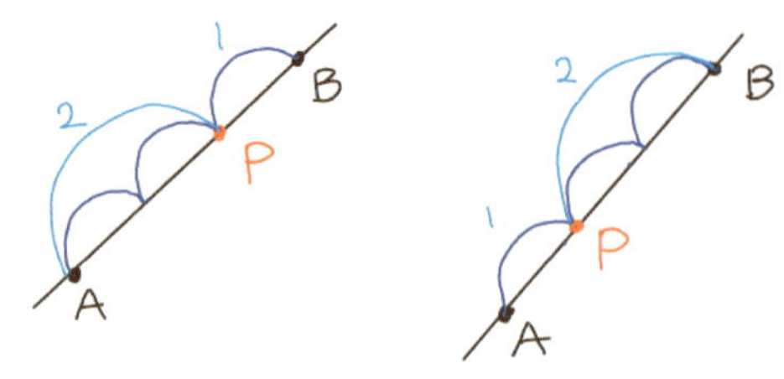

$\overline{AB}$의 2:1 외분 vs 1:2 외분

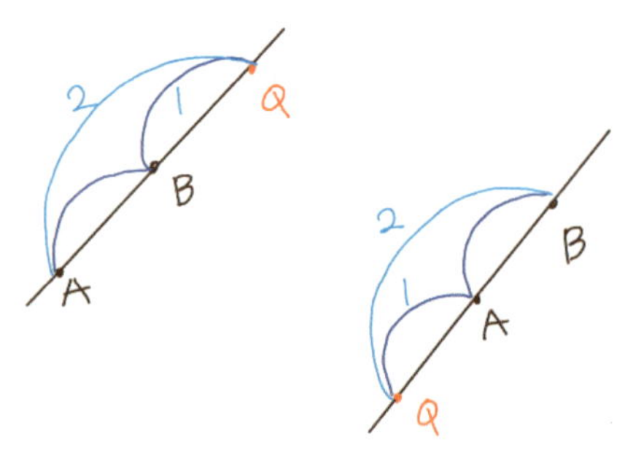

연구02 수직선 위의 두 점 $A(x_1)$, $B(x_2)$를 이은 선분 AB를 $m:n$으로 내분하는 점 P를 유도하시오.

연구03 수직선 위의 두 점 $A(x_1)$, $B(x_2)$를 이은 선분 AB를 $m:n$으로 외분하는 점 Q를 유도하시오.

---

3 수직선 위의 내분점과 외분점

수직선 위의 두 점 $A(x_1)$, $B(x_2)$에 대하여 선분 AB를 $m:n\,(m>0,\ n>0)$으로

연구 02 ① 내분하는 점 P의 좌표는

$$P\left(\frac{mx_2+nx_1}{m+n}\right)$$

연구 03 ② 외분하는 점 Q의 좌표는 (단, $m \neq n$)

$$Q\left(\frac{mx_2-nx_1}{m-n}\right)$$

✎ 수직선 위의 내분점과 외분점

① **내분점의 좌표**

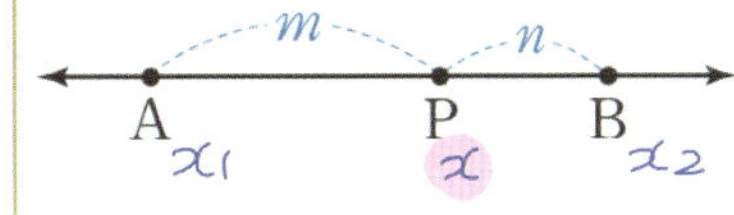

$$\overline{AP}:\overline{PB}=m:n$$
$$(x-x_1):(x_2-x)=m:n$$
$$m(x_2-x)=n(x-x_1)$$
$$x=\frac{mx_2+nx_1}{m+n}$$

② **외분점의 좌표**

$m>n$

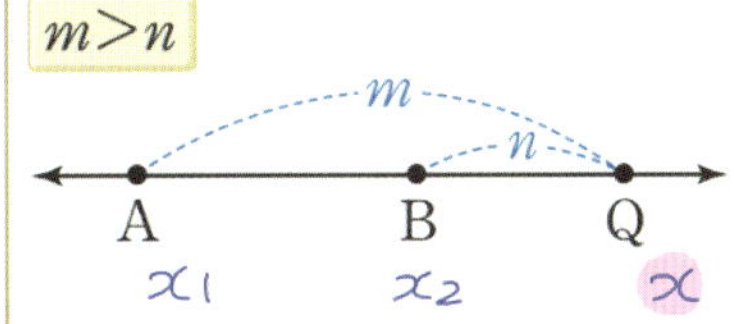

$$\overline{AQ}:\overline{BQ}=m:n$$
$$(x-x_1):(x-x_2)=m:n$$
$$m(x-x_2)=n(x-x_1)$$
$$x=\frac{mx_2-nx_1}{m-n}$$

연구04 좌표평면 위의 세 점 $A(x_1, y_1)$, $B(x_2, y_2)$, $C(x_3, y_3)$을 꼭짓점으로 하는 삼각형 ABC의 무게중심 G의 좌표를 유도하시오.

---

❹ 좌표평면 위의 내분점과 외분점

좌표평면 위의 두 점 $A(x_1, y_1)$, $B(x_2, y_2)$에 대하여 선분 AB를 $m : n(m > 0,\ n > 0)$으로

①내분하는 점 P의 좌표는

$$P\left(\frac{mx_2+nx_1}{m+n},\ \frac{my_2+ny_1}{m+n}\right)$$

②외분하는 점 Q의 좌표는 (단, $m \neq n$)

$$Q\left(\frac{mx_2-nx_1}{m-n},\ \frac{my_2-ny_1}{m-n}\right)$$

③선분 AB의 중점 M은

$$M\left(\frac{x_1+x_2}{2},\ \frac{y_1+y_2}{2}\right)$$

연구 04 ④무게중심의 좌표

좌표평면 위의 세 점 $A(x_1, y_1)$, $B(x_2, y_2)$, $C(x_3, y_3)$을 꼭짓점으로 하는 삼각형 ABC의 무게중심 G의 좌표

$$G\left(\frac{x_1+x_2+x_3}{3},\ \frac{y_1+y_2+y_3}{3}\right)$$

✎ 좌표평면 위의 내분점과 외분점

①내분점 P　　　　②외분점 Q

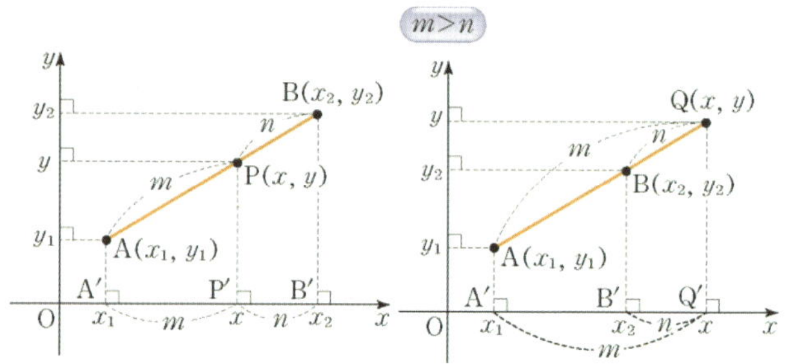

④무게중심의 좌표

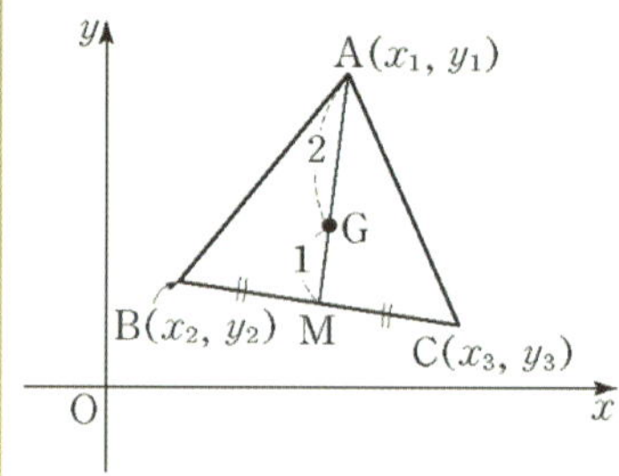

변 BC의 중점을 M이라 하면

$$M\left(\frac{x_2+x_3}{2},\ \frac{y_2+y_3}{2}\right)$$

삼각형 ABC의 무게중심 G의 좌표를 (x, y)라 하면 점 $G(x, y)$는 선분 AM을 $2:1$로 내분하는 점이므로

$$x = \frac{2\times\frac{x_2+x_3}{2}+x_1}{2+1} = \frac{x_1+x_2+x_3}{3}$$

$$y = \frac{2\times\frac{y_2+y_3}{2}+y_1}{2+1} = \frac{y_1+y_2+y_3}{3}$$

따라서 $G\left(\dfrac{x_1+x_2+x_3}{3},\ \dfrac{y_1+y_2+y_3}{3}\right)$

5 직선의 기울기

$$\text{기울기 } m = \frac{y\text{변화량}}{x\text{변화량}} = \frac{y_2 - y_1}{x_2 - x_1} = \tan\theta$$

$$\frac{\Delta y}{\Delta x}$$

A. 수평면에 대해 경사면이 기울어진 정도

B. x값의 변화량에 대한 y값의 변화량의 비율

C. $y = mx + n$의 x계수 m

$$\text{분수}\uparrow = \frac{\text{분자}\uparrow}{\text{분모}} \qquad \text{분수}\downarrow = \frac{\text{분자}}{\text{분모}\uparrow}$$

기울어진정도를 수치화하기!

① 더 가파를수록 큰 값 → 높이: 분자

② 덜 가파를수록 작은 값 → 밑변: 분모

③ 가파른 정도가 같으면 같은 값

$$\Rightarrow \text{기울기} = \frac{\text{높이}}{\text{밑변}} = \frac{y\text{변화량}}{x\text{변화량}}$$

✎ 직선의 기울기

⇒ 기울어진정도를 수치화하기!

①밑변이 같고 높이가 다를 때

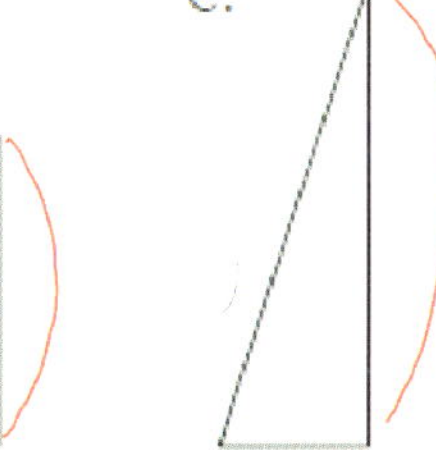

⇒ 높이가 길수록 더 가파르다

②높이가 같고 밑변이 다를 때

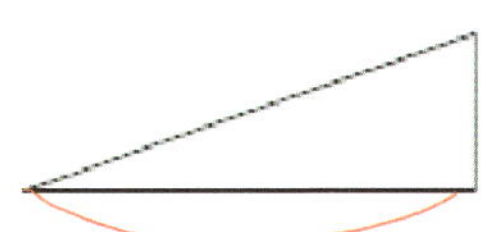

⇒ 밑변이 길수록 덜 가파르다

③밑변과 높이의 비율이 같을 때

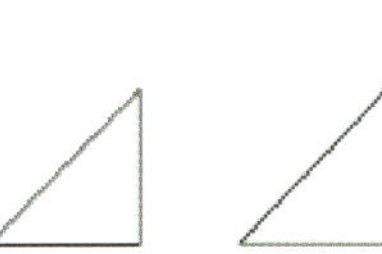
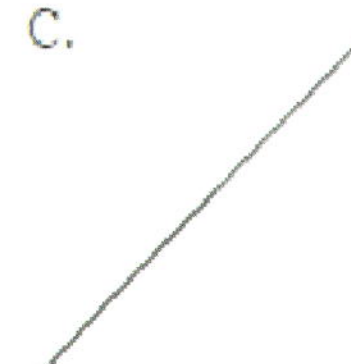

⇒ 가파른정도가 같다

연구05 빈칸에 알맞은 직선의 기울기의 값을
쓰시오.

🖋 기울기와 각도

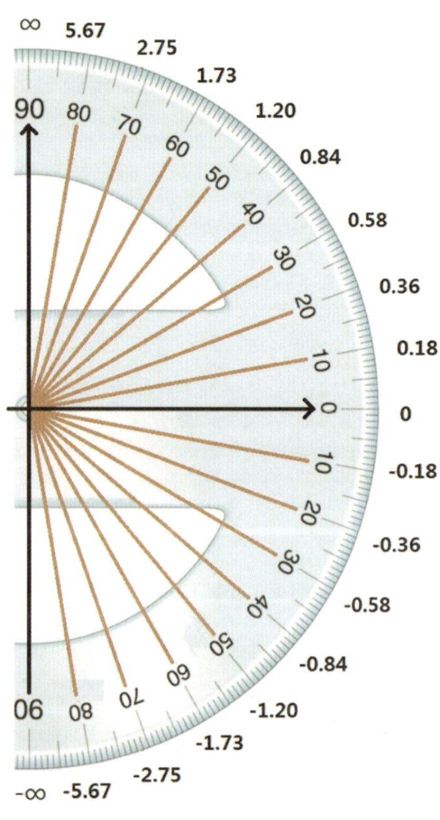

🖋 기울기와 각도

직선과 x축 이루는 각	직선의 기울기
$60\degree$	$\sqrt{3} = \tan 60\degree$
$45\degree$	$1 = \tan 45\degree$
$30\degree$	$\dfrac{1}{\sqrt{3}} = \tan 30\degree$
$0\degree$	$0 = \tan 0\degree$
$-30\degree$	$-\dfrac{1}{\sqrt{3}} = \tan(-30\degree)$
$-45\degree$	$-1 = \tan(-45\degree)$
$-60\degree$	$-\sqrt{3} = \tan(-60\degree)$

[연구06] 점 $A(x_1, y_1)$을 지나고 기울기가 m인 직선의 방정식이 무엇인지 쓰고, 이를 유도하시오.

[연구07] x절편이 a이고 y절편이 b인 직선의 방정식을 쓰시오.

---

6 직선의 방정식

[연구06]
① 점 $A(x_1, y_1)$을 지나고 기울기가 m인 직선의 방정식은
$$y - y_1 = m(x - x_1)$$

② 서로 다른 두 점 $A(x_1, y_1)$, $B(x_2, y_2)$를 지나는 직선의 방정식은 (단, $x_1 \neq x_2$)
$$y - y_1 = \frac{y_2 - y_1}{x_2 - x_1}(x - x_1)$$

③ 기울기가 m이고, y절편이 n인 직선의 방정식은
$$y = mx + n$$

④ $y = k$ $x = k$

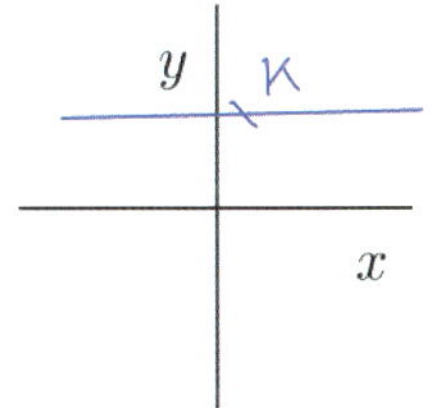
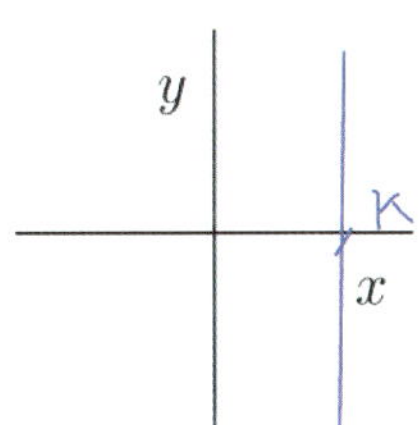

⑤ $ax + by + c = 0$ $y = -\frac{a}{b}x - \frac{c}{b}$

[연구07]
⑥ x절편이 a이고 y절편이 b인 직선의 방정식은 (단, $a \neq 0$, $b \neq 0$)

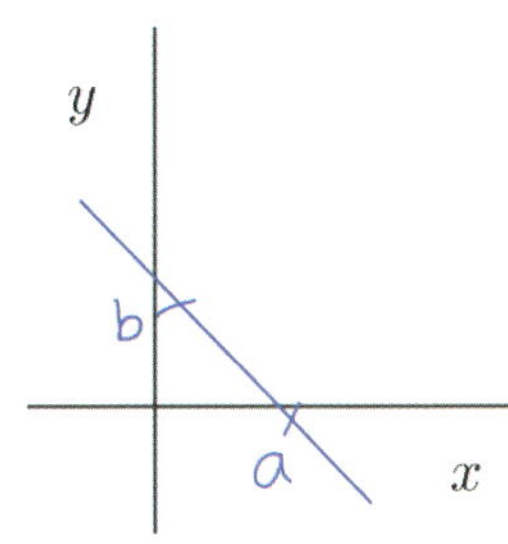

$$\frac{x}{a} + \frac{y}{b} = 1$$
$\rightarrow (a, 0)$
$(0, b)$ 지남

✎ 직선의 방정식

직선 l 위에 점 A와 다른 임의의 한 점을 $P(x, y)$라 하면

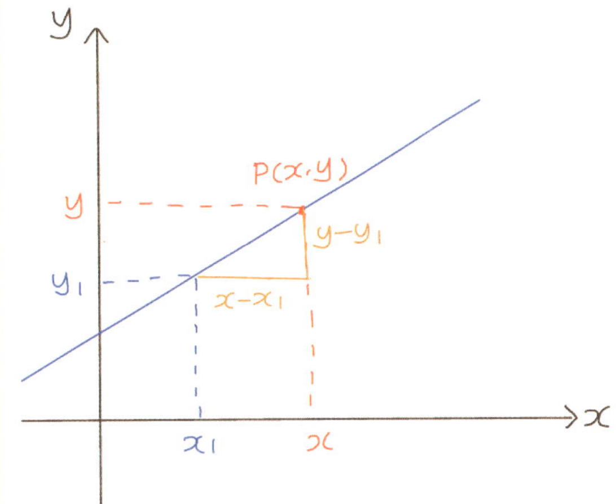

$$\frac{\triangle y}{\triangle x} = m$$
$$\Leftrightarrow \frac{y - y_1}{x - x_1} = m$$
$$\Leftrightarrow y - y_1 = m(x - x_1)$$

④ x축: $y = 0$
y축: $x = 0$

✎ x절편: 그래프가 x축과 만나는 점의 x좌표
y절편: 그래프가 y축과 만나는 점의 y좌표

연구08 아래는 두 직선의 위치관계에 대한 표이다. 각 위치 관계마다 빈칸에 알맞은 식을 쓰시오

연구09 두 직선 $y = mx + n$, $y = m'x + n'$의 그래프가 수직이 되기 위한 조건을 쓰고, 이를 유도하시오.

7 두 직선의 위치관계

연구08

	$y = mx + n$ $y = m'x + n'$	$ax + by + c = 0$ $a'x + b'y + c' = 0$
평행	$m = m', n \neq n'$	$\dfrac{a}{a'} = \dfrac{b}{b'} \neq \dfrac{c}{c'}$ (불능)
일치	$m = m', n = n'$	$\dfrac{a}{a'} = \dfrac{b}{b'} = \dfrac{c}{c'}$ (부정)
수직	$m \times m' = -1$	$aa' + bb' = 0$
한 점 만남	$m \neq m'$	$\dfrac{a}{a'} \neq \dfrac{b}{b'}$

※ 불능 : 해가 없음
　부정 : 해가 무수히 많음

✎ 두 직선의 위치관계

연구09 두 직선의 수직 조건 유도

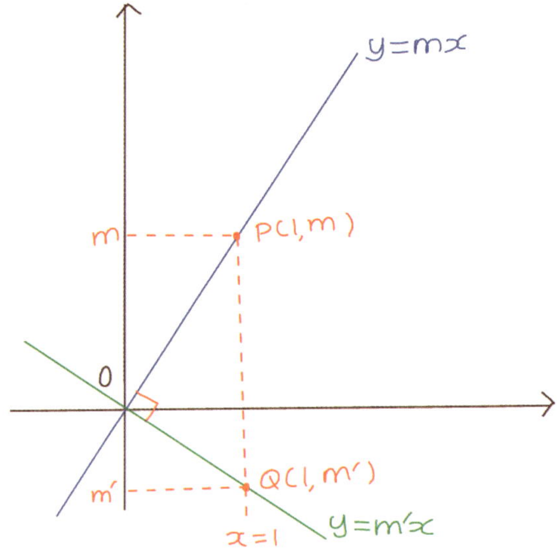

$\overline{OP}^2 = 1^2 + m^2$, $\overline{OQ}^2 = 1^2 + m'^2$

$\overline{PQ}^2 = (m - m')^2$ 이므로

$\overline{OP}^2 + \overline{OQ}^2 = \overline{PQ}^2$

$(1^2 + m^2) + (1^2 + m'^2) = (m - m')^2 \Rightarrow mm' = -1$

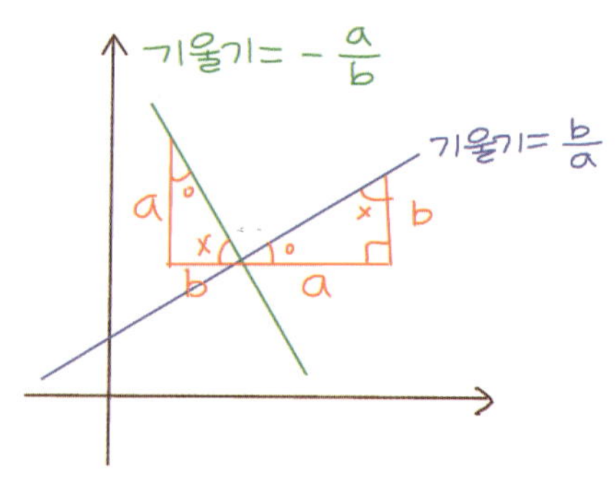

[연구10] 점 $(x_1,\ y_1)$과 직선 $ax+by+c=0$ 사이의 거리의 값을 쓰시오.

[연구11] 평행한 두 직선 $ax+by+c_1=0$, $ax+by+c_2=0$ 사이의 거리의 값을 쓰고, 이를 유도하시오.

---

8 점과 직선 사이의 거리

연구 10 ① 점 $(x_1,\ y_1)$과 직선 $ax+by+c=0$ 사이의 거리는

$$d=\frac{|ax_1+by_1+c|}{\sqrt{a^2+b^2}}$$

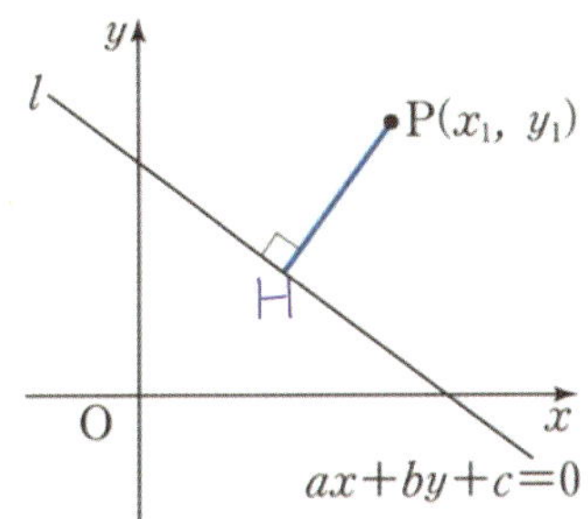

연구 11 ② 평행한 두 직선

$ax+by+c_1=0$, $ax+by+c_2=0$ 사이의 거리는

$$d=\frac{|c_2-c_1|}{\sqrt{a^2+b^2}}$$

⇒ (유도하기)

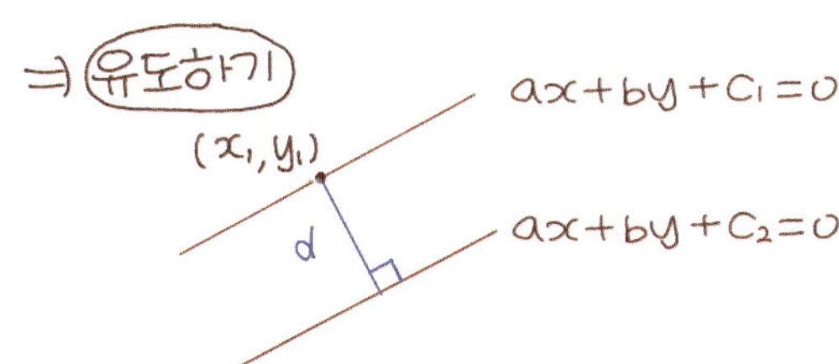

(x_1, y_1)이 $ax+by+c_1=0$ 위의 점이라 할때

$\{ax+by+c_1=0$ 와 $ax+by+c_2=0$ 사이의 거리 $\}$

$=\{(x_1, y_1)$ 과 $ax+by+c_2=0$ 사이의 거리 $\}$

$$=\frac{|ax_1+by_1+c_2|}{\sqrt{a^2+b^2}}=\frac{|-c_1+c_2|}{\sqrt{a^2+b^2}}$$

$(ax_1+by_1+c_1=0 \to ax_1+by_1=-c_1)$

✎ 점과 직선 사이의 거리

① 점 $(x_1,\ y_1)$과 직선 $ax+by+c=0$ 사이의 거리는

i) 선분 PH는 직선 l과 수직이다.

ii) P를 지나며 l과 수직인 직선의 식을 구한다

iii) 직선 l과 직선 PH를 연립해서 H의 좌표를 구한다

iv) 선분 PH의 길이를 구한다

(계산)

i) 직선 l의 기울기가 $-\dfrac{a}{b}$ 이므로

PH의 기울기는 $\dfrac{b}{a}$

ii) PH : $y-y_1=\dfrac{b}{a}(x-x_1)$

iii) $l : ax+by+c=0$ 와

PH : $y-y_1=\dfrac{b}{a}(x-x_1)$ 를 연립

$$\to\ x=\frac{b^2x_1-aby_1-ac}{a^2+b^2}$$

iv) $x-x_1=\dfrac{-a(ax_1+by_1+c)}{a^2+b^2}$

$y-y_1=\dfrac{-b(ax_1+by_1+c)}{a^2+b^2}$

$\overline{PH}=\sqrt{(x-x_1)^2+(y-y_1)^2}$

$$=\sqrt{\frac{(a^2+b^2)(ax_1+by_1+c)^2}{(a^2+b^2)^2}}$$

$$=\frac{|ax_1+by_1+c|}{\sqrt{a^2+b^2}}$$

연구12 중심이 (a, b), 반지름 길이가 r인 원의
방정식을 쓰고, 이를 유도하시오.

9 원의 방정식

정의: 특정한 한 점으로부터,
그 점과 같은 거리에 있는 점들의 집합

연구 12
①중심이 (a, b), 반지름 길이가 r인 원의 방정식

$$(x-a)^2 + (y-b)^2 = r^2$$

②중심이 $(0, 0)$, 반지름 길이가 r인 원의 방정식

$$x^2 + y^2 = r^2$$

③원의 방정식의 일반형

$$x^2 + y^2 + Ax + By + C = 0$$

$\cdot\!\times\ (x-a)^2 + (y-b)^2 = r^2$

$x^2 - 2ax + a^2 + y^2 - 2by + b^2 = r^2$

$x^2 + y^2 - 2ax - 2by + a^2 + b^2 - r^2 = 0$
$\underset{A}{\underline{\quad}}\ \underset{B}{\underline{\quad}}\ \underset{C}{\underline{\quad}}$

✎ 원의 방정식

①중심이 (a, b), 반지름 길이가 r인 원의 방정식

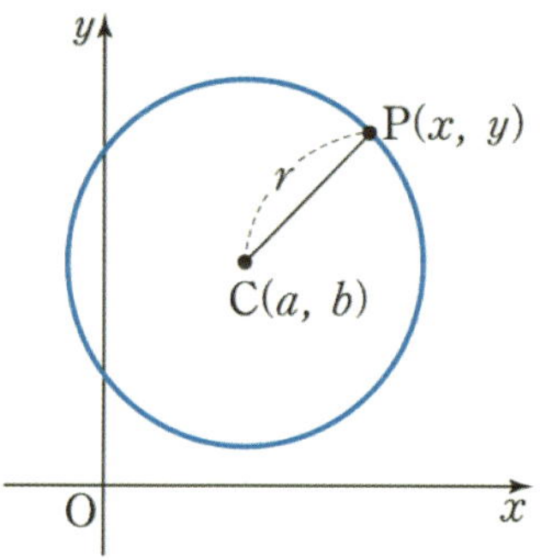

(x, y)가 중심이 (a, b)이고 반지름이 r인 원위의점
$\Leftrightarrow (a, b)$에서 (x, y)까지의 거리가 항상 r
$\Leftrightarrow \sqrt{(x-a)^2 + (y-b)^2} = r$
$\Leftrightarrow (x-a)^2 + (y-b)^2 = r^2$

③원의 방정식의 일반형

$$x^2 + y^2 + Ax + By + C = 0$$

$$\left(x + \frac{A}{2}\right)^2 + \left(y + \frac{B}{2}\right)^2 = \frac{A^2 + B^2 - 4C}{4}$$

↳ 중심이 $\left(-\frac{A}{2}, -\frac{B}{2}\right)$

반지름이 $\sqrt{\dfrac{A^2 + B^2 - 4C}{4}}$ 인 원

[연구13] 중심이 (a, b)인 원이 있다 이 원이 아래
조건을 만족시킬 때의 원의 방정식을 쓰시오.

①x축에 접함

②y축에 접함

③x축, y축에 접함 (단, $a, b > 0$)

---

⑩ 원이 x축 또는 y축에 접할 때

✒ 원이 x축 또는 y축에 접할 때

①x축에 접함

$$(x-a)^2 + (y-b)^2 = b^2$$

②y축에 접함

$$(x-a)^2 + (y-b)^2 = a^2$$

③x축, y축에 접함

$$(x-a)^2 + (y-a)^2 = a^2 \quad (\text{제 }1,3\text{사분면})$$

$$(x-a)^2 + (y+a)^2 = a^2 \quad (\text{제 }2,4\text{사분면})$$

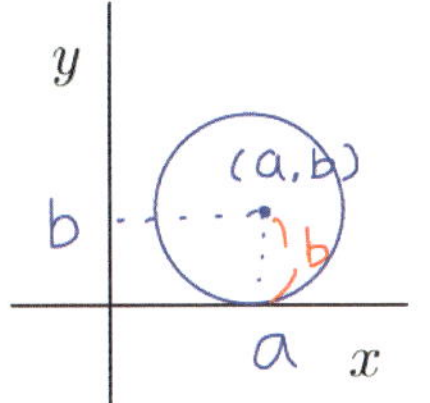

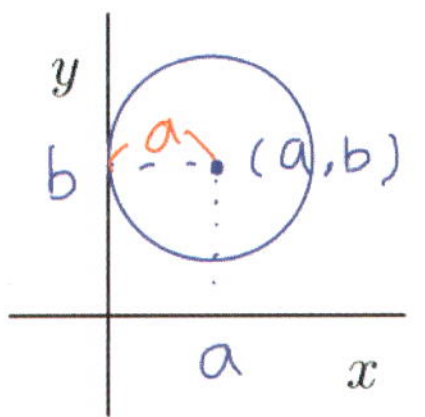

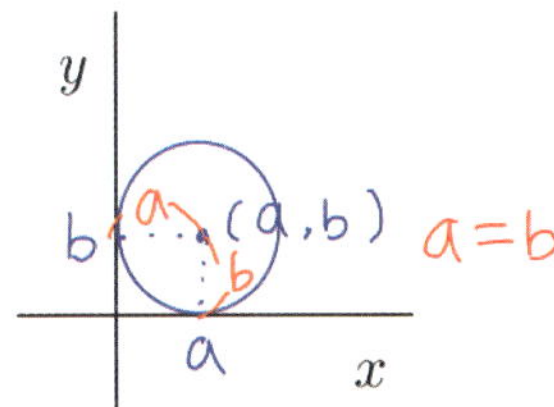

연구14 두 원의 중심사이의 거리가 d이고
반지름이 각각 R, r일 때$(R>r)$, 아래 위치
관계에 따른 d, R, r의 관계식을 쓰시오.

연구15 원의 중심과 직선사이의 거리가 d,
반지름의 길이가 r일 때,
원과 직선의 교점의 개수를 쓰시오.

---

11 두 원의 위치관계

두 원의 중심사이의 거리가 d이고
반지름이 각각 R, r일 때 $(R>r)$

연구 14
① 만나지 않음 $d>R+r$
② 한 점에서 만난다(외접) $d=R+r$
③ 서로 다른 두 점에서 만남 $R-r<d<R+r$
④ 한 점에서 만남(내접) $d=R-r$
⑤ 한 원이 다른 원에 포함 $d<R-r$

12 원과 직선의 위치 관계

원의 중심과 직선사이의 거리가 d,
반지름의 길이가 r일 때,

연구 15
① $d<r$: 두점에서 만난다   ($D>0$)
② $d=r$: 한점에서 만난다   ($D=0$)
③ $d>r$: 만나지않는다   ($D<0$)

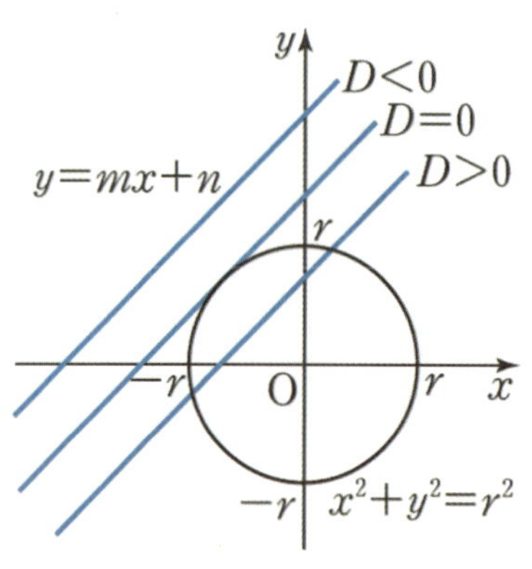

두 원의 위치관계

		R-r	R+r
			d
	〈외접〉		d
		d	
	〈내접〉	d	
		d	

원과 직선의 위치 관계

$x^2+y^2=r^2$와 $y=mx+n$ 연립
$x^2+(mx+n)^2=r^2$
$(m^2+1)x^2+2mnx+n^2-r^2=0$
판별식

[연구16] 원 $x^2+y^2=r^2$에서 기울기 m인 접선의 방정식을 쓰고, 이를 유도하시오.

[연구17] 원 $x^2+y^2=r^2$ 위의 점 $(x_1,\ y_1)$에서의 접선의 방정식을 쓰고, 이를 유도하시오.

⓫ 원의 접선의 방정식

[연구 16] ① 원 $x^2+y^2=r^2$에서 기울기 m인 접선의 방정식

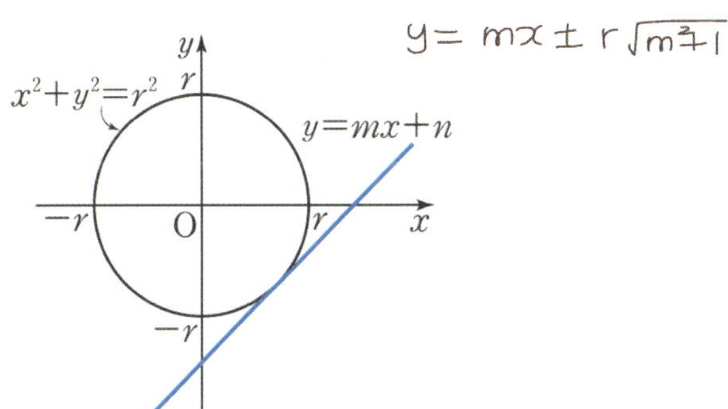

[연구 17] ② 원 $x^2+y^2=r^2$ 위의 점 $(x_1,\ y_1)$에서의 접선

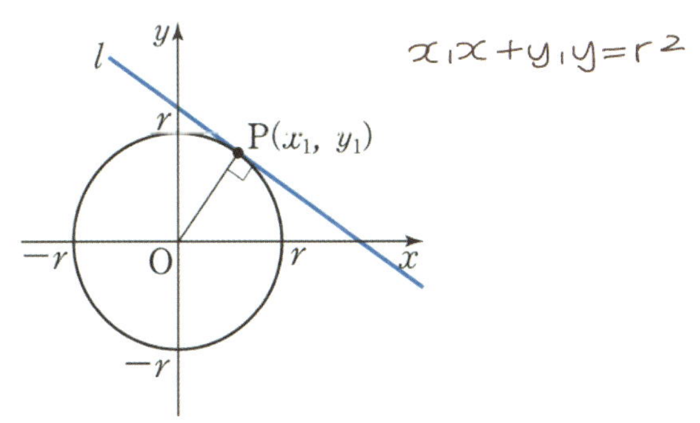

✎ 원의 접선의 방정식

① 원 $x^2+y^2=r^2$에서 기울기 m인 접선의 방정식

$\{(0,0)$에서 $y=mx+n$ 까지의 거리$\}=\{$원 반지름$\}$

$\Leftrightarrow \dfrac{|n|}{\sqrt{m^2+1^2}}=r$

$\Leftrightarrow |n|=r\sqrt{m^2+1}$

$\Leftrightarrow n=\pm r\sqrt{m^2+1}$

$\Leftrightarrow y=mx\pm r\sqrt{m^2+1}$

② 원 $x^2+y^2=r^2$ 위의 점 $(x_1,\ y_1)$에서의 접선

l 는 OP와 수직

OP의 기울기 $=\dfrac{y_1}{x_1}$

l 의 기울기 $=-\dfrac{x_1}{y_1}$

$l : y-y_1=-\dfrac{x_1}{y_1}(x-x_1)$

$x_1x+y_1y=x_1^2+y_1^2$

$x_1x+y_1y=r^2$

연구18 x축의 방향으로 a만큼,

y축의 방향으로 b만큼

평행이동 한 것을 쓰시오.

① 점 이동   P(x, y) →

② 도형 이동 $f(x, y) = 0$ →

---

⑭ 평행이동

x축의 방향으로 a만큼,

y축의 방향으로 b만큼 평행이동

연구 18 ① 점 이동

$$P(x, y) \rightarrow P(x+a, y+b)$$

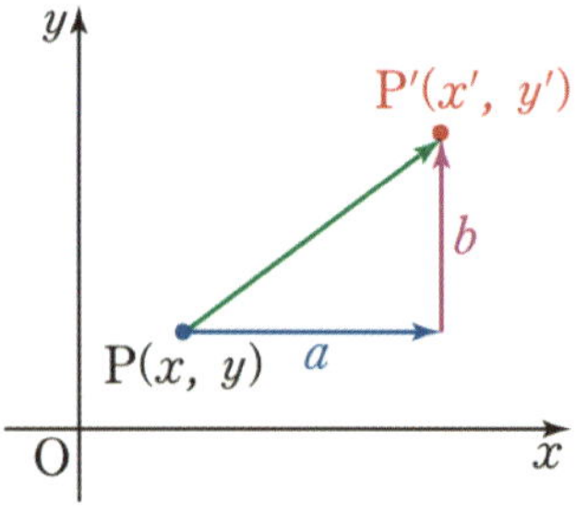

② 도형 이동

$$f(x, y) = 0 \rightarrow f(x-a, y-b) = 0$$
$$y = f(x) \rightarrow y-b = f(x-a)$$

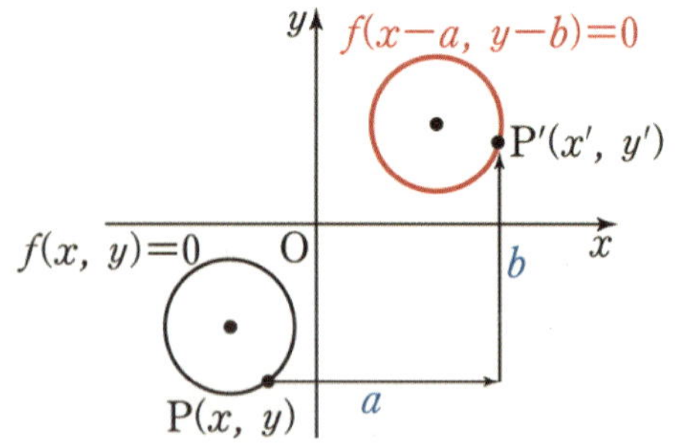

x자리에 $x-a$를 넣고

y자리에 $y-b$를 넣는다

✎ 평행이동

【ex】 x축 : +3, y축 : -2 평행이동

[점] $(2, 0) \rightarrow (\ 5\ , -2)$
$\quad\quad\quad\quad\ \ 2+3\ \ 0+(-2)$

[도형] $x^2 + y^2 = 4 \rightarrow (x-3)^2 + (y+2)^2 = 4$

식에 들어갈 값은 정해져있다.

식에서는 빼줘야 더해진다

$$x = 2 \longrightarrow x = 2$$
$$x - 3 = 2 \longrightarrow x = 5 \quad \Big) +3$$

$$x \overset{대입}{\longrightarrow} x - 3$$

$$y \overset{대입}{\longrightarrow} y - (-2) = y + 2$$

$$x^2 + y^2 = 4$$
$$\square^2 + \triangle^2 = 4$$

ex1) $2^2 + 0^2 = 4 \quad\quad\quad\quad (x, y)$

$\boxed{x}^2 + \triangle{y}^2 = 4 \rightarrow x = 2,\ y = 0 \longrightarrow (2, 0)$

$\quad\quad\quad\quad\quad\quad\quad +3\downarrow\quad \downarrow -2$

$\boxed{x-3}^2 + \triangle{y+2}^2 = 4 \rightarrow x - 3 = 2,\ y + 2 = 0 \rightarrow (5, -2)$

ex2) $\sqrt{3}^2 + 1^2 = 4 \quad\quad\quad\quad (x, y)$

$\boxed{x}^2 + \triangle{y}^2 = 4 \rightarrow x = \sqrt{3},\ y = 1 \longrightarrow (\sqrt{3}, 1)$

$\quad\quad\quad\quad\quad\quad\quad +3\downarrow\quad \downarrow -2$

$\boxed{x-3}^2 + \triangle{y+2}^2 = 4 \rightarrow x - 3 = \sqrt{3},\ y + 2 = 1 \rightarrow (3+\sqrt{3}, -1)$

연구19 함수 $y = f(x)$의 그래프가 주기가 p인

함수일 때, 성립하는 식을 쓰시오.

---

15 주기함수

$y = f(x)$의 그래프가 주기가 p인 함수일 때

아래 식이 성립한다.

$$f(x+P) = f(x)$$

【ex】$f(x) = -x^2 + 1 \ (-1 \leq x < 1)$이고

$\quad f(x+2) = f(x)$ 일 때

$\quad y = f(x)$의 그래프

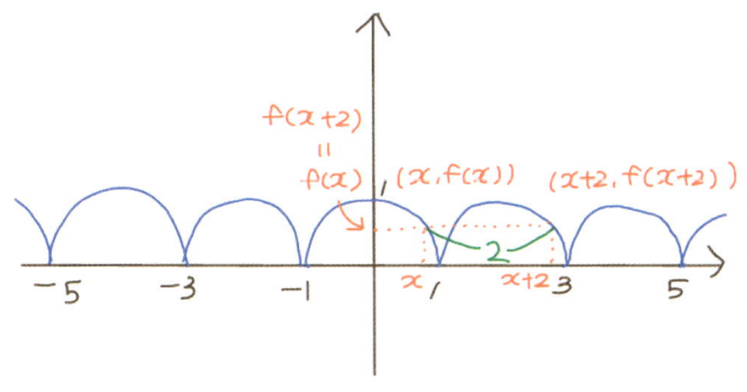

✎ 주기함수

$f(x+p) = f(x)$이므로

$y = f(x)$의 그래프와 (원래그래프)

$y = f(x+p)$의 그래프가 (x축방향 $-p$만큼

동일하다 　　　　평행이동한 그래프)

$\Rightarrow y = f(x)$는 주기가 p인 그래프

16 대칭이동

① 선에 대한 대칭

개념	대칭된 그래프　vs　대칭인 그래프	
직선 l에 대한 (기준) 점 A의 대칭이동 대칭된점 대칭시킨점 원래점 l : 대칭선 대칭축	대칭된 그래프 대칭시킨그래프 원래그래프	대칭된그래프 = 원래그래프 (선)대칭인 그래프 대칭그래프

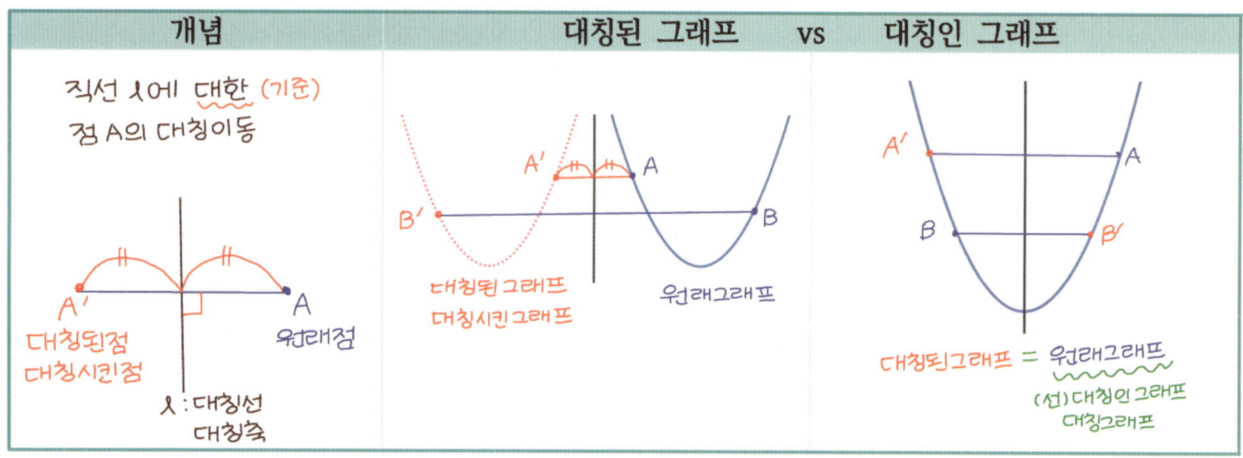

② 점에 대한 대칭

개념	대칭된 그래프　vs　대칭인 그래프	
점 M에 대한 (기준) 점 A의 대칭이동 원래점 대칭점 대칭인점 (중점) 대칭된점 대칭시킨점	대칭된 그래프 대칭시킨그래프 원래그래프 대칭점	대칭된그래프 = 원래그래프 (점)대칭그래프 대칭인그래프 대칭점

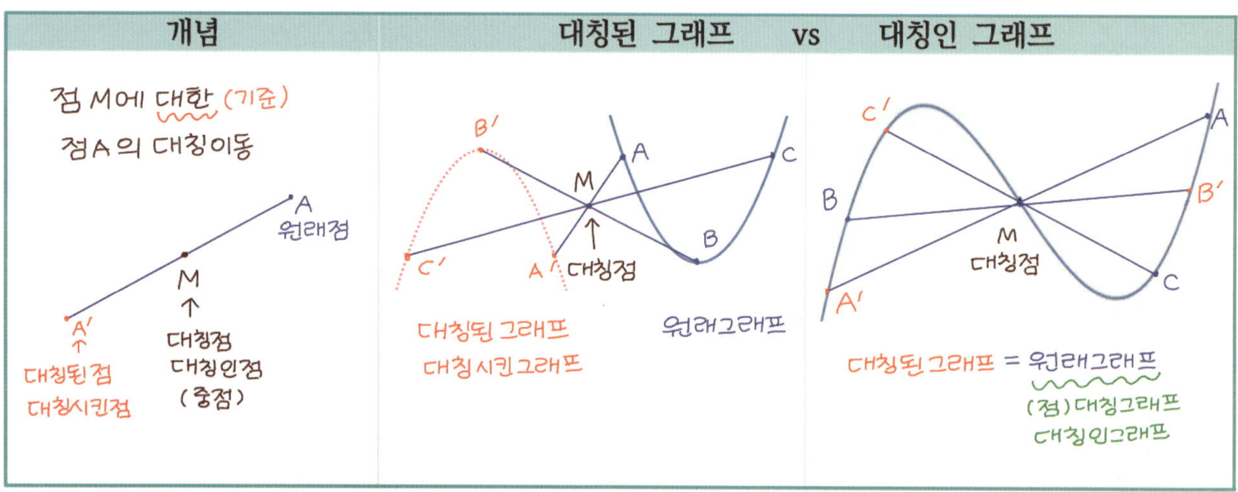

점대칭과 회전

점대칭은
180°회전과
동일하다!

연구20 대칭 이동한 점 $(x,\ y)$의 좌표와,

도형 $f(x,\ y)=0$의 방정식을 구하고자 한다.

빈칸에 알맞은 것을 쓰시오.

③ 대칭이동된 도형의 좌표와 방정식

다음과 같이 대칭 이동한 점 $(x,\ y)$의 좌표와,

도형 $f(x,\ y)=0,\ y=f(x)$의 방정식

대칭	$P(x,\ y)$	$f(x,\ y)=0$	$y=f(x)$
x축	$(x,-y)$	$f(x,-y)=0$	$-y=f(x)$ $\Leftrightarrow y=-f(x)$
y축	$(-x,y)$	$f(-x,y)=0$	$y=f(-x)$
원점	$(-x,-y)$	$f(-x,-y)=0$	$-y=f(-x)$ $\Leftrightarrow y=-f(-x)$
$y=x$	(y,x)	$f(y,x)=0$	$x=f(y)$ $\Leftrightarrow y=f^{-1}(x)$
$x=a$	$(2a-x,y)$	$f(2a-x,y)=0$	$y=f(2a-x)$
$y=b$	$(x,2b-y)$	$f(x,2b-y)=0$	$2b-y=f(x)$
점$(a,\ b)$	$(2a-x,2b-y)$	$f(2a-x,2b-y)=0$	$2b-y=f(2a-x)$

$y=x$ 대칭 행의 주석: f역함수 존재하면

x축, y축, 원점 대칭	$y=x$ 대칭	$x=a,\ y=b,$ 점$(a,\ b)$

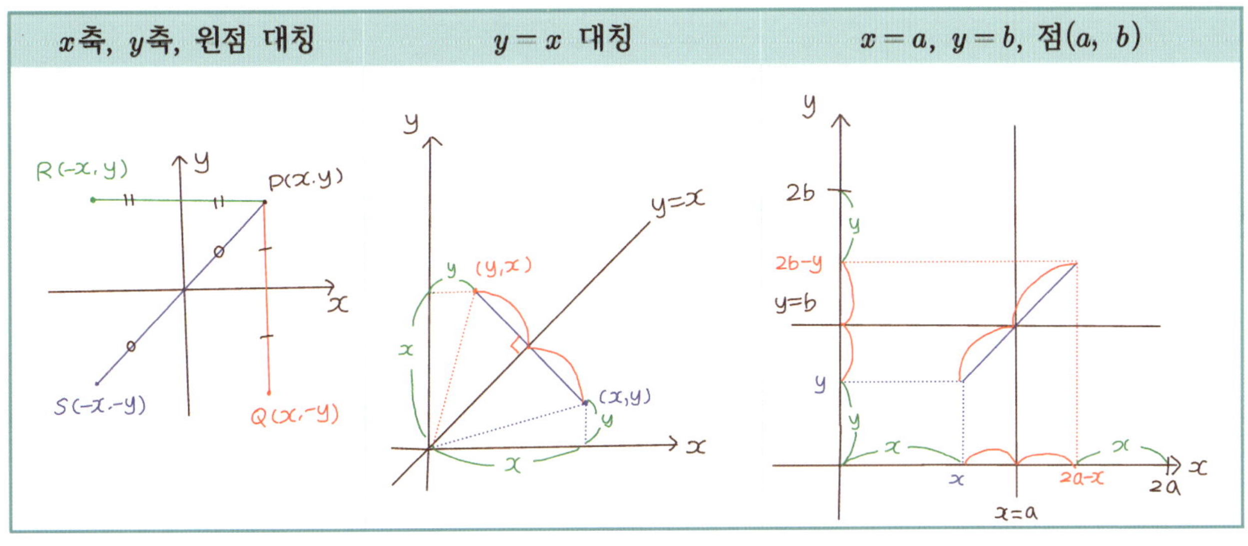

연구21 $f(x) = f(-x)$가 성립할 때, 함수 $y = f(x)$의 그래프는 어떤 형태인지 쓰고, $y = f(x)$가 다항함수일 경우 어떤 항으로 구성되어있는지를 쓰시오.

연구22 $f(a+x) = f(a-x)$일 때, $y = f(x)$의 그래프는 어떤 형태인가?

연구23 $f(x) = f(2a-x)$일 때, $y = f(x)$의 그래프는 어떤 형태인가?

17 y축 대칭함수(우함수)

연구 21
① $y = f(x)$의 그래프가 y축 대칭일 때 아래 식이 성립한다.   우함수

$$f(x) = f(-x)$$

② 다항함수에서 우함수는

짝수차항 또는 상수항으로 구성된다

【ex】 $y = 2$, $y = x^2 + 1$, $\quad y = x^4 + 2x^2 + 3$

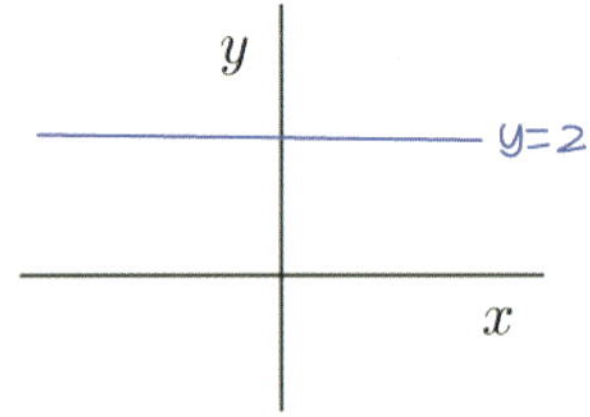

$f(x) = x^2 + 1$
$f(-x) = (-x)^2 + 1$

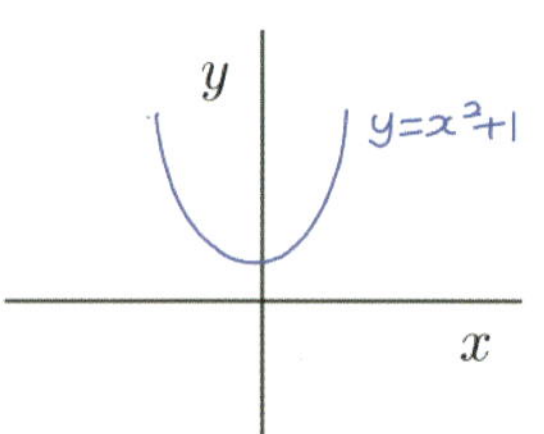

$f(x) = x^4 + 2x^2 + 3$
$f(-x) = (-x)^4 + 2(-x)^2 + 3$

연구 22
③ $f(a+x) = f(a-x)$일 때,

$y = f(x)$의 그래프는 $x = a$ 대칭인 그래프

연구 23
④ $f(x) = f(2a-x)$일 때,

$y = f(x)$의 그래프는 $x = a$ 대칭인 그래프

✎ y축 대칭함수(우함수)

$f(x) = f(-x)$ 이므로

$y = f(x)$의 그래프와 (원래 그래프)

$y = f(-x)$의 그래프가 (y축 대칭된 그래프)

동일하다

$y = f(x)$는 y축 대칭인 그래프

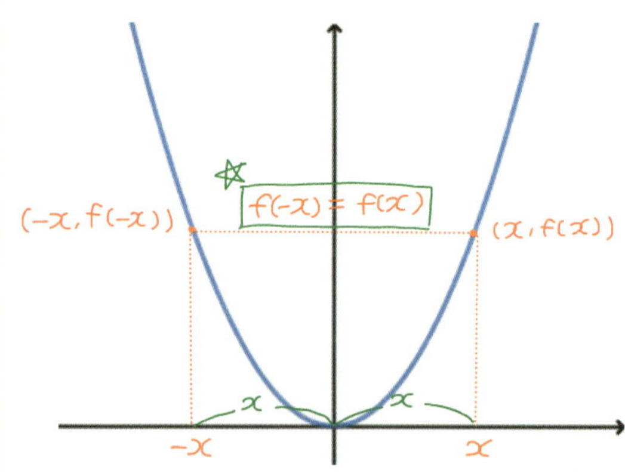

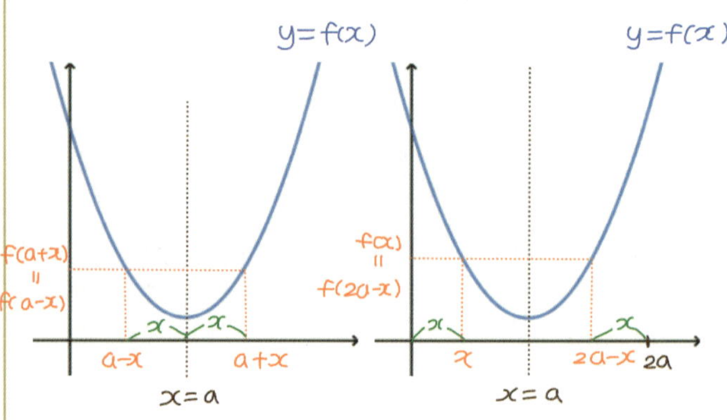

【연구24】 $f(x) = -f(-x)$가 성립할 때,
함수 $y = f(x)$의 그래프는 어떤 형태인지 쓰고,
$y = f(x)$가 다항함수일 경우 어떤 항으로
구성되어있는지 쓰시오.

【연구25】 $\dfrac{f(a+x) + f(a-x)}{2} = b$ 일 때,
$y = f(x)$의 그래프는 어떤 형태인가?

18 원점 대칭함수(기함수)

연구24

① $y = f(x)$의 그래프가 원점 대칭일 때
아래 식이 성립한다.　기함수
$$f(x) = -f(-x)$$
$$f(-x) = -f(x)$$

② 다항함수에서 기함수는
홀수차항으로 구성된다

【ex】 $y = x$, $y = x^3$, $y = x^3 + 2x$

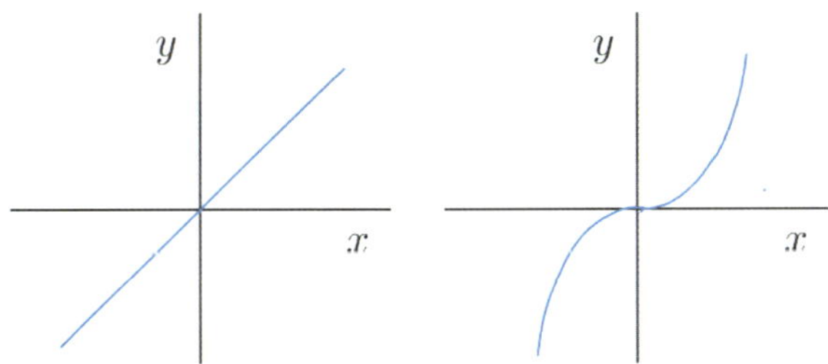

$f(x) = x^3$
$f(-x) = (-x)^3 = -x^3 = -f(x)$

$f(x) = x^3 + 2x$
$f(-x) = (-x)^3 + 2(-x)$
$\quad = -(x^3 + 2x) = -f(x)$

연구25

③ $\dfrac{f(a+x) + f(a-x)}{2} = b$ 일 때,
$y = f(x)$의 그래프는 (a, b) 대칭이다.

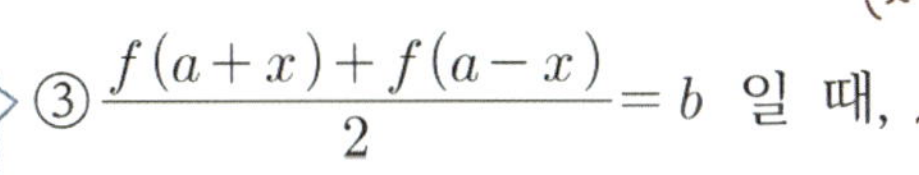

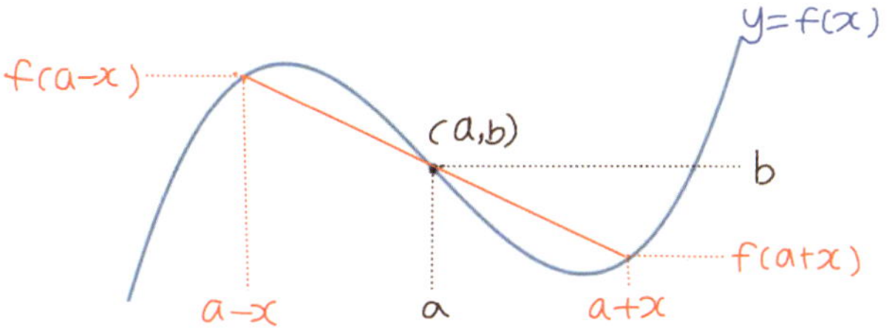

우함수/기함수 판별하는 법

$f(x)$에 $-x$를 대입
$\begin{cases} f(-x) = f(x) \Rightarrow y = f(x) 는 우함수 \\ f(-x) = -f(x) \Rightarrow y = f(x) 는 기함수 \end{cases}$

✒ 원점 대칭함수(기함수)

$f(x) = -f(-x)$ 이므로
$y = f(x)$의 그래프와 (원래 그래프)
$y = -f(-x)$의 그래프가 (원점 대칭된 그래프)
동일하다
$y = f(x)$는 원점 대칭인 그래프

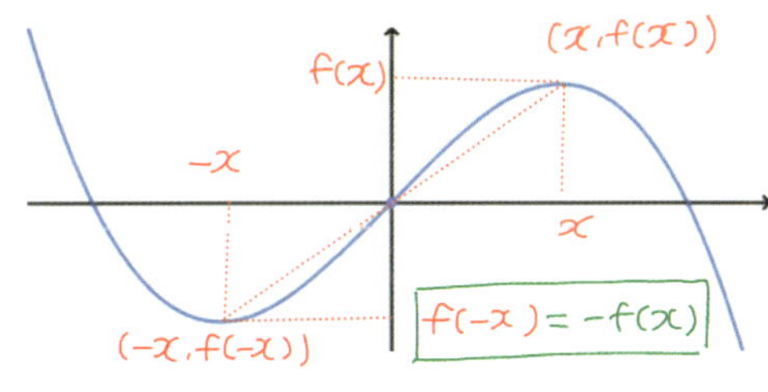

$(a-x, f(a-x))$　$(a+x, f(a+x))$가 어디?

중점 $\left(\dfrac{(a-x)+(a+x)}{2} , \dfrac{f(a-x)+f(a+x)}{2} \right)$

$(a, b) \leftarrow$ 대칭점

※ $f(x) = -f(-x) \iff f(x) + f(-x) = 0$
$\iff \dfrac{f(0+x) + f(0-x)}{2} = 0 \iff \begin{matrix} y = f(x) \\ (0,0) 대칭 \end{matrix}$

【ex】 $y = x^3 + 4x^2 + 2x + 1$ 우함수? 기함수?

아무것도 아니다.

🖋 우함수와 기함수의 응용

- {우함수}×{기함수}={기함수}

- {$x = a$ 대칭 함수}×{$(a,\ 0)$ 대칭 함수}={$(a,\ 0)$ 대칭 함수}

- ({우함수})′={기함수} → $\int${기함수}={우함수}

- ({기함수})′={우함수} → $\int${우함수}={기함수}+C

- ({$x = a$ 대칭 함수})′={$(a,\ 0)$ 대칭 함수} → $\int${$(a,\ 0)$ 대칭 함수}={$x = a$ 대칭 함수}

- ({$(a,\ 0)$ 대칭 함수})′={$x = a$ 대칭 함수} → $\int${$x = a$ 대칭 함수}={$(a,\ 0)$ 대칭 함수}+C

🖊 위에는 우함수 기함수에 대한 고난도 문제에서
자주 출제되는 중요한 연산을 모은 것이다.
위에 적은 것만큼은 꼭 숙지하자.
이 이외에도 우함수 기함수에 대한
+, −, ×, ÷, ∘, 미분, 적분 등의 연산으로
다양한 조합이 출제 될 수 있다.
그러나 모든 조합들을 열거하며 미리 외우는 것은 실전적이지가 못하고
앞 페이지의 [우함수/기함수 판별하는 법]을 활용해 판별할 수 있으면 된다.

수학 (하)

「교과서 학습 목표」

1.집합과 명제

□ 집합의 개념을 이해하고, 집합을 표현할 수 있다.

□ 두 집합 사이의 포함 관계를 이해한다.

□ 집합의 연산을 할 수 있다.

□ 명제와 조건의 뜻을 알고,

  '모든', '어떤'을 포함한 명제를 이해한다.

□ 명제의 역과 대우를 이해한다.

□ 필요조건과 충분조건을 이해한다.

□ 절대부등식의 의미를 이해하고,

  간단한 절대부등식을 증명할 수 있다.

□ 대우를 이용한 증명법과 귀류법을 이해한다.

2.함수

□ 함수의 뜻을 알고, 그 그래프를 이해한다.

□ 함수이 합성을 이해하고, 합성함수를 구할 수 있다.

□ 역함수의 뜻을 알고,

  주어진 함수의 역함수를 구할 수 있다.

□ 유리함수 의 그래프를 그릴 수 있고,

  그 그래프의 성질을 이해한다.

□ 무리함수 의 그래프를 그릴 수 있고,

  그 그래프의 성질을 이해한다.

3.경우의 수

□ 합의 법칙과 곱의 법칙을 이해하고,

  이를 이용하여 경우의 수를 구할 수 있다.

□ 순열의 뜻을 알고, 순열의 수를 구할 수 있다.

□ 조합의 뜻을 알고, 조합의 수를 구할 수 있다.

「수학(하)」　Ⅰ.집합과 명제

① 집합의 뜻

집합 : 대상을 명확히 구분할 수 있는 것들의 모임

원소 : 집합을 이루고 있는 대상 하나하나

$a \in A$: a는 집합 A의 원소이다
　　　　(a는 집합 A에 속한다)

$a \notin A$: a는 집합 A의 원소가 아니다
　　　　(a는 집합 A에 속하지 않는다)

원소나열법 : 모든 원소를 { }안에 나열하는 방법

조건제시법 : 조건으로 원소가 갖는 성질을
　　　　　나타내는 방법
　　　　　$\{x \mid x$의 조건$\}$

벤다이어그램 : 집합을 나타낸 그림

공집합 : 원소를 하나도 가지지 않는
　　　　집합을 말한다. $\{\} = \varnothing$

✎ $\{\varnothing\}$는 $\varnothing$ 라는 원소를 하나 가지고
있으므로 공집합이 아니다.

$n(A)$: 집합 A의 원소의 개수

✎ 집합의 뜻

【ex】 집합

5 이하의 자연수의 모임　집합○

작은 수의 모임　　　　　집합 X

【ex】 홀수의 집합을 A
　　$1 \in A$, $3 \in A$, $5 \in A$
　　$2 \notin A$, $4 \notin A$, $6 \notin A$

【ex】 10 이하의 짝수의 집합
　= $\{2, 4, 6, 8, 10\}$
　= $\{2k \mid 1 \le k \le 5,\ k$는 자연수$\}$
　= $\{x \mid x$는 10 이하의 짝수$\}$

2 부분집합

정의: $x \in A$이면 $x \in B$일 때,

    A는 B의 부분집합이다

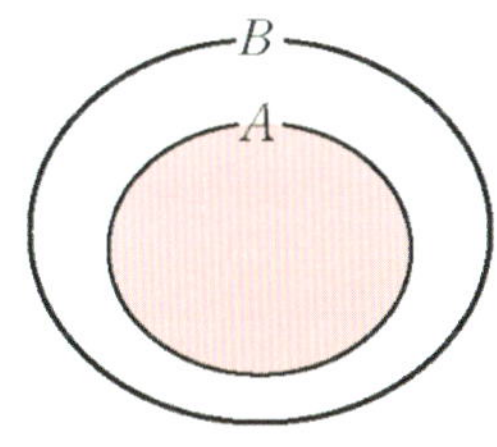

✎ 부분집합이 아닐 때: $A \not\subset B$

① 공집합 $\varnothing$ 는 모든 집합의 부분집합

    $\varnothing \subset A$, $\varnothing \subset \varnothing$

② 집합 A는 자기 자신 A의 부분집합

    $A \subset A$

③ $A \subset B$이고 $B \subset A$이면 $A = B$

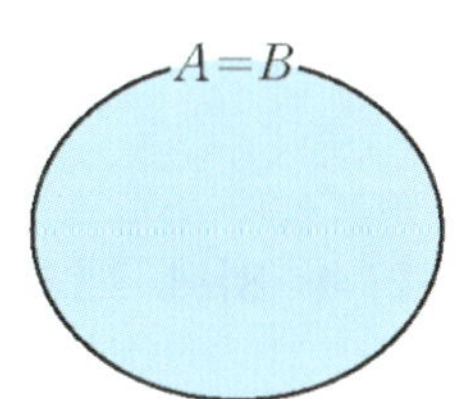

④ 진부분집합: $A \subset B$이고 $A \neq B$이면

    A는 B의 진부분집합

⑤ $A \subset B$이고 $B \subset C$이면 $A \subset C$

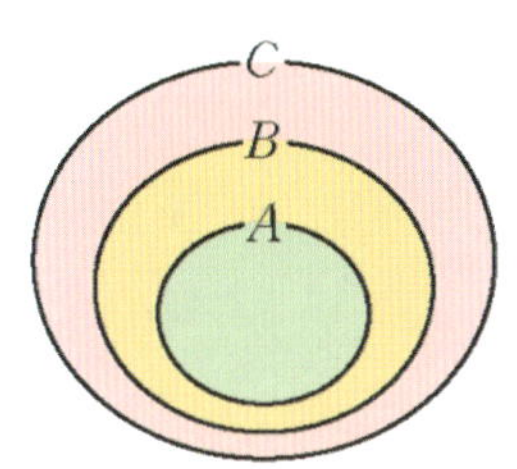

✏ 부분집합

【ex】

$\{3,\ 6,\ 9\} \subset \{3,\ 6,\ 9,\ 12\}$

$\{1,\ 2,\ 3\} \not\subset \{1,\ 3,\ 5,\ 7\}$

$\{3,\ 6,\ 9,\ 12\} \subset \{3,\ 6,\ 9,\ 12\}$

$\varnothing \subset \{3,\ 6,\ 9,\ 12\}$

③ 집합의 연산

합집합 : $A \cup B = \{x \mid x \in A$ 또는 $x \in B\}$

교집합 : $A \cap B = \{x \mid x \in A$ 이고 $x \in B\}$

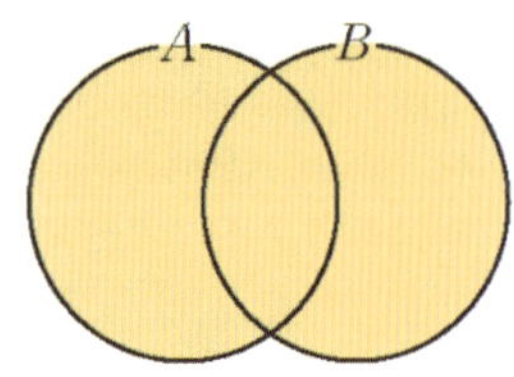 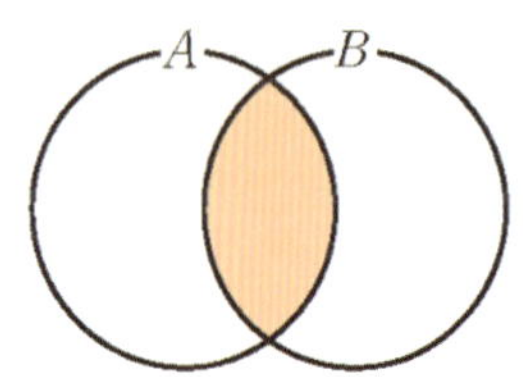

✒ 서로소: 두 집합 A, B에 공통인 원소가
하나도 없을 때, 두 집합의 관계

$$A \cap B = \varnothing$$

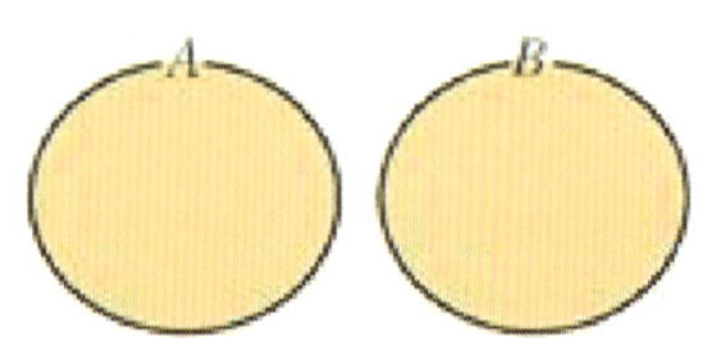

차집합 : $A - B = \{x \mid x \in A$ 이고 $x \notin B\}$

여집합 : $A^c = \{x \mid x \in U$ 이고 $x \notin A\}$

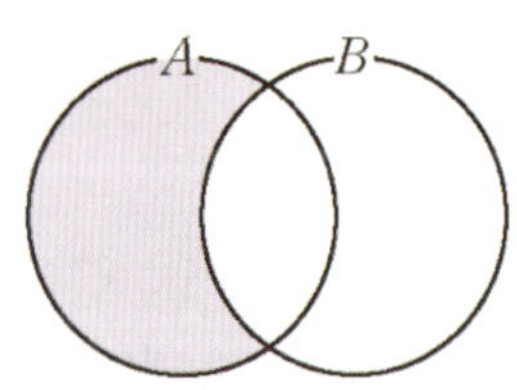 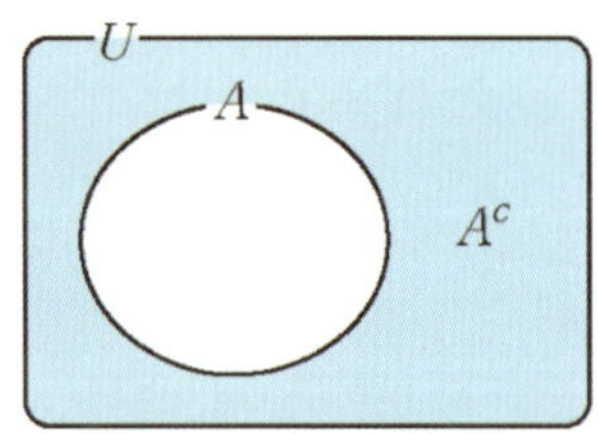

✒ 전체집합: 주어진 집합에 대하여 그것의
부분집합만을 생각할 때 처음에 주어진 집합을
전체집합이라 하고, 기호 U로 나타낸다

✎ 집합의 연산

【ex】 합집합, 교집합

$A = \{2, 4, 6\}$, $B = \{1, 2, 3, 6\}$일 때,

$A \cup B = \{1, 2, 3, 4. 6\}$

$A \cap B = \{2, 6\}$

→ "서로소" ← 뜻이 2가지야

i)[약수, 배수] 공약수가 1뿐인 두 자연수의 관계
　　　ex) 5와 8

ii)[집합] 공통 원소가 없는 두 집합의 관계

【ex】 차집합

$A = \{2, 4, 6, 8, 10\}$, $B = \{1, 2, 4, 8\}$에 대하여

$A - B = \{6, 10\}$　$B - A = \{1\}$

【ex】 여집합

전체집합 $U = \{1, 2, 3, 4, 5, 6, 7, 8, 9\}$

부분집합 $A = \{1, 3, 5, 7, 9\}$

U에 대한 A의 여집합은

$A^c = \{2, 4, 6, 8\}$

연구01 전체집합 U와 집합 A에 대하여 빈칸에
알맞은 기호를 쓰시오.

1 차집합, 여집합의 성질

① $A \cup A^c = U$

② $A \cap A^c = \varnothing$

③ $(A^c)^c = A$

④ $A - \varnothing = A$

⑤ $A - A = \varnothing$

⑥ $\varnothing^c = U$

⑦ $U^c = \varnothing$

⑧ $A - B = A \cap B^c$
$\quad = A - (A \cap B)$
$\quad = (A \cup B) - B$

✎ 차집합, 여집합의 성질

⑦ $A - B = A \cap B^c$

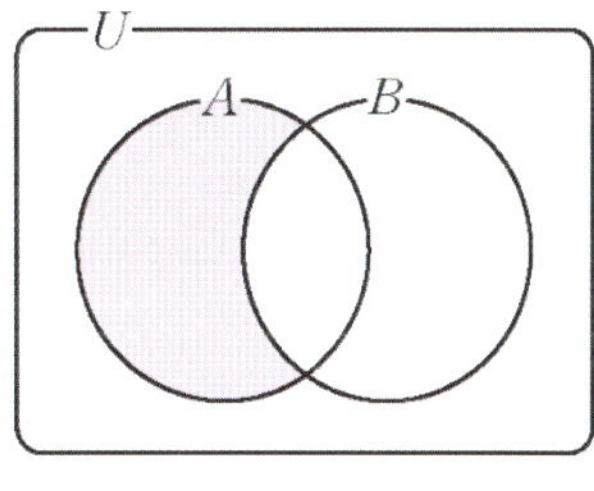

$A - B$

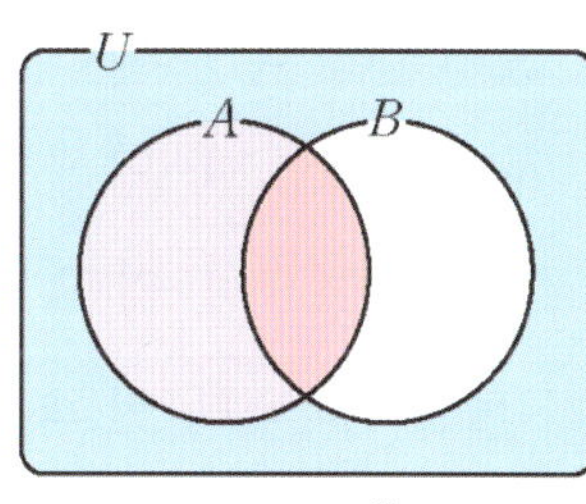

$A \cap B^c$

연구02 두 집합 A, B에 대하여 빈칸에 알맞은 기호를 쓰시오.

연구03 두 집합 A, B에 대하여 $A \subset B$이 성립할 때 빈칸에 알맞은 것을 쓰시오.

연구04 두 집합 A, B가 서로소일 때 빈칸에 알맞은 것을 쓰시오.

연구 02　📝 **집합의 기호**

① $x \in A$이면 $x \in B$이다 $\Leftrightarrow$　$A \subset B$

② $\{x \mid x \in A$ 또는 $x \in B\} =$　$A \cup B$

③ $\{x \mid x \in A$ 이고 $x \in B\} =$　$A \cap B$

④ $\{x \mid x \in A$ 이고 $x \notin B\} =$　$A - B$

⑤ $\{x \mid x \in U$ 이고 $x \notin A\} =$　A^c

연구 03　📝 $A \subset B$이 **성립할 때**

① $A \cup B =$　B

② $A \cap B =$　A

③ $A - B =$　$\emptyset$

④ $B^c \subset$　A^c

⑤ $A^c \cup B =$　U

연구 04　📝 **두 집합** A, B가 **서로소일 때**

① $A \cap B =$　$\emptyset$

② $n(A \cap B) =$　0

③ $A - B =$　A

④ $B - A =$　B

⑤ $A \subset B^c$

⑥ $B \subset A^c$

📝 벤다이어그램의 일반적인 표현

$A = \{a,\ b,\ c\}$, $B = \{d,\ e\}$

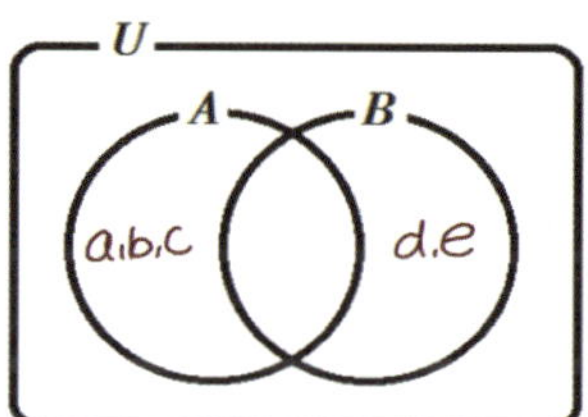

$A = \{a,\ b,\ c\}$, $B = \{a,\ b,\ c,\ d,\ e\}$

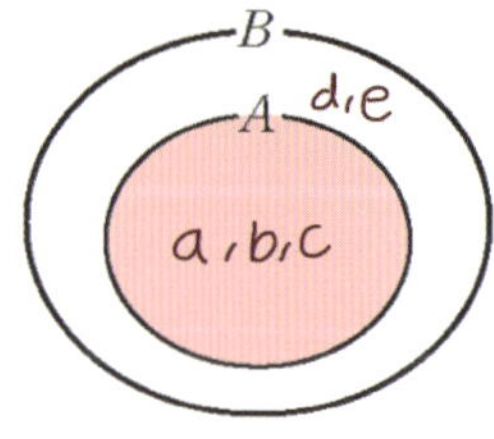

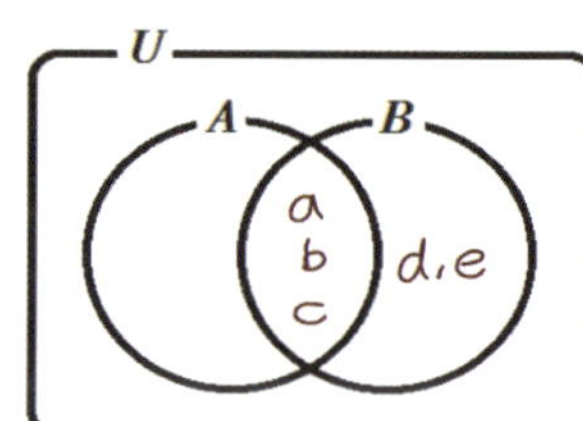

$A = \{a,\ b\}$, $B = \{a,\ b\}$

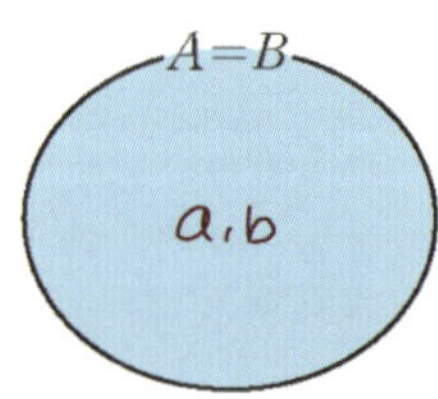

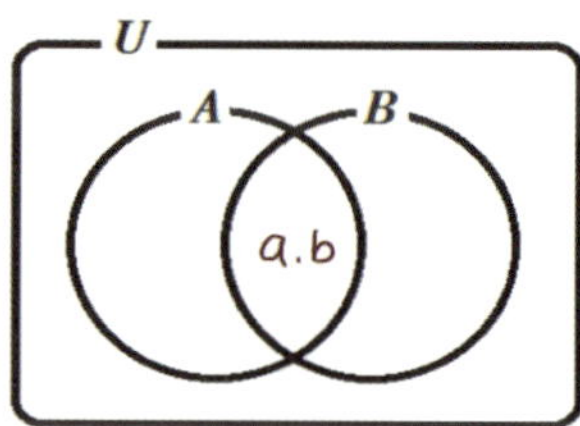

① 개념을 유도할 때

② 고난도 문제에서

　두 집합사이의 관계를 모르는 상태에서

　벤다이어그램을 그려서 문제를 풀 때

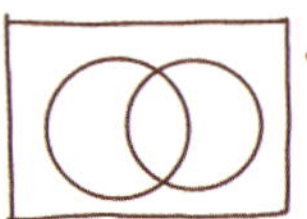

연구05 세 집합 A, B, C에 대하여 빈칸에 알맞은 것을 쓰고, 이를 밴다이어그램을 이용해 설명하시오.

- 결합법칙 $(A \cup B) \cup C = [\qquad]$
- 분배법칙 $A \cap (B \cup C) = [\qquad]$
- 드모르간의 법칙 $(A \cup B)^c = [\qquad]$

5 집합의 연산법칙

①교환법칙: $A \cup B = B \cup A$, $A \cap B = B \cap A$

②결합법칙: $(A \cup B) \cup C = A \cup (B \cup C)$
$(A \cap B) \cap C = A \cap (B \cap C)$

③분배법칙: $A \cup (B \cap C) = (A \cup B) \cap (A \cup C)$
$A \cap (B \cup C) = (A \cap B) \cup (A \cap C)$

④드모르간의 법칙: $(A \cup B)^c = A^c \cap B^c$
$(A \cap B)^c = A^c \cup B^c$

✎ 집합의 연산법칙

①교환법칙

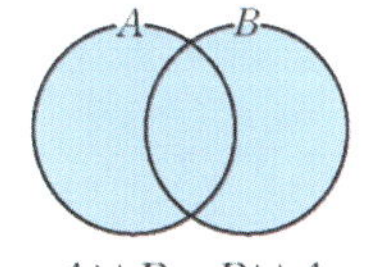
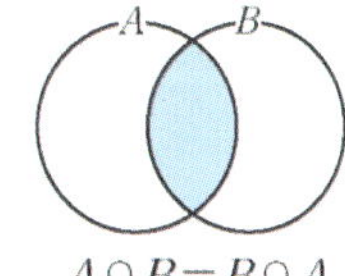

$A \cup B = B \cup A \qquad A \cap B = B \cap A$

②결합법칙

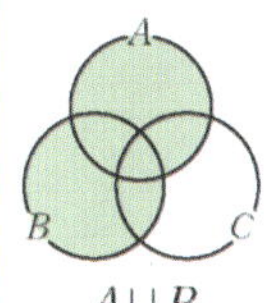 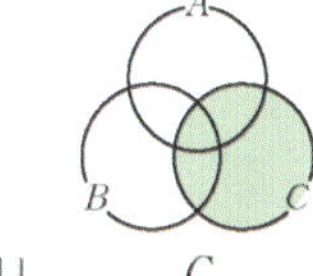 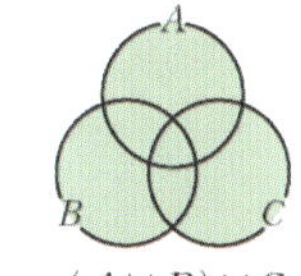

$A \cup B \qquad \cup \qquad C \qquad = \qquad (A \cup B) \cup C$

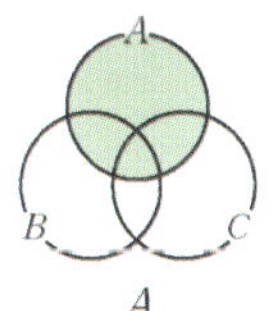 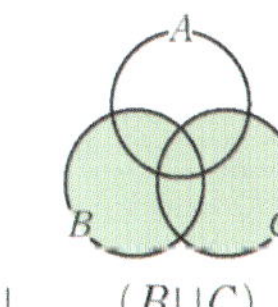 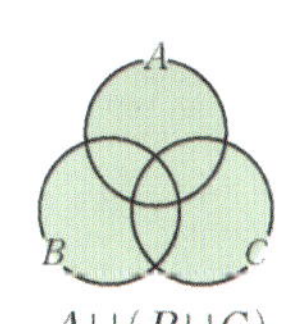

$A \qquad \cup \qquad (B \cup C) \qquad = \qquad A \cup (B \cup C)$

③분배법칙

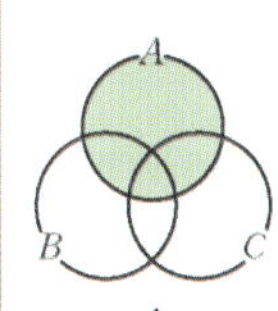 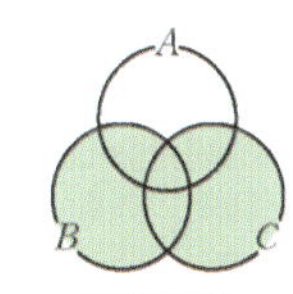 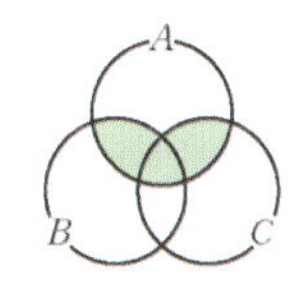

$A \qquad \cap \qquad (B \cup C) \qquad = \qquad A \cap (B \cup C)$

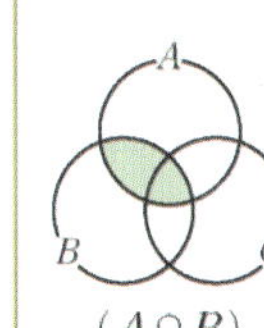 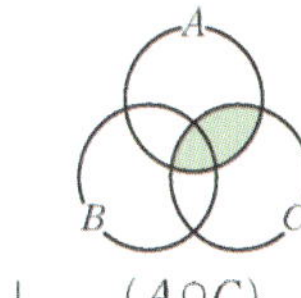 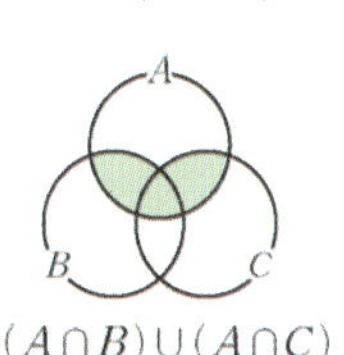

$(A \cap B) \qquad \cup \qquad (A \cap C) \qquad = \qquad (A \cap B) \cup (A \cap C)$

④드모르간의 법칙

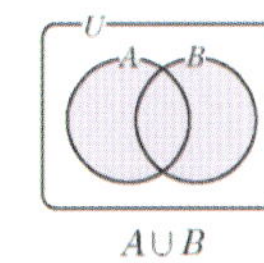  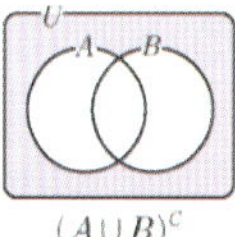

$A \cup B \qquad\qquad (A \cup B)^c$

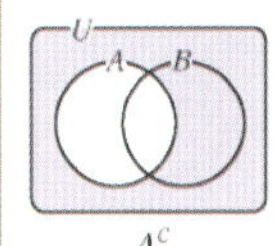 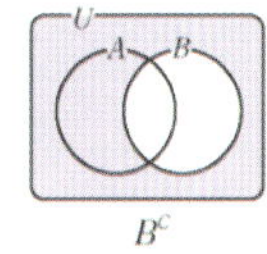 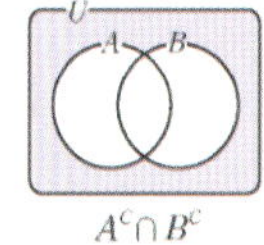

$A^c \qquad \cap \qquad B^c \qquad = \qquad A^c \cap B^c$

연구06 원소의 개수가 n개인 집합에서
①부분집합의 개수를 쓰고,
 그 이유를 설명하시오.
②진부분집합의 개수를 쓰시오.

연구07 두 집합 A, B에 대하여 빈칸에
알맞은 것을 쓰고, 이를 벤다이어그램을 이용해
설명하시오.

- $n(A \cup B) = n(A) + n(B) - [\quad]$
- $n(A \cup B \cup C) = n(A) + n(B) + n(C) - [\quad]$

---

6 집합의 개수

원소의 개수가 n개인 집합에서

연구 06
①부분집합의 개수: 2^n개
②진부분집합의 개수: $2^n - 1$개 ┌ 공집합 제외…(X)
                                └ 자기자신 제외…(O)
③$n(A^c) = n(U) - n(A)$

연구 07
④$n(A \cup B) = n(A) + n(B) - n(A \cap B)$
⑤$n(A - B) = n(A) - n(A \cap B)$
       $= n(A) - n(B) \cdots (X)$

⑥$n(A \cup B \cup C) = n(A) + n(B) + n(C)$
           $- n(A \cap B) - n(B \cap C) - n(C \cap A)$
           $+ n(A \cap B \cap C)$

⑥ $n(A \cup B \cup C)$

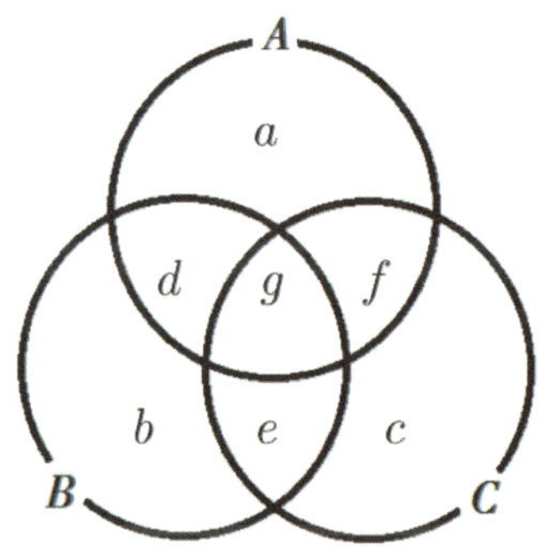

$n(A) + n(B) + n(C)$
$- n(A \cap B) - n(B \cap C) - n(C \cap A)$
$+ n(A \cap B \cap C)$
$= (a + d + f + g) + (b + d + e + g) + (c + e + f + g)$
$\quad - (d + g) - (e + g) - (f + g) + g$
$= a + b + c + d + e + f + g$
$= n(A \cup B \cup C)$

✎ 집합의 개수

원소가 n개인 집합의 부분집합은 아래와 같이
각 원소가 포함되는지 여부로 결정된다.
각 원소마다 포함과 포함되지 않는 것으로 2가지
선택이 있으므로
2가지 선택이 n번 있다. 따라서 부분집합을
만드는 경우의 수는 2^n가지이다.

【ex】 집합 $\{a, b, c\}$의 부분집합

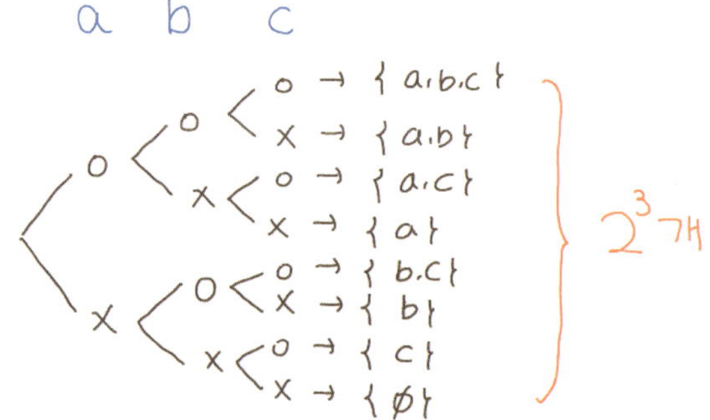

④ $n(A \cup B)$

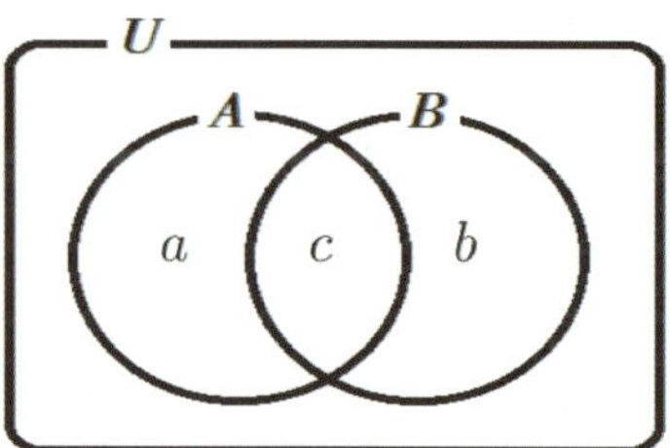

$n(A) + n(B) - n(A \cap B)$
$= (a + c) + (b + c) - c$
$= a + b + c$
$= n(A \cup B)$

연구08 명제의 뜻을 쓰시오.

연구09 'p이면 q이다.' 꼴의 명제에서
p를 [   ], q를 [   ]이라 한다.
빈칸에 알맞은 것을 쓰시오.

연구10 명제나 조건을 부정할 때, 표현이 바뀌는
것으로 짝지어지도록 빈칸에 알맞은 것을 쓰시오.

7 명제의 뜻

연구 08

명제 : 참, 거짓을 판별할 수 있는 문장이나 식
명제의 부정: 명제 p에 대하여 'p가 아니다'를
p의 부정이라 하며 $\sim p$로 나타낸다. 명제 p가
참이면 $\sim p$는 거짓이고, 명제 p가
거짓이면 $\sim p$는 참이다.

연구 09

가정과 결론: 'p이면 q이다.' 꼴의 명제에서 p를
가정, q를 결론이라 한다.

$$p \longrightarrow q$$
가정　　결론

$p \to q$: 명제 'p이면 q이다'의 기호
$p \Rightarrow q$: 명제 $p \to q$가 참인 걸 나타내는 기호
$p \Leftrightarrow q$: $p \Rightarrow q$이고 $q \Rightarrow p$임을 나타내는 기호
정의 : 용어의 뜻을 간결하고 명확하게 정한 문장
증명 : 명제의 가정으로부터 정의 또는 이미
옳다고 밝혀진 성질을 근거로 하여 결론을
논리적으로 이끌어 내어 그 명제가 참임을
설명하는 과정
정리 : 참임이 증명된 명제 중에서 기본이 되는
것이나 다른 명제를 증명할 때 이용할 수 있는
중요한 명제.

부정

연구 10

p	$\sim p$
이다	아니다
$<$	$\geq$
$>$	$\leq$
$=$	$\neq$
이고, and	또는, or
모든	어떤

명제의 뜻

【ex】 명제, 명제의 참과 거짓

(1) 12는 3의 배수이다.　참→명제○

(2) $2 + 5 = 8$　　거짓→명제○

(3) 광주는 큰 도시이다.　　명제✕

(4) 정삼각형은 이등변삼각형이다.
　　참 → 명제○

【ex】 명제, 명제의 부정

(1) $\sqrt{2}$ 는 무리수이다.　참→명제 P
　　$\sqrt{2}$는 무리수가 아니다　거짓→명제 $\sim$P

(2) $-2 + 4 \neq 2$　거짓→명제 P
　　$-2 + 4 = 2$　참 → 명제 $\sim$P

【ex】 명제의 가정과 결론
'$x = 7$이면 $3x + 2 = 25$이다.'　거짓→명제○
　　가정　　　　　결론

【ex】 정의

정삼각형: 세 변의 길이가 모두 같은 삼각형

이등변삼각형: 두 변의 길이가 같은 삼각형

연구11 조건의 뜻을 쓰시오.

연구12 진리집합의 뜻을 쓰시오.

연구13 각 조건에 대한 진리집합이 짝지어지도록 빈칸에 알맞은 것을 쓰시오.

---

8 조건의 뜻

연구 11 조건 : 포함하고 있는 변수의 값에 따라 참, 거짓이 정해지는 문장이나 식

연구 12 진리집합 : 전체집합의 원소 중에서 조건을 참이 되게 하는 모든 원소의 집합

조건의 부정: 조건 p에 대하여 'p가 아니다.'를 조건 p의 부정이라 하고, 명제의 부정과 마찬가지로 기호로 $\sim p$와 같이 나타낸다.

조건의 부정에 대한 진리집합:

조건 p를 참이 되게 하는 모든 원소의 집합을 P라고 하면 $\sim p$의 진리집합은 P^c이다.

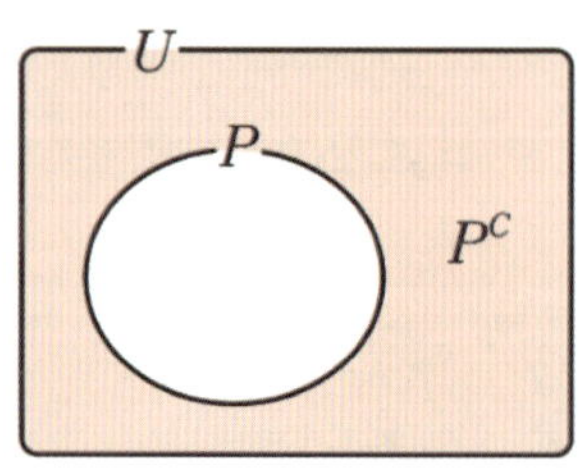

연구 13 조건과 진리집합

$p,\ q$	$P,\ Q$
$\sim p$	P^c
p or q	$P \cup Q$
p and q	$P \cap Q$
$p \rightarrow q$	$P \subset Q,\ Q^c \subset P^c$

✎ 조건의 뜻

【ex】 조건, 진리집합, 조건의 부정

(1) x는 16의 약수이다.   조건 ◯

  진리집합 $= \{1, 2, 4, 8, 16\}$

  부정 : x는 16의 약수가 아니다

(2) 17은 소수이다.   조건 ✕

         (명제 ◯)

(3) $2+5=9$ 조건 ✕

         (명제 ◯)

(4) $x-3 \le 7$ 조건 ◯

  진리집합 $= \{x \mid x \le 10\}$

  부정 : $x-3 > 7$

[연구14] 두 조건 p, q에 대하여 부정이 무엇인지
쓰고 그 이유를 쓰시오.
① 조건 'p 또는 q'의 부정:
② 조건 'p 이고 q'의 부정:

두 조건 p, q에 대하여
① 조건 'p 또는 q'의 부정: '~P이고 ~q'

② 조건 'p 이고 q'의 부정: '~P 또는 ~q'

두 조건 p, q에 대하여
전체집합 U에서 두 조건 p, q의 진리집합을
각각 P, Q라고 하자.
① 조건 'p 또는 q'의 부정:

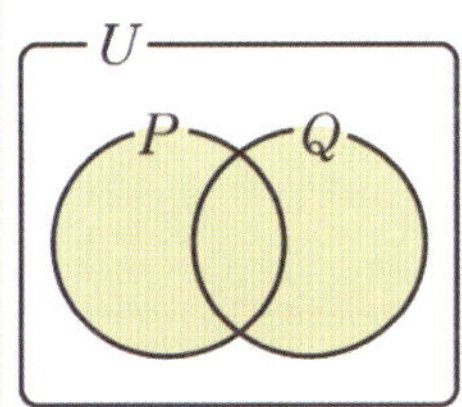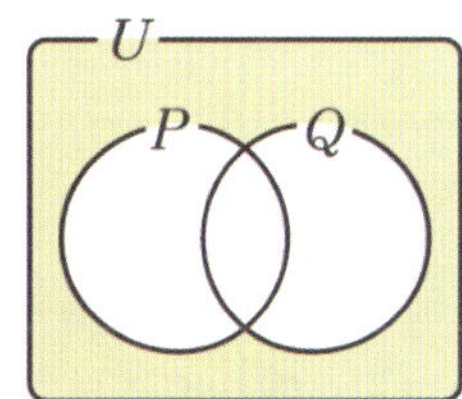

조건 'P 또는 q'의 진리집합은 $P \cup Q$ 이다.
$(P \cup Q)^c = P^c \cap Q^c$ ($\because$ 드모르간의 법칙)
따라서 조건 'P 또는 q'의 부정은
조건 '~P이고 ~q'이다.

② 조건 'p 이고 q'의 부정:

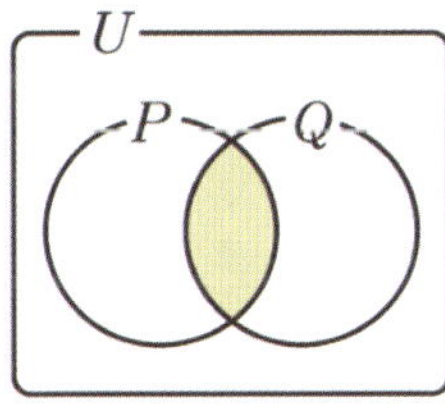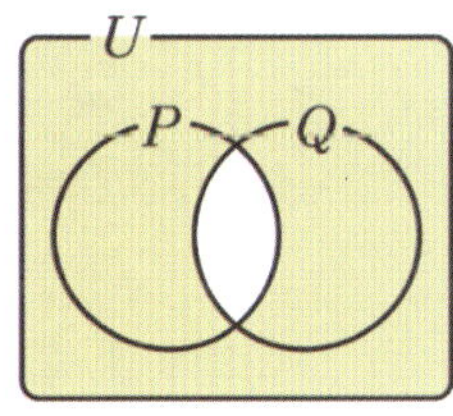

조건 'P이고 q'의 진리집합은 $P \cap Q$ 이다.
$(P \cap Q)^c = P^c \cup Q^c$ ($\because$ 드모르간의 법칙)
따라서 조건 'P이고 q'의 부정은
조건 '~P 또는 ~q' 이다.

[연구15] 명제 '모든 x에 대하여 p이다'가 참일 때, 조건 p의 진리집합 P가 만족하는 식을 쓰시오.

[연구16] 명제 '모든 x에 대하여 p이다'의 부정을 쓰시오.

[연구17] 명제 '어떤 x에 대하여 p이다'가 참일 때, 조건 p의 진리집합 P가 만족하는 식을 쓰시오.

[연구18] 명제 '어떤 x에 대하여 p이다'의 부정을 쓰시오.

---

9 명제 – 모든, 어떤

조건 p의 진리집합을 P라 할 때

연구15 ① '모든 x에 대하여 p이다'

연구16   a. 명제가 참: $P = U$

  b. 명제의 부정: '어떤 x에 대하여 $\sim p$이다'

연구17 ② '어떤 x에 대하여 p이다'

연구18   a. 명제가 참: $P \neq \varnothing$

  b. 명제의 부정: '모든 x에 대하여 $\sim p$이다'

명제 – 모든, 어떤

【ex】 '모든 실수 x에 대하여 $x - 1 \geq 0$이다.'

$$U = \{x \mid x - 1 \geq 0\} \text{ 이 아니므로 거짓}$$

부정: 어떤 실수 x에 대하여 $x - 1 < 0$이다.

【ex】 '어떤 실수 x에 대하여 $x - 1 \geq 0$이다.'

$$\varnothing \neq \{x \mid x - 1 \geq 0\} \text{ 이므로 참}$$

부정: 모든 실수 x에 대하여 $x - 1 < 0$이다.

연구19 빈칸에 알맞은 기호를 쓰시오.

두 조건 p, q의 진리집합을 각각 P, Q라 할 때

명제 $p \rightarrow q$는 참이면 P [　　] Q 이다.

🔟 명제-가정과 결론의 진리집합

두 조건 p, q의 진리집합을 각각 P, Q라 할 때

① $P \subset Q$이면 명제 $p \rightarrow q$는 참이다.
　명제 $p \rightarrow q$는 참이면 $P \subset Q$이다.

② $P \not\subset Q$이면 명제 $p \rightarrow q$는 거짓이다.
　명제 $p \rightarrow q$는 거짓이면 $P \not\subset Q$이다.

📝 **반례**: 명제 $p \rightarrow q$가 거짓임을 보일 때에는
조건 p는 참이 되게 하지만 조건 q는 거짓이
되게 하는 원소의 예를 들어도 된다. 이와 같은
예를 반례라고 한다.

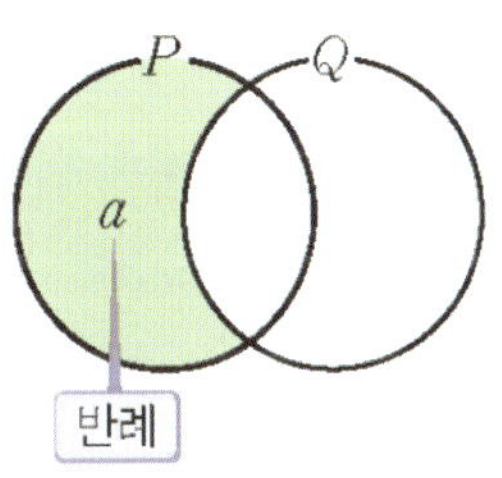

✒ 명제-가정과 결론의 진리집합

【ex】 n이 5의 약수이면 n은 10의 약수이다.

`P : n은 5의 약수이다.` $P = \{1, 5\}$

`q : n은 10의 약수이다` $Q = \{1, 2, 5, 10\}$

【ex】 n이 6의 약수이면 n은 3의 약수이다.

`P : n은 6의 약수이다` $P = \{1, 2, 3, 6\}$

`q : n은 3의 약수이다` $Q = \{1, 3\}$

연구20 빈칸에 알맞은 기호와 문장을 쓰시오.

연구21 빈칸에 [역/대우] 중 알맞은 것을 쓰시오.

어떤 명제가 참이면 그 [   ]도 참이다.

어떤 명제가 거짓이면 그 [   ]도 거짓이다.

11 명제- 역, 대우

역: 주어진 명제의 가정과 결론을
서로 바꾸어 놓은 명제

대우: 주어진 명제의 가정과 결론을
각각 부정하여 서로 바꾸어 놓은 명제

연구 20

명제	$p \rightarrow q$	p이면 q이다
역	$q \rightarrow p$	q이면 p이다.
대우	$\sim q \rightarrow \sim p$	q가 아니면 p가 아니다

연구 21

명제와 그 대우는 동치: $p \rightarrow q$
$$\Leftrightarrow \sim q \rightarrow \sim p$$

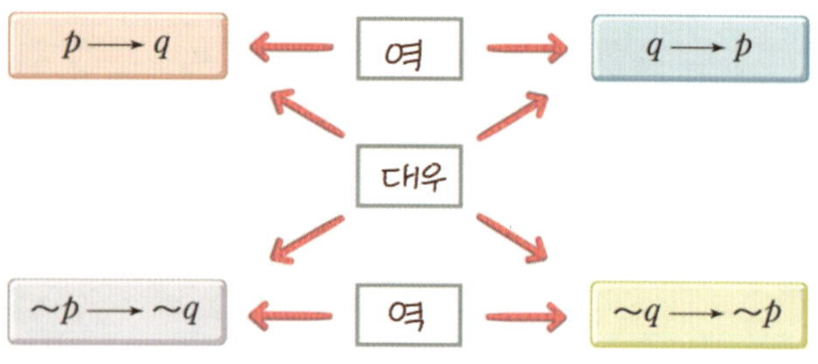

✎ 명제- 역, 대우

【ex】 '$x = 1$이면 $|x| = 1$이다.' 참

역: $|x| = 1$이면 $x = 1$이다. (거짓)

대우: $|x| \neq 1$이면 $x \neq 1$이다. (참)

연구22 두 조건 p, q에 대하여 빈칸에 알맞은

용어를 쓰시오.

①$p \Rightarrow q$일 때,

  p는 q이기 위한 [　　　]

  q는 p이기 위한 [　　　]

②$p \Leftrightarrow q$일 때,

  p는 q이기 위한 [　　　]

  q는 p이기 위한 [　　　]

---

12 명제 - 필요조건과 충분조건

조건 p를 만족하는 진리집합을 P

조건 q를 만족하는 진리집합을 Q라 할 때,

①$p \Rightarrow q$일 때, 즉 $P \subset Q$일 때

  P는 Q이기 위한 충분조건

  Q는 P이기 위한 필요조건

②$p \Leftrightarrow q$일 때, 즉 $P = Q$일 때

  P는 Q이기 위한 필요충분조건

  Q는 P이기 위한 필요충분조건

명제 - 필요조건과 충분조건

【ex】

'$p : n$은 5의 약수이다.' ← 충분조건   진리집합 $P = \{1, 5\}$

'$q : n$은 10의 약수이다.' ← 필요조건 $Q = \{1, 2, 5, 10\}$

【ex】 $p : x = 1$, $q : |x| = 1$ 일 때,

(1) $p \to q$이기 위해서 추가 조건 필요 없음 (충분함)

  p는 q이기 위한 충분조건

(2) $q \to p$이기 위해서 추가 조건 필요함 (예 $x > 0$)

  q는 p이기 위한 필요조건

【ex】 두 실수 x, y에 대하여 두 조건 p, q가

다음과 같을 때, p는 q이기 위한 무슨 조건인지

말하여라.

(1) $p : x > 5$, $q : x > 2$ 충분

(2) $p : x^2 = y^2$, $q : x = y$ 필요

(3) $p : 3x - 2 = 4$, $q : x = 2$ 필요충분

⑬ 절대부등식

정의: 문자를 포함한 부등식에서 그 문자가
가질 수 있는 어떠한 실수 값을 대입해도
항상 성립하는 부등식

부등식의 증명에 이용되는 실수의 성질:
임의의 실수 a, b에 대하여

① $a > b \iff a - b > 0$

② $a > 0,\ b > 0$ 일때

$$a > b \iff a^2 > b^2 \iff \sqrt{a} > \sqrt{b}$$

③ $a^2 + b^2 = 0 \iff a = 0,\ b = 0$

$$\iff |a| + |b| = 0$$

$$\iff a + bi = 0$$

④ $|a|^2 = a^2$

$$|ab| = |a||b|$$

$$\frac{|b|}{|a|} = \left|\frac{b}{a}\right| \quad (a \neq 0)$$

[연구23] $\dfrac{a+b}{2} \geq \sqrt{ab}$ 가 성립함을 유도하시오.

---

14 산술평균 ≥ 기하평균

→ 최대, 최소 구할때 사용

$$\frac{a+b}{2} \geq \sqrt{ab} \quad , \quad a+b \geq 2\sqrt{ab}$$

(단, $a>0$, $b>0$, 등호는 $a=b$일때 성립)

산술평균 ≥ 기하평균

연구 23

① 식

$$\frac{a+b}{2} \geq \sqrt{ab}$$

$$\Leftrightarrow a+b \geq 2\sqrt{ab}$$

$$\Leftrightarrow \sqrt{a}^2 - 2\sqrt{a}\sqrt{b} + \sqrt{b}^2 \geq 0$$

$$\Leftrightarrow (\sqrt{a} - \sqrt{b})^2 \geq 0$$

② 도형

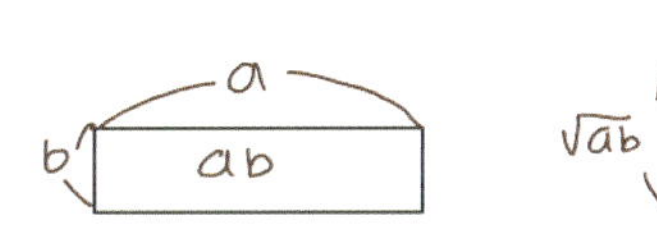
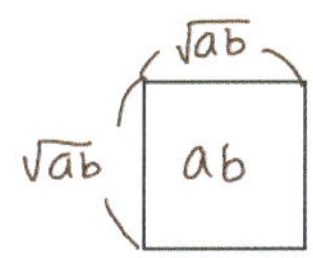

---

15 여러 가지 부등식

① 산술평균 ≥ 기하평균 ≥ 조화평균

$$\frac{a+b}{2} \geq \sqrt{ab} \geq \frac{2ab}{a+b}$$

(단, $a>0, b>0$ · 등호는 $a=b$ 때 성립)

② 코쉬-슈바르츠 부등식

실수 a, b, x, y 에 대하여

$$(a^2 + b^2)(x^2 + y^2) \geq (ax + by)^2$$

(단, 등호는 $a:b = x:y$일때 성립)

③ $|a| + |b| \geq |a+b|$

④ $\begin{array}{l} a \leq x \leq b \\ c \leq y \leq d \end{array}$ ⟶ 최소 ≤ xᆞy ≤ 최대

여러 가지 부등식

【ex】 $-5 \leq x \leq 1$, $-4 \leq y \leq 2$ 일 때
①$x+y$, ②$x-y$, ③xy의 범위

① $(-5) + (-4) \leq x+y \leq 1+2$

$$-9 \leq x+y \leq 3 \quad \cdots (O)$$

② $(-5) - (-4) \leq x-y \leq 1-2$

$$-1 \leq x-y \leq -1 \quad \cdots (X)$$

y ＼ x	-5	1
-4	-1	⑤ ★
2	⑦	-1

⟹ $-7 \leq x-y \leq 5 \quad \cdots (O)$

③ $(-5) \times (-4) \leq xy \leq 1 \times 2$

$$20 \leq xy \leq 2 \quad \cdots (X)$$

y ＼ x	-5	1
-4	20	-4
2	-10	2

⟹ $-10 \leq xy \leq 20 \quad \cdots (O)$

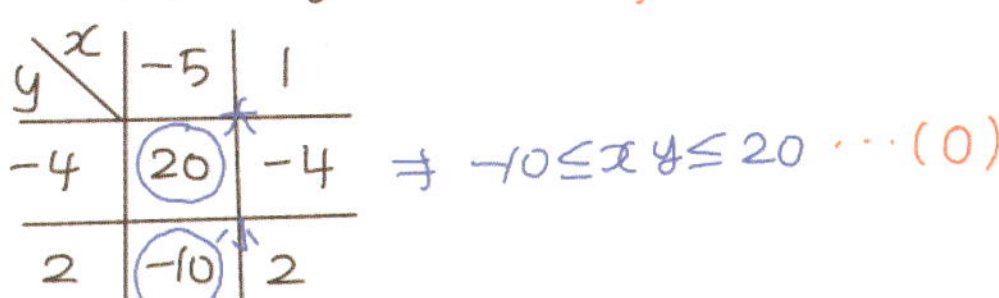

16 여러 가지 증명법

①대우를 이용한 증명

명제와 그 명제의 대우는 참, 거짓이 일치하므로
어떤 명제가 참임을 증명할 때,
그 명제의 대우가 참임을 증명해도 된다.

②귀류법

주어진 명제의 결론을 부정하면 가정에
모순되거나 이미 참이라고 알려진 사실에
모순됨을 유도하여 주어진 명제가 참임을
증명하는 방법

③삼단논법

$p \to q$이고 $q \to r$이면 $p \to r$이다.

「수학(하)」 Ⅱ.함수

미리 알아야 할 단원
수학(상) − 3.도형의 방정식

1 함수의 뜻

대응 : 집합 X의 원소가 집합 Y의 원소와 짝이 되는 것을 집합 X에서 집합 Y로의 대응이라고 한다.

함수 : 집합 X의 모든 원소 각각에 대하여 집합 Y의 원소가 하나씩 대응할 때, 이 대응관계 f를 집합 X에서 Y로의 함수라하고, 기호로는 $f : X \rightarrow Y$ 로 나타낸다.

정의역 : 집합 X

공역 : 집합 Y

$y = f(x)$: 함수 f에 의하여 정의역 X의 원소 x가 공역 Y의 원소 y와 대응할 때, 기호 $y = f(x)$로 나타낸다. 이때, $f(x)$를 x에 대한 함숫값이라고 한다.

치역 : 함숫값의 집합, $\{f(x)|x \in X\}$

✎ 주로 정의역과 공역이

실수의 (부분)집합인 함수를 다룬다.

✎ 정의역과 공역이 각각 같은 두 함수

$f : X \rightarrow Y$, $g : X \rightarrow Y$에서 정의역의 모든 원소 x에 대하여 $f(x) = g(x)$일 때, 두 함수 f와 g는 서로 같다고 하고, 기호로 $f = g$라고 한다.

✎ 함수의 뜻

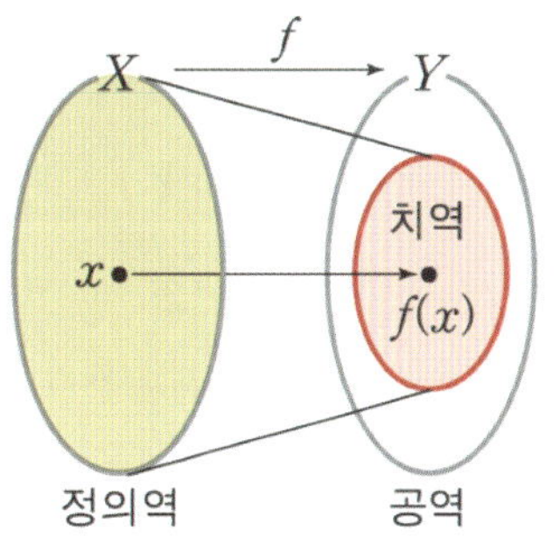

【ex】 다음 대응 중에서 함수인 것을 찾고, 그 함수의 정의역, 공역, 치역을 각각 말하여라.

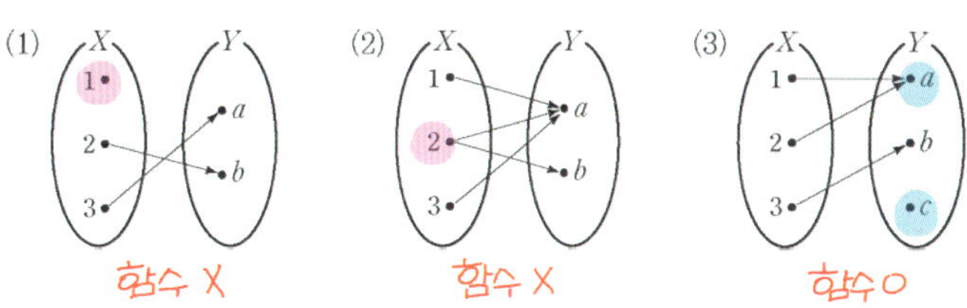

정의역 = $\{1, 2, 3\}$
공역 = $\{a, b, c\}$
치역 = $\{a, b\}$

【ex】정의역이 $\{-1, 0, 1\}$인

두 함수 $f(x) = x$, $g(x) = x^3$는 같은가?

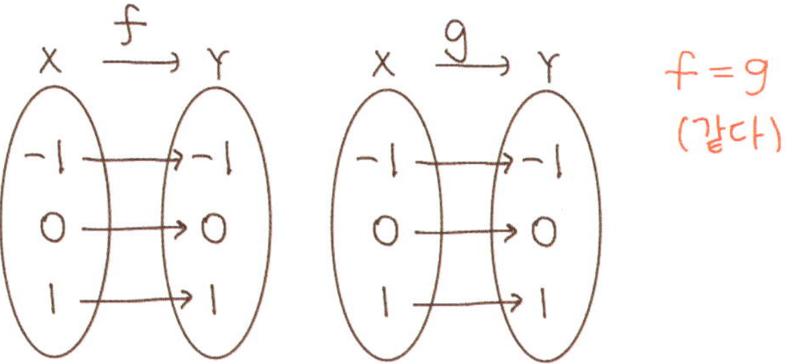

연구01 '정의역의 서로 다른 원소에 대하여,

그 함숫값이 서로 다를 때의 함수'의

①용어 ②식 을 쓰시오.

2 함수의 그래프

집합 G를 함수 $y = f(x)$의 그래프라 한다.

$G = \{ (x, f(x)) \mid x \in X, \ y \in Y \}$

함수 $y = f(x)$의 정의역과 공역이 실수 전체의 집합일 때, 모든 순서쌍 $(x, \ f(x))$를 좌표평면 위에 나타낸 것을 함수의 그래프라고 부르기도 한다.

함수 판별법
→ 세로선 그어서 여러개면 안돼

✍ 함수의 그래프

함수, 함수가 아닌 것

(1) 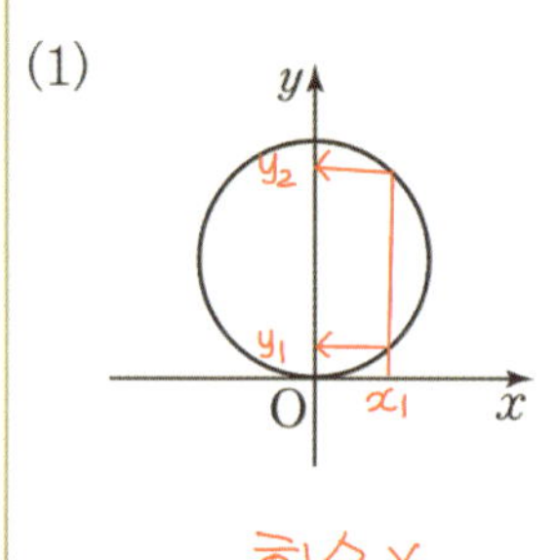

(2) 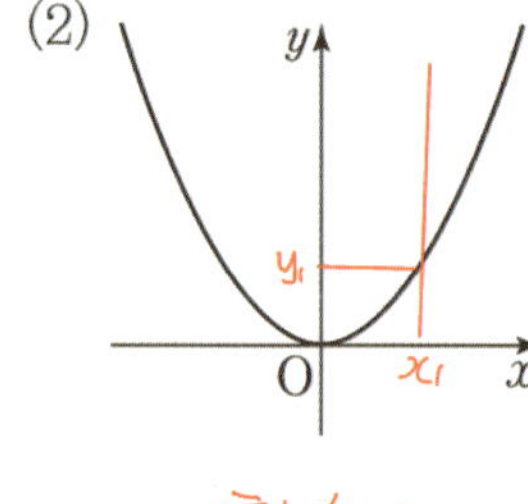

3 일대일 함수

연구 01 정의역의 서로 다른 원소에 대하여

그 함숫값이 서로 다를 때의 함수

$x_1 \neq x_2 \rightarrow f(x_1) \neq f(x_2)$

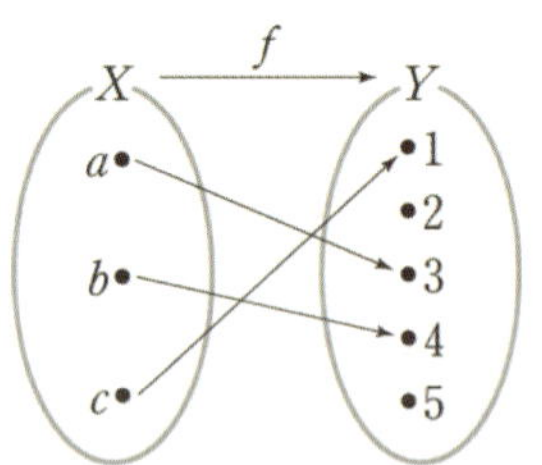

일대일 함수 판별법
→ 가로선 그어서 여러개면 안돼
  (& 세로선 그어서 여러개면 안돼)
→ 연속함수 : 단조증가 / 단조감소 그래프

✍ 일대일 함수의 그래프

[{실수}→{실수} 연속 함수일 때의 그래프]

(O) 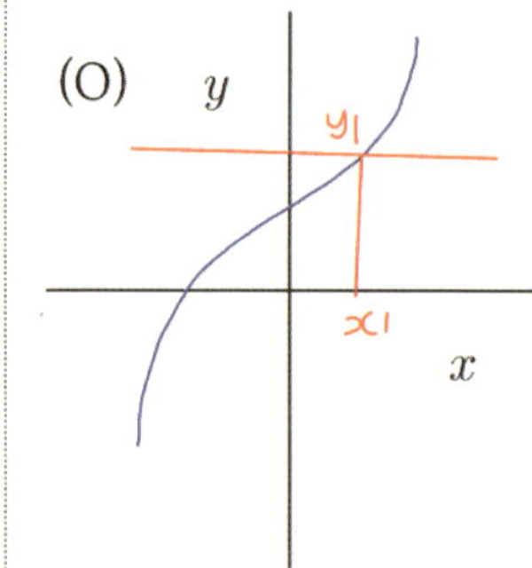

(X) 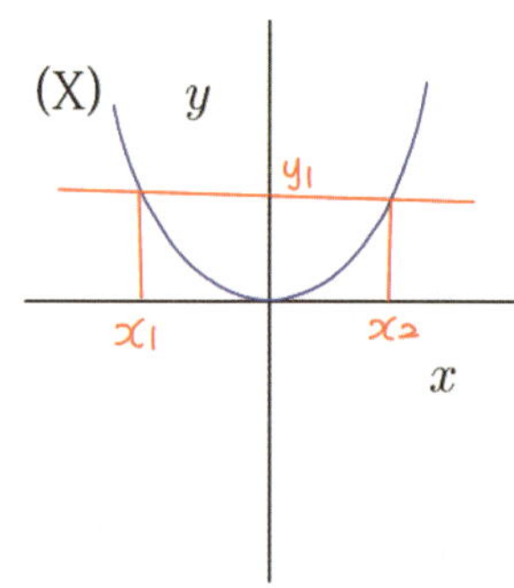

연구02　'일대일 함수이고, 치역과 공역이 같은 함수'가 무엇인지 알맞은 '용어'를 쓰시오.

연구03　'정의역 X의 모든 원소 x가 공역 Y의 오직 하나의 원소에만 대응될 때의 함수'의

①용어　②식 을 쓰시오.

4　일대일 대응

연구02

① 일대일함수

② 치역과 공역이 같은 함수 ⟩ 역함수의 존재조건

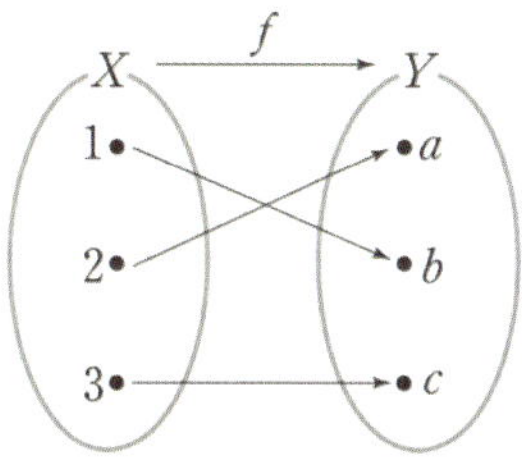

5　상수함수

연구03

정의역 X의 모든 원소 x가 공역 Y의 오직 하나의 원소에만 대응될 때의 함수

$$f(x) = C$$

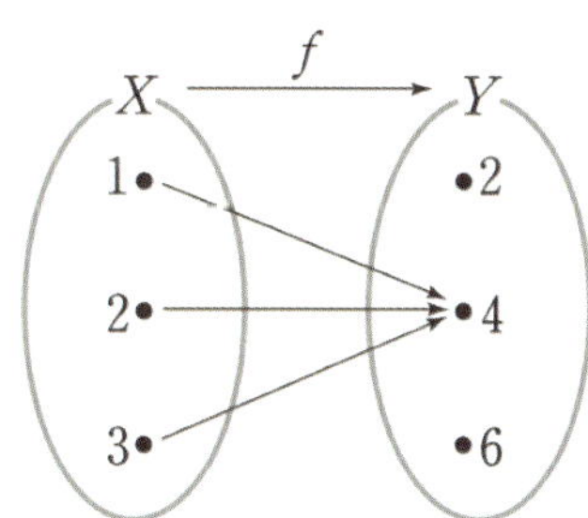

✎ 상수함수의 그래프

[{실수}→{실수} 연속 함수일 때의 그래프]

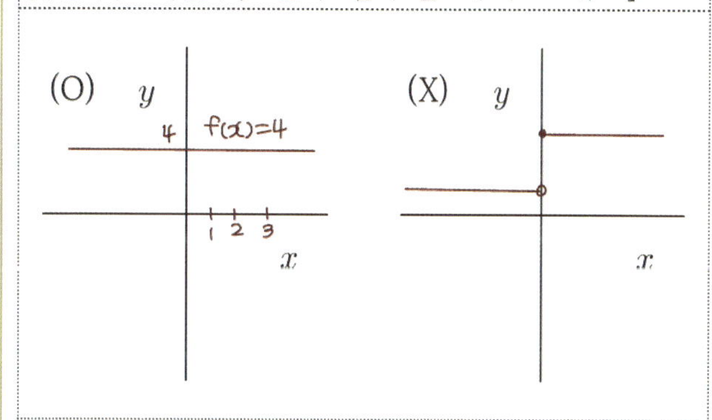

 '정의역과 공역이 같고,

정의역의 임의의 원소에 그 자신을

대응시키는 함수'의

①용어   ②식 을 쓰시오.

6 항등함수

연구 04 정의역과 공역이 같고, 정의역의 임의의 원소에
그 자신을 대응시키는 함수

$$f : X \to X, \quad f(x) = x$$

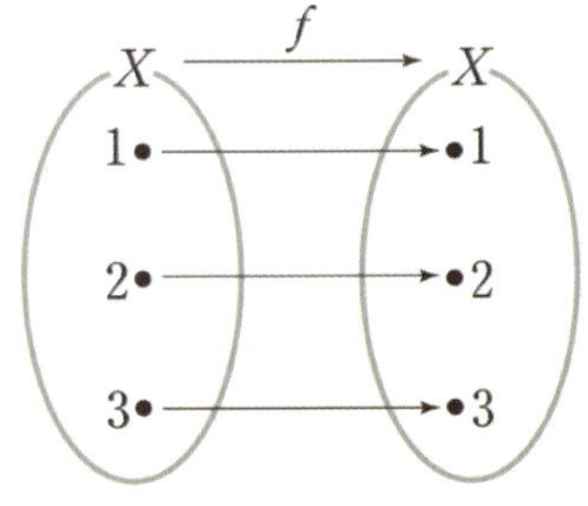

✎ 항등함수의 그래프

[{실수}→{실수} 연속 함수일 때의 그래프]

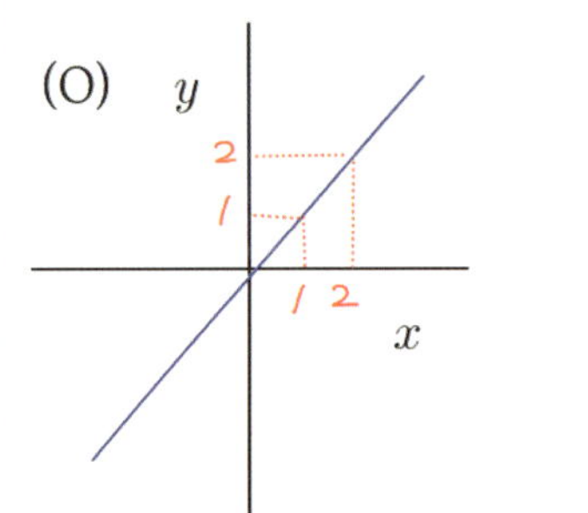

7 합성함수

두 함수 $f : X \to Y$, $g : Y \to Z$가 주어졌을 때 X의 각 원소 x에 대하여 Z의 원소 $g(f(x))$를 대응시키는 새로운 함수를 f와 g의 합성함수라 하고 $g \circ f$ 로 나타낸다.

$$(g \circ f)(x) = g(f(x))$$

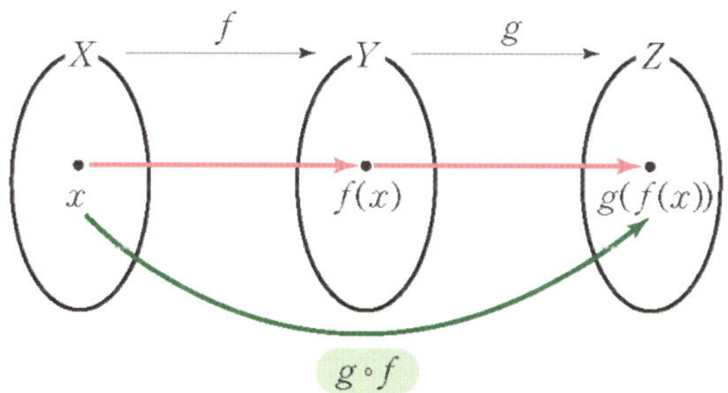

8 합성함수의 성질

① $f \circ g \neq g \circ f$

② $(h \circ g) \circ f = h \circ (g \circ f)$

③ $f \circ I = I \circ f = f$ (I는 항등함수)

✎ 합성함수

세 집합 $X = \{1,\ 2,\ 3\}$, $Y = \{4,\ 5,\ 6\}$, $Z = \{7,\ 8,\ 9\}$에 대하여 두 함수 $f : X \to Y$, $g : Y \to Z$가 다음과 같이 주어졌다고 하자.

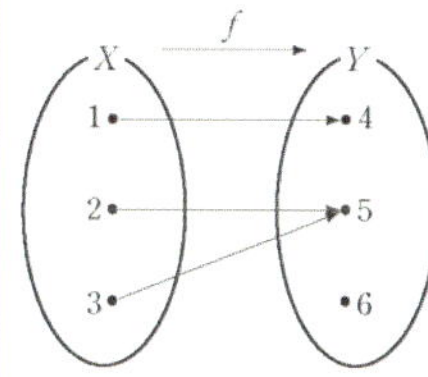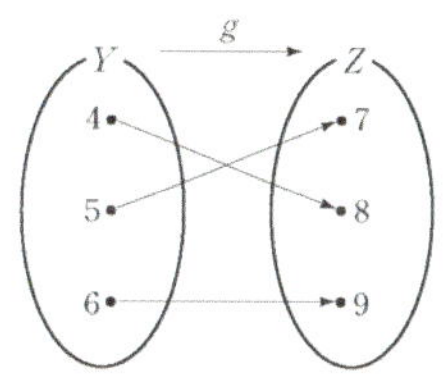

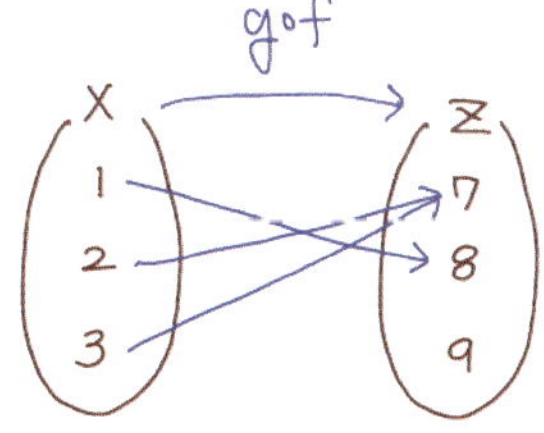

✎ 합성함수의 성질

③ $f \circ I = I \circ f = f$ (I는 항등함수)

【ex】$I(x) = x$, $f(x) = 2x+1$

$$(f \circ I)(x) = f(I(x)) = 2I(x)+1 = 2x+1 = f(x)$$

$$(I \circ f)(x) = I(f(x)) = f(x)$$

[연구05] 함수 f의 역함수 f^{-1}는,

함수 f가 [   ]일 때 존재한다.

---

9 역함수

함수 $f : X \to Y$가 일대일 대응이고,

Y의 원소 y에 대하여

$y = f(x)$인 X의 원소 x에 대응시키면

Y에서 X로의 함수가 얻어진다.

$$f^{-1} : Y \to X, \quad x = f^{-1}(y)$$

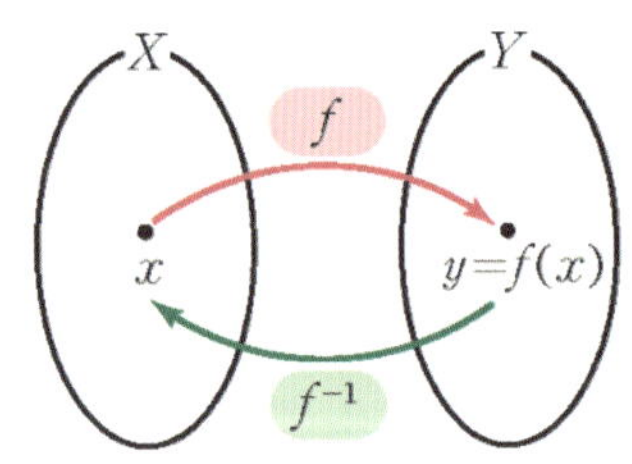

[연구 05] 함수 f의 역함수 f^{-1}는,

함수 f가 일대일 대응일 때 존재한다.

단조증가 / 감소

🖊 역함수

【ex】

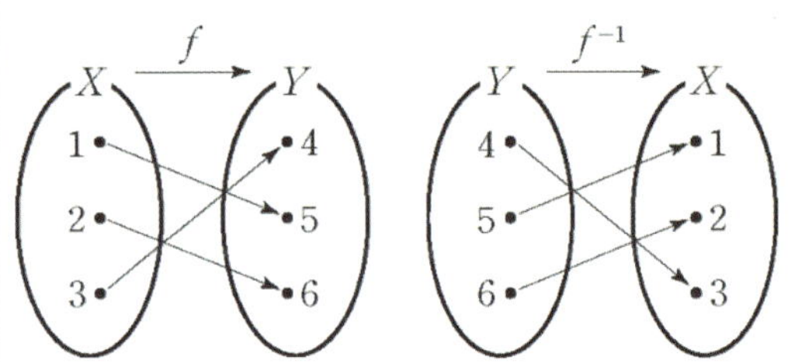

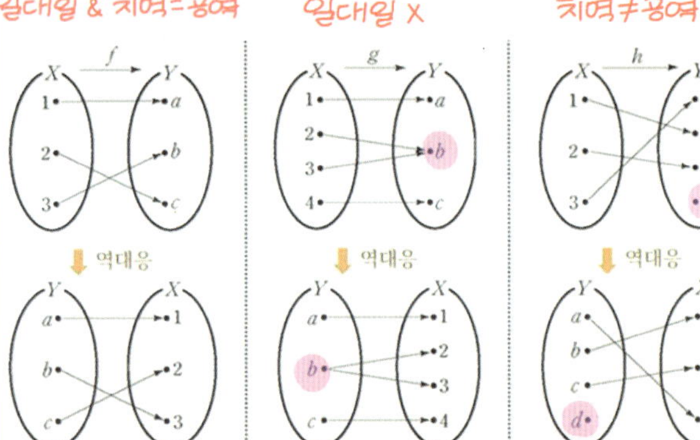

---

10 역함수 구하는 방법

일반적으로 함수를 나타낼 때,

정의역의 원소를 x, 공역의 원소를 y로

나타내므로 역함수 $x = f^{-1}(y)$에서

x, y를 서로 바꾸어

$y = f^{-1}(x)$와 같이 나타낸다.

🖊 역함수 구하는 방법

【ex】$y = 3x - 1$

x, y 문자를 뒤바꾼다

$(x,\ y)$	$y = 3x - 1$	$x = 3y - 1$	$(x,\ y)$
$(1, 2)$	$2 = 3 \cdot 1 - 1$	$2 = 3 \cdot 1 - 1$	$(2, 1)$
$(2, 5)$	$5 = 3 \cdot 2 - 1$	$5 = 3 \cdot 2 - 1$	$(5, 2)$
$(3, 8)$	$8 = 3 \cdot 3 - 1$	$8 = 3 \cdot 3 - 1$	$(8, 3)$
$(4, 11)$	$11 = 3 \cdot 4 - 1$	$11 = 3 \cdot 4 - 1$	$(11, 4)$

계산되는 식은 똑같다

x, y 값이 뒤바뀐다 ($y = x$ 대칭)

[연구06] 빈칸에 알맞은 것을 쓰시오.

① $f(a) = b \Leftrightarrow f^{-1}(b) =$

② $f^{-1} \circ f(x) = f \circ f^{-1}(x) =$

③ $(f^{-1})^{-1} =$

④ $(g \circ f)^{-1} =$

[연구07] $y = f(x)$, $y = f^{-1}(x)$의 그래프는
직선 [　　　]에 대하여 대칭이다.

[연구08] 아래 명제의 참 거짓을 판별하시오.

① f와 $y = x$의 교점은 f와 f^{-1}의 교점이다.

② f와 f^{-1}의 교점은 f와 $y = x$의 교점이다.

---

11 역함수의 성질

연구 06

① $f(a) = b \Leftrightarrow f^{-1}(b) = a$

② $(f^{-1} \cdot f)(x) = (f \circ f^{-1})(x) = x$

③ $(f^{-1})^{-1} = f$

④ $(g \circ f)^{-1} = f^{-1} \circ g^{-1}$　주의!
순서가 뒤바뀐다

12 역함수의 그래프

연구 07

$y = f(x)$ 그래프와 $y = f^{-1}(x)$는
직선 $y = x$에 대하여 대칭이다.

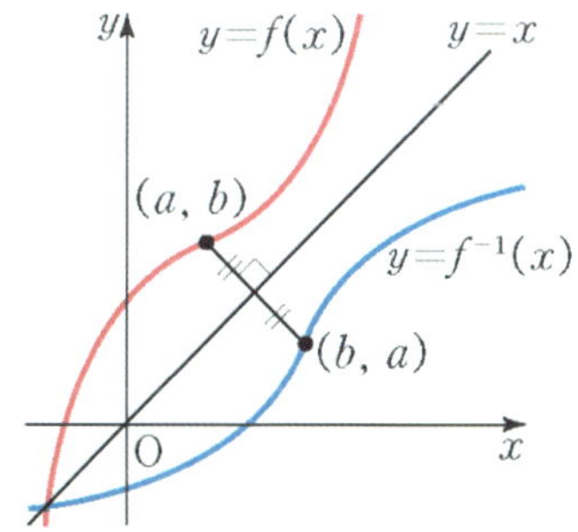

연구 08

f와 $y = x$의 교점 $\overset{\bigcirc}{\underset{\times}{=}}$ f와 f^{-1}의 교점

(○) $y=x$ 대칭
$(a,b) \leftrightarrow (b,a)$
$f(a)=b \leftrightarrow f^{-1}(b)=a$
$(c,c) \leftrightarrow (c,c)$
$f(c)=c \leftrightarrow f^{-1}(c)=c$

(✕)

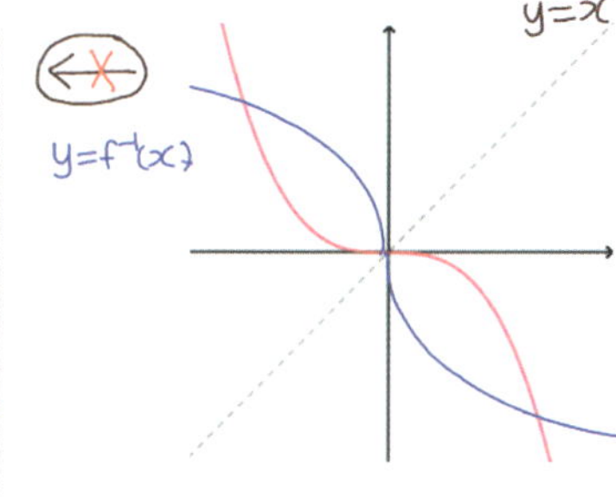

정리

$y=f(x)$가 증가함수이면 필요충분조건이 돼!
f와 $y=x$의 교점 $\underset{○}{=}$ f와 f^{-1}의 교점

$y=f(x)$가 감소함수이면 필요충분조건이 안되는 거고!
f와 $y=x$의 교점 $\underset{✕}{=}$ f와 f^{-1}의 교점

역함수의 성질

④ $(g \circ f)^{-1} = f^{-1} \circ g^{-1}$

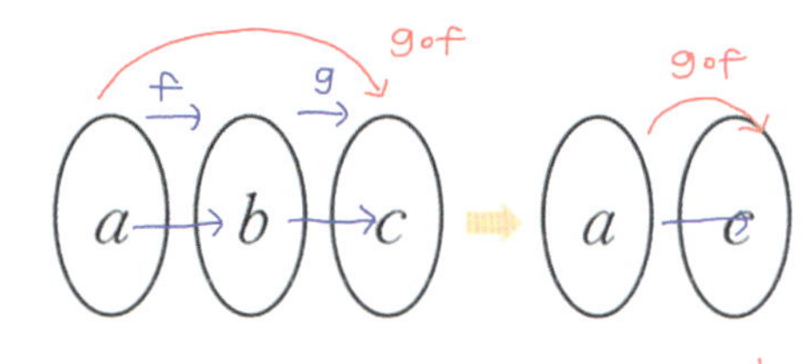

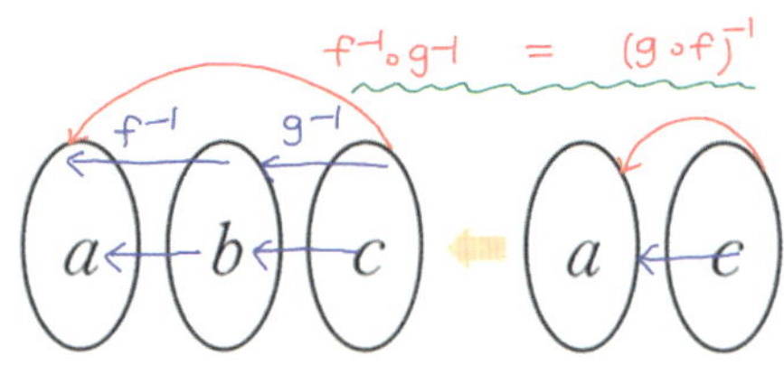

역함수의 그래프

[ex] $y = x^2$ $(x \geq 0)$

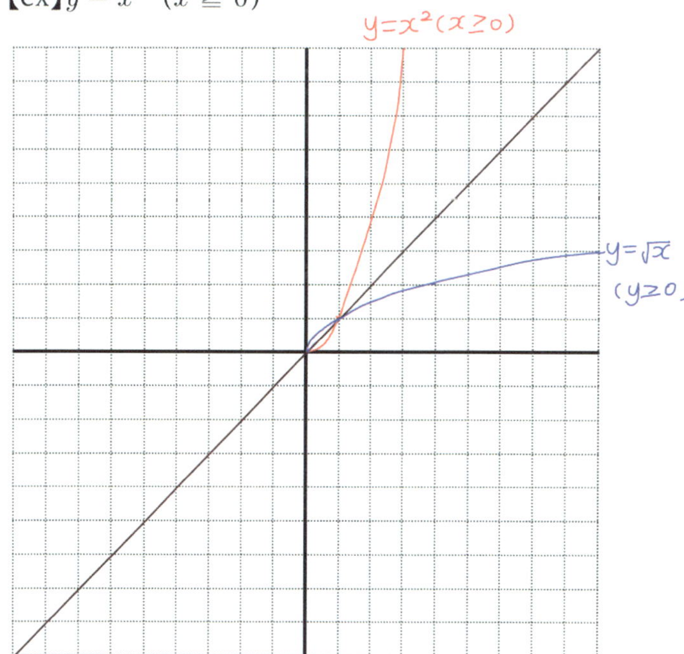

⑬ 유리식

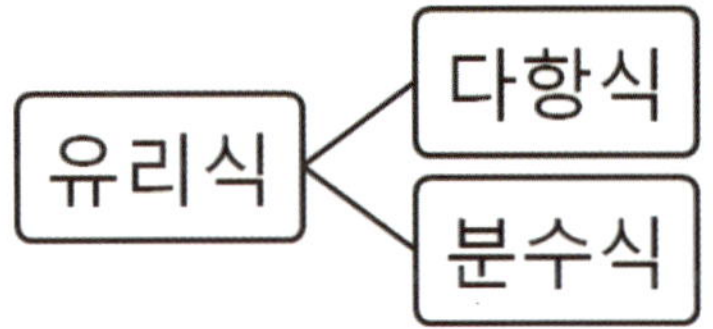

유리식: 두 다항식 A, B에 대하여

$$\dfrac{A}{B}\,(B \neq 0)$$의 꼴로 나타내어지는 식

① $\dfrac{A}{B} = \dfrac{A \times C}{B \times C}$

② $\dfrac{A}{B} = \dfrac{A \div C}{B \div C}$

③ $\dfrac{A}{C} + \dfrac{B}{C} = \dfrac{A+B}{C}$

④ $\dfrac{A}{C} - \dfrac{B}{C} = \dfrac{A-B}{C}$ (단, $C \neq 0$)

⑤ $\dfrac{A}{B} \times \dfrac{C}{D} = \dfrac{AC}{BD}$ (단, $B \neq 0,\ D \neq 0$)

⑥ $\dfrac{\frac{A}{B}}{\frac{C}{D}} = \dfrac{A}{B} \div \dfrac{C}{D} = \dfrac{A}{B} \times \dfrac{D}{C} = \dfrac{AD}{BC}$

(단, $B \neq 0,\ C \neq 0,\ D \neq 0$)

⑦ $\dfrac{1}{AB} = \dfrac{1}{B-A}\left(\dfrac{1}{A} - \dfrac{1}{B}\right)$

⑭ 유리식과 비례식

$$a : b = c : d \iff \dfrac{a}{b} = \dfrac{c}{d} \iff ad = bc$$

연구09 아래는 $y = \dfrac{k}{x}$ 형태의 식으로 표현되는 함수의 그래프이다. k는 $-3, -2, -1, 1, 2, 3$ 중 하나의 값을 갖을 때, A, B, C, D, E, F 그래프 마다 알맞은 k값을 짝지으시오.

---

15 유리함수

정의 : x에 관한 유리식인 함수

분수함수 : x에 관한 분수식인 함수

① $y = \dfrac{k}{x}$의 그래프 $(k \neq 0)$

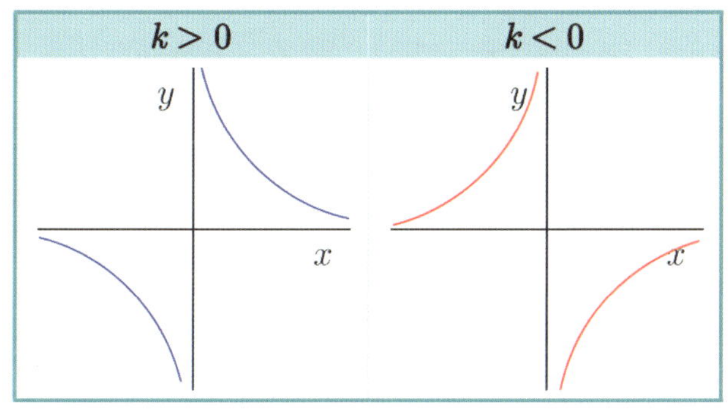

$k > 0$	$k < 0$

a.정의역: $\{x \mid x \neq 0 \text{ 인 실수}\}$

  치역: $\{y \mid y \neq 0 \text{ 인 실수}\}$

b.점근선: x축 $(y=0)$, y축 $(x=0)$

c.대칭: 1. 점 $(0,0)$에 대하여 점 대칭

     2. 직선 $y=x$ 에 대하여 대칭

     3. 직선 $y=-x$ 에 대하여 대칭

연구 09 $y = \dfrac{k}{x}$ 그래프 k는 $-3, -2, -1, 1, 2, 3$

D E F C B A

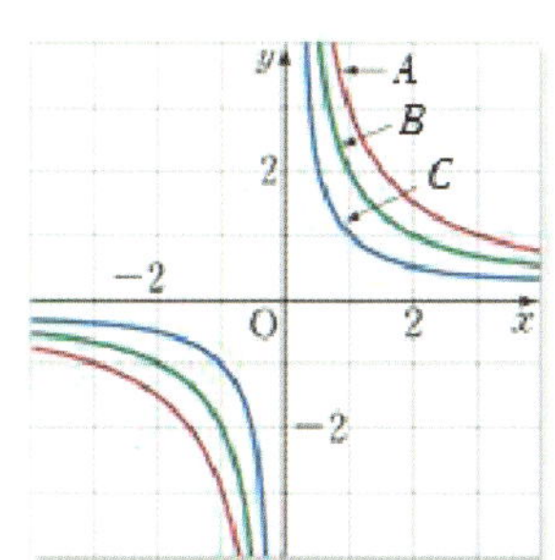

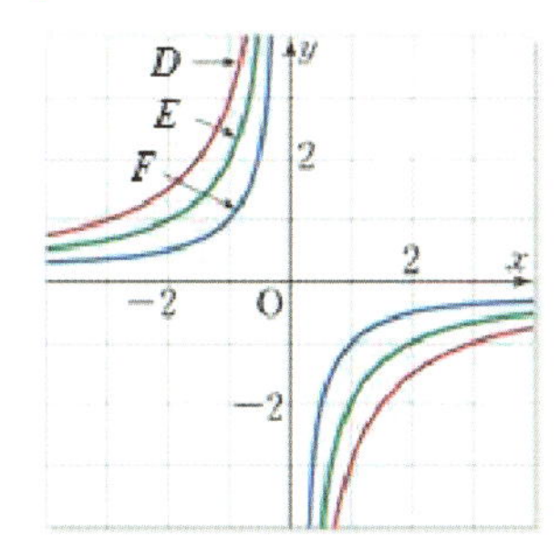

✎ 유리함수

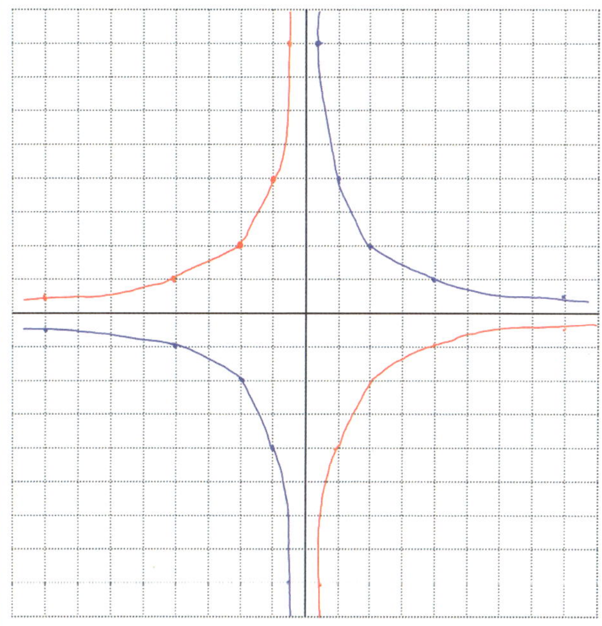

(1) $y = \dfrac{4}{x}$ (2) $y = -\dfrac{4}{x}$

(x, y)	(x, y)
$\left(x, \dfrac{4}{x}\right)$	$\left(x, -\dfrac{4}{x}\right)$
$\left(-8, \dfrac{1}{2}\right)$	$\left(-8, \dfrac{1}{2}\right)$
$(-4, -1)$	$(-4, 1)$
$(-2, -2)$	$(-2, 2)$
$(-1, -4)$	$(-1, 4)$
$\left(-\dfrac{1}{2}, -8\right)$	$\left(-\dfrac{1}{2}, 8\right)$
$(0, \times)$	$(0, \times)$ 존재하지 않는다
$\left(\dfrac{1}{2}, 8\right)$	$\left(\dfrac{1}{2}, -8\right)$
$(1, 4)$	$(1, -4)$
$(2, 2)$	$(2, -2)$
$(4, 1)$	$(4, -1)$
$\left(8, \dfrac{1}{2}\right)$	$\left(8, -\dfrac{1}{2}\right)$

연구10 함수 $y = \dfrac{k}{x-p} + q$에서 아래 사항에

알맞은 것을 쓰시오.

---

② $y = \dfrac{k}{x-p} + q$의 그래프 $(k \neq 0)$

$y = \dfrac{k}{x}$의 그래프를 평행이동

x축방향 : $+p$만큼, y축방향 : $+q$만큼

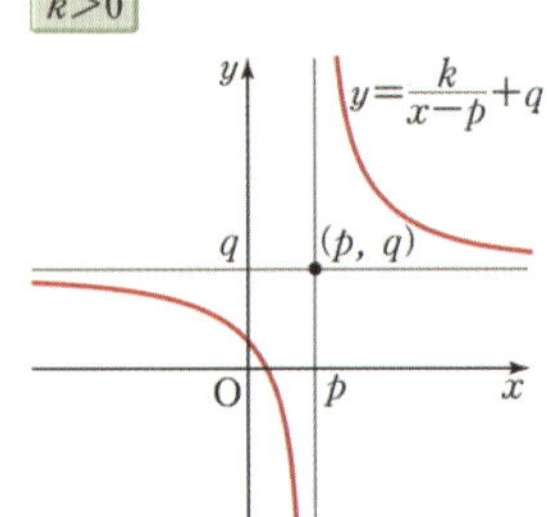

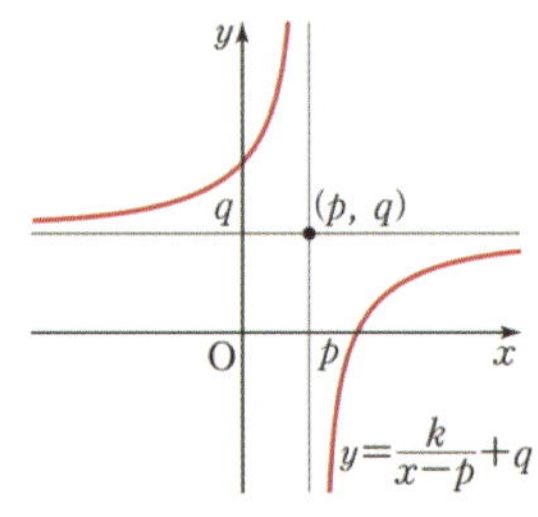

연구 10

a. 정의역: $\{x \mid x \neq p$ 인 실수$\}$

치역: $\{y \mid y \neq q$ 인 실수$\}$

b. 점근선: $x = p$, $y = q$

c. 대칭: 1. 점 (p, q)에 대하여 대칭

    2. 직선 $y = 1(x-p) + q$에 대하여 대칭

    3. 직선 $y = -1(x-p) + q$에 대하여 대칭

유리함수 그리기

① 점근선부터 긋기

② x축, y축 긋기

③ x절편 $(y=0)$, y절편 $(x=0)$ 구하기

④ 분자의 부호 $\oplus$ $\ominus$ 따지기

【ex】 $y = \dfrac{2x}{x-2}$

i) $y = \dfrac{2(x-2)+4}{x-2} = \dfrac{2(x-2)}{x-2} + \dfrac{4}{x-2}$

$\quad = \dfrac{4}{x-2} + 2$

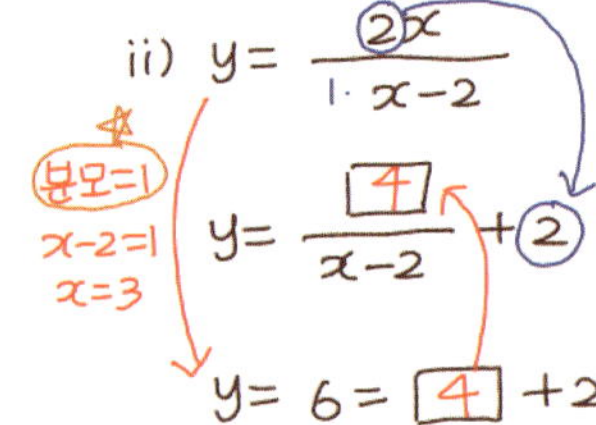

※ 초스피드 비법

ii) $y = \dfrac{2x}{1 \cdot x - 2}$

분모$=1$
$x - 2 = 1$
$x = 3$

$y = \dfrac{\boxed{4}}{x-2} + \boxed{2}$

$y = 6 = \boxed{4} + 2$

iii) 몫과 나머지

$\dfrac{2x}{x-2} = 2 + \dfrac{4}{x-2}$

몫 나머지

$2x = (x-2) \times 2 + 4$

※ 나머지 정리

$f(x)$를 $x - a$로 나눈 나머지 $f(a)$

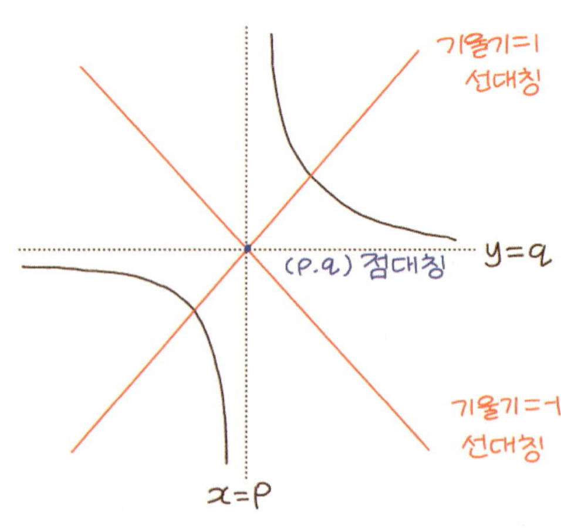

16 무리식

정의: 근호 안에 문자를 포함하는 식 중에서
유리식으로 나타낼 수 없는 식

분모의 유리화: 분모를 근호가 없는 식으로
변형하는 것

① $\dfrac{b}{\sqrt{a}} = \dfrac{b\sqrt{a}}{\sqrt{a}\,\sqrt{a}} = \dfrac{b\sqrt{a}}{a}$

② $\dfrac{c}{\sqrt{a}-\sqrt{b}} = \dfrac{c(\sqrt{a}+\sqrt{b})}{(\sqrt{a}-\sqrt{b})(\sqrt{a}+\sqrt{b})}$

$\qquad = \dfrac{c(\sqrt{a}+\sqrt{b})}{a-b}$

③ $\dfrac{c}{\sqrt{a}+\sqrt{b}} = \dfrac{c(\sqrt{a}-\sqrt{b})}{(\sqrt{a}+\sqrt{b})(\sqrt{a}-\sqrt{b})}$

$\qquad = \dfrac{c(\sqrt{a}-\sqrt{b})}{a-b}$

[연구11] 아래의 A, B, C, D는

$y = \sqrt{x}$, $y = -\sqrt{x}$, $y = \sqrt{-x}$, $y = -\sqrt{-x}$

중 하나의 그래프이다. A, B, C, D가 나타내는

방정식을 알맞게 짝지으시오.

---

⑰ 무리함수

정의: x에 관한 무리식인 함수

① $y = \sqrt{x}$ 의 그래프

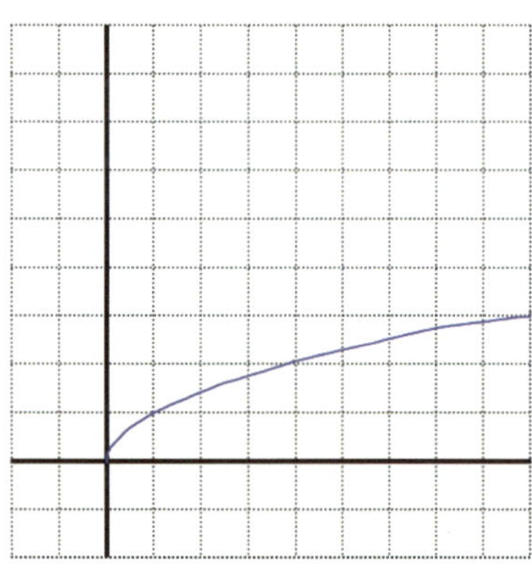

a.정의역: $\{x \mid x \geq 0$ 인 실수$\}$

　치역 : $\{y \mid y \geq 0$ 인 실수$\}$

b.대칭 : $y = x^2$ $(x \geq 0)$ 의
　　　　$y = x$ 에 대한 대칭 (역함수)

✎ 무리함수

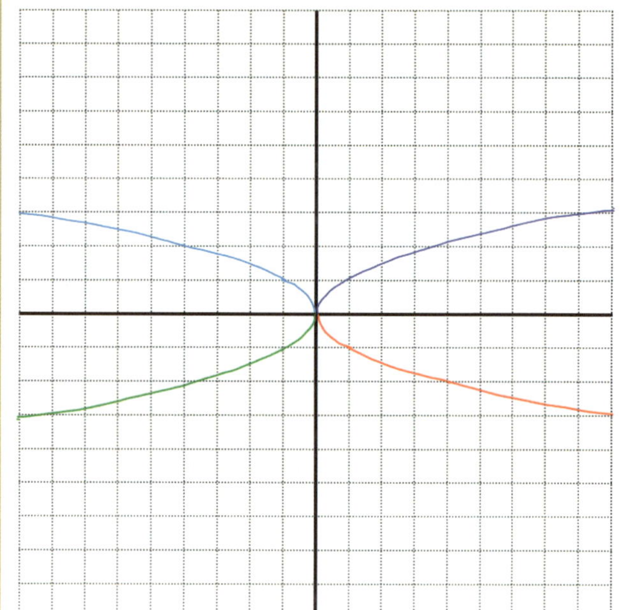

(1) $y = \sqrt{x}$

(x, y)
$(x, \sqrt{x})$
$(0, 0)$
$(1, 1)$
$(4, 2)$
$(9, 3)$

(2) $y = -\sqrt{x}$

(x, y)
$(x, -\sqrt{x})$
$(0, 0)$
$(1, -1)$
$(4, -2)$
$(9, -3)$

(3) $y = \sqrt{-x}$

(x, y)
$(x, \sqrt{-x})$
$(0, 0)$
$(-1, 1)$
$(-4, 2)$
$(-9, 3)$

(4) $y = -\sqrt{-x}$

(x, y)
$(x, -\sqrt{-x})$
$(0, 0)$
$(-1, -1)$
$(-4, -2)$
$(-9, -3)$

[연구 11] ✎ 그래프 맞는 것 찾기

$y = \sqrt{x}$, $y = -\sqrt{x}$, $y = \sqrt{-x}$, $y = -\sqrt{-x}$

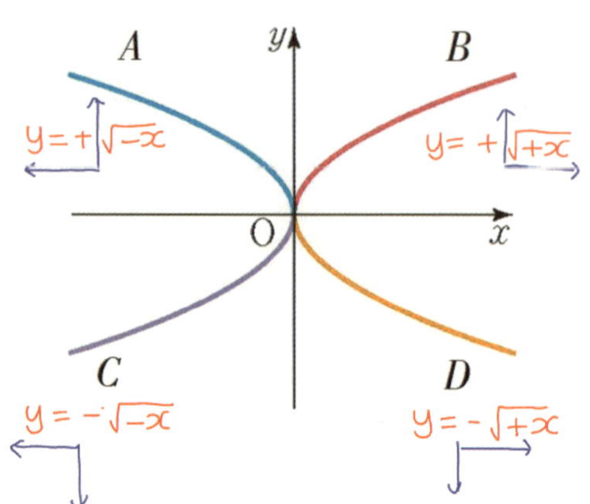

연구12 함수 $y = \sqrt{ax}$ 와 함수 $y = \dfrac{x^2}{a}\,(x \geq 0)$ 의

그래프는 어떤 관계에 있는지 쓰시오.

② $y = \sqrt{ax}$ 의 그래프 $(a \neq 0)$

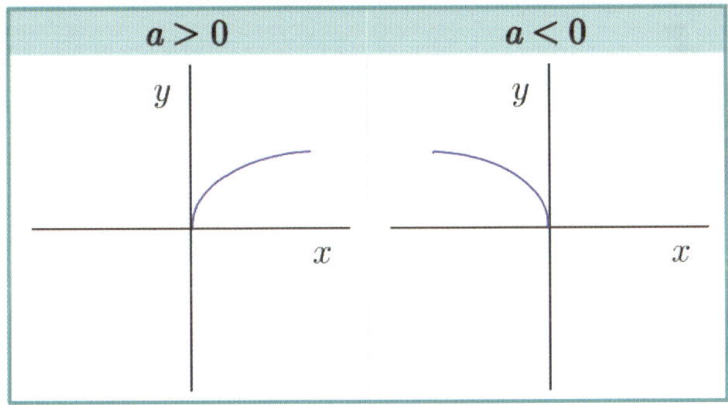

③ $y = \sqrt{ax+b}+c$ 의 그래프 $(a \neq 0)$

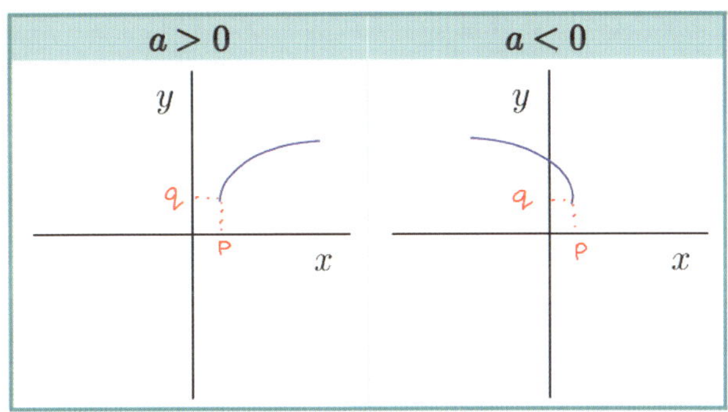

대칭:

$y = \sqrt{ax}$ 의 그래프는

$y = \dfrac{1}{a}x^2\,(x \geq 0)$ 의

$y = x$ 에 대한 대칭 (역함수)

$$y = \sqrt{ax+b}+c$$
$$= \sqrt{a\left(x+\tfrac{b}{a}\right)}+c$$
$$= \sqrt{a(x-P)}+q$$

$y = \sqrt{ax}$ 의 그래프를 평행이동

x 축방향으로 P만큼 , y 축 방향으로 q만큼

「수학(하)」 Ⅲ.경우의 수

1 경우의 수

어떤 사건이 일어날 수 있는 모든 가지 수
①빠짐없이 ②중복되지 않게 구해야 한다.

2 합의 법칙 $m+n$

$n(A \cup B) = n(A) + n(B) - n(A \cap B)$
두 사건 A, B가 동시에/함께 일어나지 않고,
사건 A가 일어나는 경우의 수가 m가지이고,
사건 B가 일어나는 경우의 수가 n가지이면,
사건 A또는 B가 일어나는 경우의 수는
$m+n$ 가지이다.

✎ A와 B가 동시에 일어나는 경우가 l가지 있을 때
 A또는 B가 일어나는 경우의 수 : $m+n-l$

3 곱의 법칙 $m \times n$

두 사건 A, B에 대하여
A가 일어나는 경우의 수가 m가지이고,
그 각각에 대하여,
B가 일어나는 경우의 수가 n가지일 때,
A,B가 잇달아 일어나는 경우의 수는
$m \times n$가지이다.

✎ 곱의 법칙

(1)수형도(사전식 배열)   (2)표(순서쌍)

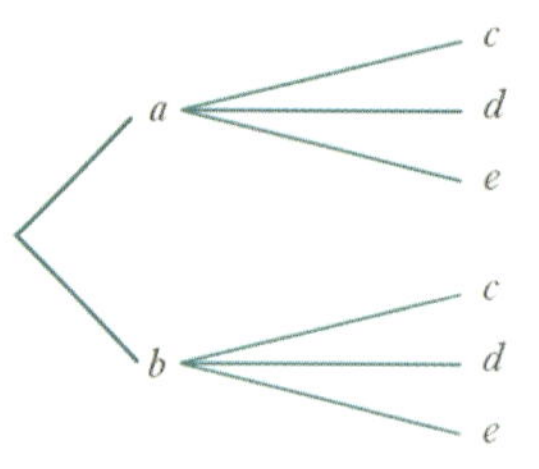

	a	b
c	(a,c)	(b,c)
d	(a,d)	(b,d)
e	(a,e)	(b,e)

$2 \times 3 = 6$개

✎ 식의 곱셈
각 인수에서 한 항씩 뽑아서 곱한 것을 더한 것
Q.$(a+b)(c+d+e)$의 항의 개수? $2 \times 3 = 6$개

$ac+ad+ae+bc+bd+be$

【ex】

Q1.옷 한 개만 고르기   상의 하의 함께 X
   $3+2$

Q2.상의 한 게, 하의 한 개 고르기   상의,하의 함께 O
   3×2

연구01 자연수 N을 소인수 분해 한 것이 $N = x^a y^b z^c$ ($x,\ y,\ z$는 서로소)일 때, N의 약수의 개수는 몇 개인가? 또 약수의 총합은 얼마인가?

연구02 서로 다른 n개에서 r개를 택하여 이들의 순서를 생각하여 일렬로 배열하는 순열의 값은?

---

4 약수의 개수와 총합

(연구01)

$N = x^a y^b z^c$의 약수 (단, $x,\ y,\ z$는 서로소)

① N의 약수의 개수 : $(a+1)(b+1)(c+1)$

② N의 약수의 총합 :
$$(x^0 + x^1 + x^2 + \cdots + x^a) \times (y^0 + y^1 + \cdots + y^b)$$
$$\times (z^0 + z^1 + z^2 + \cdots + z^c)$$

약수의 개수와 총합

$144 = 2^4 3^2$의 양의 약수

① 약수의 개수

약수 $= 2^{\overset{0\sim4}{\square}} \, 3^{\overset{0\sim2}{\square}}$

$(4+1)$가지 $\times (2+1)$가지
$= 5 \times 3 = 15$

② 약수의 총합

	3^0	3^1	3^2
2^0			
2^1			
2^2			
2^3			
2^4			

약수의 총합 $= (2^0 + 2^1 + 2^2 + 2^3 + 2^4)(3^0 + 3^1 + 3^2)$

---

5 순열 $_nP_r$

(연구02)

서로 다른 n개에서 r개를 택하여 이들의 순서를 생각하여 일렬로 배열하는 경우의 수

$$_nP_r = \underbrace{n(n-1)(n-2) \times \cdots \times (n-r+1)}_{r개}$$

① $_nP_n = n!$
$$= n(n-1)(n-2) \times \cdots \times 3 \times 2 \times 1$$

② $_nP_r = \dfrac{n!}{(n-r)!}$

③ $0! = 1$, $_nP_0 = 1$

문제 해결 법

- 함께X → 합
- 함께O → 곱
- 까다로운 것부터
- 이웃O → 한 덩어리
- 이웃X → 사이사이
- 순서가 정해진 것 → 한 가지
- 돼 = 전체 − 안돼
  ① 안 되는 것이 명시
  ② 유형이 너무 많을 때
  (적어도~, ~이상, ~이하)

연구03 서로 다른 n개에서 r개를 택하는 경우의 수는?

연구04 $_nC_r = \dfrac{_nP_r}{r!}$ 인 이유를 쓰시오.

---

6 조합 $_nC_r$

연구 03 순서를 생각하지 않고, 서로 다른 n개에서 r개를 택하는 경우의 수

(=같은 것이 있는 순열)

$$nCr = \frac{nPr}{r!} = \frac{n!}{r!(n-r)!}$$

$(nCr \times r! = nPr)$

① $nCr = nCn{-}r$

② $nCo = nCn = 1$

$*$ 차별 = 다른 자리 배치
　 평등 = 같은 자리 배치

✦✦✦✦
순열　vs　조합

$*$ 　서로 다른 n개
　(차별) r개 선택 ⎤ $nPr →$ Power chabeul
　~~순서 일렬 배열~~　✕ 　 $\shortparallel$
　(차별) 다른 자리 배치　$r!$ 　 $nCr →$ Chabeul

$*$

n개
nCr
n-r개↔r개
nPr

$*$ 다른 차별　다른 평등
　　↓　　　　↓
　nPr　vs　nCr
　차별　　　차별

✎ 조합

(1) [40명 중 반장1, 부반장1, 삼장1 뽑기]

$$40 \times 39 \times 38 = {}_{40}P_3$$

(2) [40명 중 3명을 뽑고] & [반장1, 부반장1, 삼장1 배치]

$$N \qquad \times \quad 3 \times 2 \times 1 = N \times 3!$$

↳어차피 결과의 경우의 수는 같다

$$N \times 3! = {}_{40}P_3$$
$$N = \frac{_{40}P_3}{3!} = {}_{40}C_3$$

연구 04 ✎ $_nC_r = \dfrac{_nP_r}{r!}$ 인 이유는?

서로 다른 r개의 순서를 정하는 방법은 $r!$이다.

그런데 $_nP_r$ 은 서로 다른 n개에서 r개를 택하고,

이 r개의 순서를 생각하여

배열하는 방법의 수인 것에 비해,

$_nC_r$ 은 서로 다른 n개에서

r개를 택하기만 하는 것이다.

따라서 $_nC_r \times r! = {}_nP_r$ 이다.

8 분할과 분배

①**분할:** 서로 다른 n개를

    $p,\ q,\ r$개$(p+q+r=n)$의

    3 묶음으로 나누는 방법의 수

a. $p=q=r$ 일때 : $_nC_p \times _{n-p}C_q \times _rC_r \times \dfrac{1}{3!}$

b. $p=q\neq r$ 일때 : $_nC_p \times _{n-p}C_q \times _rC_r \times \dfrac{1}{2!}$

c. $p\neq q\neq r$ 일때 : $_nC_p \times _{n-p}C_q \times _rC_r$

②**분배:** 분할된 3 묶음을 서로 다른 자리에

    배치히는 방법의 수

      (분할의 방법의 수)$\times 3!$

✎ 분할과 분배

[9명] A B C D E F G H I

①대표 4명을 뽑는다(

    다른   평등

$$_9C_4 = \dfrac{9!}{4!\,5!}$$

    차별

[9명] A B C D E F G H I

②청소:3 숙제:3 집:3

    평등 평등 평등

    차별 차별

$$_9C_3 \times _6C_3 \times _3C_3 = \dfrac{9!}{3!\,3!\,3!} = N \times 3!$$

누구끼리 같은팀이고

그팀이 무엇을 하는지 $=3!$

③(3, 3, 3) 조 나누기

    평등 평등 평등

    평등 평등

누구끼리 같은 팀인지

나눈다

$$N = _9C_3 \times _6C_3 \times _3C_3 \times \dfrac{1}{3!}$$

[9명] A B C D E F G H I

구분하지 않는다

$2!$

④(4, 4, 1) 조 나누기

    평등 평등 평등

    평등 차별

나눈다

$$_9C_4 \times _5C_4 \times _1C_1 \times \dfrac{1}{2!} = \dfrac{9!}{4!\,4!\,1!} \times \dfrac{1}{2!}$$

수학 I

「교과서 학습 목표」

1.지수·로그 함수

- □ 거듭제곱과 거듭제곱근의 뜻을 알고,
  그 성질을 이해한다.
- □ 지수가 유리수, 실수까지 확장될 수 있음을
  이해한다.
- □ 지수법칙을 이해하고,
  이를 이용하여 식을 간단히 나타낼 수 있다.
- □ 로그의 뜻을 알고, 그 성질을 이해한다.
- □ 상용로그를 이해하고, 이를 활용할 수 있다.
- □ 지수함수와 로그함수의 뜻을 안다.
- □ 지수함수와 로그함수의 그래프를 그릴 수 있고,
  그 성질을 이해한다.
- □ 지수함수와 로그함수를 활용하여
  문제를 해결할 수 있다.

2.삼각함수

- □ 일반각과 호도법의 뜻을 안다.
- □ 삼각함수의 뜻을 알고, 사인함수, 코사인함수,
  탄젠트함수의 그래프를 그릴 수 있다.
- □ 사인법칙과 코사인법칙을 이해하고,
  이를 활용할 수 있다.

3.수열

- □ 수열의 뜻을 안다.
- □ 등차수열의 뜻을 알고, 일반항, 첫째항부터
  제n항까지의 합을 구할 수 있다.
- □ 등비수열의 뜻을 알고, 일반항, 첫째항부터
  제n항까지의 합을 구할 수 있다.
- □ $\sum$의 뜻을 알고, 그 성질을 이해하고,
  이를 활용할 수 있다.
- □ 여러 가지 수열의 첫째항부터
  제n항까지의 합을 구할 수 있다.
- □ 수열의 귀납적 정의를 이해한다.
- □ 수학적 귀납법의 원리를 이해한다.
- □ 수학적 귀납법을 이용하여 명제를 증명할 수 있다.

「수학 I」 I.지수·로그 함수

연구01 빈칸에 알맞은 것을 쓰시오.

연구02 $a \neq 0$ 이고, n이 양의 정수일 때

$\cdot\ a^0 = 1$ $\cdot\ a^{-n} = \dfrac{1}{a^n}$ 을 유도하시오.

1 지수법칙

연구01 $a > 0$, $b > 0$일 때, 임의의 실수 m, n에 대하여

① $a^m a^n = a^{m+n}$

② $(a^m)^n = a^{mn}$

③ $(ab)^n = a^n b^n$

④ $a^m \div a^n = a^{m-n}$

연구02 ⑤ $a^0 = 1$

⑥ $a^{-n} = \dfrac{1}{a^n}$

지수의 확장과 밑수의 축소

a^n	
밑수	지수
실수	자연수
$a \neq 0$	정수
$a > 0$	유리수
$a > 0$	실수

축소

확장

ex) 2^3, 0^3, $(-2)^3$

ex) 2^{-3}, 0^{-3}, $(-2)^{-3}$ ← 밑수가 0 이면 모순

ex) $2^{\frac{1}{2}}$, $0^{\frac{1}{2}}$, $(-2)^{\frac{1}{2}}$ ← 밑수가 음수면 허수가 생길 수 있음

$\sqrt{2}i$

지수법칙

① $4^3 4^2 = (4 \cdot 4 \cdot 4) \cdot (4 \cdot 4) = 4^5 = 4^{3+2}$

② $(4^3)^2 = (4 \cdot 4 \cdot 4) \cdot (4 \cdot 4 \cdot 4) = 4^6 = 4^{3 \times 2}$

③ $(3 \cdot 4)^2 = (3 \cdot 4) \cdot (3 \cdot 4) = (3 \cdot 3) \cdot (4 \cdot 4)$

$= 3^2 4^2$

④ $4^3 \div 4^2 = \dfrac{4 \cdot 4 \cdot 4}{4 \cdot 4} = 4^1 = 4^{3-2}$

⑤ $a^0 \times a^n = a^{0+n} = a^n$

$\therefore a^0 = \dfrac{a^n}{a^n} = 1$

⑥ $a^{-n} \times a^n = a^{-n+n} = a^0 = 1$

$\therefore a^{-n} = \dfrac{1}{a^n}$

$\begin{matrix} \frac{1}{a^2} & \frac{1}{a} & 1 \\ \| & \| & \| \\ a^{-2}, & a^{-1}, & a^0, & a^1, & a^2, & a^3 \end{matrix}$

$\times a\ \ \times a\ \ \times a\ \ \times a\ \ \times a$

수 I

[연구03] a의 n제곱근을 빈칸에 쓰시오.

[연구04] 다음을 제곱근 기호를 이용해 표현하시오.

② 거듭제곱과 거듭제곱근

①a 의 n 거듭제곱: 실수 a 를 n 번 곱한 a^n

(　a 는 밑, n 는 지수)

②a 의 n 제곱근: $x^n = a$ 가 되는 x

(n 제곱해서 a 가 되는 것)

$x^n = a$	n이 홀수	n이 짝수
$a > 0$	$x = \sqrt[n]{a}$ ⊕ 1개	$x = \sqrt[n]{a}$ ⊕ $x = -\sqrt[n]{a}$ ⊖ 2개
$a = 0$	$x = 0$ 1개	$x = 0$ 1개
$a < 0$	$x = \sqrt[n]{a}$ ⊖ 1개	없다 0개

$$\sqrt{a^2} = |a| = \begin{cases} a & (a \geq 0) \\ -a & (a < 0) \end{cases}$$

a의 n제곱근 중 음수를 쓰시오.

n홀수: $\sqrt[n]{a}$ (단, $a<0$) $a>0$이면 $\sqrt[n]{a}>0$

n짝수: $-\sqrt[n]{a}$ (단, $a>0$) $a<0$이면 $\sqrt[n]{a}$없다

※ 기호 사용이 일관성이 없다.

✎ 거듭제곱근

②a 의 n 제곱근

a. n 이 홀수인 경우　　b. n 이 짝수인 경우

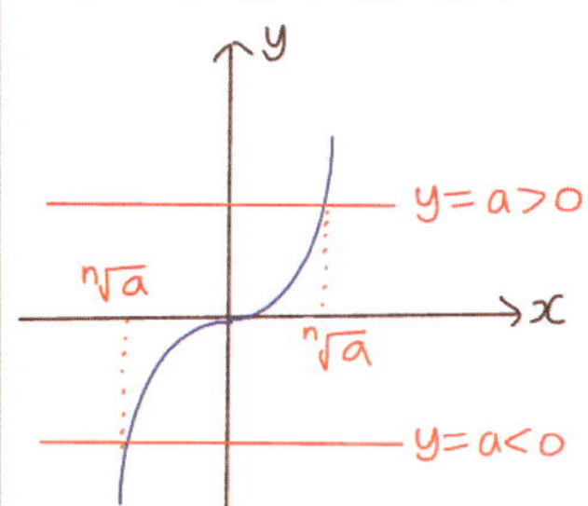

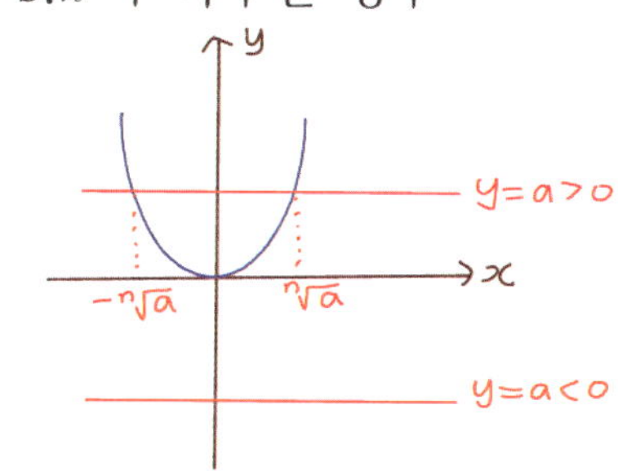

【ex】 다음을 제곱근 기호를 이용해 표현하시오.

(1) 64의 2제곱근 중 음수 : $-\sqrt[2]{64} = -8$

(2) 64의 3제곱근 중 음수 : 없다

(3) -64의 3제곱근 중 음수 : $\sqrt[3]{-64} = -4$

(4) -64의 2제곱근 중 음수 : 없다

(5) 64의 2제곱근 중 양수 : $\sqrt[2]{64} = 8$

(6) 64의 3제곱근 중 양수 : $\sqrt[3]{64} = 4$

(7) -64의 3제곱근 중 양수 : 없다

(8) -64의 2제곱근 중 양수 : 없다

[연구05] $a > 0$, $b > 0$이고 m, n이 2 이상의 자연수일 때 다음을 유도하시오.

③ 거듭제곱근의 성질

연구 05 $a > 0$, $b > 0$이고 m, n이 2이상의 자연수일 때,

① $\sqrt[n]{a}\ \sqrt[n]{b} = \sqrt[n]{ab}$

$a > 0$일경우

$\sqrt[n]{a}$는 n홀짝 관계없이 "n제곱해서 a가 되는 어떤 양수!"

② $\dfrac{\sqrt[n]{a}}{\sqrt[n]{b}} = \sqrt[n]{\dfrac{a}{b}}$

③ $(\sqrt[n]{a})^m = \sqrt[n]{a^m}$

④ $\sqrt[m]{\sqrt[n]{a}} = \sqrt[mn]{a}$

⑤ $\sqrt[n]{a^m} = \sqrt[np]{a^{mp}}$ (p는 양의 정수)

⑥ $a^{\frac{m}{n}} = \sqrt[n]{a^m}$ $a^{\frac{\text{분자}}{\text{분모}}} = \sqrt[\text{분모}]{a^{\text{분자}}}$

✒ 거듭제곱근의 성질

① $(\sqrt[n]{a}\ \sqrt[n]{b})^n = (\sqrt[n]{a})^n(\sqrt[n]{b})^n = ab$ 이므로

$\sqrt[n]{a}\ \sqrt[n]{b} = \sqrt[n]{ab}$ 이다

② $\left(\dfrac{\sqrt[n]{a}}{\sqrt[n]{b}}\right)^n = \dfrac{a}{b}$ 이므로 $\dfrac{\sqrt[n]{a}}{\sqrt[n]{b}} = \sqrt[n]{\dfrac{a}{b}}$ 이다

③ $\{(\sqrt[n]{a})^m\}^n = \{(\sqrt[n]{a})^n\}^m = a^m$ 이므로

$(\sqrt[n]{a})^m = \sqrt[n]{a^m}$ 이다

④ $(\sqrt[m]{\sqrt[n]{a}})^{mn} = \{(\sqrt[m]{\sqrt[n]{a}})^m\}^n = (\sqrt[n]{a})^n = a$ 이므로

$\sqrt[m]{\sqrt[n]{a}} = \sqrt[mn]{a}$ 이다

⑤ $(a^{\frac{m}{n}})^n = a^{\frac{m}{n}\cdot n} = a^m$ 이므로 $a^{\frac{m}{n}} = \sqrt[n]{a^m}$ 이다

연구06 $a > 0$, $a \neq 1$이고 $N > 0$일 때 $a^x = N$ 을 로그를 이용하여 표현하시오.

연구07 $\log_a N$에서 밑수조건과 진수조건을 쓰고 이 두 조건이 있어야 하는 이유를 쓰시오.

4 로그의 정의

연구 06

$a > 0$, $a \neq 1$, $N > 0$일 때,

$$a^x = N \iff x = \log_a N$$

① 밑수조건(a): $a > 0$, $a \neq 1$
② 진수조건(N): $N > 0$

🖊 밑수조건/진수조건

연구 07

밑수조건과 진수조건이 있어야 하는 이유.

$$x = \log_a N \iff a^x = N \text{이므로}$$

i) $a \leq 0$이면 진수가 허수가 될 수 있다.

$$ex) \quad (-2)^{\frac{1}{2}} = \sqrt{-2} = \sqrt{2}\,i$$

ii) $a = 1$이면 항상 $N = 1$이고 x는 모든 실수가 돼서 로그값이 정의되지 않는다.

$$ex) \quad 1^3 = 1 \to \log_1 1 = 3$$
$$1^{100} = 1 \to \log_1 1 = 100$$

$\log_1 1$의 값이 정의되지 않는다.

iii) $N \leq 0$이면 말이 안된다.

$$ex) \quad \log_3(-2) = x \to 3^x = -2 \quad \text{모순}$$
$$(\because 3^x > 0)$$

연구08 $a > 0$, $a \neq 1$, $x > 0$, $y > 0$이고 k가 임의의 실수일 때 다음 로그의 성질을 유도하시오.

① $\log_a 1 = 0$, $\log_a a = 1$

② $\log_a xy = \log_a x + \log_a y$

③ $\log_a \dfrac{x}{y} = \log_a x - \log_a y$

④ $\log_a x^k = k\log_a x$

5 로그의 성질

연구 08 $a > 0$, $a \neq 1$, $x > 0$, $y > 0$일 때

① $\log_a 1 = 0$, $\log_a a = 1$

② $\log_a xy = \log_a x + \log_a y$

③ $\log_a \dfrac{x}{y} = \log_a x - \log_a y$

④ $\log_a x^k = k\log_a x$　(k는 실수)

⑤ $\log_a b = \dfrac{\log_c b}{\log_c a}$　(b, c는 양수이고 $c \neq 1$)

⑥ $\log_{a^m} x^n = \dfrac{n}{m}\log_a x$

⑦ $a^{\log_c x} = x^{\log_c a}$

✎ 로그의 성질

① $a^0 = 1 \iff \log_a 1 = 0$
$a^1 = a \iff \log_a a = 1$

② $\log_a x = p$, $\log_a y = q \iff x = a^p$, $y = a^q$
$xy = a^p a^q = a^{p+q}$
$p + q = \log_a xy$
$\log_a x + \log_a y = \log_a xy$

③ $\log_a x = p$, $\log_a y = q \iff x = a^p$, $y = a^q$
$\dfrac{x}{y} = \dfrac{a^p}{a^q} = a^{p-q}$
$p - q = \log_a \dfrac{x}{y}$
$\log_a x - \log_a y = \log_a \dfrac{x}{y}$

④ $\log_a x = p \to x = a^p$
$x^k = (a^p)^k = a^{pk}$
$pk = \log_a x^k$
$k\log_a x = \log_a x^k$

⑤ $\log_a b = \dfrac{\log_c b}{\log_c a}$ (b, c는 양수이고 $c \neq 1$)

⑥ $\log_{a^m} x^n = \dfrac{n}{m} \log_a x$

⑦ $a^{\log_c x} = x^{\log_c a}$

---

⑤ $P = \log_c a$, $q = \log_c b \rightarrow c^P = a$, $c^q = b$

$b = c^q = (c^P)^{\frac{q}{P}} = a^{\frac{q}{P}}$

$\dfrac{q}{P} = \log_a b$

$\dfrac{\log_c b}{\log_c a} = \log_a b$

⑥ $\log_a x = P \rightarrow x = a^P$

$x^n = a^{Pn} = (a^m)^{P\frac{n}{m}}$

$P\dfrac{n}{m} = \log_{a^m} x^n$

$\dfrac{n}{m} \log_a x = \log_{a^m} x^n$

⑦ $\log_c a^{\log_c x} = \log_c x \times \log_c a$ 이고

$\log_c x^{\log_c a} = \log_c a \times \log_c x$ 이므로

$a^{\log_c x} = x^{\log_c a}$ 이다.

---

6 상용로그

정의: 밑이 10인 로그 $\log_{10} N = \log N$

수	0	1	2	3	4	5	6	7	8	9
1.0	.0000	.0043	.0086	.0128	.0170	.0212	.0253	.0294	.0334	.0374
1.1	.0414	.0453	.0492	.0531	.0569	.0607	.0645	.0682	.0719	.0755
1.2	.0792	.0828	.0864	.0899	.0934	.0969	.1004	.1038	.1072	.1106
1.3	.1139	.1173	.1206	.1239	.1271	.1303	.1335	.1367	.1399	.1430
1.4	.1461	.1492	.1523	.1553	.1584	.1614	.1644	.1673	.1703	.1732
1.5	.1761	.1790	.1818	.1847	.1875	.1903	.1931	.1959	.1987	.2014
1.6	.2041	.2068	.2095	.2122	.2148	.2175	.2201	.2227	.2253	.2279
1.7	.2304	.2330	.2355	.2380	.2405	.2430	.2455	.2480	.2504	.2529
1.8	.2553	.2577	.2601	.2625	.2648	.2672	.2695	.2718	.2742	.2765
1.9	.2788	.2810	.2833	.2856	.2878	.2900	.2923	.2945	.2967	.2989
2.0	.3010	.3032	.3054	.3075	.3096	.3118	.3139	.3160	.3181	.3201
2.1	.3222	.3243	.3263	.3284	.3304	.3324	.3345	.3365	.3385	.3404
2.2	.3424	.3444	.3464	.3483	.3502	.3522	.3541	.3560	.3579	.3598
2.3	.3617	.3636	.3655	.3674	.3692	.3711	.3729	.3747	.3766	.3784
2.4	.3802	.3820	.3838	.3856	.3874	.3892	.3909	.3927	.3945	.3962
2.5	.3979	.3997	.4014	.4031	.4048	.4065	.4082	.4099	.4116	.4133
2.6	.4150	.4166	.4183	.4200	.4216	.4232	.4249	.4265	.4281	.4298
2.7	.4314	.4330	.4346	.4362	.4378	.4393	.4409	.4425	.4440	.4456
2.8	.4472	.4487	.4502	.4518	.4533	.4548	.4564	.4579	.4594	.4609
2.9	.4624	.4639	.4654	.4669	.4683	.4698	.4713	.4728	.4742	.4757
3.0	.4771	.4786	.4800	.4814	.4829	.4843	.4857	.4871	.4886	.4900
3.1	.4914	.4928	.4942	.4955	.4969	.4983	.4997	.5011	.5024	.5038
3.2	.5051	.5065	.5079	.5092	.5105	.5119	.5132	.5145	.5159	.5172
3.3	.5185	.5198	.5211	.5224	.5237	.5250	.5263	.5276	.5289	.5302
3.4	.5315	.5328	.5340	.5353	.5366	.5378	.5391	.5403	.5416	.5428
3.5	.5441	.5453	.5465	.5478	.5490	.5502	.5514	.5527	.5539	.5551
3.6	.5563	.5575	.5587	.5599	.5611	.5623	.5635	.5647	.5658	.5670
3.7	.5682	.5694	.5705	.5717	.5729	.5740	.5752	.5763	.5775	.5786
3.8	.5798	.5809	.5821	.5832	.5843	.5855	.5866	.5877	.5888	.5899
3.9	.5911	.5922	.5933	.5944	.5955	.5966	.5977	.5988	.5999	.6010
4.0	.6021	.6031	.6042	.6053	.6064	.6075	.6085	.6096	.6107	.6117
4.1	.6128	.6138	.6149	.6160	.6170	.6180	.6191	.6201	.6212	.6222
4.2	.6232	.6243	.6253	.6263	.6274	.6284	.6294	.6304	.6314	.6325
4.3	.6335	.6345	.6355	.6365	.6375	.6385	.6395	.6405	.6415	.6425
4.4	.6435	.6444	.6454	.6464	.6474	.6484	.6493	.6503	.6513	.6522
4.5	.6532	.6542	.6551	.6561	.6571	.6580	.6590	.6599	.6609	.6618
4.6	.6628	.6637	.6646	.6656	.6665	.6675	.6684	.6693	.6702	.6712
4.7	.6721	.6730	.6739	.6749	.6758	.6767	.6776	.6785	.6794	.6803
4.8	.6812	.6821	.6830	.6839	.6848	.6857	.6866	.6875	.6884	.6893
4.9	.6902	.6911	.6920	.6928	.6937	.6946	.6955	.6964	.6972	.6981
5.0	.6990	.6998	.7007	.7016	.7024	.7033	.7042	.7050	.7059	.7067
5.1	.7076	.7084	.7093	.7101	.7110	.7118	.7126	.7135	.7143	.7152
5.2	.7160	.7168	.7177	.7185	.7193	.7202	.7210	.7218	.7226	.7235
5.3	.7243	.7251	.7259	.7267	.7275	.7284	.7292	.7300	.7308	.7316
5.4	.7324	.7332	.7340	.7348	.7356	.7364	.7372	.7380	.7388	.7396

수	0	1	2	3	4	5	6	7	8	9
5.5	.7404	.7412	.7419	.7427	.7435	.7443	.7451	.7459	.7466	.7474
5.6	.7482	.7490	.7497	.7505	.7513	.7520	.7528	.7536	.7543	.7551
5.7	.7559	.7566	.7574	.7582	.7589	.7597	.7604	.7612	.7619	.7627
5.8	.7634	.7642	.7649	.7657	.7664	.7672	.7679	.7686	.7694	.7701
5.9	.7709	.7716	.7723	.7731	.7738	.7745	.7752	.7760	.7767	.7774
6.0	.7782	.7789	.7796	.7803	.7810	.7818	.7825	.7832	.7839	.7846
6.1	.7853	.7860	.7868	.7875	.7882	.7889	.7896	.7903	.7910	.7917
6.2	.7924	.7931	.7938	.7945	.7952	.7959	.7966	.7973	.7980	.7987
6.3	.7993	.8000	.8007	.8014	.8021	.8028	.8035	.8041	.8048	.8055
6.4	.8062	.8069	.8075	.8082	.8089	.8096	.8102	.8109	.8116	.8122
6.5	.8129	.8136	.8142	.8149	.8156	.8162	.8169	.8176	.8182	.8189
6.6	.8195	.8202	.8209	.8215	.8222	.8228	.8235	.8241	.8248	.8254
6.7	.8261	.8267	.8274	.8280	.8287	.8293	.8299	.8306	.8312	.8319
6.8	.8325	.8331	.8338	.8344	.8351	.8357	.8363	.8370	.8376	.8382
6.9	.8388	.8395	.8401	.8407	.8414	.8420	.8426	.8432	.8439	.8445
7.0	.8451	.8457	.8463	.8470	.8476	.8482	.8488	.8494	.8500	.8506
7.1	.8513	.8519	.8525	.8531	.8537	.8543	.8549	.8555	.8561	.8567
7.2	.8573	.8579	.8585	.8591	.8597	.8603	.8609	.8615	.8621	.8627
7.3	.8633	.8639	.8645	.8651	.8657	.8663	.8669	.8675	.8681	.8686
7.4	.8692	.8698	.8704	.8710	.8716	.8722	.8727	.8733	.8739	.8745
7.5	.8751	.8756	.8762	.8768	.8774	.8779	.8785	.8791	.8797	.8802
7.6	.8808	.8814	.8820	.8825	.8831	.8837	.8842	.8848	.8854	.8859
7.7	.8865	.8871	.8876	.8882	.8887	.8893	.8899	.8904	.8910	.8915
7.8	.8921	.8927	.8932	.8938	.8943	.8949	.8954	.8960	.8965	.8971
7.9	.8976	.8982	.8987	.8993	.8998	.9004	.9009	.9015	.9020	.9025
8.0	.9031	.9036	.9042	.9047	.9053	.9058	.9063	.9069	.9074	.9079
8.1	.9085	.9090	.9096	.9101	.9106	.9112	.9117	.9122	.9128	.9133
8.2	.9138	.9143	.9149	.9154	.9159	.9165	.9170	.9175	.9180	.9186
8.3	.9191	.9196	.9201	.9206	.9212	.9217	.9222	.9227	.9232	.9238
8.4	.9243	.9248	.9253	.9258	.9263	.9269	.9274	.9279	.9284	.9289
8.5	.9294	.9299	.9304	.9309	.9315	.9320	.9325	.9330	.9335	.9340
8.6	.9345	.9350	.9355	.9360	.9365	.9370	.9375	.9380	.9385	.9390
8.7	.9395	.9400	.9405	.9410	.9415	.9420	.9425	.9430	.9435	.9440
8.8	.9445	.9450	.9455	.9460	.9465	.9469	.9474	.9479	.9484	.9489
8.9	.9494	.9499	.9504	.9509	.9513	.9518	.9523	.9528	.9533	.9538
9.0	.9542	.9547	.9552	.9557	.9562	.9566	.9571	.9576	.9581	.9586
9.1	.9590	.9595	.9600	.9605	.9609	.9614	.9619	.9624	.9628	.9633
9.2	.9638	.9643	.9647	.9652	.9657	.9661	.9666	.9671	.9675	.9680
9.3	.9685	.9689	.9694	.9699	.9703	.9708	.9713	.9717	.9722	.9727
9.4	.9731	.9736	.9741	.9745	.9750	.9754	.9759	.9763	.9768	.9773
9.5	.9777	.9782	.9786	.9791	.9795	.9800	.9805	.9809	.9814	.9818
9.6	.9823	.9827	.9832	.9836	.9841	.9845	.9850	.9854	.9859	.9863
9.7	.9868	.9872	.9877	.9881	.9886	.9890	.9894	.9899	.9903	.9908
9.8	.9912	.9917	.9921	.9926	.9930	.9934	.9939	.9943	.9948	.9952
9.9	.9956	.9961	.9965	.9969	.9974	.9978	.9983	.9987	.9991	.9996

[연구09] 다음은 지수함수 $y = a^x$ $(a > 0,\ a \neq 1)$
의 성질이다. 그래프를 그리고 빈칸을 채우시오.

---

7 지수함수

지수함수 $y = a^x$의 그래프 $(a > 0,\ a \neq 1)$

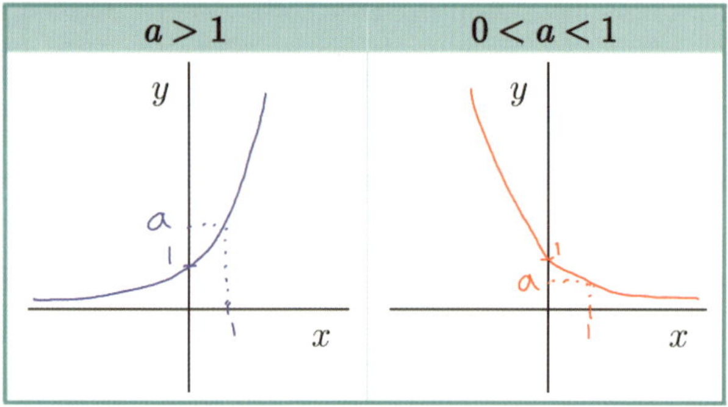

$a > 1$	$0 < a < 1$

연구 09

① 정의역: $\{x \mid x$는 실수$\}$

치역: $\{y \mid y > 0$인 실수$\}$

② $a > 1$일 때,　증가함수

　$0 < a < 1$일 때,　감소함수

③ a값과 관계없이 지나는 점: $(0, 1)$

그래프 그릴 때 활용할 점: $(1, a)$

④ 점근선: x축 $(y = 0)$

⑤ $y = a^x$와 $y = \left(\dfrac{1}{a}\right)^x$의 그래프의 관계:

y축 대칭관계 $y = \left(\dfrac{1}{a}\right)^x = a^{-x}$

✎ 지수함수

(1) $y = 2^x$ 　　(2) $y = 2^{-x} = \left(\dfrac{1}{2}\right)^x$

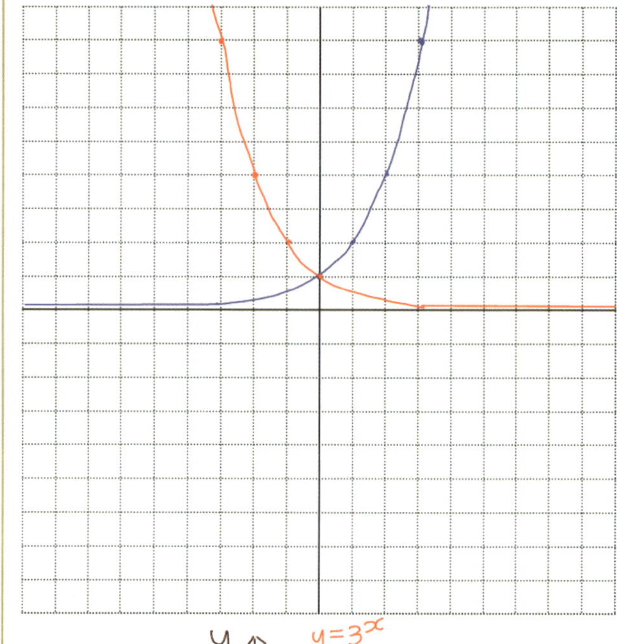

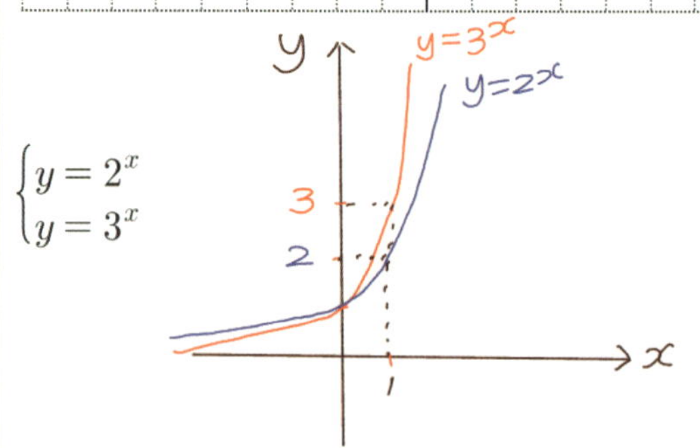

$\begin{cases} y = 2^x \\ y = 3^x \end{cases}$

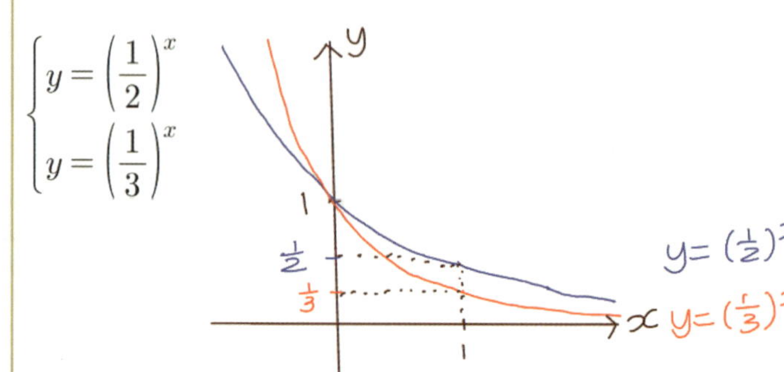

$\begin{cases} y = \left(\dfrac{1}{2}\right)^x \\ y = \left(\dfrac{1}{3}\right)^x \end{cases}$

[연구10] 다음은 로그함수

$y = \log_a x \ (a > 0, \ a \neq 1)$의 성질이다.

그래프를 그리고 빈칸에 알맞은 말을 쓰시오.

8 로그함수

로그함수 $y = \log_a x$의 그래프

$(a > 0, \ a \neq 1, \ x > 0)$

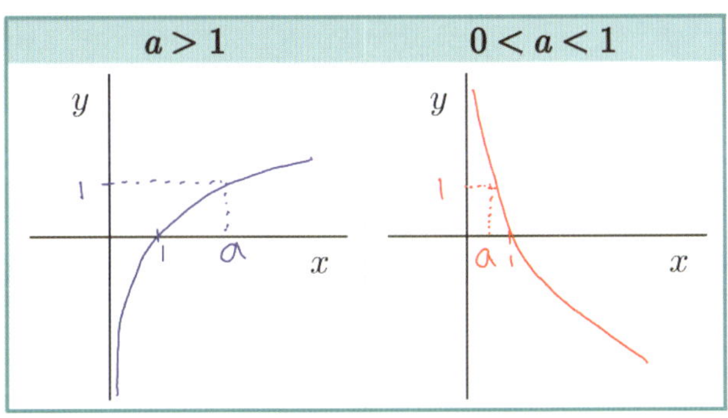

연구
10

① 정의역 : $\{ x \mid x > 0 \ \text{인 실수} \}$

  치역 : $\{ y \mid y \text{는 실수} \}$

② $a > 1$일 때, 증가함수

  $0 < a < 1$일 때, 감소함수

③ a값과 관계없이 지나는 점 : $(1, 0)$

  그래프 그릴 때 활용할 점 : $(a, 1)$

④ 점근선 : y축 $(x = 0)$

⑤ $y = \log_a x$와 $y = \log_{\frac{1}{a}} x$의 그래프의 관계 :

  x축 대칭관계 $\quad y = \log_{a^{-1}} x = -\log_a x$

⑥ 함수 $y = a^x$과 $y = \log_a x$의 관계 :

  역함수관계

  ($y = x$ 대칭) 역대입 $\begin{cases} y = a^x \\ x = a^y \Leftrightarrow y = \log_a x \end{cases}$

✎ 로그함수

$(1) \ y = \log_2 x \qquad\qquad (2) \ y = -\log_2 x$

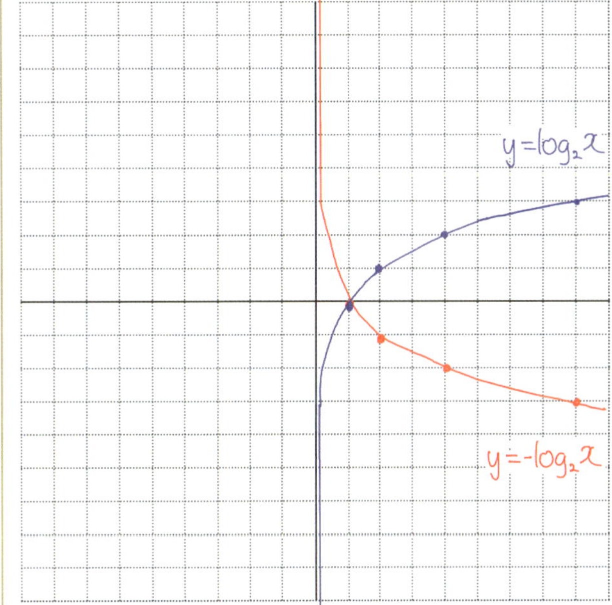

$\begin{cases} y = \log_2 x \\ y = \log_3 x \end{cases}$

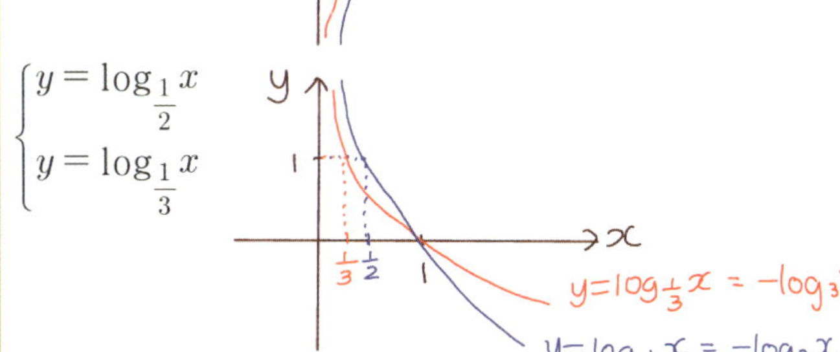

$\begin{cases} y = \log_{\frac{1}{2}} x \\ y = \log_{\frac{1}{3}} x \end{cases}$

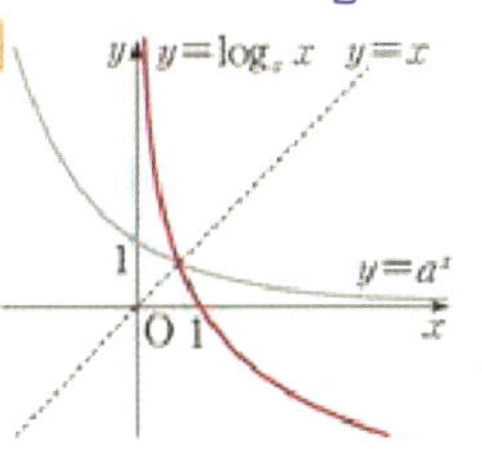

[연구11] 빈칸에 알맞은 부등식을 쓰시오.

· 임의의 실수 x에 대하여 a^x [   ] 0

· $a > 1$일 때, $a^{x_1} < a^{x_2} \Leftrightarrow$

· $0 < a < 1$일 때, $a^{x_1} < a^{x_2} \Leftrightarrow$

❾ 지수방정식과 지수부등식

① 지수방정식의 풀이

$$a^{x_1} = a^{x_2} \Leftrightarrow x_1 = x_2 \text{ 또는 } a = 1$$
$$f(x_1) = f(x_2) \Leftrightarrow x_1 = x_2$$

[연구 11] ② 지수부등식의 성질

a. 임의의 실수 x에 대하여 $a^x > 0$

b. $a > 1$일 때, $a^{x_1} < a^{x_2} \Leftrightarrow x_1 < x_2$

c. $0 < a < 1$일 때, $a^{x_1} < a^{x_2} \Leftrightarrow x_1 > x_2$

※ $f(x) = x^2$ 이면 $f(x_1) = f(x_2) \nLeftrightarrow x_1 = x_2$

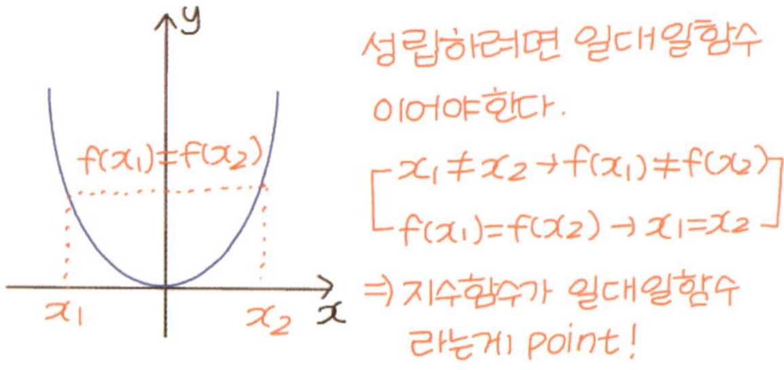

성립하려면 일대일함수
이어야한다.
$$\begin{bmatrix} x_1 \neq x_2 \rightarrow f(x_1) \neq f(x_2) \\ f(x_1) = f(x_2) \rightarrow x_1 = x_2 \end{bmatrix}$$
⇒ 지수함수가 일대일함수
라는게 point!

✎ 지수방정식과 지수부등식

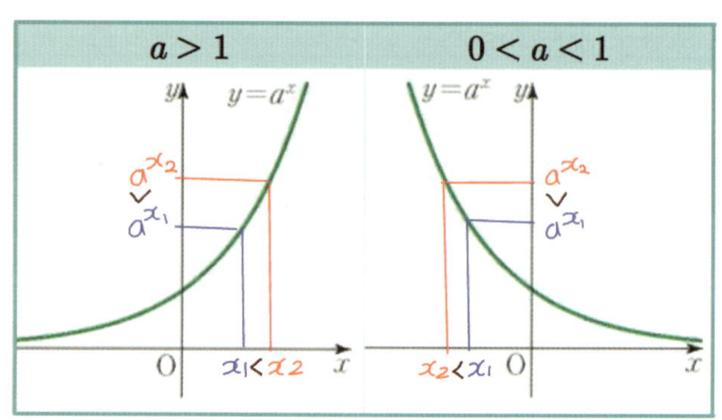

연구12 $a > 0$, $a \neq 1$이고 x_1, $x_2 > 0$일 때

빈칸에 알맞은 부등식을 쓰시오.

· $a > 1$일 때, $\log_a x_1 < \log_a x_2 \Leftrightarrow$

· $0 < a < 1$일 때, $\log_a x_1 < \log_a x_2 \Leftrightarrow$

---

⑩ 로그방정식과 로그부등식

① 로그방정식의 성질

a. $\log_a P = q \Leftrightarrow P = a^q$

b. $\log_a x_1 = \log_a x_2 \Leftrightarrow x_1 = x_2$

② 로그부등식의 성질

a. $a > 1$일 때,　$\log_a x_1 < \log_a x_2 \Leftrightarrow x_1 < x_2$

b. $0 < a < 1$일 때,　$\log_a x_1 < \log_a x_2 \Leftrightarrow x_1 > x_2$

✎ 로그방정식과 로그부등식

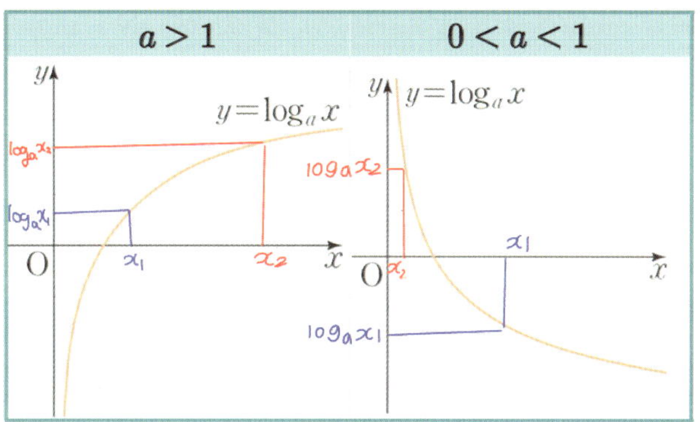

「수학 I」 II.삼각함수

미리 알아야 할 단원
수학(상) – 3.도형의 방정식
수학(하) – 2.함수

1 삼각비의 뜻

정의: 직각삼각형에서 직각이 아닌 한 각의 크기에 따라 정해지는 변의 길이의 비의 값

↳ 각과 변길이의 관계를 구하기

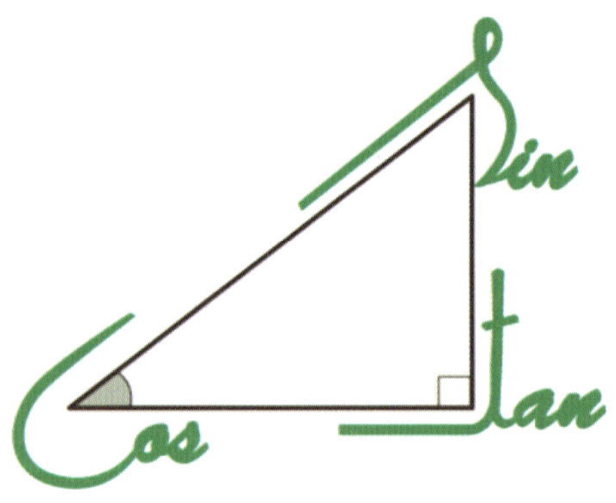

$\angle A$의 사인 : $\sin A = \dfrac{(높이)}{(빗변)}$

$\angle A$의 코사인: $\cos A = \dfrac{(밑변)}{(빗변)}$

$\angle A$의 탄젠트: $\tan A = \dfrac{(높이)}{(밑변)}$

※ 각과 마주보는 변이 높이다

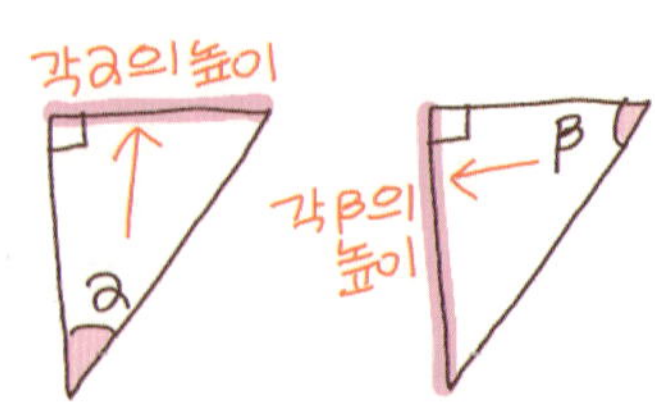

✎ 삼각비의 뜻

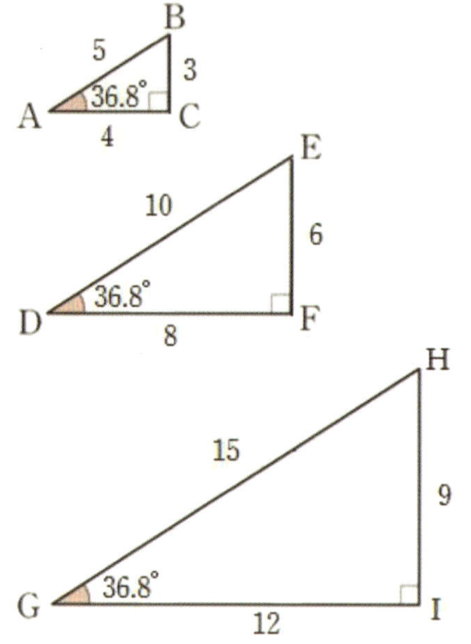

$\dfrac{(높이)}{(빗변)} = \dfrac{\overline{BC}}{\overline{AB}} = \dfrac{\overline{EF}}{\overline{DE}} = \dfrac{\overline{HI}}{\overline{GH}} = \sin 36.8°$

$\dfrac{(밑변)}{(빗변)} = \dfrac{\overline{AC}}{\overline{AB}} = \dfrac{\overline{DF}}{\overline{DE}} = \dfrac{\overline{GI}}{\overline{GH}} = \cos 36.8°$

$\dfrac{(높이)}{(밑변)} = \dfrac{\overline{BC}}{\overline{AC}} = \dfrac{\overline{EF}}{\overline{DF}} = \dfrac{\overline{HI}}{\overline{GI}} = \tan 36.8°$

⇒ 직각 삼각형에서 각의 크기가 같으면 (닮음) 변의 길이는 달라도 변의 길이의 비율이 같다.

율 : 고등학교 과정에서 율을 나누기, 곱수꼴을 쓰인다.

연구01 빈칸에 알맞은 삼각비의 값을 쓰시오.

2 삼각비의 값

①특수각의 삼각비

삼각비 A	0°	30°	45°	60°	90°
sin A	0	$\dfrac{1}{2}$	$\dfrac{\sqrt{2}}{2}$	$\dfrac{\sqrt{3}}{2}$	1
cos A	1	$\dfrac{\sqrt{3}}{2}$	$\dfrac{\sqrt{2}}{2}$	$\dfrac{1}{2}$	0
tan A	0	$\dfrac{\sqrt{3}}{3}$	1	$\sqrt{3}$	없다

※ $\sin\theta$, $\cos\theta$, $\tan\theta$ 셋 중 하나만 알면
나머지도 다 알 수 있다.

②단위원과 삼각비

반지름 길이가 1인 원!

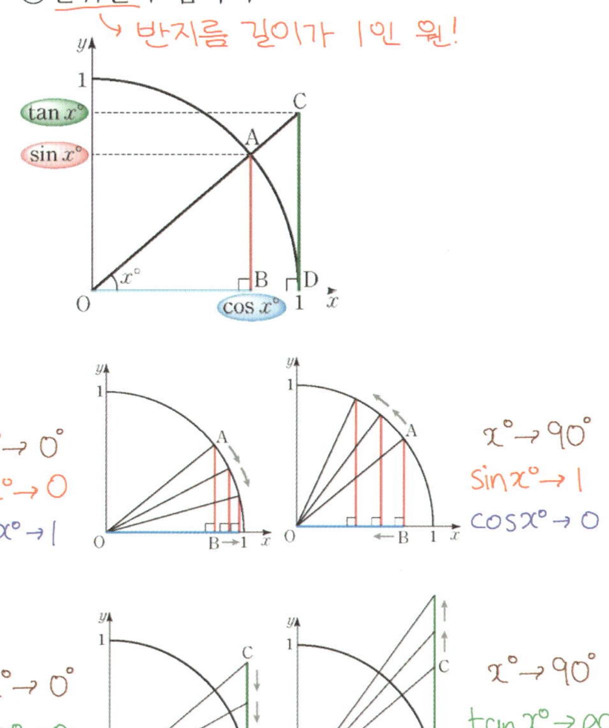

✎ 삼각비의 값

①특수각의 삼각비

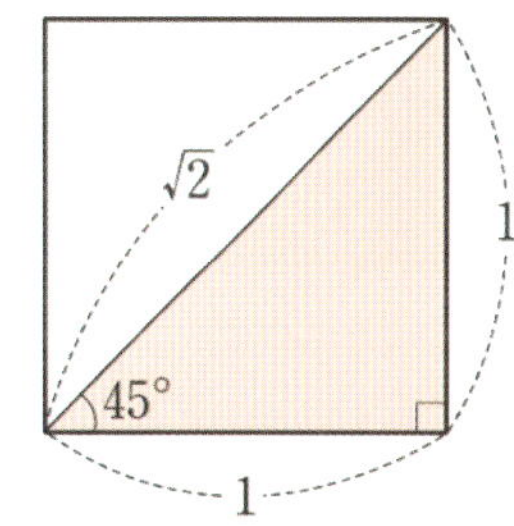

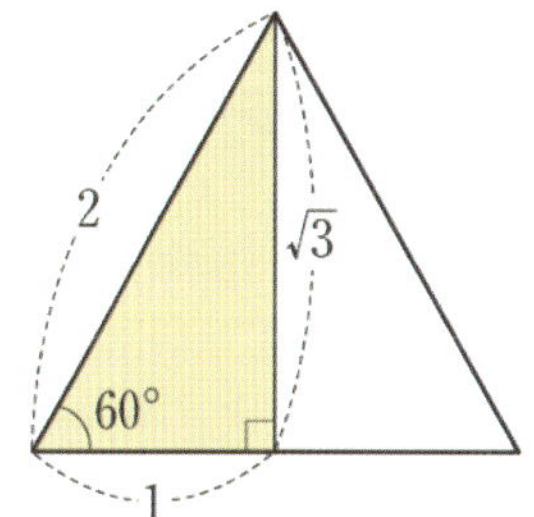

②단위원과 삼각비

$$\sin x° = \frac{\overline{AB}}{\overline{OA}} = \frac{\overline{AB}}{1} = \overline{AB}$$

$$\cos x° = \frac{\overline{OB}}{\overline{OA}} = \frac{\overline{OB}}{1} = \overline{OB}$$

$$\tan x° = \frac{\overline{CD}}{\overline{OD}} = \frac{\overline{CD}}{1} = \overline{CD}$$

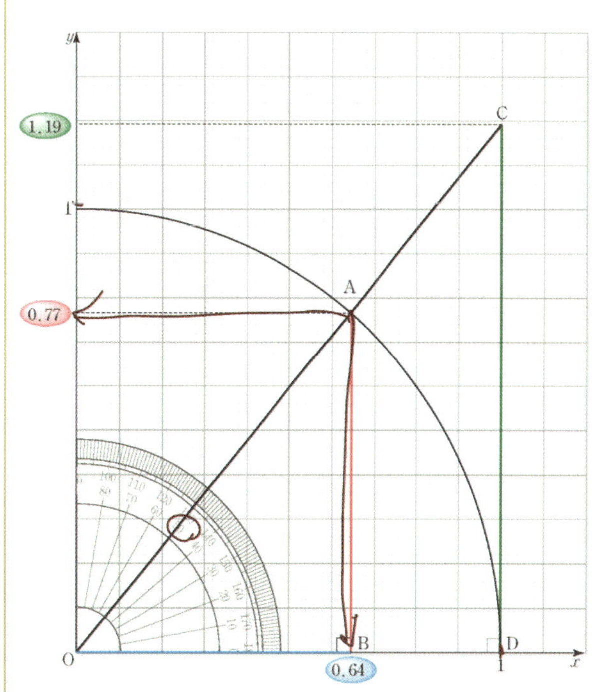

연구02 △ABC에서 ∠A $= \theta$라고 할 때, 나머지 두 변의 길이를 주어진 길이와 θ에 대한 삼각비를 이용해 표현하시오.

3 삼각비의 활용

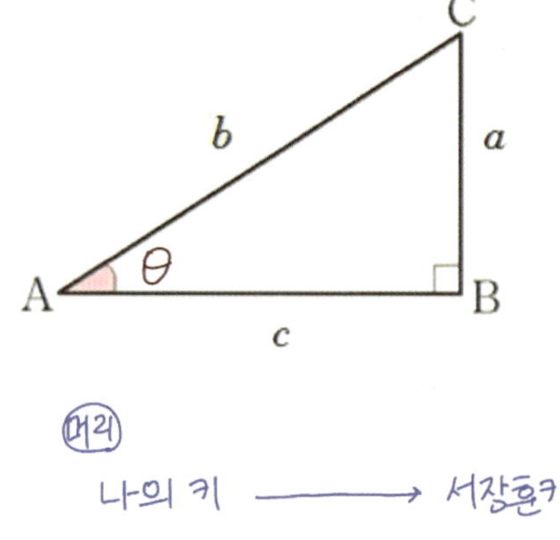

머리

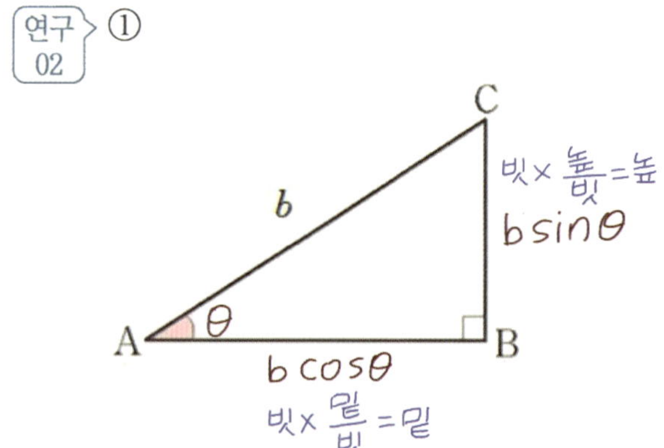

연구 02 ①

② 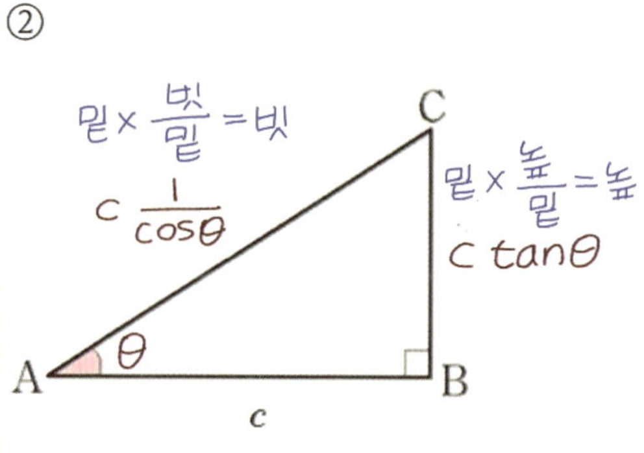

③ 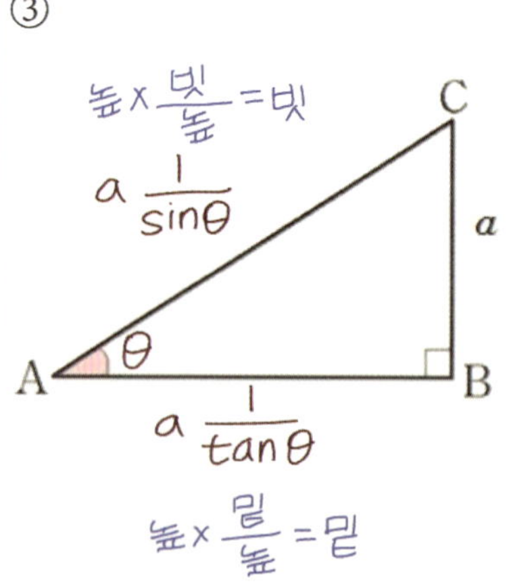

4 일반각

시초선 OX 와 동경 OP 가 나타내는 한 각의
크기를 α° 라 하면 $\angle XOP$ 의 크기는
일반적으로 아래와 같이 나타낼 수 있다.

$$360^\circ \times n + \alpha^\circ \quad (단,\ n\text{은 정수})$$

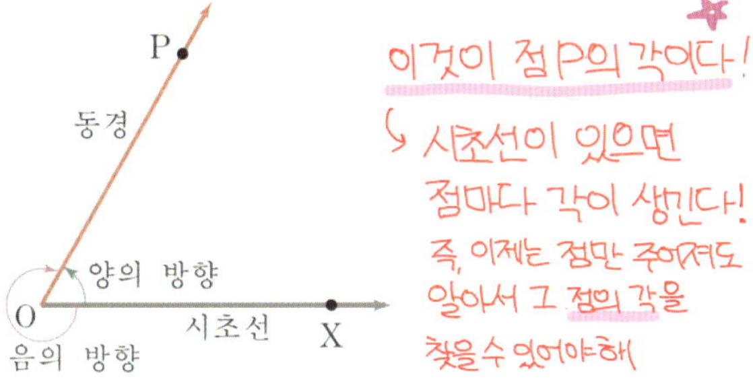

동경 OP 의 위치가 주어져도
$\angle XOP$ 의 크기는 하나로 결정되지 않는다.

사분면

2사분면	1사분면
(−, +)	(+, +)
3사분면	4사분면
(−, −)	(+, −)

일반각

【ex】

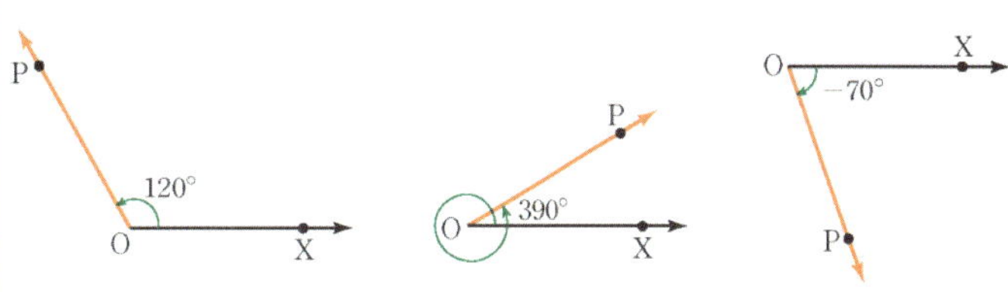

【ex】

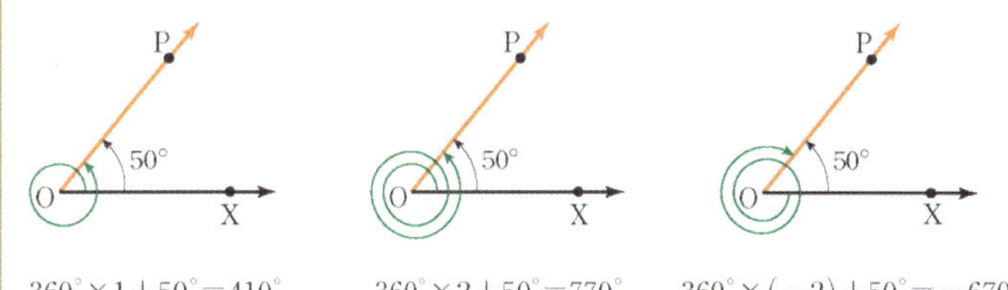

$$360^\circ \times 1 + 50^\circ = 410^\circ \qquad 360^\circ \times 2 + 50^\circ = 770^\circ \qquad 360^\circ \times (-2) + 50^\circ = -670^\circ$$

연구03 중심각 크기 θ를 반지름 길이 r와 호의 길이 l에 관한 식으로 쓰시오.

연구04 1(라디안)을 60분법 각도로 얼마인지, $1°$가 호도법 각도로 얼마인지를 쓰시오.

연구05 부채꼴의 넓이 S를 중심각 크기 θ, 반지름 길이 r, 호의 길이 l를 사용하여 표현하고 이를 유도하시오.

연구06 다음 60분법 각도에 같은 호도법 각도를 빈칸에 쓰시오.

---

5 호도법

호의 길이로 각도를 정하는 법

연구03 r:반지름 길이, θ:중심각 크기, l:호 길이, S:원 넓이

$$\theta = \frac{l}{r} \quad \left(중심각 = \frac{호의길이}{반지름}\right)$$

연구04 ① 60분법과 호도법의 사이의 관계

$$1\,(rad)(라디안) = \frac{180°}{\pi} \quad,\quad 1° = \frac{\pi}{180}\,(rad)(라디안)$$

② 호의 길이: $l = r\theta$

연구05 ③ 넓이: $S = \frac{1}{2}r^2\theta = \frac{1}{2}rl$

✎ 단위는 곱셈이다.

✎ 각도의 실수화.

π는 각도의 단위가 아니라 3.14… 실수

연구06

30°	45°	60°	90°	120°	135°	150°	180°
$\frac{\pi}{6}$	$\frac{\pi}{4}$	$\frac{\pi}{3}$	$\frac{\pi}{2}$	$\frac{2\pi}{3}$	$\frac{3\pi}{4}$	$\frac{5\pi}{6}$	π

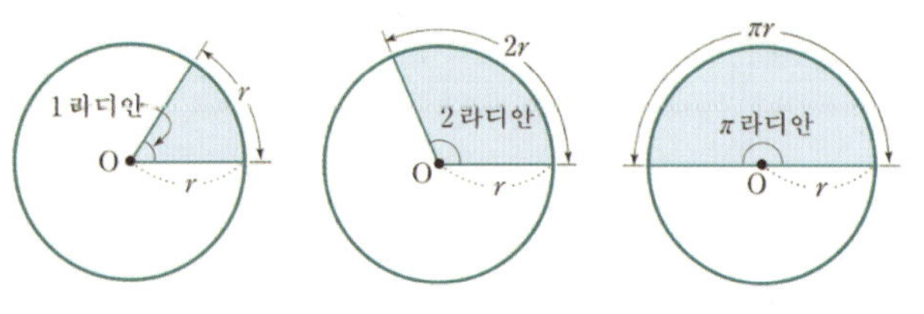

✎ 호도법

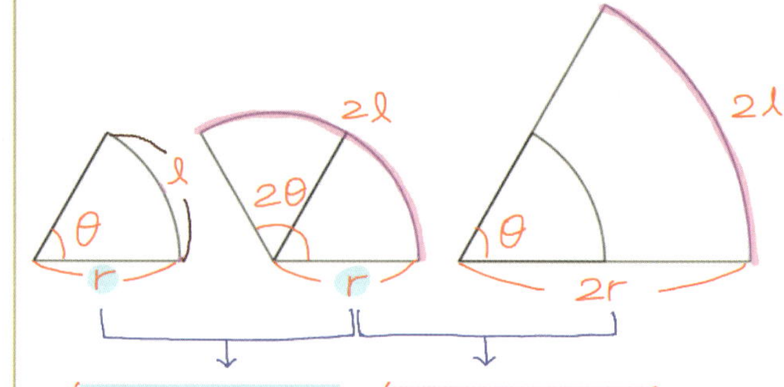

① 60분법과 호도법의 사이의 관계

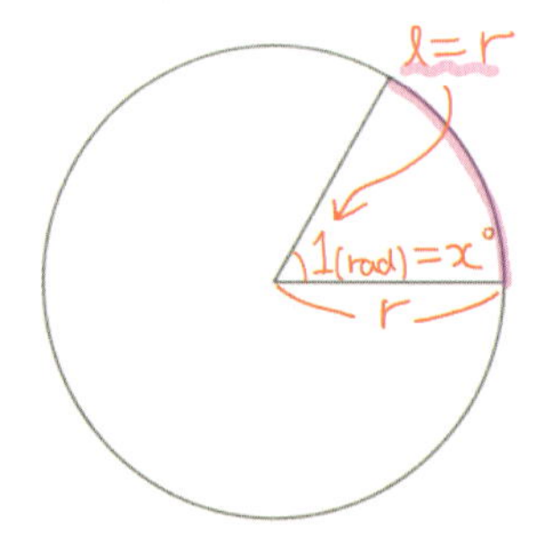

부채꼴 : 원전체

$$x° : 360° = r : 2\pi r$$

$$1\,(rad) = x° = \frac{r}{2\pi r} \times 360° = \frac{180°}{\pi}$$

$$\therefore 1 = \frac{180°}{\pi}$$

$$\pi = 180° = 180 \times 1°$$

$$1° = \frac{\pi}{180}$$

③ 넓이

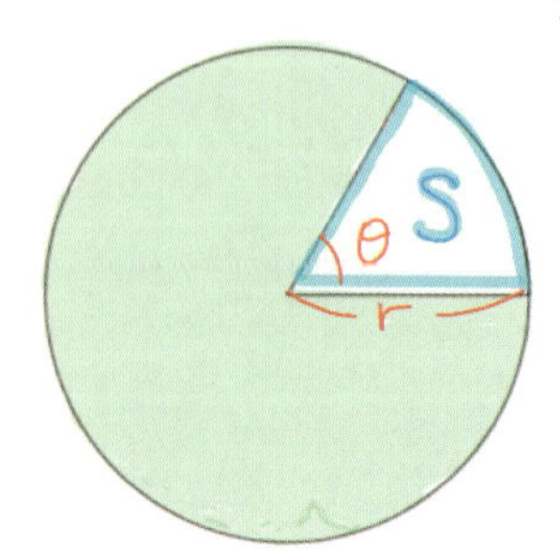

부채꼴 : 원전체

$$S : \pi r^2 = \theta : 2\pi$$

$$S = \frac{1}{2\pi}\cdot \pi r^2 \theta = \frac{1}{2}r^2\theta$$

$$= \frac{1}{2}r(r\theta)$$

$$= \frac{1}{2}rl$$

연구07 좌표평면에서 x축의 양의 방향을 시초선으로 할 때, 점 $P(x,y)$에 대하여 동경 OP의 각도가 θ이고 $r = \sqrt{x^2+y^2}$일 때 $\sin\theta$, $\cos\theta$, $\tan\theta$의 값을 쓰시오.

연구08 θ가 동경 OP에 대한 각이고 점 $P(x,y)$가 각 사분면에 있을 때의 $\sin\theta$, $\cos\theta$, $\tan\theta$의 부호를 아래의 빈칸에 쓰시오.

---

6 삼각함수의 정의

'점의 각'과 'x좌표, y좌표, 점까지의 거리'의 관계 구하기

연구 07 좌표평면에서 x축의 양의 방향을 시초선으로 할 때, 점 $P(x,y)$에 대하여 동경 OP의 각도가 θ이고 $r = \sqrt{x^2+y^2}$일 때

(점까지의 거리)

$$\sin\theta = \frac{y}{r}, \quad \cos\theta = \frac{x}{r}, \quad \tan\theta = \frac{y}{x}$$

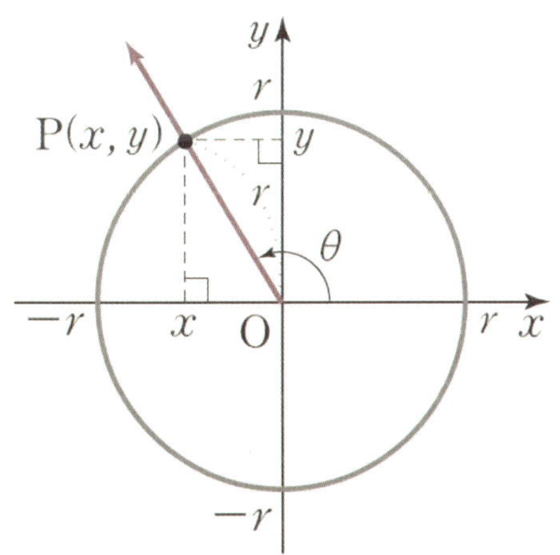

①삼각함수의 부호

✎ 삼각함수의 정의

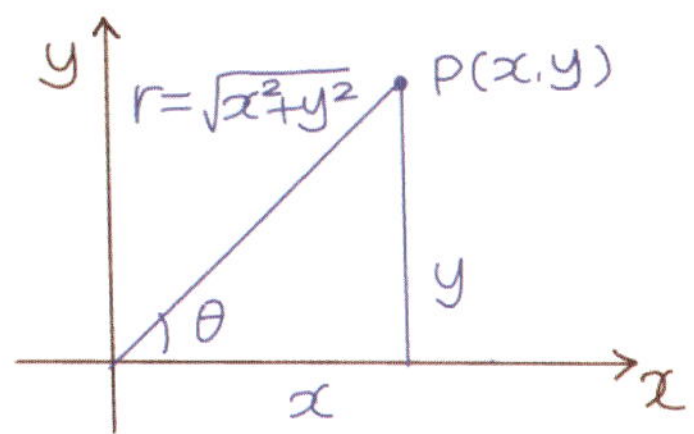

중학교 삼각비 vs 고등학교 삼각함수
↳ 직각삼각형에서   점에서 (직각삼각형 없어도 됨)
↳ θ가 0°~90°만 됨   ↳ θ가 일반각 다 됨

$$\sin\theta = \frac{높이}{빗변} = \frac{점\ y좌표}{점까지\ 거리} = \frac{y}{r} = \sin\theta$$

$$\cos\theta = \frac{밑변}{빗변} = \frac{점\ x좌표}{점까지\ 거리} = \frac{x}{r} = \cos\theta$$

$$\tan\theta = \frac{높이}{밑변} = \frac{점\ y좌표}{점\ x좌표} = \frac{y}{x} = \tan\theta$$

연구 08 ①삼각함수의 부호

사분면	x	y	$\sin\theta = \dfrac{y}{r}$	$\cos\theta = \dfrac{x}{r}$	$\tan\theta = \dfrac{y}{x}$
1	$+$	$+$	$+$	$+$	$+$
2	$-$	$+$	$+$	$-$	$-$
3	$-$	$-$	$-$	$-$	$+$
4	$+$	$-$	$-$	$+$	$-$

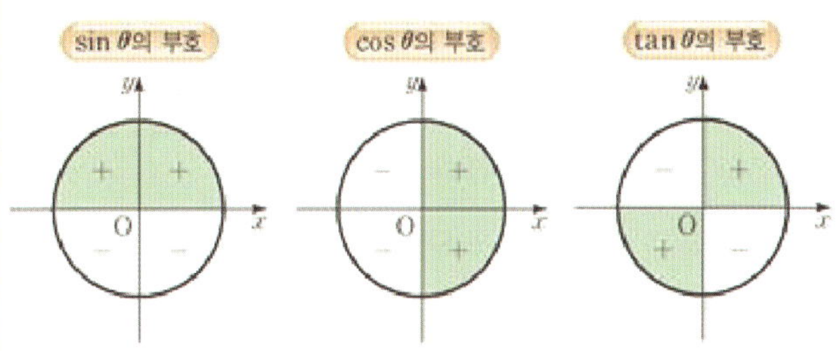

얼싸안고

[연구09] 다음 삼각함수 사이의 관계를 유도하시오.

① $\tan\theta = \dfrac{\sin\theta}{\cos\theta}$

② $\sin^2\theta + \cos^2\theta = 1$

[연구10] 중심이 원점 O이고 반지름의 길이가 r인 원 위에 있는 점 P에 대하여, 동경 OP의 각이 θ일 때, 점 P의 좌표를 쓰시오.

---

7 삼각함수 사이의 관계

연구 09

① $\tan\theta = \dfrac{\sin\theta}{\cos\theta}$

② $\sin^2\theta + \cos^2\theta = 1$

 주의!

$(\sin\theta)^2 = \sin\theta^2 \quad \cdots \; (\times)$

$(\sin\theta)^2 = \sin^2\theta \quad \cdots \; (\bigcirc)$

$\sin(\theta^2) = \sin\theta^2 \quad \cdots \; (\bigcirc)$

✎ 삼각함수 사이의 관계

연구 10

$P(x,\ y),\ r = \sqrt{x^2+y^2}$ 일 때,

$\sin\theta = \dfrac{y}{r},\ \cos\theta = \dfrac{x}{r},\ \tan\theta = \dfrac{y}{x}$ 이다.

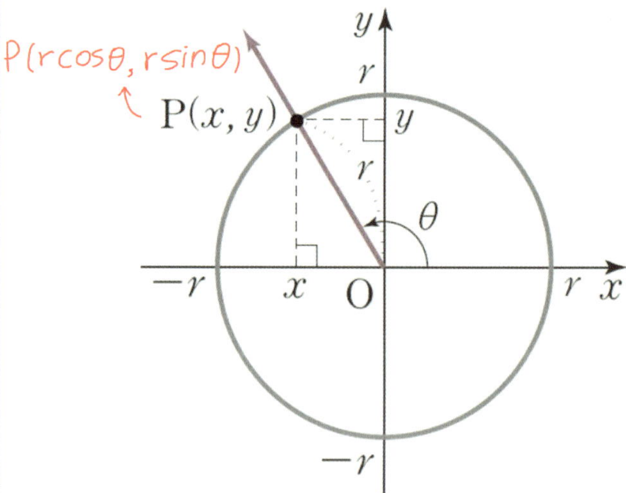

① $\dfrac{\sin\theta}{\cos\theta} = \dfrac{\frac{y}{r}}{\frac{x}{r}} = \dfrac{y}{x} = \tan\theta$

② $\sin^2\theta + \cos^2\theta = \left(\dfrac{y}{r}\right)^2 + \left(\dfrac{x}{r}\right)^2 = \dfrac{y^2+x^2}{r^2} = \dfrac{r^2}{r^2} = 1$

[연구11] 아래 단위원에 표시되어 있는 모든 60분법 각도에 대하여

① 호도법 각   ② 점의 좌표를 모두 쓰시오.

[연구12] 아래 표에 알맞은 값을 쓰시오.

단위원 (원점으로 중심으로 하고 반지름의 길이가 1인 원)

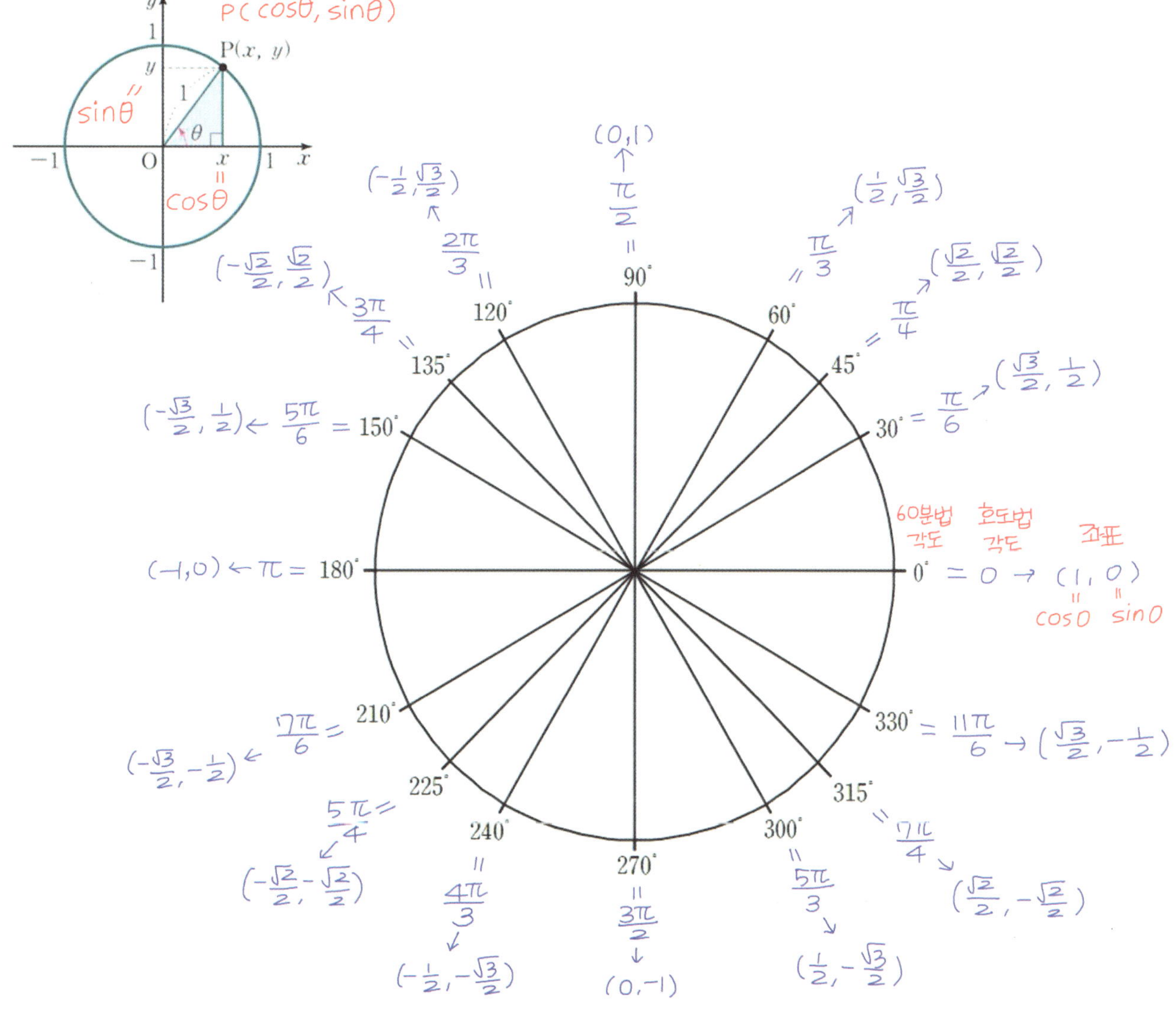

θ	0	$\dfrac{\pi}{6}$	$\dfrac{\pi}{3}$	$\dfrac{\pi}{2}$	$\dfrac{2\pi}{3}$	$\dfrac{5\pi}{6}$	π	$\dfrac{7\pi}{6}$	$\dfrac{4\pi}{3}$	$\dfrac{3\pi}{2}$	$\dfrac{5\pi}{3}$	$\dfrac{11\pi}{6}$	2π
$\sin\theta$	0	$\dfrac{1}{2}$	$\dfrac{\sqrt{3}}{2}$	1	$\dfrac{\sqrt{3}}{2}$	$\dfrac{1}{2}$	0	$-\dfrac{1}{2}$	$-\dfrac{\sqrt{3}}{2}$	-1	$-\dfrac{\sqrt{3}}{2}$	$-\dfrac{1}{2}$	0
$\cos\theta$	1	$\dfrac{\sqrt{3}}{2}$	$\dfrac{1}{2}$	0	$-\dfrac{1}{2}$	$-\dfrac{\sqrt{3}}{2}$	-1	$-\dfrac{\sqrt{3}}{2}$	$-\dfrac{1}{2}$	0	$\dfrac{1}{2}$	$\dfrac{\sqrt{3}}{2}$	1

[연구13] 함수 $y = \sin x$ 의 그래프에서

아래 사항에 알맞은 것을 쓰시오.

a.정의역:　　　b.치　역:

c.주　기:　　　d.대칭성:

---

8 삼각함수의 그래프

① $y = \sin x$ 의 그래프

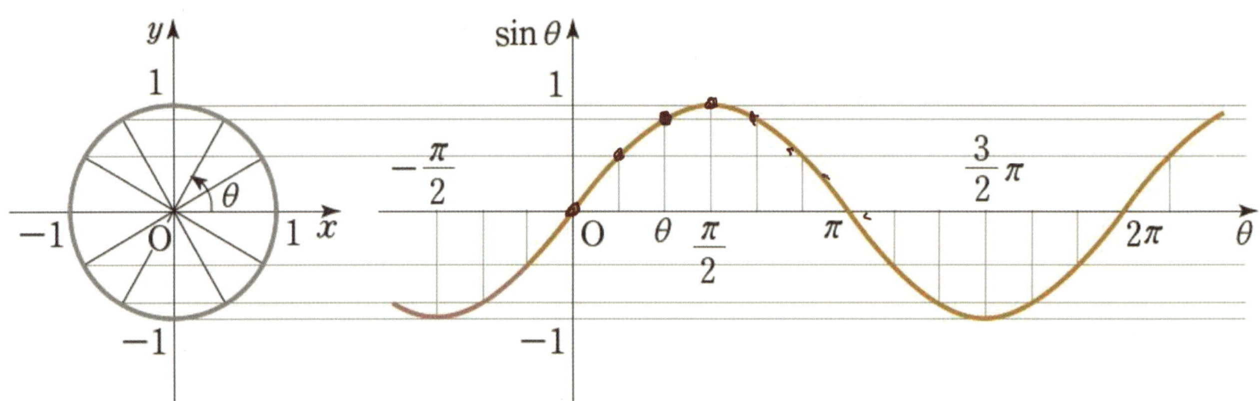

[연구13]

a.정의역: $\{x \mid x \text{는 실수}\}$

b.치　역: $\{y \mid -1 \le y \le 1 \text{ 인 실수}\}$

c.주　기: 2π

d.대칭성: 원점대칭 (기함수)

$$\sin(-x) = -\sin x \quad \left(f(-x) = -f(x) \right)$$

✎ 주기성과 대칭성

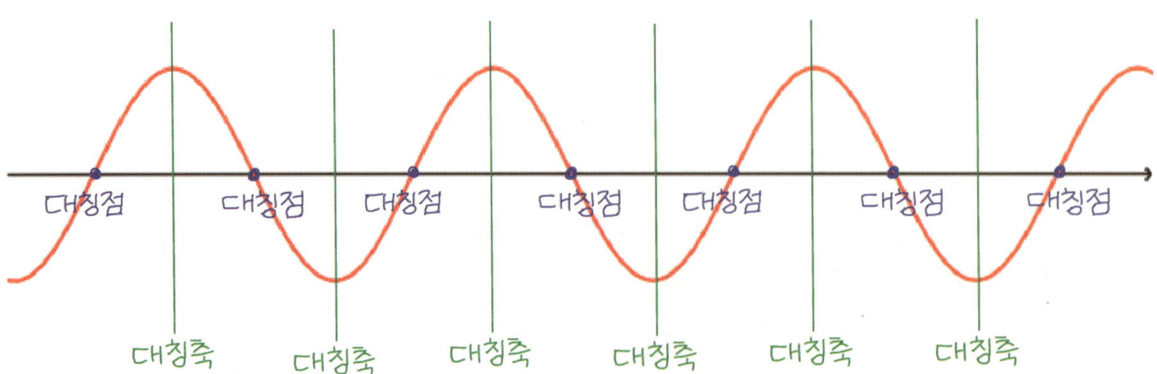

✸
sin함수와 cos함수는 원점과 y축 이외에도
무수히 많은 대칭점과 대칭축이 있다!
(고난도 문제 출제 Point!)

연구14 함수 $y = \cos x$의 그래프에서 아래 사항에 알맞은 것을 쓰시오.

a.정의역: b.치 역:

c.주 기: d.대칭성:

연구15 두 함수 $y = \sin x$와 $y = \cos x$의 그래프는 [   ]이동 관계이다.

② $y = \cos x$의 그래프

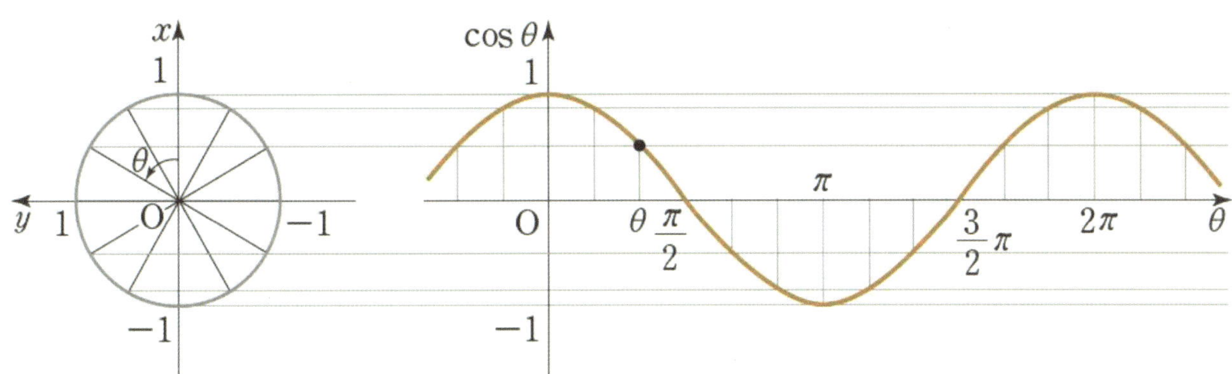

연구14

a.정의역: $\{x \,|\, x$는 실수$\}$

b.치 역: $\{y \,|\, -1 \le y \le 1$ 인 실수$\}$

c.주 기: 2π

d.대칭성: y축 대칭 (우함수)

$$\cos(-x) = \cos x \quad (f(-x) = f(x))$$

연구15 $y = \sin x$와 $y = \cos x$의 그래프의 관계

⇒ 평행이동관계

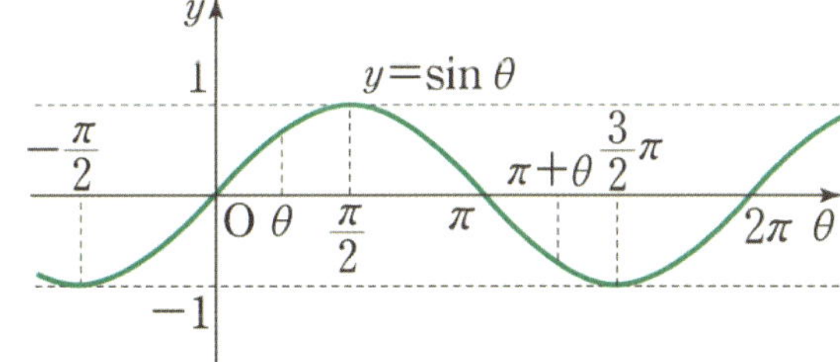

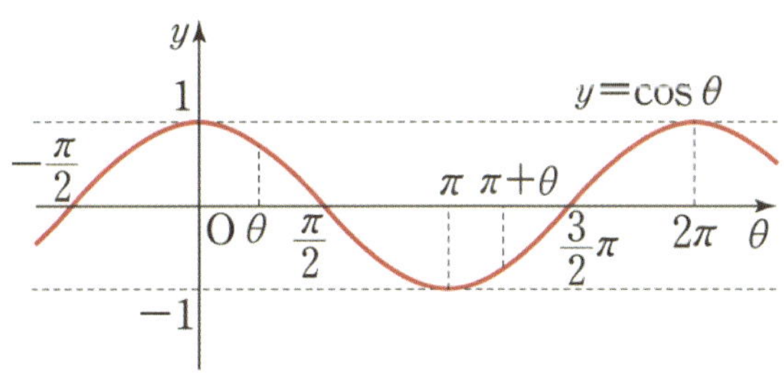

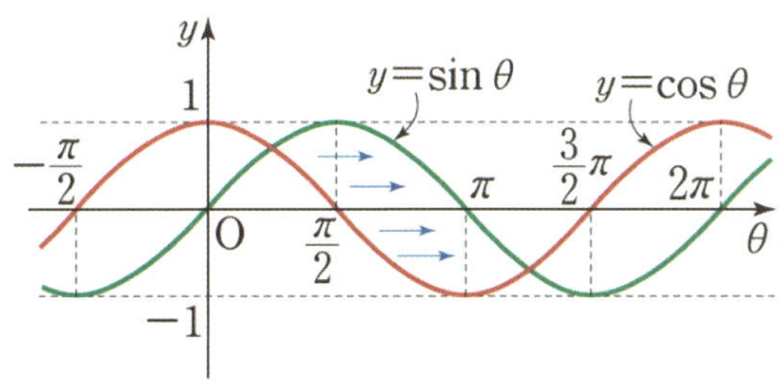

연구16 함수 $y=\tan x$의 그래프에서 아래 사항에 알맞은 것을 쓰시오.

a.정의역:　　　b.치　역:

c.주　기:　　　d.대칭성:

연구17 빈칸에 알맞은 것을 쓰시오.

함　수	최댓값	최솟값	주 기
$a\sin(bx+\alpha)+c$			
$a\cos(bx+\alpha)+c$			
$a\tan(bx+\alpha)+c$			

③ $y=\tan x$의 그래프

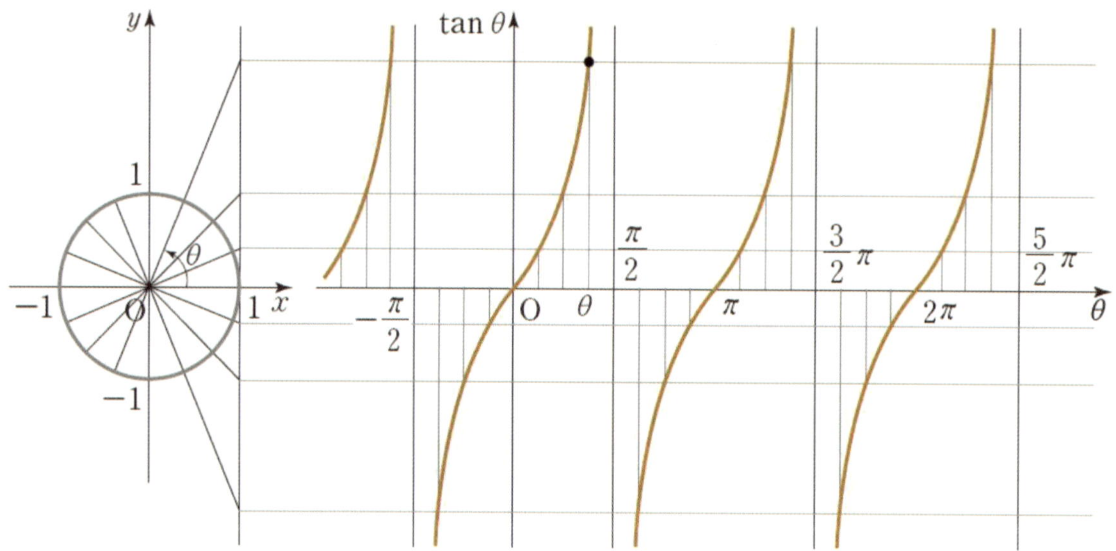

연구16

a.정의역: $\{x \mid x \neq n\pi + \frac{\pi}{2}$ (n은정수)인 실수$\}$

b.치　역: $\{y \mid y$는실수$\}$　　점근선: $x = n\pi + \frac{\pi}{2}$

c.주　기: π

d.대칭성: 원점대칭 (기함수)
$$\tan(-x) = -\tan x$$

⑨ 삼각함수의 최대/최소/주기

연구17

함　수	최댓값	최솟값	주 기
$a\sin(bx+\alpha)+c$	$|a|+c$	$-|a|+c$	$\dfrac{2\pi}{|b|}$
$a\cos(bx+\alpha)+c$	$|a|+c$	$-|a|+c$	$\dfrac{2\pi}{|b|}$
$a\tan(bx+\alpha)+c$	없다	없다	$\dfrac{\pi}{|b|}$

[연구18] $y = f(x)$의 그래프에 대한 $y = f(px)$의 그래프의 특징을 쓰시오.

[연구19] $y = f(x)$의 그래프에 대한 $y = pf(x)$의 그래프의 특징을 쓰시오.

✒ $f(x) = f(x+p)$ 그래프

$f(x) = -\sqrt{1-x^2}$ $(-1 \leq x < 1)$

이고 $f(x) = f(x+2)$

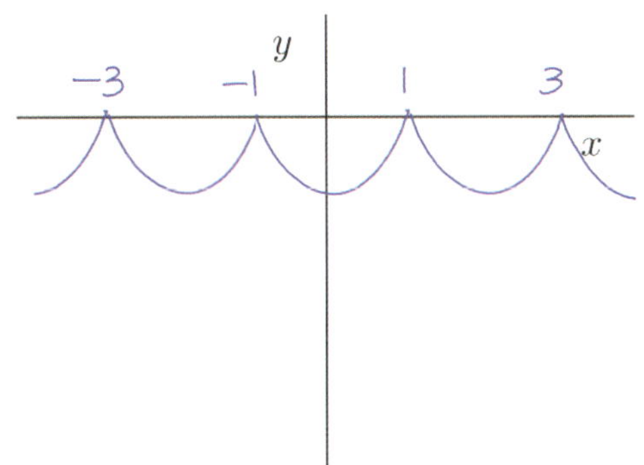

✒ $y = f(px)$ 그래프

연구 18 $y = f(x)$의 그래프에 대한

$y = f(px)$의 그래프의 특징:

y=f(x)의 그래프의 x좌표를 $\frac{1}{p}$배한 것이다

$$x^2 + (y+1)^2 = 1 \qquad a^2 + (b+1)^2 = 1 \quad (a,b)$$

$$(2x)^2 + (y+1)^2 = 1 \qquad \left(2\cdot\frac{a}{2}\right)^2 + (b+1)^2 = 1 \quad \left(\frac{a}{2},b\right)$$

$$\left(\tfrac{1}{2}x\right)^2 + (y+1)^2 = 1 \qquad \left(\tfrac{1}{2}\cdot 2a\right)^2 + (b+1)^2 = 1 \quad (2a,b)$$

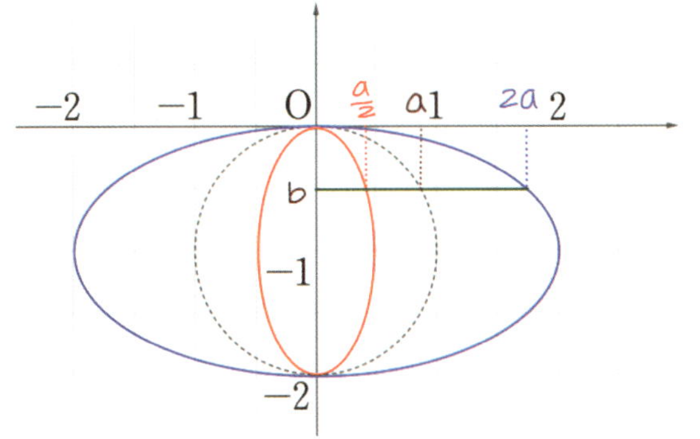

✒ $y = pf(x)$ 그래프

연구 19 $y = f(x)$의 그래프에 대한

$y = pf(x)$의 그래프의 특징:

y=f(x)의 그래프의 y좌표를 p배한 것이다

$$y = x^2 \qquad = 1 \cdot x^2 \qquad (a,b) = (a, a^2)$$

$$y = (2x)^2 \qquad = 4\cdot x^2 \qquad (a, 4b) = (a, 4a^2)$$

$$y = \left(\tfrac{1}{2}x\right)^2 \qquad = \tfrac{1}{4}x^2 \qquad \left(a, \tfrac{1}{4}b\right) = \left(a, \tfrac{1}{4}a^2\right)$$

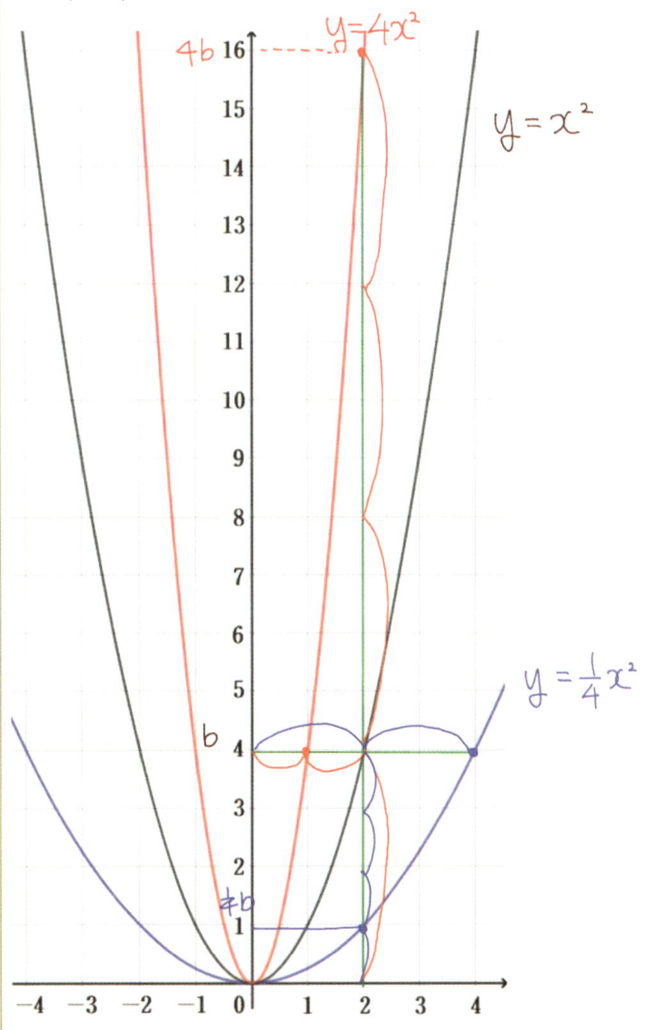

$\boxed{\text{연구20~24}}$ 빈칸에 알맞은 것을 쓰고 이 식이
성립하는 이유를 단위원을 이용해 표현하시오.

⑩ 삼각함수의 성질

①$\sin(2n\pi + \theta) = \sin\theta$

$\cos(2n\pi + \theta) = \cos\theta$

$\tan(2n\pi + \theta) = \tan\theta$

$\boxed{\begin{array}{c}\text{연구}\\20\end{array}}$ ②$\sin(-\theta) = -\sin\theta$

$\cos(-\theta) = \cos\theta$

$\tan(-\theta) = -\tan\theta$

$\boxed{\begin{array}{c}\text{연구}\\21\end{array}}$ ③$\sin(\pi + \theta) = -\sin\theta$

$\cos(\pi + \theta) = -\cos\theta$

$\tan(\pi + \theta) = \tan\theta$

$\boxed{\begin{array}{c}\text{연구}\\22\end{array}}$ ④$\sin(\pi - \theta) = \sin\theta$

$\cos(\pi - \theta) = -\cos\theta$

$\tan(\pi - \theta) = -\tan\theta$

$\boxed{\begin{array}{c}\text{연구}\\23\end{array}}$ ⑤$\sin\left(\dfrac{\pi}{2} + \theta\right) = \cos\theta$

$\cos\left(\dfrac{\pi}{2} + \theta\right) = -\sin\theta$

$\tan\left(\dfrac{\pi}{2} + \theta\right) = -\dfrac{1}{\tan\theta}$

$\boxed{\begin{array}{c}\text{연구}\\24\end{array}}$ ⑥$\sin\left(\dfrac{\pi}{2} - \theta\right) = \cos\theta$

$\cos\left(\dfrac{\pi}{2} - \theta\right) = \sin\theta$

$\tan\left(\dfrac{\pi}{2} - \theta\right) = \dfrac{1}{\tan\theta}$

✎ 삼각함수의 성질

② x축대칭 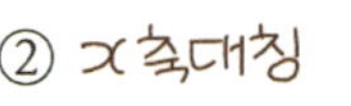

③ 원점대칭 

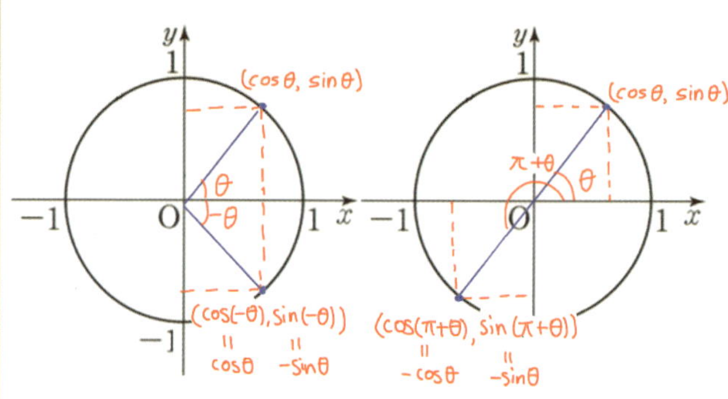

④ y축대칭 ⑤ 90°회전

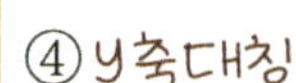
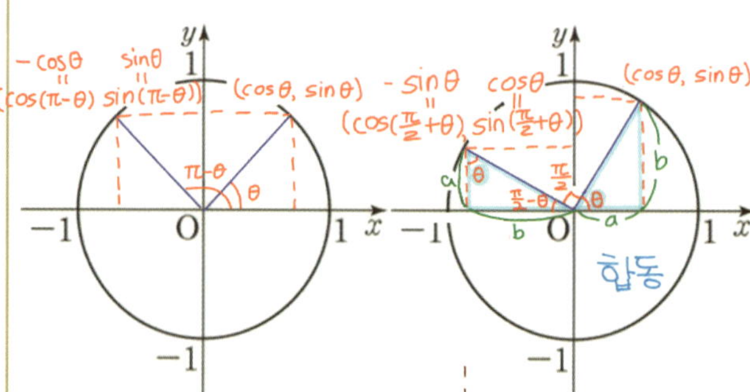

$\sin\left(\dfrac{\pi}{2}+\theta\right) = a = \cos\theta$

$\cos\left(\dfrac{\pi}{2}+\theta\right) = -b = -\sin\theta$

⑥ y=x 대칭

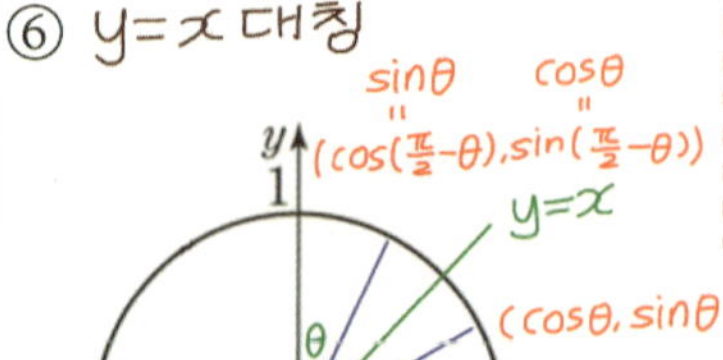

※ 수직기울기$=-1$

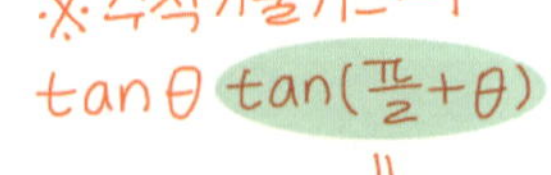
$\tan\theta \quad \tan\left(\dfrac{\pi}{2}+\theta\right) = $

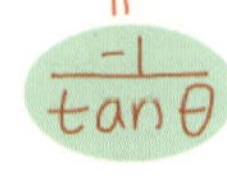
$\dfrac{-1}{\tan\theta}$

11 삼각함수의 변환

$$\boxed{}\left(\frac{\pi}{2}\times n\pm\theta\right)=\pm\boxed{}(\theta)$$

①종류 : n이 짝수→그대로 $\sin\to\cos$
   n이 홀수→바꿈 $\cos\to\sin$
   $\tan\to\cot$
   $\tan$ 역수

②부호 : θ가 예각일 때를 기준으로

$\boxed{}\left(\dfrac{\pi}{2}\times n\pm\theta\right)$의 부호를 붙인다.

(사분면 활용)

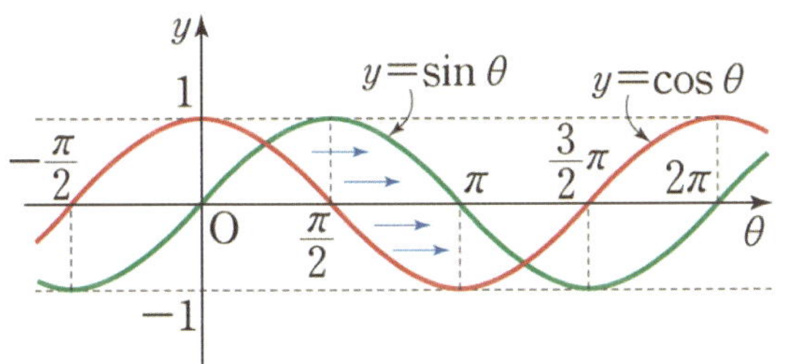

12 삼각방정식/삼각부등식

①그래프 이용

②단위원 이용 $\cos x=X$로, $\sin x=Y$ 치환

삼각함수의 변환

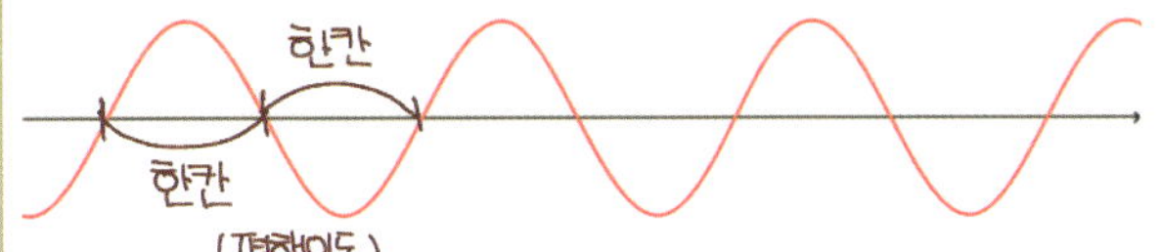

짝수 칸 이동: 그대로

홀수 칸 이동: 반대로

반 칸 이동: 종류 바꿈

$$\sin\left(\frac{\pi}{2}\times 짝\pm\theta\right)=\pm\sin\theta$$

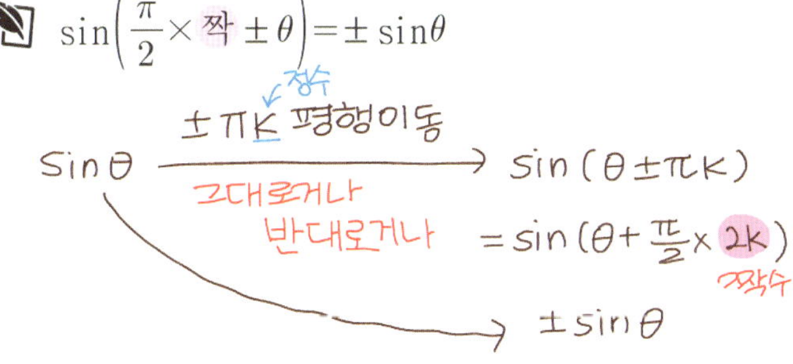

$$\sin\left(\frac{\pi}{2}\times 2k-\theta\right)=\sin\left\{-\left(\theta-\frac{\pi}{2}\times 2k\right)\right\}$$

$$=-\sin\left(\theta-\frac{\pi}{2}\times 2k\right)$$

$$=-(\pm\sin\theta)=\pm\sin\theta$$

$$\sin\left(\frac{\pi}{2}\times 홀\pm\theta\right)=\pm\cos\theta$$

$$sin\theta \xrightarrow{\ \pm\left(\frac{\pi}{2}+\pi K\right)\text{평행이동}\ } \sin\left\{\theta\pm\left(\tfrac{\pi}{2}+\pi K\right)\right\}$$

$$=\sin\left\{\theta\pm\tfrac{\pi}{2}(1+2K)\right\}$$
홀수

$$sin\theta \xrightarrow{\ \pm\frac{\pi}{2}\ } \pm\cos\theta \xrightarrow{\ \pm\pi K\ } \pm\cos\theta$$

연구25 △ABC에서 아래 사인법칙이 성립함을 유도하시오. (단, R는 외접원의 반지름)

$$\frac{a}{\sin A} = \frac{b}{\sin B} = \frac{c}{\sin C} = 2R$$

---

13 사인법칙

△ABC에서

$$\frac{a}{\sin A} = \frac{b}{\sin B} = \frac{c}{\sin C} = 2R$$

(단, R는 외접원의 반지름)

① $\sin A = \dfrac{a}{2R}$, $\sin B = \dfrac{b}{2R}$, $\sin C = \dfrac{c}{2R}$

② $a : b : c = \sin A : \sin B : \sin C$

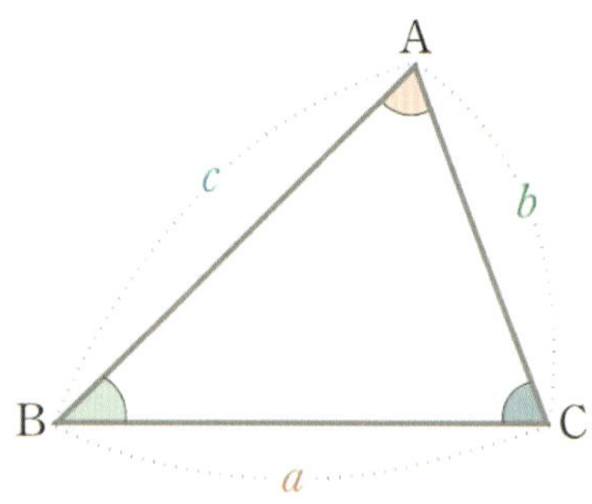

✎ 사인법칙

연구 25

(i) $A < 90°$ 일 때

∠BCA′ $= 90°$ 가 되도록 원 위에 점 A′을 잡으면 $A = A'$ 이고 $\overline{BA'} = 2R$ 이므로

$$\sin A = \sin A' = \frac{a}{2R}$$

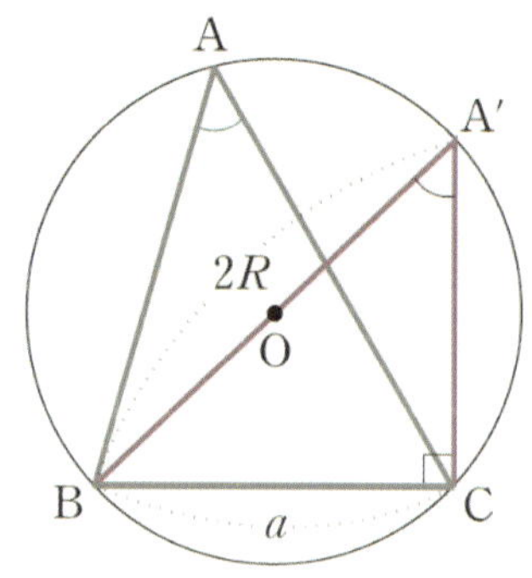

(ii) $A = 90°$ 일 때 $a = 2R$ 이므로

$$\sin A = \sin 90° = 1 = \frac{a}{2R}$$

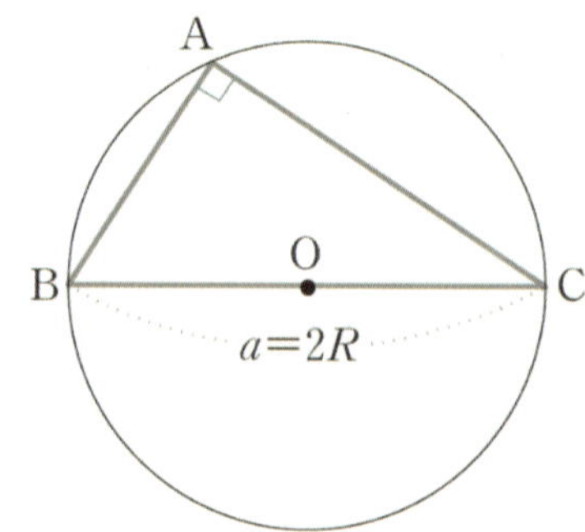

(설) sin법칙 cos법칙 적용법

단서   답

[sin법칙] * 2변 1각 → 1각

* 1변 2각 → 1변

* 외접원

[cos법칙] * 2변 1각 → 1변

* 3변 → 각

[연구26] $\triangle$ABC에 대하여 사인법칙을 활용하여

① b를 이용해 a를 표현하시오.

② c를 이용해 a를 표현하시오.

[연구 26] 🖋 **사인법칙의 실전 적용**

(iii) $A > 90^\circ$ 일 때

$\angle \mathrm{BCA'} = 90^\circ$ 가 되도록 원 위에 점 $\mathrm{A'}$을 잡으면

$A = 180^\circ - A'$ 이고 $\overline{\mathrm{BA'}} = 2R$ 이므로

$$\sin A = \sin(180^\circ - A') = \sin A' = \frac{a}{2R}$$

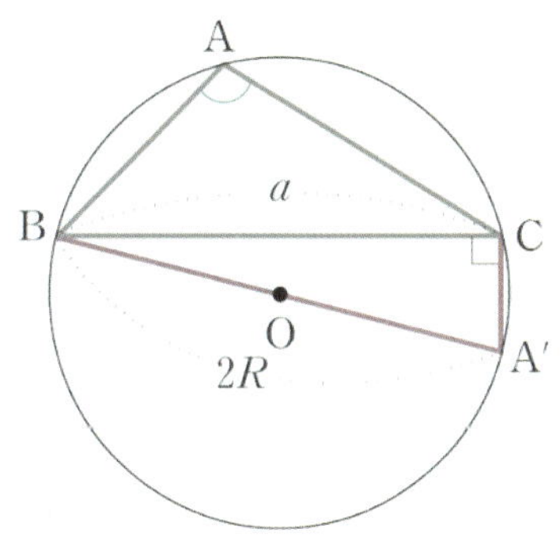

(i), (ii), (iii)에서 $\angle$A의 크기에 관계없이

$\sin A = \dfrac{a}{2R}$, 즉 $\dfrac{a}{\sin A} = 2R$가 성립한다.

같은 방법으로 $\dfrac{b}{\sin B} = 2R$, $\dfrac{c}{\sin C} = 2R$이다.

따라서 $\dfrac{a}{\sin A} = \dfrac{b}{\sin B} = \dfrac{c}{\sin C} = 2R$이다.

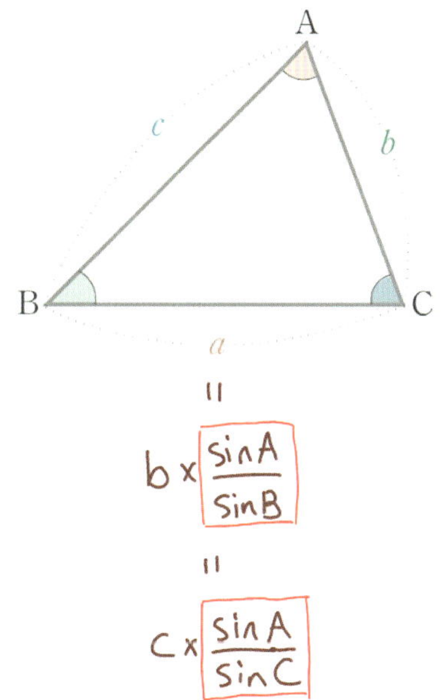

연구27 △ABC에서 아래 코사인법칙이 성립함을
유도하시오.

$$b^2 = a^2 + c^2 - 2ac\cos B$$

14 코사인법칙

△ABC에서

$$a^2 = b^2 + c^2 - 2bc\cos A \iff \cos A = \frac{b^2 + c^2 - a^2}{2bc}$$

$$b^2 = c^2 + a^2 - 2ca\cos B \iff \cos B = \frac{a^2 + c^2 - b^2}{2ac}$$

$$c^2 = a^2 + b^2 - 2ab\cos C \iff \cos C = \frac{a^2 + b^2 - c^2}{2ab}$$

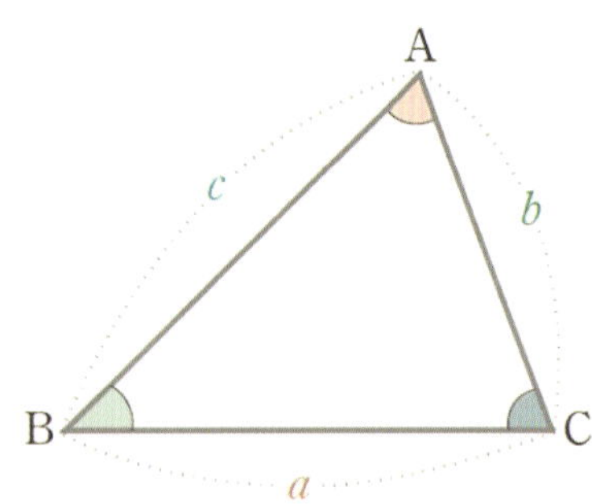

✎ 코사인법칙

연구 27

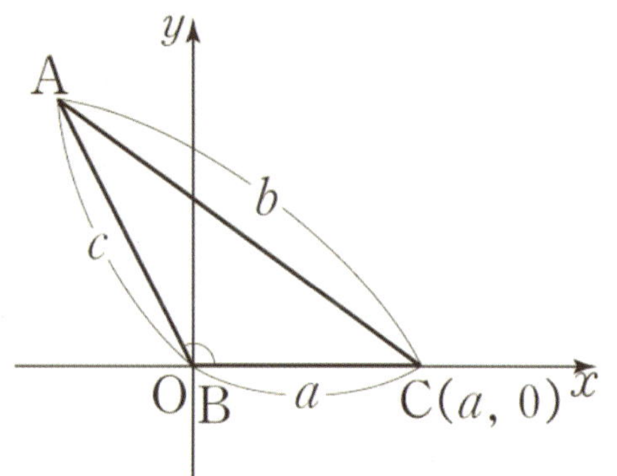

점B를 원점, 점 C(a, 0) 이라 할 때,
점A의 좌표는 A(c cosB, c sinB)이다.
피타고라스 정리에 의하여

$$b^2 = \overline{AC}^2 = (a - c\cos B)^2 + (0 - c\sin B)^2$$
$$= a^2 - 2ac\cos B + c^2\cos^2 B + c^2\sin^2 B$$
$$= a^2 - 2ac\cos B + c^2(\cos^2 B + \sin^2 B)$$
$$= a^2 + c^2 - 2ac\cos B$$

위와 같은 방법으로 다음을 보일 수 있다.

$$a^2 = b^2 + c^2 - 2bc\cos A$$
$$c^2 = a^2 + b^2 - 2ab\cos C$$

연구28 $\triangle ABC$가 아래와 같은 조건을 만족시킬 때, $\triangle ABC$의 넓이를 쓰시오.

① 밑변 a와 높이 h가 주어질 때

② 두 변의 길이와 그 낀 각을 알 때

③ 내접원의 반지름 r과 세 변이 주어질 때

④ 외접원의 반지름 R과 세 변이 주어질 때

⑤ 세 변의 길이를 알 때 (헤론의 공식)

---

15 삼각형의 넓이

① 밑변과 높이가 주어질 때

$$S = \tfrac{1}{2}ah$$

② 두 변의 길이와 그 낀 각을 알 때

$$S = \tfrac{1}{2}ab\sin C = \tfrac{1}{2}bc\sin A = \tfrac{1}{2}ca\sin B$$

③ 내접원의 반지름 r과 세 변이 주어질 때

$$S = \tfrac{1}{2}r(a+b+c)$$

④ 외접원의 반지름 R과 세 변이 주어질 때

$$S = \frac{abc}{4R} = \tfrac{1}{2}ab \cdot \frac{c}{2R} = \tfrac{1}{2}ab\sin C$$

⑤ 세 변의 길이를 알 때 (헤론의 공식)

$$S = \sqrt{s(s-a)(s-b)(s-c)}$$

$$\left(\text{단, } s = \frac{a+b+c}{2}\right)$$

✎ 삼각형의 넓이

（ⅰ） B가 예각인 경우

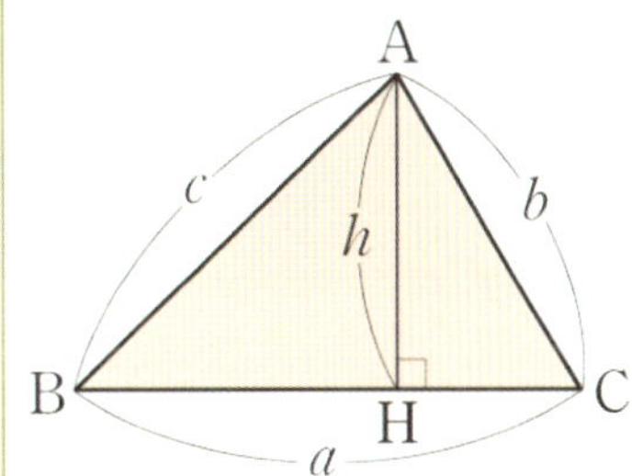

$$h = c\sin B$$

$$\therefore \triangle ABC = \tfrac{1}{2}ah = \tfrac{1}{2}ac\sin B$$

（ⅱ） B가 둔각인 경우

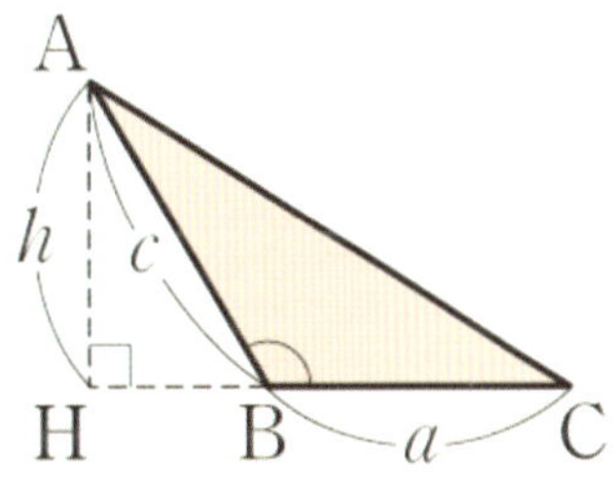

$$h = c\sin(180° - B) = c\sin B$$

$$\therefore \triangle ABC = \tfrac{1}{2}ah = \tfrac{1}{2}ac\sin B$$

「수학 I」 Ⅲ.수열

[연구01] 등차수열의 정의를 쓰시오.

[연구02] 첫째항이 a이고, 공차가 d인 등차수열 $\{a_n\}$의 일반항 a_n의 식을 유도하시오.

[연구03] b가 a와 c의 등차중항일 때 성립하는 식을 쓰고 이를 유도하시오.

1 수열의 뜻

$$a_1 , a_2 , a_3 \ \cdots , a_n , \cdots$$

수열 : 수의 나열

항 : 수열을 이루는 각각의 수

일반항 a_n : 수열의 각 항을 일반적으로 나타냄

2 등차수열

[연구01] 정의: 첫째항에 차례로 일정한 수를 더하여 만들어진 수열

공차: 일정한 수 $a_{n+1} - a_n = d$

[연구02] 일반항: $a_n = a_1 + (n-1)d$

[연구03] 등차중항: 세수 a, b, c가 등차수열을 이룰때 b를 a와 c의 등차중항이라 한다.
$$2b = a + c$$

【ex】 $a_1 = -1$, 공차 4.

a_n? $(1, -1)$ 기울기

일차함수로 해석
$a_n = 4n - 5$
$f(x) = 4x - 5$

$(1, -1)$

【ex】 $a_4 = 2$, $a_{11} = 16$.

공차? $(4, 2) \ (11, 16)$

기울기 $= \dfrac{16 - 2}{11 - 4}$

$d = 2$

✎ 등차수열

일반항:

$$a_1 \qquad\qquad = a_1 + 0 \cdot d$$
$$a_2 = a_1 + d = a_1 + d \qquad = a_1 + 1 \cdot d$$
$$a_3 = a_2 + d = a_1 + d + d \qquad = a_1 + 2 \cdot d$$
$$a_4 = a_3 + d = a_1 + d + d + d = a_1 + 3 \cdot d$$
$$\vdots$$
$$a_n = a_{n-1} + d = a_1 + (d + \cdots + d) = a_1 + (n-1)d$$

항번호에서 -1

등차중항:

$b = a + d,\quad c = a + 2d$ 이므로

$2b = 2(a + d) = 2a + 2d$

$a + c = a + (a + 2d) = 2a + 2d$

$2b = a + c$

연구04 등차수열 $\{a_n\}$의 첫째항부터 제 n항까지의 합 S_n을 유도하시오.

연구05 일반항 a_n과 수열 $\{a_n\}$의 첫째항부터 제n항까지의 합 S_n의 관계를 쓰시오.

---

3 등차수열의 합

연구04

공차가 d인 등차수열의 첫째항부터 n항까지의 합

$$S_n = \frac{a_1 + a_n}{2} \times n$$

합 = 평균 × 개수

$$S_n = \frac{n\{2a_1 + (n-1)d\}}{2}$$

$$S_n = \frac{d}{2}n^2 + \left(a_1 - \frac{d}{2}\right)n + 0$$

↑ 이차식   ↑ 공차 절반   ↑ 상수 = 0

【ex】 $a_1 = -1$, 공차 4. S_n?

$$S_n = \frac{4}{2}n^2 + (-3)n$$

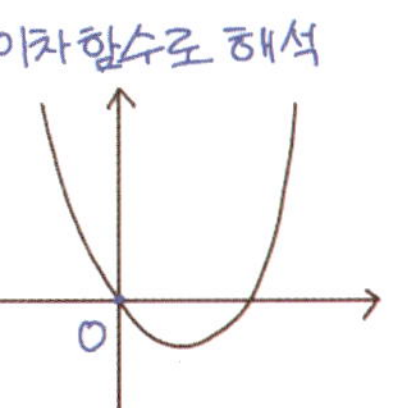

4 일반항과 합의 관계

연구05

① $a_1 = S_1$

② $a_n = S_n - S_{n-1}$ (단, $n \geq 2$)

주의!

✎ 등차수열의 합

첫번째 항부터

$$S_n = a_1 + (a_1 + d) + (a_1 + 2d) + \cdots + (a_n - 2d) + (a_n - d) + a_n$$

마지막 항부터

$$S_n = a_n + (a_n - d) + (a_n - 2d) + \cdots + (a_1 + 2d) + (a_1 + d) + a_1$$

$$2S_n = (a_1 + a_n) + (a_1 + a_n) + \cdots + (a_1 + a_n)$$

$$= (a_1 + a_n) \times n \qquad n개$$

따라서

$$S_n = \frac{a_1 + a_n}{2} \times n$$

$$= \frac{a_1 + (a_1 + (n-1)d)}{2} \times n = \frac{n\{2a_1 + (n-1)d\}}{2}$$

✎ 일반항과 합의 관계

$$a_n = S_n - S_{n-1}$$

$$= (a_1 + a_2 + \cdots + a_{n-1} + a_n)$$

$$- (a_1 + a_2 + \cdots + a_{n-1})$$

주의!

 $n = 1$인경우

$$a_1 = S_1 - S_0 \quad (모순)$$

$$\therefore a_1 = S_1$$

[연구06] 등비수열의 정의를 쓰시오.

[연구07] 첫째항이 a이고, 공비가 r인 등비수열 $\{a_n\}$의 일반항 a_n의 식을 유도하시오.

[연구08] b가 a와 c의 등비중항일 때, 성립하는 식을 쓰고 이를 유도하시오.

---

5 등비수열

[연구06] 정의: 첫 째항부터 각항의 바로 앞항에 일정한수 곱하여 만들어진수열

공비: 일정한수 $\dfrac{a_{n+1}}{a_n} = r$

[연구07] 일반항: $a_n = a_1 r^{n-1}$

[연구08] 등비중항: 세수 a, b, c가 등비수열을 이룰때 b를 a와 c의 등비중항이라고 한다 $\rightleftarrows b^2 = ac$

✎ 등비수열

일반항:

$$a_1 = a_1 r^0$$
$$a_2 = a_1 \times r = a_1 \times r = a_1 r^1$$
$$a_3 = a_2 \times r = a_1 r \times r = a_1 r^2$$
$$a_4 = a_3 \times r = a_1 r \times r \times r = a_1 r^3$$
$$\vdots$$
$$a_n = a_{n-1} \times r = a_1 r \times \cdots \times r = a_1 r^{n-1}$$

항번호에서 -1

등비중항:

$b = ar, \ c = ar^2$ 이므로
$b^2 = (ar)^2 = a^2 r^2$
$ac = a(ar^2) = a^2 r^2$

✎ 원리합계

a를 $p\%$ 증가시키면 : $a\left(1 + \dfrac{p}{100}\right)$

a를 $p\%$씩 n번 증가시키면 : $a\left(1 + \dfrac{p}{100}\right)^n$

a를 $p\%$씩 n번 감소시키면 : $a\left(1 - \dfrac{p}{100}\right)^n$

$a_1 = a$
$a_{n+1} = a\left(1 + \dfrac{p}{100}\right)^n$

$\quad \parallel$
$\quad r$
공비

✎ 원리합계

【ex】100원, 이자 10%

$110 = 100 + 100 \times \dfrac{10}{100} = 100\left(1 + \dfrac{10}{100}\right)$

$121 = 110 + 110 \times \dfrac{10}{100} = 110\left(1 + \dfrac{10}{100}\right)$

2번이자 원리합계 $\rightarrow = 100\left(1 + \dfrac{10}{100}\right)^2$

n번이자 원리합계 $\rightarrow 100\left(1 + \dfrac{10}{100}\right)^n$

[연구09] 첫째항이 a이고, 공비가 r인 등비수열의 첫째항부터 제n항까지의 합 S_n을 유도하시오.

[연구10] 아래 시그마식을 +기호로 풀어서 쓰시오.

① $\displaystyle\sum_{k=1}^{n} a_k$ ② $\displaystyle\sum_{n=1}^{k} a_n$ ③ $\displaystyle\sum_{k=1}^{n} a_n$ ④ $\displaystyle\sum_{n=1}^{k} a_k$

---

6 등비수열의 합

첫째항이 a 공비가 r인 등비수열의 n항까지의 합

① $r \neq 1$이면

$$S_n = \frac{a(1-r^n)}{1-r} = \frac{a(r^n-1)}{r-1}$$

② $r = 1$ 이면

$$S_n = na$$

등비수열의 합

$$S_n = a + ar + ar^2 + \cdots + ar^{n-2} + ar^{n-1}$$

$$rS_n = ar + ar^2 + ar^3 + \cdots + ar^{n-1} + ar^n$$

$$S_n - rS_n = (1-r)S_n = a(1-r^n)$$

(i) $r \neq 1$

$$S_n = \frac{a(1-r^n)}{1-r} = \frac{a(r^n-1)}{r-1}$$

(ii) $r = 1$

$$S_n = a + a + a + \cdots + a + a = na$$

---

7 합의 기호 Σ의 뜻

수열 $\{a_n\}$에서 첫째항부터 제 n항까지의 합

$$S_n = a_1 + a_2 + a_3 + \cdots + a_n = \sum_{k=1}^{n} a_k$$

【ex】 아래 시그마 식을 +기호로 풀어서 쓰시오.

① $\displaystyle\sum_{k=1}^{n} a_k = a_1 + a_2 + a_3 + \cdots + a_n = S_n$

② $\displaystyle\sum_{n=1}^{k} a_n = a_1 + a_2 + a_3 + \cdots + a_k = S_k$

③ $\displaystyle\sum_{k=1}^{n} a_n = a_n + a_n + a_n + \cdots + a_n = na_n$

④ $\displaystyle\sum_{n=1}^{k} a_k = a_k + a_k + a_k + \cdots + a_k = ka_k$

합의 기호 Σ의 뜻

수열 $\{a_n\}$의 첫째항부터 n항까지의 합을 기호로 나타내면?

$$S_n = a_1 + a_2 + a_3 + \cdots + a_n$$

수열 $\{b_n\}$의 첫째항부터 n항까지의 합을 기호로 나타내면?

$$S_n = b_1 + b_2 + b_3 + \cdots + b_n$$

$a_5 + a_6 + a_7 + \cdots + a_{12}$을 기호로 나타내면?

$$S_{12} - S_4 = \sum_{k=5}^{12} a_k$$

새로운 기호가 필요하다!

① 어떤 수열인지?

② 몇 번째 항부터 몇 번째 항까지 더하는지?

[연구11] 다음을 유도하시오.

[연구12] 빈칸에 알맞은 값을 쓰시오.

---

8 Σ의 성질

[연구 11]

① $\displaystyle\sum_{k=1}^{n}(a_k+b_k) = \sum_{k=1}^{n}a_k + \sum_{k=1}^{n}b_k$

② $\displaystyle\sum_{k=1}^{n}(a_k-b_k) = \sum_{k=1}^{n}a_k - \sum_{k=1}^{n}b_k$

③ $\displaystyle\sum_{k=1}^{n}ca_k = c\sum_{k=1}^{n}a_k$ (단, c는 상수)

④ $\displaystyle\sum_{k=1}^{n}c = cn$

[연구 12] **【ex】** 빈칸에 알맞은 값을 쓰시오.

① $\displaystyle\sum_{k=1}^{n}a_k = \sum_{k=1}^{n-1}a_k + [\ a_n\ ]$

① $\displaystyle\sum_{k=1}^{n}a_k = \sum_{k=1}^{m}a_k + \sum_{k=[m+1]}^{n}a_k$ (단, $m<n$)

③ $\displaystyle\sum_{k=1}^{n}a_{k+m} = \sum_{k=[1+m]}^{[n+m]}a_k$

④ $\displaystyle\sum_{k=1}^{2n}a_k = \sum_{k=1}^{[n]}a_{2k-1} + \sum_{k=1}^{[n]}a_{2k}$

Σ의 성질

① $\displaystyle\sum_{k=1}^{n}(a_k+b_k)$

$= (a_1+b_1)+(a_2+b_2)+(a_3+b_3)+\cdots+(a_n+b_n)$

$= (a_1+a_2+a_3+\cdots+a_n)+(b_1+b_2+b_3+\cdots+b_n)$

$= \displaystyle\sum_{k=1}^{n}a_k + \sum_{k=1}^{n}b_k$

② $\displaystyle\sum_{k=1}^{n}(a_k-b_k)$

$= (a_1-b_1)+(a_2-b_2)+(a_3-b_3)+\cdots+(a_n-b_n)$

$= (a_1+a_2+a_3+\cdots+a_n)-(b_1+b_2+b_3+\cdots+b_n)$

$= \displaystyle\sum_{k=1}^{n}a_k - \sum_{k=1}^{n}b_k$

③ $\displaystyle\sum_{k=1}^{n}ca_k$

$= ca_1+ca_2+ca_3+\cdots+ca_n$

$= c(a_1+a_2+a_3+\cdots+a_n)$

$= c\displaystyle\sum_{k=1}^{n}a_k$

④ $\displaystyle\sum_{k=1}^{n}c = c+c+c+\cdots+c = cn$

연구13 빈칸에 알맞은 식을 쓰시오.

① $\displaystyle\sum_{k=1}^{n} k =$ ② $\displaystyle\sum_{k=1}^{n} k^2 =$

③ $\displaystyle\sum_{k=1}^{n} k^3 =$

연구14 $\dfrac{1}{A \cdot B} = \dfrac{1}{B-A}\left(\dfrac{1}{A} - \dfrac{1}{B}\right)$ 를 유도하시오.

연구15 아래 식을 계산하시오.

① $\displaystyle\sum_{k=1}^{n} kn^2 =$ ② $\displaystyle\sum_{n=1}^{k} kn^2 =$

---

9 자연수의 거듭제곱의 합

① $\displaystyle\sum_{k=1}^{n} k = \dfrac{n(n+1)}{2}$

② $\displaystyle\sum_{k=1}^{n} k^2 = \dfrac{n(n+1)(2n+1)}{6}$

③ $\displaystyle\sum_{k=1}^{n} k^3 = \left\{\dfrac{n(n+1)}{2}\right\}^2$

교과서에서 이에 대한 직접적인 유도과정은 다루지 않고, 뒤에 나오는 수학적 귀납법을 제시한 후 예제로 유도하도록 하는 것이 일반적이다.

$\displaystyle\sum_{k=1}^{n} (a_k - a_{k+1}) = a_1 - a_{n+1}$

연구14
$\dfrac{1}{AB} = \dfrac{1}{B-A}\left(\dfrac{1}{A} - \dfrac{1}{B}\right)$
$= \dfrac{1}{B-A} \times \dfrac{B-A}{AB} = \dfrac{1}{AB}$

연구15
【ex】아래 식을 계산하시오.

① $\displaystyle\sum_{k=1}^{n} kn^2 = n^2 \sum_{k=1}^{n} k = n^2 \dfrac{n(n+1)}{2} = \dfrac{n^3(n+1)}{2}$

② $\displaystyle\sum_{n=1}^{k} kn^2 = k \sum_{n=1}^{k} n^2 = k\,\dfrac{k(k+1)(2k+1)}{6}$

$= \dfrac{k^2(k+1)(2k+1)}{6}$

✎ 자연수의 거듭제곱의 합

① 등차수열의 합의 공식을 이용하면

$$\sum_{k=1}^{n} k = 1+2+3+\cdots+n = \dfrac{n(n+1)}{2}$$

② $(k+1)^3 - k^3 = 3k^2 + 3k + 1$

→ $k=1$일 때, $2^3 - 1^3 = 3\cdot 1^2 + 3\cdot 1 + 1$

  $k=2$일 때, $3^3 - 2^3 = 3\cdot 2^2 + 3\cdot 2 + 1$

  $k=3$일 때, $4^3 - 3^3 = 3\cdot 3^2 + 3\cdot 3 + 1$

  $\vdots$ $\vdots$

  $k=n$일 때, $(n+1)^3 - n^3 = 3n^2 + 3n + 1$

→ $(n+1)^3 - 1^3$

$= 3(1^2 + 2^2 + \cdots + n^2) + 3(1 + 2 + \cdots + n)$
$\qquad\qquad + (1 + 1 + \cdots + 1)$

$= 3\displaystyle\sum_{k=1}^{n} k^2 + 3\cdot \dfrac{n(n+1)}{2} + n$

→ $\displaystyle\sum_{k=1}^{n} k^2 = \dfrac{1}{3}\left\{(n+1)^3 - 3\cdot \dfrac{n(n+1)}{2} - n - 1\right\}$

$= \dfrac{n(n+1)(2n+1)}{6}$

연구16 수학적 귀납법이 무엇인지 서술하시오.

연구17 수열의 귀납적 정의가 무엇인지 서술하시오.

연구18 등차수열의 점화식 2가지를 쓰시오.

연구19 등비수열의 점화식 2가지를 쓰시오.

🔟 수학적 귀납법

연구 16 자연수 n에 대하여 명제 $P(n)$이 성립함을 보이려 할 때

① $P(1)$이 성립함을 보인다.

② $P(k)$가 성립한다고 가정할때 $P(k+1)$이 성립함을 보인다.

⇒ 명제 $P(n)$은 모든 자연수 n에 대하여 성립한다.

⑪ 수열의 귀납적 정의(점화식)

연구 17 첫째항과 이웃하는 두 항 사이의 관계식으로 수열을 정의하는 것

① 첫째항 a_1 의 값

② 두항 a_n, a_{n+1} 사이의 관계식

연구 18 ✍ 등차수열의 점화식

① $a_{n+1} = a_n + d$

② $2a_{n+1} = a_n + a_{n+2}$

연구 19 ✍ 등비수열의 점화식

① $a_{n+1} = r a_n$

② $a_{n+1}^2 = a_n a_{n+2}$

✍ 수학적 귀납법

EX) 공부결심맨

* 1/1 공부 X ⇒ 1/1 공부 X
* 전날 공부 X → 1/2 공부 X
  → 다음날 공부 X → 1/3 공부 X
* 맨날 공부 X ⇐ 1/4 공부 X

$P(n)$: $F(n) = G(n)$ "참"임을 증명하라

$P(1)$: $F(1) = G(1)$

$P(k)$: $F(k) = G(k)$ 가정
가정

$P(k+1)$:
$$\begin{bmatrix} F(k)\text{변형} = G(k)\text{변형} & \text{가정 활용} \\ \| \qquad\qquad \| \\ F(k+1) = G(k+1) \end{bmatrix}$$

실제 증명은 이 순서로 쓰게 돼!

$$\begin{bmatrix} F(k+1) = F(k)\text{변형} & \text{가정 활용} \\ \qquad = G(k)\text{변형} \\ \qquad = G(k+1) \end{bmatrix}$$

역대 수능·모의고사 기출 문항 출제 의도

Ⅰ.지수·로그 함수

[출제의도] 거듭제곱근의 정의를 이용하여 조건을 만족시키는 미지수의 값을 구하는 문제를 해결한다.

[출제의도] 지수법칙을 이용하여 식의 값을 계산하는 문제를 해결한다.

[출제의도] 로그의 성질을 이용하여 식의 값을 계산하는 문제를 해결한다.

[출제의도] 지수함수의 그래프 이해하는 문제를 해결한다.

[출제의도] 지수함수의 그래프 이용하여 주어진 부등식의 참, 거짓을 판별하는 문제를 해결한다.

[출제의도] 지수가 포함된 방정식과 부등식의 해를 구하는 문제를 해결한다.

[출제의도] 로그함수의 그래프 이해하는 문제를 해결한다.

[출제의도] 로그함수의 그래프 이용하여 수어진 부능식의 잠, 거짓을 판별하는 분제를 해결한다.

[출제의도] 로그가 포함된 방정식과 부등식의 해를 구하는 문제를 해결한다.

[출제의도] 지수함수와 로그함수의 그래프의 대칭 관계를 이용하여 문제를 해결한다.

Ⅱ.삼각함수

[출제의도] 호도법을 활용하여 문제를 해결한다.

[출제의도] 삼각함수의 정의를 이해하는 문제를 해결한다.

[출제의도] 삼각함수 사이의 관계를 이해하는 문제를 해결한다.

[출제의도] 삼각함수의 성질을 이해하여 주어진 조건을 만족시키는 값을 구하는 문제를 해결한다.

[출제의도] 삼각함수의 그래프를 이해하여 교점의 개수를 구하는 문제를 해결한다.

[출제의도] 삼각함수의 주기성을 이용하여 주어진 조건을 만족시키는 자연수의 개수를 구하는 문제를 해결한다.

[출제의도] 삼각함수의 최댓값과 최솟값을 구하는 문제를 해결한다.

[출제의도] 삼각함수가 포함된 방정식과 부등식의 해를 구하는 문제를 해결한다.

[출제의도] 사인법칙을 이용하여 삼각형의 외접원의 반지름의 길이를 구하는 문제를 해결한다.

[출제의도] 사인법칙과 코사인법칙을 이용하여 선분의 길이를 구하는 문제를 해결한다.

[출제의도] 사인법칙과 코사인법칙을 이용하여 삼각형의 넓이 구하는 문제를 해결한다.

Ⅲ.수열

[출제의도] 등차수열과 등비수열의 일반항을 구하는 문제를 해결한다.

[출제의도] 등차수열과 등비수열의 공차와 공비를 구하는 문제를 해결한다.

[출제의도] 등차수열과 등비수열의 합을 이용하여 문제를 해결한다.

[출제의도] 등차중항과 등비중항을 이용하여 수열의 항의 값을 구하는 문제를 해결한다.

[출제의도] 도형에 활용된 수열에 관련된 문제를 해결한다.

[출제의도] 주어진 두 수열의 관계를 이해하여 수열의 항의 값을 구하는 문제를 해결한다.

[출제의도] 수열의 합과 일반항 사이의 관계를 이용하여 문제를 해결한다.

[출제의도] 합의 기호의 성질을 이용하여 수열의 합을 구하는 문제를 해결한다.

[출제의도] 자연수의 거듭제곱의 합을 계산하여 값을 구하는 문제를 해결한다.

[출제의도] 수열의 귀납적 정의를 이용하여 수열의 항을 구하는 문제를 해결한다.

[출제의도] 수학적 귀납법을 이용하여 명제를 증명하는 문제를 해결한다.

수학 II

「교과서 학습 목표」

1.함수의 극한

□ 함수의 극한의 뜻을 안다.

□ 함수의 극한에 대한 성질을 이해하고,
여러 가지 함수의 극한값을 구할 수 있다.

□ 함수의 연속의 뜻을 안다.

□ 연속함수의 성질을 이해하고,
이를 활용할 수 있다.

2. 미분법

□ 미분계수의 뜻을 알고, 그 값을 구할 수 있다.

□ 미분계수의 기하학적 의미를 안다.

□ 미분가능성과 연속성의 관계를 이해한다.

□ 함수 $y = x^n$(n은 양의 정수)의
도함수를 구할 수 있다.

□ 함수의 실수배, 합, 차, 곱의 미분법을 알고,
다항함수의 도함수를 구할수 있다.

□ 접선의 방정식을 구할 수 있다.

□ 함수에 대한 평균값 정리를 이해한다.

□ 함수의 증가와 감소, 극대와 극소를
판정하고 설명할 수 있다.

□ 함수의 그래프의 개형을 그릴 수 있다.

□ 방정식과 부등식에 활용할 수 있다.

□ 속도와 가속도에 대한 문제에 활용할 수 있다.

3.적분법

□ 부정적분의 뜻을 안다.

□ 함수의 실수배 합, 차의 부정적분을 알고,
다항함수의 부정적분을 구할 수 있다.

□ 정적분의 뜻을 안다.

□ 부정적분과 정적분의 관계를 이해하고,
이를 이용하여 정적분을 구할 수 있다.

□ 곡선으로 둘러싸인 도형의 넓이를 구할 수 있다.

□ 정적분을 활용하여
속두와 거리에 대한 문제를 해결할 수 있다.

「수학Ⅱ」 Ⅰ.함수의 극한

미리 알아야 할 단원
수학(상) - 3.도형의 방정식
수학(하) - 2.함수

1 극한의 개념

무한대 : ∞ 한없이 커지는 상태를 나타내는
기호

수렴 : 어떠한 변수가 어떤 일정한 수에 한없이
가까워지는 일

발산 : 수렴하지 않음

극한(값) : 그 일정한 수.

(변수의 값이 아니야)

2 함수의 수렴 (1)

함수 $f(x)$ 에서 x 가 한없이 커질 때, $x \to \infty$
$f(x)$ 의 값이 일정한 값 α 에 $f(x) \to \alpha$
한없이 가까워지면, 차이가 그 어떤 양수보다 작다
$f(x)$ 는 α 에 수렴한다고 한다.
극한값

$$x \to \infty \text{ 일때 } f(x) \to \alpha$$
$$\lim_{x \to \infty} f(x) = \alpha$$

$$f(x) \longrightarrow \alpha$$

$$\lim_{x \to \infty} f(x)$$
함수값
함수의 극한값
함수의 목표값이라고
이해해도 좋아!

✎ 함수의 수렴 (1)

$$x \to \infty$$
$$\frac{1}{x} \to 0$$
$$\frac{1}{1}, \frac{1}{2}, \frac{1}{3} \cdots \frac{1}{x} \cdots \to 0$$

$$\lim_{x \to \infty} \frac{1}{x} \fallingdotseq 0 \cdots (\text{X}) \qquad \frac{1}{x} \fallingdotseq 0 \cdots (\text{O})$$

$$\lim_{x \to \infty} \frac{1}{x} = 0 \cdots (\text{O}) \qquad \frac{1}{x} = 0 \cdots (\text{X})$$

$$ex) \left| \frac{1}{x} - 0 \right| < 0.00000000001$$
우변이 아무리 작은 양수라도 x 가 충분히 크면 성립
차이가 그 어떤 양수보다 작다

$$\frac{1}{x} \longrightarrow 0$$
$$\lim_{x \to \infty} \frac{1}{x}$$

[연구01] $x = a$에서 함수 $f(x)$의 극한값 α가
존재한다는 것의 기호와 뜻을 쓰시오.

3 함수의 수렴 (2)

함수 $f(x)$에서 x가 a가 아닌 값을 가지면서
a에 한없이 가까워 질 때, $x \to a \ (x \neq a)$
$f(x)$의 값이 일정한 값 α에 한없이 가까워지면,
$f(x)$는 α에 수렴한다고 한다. α를 $x = a$에서
$f(x)$의 극한값 또는 극한이라고 한다.

$$\lim_{x \to a} f(x) = \alpha$$

$x \to a$ 는 x의 값이 a에 한 없이 가까워짐을
뜻하므로 $x \neq a$이다.

✎ 함수의 수렴 (2)

【ex】 $f(x) = \dfrac{x^2 - 1}{x - 1}$

$f(x) = \dfrac{(x-1)(x+1)}{x-1} = x+1 \ (x \neq 1)$

$f(x) = 2 \cdots (\times) \quad f(x) \fallingdotseq 2 \cdots (\bigcirc) \quad f(x) \neq 2$

$\lim_{x \to 1} f(x) = 2 \cdots (\bigcirc) \quad \lim_{x \to 1} f(x) \fallingdotseq 2 \cdots (\times)$

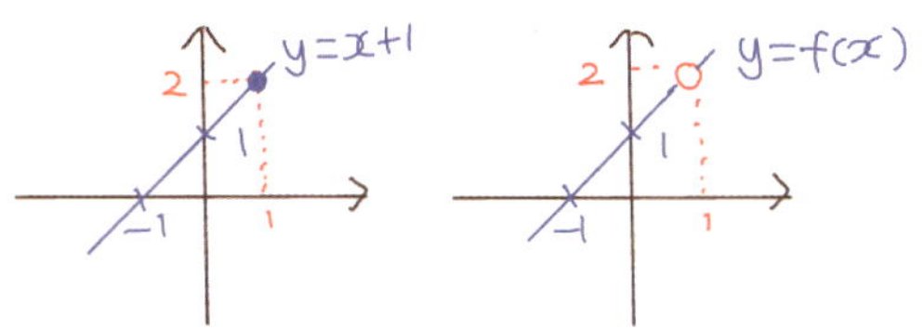

$\lim_{x \to 1} f(x) = \lim_{x \to 1} \dfrac{(x-1)(x+1)}{x-1} = \lim_{x \to 1} (x+1) = 2$
$(x \neq 1) \quad (x+1 \neq 2)$

【ex】 $f(x) = \begin{cases} x + 1 & (x \neq 1) \\ 3 & (x = 1) \end{cases}$ 일 때

$f(1) = 3 \qquad \lim_{x \to 1} f(x) = 2$

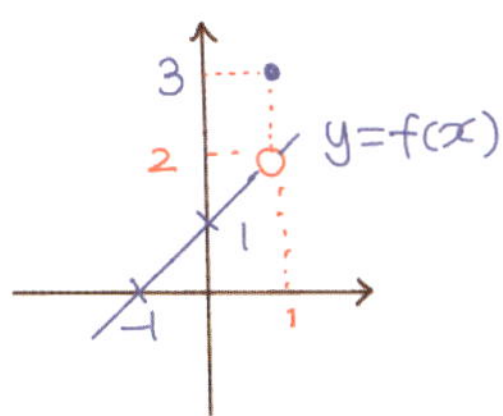

✦ $=$ 과 $\fallingdotseq$ 의 차이를 선명하게
구분하도록 하자!

4 함수의 발산

함수 $f(x)$에서 x가 a가 아닌 값을 가지면서 a에 한없이 가까워 질 때, $f(x)$의 절대 값이 한없이 커질 때 무한대로 발산한다고 한다.

$$\lim_{x \to a} f(x) = \begin{cases} \infty & \Rightarrow \text{양의무한대로 발산} \\ -\infty & \Rightarrow \text{음의무한대로 발산} \end{cases}$$

$x \to a$ 를 $x \to a-$, $x \to a+$, $x \to \infty$, $x \to -\infty$ 로 바꾸어도 성립

함수의 발산

【ex】 $f(x) = \dfrac{1}{|x|}$ 【ex】 $f(x) = -\dfrac{1}{|x|}$

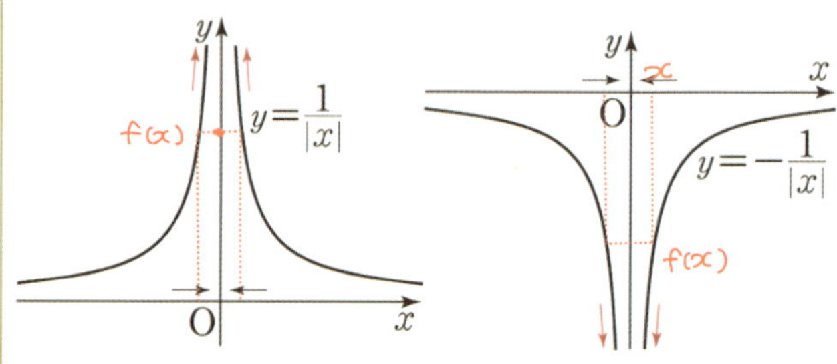

$$\lim_{x \to 0} \frac{1}{|x|} = \infty$$

$$\lim_{x \to 0} \left(-\frac{1}{|x|} \right) = -\infty$$

5 좌극한과 우극한

$x \to a-$: x 가 a 보다 작으면서
  a 에 한없이 가까워진다.

$x \to a+$: x 가 a 보다 크면서
  a 에 한없이 가까워진다.

① 좌극한 $\displaystyle\lim_{x \to a-} f(x) = \alpha$

x 가 a 보다 작으면서 a 에 한없이 가까워질 때,
$f(x)$ 가 일정한 값 α 에 한없이 가까워진다.

② 우극한 $\displaystyle\lim_{x \to a+} f(x) = \alpha$

x 가 a 보다 크면서 a 에 한없이 가까워질 때,
$f(x)$ 가 일정한 값 α 에 한없이 가까워진다.

③ 극한값의 존재 $\iff$ 좌극한과 우극한이 동일

$$\lim_{x \to a} f(x) = \alpha \iff \lim_{x \to a-} f(x) = \lim_{x \to a+} f(x) = \alpha$$

✎ 좌극한과 우극한

【ex】 $f(x) = \begin{cases} -x & (x \leq 1) \\ x-1 & (x > 1) \end{cases}$

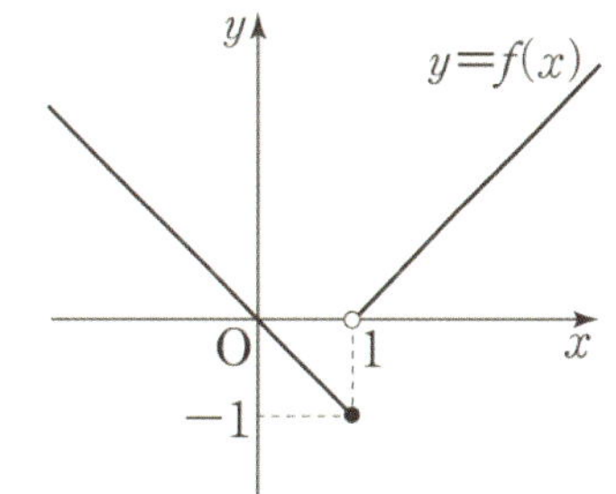

$$\lim_{x \to 1-} f(x) = \lim_{x \to 1-} (-x) = -1$$

$$\lim_{x \to 1+} f(x) = \lim_{x \to 1+} (x-1) = 0$$

$\displaystyle\lim_{x \to 1} f(x)$ 하나의 값이 없다
  $\iff$ 존재하지 않는다

【ex】

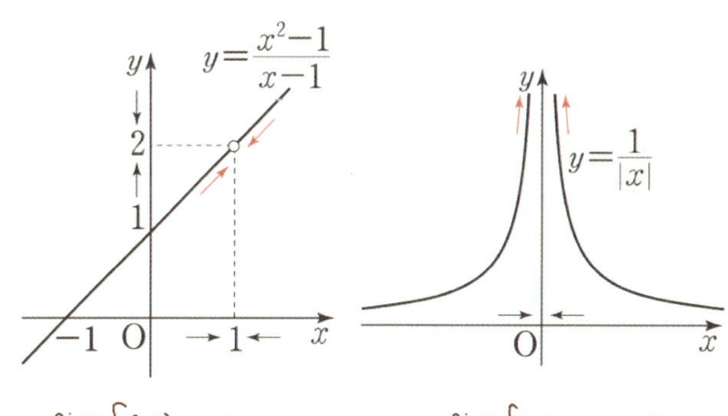

$$\lim_{x \to 1-} f(x) = 2$$
$$\lim_{x \to 1+} f(x) = 2$$
$$\lim_{x \to 1} f(x) = 2$$

$x=1$ 에서 $f(x)$ 의
극한값 존재

$$\lim_{x \to 0-} f(x) = \infty$$
$$\lim_{x \to 0+} f(x) = \infty$$
$\displaystyle\lim_{x \to 0} f(x)$ 없다 주의!

좌우가 같더라도
수렴하지 않으면
극한값은 없는 것이다

연구02 아래 함수의 극한의 성질이 성립할 조건을 쓰시오.

연구03 $\lim\limits_{x\to a} f(x) = \alpha$, $\lim\limits_{x\to a} g(x) = \beta$ 일 때,

- $f(x) < g(x)$ 이면 $\lim\limits_{x\to a} f(x)$ [   ] $\lim\limits_{x\to a} g(x)$ 이다.

- $f(x) < h(x) < g(x)$ 이고 $\alpha = \beta$ 이면
$\lim\limits_{x\to a} h(x) = $ [   ] 이다.

---

6 함수의 극한에 관한 성질

연구 02

$\lim\limits_{x\to a} f(x) = \alpha$, $\lim\limits_{x\to a} f(x) = \beta$ (수렴) 일 때

① $\lim\limits_{x\to a} c\,f(x) = c\lim\limits_{x\to a} f(x) = c\alpha$ (단, c 는 상수)

② $\lim\limits_{x\to a} \{f(x) + g(x)\} = \lim\limits_{x\to a} f(x) + \lim\limits_{x\to a} g(x) = \alpha + \beta$

③ $\lim\limits_{x\to a} \{f(x) - g(x)\} = \lim\limits_{x\to a} f(x) - \lim\limits_{x\to a} g(x) = \alpha - \beta$

④ $\lim\limits_{x\to a} f(x) g(x) = \lim\limits_{x\to a} f(x) \lim\limits_{x\to a} g(x) = \alpha\beta$

⑤ $\lim\limits_{x\to a} \dfrac{f(x)}{g(x)} = \dfrac{\lim\limits_{x\to a} f(x)}{\lim\limits_{x\to a} g(x)} = \dfrac{\alpha}{\beta}$ (단, $\beta \neq 0$)

연구 03

⑥ $f(x) < g(x)$ 이면
$\lim\limits_{x\to a} f(x) \leq \lim\limits_{x\to a} g(x)$
(같을수있음)

⑦ $f(x) < h(x) < g(x)$ 이고 $\alpha = \beta$ 이면
$\Rightarrow \lim\limits_{x\to a} h(x) = \alpha$ 이다

$x \to a$ 를 $x \to a-$, $x \to a+$, $x \to \infty$, $x \to -\infty$ 로 바꾸어도 성립

함수의 극한에 관한 성질

④ $\lim\limits_{x\to a} f(x) g(x) = \lim\limits_{x\to a} f(x) \lim\limits_{x\to a} g(x) = \alpha\beta$

ex) $f(x) = |x-a|$, $g(x) = \dfrac{1}{|x-a|}$ 일때,

$1 = \lim\limits_{x\to a} |x-a| \dfrac{1}{|x-a|} \neq 0 \times \infty = 0$

$\lim\limits_{x\to a} g(x) = \infty$ 이므로
$g(x)$ 는 극한값이 존재하지않는다.
이 성질은 곱해진 함수의
극한값이 존재할 때만 성립하는것!

⑤ 왜 분모가 0이면 안되는가?

$0 \times \dfrac{2}{0} = 0 \times k$

$2 = 0 \to$ 모순

⑥ ex) $x \to \infty$ 일때

$\dfrac{1}{x} < \dfrac{2}{x}$ ← 함숫값은 같을수없다

$\lim\limits_{x\to\infty} \dfrac{1}{x} = \lim\limits_{x\to\infty} \dfrac{2}{x} = 0$ ← 극한값은 같을수있다

⑦ $f(x) < h(x) < g(x)$

$\lim\limits_{x\to a} f(x) \leq \lim\limits_{x\to a} h(x) \leq \lim\limits_{x\to a} g(x)$
$\qquad \| \qquad\qquad \| \qquad\qquad \|$
$\qquad \alpha \qquad\qquad \alpha \qquad\qquad \beta = \alpha$

연구04 다음 가정에 대한 결론으로 알맞은 것을 쓰고 이를 유도하시오.

① $\lim\limits_{x \to a} \dfrac{f(x)}{g(x)} = \alpha$ 이고 $\lim\limits_{x \to a} g(x) = 0$ 이면

② $\lim\limits_{x \to a} \dfrac{f(x)}{g(x)} = \alpha \neq 0$ 이고 $\lim\limits_{x \to a} f(x) = 0$ 이면

③ $\lim\limits_{x \to a} f(x) = \infty$ 이고 $\lim\limits_{x \to a} f(x)g(x) = \alpha$ 이면

---

7 극한의 성질의 활용

① $\lim\limits_{x \to a} \dfrac{f(x)}{g(x)} = \alpha$ 이고 $\lim\limits_{x \to a} g(x) = 0$ 이면

$$\Rightarrow \lim\limits_{x \to a} f(x) = 0$$

② $\lim\limits_{x \to a} \dfrac{f(x)}{g(x)} = \alpha \neq 0$ 이고 $\lim\limits_{x \to a} f(x) = 0$ 이면

$$\Rightarrow \lim\limits_{x \to a} g(x) = 0$$

③ $\lim\limits_{x \to a} f(x) = \infty$ 이고 $\lim\limits_{x \to a} f(x)g(x) = \alpha$ 이면

$$\Rightarrow \lim\limits_{x \to a} g(x) = 0$$

극한의 성질의 활용

① $\lim\limits_{x \to a} f(x) = \lim\limits_{x \to a} \left\{ \dfrac{f(x)}{g(x)} \times g(x) \right\}$

$$= \lim\limits_{x \to a} \dfrac{f(x)}{g(x)} \times \lim\limits_{x \to a} g(x) = \alpha \times 0 = 0$$

※ $\lim\limits_{x \to a} \dfrac{f(x)}{g(x)}$ 가 극한값을 가지므로 $\lim$ 를 각각 씌울 수 있는 거야. 수렴조건이 없으면 각각 극한을 씌우면 안되는 거임!!

② $\lim\limits_{x \to a} \dfrac{g(x)}{f(x)} = \lim\limits_{x \to a} \dfrac{1}{\left(\dfrac{f(x)}{g(x)}\right)} = \dfrac{\lim\limits_{x \to a} 1}{\lim\limits_{x \to a} \dfrac{f(x)}{g(x)}}$

$$= \dfrac{1}{\alpha}$$

$\lim\limits_{x \to a} g(x) = \lim\limits_{x \to a} \left\{ \dfrac{g(x)}{f(x)} \times f(x) \right\}$

$$= \lim\limits_{x \to a} \dfrac{g(x)}{f(x)} \times \lim\limits_{x \to a} f(x) = \dfrac{1}{\alpha} \times 0 = 0$$

③ $\lim\limits_{x \to a} f(x) = \infty$ 이므로 $\lim\limits_{x \to a} \dfrac{1}{f(x)} = 0$ 이다.

$\lim\limits_{x \to a} g(x) = \lim\limits_{x \to a} \left\{ f(x)g(x) \times \dfrac{1}{f(x)} \right\}$

$$= \lim\limits_{x \to a} f(x)g(x) \times \lim\limits_{x \to a} \dfrac{1}{f(x)}$$

$$= \alpha \times 0 = 0$$

8 함수의 극한 문제를 풀 때

부정꼴을 → 확정꼴로 바꿔야 한다.

식을 수렴하는 형태로 바꾸는 게 핵심

① $\dfrac{\infty}{\infty}$: 분모 분자를 (최)고차항으로 나눈다.

② $\infty - \infty$: 최고차항으로 묶는다.

③ $\sqrt{\infty} - \infty$: 유리화

④ $\infty \times 0$: 통분, 인수분해, 약분

⑤ $\dfrac{0}{0}$: 약분

🪶 분수의 크기

$$분수\!\uparrow = \dfrac{분자\!\uparrow}{분모} \qquad 분수\!\downarrow = \dfrac{분자\!\downarrow}{분모}$$

$$분수\!\downarrow = \dfrac{분자}{분모\!\uparrow} \qquad 분수\!\uparrow = \dfrac{분자}{분모\!\downarrow}$$

【ex】

$$\downarrow\dfrac{1}{10000}\uparrow \ \dfrac{1}{1000}, \ \dfrac{1}{100}, \ \dfrac{1}{10}, \ \dfrac{1}{1}, \ \dfrac{1}{0.1}, \ \dfrac{1}{0.01}, \ \dfrac{1}{0.001}, \uparrow\dfrac{1}{0.0001}\downarrow$$

$$\underset{0.0001}{\parallel} \xleftarrow{\hspace{3cm}}\xrightarrow{\hspace{3cm}} \underset{10000}{\parallel}$$

작아진다　　　커진다

✒ 함수의 극한 문제를 풀 때

📝 부정꼴 vs 확정꼴

정할 수 없음 → 이게 문제에 나온다

$\infty + \infty \to \infty$	$0+0 \to 0$	$0 + a \to a$	$\infty + a \to \infty$	$\infty + 0 -$
$\infty - \infty \to ?$	$0-0 \to 0$	$0 - a \to -a$	$\infty - a \to \infty$	$\infty - 0 -$
$\infty \times \infty \to \infty$	$0 \times 0 \to 0$	$0 \times a \to 0$	$\infty \times a \to \infty$	$\infty \times 0$

$$\dfrac{\infty}{\infty} \to ? \qquad \dfrac{0}{0} \to ? \qquad \dfrac{a}{0}\uparrow \to \infty \qquad \dfrac{\infty}{a} \to \infty \qquad \dfrac{\infty}{0} \to \infty$$

$$\dfrac{0}{a} \to 0 \qquad \dfrac{a}{\infty} \to 0 \qquad \dfrac{0}{\infty} \to 0$$

【ex】 $x \to \infty$ 일 때

$\infty + \infty \to \infty$	$\dfrac{0}{0} \to ?$	$\infty \times 0 \to ?$
$x + 2x = 3x \to \infty$	$\dfrac{\left(\dfrac{1}{x}\right)}{\left(\dfrac{1}{x}\right)} = 1$	$x \times \dfrac{1}{x} = 1$
$2x + x = 3x \to \infty$		$x \times \dfrac{1}{x^2} = \dfrac{1}{x} \to 0$
$x + x^2 = x + x^2 \to \infty$		

$\infty - \infty \to ?$	$\dfrac{\left(\dfrac{1}{x}\right)}{\left(\dfrac{1}{x^2}\right)} = x \to \infty$	$x^2 \times \dfrac{1}{x} = x \to \infty$
$x - 2x = -x \to -\infty$		
$2x - x = x \to \infty$		
$x - x = 0$		

$\dfrac{\infty}{\infty} \to ?$	$\dfrac{\left(\dfrac{1}{x^2}\right)}{\left(\dfrac{1}{x}\right)} = \dfrac{1}{x} \to 0$	
$\dfrac{x}{x} = 1$		
$\dfrac{x^2}{x} = x \to \infty$		
$\dfrac{x}{x^2} = \dfrac{1}{x} \to 0$		

부정꼴 형태의 함수의
얼마든지 값이 변할수 있
그래서, 꼭! 확정꼴 형
바꿔야 해!

연구05 함수 $f(x)$가 $x=a$에서 연속이 되도록
하는 조건을 쓰시오.

---

9 $f(x)$가 $x=a$에서 연속

① $f(a)$가 존재

② $\lim\limits_{x \to a} f(x)$가 존재 ($\lim\limits_{x \to a+} f(x) = \lim\limits_{x \to a-} f(x)$)

③ $\lim\limits_{x \to a} f(x) = f(a)$

①,②,③ 모든 조건이 충족해야 $f(x)$가 $x=a$에서 연속이라 할수있어!

10 연속함수의 뜻

어떤 구간에 속하는 모든 점에서 연속일 때,
함수가 그 구간에서 연속 또는 연속함수라고
한다.

$[a, b] = \{x \mid a \leq x \leq b\}$ 닫힌구간 (폐구간)

$[a, b) = \{x \mid a \leq x < b\}$ 반닫힌 (열린) 구간

$(a, b] = \{x \mid a < x \leq b\}$ 반닫힌 (열린) 구간

$(a, b) = \{x \mid a < x < b\}$ 열린구간 (개구간)

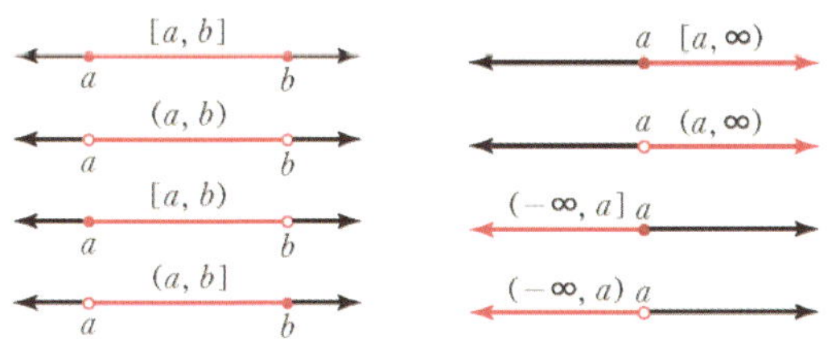

$f(x)$: 폐구간 $[a, b]$에서 연속

① 개구간 (a, b)에서 연속 이고,

② $\lim\limits_{x \to a+} f(x) = f(a)$, $\lim\limits_{x \to b-} f(x) = f(b)$

좌극한조건 면제   우극한조건 면제

✒ $f(x)$가 $x=a$에서 연속

① $f(a)$가 없다면?   ② $\lim\limits_{x \to a} f(x)$가 존재 X ?   ③ $\lim\limits_{x \to a} f(x) = f(a)$가 아니면?

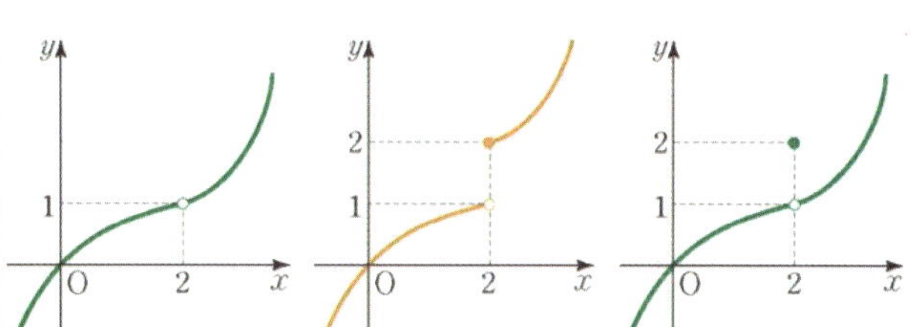

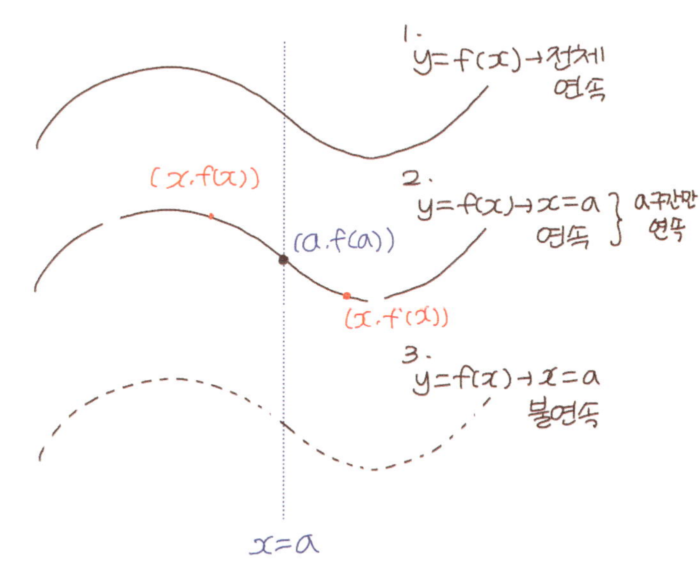

$x \to a-, a+ \leftarrow x$

$f(x) \to f(a) \quad \leftarrow f(x)$

$\lim\limits_{x \to a-} f(x) = f(a) = \lim\limits_{x \to a+} f(x)$

일상 "연속" = 점끼리 붙어있다

수학 "연속" = 점끼리 붙어있다 ? 말이안됨
└ 점끼리 한없이 가깝다

" $f(x)$가 $x=a$에서 연속 "
점 $(a, f(a))$ 좌우에 한없이 가까운점이있다
차이가고 어떤양수보다 작다

145

연구06 $x = a$ 에서 연속인 두 함수 $f(x)$, $g(x)$에 대하여 다음 함수도 $x = a$에서 연속임을 유도하시오.

11 연속함수의 성질

연구 06 $f(x)$와 $g(x)$가 $x = a$에서 연속이면, 다음 함수도 $x = a$에서 연속이다.

① $y = f(x) \pm g(x)$

② $y = cf(x)$ (단, c는 상수)

③ $y = f(x)g(x)$

④ $y = \dfrac{f(x)}{g(x)}$ $(g(a) \neq 0)$

✒ $f(x)$가 $x = a$에서 연속이고
$g(x)$가 $x = f(a)$에서 연속이면
$g(f(x))$는 $x = a$에서 연속

✒ 연속함수의 성질

point

$\lim\limits_{x \to a} f(x) = f(a)$ 이고 $\lim\limits_{x \to a} g(x) = g(a)$ 일때

$\lim\limits_{x \to a} h(x) = h(a)$ 라는것을 보여라!

① $\lim\limits_{x \to a} \{ f(x) + g(x) \} = \lim\limits_{x \to a} f(x) + \lim\limits_{x \to a} g(x)$

수렴할때 극한의성질

$\lim\limits_{x \to a} h(x) = f(a) + g(a)$

연속의 정의

$h(a)$

② $\lim\limits_{x \to a} cf(x) = c\lim\limits_{x \to a} f(x) = cf(a)$

수렴할때 극한의 성질   연속의 정의

$\lim\limits_{x \to a} h(x)$ $h(a)$

③ $\lim\limits_{x \to a} f(x)g(x) = \lim\limits_{x \to a} f(x) \times \lim\limits_{x \to a} g(x) = f(a)g(a)$

수렴할때 극한의 성질   연속의 정의

$\lim\limits_{x \to a} h(x)$ $h(a)$

④ $\lim\limits_{x \to a} \dfrac{f(x)}{g(x)} = \dfrac{\lim\limits_{x \to a} f(x)}{\lim\limits_{x \to a} g(x)} = \dfrac{f(a)}{g(a)}$

수렴할때 극한의성질   연속의 정의

$\lim\limits_{x \to a} h(x)$ $h(a)$

연구07 함수 $f(x)$가 $x=a$에서만 불연속이고
함수 $g(x)$가 연속함수일 때,
함수 $f(x)g(x)$가 실수 전체에서 연속이기 위해
성립하는 조건을 쓰고 이를 유도하시오.
($x=a$에서 $f(x)$의 좌극한, 우극한이 각각
존재는 경우만 유도하자)

연구08 연속함수 $g(x)$와 $h(x)$에 대하여, 함수
$$f(x)=\begin{cases} g(x) & (x \le a) \\ h(x) & (x > a) \end{cases}$$
가 실수 전체에서 연속일 조건을 쓰고 이를
유도하시오.

조건) $g(a)=0$

유도)

$h(x)=f(x)g(x)$ 라 하자

i) $x \ne a$일 때
　$f(x)$, $g(x)$ 가 연속이므로 $h(x)$는 연속

ii) $x=a$일 때
　$f(x)$는 불연속이므로
　$f(a)=A$, $\lim\limits_{x \to a-} f(x)=B$, $\lim\limits_{x \to a+} f(x)=C$ 라 하면
　$A \ne B \ne C$.
　$g(x)$ 는 연속이므로
　$g(a)=\lim\limits_{x \to a-} g(x)=\lim\limits_{x \to a+} g(x)$

　$h(a)=f(a)g(a)=Ag(a)$

　$\lim\limits_{x \to a-} h(x)=\lim\limits_{x \to a-} f(x)g(x)$
　　　　$=\lim\limits_{x \to a-} f(x) \lim\limits_{x \to a-} g(x)=Bg(a)$

　$\lim\limits_{x \to a+} h(x)=\lim\limits_{x \to a+} f(x)g(x)$
　　　　$=\lim\limits_{x \to a+} f(x) \lim\limits_{x \to a+} g(x)=Cg(a)$

$\therefore Ag(a)=Bg(a)=Cg(a)$ 이므로
　$g(a)=0$

조건) $g(a)=h(a)$

유도)

i) $x \ne a$일 때
　$g(x)$, $h(x)$ 가 연속이므로 $f(x)$는 연속

ii) $x=a$일 때
　$f(a)=g(a)$

　$\lim\limits_{x \to a-} f(a)=\lim\limits_{x \to a-} g(x)=g(a)$
　　　　$(\because g(x) \text{ 연속함수})$

　$\lim\limits_{x \to a+} f(a)=\lim\limits_{x \to a+} h(x)=h(a)$
　　　　$(\because h(x) \text{ 연속함수})$

　$\therefore g(a)=h(a)$

연구09 최대·최소의 정리를 쓰시오.

---

12 최대·최소 정리

연구
09 함수 $f(x)$가 폐구간 $[a,\ b]$에서 연속이면, $f(x)$는 이 구간에서 반드시 최댓값과 최솟값을 가진다.

✎ 최대·최소 정리

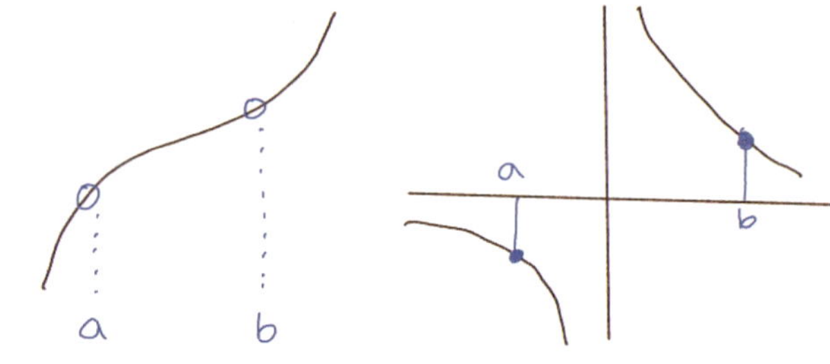

[연구10] 사잇값 정리를 쓰시오.

[연구11] 함수 $f(x)$가 폐구간 $[a, b]$에서 연속이고 $f(a) \times f(b) < 0$일 때, 성립하는 것을 쓰시오.

13 사잇값 정리

함수 $f(x)$가 폐구간 $[a, b]$에서 연속이고 $f(a) \neq f(b)$이면, $f(a)$와 $f(b)$ 사이의 임의의 값 k에 대하여 다음을 만족시키는 c가 열린구간 (a, b)에 적어도 하나 존재한다.

$$f(c) = k$$

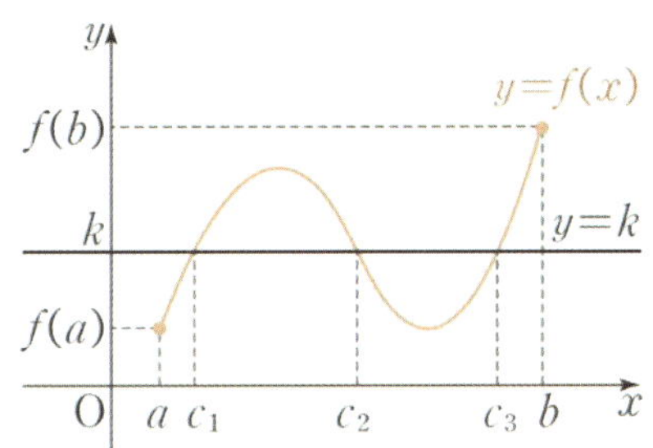

[연구11] 함수 $f(x)$가 폐구간 $[a, b]$에서 연속이고 $f(a) \times f(b) < 0$이면?

$f(x) = 0$ 방정식 근이

개구간 $(a.b)$ 에 적어도 하나 존재

사잇값 정리

불연속이면? $f(c)=k$인 C가 없음

ex)

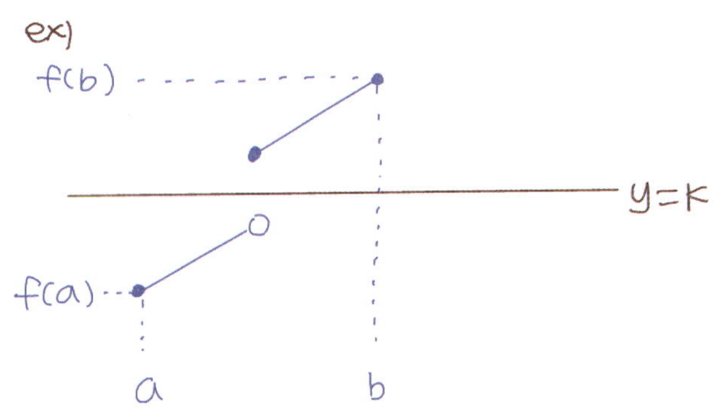

수능 고난도 문제에서 근을 찾는 방법으로 자주 나오니 확실히 암기 하기!

$f(a) f(b) < 0$

i) ⊕ ⊖

ii) ⊖ ⊕

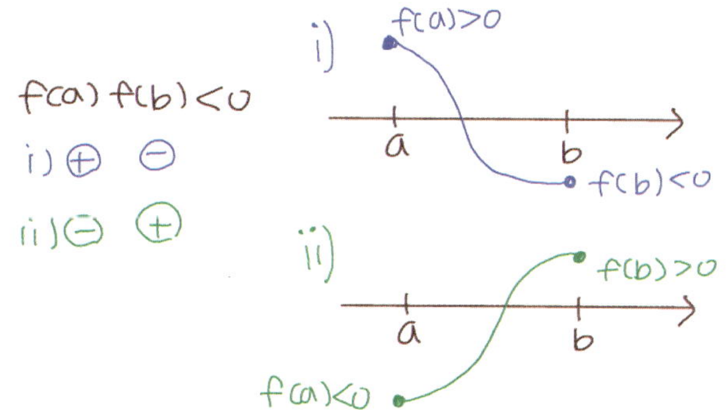

「수학Ⅱ」 Ⅱ.미분법

연구01 함수 $y = f(x)$에서 x의 값이 a에서 b까지 변할 때 평균변화율을 구하시오.

1 평균변화율

연구 01 함수 $y = f(x)$ 에서 x의 값이 a에서 b까지 변할 때의 평균변화율은

$$\frac{\triangle y}{\triangle x} = \frac{f(b) - f(a)}{b - a} = \frac{f(a + \triangle x) - f(a)}{a + \triangle x - a}$$

x의 증분 $\triangle x$에 대한 y의 증분 $\triangle y$의 비율
$(\triangle x = b - a, \ \triangle y = f(b) - f(a))$

✎ 평균변화율

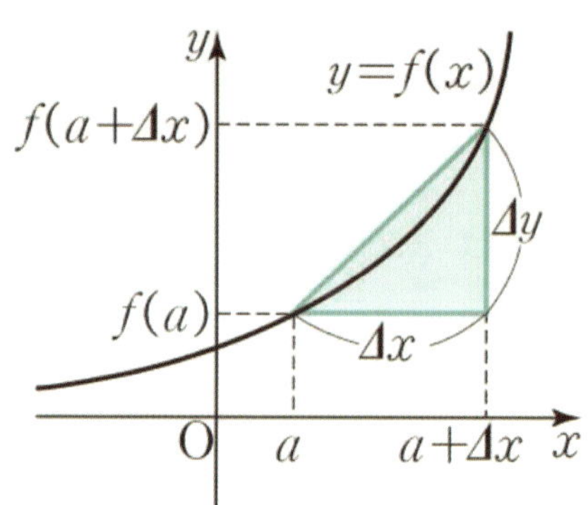

연구02 함수 $f(x)$의 $x = a$에서의

①미분계수   ②좌미분계수   ③우미분계수

를 쓰시오.

② 미분계수

함수 $f(x)$의 $x = a$에서의

①미분계수 (순간변화율)

$$f'(a) = \lim_{\Delta x \to 0} \frac{\Delta y}{\Delta x}$$

$$= \lim_{\Delta x \to 0} \frac{f(a+\Delta x) - f(a)}{a+\Delta x - a}$$

$$= \lim_{x \to a} \frac{f(x) - f(a)}{x - a}$$

②좌미분계수: $\lim_{x \to a-} \dfrac{f(x) - f(a)}{x - a}$ (왼쪽접선)

③우미분계수: $\lim_{x \to a+} \dfrac{f(x) - f(a)}{x - a}$ (오른쪽접선)

기하학적인 의미:

곡선 $y = f(x)$ 위의 점 $(a, f(a))$에서의

접선의 기울기

미분계수

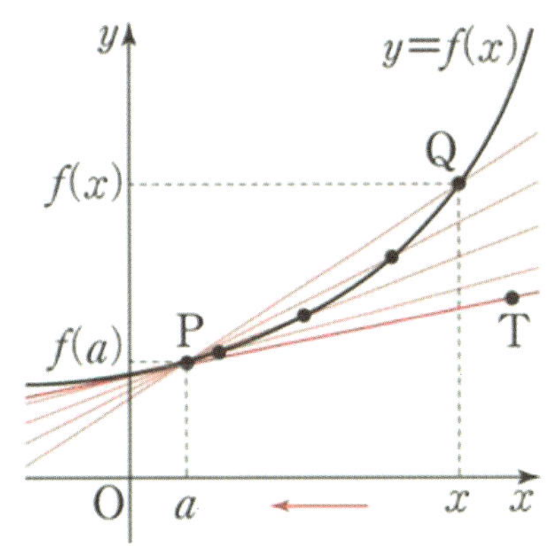

함수 $f(x)$의 $x = a$에서의 좌극한

= 함수값의 좌극한 $= \lim_{x \to a-} f(x)$

다르다!

함수 $f(x)$의 $x = a$에서의 좌미분계수

= 함수의 변화율의 좌극한 $= \lim_{x \to a-} \dfrac{f(x) - f(a)}{x - a}$

같다!

함수 $g(x) = \dfrac{f(x) - f(a)}{x - a}$ 의 $x = a$에서의 좌극한

$= \lim_{x \to a-} g(x) = \lim_{x \to a-} \dfrac{f(x) - f(a)}{x - a}$

연구03 함수 $f(x)$의 $x=a$에서의 미분가능하다는 것의

①정의를 쓰고

②조건을 쓰고

③조건을 유도하시오.

연구04 함수 $y=f(x)$가 $x=a$에서

①미분가능하면 연속인가?
아니라면 예를 드시오.

②연속이면 미분가능한가?
아니라면 예를 드시오.

3 미분 가능성

연구 03

①정의: 극한값 $f'(a)$가 존재

②조건:

(1) 함수 $f(x)$가 $x=a$에서 연속이다

(2) 좌미분계수와 우미분계수가 같다

함수 $f(x)$가 $x=a$에서의 미분계수 $f'(a)$가 존재할 때, 함수 $f(x)$는 $x=a$에서 미분가능하다고 말한다.

함수 $f(x)$가 어떤 구간에 속하는 모든 x값에서 미분가능할 때, 함수 $f(x)$는 그 구간에서 미분가능하다고 한다.

함수 $f(x)$가 정의역에 속하는 모든 x값에서 미분가능할 때, 함수 $f(x)$는 미분가능한 함수라고 한다.

연구 04

$y=f(x)$가 $x=a$에서

미분가능 $\overset{O}{\underset{X}{\leftrightarrows}}$ 연속

반례) $f(x)=|x-a|$ (연속함수)

$$f'(a)=\lim_{x \to a}\frac{f(x)-f(a)}{x-a} \text{ 존재} \times$$

(미분불가)

좌극한, 우극한 값이 다르기 때문에 극한값이 존재하지 않는다.

✎ 미분 가능성

③조건 유도하기

극한값 $f'(a)=\lim_{x \to a}\dfrac{f(x)-f(a)}{x-a}$ 가 존재하면

조건 (1)

(방법1)

$\{분모\}=\{x-a\} \to 0$ 이므로

$\{분자\}=\{f(x)-f(a)\} \to 0$ 이다. ∞ 방지!

따라서 $\lim\limits_{x \to a}\{f(x)-f(a)\}=0$

결국 $\lim\limits_{x \to a}f(x)=f(a)$ 이므로

함수 $f(x)$는 $x=a$에서 연속이다.

조건 (1)

(방법2)

$$\lim_{x \to a}\frac{f(x)-f(a)}{x-a} \times \lim_{x \to a}(x-a)=f'(a)\times 0$$

$$=\lim_{x \to a}\left\{\frac{f(x)-f(a)}{x-a}\times(x-a)\right\}=0$$

$$=\lim_{x \to a}\{f(x)-f(a)\}=0$$

결국 $\lim\limits_{x \to a}f(x)=f(a)$ 이므로

함수 $f(x)$가 $x=a$에서 연속이다

[연구05] 미분가능한 함수 $g(x)$와 $h(x)$에 대하여, 함수

$$f(x) = \begin{cases} g(x) & (x \leq a) \\ h(x) & (x > a) \end{cases}$$

가 실수 전체에서 미분가능할 조건을 쓰고 이를 유도하시오.

[연구06] 함수 $y = f(x)$의 도함수의 기호와 정의를 쓰시오.

연구 05

조건 ① $g(a) = h(a)$ $(\because f(x)$가 연속$)$
조건 ② $g'(a) = h'(a)$

$$\lim_{x \to a-} \frac{f(x) - f(a)}{x - a} = \lim_{x \to a-} \frac{g(x) - g(a)}{x - a} = g'(a)$$

$(\because g(x)$가 미분가능$)$

$$\lim_{x \to a+} \frac{f(x) - f(a)}{x - a} = \lim_{x \to a+} \frac{h(x) - h(a)}{x - a} = h'(a)$$

$(\because h(x)$가 미분가능$)$

(2) $\dfrac{f(x) - f(a)}{x - a}$ 의 $x = a$ 에서의 좌극한과 우극한이 같다.

$$\lim_{x \to a-} \frac{f(x) - f(a)}{x - a} = \lim_{x \to a+} \frac{f(x) - f(a)}{x - a}$$

$x = a$ 에서
$\left(\dfrac{f(x) - f(a)}{x - a} 의 \right)$ 좌극한 $\left(\dfrac{f(x) - f(a)}{x - a} 의 \right)$ 우극한

$\left(\begin{array}{c} f(x)의 \\ 좌미분계수 \end{array} \right)$ $\left(\begin{array}{c} f(x)의 \\ 우미분계수 \end{array} \right)$

4 도함수

함수 $f(x)$에서 도함수 $f'(x)$를 구하는 것을 $f(x)$를 x에 대하여 '미분한다'고 하고, 그 계산법을 '미분법'이라 한다.

연구 06

$y = f(x)$가 미분가능한 함수일 때

$$\lim_{\Delta x \to 0} \frac{f(x + \Delta x) - f(x)}{x + \Delta x - x} = \lim_{\Delta x \to 0} \frac{\Delta y}{\Delta x}$$

$$= \frac{d}{dx} f(x) = \frac{df(x)}{dx} = \frac{dy}{dx}$$

$$= f'(x) = y'$$

idea 기울기의 함수.

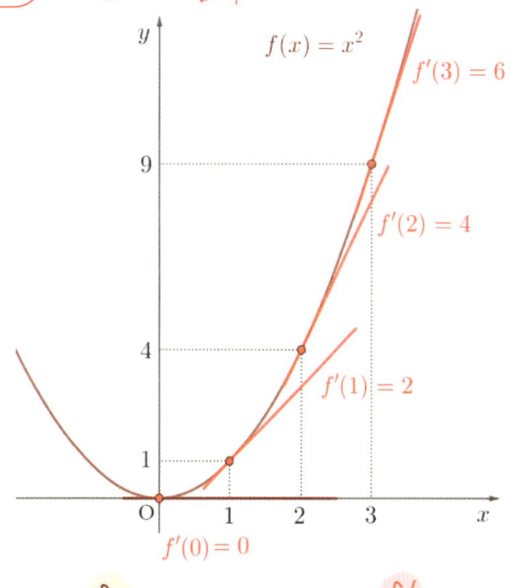

[연구07] 미분가능한 두 함수 $f(x)$, $g(x)$에 대하여
아래 식이 성립함을 유도하시오.

① $\{c\}' = 0$

② $\{x^n\}' = nx^{n-1}$

③ $\{cf(x)\}' = cf'(x)$

---

5 미분법의 공식

[연구 07] 미분가능한 두 함수 $f(x)$, $g(x)$에 대하여

① $\{c\}' = 0$

② $\{x^n\}' = nx^{n-1}$

③ $\{cf(x)\}' = cf'(x)$

④ $\{f(x) + g(x)\}' = f'(x) + g'(x)$

⑤ $\{f(x) - g(x)\}' = f'(x) - g'(x)$

⑥ $\{f(x)g(x)\}' = f'(x)g(x) + f(x)g'(x)$

⑦ $\{f(x)g(x)h(x)\}' = f'(x)g(x)h(x)$
$$+ f(x)g'(x)h(x)$$
$$+ f(x)g(x)h'(x)$$

⑧ $(\{f(x)\}^n)' = n\{f(x)\}^{n-1}f'(x)$

✎ 미분법의 공식

① $y = f(x) = c$

$$f'(x) = \lim_{\Delta x \to 0} \frac{\Delta y}{\Delta x} = \lim_{\Delta x \to 0} \frac{f(x+\Delta x) - f(x)}{x + \Delta x - x}$$

$$= \lim_{\Delta x \to 0} \frac{c - c}{\Delta x} = 0$$

② $y = f(x) = x^n$

$$f'(x) = \lim_{\Delta x \to 0} \frac{\Delta y}{\Delta x} = \lim_{\Delta x \to 0} \frac{f(x+\Delta x) - f(x)}{x + \Delta x - x}$$

$$= \lim_{\Delta x \to 0} \frac{(x+\Delta x)^n - x^n}{x + \Delta x - x}$$

$$= \lim_{\Delta x \to 0} \frac{\{(x+\Delta x) - x\}\{(x+\Delta x)^{n-1} + (x+\Delta x)^{n-2}x^1 + \cdots + x\}}{\Delta x}$$

$$= \lim_{\Delta x \to 0} \{(x+\Delta x)^{n-1} + (x+\Delta x)^{n-2}x^1 + \cdots + x^{n-1}\}$$

$$= \underbrace{x^{n-1} + x^{n-1} + x^{n-1} + \cdots + x^{n-1}}_{n개} = n \cdot x^{n-1}$$

③ $y = cf(x)$

$$\{cf(x)\}' = \lim_{\Delta x \to 0} \frac{\Delta y}{\Delta x}$$

$$= \lim_{\Delta x \to 0} \frac{cf(x+\Delta x) - cf(x)}{x + \Delta x - x}$$

$$= c \lim_{\Delta x \to 0} \frac{f(x+\Delta x) - f(x)}{x + \Delta x - x} = cf'(x)$$

④ $\{f(x)+g(x)\}' = f'(x)+g'(x)$

⑤ $\{f(x)-g(x)\}' = f'(x)-g'(x)$

⑥ $\{f(x)g(x)\}' = f'(x)g(x)+f(x)g'(x)$

---

④ $y = f(x)+g(x)$

$$\{f(x)+g(x)\}' = \lim_{\Delta x \to 0} \frac{\Delta y}{\Delta x}$$

$$= \lim_{\Delta x \to 0} \frac{\{f(x+\Delta x)+g(x+\Delta x)\} - \{f(x)+g(x)\}}{x+\Delta x - x}$$

$$= \lim_{\Delta x \to 0} \frac{\{f(x+\Delta x)-f(x)\} + \{g(x+\Delta x)-g(x)\}}{x+\Delta x - x}$$

$$= \lim_{\Delta x \to 0} \frac{f(x+\Delta x)-f(x)}{x+\Delta x - x} + \lim_{\Delta x \to 0} \frac{g(x+\Delta x)-g(x)}{x+\Delta x - x}$$

$$= f'(x)+g'(x)$$

⑤ $y = f(x)-g(x)$

$$\{f(x)-g(x)\}' = \lim_{\Delta x \to 0} \frac{\Delta y}{\Delta x}$$

$$= \lim_{\Delta x \to 0} \frac{\{f(x+\Delta x)-g(x+\Delta x)\} - \{f(x)-g(x)\}}{x+\Delta x - x}$$

$$= \lim_{\Delta x \to 0} \frac{\{f(x+\Delta x)-f(x)\} - \{g(x+\Delta x)-g(x)\}}{x+\Delta x - x}$$

$$= \lim_{\Delta x \to 0} \frac{f(x+\Delta x)-f(x)}{x+\Delta x - x} - \lim_{\Delta x \to 0} \frac{g(x+\Delta x)-g(x)}{x+\Delta x - x}$$

$$= f'(x)-g'(x)$$

⑥ $y = f(x)g(x)$

$$\{f(x)g(x)\}' = \lim_{\Delta x \to 0} \frac{\Delta y}{\Delta x}$$

$$-f(x)g(x+\Delta x)$$
$$+f(x)g(x+\Delta x)$$

$$= \lim_{\Delta x \to 0} \frac{f(x+\Delta x)g(x+\Delta x)-f(x)g(x)}{x+\Delta x - x}$$

$$= \lim_{\Delta x \to 0} \frac{f(x+\Delta x)g(x+\Delta x)-f(x)g(x+\Delta x)}{x+\Delta x - x}$$

$$+ \lim_{\Delta x \to 0} \frac{f(x)g(x+\Delta x)-f(x)g(x)}{x+\Delta x - x}$$

$$= \lim_{\Delta x \to 0} \frac{f(x+\Delta x)-f(x)}{x+\Delta x - x} \times g(x+\Delta x)$$

$$+ \lim_{\Delta x \to 0} f(x) \times \frac{g(x+\Delta x)-g(x)}{x+\Delta x - x}$$

$$= \lim_{\Delta x \to 0} \frac{f(x+\Delta x)-f(x)}{x+\Delta x - x} \times \lim_{\Delta x \to 0} g(x+\Delta x)$$

$$+ \lim_{\Delta x \to 0} f(x) \times \lim_{\Delta x \to 0} \frac{g(x+\Delta x)-g(x)}{x+\Delta x - x}$$

$$= f'(x)g(x)+f(x)g'(x)$$

연구08 곡선 $y = f(x)$ 위의 점 $(a, f(a))$에서의 접선의 방정식을 쓰시오.

연구09 최대·최소의 정리를 쓰시오.

연구10 사이값 정리를 쓰시오.

---

6 접선의 방정식

연구08 곡선 $y = f(x)$ 위의 점 $P(a, f(a))$ 에서의 접선의 방정식은

$$y - f(a) = f'(a)(x - a)$$

✎ '사잇값의 정리'가
'롤의 정리'와 '평균값의 정리'와는 관계가 없지만,
'c가 열린구간 (a, b)에 적어도 하나 존재한다'는
결론이 비슷하니 잘 비교해서 보자.
그래야 실전에서 잘 쓸 수 있다!

연구09 📝 **최대·최소의 정리** → 롤의 정리 조건 ① 관련

함수 $f(x)$가 폐구간 $[a,b]$에서 연속이면
$f(x)$는 이 구간에서 반드시
최댓값과 최솟값을 가진다

연구10 📝 **사이값 정리**

함수 $f(x)$가 폐구간 $[a,b]$에서 연속이고
$f(a) \neq f(b)$ 이면, $f(a)$와 $f(b)$ 사이의
임의의 값 K에 대하여
다음을 만족하는 c가 열린 구간 (a, b)에
적어도 하나 존재한다.

$$f(c) = K$$

※ 미분 불가하면 → 롤의 정리 조건 ② 관련

$$f(x) = -|x - c|$$

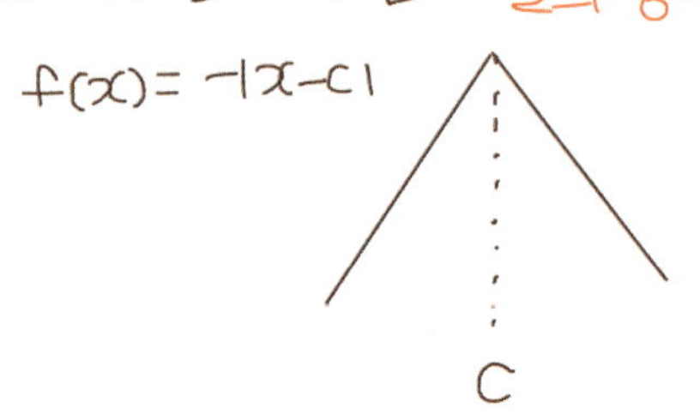

[연구11] 롤의 정리를 쓰시오

[연구12] 롤의 정리를 유도하시오.

7 롤의 정리

연구 11

함수 $f(x)$가 폐구간 $[a, b]$에서 연속이고 **조건①**

개구간 (a, b)에서 미분가능할 때, **최대최소 정리**

$f(a) = f(b)$이면 **조건③**

$f'(c) = 0 \ (a < c < b)$인 c가 개구간 (a, b)에 적어도 하나 존재한다. **결론** **(최대 or 최소)**

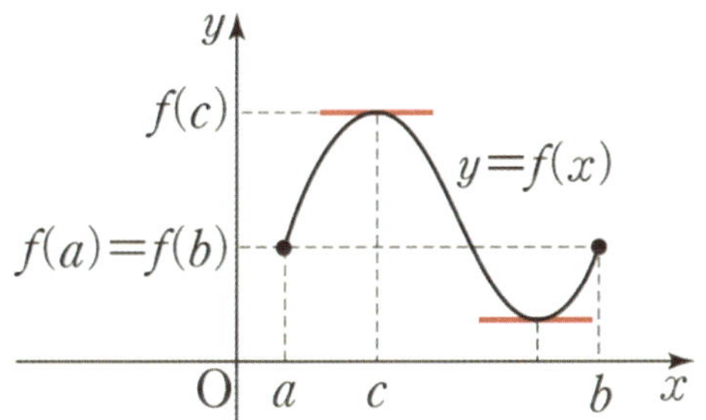

롤의 정리 조건③ 관련

$\because f(a) \neq f(b) \quad$ VS $\quad f(a) = f(b)$

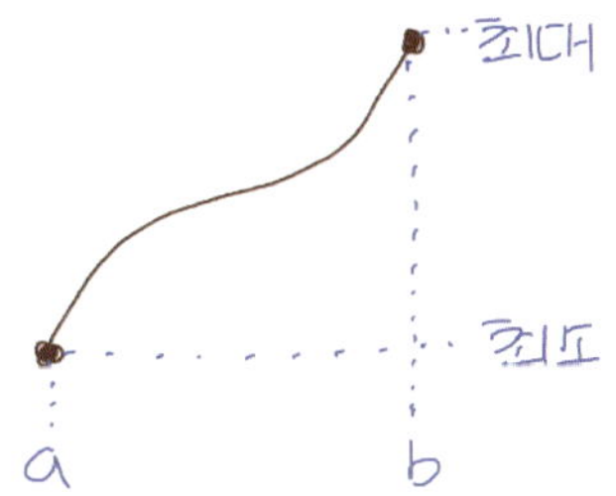

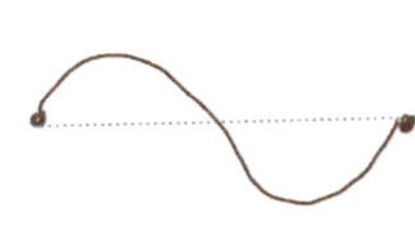

최대가 양끝점이면
→ 최소는 중간에

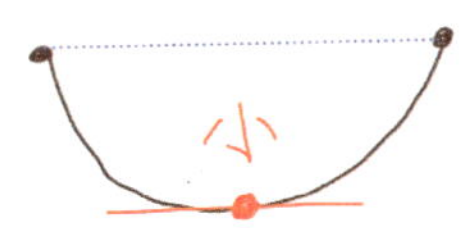

최소가 양끝점이면
→ 최대는 중간에

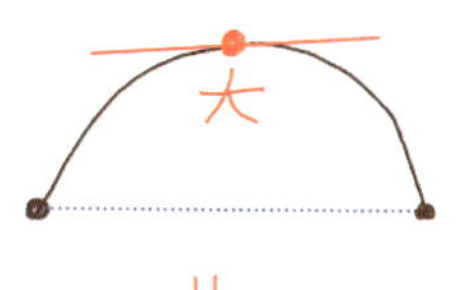

⇓   VS   ⇓

최대 최소가 양끝점이어서 중간에 최대와 최소가 없을 수 있다   양끝점을 제외한 중간에서 반드시 최대나 최소를 갖는다

✎ 롤의 정리

연구 12

(i) 함수 $f(x)$가 상수함수

개구간 (a, b)의 모든 점에서 $f(x) = C$이므로

개구간 (a, b)에 속하는 모든 x에 대하여

$f'(x) = 0$

(ii) 함수 $f(x)$가 상수함수가 아닌 경우

$f(a) = f(b)$ 이므로 양끝점 제외한 $(\because 조건③)$

$x = C \ (a < C < b)$에서 최댓값 또는 최솟값을 갖는다 $(\because 조건①)$

(ㄱ) $x = C$에서 최댓값일 때

$$f(x) \leq f(C) \quad (a < x < b)$$

$$\triangle y = f(x) - f(C) \leq 0$$

i) $x < C \ (x - C < 0)$ ii) $x > C \ (x - C > 0)$

$$0 \leq \lim_{x \to C^-} \frac{f(x) - f(C)}{x - C} = \lim_{x \to C^+} \frac{f(x) - f(C)}{x - C} \leq 0$$

↑ 미분가능 하므로 $(\because 조건②)$

$$0 \leq \lim_{x \to C} \frac{f(x) - f(C)}{x - C} \leq 0$$

$$\therefore f'(C) = 0$$

(ㄴ) $x = C$에서 최솟값일 때 :

(ㄱ)과 같은 방법으로 한다

연구13 평균값의 정리를 쓰시오.

연구14 평균값의 정리를 유도하시오.

연구15 함수 $f(x)$가 어떤 구간에서
①증가한다는 것의 정의를 쓰시오.
②감소한다는 것의 정의를 쓰시오.

---

8 평균값의 정리

연구 13 함수 $f(x)$가 폐구간 $[a, b]$에서 연속이고 개구간 (a, b)에서 미분가능하면

$$\frac{f(b)-f(a)}{b-a}=f'(c) \quad (단,\ a<c<b)$$

인 c가 개구간 (a, b) 안에 적어도 하나 존재한다.

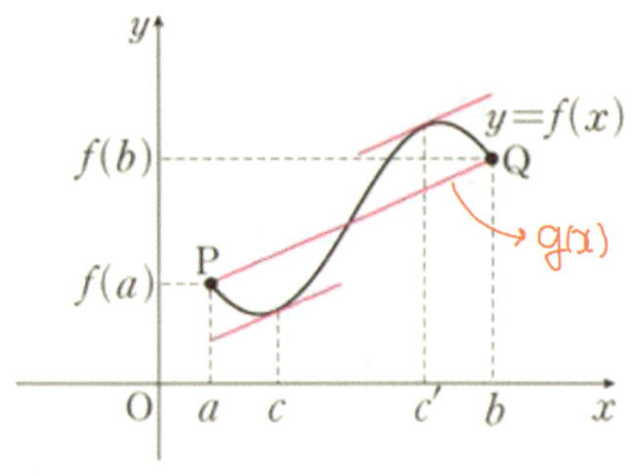

✎ 평균값의 정리

연구 14 (단계1) $(a, f(a))$, $(b, f(b))$를 지나는 직선의 방정식을 $y=g(x)$ 라고하자

$$\frac{f(b)-f(a)}{b-a}=k \ 일때$$

$g(x)$는 $k(x-a)+f(a)$

$(g(a)=f(a),\ g(b)=f(b),\ g'(x)=k)$

(단계2) $F(x)=f(x)-g(x)$

$F(x)$는 폐구간 $[a, b]$에서 연속이다.

($\because f(x)$는 폐구간 $[a, b]$에서 연속
  $g(x)$는 폐구간 $[a, b]$에서 연속)

$F(x)$는 개구간 (a, b)에서 미분가능이다.

($\because f(x)$는 개구간 (a, b)에서 미분가능
  $g(x)$는 개구간 (a, b)에서 미분가능)

$F(a)=F(b)$

($\because F(a)=f(a)-g(a)=0$
  $F(b)=f(b)-g(b)=0$)

(결론) $F'(c)=0$ 인 c가 개구간 (a, b)에 적어도 하나 존재 (롤의정리)

$F(x)=f(x)-g(x)$ 이므로

$F'(x)=f'(x)-g'(x)$ ∴ $F'(c)=f'(c)-g'(c)=0$

$f'(c)=g'(c)=k=\dfrac{f(b)-f(a)}{b-a}$

[연구16] 함수 $f(x)$가 어떤 구간에서 미분가능하고, 그 구간의 모든 x에 대하여 $f'(x) > 0$이면 $f(x)$는 이 구간에서 증가함을 유도하시오.

[연구17] 미분가능한 함수 $f(x)$에 대하여 다음 명제의 참 거짓을 판별하시오.
① $y = f(x)$가 증가함수이면 $f'(x) > 0$이다.
② $f'(x) > 0$이면 $y = f(x)$가 증가함수이다.
③ $y = f(x)$가 증가함수이면 $f'(x) \geq 0$이다.
④ $f'(x) \geq 0$이면 $y = f(x)$가 증가함수이다.

9 함수의 증가와 감소

함수 $f(x)$가 어떤 구간의 임의의 두 수 x_1, x_2에 대하여

함수의 증가: $x_1 < x_2$ 이면 $f(x_1) < f(x_2)$
왼   오른   아래   위

함수의 감소: $x_1 < x_2$ 이면 $f(x_1) > f(x_2)$
왼   오른   위   아래

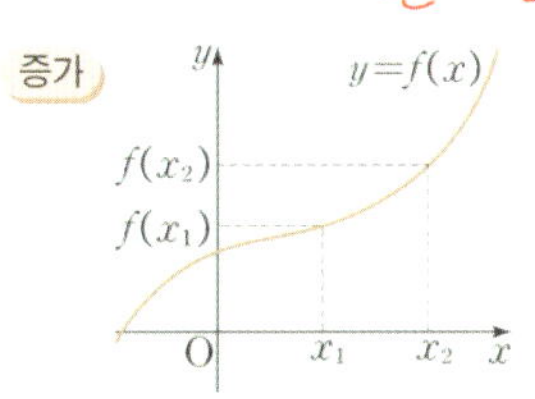

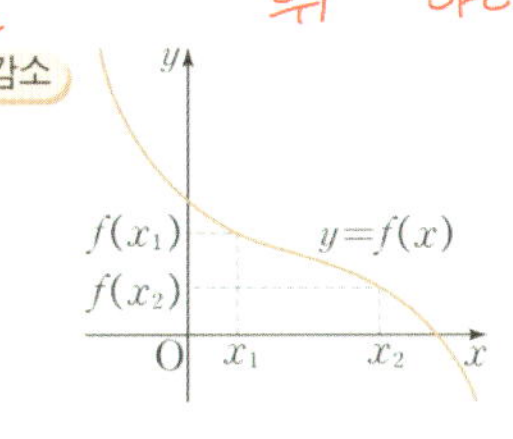

함수 $f(x)$가 어떤 구간에서 미분가능하고, 그 구간에서

① $f'(x) > 0$이면
   $f(x)$는 그 구간에서 증가

② $f'(x) < 0$이면
   $f(x)$는 그 구간에서 감소

$f(x)$ 증가 $\overset{X}{\underset{O}{\leftrightarrows}}$ $f'(x) > 0$

$f(x)$ 증가 $\overset{O}{\underset{X}{\leftrightarrows}}$ $f'(x) \geq 0$

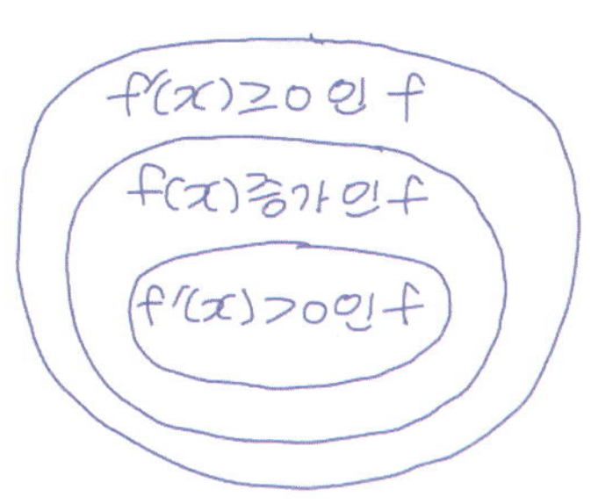

함수의 증가와 감소

유도

① 구간의 임의의 두 수
x_1, x_2에 대하여 $x_1 < x_2$ 라고 하자
평균값의 정리에 의하여

$$\frac{f(x_2) - f(x_1)}{x_2 - x_1} = f'(c) \text{ 인 } c \text{가}$$

구간에 적어도 하나 존재한다. 〕개념

$f'(x) > 0$ 이므로 $f'(c) > 0$ 이고
$x_2 - x_1 > 0$ 이므로
$f(x_2) - f(x_1) > 0$ 이다. 〕조건

결국 $x_1 < x_2$ 일때, $f(x_1) < f(x_2)$ 〕정의

반례

※ $f(x) = x^3$ 증가함수 → $f'(x) = 3x^2 > 0$
$x_1 < x_2 \Rightarrow f(x_1) < f(x_2)$
$x_1^3 < x_2^3$
$f'(0) = 0$ 모순

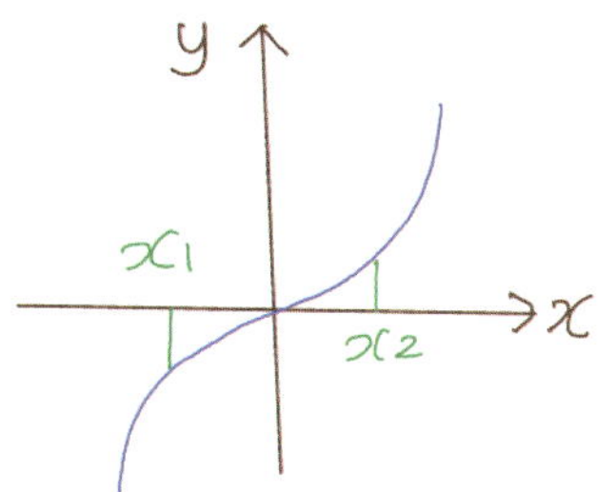

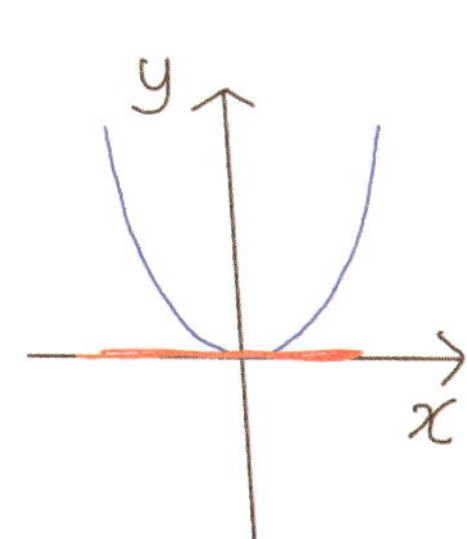

※ $f'(x) \geq 0$ ⟶ $f(x)$증가함수 모순!
ex) 닥스훈트 곡선
$f(x_1) = f(x_2)$
x_1 x_2

[연구18] 삼차함수 $y = f(x)$에 대하여 도함수

$y = f'(x)$의 그래프가 다음과 같을 때 알맞은

그래프 개형을 그리시오.

연구18 ✎ 3차함수의 그래프 개형

$f(x) = ax^3 + bx^2 + cx + d$ 일 때, $f'(x) = 3ax^2 + 2bx + c$ 이므로

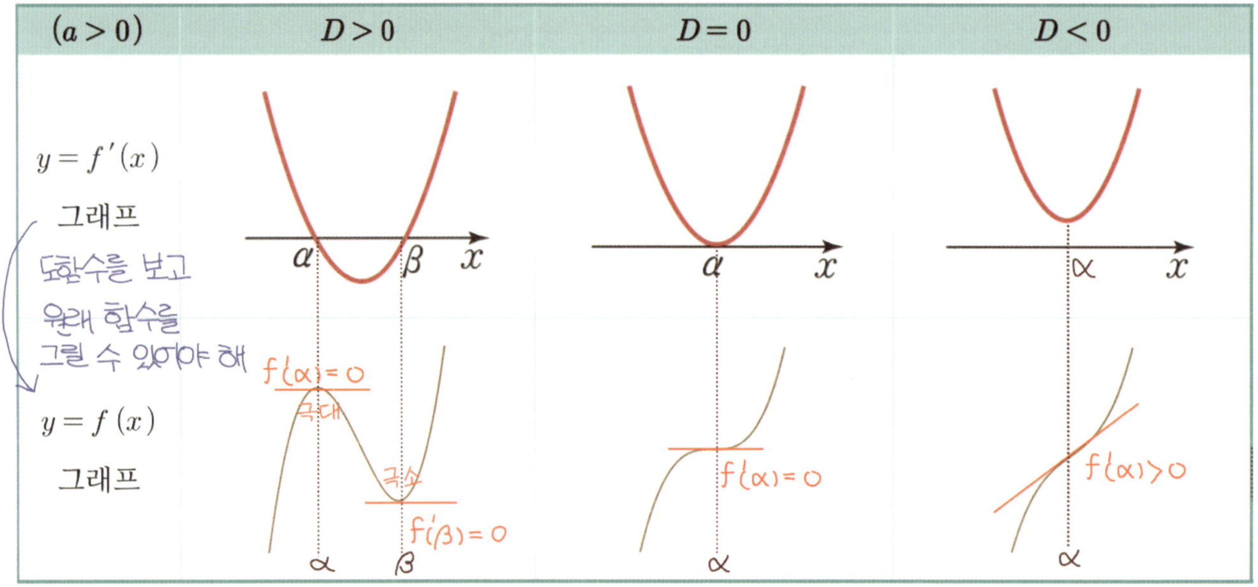

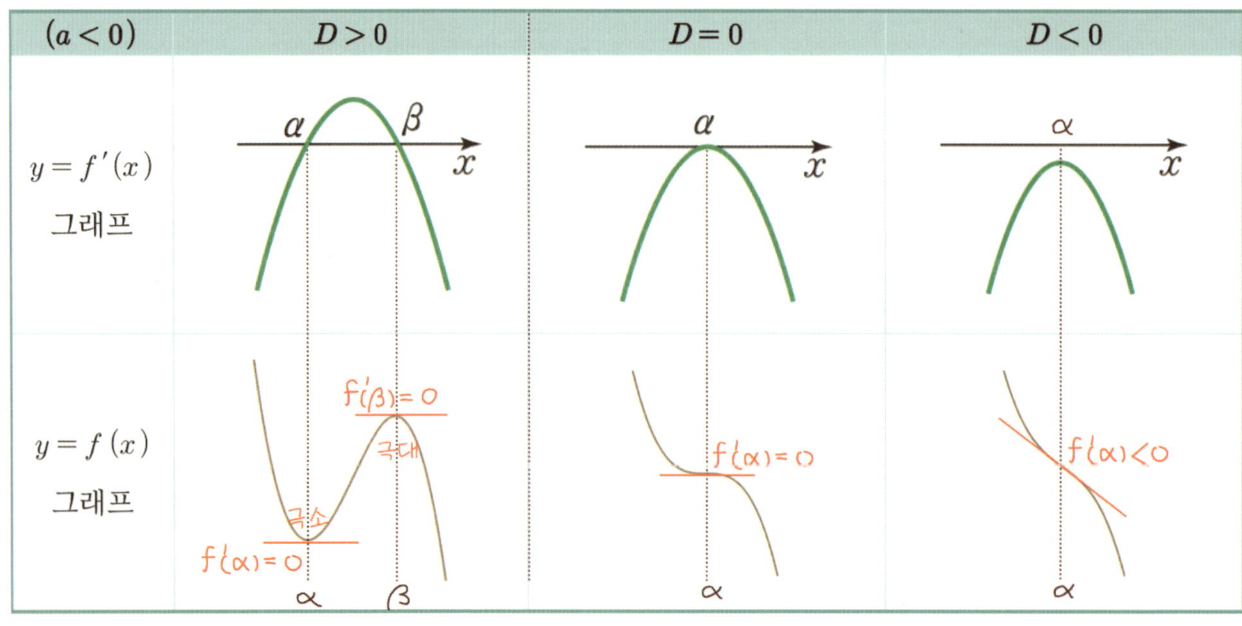

① 대칭성

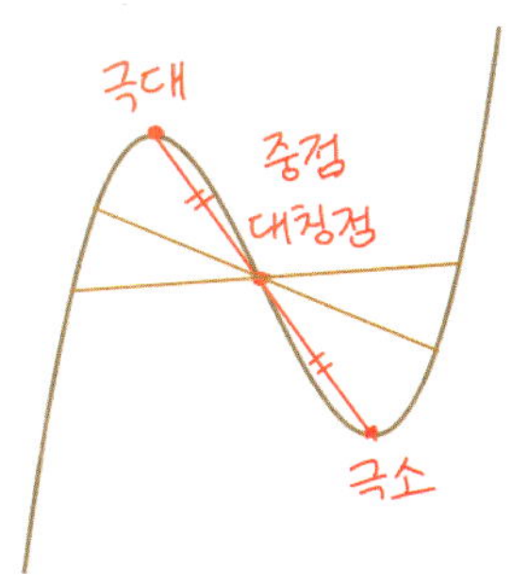

② $\sqrt{3} : 1$

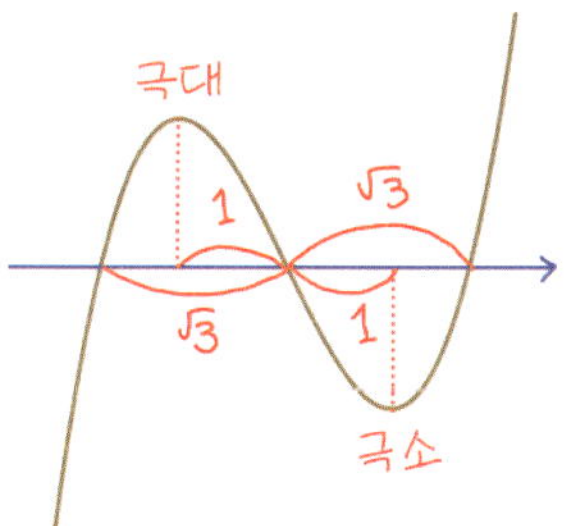

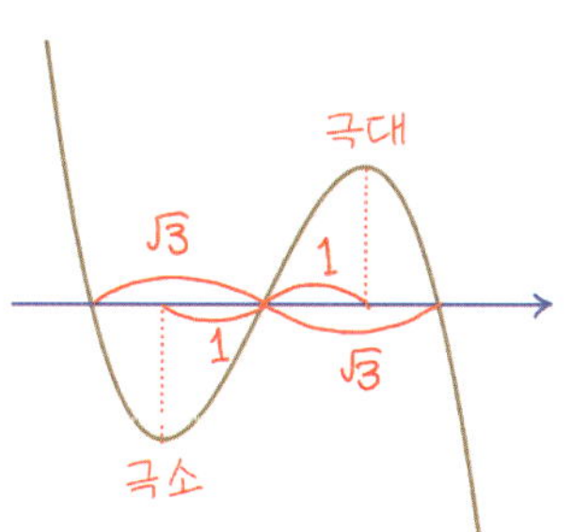

③ $2 : 1$

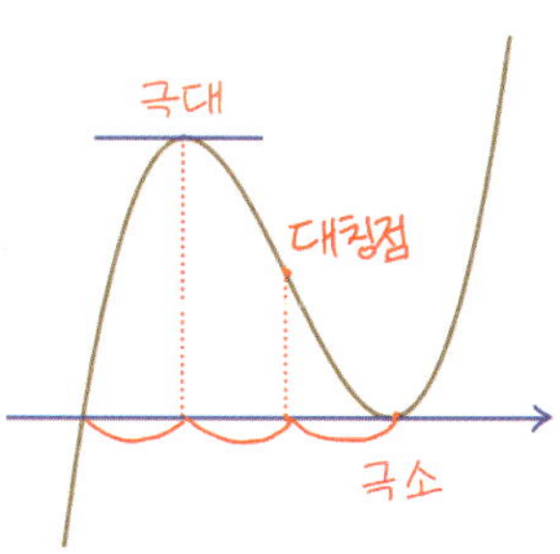

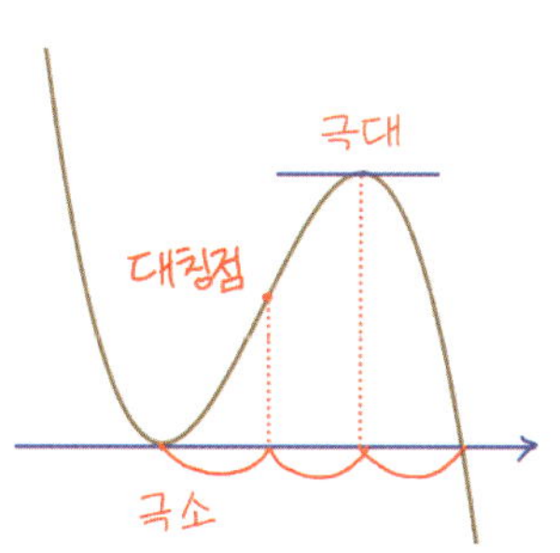

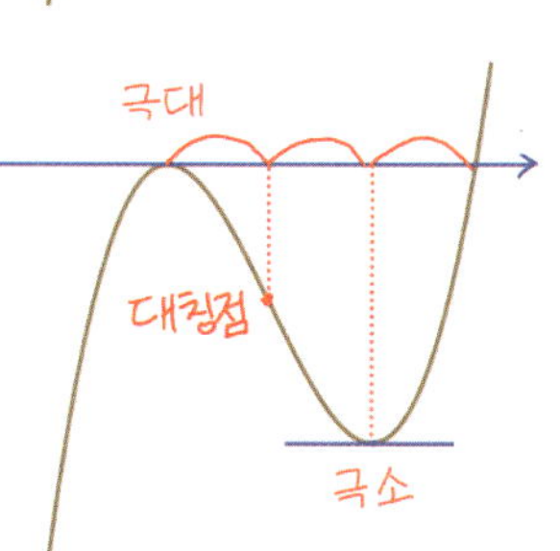

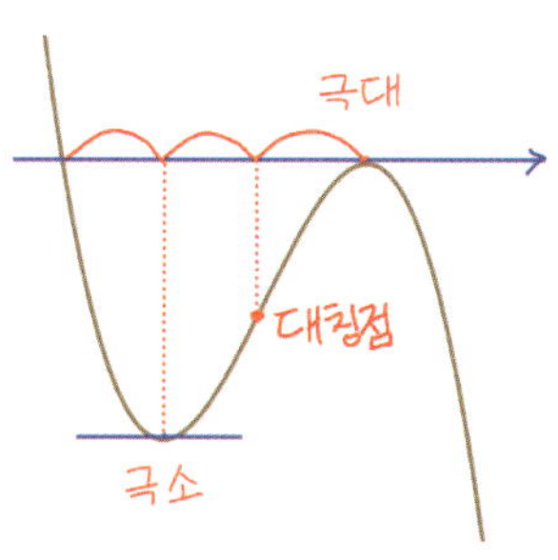

④ 확장

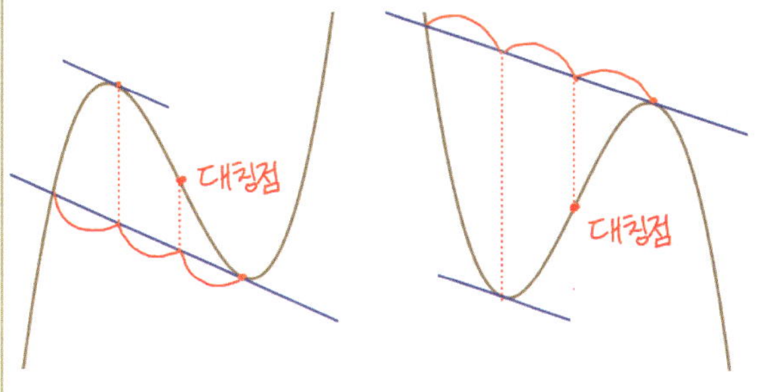

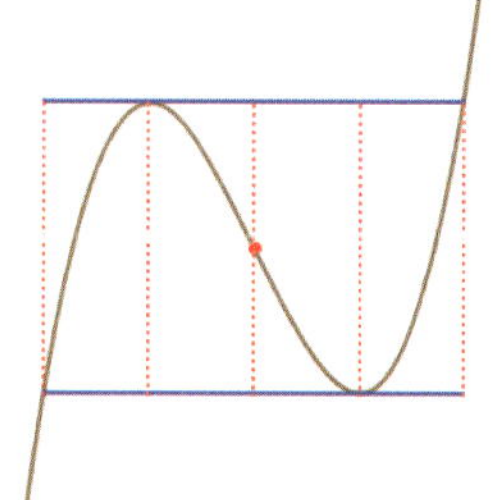

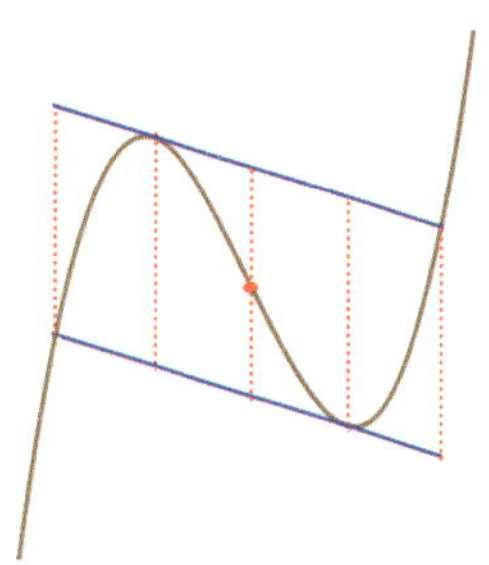

✎ 4차함수의 그래프 개형

$f(x) = ax^4 + bx^3 + cx^2 + dx + e$ 일 때, $f'(x) = 4ax^3 + 3bx^2 + 2cx + d$ 이므로

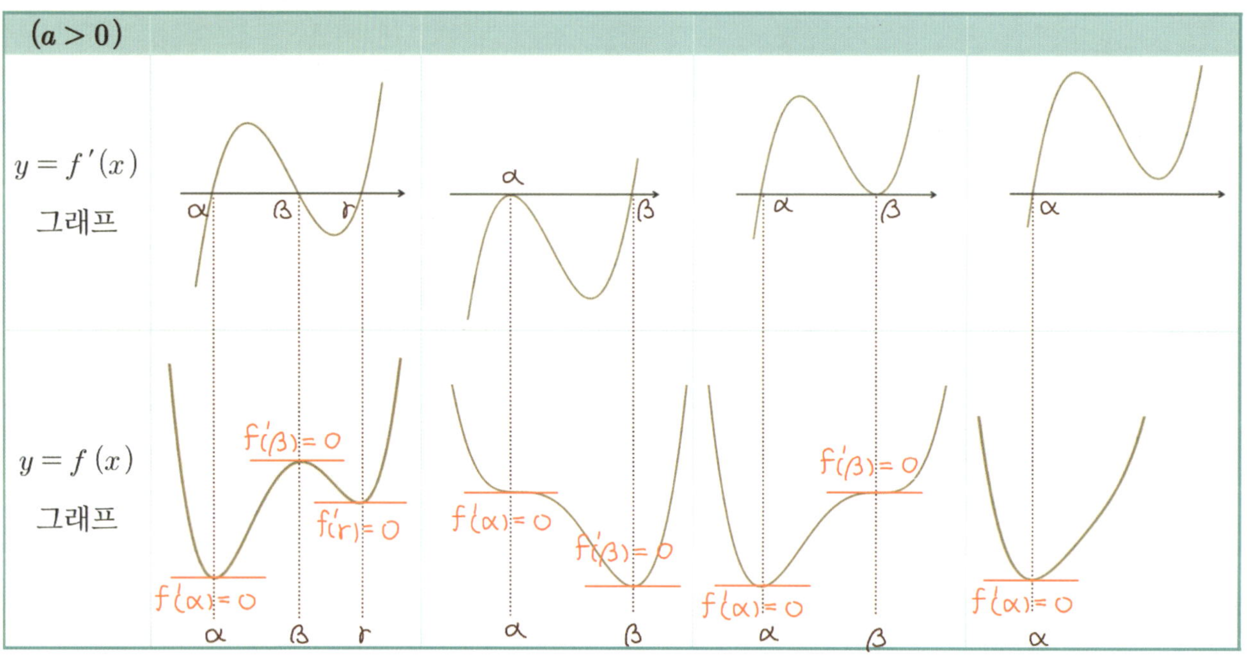

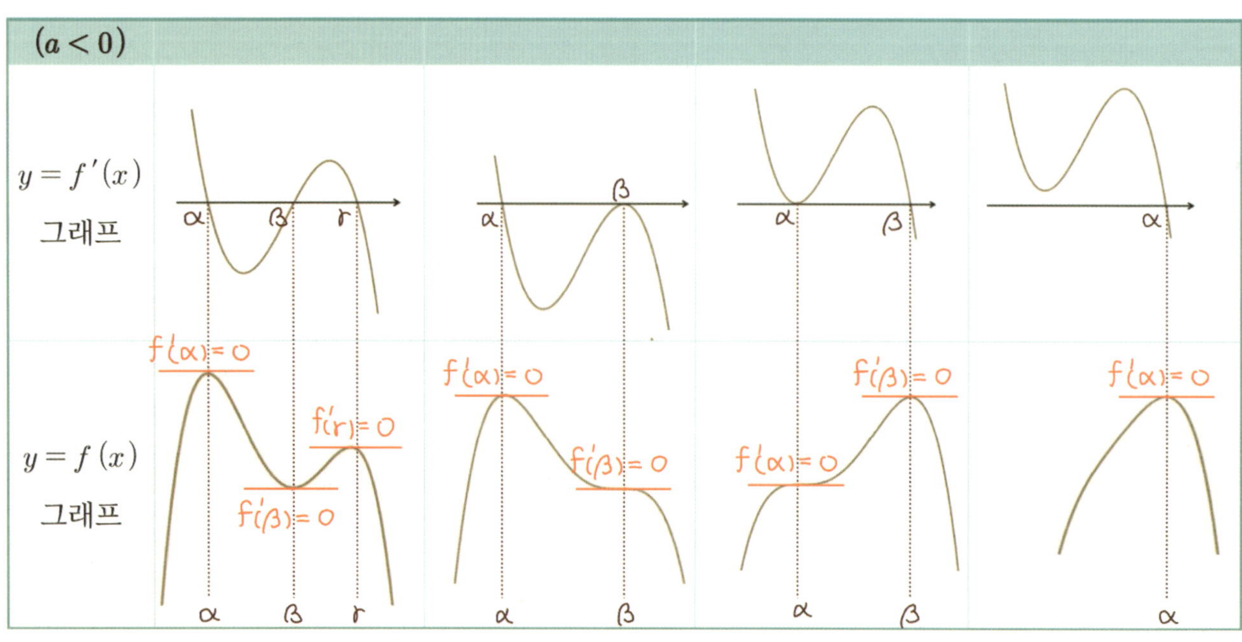

[연구19] 다항함수 $f(x)$가 아래와 같이 표현될 때, $x = \alpha$ 좌우에서 $f(x)$ 그래프의 부호변화 여부를 쓰시오. (단, $g(\alpha) \neq 0$)

① $f(x) = (x - \alpha)^{\text{짝}} g(x)$

② $f(x) = (x - \alpha)^{\text{홀}} g(x)$

[연구20] 다항함수 $f(x)$의 그래프가 $x = a$에서 x축에 접할 때, $f(x) = (x - a)^2 g(x)$이 성립함을 유도하시오.

---

① 대칭성

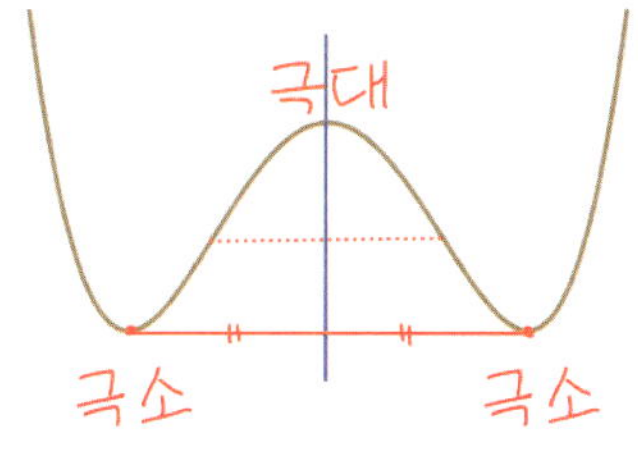

② $\sqrt{2} : 1$

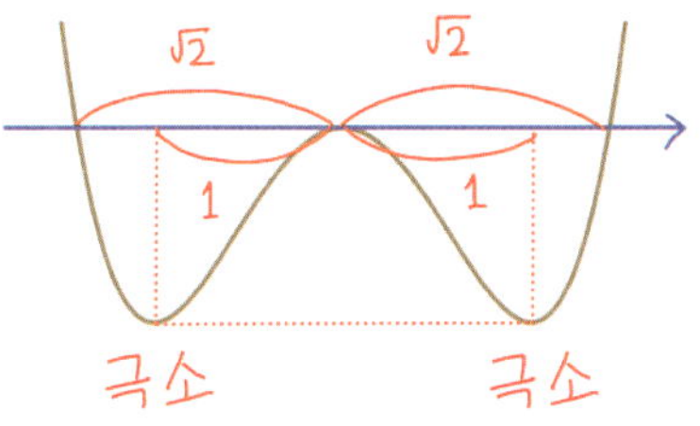

③ $3 : 1$

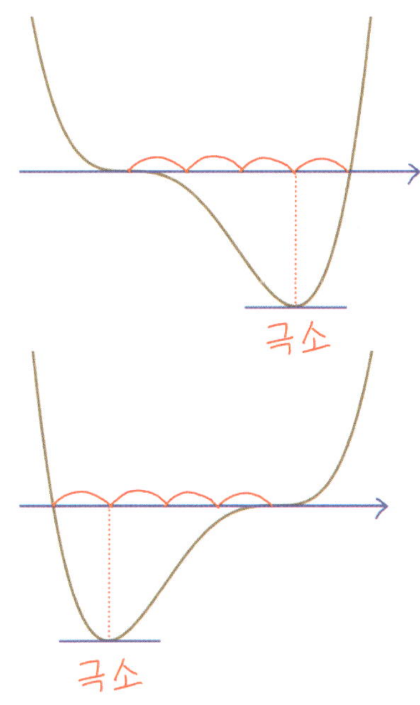

연구 19   **인수의 차수와 그래프 부호 변화**

$$f(x) - (x - \alpha)^{\text{짝}} g(x) \quad \text{vs} \quad f(x) - (x - \alpha)^{\text{홀}} g(x)$$

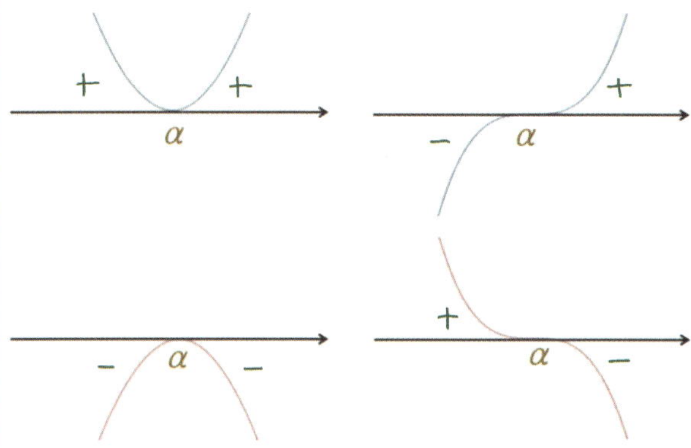

연구 20 $f(x)$의 그래프가 $x = a$에서 x축에 접한다.

$\Leftrightarrow f(a) = 0,\ f'(a) = 0$

$\Leftrightarrow f(x) = (x - a)^2 g(x)$ (단, $f(x)$는 다항함수)

$f(a) = 0$ 이므로

$f(x) = (x - a) h(x)$

$f'(x) = 1 \cdot h(x) + (x - a) h'(x)$

$f'(a) = 0$ 이므로

$f'(a) = h(a) + 0 \cdot h'(a) = h(a) = 0$

$\therefore h(x) = (x - a) g(x)$

$\therefore f(x) = (x - a)^2 g(x)$

🖋 부호를 활용한 그래프 개형

상수 $a \neq 0$이고 $\alpha < \beta < \gamma < \delta$일 때, 아래 식의 그래프를 그리시오.

(1) $y = a(x-\alpha)(x-\beta)$

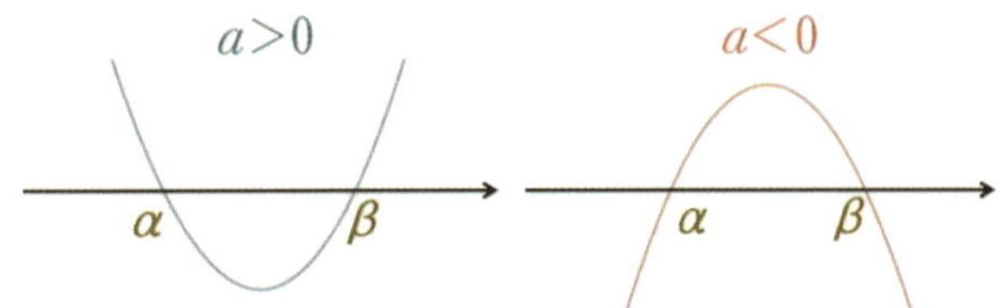

(2) $y = a(x-\alpha)^2$

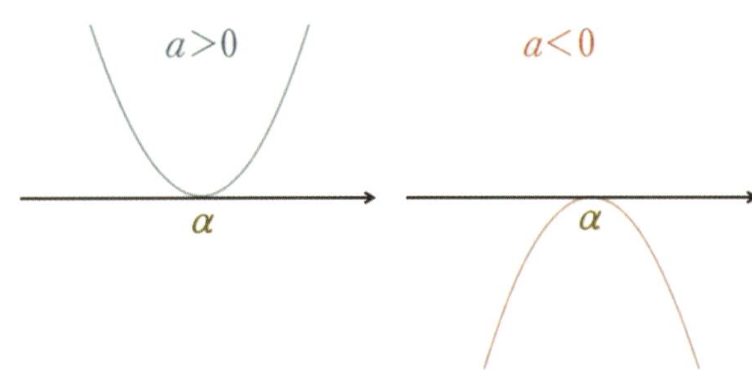

(3) $y = a(x-\alpha)(x-\beta)(x-\gamma)$

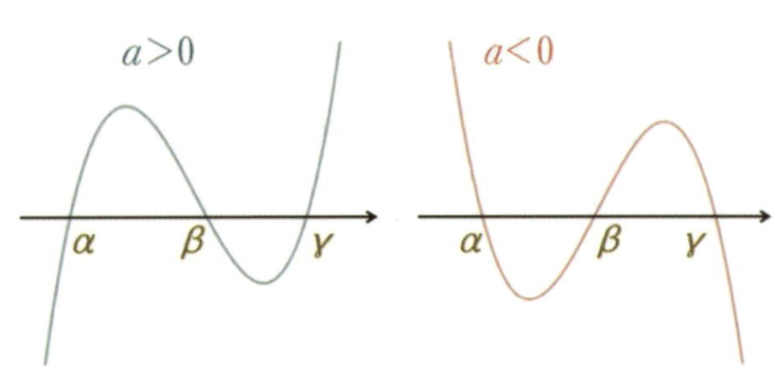

(4) $y = a(x-\alpha)(x-\beta)^2$

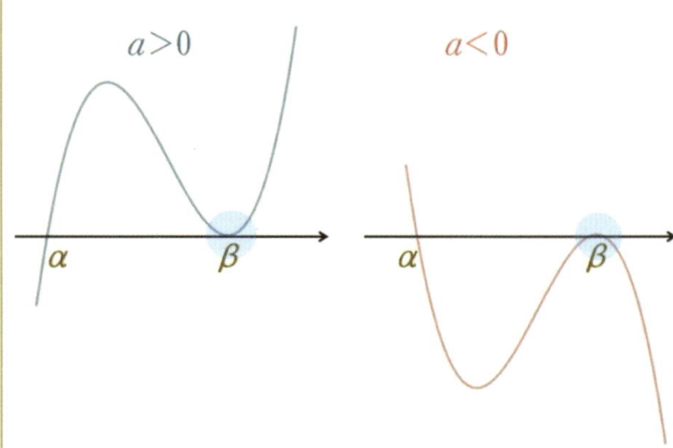

(5) $y = a(x-\alpha)^2(x-\beta)$

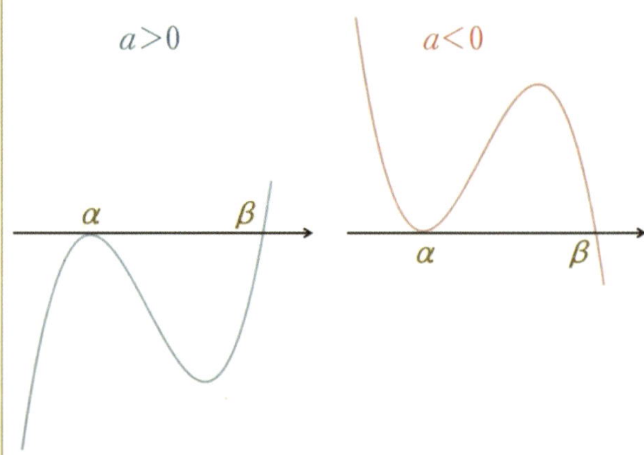

(6) $y = a(x-\alpha)^3$

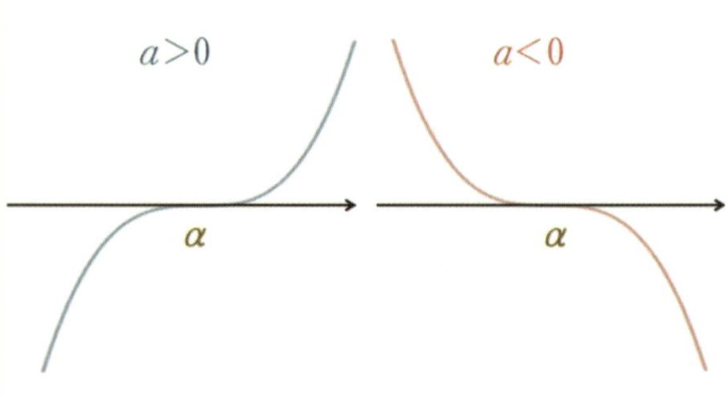

(7) $y = a(x-\alpha)(x-\beta)(x-\gamma)(x-\delta)$

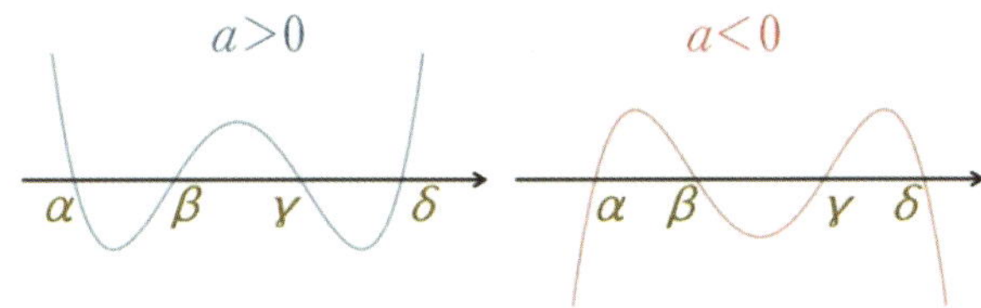

(8) $y = a(x-\alpha)(x-\beta)(x-\gamma)^2$

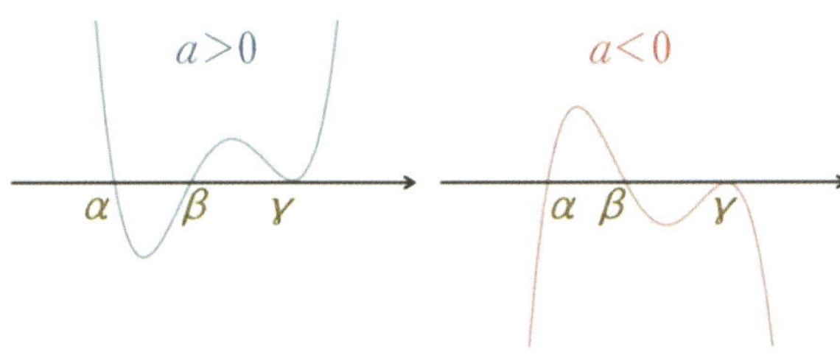

(9) $y = a(x-\alpha)(x-\beta)^2(x-\gamma)$

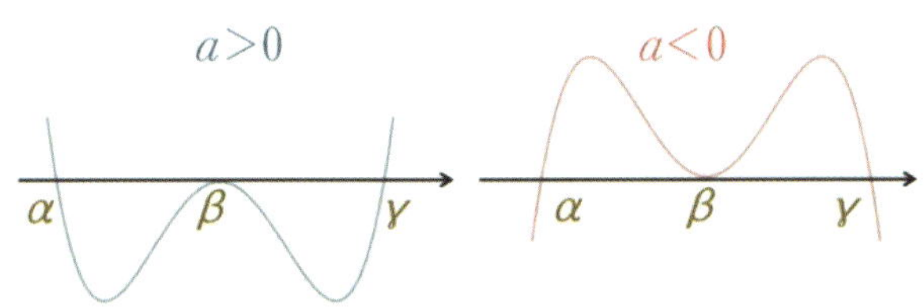

(10) $y = a(x-\alpha)^2(x-\beta)^2$

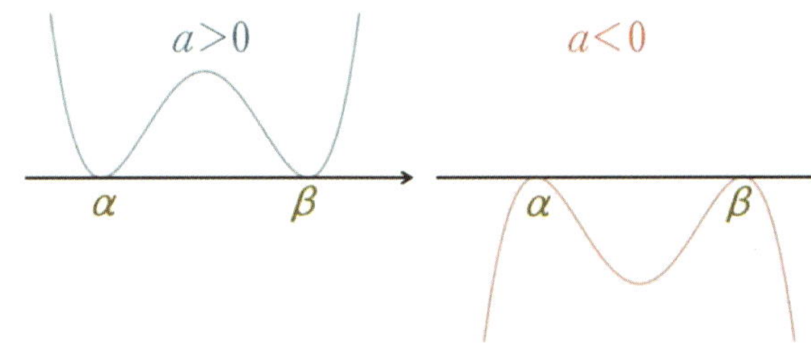

(11) $y = a(x-\alpha)(x-\beta)^3$

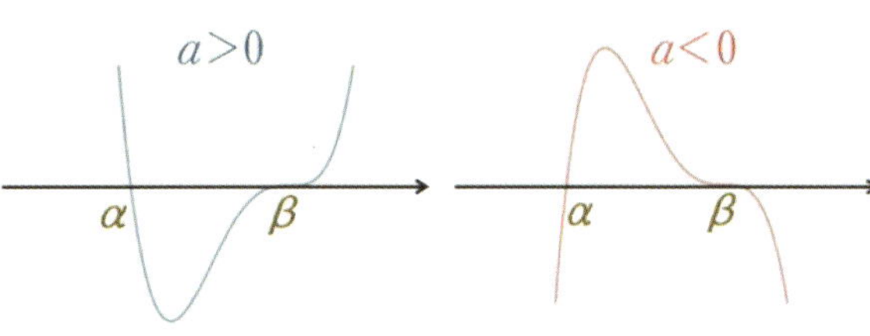

(12) $y = a(x-\alpha)^3(x-\beta)$

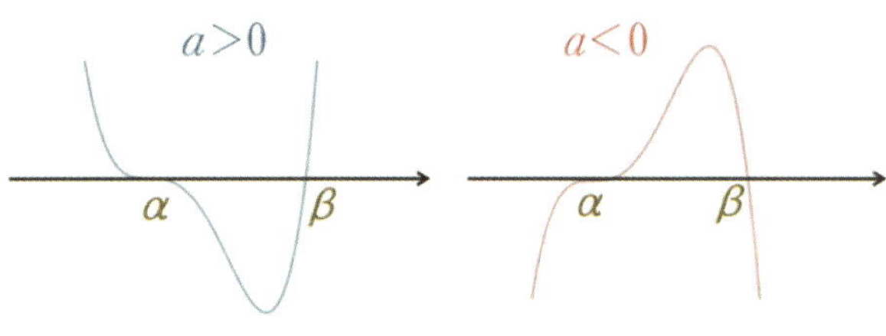

(13) 다음은 $y = x^3$과 $y = x^4$의 그래프의 일부이다.
$y = x^3$에 해당되는 부분과 $y = x^4$에 해당되는
부분으로 알맞은 것을 짝지으시오.

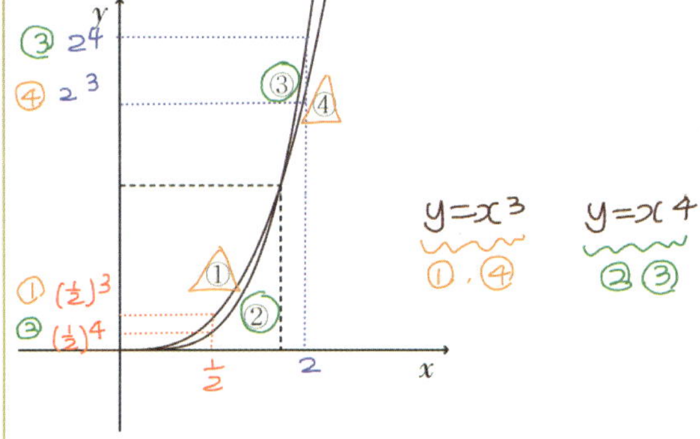

165

[연구21] 함수의 극대와 극소의 정의를 쓰시오.

[연구22] 함수 $f(x)$가 $x = a$에서 미분가능하고, $x = a$에서 극값을 가지면 $f'(a) = 0$임을 유도하시오.

---

10 함수의 극대와 극소

함수 $f(x)$가 $x = a$를 포함하는 어떤 열린구간에 속하는 모든 x에 대하여

[연구 21] 극대 : $f(a) \geq f(x)$일 때,

　　$f(x)$는 $x = a$에서 극대라고 한다.

극댓값 : 극대일 때의 함수값. $f(a)$

극소 : $f(a) \leq f(x)$일 때,

　　$f(x)$는 $x = a$에서 극소라고 한다.

극솟값 : 극소일 때의 함수값. $f(a)$

극값 : 극댓값과 극솟값을 통틀어

　　　극값이라 한다.

　　(함수의 증감이 바뀌는 점에서의 값)

[연구 22] ① 함수 $y = f(x)$가 $x = a$에서 미분가능하고,

　　$x = a$에서 극값을 가지면 $f'(a) = 0$

② $f'(a) = 0$이고,

　　$x = a$의 좌우에서 $f'(x)$의 부호가

(1) ⊕에서 ⊖ 변하면 $f(a)$는 극댓값

(2) ⊖에서 ⊕ 변하면 $f(a)$는 극솟값

✎ 함수의 극대와 극소

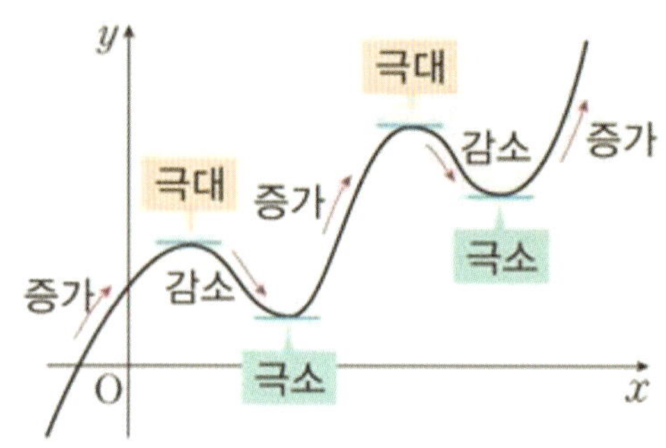

① $f(a)$가 극댓값이라 가정

$f(x)$는 $x = a$ 포함하는 충분히 작은 개 구간에서 최댓값

$f(x) \leq f(a)$

$f(x) - f(a) \leq 0$

i) $x < a$ $(x - a < 0)$　ii) $x > a$ $(x - a > 0)$

$$0 \leq \lim_{x \to a-} \frac{f(x) - f(a)}{x - a} = \lim_{x \to a+} \frac{f(x) - f(a)}{x - a} \leq 0$$

미분가능하므로

$0 \leq f'(a) \leq 0$

$\therefore f'(a) = 0$

연구23 다음 명제의 참 거짓을 판별하시오.

① $x=a$에서 $f(x)$가 극값을 가지면 $f'(a)=0$이다.

② $f'(a)=0$이면 $x=a$에서 $f(x)$가 극값을 가진다.

$x=a$에서 $f(x)$가 극값 $\ast$ $f'(a)=0$

반례

$$f(x)=|x|=\begin{cases}-x & (x\le 0)\\ x & (x>0)\end{cases} \qquad f'(x)=\begin{cases}-1 & (x<0)\\ 1 & (x>0)\end{cases}$$

$x=0$에서 극값ㅇ

$f'(0)$ 없다

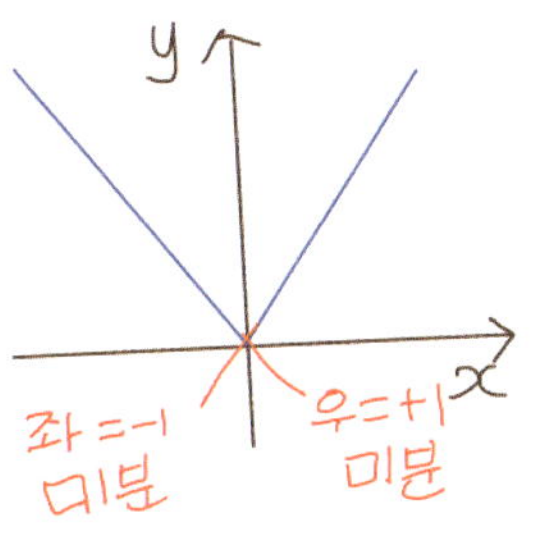
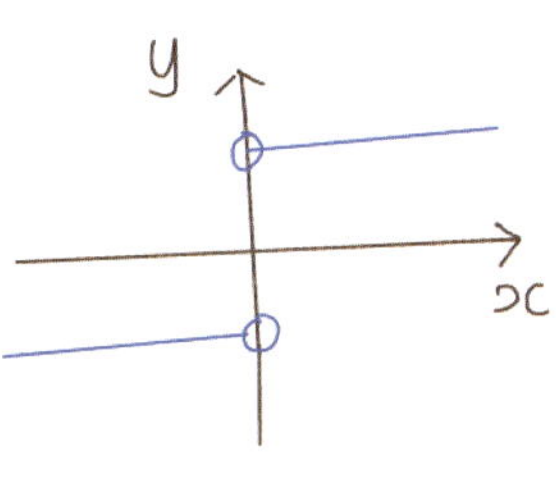

〈추가조건〉

$y=f(x)$ 미분가능하면

$x=a$에서 $f(x)$가 극값 $\to$ $f'(a)=0$

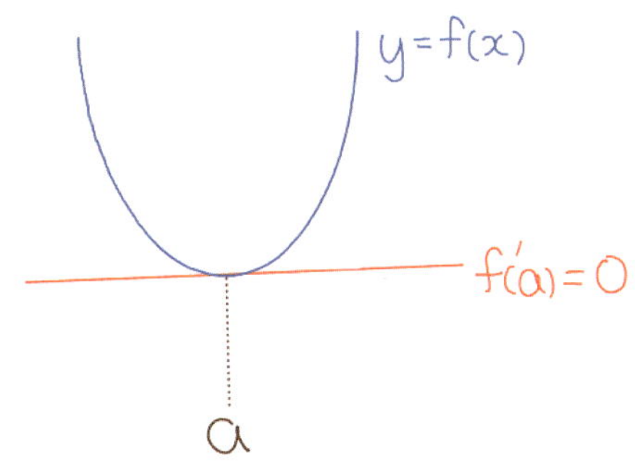

$x=a$에서 $f(x)$가 극값 $\ast$ $f'(a)=0$

반례

$$f(x)=x^3 \longrightarrow f'(x)=3x^2$$

$x=0$에서 극값ㅇX $\longleftarrow$ $f'(0)=0$

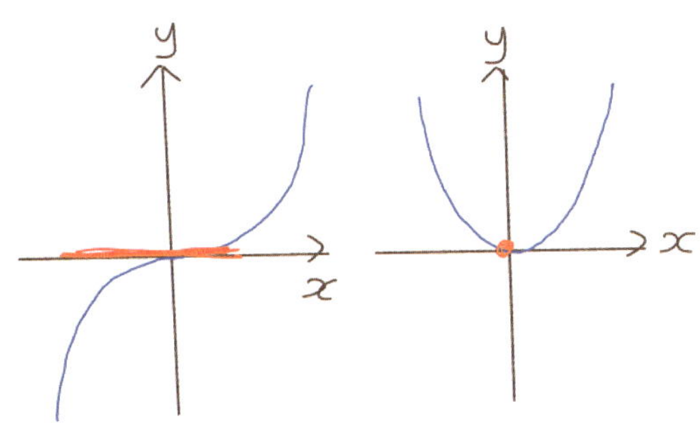

연속함수 $f(x)$가 상수 구간이 없을 경우

$x=a$에서 $f(x)$가 극값 $\dfrac{\cup}{\circ}$ $f'(x)$ 부호변화

대체로 ($f'(x)$ 연속)

$f'(a)=0$

연구24 삼차함수 $f(x)$가 극값을 가질 때,

아래 경우마다 $f(x)=0$의 근의 종류를 쓰시오.

① (극댓값)×(극솟값)<0

② (극댓값)×(극솟값)$=0$

③ (극댓값)×(극솟값)>0

⑪ 방정식에의 활용

방정식 $f(x)=0$의 실근은
함수 $y=f(x)$의 그래프와
x축($y=0$)과의 교점의 x좌표이다.
방정식 $f(x)=g(x)$의 실근은 두 함수
$y=f(x)$, $y=g(x)$의 그래프의 교점의
x좌표이다.

연구 21 삼차함수 $f(x)$가 극값을 가질 때,

① (극댓값)×(극솟값)<0 서로 다른 세 실근

② (극댓값)×(극솟값)$=0$ 한 실근과 중근

③ (극댓값)×(극솟값)>0 한 실근과 두 허근

⑫ 부등식에의 활용

①어떤 구간에서 부등식 $f(x)>0$이
  성립함을 보이려면
  주어진 구간에서 $y=f(x)$의
  최솟값>0임을 보이면 된다.

②어떤 구간에서 부등식 $f(x)>g(x)$이
  성립함을 보이려면
  $h(x)=f(x)-g(x)$로 놓고,
  주어진 구간에서 $y=h(x)$의
  최솟값>0임을 보이면 된다.

✎ 방정식에의 활용

① 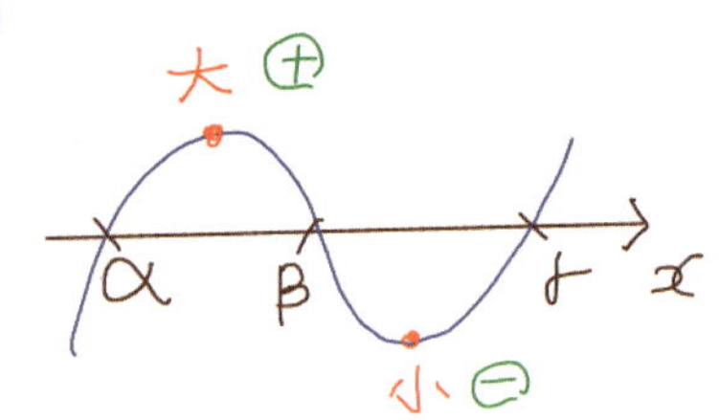

② 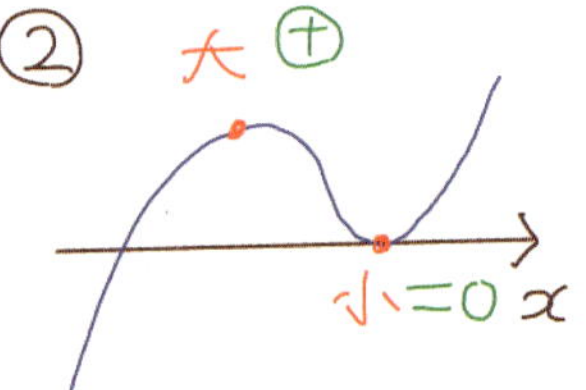

③ 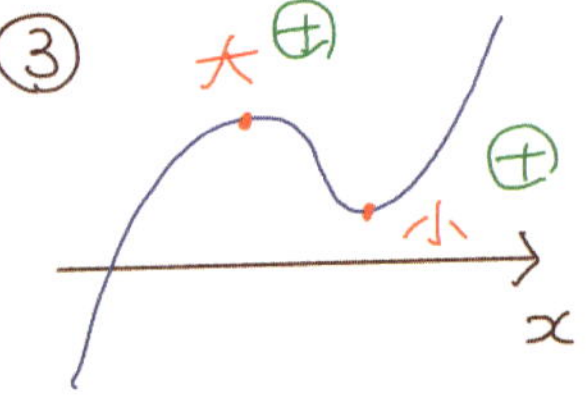 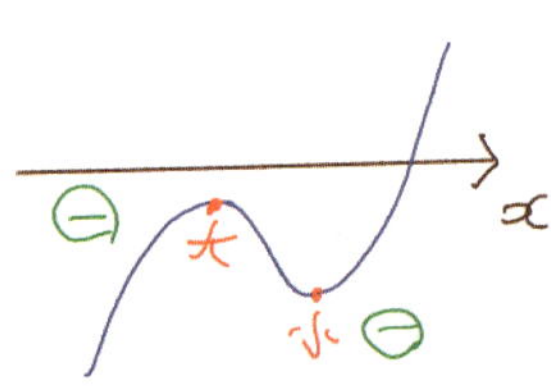

교과서 미분 단원 후반부에 있는 <속도와 가속도> 내용은 학습의 효율성을 위해 적분 단원의 <속도와 거리>내용과 통합하여 적분단원 마지막에 배치하였다.

「수학Ⅱ」 Ⅲ.적분법

1 부정적분

정의 : 함수 $f(x)$를 도함수로 가지는 함수.
즉, $F'(x) = f(x)$ 가 되는 함수 $F(x)$를 $f(x)$의
부정적분(원시함수)라 한다.

미분의 역과정

$$F'(x) = f(x)$$

$$\Leftrightarrow \int f(x)dx = F(x) + C$$

(단, C는 적분상수)

✎ 부정적분

$$\{x^2\}' = 2x \quad \rightarrow \quad \int 2x\,dx = x^2 + 0$$

$$\{x^2 + 1\}' = 2x \quad \rightarrow \quad \int 2x\,dx = x^2 + 1$$

$$\{x^2 + 33\}' = 2x \quad \rightarrow \quad \int 2x\,dx = x^2 + 33$$

정할 수 없다!

연구01 두 함수 $f(x)$, $g(x)$에 대하여 다음이
성립함을 유도하시오.

① $\displaystyle\int x^n\,dx = \frac{x^{n+1}}{n+1} + C$ (단, n은 자연수)

② $\displaystyle\int k\,f(x)\,dx = k\int f(x)\,dx$ (단, k는 상수)

③ $\displaystyle\int \{f(x)+g(x)\}\,dx = \int f(x)\,dx + \int g(x)\,dx$

④ $\displaystyle\int \{f(x)-g(x)\}\,dx = \int f(x)\,dx - \int g(x)\,dx$

---

② 부정적분의 성질

① $\displaystyle\int x^n\,dx = \frac{x^{n+1}}{n+1} + C$ (단, n은 자연수)

✑ $\displaystyle\int dx = x + C$

② $\displaystyle\int k\,f(x)\,dx = k\int f(x)\,dx$ (단, k는 상수)

③ $\displaystyle\int \{f(x)+g(x)\}\,dx = \int f(x)\,dx + \int g(x)\,dx$

④ $\displaystyle\int \{f(x)-g(x)\}\,dx = \int f(x)\,dx - \int g(x)\,dx$

✑ $\displaystyle\int \{f(x)g(x)\}\,dx \neq \int f(x)\,dx \int g(x)\,dx$

✎ 부정적분의 성질   (연구 01)

① $\{x^{n+1}\}' = (n+1)x^n$

$\left\{\dfrac{1}{n+1}x^{n+1}\right\}' = \dfrac{1}{n+1}(n+1)x^n = x^n$

② $F'(x) = f(x) \rightarrow F(x) = \int f(x)\,dx$

$\{kF(x)\}' = kF'(x) = kf(x)$

$kF(x) = \int kf(x)\,dx$

$k\int f(x)\,dx = \int kf(x)\,dx$

③ $F'(x) = f(x) \rightarrow F(x) = \int f(x)\,dx$

$G'(x) = g(x) \rightarrow G(x) = \int g(x)\,dx$

$\{F(x) + G(x)\}' = F'(x) + G'(x) = f(x) + g(x)$

$F(x) + G(x) = \int f(x) + g(x)\,dx$

$\int f(x)\,dx + \int g(x)\,dx = \int (f(x)+g(x))\,dx$

연구02 $\{F(x)\}' = f(x)$일 때 $F(b) - F(a)$의

기하학적인 의미를 쓰시오.

(단, $f(x) > 0$, $b > a$)

---

3 정적분(미적분의 기본정리)

함수 $f(x)$가 폐구간 $[a, b]$에서 연속이고 $f(x)$의 한 부정적분을 $F(x)$라고 할 때,

$$\int_a^b f(x)dx = \left[F(x)\right]_a^b = F(b) - F(a)$$

부정적분 $\int f(x)dx$ 는 함수

정적분 $\int_a^b f(x)dx$ 는 상수

정적분의 값은 아래끝 a, 위끝 b 만으로 결정되므로 적분변수와는 관계가 없다.
(But 부정적분은 변수와 관계가 있다)

$$\int_a^b f(x)dx = \int_a^b f(t)dt = \int_a^b f(y)dy = \cdots$$

$$\left[F(x)\right]_a^b \quad \left[F(t)\right]_a^b \quad \left[F(y)\right]_a^b$$

$$F(b)-F(a) \quad F(b)-F(a) \quad F(b)-F(a)$$

<부정적분>

vs $\int f(x)dx \qquad \int f(t)dt$

$x \neq t$이면

$F(x) \quad \neq \quad F(t)$

✎ 정적분(미적분의 기본정리)

$\{F(x)\}' = f(x)$일 때 $F(b) - F(a)$의 기하학적인 의미 (단, $f(x) > 0$, $b > a$)

$\hookrightarrow y = f(x)$의 구간 $[a, b]$ 아래쪽 넓이

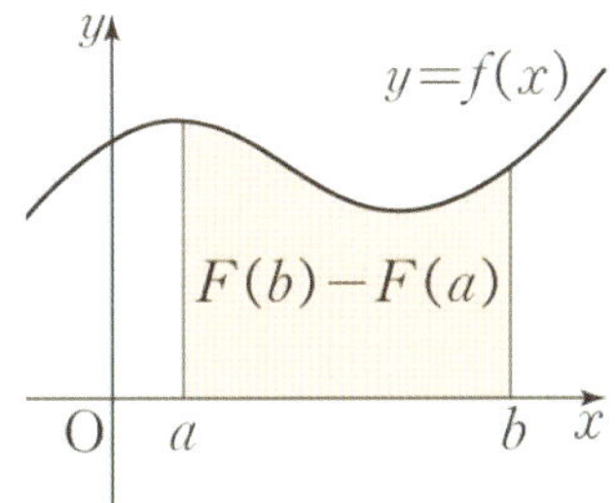

도함수의 넓이는 원시함수의 높이차

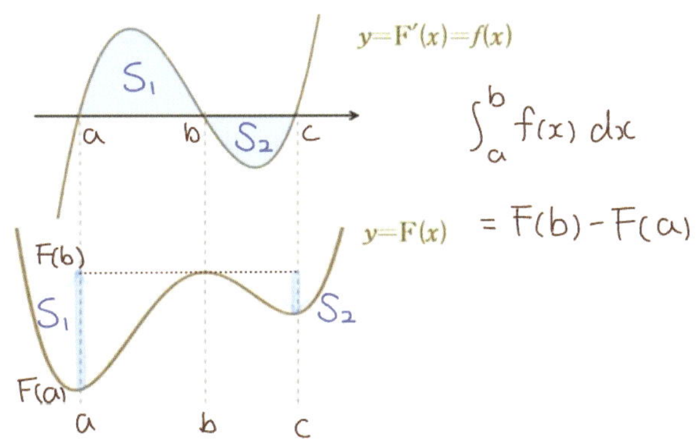

【ex】 $\int t x^2 dx$ vs $\int t x^2 dt$

상수 ← 적분변수 $\qquad$ 상수 ← 적분변수

$t \int x^2 dx \qquad x^2 \int t\, dt$

$t \frac{1}{3}x^3 + C \qquad x^2 \frac{1}{2}t^2 + C$

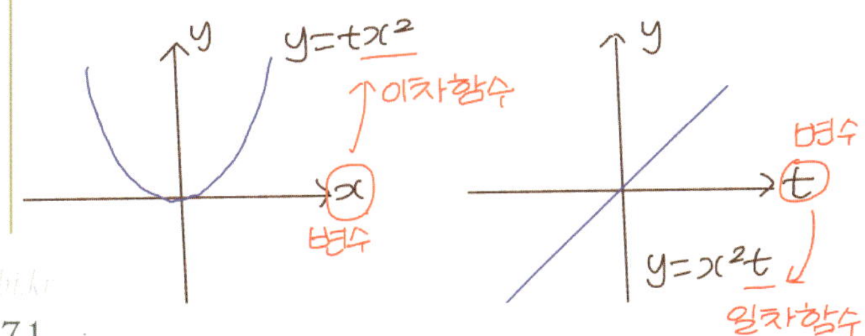

연구03 함수 $f(x)$가 연속이고 $S(t)$가 $y = f(x)$와 x축 및 $x = a$와 $x = t$로 둘러싸인 도형의 넓이라고 하자(단, $t \geq a$). $f(x) \geq 0$일 때 $\displaystyle\int_a^t f(x)dx = S(t)$ 임을 유도하시오.

---

④ 정적분의 의미

함수 $f(x)$가 연속이고 $S(t)$가 $y = f(x)$와 x축 및 $x = a$와 $x = t$로 둘러싸인 도형의 넓이라고 하자. (단, $t \geq a$)

① $f(x) \geq 0$일 때 $\displaystyle\int_a^t f(x)dx = S(t)$

② $f(x) \leq 0$일 때 $\displaystyle\int_a^t f(x)dx = -S(t)$

③ 함수 $f(x)$가 양인 부분의 넓이를 S_1, $f(x)$가 음인 부분의 넓이를 S_2라고 하자.

$$\int_a^b f(x)dx = S_1 - S_2$$

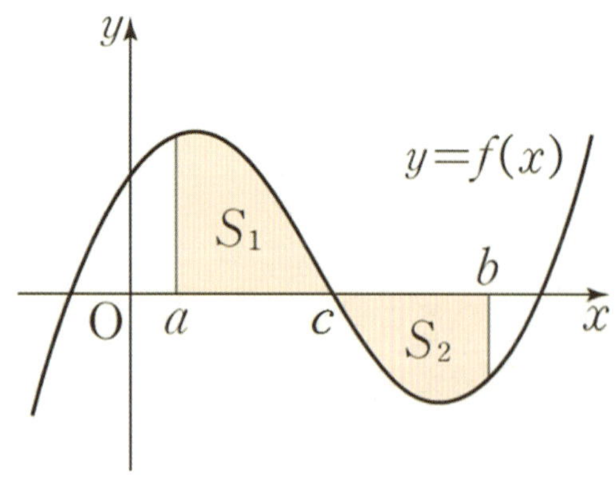

✎ 정적분의 의미

① $f(x) \geq 0$일 때 $S(t) = \displaystyle\int_a^t f(x)dx$ 임을 유도해보자!

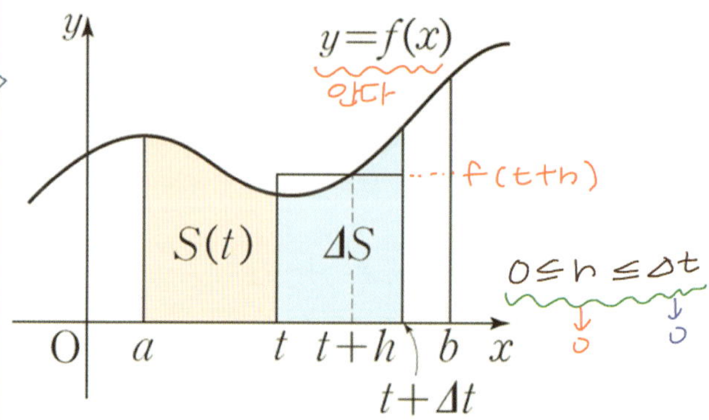

$\Delta S = S(t+\Delta t) - S(t) = f(t+h)\Delta t$

세 변을 Δt로 나눈다

$\dfrac{\Delta S}{\Delta t} = \dfrac{S(t+\Delta t) - S(t)}{\Delta t} = \dfrac{f(t+h)\Delta t}{\Delta t}$

$\displaystyle\lim_{\Delta t \to 0} \dfrac{\Delta S}{\Delta t} = \lim_{\Delta t \to 0} \dfrac{S(t+\Delta t) - S(t)}{t+\Delta t - t} = \lim_{\Delta t \to 0} f(t+h)$

$\Leftrightarrow h \to 0$

$\dfrac{dS}{dt} = S'(t) = f(t)$

넓이 $\xrightarrow{\text{미분}}$ 길이

모른다 $\xleftarrow{\text{적분}}$ 안다

모르는 넓이를 알고 있는 길이로 구한다!

$S(t) = \displaystyle\int f(t)dt = F(t) + C = F(t) - F(a)$

$\left(\begin{array}{l} S(a) = 0 = F(a) + C \\ \quad\downarrow \\ \quad C = -F(a) \end{array} \right)$

$= \Big[F(x) \Big]_a^t$

$= \displaystyle\int_a^t f(x)dx$

[연구04] 함수 $f(x)$가 연속이고 $S(t)$가 $y=f(x)$와 x축 및 $x=a$와 $x=t$로 둘러싸인 도형의 넓이라고 하자(단, $t \geq a$). $f(x) \leq 0$일 때

$$\int_a^t f(x)dx = -S(t)$$ 임을 유도하시오.

[연구05] 함수 $y=f(x)$의 그래프가 아래 그림과 같을 때 $\int_a^b f(x)dx = S_1 - S_2$임을 유도하시오.

(단, S_1은 양인 부분의 넓이, S_2는 음인 부분의 넓이)

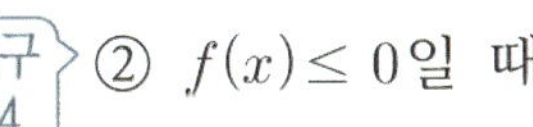

연구04 ② $f(x) \leq 0$일 때

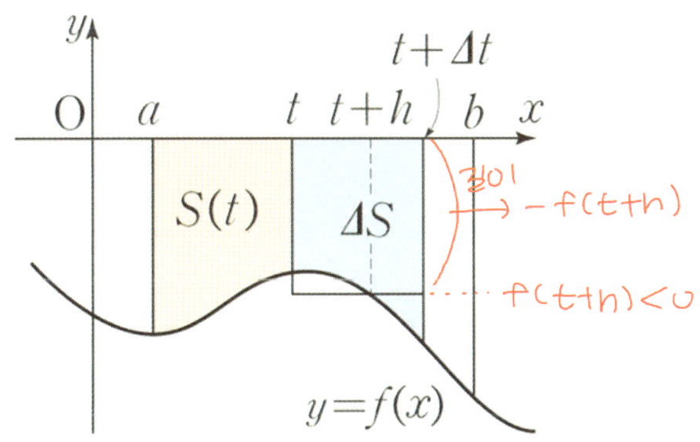

$$\frac{\Delta S}{\Delta t} = \frac{S(t+\Delta t) - S(t)}{\Delta t} = \frac{-f(t+h)\Delta t}{\Delta t}$$

$$\lim_{t \to 0} \frac{\Delta S}{\Delta t} = \lim_{\Delta t \to 0} \frac{S(t+\Delta t) - S(t)}{t + \Delta t - t} = \lim_{\substack{\Delta t \to 0 \\ \Leftrightarrow h \to 0}} \{-f(t+h)\}$$

$$\frac{dS}{dt} = S'(t) = -f(t)$$

넓이 —미분→ 길이
모른다 ←적분— 안다

$$S(t) = \int -f(t)dt = -\int f(t)dt = -\{F(t) + C\}$$

$$S(a) = 0 = -\{F(a) + C\}$$
$$C = -F(a)$$

$$= -\{F(t) - F(a)\}$$
$$= -\left[F(x)\right]_a^t$$
$$= -\int_a^t f(x)dx$$

$$\int_a^t f(x)dx = -S(t)$$

연구05 ③ $f(x)$는 닫힌 구간 $[a, c]$에서 $f(x) \geq 0$이고, 닫힌 구간 $[c, b]$에서 $f(x) \leq 0$이다.

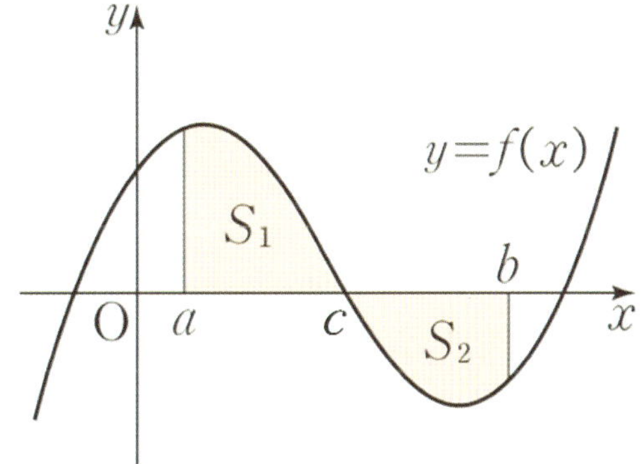

$$\int_a^b f(x)dx = \left[F(x)\right]_a^b = F(b) - F(a)$$

$$= \{F(b) - F(c)\} + \{F(c) - F(a)\}$$

$$= \int_a^c f(x)dx + \int_c^b f(x)dx$$

$$= S_1 + (-S_2)$$

$$= S_1 - S_2$$

연구06 두 함수 $f(x)$, $g(x)$가 세 실수 a, b, c를 포함하는 구간에서 연속일 때 다음을 유도하시오.

5 정적분의 성질 (1)

① $\displaystyle\int_a^a f(x)\,dx = 0$

② $\displaystyle\int_a^b f(x)\,dx = -\int_b^a f(x)\,dx$

③ $\displaystyle\int_a^b k f(x)\,dx = k\int_a^b f(x)\,dx$ (단, k 는 상수)

④ $\displaystyle\int_a^b \{f(x)+g(x)\}\,dx = \int_a^b f(x)\,dx + \int_a^b g(x)\,dx$

⑤ $\displaystyle\int_a^b \{f(x)-g(x)\}\,dx = \int_a^b f(x)\,dx - \int_a^b g(x)\,dx$

⑥ $\displaystyle\int_a^b f(x)\,dx = \int_a^c f(x)\,dx + \int_c^b f(x)\,dx$

✎ 정적분의 성질 (1)

연구 06

① $\displaystyle\int_a^a f(x)\,dx = \Big[F(x)\Big]_a^a = F(a)-F(a) = 0$

② $\displaystyle\int_a^b f(x)\,dx = \Big[F(x)\Big]_a^b = F(b)-F(a)$
$= -\{F(a)-F(b)\} = -\Big[F(x)\Big]_b^a = -\int_b^a f(x)\,dx$

③ $\displaystyle\int_a^b k f(x)\,dx = \Big[kF(x)\Big]_a^b = kF(b)-kF(a)$
$= k\{F(b)-F(a)\} = k\Big[F(x)\Big]_a^b = k\int_a^b f(x)\,dx$

④ $\displaystyle\int_a^b \{f(x)+g(x)\}\,dx = \Big[F(x)+G(x)\Big]_a^b$
$= \{F(b)+G(b)\} - \{F(a)+G(a)\}$
$= \{F(b)-F(a)\} + \{G(b)-G(a)\}$
$= \Big[F(x)\Big]_a^b + \Big[G(x)\Big]_a^b$
$= \int_a^b f(x)\,dx + \int_a^b g(x)\,dx$

⑤ ④와 같은 방법으로 유도

⑥ $\displaystyle\int_a^c f(x)\,dx + \int_c^b f(x)\,dx = \Big[F(x)\Big]_a^c + \Big[F(x)\Big]_c^b$
$= \{F(c)-F(a)\} + \{F(b)-F(c)\}$
$= F(b)-F(a) = \Big[F(x)\Big]_a^b$
$= \int_a^b f(x)\,dx$

연구07 아래 식에서 빈칸에 알맞은 것을 쓰고
이를 유도하시오.

6 정적분의 성질 (2)

① 함수 $f(x)$가 우함수이면

$$\int_{-a}^{a} f(x)\,dx = 2\int_{0}^{a} f(x)\,dx$$

② 함수 $f(x)$가 기함수이면

$$\int_{-a}^{a} f(x)\,dx = 0$$

【ex】 함수 $f(x)$가 $x=p$에 대하여 대칭일 때,

$$\int_{p-a}^{p+a} f(x)\,dx = 2\int_{p}^{p+a} f(x)\,dx$$

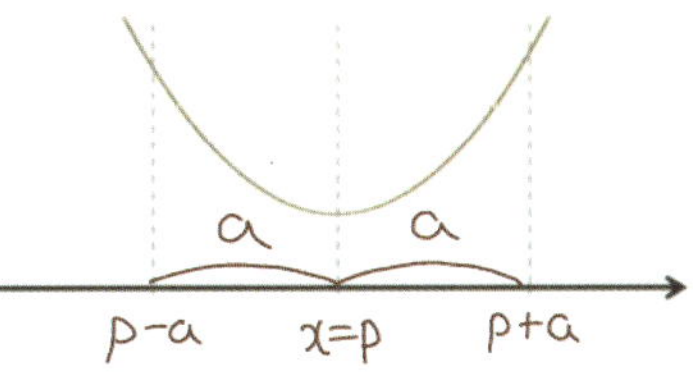

【ex】 함수 $f(x)$ 점 $(p,\,q)$에 대하여 대칭일 때,

$$\int_{p-a}^{p+a} f(x)\,dx = 2aq$$

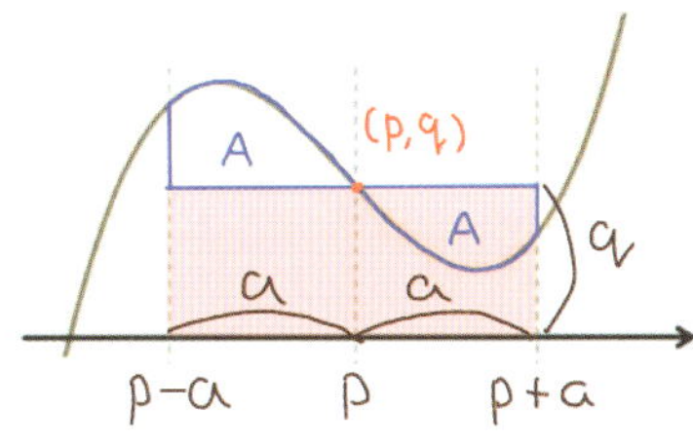

60쪽 수학1 '우함수와 기함수의 응용'에
관련 내용이 있으니 꼭 함께 볼 것!

정적분의 성질 (2)

①

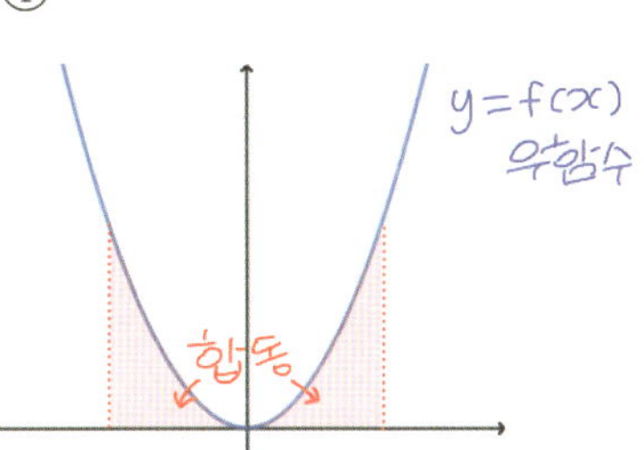

$$\int_{-a}^{a} f(x)\,dx = \int_{-a}^{0} f(x)\,dx + \int_{0}^{a} f(x)\,dx$$

$$= \int_{0}^{a} f(x)\,dx + \int_{0}^{a} f(x)\,dx = 2\int_{0}^{a} f(x)\,dx$$

②

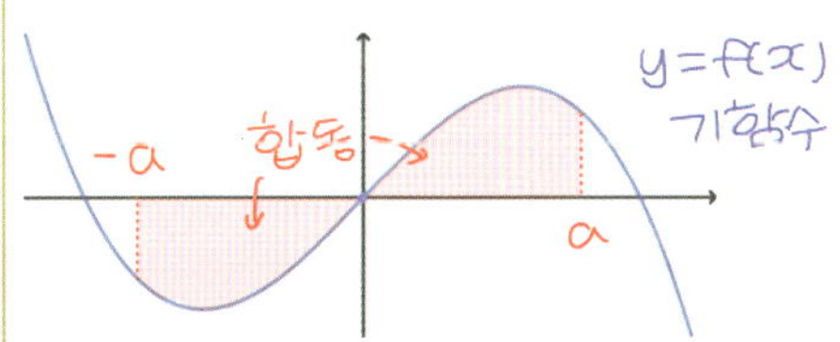

$$\int_{-a}^{a} f(x)\,dx = \int_{-a}^{0} f(x)\,dx + \int_{0}^{a} f(x)\,dx$$

$$= -\int_{0}^{a} f(x)\,dx + \int_{0}^{a} f(x)\,dx = 0$$

 $\displaystyle \int_{a}^{b} f(x)\,dx = \int_{a+p}^{b+p} f(x-p)\,dx$

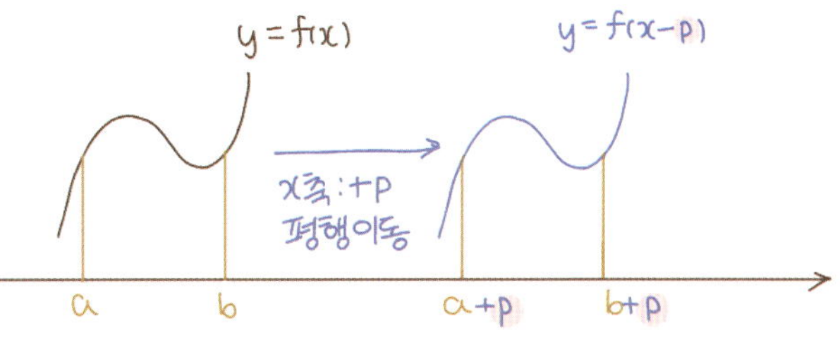

[연구08] 아래 식에서 빈칸에 알맞은 것을 쓰고
이를 유도하시오.

7 정적분의 성질 (3)

① $\dfrac{d}{dx}\displaystyle\int_a^x f(t)\,dt = f(x)\ \cdots (\bigcirc)$
$\qquad\qquad\qquad\quad = f(t)\ \cdots (\times)$

② $\displaystyle\lim_{x\to a}\dfrac{1}{x-a}\int_a^x f(t)\,dt = f(a)$

③ $\displaystyle\int_\alpha^\beta a(x-\alpha)(x-\beta)\,dx = -\dfrac{a}{6}(\beta-\alpha)^3$
$\qquad\qquad\qquad\qquad\qquad \hookrightarrow six!$

④ $\displaystyle\int_\alpha^\beta a(x-\alpha)^2(x-\beta)\,dx = -\dfrac{a}{12}(\beta-\alpha)^4$
$\qquad\qquad\qquad\qquad\qquad \hookrightarrow twelve!$

문제에서 $g(x)=\displaystyle\int_a^x f(t)\,dt$ 가 나왔을 때

① $g(a)=0$

② $g'(x)=f(x)$

【ex】

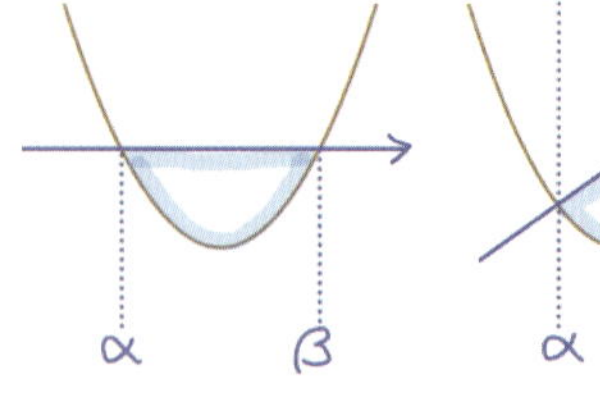
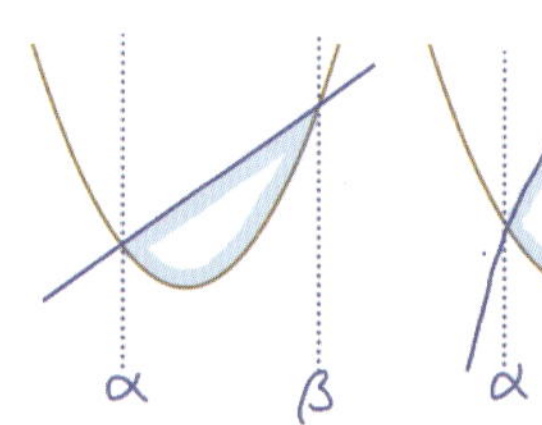

넓이 $=\dfrac{1}{영}(\beta-\alpha)^3,\quad \dfrac{1}{영}(\beta-\alpha)^3,\quad \dfrac{\text{최고차 계수차}}{6}(\beta-\alpha)^3$

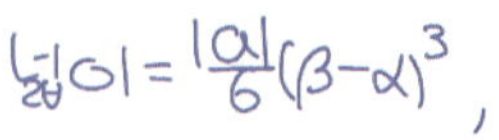

【ex】

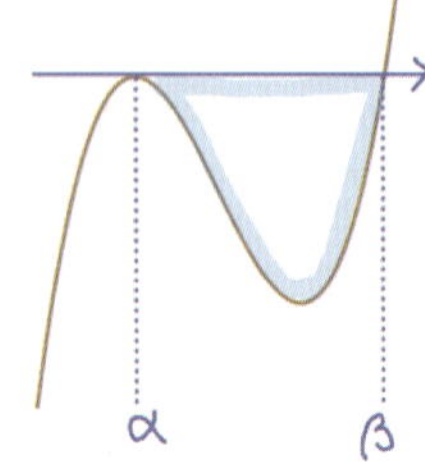
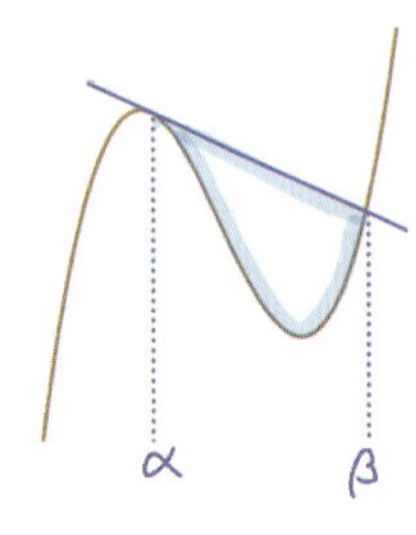

넓이 $=\dfrac{1}{영}{12}(\beta-\alpha)^4,\quad \dfrac{1}{영}{12}(\beta-\alpha)^4$

✎ 정적분의 성질 (3)

연구08

① $\dfrac{d}{dx}\displaystyle\int_a^x f(t)\,dt = \left\{\int_a^x f(t)\,dt\right\}' = \left\{[F(t)]_a^x\right\}'$
$\qquad = \{F(x)-F(a)\}' = f(x)$

② $\displaystyle\lim_{x\to a}\dfrac{1}{x-a}\int_a^x f(t)\,dt = \lim_{x\to a}\dfrac{1}{x-a}[F(t)]_a^x$
$\qquad = \displaystyle\lim_{x\to a}\dfrac{F(x)-F(a)}{x-a} = F'(a) = f(a)$

③ $\displaystyle\int_\alpha^\beta a(x-\alpha)(x-\beta)\,dx = \int_\alpha^\beta a\{x^2-(\alpha+\beta)x+\alpha\beta\}\,dx$
$\qquad = \left[a\left\{\dfrac{1}{3}x^3-\dfrac{\alpha+\beta}{2}x^2+\alpha\beta x\right\}\right]_\alpha^\beta$
$\qquad = -\dfrac{a}{6}(\beta-\alpha)^3$

④ ③과 같이 계산

[연구09] 함수 $f(x)$가 구간 $[a, b]$에서 연속일 때, 곡선 $y = f(x)$와 x축 및 두 직선 $x = a$, $x = b$로 둘러싸인 도형의 넓이 S는

$$S = \int_a^b |f(x)|\,dx$$ 임을 유도하시오.

---

8 곡선과 x축으로 둘러싸인 도형의 넓이

구간 $[a, b]$에서 연속인 함수 $y = f(x)$와 x축 및 $x = a$, $x = b$로 둘러싸인 도형의 넓이 S는

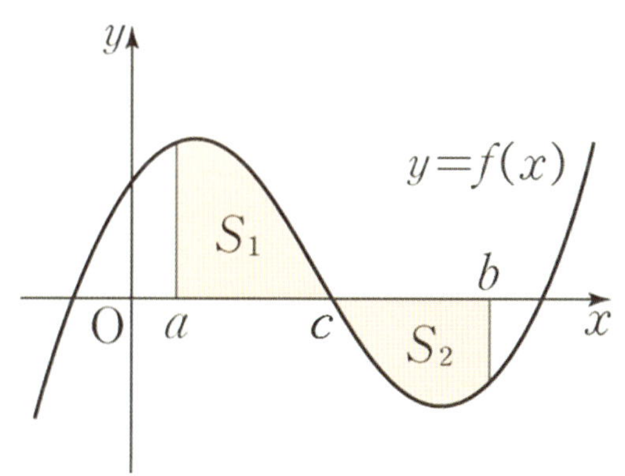

$$S = \int_a^b |f(x)|\,dx$$

✎ 곡선과 x축으로 둘러싸인 도형의 넓이

연구 09 ▷ 함수 $f(x)$가

닫힌 구간 $[a, c]$에서 $f(x) \geq 0$이고, 닫힌 구간 $[c, b]$에서 $f(x) \leq 0$라고 하자.

$$\int_a^b |f(x)|\,dx$$
$$= \int_a^c |f(x)|\,dx + \int_c^b |f(x)|\,dx$$
$$= \int_a^c f(x)\,dx + \int_c^b \{-f(x)\}\,dx$$
$$= \int_a^c f(x)\,dx - \int_c^b f(x)\,dx$$
$$= S_1 - (-S_2)$$
$$= S_1 + S_2$$

연구10 구간 $[a, b]$에서 연속인 두 곡선

$y = f(x)$, $y = g(x)$ 및 두 직선 $x = a$, $x = b$로

둘러싸인 도형의 넓이 S는

$S = \displaystyle\int_a^b |f(x) - g(x)|\,dx$ 임을 유도하시오.

---

9 두 곡선으로 둘러싸인 도형의 넓이

두 곡선 $y = f(x)$ 와 $y = g(x)$ 및 두 직선

$x = a$, $x = b$ (단, $a < b$)로 둘러싸인 도형의 넓이

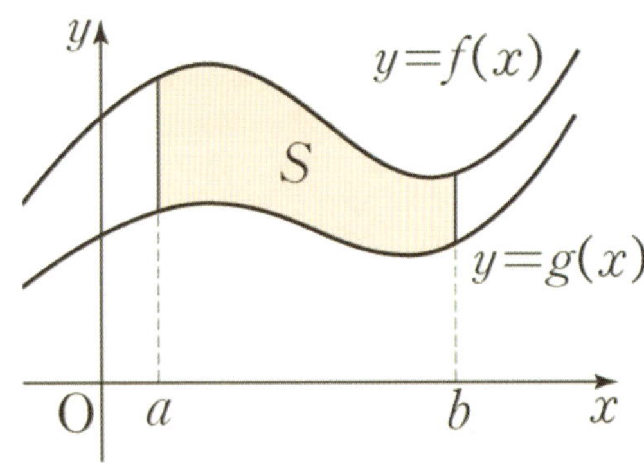

$S = \displaystyle\int_a^b |f(x) - g(x)|\,dx$

✎ 두 곡선으로 둘러싸인 도형의 넓이

연구 10

(i) 구간 $[a, b]$에서 $0 \leq g(x) \leq f(x)$일 때

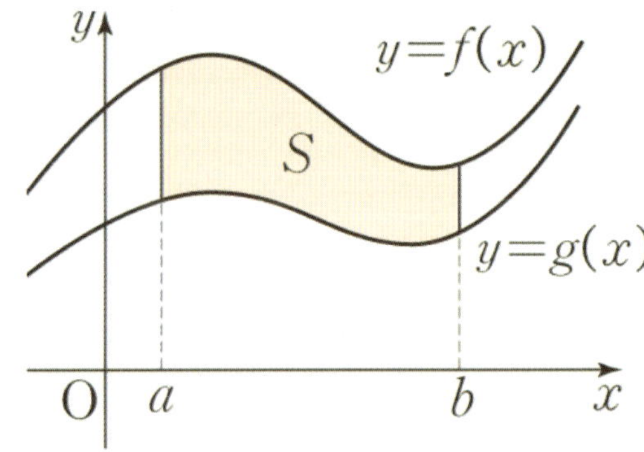

$S = \displaystyle\int_a^b f(x)\,dx - \int_a^b g(x)\,dx$

$= \displaystyle\int_a^b \{f(x) - g(x)\}\,dx$

$= \displaystyle\int_a^b |f(x) - g(x)|\,dx$

(ii) 구간 $[a, b]$에서 $g(x) \leq f(x)$이고
$g(x)$ 또는 $f(x)$가 음의 값을 가질 때

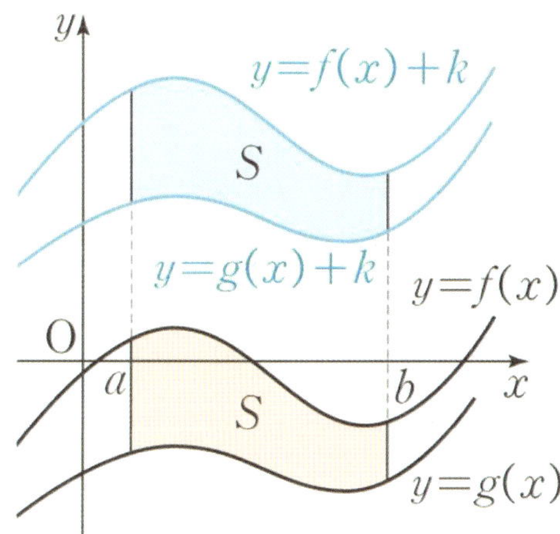

구간 $[a, b]$에서 (충분히 큰 상수 k)

$0 \leq g(x)+k \leq f(x)+k$

$S = \int_a^b \{f(x)+k\}dx - \int_a^b \{g(x)+k\}dx$

$\quad = \int_a^b \{\{f(x)+k\} - \{g(x)+k\}\}dx$

$\quad = \int_a^b \{f(x)-g(x)\}dx$

$\quad = \int_a^b |f(x)-g(x)|\,dx$

(iii) 닫힌 구간 $[a, c]$에서 $f(x) \geq g(x)$이고,
닫힌 구간 $[c, b]$에서 $f(x) \leq g(x)$일 때,

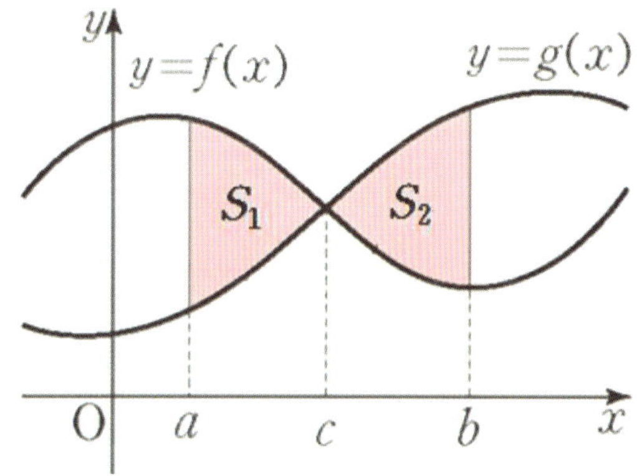

$S = S_1 + S_2$

$\quad = \int_a^c \{f(x)-g(x)\}dx + \int_c^b \{g(x)-f(x)\}dx$

$\quad = \int_a^c |f(x)-g(x)|dx + \int_c^b |f(x)-g(x)|dx$

$\quad = \int_a^b |f(x)-g(x)|\,dx$

연구11 두 함수 $y=f(x)$와 $y=g(x)$에 대하여

그래프가 아래 그림과 같을 때

다음 식이 성립함을 유도하시오.

$$\int_a^b \{f(x)-g(x)\}dx = S_1 - S_2$$

---

10 두 함수의 차의 적분

두 함수 $y=f(x)$와 $y=g(x)$에 대하여
닫힌 구간 $[a,\ c]$에서 $f(x) \geq g(x)$이고,
닫힌 구간 $[c,\ b]$에서 $f(x) \leq g(x)$이다.

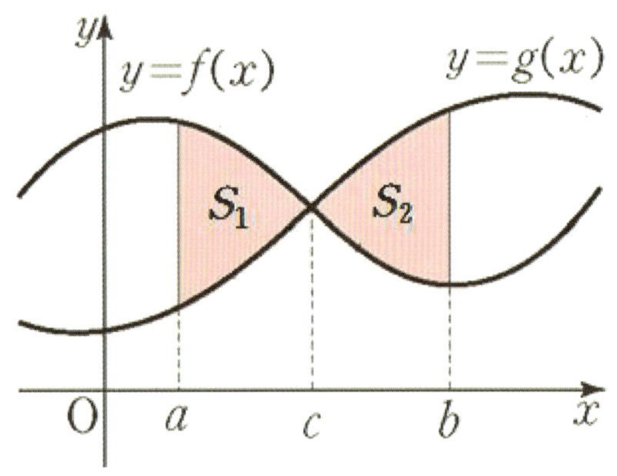

$$\int_a^b \{f(x)-g(x)\}dx = S_1 - S_2$$

연구 11

✎ 두 함수의 차의 적분

$$\int_a^b \{f(x)-g(x)\}dx$$

$$= \int_a^c \{f(x)-g(x)\}dx + \int_c^b \{f(x)-g(x)\}dx$$

$$= \int_a^c \{f(x)-g(x)\}dx - \int_c^b \{g(x)-f(x)\}dx$$

$$= S_1 - S_2$$

연구12 함수 $x = g(y)$가 연속이고 $S(t)$가

$x = g(y)$와 y축 및 두 직선 $y = b$, $y = t$로

둘러싸인 도형의 넓이라고 하자. $x = g(y) \geq 0$일

때 $\displaystyle\int_b^t g(y)\,dy = S(t)$ 임을 유도하시오.

---

⑪ 곡선과 y축으로 둘러싸인 도형의 넓이

함수 $x = g(y)$가 연속이고 $S(t)$가 $x = g(y)$와
y축 및 두 직선 $y = b$, $y = t$로 둘러싸인 도형의
넓이라고 하자.

① $x = g(y) \geq 0$일 때 $\displaystyle\int_b^t g(y)\,dy = S(t)$

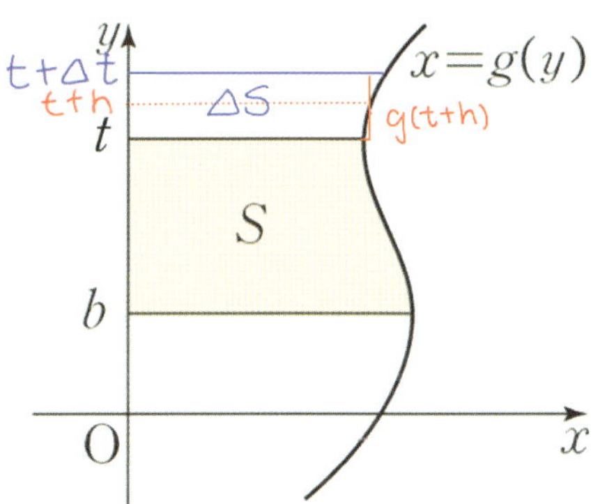

② $x = g(y) \leq 0$일 때 $\displaystyle\int_b^t g(y)\,dy = -S(t)$

함수 $x = g(y)$가 양인 부분의 넓이를 S_1,

$x = g(y)$가 음인 부분의 넓이를 S_2라고 하자.

③ $\displaystyle\int_b^c g(y)\,dy = S_1 - S_2$

④ $\displaystyle\int_b^c |g(y)|\,dy = S_1 + S_2 = S$

✎ 곡선과 y축으로 둘러싸인 도형의 넓이

연구 12

① $x = g(y) \geq 0$일 때 $\displaystyle\int_b^t g(y)\,dy = S(t)$

$\Delta S = S(t + \Delta t) - S(t) = g(t+h)\Delta t$

$\dfrac{\Delta S}{\Delta t} = \dfrac{S(t + \Delta t) - S(t)}{\Delta t} = \dfrac{g(t+h)\Delta t}{\Delta t}$ 세 변을 Δt로 나누기

$\displaystyle\lim_{\Delta t \to 0} \dfrac{\Delta S}{\Delta t} = \lim_{\Delta t \to 0} \dfrac{S(t+\Delta t) - S(t)}{t + \Delta t - t} = \lim_{\Delta t \to 0} g(t+h)$
$\Leftrightarrow h \to 0$

$\dfrac{dS}{dt} = S'(t) = g(t)$

넓이 미분 길이
모른다 적분 안다

$\left(0 \leq h \leq \Delta t \right)$

모르는 넓이를 알고 있는 길이로 구한다!

$S(t) = \displaystyle\int g(t)\,dt = G(t) + C = G(t) - G(b)$

$\begin{cases} S(b) = 0 = G(b) + C \\ C = -G(b) \end{cases}$

$= \left[G(y) \right]_b^t$

$= \displaystyle\int_b^t g(y)\,dy$

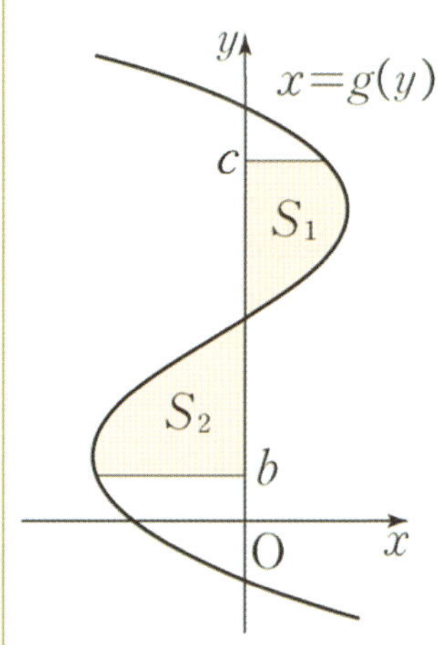

🔟2 직선 위의 운동

위치(좌표), 이동 거리

위치변화량

평균속력 : 이동 거리의 평균변화율$= \dfrac{\text{이동 거리}}{\text{시간변화량}}$

평균속도 : 위치의 평균변화율$= \dfrac{\text{위치의 변화량}}{\text{시간변화량}}$

(순간)속력 : 속도의 절댓값(거리의 변화율)

(순간) 속도 : 위치의 순간변화율

평균가속도 : 속도의 평균변화율

(순간)가속도 : 속도의 순간변화율

시각	위치	속도	속력	가속도
t	$S(t)$	$v(t)$	$|v(t)|$	$a(t)$

① 시각 t에서 $t+\Delta t$까지의 점 P의 평균속도:

$$\frac{\Delta S}{\Delta t} = \frac{S(t+\Delta t)-S(t)}{t+\Delta t - t}$$

② 시각 t에서의 점 P의 속도:

$$V(t) = \lim_{\Delta t \to 0}\frac{\Delta S}{\Delta t} = \frac{dS(t)}{dt} = S'(t)$$

③ 시각 t에서의 점 P의 가속도:

$$a(t) = \lim_{\Delta t \to 0}\frac{\Delta V}{\Delta t} = \frac{dV(t)}{dt} = V'(t)$$

④ 시각 t에서의 위치:

$$S(t) = S(t_0) + \int_{t_0}^{t} V(t)\,dt$$

⑤ $t=a$에서 $t=b$까지의 위치의 변화량:

$$\Delta S = \int_{a}^{b} V(t)\,dt$$

⑥ $t=a$에서 $t=b$까지의 이동 거리:

$$l = \int_{a}^{b} |V(t)|\,dt$$

✒️ 직선 위의 운동 (1)

🖋️ 운동방향=속도부호

$v(t)$가 양(+)이면 +방향으로 움직이고,

$v(t)$가 음(-)이면 -방향으로 움직인다.

운동방향	위치(좌표)	속도부호
$\oplus$	증가	$\oplus$
$\ominus$	감소	$\ominus$

【ex】

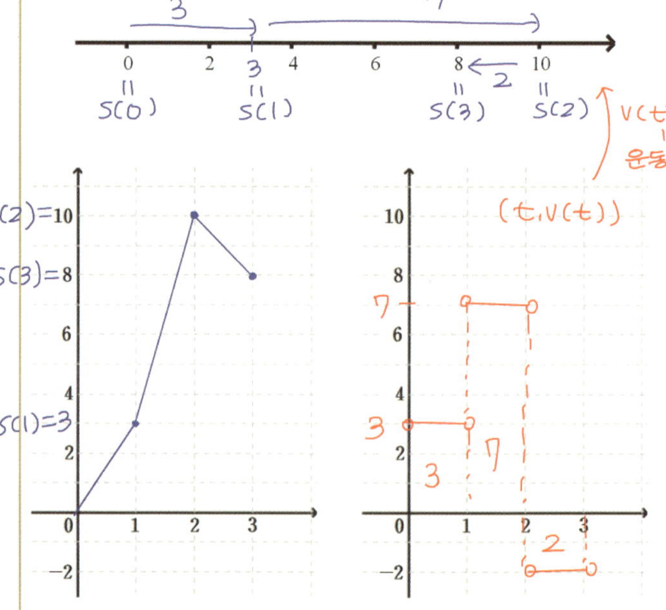

$* \displaystyle\int_{1}^{2} V(t)\,dt = 7$

$\quad = \left[S(t) \right]_{1}^{2} = S(2)-S(1) = 10-3$

$* \displaystyle\int_{2}^{3} V(t)\,dt = -2$

$\quad = \left[S(t) \right]_{2}^{3} = S(3)-S(2) = 8-10$

$* \displaystyle\int_{0}^{3} V(t)\,dt = 3+7-2 = 8$

$\quad = \left[S(t) \right]_{0}^{3} = S(3)-S(0) = 8-0$

$* \displaystyle\int_{0}^{3} |V(t)|\,dt = 3+7+2$

✒ 직선 위의 운동 (2)

【ex】 위치$= S(t) = -5t^2 + 30t$

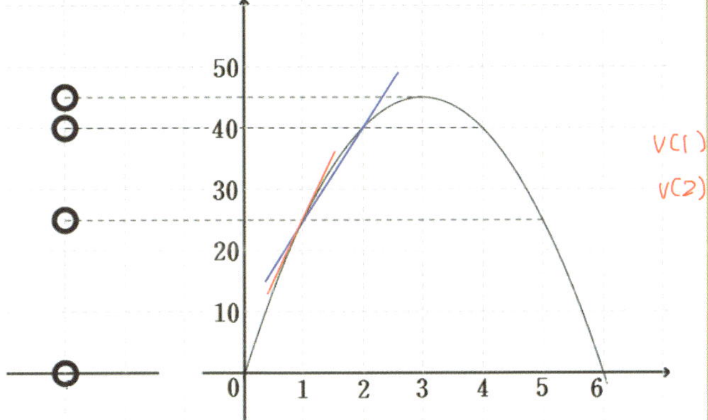

속도$= v(t) = -10t + 30$

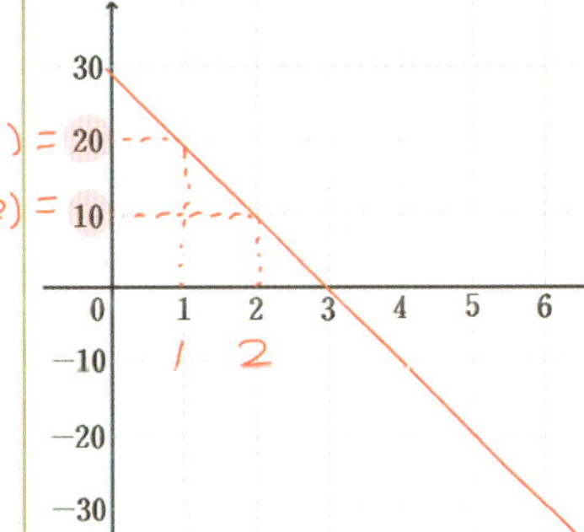

가속도$= a(t) = -10$

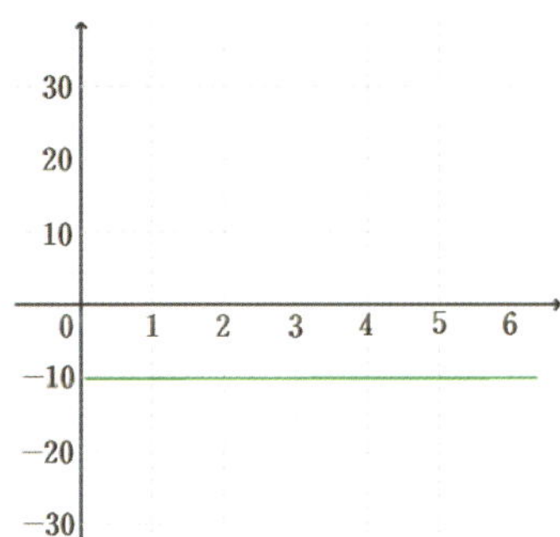

①평균속도

$$\{1 \sim 2초\} = \frac{S(2) - S(1)}{2 - 1}$$

$$= \frac{40 - 25}{2 - 1} = 15[m/s]$$

$$\{1 \sim (1 + \triangle t)초\} = \frac{S(1 + \triangle t) - S(1)}{(1 + \triangle t) - 1}$$

$$= 20 - 5\triangle t$$

②(순간)속도

$$\{1초\} = \lim_{\triangle t \to 0} (20 - 5\triangle t) = 20$$

$$\{t초\} = S'(t) = v(t)$$

④위치   ⑤위치변화

$$\int_1^2 v(t)dt = [S(t)]_1^2 = S(2) - S(1)$$

$$= 40 - 25 = 15$$

$$S(2) = S(1) + \int_1^2 v(t)dt$$

$$S(t) = S(t_0) + \int_{t_0}^t v(t)dt$$

*평균가속도

$$\{1 \sim 2초\} = \frac{v(2) - v(1)}{2 - 1}$$

$$= \frac{10 - 20}{2 - 1} = -10$$

③순간가속도

$$\{t초\} = \lim_{\triangle t \to 0} \frac{v(t + \triangle t) - v(t)}{t + \triangle t - t} = v'(t) = a(t)$$

⑥이동거리

$$\int_2^4 v(t)dt = S(4) - S(2) = 0$$

$$= \int_2^4 |v(t)|dt = \int_2^3 v(t)dt + \int_3^4 -v(t)dt$$

$$= \{S(3) - S(2)\} - \{S(4) - S(3)\}$$

$$= 5 - (-5) = 10$$

역대 수능·모의고사 기출 문항 출제 의도

Ⅰ.함수의 극한

[출제의도] 함수의 극한값을 계산하는 문제를 해결한다.
[출제의도] 함수의 그래프로부터 좌극한과 우극한을 구하는 문제를 해결한다.
[출제의도] 함수의 극한의 성질을 활용하여 문제를 해결한다.
[출제의도] 도형의 성질을 이용하여 함수의 극한 문제를 해결한다.
[출제의도] 주어진 조건을 만족시키는 함수의 극한값 구하는 문제를 해결한다.
[출제의도] 함수의 연속에 대한 성질을 이해하는 문제를 해결한다.
[출제의도] 연속함수의 정의를 이해하여 함숫값을 구하는 문제를 해결한다.
[출제의도] 함수의 연속성을 이해하여 함수의 연속성을 판단하는 문제를 해결한다.
[출제의도] 함수의 연속을 이용하여 추론하는 문제를 해결한다.

Ⅱ.미분법

[출제의도] 미분계수의 정의를 이해하여 미분계수의 값을 구하는 문제를 해결한다.
[출제의도] 미분계수의 정의를 이해하여 미지수의 값을 구하는 문제를 해결한다.
[출제의도] 함수의 곱의 미분법을 이용하여 미분계수를 구하는 문제를 해결한다.
[출제의도] 도함수를 이용하여 부등식과 관련된 문제를 해결한다.
[출제의도] 도함수를 이용하여 미분가능한 함수의 성질을 추론하는 문제를 해결한다.
[출제의도] 접선의 방정식을 이용하여 문제를 해결한다.
[출제의도] 접선을 이용하여 주어진 부등식을 만족시키는 함수를 구하는 문제를 해결한다.
[출제의도] 평균변화율과 미분계수를 이용하여 미지수의 값을 구하는 문제를 해결한다.
[출제의도] 함수의 증가, 감소와 도함수의 관계를 이용하여 미지수의 값을 구하는 문제를 해결한다.
[출제의도] 함수의 그래프를 이용하여 함수의 극댓값과 극솟값을 구하는 문제를 해결한다.
[출제의도] 미분을 이용하여 함수가 극대일 조건을 이해하는 문제를 해결한다.
[출제의도] 미분을 이용하여 주어진 방정식이 실근을 가질 조건을 구하는 문제를 해결한다.
[출제의도] 조건을 만족시키는 함수의 그래프를 추론하여 극댓값을 구하는 문제를 해결한다.
[출제의도] 미분을 이용하여 속도와 가속도에 대한 문제를 해결한다.

Ⅲ.적분법

[출제의도] 부정적분을 이용하여 함숫값을 구하는 문제를 해결한다.
[출제의도] 부정적분과 정적분의 성질을 이용하여 함숫값을 구한다.
[출제의도] 정적분의 성질을 이용하여 함수의 미정계수를 구하는 문제를 해결한다.
[출제의도] 정적분을 이용하여 곡선과 x축으로 둘러싸인 부분의 넓이를 구하는 문제를 해결한다.
[출제의도] 정적분을 이용하여 곡선과 직선으로 둘러싸인 부분의 넓이를 구하는 문제를 해결한다.
[출제의도] 정적분과 미분의 관계를 이용하여 함숫값 구하는 문제를 해결한다.
[출제의도] 평행이동을 이용하여 정의된 함수의 그래프를 추론하여 정적분의 값을 구한다.
[출제의도] 함수의 연속성과 적분의 성질을 이용하여 문제를 해결한다.
[출제의도] 주어진 조건을 만족시키는 함수를 구한 후 정적분의 값을 구하는 문제를 해결한다.
[출제의도] 수직선 위를 움직이는 점의 속도가 주어져 있을 때 위치를 구하는 문제를 해결한다.
[출제의도] 속도와 거리의 성질을 이용하여 거리 구하는 문제를 해결한다.

확률과 통계

「교과서 학습 목표」

1. 경우의 수

□ 원순열, 중복순열, 같은 것이 있는 순열을
  이해하고, 그 순열의 수를 구할 수 있다.
□ 중복조합을 이해하고,
  그 조합의 수를 구할 수 있다.
□ 이항정리를 이해한다.
□ 이항정리를 이용하여
  여러 가지 문제를 해결할 수 있다.

2. 확률

□ 통계적 확률과 수학적 확률의 의미를 이해한다.
□ 확률의 기본 성질을 이해한다.
□ 확률의 덧셈정리를 이해하고, 이를 활용할 수 있다.
□ 여사건의 확률의 뜻을 알고, 이를 활용할 수 있다.
□ 조건부확률의 뜻을 알고, 이를 구할 수 있다.
□ 확률의 곱셈정리를 이해하고,
  이를 활용할 수 있다.
□ 사건의 독립과 종속의 의미를 이해하고,
  이를 설명할 수 있다.

3. 통계

□ 확률변수와 확률분포의 뜻을 안다.
□ 이산확률변수의 기댓값(평균)과 표준편차를
  구할 수 있다.
□ 이항분포의 뜻을 알고, 평균과 표준편차를
  구할 수 있다.
□ 정규분포의 뜻을 알고, 그 성질을 이해한다.
□ 모집단과 표본의 뜻을 알고,
  표본평균과 모평균의 관계를 이해한다.
□ 모평균을 추정하고, 그 결과를 해석할 수 있다.

「확률과 통계」 Ⅰ.경우의 수

[연구01] 서로 다른 n개를 원형으로 배열하는 순열의 값은?

[연구02] n개 중에 서로 같은 것이 각각 p개, q개, $\cdots$, r개씩 있을 때, n개를 모두 택하여 만들 수 있는 순열의 값은?

1 원순열

연구 01

서로 다른 n개를 원형으로 배열하는 순열의 수
(단, 회전하여 일치하는 것은 같은 것으로 본다.)

$$(n-1)!$$

✎ 원순열

(기준 잡을 수 있는 경우의 수)
×(나머지는 그냥 순열)

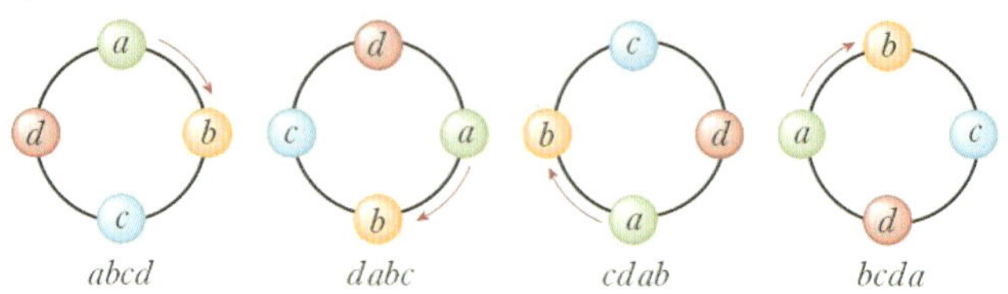

2 같은 것이 있는 순열

연구 02

n개 중에 서로 같은 것이
각각 p개, q개, $\cdots$, r개씩 있을 때
(단, $n = p+q+\cdots+r$)
n개를 모두 택하여 만들 수 있는 순열의 수는

$$\frac{n!}{p!\,q!\cdots r!}$$

✎ 같은 것이 있는 순열

$[a_1,\ a_2,\ b]$ $3! = N \times 2!$		
$a_1 a_2 b$	$a_1 b a_2$	$b a_1 a_2$
$a_2 a_1 b$	$a_2 b a_1$	$b a_2 a_1$
$a a b$	$a b a$	$b a a$
$[a,\ a,\ b]$ $N = \dfrac{3!}{2!}$		

$[a,\ a,\ a,\ b,\ b]$ $\qquad$ $[a_1,\ a_2,\ a_3,\ b_1,\ b_2]$

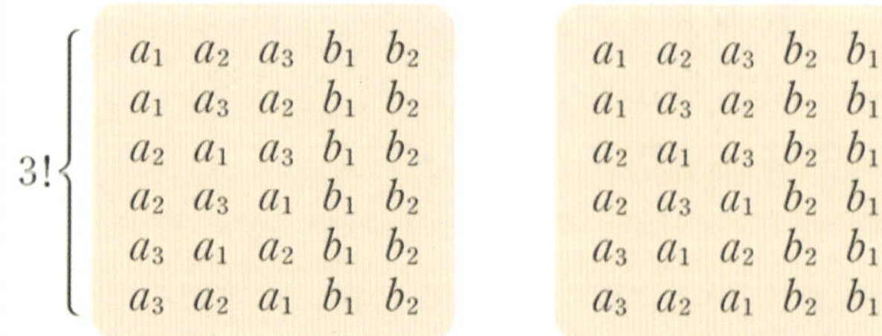

$$2!$$

[연구03] 서로 다른 n개 중에서 중복을 허용하여 r개를 택하는 순열의 값은?

[연구04] 서로 다른 n개에서 중복을 허용하여 r개를 택하는 조합의 값을 쓰시오.

[연구05] 빈칸에 알맞은 것을 쓰시오.

---

3 중복순열

연구 03
서로 다른 n개 중에서 중복을 허용하여 r개를 택하는 순열

$$n\Pi r = \underbrace{n \times n \times n \times \cdots \times n}_{r개} = n^r$$

4 중복조합

연구 04
서로 다른 n개에서 중복을 허용하여 r개를 택하는 조합의 경우의 수

$$nHr = n+r-1 Cr$$

이렇게
다른 통 3개는
같은 칸막이 2개
로 고칠 수 있어!

✎ 중복조합

연구 05
서로 다른 n개에서 중복을 허용하여 r개를 택하는 조합의 경우의 수
= 서로 [같은/(다른)] [n]개의 상자에
서로 [(같은)/다른] [r]개의 물건을 넣는 경우의 수
= 서로 [(같은)/다른] [$n-1$]개의 칸막이와
서로 [(같은)/다른] [r]개의 동그라미를 배열하는 경우의 수

【ex】 세 종류의 필기도구 연필, 색연필, 볼펜을 파는 문구점에서 5개의 필기도구를 사는 경우의 수를 구하여라.

EX)

상황 재구성

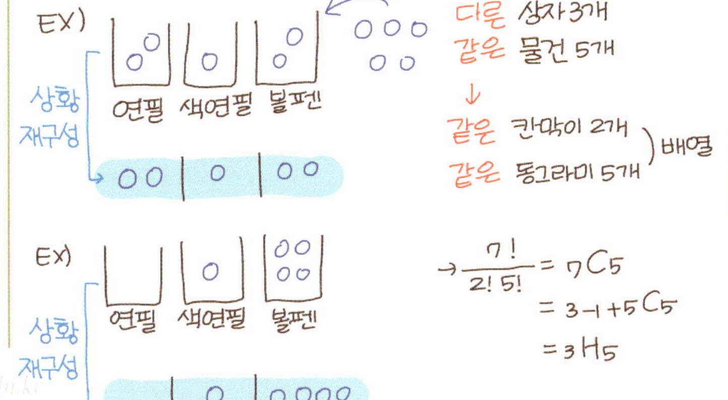

187

📝 중복순열 vs 중복조합 vs 분할

✏ 문제 상황 1

연구 06

통 3개에 / 공 6개를 / 빈 통 / 넣는다.

① 다른	/ 다른	/ Ok	$_3\Pi_6$
② 다른	/ 다른	/ No	

6개를 3개로 분할 ×3!

③ 다른	/ 같은	/ Ok	$_3H_6$
④ 다른	/ 같은	/ No	$_3H_{6-3}$
⑤ 같은	/ 다른	/ Ok	6개를 3개로 분할 + 2개로 분할 + 1개로 분할
⑥ 같은	/ 다른	/ No	6개를 3개로 분할
⑦ 같은	/ 같은	/ Ok	단순열거
⑧ 같은	/ 같은	/ No	단순열거

✏ 문제 상황 2

3개에서 6개를 / 중복 선택 / 자리에 배치한다.

① 다른	/ Ok	/ 다른	$_3\Pi_6$
② 다른	/ Ok	/ 같은	$_3H_6$

✏ 문제 상황 3

4개에서 2개를 / 중복 선택 / 자리에 배치한다.

① 다른	/ Ok	/ 다른	$_4\Pi_2$
② 다른	/ Ok	/ 같은	$_4H_2$
③ 다른	/ No	/ 다른	$_4P_2$
④ 다른	/ No	/ 같은	$_4C_2$

---

① 중복순열 $_n\Pi_r$

서로 다른 n개에서

중복을 허용하여 r개를 택하여

이들의 순서를 생각하여 일렬로 배열하는 것

② 중복조합 $_nH_r$

서로 다른 n개에서

중복을 허용하여 r개를 택하는 조합

③ 분할

서로 다른 n개를 r개의 묶음으로 나누는 방법의 수

④ 순열 $_nP_r$

서로 다른 n개에서 r개를 택하여

이들의 순서를 생각하여 일렬로 배열하는 경우의 수

⑤ 조합 $_nC_r$

순서를 생각하지 않고, 서로 다른 n개에서

r개를 택하는 경우의 수

①
ex) $_3\Pi_6$
빈O (중복)
다른통 다른공
차별
$_n\Pi_r$
중복
순열
다른
종류
1 2 3 4 5 6
A A A B B C
A A A B C B
A A A A A A → 빈통O
중복
조합
같은
종류
같은공
[다른]통 [다른]공
① ② ③ ④ ⑤ ⑥
① ②
③
④ ⑤
⑥
A B C
① ②
③
④ ⑥
⑤
A B C

②
ex) $_3H_6$
빈O (중복)
다른통 같은공
평등
$_nH_r$
[다른]통 [같은]공
A B C

③
ex) 6개를 3개로 분할
n개를 → 다른공
r개로 → 같은통
분할 빈x
1 2 3 4 5 6
= {1.2.3} U {4.5} U {6}
= {4.5} U {1.2.3} U {6}
= {1.2} U {3.4.5} U {6}
같은통
↑
같은
종류
다른
종류
↓
다른공
[같은]통 [다른]공
① ② ③ ④ ⑤ ⑥
① ②
③
④ ⑤
⑥
④ ⑤
① ②
③
⑥

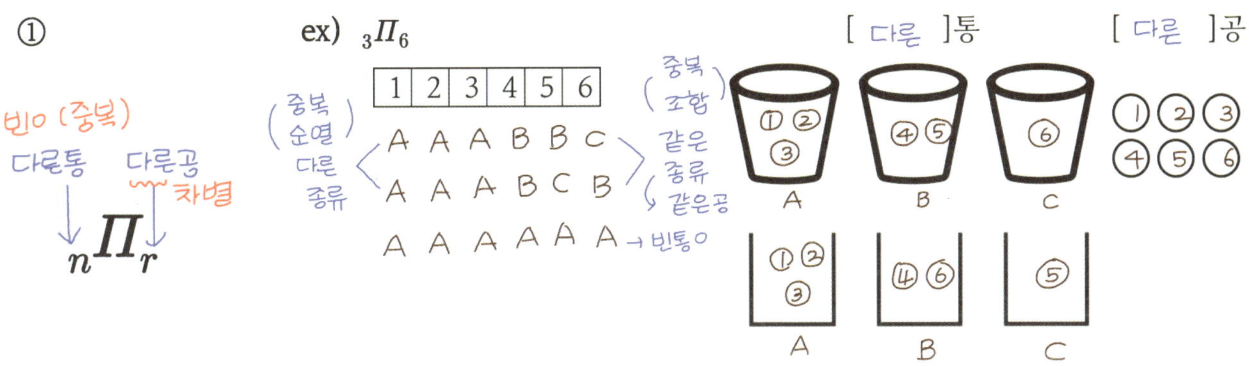

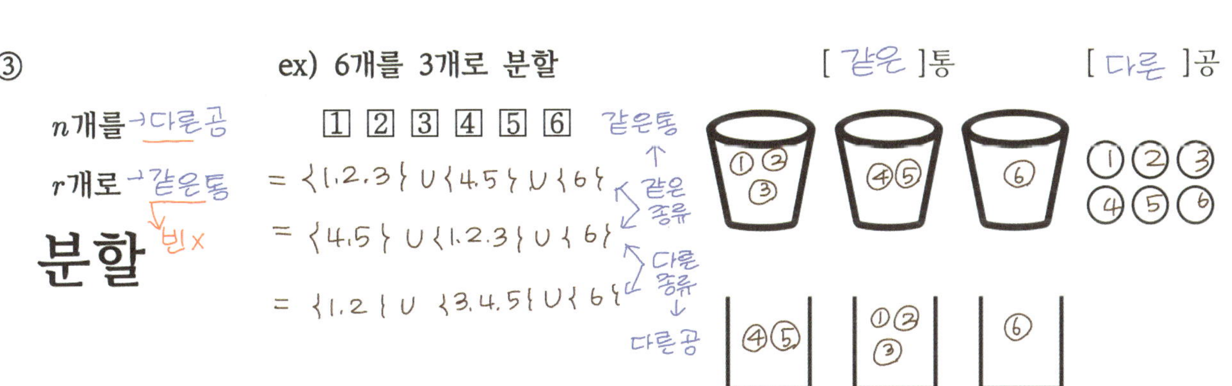

✒️ 경우의 수 ⊞ ⊟ ⊠ ⊡

⊞ A 또는 B가 일어날 때 (함께X)

⊟ 전체에서 안 되는 것 제외할 때

⊠ A, B가 모두 일어날 때 (함께O)
   (다른 자리에 다른 물건을 배치할 때)

⊡ (출제자의 주관이) 여러 가지였던 걸
   한 종류로 보고 1번만 셀 때

✒️ 개수 세기

① 경우의 수: 주관적 개수 = 종류의 수

② 확률: 객관적 개수

(전체 개수)=(종류의 수)X(한 종류에 몇 개)

$$(종류의\ 수)=\frac{(전체\ 개수)}{(한\ 종류에\ 몇\ 개)}$$

⇒ (전체 개수)를

(한 종류가 되는 것의 개수)로 나누면

(종류의 수)=(경우의 수)가 나온다!

⇒ 몇 개가 한 종류니?

✏️ ➗분석

{순열}	{조합}	{몇 개가 한 종류니?}
서로 다른 n개	서로 다른 n개	r개 끼리
r개 선택	r개 선택	자리 바꾸는 것을
다른 자리 배치		(경우의 수= $r!$)
		한 종류로 본다!

$$nPr \longrightarrow nCr = \frac{nPr}{r!}$$

차별 / 평등 / 나눈다!

{순열}	{원순열}	{몇 개가 한 종류니?}
서로 다른 n개	서로 다른 n개	회전해서 겹치는 것을
다른 자리 배치	원형 배치	(경우의 수= n)
		한 종류로 본다!

$$n! \longrightarrow (n-1)! = \frac{n!}{n}$$

나눈다!

{순열}	{같은 것 순열}	{몇 개가 한 종류니?}
서로 다른 n개	$p, q, \cdots, r$개	같은 것끼리 자리
다른 자리 배치	같은 것	바꾸는 것을
	다른 자리 배치	(경우의수
		$= p!q! \cdots r!$)
		한 종류로 본다!

$$n! \longrightarrow \frac{n!}{p!q! \cdots r!}$$

나눈다!

{분할&분배}	{분할}	{몇 개가 한 종류니?}
9명을	9명을	팀끼리
다른 자리	3개 팀 나누기	자리 바꾸는 것을
배치된		(경우의 수= $3!$)
3개 팀 나누기		한 종류로 본다!

$$_9C_3 \cdot {}_6C_3 \cdot {}_3C_3 \longrightarrow {}_9C_3 \cdot {}_6C_3 \cdot {}_3C_3 \cdot \frac{1}{3!}$$

나눈다!

[연구07] n이 자연수일 때 $(a+b)^n$를 이항정리를
활용하여 전개한 식을 쓰시오.

---

5 이항정리

$(a+b)^n$

$= {}_nC_0a^0b^n + {}_nC_1a^1b^{n-1} + \cdots + {}_nC_ra^rb^{n-r} + \cdots + {}_nC_na^nb^0$

$= \displaystyle\sum_{r=0}^{n} {}_nC_r \cdot a^r \cdot b^{n-r}$

주의! 1부터가 아니라 0부터야!

☆☆☆

〈이항정리의 원리〉

① 차수 = 문자가 곱해진 개수

　　　= 인수의 개수

② 계수 = 문자앞에 곱해진 숫자

　　　= 동류항의 개수

　　　= 문자를 배열하는 경우의수

　　　= 같은 것이 있는순열

　　　= 조합

③

$(a+b)^n = \cdots + \dfrac{n!}{r!\,(n-r)!}\,a^r\,b^{n-r} + \cdots$

차수=n

$\| $

nCr ← a를 r개,
b를 n-r개
배열하는 경우의수

✎ 이항정리

식의 곱셈이란?

각 인수에서 한 항씩 뽑아서

곱한 것을 더한 것이다.

$(a+b)(c+d+e)$

$$
\begin{array}{ccc}
a & c & \to ac \\
 & & + \\
a & d & \to ad \\
 & & + \\
a & e & \to ae \\
 & & + \\
b & c & \to bc \\
 & & + \\
b & d & \to bd \\
 & & + \\
b & e & \to be
\end{array}
$$

EX) $(a+b)(a+b)(a+b) = (a+b)^3$

$$
\begin{array}{cccl}
b & b & b & \to b^3 \;-\; 1\cdot b^3 \\
 & & & + \\
a & b & b & \to ab^2 \\
 & & & + \\
b & a & b & \to ab^2 \quad 3a^1b^2 \\
 & & & + \\
b & b & a & \to ab^2 \\
 & & & + \\
a & a & b & \to a^2b \\
 & & & + \\
a & b & a & \to a^2b \quad 3a^2b^1 \\
 & & & + \\
b & a & a & \to a^2b \\
 & & & + \\
a & a & a & \to a^3 \;-\; 1\cdot a^3
\end{array}
$$

6 이항정리의 성질

①이항계수는 좌우대칭이다. $\Leftrightarrow {}_n\mathrm{C}_r = {}_n\mathrm{C}_{n-r}$

②파스칼의 삼각형 ${}_{n-1}\mathrm{C}_{r-1} + {}_{n-1}\mathrm{C}_r = {}_n\mathrm{C}_r$

$n=0$ 1   1
$n=1$ 1 1 ${}_1\mathrm{C}_0 \ {}_1\mathrm{C}_1$
$n=2$ 1 2 1 ${}_2\mathrm{C}_0 \ {}_2\mathrm{C}_1 \ {}_2\mathrm{C}_2$
$n=3$ 1 3 3 1 ${}_3\mathrm{C}_0 \ {}_3\mathrm{C}_1 \ {}_3\mathrm{C}_2 \ {}_3\mathrm{C}_3$
$n=4$ 1 4 6 4 1 ${}_4\mathrm{C}_0 \ {}_4\mathrm{C}_1 \ {}_4\mathrm{C}_2 \ {}_4\mathrm{C}_3 \ {}_4\mathrm{C}_4$
$n=5$ 1 5 10 10 5 1 ${}_5\mathrm{C}_0 \ {}_5\mathrm{C}_1 \ {}_5\mathrm{C}_2 \ {}_5\mathrm{C}_3 \ {}_5\mathrm{C}_4 \ {}_5\mathrm{C}_5$

③ ${}_n\mathrm{C}_0 + {}_n\mathrm{C}_1 + {}_n\mathrm{C}_2 + \cdots + {}_n\mathrm{C}_n = 2^n$

  (부분집합의 개수)

④ ${}_n\mathrm{C}_0 - {}_n\mathrm{C}_1 + {}_n\mathrm{C}_2 - {}_n\mathrm{C}_3 + \cdots + (-1)^n \, {}_n\mathrm{C}_n = 0$

⑤ n이 홀수일 때

$${}_n\mathrm{C}_0 + {}_n\mathrm{C}_2 + {}_n\mathrm{C}_4 + \cdots + {}_n\mathrm{C}_{n-1}$$

$$= {}_n\mathrm{C}_1 + {}_n\mathrm{C}_3 + {}_n\mathrm{C}_5 + \cdots + {}_n\mathrm{C}_n = 2^{n-1}$$

⑥ n이 짝수일 때

$${}_n\mathrm{C}_0 + {}_n\mathrm{C}_2 + {}_n\mathrm{C}_4 + \cdots + {}_n\mathrm{C}_n$$

$$= {}_n\mathrm{C}_1 + {}_n\mathrm{C}_3 + {}_n\mathrm{C}_5 + \cdots + {}_n\mathrm{C}_{n-1} = 2^{n-1}$$

연구08 다음 식을 유도하시오.

① 이항계수는 좌우대칭이다. $\Leftrightarrow {}_nC_r = {}_nC_{n-r}$

② 파스칼의 삼각형 ${}_{n-1}C_{r-1} + {}_{n-1}C_r = {}_nC_r$

③ ${}_nC_0 + {}_nC_1 + {}_nC_2 + \cdots + {}_nC_n = 2^n$

④ ${}_nC_0 - {}_nC_1 + {}_nC_2 - {}_nC_3 + \cdots + (-1)^n {}_nC_n = 0$

⑤ n이 홀수일 때

$${}_nC_0 + {}_nC_2 + {}_nC_4 + \cdots + {}_nC_{n-1}$$
$$= {}_nC_1 + {}_nC_3 + {}_nC_5 + \cdots + {}_nC_n = 2^{n-1}$$

✒ 이항정리의 성질

① $nCr = \dfrac{nPr}{r!} = \dfrac{n!}{r!(n-r)!}$

$$nC_{n-r} = \frac{nP_{n-r}}{(n-r)!} = \frac{n!}{(n-r)!\{n-(n-r)\}!}$$
$$= \frac{n!}{(n-r)!\,r!} = nCr$$

② $n_{-1}C_{r-1} + n_{-1}C_r$

$$= \frac{(n-1)!}{(r-1)!(n-r)!} + \frac{(n-1)!}{r!(n-r-1)!}$$

$$= \frac{(n-1)!}{(r-1)!(n-r-1)!}\left(\frac{1}{n-r} + \frac{1}{r}\right)$$

$$= \frac{(n-1)!}{(r-1)!(n-r-1)!} \times \frac{r+n-r}{(n-r)\,r}$$

$$= \frac{n!}{r!(n-r)!} = nCr$$

③ $(a+b)^n = nC_0\,a^0 b^n + nC_1\,a^1 b^{n-1} + nC_2\,a^2 b^{n-2} + \cdots + nC_n\,a^n b$

$a=1,\ b=1$ 대입

$(1+1)^n = nC_0 + nC_1 + nC_2 + \cdots + nC_n$

$\therefore\ nC_0 + nC_1 + nC_2 + \cdots + nC_n = 2^n$

④ $(a+b)^n = nC_0\,a^0 b^n + nC_1\,a^1 b^{n-1} + nC_2\,a^2 b^{n-2} + \cdots + nC_n\,a^n b^0$

$a=-1,\ b=1$ 대입

$(-1+1)^n = nC_0 - nC_1 + nC_2 - nC_3 + \cdots + (-1)^n nC_n$

$\therefore\ nC_0 - nC_1 + nC_2 - nC_3 + \cdots + (-1)^n nC_n = 0$

⑤ ④에서

$nC_0 - nC_1 + nC_2 - nC_3 + \cdots - nC_n = 0$ (홀수 / 이항)

$nC_0 + nC_2 + nC_4 + \cdots + nC_{n-1}\ \cdots$ ㉠ (짝수)

$= nC_1 + nC_3 + nC_5 + \cdots + nC_n\ \cdots$ ㉡ (홀수)

결국 ㉠ = ㉡ 이고 ③에서 ㉠ + ㉡ = 2^n

$2㉠ = 2^n \Rightarrow ㉠ = 2^{n-1}$

「확률과 통계」 Ⅱ.확률

미리 알아야 할 단원
수학(하) – 1.집합과 명제
확통 – 1.경우의 수

1 확률의 뜻

시행 : 동일한 조건 아래 반복될 수 있으며 그
　　결과가 우연에 의하여 결정되는 실험이나 관찰

표본공간 : 어떤 시행에서 일어날 수 있는
　　모든 결과들의 집합

사건 : 표본공간의 부분집합

근원사건 : 한 개의 원소로 이루어진 사건

배반사건 $(A \cap B = \varnothing)$: 두 사건 A, B가
　　동시에 일어나지 않을 때
　　이 두 사건을 배반사건이라 함.

여사건 (A^c) : 표본공간 S에 대하여
　　사건 A가 일어나지 않을 사건

※ $A \cup B$: 합사건 　$A \cap B$: 곱사건 　$\varnothing$: 공사건

수학적확률 : 하나의 시행에서
　　일어날 수 있는 사건 전체를 S라 할 때,
　　일어날 수 있는 모든 경우의 수는 $n(S)$이고,
　　사건 A가 일어날 경우의 수는 $n(A)$라 하자.
　　이 때, 이 시행에서 기본적인 사건들이
　　같은 정도로 기대된다고 하면

$$P(A) = \frac{n(A)}{n(S)}$$

통계적확률 : 어떤 시행을 n번 반복할 때
　　사건 A가 r_n번 일어날 때,
　　n을 충분히 크게 함에 따라 상대도수 $\dfrac{r_n}{n}$이
　　일정한 값 P에 가까워지면
　　P를 사건 A가 일어날 통계적 확률이라 함.

✎ 확률의 뜻

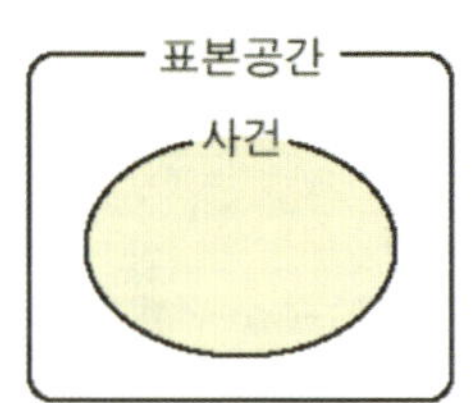

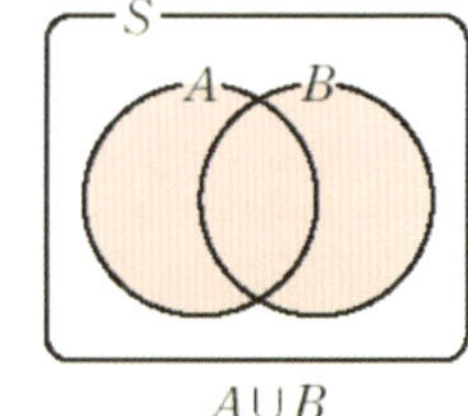

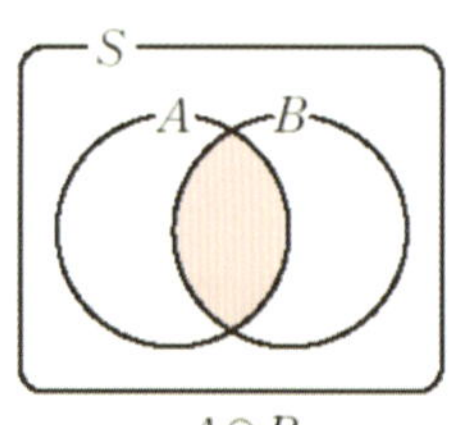

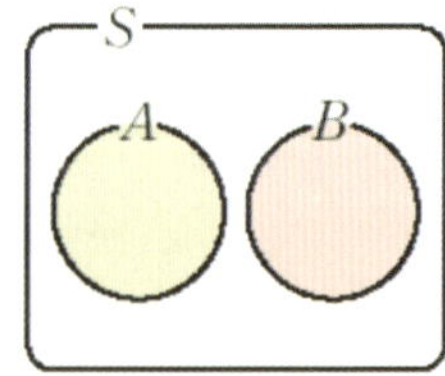

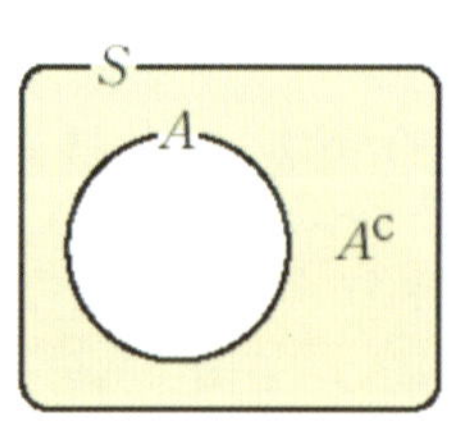

✏ 통계적 확률

동전 한 개를 던질 때, 앞면이 나오는 상대도수

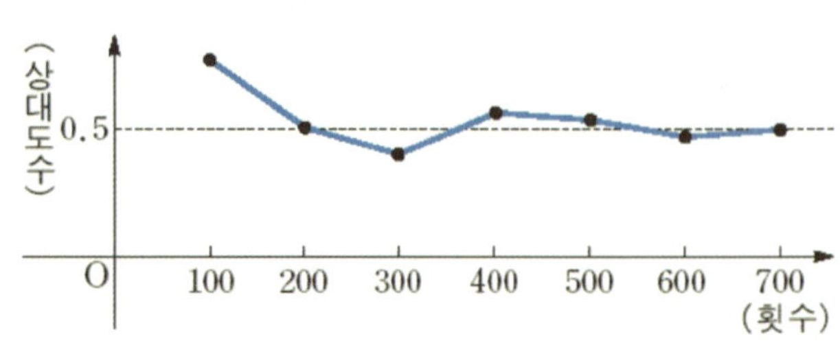

[연구01] 다음을 유도하시오.

① 임의의 사건 A에 대하여 $0 \leq P(A) \leq 1$

② 반드시 일어나는 사건 S에 대하여 $P(S) = 1$

③ 절대로 일어나지 않는 사건 $\varnothing$에 대하여
$$P(\varnothing) = 0$$

[연구02] 두 사건 A, B에 대하여 다음을 보이시오.

① $P(A \cup B) = P(A) + P(B) - P(A \cap B)$

② $P(A \cup B) = P(A) + P(B)$ ($A \cap B = \varnothing$ 일 때)

③ $P(A^C) = 1 - P(A)$

2 확률의 기본 성질

① 임의의 사건 A에 대하여
$$0 \leq P(A) \leq 1$$

② 반드시 일어나는 사건 S에 대하여
$$P(S) = 1$$

③ 절대로 일어나지 않는 사건 $\varnothing$에 대하여
$$P(\varnothing) = 0$$

✎ 확률의 기본 성질

① $0 \leq n(A) \leq n(S)$

$$0 \leq \frac{n(A)}{n(S)} \leq 1$$

$$0 \leq P(A) \leq 1$$

② $P(S) = \dfrac{n(S)}{n(S)} = 1$

③ $P(\varnothing) = \dfrac{n(\varnothing)}{n(S)} = 0$

3 확률의 덧셈정리

사건 A 또는 B가 일어날 확률,

사건 A, B 중 적어도 한쪽이 일어날 확률

① $P(A \cup B) = P(A) + P(B) - P(A \cap B)$

② $P(A \cup B) = P(A) + P(B)$
(단, $A \cap B = \varnothing$)

③ $P(A^C) = 1 - P(A)$

✎ 확률의 덧셈정리

① $P(A \cup B) = \dfrac{n(A \cup B)}{n(S)}$

$$= \frac{n(A) + n(B) - n(A \cap B)}{n(S)}$$

$$= \frac{n(A)}{n(S)} + \frac{n(B)}{n(S)} - \frac{n(A \cap B)}{n(S)}$$

$$= P(A) + P(B) - P(A \cap B)$$

② $P(A \cup B) = P(A) + P(B) - P(A \cap B)$ 에서
$A \cap B = \varnothing$ 이어서 $P(A \cap B) = 0$ 이므로
$$P(A \cup B) = P(A) + P(B)$$

✎ 여사건의 확률:

사건 A가 일어나지 않을 확률

③ $P(S) = P(A \cup A^C) = P(A) + P(A^C) = 1$
$$(\because A \cup A^C = S, \ A \cap A^C = \varnothing)$$
$$P(A^C) = 1 - P(A)$$

[연구03] 두 사건 A, B에 대하여 아래 식이 성립함을 유도하시오. (단, $\mathrm{P}(A) \neq 0$)

$$\mathrm{P}(B|A) = \frac{\mathrm{P}(A \cap B)}{\mathrm{P}(A)}$$

[연구04] 두 사건 A, B에 대하여 아래 식이 성립함을 유도하시오.

(단, $\mathrm{P}(A) \neq 0$, $\mathrm{P}(B) \neq 0$)

$$\mathrm{P}(A \cap B) = \mathrm{P}(A)\mathrm{P}(B|A) = \mathrm{P}(B)\mathrm{P}(A|B)$$

④ 조건부 확률

연구 03 두 사건 A, B에 대하여 사건 A가 일어났다는 조건 아래, 사건 B가 일어날 확률을 사건 A가 일어났을 때의 사건 B의 조건부 확률이라 함. (단, $P(A) > 0$)

$$P(B|A) = \frac{n(A \cap B)}{n(A)} = \frac{P(A \cap B)}{P(A)}$$

✎ 조건부 확률

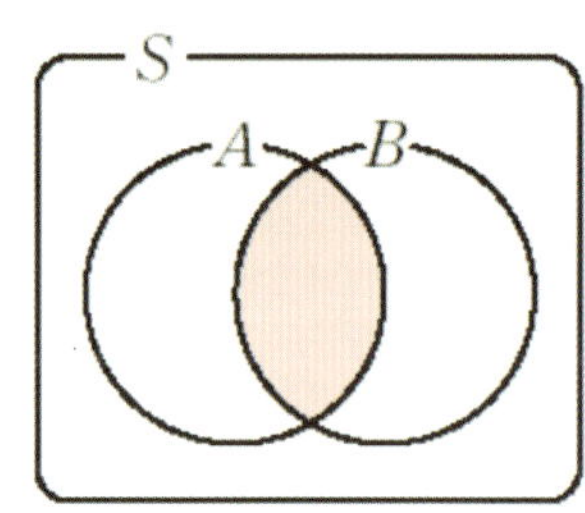

$$P(B|A) = \frac{n(A \cap B)}{n(A)} = \frac{\dfrac{n(A \cap B)}{n(S)}}{\dfrac{n(A)}{n(S)}}$$

$$= \frac{P(A \cap B)}{P(A)}$$

⑤ 확률의 곱셈정리

연구 04 두 사건 A, B가 동시에 일어날 확률은

$$P(A \cap B) = P(A)\,P(B|A)$$
$$= P(B)\,P(A|B)$$

✎ 확률의 곱셈정리

$$P(B|A) = \frac{P(A \cap B)}{P(A)}$$

$$P(A \cap B) = P(A)\,P(B|A)$$

$$P(A|B) = \frac{P(A \cap B)}{P(B)}$$

$$P(A \cap B) = P(B)\,P(A|B)$$

[연구05] 두 사건 A, B에 대하여
$(P(A) \neq 0,\ P(B) \neq 0)$
① 서로 독립인 것의 정의를 쓰시오.
② 두 사건이 서로 독립일 때,
$P(A \cap B) = P(A)P(B)$이 성립함을 유도하시오.

[연구06] 한 번의 시행에서 사건 A가 일어날
확률이 p일 때, n번의 독립시행에서 사건 A가
일어나는 횟수가 r일 확률을 쓰시오.

---

6 사건의 독립과 종속

독립: 사건 A의 발생여부가 사건 B가
　일어날 확률에 영향을 주지 않을 때,
　두 사건 A, B는 서로 독립이다.
　　① $P(B) = P(B|A) = P(B|A^C)$
　　② $P(A \cap B) = P(A) \times P(B)$

종속: 사건 A의 발생 여부에 따라 사건 B가
　일어날 확률이 달라질 때
　사건 A와 사건 B는 종속이다.
　　① $P(B) \neq P(B|A) \neq P(B|A^C)$
　　② $P(A \cap B) \neq P(A) \times P(B)$

사건의 독립과 종속

독립②

$$P(B|A) = \frac{P(A \cap B)}{P(A)}$$

$$P(A \cap B) = P(A) \times P(B|A) = P(A)P(B)$$

$$(\because P(B) = P(B|A))$$

<독립 자료 해석 방법>

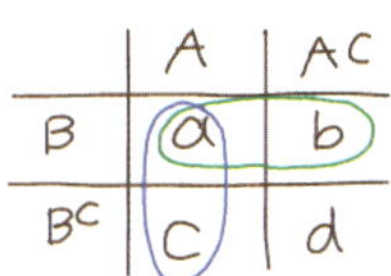
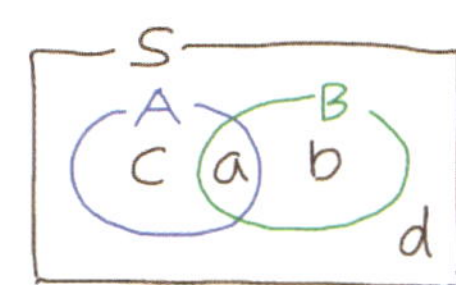

	A	A^C
B	a	b
B^C	c	d

$$a : b = c : d \iff \frac{a}{b} = \frac{c}{d}$$

$$a : c = b : d \iff \frac{a}{c} = \frac{b}{d}$$

(결론) 가로끼리 비율이 같고 세로끼리 비율이 같다

---

7 독립시행의 확률

정의: 한 번의 시행에서
사건 A가 일어날 확률이 p일 때,
n번의 독립시행에서
사건 A가 일어나는 횟수를
r이라 하면
이때의 확률 P_r은

$$P_r = {}_nC_r\, p^r q^{n-r} \quad (q = 1-P)$$

독립시행의 확률

【ex】 4회중 2회 성공할 확률 → $P(O) = \frac{1}{3}$

(성공: 주사위 던져서 3배수)

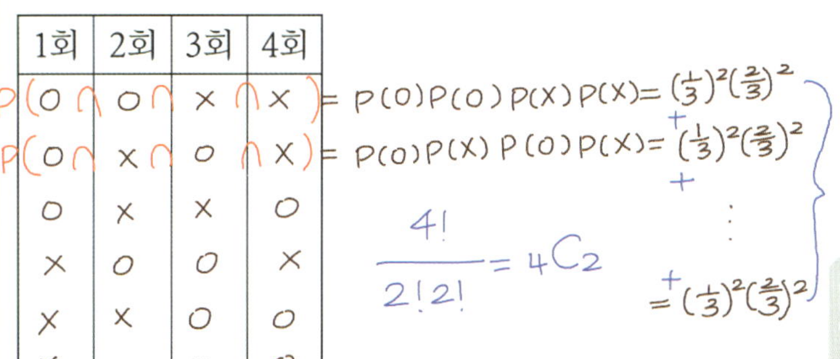

1회	2회	3회	4회
O	O	X	X
O	X	O	X
O	X	X	O
X	O	O	X
X	X	O	O
X	O	X	O

$P(O \cap O \cap X \cap X) = P(O)P(O)P(X)P(X) = \left(\frac{1}{3}\right)^2\left(\frac{2}{3}\right)^2$

$P(O \cap X \cap O \cap X) = P(O)P(X)P(O)P(X) = \left(\frac{1}{3}\right)^2\left(\frac{2}{3}\right)^2$

$$\frac{4!}{2!2!} = {}_4C_2$$

$$= \left(\frac{1}{3}\right)^2\left(\frac{2}{3}\right)^2$$

$$\therefore {}_4C_2\left(\frac{1}{3}\right)^2\left(\frac{2}{3}\right)^2$$

「확률과 통계」 Ⅲ.통계

연구01 이산확률변수 X의 평균

$E(X)$의 정의를 쓰시오.

미리 알아야 할 단원
확통 – 2.확률

1 확률변수의 뜻

확률변수 : 표본공간의 각 원소에 하나의
실수값을 대응시켜주는 것.

이산확률변수 : 유한 개의 값 $x_1, \cdots, x_n$을
가지는 확률변수

연속확률변수 : 어떤 구간의 모든 실수값을
가지는 확률변수

확률분포 : 확률변수 X가 가지는 값과
그 값을 가질 확률과의 대응 관계

확률질량함수 : 이산확률변수가 정의역인 확률함수

확률밀도함수 : 연속확률변수가 정의역인 확률함수

2 이산확률분포의 성질

① $0 \leq P(X = x_i) = p_i \leq 1$

② $\displaystyle\sum_{i=1}^{n} p_i = p_1 + p_2 + \cdots + p_n = 1$

③ $\displaystyle P(x_a \leq X \leq x_b) = \sum_{i=a}^{b} P(X = x_i)$

3 평균

연구 01

$$E(x) = m = x_1 p_1 + x_2 p_2 + \cdots + x_n p_n$$

$$= \sum_{i=1}^{n} x_i p_i$$

✎ 이산확률분포의 성질

식: $P(X = x_i) = p_i$ (단, $i = 1, 2, \cdots, n$)

표:

X	x_1	x_2	$\cdots$	x_i	$\cdots$	x_n	합계
$P(X = x_i)$	p_1	p_2	$\cdots$	p_i	$\cdots$	p_n	1

그래프:

✎ 평균

등급	1등	2등	3등	꼴등	합계
상금	10000	5000	1000	0	
장수	1	5	55	39	100
$P(X=x)$	$\dfrac{1}{100}$	$\dfrac{5}{100}$	$\dfrac{55}{100}$	$\dfrac{39}{100}$	1

확률변수 → 상금

$$평균 = \frac{10000 \times 1 + 5000 \times 5 + 1000 \times 55 + 0 \times 39}{100}$$

$$= 10000 \times \frac{1}{100} + 5000 \times \frac{5}{100} + 1000 \times \frac{55}{100} + 0 \times \frac{39}{100}$$

[연구02] 이산확률변수 X의

분산 $V(X)$과 표준편차 $\sigma(X)$의 정의를 쓰시오.

4 분산과 표준편차

분산: $V(X) = E((X-m)^2) = E(X^2) - \{E(X)\}^2$
$$= \sum_{i=1}^{n} (x_i - m)^2 p_i$$

표준편차: $\sigma(X) = \sqrt{V(X)}$

확률변수가 조작됐을 때의 확률분포

X	x_1	x_2	$\cdots$	x_i	$\cdots$	x_n	합계
$P(X=x_i)$	p_1	p_2	$\cdots$	p_i	$\cdots$	p_n	1

$X-m$	x_1-m	x_2-m	$\cdots$	x_i-m	$\cdots$	x_n-m	합계
$P(X-m=x_i-m)$	p_1	p_2	$\cdots$	p_i	$\cdots$	p_n	1

$(X-m)^2$	$(x_1-m)^2$	$(x_2-m)^2$	$\cdots$	$(x_i-m)^2$	$\cdots$	$(x_n-m)^2$	합계
$P((X-m)^2=(x_i-m)^2)$	p_1	p_2	$\cdots$	p_i	$\cdots$	p_n	1

↳ 확률변수를 변형시켜도
대응되는 확률은 바꾸지 않는다

확률과 통계 과목에서 Σ 사용

개정 교육과정에서 수학1을 학습하지 않고
확률과 통계를 학습하는 경우를 가정하여
교과서에서 수열의 합 기호 Σ를 사용하지 않고
$+\cdots+$만을 이용하여 표현한다.
하지만 현실적으로 수학1을 하지 않은 채로
확률과 통계를 학생은 없을 것이다.
따라서 $+\cdots+$만을 이용하여 개념을 유도하는 건
지극히 비효율적이고 현실에 맞지 않다.
그래서 본 책에서는 개념유도과정에서
Σ 기호를 사용하였다.

분산과 표준편차

1반 성적

X			평균		
1반	68	69	70	71	72
$X-m$ 편차	-2	-1	0	$+1$	$+2$
$(X-m)^2$ 편차^2	4	1	0	1	4
$P(X)$ 확률	$\frac{1}{5}$	$\frac{1}{5}$	$\frac{1}{5}$	$\frac{1}{5}$	$\frac{1}{5}$
$V(X)$ 분산	$4\cdot\frac{1}{5}+1\cdot\frac{1}{5}+0\cdot\frac{1}{5}+1\cdot\frac{1}{5}+4\cdot\frac{1}{5}$				

$$= \frac{4+1+0+1+4}{5} = 2$$

2반 성적

Y			평균		
2반	60	65	70	75	80
$Y-m$ 편차	-10	-5	0	$+5$	$+10$
$(Y-m)^2$ 편차^2	100	25	0	25	100
$P(Y)$ 확률	$\frac{1}{5}$	$\frac{1}{5}$	$\frac{1}{5}$	$\frac{1}{5}$	$\frac{1}{5}$
$V(Y)$ 분산	$100\cdot\frac{1}{5}+25\cdot\frac{1}{5}+0\cdot\frac{1}{5}+25\cdot\frac{1}{5}+100\cdot\frac{1}{5}$				

$$= \frac{100+25+0+25+100}{5} = 50$$

1반 보너스 +10점

$X+10$			평균		
1반	78	79	80	81	82
편차	-2	-1	0	$+1$	$+2$
편차^2	4	1	0	1	4
$P(X+10)$ 확률	$\frac{1}{5}$	$\frac{1}{5}$	$\frac{1}{5}$	$\frac{1}{5}$	$\frac{1}{5}$
$V(X+10)$ 분산	2				

1반 점수 2배

$2X$			평균		
1반	136	138	140	142	144
2배 편차	-4	-2	0	$+2$	$+4$
4배 편차^2	16	4	0	4	16
$P(2X)$ 확률	$\frac{1}{5}$	$\frac{1}{5}$	$\frac{1}{5}$	$\frac{1}{5}$	$\frac{1}{5}$
$V(2X)$ 분산	$\frac{16+4+0+4+16}{5} = 8$				

↑ 4배

Q1. 아이들 점수를 모두 10점씩 보너스로

　준다면 반 평균은? 반 분산은?

$$E(X+10) = E(X)+10 \ , \ V(X+10) = V(X)$$

Q2. 아이들 점수를 모두 2배씩 해준다면

　반 평균은? 반 분산은?

$$E(2X) = 2E(X) \ , \ V(2X) = 2^2 V(X)$$

연구03 다음을 유도하시오.

① $E(aX+b)=aE(X)+b$

② $V(aX+b)=a^2V(X)$

③ $\sigma(aX+b)=|a|\sigma(X)$

④ $V(X)=E(X^2)-\{E(X)\}^2$

---

5 평균/분산/표준편차의 성질

연구 03 $E(X)$ 평균, $V(X)$ 분산, $\sigma(X)$ 표준편차

① $E(aX+b)=aE(X)+b$

② $V(aX+b)=a^2V(X)$

③ $\sigma(aX+b)=|a|\sigma(X)$

④ $V(X)=E(X^2)-\{E(X)\}^2$

⑤ $E(X^2)=V(X)+\{E(X)\}^2$

✒ **평균/분산/표준편차의 성질**

$y_i=ax_i+b$

$\rightarrow P(Y=y_i)=P(X=x_i)=p_i$

① $E(Y)=\sum_{i=1}^{n} y_i p_i = \sum_{i=1}^{n}(ax_i+b)p_i$

$\qquad = a\sum_{i=1}^{n} x_i p_i + b\sum_{i=1}^{n} p_i = aE(X)+b$

② $V(Y)=\sum_{i=1}^{n}\{y_i-E(Y)\}^2 p_i$

$\qquad = \sum_{i=1}^{n}\{(ax_i+b)-(am+b)\}^2 p_i$

$\qquad = a^2\sum_{i=1}^{n}(x_i-m)^2 p_i = a^2 V(X)$

③ $\sigma(ax+b)=\sqrt{V(ax+b)}$

$\qquad = \sqrt{a^2 V(x)}$

$\qquad = |a|\sigma(X)$

④ $V(X)=E((X-m)^2)=\sum_{i=1}^{n}(x_i-m)^2 p_i$

$\qquad = \sum_{i=1}^{n} x_i^2 p_i - 2m\sum_{i=1}^{n} x_i p_i + m^2\sum_{i=1}^{n} p_i$

$\qquad = \sum_{i=1}^{n} x_i^2 p_i - 2m\cdot m + m^2\cdot 1$

$\qquad = E(X^2)-m^2$

$\qquad = E(X^2)-\{E(X)\}^2$

[연구04] 이항분포의 정의를 쓰고 식으로 표현하시오.

[연구05] 확률변수 X가 $B(n, p)$을 따를 때,
① $E(X)$ ② $V(X)$ ③ $\sigma(X)$
를 쓰시오.

[연구06] '큰 수의 법칙'을 쓰시오.

---

6 이항분포 $B(n,p)$

이항분포의 정의:

한 번의 시행에서

사건 A가 일어날 확률이 p일 때,

n번의 독립시행에서

사건 A가 일어나는 횟수를

확률변수 X라 하면

이때의 확률분포를 이항분포라고 한다.

$$P(X=x) = {}_nC_x p^x q^{n-x} \quad (q=1-p)$$

① **평균:** $E(X) = nP$

② **분산:** $V(X) = nPq$

③ **표준편차:** $\sigma(X) = \sqrt{nPq}$

7 큰 수의 법칙

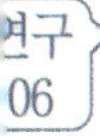

어떤 시행에서 사건 A가 일어나는 수학직 확률이 p이고, n번의 독립시행에서 사건 A가 일어나는 횟수를 X라고 하면, 임의의 양수 h에 대하여 n의 값이 한없이 커질수록

$$P\left(\left|\frac{X}{n} - p\right| < h\right)$$ 는 1에 한 없이 가까워진다.

✒ 이항분포 $B(n,p)$

독립시행의 확률 정의:

한 번의 시행에서

사건 A가 일어날 확률이 p일 때,

n번의 독립시행에서

사건 A가 일어나는 횟수를

r이라 하면

이때의 확률 P_r은

$$P_r = {}_nC_r p^r q^{n-r} \quad (q=1-p)$$

이항분포의 표현

① 식: $P(X=x) = {}_nC_x p^x q^{n-x} \quad (q=1-p)$

② 표:

X	0	1	$\cdots$	x	$\cdots$	n	계
$P(X=x)$	${}_nC_0 p^0 q^n$	${}_nC_1 p^1 q^{n-1}$	$\cdots$	${}_nC_x p^x q^{n-x}$	$\cdots$	${}_nC_n p^n q^0$	1

③ 기호: $B(n, p)$

✒ 큰 수의 법칙

【ex】 $X \sim B\left(n, \dfrac{1}{6}\right)$, $P\left(\left|\dfrac{X}{n} - \dfrac{1}{6}\right| < 0.1\right)$

(i) $n = 10$: $P\left(\left|\dfrac{X}{10} - \dfrac{1}{6}\right| < 0.1\right) = 0.614$

(ii) $n = 30$: $P\left(\left|\dfrac{X}{30} - \dfrac{1}{6}\right| < 0.1\right) = 0.784$

(iii) $n = 50$: $P\left(\left|\dfrac{X}{50} - \dfrac{1}{6}\right| < 0.1\right) = 0.946$

8 연속확률분포

연속확률변수 : 어떤 구간의 모든 실수값을
　　　　　가지는 확률변수

확률밀도함수 : 연속확률변수가 정의역인 확률함수

구간 $\alpha \le x \le \beta$의 모든 값을 가지는

연속확률변수 X의 확률밀도함수 $f(x)$의 성질

① $f(x) \ge 0$

② $y = f(x)$의 그래프와 x축 사이의 넓이는 1

③ $P(a \le X \le b)$는 구간 $a \le x \le b$에서

　　$y = f(x)$의 그래프와 x축 사이의 넓이

✑ 연속확률분포

통계: 확률을 몽땅 다 하기

확률분포: 확률변수 → 확률 대응(함수 관계)

이산확률분포	vs	연속확률분포
변수: 이산확률 변수 (유한개의 값)		변수: 연속확률 변수 (무한개의 값)
함수: 확률질량함수		함수: 확률밀도함수
대표예시) 이항분포		대표예시) 정규분포
표		표 ✕
그래프		그래프
그래프에서 확률의 값을 나타내는 것은? y값		그래프에서 확률의 값을 나타내는 것은? 그래프의 밑넓이 (y값: 의미없음)
$P(X=x_i) = p_i \ge 0$		$P(X=x_i) = 0$
$P(x_i \le X \le x_j)$ $= p_i + \cdots + p_j$		$P(x_i \le X \le x_j)$ $= \int_{x_i}^{x_j} f(x)\, dx$

이산확률분포 표:

X	x_1	x_2	$\cdots$	x_n
	p_1	p_2	$\cdots$	p_n

연구07 확률밀도함수 $f(x)$가 정규분포를 따를 때
$f(x)$의 그래프의 특징으로 알맞은 것을 쓰시오.

⑨ 정규분포

자연현상이나 사회현상을 측정할 때, 그 확률밀도함수가 그림과 같은 종 모양에 가까운 경우가 많다. 연속확률변수 X의 확률밀도함수 $f(x)$가

$$f(x) = \frac{1}{\sqrt{2\pi}\,\sigma} e^{-\frac{(x-m)^2}{2\sigma^2}} \quad (e = 2.718\cdots)$$

와 같을 때, X의 분포를 정규분포라고 한다.

$N(m, \sigma^2)$: 확률변수 X가 평균 m, 분산 σ^2인
정규분포를 따른다.

연구 07

① 대칭성: $x=m$

　점근선: x축

② 곡선과 x축 사이의 넓이: 1

③ m이 일정할 때의 곡선의 모양

　σ값이 커지면: 양쪽으로 퍼진다

　σ값이 작아지면: 뾰족해진다

④ σ가 일정할 때, m이 변하면:
　대칭축의 위치는 바뀌지만 곡선의 모양은 같다

⑤ $P(a \le X \le b)$: 구간 $a \le x \le b$에서
　$y=f(x)$의 그래프와 x축 사이의 넓이

✎ 정규분포

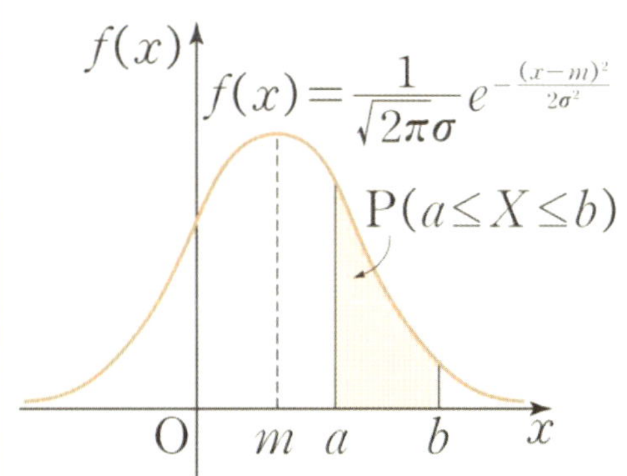

③

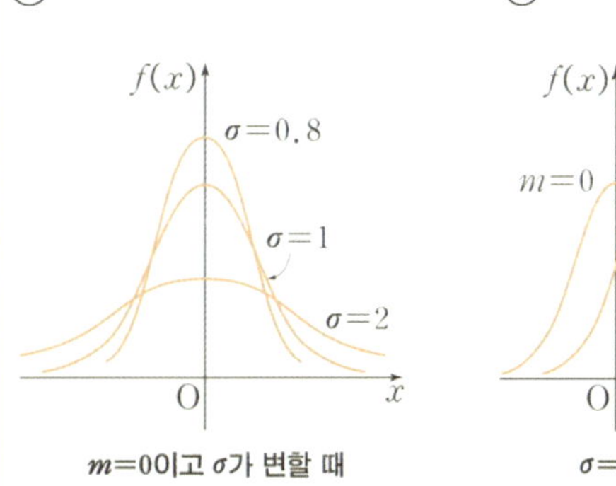

$m=0$이고 σ가 변할 때

④

$\sigma=1$이고 m이 변할 때

연구08 확률변수 X가 $N(m, \sigma^2)$을 따를 때, $Z = \dfrac{X-m}{\sigma}$ 이면 확률변수 Z가 $N(0,1)$을 따르는 이유를 쓰시오.

연구09 확률변수 X가 이항분포 $B(n, p)$를 따를 때 n이 충분히 크면 X는 근사적으로 [   ]분포 [   ]을 따른다.

---

⑩ 표준정규분포

정의: 정규분포 $N(0, 1^2)$

평균이 $m=0$, 표준편차가 $\sigma=1$인 정규분포

표준화 : 확률변수 X가 정규분포 $N(m, \sigma^2)$을 따를 때, 확률변수 Z를 $Z = \dfrac{X-m}{\sigma}$ 라 하면 Z는 표준정규분포 $N(0, 1^2)$을 따른다.

$$P(a \leq x \leq b) = P\left(\frac{a-m}{\sigma} \leq z \leq \frac{b-m}{\sigma}\right)$$

⑪ 이항분포와 정규분포의 관계

연구09 확률변수 X가 이항분포 $B(n, p)$를 따를 때 n이 충분히 크면 X는 근사적으로 정규분포 $N(np, npq)$ 따른다

(평균: $E(X) = np$ 분산: $V(X) = npq$)

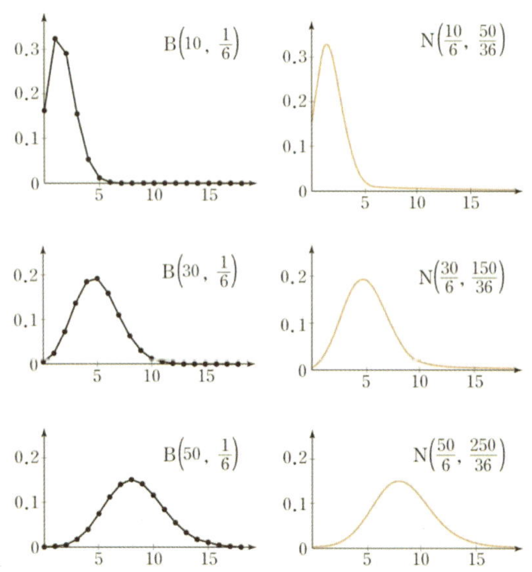

✎ 표준정규분포

연구08

$$E(Z) = E\left(\frac{X-m}{\sigma}\right) = E\left(\frac{1}{\sigma}X - \frac{m}{\sigma}\right)$$
$$= \frac{1}{\sigma}E(X) - \frac{m}{\sigma} = \frac{m}{\sigma} - \frac{m}{\sigma} = 0$$
$$V(Z) = V\left(\frac{X-m}{\sigma}\right) = V\left(\frac{1}{\sigma}X - \frac{m}{\sigma}\right) = \frac{1}{\sigma^2}V(X)$$
$$= \frac{1}{\sigma^2}\cdot\sigma^2 = 1$$

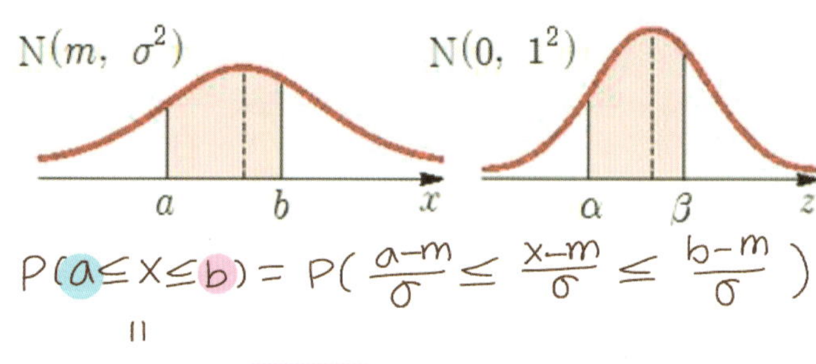

$$P(a \leq X \leq b) = P\left(\frac{a-m}{\sigma} \leq \frac{X-m}{\sigma} \leq \frac{b-m}{\sigma}\right)$$
$$\|$$
$$P(m+\alpha\sigma \leq X \leq m+\beta\sigma) = P(\alpha \leq Z \leq \beta)$$

$$\frac{a-m}{\sigma} = \alpha \rightarrow a = m + \alpha\sigma$$
$$\frac{b-m}{\sigma} = \beta \rightarrow b = m + \beta\sigma$$

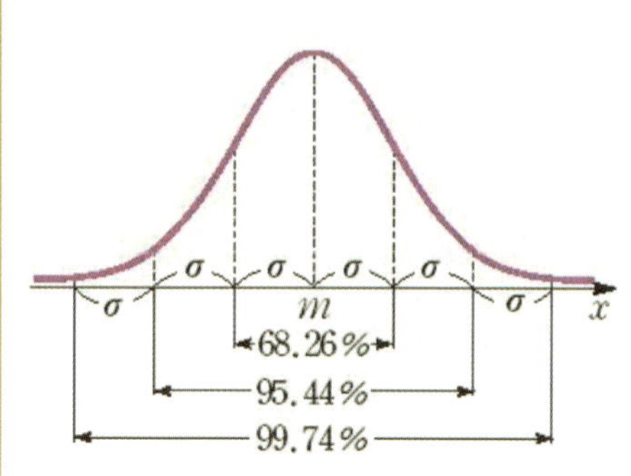

표준정규분포표

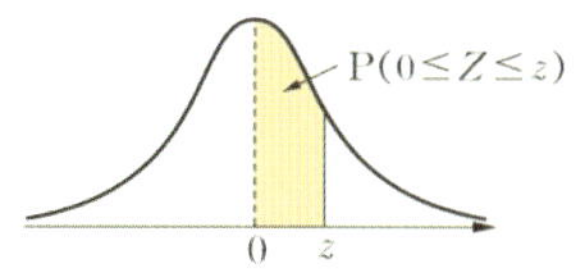

z	0	1	2	3	4	5	6	7	8	9
0.0	.0000	.0040	.0080	.0120	.0160	.0199	.0239	.0279	.0319	.0359
0.1	.0398	.0438	.0478	.0517	.0557	.0596	.0636	.0675	.0714	.0753
0.2	.0793	.0832	.0871	.0910	.0948	.0987	.1026	.1064	.1103	.1141
0.3	.1179	.1217	.1255	.1293	.1331	.1368	.1406	.1443	.1480	.1517
0.4	.1554	.1591	.1628	.1664	.1700	.1736	.1772	.1808	.1844	.1879
0.5	.1915	.1950	.1985	.2019	.2054	.2088	.2123	.2157	.2190	.2224
0.6	.2257	.2291	.2324	.2357	.2389	.2422	.2454	.2486	.2518	.2549
0.7	.2580	.2611	.2642	.2673	.2704	.2734	.2764	.2794	.2823	.2852
0.8	.2881	.2910	.2939	.2967	.2995	.3023	.3051	.3078	.3106	.3133
0.9	.3159	.3186	.3212	.3238	.3264	.3289	.3315	.3340	.3365	.3389
1.0	.3413	.3438	.3461	.3485	.3508	.3531	.3554	.3577	.3599	.3621
1.1	.3643	.3665	.3686	.3708	.3729	.3749	.3770	.3790	.3810	.3830
1.2	.3849	.3869	.3888	.3907	.3925	.3944	.3962	.3980	.3997	.4015
1.3	.4032	.4049	.4066	.4082	.4099	.4115	.4131	.4147	.4162	.4177
1.4	.4192	.4207	.4222	.4236	.4251	.4265	.4279	.4292	.4306	.4319
1.5	.4332	.4345	.4357	.4370	.4382	.4394	.4406	.4418	.4429	.4441
1.6	.4452	.4463	.4474	.4484	.4495	.4505	.4515	.4525	.4535	.4545
1.7	.4554	.4564	.4573	.4582	.4591	.4599	.4608	.4616	.4625	.4633
1.8	.4641	.4649	.4656	.4664	.4671	.4678	.4686	.4693	.4699	.4706
1.9	.4713	.4719	.4726	.4732	.4738	.4744	.4750	.4756	.4761	.4767
2.0	.4772	.4778	.4783	.4788	.4793	.4798	.4803	.4808	.4812	.4817
2.1	.4821	.4826	.4830	.4834	.4838	.4842	.4846	.4850	.4854	.4857
2.2	.4861	.4864	.4868	.4871	.4875	.4878	.4881	.4884	.4887	.4890
2.3	.4893	.4896	.4898	.4901	.4904	.4906	.4909	.4911	.4913	.4916
2.4	.4918	.4920	.4922	.4925	.4927	.4929	.4931	.4932	.4934	.4936
2.5	.4938	.4940	.4941	.4943	.4945	.4946	.4948	.4949	.4951	.4952
2.6	.4953	.4955	.4956	.4957	.4959	.4960	.4961	.4962	.4963	.4964
2.7	.4965	.4966	.4967	.4968	.4969	.4970	.4971	.4972	.4973	.4974
2.8	.4974	.4975	.4976	.4977	.4977	.4978	.4979	.4980	.4980	.4981
2.9	.4981	.4982	.4983	.4983	.4984	.4984	.4985	.4985	.4986	.4986
3.0	.4987	.4987	.4987	.4988	.4988	.4989	.4989	.4989	.4990	.4990
3.1	.4990	.4991	.4991	.4991	.4992	.4992	.4992	.4992	.4993	.4993
3.2	.4993	.4993	.4994	.4994	.4994	.4994	.4994	.4995	.4995	.4995
3.3	.4995	.4995	.4996	.4996	.4996	.4996	.4996	.4996	.4996	.4997

[연구10] 크기 n인 임의표본을 $X_1, X_2, \cdots, X_n$라

할 때 다음 값을 쓰시오.

① 표본의 평균

② 표본의 표준편차

---

12 통계적 추정

전수조사 : 통계 조사에서 대상으로 삼은 집단
　　　　　전체를 조사하는 것

표본조사 : 대상으로 삼은 집단의 일부를 조사하는 것

모집단 : 통계조사에서 대상이 되는 집단 전체

표본 : 표본조사를 하는 경우 조사하기 위하여
　　　 모집단에서 추출한 부분집합

표본의 크기 : 표본의 원소의 개수

임의추출 : 모집단에서 편중되지 않게, 무작위로 추출

임의표본 : 임의추출에 의하여 만들어진 표본

복원추출 : 한 번 추출된 원소를 다시 되돌려
　　　　　놓은 후 다음 원소를 뽑음

비복원추출 : 되돌려 놓지 않고 다음 원소를 뽑음

13 모집단과 표본의 분포

모평균: $E(X) = m$.

모표준편차: $\sigma(X) = \sigma$

임의추출한 크기가 n인 표본

$X_1, X_2, \cdots, X_n$에서

연구 10 표본평균:

$$\overline{X} = \frac{1}{n}(X_1 + X_2 + \cdots + X_n) = \frac{1}{n}\sum_{i=1}^{n} X_i$$

표본표준편차:

$$S = \sqrt{S^2} = \sqrt{\frac{1}{n-1}\sum_{i=1}^{n}(X_i - \overline{X})^2}$$

✎ 통계적 추정

모집단의 분포:　　　모평균　　　　　모표준편차

전교생 점수

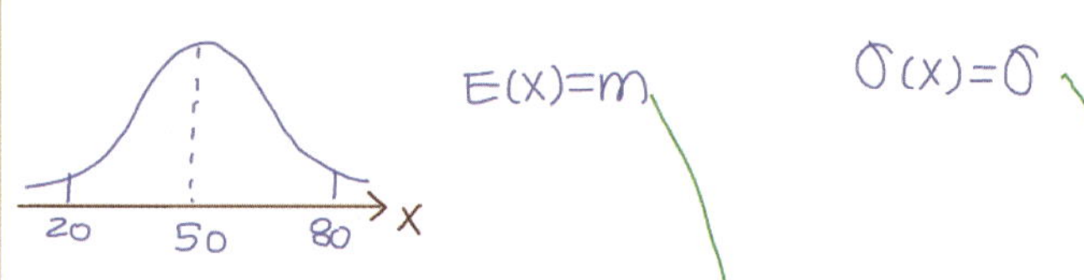

표본(집단)의 분포:　표본평균　　　　표본표준편차

5반 점수

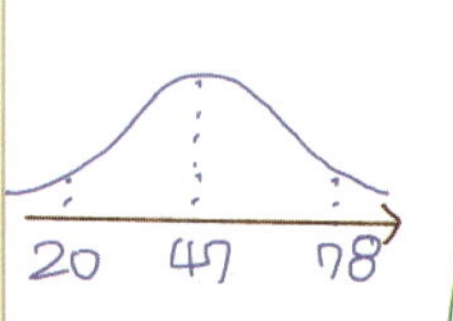

(운이나쁘지 않다면)
근삿값
↓
$\overline{X} = m$　　　$S = \sigma$

상수(표본 1개) → 모평균추정
변수(표본 여러개) → 표본평균의 평균

표본평균의 분포:　표본평균의 평균　표본평균의 표준편차

반별 평균 점수

이중적인 평균　　　당연히 작아지겠지

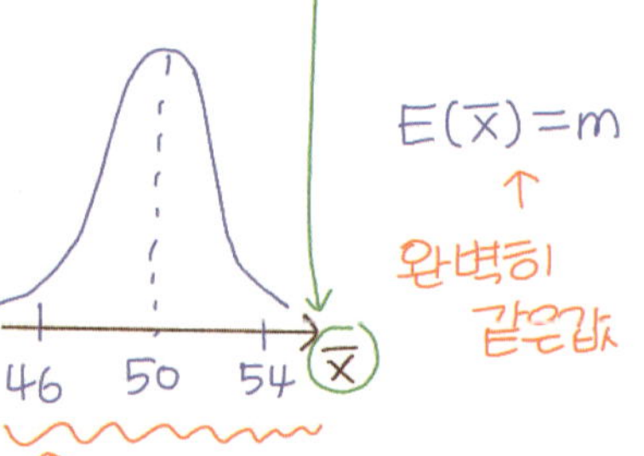

완벽히 같은값
↑
여기 있는 모든값이 표본평균값이다!

표본의크기 (반인원수)
↑

※ 표본의개수 (반개수)

[연구11] 빈칸에 알맞은 것을 쓰시오.

[연구12] 빈칸에 알맞은 것을 쓰시오.

[연구13] 표본의 크기 n, 표본평균 $\overline{X}$

- 모집단의 분포가 정규분포 $N(m, \sigma^2)$이면 $\overline{X}$는 어떤 분포를 따르는가?
- 모집단의 분포가 정규분포가 아니면 $\overline{X}$는 근사적으로 어떤 분포를 따르는가? (단, 표본의 크기 n이 충분히 크다.)

14 표본평균의 분포

[연구11] ① 모평균 m, 모표준편차 σ인 모집단에서 크기 n인 임의표본을 복원추출할 때,

표본평균의 평균 : $E(\overline{X})=m$

표본평균의 표준편차 : $\sigma(\overline{X})=\dfrac{\sigma}{\sqrt{n}}$

표본평균의 분산 : $V(\overline{X})=\dfrac{\sigma^2}{n}$

[연구13] ② 모집단의 분포가 정규분포이면

$\overline{X}$는 정규분포 $N(m, \dfrac{\sigma^2}{n})$을 따른다.

③ 모집단의 분포가 정규분포가 아닐 때도 표본의 크기 n이 충분히 크면 $\overline{X}$의 분포는 근사적으로

정규분포 $N(m, \dfrac{\sigma^2}{n})$를 따른다.

표본평균의 분포

[연구12] 아래는 확률변수 X에 대한 확률분포이다.

X	1	2	3	4	합계
$P(x)$	$\dfrac{1}{4}$	$\dfrac{1}{4}$	$\dfrac{1}{4}$	$\dfrac{1}{4}$	1

이 분포를 모집단의 확률분포로 하여 복원추출로 만든 크기가 2인 표본의 평균을 $\overline{X}$라고 하자. 이때, $\overline{X}$의 확률분포를 표로 나타내시오.

X_2 \ X_1	1	2	3	4
1	1	1.5	2	2.5
2	1.5	2	2.5	3
3	2	2.5	3	3.5
4	2.5	3	3.5	4

$$\overline{X}=\dfrac{X_1+X_2}{2}$$

$\overline{X}$	1	1.5	2	2.5	3	3.5	4	합계
$P(\overline{x})$	$\dfrac{1}{16}$	$\dfrac{2}{16}$	$\dfrac{3}{16}$	$\dfrac{4}{16}$	$\dfrac{3}{16}$	$\dfrac{2}{16}$	$\dfrac{1}{16}$	1

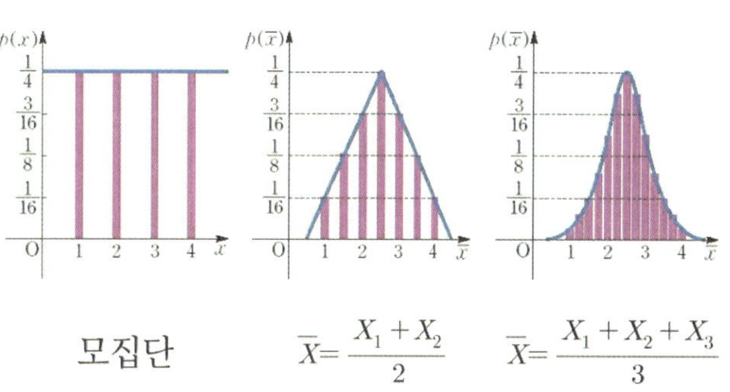

모집단 $\qquad$ $\overline{X}=\dfrac{X_1+X_2}{2}$ $\qquad$ $\overline{X}=\dfrac{X_1+X_2+X_3}{3}$

연구14 평균이 m이고 표준편차가 σ인 정규분포를 따르는 모집단에서 임의추출한 크기 n인 표본 $X_1, X_2, \cdots, X_n$의 평균을 $\overline{X}$라고 할 때 다음을 구하시오.

①모평균 m의 신뢰도 95 %인 신뢰구간:

②신뢰구간의 길이:

③오차한계:

15 모평균의 추정

연구 14

크기가 n인 표본의 평균이 $\overline{x}$이고, 모표준편차가 σ일 때

모평균의 95%신뢰구간:

$$\overline{x}-1.96\frac{\sigma}{\sqrt{n}} \leq m \leq \overline{x}+1.96\frac{\sigma}{\sqrt{n}}$$

모평균의 99%신뢰구간:

$$\overline{x}-2.58\frac{\sigma}{\sqrt{n}} \leq m \leq \overline{x}+2.58\frac{\sigma}{\sqrt{n}}$$

신뢰구간의 길이: $2\times1.96\frac{\sigma}{\sqrt{n}}$, $2\times2.58\frac{\sigma}{\sqrt{n}}$

오차한계: $1.96\frac{\sigma}{\sqrt{n}}$, $2.58\frac{\sigma}{\sqrt{n}}$

✎ 일반적으로 $\overline{X}$는 확률변수를 나타내고 $\overline{x}$는 상수를 나타낸다.

✎ 신뢰도의 의미

크기 n인 표본을 여러 번 추출하여 신뢰구간을 만들 때, 모평균 m을 포함하는 것이 약 95%이다.

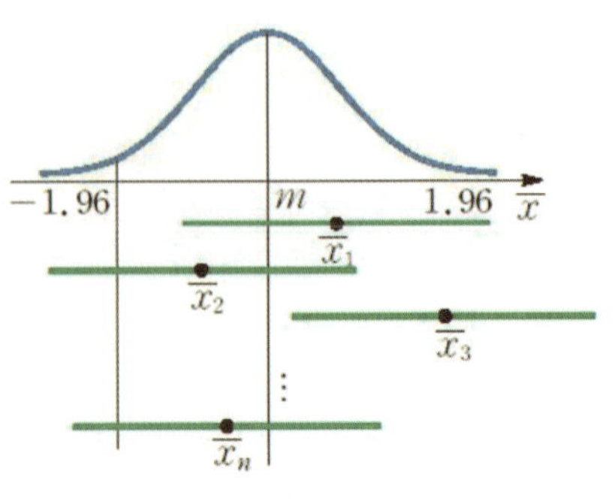

✎ 모평균의 추정

모집단의 분포

표본평균의 분포

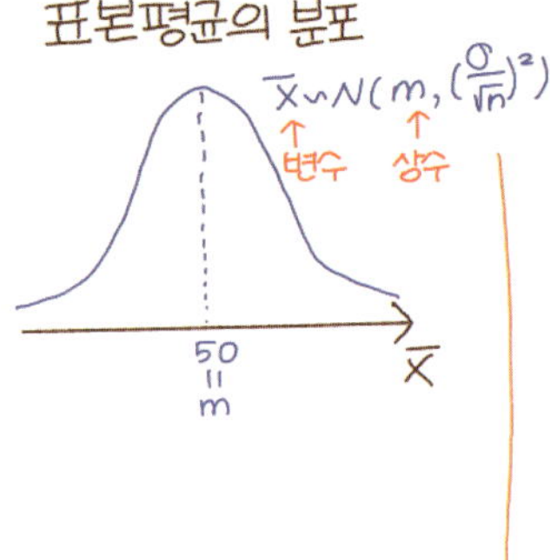

표본의 분포 m σ ‖ ‖ $N(\overline{x}, s^2)$

가짜표본평균의 분포

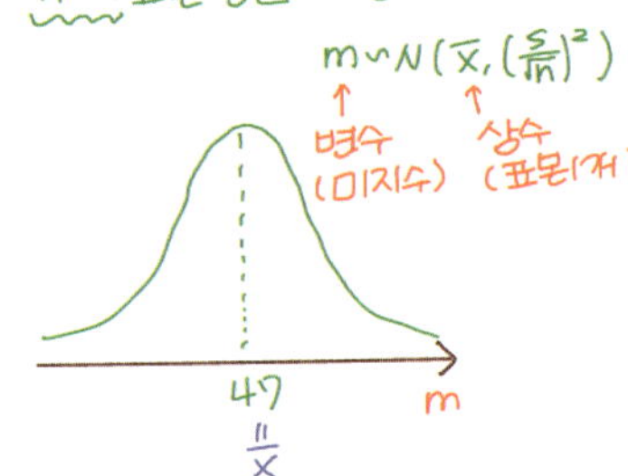

$P(a \leq m \leq b) = 0.95 = 95\%$

구간 $[a, b] = ?$

평균의 분포

표본평균의 분포

가짜표본평균의 분포

$$P\left(\frac{a-\overline{x}}{\frac{s}{\sqrt{n}}} \leq \frac{m-\overline{x}}{\frac{s}{\sqrt{n}}} \leq \frac{b-\overline{x}}{\frac{s}{\sqrt{n}}}\right)$$

‖

$$P(-1.96 \leq Z \leq 1.96)$$

$$\frac{a-\overline{x}}{\frac{s}{\sqrt{n}}} = -1.96 \to a = \overline{x}-1.96\frac{s}{\sqrt{n}}$$

$$\frac{b-\overline{x}}{\frac{s}{\sqrt{n}}} = 1.96 \to b = \overline{x}+1.96\frac{s}{\sqrt{n}}$$

상수　변수

원래　m　$\overline{x}$ (표본여러개)

가짜　$\overline{x}$　m　$E(m)=\overline{x}$

$\overline{X} \sim N(m, (\frac{s}{\sqrt{n}})^2)$ 　$P(a \leq m \leq b)$

‖ ‖

$m \sim N(\overline{x}, (\frac{s}{\sqrt{n}})^2)$

$= P\left(\overline{x}-1.96\frac{s}{\sqrt{n}} \leq m \leq \overline{x}+1.96\frac{s}{\sqrt{n}}\right)$

$P\left(\overline{x}-1.96\frac{\sigma}{\sqrt{n}} \leq m \leq \overline{x}+1.96\frac{\sigma}{\sqrt{n}}\right)$

역대 수능·모의고사 기출 문항 출제 의도

Ⅰ.경우의 수

[출제의도] 같은 것이 있는 순열을 이용하여 문제를 해결한다.

[출제의도] 원순열을 이용하여 문제를 해결한다.

[출제의도] 중복순열을 이해하여 경우의 수를 구하는 문제를 해결한다.

[출제의도] 중복조합을 이용하여 조건을 만족시키는 경우의 수를 구하는 문제를 해결한다.

[출제의도] 중복순열과 중복조합의 값을 계산하는 문제를 해결한다.

[출제의도] 이항정리를 이용하여 전개식의 계수를 구하는 문제를 해결한다.

Ⅱ.확률

[출제의도] 확률의 뜻 이해하는 문제를 해결한다.

[출제의도] 확률의 덧셈정리를 이용하여 확률을 구하는 문제를 해결한다.

[출제의도] 여사건의 확률을 이용하여 문제를 해결한다.

[출제의도] 조건부확률을 이용하여 확률을 구하는 문제를 해결한다.

[출제의도] 사건의 종속과 독립을 이해하는 문제를 해결한다.

[출제의도] 독립시행의 확률을 이용하여 실생활 문제를 해결한다.

Ⅲ.통계

[출제의도] 확률분포가 표로 주어진 이산확률변수의 평균과 분산을 구하는 문제를 해결한다.

[출세의노] 이항분포를 따르는 확률변수의 평균과 분산을 구하는 문제를 해결한다.

[출제의도] 이항분포의 분산을 이용하여 시행 횟수를 구하는 문제를 해결한다.

[출제의도] 확률밀도함수의 그래프를 이용하여 확률을 구하는 문제를 해결한다.

[출제의도] 정규분포의 성질을 이해하여 문제를 해결한다.

[출제의도] 정규분포와 표준정규분포표를 이용하여 확률을 구하는 문제를 해결한다.

[출제의도] 표본평균의 확률분포를 이용하여 확률을 구하는 문제를 해결한다.

[출제의도] 표본평균을 이용하여 모평균의 신뢰구간을 구하는 문제를 해결한다.

미적분

「교과서 학습 목표」

1.수열의 극한

☐ 수열의 수렴, 발산의 뜻을 알고,
　이를 판별할 수 있다.

☐ 수열의 극한에 대한 기본 성질을 이해하고,
　이를 이용하여 극한값을 구할 수 있다.

☐ 등비수열의 극한값을 구할 수 있다.

☐ 급수의 수렴, 발산의 뜻을 알고,
　이를 판별할 수 있다.

☐ 등비급수의 뜻을 알고, 그 합을 구할 수 있다.

☐ 등비급수를 활용하여
　여러 가지 문제를 해결할 수 있다.

2.여러 가지 함수의 미분

☐ 지수함수와 로그함수의 극한값을 구할 수 있다.

☐ 지수함수와 로그함수를 미분할 수 있다.

☐ 삼각함수의 덧셈정리를 이해한다.

☐ 삼각함수의 극한을 구할 수 있다.

☐ 사인함수와 코사인 함수를 미분할 수 있다.

3.여러 가지 미분법

☐ 함수의 몫을 미분할 수 있다.

☐ 합성함수를 미분할 수 있다.

☐ 음함수와 역함수를 미분할 수 있다.

☐ 매개변수로 나타낸 함수를 미분할 수 있다.

☐ 이계도함수를 구할 수 있다.

☐ 접선의 방정식을 구할 수 있다.

☐ 함수의 그래프의 개형을 그릴 수 있다.

☐ 방정식과 부등식에 활용할 수 있다.

☐ 속도와 가속도에 대한 문제를 해결할 수 있다.

4.적분법

☐ 여러 가지 함수의
　부정적분과 정적분을 구할 수 있다.

☐ 치환적분법을 이해하고, 이를 활용할 수 있다.

☐ 부분적분법을 이해하고, 이를 활용할 수 있다.

☐ 정적분과 급수의 합 사이의 관계를 이해한다.

☐ 곡선으로 둘러싸인 도형의 넓이를 구할 수 있다.

☐ 입체도형의 부피를 구할 수 있다.

☐ 속도와 거리에 대한 문제를 해결할 수 있다.

「미적분」 Ⅰ.수열의 극한

연구01 α가 수열 $\{a_n\}$의 극한값일 때, 이를
기호로 나타내시오.

미리 알아야 할 단원
수학1 - 3.수열

---

1 극한의 개념

무한대 : ∞ 한없이 커지는 상태를 나타내는
   기호

수렴 : 어떠한 변수가 어떤 일정한 수에 한없이
   가까워지는 일

발산 : 수렴하지 않음

극한(값) : 그 일정한 수 (변수의 값이 아니야)

2 수열의 수렴

연구 01 수열 $\{a_n\}$ 에서 n 이 한없이 커질 때, $n\to\infty$
일반항 a_n 의 값이 일정한 값 α 에 $a_n\to\alpha$
한없이 가까워지면, 차이가 그 어떤 양수보다도 작다
수열 $\{a_n\}$ 은 α 에 수렴한다.
          극한값

$$\begin{cases} n\to\infty \text{ 일때 } a_n\to\alpha \\ \lim_{n\to\infty} a_n = \alpha \end{cases}$$

3 수열의 발산

$$\lim_{n\to\infty} a_n = \begin{cases} \infty \Rightarrow \text{양의무한대로 발산} \\ \quad\text{그 어떤 수보다도 크다} \\ -\infty \Rightarrow \text{음의무한대로 발산} \\ \quad\text{그 어떤 수보다도 작다} \\ \text{기타} \Rightarrow \text{진동} \end{cases}$$

✎ 수열의 수렴

$$n\to\infty$$

$$\begin{cases} \dfrac{1}{n}\to 0 \\ \dfrac{1}{1},\ \dfrac{1}{2},\ \dfrac{1}{3},\ \cdots,\ \dfrac{1}{n},\ \cdots \to 0 \end{cases}$$

$$\lim_{n\to\infty}\dfrac{1}{n} \fallingdotseq 0 \cdots (\times) \qquad \dfrac{1}{n} \fallingdotseq 0 \cdots (O)$$

$$\lim_{n\to\infty}\dfrac{1}{n} = 0 \cdots (O) \qquad \dfrac{1}{n} = 0 \cdots (\times)$$

ex) $\left|\dfrac{1}{n}-0\right| < 0.000000001$

$$\dfrac{1}{n} \to 0$$
$$\lim_{n\to\infty}\dfrac{1}{n}$$

$$n\to\infty$$
$$a_n\to\alpha$$
$$\lim_{n\to\infty} a_n \quad\text{수열값}$$

수열의 극한 값   수열의 목표값

✎ 수열의 발산

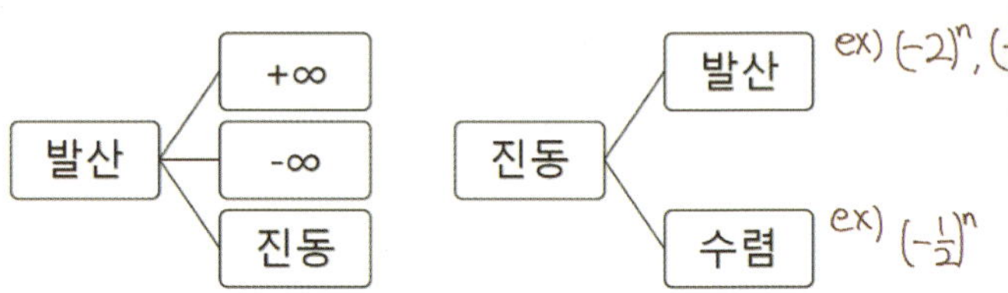

연구02 아래 극한의 성질이 성립할 조건을 쓰시오.

연구03 $\lim\limits_{n\to\infty} a_n = \alpha$, $\lim\limits_{n\to\infty} b_n = \beta$일 때, 빈칸에 알맞은 것을 쓰시오.

- $a_n < b_n$이면 $\lim\limits_{n\to\infty} a_n$ [   ] $\lim\limits_{n\to\infty} b_n$이다.

- $a_n < c_n < b_n$이고 $\alpha = \beta$이면, $\lim\limits_{n\to\infty} c_n = $ [   ]이다.

---

4 수열의 극한의 성질

수열 $\{a_n\}$, $\{b_n\}$ 이 수렴하고 $\lim\limits_{n\to\infty} a_n = \alpha$, $\lim\limits_{n\to\infty} b_n = \beta$ 일때

① $\lim\limits_{n\to\infty} k a_n = k \lim\limits_{n\to\infty} a_n = k\alpha$ (단, k 는 상수)

② $\lim\limits_{n\to\infty} (a_n \pm b_n) = \lim\limits_{n\to\infty} a_n \pm \lim\limits_{n\to\infty} b_n = \alpha \pm \beta$

③ $\lim\limits_{n\to\infty} a_n b_n = \lim\limits_{n\to\infty} a_n \cdot \lim\limits_{n\to\infty} b_n = \alpha\beta$

④ $\lim\limits_{n\to\infty} \dfrac{a_n}{b_n} = \dfrac{\lim\limits_{n\to\infty} a_n}{\lim\limits_{n\to\infty} b_n} = \dfrac{\alpha}{\beta}$ (단, $b_n \neq 0$, $\beta \neq 0$)

분모 $\neq 0$

⑤ $a_n < b_n$ 이면 $\lim\limits_{n\to\infty} a_n \leq \lim\limits_{n\to\infty} b_n$ 이다. ($\alpha \leq \beta$)

같을 수 있음 !

⑥ $a_n < c_n < b_n$ 이고 $\alpha = \beta$이면 $\lim\limits_{n\to\infty} c_n = \alpha$ 이다.

✎ 수열의 극한의 성질

③ $\lim\limits_{n\to\infty} a_n b_n = \lim\limits_{n\to\infty} a_n \cdot \lim\limits_{n\to\infty} b_n = \alpha\beta$

ex) $a_n = \dfrac{1}{n}$, $b_n = n$ 일때

$\lim\limits_{n\to\infty} \dfrac{1}{n} \times n \neq \lim\limits_{n\to\infty} \dfrac{1}{n} \times \lim\limits_{n\to\infty} n$

$\lim\limits_{n\to\infty} 1 = 1$ $0 \times \infty = 0$ 왜 성립하지 않지?

$\lim\limits_{n\to\infty} b_n = \infty$ 이므로 $\{b_n\}$은 수렴하지 않는다

이 성질은 수렴할 때만 성립하는것 !

④ 왜 분모가 0이면 안되는가?

$0 \times \dfrac{2}{0} = 0 \times x$

$2 = 0 \to$ 모순 !

⑤ ex) $\dfrac{1}{n} < \dfrac{2}{n}$ ← 수열값은 같을 수 없다 하지만!

$\lim\limits_{n\to\infty} \dfrac{1}{n} = \lim\limits_{n\to\infty} \dfrac{2}{n}$ ← 극한값은 같을 수 있다

0 0

⑥ $a_n < c_n < b_n$

$\lim\limits_{n\to\infty} a_n \leq \lim\limits_{n\to\infty} c_n \leq \lim\limits_{n\to\infty} b_n$

α α $\beta = \alpha$

⑤ 수열의 극한 문제를 풀 때

부정꼴을 → 확정꼴로 바꿔야 한다.

식을 수렴하는 형태로 바꾸는 게 핵심

① $\dfrac{\infty}{\infty}$　: 분모 분자를 (최)고차항으로 나눈다.

② $\infty - \infty$　: 최고차항으로 묶는다.

③ $\sqrt{\infty} - \infty$: 유리화

④ $\infty \times 0$　: 통분, 인수분해, 약분

⑤ $\dfrac{0}{0} =$ 　: 약분

🖋 분수의 크기

$$분수{\uparrow} = \dfrac{분자{\uparrow}}{분모} \qquad 분수{\downarrow} = \dfrac{분자{\downarrow}}{분모}$$

$$분수{\downarrow} = \dfrac{분자}{분모{\uparrow}} \qquad 분수{\uparrow} = \dfrac{분자}{분모{\downarrow}}$$

【ex】

$$\downarrow \dfrac{1}{10000} \uparrow \ \dfrac{1}{1000}, \ \dfrac{1}{100}, \ \dfrac{1}{10}, \ \dfrac{1}{1}, \ \dfrac{1}{0.1}, \ \dfrac{1}{0.01}, \ \dfrac{1}{0.001}, \ \uparrow \dfrac{1}{0.0001} \downarrow$$

$$\underset{0.0001}{\parallel} \qquad\qquad\qquad\qquad \underset{10000}{\parallel}$$

작아진다　←――――――→　커진다

✒ 수열의 극한 문제를 풀 때

부정꼴 vs 확정꼴

$\infty + \infty \to \infty$	$0 + 0 \to 0$	$0 + a \to a$	$\infty + a \to \infty$	$\infty + 0-$
$\infty - \infty \to$?	$0 - 0 \to 0$	$0 - a \to -a$	$\infty - a \to \infty$	$\infty - 0-$
$\infty \times \infty \to \infty$	$0 \times 0 \to 0$	$0 \times a \to 0$	$\infty \times a \to \infty$	$\infty \times 0-$
$\dfrac{\infty}{\infty} \to$?	$\dfrac{0}{0} \to$?	$\dfrac{a}{0} \to \infty$	$\dfrac{\infty}{a} \to \infty$	$\dfrac{\infty}{0} \to$
		$\dfrac{0}{a} \to 0$	$\dfrac{a}{\infty} \to 0$	$\dfrac{0}{\infty} \to$

【ex】

$\infty + \infty \to \infty$	$\dfrac{0}{0} \to$?	$\infty \times 0 \to$?
$n + 2n = 3n \to \infty$ $2n + n = 3n \to \infty$ $n + n^2 = n+n^2 \to \infty$	$\dfrac{\left(\frac{1}{n}\right)}{\left(\frac{1}{n}\right)} = 1$	$n \times \dfrac{1}{n} = 1$ $n \times \dfrac{1}{n^2} = \dfrac{1}{n} \to 0$
$\infty - \infty \to$?	$\dfrac{\left(\frac{1}{n}\right)}{\left(\frac{1}{n^2}\right)} = n \to \infty$	$n^2 \times \dfrac{1}{n} = n \to \infty$
$n - 2n = -n \to -\infty$ $2n - n = n \to \infty$ $n - n = 0$		
$\dfrac{\infty}{\infty} \to$?	$\dfrac{\left(\frac{1}{n^2}\right)}{\left(\frac{1}{n}\right)} = \dfrac{1}{n} \to 0$	
$\dfrac{n}{n} = 1$ $\dfrac{n^2}{n} = \infty$ $\dfrac{n}{n^2} = 0$		

연구04 등비수열 $\{r^n\}$이 수렴하는 r의 범위를
쓰시오.

6 등비수열의 극한

등비수열 $\{r^n\}$의 수렴과 발산

① $r > 1$일 때 $\displaystyle\lim_{n\to\infty} r^n = \infty$ → 발산

② $r = 1$일 때 $\displaystyle\lim_{n\to\infty} r^n = 1$ → 수렴

③ $-1 < r < 1$일 때 $\displaystyle\lim_{n\to\infty} r^n = 0$ → 수렴

④ $r = -1$일 때 $\displaystyle\lim_{n\to\infty} r^n =$ 진동 → 발산

⑤ $r < -1$일 때 $\displaystyle\lim_{n\to\infty} r^n =$ 진동 → 발산

연구 04 ▷ 등비수열 $\{r^n\}$의 수렴조건 $-1 < r \leq 1$

※ $r = -1$인 경우는 $a_n = (-1)^n$,

　a_n이 극한이 1, -1을 번갈아 가며

　진동하기 때문에 수렴하지 않는다.

✒ 등비수열의 극한

$r < -1$	$r = -1$	$-1 < r < 1$	$r = 1$	$r > 1$
r^n	r^n	r^n	r^n	r^n
$\pm\infty$	± 1	0	1	∞

7 급수의 뜻

정의: 수열 $\{a_n\}$의 각 항을 $+$기호로 연결한 식

$$a_1 + a_2 + a_3 + \cdots + a_n + \cdots = \sum_{n=1}^{\infty} a_n$$

부분합: 첫째항부터 제n항까지의 합

$$S_n = a_1 + a_2 + a_3 + \cdots + a_n = \sum_{k=1}^{n} a_k$$

급수의 수렴: 부분합으로 이루어진 수열
$\{S_n\}$이 어떤 값 S에 수렴하는 것

$$\sum_{k=1}^{\infty} a_n = \lim_{n \to \infty} \sum_{k=1}^{n} a_k = \lim_{n \to \infty} S_n = S$$

급수의 합 : 급수가 수렴할 때의 값

급수의 발산: 부분합으로 이루어진
수열 $\{S_n\}$이 발산하는 것.

8 급수의 성질

급수 $\displaystyle\sum_{n=1}^{\infty} a_n$, $\displaystyle\sum_{n=1}^{\infty} b_n$ 이 수렴하면

① $\displaystyle\sum_{n=1}^{\infty} (a_n + b_n) = \sum_{n=1}^{\infty} a_n + \sum_{n=1}^{\infty} b_n$

② $\displaystyle\sum_{n=1}^{\infty} (a_n - b_n) = \sum_{n=1}^{\infty} a_n - \sum_{n=1}^{\infty} b_n$

③ $\displaystyle\sum_{n=1}^{\infty} c a_n = c \sum_{n=1}^{\infty} a_n$ (단, c는 상수)

연구05 급수 $\displaystyle\sum_{n=1}^{\infty} a_n$ 이 수렴하면 $\displaystyle\lim_{n\to\infty} a_n = 0$ 임을

유도하시오.

연구06 다음 명제의 참 거짓을 판별하시오.

---

9 급수와 일반항

연구5

① $\displaystyle\sum_{n=1}^{\infty} a_n$ 이 수렴하면 $\displaystyle\lim_{n\to\infty} a_n = 0$ 이다

② $\displaystyle\lim_{n\to\infty} a_n \neq 0$ 이면 $\displaystyle\sum_{n=1}^{\infty} a_n$ 은 발산한다.

연구6

$\displaystyle\sum_{n=1}^{\infty} a_n = S \rightleftarrows \lim_{n\to\infty} a_n = 0$

$\displaystyle\lim_{n\to\infty} a_n \neq 0 \rightleftarrows \sum_{n=1}^{\infty} a_n$ 발산

$\displaystyle\lim_{n\to\infty} a_n = 0 \begin{cases} \displaystyle\sum_{n=1}^{\infty} a_n \quad 수렴 \\ \displaystyle\sum_{n=1}^{\infty} a_n \quad 발산 \end{cases}$ 모두 가능

$\displaystyle\sum_{n=1}^{\infty} a_n$ 발산 $\begin{cases} \displaystyle\lim_{n\to\infty} a_n = 0 \\ \displaystyle\lim_{n\to\infty} a_n \neq 0 \end{cases}$ 모두 가능

급수와 일반항

$$\sum_{n=1}^{\infty} a_n = \lim_{n\to\infty} \sum_{k=1}^{n} a_k = \lim_{n\to\infty} S_n = S$$

$$\lim_{n\to\infty} S_n$$

$$a_n = S_n - S_{n-1}$$

$$\lim_{n\to\infty} a_n = \lim_{n\to\infty} (S_n - S_{n-1})$$
$$= \lim_{n\to\infty} S_n - \lim_{n\to\infty} S_{n-1}$$
$$= S - S = 0$$

[연구07] 등비급수 $\displaystyle\sum_{n=1}^{\infty} ar^{n-1} = \dfrac{a}{1-r}$ 일 조건을

쓰고, 이를 유도하시오.

---

10 등비급수

정의: 등비수열 $\{ar^{n-1}\}$의 급수

$$\sum_{n=1}^{\infty} ar^{n-1} = a + ar + ar^2 + \cdots + ar^{n-1} + \cdots$$

부분합: $S_n = \displaystyle\sum_{k=1}^{n} ar^{k-1} = \dfrac{a(1-r^n)}{1-r}$

[연구 07] **수렴:** $|r|<1$ 일때, $S = \dfrac{a}{1-r}$

발산: $|r| \geqq 1$ 일때, $\displaystyle\lim_{n\to\infty} ar^{n-1} \neq 0$ 이므로

$\displaystyle\sum_{n=1}^{\infty} ar^{n-1}$ 발산

✎ 등비수열 $\{ar^n\}$ 의 수렴조건 $-1 < r \leqq 1$

1의 포함 여부를 꼭 확인해!

✎ 등비급수 $\displaystyle\sum_{n=1}^{\infty} ar^{n-1}$의 수렴조건 $-1 < r < 1$

✎ 도형의 닮음비

도형 닮음비

a. 길이의 비 $= m:n$

b. 넓이의 비 $= m^2:n^2$

c. 부피의 비 $= m^3:n^3$

✎ 등비급수

$|r|<1 \Leftrightarrow -1<r<1$ 일때

$\displaystyle\lim_{n\to\infty} r^n = 0$ 이므로,

$$\sum_{n=1}^{\infty} ar^{n-1} = \lim_{n\to\infty} \sum_{k=1}^{n} ar^{k-1}$$

$$= \lim_{n\to\infty} \frac{a(1-r^n)}{1-r} = \frac{a}{1-r}$$

✎ 도형의 닮음비

b. 넓이의 비

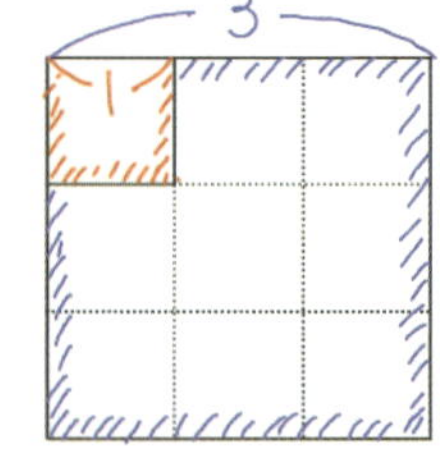

길이비 $= 1:3$

넓이비 $= 1^2 : 3^2$

c. 부피의 비

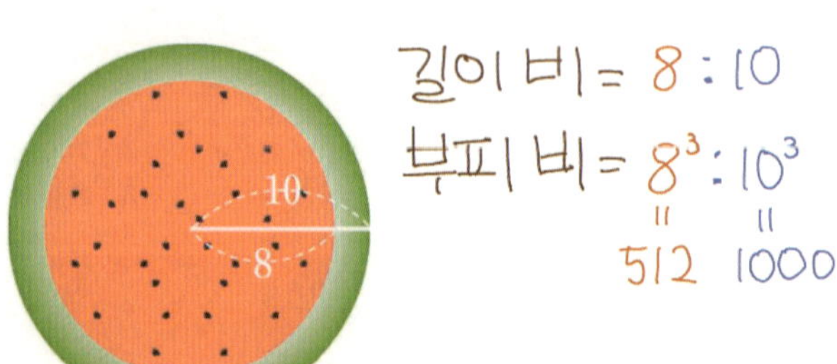

길이비 $= 8:10$

부피비 $= 8^3 : 10^3$

$\parallel \quad \parallel$

$512 \quad 1000$

＊피자의 인치(inch)는 이렇게 중요한 겁니다. 여러
3인치 차이면 무려 넓이비가 띠용.

「미적분」　Ⅱ.여러가지 함수의 미분

[연구01] 무리수 e의 정의를 쓰시오.

미리 알아야 할 단원
수학1 － 1.지수로그함수
수학1 － 1.삼각함수
수학2 － 1.함수의 극한

1 지수·로그 함수의 극한

지수함수의 극한

① $a > 1$일 때,　$\displaystyle\lim_{x \to \infty} a^x = \infty$,　$\displaystyle\lim_{x \to -\infty} a^x = 0$

② $0 < a < 1$일 때,　$\displaystyle\lim_{x \to \infty} a^x = 0$,　$\displaystyle\lim_{x \to -\infty} a^x = \infty$

로그함수의 극한

③ $a > 1$일 때,

$\displaystyle\lim_{x \to \infty} \log_a x = \infty$,　　$\displaystyle\lim_{x \to 0+} \log_a x = -\infty$

④ $0 < a < 1$일 때,

$\displaystyle\lim_{x \to \infty} \log_a x = -\infty$,　　$\displaystyle\lim_{x \to 0+} \log_a x = \infty$

✎ 지수·로그 함수의 극한

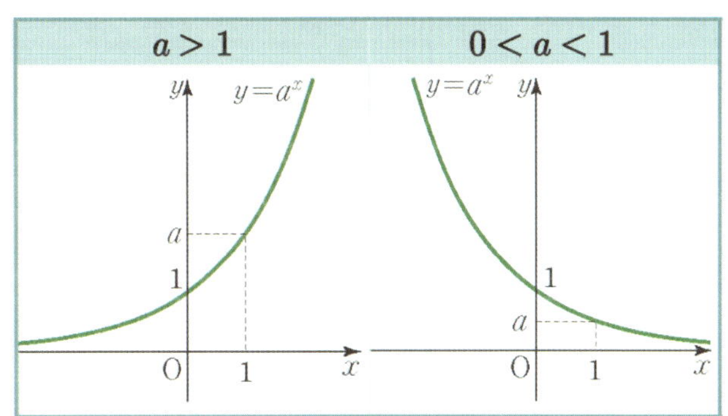

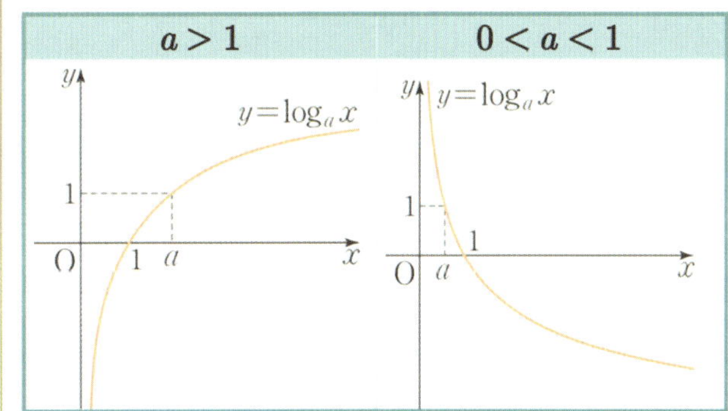

2 무리수 e의 정의

$$e = \lim_{x \to 0} (1+x)^{\frac{1}{x}} = \lim_{x \to \infty} \left(1 + \frac{1}{x}\right)^x$$

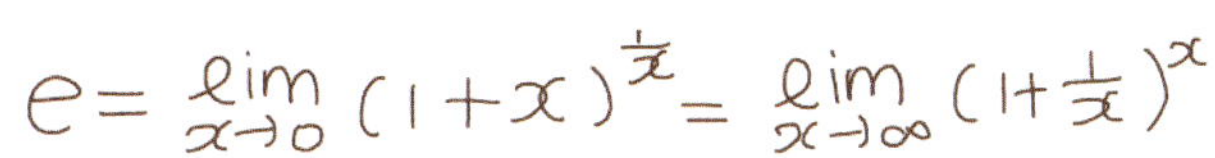

✎ $e = 2.71828182845\cdots$ (무리수)

✎ 무리수 e의 정의

x	$(1+x)^{\frac{1}{x}}$
0.1	2.59374⋯
0.01	2.70481⋯
0.001	2.71692⋯
0.0001	2.71814⋯
⋮	⋮
	2.71828⋯
⋮	⋮
-0.0001	2.71841⋯
-0.001	2.71964⋯
-0.01	2.73199⋯
-0.1	2.86797⋯

[연구02] 자연로그의 뜻을 쓰시오.

[연구03] 다음 극한 값을 유도하시오.

$$①\lim_{x \to 0} \frac{\ln(1+x)}{x} = 1$$

$$②\lim_{x \to 0} \frac{\log_a(1+x)}{x} = \log_a e = \frac{1}{\ln a}$$

---

3 자연로그의 극한

[연구 02] **정의** : 무리수 e 를 밑으로 하는 로그 $\log_e x$

$$\log_e x = \ln x$$

[연구 03] $①\lim_{x \to 0} \dfrac{\ln(1+x)}{x} = 1$

$$②\lim_{x \to 0} \frac{\log_a(1+x)}{x} = \log_a e = \frac{1}{\ln a}$$

$$③\lim_{x \to 0} \frac{e^x - 1}{x} = 1$$

$$④\lim_{x \to 0} \frac{a^x - 1}{x} = \ln a \ (a > 0, a \neq 1)$$

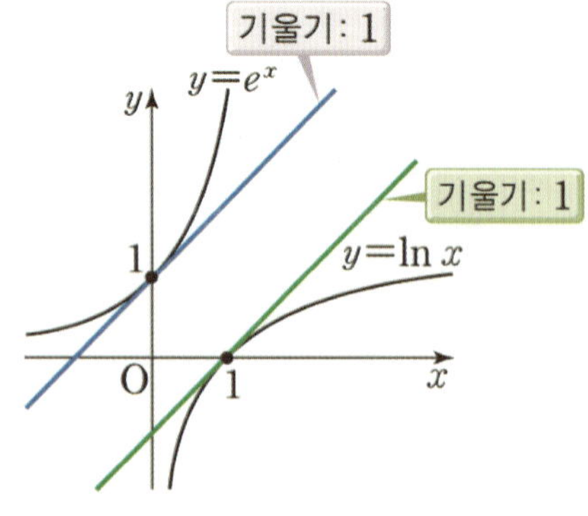

✎ 자연로그의 극한

$$① \lim_{x \to 0} \frac{\ln(1+x)}{x} = \lim_{x \to 0} \frac{1}{x} \ln(1+x)$$

$$= \lim_{x \to 0} \ln(1+x)^{\frac{1}{x}}$$

$$= \ln e$$

$$= 1$$

$$② \lim_{x \to 0} \frac{\log_a(1+x)}{x} = \lim_{x \to 0} \frac{\ln(1+x)}{\ln a} \times \frac{1}{x}$$

$$= \lim_{x \to 0} \frac{\ln(1+x)}{x} \times \frac{1}{\ln a}$$

$$= 1 \times \frac{1}{\ln a}$$

$$= \frac{1}{\ln a}$$

③ $\lim\limits_{x \to 0} \dfrac{e^x - 1}{x} = 1$

④ $\lim\limits_{x \to 0} \dfrac{a^x - 1}{x} = \ln a \ (a > 0, a \neq 1)$

③ $e^x - 1 = t$

$e^x = t + 1$

$x = \ln(t+1)$

$x \to 0$

$e^x \to e^0 = 1$

$e^x - 1 \to e^0 - 1 = 0$

$\| \quad t = 0$

$\lim\limits_{x \to 0} \dfrac{e^x - 1}{x} = \lim\limits_{t \to 0} \dfrac{t}{\ln(1+t)}$

$= \lim\limits_{t \to 0} \dfrac{1}{\frac{\ln(1+t)}{t}} = \dfrac{\lim\limits_{t \to 0} 1}{\lim\limits_{t \to 0} \frac{\ln(1+t)}{t}}$

$= \dfrac{1}{1} = 1$

④ $a^x - 1 = t$

$a^x = 1 + t$

$x \ln a = \ln(1+t)$

$x = \dfrac{\ln(1+t)}{\ln a}$

$x \to 0$

$a^x \to a^0 = 1$

$a^x - 1 \to a^0 - 1 = 0$

$\| \quad t \to 0$

$\lim\limits_{x \to 0} \dfrac{a^x - 1}{x} = \lim\limits_{t \to 0} \dfrac{t}{\frac{\ln(1+t)}{\ln a}}$

$= \lim\limits_{t \to 0} \dfrac{t}{\ln(1+t)} \times \ln a$

$= \ln a$

4 로그함수의 도함수

① $(\ln x)' = \dfrac{1}{x}$ (단, $x > 0$)

② $(\log_a x)' = \dfrac{1}{x \ln a}$ (단, $a \neq 1, a > 0,$ $x > 0$)

▨ $\{\ln f(x)\}' = \dfrac{f'(x)}{f(x)}$ (단, $f(x) > 0$)

▨ $(\ln |x|)' = \dfrac{1}{x}$

5 지수함수의 도함수

① $(e^x)' = e^x$

② $(a^x)' = a^x (\ln a)$ (단, $a \neq 1, a > 0$)

연구04 다음을 유도하시오.

$$\cos(\alpha - \beta) = \cos \alpha \cos \beta + \sin \alpha \sin \beta$$

6 삼각함수의 덧셈정리

① $\sin (\alpha + \beta) = \sin \alpha \cos \beta + \cos \alpha \sin \beta$

② $\sin (\alpha - \beta) = \sin \alpha \cos \beta - \cos \alpha \sin \beta$

③ $\cos (\alpha + \beta) = \cos \alpha \cos \beta - \sin \alpha \sin \beta$

④ $\cos (\alpha - \beta) = \cos \alpha \cos \beta + \sin \alpha \sin \beta$

⑤ $\tan (\alpha + \beta) = \dfrac{\tan \alpha + \tan \beta}{1 - \tan \alpha \tan \beta}$

⑥ $\tan (\alpha - \beta) = \dfrac{\tan \alpha - \tan \beta}{1 + \tan \alpha \tan \beta}$

삼각함수의 덧셈정리

연구 04 ④

연구 05

연구 06

$A(\cos\alpha, \sin\alpha), \ B(\cos\beta, \sin\beta)$

$\overline{AB}^2 = (\cos\alpha - \cos\beta)^2 + (\sin\alpha - \sin\beta)^2$

$\quad = \cos^2\alpha - 2\cos\alpha\cos\beta + \cos^2\beta$
$\quad + \sin^2\alpha - 2\sin\alpha\sin\beta + \sin^2\beta$

$\quad = 1 - 2(\cos\alpha\cos\beta + \sin\alpha\sin\beta) + 1$

$\quad = 2 - 2(\cos\alpha\cos\beta + \sin\alpha\sin\beta)$

또한 코사인법칙에 의하여

$\overline{AB}^2 = \overline{OA}^2 + \overline{OB}^2 - 2\overline{OA} \cdot \overline{OB} \cos(\alpha - \beta)$

$\quad = 2 - 2\cos(\alpha - \beta)$

$\overline{AB}^2 = \overline{A'B'}^2 \iff 2 - 2(\cos\alpha\cos\beta + \sin\alpha\sin\beta)$

$\quad = 2 - 2\cos(\alpha - \beta)$

$\cos(\alpha - \beta) = \cos\alpha\cos\beta + \sin\alpha\sin\beta$

연구05 다음을 유도하시오.

- $\cos(\alpha+\beta)=\cos\alpha\cos\beta-\sin\alpha\sin\beta$
- $\sin(\alpha+\beta)=\sin\alpha\cos\beta+\cos\alpha\sin\beta$
- $\sin(\alpha-\beta)=\sin\alpha\cos\beta-\cos\alpha\sin\beta$

연구06 다음을 유도하시오.

- $\tan(\alpha+\beta)=\dfrac{\tan\alpha+\tan\beta}{1-\tan\alpha\tan\beta}$
- $\tan(\alpha-\beta)=\dfrac{\tan\alpha-\tan\beta}{1+\tan\alpha\tan\beta}$

---

③ $\cos(\alpha-\beta)=\cos\alpha\cos\beta+\sin\alpha\sin\beta$ 에

β대신 $-\beta$ 대입

$\cos\{\alpha-(-\beta)\}=\cos\alpha\cos(-\beta)+\sin\alpha\sin(-\beta)$

$\cos(\alpha+\beta)=\cos\alpha\cos\beta-\sin\alpha\sin\beta$

① $\cos(\alpha-\beta)=\cos\alpha\cos\beta+\sin\alpha\sin\beta$ 에

α대신에 $\frac{\pi}{2}-\alpha$를 대입

$\cos(\frac{\pi}{2}-\alpha-\beta)=\cos(\frac{\pi}{2}-\alpha)\cos\beta+\sin(\frac{\pi}{2}-\alpha)\sin\beta$

$\frac{\pi}{2}-(\alpha+\beta)$

$\sin(\alpha+\beta)=\sin\alpha\cos\beta+\cos\alpha\sin\beta$

② $\sin(\alpha+\beta)=\sin\alpha\cos\beta+\cos\alpha\sin\beta$

β대신에 $-\beta$대입

$\sin(\alpha+(-\beta))=\sin\alpha\cos(-\beta)+\cos\alpha\sin(-\beta)$

$\sin(\alpha-\beta)=\sin\alpha\cos\beta-\cos\alpha\sin\beta$

⑤ $\tan(\alpha+\beta)=\dfrac{\sin(\alpha+\beta)}{\cos(\alpha+\beta)}$

$=\dfrac{\sin\alpha\cos\beta+\cos\alpha\sin\beta}{\cos\alpha\cos\beta-\sin\alpha\sin\beta}$

$=\dfrac{\left(\dfrac{\sin\alpha\cos\beta}{\cos\alpha\cos\beta}+\dfrac{\cos\alpha\sin\beta}{\cos\alpha\cos\beta}\right)}{\dfrac{\cos\alpha\cos\beta}{\cos\alpha\cos\beta}-\left(\dfrac{\sin\alpha\sin\beta}{\cos\alpha\cos\beta}\right)}$

$=\dfrac{\tan\alpha+\tan\beta}{1-\tan\alpha\tan\beta}$

⑥ $\tan(\alpha+\beta)=\dfrac{\tan\alpha+\tan\beta}{1-\tan\alpha\tan\beta}$ 에

β대신 $-\beta$ 대입

$\tan(\alpha+(-\beta))=\dfrac{\tan\alpha+\tan(-\beta)}{1-\tan\alpha\tan(-\beta)}$

$=\dfrac{\tan\alpha-\tan\beta}{1+\tan\alpha\tan\beta}$

연구07 배각공식을 유도하시오.

① $\sin 2\alpha = 2\sin\alpha\cos\alpha$

② $\cos 2\alpha = \cos^2\alpha - \sin^2\alpha$

$\qquad = 2\cos^2\alpha - 1 = 1 - 2\sin^2\alpha$

③ $\tan 2\alpha = \dfrac{2\tan\alpha}{1-\tan^2\alpha}$

7 배각공식

연구 07

① $\sin 2\alpha = 2\sin\alpha\cos\alpha$

② $\cos 2\alpha = \cos^2\alpha - \sin^2\alpha$

$\qquad = 2\cos^2\alpha - 1 = 1 - 2\sin^2\alpha$

③ $1 - \cos 2\alpha = 2\sin^2\alpha$

④ $\tan 2\alpha = \dfrac{2\tan\alpha}{1-\tan^2\alpha}$

✎ 배각공식

① $\sin 2\alpha = \sin(\alpha+\alpha)$

$\qquad = \sin\alpha\cos\alpha + \cos\alpha\sin\alpha = 2\sin\alpha\cos\alpha$

② $\cos 2\alpha = \cos(\alpha+\alpha)$

$\qquad = \cos\alpha\cos\alpha - \sin\alpha\sin\alpha = \cos^2\alpha - \sin^2\alpha$

$\qquad = \cos^2\alpha - (1-\cos^2\alpha) = 2\cos^2\alpha - 1$

$\qquad = (1-\sin^2\alpha) - \sin^2\alpha = 1 - 2\sin^2\alpha$

③ $\tan 2\alpha = \tan(\alpha+\alpha)$

$\qquad = \dfrac{\tan\alpha + \tan\alpha}{1-\tan\alpha\tan\alpha} = \dfrac{2\tan\alpha}{1-\tan^2\alpha}$

 배각공식, 반각공식은 개정교과서에서 빠진 내용이지만, 덧셈정리에서 아주 약간 변형됐을 뿐이고, 문제 풀이 과정에서 관련된 형태가 나올 수는 있으니 알아두는 것이 좋다.

[연구08] 반각공식을 유도하시오.

① $\sin^2\dfrac{\theta}{2} = \dfrac{1-\cos\theta}{2}$

② $\cos^2\dfrac{\theta}{2} = \dfrac{1+\cos\theta}{2}$

③ $\tan^2\dfrac{\theta}{2} = \dfrac{1-\cos\theta}{1+\cos\theta}$

---

8 반각공식

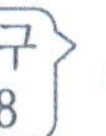

① $\sin^2\dfrac{\theta}{2} = \dfrac{1-\cos\theta}{2}$

② $\cos^2\dfrac{\theta}{2} = \dfrac{1+\cos\theta}{2}$

③ $\tan^2\dfrac{\theta}{2} = \dfrac{1-\cos\theta}{1+\cos\theta}$

✎ 반각공식

반각공식

$\cos 2\alpha = 2\cos^2\alpha - 1 = 1 - 2\sin^2\alpha$ 에서

① $\sin^2\alpha = \dfrac{1-\cos 2\alpha}{2}$

$\quad\searrow \sin^2\dfrac{\theta}{2} = \dfrac{1-\cos\theta}{2}$

② $\cos^2\alpha = \dfrac{1+\cos 2\alpha}{2}$

$\quad\searrow \cos^2\dfrac{\theta}{2} = \dfrac{1+\cos\theta}{2}$

③ $\tan^2\alpha = \dfrac{\sin^2\alpha}{\cos^2\alpha} = \dfrac{\frac{1-\cos 2\alpha}{2}}{\frac{1+\cos 2\alpha}{2}} = \dfrac{1-\cos 2\alpha}{1+\cos 2\alpha}$

$\quad\searrow \tan^2\dfrac{\theta}{2} = \dfrac{1-\cos\theta}{1+\cos\theta}$

연구09 아래 삼각함수의 극한의 식을 유도하시오.

$$① \lim_{x \to 0} \frac{\sin x}{x} = 1$$

---

9 삼각함수의 극한

$$① \lim_{x \to 0} \frac{\sin x}{x} = 1$$

$$② \lim_{x \to 0} \frac{\tan x}{x} = 1$$

$$③ \lim_{x \to 0} \frac{1 - \cos x}{x^2} = \frac{1}{2}$$

※ 삼각형 넓이 공식

$$\frac{1}{2}\overline{OA} \times \overline{OB}\sin(\angle AOB)$$

※ 부채꼴 넓이 공식

$$= \frac{1}{2}r^2\theta$$

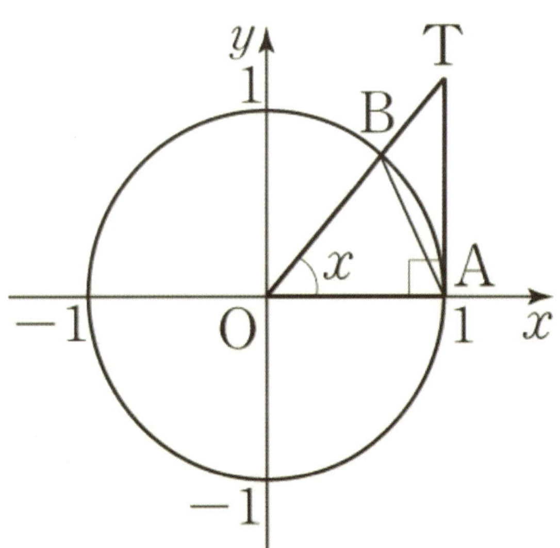

✎ 삼각함수의 극한

연구 09

① i) $0 < x < \frac{\pi}{2}$

$\triangle OAB$ 넓이 $= \frac{1}{2} \cdot 1 \cdot 1 \cdot \sin x = \frac{1}{2}\sin x$

부채꼴 OAB 넓이 $= \frac{1}{2} \cdot 1 \cdot 1 \cdot x = \frac{1}{2}x$

$\triangle OAT$ 넓이 $= \frac{1}{2} \cdot 1 \cdot \tan x = \frac{1}{2}\tan x$

$$\frac{1}{2}\sin x < \frac{1}{2}x < \frac{1}{2}\tan x$$

$$\sin x < x < \tan x = \frac{\sin x}{\cos x}$$

$$1 < \frac{x}{\sin x} < \frac{1}{\cos x} \qquad \div \sin x$$

$$1 > \frac{\sin x}{x} > \cos x \qquad 역수$$

$$\lim_{x \to 0+} 1 \geq \lim_{x \to 0+} \frac{\sin x}{x} \geq \lim_{x \to 0+} \cos x$$

$$\lim_{x \to 0+} \frac{\sin x}{x} = 1$$

ii) $-\frac{\pi}{2} < x < 0$

$$-x = t$$

$$\begin{cases} x \to 0- \\ -x \to 0+ \\ t \to 0+ \end{cases}$$

$$\lim_{x \to 0-} \frac{\sin x}{x} = \lim_{t \to 0+} \frac{\sin(-t)}{-t} = \lim_{t \to 0+} \frac{-\sin t}{-t}$$

$$= \lim_{t \to 0+} \frac{\sin t}{t} = 1$$

$$② \lim_{x \to 0} \frac{\tan x}{x} = 1$$

$$③ \lim_{x \to 0} \frac{1 - \cos x}{x^2} = \frac{1}{2}$$

② $\displaystyle \lim_{x \to 0} \frac{\tan x}{x}$

$\displaystyle = \lim_{x \to 0} \frac{\sin x}{x} \times \frac{1}{\cos x}$

$\displaystyle = \lim_{x \to 0} \frac{\sin x}{x} \times \lim_{x \to 0} \frac{1}{\cos x}$

$\qquad \hookrightarrow \lim\limits_{x \to 0} \frac{\sin x}{x}$ 와 $\lim\limits_{x \to 0} \frac{1}{\cos x}$ 각각 수렴,

$\qquad\quad$ 분리해서 극한 씌우기 가능

$\displaystyle = 1 \times \frac{1}{1} = 1$

③ $\displaystyle \lim_{x \to 0} \frac{1 - \cos x}{x^2}$

$\displaystyle = \lim_{x \to 0} \left(\frac{1 - \cos x}{x^2} \times \frac{1 + \cos x}{1 + \cos x} \right)$

$\displaystyle = \lim_{x \to 0} \frac{1 - \cos^2 x}{x^2} \times \frac{1}{1 + \cos x}$

$\displaystyle = \lim_{x \to 0} \frac{\sin^2 x}{x^2} \lim_{x \to 0} \frac{1}{1 + \cos x}$

$\displaystyle = 1^2 \times \frac{1}{2} = \frac{1}{2}$

🔟 삼각함수의 도함수

① $(\sin x)' = \cos x$

② $(\cos x)' = -\sin x$

✐ $(\tan x)' = \sec^2 x = 1 + \tan^2 x$

$\quad (\sec x)' = \sec x \tan x$

$\quad (\csc x)' = -\csc x \cot x$

$\quad (\cot x)' = -\csc^2 x$

「미적분」 Ⅲ.여러 가지 미분법

연구01 미분 가능한 두 함수 $f(x)$, $g(x)$

$(g(x) \neq 0)$에 대하여 다음이 성립함을 보이시오.

미리 알아야 할 단원
수학2 – 2.미분법
미적분 – 2.여러 가지 함수의 미분

---

1 몫의 미분법

미분가능한 두 함수 $f(x)$, $g(x)$ $(g(x) \neq 0)$ 에 대하여

① $\left\{ \dfrac{1}{g(x)} \right\}' = -\dfrac{g'(x)}{\{g(x)\}^2}$

② $\left\{ \dfrac{f(x)}{g(x)} \right\}' = \dfrac{f'(x)g(x) - f(x)g'(x)}{\{g(x)\}^2}$

도함수 (수학Ⅱ)

$y = f(x)$가 미분가능한 함수일 때

$$\lim_{\Delta x \to 0} \frac{f(x+\Delta x) - f(x)}{\Delta x} = \lim_{\Delta x \to 0} \frac{\Delta y}{\Delta x}$$

$$= \frac{d}{dx}f(x) = \frac{df(x)}{dx} = \frac{dy}{dx}$$

$$= f'(x) = y'$$

몫의 미분법

연구 01

① $y = \dfrac{1}{g(x)}$

$$\left\{\frac{1}{g(x)}\right\}' = \lim_{\Delta x \to 0} \frac{\Delta y}{\Delta x}$$

$$= \lim_{\Delta x \to 0} \frac{\frac{1}{g(x+\Delta x)} - \frac{1}{g(x)}}{x+\Delta x - x}$$

$$= \lim_{\Delta x \to 0} \frac{g(x) - g(x+\Delta x)}{g(x+\Delta x)\,g(x)} \times \frac{1}{\Delta x}$$

$$= -\lim_{\Delta x \to 0} \frac{g(x+\Delta x) - g(x)}{g(x+\Delta x)\,g(x)} \times \frac{1}{\Delta x}$$

$$= -\lim_{\Delta x \to 0} \frac{g(x+\Delta x) - g(x)}{x+\Delta x - x} \times \lim_{\Delta x \to 0} \frac{1}{g(x+\Delta x)\,g(x)}$$

$$= -g'(x) \times \frac{1}{\{g(x)\}^2} = -\frac{g'(x)}{\{g(x)\}^2}$$

② $\left\{\dfrac{f(x)}{g(x)}\right\}' = \left\{f(x) \times \dfrac{1}{g(x)}\right\}'$

$$= f'(x)\frac{1}{g(x)} + f(x)\left\{\frac{1}{g(x)}\right\}'$$

$$= \frac{f'(x)}{g(x)} - f(x)\frac{g'(x)}{\{g(x)\}^2}$$

$$= \frac{f'(x)g(x) - f(x)g'(x)}{\{g(x)\}^2}$$

연구02 다음을 유도하시오.

① $(\sin x)' = \cos x$

② $(\cos x)' = -\sin x$

③ $(\tan x)' = \sec^2 x = 1 + \tan^2 x$

연구03 다음을 유도하시오.

① $(\sec x)' = \sec x \tan x$

② $(\csc x)' = -\csc x \cot x$

③ $(\cot x)' = -\csc^2 x$

② 삼각함수의 도함수

① $(\sin x)' = \cos x$

② $(\cos x)' = -\sin x$

③ $(\tan x)' = \sec^2 x = 1 + \tan^2 x$

④ $(\sec x)' = \sec x \tan x$

⑤ $(\csc x)' = -\csc x \cot x$

⑥ $(\cot x)' = -\csc^2 x$

$\csc\theta = \dfrac{1}{\sin\theta}, \ \sec\theta = \dfrac{1}{\cos\theta}, \ \cot\theta = \dfrac{1}{\tan\theta}$

$1 + \tan^2\theta = \sec^2\theta$

③ $(\tan x)' = \left(\dfrac{\sin x}{\cos x}\right)'$

$= \dfrac{(\sin x)'\cos x - \sin x(\cos x)'}{(\cos x)^2}$

$= \dfrac{\cos x \cos x - \sin x(-\sin x)}{(\cos x)^2}$

$= \dfrac{\cos^2 x + \sin^2 x}{\cos^2 x} = \dfrac{1}{\cos^2 x} = \sec^2 x$

$= \dfrac{\cos^2 x}{\cos^2 x} + \dfrac{\sin^2 x}{\cos^2 x} = 1 + \tan^2 x$

삼각함수의 도함수

연구 02 · 연구 03

① $y = \sin x$

$(\sin x)' = \lim\limits_{\Delta x \to 0} \dfrac{\Delta y}{\Delta x}$

$= \lim\limits_{\Delta x \to 0} \dfrac{\sin(x+\Delta x) - \sin x}{x+\Delta x - x}$

$= \lim\limits_{\Delta x \to 0} \dfrac{\sin x \cos\Delta x + \cos x \sin\Delta x - \sin x}{\Delta x}$

$= \lim\limits_{\Delta x \to 0} \dfrac{\sin x(\cos\Delta x - 1) + \cos x \sin\Delta x}{\Delta x}$

$= \lim\limits_{\Delta x \to 0} \left\{ -\sin x \dfrac{(1-\cos\Delta x)}{\Delta x^2}\Delta x + \cos x \dfrac{\sin\Delta x}{\Delta x} \right\}$

$= -\sin x \lim\limits_{\Delta x \to 0} \dfrac{1-\cos\Delta x}{\Delta x^2} \times \Delta x + \cos x \lim\limits_{\Delta x \to 0} \dfrac{\sin\Delta x}{\Delta x}$

$= -\sin x \times \dfrac{1}{2} \times 0 + \cos x \times 1 = \cos x$

② $y = \cos x$

$(\cos x)' = \lim\limits_{\Delta x \to 0} \dfrac{\Delta y}{\Delta x}$

$= \lim\limits_{\Delta x \to 0} \dfrac{\cos(x+\Delta x) - \cos x}{x+\Delta x - x}$

$= \lim\limits_{\Delta x \to 0} \dfrac{\cos x \cos\Delta x - \sin x \sin\Delta x - \cos x}{\Delta x}$

$= \lim\limits_{\Delta x \to 0} \dfrac{\cos x(\cos\Delta x - 1) - \sin x \sin\Delta x}{\Delta x}$

$= \lim\limits_{\Delta x \to 0} \left\{ -\cos x \dfrac{(1-\cos\Delta x)}{\Delta x^2}\Delta x - \sin x \dfrac{\sin\Delta x}{\Delta x} \right\}$

$= -\cos x \lim\limits_{\Delta x \to 0} \dfrac{1-\cos\Delta x}{\Delta x^2} \times \Delta x - \sin x \lim\limits_{\Delta x \to 0} \dfrac{\sin\Delta x}{\Delta x}$

$= -\cos x \times \dfrac{1}{2} \times 0 - \sin x \times 1 = -\sin x$

✎ 합성함수의 미분법 유도 준비

【ex】 $y = u^2 = f(u)$, $u = 2x = g(x)$

오잉?
$y' = 4x$

$\begin{cases} y = u^2 \rightarrow y' = 2u = 2(2x) = 4x \\ y = f(u) \rightarrow \dfrac{dy}{du} = f'(u) = f'(g(x)) \end{cases}$ 미분하고 $u = 2x$ 대입한 것 (u로 미분)

다르다! ($u = 2x$)

$y' = 8x$
$\begin{cases} y = (2x)^2 \rightarrow y' = 8x = 4x \times 2 \\ y = f(g(x)) \\ \rightarrow \dfrac{dy}{dx} = \{f(g(x))\}' = f'(g(x)) \, g'(x) \end{cases}$ $u = 2x$ 대입하고 미분한 것 (x로 미분)

① x로 y를 미분 $= f$를 미분
정의역 치역
$\rightarrow y = f(x)$

x에 대한 y의 (순간)변화율 $= \dfrac{\text{변화량}}{\text{변화량}}$
정의역 ←기준 치역

$$\lim_{\triangle x \to 0} \frac{\triangle y}{\triangle x} = \lim_{\triangle x \to 0} \frac{f(x + \triangle x) - f(x)}{x + \triangle x - x}$$

② A로 B를 미분 $= f$를 미분
정의역 치역
$\rightarrow B = f(A)$

A에 대한 B의 (순간)변화율 $= \dfrac{\text{변화량}}{\text{변화량}}$
정의역 ←기준 치역

$$\lim_{\triangle A \to 0} \frac{\triangle B}{\triangle A} = \lim_{\triangle A \to 0} \frac{f(A + \triangle A) - f(A)}{A + \triangle A - A}$$

③ $y = f(u)$, $u = g(x)$, $y = f(g(x))$

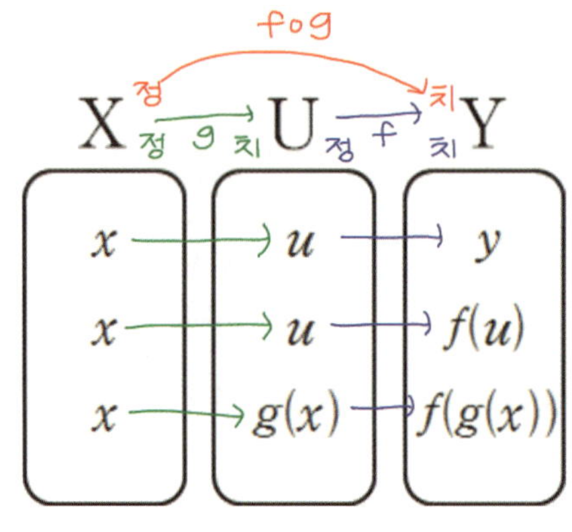

$u = g(x)$

④ g를 미분 $= x$로 u를 미분

$$g'(x) = \lim_{\triangle x \to 0} \frac{\triangle u}{\triangle x} = \frac{du}{dx}$$

$$= \lim_{\triangle x \to 0} \frac{\triangle g(x)}{\triangle x} = \frac{d}{dx} g(x)$$

$$= \lim_{\triangle x \to 0} \frac{g(x + \triangle x) - g(x)}{x + \triangle x - x}$$

$y = f(u)$

⑤ f를 미분 $= u$로 y를 미분

$$f'(u) = \lim_{\triangle u \to 0} \frac{\triangle y}{\triangle u} = \frac{dy}{du}$$

$$= \lim_{\triangle u \to 0} \frac{\triangle f(u)}{\triangle u} = \frac{d}{du} f(u)$$

$$= \lim_{\triangle u \to 0} \frac{f(u + \triangle u) - f(u)}{u + \triangle u - u}$$

$$= \lim_{\triangle u \to 0} \frac{\triangle f(g(x))}{\triangle g(x)} = \frac{d f(g(x))}{d g(x)}$$

$$= \lim_{\triangle u \to 0} \frac{f(g(x) + \triangle g(x)) - f(g(x))}{g(x) + \triangle g(x) - g(x)}$$

⑥ 정의역 $\triangle g(x) = g(x) + \triangle g(x) - g(x)$
치역 $\triangle g(x) = g(x + \triangle x) - g(x)$

$\triangle x = x + \triangle x - x$

$\triangle u = g(x + \triangle x) - g(x) = \triangle g(x)$

$\qquad = g(x) + \triangle g(x) - g(x)$

$\qquad = u + \triangle u - u$

$\triangle y = f(u + \triangle u) - f(u) = \triangle f(u) = \triangle f(g(x))$

⑦ $\triangle x \to 0$ 이면 $\triangle u \to 0$

단, $u = g(x)$ 미분가능(연속)

$\triangle x \to 0$
$g(x + \triangle x) \to g(x)$
$\triangle u = g(x + \triangle x) - g(x) \to 0$
$\rightarrow g(x) - g(x) = 0$

[연구04] 미분가능한 두 함수 $y = f(u)$, $u = g(x)$에 대하여 합성함수 $y = f(g(x))$도 미분가능하며, 그 도함수는 $y' = f'(g(x))g'(x)$ 또는

$$\frac{dy}{dx} = \frac{dy}{du} \cdot \frac{du}{dx}$$ 임을 유도하시오.

---

3 합성함수의 미분법

미분가능한 두 함수 $y = f(u)$, $u = g(x)$에 대하여 합성함수 $y = f(g(x))$의 도함수는

$$y' = f'(g(x))g'(x) \text{ 또는 } \frac{dy}{dx} = \frac{dy}{du} \cdot \frac{du}{dx}$$

$$= f'(u) \times u'$$

합성함수 미분 기호 정리

$\{f(g(x))\}'$

$= (f \circ g)'(x)$

$\neq f'(g(x))$

$\neq f(g'(x))$

$\neq f'(g'(x))$

$\dfrac{d}{dx}f(x)$의 뜻

[No!] $\dfrac{d}{dx} \times f(x)$ 곱셈이 아니다!

[Yes!]

함수에서 $\qquad\qquad y = f(x)$

정의역의 변화량 구하고 $\quad \Delta x = x + \Delta x - x$

치역의 변화량 구하고 $\quad \Delta y = f(x + \Delta x) - f(x)$

나눈 다음에(변화율) $\quad \dfrac{\Delta y}{\Delta x} = \dfrac{f(x+\Delta x) - f(x)}{x + \Delta x - x}$

극한값을 계산하라 $\quad \lim\limits_{\Delta x \to 0} \dfrac{\Delta y}{\Delta x} = \lim\limits_{\Delta x \to 0} \dfrac{f(x+\Delta x) - f(x)}{x + \Delta x - x}$

$= f(x)$를 x로 미분하라

합성함수의 미분법

연구 04

i)

$$\{f(g(x))\}' = (f \circ g)'(x) = \lim_{\Delta x \to 0} \frac{\Delta y}{\Delta x} \quad \leftarrow f \circ g \text{치} = f\text{치} \\ \leftarrow f \circ g \text{정} = g\text{정}$$

$$= \lim_{\Delta x \to 0} \frac{\Delta f(g(x))}{\Delta x} = \lim_{\Delta x \to 0} \left(\frac{\Delta f(g(x))}{\Delta g(x)} \times \frac{\Delta g(x)}{\Delta x} \right)$$

$$= \lim_{\Delta x \to 0} \left(\frac{f(g(x)+\Delta g(x)) - f(g(x))}{g(x)+\Delta g(x) - g(x)} \times \frac{g(x+\Delta x) - g(x)}{x + \Delta x - x} \right)$$

$$= \lim_{\Delta u \to 0} \frac{f(u+\Delta u) - f(u)}{u + \Delta u - u} \times \lim_{\Delta x \to 0} \frac{g(x+\Delta x) - g(x)}{x + \Delta x - x}$$

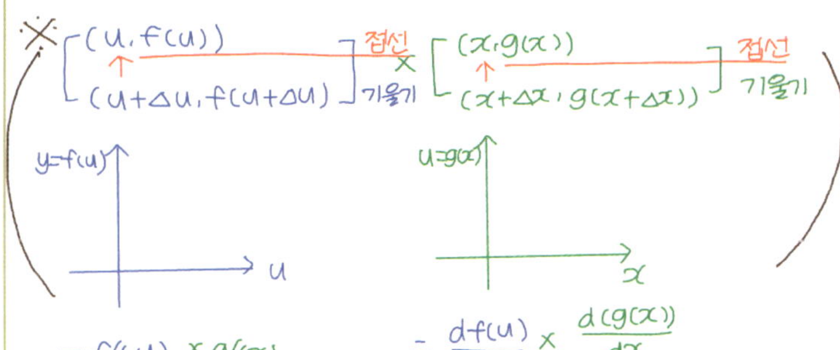

$$= f'(u) \times g'(x)$$
$$= f'(g(x)) \times g'(x)$$

$$= \frac{df(u)}{du} \times \frac{d(g(x))}{dx}$$
$$= \frac{d(f(g(x)))}{dg(x)} \times \frac{dg(x)}{dx}$$

ii)

$$\frac{dy}{dx} = \lim_{\Delta x \to 0} \frac{\Delta y}{\Delta x} \quad \leftarrow f \circ g \text{치} = f\text{치} \\ \leftarrow f \circ g \text{정} = g\text{정}$$

$$= \lim_{\Delta x \to 0} \frac{\Delta y}{\Delta u} \begin{matrix} \leftarrow f\text{치} \\ \leftarrow f\text{정} \end{matrix} \times \frac{\Delta u}{\Delta x} \begin{matrix} \leftarrow g\text{치} \\ \leftarrow g\text{정} \end{matrix} \quad \left(\begin{matrix} g\text{치역} \\ = \\ f\text{정의역} \end{matrix} \right.$$

$$= \lim_{\Delta u \to 0} \frac{\Delta y}{\Delta u} \times \lim_{\Delta x \to 0} \frac{\Delta u}{\Delta x}$$

$$= \frac{dy}{du} \times \frac{du}{dx}$$

$$(f \circ g)'(x) = f'(g(x)) \times g'(x)$$

연구05 다음을 유도하시오.

① $(e^x)' = e^x$

② $(a^x)' = a^x (\ln a)$ (단, $a \neq 1$, $a > 0$)

【ex】 $t = (y-1)^{\frac{1}{2}}$, $x = 2t$에 대하여
$t = 1$일 때, $\dfrac{dy}{dx}$?

i) 합성함수의 미분 (라이프니츠)

$t = (y-1)^{\frac{1}{2}}$ 를 t에 대하여 미분

$\quad 1 = \dfrac{1}{2}(y-1)^{-\frac{1}{2}} \dfrac{dy}{dt}$

$\quad \dfrac{dy}{dt} = 2(y-1)^{\frac{1}{2}}$

$x = 2t$ 를 x에 대하여 미분

$\quad 1 = 2\dfrac{dt}{dx} \rightarrow \dfrac{dt}{dx} = \dfrac{1}{2}$

$\therefore \dfrac{dy}{dx} = \dfrac{dy}{dt} \times \dfrac{dt}{dx} = 2(y-1)^{\frac{1}{2}} \times \dfrac{1}{2} = 1$

$(\because t=1$ 일때 $y=2)$

ii) 다항함수의 미분

$t = (y-1)^{\frac{1}{2}}$

$\quad y = t^2 + 1 = (\frac{1}{2}x)^2 + 1 = \frac{1}{4}x^2 + 1$

$\quad \dfrac{dy}{dx} = \dfrac{1}{2}x = 1$

$(\because t=1$ 일 때, $x=2)$

iii) 매개변수의 미분

$\dfrac{dy}{dx} = \dfrac{\frac{dy}{dt}}{\frac{dx}{dt}} = \dfrac{(t^2+1)'}{(2t)'} = \dfrac{2t}{2} = 1$

---

4 지수함수의 도함수

① $(e^x)' = e^x$

② $(a^x)' = a^x (\ln a)$ (단, $a \neq 1$, $a > 0$)

$\quad$↳ 마찬가지 사실 $(e^x)' = e^x (\ln e) = e^x$ 다.

✎ 지수함수의 도함수

① $y = e^x$

$\dfrac{dy}{dx} = \lim\limits_{\Delta x \to 0} \dfrac{\Delta y}{\Delta x}$

$\quad = \lim\limits_{\Delta x \to 0} \dfrac{e^{x+\Delta x} - e^x}{x + \Delta x - x}$

$\quad = \lim\limits_{\Delta x \to 0} \dfrac{e^x(e^{\Delta x} - 1)}{\Delta x}$

$\quad = e^x \lim\limits_{\Delta x \to 0} \dfrac{e^{\Delta x} - 1}{\Delta x}$

$\quad = e^x \times 1 = e^x$

② $y = a^x$

$\dfrac{dy}{dx} = \lim\limits_{\Delta x \to 0} \dfrac{\Delta y}{\Delta x}$

$\quad = \lim\limits_{\Delta x \to 0} \dfrac{a^{x+\Delta x} - a^x}{x + \Delta x - x}$

$\quad = \lim\limits_{\Delta x \to 0} \dfrac{a^x(a^{\Delta x} - 1)}{\Delta x}$

$\quad = a^x \lim\limits_{\Delta x \to 0} \dfrac{a^{\Delta x} - 1}{\Delta x}$

$\quad = a^x \ln a$

연구 05

[연구06] 다음을 유도하시오.

① $(\ln x)' = \dfrac{1}{x}$ (단, $x > 0$)

② $(\log_a x)' = \dfrac{1}{x \ln a}$ (단, $a \neq 1$, $a > 0$, $x > 0$)

③ $(\ln |x|)' = \dfrac{1}{x}$

---

5 로그함수의 도함수

① $(\ln x)' = \dfrac{1}{x}$ (단, $x > 0$)

② $(\log_a x)' = \dfrac{1}{x \ln a}$ (단, $a \neq 1$, $a > 0$, $x > 0$)

③ $(\ln |x|)' = \dfrac{1}{x}$

$\{\ln g(x)\}' = \dfrac{g'(x)}{g(x)}$ (단, $g(x) > 0$)

로그함수의 도함수

연구 06

① $y = \ln x$

$$\frac{dy}{dx} = \lim_{\Delta x \to 0} \frac{\Delta y}{\Delta x}$$

$$= \lim_{\Delta x \to 0} \frac{\ln(x + \Delta x) - \ln x}{x + \Delta x - x}$$

$$= \lim_{\Delta x \to 0} \frac{\ln\left(1 + \frac{\Delta x}{x}\right)}{\Delta x} = \lim_{\Delta x \to 0} \frac{\ln\left(1 + \frac{\Delta x}{x}\right)}{x \frac{\Delta x}{x}}$$

$$= \lim_{h \to 0} \frac{\ln(1+h)}{x h} \quad \left(\because \frac{\Delta x}{x} = h, \ \Delta x \to 0 \text{ 이면 } h \to 0 \right)$$

$$= \frac{1}{x} \lim_{h \to 0} \frac{\ln(1+h)}{h} = \frac{1}{x} \times 1 = \frac{1}{x}$$

② $(\log_a x)' = \left(\dfrac{\ln x}{\ln a}\right)' = \dfrac{1}{\ln a}(\ln x)' = \dfrac{1}{\ln a} \times \dfrac{1}{x}$

$$= \frac{1}{x \ln a}$$

③ i) $x > 0$ 일때

$(\ln |x|)' = (\ln x)' = \dfrac{1}{x}$

ii) $x < 0$

$(\ln |x|)' = (\ln(-x))' = \dfrac{1}{-x} \times (-x)'$

$$= \frac{-1}{-x} = \frac{1}{x}$$

연구07 α가 임의의 실수일 때

$$(x^\alpha)' = \alpha x^{\alpha - 1}$$

이 성립함을 유도하시오.

---

6 음함수의 미분법

음함수 $f(x, y) = 0$에서 y를 x에 대한 함수로 보고, 각 항을 x에 대해 미분하여 $\dfrac{dy}{dx}$를 구한다.

$$y^n \xrightarrow[\text{미분}]{x로} n y^{n-1} \times \frac{dy}{dx}$$

$$\ast\ \{f(x)\}^n \longrightarrow n\{f(x)\}^{n-1} \times f'(x)$$

✒ 음함수의 미분법

【ex】$x^2 + y^2 = 4$ 미분하기

$$2x + 2y\frac{dy}{dx} = 0 \rightarrow \frac{dy}{dx} = -\frac{x}{y}$$

(참고) $x^2 + \{f(x)\}^2 = 4$

$$2x + 2f(x)f'(x) = 0 \rightarrow f'(x) = -\frac{x}{f(x)}$$

7 x^α의 도함수

α가 실수일 때

$$(x^\alpha)' = \alpha x^{\alpha - 1}$$

✏ 교과서에서는 $(x^\alpha)' = \alpha x^{\alpha-1}$에서 α가 자연수인 경우에서 정수로 확장되는 걸 유도한 다음 (↳몫의 미분법 사용) 유리수로 확장되는 걸 유도한 다음 (↳합성함수 미분법) 실수로 확장되는 걸 따로 유도한다. (↳지수·로그함수의 미분법) 하지만 α가 실수인 경우만 하면 자연수, 정수, 유리수인 경우는 당연히 성립하는 것이므로 이 책에서는 실수인 경우만 다뤘다.

✒ x^α의 도함수

연구 07

방법1)

$$y = x^\alpha$$

$$\ln|y| = \ln|x^\alpha| = \ln|x|^\alpha$$

$$\ln|y| = \alpha \ln|x|$$

$$\frac{1}{y}y' = \alpha \frac{1}{x} = \alpha x^{-1}$$

$$y' = \alpha \cdot x^{-1} \cdot y = \alpha x^{-1} x^\alpha$$

$$= \alpha x^{\alpha - 1}$$

방법2)

$$y = x^\alpha = (e^{\ln x})^\alpha = e^{\alpha \ln x}$$

$$y' = e^{\alpha \ln x} \times (\alpha \ln x)'$$

$$= e^{\alpha \ln x} \times \alpha \frac{1}{x}$$

$$= (e^{\ln x})^\alpha \times \alpha x^{-1}$$

$$= x^\alpha \times \alpha x^{-1}$$

$$= \alpha x^{\alpha - 1}$$

연구08 함수 $y = f(x)$가 미분가능하고

그 역함수가 $y = g(x)$이고 $(g = f^{-1})$

미분가능 할 때, $y = f^{-1}(x) = g(x)$의 도함수는

$g'(x) = \dfrac{1}{f'(g(x))}$ 임을 유도하시오.

---

8 역함수의 미분법

함수 $y = f(x)$가 미분가능하고

그 역함수가 $y = g(x)$이고 $(g = f^{-1})$

미분가능 할 때,

$y = f^{-1}(x) = g(x)$의 도함수는

$$g'(x) = \frac{1}{f'(g(x))} \qquad \frac{dy}{dx} = \frac{1}{\dfrac{dx}{dy}}$$

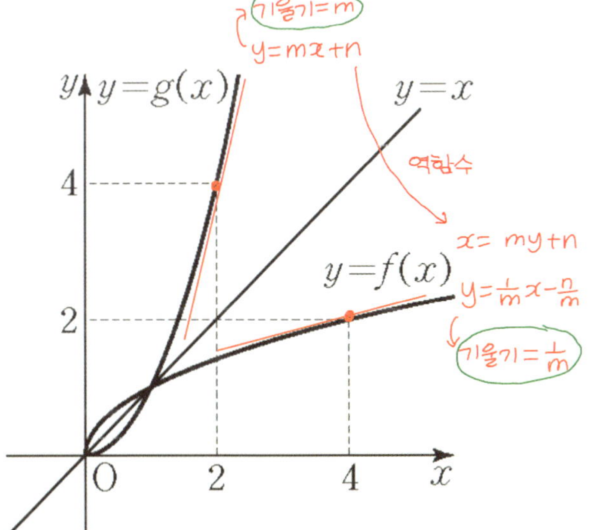

✒ 역함수의 미분법

연구 08

1) $f(g(x)) = x$

  $\downarrow$ 양변미분

  $f'(g(x)) \times g'(x) = 1$

  $\downarrow$

  $g'(x) = \dfrac{1}{f'(g(x))}$

ii) $\dfrac{dy}{dx} = \lim\limits_{\Delta x \to 0} \dfrac{\Delta y}{\Delta x} = \lim\limits_{\Delta x \to 0} \dfrac{1}{\dfrac{\Delta x}{\Delta y}}$

$= \dfrac{\lim\limits_{\Delta x \to 0} 1}{\lim\limits_{\Delta x \to 0} \dfrac{\Delta x}{\Delta y}} = \dfrac{1}{\dfrac{dx}{dy}}$

연구09 미분가능한 두 함수 $x = f(t)$, $y = g(t)$에

대하여 $f'(t) \neq 0$이면 $\dfrac{dy}{dx} = \dfrac{\frac{dy}{dt}}{\frac{dx}{dt}} = \dfrac{g'(t)}{f'(t)}$

임을 유도하시오.

9 매개변수 미분법

$x = f(t)$, $y = g(t)$가 t에 대하여
미분가능하면

$$\frac{dy}{dx} = \frac{\frac{dy}{dt}}{\frac{dx}{dt}} = \frac{g'(t)}{f'(t)} \quad \left(\frac{dx}{dt} \neq 0 \right)$$

【ex】 $x^2 + y^2 = 4$ 위의 점 $(1, \sqrt{3})$에서의
접선의 기울기를 구하시오.

i) 도형으로 풀기

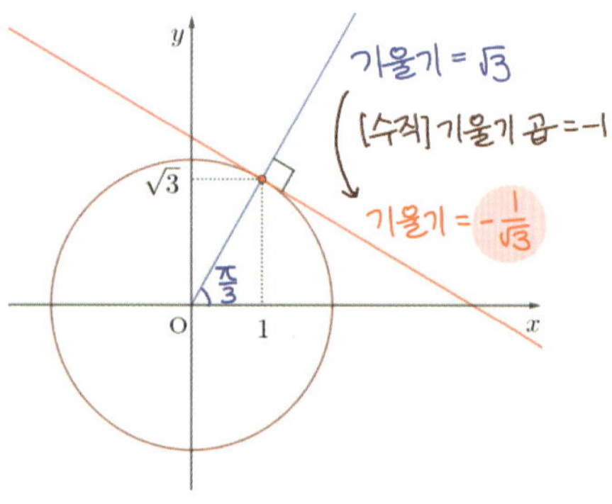

ii) 음함수의 미분으로 풀기

$$2x + 2y \frac{dy}{dx} = 0 \rightarrow \frac{dy}{dx} = -\frac{x}{y} = -\frac{1}{\sqrt{3}}$$

iii) 매개변수 미분으로 풀기

$$\begin{cases} x = 2\cos t \\ y = 2\sin t \end{cases}$$

$$\frac{dy}{dx} = \frac{\frac{dy}{dt}}{\frac{dx}{dt}} = \frac{2\cos t}{-2\sin t} = -\frac{\cos\frac{\pi}{3}}{\sin\frac{\pi}{3}} = -\frac{1}{\sqrt{3}}$$

🖉 매개변수 미분법

연구 09

$$\frac{dy}{dx} = \lim_{\Delta x \to 0} \frac{\Delta y}{\Delta x} = \lim_{\Delta t \to 0} \frac{\frac{\Delta y}{\Delta t}}{\frac{\Delta x}{\Delta t}} = \frac{\lim_{\Delta t \to 0} \frac{\Delta y}{\Delta t}}{\lim_{\Delta t \to 0} \frac{\Delta x}{\Delta t}} = \frac{\frac{dy}{dt}}{\frac{dx}{dt}}$$

$$= \frac{\lim_{\Delta t \to 0} \frac{g(t+\Delta t) - g(t)}{t+\Delta t - t}}{\lim_{\Delta t \to 0} \frac{f(t+\Delta t) - f(t)}{t+\Delta t - t}} = \frac{g'(t)}{f'(t)}$$

변수 x와 y를 매개(연결)하는
변수가 t라는 거야!

[연구10] 함수 $y = f''(x)$ 의 정의를 쓰시오.

⑩ 이계도함수

도함수의 도함수

$$\lim_{\Delta x \to 0} \frac{f'(x+\Delta x) - f'(x)}{\Delta x} = \lim_{\Delta x \to 0} \frac{\Delta y'}{\Delta x}$$

$$\frac{d}{dx} f'(x) = \frac{d}{dx} y'$$

$$\frac{d}{dx}\left(\frac{d}{dx} f(x)\right) = \frac{d}{dx}\left(\frac{d}{dx} y\right)$$

$$\frac{d^2}{dx^2} f(x) = \frac{d^2 y}{dx^2}$$

$$f''(x) = y''$$

⑪ 접선의 방정식

곡선 $y = f(x)$ 위의 점 $P(a, f(a))$ 에서의
접선의 방정식은

$$y - f(a) = f'(a)(x - a)$$

연구11 $f''(x) > 0$이면 곡선 $y = f(x)$는 이 구간에서 아래로 볼록한 이유를 쓰시오.

연구12 변곡점의 정의를 쓰시오.

연구13 함수 $f(x)$가 $(a, f(a))$에서 변곡점을 가질 때, $x = a$ 근방에서
· $f''(x)$는 어떤 상태인지 쓰시오.
· $f'(x)$는 어떤 상태인지 쓰시오.

연구14 아래 빈칸에 알맞은 그래프 개형을 그리시오.

---

12 곡선의 오목과 볼록

곡선 $y = f(x)$가 어떤 구간에서

연구 11 · ① $f''(x) > 0$, $y = f(x)$는 그 구간에서
⇒ 아래로 볼록

   이유: $f'(x)$가 증가하므로

② $f''(x) < 0$, $y = f(x)$는 그 구간에서
⇒ 위로 볼록

   이유: $f'(x)$가 감소하므로

연구 12 · ③ **변곡점**: 곡선의 오목과 볼록이 바뀌는 지점

④ 함수 $f(x)$가 $(a, f(a))$에서 변곡점을 가질 때, $x = a$ 근방에서

연구 13 · $f''(x)$: $x = a$ 좌우에서 부호가 바뀐다

$f'(x)$: $x = a$ 좌우에서 증가와 감소가 바뀐다
⇔ $x = a$에서 $f'(x)$가 극대 or 극소를 가진다

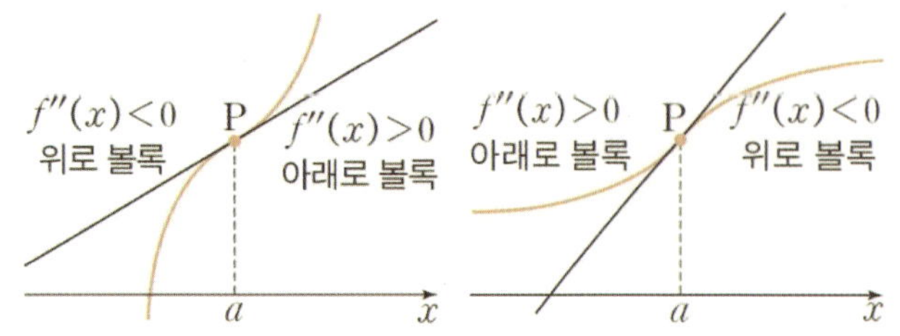

곡선의 오목과 볼록

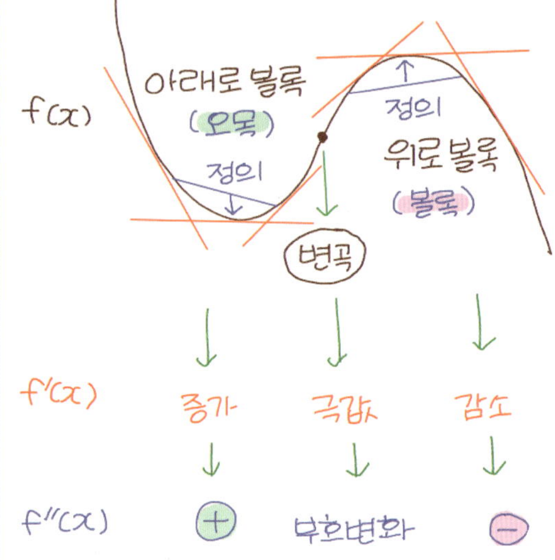

$x = a$ 에서 $f(x)$가 변곡
⇔ $f'(x)$ 증감 변화
⇔ $f'(x)$ 극값
⇔ $f''(x)$ 부호변화
⇔ $f''(a) = 0$) 대체로 f''연속

※ 수학Ⅱ
$x = a$ 에서 $g'(x)$ 부호변화
$g(x)$극값 ⇔ $g'(a) = 0$
(단, 상수구간 X)

연구 14 · **이계도함수와 그래프 개형**

	증가 오목	증가 볼록	감소 볼록	감소 오목
$f(x)$ 그래프				
$f'(x)$	+	+	−	−
$f''(x)$	+	−	−	+

연구15 다음 명제의 참 거짓을 판별하시오.

① $x=a$에서 $f(x)$가 변곡점을 가지면

  $f''(a)=0$이다.

② $f''(a)=0$이면

  $x=a$에서 $f(x)$가 변곡점을 가진다.

연구16 함수 $f(x)$가 $f'(a)=0$이고 $f''(a)>0$이면 $f(x)$는 $x=a$에서 극솟값 $f(a)$를 갖는 이유를 쓰시오.

구5 $x=a$에서 $f(x)$가 변곡점을 가지면

  $f''(a)=0$이다. (o / ⓧ)

반례)

$$f(x)=\begin{cases} -x^2 & (x\leq 0) \\ x^2 & (x>0) \end{cases}$$

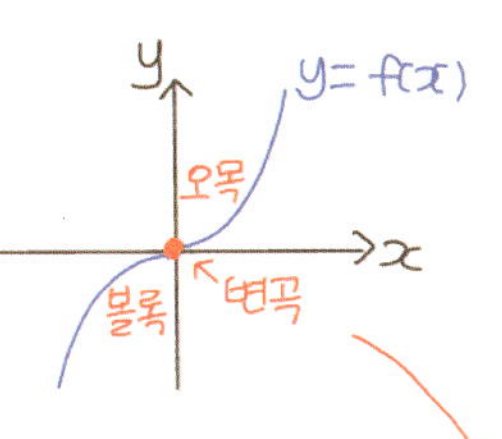

$$f'(x)=\begin{cases} -2x & (x\leq 0) \\ 2x & (x>0) \end{cases}$$

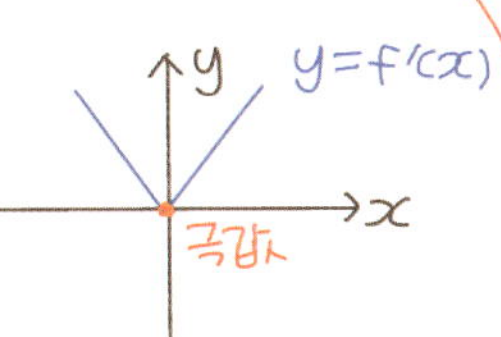

$$f''(x)=\begin{cases} -2 & (x<0) \\ 2 & (x>0) \end{cases}$$

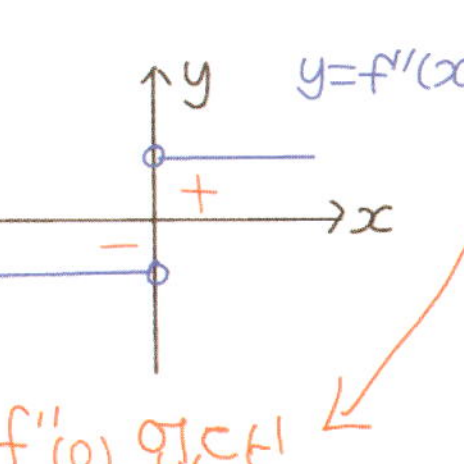

$f''(0)$ 없다!

구5 $f''(a)=0$이면 $x=a$에서 $f(x)$가

  변곡점을 가진다. (o / ⓧ)

반례)

$f(x)=x^4$

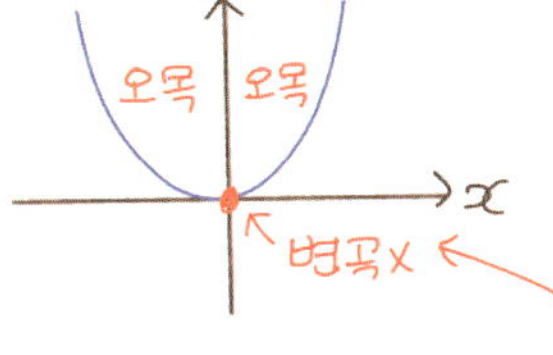

$f'(x)=4x^3$

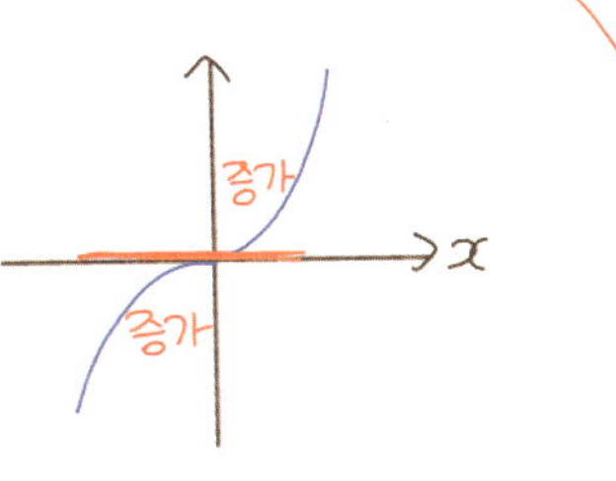

$f''(x)=12x^2$

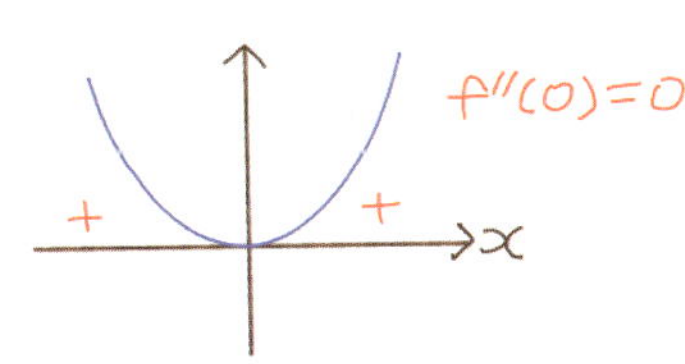

---

13 이계도함수를 이용한 극값의 판정

이계도함수를 갖는 함수 $f(x)$에 대하여

$f'(a)=0$일 때,

  a. $f''(a)>0$이면

    $x=a$에서 $f(x)$는 극소이다.

  b. $f''(a)<0$이면

    $x=a$에서 $f(x)$는 극대이다.

✎ 이계도함수를 이용한 극값의 판정

연구16 $f''(x)>0$이면 이 구간에서 $f'(x)$는 증가

→ $f'(a)=0$이고 $f''(a)>0$이면 $f'(x)$는

$x=a$에서 증가상태에 있다.

→ $x=a$의 좌우에서 $f'(x)$의 부호가 음$(-)$에서

양$(+)$으로 바뀐다.

→ 그러므로 $f(x)$는 $x=a$에서 극소이고 극솟값

$f(a)$를 가진다.

14 함수의 그래프의 개형

① 곡선이 존재하는 범위(정의역과 치역)

② 곡선의 대칭성, 주기

③ 좌표축과의 교점

④ 증가·감소와 극값

⑤ 오목·볼록, 변곡점

⑥ $\lim\limits_{x \to \infty} f(x)$, $\lim\limits_{x \to -\infty} f(x)$, 점근선

15 방정식에의 활용

방정식 $f(x) = 0$의 실근은 함수 $y = f(x)$의 그래프와 x축$(y = 0)$과의 교점의 x좌표이다. 방정식 $f(x) = g(x)$의 실근은 두 함수 $y = f(x)$, $y = g(x)$의 그래프의 교점의 x좌표이다.

16 부등식에의 활용

① 어떤 구간에서 부등식 $f(x) > 0$이

성립함을 보이려면

주어진 구간에서 $y = f(x)$의

최솟값 > 0임을 보이면 된다.

② 어떤 구간에서 부등식 $f(x) > g(x)$이

성립함을 보이려면

$h(x) = f(x) - g(x)$로 놓고,

주어진 구간에서 $y = h(x)$의

최솟값 > 0임을 보이면 된다.

✎ 함수의 그래프의 개형

【ex】 $y = \dfrac{x+1}{x^2}$

$$f'(x) = \frac{1 \cdot x^2 - (x+1)2x}{x^4}$$

$$= \frac{x - 2(x+1)}{x^3}$$

$$= \frac{-(x+2)}{x^3}$$

$y = -(x+2)x^3$과 (f'부호변화 동일)

$$f''(x) = \frac{-1 \cdot x^3 + (x+2)3x^2}{x^6}$$

$$= \frac{2(x+3)}{x^4}$$

$y = 2x^4(x+3)$과 (f''부호변화 동일)

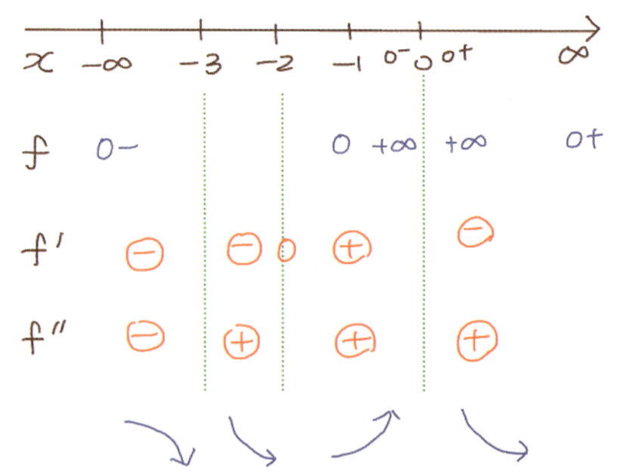

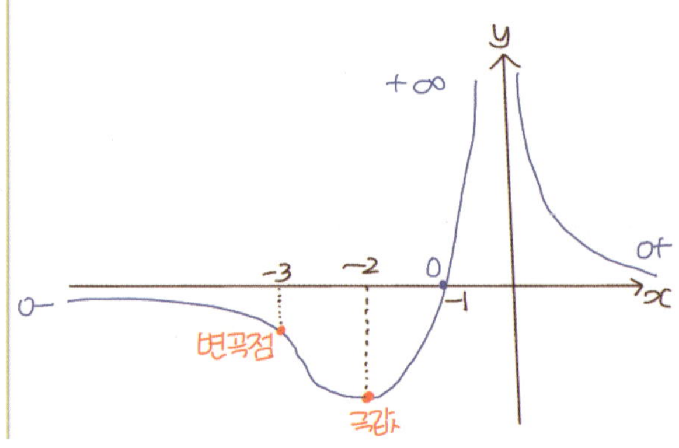

그래프 그리기 노하우

✳그래프의 곱셈할 때 0+, 0-가 나올 때

⊕, ⊖는 어떻게 그리나?

⇒ $-\infty < ⊖ < 0- < 0 < 0+ < ⊕ < +\infty$

를 활용해 적당한 크기의 값이 되는 그래프를

그린다.

✳미분가능한 함수의 그래프

①점근선 : 점근선 쪽으로 볼록

②좌우대칭인 지점 : 접선의 기울기 0

③극솟점 : 아래로 볼록

④극댓점 : 위로 볼록

※위로 볼록인데 극솟점이면?

⇒ 뾰족점이 생긴다!

※아래로 볼록인데 극댓점이면?

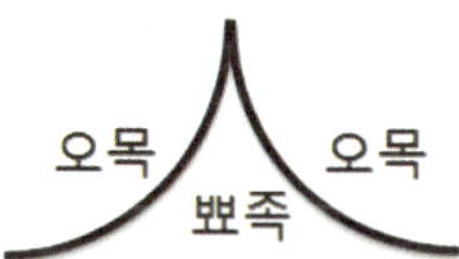

✳그래프 그릴 때 극댓점, 극솟점, 변곡점 꼭
표시할 것!

✳이계도함수가 0이면?

$f''(x) = 0$

↓(적분)

$f'(x) = a$

↓(적분)

$f(x) = ax + c$ (일차함수 ⇒ 일직선)

이계도함수	⊕	0	⊖
도함수	증가	상수	감소
원래 함수	오목	일직선	볼록

✳세로 점근선이 있으면?

⇒ 정의역은 실수 전체가 아니다.

✳정의역이 실수 전체면?

⇒ 세로 점근선이 없다.

✳점근선이 있는 그래프는

반드시 점근선부터 그려야 한다.

(그래프는 점근선 쪽으로 볼록하다)

그래프의 뺄셈

$h(x) = f(x) - g(x)$의 그래프

① $f(x)$와 $g(x)$가 $x = a$에서 교점 $\Leftrightarrow h(a) = 0$

② 부호를 따져 두 함수를 뺀 새로운 함수의
   그래프를 그린다.

③ $f'(x) - g'(x) = h'(x)$

【ex】 $y = f(x)$와 $y = g(x)$의 그래프가 다음과
같을 때, $h(x) = f(x) - g(x)$의 그래프를
그리시오.

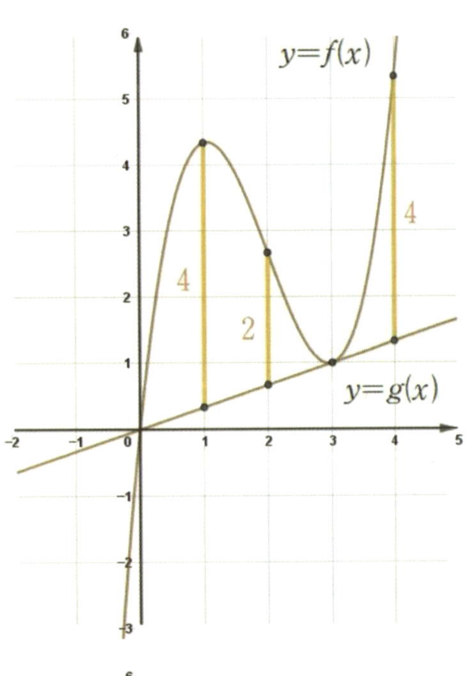

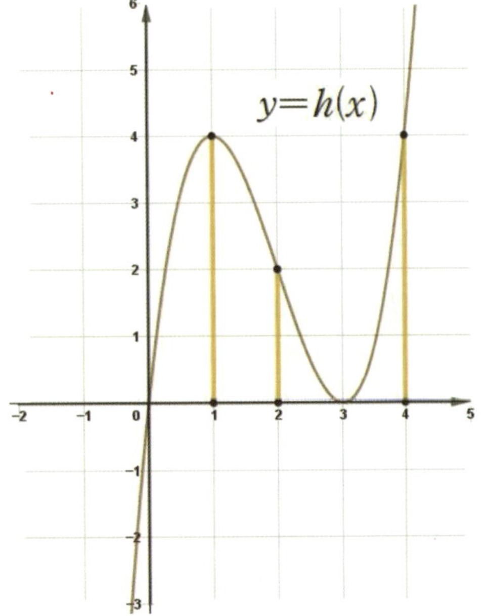

【ex】 $y = f(x)$와 $y = g(x)$의 그래프가 다음과
같을 때, $h(x) = f(x) - g(x)$의 그래프를
그리시오.

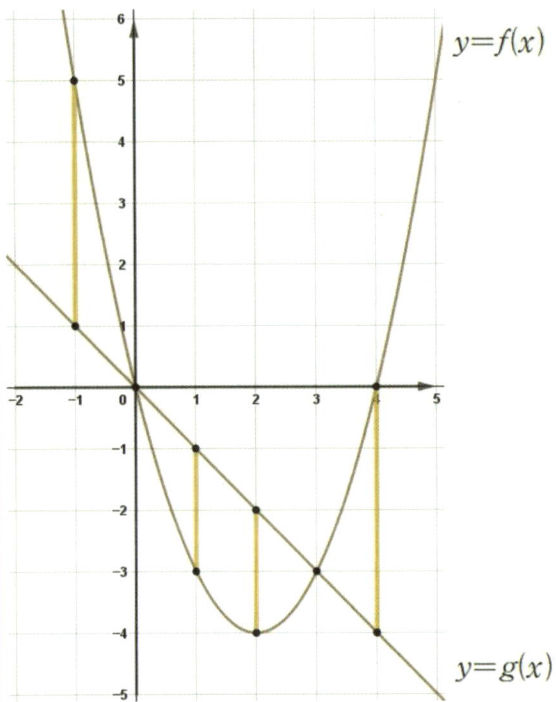

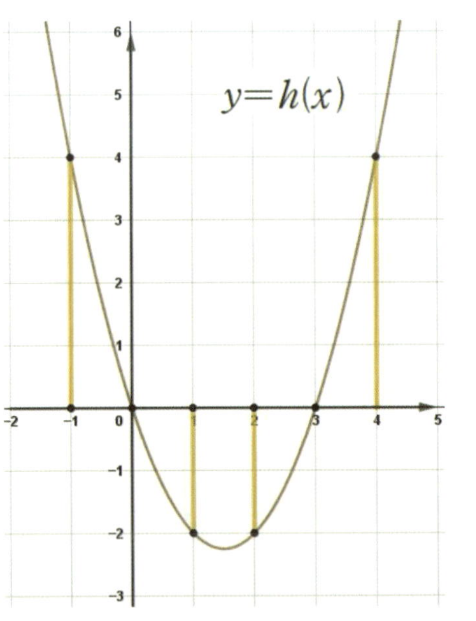

🖋 그래프의 덧셈

【ex】 $y = f(x)$와 $y = g(x)$의 그래프가 다음과 같을 때, $h(x) = f(x) + g(x)$의 그래프를 그리시오.

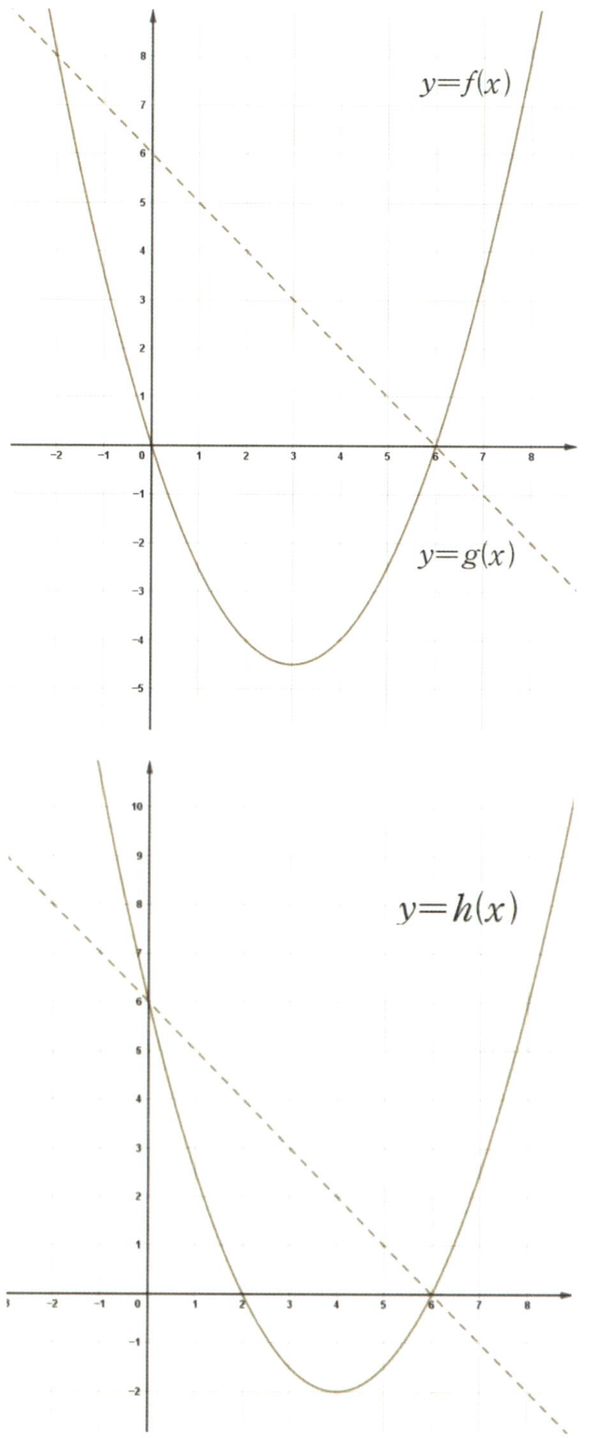

【ex】 $y = f(x)$와 $y = g(x)$의 그래프가 다음과 같을 때,

(1) $h(x) = f(x) - g(x)$의 그래프를 그리시오.

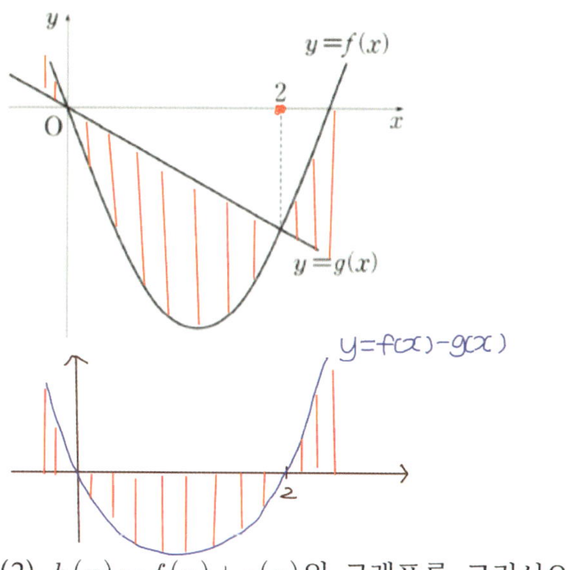

(2) $h(x) = f(x) + g(x)$의 그래프를 그리시오.

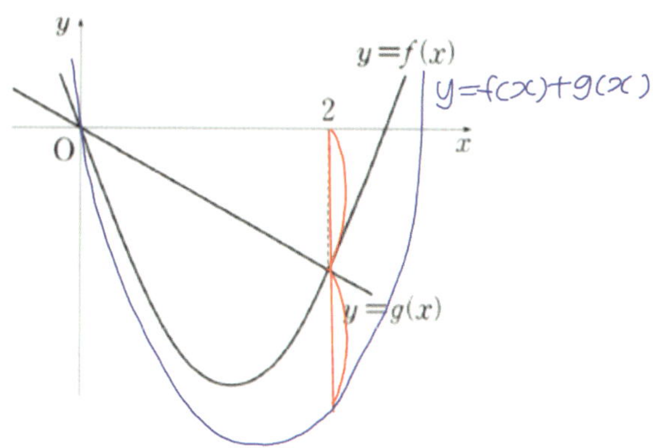

(3) $h(x) = f(x) \times g(x)$의 그래프를 그리시오.

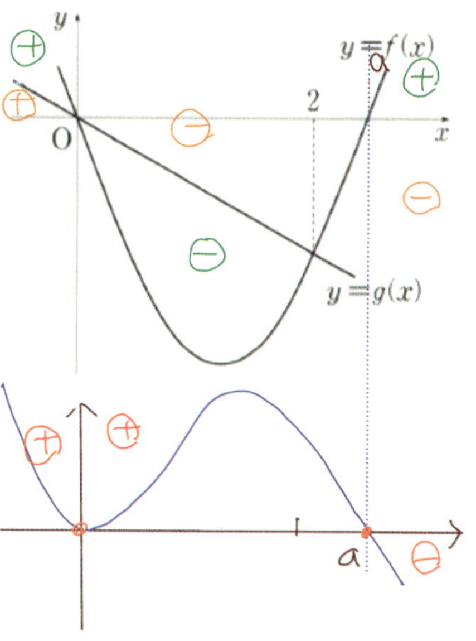

🖋 그래프의 곱셈

$h(x) = f(x) \times g(x)$의 그래프

① $f(x)$ 또는 $g(x)$가 $x = a$에서 0 ⇔ $h(a) = 0$

② $f(x)$와 $g(x)$의 부호를 활용해 $h(x)$의 부호를 파악한다.

③ 대소 관계를 어림짐작하여 그래프를 그린다.

【ex】 $y = f(x)$와 $y = g(x)$의 그래프가 다음과 같을 때, $h(x) = f(x) \times g(x)$의 그래프를 그리시오.

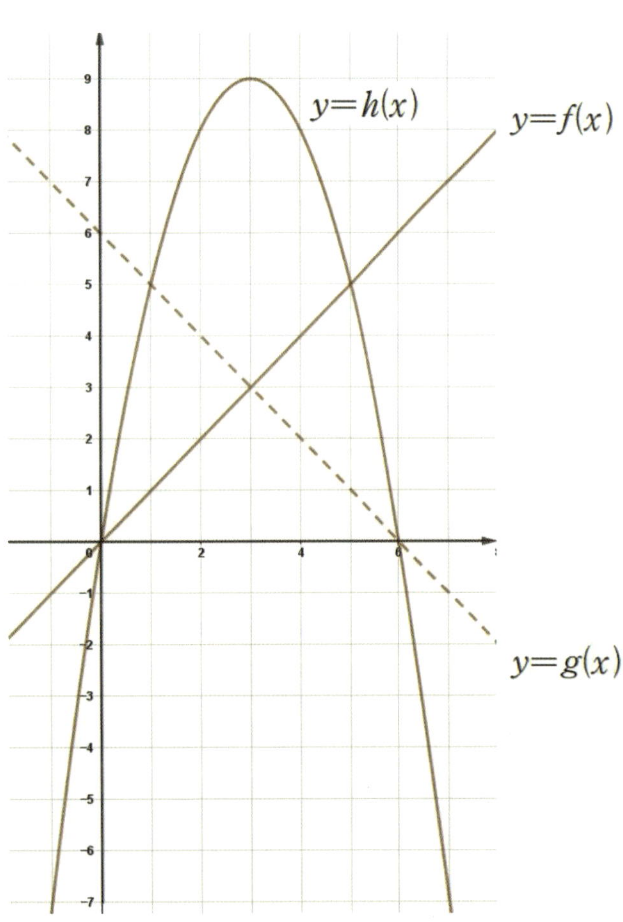

【ex】 $y = f(x)$와 $y = g(x)$의 그래프가 다음과 같을 때, $h(x) = f(x) \times g(x)$의 그래프를 그리시오.

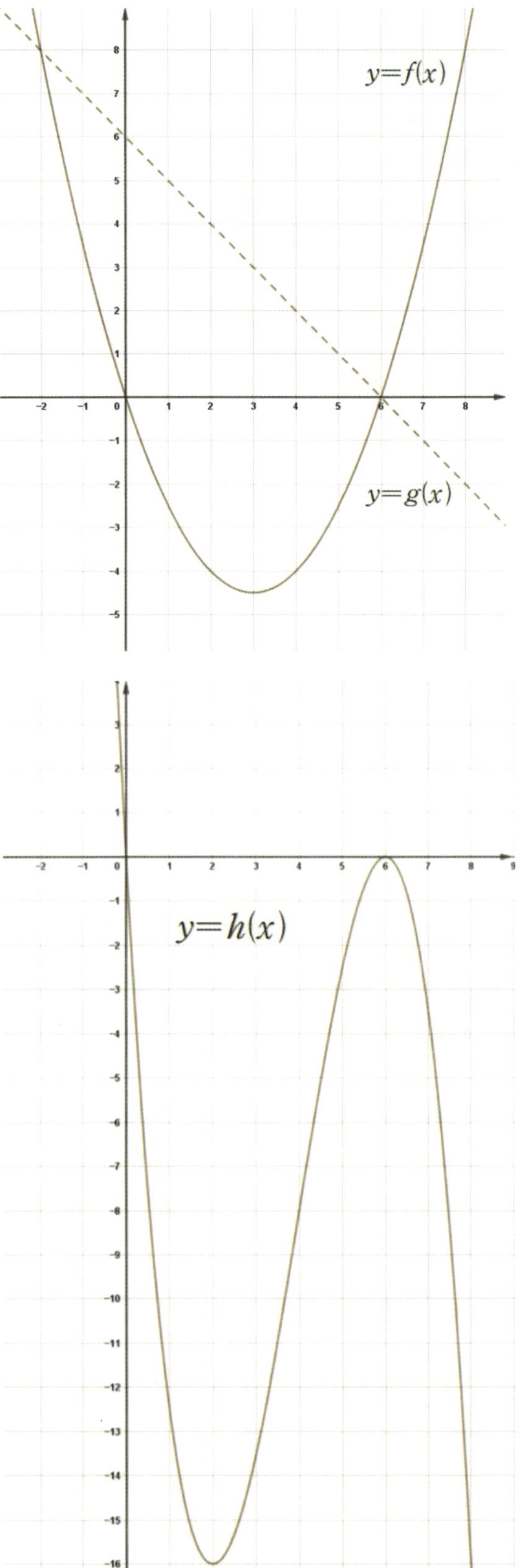

「미적분」 Ⅳ.여러 가지 적분법

미리 알아야 할 단원
수학2 – 3.적분법
미적분 – 3.미분법

1 부정적분의 계산

① $n \neq -1$일 때, $\displaystyle\int x^n \, dx = \frac{x^{n+1}}{n+1} + C$

② $n = -1$일 때,

$\displaystyle\int x^{-1} dx = \int \frac{1}{x} dx = \ln|x| + C$

$\displaystyle\int dx = x + C$

③ $\displaystyle\int \sin x \, dx = -\cos x + C$

④ $\displaystyle\int \cos x \, dx = \sin x + C$

⑤ $\displaystyle\int \sec^2 x \, dx = \tan x + C$

⑥ $\displaystyle\int \csc^2 x \, dx = -\cot x + C$

⑦ $\displaystyle\int \sec x \tan x \, dx = \sec x + C$

⑧ $\displaystyle\int \csc x \cot x \, dx = -\csc x + C$

⑨ $\displaystyle\int e^x \, dx = e^x + C$

⑩ $\displaystyle\int a^x \, dx = \frac{a^x}{\ln a} + C$

✎ 부정적분의 계산

① $\left\{ \dfrac{1}{n+1} x^{n+1} \right\}' = \dfrac{1}{n+1}(n+1)x^n = x^n$

② $(\ln|x|)' = \dfrac{1}{x}$

③ $(\cos x)' = -\sin x$

④ $(\sin x)' = \cos x$

⑤ $(\tan x)' = \sec^2 x = 1 + \tan^2 x$

⑥ $(\cot x)' = -\csc^2 x$

⑦ $(\sec x)' = \sec x \tan x$

⑧ $(\csc x)' = -\csc x \cot x$

⑨ $(e^x)' = e^x$

⑩ $(a^x)' = a^x \ln a \quad (단\ a \neq 1,\ a > 0)$

연구01 $\int f(t)dt$에서 미분가능한 함수 $g(x)$에 대하여 $t = g(x)$일 때, 다음을 유도하시오.

$$\int f(g(x))g'(x)dx = \int f(t)dt$$

연구02 $\int \dfrac{g'(x)}{g(x)}dx = \ln|g(x)| + C$ 임을 유도하시오.

---

② 치환적분법

①미분가능한 함수 $g(t)$에 대하여 $x = g(t)$일 때

$$\int f(g(t))g'(t)dt = \int f(x)dx$$

②미분가능한 함수 $g(x)$에 대하여 $t = g(x)$일 때

$$\int f(g(x))g'(x)dx = \int f(t)dt$$

연구 02 $\int \dfrac{g'(x)}{g(x)}dx \qquad (g(x)=t)$

$$= \int \frac{1}{g(x)} \times g'(x)\,dx = \int \frac{1}{t}\,dt$$

$$= \ln|t| + C = \ln|g(x)| + C$$

치환적분 계산법
①$g(x)$와 $\times g'(x)$ 찾기
②$g(x) = t$ 치환
③$dx \to dt$로 교체
　적분변수(=미분변수) 교체
④$g'(x)$를 삭제
　($\times g'(x) \to \times 1$로 교체)

핵심 원리를 이해하자
①$F(g(x))$를 x로 미분해보자.
　$\{F(g(x))\}' = f(g(x))g'(x)$
②$g(x) = t$ 치환 후
　$F(g(x)) = F(t)$를 t로 미분해보자.
　$\{F(t)\}' = f(t)$
→①에서는 $f(g(x)) = f(t)$에 $\times g'(x)$가 있지만
　②에서는 $f(g(x)) = f(t)$에 $\times g'(x)$가 없다.

✎ 치환적분법

연구 01

$$F(t) \underset{\text{적분}}{\overset{\text{미분}}{\rightleftharpoons}} f(t)$$

$$\frac{d}{dt}F(t) = f(t)$$

$$F(t) = \int f(t)\,dt \quad \leftarrow t로미분 역과정$$

$$F(g(x)) \xrightarrow{x로미분} \frac{d}{dx}F(g(x)) = f(g(x)) \times g'(x)$$
$$\{F(g(x))\}'$$
$$g(x)=t치환 \qquad = f(t) \times g'(x)$$
$$\sqrt{\text{곱해지지 않음}}$$

$$F(t) \xrightarrow{t로미분} \frac{d}{dt}F(t) = f(t) \times 1$$

$$\frac{d}{d_{g(x)}}F(g(x)) = f(g(x))$$

$$F(g(x)) = \int f(g(x)) \times g'(x)\,dx \quad \leftarrow x로미분 역과정$$
$$g(x)=t로치환$$
$$F(t) = \int f(t) \times 1 \, dt \quad \leftarrow t로미분 역과정$$
$$t로미분$$

※ 오개념

$$g(x) = t$$
$$g'(x) = \frac{dt}{dx}$$
$$g'(x)dx = dt$$

→ 이건 말도 안되는 오개념이다.
$\dfrac{dt}{dx}$ 는 분수가 아니고
dx가 수로서 양변에 곱할 수 있는 것도 아니다.

연구03 두 함수 $f(x)$, $g(x)$가 미분가능 할 때,
다음을 유도하시오.

$$\int f(x)g'(x)dx = f(x)g(x) - \int f'(x)g(x)dx$$

---

3 부분적분법

연구03

교고서 ver.

① $\int f(x)g'(x)dx = f(x)g(x) - \int f'(x)g(x)dx$

선생님 ver. (이게 더 실전적이야!)

적 미   적 그 $- \int$ 적 미

② $\int f(x)g(x)dx = F(x)g(x) - \int F(x)g'(x)dx$

그대로

적분 $\longleftrightarrow$			미분
e^x	$\sin x,\ \cos x$	$1,\ x,\ x^2,\ x^3$	$\ln x$

idea

적분하면 대체로 복잡해진다
미분하면 대체로 간단해진다

적분할 함수는 ? 덜 복잡!
미분할 함수는 ? 더 간단!

✎ 부분적분법

① $\{f(x)g(x)\}' = f'(x)g(x) + f(x)g'(x)$

$f(x)g(x) = \int \{f'(x)g(x) + f(x)g'(x)\}dx$

$f(x)g(x) = \int f'(x)g(x)dx + \int f(x)g'(x)dx$

$\int f(x)g'(x)dx = f(x)g(x) - \int f'(x)g(x)dx$

$F'(x)$

② $\{F(x)g(x)\}' = f(x)g(x) + F(x)g'(x)$

$F(x)g(x) = \int \{f(x)g(x) + F(x)g'(x)\}dx$

$F(x)g(x) = \int f(x)g(x)dx + \int F(x)g'(x)dx$

$\int f(x)g(x)dx = F(x)g(x) - \int F(x)g'(x)dx$

그래서!   적 그 $- \int$ 적 미

【ex】 $\int \ln x\, dx$

적   미
$\int 1 \times \ln x\ dx$

적 그 $- \int$ 적미
$= x \ln x - \int x\,\tfrac{1}{x}\,dx$

$= x \ln x - x + C$

실전에서는 암기해서 사용해야 함!
또, 함수 앞 1을 부분적분법의 '적분되는 함수'로 두는
스킬을 익혀 두도록 하자!

연구04 구간 $[a, b]$에서 연속인 함수 $f(t)$에 대하여 미분가능한 함수 $t = g(x)$의 도함수 $g'(x)$가 구간 $[\alpha, \beta]$에서 연속이고, $a = g(\alpha)$, $b = g(\beta)$일 때, 다음을 유도하시오.

$$\int_{\alpha}^{\beta} f(g(x))g'(x)dx = \int_{a}^{b} f(t)dt$$

---

4 정적분에서의 치환적분법

① 구간 $[a, b]$에서 연속인 함수 $f(x)$에 대하여 미분가능한 함수 $x = g(t)$의 도함수 $g'(t)$가 구간 $[\alpha, \beta]$에서 연속이고, $a = g(\alpha)$, $b = g(\beta)$이면

$$\int_{\alpha}^{\beta} f(g(t))g'(t)dt = \int_{a = g(\alpha)}^{b = g(\beta)} f(x)dx$$

② 구간 $[a, b]$에서 연속인 함수 $f(t)$에 대하여 미분가능한 함수 $t = g(x)$의 도함수 $g'(x)$가 구간 $[\alpha, \beta]$에서 연속이고, $a = g(\alpha)$, $b = g(\beta)$이면

$$\int_{\alpha}^{\beta} f(g(x))g'(x)dx = \int_{a = g(\alpha)}^{b = g(\beta)} f(t)dt$$

정적분에서의 치환적분법

연구 04

② $F(t) = \int f(t)dt$ 이면

$F(g(x)) = \int f(g(x))g'(x)dx$ 이므로

$$\int_{\alpha}^{\beta} f(g(x))g'(x)dx = \left[F(g(x)) \right]_{\alpha}^{\beta}$$

$$= F(g(\beta)) - F(g(\alpha)) = \left[F(t) \right]_{g(\alpha)}^{g(\beta)}$$

$$= \int_{g(\alpha)}^{g(\beta)} f(t)dt = \int_{a}^{b} f(t)dt$$

연구05 두 함수 $f(x)$, $g(x)$가 미분가능하고 $f'(x)$, $g'(x)$가 연속일 때, 다음을 유도하시오.

$$\int_a^b f(x)g'(x)dx = [f(x)g(x)]_a^b - \int_a^b f'(x)g(x)dx$$

---

5 정적분에서의 부분적분법

두 함수 $f(x)$, $g(x)$가 미분가능하고, $f'(x)$, $g'(x)$가 연속일 때

$$\int_a^b f(x)g'(x)dx = [f(x)g(x)]_a^b - \int_a^b f'(x)g(x)dx$$

정적분에서의 부분적분법

$$\{f(x)g(x)\}' = f'(x)g(x) + f(x)g'(x)$$

$$\int_a^b \{f(x)g(x)\}'dx = \int_a^b \{f'(x)g(x) + f(x)g'(x)\}dx$$

$$[f(x)g(x)]_a^b = \int_a^b f'(x)g(x)dx + \int_a^b f(x)g'(x)dx$$

$$\int_a^b f(x)g'(x)dx = [f(x)g(x)]_a^b - \int_a^b f'(x)g(x)dx$$

연구06 $\displaystyle\lim_{n\to\infty}\sum_{k=1}^{n} f(x_k)\,\Delta x = \int_a^b f(x)\,dx$

이 성립할 때 Δx와 x_k를

문자 $a,\ b,\ k,\ n$을 이용해 표현하시오.

6 정적분과 급수의 관계

연구
06
도형의 넓이나 부피를 구할 때 주어진 도형을
세분하여 그 도형의 넓이나 부피의 근삿값을
구한 다음 이 근삿값의 극한값으로 그 도형의
넓이 또는 부피를 구할 수 있다.

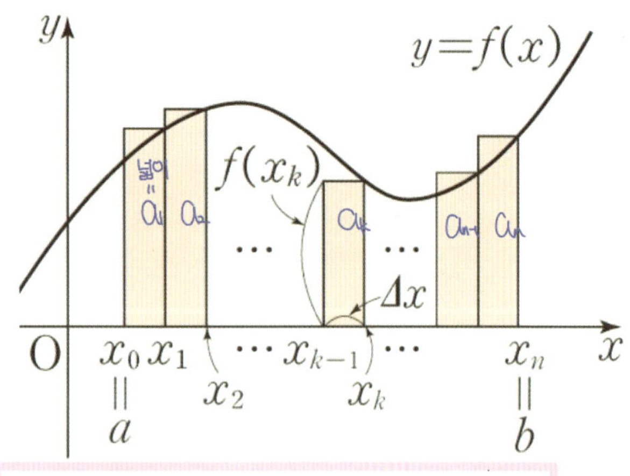

$$\lim_{n\to\infty}\sum_{k=1}^{n} f(x_k)\,\Delta x = \int_a^b f(x)\,dx$$

(단, $\Delta x = \dfrac{b-a}{n},\quad x_k = a + k\Delta x$)

$f(x) > 0$ 이면 $\displaystyle\lim_{n\to\infty}\sum_{k=1}^{n} f(x_k)\,\Delta x > 0$

$f(x) < 0$ 이면 $\displaystyle\lim_{n\to\infty}\sum_{k=1}^{n} f(x_k)\,\Delta x < 0$

정적분과 급수의 관계

(idea) 자르면 직사각형에 비슷한 모양이 된다.

(직사각형이 넓이를 구하기 제일 편하다.)

근삿값 구하기 : 사각형의 넓이 합

$= \displaystyle\sum_{k=1}^{n} (a_k)$ ← 사각형넓이의 수열

$= \displaystyle\sum_{k=1}^{n} 높이 \times 밑변$

$= \displaystyle\sum_{k=1}^{n} y좌표 \times 밑변$

$= \displaystyle\sum_{k=1}^{n} f(x좌표) \times 밑변$

$= \displaystyle\sum_{k=1}^{n} f(\boxed{x_k}) \times \Delta x$

등차수열　공차

$= \displaystyle\sum_{k=1}^{n} f\left(a + k\dfrac{b-a}{n}\right)\dfrac{b-a}{n} \xrightarrow{\ n\to\infty\ } \int_a^b f(x)\,dx$

$= \displaystyle\sum_{k=1}^{n} f\left(a + k\dfrac{p}{n}\right)\dfrac{p}{n} \longrightarrow \int_a^{a+p} f(x)\,dx$

<등차수열 x_k>

$x_k = x_1 + (k-1)\Delta x$

$= x_0 + \Delta x + (k-1)\Delta x$

$= x_0 + k\Delta x$

$= a + k\dfrac{b-a}{n}$

$= a + k\dfrac{p}{n} \quad (b-a = p)$

연구07 함수 $f(x)$가 구간 $[a,\ b]$에서 연속일 때, 곡선 $y=f(x)$와 x축 및 두 직선 $x=a,\ x=b$로 둘러싸인 도형의 넓이 S는 $S=\displaystyle\int_a^b |f(x)|\,dx$ 임을 유도하시오.

⑦ 곡선과 x축으로 둘러싸인 도형의 넓이

구간 $[a,\ b]$에서 연속인 함수 $y=f(x)$와 x축 및 $x=a$, $x=b$로 둘러싸인 도형의 넓이 S는

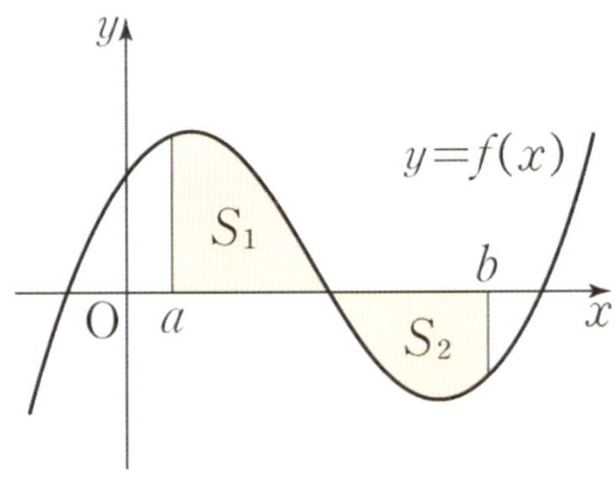

$$\int_a^b |f(x)|\,dx = S = S_1 + S_2$$

$$\int_a^b f(x)\,dx = S_1 - S_2$$

✎ 곡선과 x축으로 둘러싸인 도형의 넓이

연구 07 $f(x)$는 닫힌 구간 $[a,\ c]$에서 $f(x) \ge 0$이고, 닫힌 구간 $[c,\ b]$에서 $f(x) \le 0$이다.

$$\int_a^b |f(x)|\,dx$$

$$= \int_a^c |f(x)|\,dx + \int_c^b |f(x)|\,dx$$

$$= \int_a^c f(x)\,dx + \int_c^b \{-f(x)\}\,dx$$

$$= \int_a^c f(x)\,dx - \int_c^b f(x)\,dx$$

$$= S_1 - (-S_2)$$

$$= S_1 + S_2 = S$$

연구08 구간 $[a, b]$ 에서 연속인

두 곡선 $y = f(x)$, $y = g(x)$ 및 두 직선

$x = a$, $x = b$ 로 둘러싸인 도형의 넓이 S는

$S = \int_a^b |f(x) - g(x)| \, dx$ 임을 유도하시오.

---

8 두 곡선으로 둘러싸인 도형의 넓이

① 두 곡선 $y = f(x)$ 와 $y = g(x)$ 및 두 직선
$x = a$, $x = b$ (단, $a < b$)로 둘러싸인 도형의 넓이

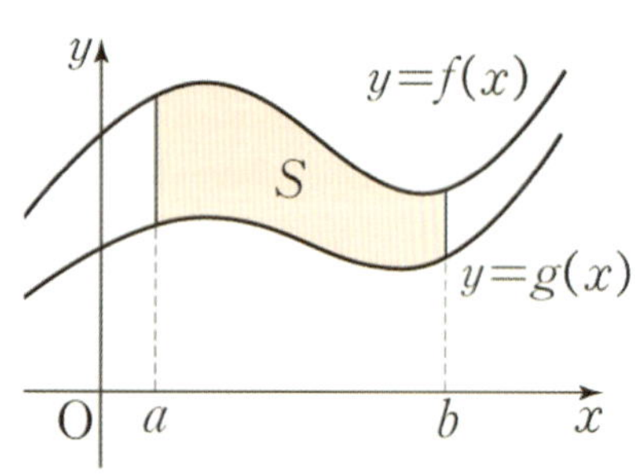

$$\int_a^b |f(x) - g(x)| \, dx = S$$

두 곡선으로 둘러싸인 도형의 넓이

(i) 구간 $[a, b]$ 에서 $0 \leq g(x) \leq f(x)$ 일 때

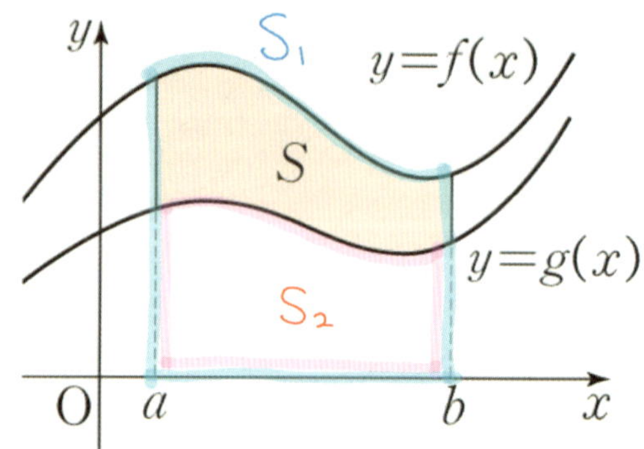

$$S = S_1 - S_2$$

$$S = \int_a^b f(x) \, dx - \int_a^b g(x) \, dx$$

$$= \int_a^b \{f(x) - g(x)\} \, dx$$

$$= \int_a^b |f(x) - g(x)| \, dx$$

※ 구간 $[a, b]$ 에서 $0 \leq g(x) \leq f(x)$ 일 때!
$f(x) - g(x) \geq 0$ 이니까!

(ii) 구간 $[a, b]$에서 $g(x) \leq f(x)$이고

$g(x)$ 또는 $f(x)$가 음의 값을 가질 때

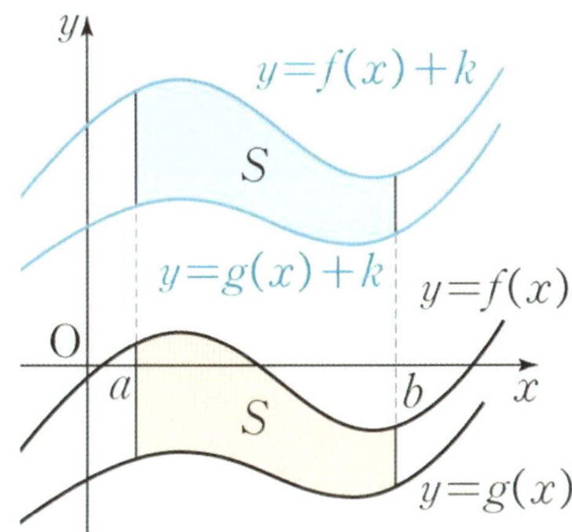

(iii) 닫힌 구간 $[a, c]$에서 $f(x) \geq g(x)$이고,

닫힌 구간 $[c, b]$에서 $f(x) \leq g(x)$일 때,

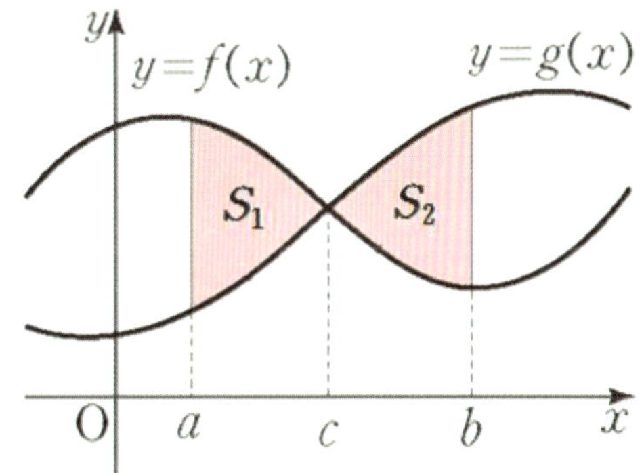

$$S = \int_a^b \{f(x)+k\}\,dx - \int_a^b \{g(x)+k\}\,dx$$

$$= \int_a^b [\{f(x)+k\} - \{g(x)+k\}]\,dx$$

$$= \int_a^b \{f(x)-g(x)\}\,dx$$

$$S = S_1 + S_2$$

$$S = \int_a^c \{f(x)-g(x)\}\,dx + \int_c^b \{g(x)-f(x)\}\,dx$$

$$= \int_a^c |f(x)-g(x)|\,dx + \int_c^b |f(x)-g(x)|\,dx$$

$$= \int_a^b |f(x)-g(x)|\,dx$$

연구09 두 함수 $y=f(x)$와 $y=g(x)$에 대하여
그래프가 아래 그림과 같을 때
다음 식이 성립함을 유도하시오.

$$\int_a^b \{f(x)-g(x)\}dx = S_1 - S_2$$

9 두 함수의 차의 적분

두 함수 $y=f(x)$와 $y=g(x)$에 대하여
닫힌 구간 $[a,\ c]$에서 $f(x) \geq g(x)$이고,
닫힌 구간 $[c,\ b]$에서 $f(x) \leq g(x)$이다.

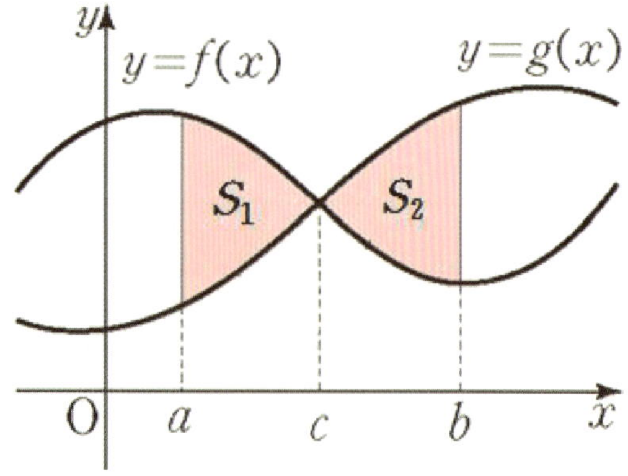

$$\int_a^b \{f(x)-g(x)\}dx = S_1 - S_2$$

✎ 두 함수의 차의 적분

연구 09

$$\int_a^b \{f(x)-g(x)\}dx$$

$$= \int_a^c \{f(x)-g(x)\}dx + \int_c^b \{f(x)-g(x)\}dx$$

$$= \int_a^c \{f(x)-g(x)\}dx - \int_c^b \{g(x)-f(x)\}dx$$

$$= S_1 - S_2$$

연구10 함수 $x = g(y)$가 연속이고 $S(t)$가 $x = g(y)$와 y축 및 두 직선 $y = b$, $y = t$로 둘러싸인 도형의 넓이라고 하자. $x = g(y) \geq 0$일 때, 다음을 유도하시오.

$$\int_b^t g(y)\,dy = S(t)$$

---

10 곡선과 y축으로 둘러싸인 도형의 넓이

함수 $x = g(y)$가 연속이고 $S(t)$가 $x = g(y)$와 y축 및 두 직선 $y = b$, $y = t$로 둘러싸인 도형의 넓이라고 하자.

① $x = g(y) \geq 0$일 때 $\displaystyle\int_b^t g(y)\,dy = S(t)$

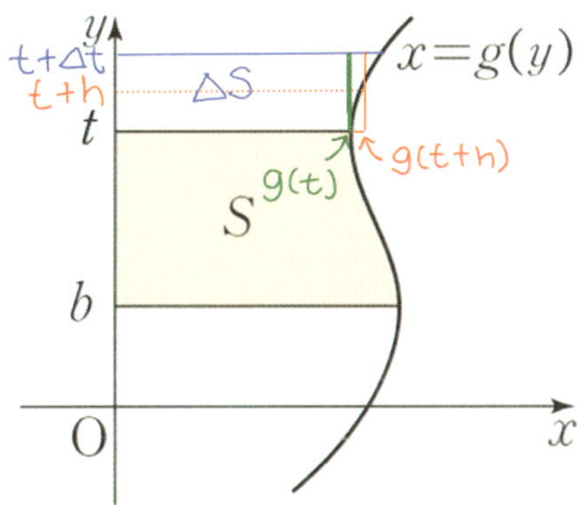

② $x = g(y) \leq 0$일 때 $\displaystyle\int_b^t g(y)\,dy = -S(t)$

함수 $x = g(y)$가 양인 부분의 넓이를 S_1, $x = g(y)$가 음인 부분의 넓이를 S_2라고 하자.

③ $\displaystyle\int_b^c g(y)\,dy = S_1 - S_2$

④ $\displaystyle\int_b^c |g(y)|\,dy = S_1 + S_2 = S$

곡선과 y축으로 둘러싸인 도형의 넓이

① $x = g(y) \geq 0$일 때 $\displaystyle\int_b^t g(y)\,dy = S(t)$

연구 10

$\Delta S = S(t+\Delta t) - S(t) \fallingdotseq g(t+h)\Delta t$

$\dfrac{\Delta S}{\Delta t} = \dfrac{S(t+\Delta t) - S(t)}{\Delta t} = \dfrac{g(t+h)\Delta t}{\Delta t}$ ｝세 변을 Δt로 나누기

$\displaystyle\lim_{\Delta t \to 0} \dfrac{\Delta S}{\Delta t} = \lim_{\Delta t \to 0} \dfrac{S(t+\Delta t) - S(t)}{t + \Delta t - t} = \lim_{\Delta t \to 0} g(t+h)$
$\Leftrightarrow h \to 0$

$\dfrac{dS}{dt} = S'(t) = g(t)$

넓이 미분 길이
모른다 ← 적분 → 안다

$\left(0 \leq h \leq \Delta t \right)$
↓ ↓
0 0

모르는 넓이를 알고 있는 길이로 구한다 !

$S(t) = \displaystyle\int g(t)\,dt = G(t) + C = G(t) - G(b)$
$= \Big[G(y) \Big]_b^t$
$= \displaystyle\int_b^t g(y)\,dy$

$\left(\begin{array}{l} S(b) = 0 = G(b) + C \\[4pt] C = -G(b) \end{array} \right)$

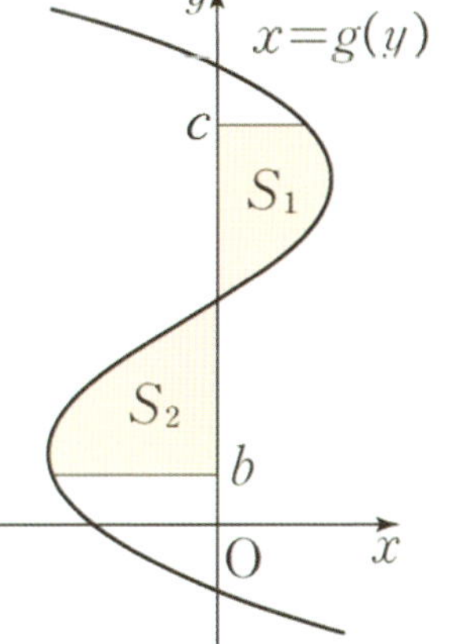

연구11 구간 $[a, b]$의 임의의 점 x에서 x축에 수직인 평면으로 입체도형을 자른 단면이 넓이가 $S(x)$일 때, 입체도형의 부피 V는

$$V = \int_a^b S(x)dx$$ 임을 유도하시오.

ⅠⅠ 입체도형의 부피

구간 $[a, b]$의 임의의 점 x에서 x 축에 수직인 평면으로 자른 단면의 넓이가 $S(x)$인 입체의 부피 V는

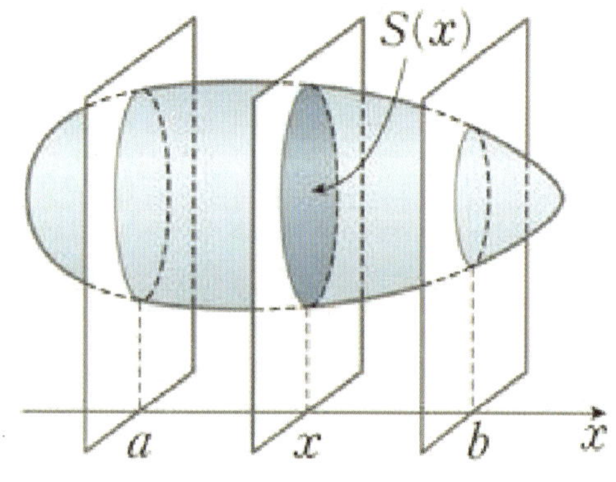

$$V = \int_a^b S(x)dx$$

✎ 입체도형의 부피

연구 11

$$\Delta V = V(x+\Delta x) - V(x) \fallingdotseq S(x)\Delta x$$

$$\frac{\Delta V}{\Delta x} = \frac{V(x+\Delta x) - V(x)}{\Delta x} \fallingdotseq \frac{S(x)\Delta x}{\Delta x}$$

세 변 Δt로 나누기

$$\lim_{\Delta x \to 0} \frac{\Delta V}{\Delta x} = \lim_{\Delta x \to 0} \frac{V(x+\Delta x) - V(x)}{x+\Delta x - x} = \lim_{\Delta x \to 0} S(x)$$

$$\frac{dV}{dt} = V'(x) = S(x)$$

부피 <u>미분</u> 넓이
모른다 <u>적분</u> 안다

모르는 부피를 알고 있는 <u>넓이</u>로 구한다!

$$V(x) = \int S(x)\,dx = G(x) + C = G(x) - G(a)$$

$$(단, \; G'(x) = S(x))$$

$$= \left[G(x) \right]_a^x$$

$$\begin{pmatrix} V(a) = 0 = G(a) + C \\ C = -G(a) \end{pmatrix}$$

$$= \int_a^x S(x)\,dx$$

연구12 다음 회전체의 부피를 쓰고 이를 유도하시오.

① 곡선 $y = f(x)$ (단, $a \leq x \leq b$)를 x축의 둘레로 회전시켜 생기는 회전체의 부피 V

② 곡선 $x = g(y)$ (단, $c \leq y \leq d$)를 y축의 둘레로 회전시켜 생기는 회전체의 부피 V

🔲 12 회전체의 부피

①곡선 $y = f(x)$ (단, $a \leq x \leq b$)를 x축의 둘레로 회전시켜 생기는 회전체의 부피 V는

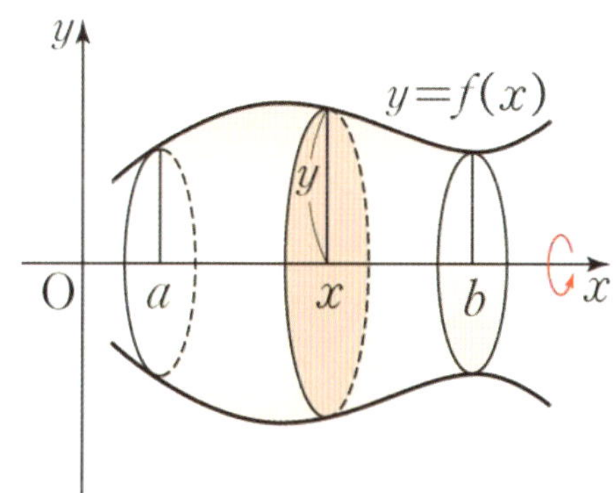

$$V = \pi \int_a^b y^2 dx = \pi \int_a^b \{f(x)\}^2 dx$$

②곡선 $x = g(y)$ (단, $c \leq y \leq d$)를 y축의 둘레로 회전시켜 생기는 회전체의 부피 V는

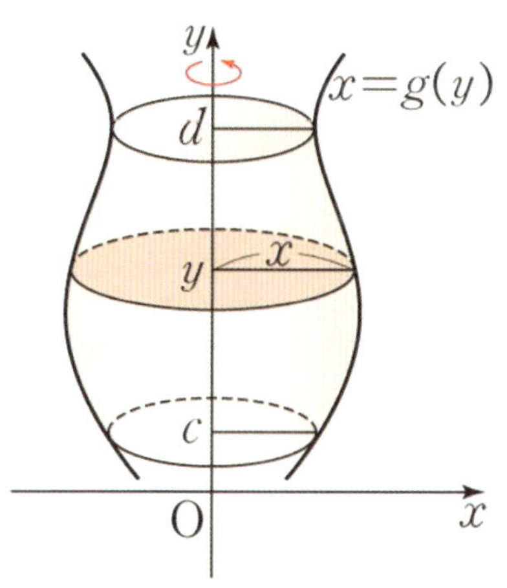

$$V = \pi \int_c^d x^2 dy = \pi \int_c^d \{g(y)\}^2 dy$$

✒ 회전체의 부피

① $S(x) = \pi y^2 = \pi \{f(x)\}^2$

$V = \int_a^b S(x)\,dx = \pi \int_a^b \{f(x)\}^2 dx$

② $S(y) = \pi x^2 = \pi \{g(y)\}^2$

$V = \int_c^d S(y)\,dy = \pi \int_c^d \{g(y)\}^2 dy$

✏ 회전체의 부피는 개정교과서에서 빠진 내용이지만, 입체도형의 부피에서 아주 약간 변형됐을 뿐이고, 공식 유도하는 방식이 실제 부피 문제 풀이 방식과 유사하니 봐두는 것도 좋다.

연구13 평면 위를 움직이는 점 P 의 시각 t 에서의
위치 $(x,\ y)$가 $x = f(t)$, $y = g(t)$로 주어질 때,
아래에 알맞은 식을 쓰시오.
① 속도 ② 속력 ③ 가속도 ④ 가속도의 크기

---

13 평면운동의 속도와 가속도

평면 위를 움직이는 점 P 의 시각 t 에서의 위치 $(x,\ y)$가 $x = f(t)$, $y = g(t)$로 주어질 때,

연구 13

① 속도: $\vec{v} = \left(\dfrac{dx}{dt},\ \dfrac{dy}{dt} \right) = (f'(t), g'(t))$

② 속력:
$$|\vec{v}| = \sqrt{\left(\dfrac{dx}{dt}\right)^2 + \left(\dfrac{dy}{dt}\right)^2} = \sqrt{\{f'(t)\}^2 + \{g'(t)\}^2}$$

③ 가속도: $\vec{a} = \left(\dfrac{d^2x}{dt^2},\ \dfrac{d^2y}{dt^2} \right) = (f''(t), g''(t))$

④ 가속도의 크기
$$|\vec{a}| = \sqrt{\left(\dfrac{d^2x}{dt^2}\right)^2 + \left(\dfrac{d^2y}{dt^2}\right)^2}$$
$$= \sqrt{\{f''(t)\}^2 + \{g''(t)\}^2}$$

✎ 개정 교육과정에서 기하를 배우지 않고
미적분을 배우는 것을 전제로 하여
속도, 속력, 가속도, 가속도의 크기에
벡터 기호 $\vec{v}$, $|\vec{v}|$, $\vec{a}$, $|\vec{a}|$를 사용하지 않는다.
그러나 속도나 가속도가 벡터라는 것은
물리에서도 배우는 상식적인 수준의 내용이고,
이를 표현할 마땅한 기호가 없다.
(교과서에서는 기호 없이 한글 단어로 표현한다.)
따라서 이 책에서는 벡터 기호를 사용했다.

✎ 평면운동의 속도와 가속도

【ex】 수평으로 던진 물체의 운동

$P\,(5t,\ -5t^2)$

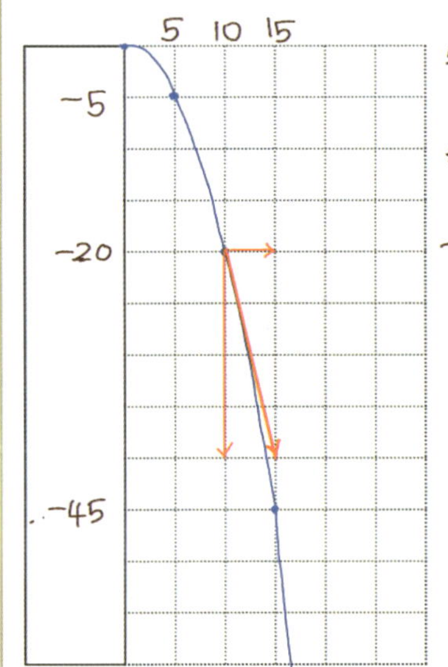

연구14 평면 위를 움직이는 물체의 시각 t에서의
좌표 $(x,\ y)$가 $x=f(t)$, $y=g(t)$라고 하면
물체가 $t=a$에서 $t=b$까지 움직인 거리 l를
유도하시오.

---

14 평면운동의 이동거리

평면 위의 움직이는 점 P의 시각 t에서의 위치
$(x,\ y)$를 $x=f(t)$, $y=g(t)$라고 하면
$t=a$에서 $t=b$까지 움직인 거리 l

$$l=\int_a^b \sqrt{\left(\frac{dx}{dt}\right)^2+\left(\frac{dy}{dt}\right)^2}\,dt$$

$$=\int_a^b \sqrt{\{f'(t)\}^2+\{g'(t)\}^2}\,dt$$

✎ 평면운동의 이동거리

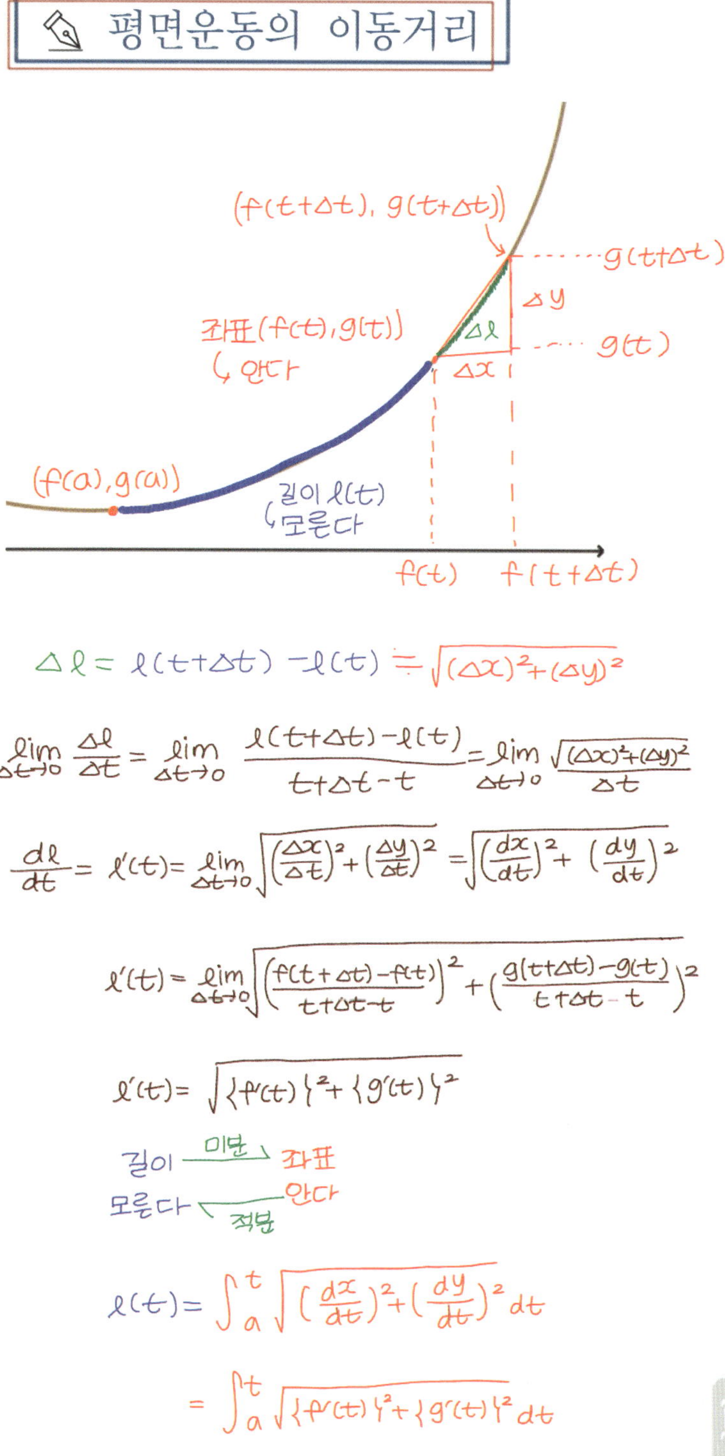

$$\triangle l = l(t+\triangle t)-l(t) \fallingdotseq \sqrt{(\triangle x)^2+(\triangle y)^2}$$

$$\lim_{\triangle t \to 0}\frac{\triangle l}{\triangle t}=\lim_{\triangle t\to 0}\frac{l(t+\triangle t)-l(t)}{t+\triangle t-t}=\lim_{\triangle t\to 0}\frac{\sqrt{(\triangle x)^2+(\triangle y)^2}}{\triangle t}$$

$$\frac{dl}{dt}=l'(t)=\lim_{\triangle t\to 0}\sqrt{\left(\frac{\triangle x}{\triangle t}\right)^2+\left(\frac{\triangle y}{\triangle t}\right)^2}=\sqrt{\left(\frac{dx}{dt}\right)^2+\left(\frac{dy}{dt}\right)^2}$$

$$l'(t)=\lim_{\triangle t\to 0}\sqrt{\left(\frac{f(t+\triangle t)-f(t)}{t+\triangle t-t}\right)^2+\left(\frac{g(t+\triangle t)-g(t)}{t+\triangle t-t}\right)^2}$$

$$l'(t)=\sqrt{\{f'(t)\}^2+\{g'(t)\}^2}$$

길이 —미분→ 좌표
모른다 ←적분— 안다

$$l(t)=\int_a^t \sqrt{\left(\frac{dx}{dt}\right)^2+\left(\frac{dy}{dt}\right)^2}\,dt$$

$$=\int_a^t \sqrt{\{f'(t)\}^2+\{g'(t)\}^2}\,dt$$

[연구15] 곡선 $y = f(x)$의 $x = a$에서 $x = b$까지의

길이 l을 유도하시오.

---

15 곡선의 길이

① 매개변수 t로 나타내어진 곡선 $x = f(t)$,

$y = g(t)$ 구간 $a \le t \le b$에서의 곡선의 길이 l

$$l = \int_a^b \sqrt{\left(\frac{dx}{dt}\right)^2 + \left(\frac{dy}{dt}\right)^2}\, dt$$

$$= \int_a^b \sqrt{\{f'(t)\}^2 + \{g'(t)\}^2}\, dt$$

연구 15 ② 곡선 $y = f(x)$의 구간 $a \le x \le b$에서의

호의 길이 l

$$l = \int_a^b \sqrt{1 + \left(\frac{dy}{dx}\right)^2}\, dx$$

$$= \int_a^b \sqrt{1 + \{f'(x)\}^2}\, dx$$

※ ① 과 ② 는 본질적으로 같아

① $(x, y) = (f(t), g(t))$

② $(x, y) = (x, f(x))$

$$\begin{pmatrix} f(t) & g & t \\ \downarrow & \downarrow & \downarrow \\ x & f & x \end{pmatrix}$$

① $l = \int_a^b \sqrt{\{f'(t)\}^2 + \{g'(t)\}^2}\, dt$

② $l = \int_a^b \sqrt{\{(x)'\}^2 + \{f'(x)\}^2}\, dx$

$$= \int_a^b \sqrt{1 + \{f'(x)\}^2}\, dx$$

✎ 곡선의 길이

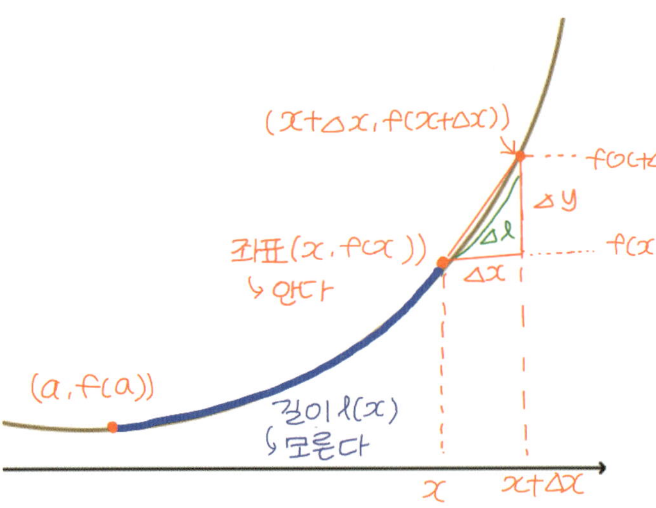

$$\Delta l = l(x + \Delta x) - l(x) \fallingdotseq \sqrt{(\Delta x)^2 + (\Delta y)^2}$$

$$\lim_{\Delta x \to 0} \frac{\Delta l}{\Delta x} = \lim_{\Delta x \to 0} \frac{l(x+\Delta x) - l(x)}{x + \Delta x - x} = \lim_{\Delta x \to 0} \frac{\sqrt{(\Delta x)^2 + (\Delta y)^2}}{\Delta x}$$

$$\frac{dl}{dx} = l'(x) = \lim_{\Delta x \to 0} \sqrt{\left(\frac{\Delta x}{\Delta x}\right)^2 + \left(\frac{\Delta y}{\Delta x}\right)^2} = \sqrt{1 + \left(\frac{dy}{dx}\right)^2}$$

$$l'(x) = \lim_{\Delta x \to 0} \sqrt{1 + \left(\frac{f(x+\Delta x) - f(x)}{x + \Delta x - x}\right)^2}$$

$$l'(x) = \sqrt{1 + \{f'(x)\}^2}$$

길이 ──미분→ 좌표

모른다 ←적분── 안다

모르는 길이를 알고 있는 좌표로 구한다!

$$l(x) = \int_a^x \sqrt{1 + \{f'(x)\}^2}\, dx$$

$$= \int_a^x \sqrt{1 + \left(\frac{dy}{dx}\right)^2}\, dx$$

역대 수능·모의고사 기출 문항 출제 의도

Ⅰ.수열의 극한

[출제의도] 수열의 극한의 성질을 이해하여 극한값을 계산하는 문제를 해결한다.
[출제의도] 등비수열의 극한을 이해하여 문제를 해결한다.
[출제의도] 급수의 정의를 이용하여 급수의 합을 구하는 문제를 해결한다.
[출제의도] 급수의 성질을 이용하여 수열의 극한값을 구하는 문제를 해결한다.
[출제의도] 도형의 성질을 이용하여 등비급수의 합을 구하는 문제를 해결한다.

Ⅱ.여러 가지 함수의 미분

[출제의도] 로그함수의 극한값을 계산하는 문제를 해결한다.
[출제의도] 지수함수의 극한값을 계산하는 문제를 해결한다.
[출제의도] 삼각함수의 덧셈정리를 이용하여 문제를 해결한다.
[출제의도] 도형의 성질을 이용하여 삼각함수의 극한에 대한 문제를 해결한다.

Ⅲ.여러 가지 미분법

[출제의도] 몫의 미분법을 이용하여 미분계수를 구하는 문제를 해결한다.
[출제의도] 합성함수의 미분법을 이용하여 미분계수를 구하는 문제를 해결한다.
[출제의도] 역함수의 미분법을 이용하여 미분계수를 구하는 문제를 해결한다.
[출제의도] 음함수의 미분법을 이용하여 미분계수를 구하는 문제를 해결한다.
[출제의도] 매개변수의 미분법을 이용하여 미분계수를 구하는 문제를 해결한다.
[출세의도] 도함수를 활용하여 문제를 해결한다.
[출제의도] 접선의 방정식 구하여 문제를 해결한다.
[출제의도] 미분법을 활용하여 함수의 성질을 추론하는 문제를 해결한다.
[출제의도] 미분법을 활용하여 힘수의 증가와 감소를 이용하는 문제를 해결한다.
[출제의도] 미분가능성의 정의를 활용하여 함수의 그래프를 추론하는 문제를 해결한다.

Ⅳ.여러 가지 적분법

[출제의도] 치환적분법을 이용하여 문제를 해결한다.
[출제의도] 부분적분법을 이용하여 문제를 해결한다.
[출제의도] 적분과 미분의 관계 이용하여 함숫값을 구하는 문제를 해결한다.
[출제의도] 정적분으로 정의된 함수를 이용하여 최댓값과 최솟값을 구하는 문제를 해결한다.
[출제의도] 정적분과 넓이의 관계를 이용하여 문제를 해결한다.
[출제의도] 정적분과 급수의 합 사이의 관계를 이해하여 문제를 해결한다.
[출제의도] 여러 가지 적분법을 이용하여 곡선의 길이를 활용하는 문제를 해결한다.
[출제의도] 여러 가지 적분법을 이용하여 함수의 그래프를 추론하는 문제를 해결한다.
[출제의도] 주어진 조건을 만족시키는 함수를 구한 후 정적분의 값을 구하는 문제를 해결한다.
[출제의도] 정적분의 성질을 이용하여 함수의 미정계수를 구하는 문제를 해결한다.

기 하

「교과서 학습 목표」

1.이차곡선

□ 포물선의 뜻을 알고,

　포물선의 방정식을 구할 수 있다.

□ 타원의 뜻을 알고,

　타원의 방정식을 구할 수 있다.

□ 쌍곡선의 뜻을 알고,

　쌍곡선의 방정식을 구할 수 있다.

□ 이차곡선과 직선의 위치 관계를 이해하고,

　접선의 방정식을 구할 수 있다.

2.평면벡터

□ 벡터의 뜻을 안다.

□ 벡터의 덧셈, 뺄셈, 실수배를 할 수 있다.

□ 위치벡터의 뜻을 알고,

　평면벡터와 좌표의 대응을 이해한다.

□ 두 평면벡터의 내적의 뜻을 알고,

　이를 구할 수 있다.

□ 좌표평면에서 벡터를 이용하여

　직선과 원의 방정식을 구할 수 있다.

3.공간 도형·좌표

□ 직선과 직선, 직선과 평면, 평면과 평면의

　위치 관계에 대한 간단한 증명을 할 수 있다.

□ 삼수선의 정리를 이해하고, 이를 활용할 수 있다.

□ 정사영의 뜻을 알고, 이를 구할 수 있다.

□ 좌표공간에서 점의 좌표를 구할 수 있다.

□ 좌표공간에서 두 점 사이의 거리를 구할 수 있다.

□ 좌표공간에서 선분의 내분점과 외분점의

　좌표를 구할 수 있다.

□ 구의 방정식을 구할 수 있다.

「기하」 Ⅰ.이차곡선

연구01 포물선의 정의를 쓰시오.

미리 알아야 할 단원
수학(상) － 3.도형의 방정식

1 포물선의 뜻

연구 01 **정의:** 평면 위에서 한 정점 F와
점 F를 지나지 않는 정직선 l이 주어질 때,
점F(초점)와 직선l(준선)으로부터
같은거리에 있는점들의 집합

초점 : 정점 F
준선 : 정직선 l
축 : 초점 F를 지나고 준선 l에 수직인 직선
꼭짓점 : 포물선과 축의 교점

✎ 포물선의 뜻

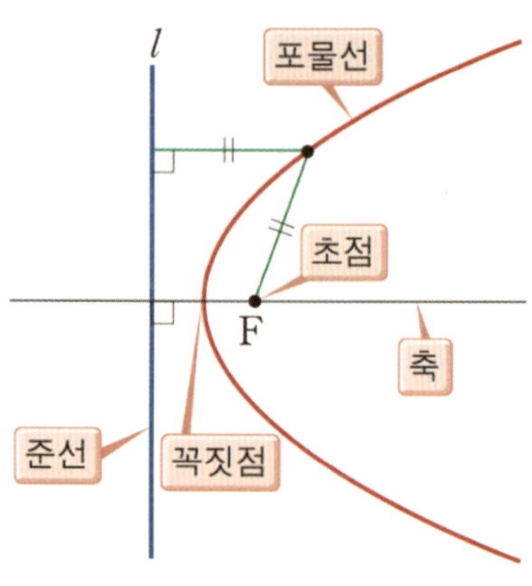

📝 실전 활용

① 정사각형

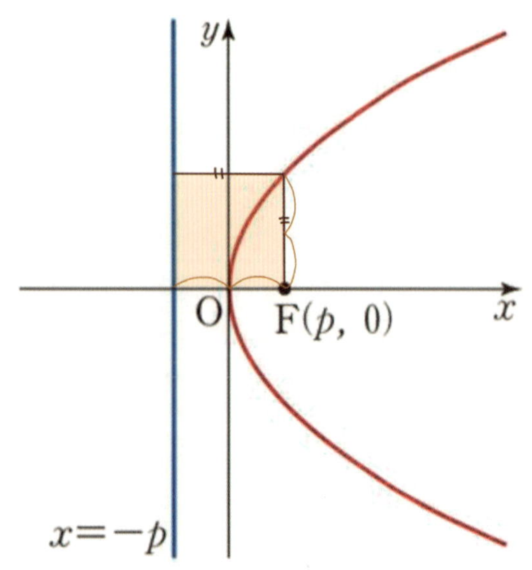

② 좌표

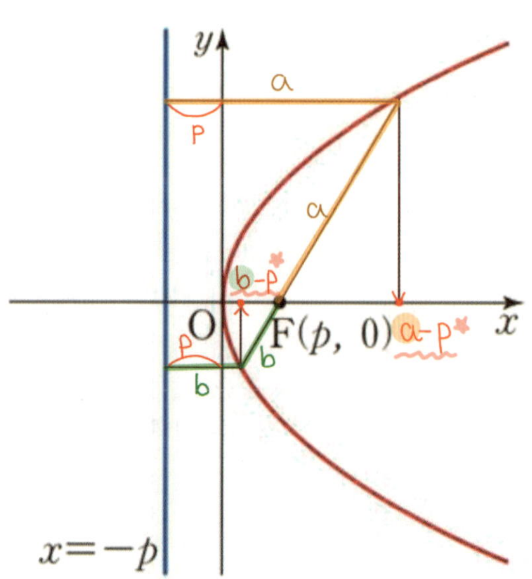

연구02 초점이 $F(p, 0)$이고, 준선이 $x = -p$인 포물선의 방정식을 유도하시오. (단, $p \neq 0$)

연구03 초점이 $F(0, p)$이고, 준선이 $y = -p$인 포물선의 방정식을 유도하시오. (단, $p \neq 0$)

---

2 포물선의 방정식

연구 02 ① 초점이 $F(p, 0)$이고, (단, $p \neq 0$) 준선의 방정식이 $x = -p$인 포물선은

$$y^2 = 4px$$

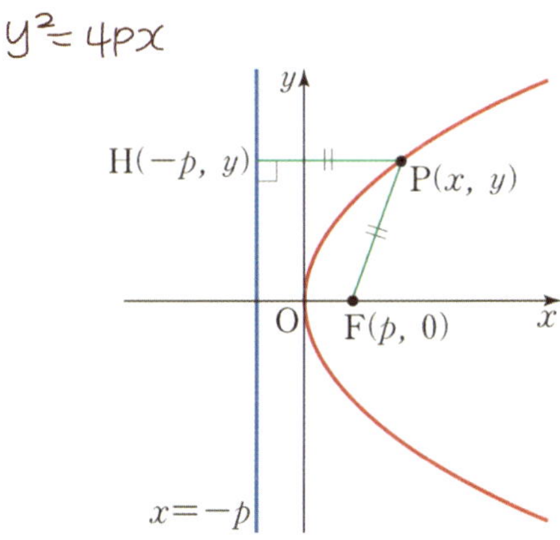

연구 03 ② 초점이 $F(0, p)$이고, (단, $p \neq 0$) 준선의 방정식이 $y = -p$인 포물선

$$x^2 = 4py$$

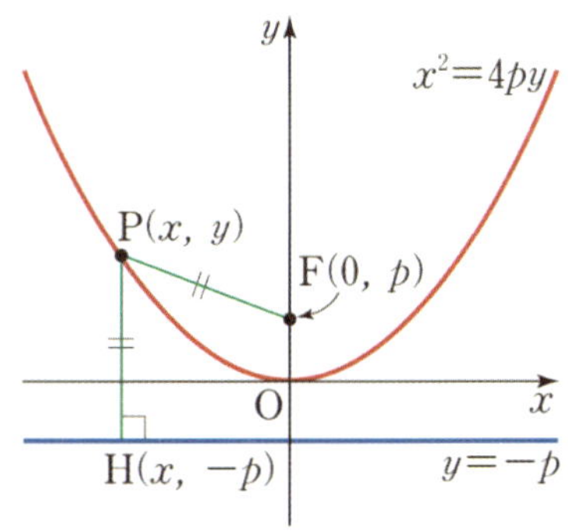

포물선의 방정식

① 포물선 위의 임의의 점 $P(x, y)$

$$\overline{PF} = \overline{PH}$$

$$\sqrt{(x-p)^2 + y^2} = |x - (-p)| = |x + p|$$

$$(x-p)^2 + y^2 = (x+p)^2$$

$$y^2 = (x+p)^2 - (x-p)^2$$

$$= \{(x+p) - (x-p)\}\{(x+p) + (x-p)\}$$

$$= 2p \times 2x = 4px$$

②

$y^2 = 4px$를
초점, 준선
$(P, 0)$, $x = -p$

$y = x$에 대하여 대칭이동 →

$x^2 = 4py$를
초점, 준선
$(0, P)$, $y = -p$

연구04 타원의 정의를 쓰시오.

---

③ 타원의 뜻

연구04 **정의:** 평면 위의 두 정점 F, F' (초점)
으로부터의 거리의 합이 일정한 점의 집합

초점 : 두 점 F, F'
중심 : 두 초점을 이은 선분의 중점
장축 : 마주보는 꼭짓점을 이은 선분 중에 긴 선분
단축 : 마주보는 꼭짓점을 이은 선분 중에 짧은 선분
꼭짓점 : 타원과 장축, 단축과의 교점

✒ 타원의 뜻

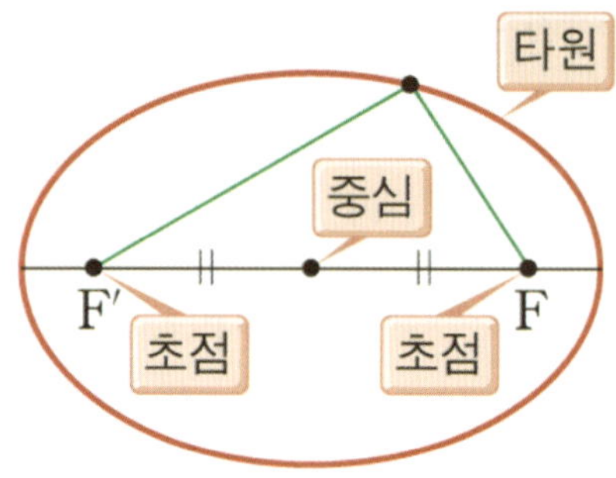

✎ **실전 활용**

① 장축 확인

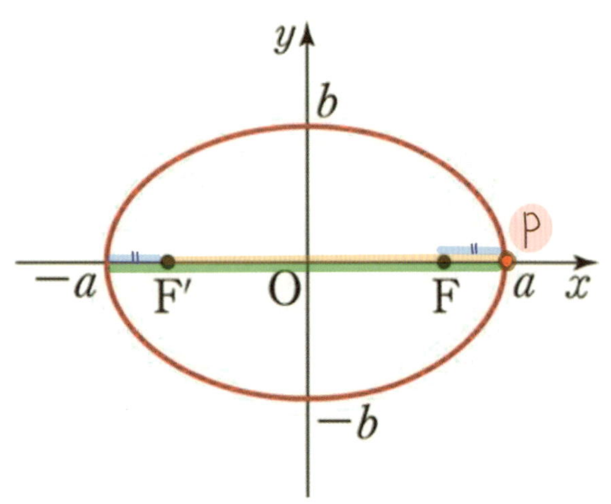

두 초점 거리 합 = 장축
$\overline{F'P} + \overline{FP} = 2a$

② 초점 확인

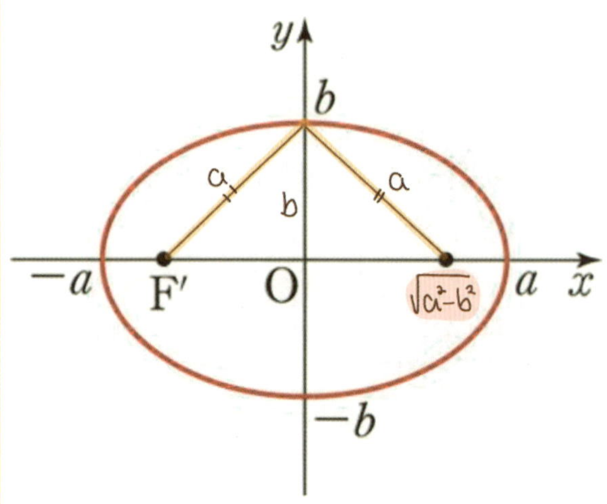

연구05 두 정점 $F(c, 0)$, $F'(-c, 0)$으로부터의 거리의 합이 $2a$인 타원의 방정식을 유도하시오.
(단, $a > b > 0$, $b^2 = a^2 - c^2$)

4 타원의 방정식

① 두 정점 $F(c, 0)$, $F'(-c, 0)$에서의 거리의 합이 $2a$인 타원 (단, $a > b > 0$, $b^2 = a^2 - c^2$)

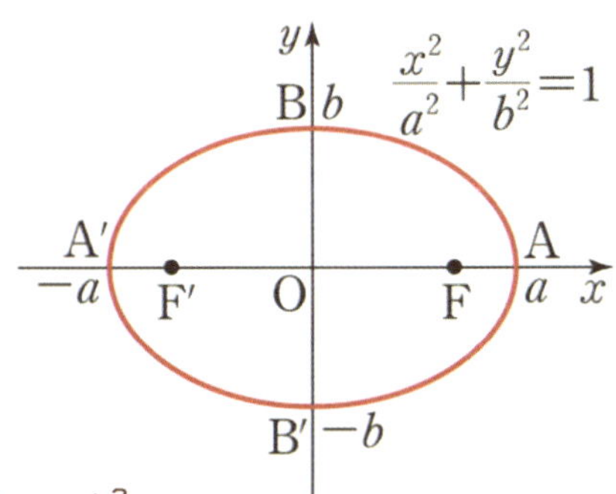

$$\frac{x^2}{a^2} + \frac{y^2}{b^2} = 1$$

$$F(\sqrt{a^2-b^2},\ 0)\quad F'(-\sqrt{a^2-b^2},\ 0)$$

② 두 정점 $F(0, c)$, $F'(0, -c)$에서의 거리의 합이 $2b$인 타원 (단, $b > a > 0$, $a^2 = b^2 - c^2$)

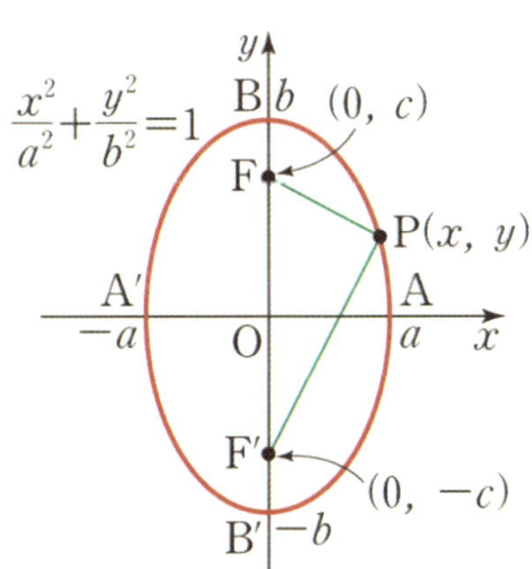

$$\frac{x^2}{a^2} + \frac{y^2}{b^2} = 1$$

$$F(0, \sqrt{b^2-a^2})\quad F'(0, -\sqrt{b^2-a^2})$$

타원의 방정식

① 타원 위의 임의의 점 $P(x, y)$에 대하여

$$\overline{PF} + \overline{PF'} = 2a$$

$$\sqrt{(x-c)^2+y^2} + \sqrt{(x+c)^2+y^2} = 2a$$

$$\sqrt{(x-c)^2+y^2} = 2a - \sqrt{(x+c)^2+y^2}$$

$$(x-c)^2+y^2 = 4a^2 - 4a\sqrt{(x+c)^2+y^2} + (x+c)^2+y^2$$

$$4a\sqrt{(x+c)^2+y^2} = 4a^2 + (x+c)^2 - (x-c)^2$$
$$= 4a^2 + \{(x+c)-(x-c)\}\{x+c+x-c\}$$
$$= 4a^2 + 4cx$$

$$(a^2-c^2)x^2 + a^2y^2 = a^2(a^2-c^2)$$

$$\frac{x^2}{a^2} + \frac{y^2}{a^2-c^2} = 1$$

$$\frac{x^2}{a^2} + \frac{y^2}{b^2} = 1 \quad (\because b^2 = a^2 - c^2)$$

✎ 타원의 매개변수 표현

$$\frac{x^2}{a^2} + \frac{y^2}{b^2} = 1 \Leftrightarrow \begin{cases} x = a\cos t \\ y = b\sin t \end{cases}$$

연구06 쌍곡선의 정의를 쓰시오.

연구07 두 정점 $F(c, 0)$, $F'(-c, 0)$으로부터의 거리의 차가 $2a$인 쌍곡선의 방정식을 유도하시오.
(단, $c > a > 0$, $b^2 = c^2 - a^2$)

---

5 쌍곡선의 뜻

연구 06

정의: 평면 위의 두 정점 F, F' (초점)으로부터 거리의 차가 일정한 점의 집합

초점 : 두 점 F, F'
중심 : 두 초점을 이은 선분의 중점
주축 : 쌍곡선의 두 꼭짓점을 이은 선분
꼭짓점 : 쌍곡선과 주축과의 교점

✎ 쌍곡선의 뜻

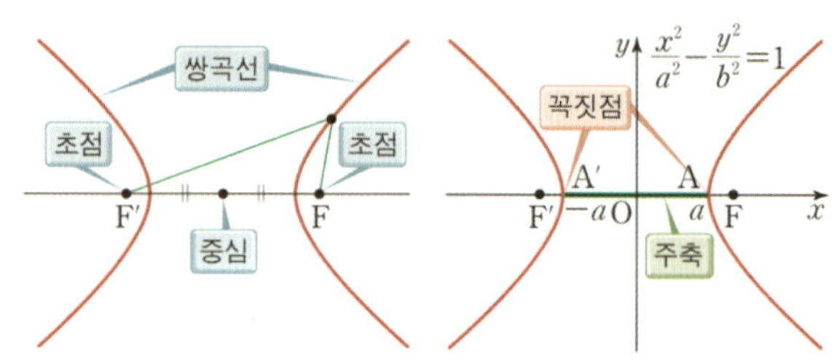

6 쌍곡선의 방정식

연구 07

① 두 정점 $F(c, 0)$, $F'(-c, 0)$에서의 거리의 차가 $2a$인 쌍곡선
(단, $c > a > 0$, $b^2 = c^2 - a^2$)

$$\frac{x^2}{a^2} - \frac{y^2}{b^2} = 1$$

$F(\sqrt{a^2+b^2}, 0)$ $F'(-\sqrt{a^2+b^2}, 0)$

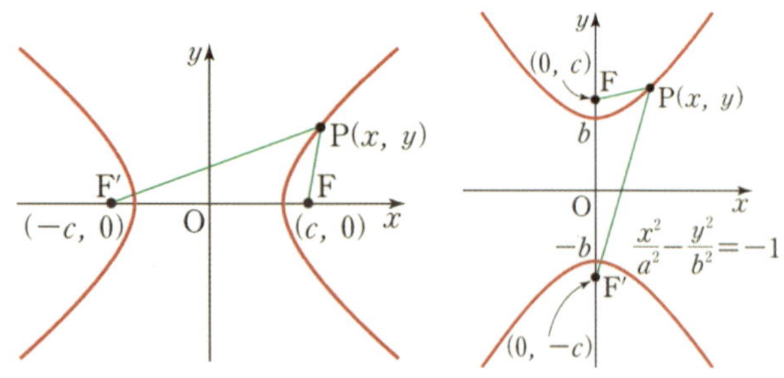

② 두 정점 $F(0, c)$, $F'(0, -c)$에서의 거리의 차가 $2b$인 쌍곡선
(단, $c > a > 0$, $a^2 = c^2 - b^2$)

$$\frac{x^2}{a^2} - \frac{y^2}{b^2} = -1$$

$F(0, \sqrt{a^2+b^2})$ $F'(0, -\sqrt{a^2+b^2})$

✎ 쌍곡선의 방정식

① 쌍곡선 위의 임의의 점 $P(x, y)$에 대하여

$|\overline{PF'} - \overline{PF}| = 2a$

$\sqrt{(x+c)^2 + y^2} - \sqrt{(x-c)^2 + y^2} = \pm 2a$

$\sqrt{(x+c)^2 + y^2} = \sqrt{(x-c)^2 + y^2} \pm 2a$

$(c^2 - a^2)x^2 - a^2 y^2 = a^2(c^2 - a^2)$

$\dfrac{x^2}{a^2} - \dfrac{y^2}{c^2 - a^2} = 1$

$\dfrac{x^2}{a^2} - \dfrac{y^2}{b^2} = 1 \quad (\because b^2 = c^2 - a^2)$

📝 쌍곡선의 매개변수 표현

$\dfrac{x^2}{a^2} - \dfrac{y^2}{b^2} = 1 \Leftrightarrow \begin{cases} x = a\sec t \\ y = b\tan t \end{cases} \quad (\because \sec t = \dfrac{1}{\cos t})$

$\dfrac{x^2}{a^2} - \dfrac{y^2}{b^2} = -1 \Leftrightarrow \begin{cases} x = a\tan t \\ y = b\sec t \end{cases}$

[연구08] 쌍곡선

$$\frac{x^2}{a^2} - \frac{y^2}{b^2} = 1 \ \text{ 또는 } \ \frac{x^2}{a^2} - \frac{y^2}{b^2} = -1 \text{의}$$

점근선의 방정식을 유도하시오.

7 쌍곡선의 점근선

쌍곡선 $\dfrac{x^2}{a^2} - \dfrac{y^2}{b^2} = 1$ 또는 $\dfrac{x^2}{a^2} - \dfrac{y^2}{b^2} = -1$의

점근선의 방정식은

$$y = \frac{b}{a}x, \quad y = -\frac{b}{a}x$$

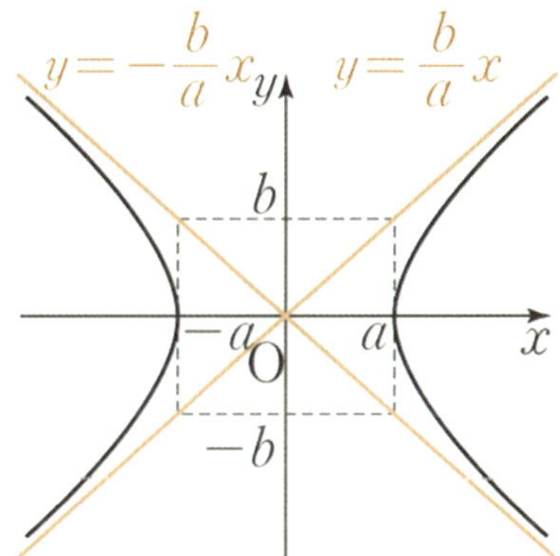

✎ 쌍곡선의 점근선

$\dfrac{x^2}{a^2} - \dfrac{y^2}{b^2} = 1$

$\dfrac{y^2}{b^2} = \dfrac{x^2}{a^2} - 1$

$y^2 = \dfrac{b^2}{a^2}x^2 - b^2$

$y^2 = \dfrac{b^2}{a^2}x^2\left(1 - \dfrac{a^2}{x^2}\right)$

$y = \pm\sqrt{\left(\dfrac{b}{a}x\right)^2\left(1 - \dfrac{a^2}{x^2}\right)}$

$y = \pm\dfrac{b}{a}x\sqrt{1 - \dfrac{a^2}{x^2}}$

$\left(x \to \pm\infty \text{ 이면 } \dfrac{a^2}{x^2} \to 0 \text{ 이므로}\right)$

$y = \pm\dfrac{b}{a}x\sqrt{1 - 0}$

$y = \pm\dfrac{b}{a}x$

🖋 실전 활용

주축 확인

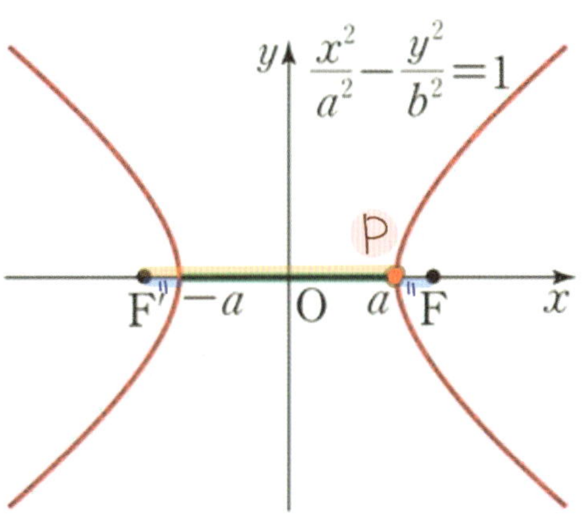

두 초점 거리 차 = 주축
$$\overline{F'P} - \overline{FP} = 2a$$

연구09 포물선 $y^2 = 4px$에 접하고 기울기가 m인 접선의 방정식을 유도하시오.

연구10 포물선 $y^2 = 4px$ 위의 점 $P(x_1, y_1)$에서의 접선의 방정식을 쓰시오.

8 포물선의 접선의 방정식

연구 09 ① 포물선 $y^2 = 4px$에 접하고 기울기가 m인 직선의 방정식

$$y = mx + \frac{p}{m}$$

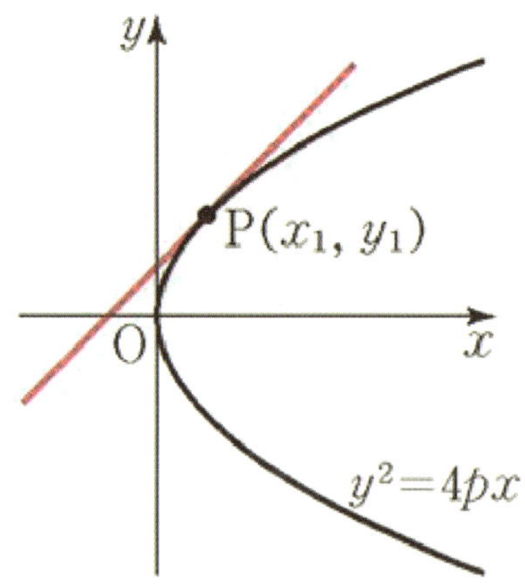

연구 10 ② 포물선 $y^2 = 4px$ 위의 점 $P(x_1, y_1)$에서의 접선의 방정식

$$y_1 y = 2p(x + x_1)$$

③ 포물선 $x^2 = 4py$ 위의 점 $P(x_1, y_1)$에서의 접선의 방정식

$$x_1 x = 2p(y + y_1)$$

✎ 포물선의 접선의 방정식

① 포물선 $y^2 = 4px$에 접하고 기울기가 m인 접선의 방정식을 $y = mx + n$이라고 하자.

$$y^2 = 4px$$
$$\to (mx+n)^2 = 4px$$
$$\to m^2x^2 + 2mnx + n^2 = 4px$$
$$\to \frac{D}{4} = (mn-2p)^2 - m^2 n^2 = 0 \quad \left(\frac{D}{4} = (b')^2 - ac\right)$$
$$\to \frac{D}{4} = 4p(p - mn) = 0$$
$$\therefore n = \frac{p}{m}$$

따라서 접선의 방정식은

$$y = mx + \frac{p}{m}$$

② 포물선 $y^2 = 4px$ 위의 점 $\mathrm{P}(x_1,\ y_1)$에서의
접선의 방정식을 $y - y_1 = m(x - x_1)$라고 하자.

$y^2 = 4px$

$\rightarrow\ \{m(x - x_1) + y_1\}^2 = 4px$

$\rightarrow\ m^2 x^2 + 2(my_1 - m^2 x_1 - 2p)x + (y_1 - mx_1)^2 = 0$

$\rightarrow\ D = 0$

$\rightarrow\ x_1 m^2 - y_1 m + p = 0$

$\rightarrow\ y_1{}^2 m^2 - 4py_1 m + 4p^2 = 0$

$$\left(\because\ y_1{}^2 = 4px_1\ \rightarrow\ x_1 = \frac{y_1{}^2}{4p} \right)$$

$\therefore\ m = \dfrac{2p}{y_1}$

$y - y_1 = m(x - x_1)$

$\rightarrow\ y - y_1 = \dfrac{2p}{y_1}(x - x_1)$

$\rightarrow\ y_1 y = 2p(x - x_1) + y_1^2$

$\rightarrow\ y_1 y = 2p(x - x_1) + 4px_1$

$\therefore\ y_1 y = 2p(x + x_1)$

연구11 타원 $\dfrac{x^2}{a^2}+\dfrac{y^2}{b^2}=1$에 접하고 기울기가 m인 접선의 방정식을 쓰시오.

연구12 타원 $\dfrac{x^2}{a^2}+\dfrac{y^2}{b^2}=1$ 위의 점 $P(x_1,\ y_1)$에서의 접선의 방정식을 쓰시오.

9 타원과 접선의 방정식

연구 11 ① 타원 $\dfrac{x^2}{a^2}+\dfrac{y^2}{b^2}=1$에 접하고 기울기가 m인 직선의 방정식

$$y = mx \pm \sqrt{a^2m^2+b^2}$$

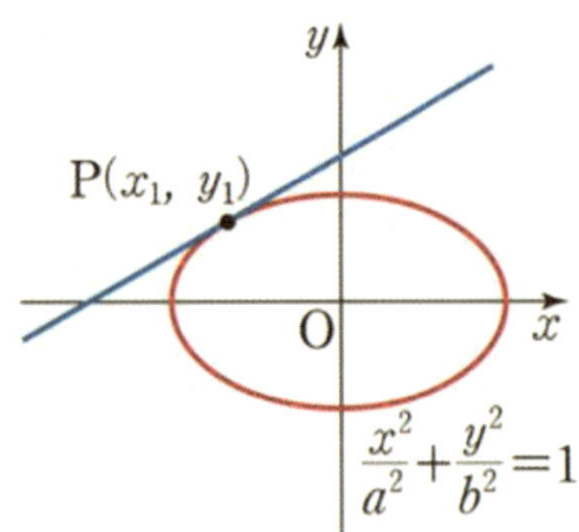

연구 12 ② 타원 $\dfrac{x^2}{a^2}+\dfrac{y^2}{b^2}=1$ 위의 점 $(x_1,\ y_1)$에서의 접선의 방정식

$$\frac{x_1 x}{a^2} + \frac{y_1 y}{b^2} = 1$$

✎ 타원과 접선의 방정식

① 타원 $\dfrac{x^2}{a^2}+\dfrac{y^2}{b^2}=1$에 접하고 기울기가 m인 직선의 방정식을 $y=mx+n$ 라고 하자.

$$\frac{x^2}{a^2}+\frac{y^2}{b^2}=1$$

$$\rightarrow \frac{x^2}{a^2}+\frac{(mx+n)^2}{b^2}=1$$

$$\rightarrow (a^2m^2+b^2)x^2+2a^2mnx+a^2(n^2-b^2)=0$$

$$\rightarrow \frac{D}{4}=a^2b^2(a^2m^2-n^2+b^2)=0$$

$$\therefore n = \pm\sqrt{a^2m^2+b^2}$$

따라서 접선의 방정식은

$$y = mx \pm \sqrt{a^2m^2+b^2}$$

② 타원 $\dfrac{x^2}{a^2} + \dfrac{y^2}{b^2} = 1$ 위의 점 $(x_1,\ y_1)$에서의

접선의 방정식을 $y - y_1 = m(x - x_1)$라고 하자.

$$\frac{x^2}{a^2} + \frac{y^2}{b^2} = 1$$

$$\rightarrow \frac{x^2}{a^2} + \frac{\{m(x - x_1) + y_1\}^2}{b^2} = 1$$

$$\rightarrow D = 0$$

$$\rightarrow (a^2 - x_1{}^2)m^2 + 2x_1 y_1 m + b^2 - y_1{}^2 = 0$$

$$\rightarrow \left(\frac{a}{b} y_1 m\right)^2 + 2x_1 y_1 m + \left(\frac{b}{a} x_1\right)^2 = 0$$

$$\left(\because\ \frac{x_1{}^2}{a^2} + \frac{y_1{}^2}{b^2} = 1 \text{에서}\right.$$

$$\left. a^2 - x_1{}^2 = \frac{a^2}{b^2} y_1{}^2 \text{이고}\ b^2 - y_1{}^2 = \frac{b^2}{a^2} x_1{}^2\ \right)$$

$$\therefore\ m = -\frac{b^2 x_1}{a^2 y_1}$$

$$y - y_1 = m(x - x_1)$$

$$\rightarrow y - y_1 = -\frac{b^2 x_1}{a^2 y_1}(x - x_1)$$

$$\therefore\ \frac{x_1 x}{a^2} + \frac{y_1 y}{b^2} = 1$$

접선과 각도 (빛의 반사)

① 포물선

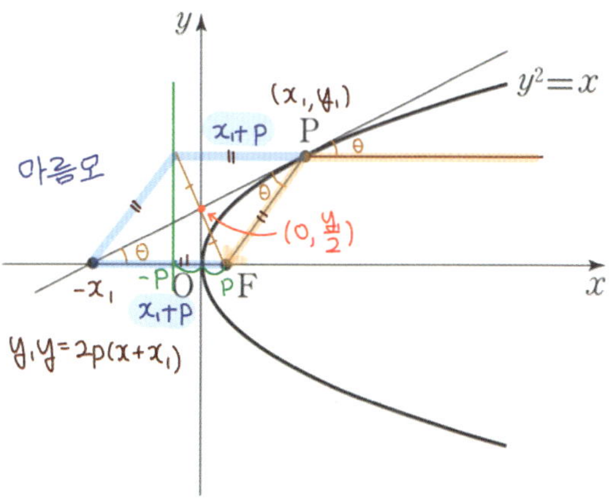

② 타원

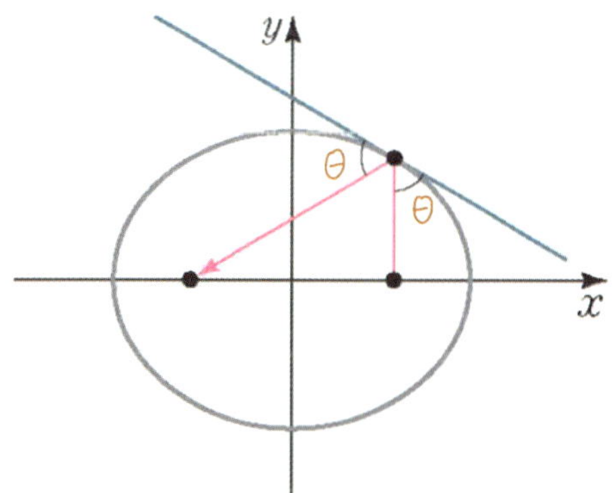

③ 쌍곡선

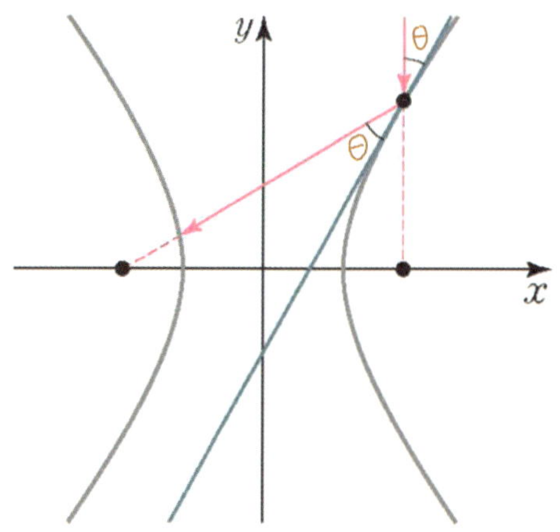

연구13 쌍곡선 $\dfrac{x^2}{a^2} - \dfrac{y^2}{b^2} = 1$에 접하고 기울기가 m인 접선의 방정식을 쓰시오.

연구14 쌍곡선 $\dfrac{x^2}{a^2} - \dfrac{y^2}{b^2} = 1$ 위의 점 $(x_1,\ y_1)$에서의 접선의 방정식을 쓰시오.

⑩ 쌍곡선과 접선의 방정식

연구 13 ① 쌍곡선 $\dfrac{x^2}{a^2} - \dfrac{y^2}{b^2} = 1$에 접하고

기울기가 m인 직선의 방정식

$$y = mx \pm \sqrt{a^2 m^2 - b^2}$$

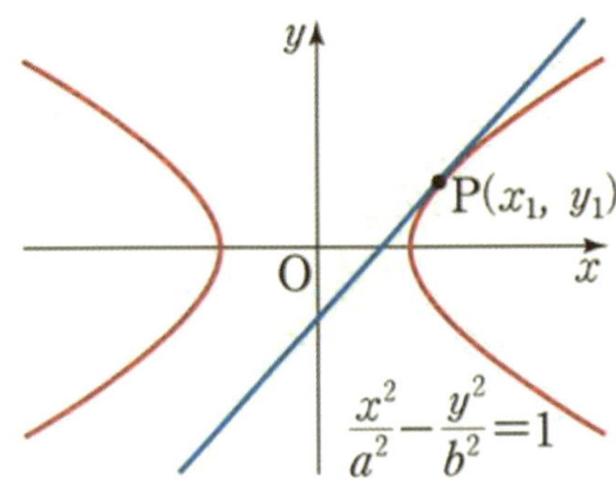

연구 14 ② 쌍곡선 $\dfrac{x^2}{a^2} - \dfrac{y^2}{b^2} = 1$ 위의

점 $(x_1,\ y_1)$에서의 접선의 방정식

$$\dfrac{x_1 x}{a^2} - \dfrac{y_1 y}{b^2} = 1$$

③ 쌍곡선 $\dfrac{x^2}{a^2} - \dfrac{y^2}{b^2} = -1$ 위의

점 $(x_1,\ y_1)$에서의 접선의 방정식

$$\dfrac{x_1 x}{a^2} - \dfrac{y_1 y}{b^2} = -1$$

✎ 쌍곡선과 접선의 방정식

① 쌍곡선에 $\dfrac{x^2}{a^2} - \dfrac{y^2}{b^2} = 1$에 접하고 기울기가 m인 직선의 방정식을 $y = mx + n$ 이라하자.

$$\dfrac{x^2}{a^2} - \dfrac{y^2}{b^2} = 1$$

$$\rightarrow \dfrac{x^2}{a^2} - \dfrac{(mx+n)^2}{b^2} = 1$$

$$\rightarrow (a^2 m^2 - b^2)x^2 + 2a^2 mn x + a^2(n^2 + b^2) = 0$$

$$\rightarrow D = -4a^2 b^2(-a^2 m^2 + n^2 + b^2) = 0$$

$$\therefore n = \pm \sqrt{a^2 m^2 - b^2}$$

따라서 접선의 방정식은

$$y = mx \pm \sqrt{a^2 m^2 - b^2}$$

② 쌍곡선 $\dfrac{x^2}{a^2} - \dfrac{y^2}{b^2} = 1$ 위의

점 $(x_1,\ y_1)$에서의 접선의 방정식을

$y - y_1 = m(x - x_1)$라고 하자.

$$\dfrac{x^2}{a^2} + \dfrac{y^2}{b^2} = 1$$

$$\rightarrow\ \dfrac{x^2}{a^2} - \dfrac{\{m(x - x_1) + y_1\}^2}{b^2} = 1$$

$$\rightarrow\ D = 0$$

$$\rightarrow\ (a^2 - x_1{}^2)m^2 + 2x_1 y_1 m - (b^2 + y_1{}^2) = 0$$

$$\rightarrow\ \left(\dfrac{a}{b} y_1 m\right)^2 - 2x_1 y_1 m + \left(\dfrac{b}{a} x_1\right)^2 = 0$$

$$\left(\because\ \dfrac{x_1{}^2}{a^2} - \dfrac{y_1{}^2}{b^2} = 1 \text{에서}\right.$$

$$\left. a^2 - x_1{}^2 = -\dfrac{a^2}{b^2} y_1{}^2 \text{이고}\ b^2 + y_1{}^2 = \dfrac{b^2}{a^2} x_1{}^2\ \right)$$

$$\therefore\ m = \dfrac{b^2 x_1}{a^2 y_1}$$

$$y - y_1 = m(x - x_1)$$

$$\rightarrow\ y - y_1 = \dfrac{b^2 x_1}{a^2 y_1}(x - x_1)$$

$$\therefore\ \dfrac{x_1 x}{a^2} - \dfrac{y_1 y}{b^2} = 1$$

「기하」 Ⅱ.평면벡터

미리 알아야 할 단원
수학(상) – 3.도형의 방정식
수학1 – 2.삼각함수

1 벡터의 뜻

정의 : 크기와 방향을 함께 가지는 양

✒ **스칼라** : 크기만 가지는 양

벡터의 방향: 화살표 방향으로 표시

벡터의 크기: 선분의 길이로 표시

기호: $\overrightarrow{AB}$, $\vec{a}$

시점: A

종점: B

$|\overrightarrow{AB}|$: 벡터 $\overrightarrow{AB}$의 크기

단위벡터 : 크기가 1인 벡터

영벡터 : $\overrightarrow{AA}=\vec{0}$. 시점과 종점이 일치하여
　　　　크기가 0인 벡터.

역벡터 : 크기가 같지만 방향이 반대인 벡터.
$$\vec{a} \iff -\vec{a}, \quad \overrightarrow{BA}=-\overrightarrow{AB}$$

✐ 위치와는 상관없이 두 벡터 $\vec{a}$과 $\vec{b}$의 방향과
크기가 같을 때 두 벡터가 같다고 하며,
기호로 $\vec{a}=\vec{b}$ 표시

위치벡터 : 일정한 점 O를 시점으로 하는 벡터

✐ 벡터의 뜻

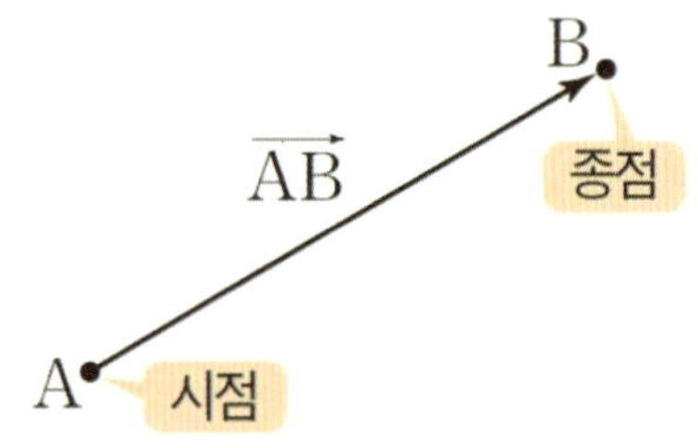

☑ 벡터의 덧셈과 뺄셈

① 벡터의 덧셈

$\vec{a} = \overrightarrow{AB}$, $\vec{b} = \overrightarrow{BC}$ 일 때

$$\vec{a} + \vec{b} = \overrightarrow{AB} + \overrightarrow{BC} = \overrightarrow{AC}$$

② 벡터 덧셈의 성질

a. 교환법칙: $\vec{a} + \vec{b} = \vec{b} + \vec{a}$

b. 결합법칙: $(\vec{a} + \vec{b}) + \vec{c} = \vec{a} + (\vec{b} + \vec{c})$

③ 벡터의 뺄셈

$\vec{a} = \overrightarrow{OA}$, $\vec{b} = \overrightarrow{OB}$ 일 때,

$$\vec{a} - \vec{b} = \overrightarrow{OA} - \overrightarrow{OB} = \overrightarrow{BA}$$

TIP
시점을 바꿀때 많이 사용해

ex) $\overrightarrow{BA} = \overrightarrow{OA} - \overrightarrow{OB}$

$= \overrightarrow{KA} - \overrightarrow{KB}$

$= \overrightarrow{XA} - \overrightarrow{XB}$

✎ 벡터의 덧셈과 뺄셈

①

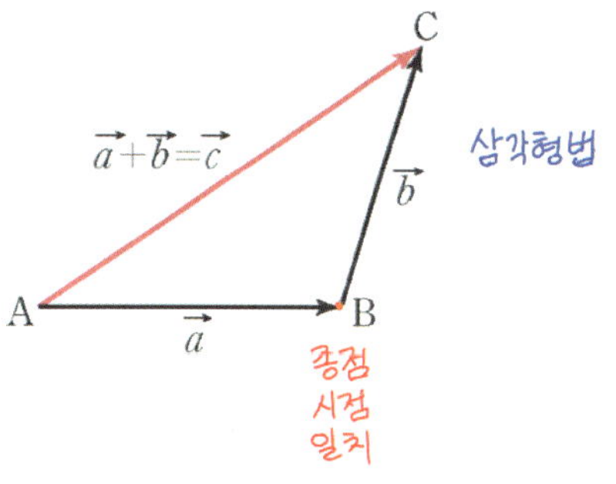

③

$\overrightarrow{OA} - \overrightarrow{OB}$

$= \overrightarrow{OA} + (-\overrightarrow{OB})$

$= \overrightarrow{OA} + \overrightarrow{BO}$

$= \overrightarrow{BO} + \overrightarrow{OA}$

$= \overrightarrow{BA}$

연구01 빈칸에 알맞은 것을 쓰시오.

---

3 벡터의 실수배

연구 01 ① 실수 k와 벡터 $\vec{a}$의 곱 $k\vec{a}$

$k\vec{a}$		방향	크기
$k > 0$	$\vec{a} \neq \vec{0}$	$\vec{a}$ 방향	$k\lvert\vec{a}\rvert$
$k < 0$	$\vec{a} \neq \vec{0}$	$\vec{a}$ 반대방향	$\lvert k \rvert \lvert\vec{a}\rvert$
$k = 0$	$\vec{a} \neq \vec{0}$	$\vec{0}$	0
	$\vec{a} = \vec{0}$	$\vec{0}$	0

② 벡터 실수배의 성질

a. 결합법칙: $(lk)\vec{a} = l(k\vec{a})$

b. 분배법칙: $(k+l)\vec{a} = k\vec{a} + l\vec{a}$

c. 분배법칙: $k(\vec{a}+\vec{b}) = k\vec{a} + k\vec{b}$

③ 벡터의 평행

$\vec{a} \neq \vec{0},\ \vec{b} \neq \vec{0}$ 이고 $\vec{a} /\!/ \vec{b}$ 일 때

$\Leftrightarrow \vec{a} = k\vec{b}$ (단, $k \neq 0$ 인 실수)

④ 세 점 A, B, P가 같은 직선 위에 있다

$\Leftrightarrow \overrightarrow{AP} = k\overrightarrow{AB}$

✎ 벡터의 실수배

①

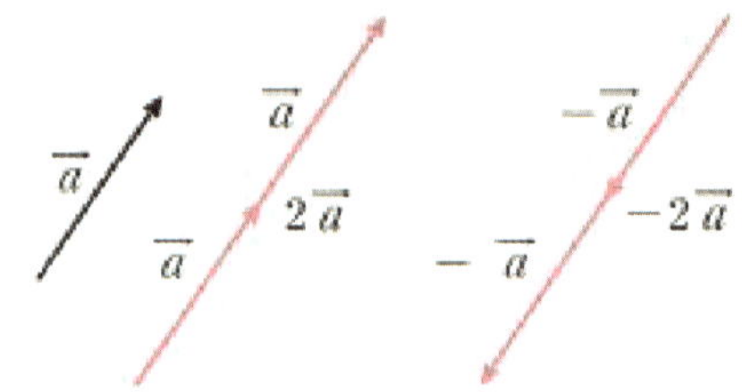

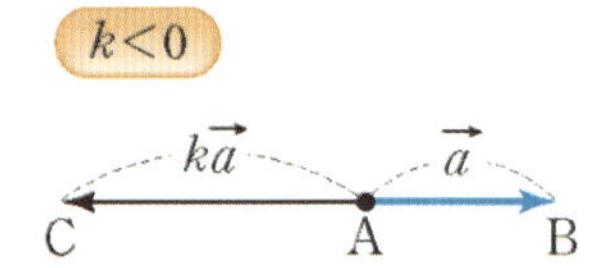

③

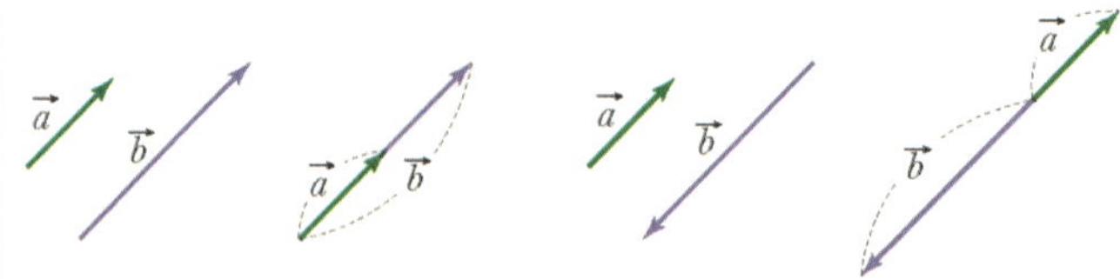

④

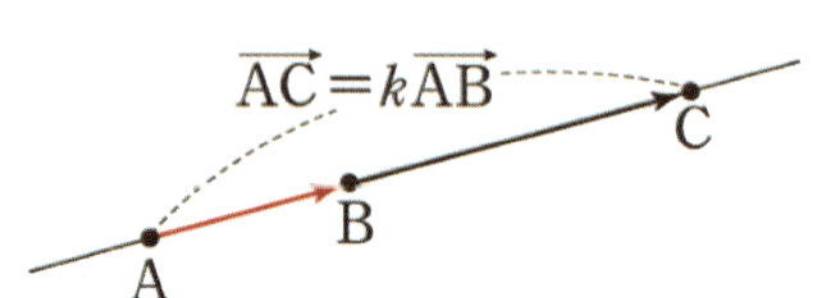

연구02 '벡터 $\vec{p}$를 위치벡터로 가지는 점 P'의 뜻을 벡터 식으로 쓰시오.

연구03 벡터 $\overrightarrow{AB}$를 점 A와 B의 위치벡터로 표현하시오.

연구04 수직선 위의 두 점 $A(x_1)$, $B(x_2)$에 대하여 선분 AB를 $m : n(m > 0,\ n > 0)$으로
① 내분하는 점 P의 좌표
② 외분하는 점 Q의 좌표의 (단, $m \neq n$)
식을 쓰고 이를 유도하시오.

---

4 위치벡터

정의: 일정한 점 O를 시점으로 하는 벡터
벡터 $\overrightarrow{OA}$를 점 O를 시점으로 하는 점 A의 위치벡터라 한다.

연구 02

【ex】 벡터 $\vec{p}$를 위치벡터로 가지는 점 P

【ex】 점 P가 벡터 $\vec{p}$를 위치벡터로 가진다.

【ex】 점 P의 위치벡터 $\vec{p}$

연구 03

두 점 A, B의 위치벡터를 각각 $\vec{a}$, $\vec{b}$라 하면
$$\overrightarrow{AB} = \vec{b} - \vec{a}$$

$$\Leftrightarrow \quad \vec{p} = \overrightarrow{OP}$$

위치벡터

수직선 위의 내분점과 외분점

수직선 위의 두 점 $A(x_1)$, $B(x_2)$에 대하여 선분 AB를 $m : n(m > 0,\ n > 0)$으로

연구 04

① 내분하는 점 P의 좌표는

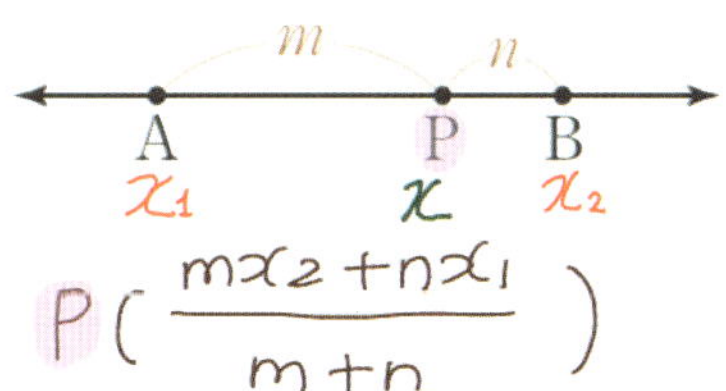

$$P\left(\frac{mx_2 + nx_1}{m+n} \right)$$

② 외분하는 점 Q의 좌표는 (단, $m \neq n$)

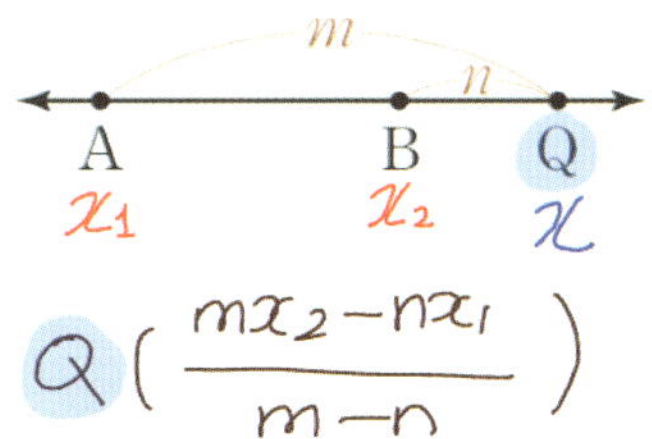

$$Q\left(\frac{mx_2 - nx_1}{m-n} \right)$$

수직선 위의 내분점과 외분점

① $\overline{AP} : \overline{PB} = m : n$

실수주의
$* x_2 - x$

$$x - x_1 : x_2 - x = m : n$$
$$m(x_2 - x) = n(x - x_1)$$
$$mx_2 - mx = nx - nx_1$$
$$(m+n)x = mx_2 + nx_1$$
$$x = \frac{mx_2 + nx_1}{m+n}$$

② $\overline{AQ} : \overline{BQ} = m : n$

실수주의
$* x - x_2$

$$x - x_1 : x - x_2 = m : n$$
$$m(x - x_2) = n(x - x_1)$$
$$mx - mx_2 = nx - nx_1$$
$$x(m-n) = mx_2 - nx_1$$
$$\therefore x = \frac{mx_2 - nx_1}{m-n}$$

연구05 서로 다른 두 점 A, B의 위치벡터를
각각 $\vec{a}, \vec{b}$라고 할 때, 선분 AB를
$m : n\ (m > 0,\ n > 0)$으로
① 내분하는 점 P의 위치벡터
② 외분하는 점 Q의 위치벡터를
쓰고 이를 유도하시오.

5 내분점과 외분점의 위치벡터

$\overrightarrow{OA} = \vec{a},\ \overrightarrow{OB} = \vec{b},\ \overrightarrow{OP} = \vec{p},\ \overrightarrow{OQ} = \vec{q}$일 때,

연구 05 ① $\overline{AB}$의 $m : n$ 내분점 P의 위치벡터

$$\vec{p} = \frac{m\vec{b} + n\vec{a}}{m + n}$$

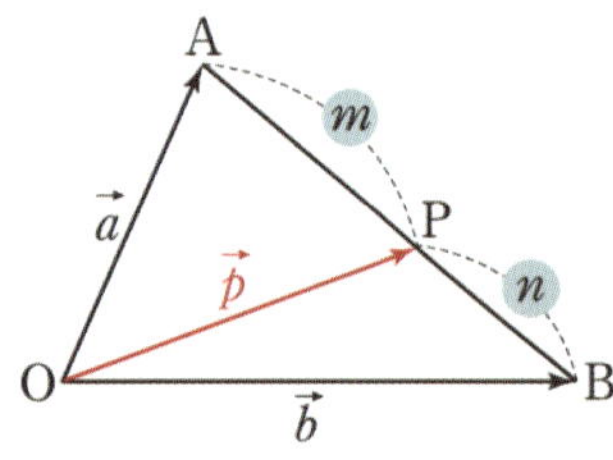

② $\overline{AB}$의 $m : n$ 외분점 Q의 위치벡터

$$\vec{q} = \frac{m\vec{b} - n\vec{a}}{m - n}\ (m \neq n)$$

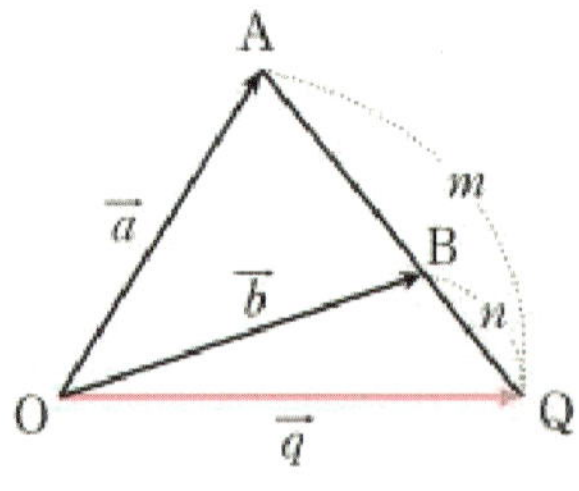

③ $\overline{AB}$의 중점 P의 위치벡터

$$\vec{p} = \frac{\vec{a} + \vec{b}}{2}$$

④ $\triangle ABC$의 무게중심 G의 위치벡터

$$\overrightarrow{OG} = \frac{\overrightarrow{OA} + \overrightarrow{OB} + \overrightarrow{OC}}{3}$$

내분점과 외분점의 위치벡터

① 내분점

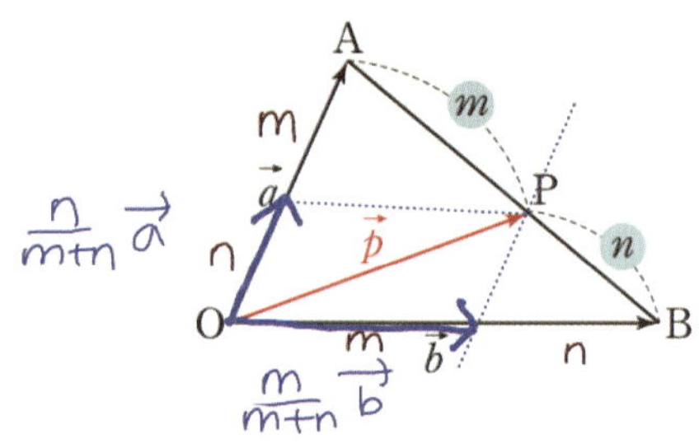

$$\overrightarrow{AP} = \frac{m}{m+n}\overrightarrow{AB}$$

$$\overrightarrow{OP} - \overrightarrow{OA} = \frac{m}{m+n}\left(\overrightarrow{OB} - \overrightarrow{OA}\right)$$

$$\overrightarrow{OP} = \frac{m}{m+n}\overrightarrow{OB} + \left(1 - \frac{m}{m+n}\right)\overrightarrow{OA}$$

$$\overrightarrow{OP} = \frac{m}{m+n}\overrightarrow{OB} + \frac{n}{m+n}\overrightarrow{OA}$$

계수합 $= 1$

② 외분점

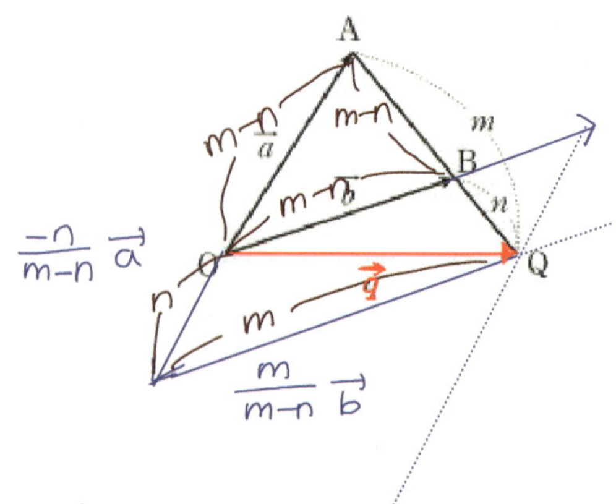

$$\overrightarrow{AQ} = \frac{m}{m-n}\overrightarrow{AB}$$

$$\overrightarrow{OQ} - \overrightarrow{OA} = \frac{m}{m-n}\left(\overrightarrow{OB} - \overrightarrow{OA}\right)$$

$$\overrightarrow{OQ} = \frac{m}{m-n}\overrightarrow{OB} + \left(1 - \frac{m}{m-n}\right)\overrightarrow{OA}$$

$$\overrightarrow{OQ} = \frac{m}{m-n}\overrightarrow{OB} + \frac{-n}{m-n}\overrightarrow{OA}$$

계수합 $= 1$

[연구06] △ABC의 무게중심 G의 위치벡터가 다음과 같음을 유도하시오.

$$\overrightarrow{OG} = \frac{\overrightarrow{OA} + \overrightarrow{OB} + \overrightarrow{OC}}{3}$$

[연구07] 세 점 A, B, P가 같은 직선 위에 있을 때, 다음이 성립함을 유도하시오.

$$\overrightarrow{OP} = s\overrightarrow{OA} + t\overrightarrow{OB} \quad (s + t = 1)$$

---

④ △ABC의 무게중심 G의 위치벡터

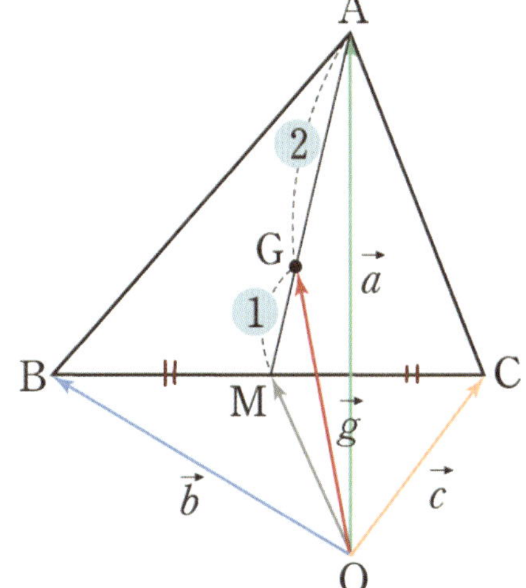

$$\overrightarrow{OG} = \frac{2 \times \overrightarrow{OM} + 1 \times \overrightarrow{OA}}{2+1} \quad (\because M \text{은 } \overline{BC}\text{의 중점})$$

$$= \frac{2\left(\dfrac{\overrightarrow{OB} + \overrightarrow{OC}}{2}\right) + 1 \cdot \overrightarrow{OA}}{2+1}$$

$$= \frac{\overrightarrow{OA} + \overrightarrow{OB} + \overrightarrow{OC}}{3}$$

6 한 직선위의 점의 위치벡터

세 점 A, B, P가 한 직선 위에 있다

⇔ P가 A, B의 내분점이나 외분점이다.

$$\overrightarrow{AP} = t\overrightarrow{AB}$$

⇔ $\overrightarrow{OP} = s\overrightarrow{OA} + t\overrightarrow{OB}$ $(s + t = 1)$

✎ 한 직선위의 점의 위치벡터

$$\overrightarrow{AP} = t\,\overrightarrow{AB}$$

$$\overrightarrow{OP} - \overrightarrow{OA} = t(\overrightarrow{OB} - \overrightarrow{OA})$$

$$\overrightarrow{OP} = t\,\overrightarrow{OB} + \underset{s}{\underbrace{(1-t)}}\,\overrightarrow{OA}$$

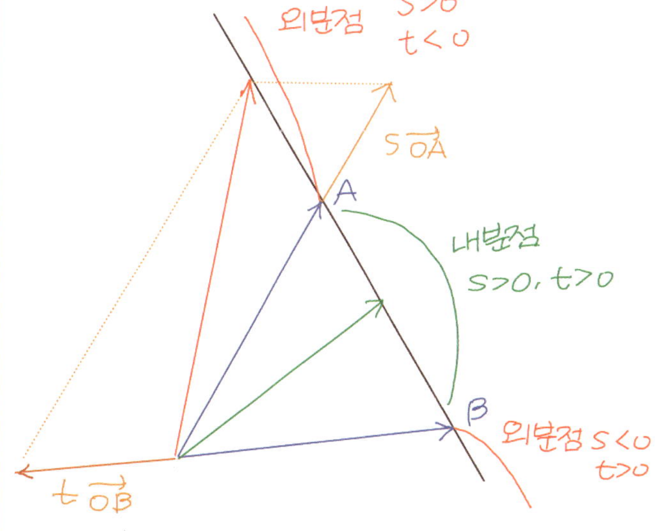

연구08 $\overrightarrow{CD} = (a_1, a_2)$ 일 때,

① 점 C의 좌표는 $(0, 0)$이다. (O / X)

② 점 D의 좌표는 (a_1, a_2)이다. (O / X)

③ 점 (a_1, a_2)의 위치벡터는 (a_1, a_2)이다. (O / X)

연구09 두 점 $A(a_1, a_2)$, $B(b_1, b_2)$에 대하여 다음이 성립함을 유도하시오.

- $\overrightarrow{AB} = (b_1 - a_1, b_2 - a_2)$
- $|\overrightarrow{AB}| = \sqrt{(b_1 - a_1)^2 + (b_2 - a_2)^2}$

---

7 평면벡터의 성분

① 평면벡터의 성분표시

시점이 원점 O이고 종점이 $A(a_1, a_2)$인 벡터 $\overrightarrow{OA}$를 아래와 같이 표시

$$\overrightarrow{OA} = a_1 \vec{e_1} + a_2 \vec{e_2} = (a_1, a_2)$$

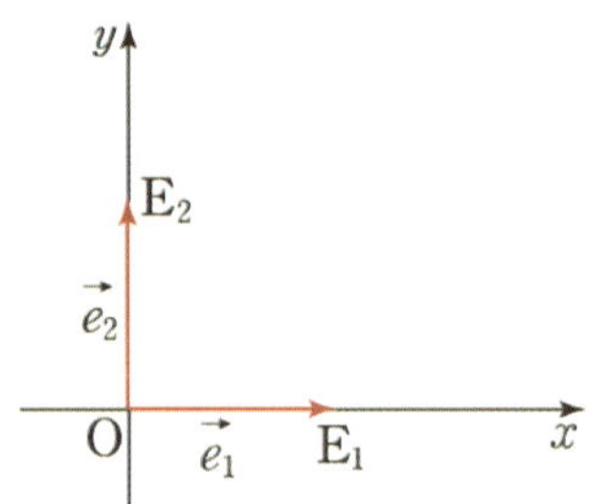

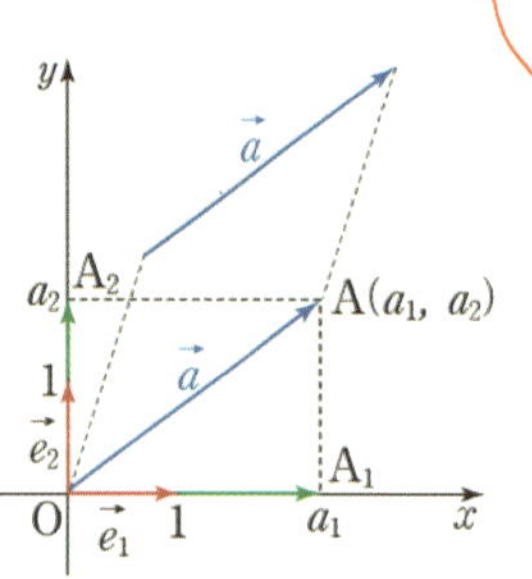

$\vec{e_1}$: x축 +방향으로 크기가 1인 단위벡터

$\vec{e_2}$: y축 +방향으로 크기가 1인 단위벡터

② 두 점에 의한 평면벡터

두 점 $A(a_1, a_2)$, $B(b_1, b_2)$에 대하여

$$\overrightarrow{AB} = (b_1 - a_1, b_2 - a_2)$$
$$|\overrightarrow{AB}| = \sqrt{(b_1 - a_1)^2 + (b_2 - a_2)^2}$$

✎ 평면벡터의 성분

연구08 ① 평면벡터의 성분표시

【ex】 $\overrightarrow{CD} = (a_1, a_2)$ 일 때,

(1) 점 C의 좌표는 $(0, 0)$이다. (O / Ⓧ)

(2) 점 D의 좌표는 (a_1, a_2)이다. (O / Ⓧ)

(3) 점 (a_1, a_2)의 위치벡터는 (a_1, a_2)이다. (Ⓞ / X)

반례) $C(1, 1)$, $D(1+a_1, 1+a_2)$

<의미1>

$$\overrightarrow{CD} = a_1 \vec{e_1} + a_2 \vec{e_2}$$

a_1 = 시점에서 종점까지 x값의 변화량 = Δx

a_2 = 시점에서 종점까지 y값의 변화량 = Δy

이라할때 $(a_1, a_2) = (\Delta x, \Delta y)$

<의미2>

$$\overrightarrow{CD} = (a_1, a_2)$$

시점을 원점 O가 되도록 벡터를 평행이동할때 종점의 좌표

② 두점에 의한 평면벡터

$$\overrightarrow{AB} = \overrightarrow{OB} - \overrightarrow{OA}$$
$$= (b_1 \vec{e_1} + b_2 \vec{e_2}) - (a_1 \vec{e_1} + a_2 \vec{e_2})$$
$$= (b_1 - a_1) \vec{e_1} + (b_2 - a_2) \vec{e_2}$$
$$= (b_1 - a_1, b_2 - a_2)$$

연구10 $\vec{a}=(a_1,\ a_2)$이고 $\vec{b}=(b_1,\ b_2)$일 때 빈칸에 알맞은 것을 쓰고 이를 유도하시오.

① $|\vec{a}|=$ 　　② $\vec{a}+\vec{b}=$

③ $\vec{a}-\vec{b}=$ 　　④ $k\vec{a}=$

---

8 평면벡터 성분에 의한 연산

연구10

$\vec{a}=(a_1,\ a_2)$이고 $\vec{b}=(b_1,\ b_2)$일 때

① $|\vec{a}|=\sqrt{a_1^2+a_2^2}$

② $\vec{a}+\vec{b}=(a_1+b_1,\ a_2+b_2)$

③ $\vec{a}-\vec{b}=(a_1-b_1,\ a_2-b_2)$

④ $k\vec{a}=(ka_1,\ ka_2)$ (단, k는 실수)

평면벡터 성분에 의한 연산

① 원점 O와 점 A $(a_1,\ a_2)$에 대하여

$$\vec{a}=\overrightarrow{OA}\ 이므로$$

$$|\vec{a}|=\overrightarrow{OA}=\sqrt{a_1^2+a_2^2}$$

② $\vec{a}+\vec{b}$

$$=(a_1\vec{e_1}+a_2\vec{e_2})+(b_1\vec{e_1}+b_2\vec{e_2})$$

$$=(a_1+b_1)\vec{e_1}+(a_2+b_2)\vec{e_2}$$

$$=(a_1+b_1,\ a_2+b_2)$$

③ $\vec{a}-\vec{b}$

$$=(a_1\vec{e_1}+a_2\vec{e_2})-(b_1\vec{e_1}+b_2\vec{e_2})$$

$$=(a_1-b_1)\vec{e_1}+(a_2-b_2)\vec{e_2}$$

$$=(a_1-b_1,\ a_2-b_2)$$

④ $k\vec{a}$

$$=k(a_1\vec{e_1}+a_2\vec{e_2})$$

$$=ka_1\vec{e_1}+ka_2\vec{e_2}$$

$$=(ka_1,\ ka_2)$$

연구11 두 벡터 $\vec{a}=(a_1,\ a_2)$, $\vec{b}=(b_1,\ b_2)$의 내적이 $\vec{a}\cdot\vec{b}=a_1b_1+a_2b_2$임을 유도하시오.

연구12 두 벡터 $\vec{a}$, $\vec{b}$가 이루는 각을 θ라고 할 때, $\cos\theta$의 값을 쓰시오.

9 벡터의 내적

$$\vec{a}\cdot\vec{b}=|\vec{a}||\vec{b}|\cos\theta$$

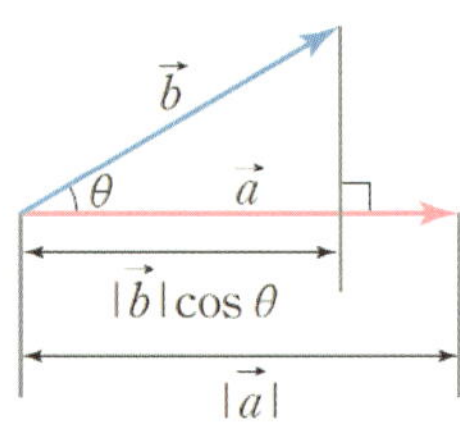
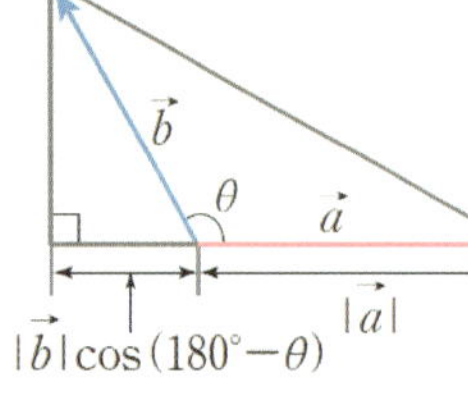

$\vec{a}\cdot\vec{b}=|\vec{a}||\vec{b}|\cos\theta$ $\qquad$ $\vec{a}\cdot\vec{b}=-|\vec{a}||\vec{b}|\cos(180°-\theta)$

✎ 두 벡터의 내적 $\vec{a}\cdot\vec{b}$는 벡터가 아니라 스칼라다.

연구 11 ①벡터의 내적과 성분

$\vec{a}=(a_1,\ a_2)$이고 $\vec{b}=(b_1,\ b_2)$일 때

$$\vec{a}\cdot\vec{b}=a_1b_1+a_2b_2$$

연구 12 ②두 벡터가 이루는 각

두 벡터 $\vec{a}$, $\vec{b}$가 이루는 각을 θ라고 할 때,

$$\cos\theta=\frac{\vec{a}\cdot\vec{b}}{|\vec{a}||\vec{b}|}$$

a.수직 조건 $\vec{a}\perp\vec{b}$: $\vec{a}\cdot\vec{b}=0$

b.평행 조건 $\vec{a}/\!/\vec{b}$: $\vec{a}\cdot\vec{b}=\pm|\vec{a}||\vec{b}|$

$\qquad\qquad\Leftrightarrow \vec{a}=K\vec{b}$

✎ 벡터의 내적

①벡터의 내적과 성분

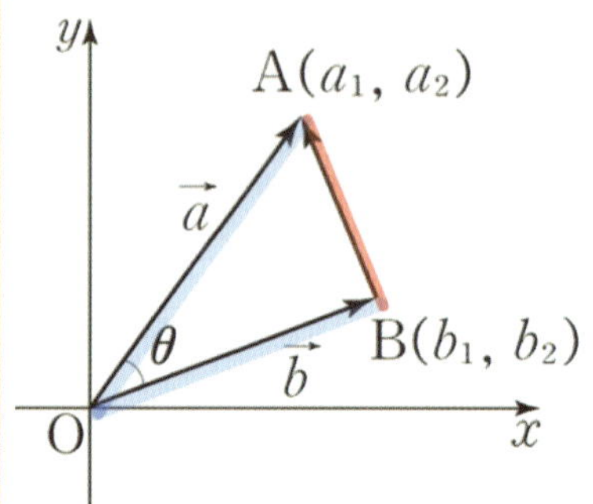

삼각형 OAB에 코사인법칙을 적용하면

$$\overline{AB}^2=\overline{OA}^2+\overline{OB}^2-2\,\overline{OA}\cdot\overline{OB}\cdot\cos\theta$$

$$(b_1-a_1)^2+(b_2-a_2)^2$$

$$=(a_1^2+a_2^2)+(b_1^2+b_2^2)-2\,\vec{a}\cdot\vec{b}$$

$$\therefore \vec{a}\cdot\vec{b}=a_1b_1+a_2b_2$$

✎ 교과서에서는 수학1을 학습하지 않고 기하를 학습하는 경우를 가정하여 피타고라스 정리를 사용하여 증명한다.

연구13 다음 내적의 연산법칙을 유도하시오.

① $|\vec{a}|^2 = \vec{a} \cdot \vec{a}$

② $\vec{a} \cdot \vec{b} = \vec{b} \cdot \vec{a}$

③ $\vec{a} \cdot (\vec{b} + \vec{c}) = \vec{a} \cdot \vec{b} + \vec{a} \cdot \vec{c}$

④ $(k\vec{a}) \cdot \vec{b} = \vec{a} \cdot (k\vec{b}) = k(\vec{a} \cdot \vec{b})$

---

⑩ 벡터 내적의 연산

① $|\vec{a}|^2 = \vec{a} \cdot \vec{a}$

② 교환법칙: $\vec{a} \cdot \vec{b} = \vec{b} \cdot \vec{a}$

③ 분배법칙: $\vec{a} \cdot (\vec{b} + \vec{c}) = \vec{a} \cdot \vec{b} + \vec{a} \cdot \vec{c}$

④ 결합법칙: $(k\vec{a}) \cdot \vec{b} = \vec{a} \cdot (k\vec{b}) = k(\vec{a} \cdot \vec{b})$

✎ 개정 교육과정에서 내적의 정의

$$\vec{a} \cdot \vec{b} = \begin{cases} |\vec{a}||\vec{b}|\cos\theta & (0° \leq \theta \leq 90°) \\ -|\vec{a}||\vec{b}|\cos(180° - \theta) & (90° \leq \theta \leq 180°) \end{cases}$$

개정 교육과정에서 수학I을 학습하지 않고

기하를 학습하는 경우를 가정하여 내적을 위와 같이

규정한다. 즉, 수학I을 학습하지 않았다면

θ가 둔각일 때 $\cos\theta$의 값을 모르고

$|\vec{a}||\vec{b}|\cos\theta = -|\vec{a}||\vec{b}|\cos(180° - \theta)$도

모르므로 위와 같이 내적을 규정한 것이다.

하지만 현실적으로 수학I을 하지 않은 채로 기하를 하는

학생은 없을 것이다. 따라서 내적을 두 가지 식으로

규정하는 건 지극히 비효율적이고 현실에 맞지 않다.

그래서 본 책에서는 내적을 본래의 형태인

$\vec{a} \cdot \vec{b} = |\vec{a}||\vec{b}|\cos\theta$ 하나의 식으로 나타냈다.

✎ 벡터 내적의 연산

연구 13

$\vec{a} = (a_1, a_2)$ $\vec{b} = (b_1, b_2)$ $\vec{c} = (c_1, c_2)$일 때

① $\vec{a} \cdot \vec{a} = |\vec{a}||\vec{a}|\cos 0 = |\vec{a}|^2$

② $\vec{a} \cdot \vec{b} = a_1 b_1 + a_2 b_2$
$$= b_1 a_1 + b_2 a_2$$
$$= \vec{b} \cdot \vec{a}$$

③ $\vec{a} \cdot (\vec{b} + \vec{c}) = (a_1, a_2) \cdot (b_1 + c_1, b_2 + c_2)$
$$= a_1(b_1 + c_1) + a_2(b_2 + c_2)$$
$$= (a_1 b_1 + a_2 b_2) + (a_1 c_1 + a_2 c_2)$$
$$= \vec{a} \cdot \vec{b} + \vec{a} \cdot \vec{c}$$

④ $k\vec{a} = (ka_1, ka_2)$ 이므로

$(k\vec{a}) \cdot \vec{b} = (ka_1)b_1 + (ka_2)b_2$
$$= a_1(kb_1) + a_2(kb_2) = k(a_1 b_1 + a_2 b_2)$$
$$= \vec{a} \cdot (k\vec{b}) \qquad = k(\vec{a} \cdot \vec{b})$$

연구14 '직선의 방향벡터'의 뜻을 쓰시오.

연구15 직선 l의 한 점의 위치벡터를 $\vec{a}$, 방향벡터를 $\vec{u}$, 임의의 점의 위치벡터를 $\vec{p}$라고 할 때, 직선 l의 벡터방정식을 쓰시오.

연구16 직선 l이 점 $A(x_1,\ y_1)$를 지나고, 벡터 $\vec{u}=(\Delta x,\ \Delta y)$를 방향벡터로 갖는다고 하자. 직선 l의 방정식이 다음과 같음을 유도하시오.

$$\frac{x-x_1}{\Delta x}=\frac{y-y_1}{\Delta y}\quad(단,\ \Delta x\Delta y\neq 0)$$

---

11 방향벡터와 직선의 방정식

연구 14 ▷ **방향벡터:** 직선과 평행한 벡터

직선 l의 한 점의 위치벡터를 $\vec{a}$, 방향벡터를 $\vec{u}$, 임의의 점의 위치벡터를 $\vec{p}$라고 할 때,

연구 15 ▷ **직선의 벡터방정식:** $\vec{p}=\vec{a}+t\vec{u}$

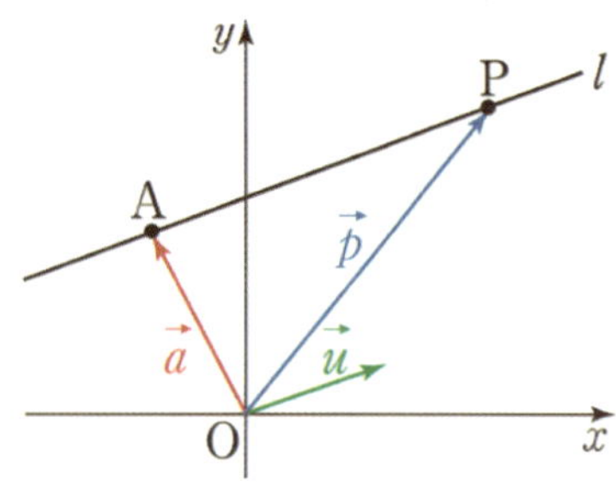

① 점 $A(x_1,\ y_1)$을 지나고, 벡터 $\vec{u}=(\Delta x,\ \Delta y)$에 평행한 직선

$$\frac{x-x_1}{\Delta x}=\frac{y-y_1}{\Delta y}\quad(단,\ \Delta x\Delta y\neq 0)$$

$$\Leftrightarrow (x,y)=(x_1+t\Delta x,\ y_1+t\Delta y)$$

② 두 점 $A(x_1,\ y_1)$, $B(x_2,\ y_2)$를 지나는 직선 $\quad(단,\ x_1\neq x_2,\ y_1\neq y_2)$

$$\frac{x-x_1}{x_2-x_1}=\frac{y-y_1}{y_2-y_1}$$

$$\left(\begin{array}{l}\Delta x=x_2-x_1,\ \Delta y=y_2-y_1\\[4pt]\vec{AB}=(\Delta x,\ \Delta y)=\vec{u}\end{array}\right)$$

✎ 방향벡터와 직선의 방정식

연구 16 ▷ **질문 독해하기**

직선 l의 한 점의 위치벡터를 $\vec{a}$,

↪ $\vec{a}$의 시점이 원점이 되도록 평행이동했을 때 종점을 직선 l이 지난다.

방향벡터를 $\vec{u}$,

↪ 직선이 $\vec{u}$와 평행하다

임의의 점의 위치벡터를 $\vec{p}$라고 할 때,

↪ 시점을 원점으로 하고 종점을 직선 l의 임의의 점으로 갖는 벡터를 $\vec{p}$라고 할 때

직선 l 위의 임의의 점을 $P(x,y)$라 하자

$$\vec{AP}\,/\!/\,\vec{u}$$
$$\vec{AP}=t\vec{u}$$
$$\vec{OP}-\vec{OA}=t\vec{u}$$
$$\vec{OP}=\vec{OA}+t\vec{u}$$
$$\vec{p}=\vec{a}+t\vec{u}$$
$$(x,y)=(x_1,y_1)+t(\Delta x,\Delta y)$$
$$(x,y)=(x_1+t\Delta x,\ y_1+t\Delta y)$$

$$\vec{p}=x\vec{e_1}+y\vec{e_2}$$
$$=(x_1\vec{e_1}+y_1\vec{e_2})+t(\Delta x\vec{e_1}+\Delta y\vec{e_2})$$
$$=(x_1+t\Delta x)\vec{e_1}+(y_1+t\Delta y)\vec{e_2}$$

$$\begin{cases}x=x_1+t\Delta x\ \rightarrow\ t=\dfrac{x-x_1}{\Delta x}\\[8pt]y=y_1+t\Delta x\ \rightarrow\ t=\dfrac{y-y_1}{\Delta y}\end{cases}$$

$$t=\frac{x-x_1}{\Delta x}+\frac{y-y_1}{\Delta y}$$

연구17 직선(평면)의 법선벡터의 뜻을 쓰시오.

연구18 직선 l의 한 점의 위치벡터를 $\vec{a}$, 법선벡터를 $\vec{n}$, 임의의 점의 위치벡터를 $\vec{p}$라고 할 때, 직선 l의 벡터방정식을 쓰시오.

연구19 점 $A(x_1,\ y_1)$을 지나고, 벡터 $\vec{n}=(a,\ b)$에 수직인 직선의 방정식이 다음과 같음을 유도하시오.

$$a(x-x_1)+b(y-y_1)=0$$

---

12 법선벡터와 직선의 방정식

연구17

법선벡터: 직선과 수직인 벡터

직선 l의 한 점의 위치벡터를 $\vec{a}$, 법선벡터를 $\vec{n}$, 임의의 점의 위치벡터를 $\vec{p}$라고 할 때,

연구18

직선의 벡터방정식: $(\vec{p}-\vec{a})\cdot\vec{n}=0$

① 점 $A(x_1,\ y_1)$을 지나고, 벡터 $\vec{n}=(a,\ b)$에 수직인 직선

$$a(x-x_1)+b(y-y_1)=0$$

$$\Leftrightarrow ax+by+c=0$$

✎ 수학1 직선의 방정식

점 $A(x_1,\ y_1)$을 지나고 기울기가 m인 직선의 방정식은

$$y-y_1=m(x-x_1)$$

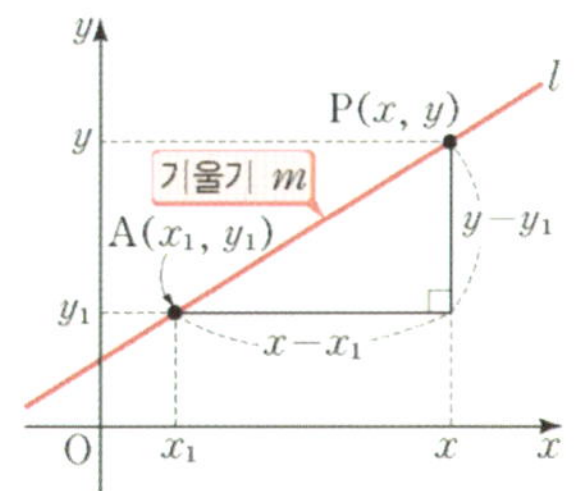

$$\frac{\triangle y}{\triangle x}=m$$

$$\Leftrightarrow \frac{y-y_1}{x-x_1}=m$$

$$y-y_1=m(x-x_1)$$

✎ 법선벡터와 직선의 방정식

연구 19

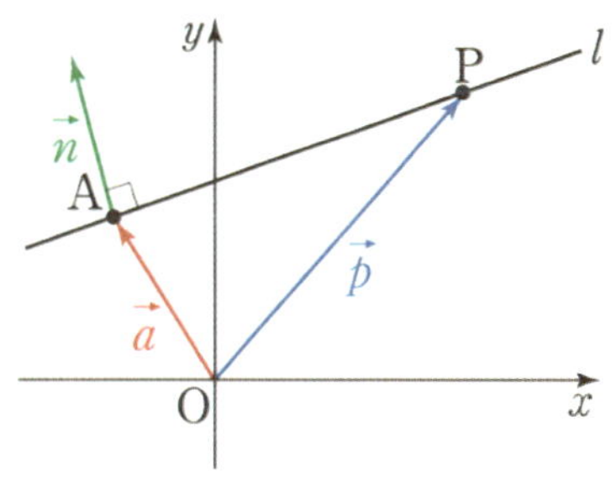

직선 l 위의 임의의 점을 $P(x,y)$라고 하자

$$\overrightarrow{AP}\perp\vec{n}$$

$$\Leftrightarrow \overrightarrow{AP}\cdot\vec{n}=0$$

$$\Leftrightarrow (\overrightarrow{OP}-\overrightarrow{OA})\cdot\vec{n}=0$$

$$\Leftrightarrow (\vec{p}-\vec{a})\cdot\vec{n}=0$$

$$\Leftrightarrow \{(x,y)-(x_1,y_1)\}\cdot(a,b)=0$$

$$\Leftrightarrow (x-x_1,\ y-y_1)\cdot(a,b)=0$$

$$\Leftrightarrow a(x-x_1)+b(y-y_1)=0$$

13 두 직선이 이루는 각

두 직선 l_1, l_2의 방향벡터를 각각

$\vec{u_1}$, $\vec{u_2}$라고 할 때,

① l_1, l_2가 이루는 각의 크기를 θ라 하면

$$\cos\theta = \frac{\vec{u_1}\cdot\vec{u_2}}{|\vec{u_1}|\cdot|\vec{u_2}|}$$

※ θ가 예각이면

$$\cos\theta = \frac{|\vec{u_1}\cdot\vec{u_2}|}{|\vec{u_1}|\cdot|\vec{u_2}|}$$

② 평행 $l_1 /\!/ l_2$: $\vec{u_1} /\!/ \vec{u_2} \Leftrightarrow \vec{u_1} = k\vec{u_2}$

③ 수직 $l_1 \perp l_2$: $\vec{u_1} \perp \vec{u_2} \Leftrightarrow \vec{u_1}\cdot\vec{u_2} = 0$

✎ 두 직선이 이루는 각

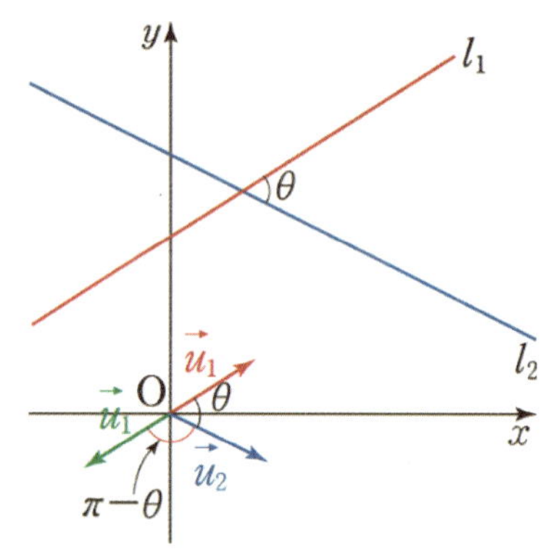

[연구20] 원의 중심의 위치벡터를 $\vec{c}$, 반지름을 r, 임의의 점의 위치벡터가 $\vec{p}$인 원의 벡터 방정식을 쓰시오.

[연구21] 중심이 $C(x_1,\ y_1)$이고 반지름의 길이가 r인 원의 방정식을 벡터를 이용해 유도하시오.

14 원의 방정식

원의 중심의 위치벡터를 $\vec{c}$, 반지름을 r, 임의의 점의 위치벡터가 $\vec{p}$인

원의 벡터 방정식: $|\vec{p}-\vec{c}|=r$

중심이 $C(x_1,\ y_1)$이고 반지름의 길이가 r인 원을 나타내는 방정식

$$(x-x_1)^2+(y-y_1)^2=r^2$$

원의 방정식

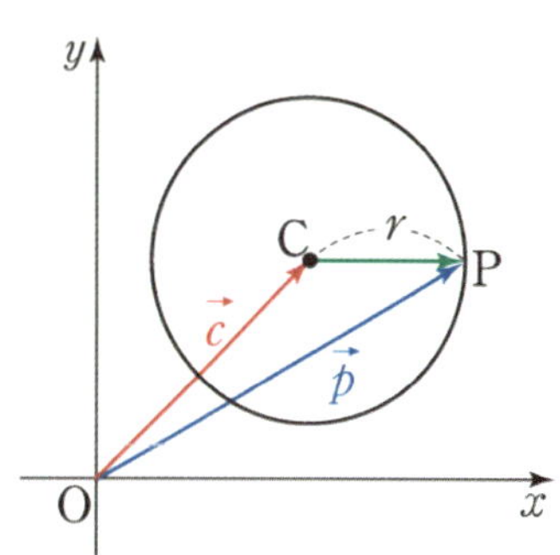

원 위의 임의의 점을 $P(x,y)$라고 하자

$$|\overrightarrow{CP}|=r$$
$$\Leftrightarrow |\overrightarrow{OP}-\overrightarrow{OC}|=r$$
$$\Leftrightarrow |\vec{p}-\vec{c}|=r$$
$$\Leftrightarrow |(x-x_1,\ y-y_1)|=r$$
$$\Leftrightarrow \sqrt{(x-x_1)^2+(y-y_1)^2}=r$$
$$\Leftrightarrow (x-x_1)^2+(y-y_1)^2=r^2$$

「기하」 Ⅲ.공간 도형·좌표

연구1~4 각 도형의 위치관계에 따른

조건을 모두 쓰고, 이를 그림으로 표현하시오.

미리 알아야 할 단원
수학(상) – 3.도형의 방정식
수학1 – 2.삼각함수

1 직선과 평면의 위치 관계

연구 01 ①**평면의 결정 조건**

a.같은 직선 위에 있지 않은 세 점

b.한 직선과 그 위에 있지 않는 한 점

c.한 점에서 만나는 두 직선

d.평행한 두 직선

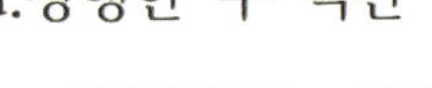

연구 02 ②**두 직선의 위치 관계**

a.만난다 b.평행하다 c.꼬인 위치에 있다

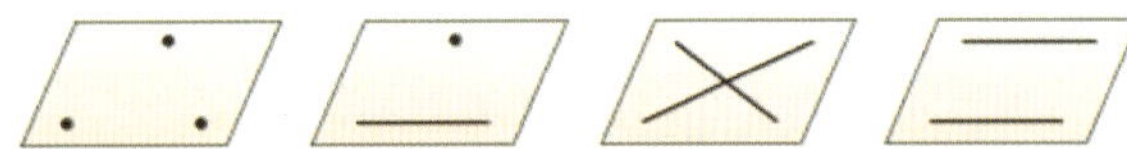

연구 03 ③**직선과 평면의 위치 관계**

a.포함된다 b.만난다 c.평행하다

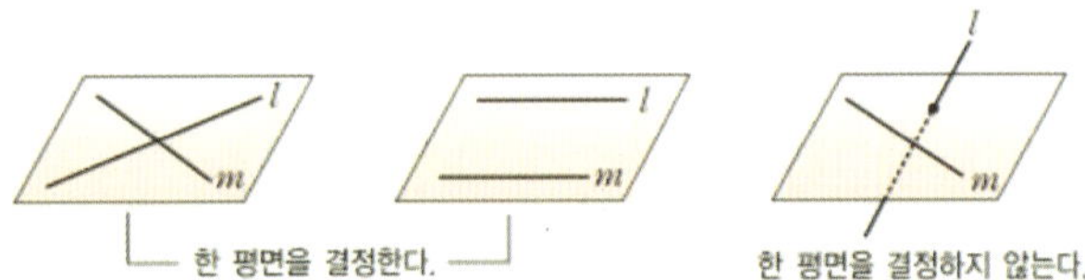

연구 04 ④**두 평면의 위치 관계**

a.만난다 b.평행하다

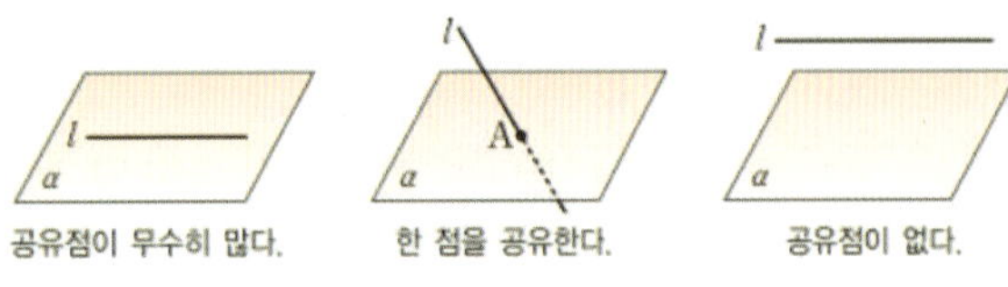

 각 도형의 위치관계에 따른 조건을 모두 쓰고, 이를 그림으로 표현하시오.

 직선 l이 평면 α와 점 O에서 만날 때, 직선 l과 평면 α가 이루는 각은 어떻게 구하는가?

 직선 l이 평면 α 위의 평행하지 않은 두 직선 a, b의 교점 O를 지날 때 $l \perp a$이고 $l \perp b$이면 직선 l과 평면 α의 위치관계는 어떻게 되는가?

2 두 직선이 이루는 각

두 직선 l, m이 꼬인 위치에 있을 때 임의의 한 점 O를 지나고 두 직선 l, m에 평행한 직선 OA, OB를 각각 그어 생기는 $\angle AOB$가 두 직선 l, m이 이루는 각이다.

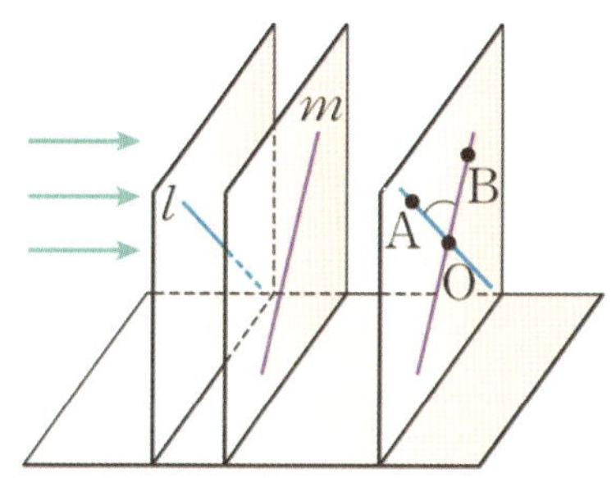

3 직선과 평면이 이루는 각

직선 l이 평면 α와 점 O에서 만날 때, 직선 l 위의 임의의 한 A점에서 평면 α에 내린 수선의 발을 B라고 할 때, $\angle AOB$를 직선 l과 평면 α가 이루는 각이라고 한다.

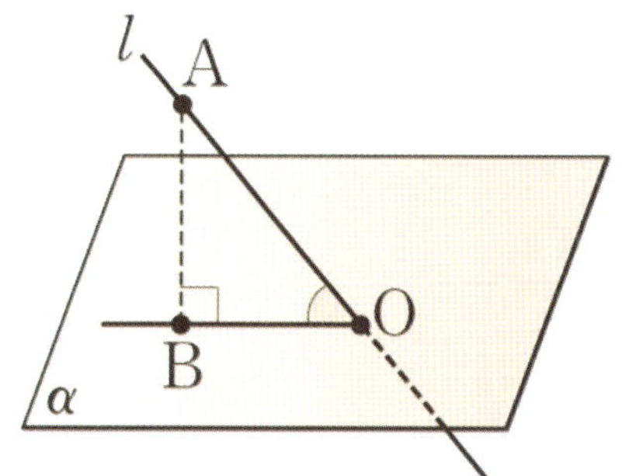

4 직선과 평면의 수직

①직선 l이 평면 α 위의 모든 직선과 수직일 때 직선 l과 평면 α는 수직이라 한다.
②또 직선 l이 평면 α와 수직이면 l은 α 위의 임의의 직선과도 수직이다.

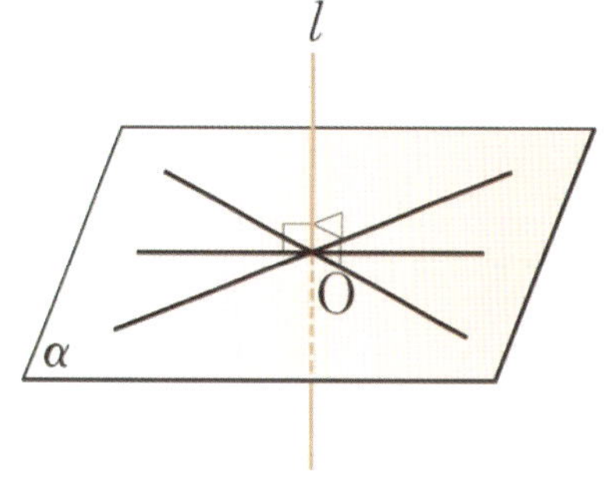

[연구08] 다음은 삼수선의 정리이다. 빈칸에 알맞은 말을 쓰시오.

① $\overline{PO} \perp \alpha$, $\overline{OH} \perp l$ 이면 [   ]

② $\overline{PO} \perp \alpha$, $\overline{PH} \perp l$ 이면 [   ]

③ $\overline{PO} \perp \overline{OH}$, $\overline{PH} \perp l$, $\overline{OH} \perp l$ 이면 [   ]

5 삼수선의 정리

연구 08

평면 α 위에 있는 한 점을 O, 평면 α 위에 있지 않은 점을 P, 평면 α 위의 임의의 직선을 l, 점 O에서 l에 그은 수선의 발을 H

❶ 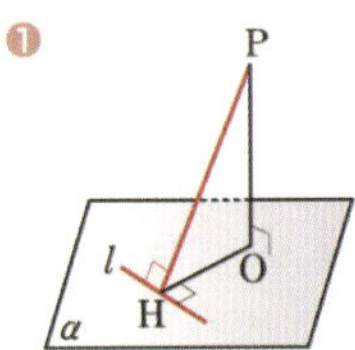 ❷ 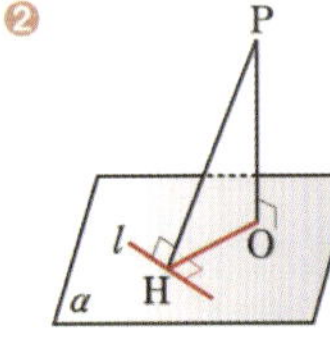 ❸ 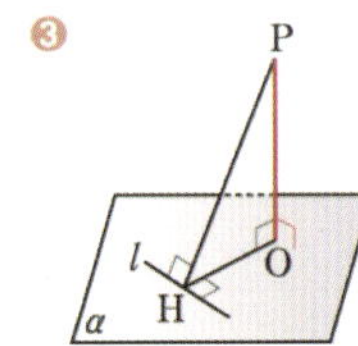

① $\overline{PO} \perp \alpha$, $\overline{OH} \perp l$ 이면, $\overline{PH} \perp l$

② $\overline{PO} \perp \alpha$, $\overline{PH} \perp l$ 이면, $\overline{OH} \perp l$

③ $\overline{PH} \perp l$, $\overline{OH} \perp l$, $\overline{PO} \perp \overline{OH}$ 이면, $\overline{PO} \perp \alpha$

✎ 삼수선의 정리

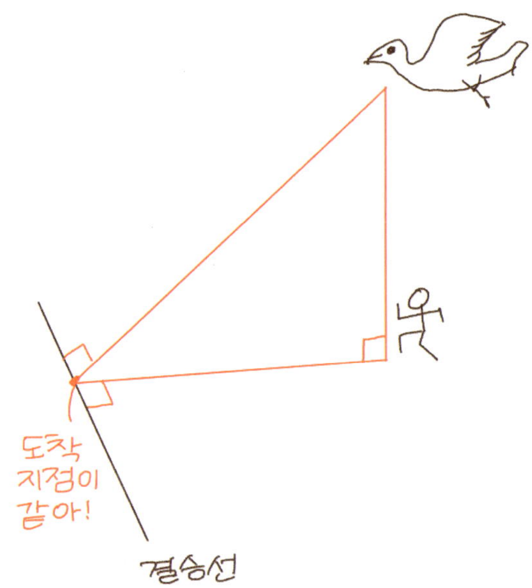

연구09 두 평면 α, β의 교선을 l이라고 할 때,
두 평면 α, β가 이루는 각은 어떻게 구하는가?

6 이면각

정의: 두 평면 α, β의 교선을 l이라고 할 때,
l을 공유하는 두 반평면 α, β로 이루어지는 도형

이면각의 변: 교선 l

이면각의 면: 두 반평면 α, β

이면각의 크기: 이면각의 변 l 위의 한 점
O로부터 l에 수직이고 각 α, β면에 포함되는
반직선 OA, OB를 그을 때 $\angle AOB$의 크기
(점 O의 위치에 관계없이 일정)

시험에 종종 나오니
외우면 편해!

한 모서리의 길이가 a인 정사면체에 대하여

(1) 정사면체의 높이는? $\frac{\sqrt{6}}{3}a$

(2) $\cos\theta_1$? $\frac{1}{3}$

(3) $\cos\theta_2$? $\frac{1}{\sqrt{3}}$

(4) 외접하는 구의 반지름은? $\frac{\sqrt{6}}{4}a$

※결론

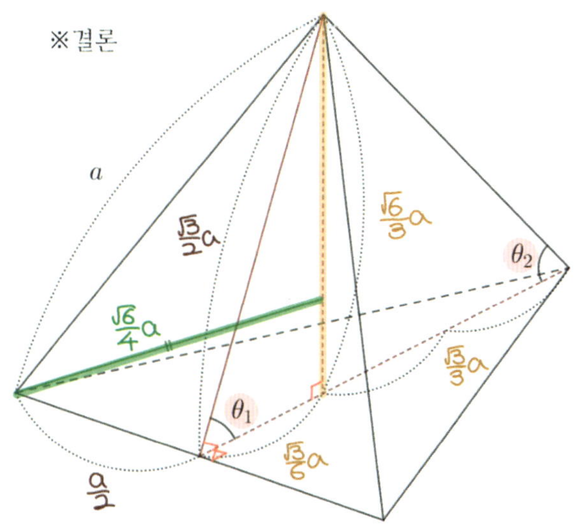

이면각

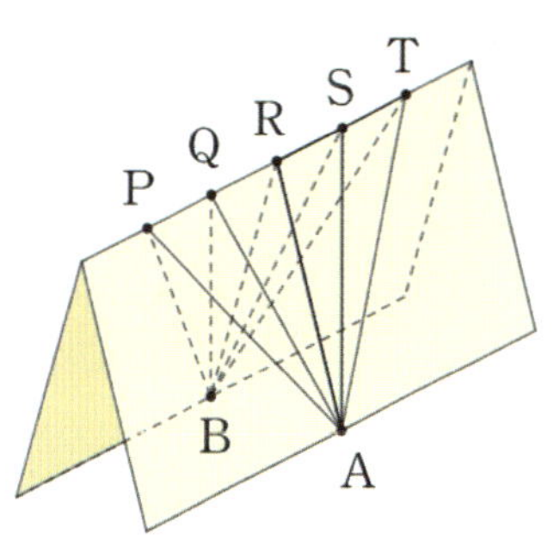

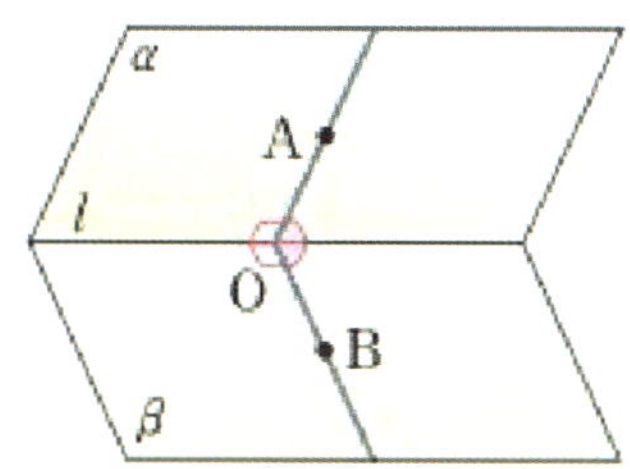

풀이)

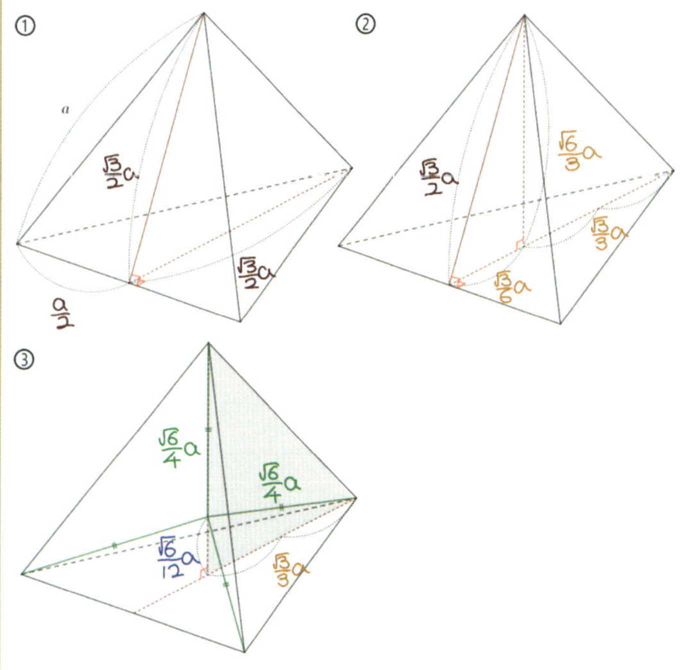

연구10 "도형 F의 각 평면 α 위로의 정사영"의 뜻을 쓰시오.

연구11 선분 AB의 정사영을 선분 A′B′이라 하고, 이루는 예각의 크기를 θ라고 할 때 $\overline{AB}$ 와 $\overline{A'B'}$ 의 관계식을 쓰시오.

연구12 평면 α 위의 넓이가 S인 도형의 평면 β위로의 정사영의 넓이를 S', 두 평면 α, β가 이루는 각의 크기를 θ라 할 때 S와 S'의 관계식을 쓰시오.

---

7 정사영

연구10 정의: 도형의 모든 점에서 어떤 평면 위로의 수선의 발을 모아 놓은 것.

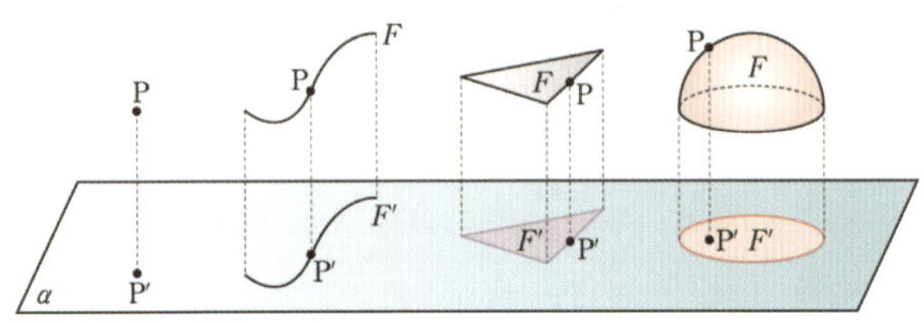

연구11 ①선분 AB의 평면 α위로의 정사영을 $\overline{A'B'}$이라 하고, 직선 AB와 평면 α가 이루는 예각의 크기를 θ라 하면

$$\overline{A'B'} = \overline{AB}\cos\theta$$

연구12 ②평면 α 위의 넓이가 S인 도형의 평면 β위로의 정사영의 넓이를 S', 두 평면 α, β가 이루는 각의 크기를 θ라 하면

$$S' = S\cos\theta$$

✎ 정사영

①

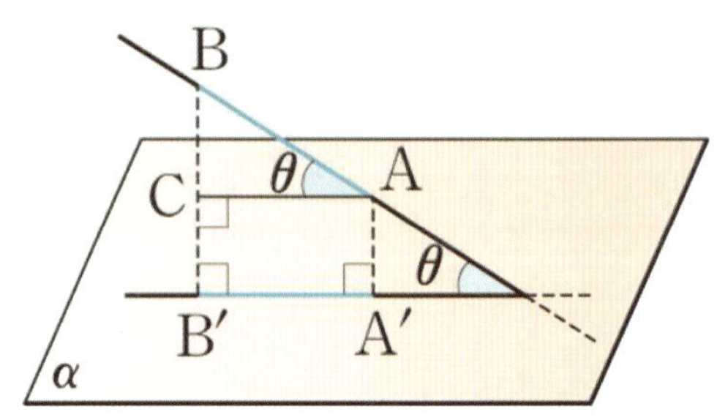

②

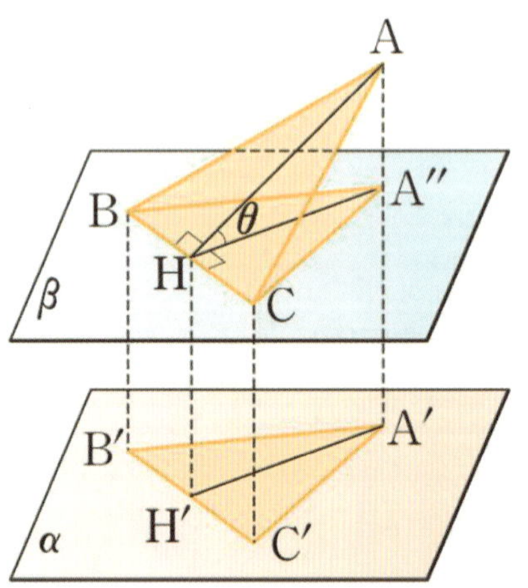

연구13 빈칸에 공간좌표에서 점 $P(a, b, c)$의
정사영된 점과 대칭된 점의 좌표를 쓰시오.

8 공간에서의 점의 좌표

좌표축: 공간의 한 점 O에서 서로 직교하는
세 수직선 x축, y축, z축
공간좌표: 세 좌표축에 따라, 공간의
한 점 P에 대응하는 세 실수의 순서쌍
(a, b, c) 기호로 $P(a, b, c)$와 같이 나타낸다.
xy평면 : x축과 y축으로 정해지는 평면
yz평면 : y축과 z축으로 정해지는 평면
zx평면 : z축과 x축으로 정해지는 평면

공간에서의 점의 좌표

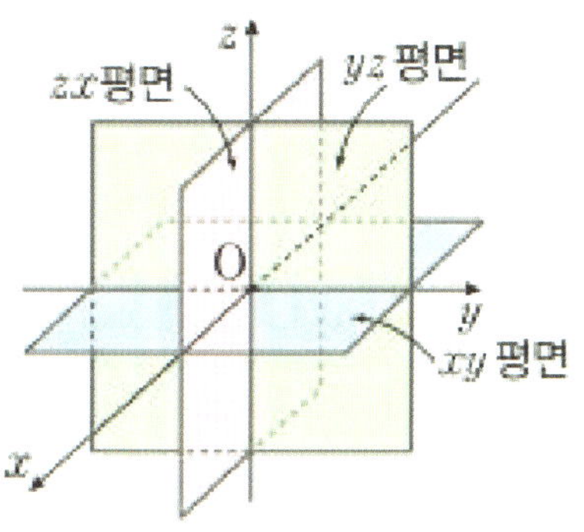

공간좌표에서 점의 정사영과 대칭

정사영	$P(a, b, c)$	대칭	$P(a, b, c)$
x축	$A(a, 0, 0)$	x축	$(a, -b, -c)$
y축	$B(0, b, 0)$	y축	$(-a, b, -c)$
z축	$C(0, 0, c)$	z축	$(-a, -b, c)$
xy평면	$(a, b, 0)$	xy평면	$(a, b, -c)$
yz평면	$(0, b, c)$	yz평면	$(-a, b, c)$
zx평면	$(a, 0, c)$	zx평면	$(a, -b, c)$
		원점	$(-a, -b, -c)$

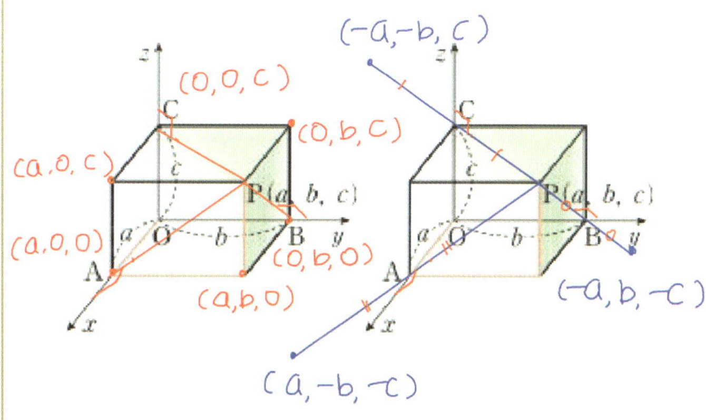

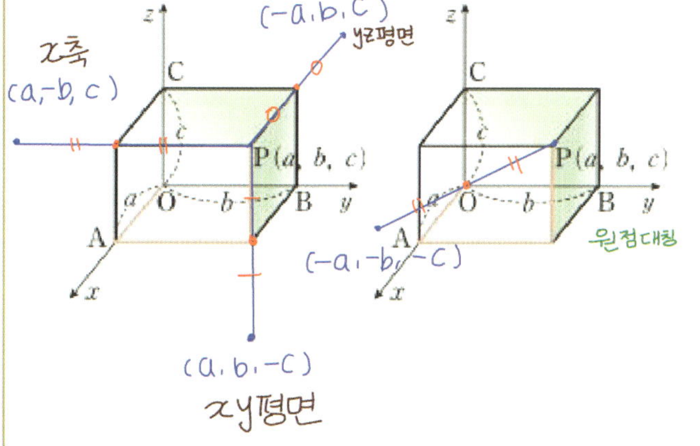

연구14 두 점 $A(x_1,\ y_1,\ z_1)$, $B(x_2,\ y_2,\ z_2)$
사이의 거리가 다음과 같음을 유도하시오.
$$\overline{AB}=\sqrt{(x_2-x_1)^2+(y_2-y_1)^2+(z_2-z_1)^2}$$

⑨ 두 점사이의 거리

①두 점 $A(x_1,\ y_1,\ z_1)$, $B(x_2,\ y_2,\ z_2)$ 사이 거리
$$\overline{AB}=\sqrt{(x_2-x_1)^2+(y_2-y_1)^2+(z_2-z_1)^2}$$

②원점 O와 점 $P(x,\ y,\ z)$ 사이의 거리
$$\overline{OP}=\sqrt{x^2+y^2+z^2}$$

✎ 두 점사이의 거리

연구
14

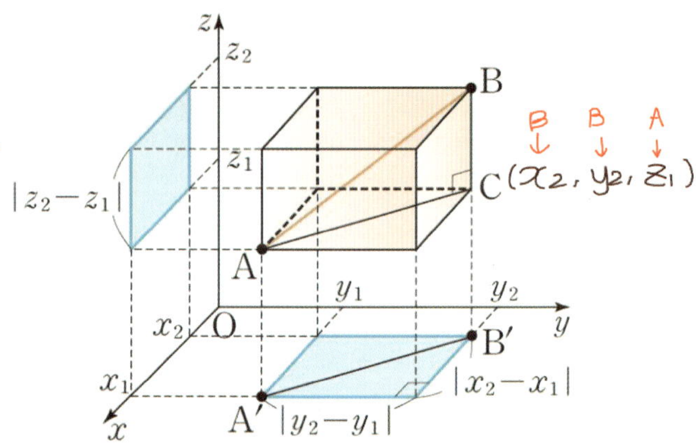

$$\overline{AB}=\sqrt{\overline{AC}^2+\overline{BC}^2}$$

$$=\sqrt{\overline{A'B'}^2+\overline{BC}^2}$$

$$=\sqrt{(x_2-x_1)^2+(y_2-y_1)^2+(z_2-z_1)^2}$$

연구15 두 점 $A(x_1,\ y_1,\ z_1)$, $B(x_2,\ y_2,\ z_2)$를

이은 선분 AB를

① $m:n\ (m>0,\ n>0)$으로 내분하는 점

② $m:n\ (m>0,\ n>0,\ m \neq n)$으로 외분하는 점

을 유도하시오.

⑩ 선분의 내분점과 외분점

두 점 $A(x_1,\ y_1,\ z_1)$, $B(x_2,\ y_2,\ z_2)$를

잇는 선분 AB에 대하여

① $m:n(m>0,\ n>0)$으로 내분하는 점

$$P\left(\frac{mx_2+nx_1}{m+n},\ \frac{my_2+ny_1}{m+n},\ \frac{mz_2+nz_1}{m+n}\right)$$

② $m:n(m>0,\ n>0,\ m \neq n)$으로 외분하는 점

$$Q\left(\frac{mx_2-nx_1}{m-n},\ \frac{my_2-ny_1}{m-n},\ \frac{mz_2-nz_1}{m-n}\right)$$

③ 중점 M의 좌표는

$$M\left(\frac{x_1+x_2}{2},\ \frac{y_1+y_2}{2},\ \frac{z_1+z_2}{2}\right)$$

④ $A(x_1,\ y_1,\ z_1)$, $B(x_2,\ y_2,\ z_2)$,

$C(x_3,\ y_3,\ z_3)$을 꼭짓점으로 하는

$\triangle ABC$의 무게중심 G의 좌표는

$$G\left(\frac{x_1+x_2+x_3}{3},\ \frac{y_1+y_2+y_3}{3},\ \frac{z_1+z_2+z_3}{3}\right)$$

✎ 선분의 내분점과 외분점

연구 15

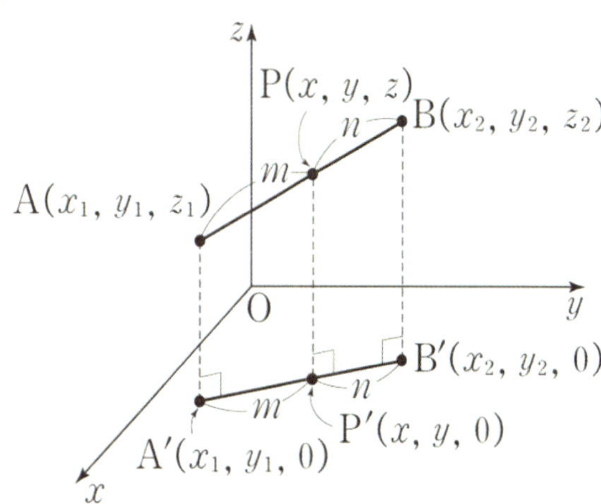

A, B, P의 xy평면 위로의 정사영을 A', B', P'이라 하자

$P(x,y,z)$가 $A(x_1,y_1,z_1)$, $B(x_2,y_2,z_2)$의 $m:n$ 내분점

$\Rightarrow P'(x,y,0)$가 $A'(x_1,y_1,0)$, $B'(x_2,y_2,0)$의 $m:n$ 내분점

$\Leftrightarrow x=\dfrac{mx_2+nx_1}{m+n}$ $y=\dfrac{my_2+ny_1}{m+n}$

A, B, P의 yz평면 위로의 정사영을 A'', B'', P''이라 하자

$\Rightarrow P''(0,y,z)$가 $A''(0,y_1,z_1)$, $B''(0,y_2,z_2)$의 $m:n$ 내분점

$\Leftrightarrow y=\dfrac{my_2+ny_1}{m+n}$, $z=\dfrac{mz_2+nz_1}{m+n}$

따라서 $P(x,y,z)$는

$P\left(\dfrac{mx_2+nx_1}{m+n},\ \dfrac{my_2+ny_1}{m+n},\ \dfrac{mz_2+nz_1}{m+n}\right)$

[연구16] 중심이 $C(a, b, c)$이고,
반지름의 길이가 r인 구의 방정식이
다음과 같음을 유도하시오.

$$(x-a)^2 + (y-b)^2 + (z-c)^2 = r^2$$

11 구의 방정식

① 중심이 점 $C(a, b, c)$이고,
　반지름의 길이가 r인 구의 방정식

$$(x-a)^2 + (y-b)^2 + (z-c)^2 = r^2$$

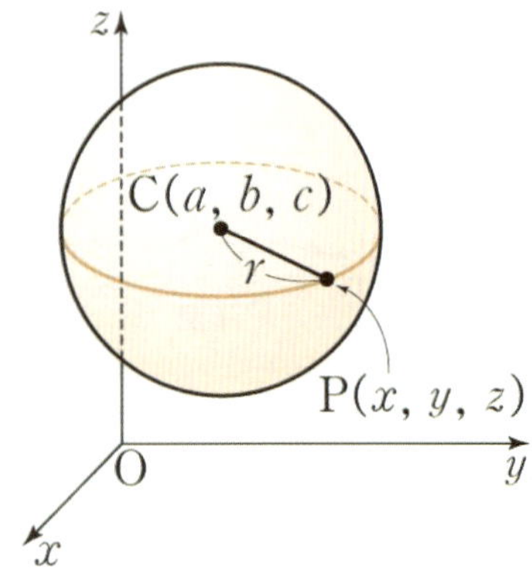

② 중심이 원점이고,
　반지름의 길이가 r인 구의 방정식은

$$x^2 + y^2 + z^2 = r^2$$

✎ 구의 방정식

연구 16

구 위의 임의의 점을 $P(x, y, z)$라고하면

$$\overline{CP} = r$$

$$\sqrt{(x-a)^2 + (y-b)^2 + (z-c)^2} = r$$

$$(x-a)^2 + (y-b)^2 + (z-c)^2 = r^2$$

✒ 원이 x축 또는 y축에 접할 때

$$(x-a)^2 + (y-b)^2 = b^2$$

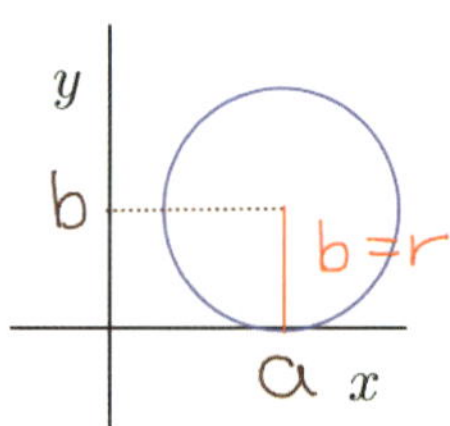

$$(x-a)^2 + (y-b)^2 = a^2$$

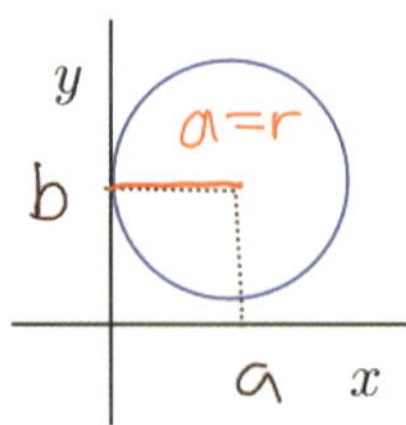

$$(x-a)^2 + (y-a)^2 = a^2$$

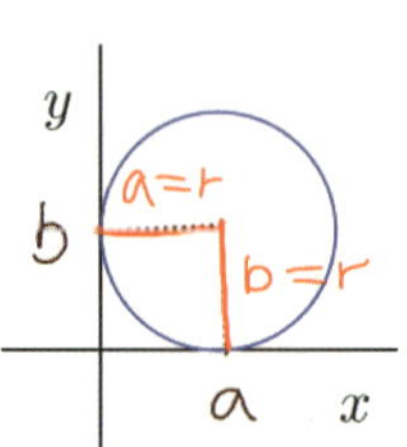

③ xy평면에 접하는 구

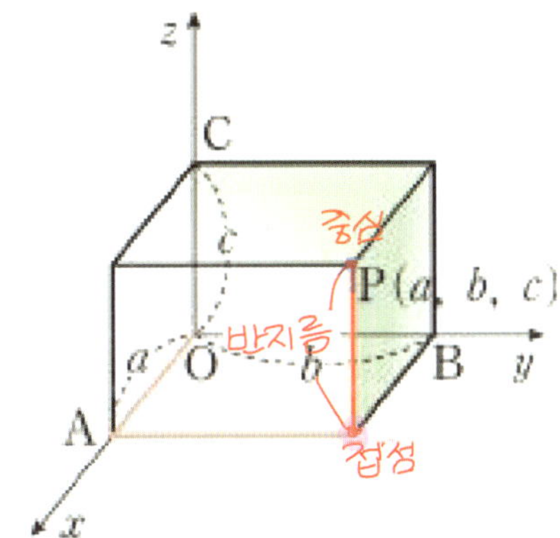

반지름
= 구의중심과 xy평면까지의거리
　↓ 수선의발(정사영)
= (a, b, c) 와 $(a, b, 0)$ 까지의 거리
= $|c|$: 구의중심의 z좌표의절댓값

$$(x-a)^2 + (y-b)^2 + (z-c)^2 = c^2$$
　xy평면까지 거리

④ xy평면과 zx평면에 접하는 구

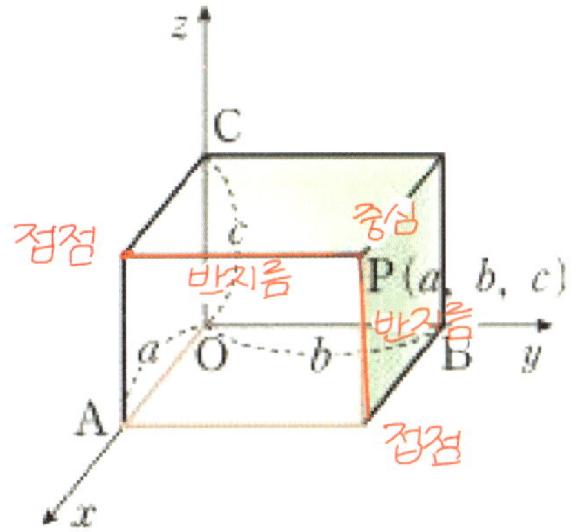

반지름
= 구의중심과 xy평면까지의거리
　↓ 수선의발(정사영)
= (a, b, c) 와 $(a, b, 0)$ 까지의 거리
= $|c|$: 구의중심의 z좌표의절댓값

= 구의 중심과 zx평면까지의거리
　↓ 수선의발(정사영)
= (a, b, c) 와 $(a, 0, c)$ 까지의거리
= $|b|$: 구의 중심의 y좌표의절댓값

$$(x-a)^2 + (y-b)^2 + (z-b)^2 = b^2$$
　zx평면까지 거리　　xy평면까지 거리

⑤ xy평면과 yz평면과 zx평면에 접하는 구

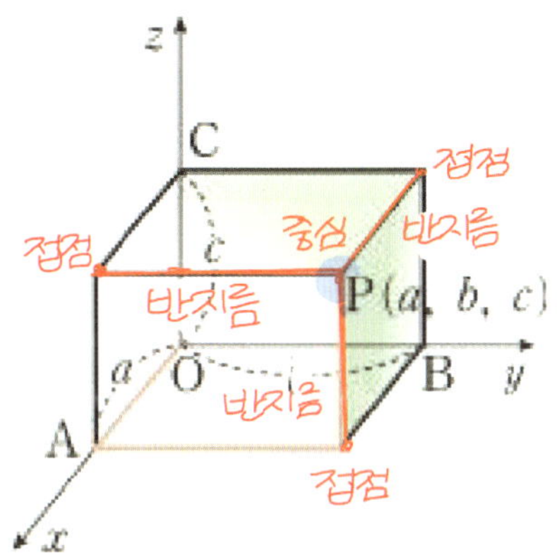

$$(x-a)^2 + (y-a)^2 + (z-a)^2 = a^2$$
　yz평면까지 거리　　zx평면까지 거리　　xy평면까지 거리

※ $c = -b$ 이면

$$(x-a)^2 + (y-b)^2 + (z+b)^2 = b^2$$

연구 18

⑥ x축에 접하는 구

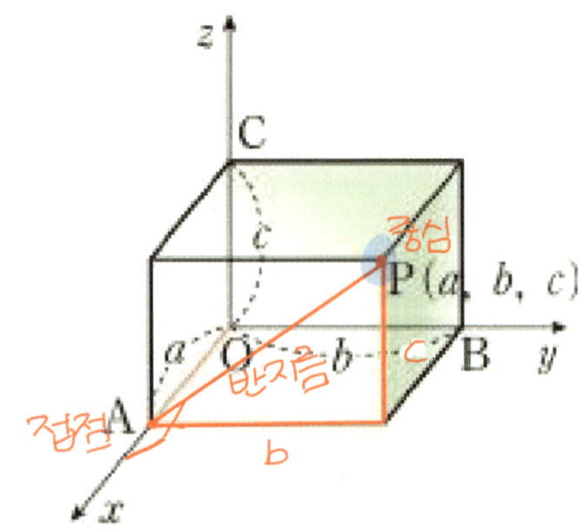

반지름

= 구의 중심과 x축까지의 거리

↓정사영

= (a, b, c)와 $(a, 0, 0)$까지의 거리

= $\sqrt{b^2+c^2}$

$(x-a)^2+(y-b)^2+(z-c)^2=b^2+c^2$

↑ x축까지 거리

⑦ x축과 y축에 접하는 구

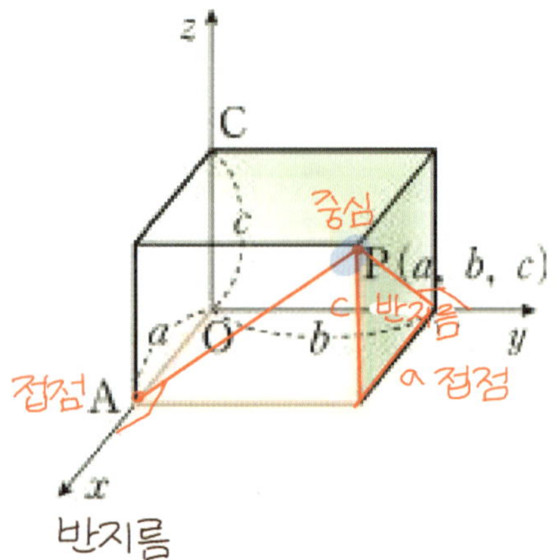

반지름

= 구의 중심과 x축까지의 거리   = 구의 중심과 y축까지의 거리

↓정사영

= (a, b, c)와 $(a, 0, 0)$까지의 거리 = (a, b, c)와 $(0, b, 0)$까지의 거리

= $\sqrt{b^2+c^2}$ = $\sqrt{a^2+c^2}$ $\longrightarrow$ $a^2=b^2$

$|a|=|b|$

$a=\pm b$

$(x-a)^2+(y-a)^2+(z-c)^2=a^2+c^2$

x축까지 거리

y축까지 거리

⑧ x축과 y축과 z축에 접하는 구

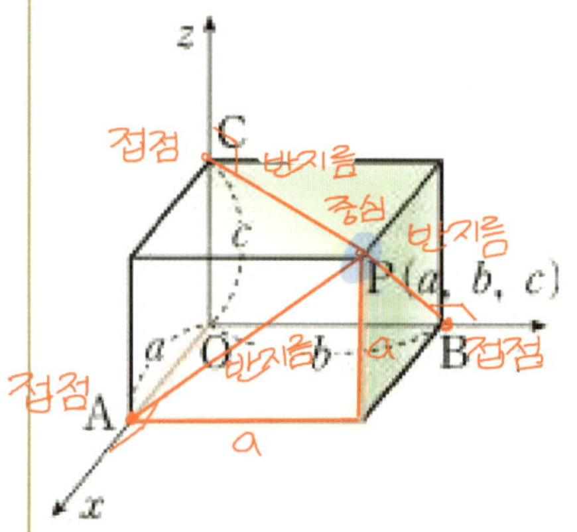

$(x-a)^2+(y-a)^2+(z-a)^2=2a^2$

※ $b=-a$이면

$(x-a)^2+(y+a)^2+(z-c)^2=a^2+c^2$

⑫ 평면과 직선의 방정식

① $x = a$: yz 평면에 평행한 평면

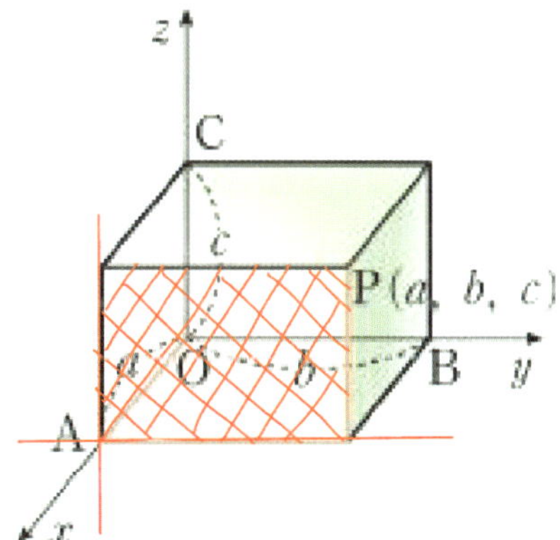

② $y = b$: zx 평면에 평행한 평면

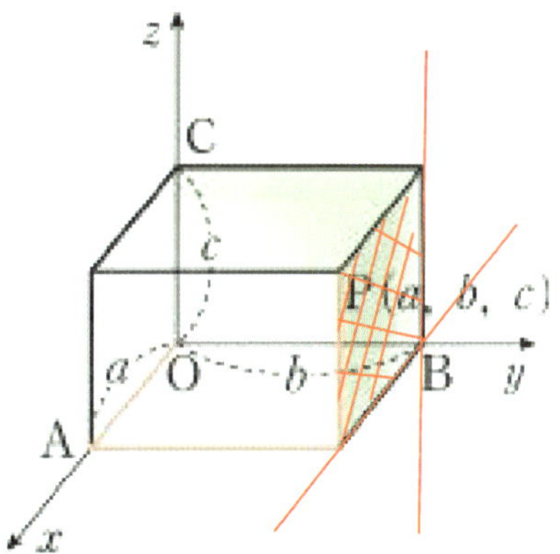

③ $z = c$: xy 평면에 평행한 평면

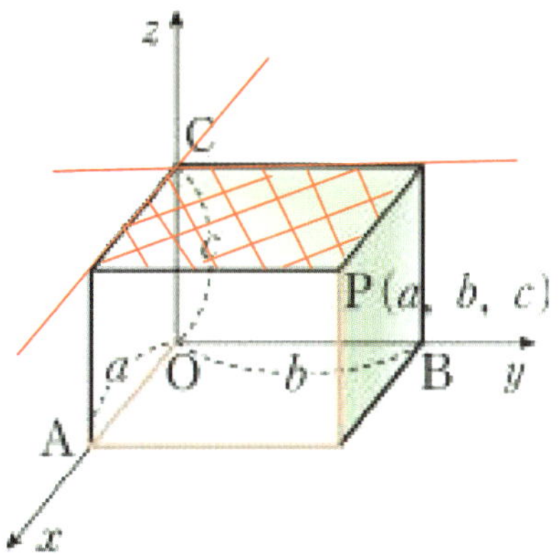

④ $x = a,\ y = b$: z축에 평행한 직선

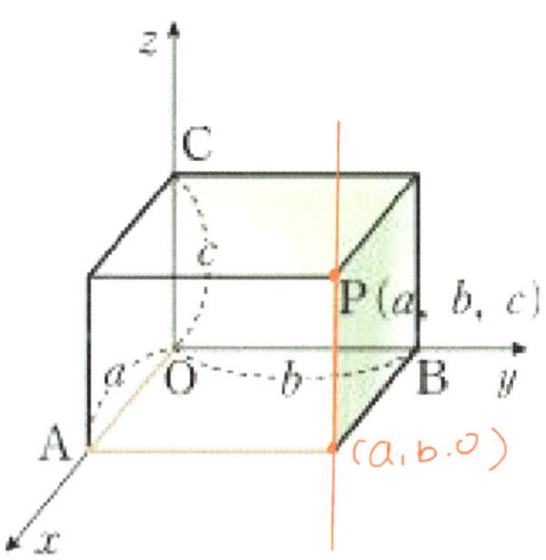

⑤ $x = a,\ z = c$: y축에 평행한 직선

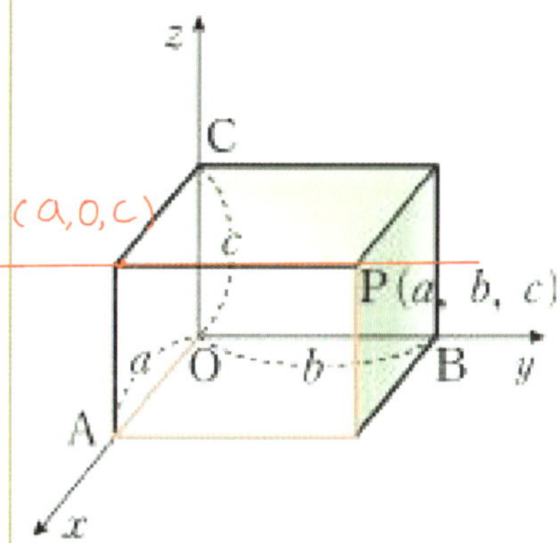

⑥ $y = b,\ z = c$: x축에 평행한 직선

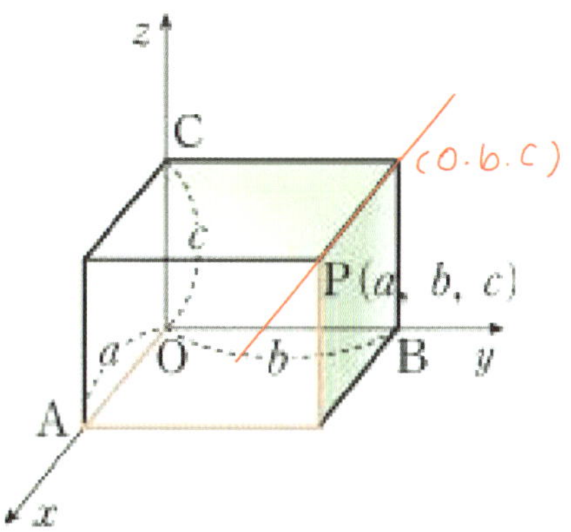

성분이 한 개만 지정되어 있으면
[평면]

성분이 두 개 지정되어 있으면
[직선]

역대 수능·모의고사 기출 문항 출제 의도

Ⅰ.이차곡선

[출제의도] 포물선의 정의를 이해하여 문제를 해결한다.
[출제의도] 타원의 정의를 이해하여 문제를 해결한다.
[출제의도] 쌍곡선의 정의를 이해하여 문제를 해결한다.
[출제의도] 이차곡선의 방정식을 이용하여 초점의 좌표를 구하는 문제를 해결한다.
[출제의도] 이차곡선의 성질을 이용하여 선분의 길이를 구하는 문제를 해결한다.
[출제의도] 이차곡선의 성질을 이용하여 삼각형의 넓이를 구하는 문제를 해결한다.
[출제의도] 포물선의 접선의 방정식을 이용하여 문제를 해결한다.
[출제의도] 타원의 접선의 방정식을 이용하여 문제를 해결한다.
[출제의도] 쌍곡선의 접선의 방정식을 이용하여 문제를 해결한다.
[출제의도] 이차곡선의 접선의 성질을 이용하여 선분의 길이를 구하는 문제를 해결한다.
[출제의도] 이차곡선의 접선의 성질을 이용하여 삼각형의 넓이를 구하는 문제를 해결한다.

Ⅱ.평면벡터

[출제의도] 벡터의 합을 계산하는 문제를 해결한다.
[출제의도] 벡터의 뺄셈을 계산하는 문제를 해결한다.
[출제의도] 벡터의 크기를 계산하는 문제를 해결한다.
[출제의도] 벡터의 기하학적인 성질을 이용하여 두 벡터의 합의 크기의 최댓값을 추론하는 문제를 해결한다.
[출제의도] 벡터의 내적을 계산하는 문제를 해결한다.
[출제의도] 벡터의 내적과 벡터의 크기 사이의 관계를 이해하여 문제를 해결한다.
[출제의도] 벡터의 내적을 활용하여 삼각형의 넓이 추론하는 문제를 해결한다.
[출제의도] 원의 접선을 이용하여 벡터의 내적에 대한 문제를 해결한다.
[출제의도] 벡터의 연산에서 종점의 위치를 이해하고 벡터의 내적의 최댓값과 최솟값을 구하는 문제를 해결한다.
[출제의도] 벡터를 이용하여 점 P가 나타내는 도형의 방정식을 구하는 문제를 해결한다.
[출제의도] 벡터를 이용하여 두 직선이 이루는 예각의 크기를 이용하여 문제를 해결한다.
[출제의도] 좌표평면에서 직선의 방향벡터 이해하여 문제를 해결한다.

Ⅲ.공간 도형·좌표

[출제의도] 공간에서 직선의 위치관계를 이해하고 벡터의 크기와 내적을 추측하는 문제를 해결한다.
[출제의도] 삼수선의 정리를 이해하여 점과 직선 사이의 거리를 구하는 문제를 해결한다.
[출제의도] 삼수선의 정리를 이해하여 공간도형의 문제를 해결한다.
[출제의도] 이면각의 정의를 이해하여 이면각의 크기를 구하는 문제를 해결한다.
[출제의도] 정사영의 성질을 이해하여 넓이를 구하는 문제를 해결한다.
[출제의도] 정사영의 성질을 이해하여 각을 구하는 문제를 해결한다.
[출제의도] 좌표공간의 선분의 내분점과 외분점을 계산하는 문제를 해결한다.
[출제의도] 좌표공간에서 삼각형의 무게중심의 좌표를 계산하는 문제를 해결한다.
[출제의도] 구의 성질을 이용하여 평면과 점 사이의 거리의 최댓값을 구하는 문제를 해결한다.
[출제의도] 공간도형의 성질을 이용하여 문제를 해결한다.

① 수능 문제의 출제 의도 파악이 잘된다 !

수능은 교과개념을 제대로 이해했는지 확인하기 위해 내는 것이라 문제풀이과정을 개념유도과정과 유사하게 출제한다. 개념 연구를 하면 문제 풀 때 출제자의 의도에 맞게 접근법을 금방 찾아내게 된다!

② 문제에 개념 적용이 잘된다!

맨날 해설지를 보면서 "아! 그렇구나"해도 직접 풀지는 못하는 학생들!
백지에 유도과정을 쓸 줄 모르니까 문제에 개념을 어떻게 쓸 줄 모르지!

③ 여러가지 공식이 적용된 최고난도 문제풀이가 잘된다!

A, B, C 세 가지 공식을 따로 알고 있으면 공식을 하나만 적용하는 단순계산문제 밖에 못푼다!
A→B→C로 유도되는 과정을 알아야 A, B, C공식이 모두 적용되는 문제에서 식을 어떻게 조합하고 합쳐야 풀 수 있는지를 알 수 있다!

놓쳤던 1%를 채운다!
상위 1%의 3초 개념 점검!
수능과 논술을 한번에!

개념 연구

개념 연구 학습법

- Step1. 개념 연구의 질문을 읽으며 답을 모르는 문항을 찾아내고 ·표시를 한다.
  (이것이 너의 개념이 빵구난 부분!)

- Step2. 수학의 단권화 개념 총정리에서 √표시에 해당하는 개념을 찾아본다.
  (책에 전부다 표시되어 있어!)

- Step3. 백지에 완벽한 답을 쓸 수 있을 때까지 √표시 질문들을 계속 복습한다.
  (그럼 너는 진정한 개념 마스터!)

나의 개념 이해도를 ☑체크해보자! □X □△ □완성○

수학(상) Ⅰ.다항식

── 연구01 □X □△ □○ ──

아래는 곱셈 공식의 일부이다.
곱셈 공식의 나머지부분을 쓰시오.

① $(a+b)^2 =$

② $(a-b)^2 =$

③ $(a+b)(a-b) =$

④ $(x+a)(x+b) =$

⑤ $(ax+b)(cx+d) =$

⑥ $(a+b)^3 =$

⑦ $(a+b)(a^2-ab+b^2) =$

⑧ $(a-b)(a^2+ab+b^2) =$

정답 ▷ p.20

── 연구02 □X □△ □○ ──

x에 관한 사차이상의 다항식 A에 대하여,
① 이차식으로 나눈 나머지
② 삼차식으로 나눈 나머지
의 형태를 쓰시오.

정답 ▷ p.21

── 연구03 □X □△ □○ ──

다항식 $f(x)$를 일차식 $x-\alpha$로 나누었을 때
나머지의 값을 쓰고 이를 유도하시오.

정답 ▷ p.23

── 연구04 □X □△ □○ ──

$f(x)$가 $x-\alpha$로 나누어떨어질 때, $f(\alpha)$의 값을
쓰시오.

정답 ▷ p.23

수학(상) Ⅱ.방정식과 부등식

── 연구01 □X □△ □○ ──

빈칸에 알맞은 것을 쓰시오.

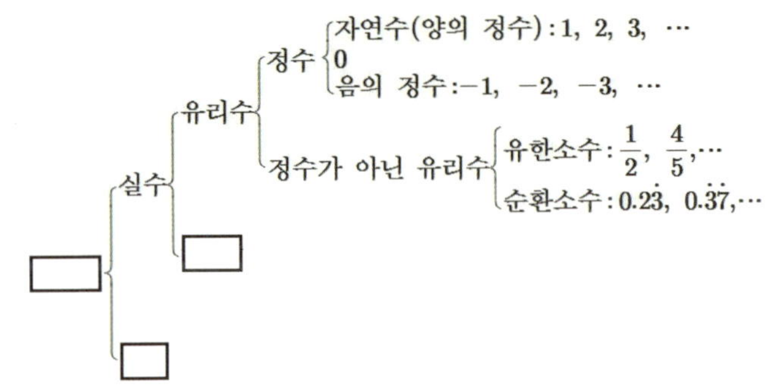

정답 ▷ p.24

── 연구02 □X □△ □○ ──

허수단위 i의 뜻을 쓰시오.

정답 ▷ p.25

── 연구03 □X □△ □○ ──

아래 복소수의 연산의 식을 완성하시오.
① 덧셈 $(a+bi)+(c+di) =$
② 뺄셈 $(a+bi)-(c+di) =$
③ 곱셈 $(a+bi)(c+di) =$
④ 나눗셈 $(a+bi)\div(c+di) =$

정답 ▷ p.26

── 연구04 □X □△ □○ ──

$z=a+bi$라고 할 때 아래 식을 완성하시오.
① $z+\bar{z} =$
② $z\times\bar{z} =$

정답 ▷ p.26

☑X ➡ ☑△ ➡ ☑완성○ 될 때까지 복습하자!

연구05 □X □△ □○

$a > 0$일 때 $-a$의 제곱근은 $\pm\sqrt{a}\,i$인 이유를 쓰시오.

정답 ▷ p.27

연구06 □X □△ □○

이차방정식 $ax^2 + bx + c = 0\ (a \neq 0)$의 근의 공식을 쓰고, 이를 유도하시오.

정답 ▷ p.28

연구07 □X □△ □○

이차방정식 $ax^2 + bx + c = 0\ (a \neq 0)$의 판별식 D를 쓰고, 판별식의 부호에 따른 근의 종류를 쓰시오.

① $D > 0$:

② $D = 0$:

③ $D < 0$:

정답 ▷ p.29

연구08 □X □△ □○

이차방정식 $ax^2 + bx + c = 0\ (a \neq 0)$의 판별식 D의 부호에 따라 이차방정식의 근이 실근 2개, 중근, 허근 2개로 결정되는 이유를 쓰시오.

정답 ▷ p.29

연구09 □X □△ □○

이차방정식 $ax^2 + bx + c = 0\ (a \neq 0)$의 두 근을 $\alpha,\ \beta$라 할 때, 아래 근과 계수와의 관계의 식을 완성하고 이를 유도하시오.

① $\alpha + \beta = \boxed{}$

② $\alpha\beta = \boxed{}$

정답 ▷ p.29

연구10 □X □△ □○

삼차방정식 $ax^3 + bx^2 + cx + d = 0\ (a \neq 0)$의 세 근을 $\alpha,\ \beta,\ \gamma$라 할 때, 아래 근과 계수와의 관계의 식을 완성하고 이를 유도하시오.

① $\alpha + \beta + \gamma = \boxed{}$

② $\alpha\beta + \beta\gamma + \gamma\alpha = \boxed{}$

③ $\alpha\beta\gamma = \boxed{}$

정답 ▷ p.29

연구11 □X □△ □○

이차방정식 $ax^2 + bx + c = 0\ (a \neq 0)$의

① $a,\ b,\ c$가 유리수이면

한 근이 $g + h\sqrt{k}$이면 $\boxed{}$도 근이다.

(단, $g,\ h$는 유리수이고 $h \neq 0$, $\sqrt{k}$는 무리수)

② $a,\ b,\ c$가 실수이면

한 근이 $g + hi$이면 $\boxed{}$도 근이다.

(단, $g,\ h$는 실수이고 $h \neq 0$)

정답 ▷ p.30

나의 개념 이해도를 ☑체크해보자! □X □△ □완성○

연구12 □X □△ □○

이차함수 $y = ax^2 + bx + c$의 꼭짓점의 좌표를 쓰고, 이를 유도하시오.

정답 ▷ p.31

연구13 □X □△ □○

이차함수 $y = ax^2 + bx + c$의 그래프와 x축의 위치 관계에 따른, 이차방정식 $ax^2 + bx + c = 0$의 판별식 $D = b^2 - 4ac$의 부호를 쓰고, 그 이유를 쓰시오.

① D [　] 0 : 서로 다른 두 점에서 만난다.
② D [　] 0 : 한 점에서 만난다(접한다).
③ D [　] 0 : 만나지 않는다.

정답 ▷ p.32

연구14 □X □△ □○

두 함수 $y = f(x)$와 $y = g(x)$의 그래프의 교점을 구할 때, $f(x) = g(x)$의 식을 계산하면 구할 수 있는 이유를 쓰시오.

정답 ▷ p.33

연구15 □X □△ □○

연립일차방정식 $\begin{cases} ax + by + c = 0 \\ a'x + b'y + c' = 0 \end{cases}$ 에서 아래 조건이 성립할 때의 해의 개수를 쓰시오.

① $\dfrac{a}{a'} \neq \dfrac{b}{b'}$

② $\dfrac{a}{a'} = \dfrac{b}{b'} = \dfrac{c}{c'}$

③ $\dfrac{a}{a'} = \dfrac{b}{b'} \neq \dfrac{c}{c'}$

정답 ▷ p.36

연구16 □X □△ □○

$|x| \leq a \iff -a \leq x \leq a$임을 유도하시오.

정답 ▷ p.38

연구17 □X □△ □○

이차함수 $y = ax^2 + bx + c$에 대하여, 빈칸에 알맞은 x의 값이나 범위를 쓰시오.

$(a > 0)$	$D > 0$	$D = 0$	$D < 0$
$y = f(x)$ 그래프			
$f(x) = 0$			
$f(x) > 0$			
$f(x) \geq 0$			
$f(x) < 0$			
$f(x) \leq 0$			

정답 ▷ p.40

연구18 □X □△ □○

모든 실수 x에 대하여 $ax^2 + bx + c > 0$일 조건을 2가지 쓰시오.

정답 ▷ p.40

☑X ➡ ☑△➡ ☑완성○ 될 때까지 복습하자!

수학(상)
Ⅲ.도형의 방정식

── 연구01   □X □△ □○ ──

두 점 $A(x_1, y_1)$, $B(x_2, y_2)$사이의 거리
$\overline{AB} = \sqrt{(x_2 - x_1)^2 + (y_2 - y_1)^2}$ 임을 유도하시오.

정답 ▷ p.41

── 연구02   □X □△ □○ ──

수직선 위의 두 점 $A(x_1)$, $B(x_2)$를 이은 선분
AB를 $m : n$으로 내분하는 점 P를 유도하시오.

정답 ▷ p.43

── 연구03   □X □△ □○ ──

수직선 위의 두 점 $A(x_1)$, $B(x_2)$를 이은 선분
AB를 $m : n$으로 외분하는 점 Q를 유도하시오.

정답 ▷ p.43

── 연구04   □X □△ □○ ──

좌표평면 위의 세 점 $A(x_1, y_1)$, $B(x_2, y_2)$,
$C(x_3, y_3)$을 꼭짓점으로 하는 삼각형 ABC의
무게중심 G의 좌표를 유도하시오.

정답 ▷ p.44

── 연구05   □X □△ □○ ──

빈칸에 알맞은 직선의 기울기의 값을 쓰시오.

직선과 x축 이루는 각	직선의 기울기
$60°$	
$45°$	
$30°$	
$0°$	
$-30°$	
$-45°$	
$-60°$	

정답 ▷ p.45

── 연구06   □X □△ □○ ──

점 $A(x_1, y_1)$을 지나고 기울기가 m인 직선의
방정식이 무엇인지 쓰고, 이를 유도하시오.

정답 ▷ p.47

나의 개념 이해도를 ☑체크해보자! □X □△ □완성○

연구07 □X □△ □○

x절편이 a이고 y절편이 b인 직선의 방정식을 쓰시오.

정답 ▷ p.47

연구08 □X □△ □○

아래는 두 직선의 위치관계에 대한 표이다. 각 위치 관계마다 빈칸에 알맞은 식을 쓰시오

위치 관계	$y = mx + n$ $y = m'x + n'$	$ax + by + c = 0$ $a'x + b'y + c' = 0$
일치		
평행		
한 점 만남		
수직		

정답 ▷ p.48

연구09 □X □△ □○

두 직선 $y = mx + n$, $y = m'x + n'$의 그래프가 수직이 되기 위한 조건을 쓰고, 이를 유도하시오.

정답 ▷ p.48

연구10 □X □△ □○

점 $(x_1,\ y_1)$과 직선 $ax + by + c = 0$사이의 거리의 값을 쓰시오.

정답 ▷ p.49

연구11 □X □△ □○

평행한 두 직선 $ax + by + c_1 = 0$, $ax + by + c_2 = 0$ 사이의 거리의 값을 쓰고, 이를 유도하시오.

정답 ▷ p.49

연구12 □X □△ □○

중심이 $(a,\ b)$, 반지름 길이가 r인 원의 방정식을 쓰고, 이를 유도하시오.

정답 ▷ p.50

☑X ➡ ☑△➡ ☑완성○ 될 때까지 복습하자!

연구13 □X □△ □○

중심이 $(a,\ b)$인 원이 있다 이 원이 아래 조건을 만족시킬 때의 원의 방정식을 쓰시오.
① x축에 접함
② y축에 접함
③ x축, y축에 접함 (단, $a,\ b>0$)

정답 ▷ p.51

연구14 □X □△ □○

두 원의 중심사이의 거리가 d이고 반지름이 각각 $R,\ r$일 때$(R>r)$, 아래 위치 관계에 따른 d, $R,\ r$의 관계식을 쓰시오.
① 만나지 않음
② 한 점에서 만난다(외접)
③ 서로 다른 두 점에서 만남
④ 한 점에서 만남(내접)
⑤ 한 원이 다른 원에 포함

정답 ▷ p.52

연구15 □X □△ □○

원의 중심과 직선사이의 거리가 d, 반지름의 길이가 r일 때, 원과 직선의 교점의 개수를 쓰시오.
① $d<r$:
② $d=r$:
③ $d>r$:

정답 ▷ p.52

연구16 □X □△ □○

원 $x^2+y^2=r^2$에서 기울기 m인 접선의 방정식을 쓰고, 이를 유도하시오.

정답 ▷ p.53

연구17 □X □△ □○

원 $x^2+y^2=r^2$ 위의 점 $(x_1,\ y_1)$에서의 접선의 방정식을 쓰고, 이를 유도하시오.

정답 ▷ p.53

연구18 □X □△ □○

x축의 방향으로 a만큼, y축의 방향으로 b만큼 평행이동 한 것을 쓰시오.
① 점 이동 $\mathrm{P}(x,\ y)\ \rightarrow$
② 도형 이동 $f(x,\ y)=0\ \rightarrow$

정답 ▷ p.54

연구19 □X □△ □○

함수 $y=f(x)$의 그래프가 주기가 p인 함수일 때, 성립하는 식을 쓰시오.

정답 ▷ p.54

나의 개념 이해도를 ☑체크해보자! □X □△ □완성○

── 연구20 □X □△ □○ ──

대칭 이동한 점 $(x,\ y)$의 좌표와, 도형 $f(x,\ y)=0$의 방정식을 구하고자 한다. 빈칸에 알맞은 것을 쓰시오.

대칭	$P(x,\ y)$	$f(x,\ y)=0$	$y=f(x)$
x축			
y축			
원점			
$y=x$			
$x=a$			
$y=b$			
점$(a,\ b)$			

정답 ▷ p.57

── 연구21 □X □△ □○ ──

$f(x)=f(-x)$가 성립할 때, 함수 $y=f(x)$의 그래프는 어떤 형태인지 쓰고, $y=f(x)$가 다항함수일 경우 어떤 항으로 구성되어있는지를 쓰시오.

정답 ▷ p.58

── 연구22 □X □△ □○ ──

$f(a+x)=f(a-x)$일 때, $y=f(x)$의 그래프는 어떤 형태인가?

── 연구23 □X □△ □○ ──

$f(x)=f(2a-x)$일 때, $y=f(x)$의 그래프는 어떤 형태인가?

정답 ▷ p.58

── 연구24 □X □△ □○ ──

$f(x)=-f(-x)$가 성립할 때, 함수 $y=f(x)$의 그래프는 어떤 형태인지 쓰고, $y=f(x)$가 다항함수일 경우 어떤 항으로 구성되어있는지 쓰시오.

정답 ▷ p.59

── 연구25 □X □△ □○ ──

$\dfrac{f(a+x)+f(a-x)}{2}=b$ 일 때, $y=f(x)$의 그래프는 어떤 형태인가?

정답 ▷ p.59

☑X ➡ ☑△ ➡ ☑완성○ 될 때까지 복습하자!

수학(하)
Ⅰ.집합과 명제

─ 연구01 □X □△ □○ ─

전체집합 U와 집합 A에 대하여 빈칸에 알맞은 기호를 쓰시오.

① $A \cup A^c = \boxed{}$

② $A \cap A^c = \boxed{}$

③ $(A^c)^c = \boxed{}$

④ $A - \varnothing = \boxed{}$

⑤ $A - A = \boxed{}$

⑥ $\varnothing^c = \boxed{}$

⑦ $U^c = \boxed{}$

⑧ $A - B = A \cap \boxed{}$

$\quad = \boxed{} - (A \cap B)$

$\quad = (A \cup B) - \boxed{}$

정답 ▷ p.65

─ 연구02 □X □△ □○ ─

두 집합 A, B에 대하여 빈칸에 알맞은 기호를 쓰시오.

① $x \in A$이면 $x \in B$이다 $\Leftrightarrow \boxed{}$

② $\{x \mid x \in A$ 또는 $x \in B\} = \boxed{}$

③ $\{x \mid x \in A$ 이고 $x \in B\} = \boxed{}$

④ $\{x \mid x \in A$ 이고 $x \notin B\} = \boxed{}$

⑤ $\{x \mid x \in U$ 이고 $x \notin A\} = \boxed{}$

정답 ▷ p.66

─ 연구03 □X □△ □○ ─

두 집합 A, B에 대하여 $A \subset B$이 성립할 때 빈칸에 알맞은 것을 쓰시오.

① $A \cup B = \boxed{}$

② $A \cap B = \boxed{}$

③ $A - B = \boxed{}$

④ $B^c \subset \boxed{}$

⑤ $A^c \cup B = \boxed{}$

정답 ▷ p.66

─ 연구04 □X □△ □○ ─

두 집합 A, B가 서로소일 때 빈칸에 알맞은 것을 쓰시오.

① $A \cap B = \boxed{}$

② $n(A \cap B) = \boxed{}$

③ $A - B = \boxed{}$

④ $B - A = \boxed{}$

⑤ $A \subset \boxed{}$

⑥ $B \subset \boxed{}$

정답 ▷ p.66

─ 연구05 □X □△ □○ ─

세 집합 A, B, C에 대하여 빈칸에 알맞은 것을 쓰고, 이를 벤다이어그램을 이용해 설명하시오.

• 결합법칙 $(A \cup B) \cup C = \boxed{}$

• 분배법칙 $A \cap (B \cup C) = \boxed{}$

• 드모르간의 법칙 $(A \cup B)^c = \boxed{}$

정답 ▷ p.67

나의 개념 이해도를 ☑체크해보자! □X □△ □완성○

연구06 □X □△ □○

원소의 개수가 n개인 집합에서
①부분집합의 개수를 쓰고, 그 이유를
설명하시오.
②진부분집합의 개수를 쓰시오.

정답 ▷ p.68

연구07 □X □△ □○

두 집합 A, B에 대하여 빈칸에 알맞은 것을
쓰고, 이를 밴다이어그램을 이용해 설명하시오.

- $n(A \cup B) = n(A) + n(B) - \boxed{}$
- $n(A \cup B \cup C) = n(A) + n(B) + n(C) - \boxed{}$

정답 ▷ p.68

연구08 □X □△ □○

명제의 뜻을 쓰시오.

정답 ▷ p.69

연구09 □X □△ □○

'p이면 q이다.' 꼴의 명제에서
p를 $\boxed{}$, q를 $\boxed{}$이라 한다.
빈칸에 알맞은 것을 쓰시오.

정답 ▷ p.69

연구10 □X □△ □○

명제나 조건을 부정할 때, 표현이 바뀌는 것으로
짝지어지도록 빈칸에 알맞은 것을 쓰시오.

p	$\sim p$
이다	
$<$	
$>$	
$=$	
이고, and	
모든	

정답 ▷ p.69

연구11 □X □△ □○

조건의 뜻을 쓰시오.

정답 ▷ p.70

연구12 □X □△ □○

진리집합의 뜻을 쓰시오.

정답 ▷ p.70

연구13 □X □△ □○

각 조건에 대한 진리집합이 짝지어지도록 빈칸에
알맞은 것을 쓰시오.

p, q	P, Q
$\sim p$	
p or q	
p and q	
$p \rightarrow q$	

정답 ▷ p.70

☑X ➡ ☑△➡ ☑완성○ 될 때까지 복습하자!

연구14 □X □△ □○

두 조건 p, q에 대하여 부정이 무엇인지 쓰고 그 이유를 쓰시오.
① 조건 'p 또는 q'의 부정:
② 조건 'p 이고 q'의 부정:

정답 ▷ p.71

연구15 □X □△ □○

명제 '모든 x에 대하여 p이다'가 참일 때, 조건 p의 진리집합 P가 만족하는 식을 쓰시오.

정답 ▷ p.72

연구16 □X □△ □○

명제 '모든 x에 대하여 p이다'의 부정을 쓰시오.

정답 ▷ p.72

연구17 □X □△ □○

명제 '어떤 x에 대하여 p이다'가 참일 때, 조건 p의 진리집합 P가 만족하는 식을 쓰시오.

정답 ▷ p.72

연구18 □X □△ □○

명제 '어떤 x에 대하여 p이다'의 부정을 쓰시오.

정답 ▷ p.72

연구19 □X □△ □○

빈칸에 알맞은 기호를 쓰시오.
두 조건 p, q의 진리집합을 각각 P, Q라 할 때
명제 $p \rightarrow q$는 참이면 $P \square Q$이다.

정답 ▷ p.73

연구20 □X □△ □○

빈칸에 알맞은 기호와 문장을 쓰시오.

명제	$p \rightarrow q$	p이면 q이다
역		
대우		

정답 ▷ p.74

연구21 □X □△ □○

빈칸에 역/대우 중 알맞은 것을 쓰시오.
어떤 명제가 참이면 그 $\boxed{}$ 도 참이다.
어떤 명제가 거짓이면 그 $\boxed{}$ 도 거짓이다.

정답 ▷ p.74

연구22 □X □△ □○

두 조건 p, q에 대하여 빈칸에 알맞은 것을 쓰시오.
① $p \Rightarrow q$일 때,
  p는 q이기 위한 $\boxed{}$
  q는 p이기 위한 $\boxed{}$
② $p \Leftrightarrow q$일 때,
  p는 q이기 위한 $\boxed{}$
  q는 p이기 위한 $\boxed{}$

정답 ▷ p.75

연구23 □X □△ □○

$\dfrac{a+b}{2} \geq \sqrt{ab}$ 가 성립함을 유도하시오.

정답 ▷ p.77

나의 개념 이해도를 ☑체크해보자! □X □△ □완성○

수학(하)
Ⅱ.함수

--- 연구01　□X □△ □○ ---

'정의역의 서로 다른 원소에 대하여, 그 함숫값이 서로 다를 때의 함수'의
①용어 ②식을 쓰시오.

정답 ▷ p.80

--- 연구02　□X □△ □○ ---

'일대일 함수이고, 치역과 공역이 같은 함수'가 무엇인지 알맞은 용어를 쓰시오.

정답 ▷ p.81

--- 연구03　□X □△ □○ ---

'정의역 X의 모든 원소 x가 공역 Y의 오직 하나의 원소에만 대응될 때의 함수'의
①용어 ②식을 쓰시오.

정답 ▷ p.81

--- 연구04　□X □△ □○ ---

'정의역과 공역이 같고, 정의역의 임의의 원소에 그 자신을 대응시키는 함수'의
①용어 ②식을 쓰시오.

정답 ▷ p.82

--- 연구05　□X □△ □○ ---

함수 f의 역함수 f^{-1}는, 함수 f가 [ ]일 때 존재한다.

정답 ▷ p.84

--- 연구06　□X □△ □○ ---

빈칸에 알맞은 것을 쓰시오.
① $f(a) = b \Leftrightarrow f^{-1}(b) = $ [ ]
② $f^{-1} \circ f(x) = f \circ f^{-1}(x) = $ [ ]
③ $(f^{-1})^{-1} = $ [ ]
④ $(g \circ f)^{-1} = $ [ ]

정답 ▷ p.85

☑X ➡ ☑△ ➡ ☑완성○ 될 때까지 복습하자!

연구07 □X □△ □○

$y = f(x)$, $y = f^{-1}(x)$의 그래프는
직선 [　]에 대하여 대칭이다.

정답 ▷ p.85

연구08 □X □△ □○

아래 명제의 참 거짓을 판별하시오.
① f와 $y = x$의 교점은 f와 f^{-1}의 교점이다.
② f와 f^{-1}의 교점은 f와 $y = x$의 교점이다.

정답 ▷ p.85

연구09 □X □△ □○

아래는 $y = \dfrac{k}{x}$ 형태의 식으로 표현되는 함수의

그래프이다. k는 -3, -2, -1, 1, 2, 3 중
하나의 값을 갖을 때, A, B, C, D, E, F
그래프 마다 알맞은 k값을 짝지으시오.

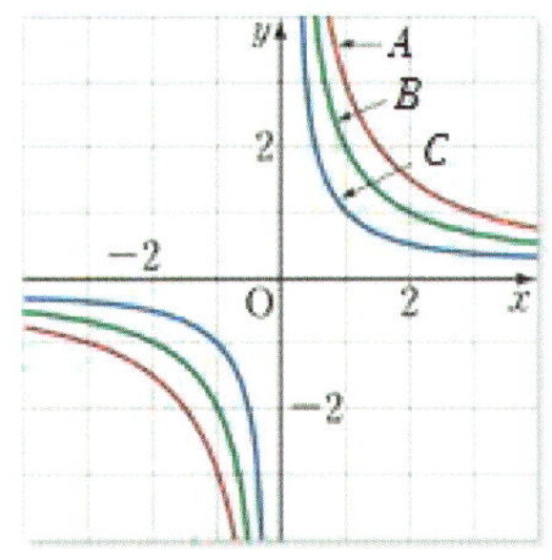
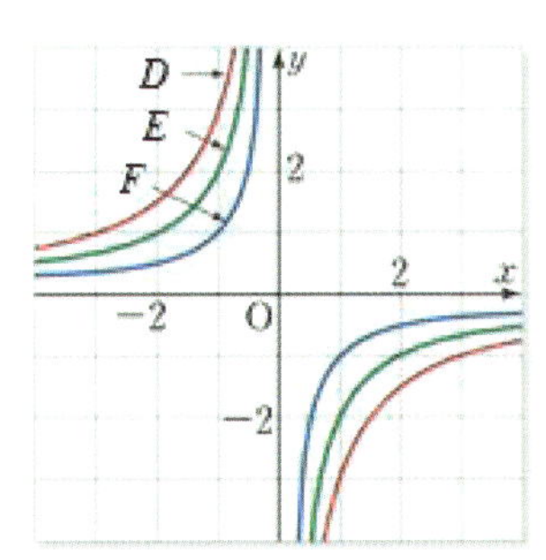

정답 ▷ p.87

연구10 □X □△ □○

함수 $y = \dfrac{k}{x - p} + q$에서 아래 사항에 알맞은

것을 쓰시오.
a.정의역:
　치역:
b.점근선:
c.대칭:

정답 ▷ p.88

연구11 □X □△ □○

아래의 A, B, C, D는 $y = \sqrt{x}$, $y = -\sqrt{x}$,
$y = \sqrt{-x}$, $y = -\sqrt{-x}$ 중 하나의 그래프이다.
A, B, C, D가 나타내는 방정식을 알맞게
짝지으시오.

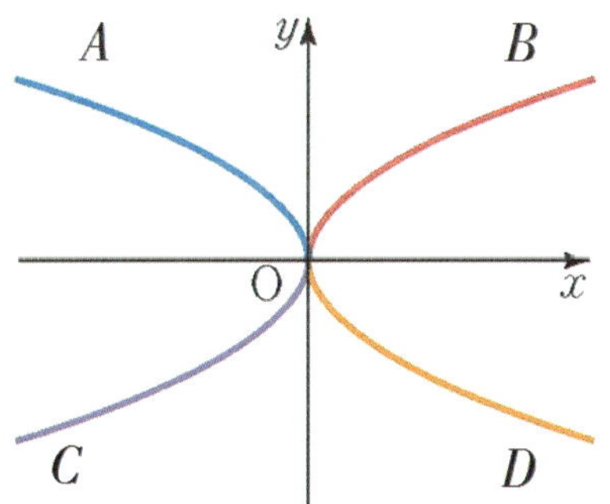

정답 ▷ p.90

연구12 □X □△ □○

함수 $y = \sqrt{ax}$ 와 함수 $y = \dfrac{x^2}{a}\,(x \geq 0)$의

그래프는 어떤 관계에 있는지 쓰시오. (단,
$a \neq 0$)

정답 ▷ p.91

나의 개념 이해도를 ☑체크해보자! □X □△ □완성○

수학(하)
Ⅲ.경우의 수

수학 I
Ⅰ.지수함수와 로그함수

—— 연구01　□X □△ □○ ——

자연수 N을 소인수 분해 한 것이
$N = x^a y^b z^c (x,\ y,\ z$는 서로소)일 때, N의
약수의 개수는 몇 개인가? 또 약수의 총합은
얼마인가?

정답 ▷ p.93

—— 연구01　□X □△ □○ ——

$a > 0,\ b > 0$일 때, 임의의 실수 $m,\ n$에 대하여
다음 식이 성립한다. 빈칸에 알맞은 것을 쓰시오.

① $a^m a^n =$

② $(a^m)^n =$

③ $(ab)^n =$

④ $a^m \div a^n =$

⑤ $a^0 =$

⑥ $a^{-n} =$

정답 ▷ p.98

—— 연구02　□X □△ □○ ——

서로 다른 n개에서 r개를 택하여 이들의 순서를
생각하여 일렬로 배열하는 순열의 값은?

정답 ▷ p.93

—— 연구02　□X □△ □○ ——

$a \neq 0$이고, n이 양의 정수일 때 다음을
유도하시오.

・ $a^0 = 1$　　　　　　・ $a^{-n} = \dfrac{1}{a^n}$

정답 ▷ p.98

—— 연구03　□X □△ □○ ——

서로 다른 n개에서 r개를 택하는 경우의 수는?

정답 ▷ p.94

—— 연구04　□X □△ □○ ——

$_nC_r = \dfrac{_nP_r}{r!}$인 이유를 쓰시오.

정답 ▷ p.94

☑X ➡ ☑△➡ ☑완성○ 될 때까지 복습하자!

연구03　□X □△ □○

a의 n제곱근을 빈칸에 쓰시오.

$x^n = a$	n이 홀수	n이 짝수
$a > 0$		
$a = 0$		
$a < 0$		

정답 ▷ p.99

연구04　□X □△ □○

다음을 제곱근 기호를 이용해 표현하시오.

(1) 64의 2제곱근 중 음수 :

(2) 64의 3제곱근 중 음수 :

(3) -64의 3제곱근 중 음수 :

(4) -64의 2제곱근 중 음수 :

(5) 64의 2제곱근 중 양수 :

(6) 64의 3제곱근 중 양수 :

(7) -64의 3제곱근 중 양수 :

(8) -64의 2제곱근 중 양수 :

정답 ▷ p.99

연구05　□X □△ □○

$a > 0$, $b > 0$이고 m, n이 2 이상의 자연수일 때 다음을 유도하시오.

① $\sqrt[n]{a}\,\sqrt[n]{b} = \sqrt[n]{ab}$

② $\dfrac{\sqrt[n]{b}}{\sqrt[n]{a}} = \sqrt[n]{\dfrac{b}{a}}$

③ $\left(\sqrt[n]{a}\right)^m = \sqrt[n]{a^m}$

④ $\sqrt[m]{\sqrt[n]{a}} = \sqrt[mn]{a}$

⑤ $\sqrt[n]{a^m} = \sqrt[np]{a^{mp}}$　(p는 양의 정수)

⑥ $a^{\frac{m}{n}} = \sqrt[n]{a^m}$

정답 ▷ p.100

연구06　□X □△ □○

$a > 0$, $a \neq 1$이고 $N > 0$일 때 $a^x = N$ 을 로그를 이용하여 표현하시오.

정답 ▷ p.101

연구07　□X □△ □○

$\log_a N$에서 밑수조건 $a > 0$, $a \neq 1$과 진수조건 $N > 0$이 있어야 하는 이유를 쓰시오.

정답 ▷ p.101

나의 개념 이해도를 ☑체크해보자! □X □△ □완성○

연구08 □X □△ □○

$a > 0$, $a \neq 1$, $x > 0$, $y > 0$이고 k가 임의의 실수일 때 다음 로그의 성질을 유도하시오.

① $\log_a 1 = 0$, $\log_a a = 1$

② $\log_a xy = \log_a x + \log_a y$

③ $\log_a \dfrac{x}{y} = \log_a x - \log_a y$

④ $\log_a x^k = k \log_a x$

⑤ $\log_a b = \dfrac{\log_c b}{\log_c a}$ (b, c는 양수이고 $c \neq 1$)

⑥ $\log_{a^m} x^n = \dfrac{n}{m} \log_a x$

⑦ $a^{\log_c x} = x^{\log_c a}$

정답 ▷ p.102

연구09 □X □△ □○

다음은 지수함수 $y = a^x$ ($a > 0$, $a \neq 1$)의 성질이다. 그래프를 그리고 빈칸을 채우시오.

①정의역:

　치역:

②$a > 1$일 때, [　　　]함수

　$0 < a < 1$일 때, [　　　]함수

③a값과 관계없이 지나는 점:

❖ 그래프 그릴 때 활용할 점:

④점근선:

⑤$y = a^x$와 $y = \left(\dfrac{1}{a}\right)^x$의 그래프의 관계:

정답 ▷ p.106

연구10 □X □△ □○

다음은 로그함수

$y = \log_a x$ ($a > 0$, $a \neq 1$)의 성질이다. 그래프를 그리고 빈칸에 알맞은 말을 쓰시오.

①정의역:

　치역 :

②$a > 1$일 때, [　　　]함수

　$0 < a < 1$일 때, [　　　]함수

③a값과 관계없이 지나는 점:

❖ 그래프 그릴 때 활용할 점:

④점근선 :

⑤$y = \log_a x$와 $y = \log_{\frac{1}{a}} x$의 그래프의 관계:

⑥함수 $y = a^x$과 $y = \log_a x$의 관계:

정답 ▷ p.107

연구11 □X □△ □○

빈칸에 알맞은 부등호를 쓰시오.

- 임의의 실수 x에 대하여 $a^x \boxed{} 0$

- $a > 1$일 때, $a^{x_1} < a^{x_2} \Leftrightarrow$

- $0 < a < 1$일 때, $a^{x_1} < a^{x_2} \Leftrightarrow$

정답 ▷ p.108

연구12 □X □△ □○

$a > 0$, $a \neq 1$이고 x_1, $x_2 > 0$일 때 빈칸에 알맞은 부등식을 쓰시오.

- $a > 1$일 때,
$$\log_a x_1 < \log_a x_2 \Leftrightarrow$$

- $0 < a < 1$일 때,
$$\log_a x_1 < \log_a x_2 \Leftrightarrow$$

정답 ▷ p.109

☑X ➡ ☑△ ➡ ☑완성○ 될 때까지 복습하자!

수학 I
Ⅱ. 삼각함수

─── 연구01 □X □△ □○ ───

빈칸에 알맞은 것을 쓰시오.

삼각비 A	0°	30°	45°	60°	90°
$\sin A$					
$\cos A$					
$\tan A$					

정답 ▷ p.111

─── 연구02 □X □△ □○ ───

$\angle B = 90°$ 인 $\triangle ABC$에서 $\angle A = \theta$라고 할 때, 나머지 두 변의 길이를 주어진 길이와 θ에 대한 삼각비를 이용해 표현하시오.

①　　　　　　　②

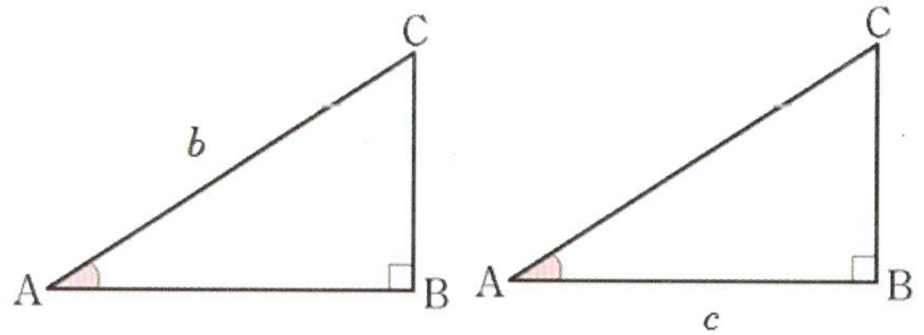

③

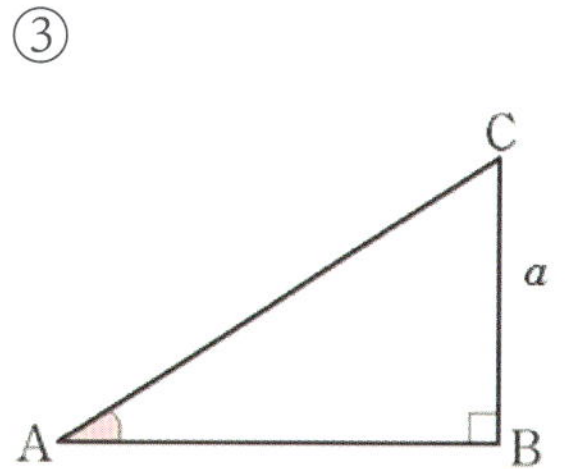

정답 ▷ p.112

─── 연구03 □X □△ □○ ───

중심각 크기 θ를 반지름 길이 r와 호의 길이 l에 관한 식으로 쓰시오.

정답 ▷ p.114

─── 연구04 □X □△ □○ ───

1(라디안)을 60분법 각도로 얼마인지, 1°가 호도법 각도로 얼마인지를 쓰시오.

정답 ▷ p.114

─── 연구05 □X □△ □○ ───

부채꼴의 넓이 S를 중심각 크기 θ, 반지름 길이 r, 호의 길이 l를 사용하여 표현하고 이를 유도하시오.

정답 ▷ p.114

나의 개념 이해도를 ☑체크해보자! □X □△ □완성○

연구06 □X □△ □○

다음 60분법 각도에 같은 호도법 각도를 빈칸에 쓰시오.

30°	45°	60°	90°	120°	135°	150°	180°

정답 ▷ p.114

연구07 □X □△ □○

좌표평면에서 x축의 양의 방향을 시초선으로 할 때, 점 $P(x,y)$에 대하여 동경 OP의 각도가 θ이고 $r = \sqrt{x^2 + y^2}$일 때 $\sin\theta$, $\cos\theta$, $\tan\theta$의 값을 쓰시오.

정답 ▷ p.115

연구08 □X □△ □○

θ가 동경 OP에 대한 각이고 점 $P(x, y)$가 각 사분면에 있을 때의 $\sin\theta$, $\cos\theta$, $\tan\theta$의 부호를 아래의 빈칸에 쓰시오.

사분면	$\sin\theta$	$\cos\theta$	$\tan\theta$
1			
2			
3			
4			

정답 ▷ p.115

연구09 □X □△ □○

다음 삼각함수 사이의 관계를 유도하시오.

① $\tan\theta = \dfrac{\sin\theta}{\cos\theta}$

② $\sin^2\theta + \cos^2\theta = 1$

정답 ▷ p.116

연구10 □X □△ □○

중심이 원점 O이고 반지름의 길이가 r인 원 위에 있는 점 P에 대하여, 동경 OP의 각이 θ일 때, 점 P의 좌표를 쓰시오.

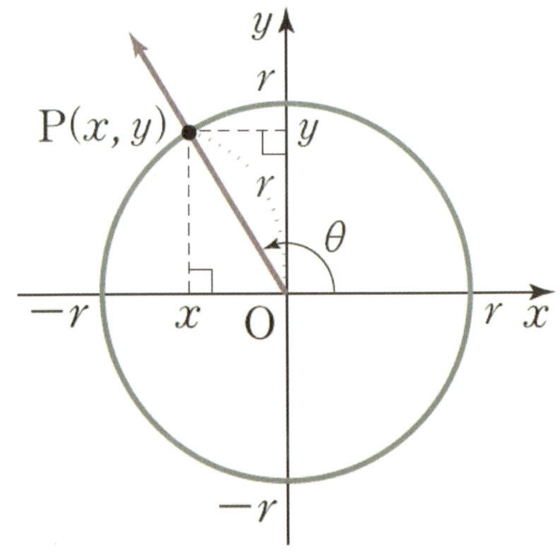

정답 ▷ p.117

☑X ➡ ☑△ ➡ ☑완성○ 될 때까지 복습하자!

연구11 □X □△ □○

아래 단위원에 표시되어 있는 모든 60분법
각도에 대하여
① 호도법 각   ② 점의 좌표
를 모두 쓰시오.

정답 ▷ p.117

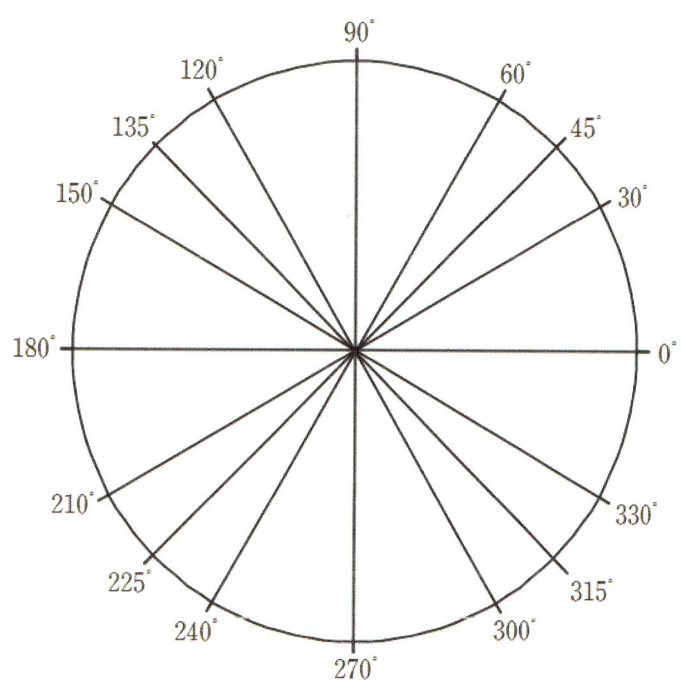

연구12 □X □△ □○

아래 표에 알맞은 값을 쓰시오.

θ	0	$\dfrac{\pi}{6}$	$\dfrac{\pi}{3}$	$\dfrac{\pi}{2}$	$\dfrac{2\pi}{3}$	$\dfrac{5\pi}{6}$	π	$\dfrac{7\pi}{6}$	$\dfrac{4\pi}{3}$	$\dfrac{3\pi}{2}$	$\dfrac{5\pi}{3}$	$\dfrac{11\pi}{6}$	2π
$\sin\theta$													
$\cos\theta$													

정답 ▷ p.117

나의 개념 이해도를 ☑체크해보자! □X □△ □완성○

연구13 □X □△ □○

함수 $y = \sin x$의 그래프에서 아래 사항에 알맞은 것을 쓰시오.

a.정의역:

b.치　역:

c.주　기:

d.대칭성:

정답 ▷ p.118

연구14 □X □△ □○

함수 $y = \cos x$의 그래프에서 아래 사항에 알맞은 것을 쓰시오.

a.정의역:

b.치　역:

c.주　기:

d.대칭성:

정답 ▷ p.119

연구15 □X □△ □○

두 함수 $y = \sin x$와 $y = \cos x$의 그래프는 □□□□ 이동 관계이다.

정답 ▷ p.119

연구16 □X □△ □○

함수 $y = \tan x$의 그래프에서 아래 사항에 알맞은 것을 쓰시오.

a.정의역:

b.치　역:

c.주　기:

d.대칭성:

정답 ▷ p.119

연구17 □X □△ □○

빈칸에 알맞은 것을 쓰시오.

함　수	최댓값	최솟값	주　기
$a\sin(bx+\alpha)+c$			
$a\cos(bx+\alpha)+c$			
$a\tan(bx+\alpha)+c$			

정답 ▷ p.120

연구18 □X □△ □○

$y = f(x)$의 그래프에 대한 $y = f(px)$의 그래프의 특징을 쓰시오.

정답 ▷ p.121

연구19 □X □△ □○

$y = f(x)$의 그래프에 대한 $y = pf(x)$의 그래프의 특징을 쓰시오.

정답 ▷ p.121

연구20 □X □△ □○

빈칸에 알맞은 것을 쓰고 이 식이 성립하는 이유를 단위원을 이용해 표현하시오.

$\sin(-\theta) = \boxed{}$

$\cos(-\theta) = \boxed{}$

$\tan(-\theta) = \boxed{}$

정답 ▷ p.122

☑X ➡ ☑△ ➡ ☑완성○ 될 때까지 복습하자!

연구21 □X □△ □○

빈칸에 알맞은 것을 쓰고 이 식이 성립하는
이유를 단위원을 이용해 표현하시오.

$\sin(\pi+\theta) = \boxed{}$

$\cos(\pi+\theta) = \boxed{}$

$\tan(\pi+\theta) = \boxed{}$

정답 ▷ p.122

연구22 □X □△ □○

빈칸에 알맞은 것을 쓰고 이 식이 성립하는
이유를 단위원을 이용해 표현하시오.

$\sin(\pi-\theta) = \boxed{}$

$\cos(\pi-\theta) = \boxed{}$

$\tan(\pi-\theta) = \boxed{}$

정답 ▷ p.122

연구23 □X □△ □○

빈칸에 알맞은 것을 쓰고 이 식이 성립하는
이유를 단위원을 이용해 표현하시오.

$\sin\left(\dfrac{\pi}{2}+\theta\right) = \boxed{}$

$\cos\left(\dfrac{\pi}{2}+\theta\right) = \boxed{}$

$\tan\left(\dfrac{\pi}{2}+\theta\right) = \boxed{}$

정답 ▷ p.122

연구24 □X □△ □○

빈칸에 알맞은 것을 쓰고 이 식이 성립하는
이유를 단위원을 이용해 표현하시오.

$\sin\left(\dfrac{\pi}{2}-\theta\right) = \boxed{}$

$\cos\left(\dfrac{\pi}{2}-\theta\right) = \boxed{}$

$\tan\left(\dfrac{\pi}{2}-\theta\right) = \boxed{}$

정답 ▷ p.122

연구25 □X □△ □○

△ABC에서 아래 사인법칙이 성립함을
유도하시오. (단, R는 외접원의 반지름)

$$\frac{a}{\sin A} = \frac{b}{\sin B} = \frac{c}{\sin C} = 2R$$

(△ABC의 각이 예각일 때만 유도하면 됩니다.)

연구26 □X □△ □○

△ABC에 대하여 사인법칙을 활용하여

① b를 이용해 a를 표현하시오.

② c를 이용해 a를 표현하시오.

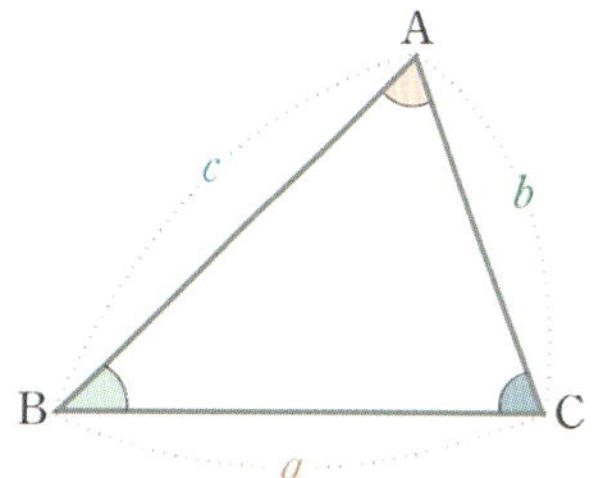

정답 ▷ p.124

연구27 □X □△ □○

△ABC에서 아래 코사인법칙이 성립함을
유도하시오.

$$b^2 = a^2 + c^2 - 2ac\cos B$$

정답 ▷ p.126

연구28 □X □△ □○

△ABC가 아래와 같은 조건을 만족시킬 때,
△ABC의 넓이를 쓰시오.

①밑변 a와 높이 h가 주어질 때

②두 변의 길이와 그 낀 각을 알 때

③내접원의 반지름 r과 세 변이 주어질 때

④외접원의 반지름 R과 세 변이 주어질 때

⑤세 변의 길이를 알 때 (헤론의 공식)

정답 ▷ p.127

나의 개념 이해도를 ☑체크해보자! □X □△ □완성○

수학 I
Ⅲ.수열

연구01   □X □△ □○

등차수열의 정의를 쓰시오.

정답 ▷ p.128

연구02   □X □△ □○

첫째항이 a이고, 공차가 d인 등차수열 $\{a_n\}$의 일반항 a_n의 식을 유도하시오.

정답 ▷ p.128

연구03   □X □△ □○

b가 a와 c의 등차중항일 때 성립하는 식을 쓰고 이를 유도하시오.

정답 ▷ p.128

연구04   □X □△ □○

등차수열 $\{a_n\}$의 첫째항부터 제 n항까지의 합 S_n을 유도하시오.

정답 ▷ p.129

연구05   □X □△ □○

일반항 a_n과 수열 $\{a_n\}$의 첫째항부디 제n항까지의 합 S_n의 관계를 쓰시오.

정답 ▷ p.129

연구06   □X □△ □○

등비수열의 정의를 쓰시오.

정답 ▷ p.130

연구07   □X □△ □○

첫째항이 a이고, 공비가 r인 등비수열 $\{a_n\}$의 일반항 a_n의 식을 유도하시오.

정답 ▷ p.130

연구08   □X □△ □○

b가 a와 c의 등비중항일 때, 성립하는 식을 쓰고 이를 유도하시오.

정답 ▷ p.130

연구09   □X □△ □○

첫째항이 a이고, 공비가 r인 등비수열의 첫째항부터 제n항까지의 합 S_n을 유도하시오.

정답 ▷ p.131

연구10   □X □△ □○

아래 시그마 식을 +기호로 풀어서 쓰시오.

① $\displaystyle\sum_{k=1}^{n} a_k =$

② $\displaystyle\sum_{n=1}^{k} a_n =$

③ $\displaystyle\sum_{k=1}^{n} a_n =$

④ $\displaystyle\sum_{n=1}^{k} a_k =$

정답 ▷ p.132

☑X ➡ ☑△ ➡ ☑완성○ 될 때까지 복습하자!

── 연구11 ☐X ☐△ ☐○ ──

다음을 유도하시오.

① $\displaystyle\sum_{k=1}^{n}(a_k+b_k)=\sum_{k=1}^{n}a_k+\sum_{k=1}^{n}b_k$

② $\displaystyle\sum_{k=1}^{n}(a_k-b_k)=\sum_{k=1}^{n}a_k-\sum_{k=1}^{n}b_k$

③ $\displaystyle\sum_{k=1}^{n}ca_k=c\sum_{k=1}^{n}a_k$ (단, c는 상수)

④ $\displaystyle\sum_{k=1}^{n}c=cn$

정답 ▷ p.132

── 연구12 ☐X ☐△ ☐○ ──

아래 빈칸에 알맞은 값을 쓰시오.

① $\displaystyle\sum_{k=1}^{n}a_k=\sum_{k=1}^{n-1}a_k+[\qquad]$

① $\displaystyle\sum_{k=1}^{n}a_k=\sum_{k=1}^{m}a_k+\sum_{k=[\ ]}^{n}a_k$ (단, $m<n$)

③ $\displaystyle\sum_{k=1}^{n}a_{k+m}=\sum_{k=[\ ]}^{[\ ]}a_k$

④ $\displaystyle\sum_{k=1}^{2n}a_k=\sum_{k=1}^{[\ ]}a_{2k-1}+\sum_{k=1}^{[\ ]}a_{2k}$

정답 ▷ p.132

── 연구13 ☐X ☐△ ☐○ ──

빈칸에 알맞은 식을 쓰시오.

① $\displaystyle\sum_{k=1}^{n}k=\boxed{}$

② $\displaystyle\sum_{k=1}^{n}k^2=\boxed{}$

③ $\displaystyle\sum_{k=1}^{n}k^3=\boxed{}$

정답 ▷ p.133

── 연구14 ☐X ☐△ ☐○ ──

$\dfrac{1}{A\cdot B}=\dfrac{1}{B-A}\left(\dfrac{1}{A}-\dfrac{1}{B}\right)$ 를 유도하시오.

정답 ▷ p.133

── 연구15 ☐X ☐△ ☐○ ──

아래 시그마 식을 계산하시오.

① $\displaystyle\sum_{k=1}^{n}kn^2=$

② $\displaystyle\sum_{n=1}^{k}kn^2=$

정답 ▷ p.133

── 연구16 ☐X ☐△ ☐○ ──

수학적 귀납법이 무엇인지 서술하시오.

정답 ▷ p.134

── 연구17 ☐X ☐△ ☐○ ──

수열의 귀납적 정의가 무엇인지 서술하시오.

정답 ▷ p.134

── 연구18 ☐X ☐△ ☐○ ──

등차수열의 점화식 2가지를 쓰시오.

정답 ▷ p.134

── 연구19 ☐X ☐△ ☐○ ──

등비수열의 점화식 2가지를 쓰시오.

정답 ▷ p.134

나의 개념 이해도를 ☑체크해보자! □X □△ □완성○

수학 Ⅱ
Ⅰ. 함수의 극한

--- 연구01　□X □△ □○ ---

$x = a$에서 함수 $f(x)$의 극한값 α가 존재한다는 것의 뜻을 쓰시오.

정답 ▷ p.139

--- 연구02　□X □△ □○ ---

아래 함수의 극한의 성질이 성립할 조건을 쓰시오.

① $\displaystyle\lim_{x\to a} kf(x) = k\lim_{x\to a} f(x)$ (단, k는 상수)

② $\displaystyle\lim_{x\to a} \{f(x)+g(x)\} = \lim_{x\to a} f(x) + \lim_{x\to a} g(x)$

③ $\displaystyle\lim_{x\to a} \{f(x)-g(x)\} = \lim_{x\to a} f(x) - \lim_{x\to a} g(x)$

④ $\displaystyle\lim_{x\to a} f(x)g(x) = \lim_{x\to a} f(x) \cdot \lim_{x\to a} g(x)$

⑤ $\displaystyle\lim_{x\to a} \frac{f(x)}{g(x)} = \frac{\displaystyle\lim_{x\to a} f(x)}{\displaystyle\lim_{x\to a} g(x)}$

(단, $g(x) \neq 0$, $\displaystyle\lim_{x\to a} g(x) \neq 0$)

정답 ▷ p.142

--- 연구03　□X □△ □○ ---

$\displaystyle\lim_{x\to a} f(x) = \alpha$, $\displaystyle\lim_{x\to a} g(x) = \beta$ (수렴할 때)일 때, 빈칸에 알맞은 것을 쓰시오.

- $f(x) < g(x)$이면 $\displaystyle\lim_{x\to a} f(x) \boxed{\phantom{<}} \lim_{x\to a} g(x)$이다.

- $f(x) < h(x) < g(x)$이고 $\alpha = \beta$ 이면 $\displaystyle\lim_{x\to a} h(x) = \boxed{}$이다.

정답 ▷ p.142

--- 연구04　□X □△ □○ ---

다음 가정에 대한 결론으로 알맞은 것을 쓰고 이를 유도하시오.

① $\displaystyle\lim_{x\to a} \frac{f(x)}{g(x)} = \alpha$ 이고 $\displaystyle\lim_{x\to a} g(x) = 0$ 이면

② $\displaystyle\lim_{x\to a} \frac{f(x)}{g(x)} = \alpha \neq 0$ 이고 $\displaystyle\lim_{x\to a} f(x) = 0$ 이면

③ $\displaystyle\lim_{x\to a} f(x) = \infty$ 이고 $\displaystyle\lim_{x\to a} f(x)g(x) = \alpha$ 이면

정답 ▷ p.143

--- 연구05　□X □△ □○ ---

함수 $f(x)$가 $x = a$에서 연속이 되도록 하는 조건을 쓰시오.

정답 ▷ p.145

☑X ➡ ☑△ ➡ ☑완성○ 될 때까지 복습하자!

연구06 □X □△ □○

$x = a$ 에서 연속인 두 함수 $f(x)$, $g(x)$에 대하여 다음 함수도 $x = a$에서 연속임을 유도하시오.

① $y = f(x) \pm g(x)$

② $y = cf(x)$ (단, c는 상수)

③ $y = f(x)g(x)$

④ $y = \dfrac{f(x)}{g(x)}$ $(g(a) \neq 0)$

정답 ▷ p.146

연구07 □X □△ □○

함수 $f(x)$가 $x = a$에서만 불연속이고 함수 $g(x)$가 연속함수일 때, 함수 $f(x)g(x)$가 실수 전체에서 연속이기 위해 성립하는 조건을 쓰고 이를 유도하시오. $(x = a$에서 $f(x)$의 좌극한, 우극한이 각각 존재는 경우만 유도하자.)

정답 ▷ p.147

연구08 □X □△ □○

함수 $g(x)$와 $h(x)$가 연속함수일 때, 함수

$$f(x) = \begin{cases} g(x) & (x \leq a) \\ h(x) & (x > a) \end{cases}$$

가 실수 전체에서 연속일 조건을 쓰고 이를 유도하시오.

정답 ▷ p.147

연구09 □X □△ □○

최대·최소의 정리를 쓰시오.

정답 ▷ p.148

연구10 □X □△ □○

사이값 정리를 쓰시오.

정답 ▷ p.149

연구11 □X □△ □○

함수 $f(x)$가 폐구간 $[a, b]$에서 연속이고 $f(a) \times f(b) < 0$일 때, 성립하는 것을 쓰시오.

정답 ▷ p.149

나의 개념 이해도를 ☑체크해보자! □X □△ □완성○

수학Ⅱ
Ⅱ.미분법

─ 연구01   □X □△ □○ ─

함수 $y = f(x)$에서 x의 값이 a에서 b까지 변할 때 평균변화율을 구하시오.

정답 ▷ p.150

─ 연구02   □X □△ □○ ─

함수 $f(x)$의 $x = a$에서의
①미분계수
②좌미분계수
③우미분계수 를 쓰시오.

정답 ▷ p.151

─ 연구03   □X □△ □○ ─

함수 $f(x)$의 $x = a$에서의 미분가능하다는 것의
①정의를 쓰고
②조건을 쓰고
③조건을 유도하시오.

정답 ▷ p.152

─ 연구04   □X □△ □○ ─

함수 $y = f(x)$가 $x = a$에서
①미분가능하면 연속인가? 아니라면 예를 드시오.
②연속이면 미분가능한가? 아니라면 예를 드시오.

정답 ▷ p.152

─ 연구05   □X □△ □○ ─

미분가능한 함수 $g(x)$와 $h(x)$에 대하여, 함수
$$f(x) = \begin{cases} g(x) & (x \leq a) \\ h(x) & (x > a) \end{cases}$$
가 실수 전체에서 미분가능할 조건을 쓰고 이를 유도하시오.

정답 ▷ p.153

─ 연구06   □X □△ □○ ─

함수 $y = f(x)$의 도함수의 기호와 정의를 쓰시오.

정답 ▷ p.153

─ 연구07   □X □△ □○ ─

미분가능한 두 함수 $f(x)$, $g(x)$에 대하여 아래 식이 성립함을 유도하시오.
① $\{c\}' = 0$
② $\{x^n\}' = nx^{n-1}$
③ $\{cf(x)\}' = cf'(x)$
④ $\{f(x) + g(x)\}' = f'(x) + g'(x)$
⑤ $\{f(x) - g(x)\}' = f'(x) - g'(x)$
⑥ $\{f(x)g(x)\}' = f'(x)g(x) + f(x)g'(x)$

정답 ▷ p.154

─ 연구08   □X □△ □○ ─

곡선 $y = f(x)$ 위의 점 $(a, f(a))$에서의 접선의 방정식을 쓰시오.

정답 ▷ p.156

☑X ➡ ☑△➡ ☑완성○ 될 때까지 복습하자!

연구09 □X □△ □○

최대·최소의 정리를 쓰시오.

정답 ▷ p.156

연구10 □X □△ □○

사이값 정리를 쓰시오.

정답 ▷ p.156

연구11 □X □△ □○

롤의 정리를 쓰시오

정답 ▷ p.157

연구12 □X □△ □○

롤의 정리를 유도하시오.

정답 ▷ p.157

연구13 □X □△ □○

평균값의 정리를 쓰시오.

정답 ▷ p.158

연구14 □X □△ □○

평균값의 정리를 유도하시오.

정답 ▷ p.158

연구15 □X □△ □○

함수 $f(x)$가 어떤 구간에서
①증가한다는 것의 정의를 쓰시오.
②감소한다는 것의 정의를 쓰시오.

정답 ▷ p.159

연구16 □X □△ □○

함수 $f(x)$가 어떤 구간에서 미분가능하고, 그 구간의 모든 x에 대하여 $f'(x) > 0$이면 $f(x)$는 이 구간에서 증가함을 유도하시오.

※ $f'(x) < 0$이면 $f(x)$는 이 구간에서 감소한다.

정답 ▷ p.159

연구17 □X □△ □○

미분가능한 함수 $f(x)$에 대하여 다음 명제의 참 거짓을 판별하시오.
① $y = f(x)$가 증가함수이면 $f'(x) > 0$이다.
② $f'(x) > 0$이면 $y = f(x)$가 증가함수이다.
③ $y = f(x)$가 증가함수이면 $f'(x) \geq 0$이다.
④ $f'(x) \geq 0$이면 $y = f(x)$가 증가함수이다.

정답 ▷ p.159

나의 개념 이해도를 ☑체크해보자! □X □△ □완성○

┌── 연구18 □X □△ □○ ──┐

삼차함수 $y = f(x)$에 대하여 도함수
$y = f'(x)$의 그래프가 다음과 같을 때 알맞은
그래프 개형을 그리시오.

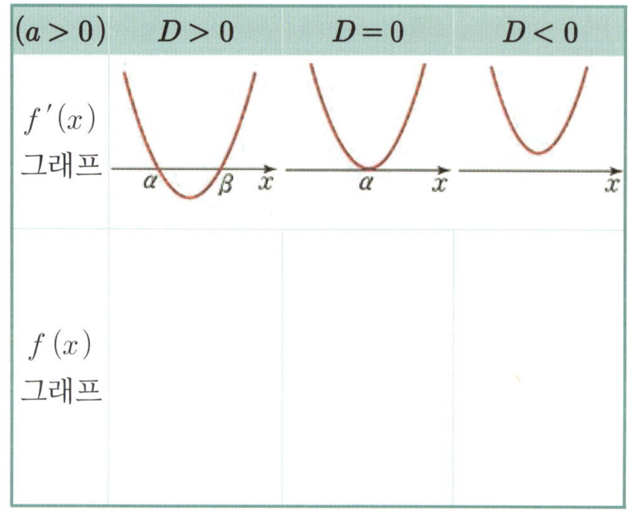

정답 ▷ p.160

┌── 연구19 □X □△ □○ ──┐

다항함수 $f(x)$가 아래와 같이 표현될 때, $x = \alpha$
좌우에서 $f(x)$ 그래프의 부호변화 여부를
쓰시오. (단, $g(\alpha) \neq 0$)

① $f(x) = (x - \alpha)^{짝} g(x)$

② $f(x) = (x - \alpha)^{홀} g(x)$

정답 ▷ p.163

┌── 연구20 □X □△ □○ ──┐

다항함수 $f(x)$의 그래프가 $x = a$에서 x축에
접할 때, $f(x) = (x - a)^2 g(x)$이 성립함을
유도하시오.

정답 ▷ p.163

┌── 연구21 □X □△ □○ ──┐

함수의 극대와 극소의 정의를 쓰시오.

정답 ▷ p.166

┌── 연구22 □X □△ □○ ──┐

함수 $f(x)$가 $x = a$에서 미분가능하고,
$x = a$에서 극값을 가지면 $f'(a) = 0$임을
유도하시오.

정답 ▷ p.166

┌── 연구23 □X □△ □○ ──┐

다음 명제의 참 거짓을 판별하시오.

① $x = a$에서 $f(x)$가 극값을 가지면
  $f'(a) = 0$이다.

② $f'(a) = 0$이면
  $x = a$에서 $f(x)$가 극값을 가진다.

정답 ▷ p.167

┌── 연구24 □X □△ □○ ──┐

삼차함수 $f(x)$가 극값을 가질 때,
아래 경우마다 $f(x) = 0$의 근의 종류를 쓰시오.

① (극대값)×(극소값)<0

② (극대값)×(극소값)=0

③ (극대값)×(극소값)>0

정답 ▷ p.168

☑X ➡ ☑△➡ ☑완성○ 될 때까지 복습하자!

수학 II
III. 적분법

─ 연구01 □X □△ □○ ─

두 함수 $f(x)$, $g(x)$에 대하여 다음이 성립함을 유도하시오.

① $\displaystyle\int x^n \, dx = \dfrac{x^{n+1}}{n+1} + C$ (단, n은 자연수)

② $\displaystyle\int k\,f(x)\,dx = k\int f(x)\,dx$ (단, k는 상수)

③ $\displaystyle\int \{f(x)+g(x)\}\,dx = \int f(x)\,dx + \int g(x)\,dx$

④ $\displaystyle\int \{f(x)-g(x)\}\,dx = \int f(x)\,dx - \int g(x)\,dx$

정답 ▷ p.170

─ 연구02 □X □△ □○ ─

$\{F(x)\}' = f(x)$일 때 $F(b)-F(a)$의 기하학적인 의미를 쓰시오. (단, $f(x) > 0$, $b > a$)

정답 ▷ p.171

─ 연구03 □X □△ □○ ─

함수 $f(x)$가 연속이고 $S(t)$가 $y = f(x)$와 x축 및 $x = a$와 $x = t$로 둘러싸인 도형의 넓이라고 하자(단, $t \geq a$). $f(x) \geq 0$일 때

$$\int_a^t f(x)\,dx = S(t)$$ 임을 유도하시오.

(단, $\displaystyle\int_a^b f(x)\,dx = [F(x)]_a^b = F(b) - F(a)$ 이다)

정답 ▷ p.172

─ 연구04 □X □△ □○ ─

함수 $f(x)$가 연속이고 $S(t)$가 $y = f(x)$와 x축 및 $x = a$와 $x = t$로 둘러싸인 도형의 넓이라고 하자(단, $t \geq a$). $f(x) \leq 0$일 때

$$\int_a^t f(x)\,dx = -S(t)$$ 임을 유도하시오.

정답 ▷ p.173

나의 개념 이해도를 ☑체크해보자! □X □△ □완성○

연구05 □X □△ □○

함수 $y = f(x)$의 그래프가 아래 그림과 같을 때 $\int_a^b f(x)dx = S_1 - S_2$임을 유도하시오. (단, S_1은 양인 부분의 넓이, S_2는 음인 부분의 넓이)

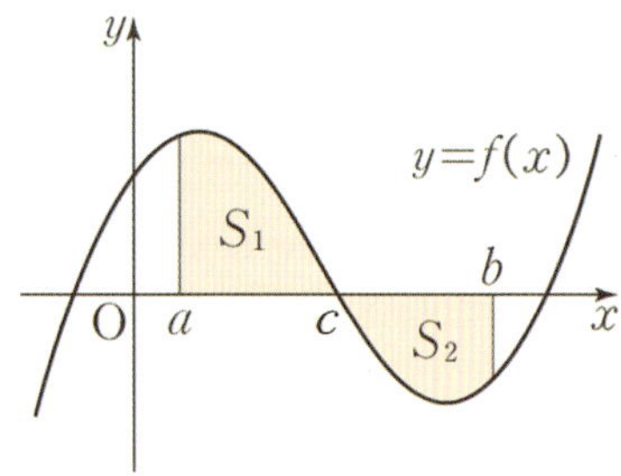

정답 ▷ p.173

연구06 □X □△ □○

두 함수 $f(x)$, $g(x)$가 세 실수 a, b, c를 포함하는 구간에서 연속일 때 다음을 유도하시오.

① $\int_a^a f(x)dx = 0$

② $\int_a^b f(x)dx = -\int_b^a f(x)dx$

③ $\int_a^b k f(x)dx = k\int_a^b f(x)dx$ (단, k는 상수)

④ $\int_a^b \{f(x) + g(x)\}dx = \int_a^b f(x)dx + \int_a^b g(x)dx$

⑤ $\int_a^b \{f(x) - g(x)\}dx = \int_a^b f(x)dx - \int_a^b g(x)dx$

정답 ▷ p.174

연구07 □X □△ □○

아래 식에서 빈칸에 알맞은 것을 쓰고 이를 유도하시오.

① 함수 $f(x)$가 우함수이면

$$\int_{-a}^a f(x)dx = \boxed{}$$

② 함수 $f(x)$가 기함수이면

$$\int_{-a}^a f(x)dx = \boxed{}$$

정답 ▷ p.175

연구08 □X □△ □○

아래 식에서 빈칸에 알맞은 것을 쓰고 이를 유도하시오.

① $\dfrac{d}{dx}\int_a^x f(t)dt = \boxed{}$

② $\lim\limits_{x \to a}\dfrac{1}{x-a}\int_a^x f(t)dt = \boxed{}$

③ $\int_\alpha^\beta a(x-\alpha)(x-\beta)dx = \boxed{}$

정답 ▷ p.176

연구09 □X □△ □○

함수 $f(x)$가 구간 $[a, b]$에서 연속일 때, 곡선 $y = f(x)$와 x축 및 두 직선 $x = a$, $x = b$로 둘러싸인 도형의 넓이 S는 $S = \int_a^b |f(x)|dx$ 임을 유도하시오. (단, $f(x)$는 닫힌 구간 $[a, c]$에서 $f(x) \geq 0$이고, 닫힌 구간 $[c, b]$에서 $f(x) \leq 0$이다.)

정답 ▷ p.177

☑X ➡ ☑△➡ ☑완성○ 될 때까지 복습하자!

연구10 □X □△ □○

구간 $[a, b]$에서 연속인 두 곡선 $y = f(x)$, $y = g(x)$ 및 두 직선 $x = a$, $x = b$로 둘러싸인 도형의 넓이 S는 $S = \displaystyle\int_a^b |f(x) - g(x)|\,dx$ 임을 유도하시오.

정답 ▷ p.178

연구12 □X □△ □○

함수 $x = g(y)$가 연속이고 $S(t)$가 $x = g(y)$와 y축 및 두 직선 $y = b$, $y = t$로 둘러싸인 도형의 넓이라고 하자. $x = g(y) \geq 0$일 때

$$\int_b^t g(y)\,dy = S(t)$$ 임을 유도하시오.

정답 ▷ p.181

연구11 □X □△ □○

두 함수 $y = f(x)$와 $y = g(x)$에 대하여 그래프가 아래 그림과 같을 때, 다음 식이 성립함을 유도하시오.

$$\int_a^b \{f(x) - g(x)\}\,dx = S_1 - S_2$$

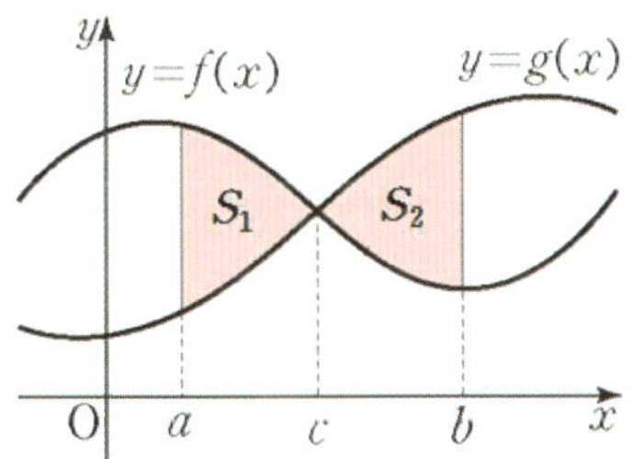

정답 ▷ p.180

연구13 □X □△ □○

시각 t에서의 위치를 $S(t)$, 속도를 $v(t)$, 가속도를 $a(t)$라고 하자.

① 시각 t에서 $t + \Delta t$까지의 점 P의 평균속도를 위치 $S(t)$를 이용해 표현하시오.

② 시각 t에서의 점 P의 속도를 위치 $S(t)$를 이용해 표현하시오.

③ 시각 t에서의 점 P의 가속도를 속도 $v(t)$를 이용해 표현하시오.

④ 시각 t에서의 위치를 속도 $v(t)$와 위치 $S(t_0)$를 이용해 표현하시오.

⑤ $t = a$에서 $t = b$까지의 위치의 변화량을 속도 $v(t)$를 이용해 표현하시오.

⑥ $t = a$에서 $t = b$까지의 이동 거리를 속도 $v(t)$를 이용해 표현하시오.

정답 ▷ p.182

나의 개념 이해도를 ☑체크해보자! □X □△ □완성○

확률과 통계
I.경우의 수

─ 연구01 □X □△ □○ ─

서로 다른 n개를 원형으로 배열하는 순열의 값은?

정답 ▷ p.186

─ 연구02 □X □△ □○ ─

n개 중에 서로 같은 것이 각각 p개, q개, $\cdots$, r개씩 있을 때, n개를 모두 택하여 만들 수 있는 순열의 값은?

정답 ▷ p.186

─ 연구03 □X □△ □○ ─

서로 다른 n개 중에서 중복을 허용하여 r개를 택하는 순열의 값은?

정답 ▷ p.187

─ 연구04 □X □△ □○ ─

서로 다른 n개에서 중복을 허용하여 r개를 택하는 조합의 값을 쓰시오.

정답 ▷ p.187

─ 연구05 □X □△ □○ ─

서로 다른 n개에서 중복을 허용하여 r개를 택하는 조합의 경우의 수
=서로 [같은/다른] [　]개의 상자에
서로 [같은/다른] [　]개의 물건을 넣는 경우의 수
=서로 [같은/다른] [　]개의 칸막이와
서로 [같은/다른] [　]개의 동그라미를 배열하는 경우의 수

정답 ▷ p.187

☑X ➡ ☑△➡ ☑완성○ 될 때까지 복습하자!

연구06　□X □△ □○

각 문제 상황에 맞는 공식을 쓰시오.　정답 ▷ p.188

문제 상황 1
① 다른 종류의 통 3개에 다른 종류의 공 6개를 넣는 경우의 수를 구하시오. (단, 빈 통이 있을 수 있다.)
② 다른 종류의 통 3개에 다른 종류의 공 6개를 넣는 경우의 수를 구하시오. (단, 빈 통이 없도록 한다.)
③ 다른 종류의 통 3개에 같은 종류의 공 6개를 넣는 경우의 수를 구하시오. (단, 빈 통이 있을 수 있다.
④ 다른 종류의 통 3개에 같은 종류의 공 6개를 넣는 경우의 수를 구하시오. (단, 빈 통이 없도록 한다.)
⑤ 같은 종류의 통 3개에 다른 종류의 공 6개를 넣는 경우의 수를 구하시오. (단, 빈 통이 있을 수 있다.
⑥ 같은 종류의 통 3개에 다른 종류의 공 6개를 넣는 경우의 수를 구하시오. (단, 빈 통이 없도록 한다.)
⑦ 같은 종류의 통 3개에 같은 종류의 공 6개를 넣는 경우의 수를 구하시오. (단, 빈 통이 있을 수 있다.
⑧ 같은 종류의 통 3개에 같은 종류의 공 6개를 넣는 경우의 수를 구하시오. (단, 빈 통이 없도록 한다.)

문제 상황 2
① 다른 3개에서 중복 허용해 6개를 선택하여 다른 자리에 배치하는 경우의 수를 구하시오.
② 다른 3개에서 중복 허용해 6개를 선택하여 같은 자리에 배치하는 경우의 수를 구하시오.

문제 상황 3
① 다른 4개에서 중복 허용해 2개를 선택하여 다른 자리에 배치하는 경우의 수를 구하시오.
② 다른 4개에서 중복 허용해 2개를 선택하여 같은 자리에 배치하는 경우의 수를 구하시오.
③ 다른 4개에서 중복 없이 2개를 선택하여 다른 자리에 배치하는 경우의 수를 구하시오.
④ 다른 4개에서 중복 없이 2개를 선택하여 같은 자리에 배치하는 경우의 수를 구하시오.

연구07　□X □△ □○

n이 자연수일 때 $(a+b)^n$를 이항정리를 활용하여 전개한 식을 쓰시오.

정답 ▷ p.191

연구08　□X □△ □○

다음 식을 유도하시오.
① 이항계수는 좌우대칭이다. $\Leftrightarrow {}_n C_r = {}_n C_{n-r}$
② 파스칼의 삼각형 ${}_{n-1} C_{r-1} + {}_{n-1} C_r = {}_n C_r$
③ ${}_n C_0 + {}_n C_1 + {}_n C_2 + \cdots + {}_n C_n = 2^n$
④ ${}_n C_0 - {}_n C_1 + {}_n C_2 - {}_n C_3 + \cdots + (-1)^n {}_n C_n = 0$
⑤ n이 홀수일 때
$${}_n C_0 + {}_n C_2 + {}_n C_4 + \cdots + {}_n C_{n-1}$$
$$= {}_n C_1 + {}_n C_3 + {}_n C_5 + \cdots + {}_n C_n = 2^{n-1}$$

정답 ▷ p.192

나의 개념 이해도를 ☑체크해보자! □X □△ □완성○

확률과 통계
Ⅱ.확률

연구01 □X □△ □O

다음을 유도하시오.

① 임의의 사건 A에 대하여 $0 \leq \mathrm{P}(A) \leq 1$

② 반드시 일어나는 사건 S에 대하여 $\mathrm{P}(S) = 1$

③ 절대로 일어나지 않는 사건 $\varnothing$ 에 대하여

　$\mathrm{P}(\varnothing) = 0$

정답 ▷ p.195

연구02 □X □△ □O

두 사건 A, B에 대하여 다음을 보이시오.

① $\mathrm{P}(A \cup B) = \mathrm{P}(A) + \mathrm{P}(B) - \mathrm{P}(A \cap B)$

② $\mathrm{P}(A \cup B) = \mathrm{P}(A) + \mathrm{P}(B)$

　$(A \cap B = \varnothing$ 일 때$)$

③ $\mathrm{P}(A^{C}) = 1 - \mathrm{P}(A)$

정답 ▷ p.195

연구03 □X □△ □O

두 사건 A, B에 대하여 아래 식이 성립함을
유도하시오. (단, $\mathrm{P}(A) \neq 0$)

$$\mathrm{P}(B|A) = \frac{\mathrm{P}(A \cap B)}{\mathrm{P}(A)}$$

정답 ▷ p.196

연구04 □X □△ □O

두 사건 A, B에 대하여 아래 식이 성립함을
유도하시오. (단, $\mathrm{P}(A) \neq 0$, $\mathrm{P}(B) \neq 0$)

$$\mathrm{P}(A \cap B) = \mathrm{P}(A)\mathrm{P}(B|A) = \mathrm{P}(B)\mathrm{P}(A|B)$$

정답 ▷ p.196

연구05 □X □△ □O

두 사건 A, B에 대하여

$(\mathrm{P}(A) \neq 0$, $\mathrm{P}(B) \neq 0)$

① 서로 독립인 것의 정의를 쓰시오.

② 두 사건이 서로 독립일 때,

$\mathrm{P}(A \cap B) = \mathrm{P}(A)\mathrm{P}(B)$이 성립함을 유도하시오.

정답 ▷ p.197

연구06 □X □△ □O

한 번의 시행에서 사건 A가 일어날 확률이 p일
때, n번의 독립시행에서 사건 A가 일어나는
횟수가 r일 확률을 쓰시오.

정답 ▷ p.197

☑X ➡ ☑△➡ ☑완성○ 될 때까지 복습하자!

확률과 통계
Ⅲ.통계

── 연구01 □X □△ □○ ──

이산확률변수 X의 평균 $\mathrm{E}(X)$의 정의를 쓰시오.

정답 ▷ p.198

── 연구02 □X □△ □○ ──

이산확률변수 X의
분산 $\mathrm{V}(X)$과 표준편차 $\sigma(X)$의 정의를 쓰시오.

정답 ▷ p.199

── 연구03 □X □△ □○ ──

다음을 유도하시오.
① $\mathrm{E}(aX+b) = a\mathrm{E}(X)+b$
② $\mathrm{V}(aX+b) = a^2\mathrm{V}(X)$
③ $\sigma(aX+b) = |a|\sigma(X)$
④ $\mathrm{V}(X) = \mathrm{E}(X^2) - \{\mathrm{E}(X)\}^2$

정답 ▷ p.200

── 연구04 □X □△ □○ ──

이항분포의 정의를 쓰고 식으로 표현하시오.

정답 ▷ p.201

── 연구05 □X □△ □○ ──

확률변수 X가 $\mathrm{B}(n,\,p)$을 따를 때,
① $\mathrm{E}(X)$, ② $\mathrm{V}(X)$, ③ $\sigma(X)$ 를 쓰시오.

정답 ▷ p.201

── 연구06 □X □△ □○ ──

'큰 수의 법칙'을 쓰시오.

정답 ▷ p.201

── 연구07 □X □△ □○ ──

확률밀도함수 $f(x)$가 정규분포를 따를 때
$f(x)$의 그래프의 특징으로 알맞은 것을 쓰시오.
①대칭성:
 점근선:
②곡선과 x축 사이의 넓이:
③m이 일정할 때의 곡선의 모양
 σ값이 커지면:
 σ값이 작아지면:
④σ가 일정할 때, m이 변하면:
⑤$P(a \leq X \leq b)$:

정답 ▷ p.203

나의 개념 이해도를 ☑체크해보자! □X □△ □완성○

— 연구08   □X □△ □○ —

확률변수 X가 $N(m, \sigma^2)$을 따를 때,

$Z = \dfrac{X-m}{\sigma}$ 이면 확률변수 Z가 $N(0, 1)$을 따르는

이유를 쓰시오.

정답 ▷ p.204

— 연구09   □X □△ □○ —

확률변수 X가 이항분포 $B(n, p)$를 따를 때 n이 충분히 크면 X는 근사적으로
[   ]분포 [   ]을 따른다.

정답 ▷ p.204

— 연구10   □X □△ □○ —

크기 n인 임의표본을 $X_1, X_2, \cdots, X_n$라 할 때 다음 값을 쓰시오.
①표본의 평균
②표본의 표준편차

정답 ▷ p.206

— 연구11   □X □△ □○ —

모평균 m, 모표준편차 σ인 모집단에서
크기 n인 임의표본을 복원추출할 때,
• 표본평균의 평균 :
• 표본평균의 표준편차 :
• 표본평균의 분산 :

정답 ▷ p.206

— 연구12   □X □△ □○ —

아래는 확률변수 X에 대한 확률분포이다.

X	1	2	3	4	합계
$P(X=x)$	$\dfrac{1}{4}$	$\dfrac{1}{4}$	$\dfrac{1}{4}$	$\dfrac{1}{4}$	1

이 분포를 모집단의 확률분포로 하여 복원추출로 만든 크기가 2인 표본의 평균을 $\overline{X}$라고 하자. 이 때, $\overline{X}$의 확률분포를 표로 나타내시오.

정답 ▷ p.207

— 연구13   □X □△ □○ —

평균이 m이고 분산이 σ^2인 모집단에서 크기 n인 임의 표본을 복원 추출할 때,
표본평균을 $\overline{X}$라고 하자.
• 모집단의 분포가 정규분포 $N(m, \sigma^2)$이면 $\overline{X}$는 어떤 분포를 따르는가?
• 모집단의 분포가 정규분포가 아니면 $\overline{X}$는 근사적으로 어떤 분포를 따르는가?
(단, 표본의 크기 n이 충분히 크다.)

정답 ▷ p.207

— 연구14   □X □△ □○ —

평균이 m이고 표준편차가 σ인 정규분포를 따르는 모집단에서 임의추출한 크기 n인 표본 $X_1, X_2, \cdots, X_n$의 평균을 $\overline{X}$라고 할 때 다음을 구하시오.
①모평균 m의 신뢰도 95%인 신뢰구간:
②신뢰구간의 길이:
③오차한계:

정답 ▷ p.208

☑X ➡ ☑△ ➡ ☑완성○ 될 때까지 복습하자!

미적분
I.수열의 극한

── 연구01   □X □△ □○ ──

α가 수열 $\{a_n\}$의 극한값일 때, 이를 기호로 나타내시오.

정답 ▷ p.212

── 연구02   □X □△ □○ ──

아래 극한의 성질이 성립할 조건을 쓰시오.

① $\lim\limits_{n\to\infty} k a_n = k \lim\limits_{n\to\infty} a_n$ (단, k는 상수)

② $\lim\limits_{n\to\infty} (a_n \pm b_n) = \lim\limits_{n\to\infty} a_n \pm \lim\limits_{n\to\infty} b_n$

③ $\lim\limits_{n\to\infty} a_n b_n = \lim\limits_{n\to\infty} a_n \cdot \lim\limits_{n\to\infty} b_n$

④ $\lim\limits_{n\to\infty} \dfrac{a_n}{b_n} = \dfrac{\lim\limits_{n\to\infty} a_n}{\lim\limits_{n\to\infty} b_n}$ (단, $b_n \neq 0$, $\lim\limits_{n\to\infty} b_n \neq 0$)

정답 ▷ p.213

── 연구03   □X □△ □○ ──

수렴하는 두 수열 $\{a_n\}$, $\{b_n\}$에 대하여 $\lim\limits_{n\to\infty} a_n = \alpha$, $\lim\limits_{n\to\infty} b_n = \beta$일 때, 빈칸에 알맞은 것을 쓰시오.

• $a_n < b_n$이면 $\lim\limits_{n\to\infty} a_n \boxed{\phantom{<}} \lim\limits_{n\to\infty} b_n$이다.

• $a_n < c_n < b_n$이고 $\alpha = \beta$이면, $\lim\limits_{n\to\infty} c_n = \boxed{}$이다.

정답 ▷ p.213

── 연구04   □X □△ □○ ──

등비수열 $\{r^n\}$이 수렴하는 r의 범위를 쓰시오.

정답 ▷ p.215

── 연구05   □X □△ □○ ──

급수 $\sum\limits_{n=1}^{\infty} a_n$이 수렴하면 $\lim\limits_{n\to\infty} a_n = 0$임을 유도하시오.

정답 ▷ p.217

── 연구06   □X □△ □○ ──

다음 명제의 참 거짓을 판별하시오.

① $\sum\limits_{n=1}^{\infty} a_n$이 수렴하면 $\lim\limits_{n\to\infty} a_n = 0$이다.

② $\lim\limits_{n\to\infty} a_n = 0$이면 $\sum\limits_{n=1}^{\infty} a_n$이 수렴한다.

③ $\lim\limits_{n\to\infty} a_n \neq 0$이면 $\sum\limits_{n=1}^{\infty} a_n$은 발산한다.

④ $\sum\limits_{n=1}^{\infty} a_n$은 발산하면 $\lim\limits_{n\to\infty} a_n \neq 0$이다.

정답 ▷ p.217

── 연구07   □X □△ □○ ──

등비급수 $\sum\limits_{n=1}^{\infty} ar^{n-1} = \dfrac{a}{1-r}$일 조건을 쓰고, 이를 유도하시오.

정답 ▷ p.218

나의 개념 이해도를 ☑체크해보자! □X □△ □완성○

미적분
Ⅱ.여러 가지 함수의 미분

─ 연구01 □X □△ □○ ─

무리수 e의 정의를 쓰시오.

정답 ▷ p.219

─ 연구02 □X □△ □○ ─

자연로그의 뜻을 쓰시오.

정답 ▷ p.220

─ 연구03 □X □△ □○ ─

다음 극한 값을 유도하시오.

① $\displaystyle\lim_{x\to 0}\frac{\ln(1+x)}{x}=1$

② $\displaystyle\lim_{x\to 0}\frac{\log_a(1+x)}{x}=\log_a e=\frac{1}{\ln a}$

③ $\displaystyle\lim_{x\to 0}\frac{e^x-1}{x}=1$

④ $\displaystyle\lim_{x\to 0}\frac{a^x-1}{x}=\ln a \ (a>0, a\neq 1)$

정답 ▷ p.220

─ 연구04 □X □△ □○ ─

다음을 유도하시오.

$\cos(\alpha-\beta)=\cos\alpha\cos\beta+\sin\alpha\sin\beta$

정답 ▷ p.222

─ 연구05 □X □△ □○ ─

다음을 유도하시오.

- $\cos(\alpha+\beta)=\cos\alpha\cos\beta-\sin\alpha\sin\beta$
- $\sin(\alpha+\beta)=\sin\alpha\cos\beta+\cos\alpha\sin\beta$
- $\sin(\alpha-\beta)=\sin\alpha\cos\beta-\cos\alpha\sin\beta$

정답 ▷ p.223

☑X ➡ ☑△➡ ☑완성○ 될 때까지 복습하자!

연구06 □X □△ □○

다음을 유도하시오.

- $\tan(\alpha+\beta)=\dfrac{\tan\alpha+\tan\beta}{1-\tan\alpha\tan\beta}$

- $\tan(\alpha-\beta)=\dfrac{\tan\alpha-\tan\beta}{1+\tan\alpha\tan\beta}$

정답 ▷ p.223

연구08 □X □△ □○

반각공식을 유도하시오.

① $\sin^2\dfrac{\theta}{2}=\dfrac{1-\cos\theta}{2}$

② $\cos^2\dfrac{\theta}{2}=\dfrac{1+\cos\theta}{2}$

③ $\tan^2\dfrac{\theta}{2}=\dfrac{1-\cos\theta}{1+\cos\theta}$

정답 ▷ p.225

연구07 □X □△ □○

배각공식을 유도하시오.

① $\sin 2\alpha = 2\sin\alpha\cos\alpha$

② $\cos 2\alpha = \cos^2\alpha - \sin^2\alpha$
   $\qquad\ = 2\cos^2\alpha - 1 = 1 - 2\sin^2\alpha$

③ $\tan 2\alpha = \dfrac{2\tan\alpha}{1-\tan^2\alpha}$

정답 ▷ p.224

연구09 □X □△ □○

아래 삼각함수의 극한의 식을 유도하시오.

① $\displaystyle\lim_{x\to 0}\dfrac{\sin x}{x}=1$

② $\displaystyle\lim_{x\to 0}\dfrac{\tan x}{x}=1$

③ $\displaystyle\lim_{x\to 0}\dfrac{1-\cos x}{x^2}=\dfrac{1}{2}$

정답 ▷ p.226

나의 개념 이해도를 ☑체크해보자! □X □△ □완성○

미적분
Ⅲ.여러 가지 미분법

── 연구01　□X □△ □○ ──

미분 가능한 두 함수 $f(x)$, $g(x)$ $(g(x) \neq 0)$에 대하여 다음이 성립함을 보이시오.

① $\left\{ \dfrac{1}{g(x)} \right\}' = - \dfrac{g'(x)}{\{g(x)\}^2}$

② $\left\{ \dfrac{f(x)}{g(x)} \right\}' = \dfrac{f'(x)g(x) - f(x)g'(x)}{\{g(x)\}^2}$

정답 ▷ p.228

── 연구02　□X □△ □○ ──

다음을 유도하시오.
① $(\sin x)' = \cos x$
② $(\cos x)' = -\sin x$
③ $(\tan x)' = \sec^2 x = 1 + \tan^2 x$

정답 ▷ p.229

── 연구03　□X □△ □○ ──

다음을 유도하시오.
① $(\sec x)' = \sec x \tan x$
② $(\csc x)' = -\csc x \cot x$
③ $(\cot x)' = -\csc^2 x$

정답 ▷ p.229

── 연구04　□X □△ □○ ──

미분가능한 두 함수 $y = f(u)$, $u = g(x)$에 대하여 합성함수 $y = f(g(x))$도 미분가능하며, 그 도함수는

$$y' = f'(g(x))g'(x) \quad \text{또는} \quad \frac{dy}{dx} = \frac{dy}{du} \cdot \frac{du}{dx}$$

임을 유도하시오.

정답 ▷ p.231

── 연구05　□X □△ □○ ──

다음을 유도하시오.
① $(e^x)' = e^x$
② $(a^x)' = a^x(\ln a)$ 　(단, $a \neq 1$, $a > 0$)

정답 ▷ p.232

── 연구06　□X □△ □○ ──

다음을 유도하시오.

① $(\ln x)' = \dfrac{1}{x}$ 　(단, $x > 0$)

② $(\log_a x)' = \dfrac{1}{x \ln a}$ 　(단, $a \neq 1$, $a > 0$, $x > 0$)

③ $(\ln |x|)' = \dfrac{1}{x}$

정답 ▷ p.233

── 연구07　□X □△ □○ ──

α가 임의의 실수일 때 $(x^\alpha)' = \alpha x^{\alpha - 1}$이 성립함을 유도하시오.

정답 ▷ p.234

☑X ➡ ☑△➡ ☑완성○ 될 때까지 복습하자!

연구08 □X □△ □○

함수 $y = f(x)$가 미분가능하고
그 역함수가 $y = g(x)$이고 $(g = f^{-1})$
미분가능 할 때, $y = f^{-1}(x) = g(x)$의 도함수는
$g'(x) = \dfrac{1}{f'(g(x))}$ 임을 유도하시오.

정답 ▷ p.235

연구09 □X □△ □○

미분가능한 두 함수 $x = f(t)$, $y = g(t)$에 대하여

$f'(t) \neq 0$이면 $\dfrac{dy}{dx} = \dfrac{\frac{dy}{dt}}{\frac{dx}{dt}} = \dfrac{g'(t)}{f'(t)}$ 임을

유도하시오.

정답 ▷ p.236

연구10 □X □△ □○

함수 $y = f''(x)$ 의 정의를 쓰시오.

정답 ▷ p.237

연구11 □X □△ □○

$f''(x) > 0$이면 곡선 $y = f(x)$는 이 구간에서
아래로 볼록한 이유를 쓰시오.
※ $f''(x) < 0$이면 곡선 $y = f(x)$는 이 구간에서
위로 볼록하다.

정답 ▷ p.238

연구12 □X □△ □○

변곡점의 정의를 쓰시오.

정답 ▷ p.238

연구13 □X □△ □○

함수 $f(x)$가 $(a, f(a))$에서 변곡점을 가질 때,
$x = a$ 근방에서
· $f''(x)$는 어떤 상태인지 쓰시오.
· $f'(x)$는 어떤 상태인지 쓰시오.

정답 ▷ p.238

연구14 □X □△ □○

아래 빈칸에 알맞은 그래프 개형을 그리시오.

$f(x)$ 그래프			
$f'(x)$	$\oplus$	$\oplus$	$\ominus$	$\ominus$
$f''(x)$	$\oplus$	$\ominus$	$\ominus$	$\oplus$

정답 ▷ p.238

연구15 □X □△ □○

다음 명제의 참 거짓을 판별하시오.
① $x = a$에서 $f(x)$가 변곡점을 가지면
$f''(a) = 0$이다.
② $f''(a) = 0$이면 $x = a$에서 $f(x)$가 변곡점을
가진다.

정답 ▷ p.239

연구16 □X □△ □○

함수 $f(x)$가 $f'(a) = 0$이고 $f''(a) > 0$이면
$f(x)$는 $x = a$에서 극솟값 $f(a)$를 갖는 이유를
쓰시오.
※ $f''(a) < 0$이면 $f(x)$는 $x = a$에서 극댓값
$f(a)$를 가진다.

정답 ▷ p.239

나의 개념 이해도를 ☑체크해보자! □X □△ □완성○

미적분
Ⅳ.여러 가지 적분법

── 연구01　□X □△ □○ ──

$\int f(t)dt$에서 미분가능한 함수 $g(x)$에 대하여 $t=g(x)$일 때, 다음을 유도하시오.

$$\int f(g(x))g'(x)dt = \int f(t)dt$$

정답 ▷ p.246

── 연구02　□X □△ □○ ──

$\int \dfrac{g'(x)}{g(x)}dx = \ln|g(x)| + C$ 임을 유도하시오.

정답 ▷ p.246

── 연구03　□X □△ □○ ──

두 함수 $f(x)$, $g(x)$가 미분가능 할 때, 다음을 유도하시오.

$$\int f(x)g'(x)dx = f(x)g(x) - \int f'(x)g(x)dx$$

정답 ▷ p.247

── 연구04　□X □△ □○ ──

구간 $[a, b]$에서 연속인 함수 $f(t)$에 대하여 미분가능한 함수 $t=g(x)$의 도함수 $g'(x)$가 구간 $[\alpha, \beta]$에서 연속이고, $a=g(\alpha)$, $b=g(\beta)$일 때, 다음을 유노하시오.

$$\int_{\alpha}^{\beta} f(g(x))g'(x)dx = \int_{a}^{b} f(t)dt$$

정답 ▷ p.247

── 연구05　□X □△ □○ ──

두 함수 $f(x)$, $g(x)$가 미분가능하고 $f'(x)$, $g'(x)$가 연속일 때, 다음을 유도하시오.

$$\int_{a}^{b} f(x)g'(x)dx = [f(x)g(x)]_{a}^{b} - \int_{a}^{b} f'(x)g(x)dx$$

정답 ▷ p.248

── 연구06　□X □△ □○ ──

$\displaystyle\lim_{n\to\infty}\sum_{k=1}^{n} f(x_k)\Delta x = \int_{a}^{b} f(x)dx$이 성립할 때, Δx와 x_k를 문자 a, b, k, n을 이용해 표현하시오.

정답 ▷ p.250

── 연구07　□X □△ □○ ──

함수 $f(x)$가 구간 $[a, b]$에서 연속일 때, 곡선 $y=f(x)$와 x축 및 두 직선 $x=a$, $x=b$로 둘러싸인 도형의 넓이 S는 $S=\int_{a}^{b}|f(x)|dx$ 임을 유도하시오.

(단, $f(x)$는 닫힌 구간 $[a, c]$에서 $f(x)\ge 0$이고, 닫힌 구간 $[c, b]$에서 $f(x)\le 0$이다.)

정답 ▷ p.251

── 연구08　□X □△ □○ ──

구간 $[a, b]$에서 연속인 두 곡선 $y=f(x)$, $y=g(x)$ 및 두 직선 $x=a$, $x=b$로 둘러싸인 도형의 넓이 S는 $S=\int_{a}^{b}|f(x)-g(x)|dx$임을 유도하시오.

정답 ▷ p.252

☑X ➡ ☑△➡ ☑완성○ 될 때까지 복습하자!

연구09 □X □△ □○

닫힌 구간 $[a,\ c]$에서 $f(x) \geq g(x)$이고, 닫힌 구간 $[c,\ b]$에서 $f(x) \leq g(x)$일 때, 아래 식이 성립함을 유도하시오.

$$\int_a^b \{f(x) - g(x)\}dx = S_1 - S_2$$

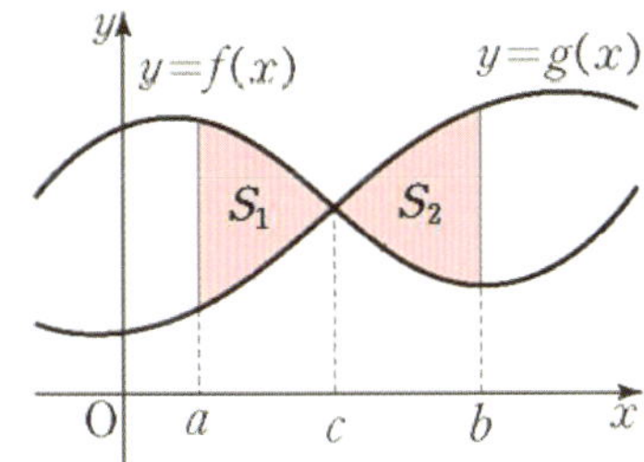

정답 ▷ p.254

연구10 □X □△ □○

함수 $x = g(y)$가 연속이고 $S(t)$가 $x = g(y)$와 y축 및 두 직선 $y = b$, $y = t$로 둘러싸인 도형의 넓이라고 하자. $x = g(y) \geq 0$일 때, 다음을 유도하시오.

$$\int_b^t g(y)\,dy = S(t)$$

정답 ▷ p.255

연구11 □X □△ □○

구간 $[a,\ b]$의 임의의 점 x에서 x축에 수직인 평면으로 입체도형을 자른 단면이 넓이가 $S(x)$일 때, 입체도형의 부피 V는 $V = \int_a^b S(x)dx$ 임을 유도하시오.

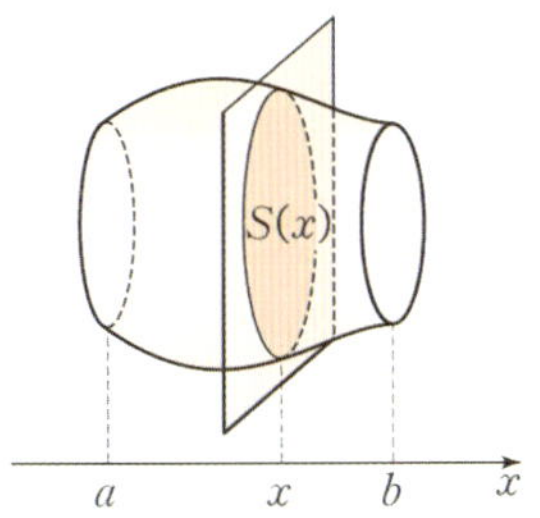

정답 ▷ p.256

연구12 □X □△ □○

다음 회전체의 부피를 쓰고 이를 유도하시오.
① 곡선 $y = f(x)$ (단, $a \leq x \leq b$)를 x축의 둘레로 회전시켜 생기는 회전체의 부피 V
② 곡선 $x = g(y)$ (단, $c \leq y \leq d$)를 y축의 둘레로 회전시켜 생기는 회전체의 부피 V

정답 ▷ p.257

연구13 □X □△ □○

평면 위를 움직이는 점P 의 시각 t 에서의 위치$(x,\ y)$가 $x = f(t)$, $y = g(t)$로 주어질 때, 아래에 알맞은 식을 쓰시오.
①속도
②속력
③가속도
④가속도의 크기

정답 ▷ p.258

연구14 □X □△ □○

평면 위를 움직이는 물체의 시각 t에서의 좌표 $(x,\ y)$가 $x = f(t)$, $y = g(t)$라고 하면 물체가 $t = a$에서 $t = b$까지 움직인 거리 l를 유도하시오.

정답 ▷ p.259

연구15 □X □△ □○

곡선 $y = f(x)$의 $x = a$에서 $x = b$까지의 길이 l을 유도하시오.

정답 ▷ p.260

나의 개념 이해도를 ☑체크해보자! □X □△ □완성○

기하
I.이차곡선

─ 연구01   □X □△ □○ ─

포물선의 정의를 쓰시오.

정답 ▷ p.264

─ 연구02   □X □△ □○ ─

초점이 $F(p, 0)$이고, 준선이 $x=-p$인 포물선의
방정식을 유도하시오. (단, $p \neq 0$)

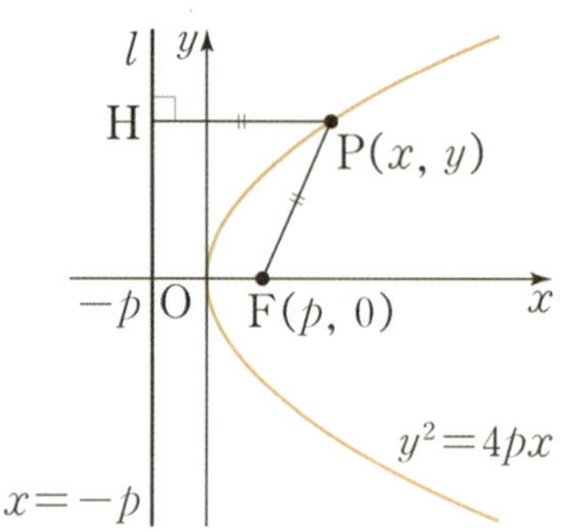

정답 ▷ p.265

─ 연구03   □X □△ □○ ─

초점이 $F(0, p)$이고, 준선이 $y=-p$인 포물선의
방정식을 유도하시오. (단, $p \neq 0$)

정답 ▷ p.265

─ 연구04   □X □△ □○ ─

타원의 정의를 쓰시오.

정답 ▷ p.266

─ 연구05   □X □△ □○ ─

두 정점 $F(c, 0)$, $F'(-c, 0)$으로부터의 거리의
합이 $2a$인 타원의 방정식을 유도하시오. (단,
$a > b > 0$, $b^2 = a^2 - c^2$)

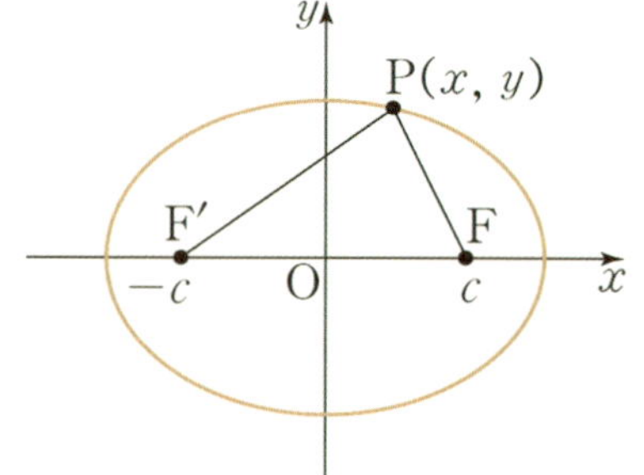

정답 ▷ p.267

─ 연구06   □X □△ □○ ─

쌍곡선의 정의를 쓰시오.

정답 ▷ p.268

─ 연구07   □X □△ □○ ─

두 정점 $F(c, 0)$, $F'(-c, 0)$으로부터의 거리의
차가 $2a$인 쌍곡선의 방정식을 유도하시오.
(단, $c > a > 0$, $b^2 = c^2 - a^2$)

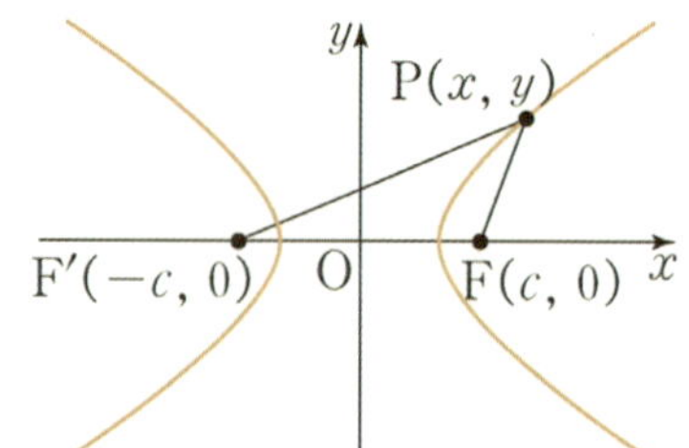

정답 ▷ p.268

☑X ➡ ☑△➡ ☑완성○ 될 때까지 복습하자!

연구08 □X □△ □○

쌍곡선 $\dfrac{x^2}{a^2}-\dfrac{y^2}{b^2}=1$ 또는 $\dfrac{x^2}{a^2}-\dfrac{y^2}{b^2}=-1$의

점근선의 방정식을 유도하시오.

정답 ▷ p.269

연구09 □X □△ □○

포물선 $y^2=4px$에 접하고 기울기가 m인 직선의
방정식을 유도하시오.

정답 ▷ p.270

연구10 □X □△ □○

포물선 $y^2=4px$ 위의 점 $P(x_1,\ y_1)$에서의
접선의 방정식을 유도하시오.

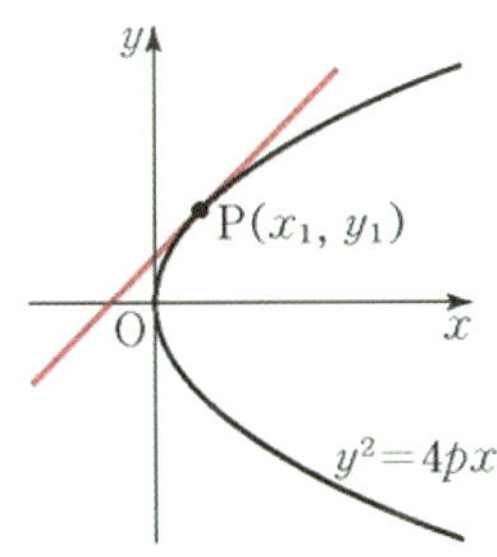

정답 ▷ p.270

연구11 □X □△ □○

타원 $\dfrac{x^2}{a^2}+\dfrac{y^2}{b^2}=1$에 접하고 기울기가 m인

직선의 방정식을 유도하시오.

정답 ▷ p.272

연구12 □X □△ □○

타원 $\dfrac{x^2}{a^2}+\dfrac{y^2}{b^2}=1$ 위의 점 $P(x_1,\ y_1)$에서의

접선의 방정식을 유도하시오.

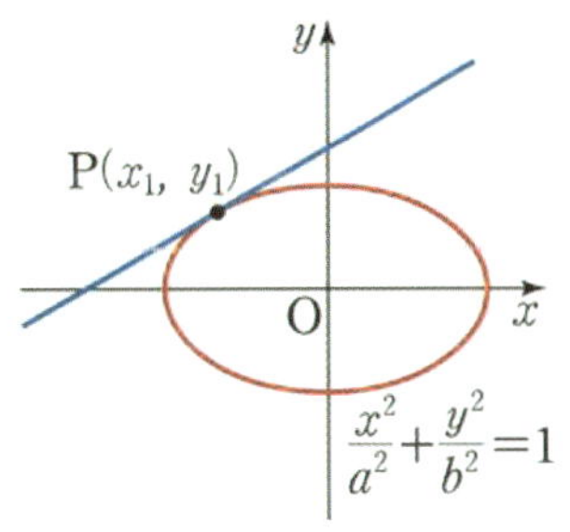

정답 ▷ p.272

연구13 □X □△ □○

쌍곡선 $\dfrac{x^2}{a^2}-\dfrac{y^2}{b^2}=1$에 접하고 기울기가 m인

직선의 방정식을 유도하시오.

정답 ▷ p.274

연구14 □X □△ □○

쌍곡선 $\dfrac{x^2}{a^2}-\dfrac{y^2}{b^2}=1$ 위의 점 $(x_1,\ y_1)$에서의

접선의 방정식을 유도하시오.

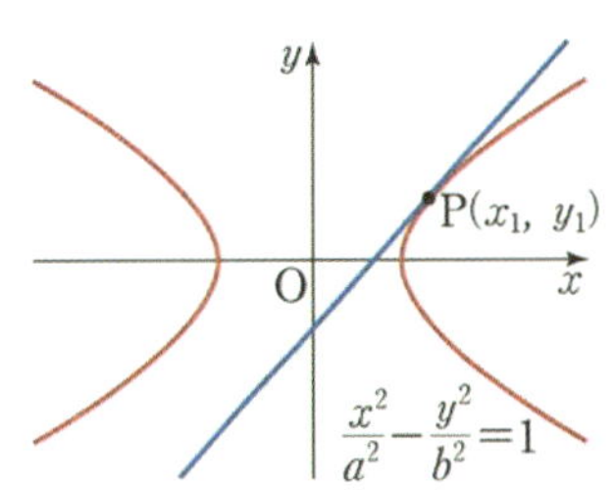

정답 ▷ p.274

나의 개념 이해도를 ☑체크해보자! □X □△ □완성○

기하
Ⅱ.평면벡터

── 연구01　□X □△ □○ ──

빈칸에 알맞은 것을 쓰시오.

$k\vec{a}$		방향	크기
$k > 0$	$\vec{a} \neq \vec{0}$		
$k < 0$	$\vec{a} \neq \vec{0}$		
$k = 0$	$\vec{a} \neq \vec{0}$		
	$\vec{a} = \vec{0}$		

정답 ▷ p.278

── 연구02　□X □△ □○ ──

'벡터 $\vec{p}$를 위치벡터로 가지는 점 P'의 뜻을 벡터식으로 쓰시오.

정답 ▷ p.279

── 연구03　□X □△ □○ ──

벡터 $\overrightarrow{AB}$를 점 A와 B의 위치벡터로 표현하시오.

정답 ▷ p.279

── 연구04　□X □△ □○ ──

수직선 위의 두 점 $A(x_1)$, $B(x_2)$에 대하여
선분 AB를 $m : n(m > 0, \ n > 0)$으로
①내분하는 점 P의 좌표
②외분하는 점 Q의 좌표의 (단, $m \neq n$)
식을 쓰고 이를 유도하시오.

정답 ▷ p.280

── 연구05　□X □△ □○ ──

서로 다른 두 점 A, B의 위치벡터를 각각
$\vec{a}, \vec{b}$라고 할 때, 선분 AB를
$m : n \ (m > 0, \ n > 0)$으로
①내분하는 점 P의 위치벡터
②외분하는 점 Q의 위치벡터를
쓰고 이를 유도하시오.

정답 ▷ p.280

── 연구06　□X □△ □○ ──

$\triangle ABC$의 무게중심 G의 위치벡터가 다음과 같음을 유도하시오.
$$\overrightarrow{OG} = \frac{\overrightarrow{OA} + \overrightarrow{OB} + \overrightarrow{OC}}{3}$$

정답 ▷ p.281

── 연구07　□X □△ □○ ──

세 점 A, B, P가 같은 직선 위에 있을 때,
다음이 성립함을 유도하시오.
$$\overrightarrow{OP} = s\overrightarrow{OA} + t\overrightarrow{OB} \ (s + t = 1)$$

정답 ▷ p.281

── 연구08　□X □△ □○ ──

$\overrightarrow{CD} = (a_1, \ a_2)$ 일 때,
①점 C의 좌표는 $(0, \ 0)$이다. (O / X)
②점 D의 좌표는 $(a_1, \ a_2)$이다. (O / X)
③점 $(a_1, \ a_2)$의 위치벡터는 $(a_1, \ a_2)$이다. (O / X)

정답 ▷ p.282

☑X ➡ ☑△ ➡ ☑완성○ 될 때까지 복습하자!

연구09　□X □△ □○

두 점 $A(a_1,\ a_2)$, $B(b_1,\ b_2)$에 대하여 다음이 성립함을 유도하시오.

- $\overrightarrow{AB} = (b_1 - a_1,\ b_2 - a_2)$
- $|\overrightarrow{AB}| = \sqrt{(b_1 - a_1)^2 + (b_2 - a_2)^2}$

정답 ▷ p.282

연구10　□X □△ □○

$\vec{a} = (a_1,\ a_2)$이고 $\vec{b} = (b_1,\ b_2)$일 때 빈칸에 알맞은 것을 쓰고 이를 유도하시오.

① $|\vec{a}| =$

② $\vec{a} + \vec{b} =$

③ $\vec{a} - \vec{b} =$

④ $k\vec{a} =$

정답 ▷ p.283

연구11　□X □△ □○

두 벡터 $\vec{a} = (a_1,\ a_2)$, $\vec{b} = (b_1,\ b_2)$의 내적이 $\vec{a} \cdot \vec{b} = a_1 b_1 + a_2 b_2$임을 유도하시오.

정답 ▷ p.284

연구12　□X □△ □○

두 벡터 $\vec{a}$, $\vec{b}$가 이루는 각을 θ라고 할 때, $\cos\theta$의 값을 쓰시오.

정답 ▷ p.284

연구13　□X □△ □○

다음 내적의 연산법칙을 유도하시오.

① $|\vec{a}|^2 = \vec{a} \cdot \vec{a}$

② $\vec{a} \cdot \vec{b} = \vec{b} \cdot \vec{a}$

③ $\vec{a} \cdot (\vec{b} + \vec{c}) = \vec{a} \cdot \vec{b} + \vec{a} \cdot \vec{c}$

④ $(k\vec{a}) \cdot \vec{b} = \vec{a} \cdot (k\vec{b}) = k(\vec{a} \cdot \vec{b})$

정답 ▷ p.285

연구14　□X □△ □○

'직선의 방향벡터'의 뜻을 쓰시오

정답 ▷ p.286

연구15　□X □△ □○

직선 l의 한 점의 위치벡터를 $\vec{a}$, 방향벡터를 $\vec{u}$, 임의의 점의 위치벡터를 $\vec{p}$라고 할 때, 직선 l의 벡터방정식을 쓰시오.

정답 ▷ p.286

연구16　□X □△ □○

직선 l이 점 $A(x_1,\ y_1)$를 지나고, 벡터 $\vec{u} = (\Delta x,\ \Delta y)$를 방향벡터로 갖는다고 하자. 이때, 직선 l의 방정식이 다음과 같음을 유도하시오.

$$\frac{x - x_1}{\Delta x} = \frac{y - y_1}{\Delta y} \quad (단,\ \Delta x \Delta y \neq 0)$$

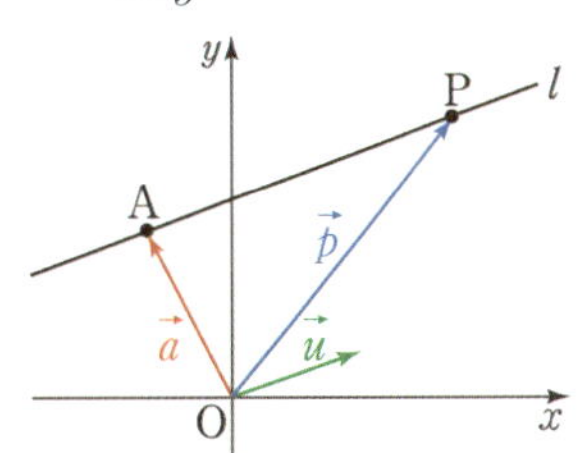

정답 ▷ p.286

나의 개념 이해도를 ☑체크해보자! □X □△ □완성○

── 연구17 □X □△ □○ ──

직선(평면)의 법선벡터의 뜻을 쓰시오

정답 ▷ p.287

기하
Ⅲ.공간 도형·좌표

── 연구18 □X □△ □○ ──

직선 l의 한 점의 위치벡터를 $\vec{a}$, 법선벡터를 $\vec{n}$,
임의의 점의 위치벡터를 $\vec{p}$라고 할 때, 직선 l의
벡터방정식을 쓰시오.

정답 ▷ p.287

── 연구01 □X □△ □○ ──

평면의 결정조건 4가지를 쓰고, 그림으로
표현하시오.

정답 ▷ p.290

── 연구19 □X □△ □○ ──

점 $A(x_1,\ y_1)$을 지나고, 벡터 $\vec{n}=(a,\ b)$에 수직인
직선의 방정식이 다음과 같음을 유도하시오.
$$a(x-x_1)+b(y-y_1)=0$$

정답 ▷ p.287

── 연구02 □X □△ □○ ──

두 직선의 위치 관계 3가지를 쓰고, 그림으로
표현하시오.

정답 ▷ p.290

── 연구20 □X □△ □○ ──

원의 중심의 위치벡터를 $\vec{c}$, 반지름을 r,
임의의 점의 위치벡터가 $\vec{p}$인 원의 벡터 방정식을
쓰시오.

정답 ▷ p.289

── 연구03 □X □△ □○ ──

직선 l과 평면 α의 위치 관계 3가지를 쓰고,
그림으로 표현하시오.

정답 ▷ p.290

── 연구21 □X □△ □○ ──

중심이 $C(x_1,\ y_1)$이고 반지름의 길이가 r인 원의
방정식을 벡터를 이용해 유도하시오.

정답 ▷ p.289

── 연구04 □X □△ □○ ──

두 평면의 위치 관계 2가지를 쓰고, 그림으로
나타내시오.

정답 ▷ p.290

☑X ➡ ☑△➡ ☑완성○ 될 때까지 복습하자!

연구05 □X □△ □○

꼬인 위치에 있는 두 직선 l, m이 이루는 각은 어떻게 구하는가?

정답 ▷ p.291

연구06 □X □△ □○

직선 l이 평면 α와 점 O에서 만날 때, 직선 l과 평면 α가 이루는 각은 어떻게 구하는가?

정답 ▷ p.291

연구07 □X □△ □○

직선 l이 평면 α 위의 평행하지 않은 두 직선 a, b의 교점 O를 지날 때 $l \perp a$이고 $l \perp b$이면 직선 l과 평면 α의 위치관계는 어떻게 되는가?

정답 ▷ p.291

연구08 □X □△ □○

다음은 삼수선의 정리이다. 빈칸에 알맞은 말을 쓰시오.

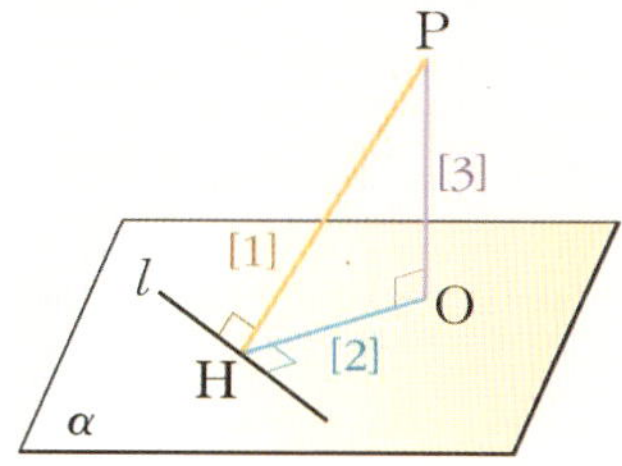

① $\overline{PO} \perp \alpha$, $\overline{OH} \perp l$이면 [   ]
② $\overline{PO} \perp \alpha$, $\overline{PH} \perp l$이면 [   ]
③ $\overline{PO} \perp \overline{OH}$, $\overline{PH} \perp l$, $\overline{OH} \perp l$이면 [   ]

정답 ▷ p.292

연구09 □X □△ □○

두 평면 α, β의 교선을 l이라고 할 때, 두 평면 α, β가 이루는 각은 어떻게 구하는가?

정답 ▷ p.293

연구10 □X □△ □○

"도형 F의 각 평면 α 위로의 정사영"의 뜻을 쓰시오.

정답 ▷ p.294

연구11 □X □△ □○

선분 AB의 평면 α 위로의 정사영을 선분 A'B'이라 하고, 직선 AB가 평면 α와 이루는 예각의 크기를 θ라고 할 때 $\overline{AB}$ 와 $\overline{A'B'}$의 관계식을 쓰시오.

정답 ▷ p.294

연구12 □X □△ □○

평면 α 위의 넓이가 S인 도형의 평면 β위로의 정사영의 넓이를 S', 두 평면 α, β가 이루는 각의 크기를 θ라 할 때 S와 S'의 관계식을 쓰시오.

정답 ▷ p.294

나의 개념 이해도를 ☑체크해보자! □X □△ □완성○

— 연구13　□X □△ □○ —

빈칸에 공간좌표에서 점 $P(a,\ b,\ c)$의 정사영된 점과 대칭된 점의 좌표를 쓰시오.

정사영	$P(a,\ b,\ c)$
x축	
y축	
z축	
xy평면	
yz평면	
zx평면	

대칭	$P(a,\ b,\ c)$
x축	
y축	
z축	
xy평면	
yz평면	
zx평면	
원점	

정답 ▷ p.295

— 연구14　□X □△ □○ —

두 점 $A(x_1,\ y_1,\ z_1)$, $B(x_2,\ y_2,\ z_2)$ 사이의 거리가 다음과 같음을 유도하시오.

$$\overline{AB} = \sqrt{(x_2 - x_1)^2 + (y_2 - y_1)^2 + (z_2 - z_1)^2}$$

정답 ▷ p.296

— 연구15　□X □△ □○ —

두 점 $A(x_1,\ y_1,\ z_1)$, $B(x_2,\ y_2,\ z_2)$를 이은 선분 AB를

① $m:n\ (m>0,\ n>0)$으로 내분하는 점

$$P\left(\frac{mx_2 + nx_1}{m+n},\ \frac{my_2 + ny_1}{m+n},\ \frac{mz_2 + nz_1}{m+n}\right)$$

② $m:n\ (m>0,\ n>0,\ m \neq n)$으로 외분하는 점

$$Q\left(\frac{mx_2 - nx_1}{m-n},\ \frac{my_2 - ny_1}{m-n},\ \frac{mz_2 - nz_1}{m-n}\right)$$

임을 유도하시오.

정답 ▷ p.297

— 연구16　□X □△ □○ —

중심이 $C(a,\ b,\ c)$이고, 반지름의 길이가 r인 구의 방정식이 다음과 같음을 유도하시오.

$$(x-a)^2 + (y-b)^2 + (z-c)^2 = r^2$$

정답 ▷ p.298

— 연구17　□X □△ □○ —

중심이 $C(a,\ b,\ c)$이고, 아래 조건을 만족하는 구의 방정식을 쓰시오.

- xy평면에 접하는 구
- xy평면과 zx평면에 접하는 구
- xy평면과 yz평면과 zx평면에 접하는 구

정답 ▷ p.299

— 연구18　□X □△ □○ —

중심이 $C(a,\ b,\ c)$이고, 아래 조건을 만족하는 구의 방정식을 쓰시오.

- x축에 접하는 구
- x축과 y축에 접하는 구
- x축과 y축과 z축에 접하는 구

정답 ▷ p.300

— 연구19　□X □△ □○ —

아래 식이 나타내는 도형이 무엇인지 쓰시오.

- $x = a$:
- $x = a,\ y = b$:

정답 ▷ p.301

수학 개념어 사전

수학 개념어 사전 학습법

- **Step1. self Test!**
  〈빈칸책〉에서 오른쪽 설명에 맞는 개념어를 생각나는 대로 적어본다.

- **Step2. 채점하기**
  〈답지책〉을 보고 틀린 개념어는 ✓체크하고 단권화 노트에서 해당 페이지를 정독한다.

- **Step3. 복습 하기**
  [step2]에서 체크한 개념어를 수시로 읽으며 체화한다.

- 문제를 풀다 막히는 단어가 있을 때, 수학 개념어 사전을 참조하기!
  개념어 사전에서 뜻을 찾아보고! 꼭 수학의 단권화 본문을 한 번 훑어보기!

001. (순간)가속도
[수Ⅱ〉미분법] p.182

001.　▷ 속도의 순간변화율

002. 가정
[수하〉집합과명제] p.73

002.　▷ 'p이면 q이다.' 꼴의 명제에서 p를 지칭하는 용어

003. 감소
[수Ⅱ〉미분법] p.159

003.　▷ 함수 $f(x)$에 대하여, 어떤 구간의 임의의 두 수 x_1, x_2에 대하여 $x_1 < x_2$일 때 $f(x_1) > f(x_2)$가 성립하면, 함수 $f(x)$는 그 구간에서 □□라고 한다.

004. 같은 것이 있는 순열
[확통〉경우의수] p.186

004.　▷ n개 중에 서로 같은 것이 각각 p개, q개, $\cdots$, r개씩 있을 때 (단, $n = p+q+\cdots+r$)

n개를 모두 택하여 만들 수 있는 순열의 수는 $\dfrac{n!}{p!q!\cdots r!}$

005. 개구간
[수Ⅱ〉함수의극한] p.145

005.　▷ $\{x \mid a < x < b\}$ (열린구간과 동일)

006. 거듭제곱
[수Ⅰ〉지수로그함수] p.99

006.　▷ a의 n 거듭제곱: 실수 a를 n번 곱한 a^n

007. 거듭제곱근
[수Ⅰ〉지수로그함수] p.99

007.　▷ a의 n 제곱근: $x^n = a$가 되는 x (n 제곱해서 a가 되는 것) (방정식 $x^n = a$의 근)

008. 결론
[수하〉집합과명제] p.73

008.　▷ 'p이면 q이다.' 꼴의 명제에서 q를 지칭하는 용어

009. 경우의 수
[수하〉경우의수] p.92

009.　▷ 어떤 사건이 일어날 수 있는 모든 가지 수.
① 빠짐없이 ② 중복되지 않게 구해야 한다.

010. 계수
[수상〉다항식] p.21

010.　▷ 단항식에서 주목하는 문자를 제외한 나머지 부분

011. 계수 비교법(미정계수법)
[수상〉다항식] p.22

011.　▷ 양변의 같은 차수를 비교하여 계수를 구함

012. **곱사건**
[확통〉확률] p.194

012. ▷ 두 사건 A와 B가 동시에 일어나는 사건 (교집합과 동일)

013. **곱의 법칙**
[수하〉경우의수] p.92

013. ▷ 두 사건 A, B에 대하여
A가 일어나는 경우의 수가 m가지이고, 그 각각에 대하여,
B가 일어나는 경우의 수가 n가지일 때,
A, B가 잇달아 일어나는 경우의 수는 $m \times n$가지이다.

014. **공비**
[수Ⅰ〉수열] p.130

014. ▷ 등비수열에서 곱해지는 일정한 수

015. **공사건**
[확통〉확률] p.194

015. ▷ 어떤 시행에서 절대로 일어나지 않는 사건 (공집합과 동일)

016. **공역**
[수하〉함수] p.79

016. ▷ 등차수열에서 더해지는 일정한 수

017. **교선**
[기하〉공간도형] p.290

017. ▷ 공간에서 서로 다른 두 평면이 만나서 생기는 직선

018. **교집합**
[수하〉집합과명제] p.64

018. ▷ $\{x \mid x \in A \text{ 이고 } x \in B\}$

019. **구**
[기하〉공간도형] p.298

019. ▷ 공간상에서 한 정점으로부터 거리가 같은 점들의 집합
(공 모양)

020. **구간**
[수Ⅱ〉함수의극한] p.145

020. ▷ 닫힌구간, 열린구간, 반닫힌구간, 반열린구간을
통틀어 부르는 말

021. **구분구적법**
[미적〉적분법] p.250

021. ▷ 도형의 넓이나 부피를 구할 때 주어진 도형을 세분하여 그
도형의 넓이나 부피의 근삿값을 구한 다음 이 근삿값의
극한값으로 그 도형의 넓이 또는 부피를 구하는 방법
(정적분과 급수의 관계)

022. **귀류법**
[수하〉집합과명제] p.78

022. ▷ 주어진 명제의 결론을 부정하면 가정에 모순되거나 이미
참이라고 알려진 사실에 모순됨을 유도하여 주어진 명제가
참임을 증명하는 방법

023. **극값**
[수Ⅱ〉미분법] p.166

023. ▷ 극댓값과 극솟값을 통틀어 부르는 용어

024. 극대
[수Ⅱ〉미분법] p.166

024. ▷ 함수 $f(x)$가 $x = a$를 포함하는 어떤 열린구간에 속하는 모든 x에 대하여 $f(a) \geq f(x)$일 때, $f(x)$는 $x = a$에서 □□라고 한다.

025. 극댓값
[수Ⅱ〉미분법] p.166

025. ▷ 극대일 때의 함숫값

026. 극소
[수Ⅱ〉미분법] p.166

026. ▷ 함수 $f(x)$가 $x = a$를 포함하는 어떤 열린구간에 속하는 모든 x에 대하여 $f(a) \leq f(x)$일 때, $f(x)$는 $x = a$에서 □□라고 한다.

027. 극솟값
[수Ⅱ〉미분법] p.166

027. ▷ 극소일 때의 함숫값

028. 극한(값)
[수Ⅱ〉함수의극한] p.138

028. ▷ 어떠한 변수가 어떤 일정한 수에 한없이 가까워질 때, 그 일정한 수

029. 근
[수상〉방정식과부등식] p.27

029. ▷ 방정식에서 문자에 대입하면 식이 성립되는 특정한 수

030. 근과 계수의 관계
[수상〉방정식과부등식] p.29

030. ▷ 이차방정식 $ax^2 + bx + c = 0 \ (a \neq 0)$의 두 근을 α, β라 하면
① $\alpha + \beta = -\dfrac{b}{a}$, ② $\alpha\beta = \dfrac{c}{a}$

▷ 삼차방정식 $ax^3 + bx^2 + cx + d = 0 \ (a \neq 0)$의 세 근을 α, β, γ라 하면
① $\alpha + \beta + \gamma = -\dfrac{b}{a}$, ② $\alpha\beta + \beta\gamma + \gamma\alpha = \dfrac{c}{a}$, ③ $\alpha\beta\gamma = -\dfrac{d}{a}$

031. 근원사건
[확통〉확률] p.194

031. ▷ 한 개의 원소로 이루어진 사건

032. 근의 공식
[수상〉방정식과부등식] p.28

032. ▷ 이차방정식 $ax^2 + bx + c = 0$의 근을 구하는 공식
$$x = \dfrac{-b \pm \sqrt{b^2 - 4ac}}{2a}$$

033. 급수
[미적〉수열의극한] p.216

033. ▷ 수열 $\{a_n\}$의 각 항을 +기호로 연결한 식 (무한히 많은 항을 더함)
$$a_1 + a_2 + a_3 + \cdots + a_n + \cdots = \sum_{n=1}^{\infty} a_n$$

034. 급수의 합
[미적〉수열의극한] p.216

034. ▷ 급수가 수렴할 때의 값

035. **기댓값 E(X)**
[확통〉통계] p.198

035. ▷ $P(X = x_i) = p_i$ (단, $i = 1, 2, \cdots, n$)라고 할 때,
$$\sum_{i=1}^{n} x_i p_i \ \text{(평균과 동일)}$$

036. **기울기**
[수상〉도형의방정식] p.45

036. ▷ 수평면에 대해 경사면이 기울어진 정도
▷ x값의 변화량에 대한 y값의 변화량의 비율

037. **기함수**
[수상〉도형의방정식] p.59

037. ▷ 원점에 대하여 대칭인 함수

ㄴ

038. **내림차순**
[중학수학]

038. ▷ 다항식에서, 차수가 높은 항부터 차례로 낮은 차의 항으로 쓰는 일

039. **나머지정리**
[수상〉다항식] p.23

039. ▷ 다항식 $f(x)$를 일차식 $x - \alpha$로 나누었을 때 나머지는 $R = f(\alpha)$이다.

040. **내분(점)**
[수상〉도형의방정식] p.42

040. ▷ 수직선 위에서 선분 AB 위의 점 P에 대하여
(단, $m > 0$, $n > 0$) $\overline{AP} : \overline{PB} = m : n$ 일 때,
점 P는 선분 AB를 $m : n$으로 □□한다고 하며,
점 P를 선분 AB의 □□점이라고 한다.

041. **내심**
[중학수학]

041. ▷ 내접원의 중심 (모든 각의 이등분선이 만나는 점)

042. **내적**
[기하〉평면벡터] p.284

042. ▷ $\vec{a} \cdot \vec{b} = |\vec{a}||\vec{b}|\cos\theta$

043. **내접**
[수상〉도형의방정식] p.52

043. 도형이 다른 도형과 접할 때, 안쪽에서 접하는 것 (↔외접)

044. **내항**
[중학수학]

044. ▷ 비례식에서, 안쪽에 있는 두 항. a:b=c:d에서 b와 c (↔외항)

045. **다항식**
[수상>다항식] p.19

045. ▷ 단항식들의 합

046. **단위벡터**
[기하>평면벡터] p.278

046. ▷ 크기가 1인 벡터

047. **단위원**
[수Ⅰ>삼각함수] p.117

047. ▷ 원점으로 중심으로 하고 반지름의 길이가 1인 원

048. **단축**
[기하>이차곡선] p.266

048. ▷ 타원에서 마주보는 꼭짓점을 이은 선분 중에 짧은 선분

049. **단항식**
[수상>다항식] p.19

049. ▷ 문자와 수의 곱 (항과 동일)

050. **닫힌구간**
[수Ⅱ>함수의극한] p.145

050. ▷ $\{x \mid a \leq x \leq b\}$ (폐구간과 동일)

051. **대응**
[수하>함수] p.79

051. ▷ 집합 X의 원소가 집합 Y의 원소와 짝이 되는 것을 집합 X에서 집합 Y로의 □□이라고 한다.

052. **대칭이동**
[수상>도형의방정식] p.56

052. ▷ 도형을 주어진 점 또는 직선에 대하여 대칭인 도형으로 옮기는 것

053. **도함수**
[수Ⅱ>미분법] p.153

053. ▷ 미분가능한 함수 $y = f(x)$의 정의역에서 각 원소 x에 미분계수 $f'(x)$를 대응시켜 만든 새로운 함수

054. **독립(사건)**
[확통>확률] p.197

054. ▷ 사건 A의 발생여부가 사건 B가 일어날 확률에 영향을 주지 않을 때, 두 사건 A, B는 서로 □□이다. $P(B) = P(B \mid A)$

055. **독립시행의 확률**
[확통>확률] p.197

055. ▷ 한 번의 시행에서 사건 A가 일어날 확률이 p일 때, n번의 독립시행에서 사건 A가 일어나는 횟수를 r이라 하면 이때의 확률 P_r은 $P_r = {}_nC_r p^r q^{n-r} \ (q = 1 - p)$

ㄹ

067. 롤의 정리
[수Ⅱ〉미분법] p.157

067. ▷ 함수 $f(x)$가 폐구간 $[a, b]$에서 연속이고 개구간 (a, b)에서 미분가능할 때,
$f(a) = f(b)$이면 $f'(c) = 0$ $(a < c < b)$인 c가 개구간 (a, b)에 적어도 하나 존재한다.

068. 매개변수
[미적〉미분법] p.236

068. ▷ 두 변수 x, y 사이의 관계가 변수 t를 매개로 하여 $x = f(t)$, $y = g(t)$ 꼴로 나타날 때, 변수 t를 표현하는 용어

069. 명제
[수하〉집합과명제] p.69

069. ▷ 참, 거짓을 판별할 수 있는 문장이나 식

070. 모분산
[확통〉통계] p.206

070. ▷ 모집단의 분산

071. 모집단
[확통〉통계] p.206

071. ▷ 통계조사에서 대상이 되는 집단 전체

072. 모평균
[확통〉통계] p.206

072. ▷ 모집단의 평균

073. 모표준편차
[확통〉통계] p.206

073. ▷ 모집단의 표준편차

074. 몫의 미분법
[미적〉미분법] p.228

074. ▷ 분수꼴의 미분법 $\left\{ \dfrac{f(x)}{g(x)} \right\}' = \dfrac{f'(x)g(x) - f(x)g'(x)}{\{g(x)\}^2}$

075. 무게중심
[중학수학]

075. ▷ 삼각형의 세 개의 꼭짓점에서 대변에 내린 중선은 한 점에서 만나게 되고 이때의 교점. 각각의 중선의 길이를 2 : 1로 내분하는 점이기도 하다.

076. 무리수
[수상〉방정식과부등식] p.24

076. ▷ 정수 m, n에 대하여 $\dfrac{n}{m}$ $(m \neq 0)$꼴로 나타낼 수 없는 수

077. **무리식**
[수하>함수] p.89

077. ▷ 유리식으로 나타낼 수 없는 식

078. **무리함수**
[수하>함수] p.89

078. ▷ x에 관한 무리식인 함수

079. **무한대 ∞**
[수Ⅱ>함수의극한] p.138

079. ▷ 한없이 커지는 상태를 나타내는 기호

080. **미분계수**
[수Ⅱ>미분법] p.151

080. ▷ 함수 $f(x)$의 $x = a$에서의 미분계수는 (순간변화율과 동일)

$$f'(a) = \lim_{\Delta x \to 0} \frac{\Delta y}{\Delta x} = \lim_{\Delta x \to 0} \frac{f(a+\Delta x) - f(a)}{a + \Delta x - a} = \lim_{x \to a} \frac{f(x) - f(a)}{x - a}$$

081. **미분법**
[수Ⅱ>미분법] p.153

081. ▷ 미분가능한 어떤 함수에서 그 도함수를 구하는 계산법

082. **미분한다**
[수Ⅱ>미분법] p.153

082. ▷ 미분가능한 어떤 함수에서 그 도함수를 구하는 일

083. **미정계수법**
[수상>다항식] p.22

083. ▷ 항등식의 성질을 이용해, 계수의 값을 구하는 것

084. **밑**
[수Ⅰ>지수로그함수] p.98

084. ▷ a^n 꼴에서 a
    ▷ $\log_a N$ 꼴에서 a

085. **반닫힌(반열린) 구간**
,
[수Ⅱ>함수의극한] p.145

085. ▷ $\{x | a \leq x < b\}, \{x | a < x \leq b\}$

086. **반례**
[수하>집합과명제] p.78

086. ▷ 어떤 명제가 참이 아님을 증명하기 위해 필요한 예

087. **발산**
[수Ⅱ〉함수의극한] p.138

087. ▷ 수렴하지 않음

088. **방정식**
[수상〉방정식과부등식] p.27

088. ▷ 문자를 포함한 등식에서, 그 문자에 특정한 수만 대입할 때 성립하는 식

089. **방향벡터**
[기하〉평면벡터] p.286

089. ▷ 직선과 평행한 벡터

090. **배각공식**
[미적〉미분법] p.224

090. ▷ 덧셈정리의 변형
① $\sin 2\alpha = 2\sin\alpha\cos\alpha$, ② $\cos 2\alpha = \cos^2\alpha - \sin^2\alpha$,
③ $\tan 2\alpha = \dfrac{2\tan\alpha}{1-\tan^2\alpha}$

091. **배반사건**
[확통〉확률] p.194

091. ▷ 두 사건 A, B가 동시에 일어나지 않을 때 이 두 사건을 배반사건이라 함. (두 집합의 서로소와 동일)

092. **번분수식**
[수하〉함수] p.86

092. ▷ 분자 또는 분모에 또 다른 분수식을 포함한 유리식
$$\dfrac{\dfrac{A}{B}}{\dfrac{C}{D}} = \dfrac{A}{B} \div \dfrac{C}{D} = \dfrac{A}{B} \times \dfrac{D}{C} = \dfrac{AD}{BC}$$

093. **법선벡터**
[기하〉평면벡터] p.287

093. ▷ 직선과 수직인 벡터

094. **벡터**
[기하〉평면벡터] p.276

094. ▷ 크기와 방향을 함께 가지는 양

095. **벤다이어그램**
[수하〉집합과명제] p.62

095. ▷ 집합을 나타낸 그림

096. **변곡점**
[미적〉미분법] p.238

096. ▷ 곡선의 오목과 볼록이 바뀌는 지점

097. **(순간)변화율**
[미적〉미분법] p.230

097. ▷ 변화율 $= \dfrac{변화량}{변화량}$
▷ $B = f(A)$일 때, A에 대한 B의 (순간)변화율 :
$$\lim_{\Delta A \to 0} \frac{\Delta B}{\Delta A} = \lim_{\Delta A \to 0} \frac{f(A+\Delta A) - f(A)}{A + \Delta A - A}$$

098. **복소수**

098. ▹ 두 실수 a, b에 대하여 $a+bi$ 꼴로 나타낸 수

099. **복원추출**

099. ▹ 한 번 추출된 원소를 다시 되돌려 놓은 후 다음 원소를 뽑음

100. **부등식**

100. ▹ 부등호를 써서 수나 식의 값의 대소 관계를 나타낸 것

101. **부분집합**

101. ▹ $x \in A$이면 $x \in B$일 때, A는 B의 □□이다. $A \subset B$ 또는 $B \supset A$

102. **부분합**

102. ▹ 첫째항부터 제n항까지의 합

103. **부정**

103. ▹ 명제(or조건) p에 대하여 'p가 아니다'를 p의 □□이라 하며 $\sim p$로 나타낸다.

104. **부정(不定)**

104. ▹ 방정식에서 해가 무수히 많음

105. **부정방정식**

105. ▹ 방정식의 개수가 미지수의 개수보다 적은 경우 해가 무수히 많아서 해를 정할 수 없는 경우의 방정식

106. **부정적분**

106. ▹ 함수 $f(x)$를 도함수로 가지는 함수. 즉, $F'(x) = f(x)$가 되는 함수 $F(x)$를 $f(x)$의 □□라 한다.

107. **부채꼴**

107. ▹ 원의 두 반지름과 그 호로 둘러싼 도형

108. **분배**

108. ▹ 분할된 묶음을 서로 다른 자리에 배치하는 방법의 수

109. **분산 V(X)**

109. ▹ $\mathrm{P}(X = x_i) = p_i$ (단, $i = 1, 2, \cdots, n$) 라고 할 때,
$\mathrm{E}((X-m)^2) = \displaystyle\sum_{i=1}^{n}(x_i - m)^2 p_i$의 값

110. **분수함수**

110. ▹ x에 관한 분수식인 함수

111. ▷ 서로 다른 n개를 k개의 묶음으로 나누는 방법의 수

112. ▷ 방정식에서 해가 없음

113. ▷ 연속이 아님

114. ▷ 두 개의 비가 같음을 나타내는 식. a:b=c:d 꼴

115. ▷ 되돌려 놓지 않고 다음 원소를 뽑음

116. ▷ 표본공간의 부분집합

117. ▷ 좌표평면에서 x축의 양의 방향을 시초선으로 할 때, 점 $\mathrm{P}(x,y)$에 대하여 동경 OP의 각도가 θ이고 $r=\sqrt{x^2+y^2}$일 때, $\dfrac{y}{r}$의 값

118. ▷ $\triangle \mathrm{ABC}$에서 $\dfrac{a}{\sin A}=\dfrac{b}{\sin B}=\dfrac{c}{\sin C}=2R$ (단, R는 외접원의 반지름)

119. ▷ 함수 $f(x)$가 폐구간 $[a,\ b]$에서 연속이고 $f(a)\neq f(b)$이면, $f(a)$와 $f(b)$ 사이의 임의의 값 k에 대하여 다음을 만족시키는 c가 열린구간 $(a,\ b)$에 적어도 하나 존재한다.
$$f(c)=k$$

120.
▷ $\dfrac{a+b}{2} \geq \sqrt{ab}$ (단, $a > 0$, $b > 0$. 등호는 $a = b$일 때 성립)

121.
▷ 직각삼각형에서 직각이 아닌 한 각의 크기에 따라 정해지는 변의 길이의 비의 값

122.
▷ sin, cos, tan 등의 함수를 통틀어 부르는 함수

123.
▷ $p \rightarrow q$이고 $q \rightarrow r$이면 $p \rightarrow r$이다.

124.
▷ 평면 α 위에 있는 한 점을 O, 평면 α 위에 있지 않은 점을 P, 평면 α 위의 임의의 직선을 l, 점 O에서 l에 그은 수선의 발을 H라 할 때
① $\overline{PO} \perp \alpha$, $\overline{OH} \perp l$ 이면, $\overline{PH} \perp l$
② $\overline{PO} \perp \alpha$, $\overline{PH} \perp l$ 이면, $\overline{OH} \perp l$
③ $\overline{PH} \perp l$, $\overline{OH} \perp l$, $\overline{PO} \perp \overline{OH}$ 이면, $\overline{PO} \perp \alpha$

125.
▷ 정의역 X의 모든 원소 x가 공역 Y의 오직 하나의 원소에만 대응될 때의 함수 $f(x) = c$

126.
▷ 주목하는 문자를 포함하지 않은 항

127.
▷ 밑이 10인 로그 $\log_{10} N = \log N$

128.
▷ 집합: 두 집합 A, B에 공동인 원소가 하나도 없을 때, 두 집합의 관계
▷ 약수 배수: 두 자연수가 공약수가 1밖에 없을 때, 두 수의 관계

129.
▷ 약수가 1과 자기 자신뿐인 자연수

130.
▷ 시간에 대한 위치의 순간변화율

131. (순간)속력
[수Ⅱ>미분법] p.182

131. ▷ 속도의 절댓값

132. 수렴
[수Ⅱ>함수의극한] p.138

132. ▷ 어떠한 변수가 어떤 일정한 수에 한없이 가까워지는 일

133. 수열
[수Ⅰ>수열] p.128

133. ▷ 수의 나열

134. 수열의 귀납적 정의 (점화식)
[수Ⅰ>수열] p.134

134. ▷ 첫째항과 이웃하는 두 항 사이의 관계식으로 수열을 정의하는 것

135. 수열의 극한
[미적>수열의극한] p.212

135. ▷ 수열 $\{a_n\}$ 에서 n 이 한없이 커질 때, 일반항 a_n 의 값이 일정한 값 α 에 한없이 가까워지는 경우, 그 α 값

136. 수치 대입법 (미정계수법)
[수상>다항식] p.22

136. ▷ 양변의 문자에 적당한 수를 대입하여 계수를 구함

137. 수학적 귀납법
[수Ⅰ>수열] p.134

137. ▷ 자연수 n 에 대하여 명제 $P(n)$ 이 성립함을 보이려 할 때
①$P(1)$이 성립함을 보인다.
②$P(k)$가 성립한다고 가정할 때 $P(k+1)$이 성립함을 보인다.
⇒ 명제 $P(n)$ 은 모든 자연수 n 에 대하여 성립한다.

138. 수학적 확률
[확통>확률] p.194

138. ▷ 하나의 시행에서 일어날 수 있는 사건 전체를 S라 할 때, 일어날 수 있는 모든 경우의 수는 $n(S)$이고, 사건 A가 일어날 경우의 수는 $n(A)$라 하자. 이 때, 이 시행에서 기본적인 사건들이 같은 정도로 기대된다고 하면

$$P(A) = \frac{n(A)}{n(S)}$$

139. 순간변화율
[수Ⅱ>미분법] p.151

139. ▷ 미분계수와 동일

140. 순열
[수하>경우의수] p.93

140. ▷ 서로 다른 n개에서 r개를 택하여 이들의 순서를 생각하여 일렬로 배열하는 경우의 수

141. 순허수
[수상>방정식과부등식] p.25

141. ▷ 복소수 $a+bi$에서 실수부분 $a=0$이고 허수부분 $b \neq 0$인 허수. (bi 꼴)

153. **약수**
[중학수학]

153. ▹ 어떤 정수를 나누어 떨어지게 하는 0이 아닌 정수

154. **여사건**
[확통〉확률] p.194

154. ▹ 표본공간 S에 대하여 사건 A가 일어나지 않을 사건 (여집합과 동일)

155. **여집합**
[수하〉집합과명제] p.64

155. ▹ $\{x \mid x \in U$ 이고 $x \notin A\}$

156. **역**
[수하〉집합과명제] p.74

156. ▹ 주어진 명제의 가정과 결론을 서로 바꾸어 놓은 명제

157. **역함수**
[수하〉함수] p.84

157. ▹ 함수 $f : X \to Y$가 일대일 대응이고, Y의 원소 y에 대하여 $y = f(x)$인 X의 원소 x에 대응시키면 Y에서 X로의 함수가 얻어진다. $f^{-1} : Y \to X,\ x = f^{-1}(y)$

158. **역벡터**
[기하〉평면벡터] p.276

158. ▹ 크기가 같지만 방향이 반대인 벡터

159. **연립방정식**
[수상〉방정식과부등식] p.36

159. ▹ 2개 이상의 미지수를 포함하는 2개 이상의 방정식의 쌍이 주어지고, 미지수가 주어진 모든 방정식을 동시에 만족할 것이 요구되어 있을 때, 이 방정식의 쌍

160. **연립부등식**
[수상〉방정식과부등식] p.40

160. ▹ 2개 이상의 미지수를 포함하는 2개 이상의 부등식의 쌍이 주어지고, 미지수가 주어진 모든 부등식을 동시에 만족할 것이 요구되어 있을 때, 이 부등식의 쌍

161. **연속**
[수Ⅱ〉함수의극한] p.145

161. ▹ 함수 $f(x)$가 $x = a$에서
①$f(a)$가 존재, ②$\lim\limits_{x \to a} f(x)$가 존재, ③$\lim\limits_{x \to a} f(x) = f(a)$

162. **연속함수**
[수Ⅱ〉함수의극한] p.146

162. ▹ 모든 점에서 연속일 때의 함수

163. **연속확률변수**
[확통〉통계] p.202

163. ▹ 어떤 구간의 모든 실수값을 가지는 확률변수

164. **열린구간**
[수Ⅱ〉함수의극한] p.145

164. ▹ $\{x \mid a < x < b\}$ (개구간과 동일)

165. **영벡터**
[기하〉평면벡터] p.276

165. ▷ 시점과 종점이 일치하여 크기가 0인 벡터

166. **오름차순**
[중학수학]

166. ▷ 다항식에서, 차수가 낮은 항부터 차례로 높은 차의 항으로 쓰는 일

167. **완전제곱식**
[중학수학]

167. ▷ 식의 제곱 형태로 표현된 식. $(\ \text{식}\ )^2$ 꼴

168. **외분(점)**
[수상〉도형의방정식] p.42

168. ▷ 수직선 위에서 선분 AB의 연장선 위의 점 Q에 대하여 (단, $m > 0,\ n > 0,\ m \neq n$)
$\overline{\text{AQ}} : \overline{\text{QB}} = m : n$
일 때, 점 Q는 선분 AB를 $m : n$으로 □□한다고 하며, 점 Q를 선분 AB의 □□이라고 한다.

169. **외심**
[중학수학]

169. ▷ 외접원의 중심. 모든 변의 수직이등분선이 만나는 점.

170.
[수상〉도형의방정식] p.52

170. ▷ 도형이 다른 도형과 접할 때, 바깥쪽에서 접하는 것 (↔내접)

171. **외항**
[중학수학]

171. ▷ 비례식에서 양 끝에 있는 두 개의 항. 즉 a:b=c:d의 a와 d (↔내항)

172. **우극한**
[수Ⅱ〉함수의극한] p.141

172. ▷ x가 a보다 크면서 a에 한없이 가까워질 때 $f(x)$가 일정한 값 α에 한없이 가까워지는 경우, 그 α 값

173. **우함수**
[수상〉도형의방정식] p.58

173. ▷ y축에 대하여 대칭인 함수

174. **원**
[수상〉도형의방정식] p.50

174. ▷ 특정한 한 점으로부터, 그 점과 같은 거리에 있는 점들의 집합

175. **원소**
[수하〉집합과명제] p.62

175. ▷ 집합을 이루고 있는 대상 하나하나

176. **원소나열법**
[수하〉집합과명제] p.62

176. ▷ 모든 원소를 { }안에 나열하는 방법

177. **원순열**
[확통〉경우의수] p.186

177. ▷ 서로 다른 n개를 원형으로 배열하는 순열의 수 (단, 회전하여 일치하는 것은 같은 것으로 본다.) $(n-1)!$

178. 위치벡터
[기하>평면벡터] p.279

178. ▷ 한 점 O를 시점으로 하는 벡터

179. 유리수
[수상>방정식과부등식] p.24

179. ▷ 정수 m, n에 대하여 $\dfrac{n}{m}$ $(m \neq 0)$꼴로 나타낼 수 있는 수

180. 유리식
[수하>함수] p.86

180. ▷ 두 다항식 A, B에 대하여 $\dfrac{A}{B}$ $(B \neq 0)$의 꼴로 나타내어지는 식

181. 유리함수
[수하>함수] p.87

181. ▷ x에 관한 유리식인 함수

182. 육십분법
[수 I >삼각함수] p.114

182. ▷ 원의 둘레를 360등분 하여 각 혹에 대한 중심각의 크기를 1도로 정의하여 각의 크기를 나타내는 방법

183. 음함수
[미적>미분법] p.234

183. ▷ 변수 x, y의 관계가 $f(x,\ y) = 0$으로 표시되는 함수

184. e (무리수)
[미적>미분법] p.219

184. ▷ $\displaystyle\lim_{x \to 0} (1+x)^{\frac{1}{x}} = \lim_{x \to \infty} \left(1 + \dfrac{1}{x}\right)^{x} = 2.71828182845\cdots$

185. 이계도함수
[미적>미분법] p.237

185. ▷ 도함수의 도함수

186. 이면각
[기하>공간도형] p.293

186. ▷ 두 평면 α, β의 교선을 l이라고 할 때, l을 공유하는 두 반평면 α, β로 이루어지는 도형

187. 이산확률변수
[확통>통계] p.198

187. ▷ 유한 개의 값 $x_1,\ \cdots,\ x_n$을 가지는 확률변수

188. 이차곡선
[기하>이차곡선] p.264

188. ▷ 포물선, 타원, 쌍곡선 등을 통틀어 부르는 말

189. 이항계수
[확통>경우의수] p.191

189. ▷ 자연수 n에 대하여 $(a+b)^n$의 전개식에서 각 항의 계수

190. 이항분포 B(n, p)
[확통>통계] p.201

190. ▷ 한 번의 시행에서 사건 A가 일어날 확률이 p일 때, n번의 독립시행에서 사건 A가 일어나는 횟수를 확률변수 X라 할 때, 이때의 확률분포

$$P(X=x) = {}_n C_x\, p^x q^{n-x} \quad (q = 1-p)$$

191. 이항정리
[확통〉경우의수] p.191

191. ▷ 자연수 n에 대하여 $(a+b)^n$의 전개식을 조합의 수를 이용하여 나타내는 정리

192. 인수
[수상〉다항식] p.23

192. ▷ 곱을 이루는 각 다항식

193. 인수분해
[수상〉다항식] p.23

193. ▷ 하나의 다항식을 여러 다항식의 곱으로 나타내는 것. 전개의 역 과정

194. 인수정리
[수상〉다항식] p.23

194. ▷ $f(x)$가 $x-\alpha$로 나누어떨어지면 $f(\alpha)=0$ & $f(\alpha)=0$이면 $f(x)$가 $x-\alpha$로 나누어떨어진다.

195. 일대일대응
[수하〉함수] p.81

195. ▷ ①일대일 함수이고, ②치역과 공역이 같은 함수

196. 일대일함수
[수하〉함수] p.80

196. ▷ 정의역의 서로 다른 원소에 대하여 그 함숫값이 서로 다를 때의 함수
$x_1 \neq x_2 \rightarrow f(x_1) \neq f(x_2)$

197. 일반각
[수Ⅰ〉삼각함수] p.113

197. ▷ 시초선 OX와 동경 OP가 나타내는 한 각의 크기를 $\alpha°$라 하면 $\angle XOP$의 크기를 아래와 같이 일반적으로 나타내는 것
$$360°\times n+\alpha° \quad (단, \ n은 \ 정수)$$

198. 일반항
[수Ⅰ〉수열] p.128

198. ▷ 수열의 각 항을 일반적으로 나타냄

199. 임의추출
[확통〉통계] p.206

199. ▷ 모집단에서 편중되지 않게, 무작위로 추출

200. 임의표본
[확통〉통계] p.206

200. ▷ 임의추출에 의하여 만들어진 표본

201. ▷ 무리수 e를 밑으로 하는 로그 $\log_e x = \ln x$

202. ▷ 어떤 일정한 조건을 만족시키는 점들의 집합

203. ▷ 타원에서 마주보는 꼭짓점을 이은 선분 중에 긴 선분

204. ▷ 부정적분과 정적분을 통틀어 부르는 말

205. ▷ 통계 조사에서 대상으로 삼은 집단 전체를 조사하는 것

206. ▷ 주어진 집합에 대하여 그것의 부분집합만을 생각할 때 처음에 주어진 집합을 □□이라 하고, 기호 U로 나타낸다.

207. ▷ 문자를 포함한 부등식에서 그 문자가 가질 수 있는 어떠한 실수 값을 대입해도 항상 성립하는 부등식

208. ▷ 수직선 위에서 원점으로부터 어떤 수를 나타내는 점까지의 거리 (+값)

209. ▷ x절편: 그래프가 x축과 만나는 점의 x좌표
▷ y절편: 그래프가 y축과 만나는 점의 y좌표

210. ▷ 곡선 위의 점이 한없이 가까워지는 직선

211. ▷ 첫째항과 이웃하는 두 항 사이의 관계식으로 수열을 정의하는 것

212. **정규분포 N(m, σ^2)**
[확통〉통계] p.203

212. ▷ 자연현상이나 사회현상을 측정할 때, 그 확률밀도함수가 그림과 같은 종 모양에 가까운 경우가 많다. 연속확률변수 X의 확률밀도함수 $f(x)$가 아래와 같을 때, X의 분포

$$f(x) = \frac{1}{\sqrt{2\pi}\,\sigma} e^{-\frac{(x-m)^2}{2\sigma^2}} \quad (e = 2.718\cdots)$$

213. **정리**
[수하〉집합과명제] p.69

213. ▷ 참임이 증명된 명제 중에서 기본이 되는 것이나 다른 명제를 증명할 때 이용할 수 있는 중요한 명제

214. **정사영**
[기하〉공간도형] p.294

214. ▷ 도형의 모든 점에서 어떤 평면 위로의 수선의 발을 모아 놓은 것

215. **정의**
[수하〉집합과명제] p.69

215. ▷ 용어의 뜻을 간결하고 명확하게 정한 문장

216. **정의역**
[수하〉함수] p.79

216. ▷ 함수 $f : X \rightarrow Y$에서 집합 X

217. **정적분**
[수Ⅱ〉적분법] p.171

217. ▷ 함수 $f(x)$가 폐구간 $[a, b]$에서 연속이고 $f(x)$의 한 부정적분을 $F(x)$라고 할 때,

$$\int_a^b f(x)\,dx = \left[F(x)\right]_a^b = F(b) - F(a)$$

218. **조건**
[수하〉집합과명제] p.70

218. ▷ 포함하고 있는 변수의 값에 따라 참, 거짓이 정해지는 문장이나 식

219. **조건부확률**
[확통〉확률] p.196

219. ▷ 두 사건 A, B에 대하여 사건 A가 일어났다는 조건 아래, 사건 B가 일어날 확률 (단, $P(A) > 0$)

$$P(A|B) = \frac{n(A \cap B)}{n(A)} = \frac{P(A \cap B)}{P(A)}$$

220. **조건제시법**
[수하〉집합과명제] p.62

220. ▷ 조건으로 원소가 갖는 성질을 나타내는 방법 $\{x \mid x$의 조건$\}$

221. **조립제법**
[수상〉다항식] p.21

221. ▷ 다항식 $P(x)$를 $x - \alpha$로 나눌 때, 다항식 $P(x)$의 계수와 α만을 이용하여 몫과 나머지를 구하는 방법

222. **조합**
[수하>경우의수] p.94

222. ▷ 순서를 생각하지 않고, 서로 다른 n개에서 r개를 택하는 경우의 수

223. **종속(사건)**
[확통>확률] p.197

223. ▷ 사건 A의 발생 여부에 따라 사건 B가 일어날 확률이 달라질 때 사건 A와 사건 B는 □□이다. $P(B) \neq P(B \mid A)$

224. **종점**
[기하>평면벡터] p.276

224. ▷ 벡터 화살표가 끝나는 점

225. **좌극한**
[수Ⅱ>함수의극한] p.141

225. ▷ x가 a보다 작으면서 a에 한없이 가까워질 때 $f(x)$가 일정한 값 α에 한없이 가까워지는 경우, 그 α값

226. **주기함수**
[수상>도형의방정식] p.55

226. ▷ 어떤 주기를 가지고 함숫값이 반복되는 함수. $y = f(x)$의 그래프가 주기가 p인 함수일 때 아래 식이 성립한다.
$$f(x+p) = f(x)$$

227. **주축**
[기하>이차곡선] p.268

227. ▷ 쌍곡선의 두 꼭짓점을 이은 선분

228. **준선**
[기하>이차곡선] p.264

228. ▷ 포물선은 평면 위에서 한 정점 F와 점 F를 지나지 않는 정직선 l이 주어질 때, 점 F와 직선 l로부터 같은 거리에 있는 점들의 집합이다. 이때 정직선 l을 포물선의 □□이라고 한다.

229. **중근**
[중학수학]

229. ▷ 2차 이상의 방정식이 2개 이상의 같은 근(해)을 가질 때, 이 근을 일컫는 말

230. **중복순열**
[확통>경우의수] p.187

230. ▷ 서로 다른 n개 중에서 중복을 허용하여 r개를 택하는 순열
$$_n\Pi_r = n \times n \times \cdots \times n = n^r$$

231. **중복조합**
[확통>경우의수] p.187

231. ▷ 서로 다른 n개에서 중복을 허용하여 r개를 택하는 조합의 경우의 수 $_nH_r = {}_{n+r-1}C_r$

232. **중선**
[중학수학]

232. ▷ 삼각형의 한 꼭짓점과 그 대변의 중점을 이은 선분

233. **증가**
[수Ⅱ>미분법] p.159

233. ▷ 함수 $f(x)$에 대하여, 어떤 구간의 임의의 두 수 x_1, x_2에 대하여 $x_1 < x_2$일 때 $f(x_1) < f(x_2)$가 성립하면, 함수 $f(x)$는 그 구간에서 □□라고 한다.

234.　▷ 명제의 가정으로부터 정의 또는 이미 옳다고 밝혀진 성질을 근거로 하여 결론을 논리적으로 이끌어 내어물전 그 명제가 참임을 설명하는 과정

235.　▷ a^n 꼴에서 n

236.　▷ 전체집합의 원소 중에서 조건을 참이 되게 하는 모든 원소의 집합

237.　▷ $A \subset B$이고 $A \neq B$이면, A는 B의 □□

238.　▷ $\log_a N$ 꼴에서 N

239.　▷ 대상을 명확히 구분할 수 있는 것들의 모임

ㅊ

240.　▷ 단항식에서 주목하는 문자가 곱해진 개수

241.　▷ $\{x \mid x \in A \text{ 이고 } x \notin B\}$

242.　▷ 0이 아닌 두 개·이상의 정수의 공통되는 약수 중에서 가장 큰 수

243.　▷ 함수 $f(x)$가 폐구간 $[a, b]$에서 연속이면, $f(x)$는 이 구간에서 반드시 최댓값과 최솟값을 가진다.

244.　▷ 2개 이상의 수의 공배수 가운데서 최소인 것

245. **추정**
[확통〉통계] p.208

245. ▷ 표본을 조사해 얻은 정보를 이용하여 모집단의 특징을 나타내는 값을 추측하는 것

246. **충분조건**
[수하〉집합과명제] p.75

246. ▷ $p \Rightarrow q$일 때, p는 q이기 위한 □□

247. **치역**
[수하〉함수] p.79

247. ▷ 함숫값의 집합 $\{f(x)|x \in X\}$

248. **켤레근**
[수상〉방정식과부등식] p.30

248. ▷ 이차방정식 $ax^2 + bx + c = 0 \ (a \neq 0)$의
① a, b, c가 유리수이면 한 근이 $g + h\sqrt{k}$이면 $g - h\sqrt{k}$도 근이다.
(단, g, h는 유리수이고 $h \neq 0$, $\sqrt{k}$는 무리수)
② a, b, c가 실수이면 한 근이 $g + hi$ 이면 $g - hi$도 근이다.
(단, g, h는 실수이고 $h \neq 0$)

249. **켤레복소수**
[수상〉방정식과부등식] p.26

249. ▷ $a + bi$의 허수부분의 부호를 바꾼 복소수. $\overline{a + bi} = a - bi$

250. **코사인 cos**
[수Ⅰ〉삼각함수] p.115

250. ▷ 좌표평면에서 x축의 양의 방향을 시초선으로 할 때, 점 $P(x,y)$에 대하여 동경 OP의 각도가 θ이고 $r = \sqrt{x^2 + y^2}$일 때, $\dfrac{x}{r}$의 값

251. **코사인법칙**
[수Ⅰ〉삼각함수] p.126

251. ▷ $\triangle ABC$에서 $a^2 = b^2 + c^2 - 2bc\cos A$

252. **코시-슈바르츠 부등식**
[수하〉집합과명제] p.76

252. ▷ 실수 a, b, x, y에 대하여
$(a^2 + b^2)(x^2 + y^2) \geq (ax + by)^2$
(단, 등호는 $a : b = x : y$일 때, 성립)

253. 큰수의 법칙
[확통〉통계] p.201

253. ▷ 어떤 시행에서 사건 A가 일어나는 수학적 확률이 p이고, n번의 독립시행에서 사건 A가 일어나는 횟수를 X라고 하면, 임의의 양수 h에 대하여 n의 값이 한없이 커질수록 $\mathrm{P}\left(\left|\dfrac{X}{n}-p\right|<h\right)$는 1에 한 없이 가까워진다.

254. 타원
[기하〉이차곡선] p.266

254. ▷ 평면 위의 두 정점 F, F′(초점)으로부터의 거리의 합이 일정한 점의 집합

255. 탄젠트 tan
[수 I 〉삼각함수] p.115

255. ▷ 좌표평면에서 x축의 양의 방향을 시초선으로 할 때, 점 $\mathrm{P}(x,y)$에 대하여 동경 OP의 각도가 θ일 때, $\dfrac{y}{x}$의 값

256. 통계적 확률
[확통〉확률] p.194

256. ▷ 어떤 시행을 n번 반복할 때 사건 A가 r_n번 일어날 때, n을 충분히 크게 함에 따라 상대도수 $\dfrac{r_n}{n}$이 일정한 값 P에 가까워지면 P를 사건 A가 일어날 □□이라 함

257. 파스칼의 삼각형
[확통〉경우의수] p.192

257. ▷ $_{n-1}\mathrm{C}_{r-1}+{}_{n-1}\mathrm{C}_r={}_n\mathrm{C}_r$가 성립하는 이항계수이 성질을 삼각형 형태로 표현한 것

258. 판별식
[수상〉방정식과부등식] p.29

258. ▷ 이차방정식 $ax^2+bx+c=0$의 근의 종류를 판별하는 공식 $D=b^2-4ac$

259. 평균 E(X)
[확통〉통계] p.198

259. ▷ $\mathrm{P}(X=x_i)=p_i$ (단, $i=1,\,2,\,\cdots,\,n$)라고 할 때, $\displaystyle\sum_{i=1}^{n}x_ip_i$ (기댓값과 동일)

260. **평균값 정리**
[수Ⅱ〉미분법] p.158

260. ▷ 함수 $f(x)$가 폐구간 $[a, b]$에서 연속이고 개구간 (a, b)에서 미분가능하면 아래 조건을 만족하는 c가 개구간 (a, b) 안에 적어도 하나 존재한다.

$$\frac{f(b)-f(a)}{b-a}=f'(c) \ (단, \ a<c<b)$$

261. **평균변화율**
[수Ⅱ〉미분법] p.150

261. ▷ 함수 $y=f(x)$ 에서 x의 값이 a에서 b까지 변할 때 아래의 값

$$\frac{\Delta y}{\Delta x}=\frac{f(b)-f(a)}{b-a}=\frac{f(a+\Delta x)-f(a)}{a+\Delta x-a}$$

262. **평균속도**
[수Ⅱ〉미분법] p.182

262. ▷ 위치의 평균변화율$=\dfrac{위치의\ 변화량}{시간변화량}$

263. **평균속력**
[수Ⅱ〉미분법] p.182

263. ▷ 이동 거리의 평균변화율$=\dfrac{이동\ 거리}{시간변화량}$

264. **평행이동**
[수상〉도형의방정식] p.54

264. ▷ 도형을 일정한 방향으로 일정한 거리만큼 이동하는 것

265. **폐구간**
[수Ⅱ〉함수의극한] p.145

265. ▷ $\{x|a \leq x \leq b\}$ (닫힌구간과 동일)

266. **포물선**
[기하〉이차곡선] p.264

266. ▷ 평면 위에서 한 정점 F와 점 F를 지나지 않는 정직선 l이 주어질 때, 점 F(초점)와 직선 l(준선)로부터 같은 거리에 있는 점들의 집합

267. **표본**
[확통〉통계] p.206

267. ▷ 표본조사를 하는 경우 조사하기 위하여 모집단에서 추출한 부분집합

268. **표본공간**
[확통〉확률] p.194

268. ▷ 어떤 시행에서 일어날 수 있는 모든 결과들의 집합

269. **표본분산 S^2**
[확통〉통계] p.206

269. ▷ $S^2=\dfrac{1}{n-1}\displaystyle\sum_{i=1}^{n}(X_i-\overline{X})^2$

270. **표본의 크기**
[확통〉통계] p.206

270. ▷ 표본의 원소의 개수

271. **표본조사**
[확통>통계] p.206

271. ▷ 대상으로 삼은 집단의 일부를 조사하는 것.

272. **표본평균**
[확통>통계] p.206

272. ▷ 모집단에서 임의추출한 크기가 n인 표본 $X_1, X_2, \cdots, X_n$에서
$$\overline{X} = \frac{1}{n}(X_1 + X_2 + \cdots + X_n) = \frac{1}{n}\sum_{i=1}^{n} X_i$$

273. **표본평균의 평균**
[확통>통계] p.207

273. ▷ 표본평균의 분포에서의 평균

274. **표본평균의 분산**
[확통>통계] p.207

274. ▷ 표본평균의 분포에서의 분산

275. **표본평균의 표준편차**
[확통>통계] p.207

275. ▷ 표본평균의 분포에서의 표준편차

276. **표본표준편차 S**
[확통>통계] p.206

276. ▷ 모집단에서 임의추출한 크기가 n인 표본 $X_1, X_2, \cdots, X_n$에서
$$S = \sqrt{S^2} = \sqrt{\frac{1}{n-1}\sum_{i=1}^{n}(X_i - \overline{X})^2}$$

277. **표준정규분포 N(0, 1)**
[확통>통계] p.204

277. ▷ 평균이 $m=0$, 표준편차가 $\sigma=1$인 정규분포

278. **표준편차 σ(X)**
[확통>통계] p.199

278. ▷ $P(X - x_i) = p_i$ (단, $i = 1, 2, \cdots, n$) 라고 할 때,
$$\sqrt{E\left((X-m)^2\right)} = \sqrt{\sum_{i=1}^{n}(x_i - m)^2 p_i}$$

279. **표준화**
[확통>통계] p.204

279. ▷ 정규분포 $N(m, \sigma^2)$를 따르는 확률변수 X를 표준정규분포 $N(0, 1^2)$를 따르는 확률변수 Z로 바꾸는 것

280. **필요조건**
[수하>집합과명제] p.75

280. ▷ $p \Rightarrow q$일 때, q는 p이기 위한 □□

281. **필요충분조건**
[수하>집합과명제] p.75

281. ▷ $p \Leftrightarrow q$일 때, p는 q이기 위한 필요충분조건이고 q는 p이기 위한 □□

282. 함수
[수하]함수] p.79

282. ▷ 집합 X의 모든 원소 각각에 대하여 집합 Y의 원소가 하나씩 대응할 때, 이 대응관계 f를 집합 X에서 Y로의 □□라 하고, 기호로는 $f : X \rightarrow Y$ 로 나타낸다.

283. 함수의 극한
[수Ⅱ]함수의극한] p.139

283. ▷ 함수 $f(x)$에서 x가 a가 아닌 값을 가지면서 a에 한없이 가까워 질 때, $f(x)$의 값이 일정한 값 α에 한없이 가까워지는 경우, 그 α 값

284. 함숫값
[수하]함수] p.79

284. ▷ 함수 f에 의하여 정의역 X의 원소 x가 공역 Y의 원소 y와 대응할 때, 기호 $y = f(x)$로 나타낸다. 이때, $f(x)$를 x에 대한 □□이라고 한다.

285. 합사건
[확통]확률] p.194

285. ▷ 두 사건 A 또는 B가 일어나는 사건 (합집합과 동일)

286. 합성함수
[수하]함수] p.83

286. ▷ 두 함수 $f : X \rightarrow Y$, $g : Y \rightarrow Z$가 주어졌을 때 X의 각 원소 x에 대하여 Z의 원소 $g(f(x))$를 대응시키는 새로운 함수를 f와 g의 합성함수라 하고 $g \circ f$ 로 나타낸다. $(g \circ f)(x) = g(f(x))$

287. 합의 법칙
[수하]경우의수] p.92

287. ▷ 두 사건 A, B가 동시에/함께 일어나지 않고, 사건 A가 일어나는 경우의 수가 m가지이고, 사건 B가 일어나는 경우의 수가 n가지이면, 사건 A또는 B가 일어나는 경우의 수는 $m+n$ 가지이다.

288. 합집합
[수하]집합과명제] p.64

288. ▷ $\{x \mid x \in A \text{ 또는 } x \in B\}$

289. 항
[수상]다항식] p.19

289. ▷ 다항식의 항 [수상]다항식] p.17 : 문자와 수의 곱
▷ 수열의 항 [수Ⅰ]수열] p.126 : 수열을 이루는 각각의 수

290. 항등식
[수상]다항식] p.22

290. ▷ 문자를 포함하는 등식에서 그 문자에 어떤 값을 대입해도 항상 성립하는 등식

291. 항등함수
[수하>함수] p.82

291. ▷ 정의역과 공역이 같고, 정의역의 임의의 원소에 그 자신을 대응시키는 함수
$$f : X \to X, \quad f(x) = x$$

292. 허근
[수상>방정식과부등식] p.27

292. ▷ 허수인 근

293. 허수
[수상>방정식과부등식] p.25

293. ▷ 복소수 $a + bi$에서 허수부분 $b \neq 0$인 수

294. 허수단위
[수상>방정식과부등식] p.25

294. ▷ 제곱하여 -1이 되는 수

295. 허수부분
[수상>방정식과부등식] p.25

295. ▷ 복소수 $a + bi$에서 실수 b

296. 헤론의 공식
[수 I >삼각함수] p.127

296. ▷ $\triangle ABC$의 넓이 S는
$$S = \sqrt{s(s-a)(s-b)(s-c)} \quad (단, \ s = \frac{a+b+c}{2})$$

297. 호도법
[수 I >삼각함수] p.114

297. ▷ 부채꼴에서 중심각의 크기를 $\dfrac{호의 길이}{반지름}$로 나타내는 방법

298. 확률
[확통>확률] p.194

298. ▷ '수학적 확률'과 '통계적 확률' 통틀어 부르는 말

299. 확률밀도함수
[확통>통계] p.202

299. ▷ 연속확률변수가 정의역인 확률함수

300. 확률변수
[확통>통계] p.198

300. ▷ 표본공간의 각 원소에 하나의 실수값을 대응시켜주는 것.

301. 확률분포
[확통>통계] p.198

301. ▷ 확률변수 X가 가지는 값과 그 값을 가질 확률과의 대응 관계

302. 확률질량함수
[확통>통계] p.198

302. ▷ 이산확률변수가 정의역인 확률함수

김지석 커리큘럼

수 학 정 복, 약 점 을 빠 르 게

"7일 만에 전범위
1권으로 단권화"

STEP. O 노베

노베스피드

"1주일에 한 과목씩 노베 탈출하기"

그래프테크닉 기본편

"그래프 기초부터 기본까지
그래프 실력 업그레이드"

STEP. 4

고난도정신

"테마별 고난도 주제
완전 정복"

김지석 프리패스

경향 07 Minor Trend

경향07 대표문제분석 033

33. [2015년 수능 (B)형 20번]
그림과 같이 반지름의 길이가 1인 원에 외접하고
$\angle CAB = \angle BCA = \theta$인 이등변삼각형 ABC가 있다.
선분 AB의 연장선 위에 점 A가 아닌 점 D를
$\angle DCB = \theta$가 되도록 잡는다. 삼각형 BCD의 넓이를
$S(\theta)$라 할 때, $\lim\limits_{\theta \to 0+} \{\theta \times S(\theta)\}$의 값은?

(단, $0 < \theta < \dfrac{\pi}{4}$) [4점]

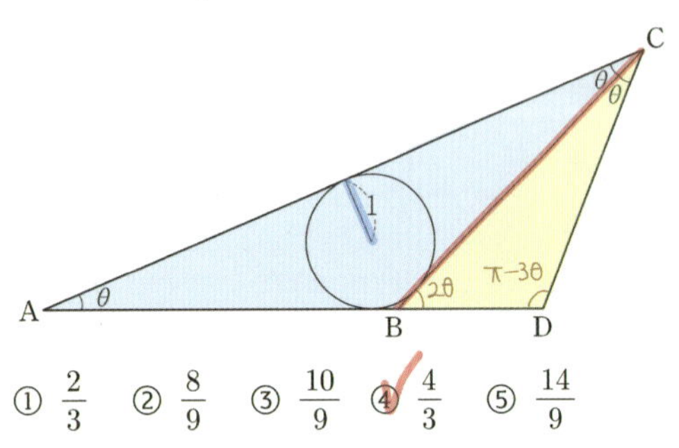

① $\dfrac{2}{3}$ ② $\dfrac{8}{9}$ ③ $\dfrac{10}{9}$ ④ $\dfrac{4}{3}$ ⑤ $\dfrac{14}{9}$

[도형의 필연성]
좌우대칭 도형 → 반땅
이등변 삼각형 → 직각 삼각형

[도형의 필연성]
원 나오면 중심과 특별점 잇기

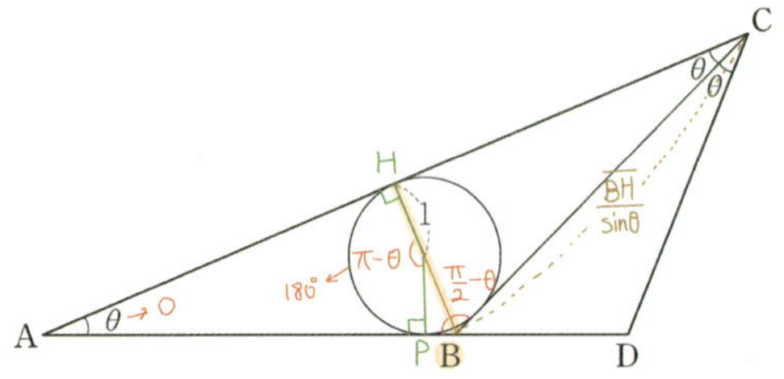

[도형의 필연성]
모르는 삼각형과 → △BCD (길이 정보 없음)
아는 삼각형의 → △ABC (길이 정보 있음)
공통부분을 찾아라! → BC

[1단계] & [2단계]

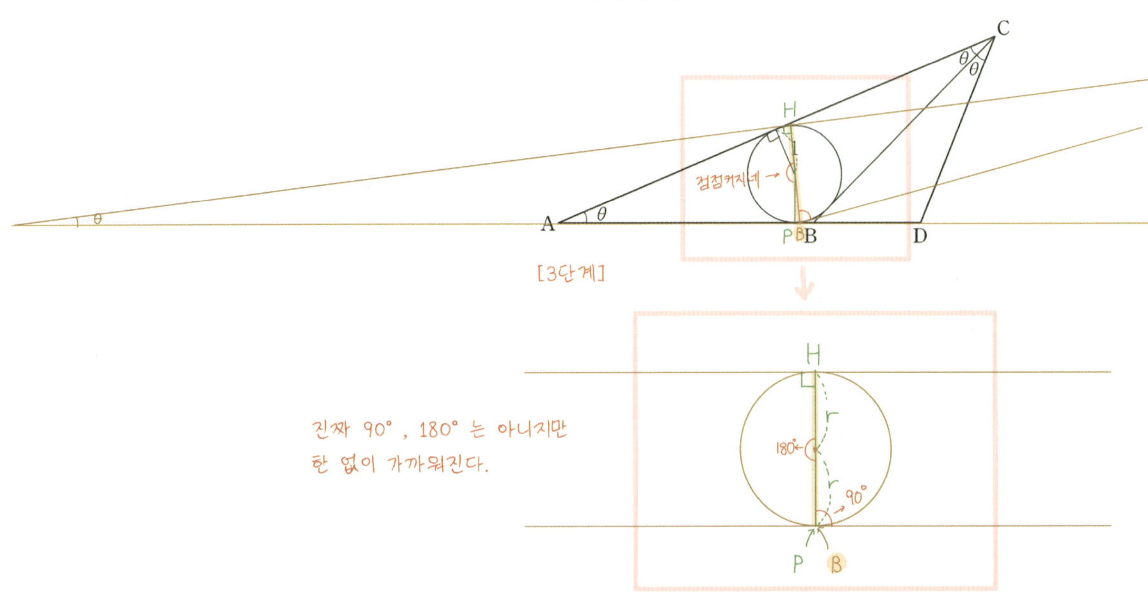

수능한권

Analysis

사인법칙 응용 (외접원 없을 때, 각이 많을 때)

$a : b : c = \sin A : \sin B : \sin C$ 이므로

$$b = a \times \frac{b}{a} = a \times \frac{\sin B}{\sin A}$$

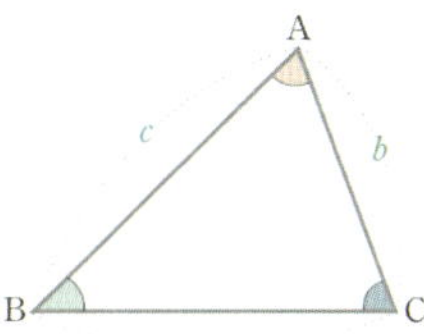

확장 – 삼각형 넓이

$$S = \frac{1}{2}ab\sin C$$
$$= \frac{1}{2}a\left(a\frac{\sin B}{\sin A}\right)\sin C$$
$$= \frac{1}{2}a^2\frac{\sin B \sin C}{\sin A}$$

$\theta \to 0$ 일 때

3단계 1단계

$$\overline{BH} \to 2r = 2 \times 1$$

$$\overline{BC} = \overline{BH}\frac{1}{\sin\theta} \to \frac{2}{\sin\theta}$$

$$S(\theta) = \frac{1}{2}\overline{BC}^2\frac{\sin 2\theta \sin\theta}{\sin 3\theta}$$

$$\lim_{\theta \to 0+}\{\theta \times S(\theta)\} \quad ☆교체$$

$$= \lim_{\theta \to 0+}\left\{\theta \times \frac{1}{2}\left(\frac{2}{\sin\theta}\right)^2\frac{\sin 2\theta \sin\theta}{\sin 3\theta}\right\}$$

$$= \frac{1}{2} \times 2^2 \times \frac{2 \times 1}{3} = \frac{4}{3}$$

[다른 풀이]

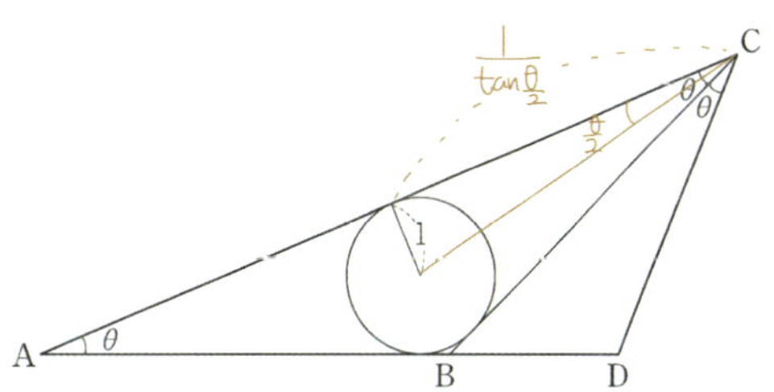

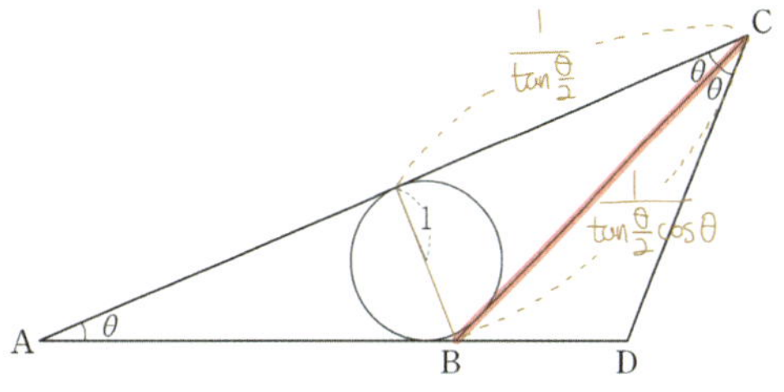

$$\overline{BC} = \overline{CH}\frac{1}{\cos\theta} = \frac{1}{\tan\frac{\theta}{2}\cos\theta}$$

$$S(\theta) = \frac{1}{2}\overline{BC}^2\frac{\sin 2\theta \sin\theta}{\sin 3\theta}$$

$$\lim_{\theta \to 0+}\{\theta \times S(\theta)\}$$

$$= \lim_{\theta \to 0+}\left\{\theta \times \frac{1}{2}\left(\frac{1}{\tan\frac{\theta}{2}\cos\theta}\right)^2\frac{\sin 2\theta \sin\theta}{\sin 3\theta}\right\}$$

$$= \frac{1}{2} \times \frac{1}{\left(\frac{1}{2}\right)^2} \times \frac{2 \times 1}{3} = \frac{4}{3}$$

독학, 과목별 6일 완성

도형의 필연성

김지석

상 장

종 목 : 수학의 단권화   성 명 :

　위 학생은 강인한 끈기와 인내로 마침내
수학의 단권화를 완성하여 수능 대박의
초석이 되는 탄탄한 개념을 다졌고 수능 날
대박을 터트릴 예정이기에 이 상장을 주어
격하게 칭찬합니다.

년　월　일

너를 응원하는 김지석

Editor_ Jelly, Anne, Piter, Henry
Designer _ 박봄이
이 책은 아모레퍼시픽의 아리따글꼴을 사용하여 디자인 되었습니다.